Lernfeld Bautechnik

Stuckateur

Fachstufen

von

Manfred Boes

Janina Hansen

Dr. Klaus Köhler

Dieter Leithold

Friedrich Rudolf

Annette Schmelzle-Böhmländer

Heike Schulze-Reichert

Frank Weidner

Tilo Wieland

Rainer Witt

3., überarbeitete Auflage

HANDWERK UND TECHNIK – HAMBURG

Vorwort

Das Buch **Lernfeld Bautechnik – Stuckateur** vermittelt das **aktuelle Fachwissen** des 2. und 3. Ausbildungsjahres für **Stuckateure und Stuckateurinnen.**

Der aktuelle Rahmenlehrplan und die Ausbildungsverordnung erfordern ein Unterrichtswerk, das Lehrenden und Lernenden eine Hilfe für **ganzheitliches und schüleraktives Lernen** bietet. Das vorliegende Werk erfüllt diese Forderung in besonderem Maße. Durch die **Lernfeldorientierung**, die **didaktisch-methodische Aufbereitung** der Inhalte und die zahlreichen **Projektaufgaben** eignet sich das Werk sehr gut für **selbstständiges, eigenverantwortliches Lernen** und führt die Lernenden zunehmend in die **Selbststeuerung ihrer Lernprozesse** ein.

Bei der Gestaltung wurde besonderer Wert auf **Veranschaulichung** gelegt. Die erläuternden Abbildungen sind dem Text jeweils direkt zugeordnet. Dadurch und durch eine **einfache und anschauliche Sprache** wird größere Schülernähe erreicht. Die zusätzliche **Strukturierung der Inhalte**, die unter didaktischen und methodischen Gesichtspunkten entwickelten farbigen **Abbildungen** und die zahlreichen **aktuellen Fotos** steigern die **Motivation** und tragen wesentlich zu einem verbesserten **Lernerfolg** bei.

Der **aktuelle Stand von Technik und Normung** ist berücksichtigt.

Für **Anregungen und Hinweise**, die zur Weiterentwicklung des Werkes beitragen können, sind die Verfasser jederzeit dankbar.

Sommer 2014 Die Verfasser

Vorwort zur 3. Auflage

Auch diese Neuauflage wurde genutzt, um das Werk im Hinblick auf die **aktuellen Entwicklungen von Technik und Normung** in Wort und Bild auf den neuesten Stand zu bringen. Beispielhaft kann hier auf das **Gebäudeenergiegesetz (GEG)** hingewiesen werden, mit dem für Neubauten das Niedrigstenergiegebäude als Standard festgelegt wird. Darüber hinaus wurden auch viele weitere Aktualisierungen vorgenommen.

Zahlreiche Verbesserungen ergaben sich aus dem **ständigen intensiven Dialog** mit den Benutzern. Wir danken an dieser Stelle deshalb ausdrücklich allen, die durch Hinweise und Vorschläge zur **Weiterentwicklung** dieses Werkes beigetragen haben.

Stuttgart, im Herbst 2022 Die Verfasser

ISBN 978-3-582-73224-8 Best. Nr. 3586

Die Normblattangaben werden wiedergegeben mit Erlaubnis des DIN Deutsches Institut für Normung e.V. Maßgebend für das Anwenden der Norm ist deren Fassung mit dem neuesten Ausgabedatum, die bei der Beuth Verlag GmbH, Burggrafenstraße 6, 10787 Berlin, erhältlich ist.

Verlag Handwerk und Technik GmbH,
Lademannbogen 135, 22339 Hamburg; Postfach 63 05 00, 22331 Hamburg – 2022
E-Mail: info@handwerk-technik.de – Internet: www.handwerk-technik.de

Satz und Layout: CMS – Cross Media Solutions GmbH, Würzburg
Umschlagmotiv: Shutterstock Images LLC, New York, USA: (©Andreas Saldavs)
Druck: Druckerei Himmer GmbH, 86167 Augsburg

Inhaltsverzeichnis

Lernfeld 7
Putzen eines Wohnraumes 1

7.1 Innenputze – Aufgaben, Anforderungen, Aufbau und Begriffe 2
7.1.1 Aufgaben von Innenputzensystemen 2
7.1.2 Allgemeine Anforderungen an Innenputzsysteme 3
7.1.3 Innenputze mit besonderen Eigenschaften (Spezialinnenputze) 4
7.1.4 Aufbau und Begriffe 5

7.2 Putzmörtel und Zusatzmittel 6
7.2.1 Mineralisch gebundener Putz 6
7.2.2 Organisch gebundener Putz 7
7.2.3 Zusatzmittel und ihre Wirkung 7
7.2.4 Putze mit sonstigen Bindemitteln 8

7.3 Bindemittel und ihre Eigenschaften 10
7.3.1 Kalk 10
7.3.2 Zement 11
7.3.3 Gips 12
7.3.4 Ton 13
7.3.5 Silicate 13

7.4 Planung von Putzarbeiten 14
7.4.1 Putzgrundprüfung und -vorbereitung 14
7.4.2 Putzgrundvorbehandlung 16
7.4.3 Putzträger 18
7.4.4 Putzbewehrung 19
7.4.5 Putzprofile für den Innenputz 20
7.4.6 Auswahl geeigneter Innenputzsysteme 21

7.5 Ausführung von Putzarbeiten 24
7.5.1 Baustellenvorbereitung 24
7.5.2 Arbeitssicherheit, Leitern und Gerüste 26
7.5.3 Maschinen- und Silotechnik 28
7.5.4 Verarbeitung, Putzdicken und Standzeiten 30
7.5.5 Putzweisen 32
7.5.6 Maß- und Ebenheitsabweichungen 34
7.5.7 Qualitätsstufen der Oberflächen 36

7.6 Planung und Ausführung von Details 37
7.6.1 Wand-Decken-Anschluss 37
7.6.2 Installationsdosen in Außenwänden 38
7.6.3 Fensteranschlüsse 38
7.6.4 Zeichnerische Darstellung von Fensteranschlussdetails 39

7.7 Ausschreibung, Vergabe und Abrechnung von Bauleistungen 41
7.7.1 Die Vergabe- und Vertragsordnung für Bauleistungen (VOB) 41
7.7.2 Leistungsbeschreibung und Vertragsarten 42
7.7.3 Aufmaß und Abrechnung von Innenputzarbeiten 43
7.7.4 Materialbedarfsberechnung Innenputze 47
7.7.5 Kostenberechnung Innenputze 48
7.7.6 Kosten eines Stuckateurbetriebes je Stunde (Vollkosten-Stundensatz) 49
7.7.7 Aufgaben 50

7.8 Gestalten eines Wohnraumes 51
7.8.1 Individuelle Wohnraumgestaltung 51
7.8.2 Farbwirkungen auf den Menschen 52
7.8.3 Farbvorlieben und Farbabneigungen 55
7.8.4 Materialvorlieben und Materialabneigungen 56
7.8.5 Gestaltungsbeispiele 57

7.9 Projektaufgabe 60
7.9.1 Grundrisse, Ansichten und Schnitte 60
7.9.2 Gestaltungsaufgabe 62
7.9.3 Allgemeine Aufgaben 63
7.9.4 Angebotsbearbeitung Innenputzarbeiten 64

Lernfeld 8
Putzen einer Außenwand 67

8.1 Aufgaben und Anforderungen 68
8.1.1 Aufgaben von Außenputzen 68
8.1.2 Anforderungen an Außenputze 69

8.2 Putzarten nach Verwendungszweck 70
8.2.1 Normalputzmörtel GP (General Purpose) 70
8.2.2 Farbiger Putzmörtel CR (Coloured Render) 70
8.2.3 Leichtputzmörtel LW (Light Weight) 70
8.2.4 Einlagenputzmörtel für außen OC (One Coat) 71
8.2.5 Sanierputzmörtel R (Renovation) 71
8.2.6 Wärmedämmputz T (Thermal) 71
8.2.7 Kellerwandaußenputz 72
8.2.8 Außensockelputz 72
8.2.9 Überblick über die Bindemittel für Außenputze 72

8.3 Ausführung von Putzarbeiten 73
8.3.1 Auswahl geeigneter Außenputzsysteme 73
8.3.2 Verputzempfehlungen für Außenputze 74
8.3.3 Putzprofile für den Außenputz 76

8.4 Planung und Ausführung des Fassadensockelputzes 78

8.5 Gerüste 80
8.5.1 Gerüstarten 80

8.5.2 Einteilung in Lastklassen 81
8.5.3 Bestandteile eines Gerüstes 81
8.5.4 Richtlinien für die Ausführung 82
8.5.5 Rahmengerüste 83
8.5.6 Verhaltensregeln auf Gerüsten 83

8.6 Aufmaß, Material- und Kostenberechnung Außenputz 84
8.6.1 Aufmaßregeln bei Außenputzarbeiten 84
8.6.2 Materialbedarfs- und Kostenberechnung 87
8.6.3 Aufgaben 88

8.7 Gestalten einer Fassade 89
8.7.1 Aufgaben, die Farben erfüllen können 89
8.7.2 Professionelle Fassadengestaltung 89
8.7.3 Farbe in der Architektur 90
8.7.4 Bestandsaufnahme, Checkliste, Anmutungsprofil 91
8.7.5 Beispiel Fassadengestaltung eines Reihenendhauses 95

8.8 Projektaufgabe 99

Lernfeld 9
Ziehen und Ansetzen eines Stuckprofiles 103

9.1 Geschichte des Stuckes 104
9.1.1 Frühe Hochkulturen 104
9.1.2 Antike 105
9.1.3 Mittelalter 105
9.1.4 Neuzeit 105
9.1.5 Moderne 106

9.2 Profilformen 108

9.3 Überblick über Zugarbeiten 109

9.4 Stuckschablonen 109
9.4.1 Arten von Stuckschablonen 109
9.4.2 Herstellung von Stuckschablonen 110

9.5 Zugtechniken für Innenstuck 113
9.5.1 Materialien 113
9.5.2 Vorbereitende Arbeiten 114
9.5.3 Arbeitsschritte beim Tischzug von Innenstuck 115
9.5.4 Kernzug 117
9.5.5 Ortzug 119

9.6 Zugtechniken für Fassadenstuck 121
9.6.1 Materialien Fassadenstuck 121
9.6.2 Arbeitsschritte 122

9.7 Zuschneiden, Versetzen und Einputzen von Stuckprofilen 123
9.7.1 Zuschnitt 123
9.7.2 Versetzen der Profile 124
9.7.3 Einputzen der Profile 125

9.8 Zeichnerische Darstellung 126
9.8.1 Musteraufgabe 126
9.8.2 Übungsaufgaben 128

9.9 Berechnung des Materialbedarfs 130
9.9.1 Musteraufgabe 130
9.9.2 Übungsaufgaben 131

9.10 Projektaufgabe 132

Lernfeld 10
Erstellen einer Wand in Trockenbauweise 133

10.1 Gebäudeausbau in Trockenbauweise 134

10.2 Nichttragende innere Trennwände 135

10.3 Konstruktionsarten leichter Trennwände 135

10.4 Wände aus Gips-Wandbauplatten 136
10.4.1 Gips-Wandbauplatten 136
10.4.2 Herstellung einer Wand mit elastischen Randanschlüssen 137
10.4.3 Anschlussarten 137
10.4.4 Wandöffnungen 138
10.4.5 Zulässige Wandhöhen 138
10.4.6 Konsollasten 138

10.5 Holz- und Metallständerwände, Bestandteile 139
10.5.1 Unterkonstruktion 139
10.5.2 Beplankung 140
10.5.3 Befestigungsmittel 142
10.5.4 Dichtungsbänder und -stoffe 143
10.5.5 Verspachtelungsmaterialien 144
10.5.6 Fugenbewehrungsstreifen 144
10.5.7 Hohlraumdämmung 144
10.5.8 Werkzeuge 144

10.6 Aufbau von Metallständerwänden 146
10.6.1 Einfachständerwand mit Gipsplatten, einfach beplankt 146
10.6.2 Einfachständerwand, doppelt beplankt 148
10.6.3 Doppelständerwand, doppelt beplankt 148
10.6.4 Kurzbezeichnungen von Metallständerwänden mit Gipsplattenbeplankung 149
10.6.5 Zulässige Wandhöhen 149
10.6.6 Metallständerwände mit Gipsfaserplatten 149

10.7 Aufmaß von Montagewänden 150

10.8 Berechnung des Materialbedarfs 152

10.9 Kostenberechnung 153

10.10 Schallschutz 154
10.10.1 Grundbegriffe 154
10.10.2 Luftschalldämmmaße 155

10.10.3 Luftschalldämmung bei Trennwänden 156
10.10.4 Raumakustik 157

10.11 Brandschutz 158
10.11.1 Baustoffklassen 158
10.11.2 Bauteile 159
10.11.3 Brandschutz bei Trennwänden 160

10.12 Ausführungsdetails bei Metallständerwänden 161
10.12.1 Anschlussdetails 161
10.12.2 Zeichnung von Wandanschlüssen 162
10.12.3 Einbau von Steckdosen 162
10.12.4 Konsollasten 162

10.13 Installationswand 163
10.13.1 Einbau der Tragständer und Traversen 163
10.13.2 Beplankung 163

10.14 Metallriegelwand 164

10.15 Metallständerwand mit horizontal verlegten Gipsplatten 164

10.16 Brandwand 164

10.17 Gebogene Wände 165

10.18 Strahlenschutzwand 166

10.19 Oberflächenbehandlung 167
10.19.1 Allgemeine Maßnahmen 167
10.19.2 Besonderheiten einzelner Trockenbauplatten 167
10.19.3 Sperrmaßnahmen in Feuchträumen 168

10.20 Baustelleneinrichtung 168
10.20.1 Transport 168
10.20.2 Plattenlagerung 168

10.21 Projektaufgabe 169

Lernfeld 11
Herstellen eines wärmedämmenden Putzsystems 171

11.1 Ziele des Wärmeschutzes 172
11.1.1 Wärmeschutz im Winter und Sommer 172
11.1.2 Raumklima 172
11.1.3 Heizkosten und Energieverbrauch 173
11.1.4 Klima- und Umweltschutz 173
11.1.5 Bautenschutz 173

11.2 Grundbegriffe des Wärme- und Feuchteschutzes 174
11.2.1 Wärmeübertragung 174
11.2.2 Wärmeleitfähigkeit 174
11.2.3 Wärmebrücken 175
11.2.4 Luftdichtheit der Gebäudehülle 176
11.2.5 Wärmespeicherung 176
11.2.6 Feuchteschutz 177

11.3 Wärmeschutzberechnungen 178
11.3.1 Berechnungsgrößen 178
11.3.2 Berechnungsbeispiele 179

11.4 Gesetzliche Regelungen und Anforderungen 180
11.4.1 Mindestwärmeschutz nach DIN 4108-2 180
11.4.2 Gebäudeenergiegesetz, Ziele und Geltungsbereich 180
11.4.3 Regelungen für Neubauten 181
11.4.4 Regelungen für Änderungen an bestehenden Gebäuden 182

11.5 Dämmstoffe im Bauwesen 183
11.5.1 Wärmedämmstoffe, Anforderungen und Anwendung 183
11.5.2 Schalldämmstoffe, Anforderungen und Anwendung 184
11.5.3 Dämmstoffe im Brandschutz, Anforderungen und Anwendung 185
11.5.4 Allgemeine Anforderungen an Dämmstoffe 185
11.5.5 Die wichtigsten Dämmstoffe im Vergleich 186

11.6 Konstruktionen für Außenwanddämmungen 188
11.6.1 Außendämmungen 188
11.6.2 Dämmung zweischaliger Wände 189
11.6.3 Innendämmungen 190
11.6.4 Vergleich der Konstruktionsarten für Zusatzdämmungen 191

11.7 Wärmedämm-Putzsystem (WDPS) 192
11.7.1 Untergrund 192
11.7.2 Dämmputzträger 192
11.7.3 Wärmedämmputz 192
11.7.4 Ausgleichsputz 193
11.7.5 Oberputz 193
11.7.6 Schlussanstrich 193
11.7.7 Anwendung 194

11.8 Wärmedämm-Verbundsystem (WDVS/VAWD) 195
11.8.1 Untergrund 195
11.8.2 Dämmplatten 196
11.8.3 Befestigung der Wärmedämmplatten 197
11.8.4 Armierungsputz mit Armierungsgewebe 200
11.8.5 Schlussbeschichtungen 201
11.8.6 Konstruktionsdetails 202
11.8.7 Fehlerquellen und ihre Folgeschäden 209
11.8.8 Konstruktionsvergleich und Anwendungsmöglichkeiten 209

11.9 Wärmeschutzberechnungen Aufgaben 211

11.10 Projektaufgabe 213

Lernfeld 12
Herstellen von Antragstuck 217

12.1 Arten des Antragstucks 218

12.2 Antragarbeiten 218
12.2.1 Abnahme und Übertragung der Ornamentform 218
12.2.2 Untergrundvorbehandlung 219
12.2.3 Antragmörtel 219
12.2.4 Antragen 220

12.3 Form- und Gussarbeiten 220
12.3.1 Vorbereitung der Modelle 220
12.3.2 Materialien für Gussformen 220
12.3.3 Abgussmaterial 221
12.3.4 Formen – Arten und Anwendung 221
12.3.5 Formherstellung und Abguss 222

12.4 Stuckmarmor 225
12.4.1 Materialien 225
12.4.2 Werkzeug 225
12.4.3 Stuckmarmor als Antragarbeit 226

12.5 Stuccolustro 228
12.5.1 Kalkputzsystem 228

12.6 Projektarbeit 228

Lernfeld 13
Erstellen einer Unterdecke in Trockenbauweise 229

Deckenbekleidungen und Unterdecken 230

13.1 Definition 230

13.2 Begriffe 230

13.3 Aufgaben 230

13.4 Konstruktionselemente 231
13.4.1 Abhänger 231
13.4.2 Unterkonstruktion 232
13.4.3 Verbindungselemente 233
13.4.4 Schrauben und Klammern 233
13.4.5 Decklage 234
13.4.6 Dämmstoffauflage 234
13.4.7 Verankerungselemente 235

13.5 Fugenlose Unterdecke 237
13.5.1 Planung einer Unterkonstruktion 237
13.5.2 Montage von fugenlosen Unterdecken 240

13.6 Systeme mit gerasterter Deckenfläche 242
13.6.1 Gips-Kassettendecke mit T-Profil 243
13.6.2 Berechnungsbeispiel 245
13.6.3 Herstellung von Kassettendecken mit sichtbaren Unterkonstruktionen 247

13.7 Bauphysikalische Anforderungen an Deckenkonstruktionen 248
13.7.1 Brandschutz von Deckenkonstruktionen 248
13.7.2 Schallschutz von Deckenkonstruktionen 252
13.7.3 Raumakustik 255
13.7.4 Wärmeschutz von Deckenkonstruktionen ... 257

13.8 Anschlüsse und Fugen 258
13.8.1 Anschlussdetails 258
13.8.2 Bewegungsfugen 259

13.9 Einbauteile für Unterdecken 260
13.9.1 Deckenschott 260
13.9.2 Einbauleuchten 261
13.9.3 Revisionsklappen 262

13.10 Sonderkonstruktionen 263
13.10.1 Flächentemperierungssysteme 263
13.10.2 Freitragende Decken 264

13.11 Ertüchtigung von Holzbalkendecken 265
13.11.1 Einbau einer Deckenbekleidung 265
13.11.2 Einbau einer Unterdecke 266

13.12 Gestaltung mit Plattenwerkstoffen 267

13.13 Projektaufgabe 268

Lernfeld 14
Erstellen einer Drahtputzkonstruktion 269

14.1 Allgemeines 270

14.2 Geschichte 270

14.3 Anwendungsgebiete 270

14.4 Überbrückung von Aussparungen 271

14.5 Verkleidungen von Installationen, Stützen und Pfeilern 271
14.5.1 Zweiseitige Verkleidungen 271
14.5.2 Dreiseitige Verkleidungen 272
14.5.3 Vierseitige Verkleidungen 272

14.6 Gewölbe und gewölbte Decken 273
14.6.1 Allgemeines 273
14.6.2 Gewölbeformen 274
14.6.3 Konstruktion eines abgehängten Tonnengewölbes 275
14.6.4 Herstellungsablauf 276
14.6.5 Besonderheiten bei Kreuzgewölben 278

14.6.6 Materialien ... 279
14.6.7 Vergatterung ... 281

14.7 Projektaufgabe ... 282

Lernfeld 15
Sanieren eines Bauteiles ... 283

15.1 Ziele einer Putzsanierung ... 284

15.2 Arten und Ursachen von Putzschäden ... 284
15.2.1 Verschmutzung und Verfärbung ... 284
15.2.2 Festigkeitsverlust ... 285
15.2.3 Abplatzungen ... 285
15.2.4 Rissbildungen ... 285
15.2.5 Durchfeuchtung ... 286
15.2.6 Ausblühungen bauschädlicher Salze ... 286

15.3 Bestandsaufnahme und Schadensanalyse ... 287

15.4 Allgemeine Maßnahmen zur Putzsanierung ... 287

15.5 Sanierung von Putzrissen ... 288
15.5.1 Ursachen in der Konstruktion ... 288
15.5.2 Ursachen im Putzgrund selbst ... 288
15.5.3 Ursachen im Putzmörtel oder aufgrund von Ausführungsmängeln ... 289
15.5.4 Risse mit überlagernden Ursachen ... 289
15.5.5 Risse im Zusammenhang mit Putzbewehrung, Putzträger, Putzprofilen ... 289
15.5.6 Riss- und Ursachenuntersuchung ... 290
15.5.7 Untergrundprüfungen ... 290
15.5.8 Verfahren zur Risssanierung ... 290
15.5.9 Sanierung eines Einzelrisses, Verfahren E4 ... 292
15.5.10 Flächenhafte Risssanierung, Verfahren F5 ... 293

15.6 Sanierung von Ausblühungen bauschädlicher Salze ... 294
15.6.1 Entstehung bauschädlicher Salze ... 295
15.6.2 Schadensabläufe ... 295
15.6.3 Schadens- und Ursachenanalyse ... 296
15.6.4 Sanierungsmöglichkeiten ... 296
15.6.5 Sanierputzsysteme nach WTA ... 297

15.7 Renovierung, Sanierung und Modernisierung von Wärmedämm-Verbundsystemen ... 300
15.7.1 Alternative Maßnahmen ... 300
15.7.2 Aufdoppelung eines WDVS ... 301

15.8 Projektaufgabe ... 305

Lernfeld 16
Einbauen eines Estrichs ... 307

16.1 Definition und Einteilung ... 308

16.2 Aufgaben des Estrichs ... 308

16.3 Eigenschaften ... 308
16.3.1 Anforderungen an Estriche ... 308
16.3.2 Eigenschaften und Abkürzungen ... 308
16.3.3 Konformitätskriterien, CE-Kennzeichnung ... 309
16.3.4 Prüfungen ... 309
16.3.5 Toleranzen ... 309

16.4 Estrichkonstruktionen ... 311
16.4.1 Konstruktionsarten ... 311
16.4.2 Untergrundbeschaffenheit ... 311
16.4.3 Verbundestrich (V) ... 311
16.4.4 Estrich auf Trennschicht (T) ... 312
16.4.5 Estrich auf Dämmschicht (S) ... 313
16.4.6 Heizestrich (H) ... 316
16.4.7 Estrich-Nenndicken ... 317

16.5 Estrichmaterialien ... 318
16.5.1 Calciumsulfatestrich (CA) ... 318
16.5.2 Zementestrich (CT) ... 318
16.5.3 Kunstharzestrich (SR) ... 319
16.5.4 Gussasphaltestrich (AS) ... 320
16.5.5 Magnesiaestrich (MA) ... 320
16.5.6 Industrieestriche ... 321

16.6 Verlegearten ... 322
16.6.1 Nass-/Mörtelestrich ... 322
16.6.2 Fließestrich ... 322
16.6.3 Fertigteilestrich ... 326

16.7 Projektaufgaben ... 330

Formel- und Tabellenanhang ... 333

Sachwortverzeichnis ... 351

Bildquellenverzeichnis ... 359

Lernfeld 7
Putzen eines Wohnraumes

Durch die Gestaltung der Innenwandflächen trägt der Stuckateur entscheidend dazu bei, ob sich die Bewohner in einem Raum wohlfühlen oder nicht. Dabei spielen neben der Farbgestaltung die Wahl der verwendeten Materialien und die zum Einsatz kommenden Techniken zur Gestaltung der Oberflächen eine große Rolle.

Um ein handwerklich einwandfreies Ergebnis zu erzielen, beschäftigen wir uns in Lernfeld 7 zunächst mit den Aufgaben des Innenputzes, den unterschiedlichen Putzmörtelarten, ihren Bindemitteln und deren Eigenschaften. Darüber hinaus müssen wir vor dem Auftragen des Putzmörtels den Putzgrund auf seine Eigenschaften hin überprüfen und geeignete Maßnahmen zur Vorbereitung des Putzgrundes treffen. Wir lernen unterschiedliche Auftragstechniken, die benötigten Werkzeuge und Maschinen sowie die bei der Ausführung zu beachtenden Sicherheits- und Unfallverhütungsvorschriften kennen.

Anschließend erstellen wir die notwendigen Ausführungs- und Detailzeichnungen und berechnen die Größe der zu verputzenden Wandflächen. Auf dieser Grundlage und mithilfe von Materialverbrauchs- und Zeitaufwandswerten aus Tabellen ermitteln wir den Materialbedarf und kalkulieren die entstehenden Kosten.

7.1 Innenputze – Aufgaben, Anforderungen, Aufbau und Begriffe

Als **Innenputz** bezeichnet DIN EN 13914-2 ein innen auf Wände und Decken aufgetragenes Gemisch aus Bindemitteln, Zusätzen, Wasser und Zuschlagstoffen zur Herstellung einer Oberfläche.
Ein **Innenputzsystem** besteht aus einer oder mehreren **Putzlagen** in Verbindung mit einem **Putzträger** und/oder einer **Bewehrung** (Armierung) und/oder einer **Vorbehandlung**.
Man unterscheidet zwischen ein- und mehrlagigen Putzen, wobei die unteren Lagen als **Unterputz** und die oberste Lage als **Oberputz** bezeichnet wird. Die Oberfläche von Bauelementen, auf die der Putzmörtel aufgetragen wird, bezeichnet man als **Putzgrund**. Maßnahmen zur Verbesserung des Putzgrundes (wie z. B. ein Spritzbewurf oder eine Haftbrücke) gelten nicht als Putzlage. Putze erhalten ihre endgültigen Eigenschaften erst durch die Erhärtung bzw. Trocknung am Bauteil.

Maschineller Putzauftrag

7.1.1 Aufgaben von Innenputzensystemen

Innenputze können neben gestalterischen Aufgaben eine Vielzahl wichtiger bauphysikalischer Aufgaben erfüllen. Diese sind häufig eine Grundvoraussetzung für die dauerhafte Funktionsfähigkeit von Gebäuden und die Schaffung eines behaglichen Raumklimas.

Allgemeine Aufgaben

- Schaffen eines ebenen Untergrundes zur Aufnahme von Wandbelägen oder eines Anstriches.
- Ausgleichen von Maß- und Winkelabweichungen des Rohbaus.
- Gestalten der fertigen Oberfläche durch die Wahl der Auftragstechnik, der Farbgestaltung und die Art der Putzoberfläche.
- Schaffen einer luftdichten Gebäudehülle und damit Sicherstellung des Schall-, Wärme- und Feuchteschutzes von Außenbauteilen.
- Verbesserung des Raumklimas durch die Fähigkeit, Wasserdampf aus der Raumluft aufzunehmen, zu speichern und nach dem Absinken des Feuchtegehaltes der Raumluft wieder an diese abzugeben (Sorptionsvermögen).

Besondere Aufgaben

- Verbesserung der Raumakustik durch die Verwendung spezieller Akustikputze mit schallabsorbierenden Eigenschaften.
- Verbesserung der Feuerwiderstandsdauer von Bauteilen durch die Wahl von Brandschutzputzen.
- Abschirmung von Strahlen in Räumen mit erhöhter Belastung (z. B. Röntgen-Diagnostik-Räume) durch den Einsatz von Strahlenschutzputz.
- Reduzierung von Luftschadstoffen in Innenräumen durch die Wahl emissionsfreier Putze.
- Hemmung von Schimmelpilzbefall durch Putze mit antiseptischer Wirkung durch eine natürliche Alkalität (hoher pH-Wert).

Oberflächengestaltung mit eingefärbtem Gipsspachtel

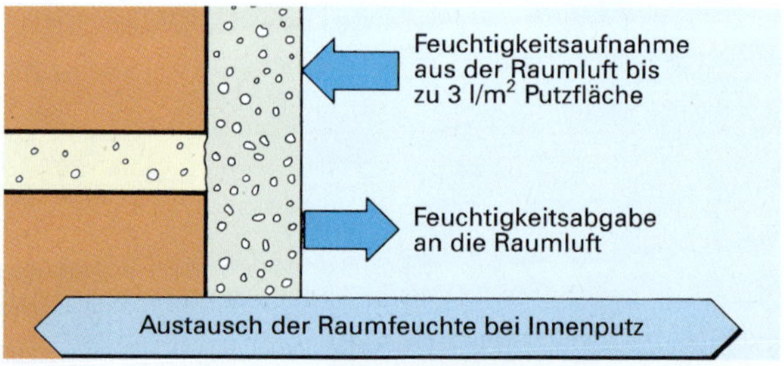

Feuchtigkeitsaufnahme und -abgabe bei Innenputz

Neben den technischen und bauphysikalischen Aufgaben tragen Innenputze durch die Wahl der verwendeten Materialien, die farbliche Gestaltung und die Wahl der Oberflächenbeschaffenheit entscheidend dazu bei, ob wir uns in einem Raum wohlfühlen oder nicht. Die handwerklich einwandfreie Ausführung ist dabei Voraussetzung für eine dauerhaft mängelfreie Qualität.

Verputzte Flächen erfüllen bei einwandfreier Ausführung die Anforderungen des Gebäudeenergiegesetzes, wonach die wärmeübertragenden Umfassungsflächen luftundurchlässig auszuführen sind.

7.1.2 Allgemeine Anforderungen an Innenputzsysteme

Um die gewünschten Eigenschaften zu erhalten und die Dauerhaftigkeit des Innenputzes zu gewährleisten, sind folgende Punkte besonders zu beachten:

Allgemeine Anforderungen an Innenputze

- Die verwendeten Putzmörtel und die Ausführung müssen DIN EN 998-1, DIN EN 13914 und DIN 18550 entsprechen.
- Es muss eine gute und gleichmäßige Haftung auf dem Putzgrund vorhanden sein.
- Zwischen den einzelnen Putzlagen muss ein guter Verbund bestehen.
- Der Putzmörtel muss ein gleichmäßiges Gefüge besitzen.
- Die Festigkeit des Putzes muss dem jeweils vorhandenen Putzgrund angepasst werden.
- Eine ausreichende Abriebfestigkeit muss je nach Einsatzzweck (z. B. geforderte erhöhte Abriebfestigkeit in Treppenhäusern) gewährleistet sein.
- Die Widerstandsfähigkeit gegen mechanische Belastungen, wie z. B. Stöße, muss der Putzanwendung angepasst werden.
- Die Oberfläche des Putzes soll frei von Rissen sein.
- Die Verarbeitbarkeit des Putzmörtels muss auf die Auftragsweise (maschineller Putzauftrag oder Handauftrag) abgestimmt sein.

Zusätzliche Anforderungen in Feuchträumen

- Die verwendeten Putzmörtel müssen gegen dauerhaft einwirkende Feuchtigkeit beständig sein. Gipsputzmörtel sollten deshalb nicht ständig feuchten Bedingungen ausgesetzt werden.
- Sämtliche eingebetteten Metalle müssen mit dem gewählten Putzsystem verträglich sein.
- Unter dauerhaft feuchten Bedingungen müssen korrosionsbeständige Werkstoffe verwendet werden.
- Werden auf dem Putz Beläge (z. B. keramische Fliesen) angebracht, die einer direkten Wasserbelastung ausgesetzt sind, so müssen besondere Maßnahmen zur Abdichtung getroffen werden.

Zusammenfassung

Alle Innenputze müssen die genannten allgemeinen Anforderungen erfüllen. Innenputze für Feuchträume müssen zusätzliche Anforderungen an die Beständigkeit gegen dauerhaft einwirkende Feuchtigkeit erfüllen. Deshalb scheiden für die Anwendung in Feuchträumen Putzmörtel, die unter Verwendung des Bindemittels Gips hergestellt werden, aus. Dies gilt jedoch nicht für häusliche Küchen und Bäder, da diese nach DIN 18550 nicht als Feuchträume eingeordnet werden. In Bereichen, die einer direkten Wasserbelastung ausgesetzt sind (z. B. im Bereich der Dusche oder der Badewanne), müssen jedoch auch im häuslichen Bereich besondere Maßnahmen getroffen werden.

Haftbrücke auf nicht saugendem dichten Untergrund

Bereich mit erhöhten Anforderungen an die Abriebfestigkeit

Gerissene Putzfläche

Feuchtigkeitsbelasteter Bereich

7.1.3 Innenputze mit besonderen Eigenschaften (Spezialinnenputze)

Akustikputz

In Vortrags- oder Konzertsälen, Klassenzimmern usw., können Akustikputze mit schallabsorbierenden Eigenschaften zur Verbesserung der **Raumakustik** eingesetzt werden. Sind in solchen Räumen die Böden, Wände und Decken mit harten Oberflächen bekleidet, so werden die auftreffenden Schallwellen reflektiert, wodurch große Nachhallzeiten entstehen. Man spricht dann auch von der „Halligkeit" eines Raumes. Akustikputze verfügen über eine poröse Struktur und eine offenporige Oberfläche. Dadurch werden die auftreffenden Schallwellen nicht reflektiert, sondern absorbiert. Sie können in den Akustikputz eindringen und durch Reibung im Gefüge des Putzes die Schallenergie in Wärme umwandeln. Wegen ihrer hohen Porosität besitzen Akustikputze eine geringe Druckfestigkeit und eine stoßempfindliche Oberfläche. Aus diesem Grund sollten Akustikputze nur im Bereich von Decken und in den oberen Wandbereichen angebracht werden. Beim Anstrich von Akustikputzen ist unbedingt darauf zu achten, dass geeignete Anstriche ausgewählt werden, die die Offenporigkeit des Gefüges und damit die schallabsorbierenden Eigenschaften nicht zerstören.

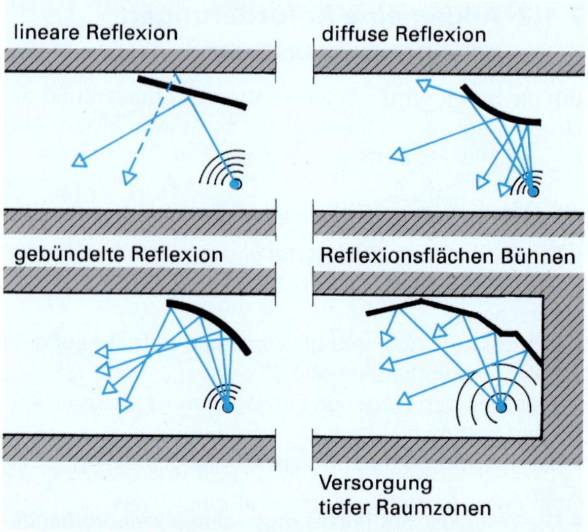

Maßnahmen zur Verbesserung der Raumakustik

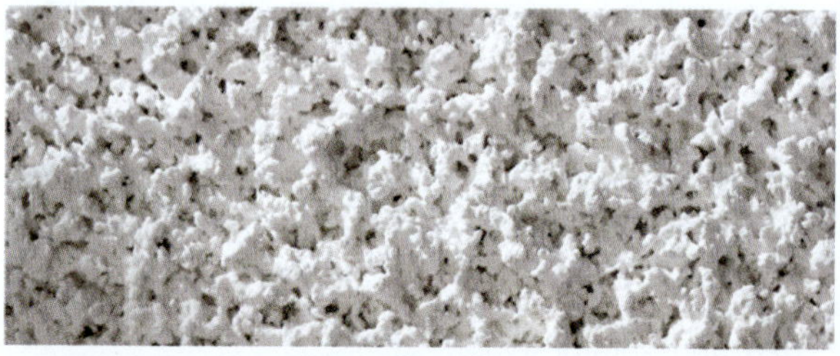
Akustik-Spritzputz mit offenporiger Struktur

Brandschutzputz

Durch die Ummantelung bzw. Bekleidung von Bauteilen mit einem Brandschutzputz wird die Feuerwiderstandsdauer dieser Bauteile erhöht. Sie werden zur brandschutztechnischen Verbesserung bestehender Gebäude, aber auch im Neubau, z. B. bei der Ummantelung von Stahlbauteilen, eingesetzt. In vielen älteren Gebäuden wurden auch für tragende Teile der Baukonstruktion brennbare Materialien (z. B. Holz) verwendet, weshalb diese häufig nicht den heutigen brandschutztechnischen Anforderungen genügen. Im Zusammenhang mit einer Umnutzung oder Sanierung des Gebäudes ist deshalb in der Regel eine Verbesserung des vorhandenen Brandschutzes durchzuführen. Als Brandschutzputze werden gipshaltige Putzmörtel und häufig auch kalkzementgebundene Putzmörtel mit leichten Gesteinskörnungen (wie z. B. Perlit) verwendet.

Brandschutzputz auf Drahtputzunterkonstruktion

Strahlenschutzputz

Strahlenschutzputz wird zur Erhöhung der Abschirmwerte gegen Röntgenstrahlen in Röntgendiagnostik- oder Therapieräumen und im industriellen Bereich eingesetzt. Er besteht aus einem kalkzement- oder zementgebundenen Unterputz mit Barytsand (Schwerspat) als schwere Gesteinskörnung (Rohdichte 4,5 g/cm^3), der über die Eigenschaft, Röntgenstrahlen zu absorbieren, verfügt.

Magnetputz

Durch die Zugabe von metallischen Sanden zu mineralischen Putzen oder Metallpulver zu kunstharzgebundenen Putzen entstehen magnetische, verputzte Wandflächen. Dadurch lassen sich an jeder Stelle der Wand Pläne, Plakate usw. mit Magneten befestigen.

Baryt unterschiedlicher Korngröße

7.1.4 Aufbau und Begriffe

Als **Putzgrund** bezeichnet man die Oberfläche eines Bauelementes, auf das der Putz aufgetragen wird. Der Fachunternehmer muss den Untergrund auf seine Eignung als Putzgrund prüfen und gegebenenfalls Bedenken gegen die vorgesehene Art der Ausführung anmelden. Daraus können sich Maßnahmen zur **Putzgrundvorbereitung** und ggf. **-vorbehandlung** ergeben. Die üblichen Verfahren zur **Putzgrundprüfung** und -vorbehandlung werden in Abschnitt 7.4 vorgestellt.

Als **Putzlage** wird die in einem oder mehreren Arbeitsgängen aufgebrachte Schicht des gleichen Mörtels bezeichnet. Beim Auftragen gibt es die Möglichkeit der ein- oder mehrlagigen Ausführung des Putzes. Die untere Lage wird dabei als **Unterputz** und die oberste Lage als **Oberputz** bezeichnet. Alle Maßnahmen zur Vorbereitung und Verbesserung des Putzgrundes (auch das Aufbringen eines Spritzbewurfes) zählen nicht als Putzlage.

Der **Putzmörtel** besteht aus einem Bindemittel (Kalk, Zement, Gips, Silicat, Ton oder Kunstharz), Zuschlagstoffen (Gesteinskörnungen) eventuell Zusatzmitteln zur Verbesserung bestimmter Eigenschaften und Wasser. Von Putzmörtel spricht man, solange dieser noch nicht abgebunden und erhärtet ist.

Bei **einlagigen Putzen** wird der Putzmörtel in einer Schicht aufgetragen und oberflächenfertig bearbeitet. Wird erst ein Teil einer Putzlage aufgetragen und vorgezogen und anschließend nass-in-nass oder frisch-in-frisch die restliche Putzlage aufgetragen, um die vorgesehene Gesamtputzdicke zu erhalten, so handelt es sich um einen **zwei- oder mehrschichtigen, einlagigen Putz**. Bei einem **zwei- oder mehrlagigen Putz** wird die nächste Schicht erst aufgetragen, nachdem das darunter aufgebrachte Material bereits verfestigt ist.

Die **empfohlene durchschnittliche Putzdicke** von Innenputzsystemen mit mineralischen Bindemitteln beträgt 10 mm (Mindestdicke 5 mm) bei **einlagigen Innenputzen** und 15 mm (Mindestdicke 10 mm) bei **zweilagigen Innenputzen**. Innenputze mit **organischen Bindemitteln** sollen durchschnittlich 3 mm (Mindestdicke 0,5 mm) Schichtdicke aufweisen. Bei **Dünnlagenputz** als Innenputz sind besondere Anforderungen an die Ebenheit des Putzgrundes zu stellen. Sind diese gegeben, so können Dünnlagenputze mit einer Putzdicke von 1 … 6 mm aufgetragen werden. Ist der Putzgrund auch durch Maßnahmen der Putzgrundvorbehandlung nicht in der Lage, ein dauerndes Haften des Putzes am Putzgrund sicherzustellen, so müssen diese Bereiche mit einem **Putzträger** überspannt werden. Dieser wird mechanisch am zu verputzenden Bauteil befestigt und stellt dann den Putzgrund dar. Zur Erhöhung des Risswiderstandes eines Putzes kann in bestimmten Bereichen oder vollflächig eine **Putzbewehrung** (Putzarmierung) in den Putz eingebettet werden, um die entstehenden Zugspannungen aufzunehmen und der Rissbildung entgegenzuwirken.

Die Art der Oberflächengestaltung eines Putzes wird als **Putzweise** (z.B. Filzputz, geglätteter Putz, Reibeputz, Kratzputz usw.) bezeichnet. Mit der Putzweise wird das Erscheinungsbild des Putzes bestimmt.

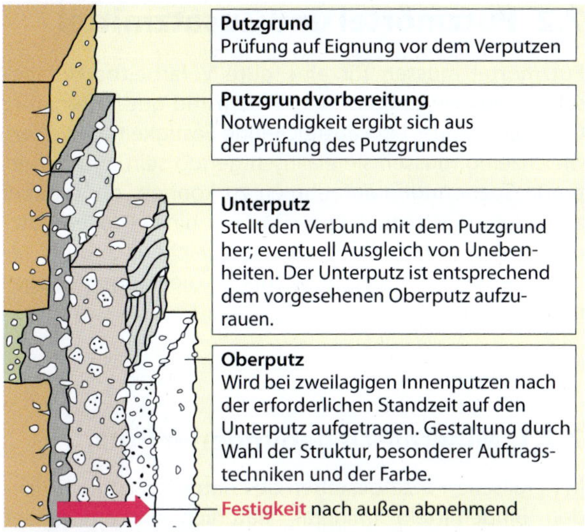

Abnehmende „Festigkeit“ der verwendeten Materialien

Putzregel „weich auf hart“

Die einzelnen Putzlagen müssen in ihrer „Festigkeit“ (gemeint ist die Elastizität und damit die Verformbarkeit) auf den Putzgrund abgestimmt werden. Die Festigkeit muss dabei, ausgehend vom Putzgrund, abnehmen, d.h. dass die jeweils nächste Putzlage eine geringere oder höchstens dieselbe Festigkeit aufweisen soll, wie die darunter angeordnete Putzlage.

Damit ist sichergestellt, dass die Verformbarkeit der einzelnen Putzlagen zunimmt und diese die auftretenden Zugspannungen aus dem Schwinden während des Abbindevorganges und durch Temperatureinflüsse zum härteren Untergrund hin abbauen können. Dies gilt jedoch nicht für Armierungsputze und dünnlagig geriebene Oberputze auf Leichtunterputzen.

Zweischichtiger („nass-in-nass“) Auftrag eines Innenputzes

Zusammenfassung

Beim Aufbau der Putze unterscheidet man ein- und mehrlagige Putze. Die einzelnen Putzlagen werden auf den Putzgrund aufgetragen, der zuvor auf seine Eignung überprüft und ggf. vorbehandelt werden muss.

Die Putzmörtel bestehen aus dem Bindemittel, Zuschlagstoffen (Gesteinskörnungen), evtl. Zusatzmitteln und dem Anmachwasser.

Die empfohlene durchschnittliche Putzdicke von Innenputzsystemen mit mineralischen Bindemitteln beträgt 10 mm (Mindestdicke 5 mm) bei einlagigen Innenputzen und 15 mm (Mindestdicke 10 mm) bei zweilagigen Innenputzen. Innenputze mit organischen Bindemitteln sollen durchschnittlich 3 mm (Mindestdicke 0,5 mm) Schichtdicke aufweisen.

7.2 Putzmörtel und Zusatzmittel

Putzmörtel müssen für eine gute Verarbeitbarkeit geschmeidig sein und auf dem Putzgrund gut haften. Ihre Oberfläche muss eine ausreichende Festigkeit aufweisen. Gleichzeitig müssen sie elastisch genug sein, um auftretende Spannungen aufnehmen zu können, ohne dabei zu reißen oder abzuplatzen. Darüber hinaus sollen Putzmörtel Wasserdampf aufnehmen, speichern und bei reduzierter Raumluftfeuchte wieder an die Raumluft abgeben können.

7.2.1 Mineralisch gebundener Putz

Mineralische Putze bestehen aus natürlich vorkommenden Bindemitteln (Mineral = natürlich vorkommender Festkörper), der Gesteinskörnung, dem Anmachwasser und evtl. Zusätzen zur Erzielung besonderer Eigenschaften. Sie werden meist als **Werktrockenmörtel** hergestellt und als Sack- oder Siloware auf die Baustelle geliefert.

Das **Bindemittel** hat dabei die Aufgabe, alle Bestandteile fest und dauerhaft miteinander zu verbinden. Ist bei Kalk- und Zementmörteln der Anteil des Bindemittels zu hoch („fetter Mörtel"), so führt dies bei der Trocknung durch die Volumenverringerung zur Bildung von Schwindrissen, da Kalk und Zement für sich alleine stark schwinden. Idealerweise soll die Gesteinskörnung nur von einer dünnen Schicht Bindemittelleim umhüllt werden, um dieses Schwindverhalten in unschädlichen Grenzen zu halten. Verfügt der Mörtel über zu wenig Bindemittel („magerer Mörtel"), so führt dies zum Absanden.

Die **Gesteinskörnung** bildet das tragende Gerüst des Putzmörtels und dient als Magerungsmittel wegen der beschriebenen Gefahr der Schwindrissbildung bei Kalk- und Zementmörteln. Sie muss frei von Verunreinigungen (wie z. B. Humus, einem zu hohen Anteil an Gesteinsstaub oder Sägemehl) sein, um schädliche Auswirkungen auf die kraftschlüssige Verbindung zwischen Bindemittel und Gesteinskörnern auszuschließen.

Das **Wasser** verringert die Reibung zwischen den Bindemittelteilchen und der Gesteinskörnung und macht den Trockenmörtel dadurch plastisch und verarbeitbar. Darüber hinaus wird es für die ablaufende chemische Reaktion beim Erhärtungsvorgang benötigt. Es muss frei von Verunreinigungen (z. B. Salze, Säuren und Schwefelverbindungen) sein, die den Erhärtungsvorgang beeinflussen oder zu späteren Ausblühungen führen können.

Putzmörtel/Putzart

DIN 18550 unterteilt die Putzmörtel mit mineralischen Bindemitteln in verschiedene **Druckfestigkeitskategorien** und **Putzarten** ein. Die nebenstehende Tabelle bietet dazu eine Übersicht. Außerdem stellt sie auch den Zusammenhang zwischen den Druckfestigkeitskategorien und den ehemaligen Putzmörtelgruppen dar.

Bestandteile	Aufgabe	bestehend aus (Beispiele):
Bindemittel 	„Klebstoff", durch chemische Reaktion und/oder physikalische Bindung (Adhäsion)	• Luftkalk, Wasserkalk • hydraulische Kalke • Putz- u. Mauerbinder • Zement • Gipsbinder • Calciumsulfatbinder
Gesteinskörnung 	• Gerüst des Mörtels • Magerungsmittel • Dichte vergrößern oder verringern • Dämmfähigkeit verbessern (λ)	• Natur- u. Brechsande (0,25 … 4 mm) • organische Stoffe (z. B. EPS-Kügelchen) • mineralische porosierte Gesteinskörnung
Wasser 	• Verarbeitbarkeit ermöglichen • chemische Reaktionen wie Hydratation bewirken	sauberes Leitungswasser
Zusatzstoffe, Zusatzmittel  	zum Beispiel: • Abbinden verzögern beschleunigen • Luftporen bilden • Färben • Haftung verbessern • Hydrophobieren (Wasser abweisend machen)	• organische und anorganische Stoffe • Pigmente • Fasern • Kunstharzemulsionen

Mineralische Putzmörtel: Bestandteile und deren Aufgabe

Bezeichnung	Druckfestigkeitskategorie	Ehemalige Putzmörtelgruppe
Mörtel mit Luftkalk (CL)	CS I	P I
Mörtel mit hydraulischem Kalk (NHL, HL)	CS I/CS II	P I
Kalkzementmörtel	CS II/CS III	P II
Zementmörtel	CS III/CS IV	P III
Gips-/Gipskalkmörtel	B 1…B 7	P IV
Lehmmörtel	S I/S II	-

Putzmörtel/Putzarten (mineralisch) nach DIN 18550

Druckfestigkeitskategorie	Werte
CS I	0,4 … 2,5 MPa (N/mm^2)
CS II	1,5 … 5,0 MPa (N/mm^2)
CS III	3,5 … 7,5 MPa (N/mm^2)
CS IV	≥ 6,0 MPa (N/mm^2)
B 1…B 6	≥ 2,0 MPa (N/mm^2)
B 7	≥ 6,0 MPa (N/mm^2)
S I	≥ 1,0 MPa (N/mm^2)
S II	≥ 1,5 MPa (N/mm^2)

Druckfestigkeit von Putzmörtel

7.2.2 Organisch gebundener Putz

Für organisch gebundene Putze werden werkseitig gemischte pastöse oder pulverförmige Putze mit einem oder mehreren organischen Bindemitteln verwendet (siehe nebenstehende Abbildung). Diesen Bindemitteln werden wie bei mineralischen Putzen Gesteinskörnungen und Zusatzmittel (z. B. zur Farbgebung) beigefügt.

Kunstharzputze werden im Werk gefertigt und als pastöse Masse in Eimern auf die Baustelle geliefert. Vor der Verarbeitung müssen sie auf der Baustelle nur noch kurz durchgemischt werden. Man teilt organisch gebundene Innenputze in Silicatputze, Kunstharzputze und Siliconharzputze ein, die sich in ihrem Bindemittel unterscheiden.

Besondere Eigenschaften

Organisch gebundene Putze verfügen über eine sehr gute Haftung am Putzgrund, sind schlagregendicht und ausreichend wasserdampfdurchlässig. Sie werden ausschließlich als Oberputze eingesetzt und verfügen über eine sehr große Vielfalt an möglichen Strukturvarianten und Körnungen. Darüber hinaus sind sie in nahezu allen Farbtönen lieferbar. Die Schichtdicken sind sehr gering und können abhängig von der Korngröße 1 mm als Mindestdicke unterschreiten.

Im Gegensatz zu mineralischen Putzen trocknen Kunstharzputze und Siliconharzputze rein physikalisch durch Verdunstung des Wasseranteils unter Volumenverringerung. Dadurch verlängert sich die Trocknungszeit bei niedrigen Temperaturen und bei hoher Luftfeuchtigkeit. Bei Silicatputzen erfolgt zusätzlich eine chemische Reaktion des Kali-Wasserglases mit dem CO_2 der Luft (vgl. 7.3.5). Bei höheren Temperaturen verringert sich die für die Verarbeitung offene Zeit durch schnellere Trocknung. Bei der Verarbeitung soll sowohl die Luft- als auch die Untergrundtemperatur +8 °C nicht unterschreiten.

7.2.3 Zusatzmittel und ihre Wirkung

Zusatzmittel werden werkseitig zugegeben, um bestimmte Eigenschaften des Frischmörtels oder des erhärteten Putzmörtels zu verändern. Dabei dürfen nur solche Zusatzmittel eingesetzt werden, die keinen schädigenden Einfluss auf den Putzmörtel ausüben. Sie dürfen die Festigkeit des Putzmörtels und seine Dauerhaftigkeit nicht beeinflussen. Darüber hinaus darf der Abbinde- und Erhärtungsvorgang des im Putzmörtel verwendeten Bindemittels nicht verändert werden.

Bei der Herstellung von Baustellenmörteln sind die Dosierangaben des Herstellers genau einzuhalten.

Verflüssiger und Fließmittel

Durch den Einsatz von Verflüssigern kann die Verarbeitbarkeit des Mörtels durch die Herabsetzung der Oberflächenspannung des Wassers verbessert und sein Wasseranspruch reduziert werden. Dadurch erhöht sich die Dichte des Putzes und seine Festigkeit. Gleichzeitig werden Frostbeständigkeit, Wasserundurchlässigkeit und Widerstandsfähigkeit gegen chemische Angriffe erhöht.

Bezeichnung	Eigenschaftsbestimmendes Bindemittel	Ehemaliger Putztyp
Dispersionssilicatputz (Silicatputz)	Kali-Wasserglas und Polymerdispersion	–
Dispersionsputz (Kunstharzputz)	Polymerdispersion	P Org 2
Siliconharzputz	Siliconharzemulsion und Polymerdispersion	P Org 2

Putzmörtel/Putzarten (organisch) nach DIN 18550

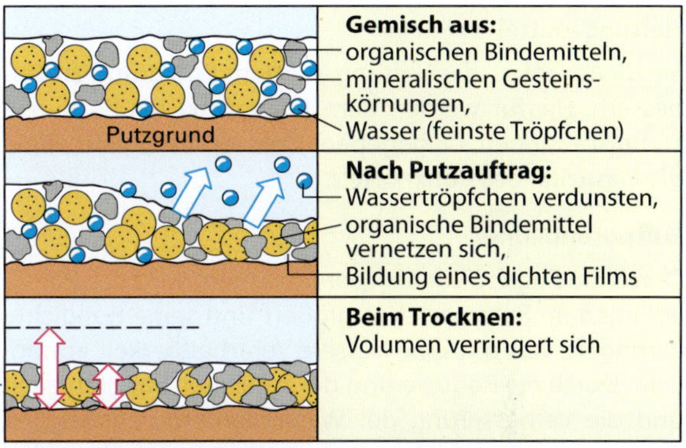

Die Erhärtung von organisch gebundenen Putzen als physikalische Reaktion

Kunstharzputze bestehen zu über 80 % aus mineralischen Bestandteilen

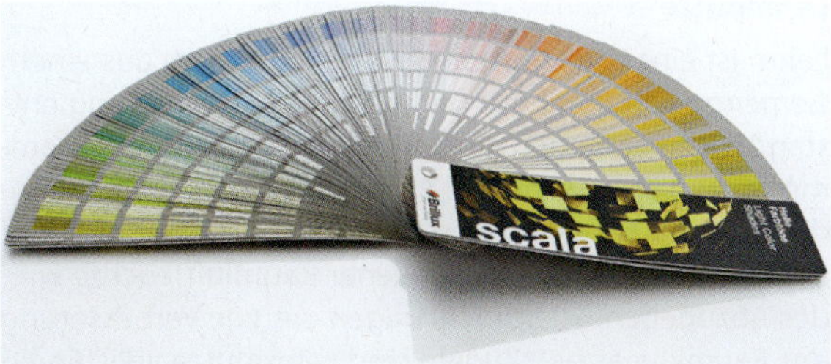

Farbtonkarte für Kunstharzputz

Erstarrungsverzögerer und -beschleuniger

Bei Mörteln kann durch den Einsatz von Erstarrungsverzögerern die Verarbeitungszeit verlängert werden. Verzögerer können bei sehr hohen Temperaturen eingesetzt werden, um den Erstarrungsbeginn zu verzögern. Bei Beschleunigern tritt die entgegengesetze Wirkung ein. Sie werden eingesetzt, um auch in kritischen Temperaturbereichen unter + 5 °C in Ausnahmefällen noch Putz auftragen zu können. Dies ist jedoch im Hinblick auf qualitative Einbußen und daraus eventuell resultierende Gewährleistungsansprüche sehr kritisch zu betrachten.

Haftungsmittel

Sie dienen dazu, die Haftung auf dem Putzgrund zu verbessern. Hierfür werden dem Putzmörtel häufig Kunststoffdispersionen beigegeben. Dies erhöht gleichzeitig die Elastizität des Putzmörtels.

Luftporenbildner

Durch die Zugabe von Luftporenbildnern wird das Porenvolumen im Putzmörtel vergrößert und seine Rohdichte verringert, was u. a. eine bessere Verarbeitbarkeit ermöglicht. Durch die Reduzierung der kapillaren Saugfähigkeit und die Verbesserung der Wasserdampfdurchlässigkeit werden Luftporenbildner neben der Verwendung bei Leichtputzen i. d. R. bei Sanierputzen zugesetzt. Es werden physikalisch (z. B. schaumbildende Seifen) als auch chemisch wirkende Zusätze (z. B. Aluminiumpulver) verwendet.

Hydrophobierungsmittel

Hydrophobierungsmittel verringern die Wasseraufnahmefähigkeit des Putzes, ohne die Wasserdampfdurchlässigkeit zu verschlechtern. Der Putz erhält dadurch Wasser abweisende (hydrophobe) Eigenschaften.

Farbpigmente

Wird eine Einfärbung des Putzmörtels gewünscht, so können dem Putzmörtel natürliche oder synthetische anorganische Farbpigmente (häufig Eisenoxide) zugegeben werden. Diese müssen UV- und witterungsbeständig sowie beständig gegenüber dem verwendeten Bindemittel sein. Durch die Färbung des Putzmörtels bleibt der Farbton auch bei Beschädigungen der Oberfläche erhalten.

Im Allgemeinen darf bei der Zugabe von Farbpigmenten nicht von einem einheitlichen Farbton der fertigen Putzlage ausgegangen werden.

7.2.4 Putze mit sonstigen Bindemitteln

Lehmputze

Lehm ist einer der ältesten Baustoffe, der sich aus einem Gemenge von durch Verwitterung oder Ablagerung entstandener Feinböden (Ton, Schluff) und Sand zusammensetzt. Lehmputze sind in der Lage, bei entsprechender Putzstärke eine große Menge an Wasserdampf aufzunehmen und bei gesunkener Raumluftfeuchte wieder abzugeben. Hierdurch tragen sie zur Verbesserung des Raumklimas bei. Zudem sind Lehmputze vollständig wiederverwendbar und frei von chemischen Zusätzen.

Auswahl an Farbpigmenten

Putzmuster eines eingefärbten Dünnlagenputzes

Mit Wasser aufbereitete Mörtelmischung wird mit der Glättkelle aufgezogen

Gefilzte Oberfläche eines Lehmputzes

Putzmörtel mit Lehm als Bindemittel ist seit Januar 2018 in DIN 18550-2 und auch in DIN EN 13914-2 als mineralisch gebundener Putz aufgenommen worden (vgl. Abschnitt 7.2.1). Er kann als Innenputz überall – einschließlich häuslicher Küchen und Bäder – eingesetzt werden.

Wegen der beschriebenen Eigenschaften und ihrer ästhetischen Gestaltungsmöglichkeiten, werden Lehmputze in den letzten Jahren zunehmend im gesamten Innenbereich zum Verputzen von Wänden und Decken eingesetzt. Da Lehmputze wasserlöslich sind, sollten sie nicht unter Fliesen im Dusch- und Wannenbereich und im Spritzwasserbereich eingesetzt werden. Im witterungsgeschützten Außenbereich können Lehmputze ebenfalls eingesetzt werden, unter Umständen sogar als Unterputz unter einem witterungsbeständigen Oberputz.

Lehmputze können maschinell oder von Hand aufgetragen und auf den meisten Untergründen eingesetzt werden. Saugende Untergründe sind dabei vorzunässen und die Haftung bei nicht ausreichender Rauigkeit durch das Vorspritzen von Lehmmörtel oder Haftbrücken zu verbessern. Der mechanischen Haftung kommt eine große Bedeutung zu, da Lehm nicht chemisch abbindet, sondern durch Austrocknung des Anmachwassers erhärtet.

D.h., beim Erhärtungsvorgang wird kein Wasser gebunden, weshalb auf eine gute Belüftung und gegebenenfalls eine maschinell unterstützte Trocknung (z.B. Einsatz von Gebläse- oder Kondensationstrocknern) geachtet werden muss.

Ton als Bindemittel und Farbgeber

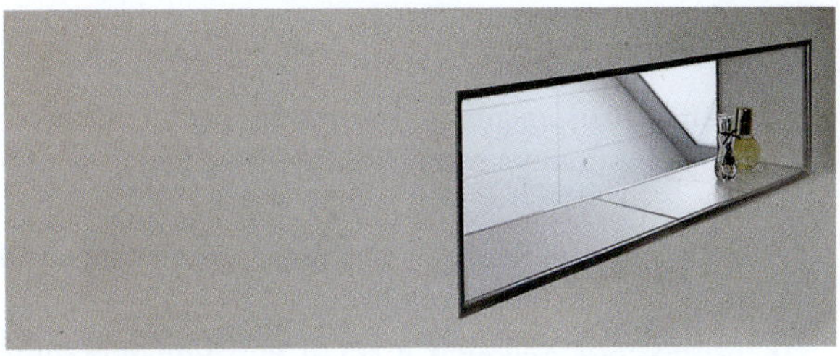

Gestaltung mit Naturputzen auf rein biologischer Basis

Innenputz mit pflanzlichen Bindemitteln

Eine innovative Neuentwicklung im Bereich mineralischer Putze stellt ein Innenwandputz auf rein biologischer Basis dar, der ohne jegliche Farbstoffe, chemische Zusätze und alkalische Bindemittel wie Kalk oder Zement auskommt und auf einem pflanzlichen Bindemittel basiert. Die Farbigkeit wird dabei durch die Zugabe von mineralischen Gesteinskörnungen erzielt.

Der Abbindevorgang erfolgt wie beim Lehmputz durch Austrocknen des Anmachwassers, weshalb auch hier auf eine gute Belüftung und eine ausreichende Standzeit vor dem Auftragen der nächsten Putzlage besonders geachtet werden muss. Messungen des Sorptionsvermögens haben eine ähnlich gute Feuchtigkeitsaufnahme wie beim Lehmputz ergeben. Durch das hohe Haftvermögen ist das pflanzliche Produkt auf nahezu allen Putzgründen einsetzbar.

Mineralisch gebundene Putze bestehen aus dem jeweiligen Bindemittel, der Gesteinskörnung und Wasser. Sie werden in Abhängigkeit vom verwendeten Bindemittel eingeteilt. Mineralische Putzmörtel werden heute meist als Werktrockenmörtel auf die Baustelle geliefert und durch die Zugabe von Wasser verarbeitbar gemacht. Werktrockenmörtel zeichnen sich durch eine hohe und gleichbleibende Qualität aus.

Organisch gebundene Putze werden im Werk verarbeitungsfertig hergestellt und in Gebinden als pastöse Masse auf die Baustelle geliefert. Sie werden ausschließlich als Oberputze eingesetzt.

Zur gezielten Verbesserung bestimmter Eigenschaften können den Putzmörteln **Zusatzmitte**l beigemischt werden.

Aufgaben

1. *Nennen Sie fünf Aufgaben, die Innenputzsysteme erfüllen müssen.*
2. *Beschreiben Sie fünf allgemeine Anforderungen, die an ein Innenputzsystem gestellt werden.*
3. *Wählen Sie einen Innenputz mit besonderen Eigenschaften aus und beschreiben Sie diese.*
4. *Skizzieren Sie den prinzipiellen Aufbau eines Innenputzes. Bezeichnen Sie die einzelnen Schichten und erläutern Sie deren Aufgabe.*
5. *Erläutern Sie die Putzregel „weich auf hart".*
6. *Erklären Sie den Unterschied zwischen einem zweischichtigen, einlagigen Innenputz und einem zweilagigen Innenputz. Geben Sie jeweils ein Beispiel aus ihrer Berufspraxis an.*
7. *Nennen Sie die empfohlenen mittleren Dicken und die zulässigen Mindestdicken von Innenputzen.*
8. *Geben Sie die Bestandteile eines mineralisch gebundenen Putzmörtels an und beschreiben Sie deren jeweilige Aufgabe.*
9. *DIN 18550 unterteilt die Putzmörtel in die ehemaligen Putzmörtelgruppen P I…P IV. Geben Sie jeweils die zugehörigen Bindemittel an. Beschreiben Sie aus Ihrer praktischen Erfahrung, wo die unterschiedlichen Putzmörtelgruppen vorwiegend verwendet werden.*
10. *Beschreiben Sie die Unterschiede zwischen einem mineralisch gebundenem Putz und einem organisch gebundenen Putz.*
11. *Wie hoch muss die Temperatur des Putzgrundes und die Umgebungstemperatur beim Verputzen mindestens sein?*
12. *Wählen Sie drei Zusatzmittel aus und beschreiben Sie deren Wirkung auf den Putzmörtel.*

7.3 Bindemittel und ihre Eigenschaften

7.3.1 Kalk

Baukalke nach DIN EN 459-1 werden als Bindemittel zur Herstellung von Mauer- und Putzmörtel verwendet. Man unterscheidet dabei im Wesentlichen zwischen **Luftkalk** (Weißkalk (CL) und Dolomitkalk (DL)) und **Kalk mit hydraulischen Eigenschaften**.

Luftkalk ist das am einfachsten herzustellende Bindemittel: Er wird als Kalkstein ($CaCO_3$) im Steinbruch gewonnen, bei Temperaturen von etwa 1000 °C gebrannt und gelöscht. Durch die Zugabe von Anmachwasser entsteht Kalkmörtel, der durch die Aufnahme von CO_2 aus der Luft und die Abgabe von überschüssigem Anmachwasser wieder zu Kalkstein erhärtet.

Brennen des Luftkalkes

Versuch: Kalkstein wird im Ofen mehrere Tage bei etwa 1000 °C gebrannt.

Beobachtung: Der Kalkstein wird weiß, porös und spröde. Der Masseverlust der Steine beträgt etwa 44 %.

Erkenntnis: Aus Kalkstein ($CaCO_3$) entsteht gebrannter Kalk (CaO). Kohlenstoffdioxid (CO_2) entweicht in die Luft.

Im Kalkwerk wird der Kalkstein in großen Öfen bei über 900 °C gebrannt (Stückkalk) und anschließend zur Erhöhung der Reaktionsfähigkeit sehr fein gemahlen (Feinkalk).

Löschen des Luftkalkes

Versuch: Gebrannter Kalk wird mit Wasser (H_2O) beträufelt.

Beobachtung: Der Kalk erwärmt sich unter Volumenzunahme.

Erkenntnis: Durch Aufnahme von Wasser (H_2O) entsteht aus Branntkalk (CaO) Kalkhydrat ($Ca(OH)_2$).

Der gebrannte Kalk wird in großen Löschpfannen gelöscht. Der gelöschte Kalk ergibt, mit Gesteinskörnung (Sand) und Wasser angemacht, einen gut verarbeitbaren Mörtel.

Vorsicht: Kalkmörtel ist stark ätzend! Hautkontakt vermeiden und nicht in die Augen bringen!

Erhärten des Luftkalkes

Luftkalkmörtel erhärtet, wenn sich das in der Luft enthaltene Kohlenstoffdioxid (CO_2) mit dem Kalkhydrat (Calciumhydroxid $Ca(OH)_2$) zu Kalkstein (Calciumcarbonat $CaCO_3$) verbindet. Man nennt diesen Vorgang **Carbonatisierung**. Dabei wird Wasser (H_2O) frei und als „Baufeuchte" an die Raumluft abgegeben.

Erhärten der Kalke mit hydraulischen Eigenschaften

Diese Baukalkarten erhärten sowohl durch chemische Bindung von Wasser (Hydratation) als auch durch Carbonatisierung mit dem CO_2 der Luft. Sie werden in drei Untergruppen gegliedert:

Natürliche hydraulische Kalke (NHL) werden druch Brennen von tonhaltigem Kalkstein hergestellt. Formulierte Kalke (FL) werden aus Luftkalk oder NHL mit Zusätzen von Hydraulefaktoren, die als Anreger der hydraulischen Erhärtung wirken, hergestellt. Für hydraulische Kalke (HL) werden Kalke mit größeren Anteilen Zement oder Hochofenschlacke gemischt, sodass sie im Erstarrungsverhalten dem Zement sehr ähneln.

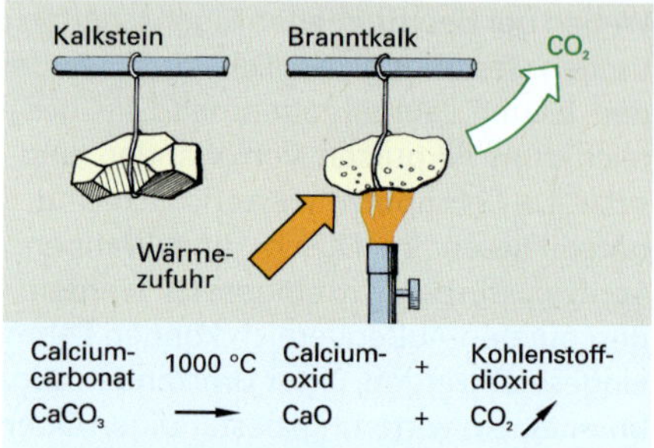

Brennen von Kalkstein (Analyse)

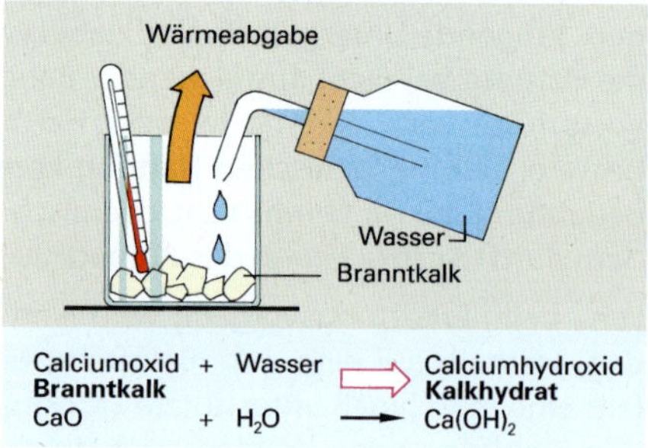

Löschen von gebranntem Kalk (Synthese)

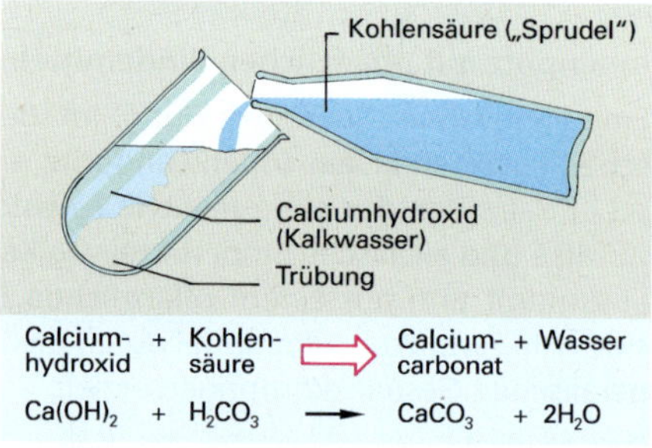

Erhärten des Luftkalkes

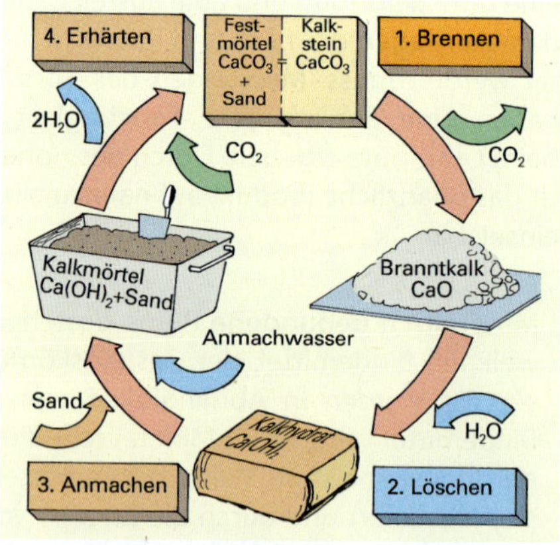

Kreislauf des Luftkalkes

Luftkalke dürfen nicht für Bauteile unter Wasser oder für Bauteile, die hinterfüllt werden (z. B. Kellerwandaußenputz) verwendet werden. Erhärteter Luftkalk ist dauerhaft und wasserbeständig und kann der Witterung unbeschadet ausgesetzt werden.

7.3.2 Zement

Zemente nach DIN EN 197-1 sind fein gemahlene, hochhydraulische Bindemittel für Mörtel und Beton, die an der Luft und unter Wasser erhärten.

Herstellung

Die **Zementrohstoffe** Kalkstein und tonhaltiges Gestein werden nach dem Brechen zuerst gemahlen, fein dosiert, gemischt und bei sehr hohen Temperaturen zu Zementrohmehl gebrannt.

Im **Drehrohrofen** wird das gekörnte Rohmehl bei Temperaturen bis etwa 1 450 °C bis zur beginnenden Schmelze gebrannt. Dabei durchwandert das Schmelzgut den schräg liegenden Drehrohrofen, der bis zu 100 m Länge haben kann. Der gesamte Kalk des Kalksteins wird dabei an die Tonmineralien Silicium-, Aluminium- und Eisenoxid chemisch gebunden.

Die entstehenden **Portlandzementklinker** mit einem Durchmesser von etwa einem Zentimeter werden anschließend mit ungefähr 3 % **Gipsstein** (zur Erstarrungsverzögerung) fein gemahlen. Je feiner das **Zementmehl**, desto größer ist die Reaktionsoberfläche beim Anmachen und umso höhere Festigkeiten erreicht der erhärtete Zementmörtel.

Durch die Zugabe von Hüttensand (Hochofenschlacke aus der Roheisengewinnung), **Puzzolanen** (Gestein vulkanischen Ursprungs, in Deutschland z. B. Trass) und gebranntem **Schiefer** in unterschiedlicher Menge lassen sich die Eigenschaften und die komplexen chemischen Erhärtungsreaktionen des Zementes verändern. Es lassen sich dadurch z. B. Zemente mit hoher oder niedriger Anfangsfestigkeit, mit erhöhtem Widerstand gegen chemische Angriffe, mit besonders hoher Dichte oder der Eignung für weißen Sichtbeton herstellen.

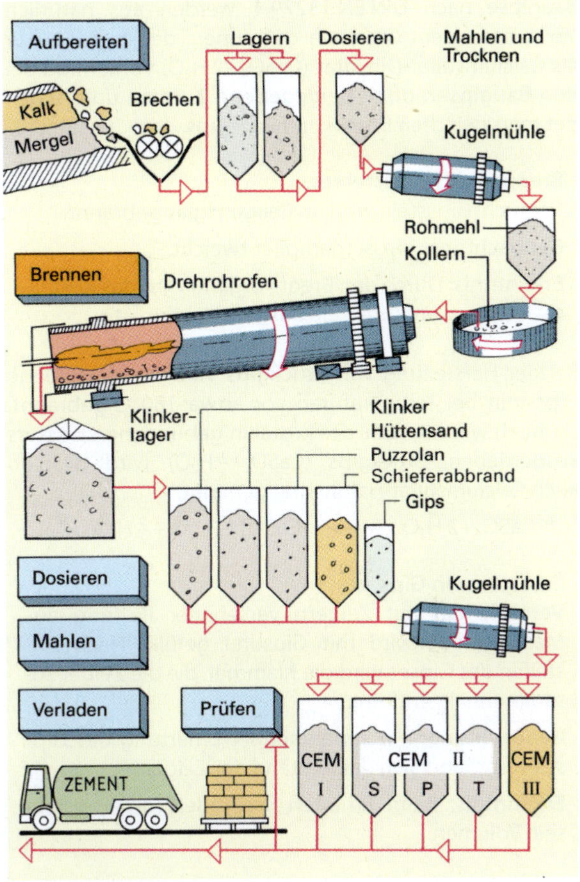

Herstellung von Zement

Verarbeitung und Erhärtung

Beim Anmachen des Zementes mit Wasser entsteht **Zementleim**, der die zugegebene Gesteinskörnung umhüllt. Die Zementbestandteile sind in der Lage, Wasser chemisch zu binden. Man nennt diesen Vorgang **Hydratation**, bei dem Hydratationswärme frei wird und aus dem Zementleim starres **Zementgel** entsteht. Die **Erhärtung des Betons** erfolgt durch weitere Hydratation und es entsteht **Zementstein**. Bei vorzeitigem Feuchteentzug und Temperaturen unter 5 °C wird der Erhärtungsvorgang unterbrochen.

Die erreichbare Normdruckfestigkeit von Zementen ist im Vergleich zu Luftkalken und hydraulischen Kalken um ein Vielfaches höher, weswegen Zementputze insbesondere in Bereichen hoher mechanischer Belastung eingesetzt werden.

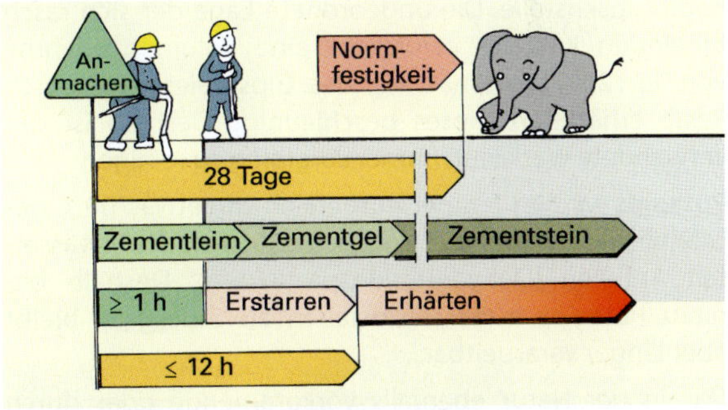

Erhärtungsvorgang bei Normalzementen

Die Erhärtung des Zementes erfolgt durch den Vorgang der Hydratation (chemische Bindung des Wassers), bei dem Wärme frei wird.

Die Erstarrungsdauer kann durch die Zugabe von Gips bei der Zementherstellung auf über zwei Stunden verlängert werden.

Anwendungsbereich für Zementputze: Kellerwandaußenputz

7.3.3 Gips

Baugipse nach DIN EN 13279-1 werden aus natürlich vorkommendem Gipsstein gewonnen, der in der Natur als Calciumsulfat-Dihydrat ($CaSO_4 \cdot 2\,H_2O$) vorkommt. Bei den **Baugipsen ohne beigegebene Zusätze** unterscheidet man zwischen **Stuck-** und **Putzgips**.

Brennen des Gipssteines
Versuch: Gipsstein wird im Reagenzglas gebrannt.

Beobachtung: Wasserdampf entweicht.

Erkenntnis: Durch den Brennvorgang wird das Kristallwasser aus dem Gipsstein ausgetrieben.

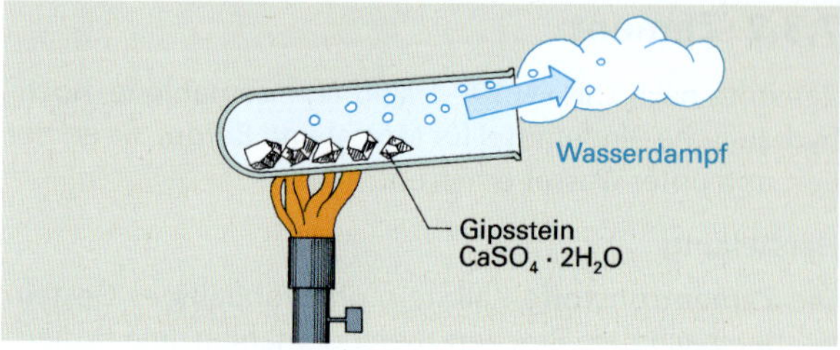

Brennen von Gipsstein

Bei der Herstellung von **Stuckgips** wird der gemahlene Gipsstein bei Temperaturen von etwa 180 °C gebrannt. Dadurch werden 75 % des kristallin gebundenen Wassers ausgetrieben. Stuckgips ($CaSO_4 \cdot \frac{1}{2}\,H_2O$) wird deshalb auch Calciumsulfat-Halbhydrat genannt.

$$CaSO_4 \cdot 2\,H_2O \longrightarrow CaSO_4 \cdot \tfrac{1}{2}\,H_2O + \tfrac{3}{2}\,H_2O \nearrow$$

Erhärten von Gips
Versuch: Ein mit Zeigern versehener Prüfring aus Messingblech wird mit Gipsbrei gefüllt. Nach Ansteifen des Gipses wird die Klammer, die die Zeiger zusammenhält, entfernt.

Beobachtung: Mit zunehmender Erhärtung des Gipses vergrößert sich der Abstand der Zeiger.

Erkenntnis: Beim Erhärten vergrößert der Gipsbrei sein Volumen.

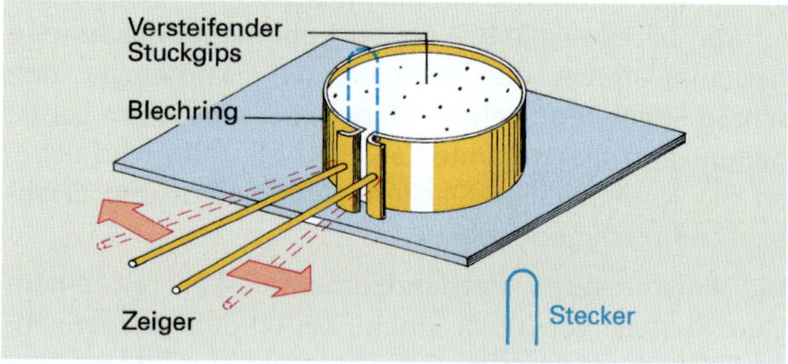

Ausdehnung von Stuckgips beim Erhärten

$$CaSO_4 \cdot \tfrac{1}{2}\,H_2O + \tfrac{3}{2}\,H_2O \longrightarrow CaSO_4 \cdot 2\,H_2O$$

Stuckgips bindet beim Erhärten die Wassermenge, die beim Brennvorgang ausgetrieben wurde, und bildet neue Gipskristalle. Die ungeordnete Lage der sich rasch bildenden Kristalle verursacht eine Volumenzunahme von 1 ... 2 %. Die Erhärtung des Gipsbreies wird durch Reste erhärteten Gipses beschleunigt. Deshalb ist das verwendete Werkzeug immer sorgfältig zu reinigen.

Putzgips wird im Temperaturbereich von etwa 700 °C gebrannt und besteht aus unterschiedlich stark entwässerten Anteilen (Dehydratationsprodukten). Deshalb beginnt Putzgips früher anzusteifen als Stuckgips, bleibt aber länger verarbeitbar.

Das in der Natur ebenfalls vorkommende oder durch Brennen hergestellte kristallwasserfreie **Calciumsulfat** (Anhydrit), wird als Bindemittel für Estriche verwendet.

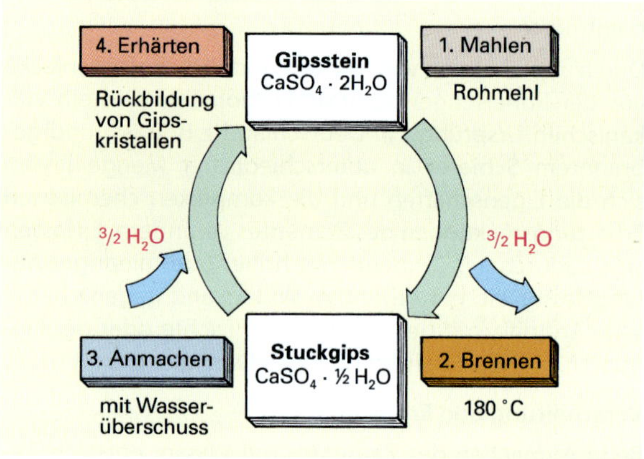

Kreislauf des Stuckgipses

Eigenschaften der Gipse

Gipse haften auch auf glatten Flächen sehr gut. Bei andauernder Durchfeuchtung werden sie gelöst und können deshalb nicht im Freien und in Feuchträumen eingesetzt werden. Da sie keinen Korrosionschutz bieten, müssen eingebaute Stahlteile verzinkt oder anderweitig gegen Korrosion geschützt werden.

Gipsputze verfügen durch das gebundene Kristallwasser (bis zu 20 %) über gute brandschützende Eigenschaften, da dieses im Brandfall verdampft.

Kurzzeichen	Bezeichnung	Bindemittelgehalt
B1	Gipsputztrockenmörtel	> 50 % Gipsbinder ≤ 5 % Baukalk
B2	Gipshaltiger Putztrockenmörtel	< 50 % Gipsbinder ≤ 5 % Baukalk
B3	Gipskalkputztrockenmörtel	> 5 % Baukalk
B4	Gipsleichtputztrockenmörtel	wie B1 + Leichtzuschläge
B5	Gipshaltiger Leichtputztrockenmörtel	wie B2 + Leichtzuschläge
B6	Gipskalkleichtputztrockenmörtel	wie B3 + Leichtzuschläge
B7	Gipstrockenmörtel für Putz mit erhöhter Oberflächenhärte	> 50 % Gipsbinder

Gipstrockenmörtel nach DIN EN 13279-1

7.3.4 Ton

Ton ist ein überwiegend feinstkörniges Mineral, das sich durch Verwitterung bildet und als Rohstoff für die Herstellung von Keramik eingesetzt wird. Als Bindemittel von Lehmbaustoffen, die sich aus einem Gemenge von Ton, Schluff und Sand zusammensetzen, hat er im Bauwesen Bedeutung für die Herstellung von z. B. Ziegeln. Eine weitere Anwendung erfährt stark porös gebrannter Ton als Blähton, der als leichte Gesteinskörnung zur Herabsetzung der Rohdichte und Verminderung der Wärmeleitfähigkeit bei Massivbaustoffen eingesetzt wird. Eine wieder zunehmende Bedeutung erfährt Ton im Stuckateurhandwerk als Bindemittel von Lehmputzen (siehe Abschnitt 7.2.4).

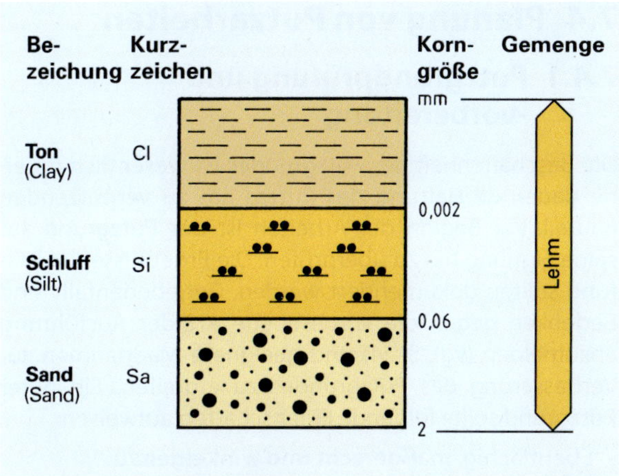

Zusammensetzung von Lehm

7.3.5 Silicate

Silicate sind Salze der Kieselsäure, die als natürliche Silicate (Feldspat, Glimmer, Quarz und andere Minerale) den Großteil der Erdkruste bilden. Industriell hergestellte Silicate werden auch als mineralisches Bindemittel für Silicatputze und -farben eingesetzt. Hierfür wird das wasserlösliche Kaliumsilicat (Wasserglas) verwendet, das durch die Reaktion von Quarz mit Kalilauge unter hohen Temperaturen hergestellt wird.

Silicatputze erhärten durch die Reaktion des Wasserglases mit dem Kohlendioxid aus der Luft. Es bildet sich Kieselsäuregel, das bei reaktionsfähigen mineralischen oder durch Grundierung entsprechend vorbereiteten Untergründen zu einer festen Verbindung und damit sehr guten Haftung am Putzgrund führt. Dieser Vorgang wird **Verkieselung** genannt. Silicatputze eignen sich sehr gut für wetterbeständige Fassadenbeschichtungen. Sie besitzen das gleiche Ausdehnungsverhalten wie der mineralische Untergrund und weisen eine sehr gute Wasserdampfdurchlässigkeit auf. Wegen dieser Eigenschaften werden Silicatputze auch im Bereich denkmalgeschützter Fassaden eingesetzt.

Eigenschaften der Silicate

Putze mit Silicaten als Bindemittel zeichnen sich durch ihre dauerhaft gute Witterungsbeständigkeit aus. Bei der Lagerung, Verarbeitung und während des Abbindevorganges dürfen Temperaturen von + 8 °C nicht unterschritten werden, um den Prozess der Verkieselung nicht zu unterbrechen.

Um die Lagerbeständigkeit von Silicatputzen zu erhöhen, wird ein geringer Anteil an Polymerdispersionen zugesetzt. Diese Produkte werden als **Einkomponentenprodukte** bzw. „1-K-Silicatprodukte" bezeichnet. Will man diesen stabiliserenden Anteil an organischen Bindemitteln vermeiden, so muss man auf **Zweikomponentenprodukte** („2-K-Silicatprodukte") zurückgreifen, die jedoch nicht verarbeitungsfähig geliefert werden können. Sie müssen auf der Baustelle aus der flüssigen Komponente Kaliwasserglas und pulverförmigen Füllstoffen angerührt werden. Wegen der ätzenden Wirkung des Wasserglases müssen bei der Verarbeitung insbesondere Metall- und Glasflächen gut abgeklebt werden.

Anmischen und Auftragen des Silicatputzes

Zusammenfassung

Gipsputze zeichnen sich durch ihre Schwindfreiheit aus. Sie verfügen über gute bis sehr gute brandschutztechnische und feuchtigkeitsregulierende Eigenschaften und ein gutes Haftvermögen. Sie werden nur im Innenbereich verwendet.

Kalkputze sind diffusionsoffen und verfügen ebenfalls über eine gute feuchtigkeitsregulierende Wirkung. Wegen ihres hohen ph-Wertes bieten sie Schimmelpilzen keinen Nährboden.

Kalkgipsputze verbinden die positiven Eigenschaften der Bindemittel Kalk und Gips.

Zementputze weisen eine hohe Festigkeit, Frostbeständigkeit und Dichtheit auf. Sie werden dort eingesetzt, wo hohe Anforderungen an die Belastbarkeit gestellt werden.

Kalkzementputze sind durch die Zugabe von Kalk besser verarbeitbar als reine Zementputze. Sie werden insbesondere in Feuchträumen und Räumen höherer mechanischer Beanspruchung (z. B. Treppenhäuser) eingesetzt.

Lehmputze und Putze mit pflanzlichen Bindemitteln werden wegen des gestiegenen Umweltbewusstseins zunehmend von Kunden im Innenbereich gewünscht. **Putze mit organischen Bindemitteln** und **Silicatputze** zeichnen sich durch ihre Wetterbeständigkeit aus und werden überwiegend im Außenbereich verwendet.

7.4 Planung von Putzarbeiten

7.4.1 Putzgrundprüfung und -vorbereitung

Die Beschaffenheit des Putzgrundes ist wesentlich für eine dauernde Haftung des Putzes am zu verputzenden Bauteil. Vor Beginn der Arbeiten ist der Putzgrund auf seine Eignung hin zu überprüfen. Die Ergebnisse der Prüfung sollten dokumentiert werden. Gegebenenfalls sind Bedenken gegen die vorgesehene Art der Ausführung anzumelden (vgl. S. 24) und geeignete Maßnahmen zur Verbesserung des Putzgrundes zu ergreifen. Ein guter Putzgrund sollte folgende Eigenschaften aufweisen:

- **Ebenflächig, maßgerecht und winkelgenau**
  Dadurch kann der Putz in gleichmäßiger Stärke aufgetragen werden. Aus unterschiedlicher Putzstärke resultierende Spannungen beim Abbindeprozess werden vermieden.
- **Trocken, nicht Wasser abweisend**
  Ein durchfeuchteter Putzgrund vermindert die Haftung des Putzes und beeinflusst die Festigkeitsentwicklung. Der Feuchtegehalt darf, abhängig vom Baustoff des Putzgrundes, bestimmte Werte nicht überschreiten (bei Beton ≤ 3 Masse %).
- **Rau**
  Ein zu glatter Putzgrund verhindert einen dauerhaften Verbund zwischen Putz und Putzgrund.
- **Einheitlich**
  Ein uneinheitlicher Putzgrund (z. B. Mischmauerwerk) verfügt über ein ungleichmäßiges Saug- und Temperaturausdehnungsverhalten. Beides führt zu Spannungen im Putz.
- **Tragfähig, formstabil**
  Der Putzgrund muss auf den Putz einwirkende Lasten aus Eigenlast, Winddruck und Windsog sicher aufnehmen und ableiten können. Konstruktive Verformungen (z. B. Verdrehung von Deckenauflagern) sollten vor dem Putzen im Wesentlichen abgeschlossen sein.
- **Rissfrei**
  Risse in einzelnen Mauersteinen können ohne weitere Vorbehandlung verputzt werden. Über mehrere Steinlagen gehende Risse sind nach Art, Ursache, Breite und zu erwartendem weiteren Wachstum zu beurteilen.
- **Frostfrei**
  Innerhalb eines Temperaturbereiches von 0 °C … +5 °C (bei Silicatputzen bis +8 °C) wird die geforderte Druckfestigkeit des Putzes durch einen gestörten Abbindeprozess nicht mehr erreicht. Bei Temperaturen unter dem Gefrierpunkt entstehen Frostschäden durch Volumenvergrößerung des gefrierenden Wassers.
- **Frei von Verunreinigungen und Ausblühungen**
  Anhaftende Fremdstoffe wie Staub, Schalölrückstände oder Ausblühungen verhindern einen ausreichenden Verbund zum Putzgrund.
- **Mauerwerksfugen geschlossen, Überbindemaß eingehalten**
  Zu breite offene Stoßfugen oder ein zu geringes Überbindemaß im Mauerwerk können zu Rissen im Putz führen.

Unebener und uneinheitlicher Putzgrund

Putzablösung auf durchfeuchtetem Putzgrund

Einzelriss

Ausblühungen

Offene Stoßfugen

Prüfverfahren und Putzgrundvorbereitung

Die Vorbereitung des Putzgrundes ist ein wesentlicher Bestandteil bei der Ausführung von Putzarbeiten. Darunter fallen alle Maßnahmen, die einen festen und dauerhaften Verbund zwischen dem Putz und dem Putzgrund fördern. Zur Überprüfung des Putzgrundes sind die in nachfolgender Tabelle aufgelisteten Prüfverfahren anzuwenden. Die Prüfung und Vorbereitung des Putzgrundes stellt eine **Nebenleistung** dar, die nicht besonders vergütet wird. Diese umfasst allerdings lediglich die Säuberung des Putzgrundes von Staub und sonstigen üblicherweise vorhandenen losen Teilen durch Abkehren des Putzgrundes. Alle darüber hinausgehenden Maßnahmen zur Putzgrundvorbehandlung sind **besondere Leistungen** und als solche gesondert zu vergüten.

Prüfverfahren	Prüfung auf	Mögliche Maßnahmen (siehe auch Abschnitt 7.4.3, Putzgrundvorbehandlung)
Optische Prüfung/ Augenschein 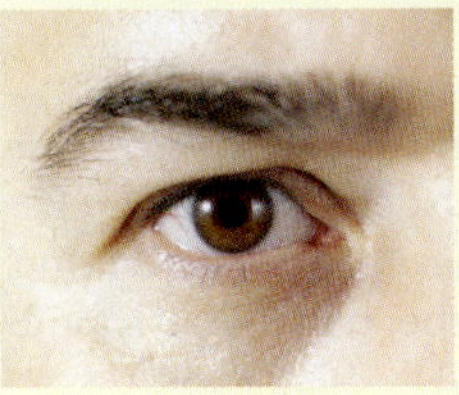	Anhaftende Fremdstoffe, Verschmutzungen	Abkehren, abbürsten oder abwischen
	Schalölrückstände	Mit dem Hochdruckreiniger oder speziellen Reinigungsmitteln entfernen
	Ausblühungen	Bedenken anmelden, Ursache muss geklärt werden. Evtl. reicht abkehren, wenn die Ursache beseitigt ist.
	Dehnfugen im Bauwerk	Anordnung von Dehnfugenprofilen im Putz
	Offene Mauerwerksfugen	Bei Fugenbreite > 5 mm müssen die Fugen ausgemörtelt werden; Standzeiten sind einzuhalten.
	Zu geringes Überbindemaß des Mauerwerks	Bedenken anmelden; vollflächig Armierungsputz mit Putzbewehrung vorsehen
	Glatte Flächen	Sandstrahlen, Haftbrücke oder Putzträger aufbringen
Wischprobe 	Staub	Abkehren Bei absandenden Oberflächen Tiefgrund oder Putzfestiger aufbringen
	Durchfeuchtung	Ursache feststellen (z. B. fehlende provisorische Fallrohre, aufsteigende Feuchtigkeit) und beseitigen; Trocknung abwarten; evtl. Geräte zur Mauerwerkstrocknung aufstellen
Kratzprobe 	Festigkeit, Tragfähigkeit	Bei abblätternden, abplatzenden oder absandenden Untergründen diese mit Stahlbesen abbürsten; ggf. sandstrahlen oder Altputz entfernen Vorhandene Anstriche gegebenenfalls entfernen
Benetzungsprobe 	Geringe Saugfähigkeit	Haftbrücke/Haftbeschichtung auftragen oder Putzmörtel mit verbesserter Haftung verwenden
	Uneinheitliche Saugfähigkeit	Aufbrennsperre/Grundierung aufbringen, die das Saugverhalten vereinheitlicht (egalisiert)
	Hohe Saugfähigkeit	Vornässen des Putzgrundes Aufbrennsperre/Grundierung aufbringen, die das Saugverhalten reduziert
Feuchtemessung 	Feuchtegehalt	Ursache der Durchfeuchtung feststellen und beseitigen. Trocknung abwarten, evtl. Unterstützung durch Trocknungsgeräte. Bei sehr hoher Restfeuchte im Mauerwerk (z. B. wenn die Mauerkrone bzw. Hohlkammern nicht abgedeckt wurden) kann die Trocknung sehr lange dauern (unter Umständen 1 … 2 Jahre). In diesem Fall zur Vermeidung von Putzrissen zusätzlich eine Armierungsschicht vorsehen.

7.4.2 Putzgrundvorbehandlung

Da ein idealer Putzgrund weder stark noch schwach saugend sein sollte und darüber hinaus eine ausreichende Rauigkeit für eine ausreichende Haftung aufweisen muss, erfordern etliche Putzgründe wie Betonflächen, Kalksandsteine, Leichtziegel, Dämmplatten und Mischmauerwerk zusätzliche Maßnahmen der Putzgrundvorbehandlung. In der Regel ist bei diesen Putzgründen vor dem Aufbringen der Putzlagen eine zusätzliche Schicht aufzutragen, die die Eigenschaften des Putzgrundes verbessert oder vereinheitlicht.

Die Putzgrundvorbehandlung erfolgt insbesondere durch folgende Maßnamen:

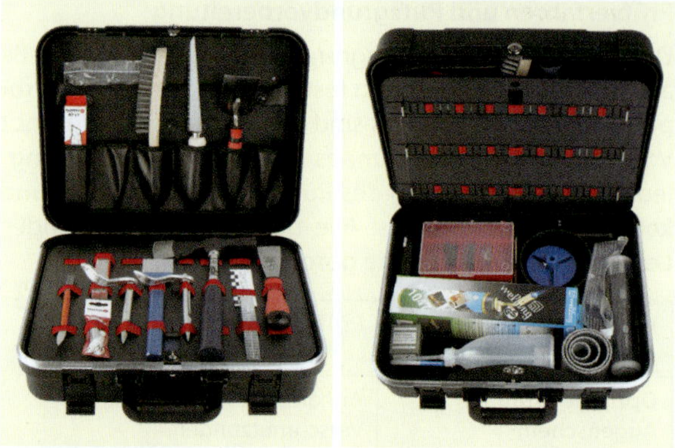

Diagnosekoffer zur Putzgrundprüfung

Der Putzgrundvorbehandlung muss eine eingehende Prüfung des Putzgrundes vorausgehen. Bestehen Bedenken gegen die vorgesehene Art der Ausführung, so müssen diese dem Auftraggeber gegenüber schriftlich mitgeteilt werden (vgl. S. 24).

Haftbrücken

Haftbrücken sind immer vollflächig aufzubringen. Sie dienen der Verbesserung der Haftung bei glatten und/oder schwach saugenden Untergründen wie z.B. Beton. Die Temperatur des Untergrundes und die Verarbeitungstemperatur dürfen + 5 °C nicht unterschreiten. Haftbrücken müssen vor dem Putzauftrag trocken sein.

- **Haftbrücken auf organischer Basis**
  (kunstharzgebundene Haftbrücken/Quarzhaftbrücken)
  Kunstharzgebundene Haftbrücken werden insbesondere für gipshaltige Putze im Innenbereich auf Beton, Kalksandsteinen und auch auf Polystyrol verwendet. Zur Verwendung im Außenbereich und unter Kalk-, Kalkzement- und Zementputzen sind ebenfalls Produkte erhältlich.
  Bei der Verwendung auf Beton muss dessen Restfeuchtegehalt bestimmt werden. Dieser darf einen Wert von max. 3 % (gemessen mind. 3 cm unter der Oberfläche) nicht überschreiten, da nachträgliche Kondensatbildung an der Schichtgrenze zur Haftbrücke oder zum Putz zum Versagen der Haftbrücke und zum Abplatzen des Putzes führen kann.
  Haftbrücken auf organischer Basis werden verarbeitungsfähig auf die Baustelle geliefert und bestehen im Wesentlichen aus Kunstharzen und feinen Quarzsanden, mit denen eine raue und griffige Oberfläche erzielt und das Saugverhalten des Untergrundes vereinheitlicht wird. Sie sind spritz-, walz- oder streichbar und müssen vor Arbeitsbeginn und nach Arbeitsunterbrechungen intensiv aufgerührt werden.
- **Haftbrücken auf mineralischer Basis**
  Mineralische Haftbrücken sind zur Verwendung im Innen- und Außenbereich in Verbindung mit allen mineralischen Putzen geeignet. Sie bestehen in der Regel aus Zement, Kalk sowie mineralischen Gesteinskörnungen und sind mit Kunstharzen modifiziert. Die Lieferung auf die Baustelle erfolgt als Werktrockenmörtel, der nach dem Anmachen mit der Zahntraufel aufgebracht wird.
  Auf dichten oder glatten Untergründen (z.B. glatt geschalter Beton), extrudiertem Polystyrol (XPS) und ähnlichen Untergründen ist vor dem Auftragen von Kalk- und Zementputzen grundsätzlich eine mineralische kunststoffmodifizierte Haftbrücke aufzubringen.

Beton-Fertigteilelementdecke

Auftragen einer organischen Haftbrücke

Mineralische Haftbrücke (Rillenspachtelung)

Aufbrennsperre/Grundierung

Eine Aufbrennsperre wird zur Regulierung bzw. Vereinheitlichung (Egalisierung) des Saugvermögens auf stark oder ungleichmäßig saugenden Putzgründen (z.B. Porenbeton) aufgespritzt, gewalzt oder gestrichen. Sie eignet sich zur Anwendung mit allen mineralisch gebundenen Putzen. Als Folge eines zu starken Wasserentzuges durch den Putzgrund besteht die Gefahr des „Aufbrennens“ oder „Verdurstens“ des Putzes. Materialbasis sind Dispersionsbindemittel und Zusätze zur Verbesserung der Verarbeitungseigenschaften.

Spritzbewurf

Der Spritzbewurf besteht aus Zement, einem geringen Anteil Kalk zur Verbesserung der Verarbeitbarkeit und Sand. Durch die Entwicklung moderner Putzmörtel, Haftbrücken und Aufbrennsperren hat er seine Bedeutung bei der Putzgrundvorbehandlung weitestgehend verloren. Ursprünglich wurde er zur besseren Haftung auf Beton und zur Reduzierung des Saugvermögens bei Ziegelmauerwerk eingesetzt. Durch die Entwicklung im Betonbau zu sehr dichten und glatten Oberflächen genügte der Spritzbewurf den Anforderungen nicht mehr und wurde durch Haftbrücken ersetzt. Gleiches gilt für die Verwendung bei Ziegelmauerwerk, bei dem durch die Entwicklung der Aufbrennsperren der Spritzbewurf verdrängt wurde. Anwendungsgebiete für den Spritzbewurf sind heutzutage hauptsächlich die Sanierung auf altem Mauerwerk und das Auftragen von Sanierputzen, bei denen ein warzenförmiger Spritzbewurf zur Verbesserung der Haftung eingesetzt wird. Darüber hinaus wird der volldeckende Spritzbewurf auch auf Mischmauerwerk, Holzwolle-Platten oder Holzspan-Schalungssteinen eingesetzt, um diese vor Feuchtigkeit zu schützen.

Alternative bei stark saugenden Untergründen
Als Ausführungsalternative kann bei stark saugenden Putzgründen (Ziegel, Porenbeton, Holzwolle-Platten und Holzspansteine) und der Verwendung von Kalkzementputzen der Putzauftrag auch zweischichtig „nass-in-nass“ oder „frisch-in-frisch“ erfolgen. Hierbei wird der Putz in einer ersten Schicht etwas über die Hälfte aufgetragen und mit der Zahnkartätsche zugezogen. Nach dem ersten Ansteifen wird der Putz bis auf die Gesamtputzdicke aufgezogen. Gegebenenfalls ist der Putzgrund etwas vorzunässen.

Tiefgrund/Putzfestiger

Lösemittelhaltiger Tiefgrund basiert auf organischen Bindemitteln und eignet sich zur Verfestigung von verwitterten, kreidenden und absandenden Putzgründen. Das Material dringt durch seine hohe Kapillargängigkeit in den Putzgrund ein und wirkt stark verfestigend. Schmutz, Staub und lose Teile müssen vor dem Auftrag entfernt werden. Der Untergrund muss ebenso tragfähig, trocken und sauber sein. Das Material lässt sich aufstreichen oder aufspritzen, wobei eine am Glanz zu erkennende zu hohe Auftragsmenge zur Filmbildung und damit zu Haftungsproblemen führt. Die Bauteil- und Lufttemperatur darf + 5 °C nicht unterschreiten.

Aufbrennsperre

Zementspritzbewurf

Auftragen von Tiefgrund

Zusammenfassung

Die **Putzgrundprüfung und -vorbereitung** stellt eine Nebenleistung dar, die nicht besonders vergütet wird. Sind zusätzliche Maßnahmen der **Putzgrundvorbehandlung** notwendig, um den dauerhaften Verbund zwischen dem vorhandenen Putzgrund und dem aufgetragenen Putz herzustellen, so handelt es sich dabei um besondere Leistungen, die auch besonders vergütet werden müssen.

Zur Putzgrundvorbehandlung eignen sich:

- eine **Haftbrücke** bei glatten oder schwach saugenden Untergründen (z.B. Beton, Kalksandstein oder Polystyrol),
- eine **Aufbrennsperre** (Grundierung) zur Regulierung des Saugvermögens bei ungleichmäßig oder stark saugenden Putzgründen (z.B. Porenbeton),
- ein **Spritzbewurf** zur Regulierung und Vereinheitlichung des Saugverhaltens und zur Verbesserung der Haftung bei besonderen Anwendungen,
- ein lösemittelhaltiger **Tiefgrund** zur Verfestigung bei absandenden oder kreidenden Putzgründen.

7.4.3 Putzträger

Aufgaben von Putzträgern

Wenn der Putzgrund auch nach einer Putzgrundvorbehandlung keine ausreichende, sichere und dauerhafte Haftung des Putzes ermöglicht, werden Putzträger eingesetzt. Darüber hinaus werden Putzträger beim Überspannen von Aussparungen, der Überbrückung von breiten Wandschlitzen und beim Verputzen ungeeigneter Putzgründe wie Holz, Stahl oder Kunststoff eingesetzt. Putzträger müssen ein dauerndes Haften des Putzes sicherstellen oder eine vom tragenden Bauteil unabhängige Putzschicht ermöglichen. Sie müssen so beschaffen sein, dass sie alle auf die Putzschale einwirkenden Lasten und Kräfte aufnehmen und durch eine mechanische Befestigung in den Putzgrund ableiten können.

Arten von Putzträgern

- **Putzträger aus Streckmetall** in Form eines korrosionsgeschützten Gittergewebes, das als flaches Streckmetall und zur Erhöhung der Stabilität auch als gewelltes Streckmetall angeboten wird. Rippenstreckmetall besitzt eine zusätzlich eingefügte Rippe für eine noch bessere Stabilität.
- **Putzträger aus Drahtgittergewebe** sind korrosionsgeschützte, punktgeschweißte quadratische Gitter, die mit unterschiedlichen Maschenweiten und Drahtdurchmessern angeboten werden. Unter der Bezeichnung Stucanet wird verzinktes Drahtgitter mit eingezogener Pappe zwischen den Längs- und Querdrähten zur Absorption von Feuchtigkeit angeboten.
- **Ziegeldrahtgewebe**, bei denen an den Kreuzungsstellen des Drahtgewebes Tonkreuze für eine größtmögliche Oberfläche und eine gute Verkrallung angebracht sind.
- **Schilfrohrmatten** aus durch Draht miteinander verbundenen Schilfrohren, die überwiegend im Bereich der Sanierung eingesetzt werden.
- **Plattenartige Putzträger** wie z. B. Gips-Putzträgerplatten oder Holzwolleplatten.

Einbau und Befestigung von Putzträgern

Beim Einbau und der Befestigung von Putzträgern am Putzgrund sind die Vorschriften des Herstellers und die einschlägigen Normen zu beachten. Es muss darauf geachtet werden, dass

- beim Überspannen für das Verputzen ungeeigneter Putzgründe (wie z. B. Holz) der Putzträger nicht in der zu überspannenden Fläche befestigt werden darf,
- die Überlappung auf den angrenzenden, geeigneten Putzgrund mindestens 200 mm beträgt,
- die Überlappung der Putzträger untereinander mindestens 100 mm beträgt,
- beim Überspannen von Holzbauteilen mit metallischen Putzträgern zwischen Holz und Putzträger eine Trennlage (z. B. Absorptionspappe) einzubauen ist,
- bei der Anbringung von großflächigen Putzträgern in den Befestigungselementen (z. B. Dübel) ein „Schlupf" möglich ist, um Bewegungen in der Putzfläche zu ermöglichen und Zwängungsspannungen zu vermeiden.

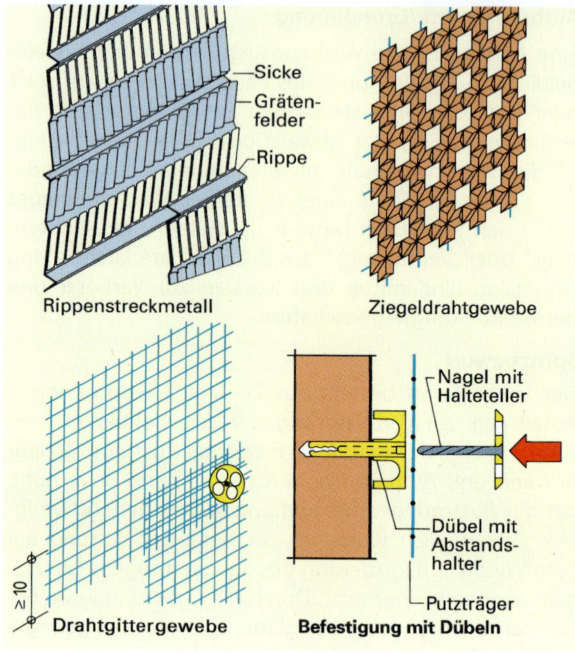

Putzträger

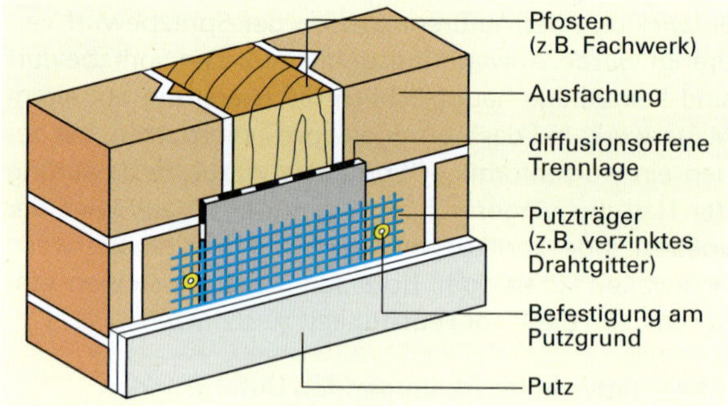

Putzträger über Fachwerkpfosten

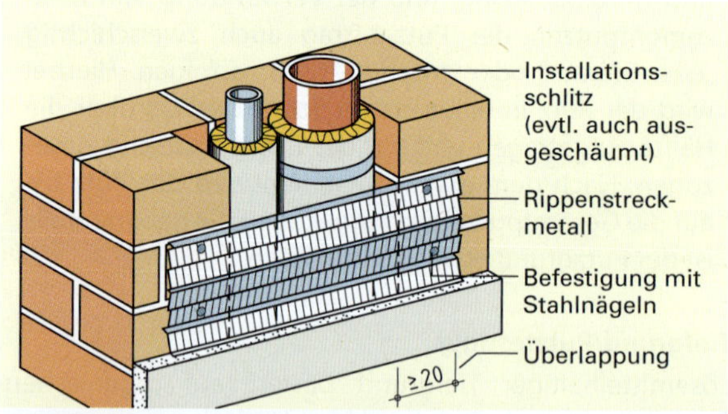

Überbrückung von Wandschlitzen

Rippenstreckmetall als Putzträger mit Spritzbewurf

7.4.4 Putzbewehrung

Aufgaben einer Putzbewehrung

Durch den Einbau einer Putzbewehrung wird die Zugfestigkeit des Putzes erhöht und damit die Gefahr der Rissbildung im Putz vermindert. Dabei können Putzbewehrungen lediglich auftretende Zugspannungen, die durch Schwinden des Putzes und durch Temperatureinflüsse auf die Putzfläche entstehen, aufnehmen. Auswirkungen durch Spannungen, die aus einer Verformung des Putzgrundes (z.B. durch Setzungen oder Deckendurchbiegungen) entstehen, können durch eine Putzbewehrung nur vermindert, nicht aber verhindert werden.

Arten von Putzbewehrungen

Eine Putzbewehrung besteht heute meist aus Gewebeeinlagen mit mineralischen Fasern (z.B. Glasfasern), eher selten sind Bewehrungen aus Metall anzutreffen. Die Gewebe werden in unterschiedlicher Maschenweite angeboten und müssen bei der Verwendung mit alkalischen Putzen (Kalk-, Kalk-Gips-, Kalk-Zement- und Zementmörtel) durch eine Kunststoffummantelung alkalibeständig ausgerüstet werden.

Putzbewehrungen sind insbesondere vorzusehen,

- wenn eine vollflächige Erhöhung des Risswiderstandes für erforderlich gehalten wird (z.B. beim Verputzen von Wärmedämmverbundsystemen oder zur Überarbeitung bereits gerissener oder rissgefährdeter Putze),
- wenn ein Wechsel im Putzgrund vorhanden ist (z.B. Rollladenkästen im Außenbereich),
- zur Erhöhung der mechanischen Festigkeit bei Kanten,
- als **Diagonalbewehrung** im Randbereich von Öffnungen, da diese durch Kerbspannungen stark belastet sind.

Beim Einbau ist darauf zu achten, dass

- das Gewebe in die zugbelastete Zone (möglichst im oberen Drittel) des Unterputzes eingebettet wird,
- das Gewebe straff und faltenfrei eingelegt wird,
- die Überlappung der Putzbewehrung untereinander mindestens 100 mm beträgt,
- die Überlappung auf benachbarte Bauteile mindestens 200 mm beträgt,
- das Gewebe in den frischen Mörtel eingearbeitet wird,
- die Verbindung der Putzbewehrung mit dem Putzgrund vermieden wird, um zu verhindern, dass Spannungen des Putzgrundes auf die Bewehrung übertragen werden.

Putzträger werden eingesetzt, wenn kein ausreichend tragfähiger Untergrund vorhanden ist oder Bauteile aus Holz, Stahl oder Kunststoff sowie Installationsschlitze überspannt werden müssen.

Putzbwehrungen haben die Aufgabe, auftretende Zugspannungen aufzunehmen und damit die Rissbildung zu vermindern sowie die mechanische Festigkeit zu erhöhen. Das mechanische Befestigen der Putzbewehrung auf dem Putzgrund durch Klammern o.Ä. ist ein Verstoß gegen die anerkannten Regeln der Technik.

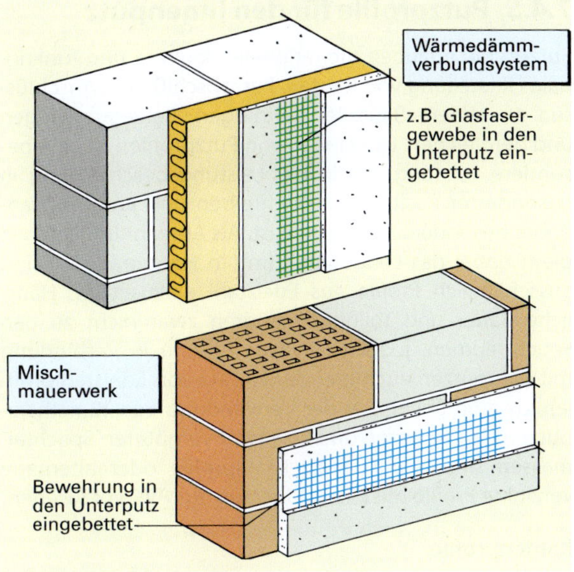

Anwendungsbeispiele für Putzbewehrung

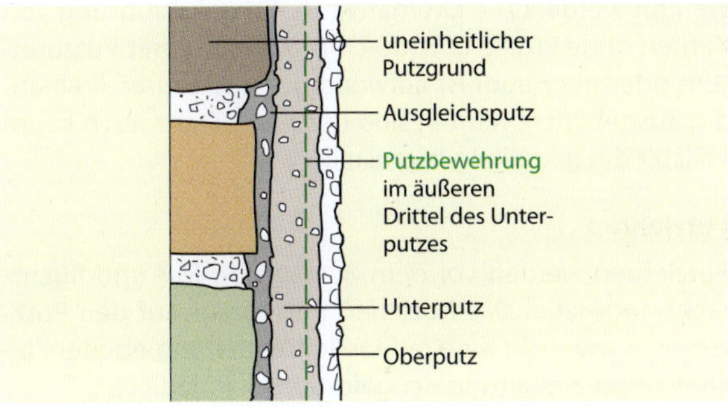

Einbau der Putzbewehrung

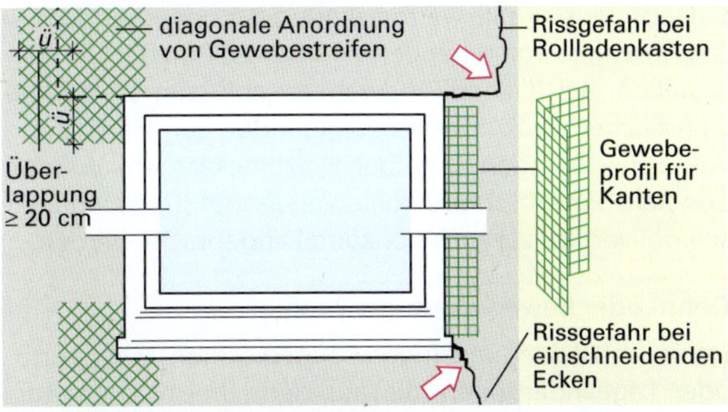

Putzbewehrung bei Fenstern

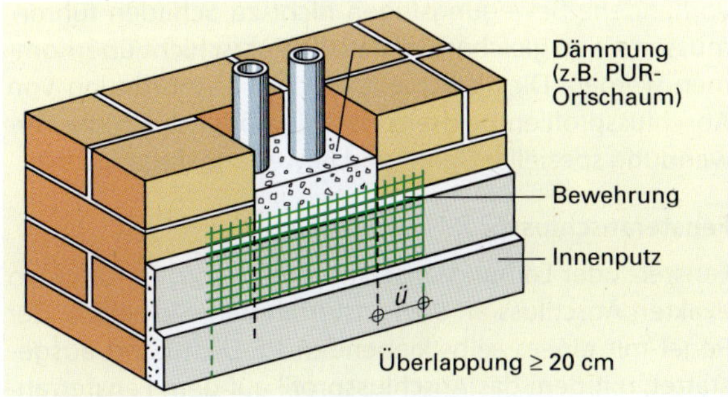

Überbrückung von schmalen Installationsschlitzen

7.4.5 Putzprofile für den Innenputz

Putzprofile erlauben die rationelle, saubere und funktionale Herstellung von Kanten, Putzabschlüssen, Anschlüssen an andere Bauteile, Dehnfugen, Bewegungsfugen und dergleichen. Der Einbau von Putzprofilen ist eine besondere Leistung, die in der Leistungsbeschreibung in gesonderter Position auszuschreiben und vom Auftraggeber besonders zu vergüten ist. Als Abrechnungseinheit dient dabei das Längenmaß (m). In Feuchträumen sind ausschließlich Profile aus Edelstahl einzusetzen. Häusliche Bäder und Toiletten gehören zwar nicht zu den Feuchträumen, jedoch ist insbesondere in Verbindung mit Gipsputzen auch hier der Einsatz von Edelstahlprofilen zu empfehlen. Bei der Verwendung von Kunstharzputzen, Silicatputzen und kunststoffvergüteten Spachtelmassen sind ebenfalls Edelstahlprofile oder alternativ verzinkte Profile mit einem Überzug aus PVC vorzusehen.

Kantenprofile

Zur Ausführung von Kanten können Kantenschutzprofile unterschiedlicher Ausführungen und Abmessungen verwendet werden. Die alternativ mögliche Ausführung von Kanten ohne Profile (z. B. durch Anschlagen mit Putzbrettern oder frei Hand) ist aufwendiger und teurer. Freihändig ausgebildete Kanten sind darüber hinaus auch kaum vollständig geradlinig herzustellen.

Putzlehren

Putzlehren werden vor dem Putzauftrag lot- und fluchtrecht angesetzt. Das Abziehen des Putzes auf den Putzlehren ermöglicht eine rationelle Herstellung ebener Flächen unter Einhaltung der geforderten Putzdicken.

Putzabschlussprofile

Putzabschlussprofile werden eingesetzt, um einen sauberen Abschluss vorstehender (erhabener) Putzflächen herzustellen. Bei flächenbündigen Anschlüssen an andere Oberflächen (z. B. Fliesenbeläge) oder zur Herstellung von Schattenfugen (z. B. bei Holzblockzargen) werden ebenfalls Putzabschlussprofile verwendet. Diese können sowohl vertikal als auch horizontal angebracht werden.

Dehn- oder Bewegungsfugenprofile

Dehn- und Bewegungsfugen können Dimensions-, Form- oder Lageänderungen, die aus dem thermischen Ausdehnungsverhalten der Baustoffe oder Bewegungen des Baukörpers entstehen, aufnehmen. Damit im Bauwerk vorhandene Bewegungsfugen nicht zu Schäden führen, müssen sie an gleicher Stelle in die Putzschicht übernommen werden. Dies geschieht durch die Anordnung von Abschlussprofilen beidseits der Fuge oder durch die Verwendung spezieller Dehn- und Bewegungsfugenprofile.

Fensteranschlussprofil (Anputzleisten)

Fenster- oder Laibungsanschlussprofile sorgen für einen exakten Anschluss an die Fensterrahmen. Sie sind in der Regel mit einem selbstklebenden PE-Dichtband ausgestattet, mit dem das Anschlussprofil auf dem Fensterrahmen befestigt wird.

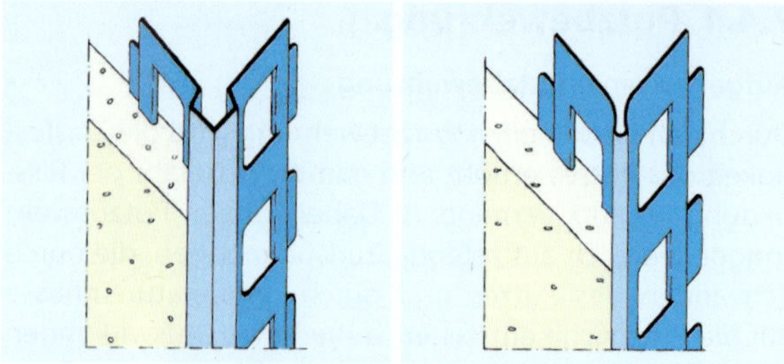

Verschiedene Kantenprofile für den Innenputz

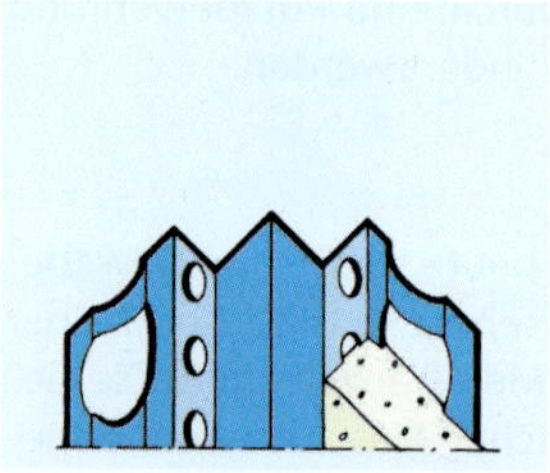

Kantenprofil für Innenecken

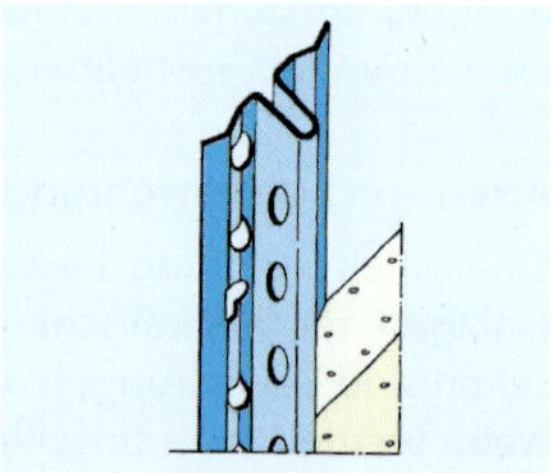

Putzlehre

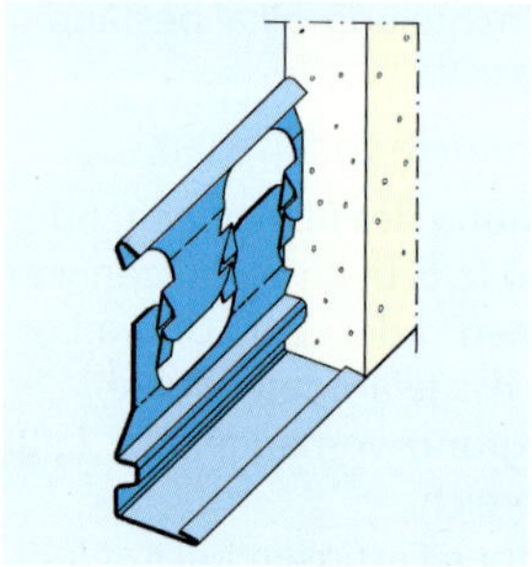

Putzabschlussprofil

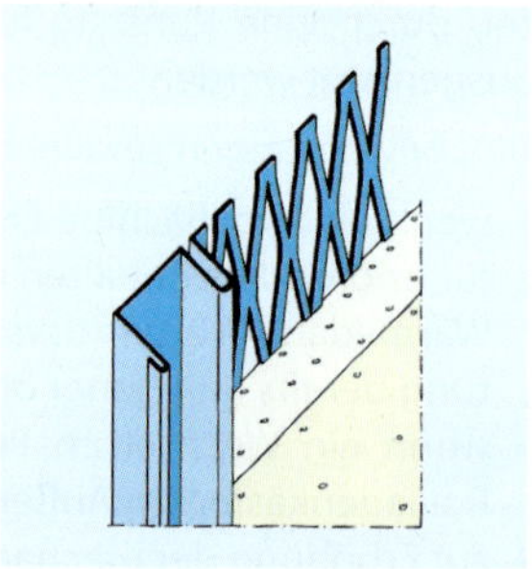

Schattenfugenprofil

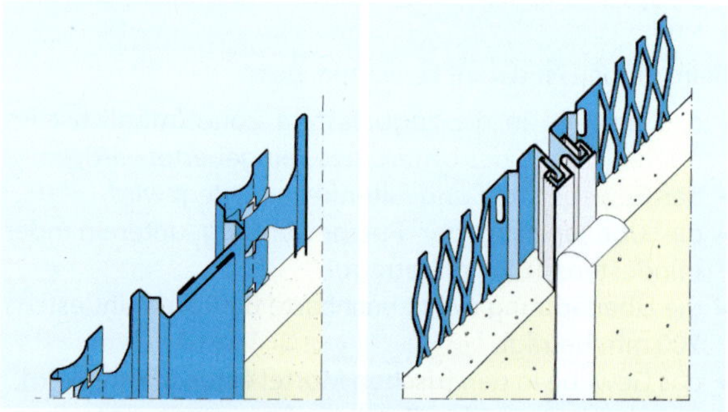

Dehn- und Bewegungsfugenprofile

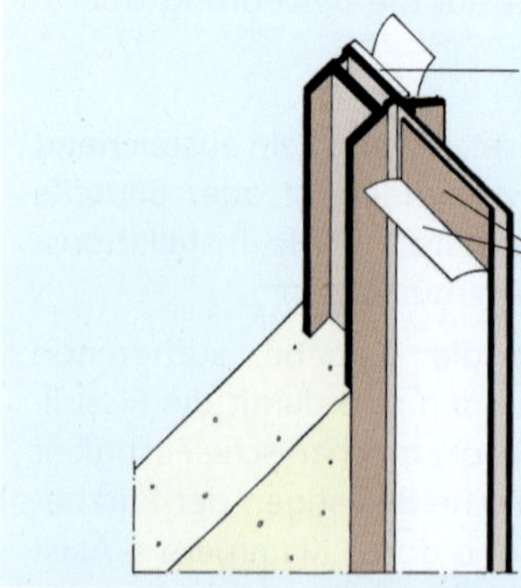

Fensteranschlussprofil (Anputzleiste)

7.4.6 Auswahl geeigneter Innenputzsysteme

Zu einem **Putzsystem** gehören neben den auf den Putzgrund aufzutragenden **Putzlagen** auch die Maßnahmen zur **Putzgrundvorbehandlung** und evtl. erforderliche **Putzbewehrungen** und **Putzträger**. Diese müssen in ihrer Gesamtheit die Anforderungen an den Innenputz erfüllen.

Mit den Empfehlungen zur Putzgrundvorbehandlung und zum Verputzen häufig vorkommender Putzgründe auf den nächsten Seiten soll ein Gefühl für die Auswahl geeigneter Putzsysteme entwickelt werden.

Verputzempfehlungen für Innenputz auf	**Beton und Stahlbeton** 	**Kalksandstein** 	**Hochlochziegeln oder Vollziegeln** 
Putzgrundvorbereitung	Schmutz, Staub, lose Teile und Rückstände von Trennmitteln (bei Beton) müssen entfernt werden.		
Gipsputz **Gips-Kalkputz** **Kalk-Gipsputz**	Gipshaltige Putze auf Beton benötigen eine **organische Haftbrücke** (Betonkontakt). Bei Ortbeton mit sägerauer Schalung und ausreichender Saugfähigkeit kann im Einzelfall auf die Haftbrücke verzichtet werden.	Bei dichten und glatten Oberflächen erfordern gipshaltige Putze eine **organische Haftbrücke.** Damit wird gleichzeitig das unterschiedliche Saugverhalten der Steine und der Mörtelfuge ausgeglichen. Bei normal saugendem Untergrund ist keine Vorbehandlung erforderlich.	Wegen des unterschiedlichen Saugverhaltens, ist bei gipshaltigen Putzen eine **Aufbrennsperre** zu empfehlen.
	Die Ausführung **einlagiger Gipsputze** mit einer **Putzdicke** von **10 mm** hat sich in der Praxis bewährt.		
Gips-Dünnlagenputz	Um eine feuchtigkeitsregulierende Wirkung zu erzielen, ist eine Putzdicke von etwa 10 mm auf Beton zu empfehlen. Mit einer dünnlagigen Spachtelung kann diese Wirkung nicht erzielt werden.	Sofern der Anschluss an andere Bauteile (Fenster, Türzargen) gut geplant und ausgeführt ist, kann ein Dünnlagenputz in einer Stärke von 3 ... 5 mm ausgeführt werden. Unebenheiten und Maßabweichungen können damit nicht ausgeglichen werden.	Dünnlagenputze sind wegen der Oberflächenstruktur der Ziegel nicht geeignet.
Oberputz auf gipshaltigem Putz	Werden Oberputze auf gipshaltige Putze aufgebracht, ist eine **Grundierung mit stark sperrender Wirkung** erforderlich. Diese verbessern meist gleichzeitig die Haftung am Putzgrund.		
Kalkputz **Kalkzementputz** **Zementputz**	Für Kalk-, Kalkzement- und Zementputz auf Beton ist eine **mineralische Haftbrücke** (Rillenspachtelung) zwingend erforderlich.	Bei schwach bis nichtsaugenden und/oder glatten Kalksandsteinen ist eine **mineralische Haftbrücke** (Rillenspachtelung) erforderlich. Bei stark saugenden Kalksandsteinen sollte das Mauerwerk vorgenässt werden oder es ist ein einlagiger, zweischichtiger Putz auszuführen.	**Im Normalfall keine Vorbehandlung** erforderlich. Gegebenenfalls sollte der Unterputz zweischichtig („nass-in-nass") aufgetragen werden.
	In der Praxis hat sich die Ausführung sowohl **ein- als auch zweilagiger Putze** bewährt.		
Oberputz auf Kalkputz **Kalkzementputz** **Zementputz**	Für mineralische Oberputze ist eine **Aufbrennsperre** zu empfehlen. Kunstharzputze, Silicatputze und Siliconharzputze erfordern einen Grundanstrich.		

Verputzempfehlungen für Innenputz auf	Leichtziegeln	Porenbeton	Leichtbetonsteinen

Putzgrundvorbereitung	Schmutz, Staub, lose Teile und Rückstände von Trennmitteln (bei Beton) müssen entfernt werden.		
Gipsputz Gipskalkputz Kalkgipsputz	Wegen des unterschiedlichen Saugverhaltens ist bei gipshaltigen Putzen eine **Aufbrennsperre** erforderlich.	Aufgrund des starken und möglicherweise unterschiedlichen Saugverhaltens ist eine **Aufbrennsperre** erforderlich.	Wegen des unterschiedlichen Saugverhaltens ist bei gipshaltigen Putzen eine **Aufbrennsperre** zu empfehlen.
	Die Ausführung **einlagiger Gipsputze** mit einer **Putzdicke** von **10 mm** hat sich in der Praxis bewährt.		
Gips-Dünnlagenputz	Dünnlagenputze sind wegen der Oberflächenstruktur der Ziegel nicht geeignet.	Sofern der Anschluss an andere Bauteile (Fenster, Türzargen) gut geplant und ausgeführt ist, kann ein Dünnlagenputz in einer Stärke von 3 … 5 mm ausgeführt werden. Unebenheiten und Maßabweichungen können damit nicht ausgeglichen werden.	Dünnlagenputze sind wegen der Oberflächenstruktur der Leichtbetonsteine in der Regel nicht geeignet.
Oberputz auf gipshaltigem Putz	Werden Oberputze auf gipshaltige Putze aufgebracht, ist eine **Grundierung mit stark sperrender Wirkung** erforderlich. Diese verbessern meist gleichzeitig die Haftung am Putzgrund.		
Kalkputz Kalkzementputz	Es können Kalkputze der Druckfestigkeitsklasse CS I und CS II aufgebracht werden. Kalkzement-Leichtputze (CS II) sind ebenfalls geeignet.	Es können Kalkputze der Druckfestigkeitsklasse CS I und CS II aufgebracht werden. Kalkzement-Leichtputze (CS II) sind ebenfalls geeignet.	Es sollten vorzugsweise Leichtputze der Druckfestigkeitsklasse CS I und CS II eingesetzt werden. Klassische Kalkzementputze sind möglich, sofern die Druckfestigkeit auf max. 5,0 MPa (N/mm^2) beschränkt ist.
	In der Praxis hat sich die Ausführung sowohl **ein- als auch zweilagiger Putze** bewährt. Je geringer die Steinfestigkeit, desto niedriger sollte die Druckfestigkeit des Putzes sein.		
Oberputz auf Kalkputz Kalkzementputz	Für mineralische Oberputze ist eine **Aufbrennsperre** zu empfehlen. Kunstharzputze, Silicatputze und Siliconharzputze erfordern einen Grundanstrich.		

Aufgaben

1. *Erklären Sie die unterschiedlichen Aufgaben eines Putzträgers und einer Putzbewehrung.*
2. *Nennen Sie drei Arten von Putzträgern und beschreiben Sie ihren Aufbau.*
3. *Wie groß muss die Überlappung beim Anbringen von Putzträgern mindestens sein? Wie weit müssen Putzträger den angrenzenden geeigneten Putzgrund überlappen?*
4. *Worauf ist beim Einbetten einer Putzbewehrung zu achten (5 Angaben)?*
5. *Skizzieren Sie drei Putzprofile und beschreiben Sie deren Aufgabe.*
6. *Weshalb sind gipshaltige Putzmörtel nicht für den Einsatz in Feuchträumen geeignet?*

Verputzempfehlungen für Innenputz auf	**Schalungssteinmauerwerk aus Holzspanbeton**	**Holzwolleplatten** (mit oder ohne Wärmedämmung)	**Alte Innenputzoberflächen**
		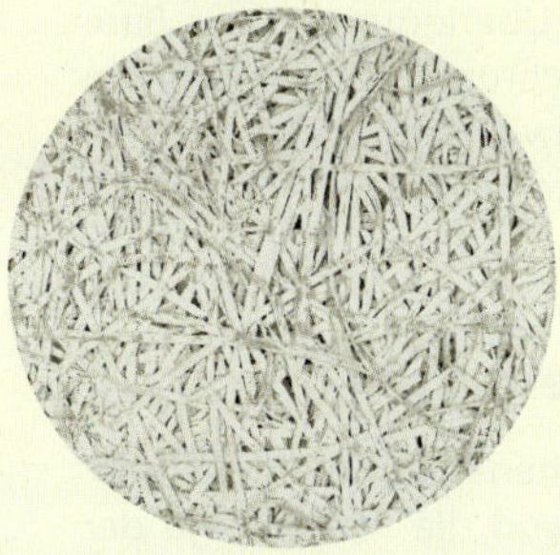	
Putzgrundvorbereitung	Schmutz, Staub, lose Teile und Rückstände von Trennmitteln (bei Beton) müssen entfernt werden.		
Gipsputz Gipskalkputz Kalkgipsputz	Da die Kernaustrocknung der mit Beton ausgegossenen Schalungssteine nur sehr langsam verläuft, sollte der Zeitpunkt des Verputzens frühestens drei Monate nach Einbringen des Betons erfolgen. In die Putzlage ist ein **Glasfaser-Armierungsgewebe** einzubetten.	Eine Putzgrundvorbehandlung ist i. d. R. nicht erforderlich. In die Putzlage ist allerdings ein **Glasfaser-Armierungsgewebe** einzubetten. Zur Stabilisierung der Platten kann ein zementgebundener vollflächiger Spritzbewurf erforderlich sein.	Risse im alten Innenputz sollten zunächst saniert werden (Einzel- oder Flächenrisssanierung siehe LF 15). Gipshaltige Putzmörtel auf gebundenem Innenputz sind nicht empfehlenswert. Neben dem Einsatz einer **Grundierung/Haftbrücke** mit stark sperrender Wirkung ist das Verwenden von speziell für diese Anwendung geeigneten Renovierungsputzen erforderlich.
Gipsdünnlagenputz	Dünnlagenputze sind wegen der Oberflächenstruktur der Schalungssteine nicht geeignet.	Dünnlagenputze sind wegen der Oberflächenstruktur der Platten nicht geeignet.	
Oberputz auf gipshaltigem Putz	Werden Oberputze auf gipshaltige Putze aufgebracht, ist eine **Grundierung mit stark sperrender Wirkung** erforderlich. Diese verbessern meist gleichzeitig die Haftung am Putzgrund.		
Kalkputz Kalkzementputz	Für den Zeitpunkt des Putzauftrags gilt ebenfalls: Frühestens drei Monate nach Einbringen des Betons. Eine Putzgrundvorbehandlung ist nicht erforderlich, jedoch das Einbetten eines **Glasfaser-Armierungsgewebes**.	Eine Putzgrundvorbehandlung ist i. d. R. nicht erforderlich. In der Praxis hat sich ein **dreilagiger Aufbau** mit einem Leichtunterputz, einer vollflächigen Armierungsputzlage und einem dünnschichtigen Oberputz bewährt.	Für die Sanierung von Rissen gelten die Empfehlungen wie bei gipsgebundenen Putzmörteln. Eine **Haftbrücke** kann abhängig von Altputz erforderlich werden.
Oberputz auf Kalkputz Kalkzementputz	Für mineralische Oberputze ist eine **Aufbrennsperre** zu empfehlen. Kunstharzputze, Silicatputze und Siliconharzputze erfordern einen Grundanstrich.		

7.5 Ausführung von Putzarbeiten

Die Abwicklung eines Auftrages erfordert neben der Planung der Ausführung auch Überlegungen zur Baustellenvorbereitung und -einrichtung, einzuhaltenden Unfallverhütungsvorschriften sowie Maßnahmen zur Sicherung der Qualität.

7.5.1 Baustellenvorbereitung

Für die Einstellung eines Bauzeiten- oder Bauablaufplanes sind sämtliche Tätigkeiten und die Reihenfolge der Ausführung zu erfassen und zwischen allen an der Ausführung Beteiligten abzustimmen bzw. festzulegen. Der Bauablaufplan sollte mit dem Baufortschritt fortgeschrieben werden, um gegenseitige Behinderungen und Beschädigungen bereits ausgeführter Leistungen zu vermeiden.

Nachfolgende Punkte sollten im Hinblick auf einen reibungslosen Bauablauf berücksichtigt werden:

- Innenputzarbeiten sollten nur in Gebäudeteilen ausgeführt werden, die vor Witterungseinflüssen geschützt sind.
- Zeit für die Prüfung, Vorbereitung und ggf. Vorbehandlung des Putzgrundes ist einzuplanen.
- Neben den Ausführungszeiten müssen auch die Stand-/Trocknungszeiten der Putzgrundvorbehandlung und jeder einzelnen Putzlage berücksichtigt werden.
- Die Temperatur von Putzgrund und Luft darf +5 °C bei mineralisch gebundenen Putzen und +8 °C bei organisch gebundenen Putzen nicht unterschreiten.
- Die Lufttemperatur sollte nicht über +30 °C liegen.
- Änderungswünsche während der Bauausführung sind i. d. R. zeit- und kostenintensiv und sollten deshalb vermieden werden.

Vor Beginn der eigentlichen Arbeiten sollte eine Begehung der Baustelle erfolgen, bei der insbesondere folgende Punkte geklärt werden müssen:

- Sind **Zufahrtsmöglichkeiten** vorhanden? Sind sie für die Befahrung mit Lkw und Silofahrzeug geeignet?
- Gibt es einen **Standplatz** für ein Silo und **Lagermöglichkeiten** für Materialien? Müssen **Genehmigungen** für die Nutzung öffentlicher Flächen eingeholt werden?
- Ist das **Gerüst** für die Ausführung der Putzarbeiten geeignet? Entspricht es den geltenden Vorschriften?
- Kann ein **Material-/Lastenaufzug** genutzt werden?
- Sind **Absturzsicherungen** in den Treppenhäusern und an Öffnungen vorhanden?
- Ist eine **Beleuchtung** der Verkehrswege installiert?
- Ist die **Entsorgung** von Baustellenabfällen geregelt?
- Gibt es Räume, in denen **Maschinen und Werkzeuge**, z. B. durch den Einbau einer Bautüre, diebstahlsicher untergebracht werden können?
- Sind **Sanitäreinrichtungen** vorhanden?
- Ist ein **Wasseranschluss** (Leitungsquerschnitt ¾"; Wasserdruck mindestens 3 bar) vorhanden?

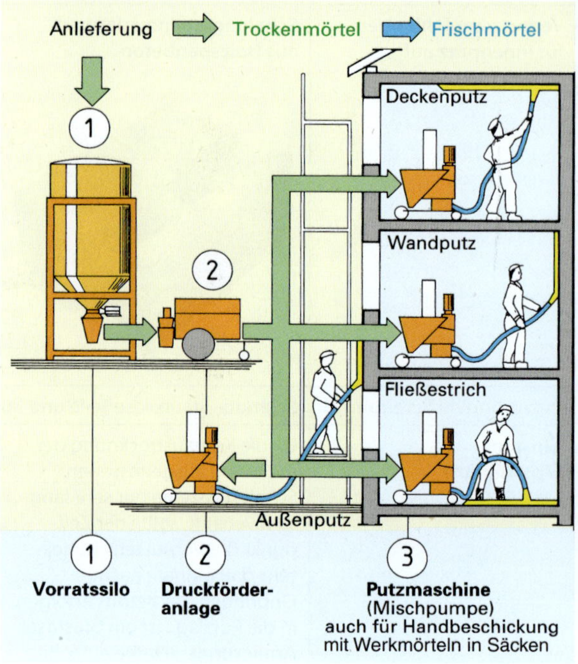

Rationelles Putzverfahren (Maschinensystem)

Baustelleneinrichtung für maschinelles Putzverfahren

Unzureichendes Überbindemaß des Mauerwerks

- Ist ein abgesicherter **Stromanschluss** vorhanden?
- Müssen Maßnahmen zur **Beheizung** des Gebäudes ergriffen werden?
- Prüfung des vorhandenen **Putzgrundes**
- Sind erkennbare **Mängel** bezüglich der Maß-, Winkel- oder Ebenheitsabweichungen vorhanden?
- Ist die Ausführung von **Details** geplant bzw. vorbereitet?
  - Luftdichtigkeit der Fenster
  - Bewegungsfugen zwischen Gebäudeteilen
  - Sockelausbildung
  - Anschluss der Fensterbänke
  - Belüftung und Trocknung der Räume

1 **Ausbrüche bei Mauerwerk**
2 **Offene Stoßfugen**
3 **Mörteltaschen an Mauereck**

Anmelden von Bedenken

Hat der Unternehmer nach Überprüfung der genannten Punkte Bedenken gegen

- die vorgesehene Art der **Ausführung** (auch wegen der Sicherung gegen Unfallgefahren),
- die **Qualität** der vom Auftraggeber gelieferten Stoffe,
- die **Leistung anderer Unternehmer,**

so hat er diese dem Auftraggeber möglichst schon vor Beginn der Arbeiten schriftlich mitzuteilen. Dies ist äußerst wichtig, da der Unternehmer nach dem Werkvertragsrecht für Mängel an der von ihm ausgeführten Leistung „verschuldensunabhängig" haftet. D.h., er haftet auch, wenn ihn kein Verschulden daran trifft, er jedoch versäumt hat, Bedenken anzumelden.

Es empfiehlt sich, Bedenken anzumelden, wenn

- nicht im Verband gemauert wurde bzw. das Überbindemaß zu gering ist (das Überbindemaß muss mindestens 40 % der Steinhöhe betragen),
- offene Lagerfugen vorhanden sind,
- Stoßfugen nicht vermörtelt oder > 5 mm sind,
- beschädigte/gerissene Mauersteine vorhanden sind,
- Mörteltaschen oder Fehlstellen nicht mit Mörtel ausgeworfen wurden,
- Normalsteine statt Ecksteinen verwendet wurden,
- Mauerkronen nicht abgedeckt sind bzw. kein ausreichender Schutz gegen das Eindringen von Wasser gegeben ist,
- die vorhandene Restfeuchte zu groß ist,
- Ausblühungen oder sichtbare Nässe des Putzgrundes vorhanden sind,
- Maß-, Ebenheits- oder Winkelabweichungen vorhanden sind, die größer sind als die zulässigen Grenzabweichungen (siehe Abschnitt 7.5.6),
- der Putzgrund nicht geeignet ist,
- zu glatte, stark verschmutzte oder mit Schalölrückständen behaftete Flächen vorhanden sind,
- die Witterungsbedingungen das Verputzen nicht zulassen,
- das Stellen eines Gerüstes wegen nicht ausreichender Ebenheit oder mangelnder Verdichtung des Arbeitsraumes nicht möglich ist,
- der Verlauf der Sockelkante nicht exakt festgelegt ist.

Prüfen von Ebenheits- und Winkelabweichungen

Die Prüfung der Vorleistung anderer Gewerke und gegebenenfalls das Anmelden von Bedenken schützt den Auftragnehmer vor möglichen Gewährleistungsansprüchen aus Gründen, die er nicht selbst zu vertreten hat. Primäres Ziel ist jedoch der Hinweis auf Ausführungsfehler oder -mängel und deren Beseitigung. Dadurch können hohe Folgekosten und Terminverzögerungen vermieden werden.

7.5.2 Arbeitssicherheit, Leitern und Gerüste

Die Erhöhung der Arbeitssicherheit und die Verhinderung von Arbeitsunfällen auf Baustellen ist ein Ziel, dem alle am Bau Beteiligten verpflichtet sind. Dieses Ziel lässt sich letztlich nur durch

- die Vorgabe von Verordnungen durch den Gesetzgeber (z. B. **Baustellenverordnung**),
- die Erarbeitung von **Unfallverhütungsvorschriften (UVV)** durch die Berufsgenossenschaften,
- die **Festlegung der Zuständigkeiten** für die Koordination der Sicherheits- und Gesundheitsschutzmaßnahmen (SiGeKo),
- die **Kontrolle** der Einhaltung der Vorschriften und Verordnungen,
- hohes **Verantwortungsbewusstsein** der Unternehmer,
- **sicherheitsbewusstes Verhalten** der Mitarbeiter (Einhalten der Sicherheitsvorschriften, Tragen persönlicher Schutzausrüstung) erreichen.

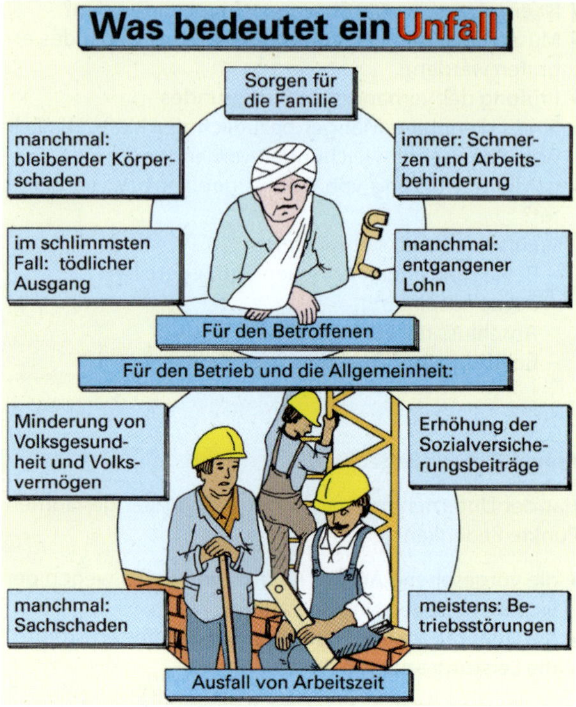

Der Arbeitsunfall und seine Folgen

Persönliche Schutzausrüstung

Die persönliche Schutzausrüstung eines Stuckateurs umfasst die Arbeitskleidung, Sicherheitsschuhe mit durchtrittsicherem Schuhunterbau (Klasse S3) und je nach Tätigkeit Arbeitshandschuhe, Gehörschutzkapseln, einen Bauschutzhelm und eine Schutzbrille.

Leitern

Beim Arbeiten mit Leitern ist insbesondere darauf zu achten, dass keine schadhaften Leitern (z. B. angebrochene Holme und Sprossen von Holzleitern, verbogene und angeknickte Metallleitern) benutzt werden. Der richtige Anlegewinkel beträgt

- 65° … 75° bei Sprossenanlegeleitern,
- 60° … 70° bei Stufenanlegeleitern.

Anlegeleitern dürfen nur an sichere Stützpunkte angelehnt werden und müssen mindestens 1 m über die Austrittsstelle hinausragen. Stehleitern müssen über eine Spreizsicherung verfügen. Leitern müssen gegen Abrutschen, Einsinken und Umfallen (z. B. durch Fußverbreiterungen, Drängbretter, Einhängevorrichtungen oder Anbinden des Leiterkopfes) gesichert werden. Von Leitern darf nicht gearbeitet werden, wenn Maschinen und Geräte mit beiden Händen bedient werden müssen (z. B. Handmaschinen).

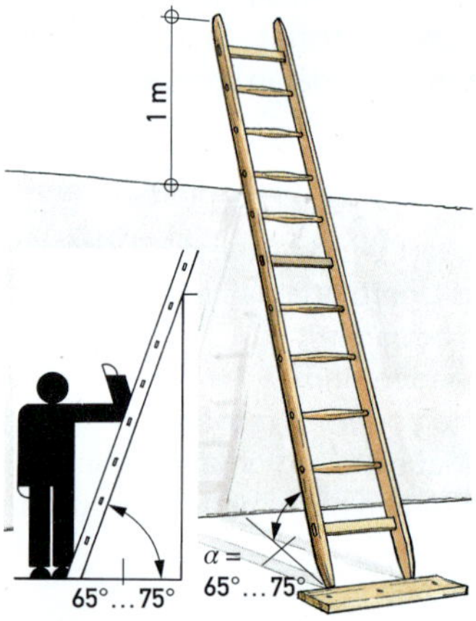

Anlegeleiter

Stehleiter

Bockgerüste

Für Bockgerüste dürfen nur stählerne oder zimmermannsmäßig abgebundene Gerüstböcke ① verwendet werden. Beim Aufstellen ist auf die Tragfähigkeit des Untergrundes und die zulässige Belastung zu beachten. Die Stöße des Belages müssen sich mindestens 20 cm überlappen ②. Bei Belaghöhen über 2,00 m müssen die Gerüstböcke verstrebt werden ③. Zum Aufstieg sind Anlegeleitern ④ zu verwenden. Wenn nach der Gefährdungsbeurteilung eine Absturzsicherung erforderlich ist, so ist ein dreiteiliger Seitenschutz ⑤ vorzusehen.

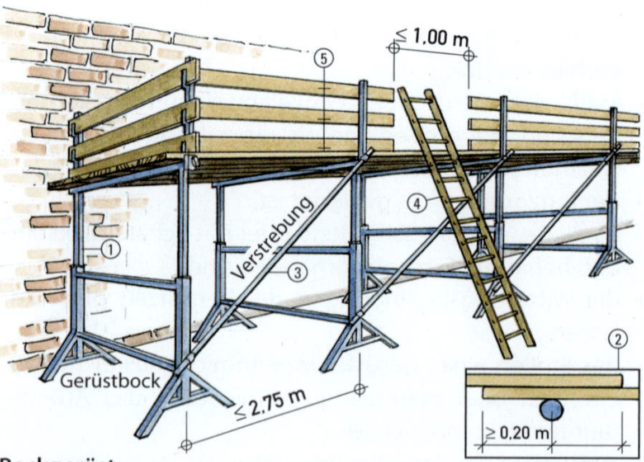

Bockgerüst

Fahrbahre Arbeitsbühnen

Für den Aufbau von fahrbaren Arbeitsbühnen und deren Verwendung müssen die Mitarbeiter speziell unterwiesen werden und fachlich geeignet sein. Die Einhaltung folgender Regeln ist zwingend zu beachten:

- Arbeitsbühnen sind nach der Aufbau- und Verwendungsanleitung des Herstellers zu errichten. Es dürfen nur Bauteile eines Herstellers verwendet werden.
- Die Belaghöhe der Arbeitsbühne darf im Gebäudeinnern maximal 12,00 m, außerhalb von Gebäuden maximal 8,00 m betragen.
- Das Anbringen von Hebezeugen an der Arbeitsbühne ist verboten, es sei denn, die Verwendungsanleitung des Herstellers lässt dies ausdrücklich zu.
- Überbrückungen von mehreren fahrbaren Arbeitsbühnen untereinander oder von fahrbaren Arbeitsbühnen und Gebäudeteilen sind nicht zulässig.
- An der jeweiligen Arbeitsbühne muss ein dreiteiliger Seitenschutz, bestehend aus Bordbrett, Zwischenholm und Geländerholm, vorhanden sein.
- Die Arbeitsbühnen dürfen nur auf ebenem und tragfähigem Untergrund eingesetzt und verfahren werden. Das Verfahren darf wegen der Gefahr des Umkippens nur in Längsrichtung oder über Eck erfolgen. Vor dem Verfahren sind lose Teile gegen Herabfallen zu sichern. Nach dem Verfahren müssen die Fahrrollen durch Bremshebel arretiert werden. Der Aufenthalt von Personen auf der Arbeitsbühne während des Verfahrens ist nicht zulässig.
- Der Zugang erfolgt über innen liegende Aufstiege.
- Vor der Verwendung ist die Arbeitsbühne von einer befähigten Person zu überprüfen.
- Die maximal zulässige Belastung darf nicht überschritten werden.
- Bei Benutzung innerhalb von Gebäuden darf das Verhältnis Höhe : Breite = 4 : 1, im Freien das Verhältnis Höhe : Breite = 3 : 1 nicht überschritten werden. Gegebenenfalls sind Ausleger zur Verbreiterung der Basis zu montieren.

Elektrisch betriebene Anlagen

Elektrische Leitungen und Geräte unterliegen auf Baustellen einer hohen Beanspruchung und damit einem hohen Verschleiß, weshalb besondere Sicherheitsmaßnahmen zu beachten sind.

Der Anschluss der Geräte erfolgt an geerdete **Baustromverteiler** mit Fehlerstromschutzschaltung. Der Aufbau, die Abnahme und die regelmäßige Prüfung in angemessenen Zeitabständen ist von einer Elektrofachkraft vorzunehmen und zu dokumentieren.

Handgeräte (z. B. Quirl) können auch an **Kabeltrommeln** angeschlossen werden. Für den Einsatz auf Baustellen müssen sie besondere Anforderungen an die mechanische Beanspruchbarkeit erfüllen und für den Einsatz im Freien geeignet sein. Der Tragegriff, die Kurbel und die Trommel müssen aus Isolierstoff bestehen oder mit Isolierstoff umhüllt sein. Außerdem muss eine integrierte Schutzeinrichtung gegen übermäßige Erwärmung (z. B. ein Thermoschalter) vorhanden sein.

Fahrbare Arbeitsbühne

Baustromverteiler

Kabeltrommel

Wenn Geräte mit einer elektrischen Leistung von zusammen mehr als 1 000 Watt angeschlossen werden, muss das Kabel von der Trommel abgewickelt werden.

7.5.3 Maschinen- und Silotechnik

Das maschinelle Verputzen stellt die rationellste und kostengünstigste Art dar, Wände und Decken zu verputzen. Die Vorteile gegenüber dem Verputzen von Hand sind

- geringere körperliche Belastung durch den Entfall des manuellen Mischens,
- gleichbleibende Mörtelqualität durch werkseitige Mischung als Trockenmörtel,
- besserer Verbund mit dem Putzgrund und gleichmäßige Verdichtung des Putzes durch hohen Spritzdruck,
- Zeit- und Kostenersparnis durch hohe Förderleistung.

Durch den Einsatz von Werktrockenmörteln als Siloware ergeben sich weitere Vorteile:

- Einsparung manueller Arbeitsgänge (Säcke abladen, lagern, vor Witterung schützen, wieder aufnehmen, in die Maschine füllen, entsorgen),
- Schutz der Materialien vor Witterungseinflüssen und vor Diebstahl,
- Baustelle ist aufgeräumt und sauber.

Silo lotrecht aufgestellt

Aufstellen transportabler Silos

Bei der Wahl des Aufstellstandortes ist darauf zu achten, dass die Stützfüße auf tragfähigem Untergrund stehen. Gegebenenfalls müssen lastverteilende Unterlagen verwendet werden. Damit das Silo lotrecht aufgestellt werden kann, müssen die Stützfüße evtl. zusätzlich unterbaut werden. Vorsicht ist insbesondere geboten, wenn die Stützfüße auf unterschiedlich tragfähigem Untergrund stehen. Um eine spätere Schrägstellung zu vermeiden, muss hier auf lastverteilende Unterlagen besonders geachtet werden.

Beim Aufstellen von Silos am Rand von Baugrubenböschungen ist auf die Einhaltung des Mindestabstandes von der Böschungskante zu achten. Die Standsicherheit des Silos sollte regelmäßig überprüft werden, da der Untergrund z. B. durch lang anhaltenden oder starken Regen oder durch Wasser, das zum Reinigen der Mörtelspritzmaschine und der Schläuche verwendet wurde, in seiner Tragfähigkeit beeinträchtigt werden kann.

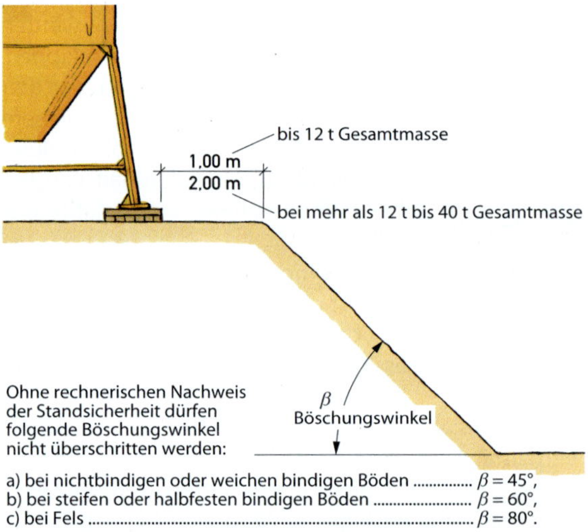

Sicherheitsabstand zur Baugrubenböschung

Mörtelspritz- und Mörtelfördermaschinen

Beim Aufstellen der Spritz- und Fördermaschinen ist auf einen sicheren Stand zu achten. Elektrisch angetriebene Maschinen dürfen nur an eine mit einer Schutzmaßnahme ausgestattete Quelle (z. B. Baustromverteiler mit FI-Schutzeinrichtung) angeschlossen werden.

Bei benzingetriebenen Fördermaschinen ist darauf zu achten, dass keine Abgase in den Arbeitsbereich von Personen gelangen. Gegebenenfalls müssen Verlängerungen für die Abgasabführung eingesetzt werden.

Beim Öffnen des Schutzgitters an der Einfüllöffnung müssen das Rührwerk und die Förderschnecke automatisch zum Stillstand kommen. Die Maschine muss gegen ein versehentliches Anlaufen gesichert sein, solange die Gitterabdeckung nicht wieder fest verschraubt ist.

Beim Nachrüsten verloren gegangener oder beschädigter Gitterabdeckungen ist auf die Einhaltung des Sicherheitsabstandes (h = 120 mm) zu achten.

Schutzgitter an der Einfüllöffnung

Sämtliche bewegte Maschinenteile müssen gegen das Berühren gesichert werden, weshalb vor der Inbetriebnahme die Schutzhaube geschlossen werden muss.

Die verwendeten Schläuche, Rohre und Kupplungen müssen für den Einsatz mit der verwendeten Maschine geeignet sein. Sie werden mit Sicherheitskupplungen samt Dichtungen verbunden. Um eine sichere und dichte Verbindung zu gewährleisten ist darauf zu achten, dass nur gut gesäuberte Sicherheitskupplungen eingesetzt werden.

Beim Verlegen der Schläuche ist darauf zu achten, dass diese nicht über scharfe Kanten gezogen werden oder über scharfe Kanten laufen, um Beschädigungen der Schläuche zu vermeiden. Die Schläuche dürfen auch nicht abgeknickt werden, um Verstopfer zu vermeiden.

Werden Schläuche an Konstruktionsteilen wie z. B. Gerüsten befestigt, so ist darauf zu achten, dass diese die auftretenden Kräfte auch aufnehmen können. Die Befestigung erfolgt durch spezielle Schlauchhaken.

Putzmaschine mit Schutzhaube

Sicherheitskupplung

Befestigung am Gerüst mit Schlauchhaken

Beseitigen von Verstopfern und Reinigung

- Die Förderpumpe muss vor dem Abklopfen und/oder Öffnen abgestellt und die Förderschläuche müssen drucklos gemacht werden. Dies erfolgt durch kurzes Rückwärtspumpen.
- Die Drucklosigkeit muss am Manometer der Maschine überprüft werden.
- Die Gitterabdeckung darf erst geöffnet werden, wenn die Förderschnecke bzw. das Rührwerk stillsteht.
- Vor dem Öffnen der Sicherheitskupplungen sind diese durch reißfeste Folie abzudecken. Personen dürfen sich nur in einem Bereich aufhalten, in dem sie nicht von austretendem Mörtel getroffen werden können.
- Anschließend Verstopfungen beseitigen (z. B. mit dem Stichling).

Bei Spritzarbeiten und beim Beseitigen von Verstopfern unbedingt Schutzbrille tragen!

Zusammenfassung

Das Arbeiten auf Leitern und Gerüsten gehört mit zu den unfallträchtigsten Tätigkeiten auf dem Bau. Die Einhaltung der geltenden Unfallverhütungsvorschriften und das Tragen der persönlichen Schutzausrüstung sind unabdingbare Voraussetzungen zur Vermeidung von Unfällen. Dies ist umso wichtiger, wenn man sich vor Augen hält, dass Unfälle durch das Abstürzen von Leitern und Gerüsten meist schwere Folgen für die Betroffenen nach sich ziehen. Die finanziellen Folgen für den Betrieb und die Allgemeinheit sind dabei gegenüber möglicher bleibender körperlicher Beeinträchtigungen oder einer drohenden Berufsunfähigkeit sicherlich von nachrangiger Bedeutung.

Beim Aufstellen der Maschinen und Geräte und bei deren Einsatz sind ebenso einige wichtige Regeln einzuhalten, um gefährliche Situationen möglichst zu verhindern. Insbesondere das Tragen von Schutzbrillen beim Spritzen, Reinigen der Maschine und beim Beseitigen von Verstopfern ist eine häufig nicht beachtete wichtige Maßnahme zum Schutz der eigenen Gesundheit.

Aufgaben

1. *Nennen Sie fünf wichtige Regeln, die beim Arbeiten auf fahrbaren Arbeitsbühnen unbedingt einzuhalten sind.*
2. *Worauf ist beim Anschluss elektrischer Geräte an eine Kabeltrommel zu achten?*
3. *„Beim Aufstellen von Silos für Werktrockenmörtel ist nichts Besonderes zu beachten." Nehmen Sie hierzu Stellung!*
4. *Worin sehen Sie die wesentlichen Vorteile des Einsatzes von Maschinen- und Silotechnik?*
5. *Welche Punkte berücksichtigen Sie beim Verlegen der Schläuche?*
6. *Beschreiben Sie die Vorgehensweise beim Beseitigen von Verstopfern.*

7.5.4 Verarbeitung, Putzdicken und Standzeiten

Die Vorgehensweise beim Auftragen eines Innenputzes soll anhand nebenstehender Abbildungen exemplarisch für einen einlagigen Gips-Kalk-Putz erläutert werden:

Putzprofile setzen

Putzgrundprüfung und -vorbereitung

Die Eigenschaften des Putzgrundes werden, wie in Abschnitt 7.4.1 beschrieben, geprüft. Die Restfeuchtigkeit bei Beton muss bei der Prüfung mit dem CM-Gerät unter 3 Massenprozent liegen. Anhaftende Fremdstoffe werden entfernt und offene Stoßfugen, Schlitze und Fehlstellen werden geschlossen. Ab einer Schlitzbreite von 10 cm wird eine zusätzliche Armierungsschicht angebracht und horizontal aufgekämmt.

Vorbehandeln des Putzgrundes

Putzgrundvorbehandlung

Nach erfolgter Prüfung und Vorbereitung des Putzgrundes erfolgt die Putzgrundvorbehandlung (siehe Abschnitt 7.4.2). Bei glatten Betonflächen wird eine Quarzhaftbrücke aufgerollt, mit der eine raue und griffige Oberfläche erzielt wird.

Stark oder verschieden saugende Untergründe werden mit einer Aufbrennsperre vorgestrichen, um das Saugverhalten herabzusetzen bzw. zu vereinheitlichen und optisch erkennbare Unterschiede der fertig verputzten Oberfläche zu vermeiden. Anschließend werden die Putzprofile mit einer Blechschere oder einer Handsäge abgelängt und mit Ansetzmörtel punktweise im Abstand von etwa 50 cm angesetzt.

Achtung: In Feucht- und Nassräumen (gewerblich genutzte Küchen, Duschanlagen, Schwimmbäder etc.) und im Außenbereich sind gipshaltige Putze und Ansetzmörtel nicht geeignet.

Auftragen des Putzes

Auftragen des Putzes

Beim Auftragen von Hand wird die pro Sack vorgegebene Wasserbedarfsmenge vorbereitet. Der Trockenmörtel wird langsam in das saubere Wasser eingestreut und mit dem Quirl klumpenfrei gemischt. Die Mischzeit beträgt etwa 2 … 3 Minuten. Der Putzmörtel kann dann mit dem Brett oder der Traufel aufgetragen bzw. mit der Kelle angeworfen werden. Beim Auftragen mit der Putzmaschine wird der Putzmörtel mit dem Feinputzspritzgerät aufgespritzt.

Tipp: Mit der Stahltraufel ist ein gleichmäßiger Putzauftrag einfacher als mit einem Kunststoffbrett.

Achtung: Es ist unbedingt darauf zu achten, dass die Bauteil- und Umgebungstemperatur von mindestens +5 °C während des Auftragens und der Dauer des Erhärtungsvorganges nicht unterschritten wird.

Abziehen des Putzes

Abziehen des Putzes

Nach dem Auftragen des Putzes wird dieser mit der Latte (Kartätsche) eben abgezogen. Nach dem Ansteifen wird mit der Trapezlatte (-kartätsche) die Fläche plan ausgerichtet („geschnitten").

Achtung: Bei gipshaltigen Putzen ist für die Austrocknungs- bzw. Standzeit die Belüftung von großer Bedeutung. Zugluft ist unbedingt zu vermeiden!

Aufreißen, Filzen und Glätten des Putzes

Der fertig abgezogene Putz kann anschließend angenässt und mit einer rauen Schwammscheibe (Schwammbrett) aufgerissen (aufgeschlämmt) werden. Bei der Ausführung als Filzputz kann der Putz dann mit einem weichen Schwammbrett nachgearbeitet und gefilzt werden.

Bei der Ausführung als Glättputz (geglätteter Putz) wird der aufgeschlämmte Putz mit der Glättkelle bearbeitet, bis eine glatte, geschlossen wirkende Oberfläche, z. B. als Untergrund für Tapeten und Anstriche, erreicht wird.

Filzen des Putzes

Nachbehandlung/Lüftung

Bis zur Austrocknung ist auf eine ausreichende Belüftung zu achten. Dabei ist eine Stoßlüftung vorzuziehen, da Zugluft während des Abbinde- und Trocknungsvorganges zu vermeiden ist.

Putzdicken und Standzeiten bei Innenputzen

Die in der Tabelle aufgelisteten Putzdicken geben die **mittlere Putzdicke** und die **zulässige Mindestdicke** an. Bei der Ausführung ist unbedingt darauf zu achten, dass die mittlere Putzdicke jeweils nur an einzelnen Stellen unterschritten werden darf. Die zulässige Mindestdicke darf nicht unterschritten werden.

Für die Erfüllung besonderer Anforderungen (z. B. hinsichtlich des Wärmeschutzes, der Verbesserung des Brandschutzes oder der Aufnahme von Salzkristallen bei Sanierputzen) ergeben sich Putzdicken, die von den in DIN 18550 geforderten Putzdicken abweichen.

Bei den angegebenen Standzeiten handelt es sich lediglich um Richtwerte. Die Standzeit ist abhängig

- von der Dicke des Putzes,
- vom Saugverhalten des Putzgrundes,
- vom Feuchtegehalt des Putzgrundes,
- vom Bindemittel des Putzes
- und von den klimatischen Bedingungen (Temperatur, Luftfeuchte, Wind, Sonneneinstrahlung).

Es ist zu berücksichtigen, dass die Standzeit bei ungünstigen Bedingungen zu verlängern ist. Um den Abbindeprozess nicht zu beeinträchtigen, sind die Putzlagen durch geeignete Nachbehandlung vor zu raschem Austrocknen zu schützen.

Um die Gefahr der Schwindrissbildung zu minimieren, müssen mineralische Putze vor zu raschem Austrocknen geschützt werden. Dies ist bei Innenputzen jedoch meist nicht notwendig. Hingegen müssen nach dem Auftragen des Putzes die Räume häufig kurzfristig gelüftet werden, um die überschüssige Feuchte abzulüften. Dabei ist eine Querlüftung wegen des raschen Luftaustausches zu empfehlen, Zugluft ist zu vermeiden.

Putz- bzw. Putzgrundvorbehandlung		Dicke	Standzeiten
Haftbrücke	organisch mineralisch	3 … 5 mm	12 … 24 Stunden 1 Tag pro mm Dicke
Putzfestiger		–	12 … 48 Stunden
Armierungsputz, faserarmiert, ohne Gewebeeinlage Armierungsputz mit Gewebeeinlage		3 … 5 mm 4 … 6 mm	1 Tag pro mm Dicke 1 Tag pro mm Dicke
Kalkputz, einlagig	Norm(Mindest-)putzdicke	10 mm (5 mm)	hydraulische Kalkputze benötigen mindestens 1 Tag pro mm Dicke; Luftkalkputze mindestens 2 Tage pro mm Dicke
Kalkputz, zweilagig	Norm(Mindest-)putzdicke	15 mm (10 mm)	
Kalkzementputz, einlagig	Norm(Mindest-)putzdicke	10 mm (5 mm)	1 Tag pro mm Dicke
Kalkzementputz, zweilagig	Norm(Mindest-)putzdicke	15 mm (10 mm)	1 Tag pro mm Dicke
Zementputz, einlagig	Norm(Mindest-)putzdicke	10 mm (5 mm)	28 Tage
Zementputz, zweilagig	Norm(Mindest-)putzdicke	15 mm (10 mm)	28 Tage
Gipsputz	Norm(Mindest-)putzdicke	10 mm (5 mm)	1 Tag pro mm Dicke bzw. bis zur Trocknung

7.5.5 Putzweisen

Als Putzweise bezeichnet man die Art der Ausführung und dabei insbesondere die Oberflächenbearbeitung des Putzes. Die Putze werden nach der Art ihrer Oberflächenbehandlung und der dabei entstehenden Struktur eingeteilt. In DIN 18550 (Planung, Zubereitung und Ausführung von Außen- und Innenputzen) werden folgende Putzweisen unterschieden:

- **Geglätteter Putz** (Glättputz)
  Glättputze eignen sich zum Verputzen von Wänden und Decken im Innenbereich. Häufig werden einlagige Gipsputze oder Gips-Kalk-Putze verwendet, die ihre glatte Oberfläche durch das Bearbeiten mit der Glättkelle erhalten. Auf Kalk-, Kalk-Gips- und Kalk-Zementputzen kommen dünnlagige Putzglätten zum porenfüllenden Glätten des Unterputzes zum Einsatz. Abhängig von der Oberflächenqualität (siehe Abschnitt 7.5.7) dienen Glättputze als Untergrund für Anstriche, Tapeten, dekorative dünnschichtige Oberputze oder spezielle Spachtel- und Glättetechniken (z.B. Tadelakt).

- **Gefilzter Putz** (Filzputz)
  Filzputze werden im Innenbereich häufig einlagig aufgebracht und nach dem Anziehen mit einem Schwammbrett gefilzt. Dabei eignen sich alle im Innenbereich eingesetzten Putzmörtel zum Filzen. Je weicher das eingesetzte Schwammbrett ist, desto intensiver wird der wolkenartige ungleichmäßige Oberflächeneffekt. Je härter das Schwammbrett, desto ebener und einheitlicher wird die Oberfläche.
  Gefilzte Putze im Außenbereich werden meist zweilagig aufgebracht, wobei auf den vorhandenen Unterputz ein dünnschichtiger Filzputz in einer Stärke von 2 ... 3 mm aufgebracht und gefilzt wird. Dieser Putzaufbau ist selbstverständlich auch im Innenbereich denkbar.

- **Geriebener Putz** (Reibeputz)
  Reibeputze werden als Oberputz gleichmäßig in Kornstärke aufgetragen, mit der Glättkelle verzogen und je nach gewünschter Struktur mit einem harten Werkzeug (Kunststoffbrett mit oder ohne EPS-Auflage) abgerieben. Sie enthalten in den mineralischen Gesteinskörnungen ein „Überkorn", das bei der Verarbeitung je nach Korngröße (1 ... 5 mm) eine unterschiedlich tiefe Rille in der Oberfläche hinterlässt. Abhängig von der Verarbeitungsrichtung können runde, horizontale oder vertikale Strukturen erzielt werden.
  Als Reibeputze werden Kalk-, Kalk-Zement- und Zementmörtel im Innen- und Außenbereich verwendet.

- **Kellenwurfputz**
  Kellenwurfputze werden ebenfalls im Innen- und Außenbereich auf vorhandenen Unterputzen aufgebracht. Das Anwerfen erfolgt von Hand und sollte von einem erfahrenen Mitarbeiter durchgeführt werden, da die Anwurftechnik maßgeblich für die entstehende Struktur ist. Der Auftrag erfolgt dabei von oben nach unten, es ist darauf zu achten, dass keine Nester entstehen.
  Zur Vermeidung von Farbunterschieden und später sichtbaren Putzansätzen muss nass-in-nass gearbeitet werden. Zusammenhängende Flächen sollten am gleichen Tag fertiggestellt werden.

Neben den in der DIN 18550 verwendeten Begriffen zur Bezeichnung der Putzweisen werden für die strukturierten Oberflächen regional unterschiedliche Bezeichnungen wie z.B. Münchener Rauputz, Rillenputz etc. verwendet. Letztlich handelt es sich hierbei um Reibeputze mit einer besonderen Technik zur Strukturierung der Oberfläche.

Geglätteter Putz

Gefilzter Putz

Geriebener Putz mit Rillenstruktur

Kellenwurfputz

- **Modellierputz**
  Modellierputze werden als mineralisch und organisch gebundene Oberputze zur Verwirklichung auch ausgefallener Gestaltungswünsche angeboten. Sie werden in ungleichmäßig dicker Schicht aufgetragen und bearbeitet bzw. frei strukturiert. Je nach verwendetem Werkzeug wie z.B. Kelle, Zungenspachtel, Schwamm, Traufel, Zahnspachtel, Schablonen, Bürsten usw. sind vielfältige Strukturen möglich. Für die entstehenden Strukturen sind Bezeichnungen wie Kellenstrichputz, Besenstrich, Altdeutscher Putz, Scheibenputz usw. gebräuchlich.

Modellierputz

- **Spritzputz**
  Spritzputze werden mithilfe von Nassputz-Spritzgeräten durch das Aufspritzen eines feinkörnigen, dünnflüssigen Mörtels auf Wände und Decken aufgebracht. Dies stellt eine sehr rationelle Möglichkeit des Verputzens, insbesondere von Decken, dar. Spritzputze bilden eine gleichkörnige Oberfläche, wobei durch die Einstellung der Putzmaschine und die Führung der Spritzdüse das Erscheinungsbild des Spritzputzes beeinflusst werden kann. Sie sind in unterschiedlichen Korngrößen und Farbtönen erhältlich. Die sich ergebende dekorative Oberfläche ist in ihrer Struktur einer voll abgeriebenen Fläche ähnlich.

Spritzputz

- **Kratzputz**
  Der Kratzputz erhält seine Struktur durch das namensgebende Kratzen der Oberfläche mit einem Nagelbrett („Kratzigel"). Dabei wird die bindemittel- und damit spannungsreiche Oberfläche entfernt. Durch die beim Kratzen an der Oberfläche herausgelösten Körner erhält der Putz sein charakteristisches Aussehen. Während bei anderen Putzweisen die Gesteinskörnung von einem Bindemittelfilm umhüllt ist, liegen die Körner beim Kratzputz frei an der Oberfläche. Dies ermöglicht durch die Wahl von Gesteinskörnern mit Glimmereffekten oder durch farbige Körnungen eine interessante Oberflächengestaltung.
  Die Kunst bei der Herstellung besteht darin, den richtigen Zeitpunkt für das Kratzen zu wählen. Dieser ist abhängig vom Erhärtungsverlauf des Putzes. Die Bestimmung des Zeitpunktes erfordert eine ausreichende Erfahrung. Das Korn soll beim Kratzen herausspringen und nicht im Nagelbrett hängenbleiben.

Kratzputz

- **Waschputz**
  Waschputze erhalten ihre Struktur durch Abwaschen der noch nicht erhärteten Bindemittelschlämme an der Oberfläche. Dies geschieht durch vorsichtiges horizontales Abwaschen mit einer Bürste von oben nach unten, bis die Körnung zum Vorschein kommt und frei von Bindemitteln ist. Nach weiteren 1 … 2 Tagen der Erhärtung wird die Oberfläche nochmals mit viel Wasser oder mit Zementschleierentferner abgebürstet.
  Waschputze werden als Oberputze mit Korngrößen von 3 bis über 10 mm, insbesondere an stark beanspruchten Stellen (z.B. Sockelbereich, Treppenhäuser), eingesetzt. Sie sind durch Verwendung von Zementputzmörteln mechanisch und feuchtetechnisch (Spritzwasser) sehr belastbar.

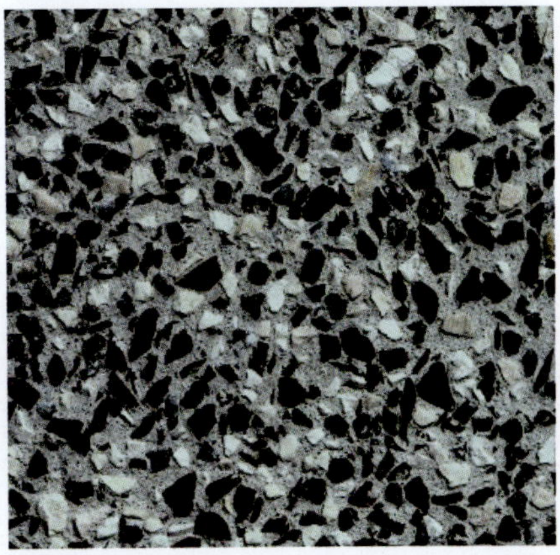

Waschputz

7.5.6 Maß- und Ebenheitsabweichungen

Abweichungen von den in der Planung vorgesehenen Nennmaßen sind bei der Bauausführung praktisch nicht vermeidbar. Die auftretenden Abweichungen müssen jedoch begrenzt werden, damit die Funktion eines Bauteils oder eines Bauwerkes nicht beeinträchtigt wird. Die in DIN 18202, Toleranzen im Hochbau, angegebenen Grenzabweichungen berücksichtigen die im Rahmen der üblichen Sorgfalt unter Baustellenbedingungen zu erreichenden Genauigkeiten. Sie sind einzuhalten, sofern nicht andere (erhöhte) Anforderungen vereinbart wurden.

- **Grenzabweichungen**
  Unter der Grenzabweichung versteht man die Differenz zwischen Höchstmaß und Nennmaß bzw. Mindestmaß und Nennmaß.
  Die in der Tabelle angegebenen Werte gelten für
  - Längen-, Breiten-, Höhen-, Achs- und Rastermaße sowie Querschnittsmaße
  - Öffnungsmaße, z.B. für Fenster, Türen, Einbauteile

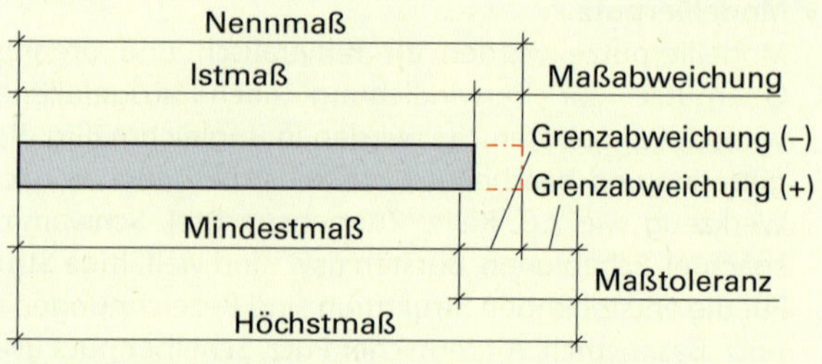

Benennung der Maße

Nennmaß	– Maß, das in der Zeichnung als Sollmaß angegeben ist
Istmaß	– Maß, das durch Messung festgestellt wurde
Maßabweichung	– Differenz zwischen Nennmaß und Istmaß
Mindestmaß	– das kleinste zulässige Maß
Höchstmaß	– das größte zulässige Maß

Spalte	1	2	3	4	5	6	7
Zeile	**Bezug**	**Grenzabweichungen in mm bei Nennmaßen in m**					
		bis 1 m	**1…3 m**	**3…6 m**	**6…15 m**	**15…30 m**	**30…ca. 60 m**
1	Maße in Grundriss, z.B. Längen, Breiten, Achs- und Rastermaße (siehe Abschnitt 6.2.1 DIN 18202)	±10 mm	±12 mm	±16 mm	±20 mm	±24 mm	±30 mm
2	Maße im Aufriss, z.B. Geschosshöhen, Podesthöhen, Abstände von Aufstandsflächen und Konsolen (siehe Abschnitt 6.2.2 DIN 18202)	±10 mm	±16 mm	±16 mm	±20 mm	±30 mm	±30 mm
3	Lichte Maße im Grundriss, z.B. Maße zwischen Stützen, Pfeilern usw. (siehe Abschnitt 6.2.3 DIN 18202)	±12 mm	±16 mm	±20 mm	±24 mm	±30 mm	–
4	Lichte Maße im Aufriss, z.B. unter Decken und Unterzügen (siehe Abschnitt 6.2.4 DIN 18202)	±16 mm	±20 mm	±20 mm	±30 mm	–	–
5	Öffnungen, z.B. für Fenster, Türen, Einbauelemente (siehe Abschnitt 6.2.5 DIN 18202)	±10 mm	±12 mm	±16 mm	–	–	–
6	Öffnungen wie vor, jedoch mit oberflächenfertigen Laibungen (siehe Abschnitt 6.2.5 DIN 18202)	±8 mm	±10 mm	±12 mm	–	–	–

Grenzabweichungen nach DIN 18202

- **Winkelabweichungen**
  Winkelabweichungen werden als zulässige Stichmaße für die Abweichung vom vorgesehenen Winkel angegeben. Sie gelten für vertikale, horizontale und geneigte Flächen.

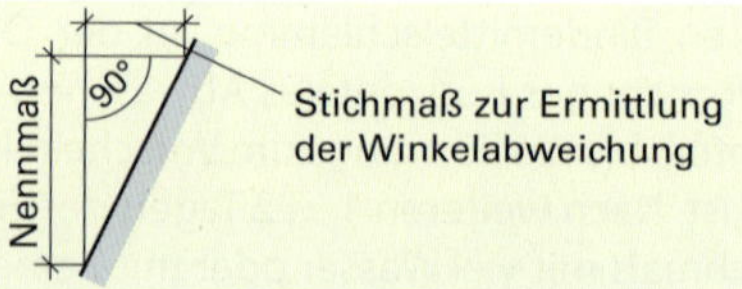

Spalte	1	2	3	4	5	6	7	8
Zeile	**Bezug**	**Grenzabweichungen in mm bei Nennmaßen in m**						
		bis 0,5 m	**bis 1 m**	**1…3 m**	**3…6 m**	**6…15 m**	**15…30 m**	**30…ca. 60 m**
1	Vertikale, horizontale und geneigte Flächen	3 mm	6 mm	8 mm	12 mm	16 mm	20 mm	20 mm

Grenzwerte für Winkelabweichungen nach DIN 18202

- **Ebenheitsabweichungen**
  Die Ebenheit einer Fläche wird durch Einzelmessungen oder durch rasterförmig angeordnete Messpunkte überprüft. Dabei wird eine Richtlatte auf den Hochpunkten der Fläche aufgesetzt und das Stichmaß an der tiefsten Stelle gemessen.
  Weichen die gemessenen Ebenheiten von den zulässigen Grenzabweichungen ab, so sind in der Regel Mehrleistungen, z. B. durch das Aufbringen von Putzen in größerer Putzdicke als vorgesehen, erforderlich. Dies führt zu Mehrkosten, die dem Auftraggeber vor Ausführung der Arbeiten anzuzeigen sind.

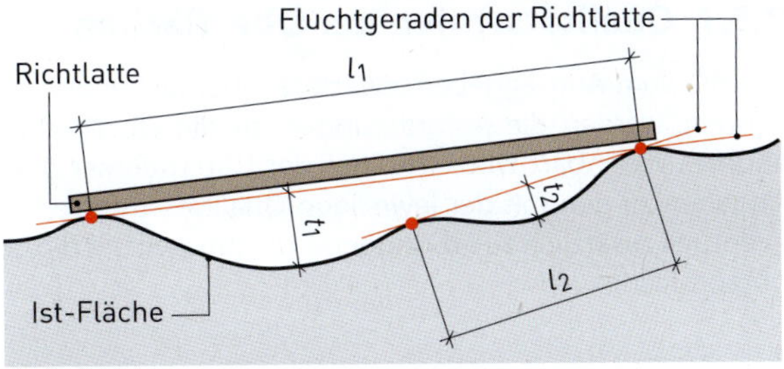

Stichmaß zur Ermittlung der Ebenheitsabweichung

Spalte	1	2	3	4	5	6	7	8	9	10	11	12	13	14
Zeile	**Bauteile/Funktion**	**Stichmaße als Grenzwerte in mm bei Messpunktabständen in m bis**												
		0,1 m	**0,6 m**	**1 m**	**1,5 m**	**2 m**	**2,5 m**	**3 m**	**3,5 m**	**4 m**	**6 m**	**8 m**	**10 m**	**15 m**
1	Nichtflächenfertige Oberseiten von Decken, Unterbeton und Unterböden	10	13	15	16	17	18	18	19	20	22	23	25	30
2	Nichtflächenfertige Oberseiten von Decken, Unterbeton und Unterböden mit erhöhten Anforderungen, z. B. zur Aufnahme von schwimmenden Estrichen, Industrieböden, Fliesen und Plattenbelägen, Verbundestrichen Fertige Oberflächen für untergeordnete Zwecke, z. B. in Lagerräumen, Kellern	5	7	8	9	9	10	11	12	12	13	14	15	20
3	Flächenfertige Böden, z. B. Estriche als Nutzestriche, Estriche zur Aufnahme von Bodenbelägen, Bodenbeläge, Fliesenbeläge, gespachtelte und geklebte Beläge	2	3	4	5	6	7	8	9	10	11	11	12	15
4	jedoch mit erhöhten Anforderungen	1	2	3	4	5	6	7	8	9	10	11	12	15
5	Nichtflächenfertige Wände und Unterseiten von Rohdecken	5	8	10	11	12	13	13	14	15	18	22	25	30
6	Flächenfertige Wände und Unterseiten von Decken, z. B. geputzte Wände, Wandbekleidungen, untergehängte Decken	3	4	5	6	7	8	8	9	10	13	17	20	25
7	mit erhöhten Anforderungen	2	2	3	4	5	6	6	7	8	10	13	15	20

Grenzwerte für Ebenheitsabweichungen nach DIN 18202

Prüfpflicht

Der mit der Ausführung beauftragte Fachunternehmer muss vor Beginn der Ausführung erkennbare Mängel im Hinblick auf die Einhaltung der Toleranzen im Rahmen seiner Prüfpflicht feststellen. Abweichungen sind dem Auftraggeber anzuzeigen.

7.5.7 Qualitätsstufen der Oberflächen

Um die vom Auftraggeber erwartete Oberflächenqualität bei Putzoberflächen im Innenbereich exakt beschreiben zu können, werden die Anforderungen an die Oberflächen in die Qualitätsstufen Q 1 bis Q 4 eingeteilt. Sofern nichts anderes vereinbart wird, schuldet der Unternehmer die Qualitätsstufe 2 (Standardqualität). Die Tabelle enthält neben Angaben zu den mit der jeweiligen Qualitätsstufe verbundenen Anforderungen an die Ebenheitsabweichungen auch eventuell zusätzlich zu erbringende Leistungen, um die geforderte Qualitätsstufe zu erzielen (z. B. den Einsatz von Unterputzprofilen).

Qualitätsstufe[a]	abgezogene Putzoberfläche		gefilzte oder abgeriebene Putzoberfläche		geglättete Putzoberfläche	
	Beschaffenheit/Eignung der Oberfläche	**Maßtoleranz**	**Eignung der Oberfläche**	**Maßtoleranz**	**Eignung der Oberfläche**	**Maßtoleranz**
Q 1	geschlossene Putzfläche ohne Anforderungen an die Optik (z. B. zu verfliesende Flächen oder im Bereich von Vorwandinstallationen)	–	–	–	–	–
Q 2 Standard	geeignet z. B. für: • Oberputze Körnung ≥ 2,0 mm • Wandbeläge aus Keramik, Natur- und Kunststein usw.	Standardanforderungen an die Ebenheit	geeignet für: • matte, gefüllte Anstriche/Beschichtungen • grobstrukturierte Wandbekleidungen z. B. Raufasertapete	Standardanforderungen an die Ebenheit	geeignet für: • Oberputze, Körnung > 1,0 mm • mittel- bis grobstrukturierte Wandbekleidungen, z. B. Raufasertapeten • matte, gefüllte Anstriche/Beschichtungen (z. B. Dispersionsanstrich), die mit grober Lammfell- oder Strukturrolle aufgetragen werden	Standardanforderungen an die Ebenheit
Q 3	geeignet z. B. für: • Oberputze, Körnung[b] ≥ 1,0 mm • Wandbeläge aus Feinkeramik , großformatige Fliesen, Glas, Natur- und Kunststein usw.	erhöhte Anforderungen an die Ebenheit	geeignet für: • matte, nicht strukturierte/nicht gefüllte Anstriche/ Beschichtungen	Standardanforderungen an die Ebenheit	geeignet für: • Oberputze, Körnung ≤ 1,0 mm • fein strukturierte Wandbekleidungen • matte, fein strukturierte Anstriche/Beschichtungen	Standardanforderungen an die Ebenheit
Q 4	–	–	abgeriebene Putzoberflächen geeignet z. B. für: • Lasuren oder Anstriche/Beschichtungen bis zum mittleren Glanz gefilzte Putzoberflächen geeignet z. B. für: • matte, nicht strukturierte/nicht gefüllte Anstriche/ Beschichtungen	erhöhte Anforderungen an die Ebenheit	geeignet für glatte Wandbekleidungen und Beschichtungen mit Glanz, z. B: • Metall, Vinyl- oder Seidentapeten • Lasuren oder Anstriche/Beschichtungen bis zum mittleren Glanz • Spachtel- und Glättetechniken	erhöhte Anforderungen an die Ebenheit

[a] Bei den Qualitätsstufen muss immer die Ausführungsart „abgezogen, „geglättet", „gefilzt" oder „abgerieben" genannt werden, z. B. **„Q 2 – geglättet"**

[b] Für feinere Oberputze siehe „Q 3 – geglättet"

7.6 Planung und Ausführung von Details

7.6.1 Wand-Decken-Anschluss

Der Einsatz von Profilen oder die Anordnung von Trennschnitten zur Aufnahme von Bewegungen und zum Anschluss an Bauteile erfordert eine gezielte Planung, um spätere Schäden zu vermeiden. Da hierbei meist nicht nur technische, sondern auch ästhetische Gesichtspunkte zu berücksichtigen sind, ist eine Absprache mit dem Planer oder Bauherrn unerlässlich.

Anschluss bei tragenden Wänden

Mit einem **Trennschnitt** kann eine vollständige Trennung des Putzes von angrenzenden Bauteilen oder Putzschichten erfolgen. Damit können Risse oder Abscherungen verhindert werden, sofern die zu erwartenden Verformungen nur sehr gering sind. Liegen Decken im Geschosswohnungsbau auf tragenden Wänden auf, so kann mit geringen Verformungen gerechnet werden. Dies gilt jedoch nicht, wenn die Decke mit einem Gleitlager auf der Wand aufliegt, wie dies z.B. bei Flachdächern üblich ist. In diesem Fall ist wegen der zu erwartenden Verformung eine andere Ausführung zu wählen. Eine Lösungsmöglichkeit hierfür wird nachfolgend beim Anschluss des Deckenputzes an nichttragende Wände vorgestellt.

Anschluss bei nichttragenden Wänden

Beim Aufliegen einer Decke auf einer Wand mit einem Akustik- oder Gleitlager können die auftretenden Verformungen nicht von einem Trennschnitt alleine aufgenommen werden. Neben den Verformungen aus dem Schwinden des Betons ist je nach Spannweite der Decke auch mit Durchbiegungen zu rechnen, die zu einer Stauchung des Akustiklagers führen. Wird der Wandputz ohne Trennung bis zur Rohdecke ausgeführt, so wird auch dieser gestaucht und es muss mit Rissen bzw. Ablösungen gerechnet werden. Nebenstehende Abbildung zeigt einen Riss im Wandputz, der durch die Stauchung des Wandputzes infolge der Deckendurchbiegung verursacht wurde.

Eine mögliche Ausführungsvariante zur Vermeidung dieses Schadensbildes kann wie folgt aussehen (s. Abbildung):

1. Akustik- oder Gleitlager
2. Wandputz endet mit einem Abschlussprofil unterhalb der Rohdecke
3. Unterputz
4. Rundschnur aus Schaumstoff oder Dichtungsband Schaffen eine Stauchzone zur Aufnahme von Verformungen aus Durchbiegungen
5. Gegebenenfalls Oberputz
6. Deckenputz
7. Trennschnitt des Deckenputzes ermöglicht die Aufnahme von Schwindverformungen

Neben der Vermeidung von Rissen ist mit dieser Art der Ausführung auch die Körperschallbrücke zwischen Wandputz und Rohdecke durch Schallentkopplung unterbrochen.

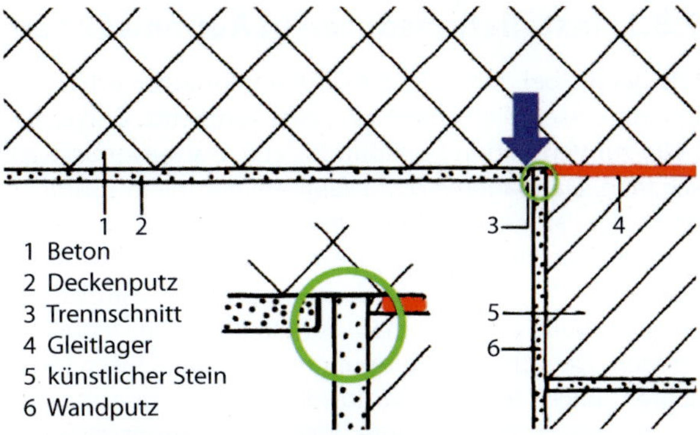

Trennschnitt bei tragenden Wänden

Nichttragende Wand mit Akustiklager

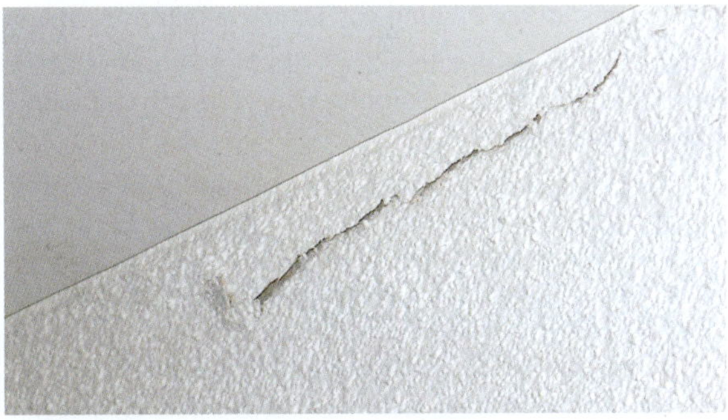

Rissbildung am Wand-Decken-Anschluss

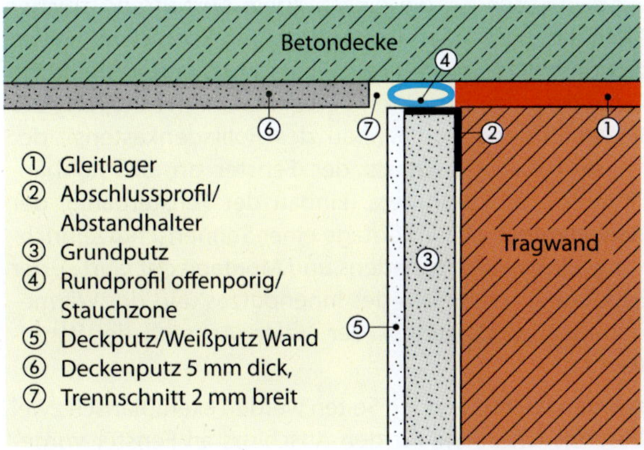

Lösungsmöglichkeit für den Wand-/Deckenanschluss

7.6.2 Installationsdosen in Außenwänden

Wie bereits bei den Aufgaben von Innenputzen erläutert, kommt diesen die Funktion zu, eine luftdichte Gebäudehülle zur Vermeidung unkontrollierter Wärmeverluste zu schaffen. Da Mauerwerk im Allgemeinen nicht luftdicht ist, stellen raumseitige Durchdringungen der Putzschicht, wie z.B. der Einbau von Elektroinstallationsdosen, eine Schwachstelle dar. Durchdringungen der luftdichten Gebäudehülle sollen deshalb auf ein Minimum reduziert werden. Wo sich die Anordnung nicht anders lösen lässt, sollten nach Möglichkeit luftdichte Elektrounterputzdosen verwendet werden. Werden Leitungsschächte oder Vorsatzschalen an Außenwände angrenzend angeordnet, so sollten diese vor der Ausführung der Installation ebenfalls vollflächig verputzt werden.

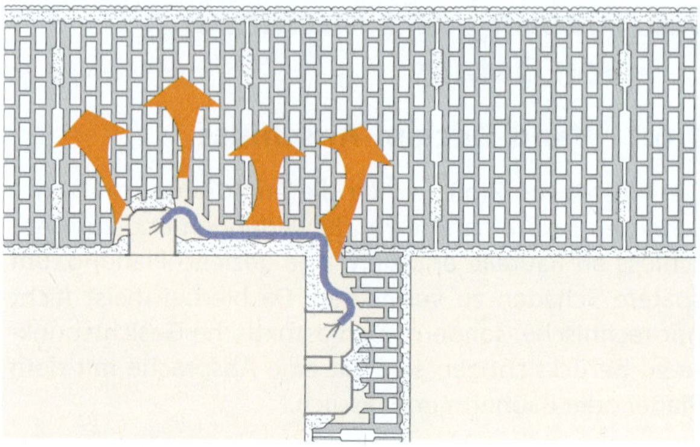

Luftströmung bei Mauerwerkswänden

7.6.3 Fensteranschlüsse

Dem fachgerecht ausgeführten Anschluss am Fenster kommt aus bauphysikalischer Sicht im Hinblick auf den Wärme- und Feuchteschutz eine besondere Bedeutung zu. Dabei spielen nicht nur unerwünschte **Energieverluste** und ein Verlust an Wohnbehaglichkeit bei **Zugerscheinungen** eine Rolle. Die Konstruktion ist darüber hinaus davor zu schützen, dass in der Raumluft vorhandener Wasserdampf durch Konvektion in das Bauteil eindringt und dort an wärmetechnischen Schwachpunkten im Winter als **Tauwasser** anfällt. In der Konstruktion anfallendes Tauwasser verringert die wärmedämmenden Eigenschaften, kann zu schwerwiegenden Bauschäden führen und begünstigt die Bildung von Schimmelpilzen.

Nebenstehende Abbildung zeigt das Messergebnis eines Versuches zum Wasserdampftransport durch Diffusion bzw. durch Konvektion:

- Durch **Wasserdampfdiffusion** gelangten über eine 15 m^2 große Bauteilfläche lediglich etwa 1 … 2 % des im Raum anfallenden Wasserdampfes nach außen.
- Hat sich hingegen am Fensteranschluss eine 3 mm breite und 1 m lange Fuge gebildet, so werden unter gleichen Randbedingungen etwa 98 % Wasser pro Tag durch **Konvektion** abgeführt. Die möglichen Folgen des damit verbundenen Tauwasseranfalls im Bauteilquerschnitt wurden bereits beschrieben.

Problematisch für die einwandfreie Ausführung solcher Details ist häufig der Umstand, dass an **Schnittstellen** wie z.B. dem dargestellten Fensteranschluss unterschiedliche Gewerke aufeinandertreffen: Der Maurer (Herstellung der Fensteröffnung und Einbau des Rollladenkastens), der Fensterbauer (Anschluss der Fenster an die Rohbauöffnung), der Steinmetz (Einbau der Fensterbank), der Rollladentechniker (Montage einer Sonnenschutzeinrichtung, Einbau des Rollladens und Montage der Gurte), der Stuckateur (Herstellen des Innenputzes und des Wärmedämmverbundsystems), der Maler (Anstrich der Wandflächen).

Auf den nachfolgenden Seiten werden exemplarisch zwei Lösungsvorschläge für den Anschluss an Fenster vorgestellt.

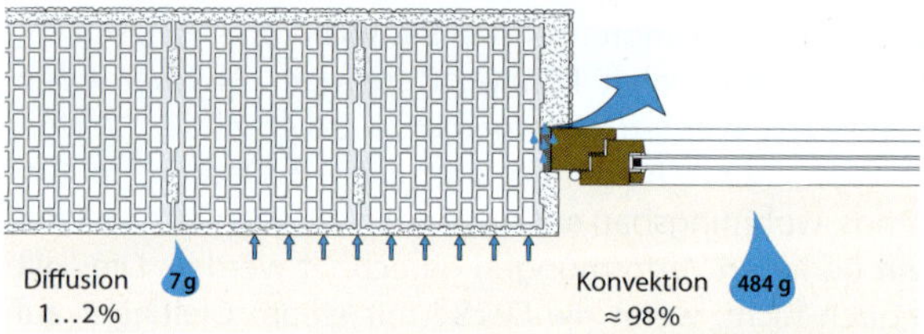

Wasserdampftransport durch Diffusion bzw. Konvektion

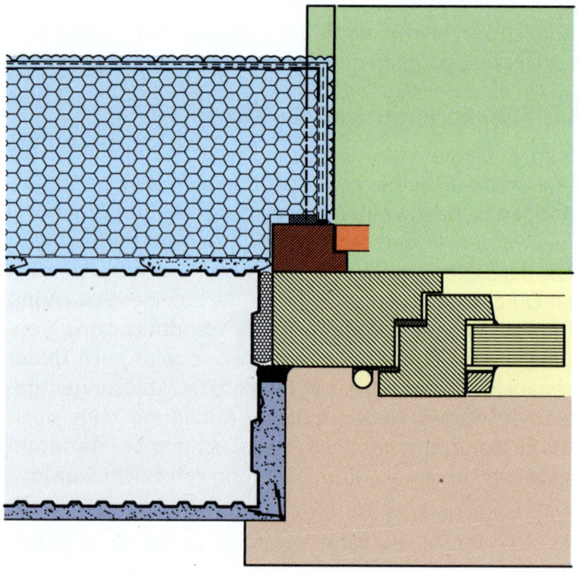

Gewerkeübergreifende Schnittstelle Fensteranschluss

Aufgaben

1. *Wählen Sie eine Putzweise aus. Beschreiben Sie den Arbeitsablauf bei der Herstellung, die benötigten Werkzeuge und die verwendeten Materialien. Gestalten Sie hierzu eine Präsentation unter Verwendung zusätzlicher Bilder aus der Baustellenpraxis.*
2. *Welche Qualitätsstufe der Oberfläche ist zu erbringen, wenn nichts Besonderes vereinbart wurde? Geben Sie an, wofür sich diese Qualitätsstufe eignet.*
3. *Begründen Sie die Notwendigkeit einer luftdichten Gebäudehülle. Verdeutlichen Sie eine mögliche Problematik am Beispiel eines Fensteranschlusses.*

7.6.4 Zeichnerische Darstellung von Fensteranschlussdetails

Anschlussdetail Typ A – Einbaurollladenkasten mit Revision außen

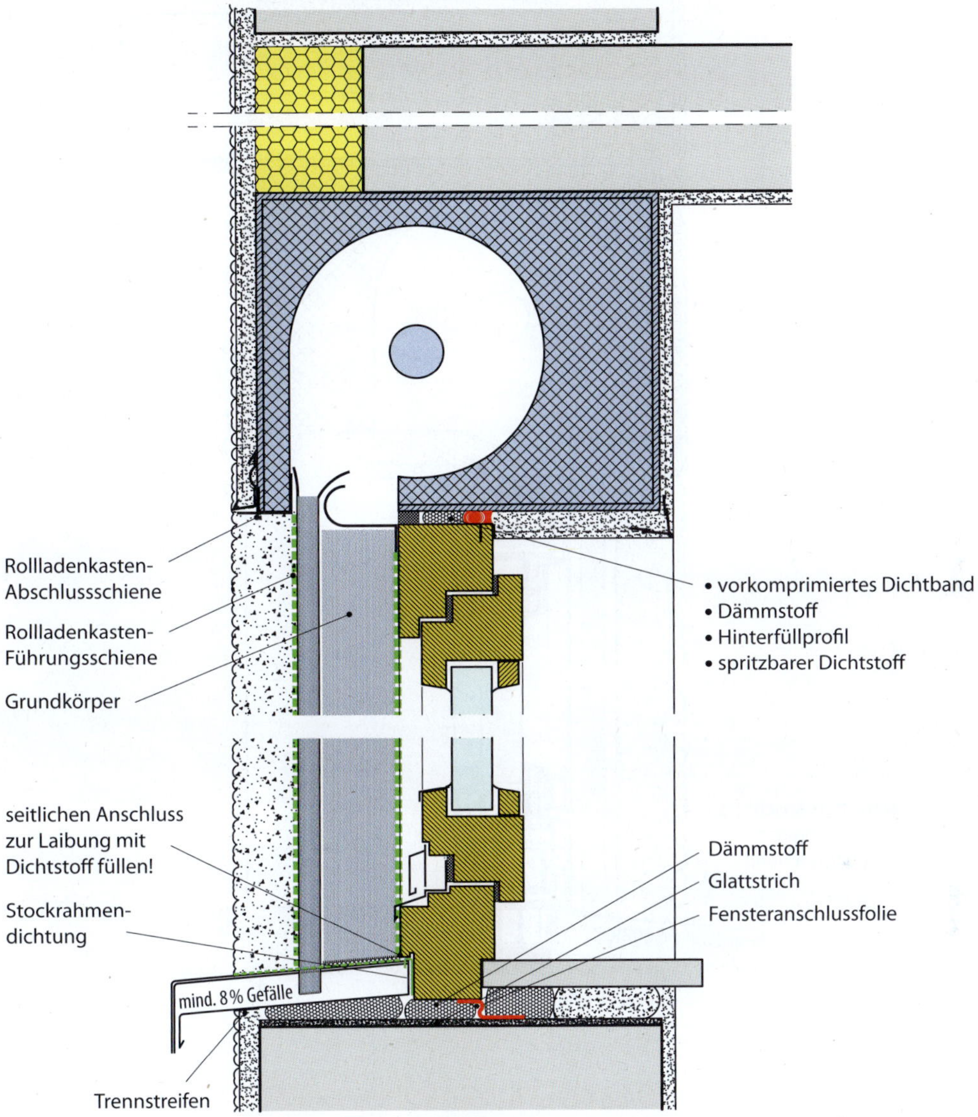

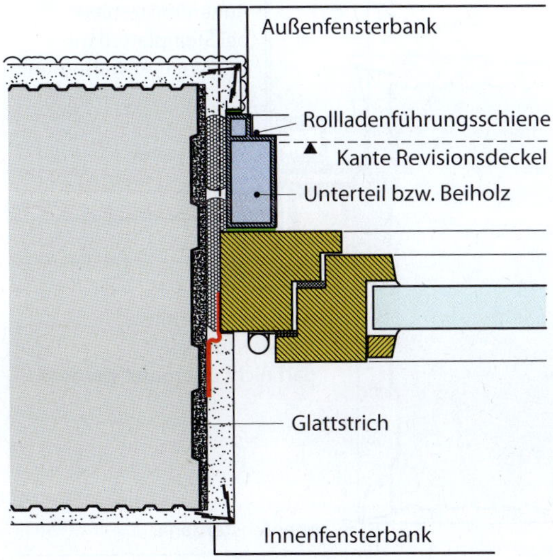

Anschlussdetail Typ B – Einbaurollladenkasten mit Revision innen

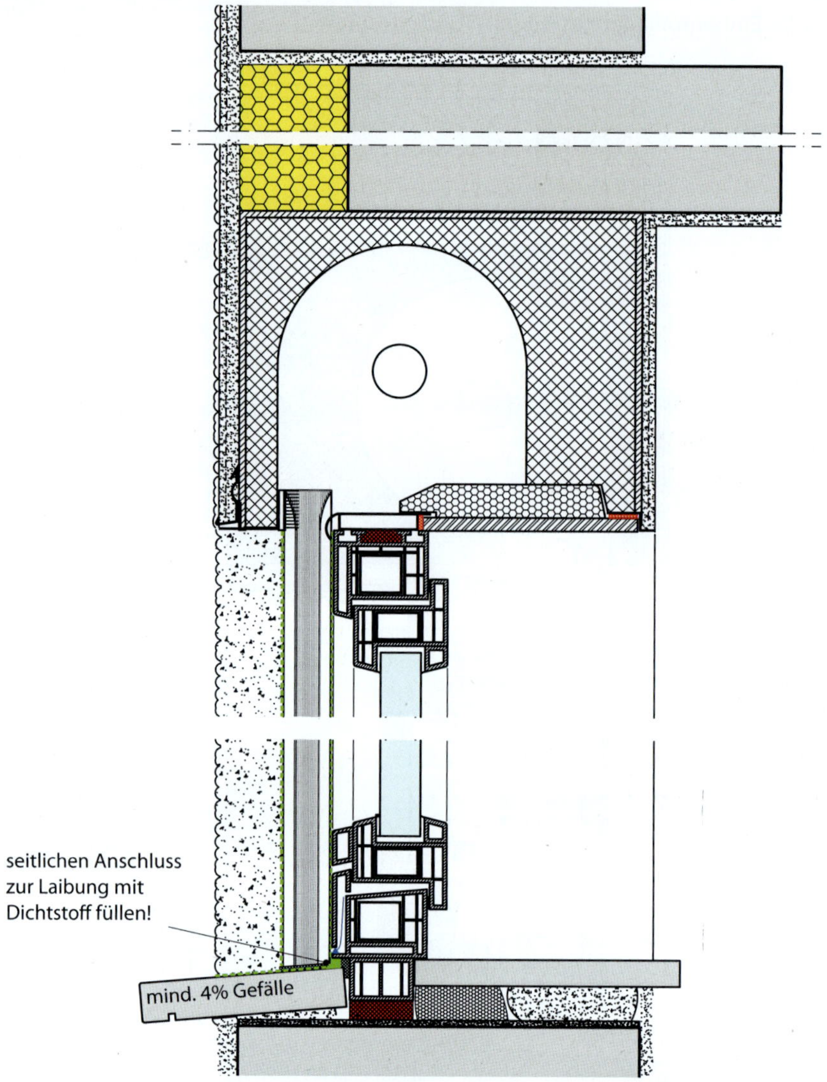

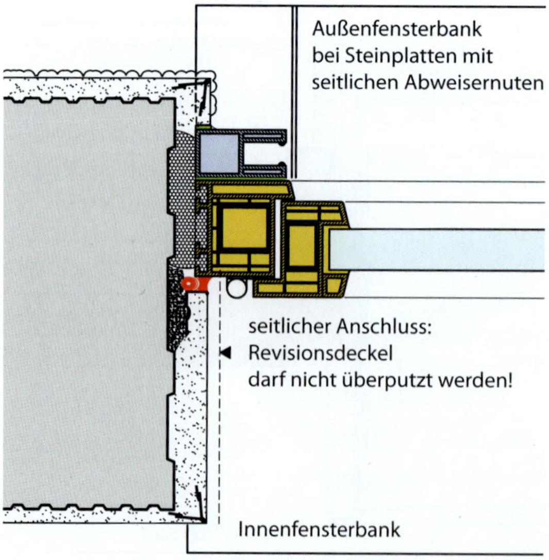

7.7 Ausschreibung, Vergabe und Abrechnung von Bauleistungen

Um nach erfolgter Bauplanung und erteilter Baugenehmigung mit der Ausführung der Bauarbeiten beginnen zu können, muss der Bauherr (Auftraggeber) oder der von ihm beauftragte Architekt Unternehmen mit der Ausführung der Leistung beauftragen. Hierzu werden die auszuführenden Arbeiten in einer **Leistungsbeschreibung** meist in Form von sogenannten **Leistungsverzeichnissen** zusammengestellt. Auf der Grundlage dieser Leistungsverzeichnisse können vergleichbare Angebote von Unternehmen eingeholt werden (**Ausschreibung**). Nach Prüfung und Wertung der abgegebenen Angebote kann die **Vergabe** des Auftrages an Unternehmen (Auftragnehmer) erfolgen. Für die **Ausführung** der Arbeiten steht dem Unternehmer die vereinbarte Vergütung zu. Die **Abrechnung** der Leistungen hat dabei prüfbar zu erfolgen und ist durch Zeichnungen, Mengenermittlungen und andere Nachweise (z. B. Lieferscheine) zu belegen.

Die Ausschreibung, Vergabe und Abrechnung kann mittels bauspezifischer Softwarelösungen erfolgen. Wichtige Bestimmungen für die Vergabe von Bauleistungen und deren Ausführung sowie Allgemeine Technische Vertragsbedingungen sind in der **Vergabe- und Vertragsordnung für Bauleistungen (VOB)** enthalten.

7.7.1 Die Vergabe- und Vertragsordnung für Bauleistungen (VOB)

In der VOB sind Bestimmungen für die Vergabe von Bauleistungen öffentlicher Auftraggeber und Vertragsbedingungen für die Ausführung von Bauleistungen enthalten. Sie wird von einem mit Vertretern öffentlicher Auftraggeber und mit Auftragnehmern besetzten Gremium erarbeitet und regelmäßig fortgeschrieben. Die derzeit aktuelle Ausgabe VOB 2019 gliedert sich in drei Teile:

VOB, Teil A – Allgemeine Bestimmungen für die Vergabe von Bauleistungen (VOB/A, DIN 1960)

Die Bestimmungen der VOB/A sind von öffentlichen Auftraggebern bei der Vergabe von Bauleistungen verpflichtend anzuwenden. Sie dienen dazu, durch transparente Vergabeverfahren Wettbewerb herzustellen und durch einheitliche Regelungen für alle Bieter Wettbewerbsverzerrungen zu verhindern. Die VOB/A enthält u. a. Bestimmungen zu den Grundsätzen der Vergabe, Arten der Vergabe, Vertragsarten, Form und Inhalt der Angebote und zur Prüfung und Wertung der eingegangenen Angebote.

VOB, Teil B – Allgemeine Vertragsbedingungen für die Ausführung von Bauleistungen (VOB/B, DIN 1961)

Die Regelungen der VOB/B stellen einen partnerschaftlich ausgerichteten Musterbauvertrag für das öffentliche Bauen dar. Die VOB/B ist kein Gesetz, sondern sie hat den Charakter von Allgemeinen Geschäftsbedingungen, d. h., die Bedingungen gelten nicht automatisch, sondern sie müssen als Vertragsbestandteil vereinbart werden. Sie werden Unternehmen und öffentlichen Auftraggebern zur Anwendung empfohlen. Die VOB/B ist nicht zur Anwendung gegenüber privaten Bauherren vorgesehen. Für Verträge mit Verbrauchern gilt das Werkvertragsrecht des Bürgerlichen Gesetzbuches (BGB).

VOB, Teil C – Allgemeine Technische Vertragsbedingungen für Bauleistungen (ATV, VOB/C)

Teil C der VOB enthält Allgemeine Technische Vertragsbedingungen für Bauleistungen (ATV), die gleichzeitig als DIN-Normen herausgegeben werden. Sie gelten für jegliche Art von Bauarbeiten. Die Regelungen der VOB/C enthalten Hinweise für das Aufstellen der Leistungsbeschreibung, die Ausführung, Angaben zu Nebenleistungen und Besonderen Leistungen sowie Regeln für Aufmaß und Abrechnung der erbrachten Leistung.

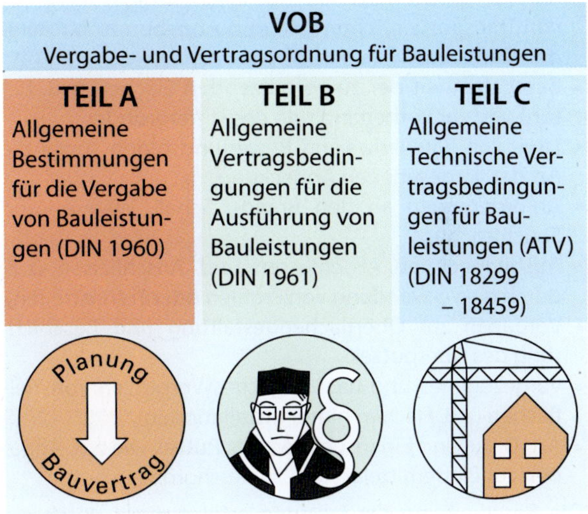

Gliederung der VOB

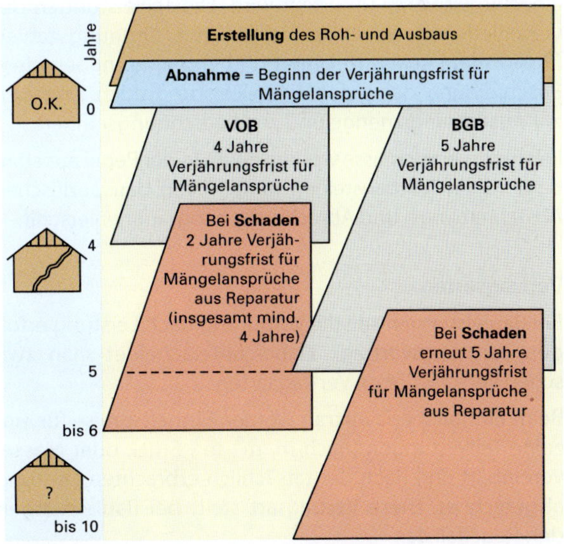

Verjährungsfristen für Mängelansprüche nach VOB und BGB

Die VOB/B soll bei Unternehmen und öffentlichen Auftraggebern verwendet werden. Sie ist jedoch nicht zur Anwendung gegenüber privaten Bauherren (Verbrauchern) vorgesehen. Für diese gilt das Werkvertragsrecht des Bürgerlichen Gesetzbuches (BGB).

7.7.2 Leistungsbeschreibung und Vertragsarten

In den Allgemeinen Technischen Vertragsbedingungen für Bauleistungen – Putz- und Stuckarbeiten (ATV DIN 18350) der VOB/C sind Hinweise für das Aufstellen der Leistungsbeschreibung enthalten. Dies soll sicherstellen, dass die Leistungsbeschreibung von allen Bietern gleich verstanden wird und keine Missverständnisse über die Art und den Umfang der geforderten Leistung entstehen. Deshalb müssen in der Leistungsbeschreibung Angaben zur Baustelle und zur Ausführung enthalten sein, wie z. B.

- Lage der Baustelle, vorhandene Zufahrtsmöglichkeiten, für den Verkehr freizuhaltende Flächen, die Nutzbarkeit von Transporteinrichtungen und Angaben zu bauseitigen Gerüsten,
- Beschaffenheit der zu verputzenden Flächen (z. B. Beton) und zur Vorbehandlung des Untergrundes,
- Lage von Bauwerks- und Bewegungsfugen sowie die Art der vorgesehenen Abdeckung,
- Anforderungen an den Brand-, Schall, Wärme- und Feuchteschutz,
- Ausbildung von Abschlüssen und Anschlüssen (z. B. durch die Verwendung von Profilen oder Trennstreifen),
- Vorgaben zur Oberflächengestaltung und Beschichtung des Oberputzes,
- vorgezogenes und nachträgliches Verputzen von Teilflächen (z. B. Flächen hinter Installationen),
- Art, Dicke und Eigenschaften des Putzes wie z. B. Angaben zur Bindemittelart und zur Korngröße.

Die Beschreibung der Leistung erfolgt meist durch ein **Leistungsverzeichnis**, in dem die gesamte Bauleistung in einzelne Gewerke unterteilt wird. Die Teilleistungen der verschiedenen Gewerke werden mit Ordnungszahlen (**Positionen**) gekennzeichnet und enthalten neben einer Beschreibung der geforderten Leistung auch Angaben zur Ausführungsmenge und zur Abrechnungseinheit.

Leistungsverzeichnisse werden heute in der Regel aus standardisierten Textbausteinen mithilfe von bauspezifischen Ausschreibungs- und Abrechnungsprogrammen erstellt.

Vertragsarten

Bei Bauleistungen soll die Vergütung nach Leistung erfolgen (Leistungsvertrag). Dabei unterscheidet man zwischen verschiedenen Vertragsarten:

Beim **Einheitspreisvertrag** werden Einheitspreise für einzelne Teilleistungen (nach m, m², m³, Stück oder Masse) vereinbart und nach der tatsächlich erbrachten Leistung abgerechnet. Diese Vertragsart stellt bei Bauleistungen den Regelfall dar.

Kann die Leistung nach Ausführungsart und Umfang genau bestimmt werden und ist auch während der Ausführung nicht mit Änderungen zu rechnen, so kann ein **Pauschalvertrag** vereinbart werden.

Bei Bauleistungen geringeren Umfangs, bei denen die Lohnkosten überwiegen, können die Arbeiten auch im Stundenlohn (**Stundenlohnvertrag**) vergeben werden.

Bezeichnung	Menge	Einheit	EP	Gesamtpreis
01.10 Gipshaftbrücke (Haftgrund) auf Beton	245,78	m²	4,60 €	1 130,95 €
01.20 Eckpofile aus verzinktem Stahl	90	m	8,20 €	720,00 €
01.30 Gips-Deckenputz Q 2, gefilzt, i. M. 10 mm	245,78	m²	22,80 €	5 603,78 €
01.40 Gips-Wandputz Q 2, geglättet, i. M. 10 mm	112,39	m²	19,40 €	2 180,37 €
01.50 Laibungen Wandputz	48	m	22,00 €	1 056,00 €
02.10 Kalk-Zement-Innenputz als Unterputz Q 2	60	m²	18,80 €	1 128,00 €
02.20 Laibungen Kalk-Zement-Putz	12	m	22,00 €	288,00 €
03.10 Edelputz-Haftgrundierung	60	m²	4,80 €	288,00 €
03.30 Kalkputz innen, Kratzputzstruktur weiß	60	m²	48,00 €	2 880,00 €
03.40 Laibungen Oberputz	12	m	42,00 €	504,00 €
07.10 Stundenlohnarbeiten	10	h	59,20 €	592,00 €

Auszug aus einem Leistungsverzeichnis für Innenputzarbeiten mit Kurztexten

Vertragsart	Anwendungsbeispiele	
Einheitspreisvertrag	Regelvertrag, allgemein üblich	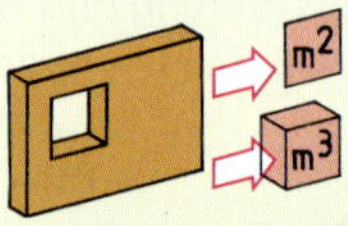
Pauschalvertrag	Bei genau erfassbarer Leistung, z. B. Fertiggaragen, typisierte Kläranlagen	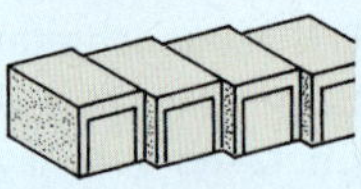
Stundenlohnvertrag	Bei kleinen und lohnintensiven Arbeiten, z. B. Umbauten, Altbausanierung	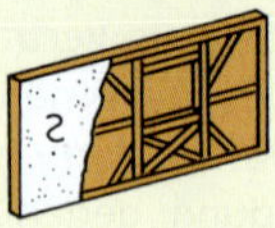

Vertragsarten und Anwendungsbeispiele

Dem Aufstellen der Leistungsbeschreibung kommt eine große Bedeutung zu. Die geforderten Bauleistungen müssen so eindeutig und erschöpfend beschrieben werden, dass sie von allen Bietern im gleichen Sinne verstanden werden. Diese müssen ihre Preise auf der Grundlage der Ausschreibung sicher und ohne umfangreiche Vorarbeiten berechnen können. Die Beschreibung der Leistung erfolgt in der Regel durch ein in Teilleistungen gegliedertes Leistungsverzeichnis.

7.7.3 Aufmaß und Abrechnung von Innenputzarbeiten

Nebenleistungen

In den ATV der VOB/C ist festgelegt, welche Nebenleistungen auch ohne Erwähnung im Bauvertrag zur vertraglichen Leistung gehören und nicht selbstständig vergütet werden. Sind die Kosten der Nebenleistung jedoch von erheblicher Bedeutung, so sind in diesen Fällen hierfür eigene Positionen im Leistungsverzeichnis vorzusehen. Dies kommt insbesondere für das Einrichten und Räumen der Baustelle in Betracht.

Nebenleistungen sind z. B.:

- Auf- und Abbauen sowie Vorhalten von Gerüsten für eigene Leistungen, sofern die zu bearbeitende Fläche nicht höher als 3,50 m über der Standfläche des erforderlichen Gerüstes liegt
- Feuchthalten der Putzflächen bis zum Abbinden
- An- und Beiputzarbeiten, soweit sie im Zuge der übrigen Putzarbeiten ausgeführt werden
- Vorlegen vorgefertigter Oberflächen- und Farbmuster
- Schutz von Bau- und Anlageteilen vor Verunreinigung und Beschädigung während der Putzarbeiten durch loses Abdecken, Abhängen oder Umwickeln

Besondere Leistungen

Die besonderen Leistungen gehören nur dann zur vertraglich vereinbarten Leistung, wenn sie in der Leistungsbeschreibung besonders erwähnt sind.

Besondere Leistungen sind z. B.:

- Auf- und Abbauen sowie Vorhalten von Gerüsten für eigene Leistungen, sofern die zu bearbeitende Fläche höher als 3,50 m über der Standfläche des erforderlichen Gerüstes liegt
- Schließen von Ankerlöchern der Gerüstverankerung
- Maßnahmen zum Schutz vor ungeeigneten klimatischen Bedingungen wie z. B. Einhausung, Beheizung oder ein feinmaschiges Gerüstnetz
- Reinigen des Untergrundes bei grober Verschmutzung wie z. B. Mörtelreste, Farbreste, Schalölrückstände
- Maßnahmen zur Vorbehandlung des Putzgrundes
- Herstellen von Bewegungsfugen und Fugendichtungen sowie Herstellen von Anschlüssen an angrenzende Bauteile wie z. B. Dächer oder Einbauteile
- Herstellen von Musterflächen
- Liefern bauphysikalischer Nachweise
- Einbau von An- und Abschlussprofilen
- Ausbildung von Kanten ohne Profile
- Schließen und Verputzen von Schlitzen und Aussparungen
- Maßnahmen zur Erfüllung erhöhter Anforderungen an die Ebenheit
- Maßnahmen zum Ausgleich größerer Unebenheiten des Untergrundes

Abrechnung

Die Mengenermittlung zur Abrechnung von Bauleistungen ist auf der Grundlage von Zeichnungen zu erstellen, sofern die ausgeführte Leistung den Zeichnungen entspricht. Sind solche Zeichnungen nicht vorhanden oder haben sich bei der Ausführung Änderungen gegenüber der Zeichnung ergeben, so ist die Leistung vor Ort aufzumessen.

Die erbrachten Leistungen sind prüfbar abzurechnen, d. h., die Rechnungen müssen übersichtlich aufgestellt werden. Die erforderlichen Mengenberechnungen, Zeichnungen und andere geforderte Belege (z. B. Lieferscheine) sind der Rechnung beizufügen und es ist die Reihenfolge der Leistungsbeschreibung einzuhalten.

Die Abrechnungseinheiten sind bei der Erstellung des Leistungsverzeichnisses und bei der Abrechnung wie folgt vorzusehen:

Flächenmaß (m^2) für

- Wand- und Deckenputz, getrennt nach Art des Putzes und nach ebenen und gebogenen Flächen
- Spachtelungen, flächige Vorbehandlungen und flächige Bewehrungen und Putzträger
- Dämmstoffschichten, Wandbekleidungen und Vorsatzschalen
- Folien, Dampfbremsen und dergleichen

Längenmaß (m) für

- Laibungen
- Schließen von Fugen in Betonfertigteilen
- Putzanschlüsse, -abschlüsse und -profile
- Stuckprofile

Anzahl (Stück) für

- Vorbehandeln und Verputzen von Flächen bis 2,5 m^2 Einzelgröße (im Sanierungsbereich bzw. wenn es sich um An- oder Beiputzarbeiten handelt)
- Diagonalbewehrung an Ecken von Öffnungen, Aussparungen und Nischen
- Schließen von Öffnungen und Durchbrüchen
- Schließen von Verankerungsöffnungen (z. B. bei Gerüsten)

Stunden (h) für

- Arbeiten geringeren Umfangs, bei denen die Lohnkosten überwiegen
- Arbeiten, bei denen der Umfang nicht eindeutig beschrieben werden kann

Wichtige Aufmaßregeln bei Innenputzarbeiten

Bei Innenflächen werden die Maße der unverputzten Bauteile zugrunde gelegt, d.h., zur Flächenberechnung werden die Rohbaumaße verwendet.

Beispiel 1:

Im abgebildeten Schnitt beträgt die lichte Höhe des Raumes zwischen Rohfußboden und Rohdecke $h = 2{,}65$ m. Die Länge der Wand 1 beträgt $l = 4{,}51$ m.

Wie groß ist die abzurechnende Putzfläche der Wand 1?

Lösung: W1 $4{,}51\ \text{m} \cdot 2{,}65\ \text{m} = 11{,}95\ \text{m}^2$

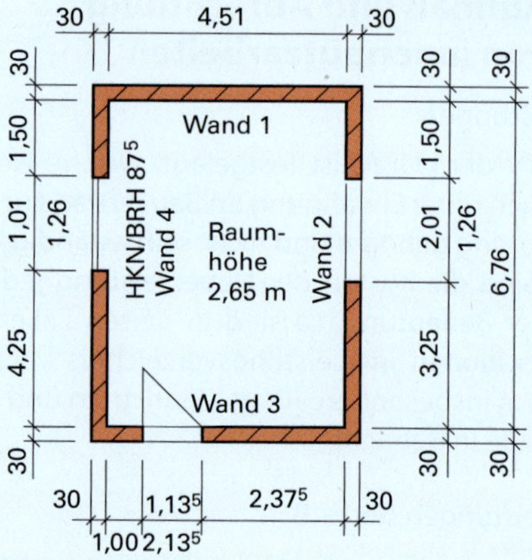

Grundriss Verkaufskiosk

Öffnungen, Aussparungen und Nischen mit einer Einzelgröße > 2,50 m² müssen abgezogen werden.
Bei einer Einzelgröße ≤ 2,50 m² dürfen sie übermessen werden.

Beispiel 2:

Wie groß ist die abzurechnende Putzfläche der Wand 2? Muss das Fenster abgezogen werden?

Lösung: W2 $6{,}76\ \text{m} \cdot 2{,}65\ \text{m} = 17{,}91\ \text{m}^2$
Fenster W2 $2{,}01\ \text{m} \cdot 1{,}26\ \text{m} = 2{,}53\ \text{m}^2$

Die Fensterfläche ist größer 2,50 m² und muss deshalb abgezogen werden. Die abzurechnende Fläche beträgt demnach $17{,}91\ \text{m}^2 - 2{,}53\ \text{m}^2 = 15{,}38\ \text{m}^2$

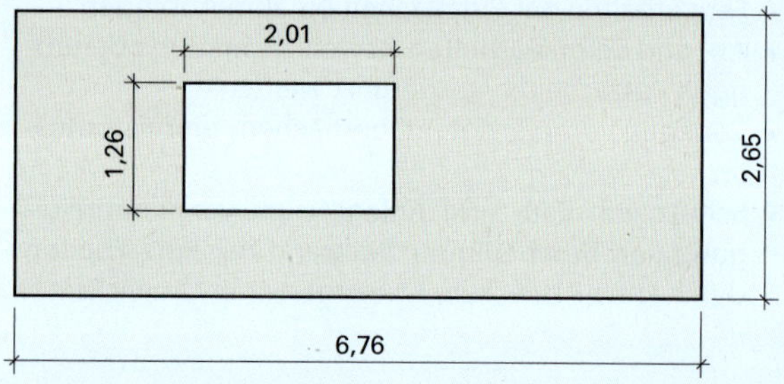

Wand 2 (Ansicht von innen)

Beispiel 3:

Wie groß ist die abzurechnende Putzfläche der Wand 3? Wie ist mit der Türöffnung zu verfahren?

Lösung: W3 $4{,}51\ \text{m} \cdot 2{,}65\ \text{m} = 11{,}95\ \text{m}^2$
Türe W3 $1{,}13^5\ \text{m} \cdot 2{,}13^5\ \text{m} = 2{,}42\ \text{m}^2$

Die Türöffnung ist kleiner 2,50 m² und muss deshalb **nicht** abgezogen werden.

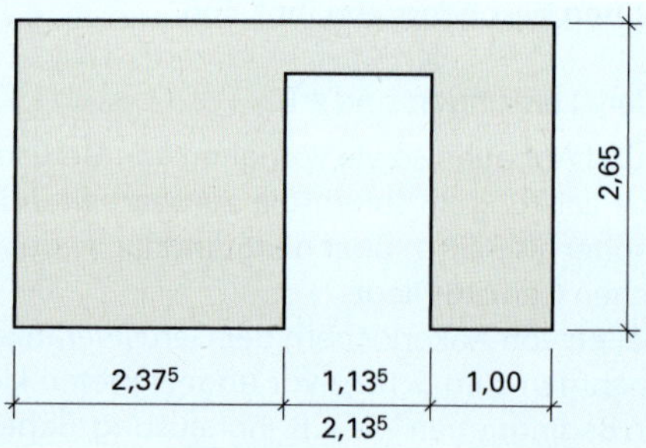

Wand 3 (Ansicht von innen)

Rückflächen von Nischen werden (natürlich nur sofern sie verputzt werden) unabhängig von ihrer Einzelgröße zusätzlich aufgemessen.

Beispiel 4:

In Wand 4 ist unter dem Fenster eine Nische (Brüstungshöhe BRH = 87⁵ cm) angeordnet.

Wie groß ist die abzurechnende Putzfläche der Wand 4? Wie ist mit der Nische zu verfahren?

Lösung: W4 $6{,}76\ \text{m} \cdot 2{,}65\ \text{m} = 17{,}91\ \text{m}^2$
Fenster W4 $1{,}01\ \text{m} \cdot 1{,}26\ \text{m} = 1{,}27\ \text{m}^2$
Nische W4 $1{,}01\ \text{m} \cdot 0{,}875\ \text{m} = 0{,}88\ \text{m}^2$

Die Fenster- und die Nischenfläche sind jeweils ≤ 2,50 m² und müssen **nicht** abgezogen werden.

Die Nischenfläche darf wegen des damit verbundenen Herstellungsaufwandes zusätzlich zur Wandfläche abgerechnet werden.

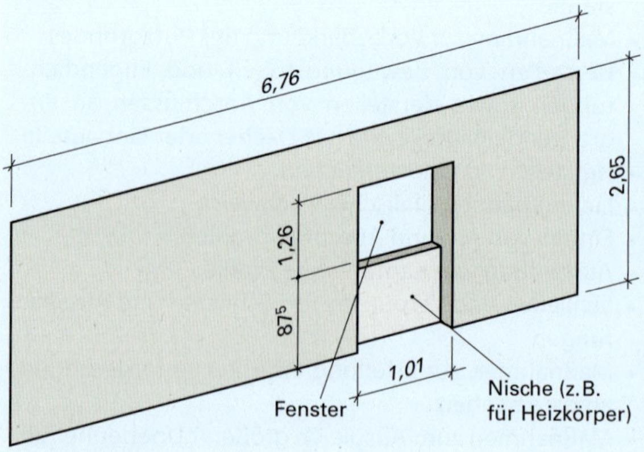

Wand 4 (Ansicht von innen)

Laibungen werden (natürlich nur sofern sie verputzt werden) gesondert nach Längenmaß (Einheit m) aufgemessen.

Beispiel 5:

Die seitlichen Fensterlaibungen und die Fensterstürze sollen verputzt werden. Die Laibungen und der Sturz der Türöffnung bleiben wegen des Einbaus einer Türzarge unverputzt.

Wie groß ist die Gesamtlänge der abzurechnenden Laibungen?

Lösung:

Fenster W2, seitlich	2 · 1,26 m	= 2,52 m
Fenster W2, Sturz	1 · 2,01 m	= 2,01 m
Fenster W4, seitlich	2 · 1,26 m	= 2,52 m
Fenster W4, Sturz	1 · 1,01 m	= 1,01 m
Nische W4, seitlich	2 · 0,87[5] m	= 1,75 m
Laibungen gesamt		= 9,81 m

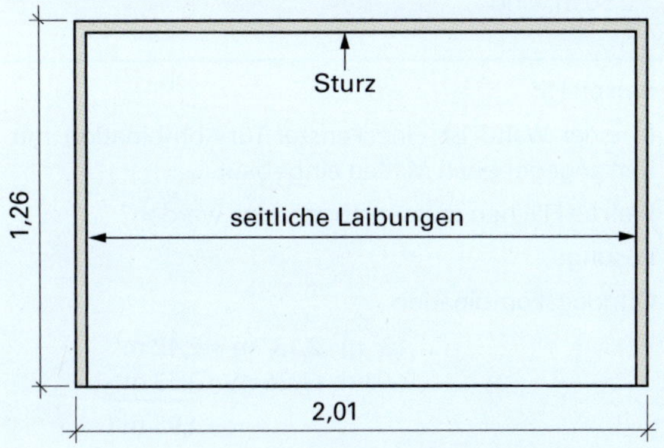

Die Erstellung des Aufmaßes erfolgt mithilfe von Formblättern, in die die Bezeichnungen und die Abmessungen eingetragen werden. Am Schluss bildet man die Summe aller Messgehalte und Abzüge. Die Differenz aus Messgehalt und Abzügen ergibt den reinen Messgehalt, der dem Kunden in Rechnung gestellt werden kann. Auf die Eintragung der nicht abzuziehenden Öffnungen (Ergebnisse im Formblatt durchgestrichen) kann verzichtet werden.

Aufmaß

Auftraggeber: ______________________

Baustelle/-teil: **Verkaufskiosk**

Art der Arbeit: **Innenputzarbeiten**

Blatt Nr.: 1

Datum: 02.10.2022

Pos. Nr.	Bezeichnung	Stück +	Stück –	Abmessungen Länge	Breite	Höhe	Messgehalt	Abzug	reiner Messgehalt
1	**Innenputz**								
	Wand 1	1		4,51		2,65	11,95		
	Wand 2	1		6,76		2,65	17,91		
	Fenster Wand 2		1		2,01	1,26		2,53	
	Wand 3	1		4,51		2,65	11,95		
	Tür Wand 3		1		1,135	2,135		~~2,42~~	(kein Abzug!)
	Wand 4	1		6,76		2,65	17,91		
	Fenster Wand 4		1		1,01	1,26		~~1,27~~	(kein Abzug!)
	Nische Wand 4		1		1,01	0,875		~~0,88~~	(kein Abzug!)
	Nische Wand 4	1			1,01	0,875	0,88		
							60,60	**2,53**	**58,07 m²**
1.1	**Laibungen Innenputz**								
	Fenster Wand 2, seitliche Laibungen	2				1,26	2,52		
	Sturz	1			2,01		2,01		
	Fenster Wand 4, seitliche Laibungen	2				1,26	2,52		
	Sturz	1			1,01		1,01		
	Nische Wand 4, seitliche Laibungen	2				0,875	1,75		
							9,81		**9,81 m**
Aufgestellt		Anerkannt				Summe/ Übertrag			

Zusammenhängende gleichartige Öffnungen wie z. B. die Kombination eines Fensters und einer Balkontüre werden als eine Öffnung betrachtet.

Sie müssen abgezogen werden, sofern sie zusammen > 2,50 m² sind.

Beispiel 5:

In einer Wand ist eine Fenster-Tür-Kombination mit den angegebenen Maßen eingebaut.

Welche Flächen müssen abgezogen werden?

Lösung:

Öffnungskombination

$$1{,}13^5\ \text{m} \cdot 2{,}13^5\ \text{m} = 2{,}42\ \text{m}^2$$
$$2{,}01\ \text{m} \cdot 1{,}26\ \text{m} = \underline{2{,}53\ \text{m}^2}$$
$$4{,}95\ \text{m}^2$$

Die zusammenhängende Öffnung ist > 2,50 m² und muss deshalb abgezogen werden.

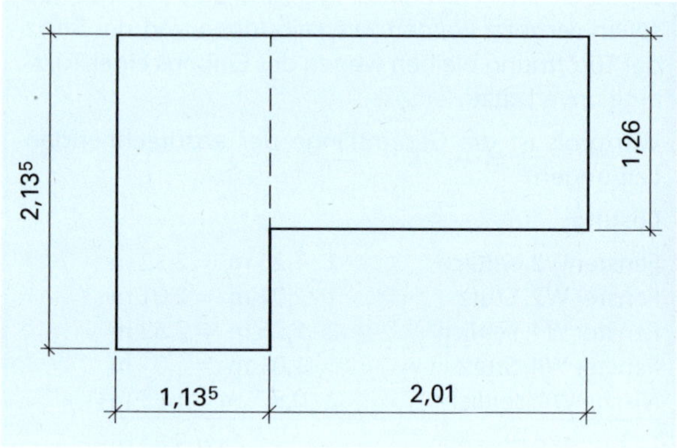

Fenster-Tür-Kombination

Sind die Öffnungen durch konstruktive Bauteile (z. B. einen Mauerwerkspfeiler) voneinander getrennt, so gelten sie als zwei Öffnungen und sind getrennt voneinander zu betrachten.

Beispiel 6:

Die Fenster-Tür-Kombination aus Beispiel 5 ist jetzt durch einen Mauerwerkspfeiler in zwei Öffnungen getrennt.

Welche Flächen müssen abgezogen werden?

Lösung:

Türe $1{,}13^5\ \text{m} \cdot 2{,}13^5\ \text{m} = 2{,}42\ \text{m}^2$

Fenster $2{,}01\ \text{m} \cdot 1{,}26\ \text{m} = 2{,}53\ \text{m}^2$

Die Türe darf übermessen werden (Einzelgröße ≤ 2,50 m²), das Fenster muss abgezogen werden (Einzelgröße > 2,50 m²).

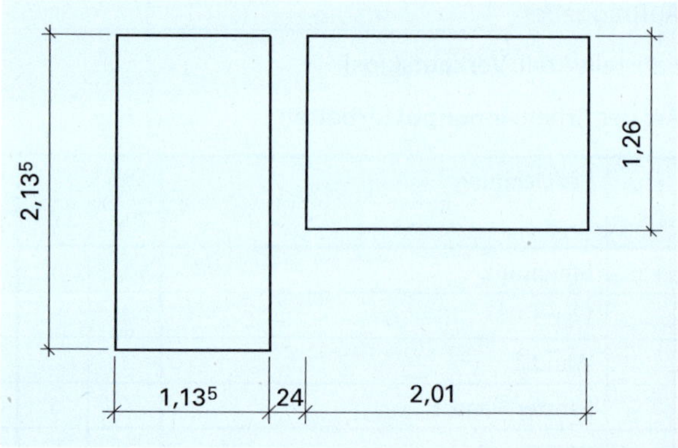

Fenster und Türe voneinander getrennt

Bindet eine Aussparung, Öffnung oder Nische anteilig in angrenzende, getrennt zu rechnende Flächen ein (z. B. eine Fensteröffnung über Eck), so ist die Größe der Öffnung anteilig für jede Wandfläche zu ermitteln.

Beispiel 7:

Eine Fensteröffnung ist über Eck angeordnet.

Welche Flächen müssen abgezogen werden?

Lösung:

Fläche A_1 $1{,}51\ \text{m} \cdot 2{,}13^5\ \text{m} = 3{,}22\ \text{m}^2$

Fläche A_2 $0{,}51\ \text{m} \cdot 2{,}13^5\ \text{m} = 1{,}09\ \text{m}^2$

Die Fläche A_1 ist beim Aufmaß abzuziehen, die Fläche A_2 darf übermessen werden.

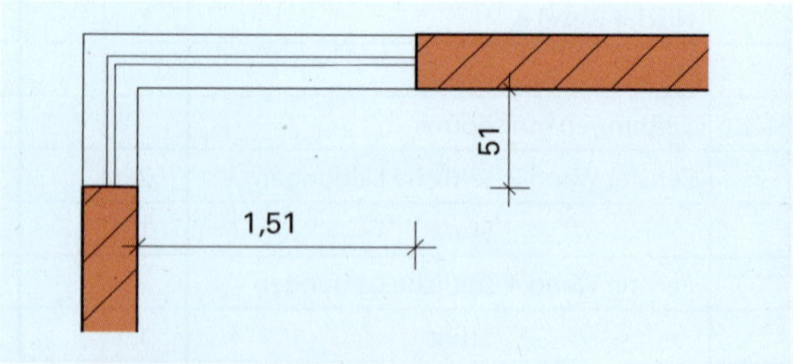

Fensteröffnung über Eck (Grundriss)

7.7.4 Materialbedarfsberechnung Innenputze

Die überschlägige Berechnung des Materialbedarfes ist ein wichtiger Teil der Arbeitsvorbereitung. Man ermittelt die benötigten Materialmengen auf der Grundlage der Flächenberechnung unter Zuhilfenahme von Tabellenangaben zum Materialverbrauch pro m^2.

Materialverluste und -verschnitt werden bei der Berechnung durch pauschalierte Prozentsätze, die auf Erfahrungswerten beruhen, berücksichtigt. Durch die Berücksichtigung der Größe von Liefer- und Verpackungseinheiten kann die Bestellmenge berechnet werden. Das Ergebnis wird üblicherweise auf die nächste ganze Zahl aufgerundet.

1. Schritt: Man erstellt eine Liste aller benötigten Materialien.

2. Schritt: Die Materialverbrauchswerte werden aus Tabellen entnommen. Hierbei ist darauf zu achten, dass sich die Verbrauchswerte teilweise auf einen Millimeter Schichtdicke beziehen („pro mm Schichtdicke"). In diesem Fall ist der Tabellenwert noch mit der tatsächlichen Schichtdicke des Innenputzes zu multiplizieren, um den Verbrauchswert pro m^2 zu erhalten.

3. Schritt: Der gegebene Prozentsatz für den zu berücksichtigenden Verlust wird in die Tabelle eingetragen.
Beispiel: Es soll ein Verlust von 8 % berücksichtigt werden.
Lösung: Man benötigt von dem Material dann 100 % zuzüglich 8 % für Verlust, insgesamt also 108 %.
108 % = 108/100 = 1,08
Die Verbrauchswerte können also mit der Dezimalzahl 1,08 multipliziert werden, um den Verlust zu berücksichtigen.

4. Schritt: Die Aufmaßfläche ist gegebenfalls noch zu ermitteln oder zu übernehmen.

5. Schritt: Die Größe der Liefereinheit ist aus Tabellen zu entnehmen.

6. Schritt: Die zu bestellende Materialmenge kann jetzt berechnet werden.
Der Rechenweg lautet dabei:
Verbrauch · Verlust · Aufmaßfläche : Größe der Liefereinheit = Materialmenge („Mal, mal, geteilt durch")
Die Ergebnisse werden dann üblicherweise auf die nächste ganze Zahl aufgerundet.

MATERIALBEDARFSBERECHNUNG						
Materialliste	**Verbrauch pro m^2**	**Verlustfaktor**	**Aufmaßfläche m^2**	**Größe der Liefereinheit**	**Materialbedarf exakt**	**aufgerundet**
Org. Haftbrücke	0,25 kg/m^2	1,08	118,50 m^2	20 kg/Eimer	1,60	2 Eimer
Maschinengipsputz, d = 10 mm	10,00 kg/m^2	1,08	118,50 m^2	30 kg/Sack	42,66	43 Sack
1. Schritt	**2. Schritt**	**3. Schritt**	**4. Schritt**	**5. Schritt**	**6. Schritt**	

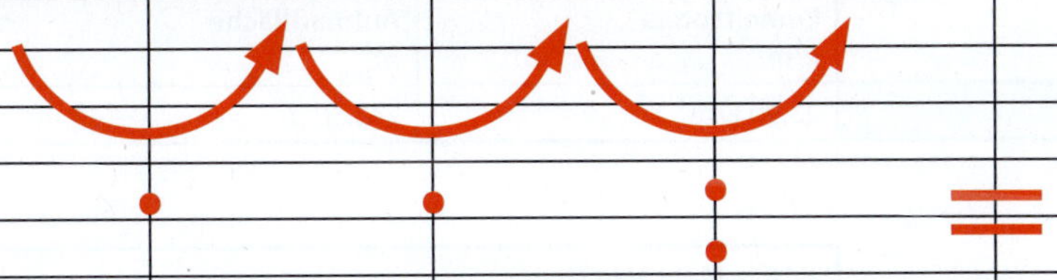

7.7.5 Kostenberechnung Innenputze

Die Kalkulation der Kosten erfolgt in fünf Teilschritten:

1. Schritt: Zunächst werden die Materialkosten aller benötigten Materialien pro m^2 berechnet und addiert. Die Tabelle unterscheidet sich von der Tabelle zur Materialbedarfsberechnung lediglich durch die Spalte „Kosten pro Liefereinheit". An dieser Stelle wurde bei der Materialbedarfsberechnung die Fläche eingesetzt. Der Rechenweg ist dabei gleich wie bei der Materialbedarfsberechnung:
Verbrauch · Verlust · Kosten : Größe der Liefereinheit = Materialkosten („Mal, mal, geteilt durch")

2. Schritt: Die Voll-(„Lohn-")kosten pro m^2 werden berechnet, indem man den Zeitaufwand pro m^2 mit dem Vollkostenstundensatz multipliziert. Die Zeitaufwandswerte sind Tabellen zu entnehmen. Der Vollkostenstundensatz ist eine betriebsabhängige Größe, die in den Aufgaben vorgegeben wird.

3. Schritt: Den Einheitspreis pro m^2 erhält man durch Addition der Ergebnisse des 1. Schrittes (Materialkosten pro m^2) und des 2. Schrittes (Vollkosten pro m^2).

4. Schritt: Die Nettosumme erhält man durch Multiplikation des Einheitspreises pro m^2 mit der abzurechnenden Fläche.

5. Schritt: Durch Addition der gesetzlichen Mehrwertsteuer erhält man die Bruttosumme.

KOSTENBERECHNUNG					
Materialliste	**Verbrauch pro m^2**	**Verlust-faktor**	**Kosten € pro Liefereinheit**	**Größe der Liefereinheit**	**Materialkosten €/m^2**
Kalkzementleichtputz, *d* = 15 mm, auf Wandflächen, gefilzt	15,00 kg/m^2	1,08	7,40 €	30 kg/Sack	4,00 €/m^2
1. Summe der Materialkosten in € /m^2					**4,00 €/m^2**

	Summe der Zeitaufwandswerte h/m^2	Vollkostenstundensatz €/h	
2. Vollkosten in €/m^2	0,37 h/m^2	59,20 €/h	**21,90 €/m^2**

3. Einheitspreis €/m^2 = Materialkosten €/m^2 + Vollkosten €/m^2	**25,90 €/m^2**

	Einheitspreis €/m^2	Aufmaßfläche m^2	
4. Nettosumme €	25,90 €/m^2	143,50 m^2	**3.716,65 €**

+ 19 % Mehrwertsteuer	**706,16 €**
5. Bruttosumme € = Nettosumme € + Mehrwertsteuerbetrag €	**4.422,81 €**

7.7.6 Kosten eines Stuckateurbetriebes je Stunde (Vollkosten-Stundensatz)

Rechenbeispiel (Stand 01/2021)

Gesamttarifstundenlohn Spezialfacharbeiter (Lohngruppe 4, Tarifstundenlohn, Bauzuschlag) selbstständige Ausführung der Facharbeiten des Berufsbildes Stuckateur		€	21,16
Tarifliche und gesetzliche Lohnnebenkosten in Höhe von 77 % Arbeitgeberbeiträge zur Renten-, Kranken- und Arbeitslosenversicherung und Berufsgenossenschaft, Sozialkassenbeiträge für zusätzliche Altersvorsorge, Urlaub, Winterausgleichszahlung und Lohnausgleich, Feiertagsbezahlung, Lohnfortzahlung im Krankheitsfall, 13. Monatslohn, Sozialtage, Winterbauumlage, Verpflegungszuschuss	+	€	16,29
Gesamte Lohnkosten (ohne freiwillige betriebliche Zulagen)	=	€	37,45
Gemeinkosten Miete, Pacht, Heizung, Energiekosten, Versicherungen, Beiträge, Abgaben, Gewerbesteuer, Fahrzeugkosten, Werbe- und Reisekosten, Instandhaltung, Reparaturen, Porto, Telefon, Rechts- und Beratungskosten, Betriebsbedarf, Büro und Verwaltung	+	€	9,62
Neutrale Kosten Kurzfristige und langfristige Zinsen, Grundstücksaufwendungen	+	€	0,75
Abschreibungen Wertminderung aller betrieblichen Gegenstände, ausgenommen Grundstücke	+	€	2,50
Verwaltungs- und Unternehmerkosten Personalkosten der Verwaltung und Unternehmerlohn einschließlich Krankenversicherung, Altersversorgung, Versicherungen, Steuern, Verzinsung des Eigenkapitals	+	€	7,88
Kalkulatorische Kosten	+	€	1,00
Gesamtkosten pro Stunde (Vollkosten-Stundensatz)	=	€	59,20

Der Vollkosten-Stundensatz von € 59,20 ist für durchschnittliche Stuckateurbetriebe ermittelt. Betriebliche Abweichungen (insbesondere bei freiwilligen Zahlungen bzw. abweichenden Kosten-Strukturen) verändern die Höhe des Vollkosten-Stundensatzes.

7.7.7 Aufgaben

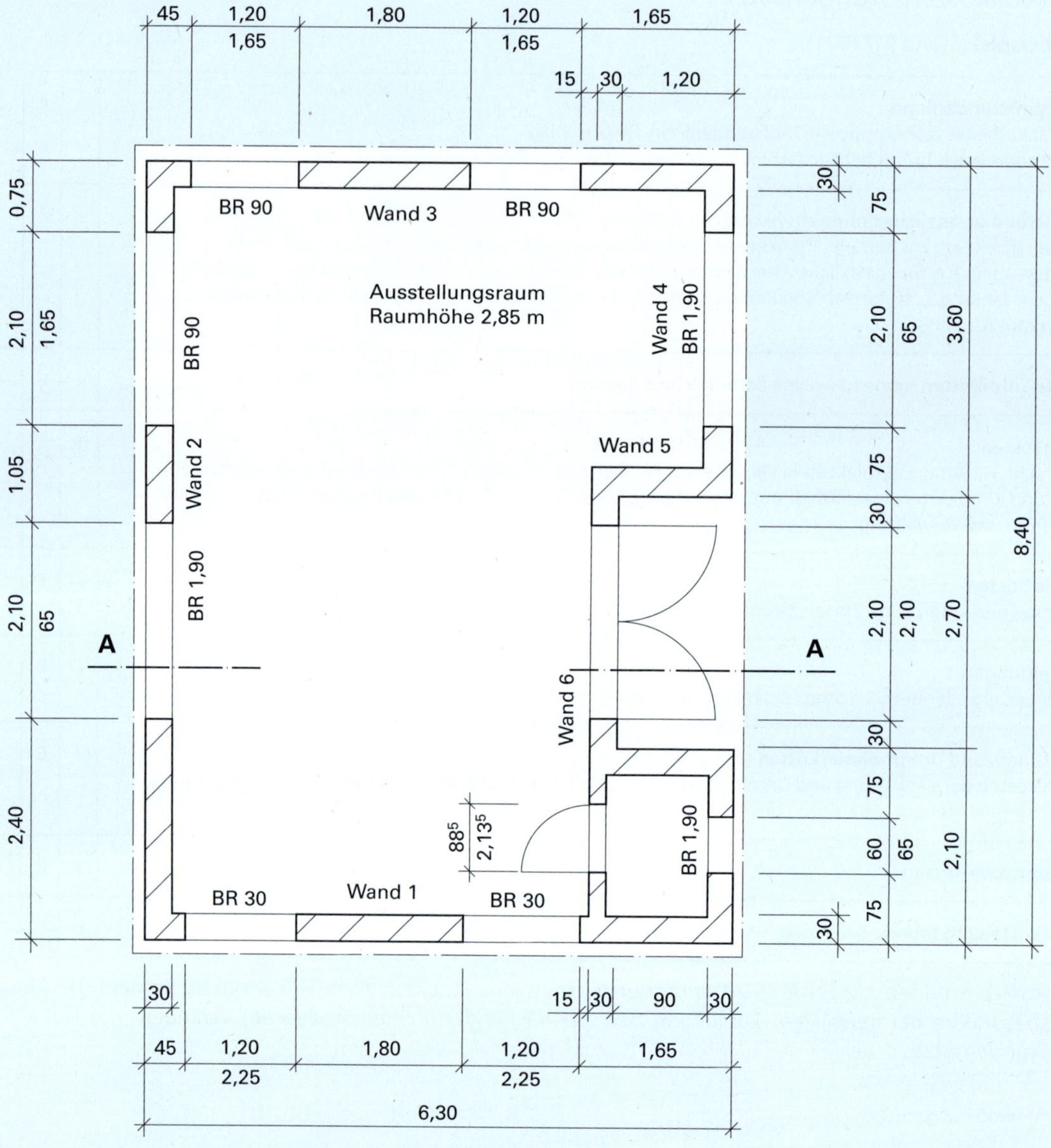

Baubeschreibung:

Außenwände	*Mauerwerk aus Porenbeton-Plansteinen PP, d = 30 cm*
Decke	*Stahlbeton- Elementdecke mit Ortbetonergänzung*
Wandinnenputz	*Einlagiger Maschinengipsputz, Putzdicke d = 13 mm* *Es werden die seitlichen Laibungen und die Stürze der Fenster verputzt.* *Die Türlaibungen und -stürze werden nicht verputzt.*
Deckenputz	*Haftputzgips, Putzdicke d = 10 mm*

Aufgabe

1. *Erstellen Sie ein* ***Aufmaß*** *für den Wandinnenputz (einschließlich der Laibungen) und den Deckenputz im Ausstellungsraum.*
2. *Berechnen Sie den* ***Materialbedarf*** *für den Wandinnenputz und den Deckenputz (Verlust 8 %).*
   Entscheiden Sie jeweils, ob eine Putzgrundvorbehandlung erforderlich ist und berücksichtigen Sie diese Entscheidung bei der Berechnung.
3. *Ermitteln Sie die* ***Kosten*** *für die auszuführenden Innenputzarbeiten (Verlust 8 %, VKSS 59,20 €/h).*
   Geben Sie für den Wandinnenputz und den Deckenputz den Einheitspreis/m² (einschl. eventuell notwendiger Putzgrundvorbehandlung) und den Gesamtpreis an. Bilden Sie die Nettosumme für die auszuführenden Arbeiten und berechnen Sie die Bruttosumme durch Addition der Mehrwertsteuer.

7.8 Gestalten eines Wohnraumes

7.8.1 Individuelle Wohnraumgestaltung

Bei der Gestaltung von Innenräumen ist es das Ziel, individuell auf die jeweiligen Bewohner abgestimmte Wohnbereiche zu schaffen. Die Wohnbereiche sollten auf die Bedürfnisse und Wünsche der Bauherren/Bewohner abgestimmt werden. Dabei ist es zunächst wichtiger zu beachten, wie die Wohnbereiche genutzt werden, als auf die jeweiligen Trends oder den Zeitgeschmack einzugehen. Was nicht heißen soll, dass wir uns dem Zeitgeschmack oder Trends entziehen können, wir können sie aber richtig einsetzen.

Wohnzimmer in Rot-Violettfarbtönen

Wohnzimmer in hellen Pastellfarbtönen

Badezimmer in kühlem Weiß, Grau und Silber

Badezimmer mit kräftigen Orangefarbtönen

Schlafzimmer in leichten Pastellfarbtönen, überwiegend grün

Schlafzimmer in satten Rotfarbtönen, kombiniert mit grau, weiß und schwarz

Die Wünsche und Vorstellungen von Bauherren oder Bewohnern können sehr unterschiedlich sein.

7.8.2 Farbwirkungen auf den Menschen

Farben können in ganz unterschiedlicher Weise auf uns wirken. Sie können ganz unmittelbar auf unser körperliches Befinden Einfluss nehmen. Rot zum Beispiel stimuliert die Hirnanhangdrüse, wobei ein Hormon ausgeschüttet wird, das unseren Blutdruck, unsere Atemfrequenz und unseren Adrenalinausstoß erhöht. Deshalb wirkt Rot auf uns anregend, zum Teil auch erregend. Blau wirkt auf die meisten Menschen eher beruhigend (es senkt unseren Blutdruck, unsere Atemfrequenz und den Adrenalinausstoß) und hilft uns, uns zu beruhigen und zu konzentrieren.

Dies kann man in Farblichtkabinen körperlich erleben. In diesen Kabinen kann man auch sehen, wie Farbtöne und Materialien (z. B. Teppiche, Putze, Holz usw.) unter farbigem Licht ihr Aussehen verändern.

Farblichtbox, rote Beleuchtung

Farblichtbox, blaue Beleuchtung

Farben wirken unterschiedlich und transportieren unterschiedliche Botschaften, die sich vor allem auch bei der Innenraumgestaltung auf die Anmutung eines Raumes und auf seine Bewohner auswirken.

In den Laubfarben des Herbstes ist die Wärme eines ganzen Sommers gespeichert

Hier spürt man die Frische und Kühle eines Bergbaches oder Bergsees

Die Farben Gelb, Orange und Rot werden in der Farbenlehre als „warme Farben" bezeichnet.
Die Farben Grün, Blau und Türkis hingegen sind „kalte Farben".

Gelb ist die strahlendste, ausstrahlendste, aber auch die unruhigste, beweglichste Farbe. Gelb wirkt heiter, fröhlich, anregend, wärmend, aber auch unruhig, beweglich, flimmernd. Farbe Gelb wird verbunden mit Kommunikation, Information, Aktivität und Leichtigkeit aber auch mit Leichtsinn, Schlamperei und Unruhe.

Orange ist die mitteilungsfreudigste, weil kommunikativste Farbe. Sie wirkt anregend, aktivierend, wärmend, leuchtend, aber auch laut, aufdringlich, vordergründig. Die Farbe Orange wird verbunden mit Kommunikation, Gemeinschaft und Geselligkeit, und wird deshalb in unterschiedlichen Sättigungen in Restaurants verwendet, in denen die Kommunikation gefördert und gepflegt werden soll. Als gesättigter Farbton wirkt sie aber schnell laut, billig und steht sofort im Vordergrund.

Die Farbe Rot steht für Wärme, Ausstrahlung, Aktivität, Tatkraft, Stärke und Selbstbewusstsein. Sie regt an, sie regt aber auch auf, hat den Ruf, aggressiv zu machen. Z. B. wird man in roten Autos eher verführt, schneller als erlaubt zu fahren. Die Farbe Rot erregt Aufmerksamkeit und dient deshalb auch – ähnlich wie Orange – als „Warnfarbe".

Die Farbe Purpur verkörpert Macht, Pracht, Ritual. Dies beruht auf ihrer Herkunft. Sie war in ihrer Herstellung aus Purpurschnecken so wertvoll, dass nur Herrscher und der Klerus sich diese Farbe leisten konnten. Sie wirkt pompös, erhaben, würdig, aber auch schwülstig, süß, verrucht und narkotisch.

Die Farbe Rosa wird entweder geliebt oder vehement abgelehnt. Sie steht für Verspieltheit, Romantik, Schwärmerei und wird häufig von kleinen Mädchen bevorzugt. Sie wirkt mädchenhaft, zart, sanft und gilt als beruhigendste Farbe. In Amerika gibt es für gewalttätige Insassen Gefängniszellen, die in einem ganz bestimmten Rosafarbton gestrichen sind, damit diese sich wieder beruhigen können. Die Farbe Rosa wirkt aber auch schnell süßlich und übertrieben.

Violett hingegen hat nichts von der Leichtigkeit der Farbe Rosa. Violett steht für Schwere, Tiefe, Melancholie, aber auch für Extravaganz, Kontemplation (Ruhe und sanfte Aufmerksamkeit) und Meditation. Die Farbe Violett wirkt außerdem würdig, exklusiv, wertvoll und weihevoll, steht aber auch für Stillstand, da keine Kommunikation nach außen mehr stattfindet.

Die Farbe Blau steht für Ruhe und Besonnenheit. Sie gibt uns ein Gefühl von Sicherheit und ermöglicht es, uns auf das Wesentliche zu beschränken und uns zu konzentrieren. Sie steht für Intellekt und Technik. Blau beruhigt unseren Geist und entspannt, wirkt aber auch tief, schwer, kalt und fern.

Hellblau ist die Farbe der Ferne, der Erweiterung (nach oben) und der Öffnung. Es wirkt luftig, kühl und leicht. Hellblau an der Decke lässt niedrige Räume höher und luftiger wirken.

Grün steht für Sicherheit, Entspannung, Lebendigkeit und Natürlichkeit. Die Farbe Grün wirkt ausgleichend, beruhigend und traditionsbewahrend. Heutzutage ist vor allem Maigrün beliebter, es steht für Jugendlichkeit, Lebensfreude und Schnelllebigkeit. Maigrün wirkt frischer und lebendiger als dunkles Grün.

Die Farbe Weiß steht für Reinheit, Freiheit und Unentschiedenheit.
Sie wirkt offen, weit und leicht, aber auch leer und neutral.

Grau steht für Unaufdringlichkeit, Reserviertheit und Eleganz. Grau ist aber auch der Alltag und die Langeweile. Grau wirkt fest, still und zurückhaltend, aber auch nichtssagend.

Die Farbe Schwarz steht für Unverrückbarkeit, die Nacht und dunkle Mächte. Schwarz wirkt schwer, hart, bestimmend und edel („das kleine Schwarze"), aber auch unheimlich und beängstigend.

Die Farben Weiß, Grau und Schwarz werden in der Farbenlehre als **„unbunte Farben"**, Rot, Gelb und Blau, und alle daraus mischbaren Farben als **„bunte Farben"** bezeichnet.

7.8.3 Farbvorlieben und Farbabneigungen

Farben vermitteln uns also Botschaften, sie wirken in unterschiedlichster Weise auf Körper und Geist und sie wecken in uns Emotionen, die oft auf Erfahrungen in der Vergangenheit beruhen. Deshalb entwickeln wir im Laufe unseres Leben Farbvorlieben und Farbabneigungen, die sich auch immer wieder ändern können. Was wir als kleines Kind mochten, als Teenager für „in" hielten, das muss uns im späteren Leben nicht unbedingt auch weiterhin gefallen.

Deshalb ist es für uns sehr wichtig, die Farbvorlieben und Farbabneigungen unseres Kunden/Bauherren zu kennen. Sie können sich von unseren eigenen Vorlieben und Abneigungen sehr unterscheiden. Deren Kenntnis trägt aber zum Gelingen einer Wohnraumgestaltung entscheidend bei.

Diese Vorlieben und Abneigungen lassen sich mit Farbkarten, Materialmustern, Farbstimmungen und auch mit Fotos unterschiedlicher Wohnstile ermitteln, z. B. mit einem Musterkoffer.

Koffer mit Farb-, Material- und Wohnstilmusterkarten

Farbkombinationen

Es können völlig unterschiedliche Farb-/Materialstimmungen hergestellt werden, die unseren Kunden zusagen.

Farb-Material-Collage, die Lebensfreude und Aktivität ausdrückt

Farb-Material-Collage, die Ruhe und Erholung vermittelt

7.8.4 Materialvorlieben und Materialabneigungen

Bei Farbvorlieben und -abneigungen geht es um Farbtöne, die wir mögen, die uns guttun und die wir gerne um uns haben. Von unseren fünf Sinnen wird hier das Sehen angesprochen. Bei Materialvorlieben und -abneigungen geht es um Dinge, die wir gerne anfassen oder deren Berührung wir nicht mögen, d. h., hier wird der Tastsinn angesprochen.

Wir sollten uns auch nur mit Materialien umgeben, deren Geruch uns angenehm ist, z. B. hat Holz hat einen ganz bestimmten Geruch, den viele Menschen als angenehm empfinden. Sehr empfindlich dagegen reagieren viele Menschen auf den Geruch von Teppichklebern.

Wir können auch die Materialvorlieben unserer Kunden herausarbeiten. Am einfachsten gelingt dies in einer gelösten entspannten Atmosphäre und es kann richtig Spaß machen.

Materialkugeln

Mustertafeln

Kugeln und kleine Mustertafeln aus unterschiedlichsten Materialien regen dazu an auszuprobieren, welche Oberflächen als angenehm oder eher unangenehm empfunden werden. In Kundengesprächen ergeben sich hier oft erstaunliche, neue Erkenntnisse.

Aus diesen Erkenntnissen können dann erste Entwürfe und Ideenskizzen erstellt werden:

Entwürfe für eine Küche mit Essbereich, ausgeführt mit Magic Markern

Aus der Befragung mit Farbkarten und Materialmustern können wichtige Erkenntnisse für die Wohnraumgestaltung gewonnen werden.

7.8.5 Gestaltungsbeispiele

Farbstimmungen, die in sich harmonisch sind und trotzdem unterschiedliche Farbtöne enthalten, die zusammen passen, finden wir vor allem in der uns umgebenden Natur. Hier können wir uns Ideen und Inspirationen holen, die wir in Wohnsituationen umsetzen können.

Beispiel Wohnzimmer

Dieses Wohnzimmer soll in den warmen Farben von Herbstlaub gestaltet werden.

Das Foto wird am Computer in Pixel umgewandelt.

Dann werden Farbtöne ausgewählt und in eine Gestaltung umgesetzt

Leicht getrübte Herbstfarben in einem Wohnzimmer, das Geborgenheit, Wärme und Gemütlichkeit ausstrahlt

Beispiel Badezimmer

Unser Kunde wünscht sich ein „Wellnessbad", das Frische, Kühle, Weite und Natürlichkeit ausstrahlt und zum Erholen und Träumen einlädt. Wir suchen uns eine Stimmung, die diese Gefühle weckt:

Wir setzen das Foto in Pixel um.

Und wählen uns Farbtöne aus.

Das Bad wirkt durch die Blau- und Grüntöne kühl und erfrischend. Es strahlt Ruhe und Weite aus und lädt ein, sich zu erholen und neue Energie zu tanken.

Badezimmer in frischen Blau- und Grünfarbtönen

Beispiel Küche

In die Küche passen die lebhaften Farben eines Bauerngartens:

Wir setzen das Foto in Pixel um.

Und wählen Farbtöne für unsere Küche aus.

Die Küche in den lebhaften Farben eines Bauerngartens drückt Lebensfreude, Aktivität, Geselligkeit und Lebendigkeit aus.

Farbstimmungen aus der Natur helfen uns, harmonische Farbkombinationen für unsere Wohnbereiche zu finden.

7.9 Projektaufgabe

7.9.1 Grundrisse, Ansichten und Schnitte

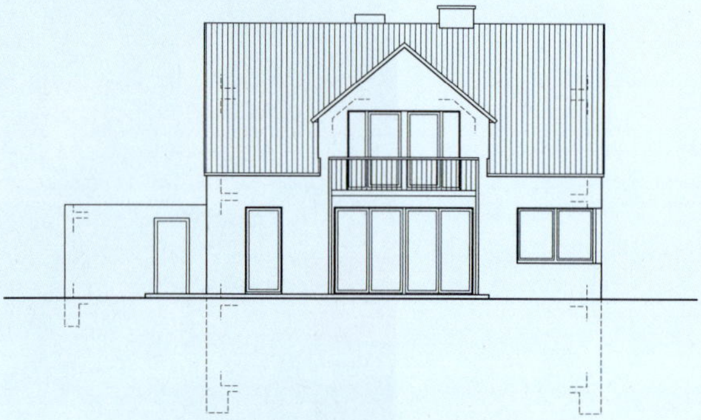

ANSICHT SÜD

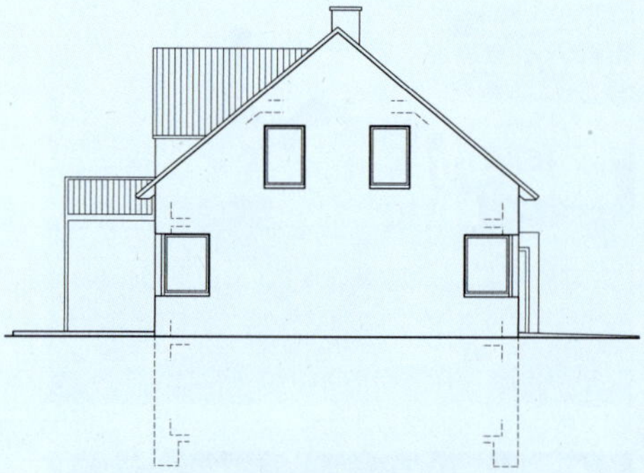

ANSICHT OST

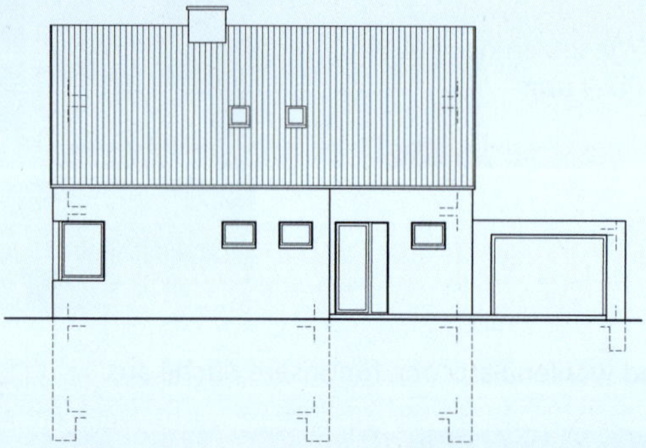

ANSICHT NORD

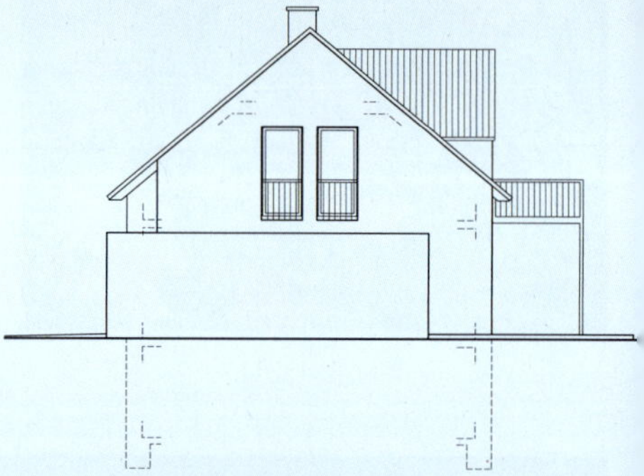

ANSICHT WEST

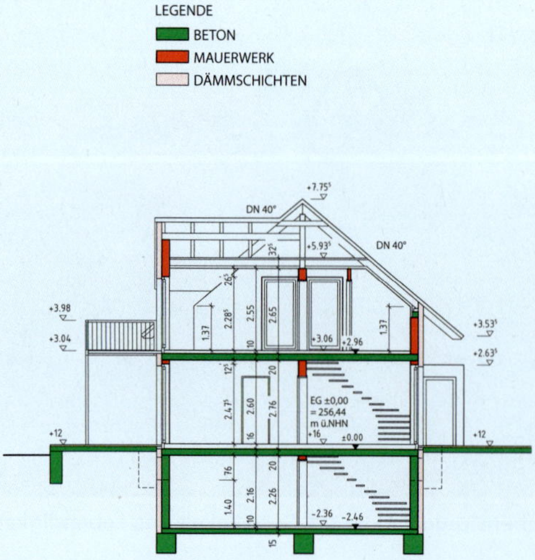

SCHNITT A

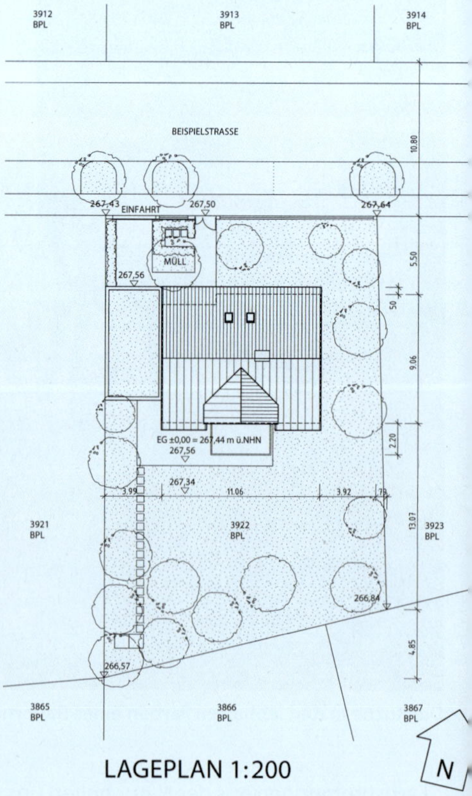

LAGEPLAN 1:200

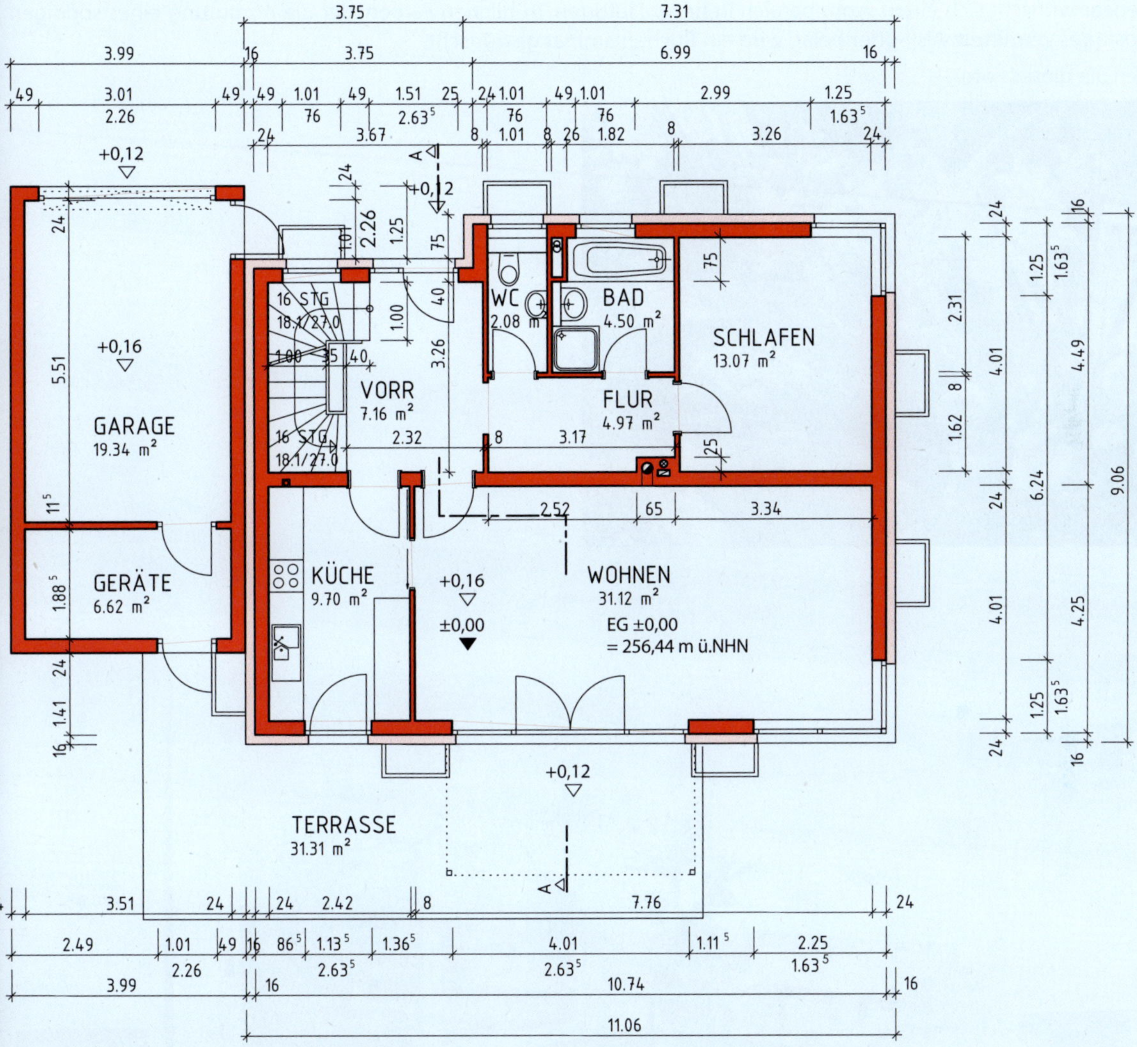

GRUNDRISS ERDGESCHOSS

7.9.2 Gestaltungsaufgabe

Erstellen Sie für die Bauherren, ein junges Ehepaar mit einem kleinen Kind, eine Innenraumgestaltung für das Wohnzimmer.

Zeichnen Sie mithilfe des Grundrisses von Seite 61 und den Ansichten von Seite 60

- alle Wandansichten im Maßstab 1 : 50,
- eine frei gewählte Perspektive als Freihandskizze.

Das Ehepaar wünscht sich einen Wohnbereich in hellen, luftigen, fröhlichen Farben, der die Anmutung eines sonnigen Frühlingstages vermittelt. Als Bodenbelag wird ein Buchenlaminat gewünscht.

Benutzen Sie dieses Foto:

Arbeiten Sie mit Buntstiften und suchen Sie für die Putzflächen Muster aus Farbtonkarten der Industrie sowie für die Materialien Muster aus Prospekten aus, kleben Sie diese auf Ihren Entwurf und beschriften Sie sie wie auf dem Beispiel oben gezeigt.

Erstellen Sie aus den Zeichnungen ein Kartonmodell im Maßstab 1:50, übertragen Sie Wand- und Bodenfarben in Ihr Modell.

7.9.3 Allgemeine Aufgaben

Allgemeines

1. *Aufgaben von Innenputzen, Anforderungen an Innenputze: Erläutern Sie den Unterschied anhand von Beispielen.*
2. *Beschreiben Sie die Putzregel „weich auf hart".*

Ausschreibung und Vergabe

3. *Wofür steht die Abkürzung VOB?*
4. *Geben Sie drei Vertragsarten und jeweils ein Anwendungsbeispiel an.*
5. *Welche Vertragsart bietet sich für die Ausführung der Innenputzarbeiten an?*
6. *Nebenleistungen und besondere Leistungen: Was versteht man darunter? Geben Sie jeweils drei Beispiele an.*
7. *In welchen Fällen sollten Sie Bedenken anmelden?*

Planung von Putzarbeiten

8. *Über welche Eigenschaften sollte ein guter Putzgrund verfügen?*
9. *Welche Möglichkeiten gibt es, den Putzgrund zu prüfen? Was wird mit der jeweiligen Methode geprüft? Geben Sie eine mögliche Maßnahme zur Vorbereitung des Putzgrundes an.*

Ausführung von Putzarbeiten

10. *Mindesttemperaturen: Welche Vorschriften gibt es?*
11. *Stand-(Erhärtungszeiten): Wie lautet die Faustregel? Wovon hängen die Standzeiten ab?*

Putzgrundvorbereitung

12. *Haftgrund, Aufbrennsperre: Gibt es weitere Möglichkeiten der Putzgrundvorbehandlung? Welche Putzgrundvorbehandlung würden Sie beim vorliegenden Projekt empfehlen?*
13. *Bestich zur Herstellung der Luftdichtheit: An welcher Stelle des Projektes könnte diese Leistung zur Ausführung kommen?*

Putzprofile

14. *Informieren Sie sich über die Aufgaben unterschiedlicher Putzprofile.*
15. *Ermitteln Sie überschlägig die Menge der benötigten Profile für die Innenputzarbeiten im Erdgeschoss.*

Putzbewehrung

16. *Skizzieren Sie eine Fensteröffnung mit darüber liegendem Rollladenkasten als Ansicht von innen. Zeichnen Sie die erforderliche Putzbewehrung ein. Bemaßen Sie die Überstände.*

Gips-Innenputz

17. *Q 2, Q 3 – wofür stehen die Abkürzungen? Wie ist ein Putz auszuführen, wenn keine dieser Bezeichnungen angegeben ist?*
18. *Der Einsatz von Gipsputzen ist beschränkt. In welchen Räumen dürfen Gipsputze nicht eingesetzt werden?*
19. *Skizzieren Sie einen Putzschnitt am Anschluss Wand-Decke.*
20. *Weshalb ist insbesondere bei nichttragenden Wänden auf die einwandfreie Detailausbildung zu achten?*

Kalkzement-Innenputz

21. *In welchen Räumen des Erdgeschosses würden Sie einen Kalkzement-Innenputz bevorzugen? Begründen Sie.*

Oberputz

22. *Kratzputz und Modellierputz? Gibt es auch noch andere Möglichkeiten der Oberflächengestaltung? Nennen und beschreiben Sie drei weitere Möglichkeiten.*

Facharbeiter Mittellohn

23. *Wie hoch ist der in der Kalkulation anzusetzende Vollkostenstundensatz in etwa? Weshalb scheint der Betrag auf den ersten Blick so hoch? Welche Bestandteile sind neben dem Stundenlohn des Facharbeiters noch enthalten?*

7.9.4 Angebotsbearbeitung Innenputzarbeiten

Sie werden von den Bauherren zur Abgabe eines Angebotes aufgefordert. Hierzu sollen Sie das abgebildete Leistungsverzeichnis mit den von Ihnen ermittelten Mengen und den kalkulierten Preisen zurücksenden.

Erstellen Sie ein Aufmaß nach VOB für:

- den Deckenputz (Haftputzgips) in allen Räumen des Erdgeschosses,
- den Wandinnenputz (Maschinenputzgips) im Schlafzimmer und im Wohnzimmer,
- den Wandinnenputz (Kalkzementputz) in Küche, Bad, WC, Flur und Vorraum,
- den Modellierputz als Oberputz in Flur und Vorraum.

Hinweis: Sämtliche Türlaibungen und -stürze bleiben unverputzt. Bei den Fensteröffnungen werden lediglich die seitlichen Laibungen verputzt.

Gestalten Sie im Computerunterricht eine Vorlage für einen Geschäftsbrief.
Erstellen Sie zunächst eine Vorlage für den Briefbogen unter Verwendung eines Logos, eingefügter Bilder, Darstellung des Leistungsspektrums Ihres Betriebes usw. Fügen Sie ein Adressfeld und eine Faltmarke für die Verwendung von Fensterkuverts ein. Formulieren Sie einen Brief an den Bauherrn/Auftraggeber, in dem Sie sich für die Aufforderung zur Abgabe eines Angebotes bedanken, die Leistungsfähigkeit und das Interesse an der Ausführung der Arbeiten darstellen und auf das beigefügte ausgefüllte Leistungsverzeichnis verweisen.

Vorbemerkungen
Für die Ausführung sind zu beachten:

- die Vorschriften der VOB
- DIN EN 13914, Planung, Zubereitung und Ausführung von Außen- und Innenputzen
- DIN 18550, Planung, Zubereitung und Ausführung von Außen- und Innenputz
- DIN 18350, Putz und Stuckarbeiten
- die Verarbeitungsvorschriften des Herstellers/Herstellerrichtlinien
- die allgemein anerkannten Regeln der Technik
- die besonderen technischen Vorbemerkungen

Wenn nichts anderes in den Leistungspositionen beschrieben ist, besteht die Leistung aus Lieferung und fachgerechter Ausführung der in den Positionen beschriebenen und benötigten Materialien.

Vor Beginn der Arbeiten hat sich der Verarbeiter davon zu überzeugen, dass der bauliche Untergrund oder Vorleistungen den Voraussetzungen für sein Gewerk entsprechen. Eventuelle Bedenken sind dem Auftraggeber vor Ausführung schriftlich mitzuteilen.

Prüfung des Putzgrundes

Die Prüfung des Putzgrundes hat gemäß VOB, Teil C, DIN 18350, im Zuge der Wahrnehmung der Prüfungs- und Hinweispflicht durch den Auftragnehmer zu erfolgen.

1.1 PUTZGRUNDVORBEREITUNG

1.1.10 Schließen von Fehlstellen (Gips)
1 Stück .... Nur Einheitspreis!

1.1.20 Gipshaftbrücke (Haftgrund)
für gipshaltige Putze auf Beton, extrudiertes Polystyrol (Styrodur u. Ä.), satt gerollt oder gestrichen

.... m² ....

1.1.30 Gips-Aufbrennsperre
für gipshaltige Putze auf stark und unterschiedlich saugendem Mauerwerk

.... m² ....

1.1.40 Bestich zur Herstellung der Luftdichtheit
bei Mauerwerkswänden vor den Installationsarbeiten. In später nicht mehr zugänglichen Bereichen einlagiger Putzauftrag. Oberfläche ohne Anforderung

....10.... m² ....

1.1 SUMME PUTZGRUNDVORBEREITUNG ==========

1.2 PUTZPROFILE

1.2.10 Eckprofile
aus verzinktem Stahlblech auf Putzdicke lot- und/oder fluchtrecht versetzt

.... m ....

1.2.20 Putzleisten
aus verzinktem Stahlblech für Wandflächen mit erhöhten Anforderungen an die Ebenheiten lot-, flucht- und winkelrecht auf Putzdicke versetzt.

.... m ....

1.2 SUMME PUTZPROFILE

1.3 PUTZBEWEHRUNG

1.3.10 Armierungsgewebe hochreißfest, alkalibeständig, über Rohbau-Materialwechsel im Putzgrund, labilen Putzgrund u. Ä. in obere Putzhälfte faltenfrei einbetten. Die Überlappung von Putzbewehrungen muss mindestens 100 mm betragen, auf benachbarte Bauteile 200 mm.
Produkt: Armierungsgewebe MW 8 × 8 mm

etwa 10 m^2 ....

1.3 SUMME PUTZBEWEHRUNG

1.4 GIPS-INNENPUTZ

1.4.10 Deckenputz Q 2
Decken aus Beton fluchtrecht hergestellt, Putzdicke i. M. 10 mm;
Qualitätsstufe: Q 2, gefilzt; Geschosshöhe bis 3,00 m
Produkt: Haftputzgips, gefilzt

.... m^2 ....

1.4.20 Zulage Deckenputz Q3

.... m^2 ....

1.4.40 Wandputz
auf Wänden aus ...Mauerwerk...
fluchtrecht hergestellt Putzdicke i. M. 10 mm; Qualitätsstufe: Q 2, geglättet; Geschosshöhe bis 3,00 m
Produkt: Gips-Maschinenputz

.... m^2 ....

1.4.60 Laibungen Wandputz
Liefern und Auftragen von Wandputz wie zuvor beschrieben im Bereich von Laibungen bei allen Öffnungen (z. B. Fenster/Türen...)

.... m ....

1.4 SUMME GIPS-INNENPUTZ

1.5 KALKZEMENT-INNENPUTZ

1.5.60 Wandputz als Unterputz Q 2
mit einlagigem Kalk- Zementputz CS II auf vorbereitete Wände aus ...Mauerwerk...
Auftragsstärke nach DIN 18550, fluchtrecht hergestellt als Unterputz, beschichtungsbereit abgezogene Putzfläche Qualitätsstufe Q 2; Geschosshöhe bis 3,00 m
Produkt: Kalk-Zementputz

.... m^2 ....

1.5.80 Laibungen Wandputz
Liefern und Auftragen von Wandputz wie zuvor beschrieben im Bereich von Fensterlaibungen
Laibungstiefe: ___ mm

.... m ....

1.5 SUMME KALKZEMENT-INNENPUTZ

1.6 OBERPUTZ, INNEN

1.6.10 Edelputz-Haftgrundierung
liefern und auf trockenen Unterputz aufbringen. Die lösungsmittelfreie Haftgrundierung vollflächig gemäß Herstellerrichtlinie auftragen

.... m^2 .... Nur Einheitspreis!

1.6.80 Edel-Modellierputz fein
für freie Strukturen und zum Verwaschen auf vorbereitetem Grundputz, Körnung 0,6 mm. Druckfestigkeitsklasse CS II nach DIN EN 998-1

.... m^2 ....

1.6.120 Laibungen Oberputz
Liefern und Auftragen von Oberputz wie zuvor beschrieben im Bereich von Fensterlaibungen
Laibungstiefe: ___ mm

.... m ....

1.6 SUMME OBERPUTZ INNEN

1.7 STUNDENLOHNARBEITEN

1.7.10 Facharbeiter Mittellohn
Stundenlohnleistung für unvorhergesehene Arbeiten. Die Arbeiten sind nur in Absprache und nach Genehmigung durch die Bauleitung auszuführen.

...10.... h ....

1.7 SUMME STUNDENLOHNARBEITEN

KOSTENZUSAMMENSTELLUNG – INNENPUTZ

Titel 1.1 PUTZGRUNDVORBEREITUNG	....
Titel 1.2 PUTZPROFILE	....
Titel 1.3 PUTZBEWEHRUNG	....
Titel 1.4 GIPS-INNENPUTZ	....
Titel 1.5 KALKZEMENT-INNENPUTZ	....
Titel 1.6 OBERPUTZ INNEN	....
Titel 1.7 STUNDENLOHNARBEITEN	....
Nettosumme	.... €
+ 19 % MwSt	.... €
Gesamtsumme	.... €

Lernfeld 8
Putzen einer Außenwand

Die Fassade gilt als die Visitenkarte eines Gebäudes. Deshalb sind beim Putzen einer Außenwand wie beim Putzen eines Wohnraumes nicht nur handwerklich-technische Aspekte zu beachten, die die Funktion einer Außenwand gewährleisten und die Bausubstanz schützen. Durch die Nutzung der gestalterischen Möglichkeiten und Freiräume trägt der Stuckateur zu einem ästhetisch befriedigenden Ergebnis und zur Gestaltung unserer Umwelt bei.

Aufbauend auf den Erkenntnissen aus Lernfeld 7, beurteilen wir zunächst den vorhandenen Putzgrund, wählen geeignete Putzmörtel aus und entscheiden, welche Maßnahmen zur Putzgrundvorbehandlung getroffen werden müssen.

Die Wahl interessanter Oberflächenstrukturen und die Ausarbeitung von Vorschlägen für die Farbgestaltung runden das Anforderungsprofil an den kreativen Fachhandwerker ab.

Wir lernen die Abläufe bei der Ausführung und den Einsatz von Werkzeugen und Putzmaschinen kennen. Darüber hinaus planen wir das Aufstellen notwendiger Arbeits- und Schutzgerüste unter Einhaltung der Unfallverhütungsvorschriften.

Die Planung und zeichnerische Darstellung von Ansichten und Details und das Erstellen von Aufmaß, Materialbedarfs- und Kostenberechnung runden das Lernfeld in Form einer projektorientierten Aufgabe ab.

8.1 Aufgaben und Anforderungen

Außenputze stellen eine äußere Dichtungsebene her, die die Gebäudehülle vor Witterungseinflüssen schützt. Darüber hinaus tragen Außenputze entscheidend zur Gestaltung von Fassaden bei. Durch die Wahl der Putzweisen, der Bindemittel und der Farbbeschichtung sind Putze sehr wandlungs- und anpassungsfähig und bieten dadurch vielfältige technische und gestalterische Möglichkeiten. Bei den Außenputzen unterscheidet man nach dem Ort der Auftragsfläche zwischen:

- Außenwandputz,
- Außensockelputz im spritzwassergefährdeten Bereich,
- Kellerwandaußenputz im Bereich der Erdanschüttung,
- Außendeckenputz auf Deckenuntersichten, die der Witterung ausgesetzt sind.

8.1.1 Aufgaben von Außenputzen

Zu den wichtigsten **allgemeinen Aufgaben** von Außenputzen gehören

- die Gestaltung der Fassade unter Berücksichtigung funktionaler und ästhetischer Gesichtspunkte,
- der Schutz der Gebäudehülle vor Witterungseinflüssen (z. B. Niederschläge und Schlagregen) und Umweltfaktoren (z. B. Luftverschmutzung),
- die Verhinderung der Einströmung von Außenluft in die Wandkonstruktion (winddichte Schicht),
- die Aufnahme von Spannungen aus Temperaturwechseln und damit die Vermeidung von Rissbildung,
- der Schutz vor mechanischen Einwirkungen (z. B. Stoßbelastungen),
- die Gewährleistung ausreichender Wasserdampfdurchlässigkeit, um das Austrocknen evtl. anfallender Feuchtigkeit zu ermöglichen,
- die Minimierung des Algen- und Pilzbefalls.

Des Weiteren können Außenputze **besondere Aufgaben** im Hinblick auf zusätzliche bauphysikalische Anforderungen erfüllen:

- Verbesserung des Wärmeschutzes der Außenwand durch den Einsatz von Wärmedämmputzen,
- Sanierung feuchtebelasteter Bauteile durch den Einsatz von Sanierputzen,
- Erhöhung der Feuerwiderstandsdauer eines Bauteils durch den Einsatz von Brandschutzputzen.

Durch den Schutz der Gebäudehülle vor klimatischen und umweltbedingten Einflüssen tragen Außenwandputze entscheidend zur Erhaltung der Bausubstanz und des Gebäudewertes sowie zu einer hohen Wohnqualität bei. Darüber hinaus ermöglichen sie durch die Wahl der Oberflächenstruktur im Zusammenspiel mit Farben und architektonischen Gestaltungselementen eine optisch ansprechende Gestaltung der Fassade.

Werden besondere bauphysikalische Anforderungen hinsichtlich des Wärme-, Feuchte- oder Brandschutzes an den Außenputz gestellt, so stehen für diese Sonderzwecke Putze mit besonderen Eigenschaften zur Verfügung.

Moderne Putzfassade

Feinkörniger Oberputz mit reliefartiger Struktur

Klassische Gestaltung mit Fassadenprofilen

8.1.2 Anforderungen an Außenputze

Über die in Abschnitt 7.1.2 dargestellten allgemeinen Anforderungen hinaus, werden an Außenputze Anforderungen hinsichtlich der Gewährleistung der Dauerhaftigkeit des Putzes gestellt.

Beanspruchung durch die Witterung

Putzsysteme für Außenputze müssen witterungsbeständig sein, d. h., sie müssen insbesondere widerstandsfähig gegen den dauernden Einfluss von Feuchtigkeit und wechselnden Temperaturen und Frost sein.

Bei Putzen mit organischen Bindemitteln und bei der Verwendung von Farbpigmenten ist darauf zu achten, dass diese dauerhaft beständig gegen die Einwirkung von UV-Strahlung („lichtecht") sind. Ansonsten ist eine Zersetzung des Bindemittels und ein Verblassen der Farbpigmente möglich.

Schlagregenbeanspruchung

Durch den Einfluss von Feuchtigkeit werden Putzfassaden am stärksten beansprucht, weshalb die Gewährleistung des Regenschutzes die wichtigste Anforderung an einen Außenputz darstellt. Hierbei sind insbesondere der Gebäudesockel („Spritzwasserbereich") und hohe Gebäudefassaden („Schlagregenbeanspruchung", bei der das Wasser nicht an der Fassade abläuft, sondern durch den Wind regelrecht in die Putzfassade gedrückt wird) einer besonders hohen Belastung ausgesetzt. Durch eindringende Feuchtigkeit wird zum einen die wärmedämmende Wirkung der Wandbaustoffe herabgesetzt, zum anderen können in Kombination mit Frost durch die Volumenzunahme beim Gefrieren des Wassers Bauschäden durch Abplatzungen oder Absprengungen entstehen. Deshalb sollten Putze möglichst frei von Rissen sein. Zur Gewährleistung der Beständigkeit gegen das Eindringen von Regenwasser ist die Wasseraufnahmefähigkeit des Putzes zu beschränken. Ein Maß hierfür ist die **Wasseraufnahme *w***, die die aufgenommene Wassermenge eines Probekörpers pro Flächeneinheit in Abhängigkeit von der Zeit beschreibt. Die angegebene Einheit berücksichtigt dabei, dass die Wasseraufnahme nicht linear mit der Zeit verläuft. Vielmehr erfolgt die Wasseraufnahme zu Beginn sehr schnell und nimmt mit zunehmender Dauer der Beanspruchung ab.

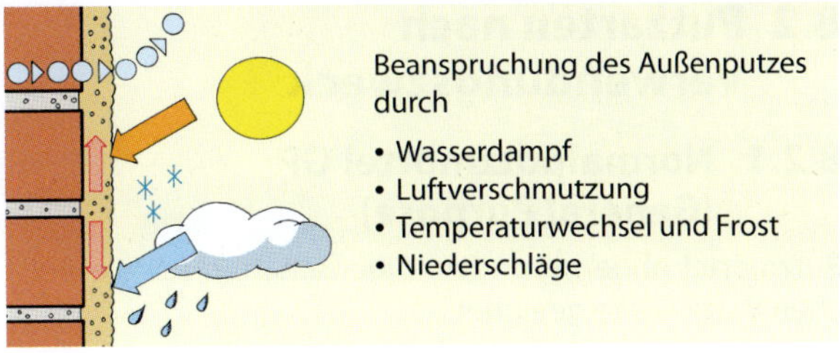

Beanspruchung des Außenputzes

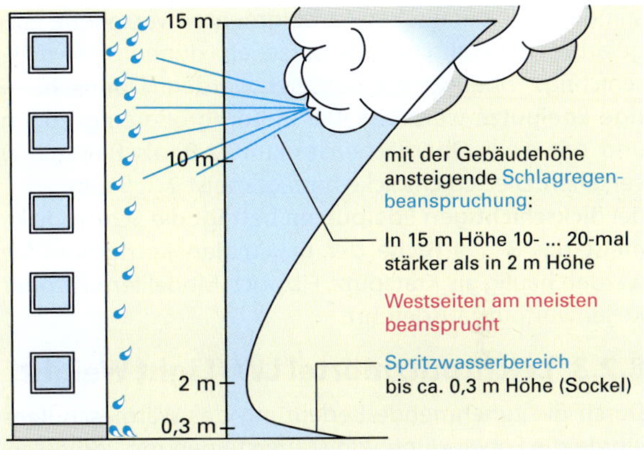

Schlagregenbeanspruchung, abhängig von der Gebäudehöhe

$W_C\,0$	Keine Anforderung
$W_C\,1$	$c \leq 0{,}4\ \text{kg/(m}^2 \cdot \text{min}^{0{,}5})$
$W_C\,2$	$c \leq 0{,}2\ \text{kg/(m}^2 \cdot \text{min}^{0{,}5})$

Kapillare Wasseraufnahme (*c*) für Putzmörtel nach DIN EN 998-1

W_1	hoch	$w > 0{,}5\ \text{kg/(m}^2 \cdot \text{h}^{0{,}5})$
W_2	mittel	$0{,}1\ \text{kg/(m}^2 \cdot \text{h}^{0{,}5}) < w \leq 0{,}5\ \text{kg/(m}^2 \cdot \text{h}^{0{,}5})$
W_3	niedrig	$w \leq 0{,}1\ \text{kg/(m}^2 \cdot \text{h}^{0{,}5})$

Durchlässigkeitsrate für flüssiges Wasser (*w*) für Putze mit organischen Bindemitteln nach DIN 15824

Anforderungen an den Außenputz	**Beanspruchungsgruppe I geringe Schlagregenbeanspruchung** windarme Gebiete mit einer Jahresniederschlagsmenge unter 600 mm (geschützte Bedingungen)	**Beanspruchungsgruppe II mittlere Schlagregenbeanspruchung** Gebiete mit einer Jahresniederschlagsmenge von 600 … 800 mm sowie Hochhäuser und Häuser in exponierten Lagen, die eigentlich in Beanspruchungsgruppe I liegen (gemäßigte Bedingungen)	**Beanspruchungsgruppe III starke Schlagregenbeanspruchung** Gebiete mit einer Jahresniederschlagsmenge über 800 mm sowie Hochhäuser und Häuser in exponierten Lagen, die eigentlich in Beanspruchungsgruppe II liegen (raue Bedingungen)
nach DIN 4108-3	Außenputz ohne Anforderung	mindestens wasserhemmender Außenputz	mindestens wasserabweisender Außenputz
nach DIN EN 998-1	$W_C\,0$, $W_C\,1$, $W_C\,2$	$W_C\,1$, $W_C\,2$	$W_C\,2$
nach DIN EN 15824 (organische Bindemittel)	W_1, W_2, W_3	W_1, W_2, W_3	W_2/W_3

Zuordnung Beanspruchungsgruppe und Schlagregenschutz von Putzen nach DIN 18550-1

8.2 Putzarten nach Verwendungszweck

8.2.1 Normalputzmörtel GP (General Purpose)

Putzmörtel ohne besondere Eigenschaften für die üblichen Putzzwecke geeignet.

8.2.2 Farbiger Putzmörtel CR (Coloured Render)

Zur Gestaltung der Oberfläche können auch mit UV-beständigen, mineralischen Farbpigmenten versehene eingefärbte mineralische Edelputze als dünn- oder dickschichtige Oberputze eingesetzt werden. **Dünnschichtige Edelputze** werden dabei in Korngröße aufgezogen und mit einer Oberflächenstruktur (z. B. als Reibeputz) versehen. Die Schichtdicke beträgt meist 2 … 5 mm.
Bei **dickschichtigen Edelputzen** beträgt die Schichtdicke meist das 3- … 4-Fache der maximalen Korngröße. Sie werden häufig als Kratzputz, Filzputz, Modellierputz oder Kellenwurfputz ausgeführt.

8.2.3 Leichtputzmörtel LW (Light Weight)

Durch die zunehmende Bedeutung des Wärmeschutzes wurde die Entwicklung von Mauersteinen mit verbesserten wärmedämmenden Eigenschaften (z. B. Porenbeton oder Leichthochlochziegel) notwendig. Diese verfügen über eine geringe Rohdichte und Druckfestigkeit sowie einen kleinen Elastizitätsmodul. Beim Verputzen solcher Putzgründe mit üblichem Putzmörtel relativ hoher Festigkeit traten in Verbindung mit den thermischen Belastungen der Fassade häufig Schäden durch Rissbildung auf. Die Einhaltung der Putzregel „weich auf hart" war mit den herkömmlichen Putzmörteln nicht mehr gegeben. Aus diesem Grund wurden Leichtputze mit einer großen Elastizität und einer an die Eigenschaften des wärmedämmenden Mauerwerks angepassten geringen Festigkeit entwickelt. Dies wurde durch die Zugabe von gefasertem oder rundem expandiertem Polystyrol oder leichten mineralischen Gesteinskörnungen wie geblähtem Glas oder Perlit erreicht. Durch diese Maßnahmen wurde das Verformungsverhalten der Unterputze so weit verbessert, dass Spannungen und kleine Bewegungen aus dem Untergrund aufgenommen werden können, ohne dass größere Risse im Putz entstehen.
Die Entwicklung neuer hochwärmedämmender Mauersteine erforderte die Entwicklung von Leichtputzen mit weiter verminderter Druckfestigkeit und erhöhter Verformbarkeit (Leichtputz Typ II, „Superleichtputz"). Zur Vermeidung von Rissen wird der Einsatz eines Armierungsgewebes empfohlen. Das **Armierungsgewebe** hat dabei die Aufgabe, Zugkräfte aufzunehmen, gleichmäßig zu verteilen und der Rissbildung vorzubeugen. Wegen der porösen Struktur der Leichtputze ist ein kraftschlüssiger Verbund zwischen dem Leichtputz und dem Armierungsgewebe nicht möglich. Deshalb ist ein zusätzlicher Armierungsputz mit eingebettetem Armierungsgewebe ratsam. Der Aufbau des Putzsystems besteht in diesem Fall aus 3 Lagen: Unterputz, Armierungsschicht und Oberputz

Klassische Putzoberfläche mit Edelkratzputz

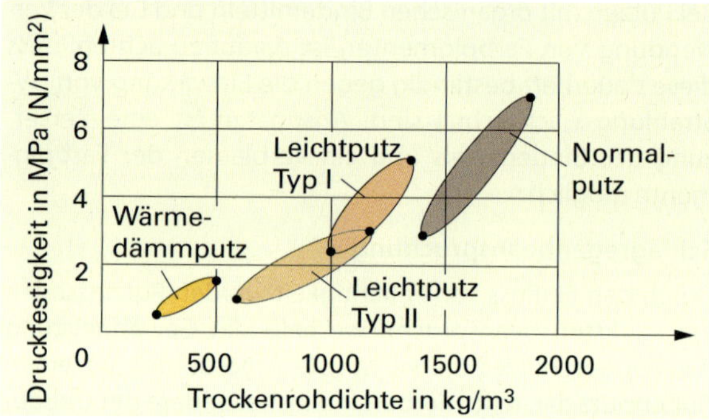

Trockenrohdichte und Druckfestigkeit unterschiedlicher Putze im Vergleich

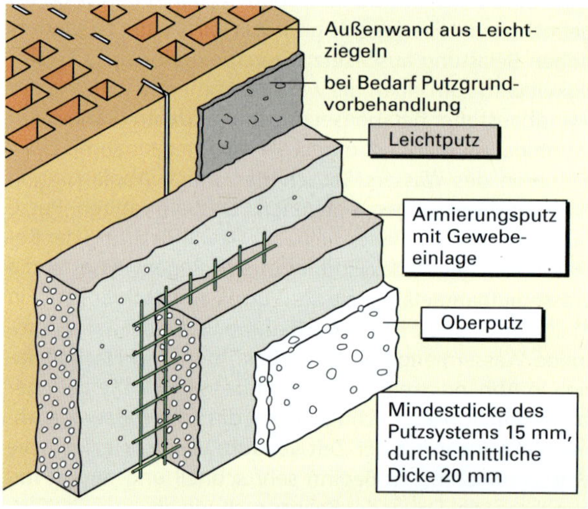

Aufbau eines Leichtputzes mit Armierungsschicht

Um geeignete Putzsysteme für hochwärmedämmende Wandbaustoffe mit sehr geringer Rohdichte und geringer Wärmeleitfähigkeit anbieten zu können, wurden Leichtputze Typ II mit einer Trockenrohdichte < 1 000 kg/m³ entwickelt. Diese werden oft auch als Superleichtputz, Ultraleichtputz, Faserleichtputz usw. bezeichnet.

Beim Einsatz von Leichtputzsystemen empfiehlt sich, insbesondere bei dünnschichtigen Oberputzen mit einer Korngröße unter 2 mm, bei erhöhter Feuchtebelastung oder bei Unregelmäßigkeiten im Putzgrund, die Anordnung einer Armierungsputzlage auf dem Unterputz. Damit wird der Oberputz vom Unterputz hinsichtlich auftretender Spannungen „entkoppelt".

8.2.4 Einlagenputzmörtel für außen OC (One Coat)

Als einlagige Außenputze werden häufiger Kratzputze ausgeführt, die in einer Stärke von bis zu 30 mm aufgebracht werden können. Ihre Struktur erhalten sie dadurch, dass nach dem Ansteifen (meist 1 Tag nach dem Aufbringen) die Oberfläche mit einem Kratzigel bearbeitet wird. Dabei „springt" das Korn an der Oberfläche heraus und der Putz erhält seine charakteristische raue Oberfläche. Nach dem Kratzen muss noch eine mittlere Schichtdicke von 13 mm (bei Beton: 6 mm) vorhanden sein. Kratzputze werden im gewünschten Farbton eingefärbt und bedürfen deshalb keines zusätzlichen Anstrichs. Organische einlagige Putze sollen eine Mindestdicke von 1 mm besitzen.

Durch Feuchtigkeit und bauschädliche Salze völlig zerstörte Fassade

8.2.5 Sanierputzmörtel R (Renovation)

Sanierputzsysteme bestehen meist aus einem Spritzbewurf, gegebenenfalls aus einem Porengrundputz (abhängig vom Versalzungsgrad), dem Sanierputz und einem Oberputz, die in ihrer Zusammensetzung aufeinander abgestimmt sein müssen. Sie dienen zum Verputzen von durch Feuchtigkeit und/oder bauschädlichen Salzen geschädigtem Mauerwerk, wie es häufig im Bereich von Gebäudesockeln vorkommt. Ihre Wirkungsweise beruht auf der Ausbildung eines porigen Gefüges mit hoher Wasserdampfdurchlässigkeit und gleichzeitig geringer kapillarer Leitfähigkeit. Der Sanierputz lässt die Feuchtigkeit aus dem belasteten Mauerwerk wenige Millimeter eindringen. Das aufgenommene Wasser bzw. die Salzlösung verdunstet innerhalb des Sanierputzes, wobei die entstehenden Salzkristalle im vorhandenen Porengefüge eingelagert werden. Dadurch bleibt die Putzoberfläche trocken und frei von sichtbaren Ausblühungen. Aufbau und die Wirkungsweise eines Sanierputzsystems werden in Lernfeld 15 detailliert behandelt.

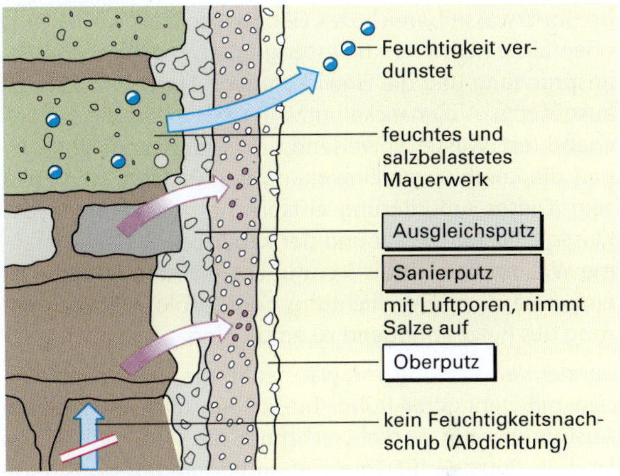

Wirkung des Sanierputzes

8.2.6 Wärmedämmputz T (Thermal)

Durch die Beimengung von Bestandteilen mit geringer Rohdichte (Perlit oder Polstyrolkügelchen) können Wärmedämmputze mit geringer Wärmeleitfähigkeit hergestellt werden. Zur Verbesserung des Wärmeschutzes von Außenwänden werden sie als Zusatzdämmung in Schichtdicken bis 10 cm als Unterputz aufgebracht und mit einem ein- oder zweilagigen Oberputz versehen. Der Aufbau und die Anwendung von Wärmedämmputzen wird in LF 11 ausführlich behandelt.

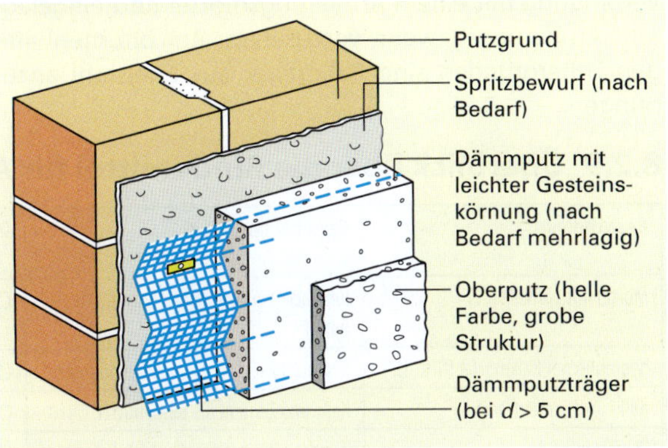

Wärmedämmputz

Wärmedämmputze haben durch leichte Gesteinskörnungen (meist EPS-Kügelchen) eine niedrige Wärmeleitfähigkeit. Sie werden in einer Putzdicke bis 10 cm aufgebracht (Verarbeitung in mehreren Schichten) und anschließend mit einem Oberputz versehen.

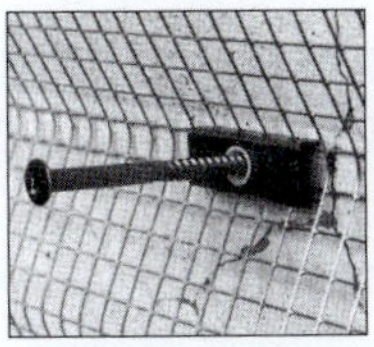

Befestigung mit Spezialdübel

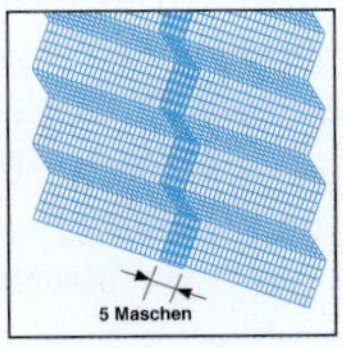

Stoßüberdeckung seitlich = 5 Maschen

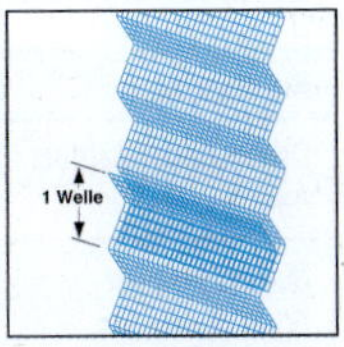

Stoßüberdeckung senkrecht = 1 Welle

Dämmputzträger ab 5 cm Putzdicke

8.2.7 Kellerwandaußenputz

Kellerwandaußenputze werden für das Verputzen von Wänden unterhalb der Geländeoberkante eingesetzt. Sie sind durch den Erddruck einer hohen mechanischen Belastung ausgesetzt und müssen zusätzlich Wasser abweisend sein. Sie müssen den Anforderungen der DIN EN 938-1 an die Druckfestigkeitskategorie CS IV bzw. CS III und die kapillare Wasseraufnahme Typ W_C2 entsprechen.

Kellerwandaußenputze werden häufig bei der nachträglichen vertikalen Abdichtung von Kelleraußenwänden zur Schaffung eines ebenen Untergrundes für zusätzliche Abdichtungen, z. B. mit einer mineralischen Dichtungsschlämme oder einer Bitumendickbeschichtung, eingesetzt. Durch den Einbau einer zusätzlichen Perimeterdämmung können zudem die Wärmeverluste über die Kelleraußenwände reduziert werden.

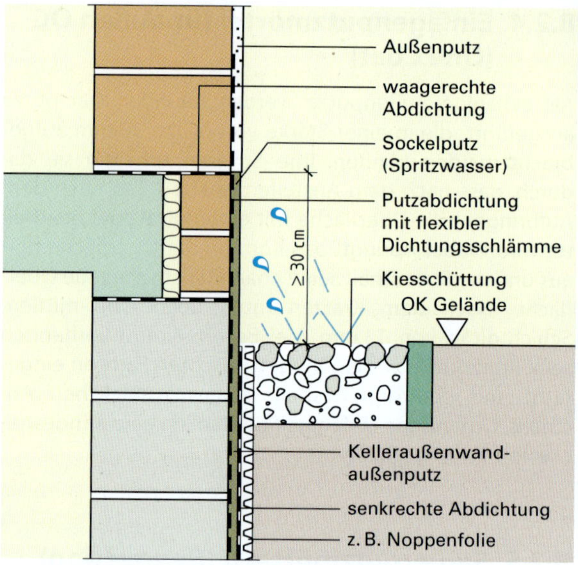

Sockelputz und Kelleraußenwandputz

8.2.8 Außensockelputz

Im Spritzwasserbereich des Gebäudesockels ist der Putz ebenfalls einer hohen Belastung durch mechanische Beanspruchung und die Einwirkung von Feuchte und Frost ausgesetzt. Außensockelputze müssen deshalb ausreichend fest, Wasser abweisend und widerstandsfähig gegen die kombinierte Einwirkung von Feuchte und Frost sein. Dieser Anforderung entsprechen Sockelputze der Klasse CS III oder CS IV und der kapillaren Wasseraufnahme W_c2. Im Bereich bis 5 cm über Geländeoberkante ist eine zusätzliche Beschichtung oder farblose Imprägnierung des Putzes dringend zu empfehlen.

Bei der Verwendung von wärmedämmenden Mauersteinen mit geringerer Rohdichte im Sockelbereich ist die Ausführung mit Sockel-Leichtputz die richtige Lösung. Sind als Putzgrund Dämmplatten vorhanden, so ist eine mineralische Haftbrücke zur Putzgrundvorbehandlung in Verbindung mit einem Armierungsmörtel und eingelegtem Armierungsgewebe vorzusehen. Auf bitumenhaltigen Untergründen sind Putzträger aus Edelstahl anzubringen.

Eigenschaften	Kategorien	Werte
Druckfestigkeit nach 28 Tagen	CS I CS II CS III CS IV	0,4 … 2,5 MPa (N/mm²) 0,4 … 5,0 MPa (N/mm²) 3,5 … 7,5 MPa (N/mm²) ≥ 6 MPa (N/mm²)
Kapillare Wasseraufnahme	W_c0 W_c1 W_c2	Nicht festgelegt $c \leq 0{,}40\ kg/m^2 \cdot min^{0,5}$ $c \leq 0{,}20\ kg/m^2 \cdot min^{0,5}$
Wärmeleitfähigkeit	T 1 T 2	≤ 0,1 W/(m · K) ≤ 0,2 W/(m · K)

Klassifizierung der Eigenschaften von Festmörtel nach DIN EN 998-1

Bei der Ausführung von Putzen unter der Geländeoberfläche und im Sockelbereich sind besondere Schutzmaßnahmen zu ergreifen, um Schäden durch Formänderungen und Feuchteeinwirkungen zu vermeiden. Die Ausführung eines flächenbündigen Außenwandsockels wird in Abschnitt 8.4 beschrieben

8.2.9 Überblick über die Bindemittel für Außenputze

Bezeichnung	Beschreibung	Druckfestigkeit	Anwendungsbeispiele	ehemalige Putzmörtelgruppe
Mörtel mit Luftkalk (CL)	lufttrocknender Kalk als Hauptbindemittel	CS I oder geringer	labile Untergründe, Erhaltung historischer Bauwerke	P I
hydraulischer Kalkmörtel (NHL, HL)	hydraulischer Kalk als Hauptbindemittel	CS I / CS II	Außenbereich, Erhaltung historischer Bauwerke	P I
Kalk- und Zementmörtel	Kalk und Zement als Bindemittel	CS II / CS III	Außenbereich, Sockel	P II
Zementmörtel	Zement als Hauptbindemittel	CS III / CS IV	Außenbereich (Sockel, Kelleraußenwände)	P III

Putzarten mit mineralischen Bindemitteln

Bezeichnung	Beschreibung	Anwendungsbeispiel	ehemaliger Putztyp
Dispersionssilicatputz (Silicatputz)	Kali-Wasserglas und Polymerdispersion als eigenschaftsbestimmende Bindemittel	außen	–
Dispersionsputz (Kunstharzputz)	Polymer-(Kunststoff-)dispersion als Hauptbindemittel	außen	P Org 2
Siliconharzputz	Siliconharzemulsion und Polymerdispersion als Hauptbindemittel	außen	P Org 2

Putzarten mit organischen Bindemitteln

8.3 Ausführung von Putzarbeiten

8.3.1 Auswahl geeigneter Außenputzsysteme

Der Aufbau eines **Außenputzsystems** muss die Beschaffenheit des Putzgrundes hinsichtlich seiner mechanischen und bauphysikalischen Eigenschaften berücksichtigen und auf diesen abgestimmt sein. Anforderungen hinsichtlich der Mindestschichtdicken, der Winddichtigkeit und des Regenschutzes sind zu erfüllen.

Außenputze werden überwiegend als **zweilagige Außenputze** ausgeführt. Sie bestehen aus einem **Unterputz** und einem **Oberputz**, wobei dieser dünn- oder dicklagig ausgeführt werden kann. Die durchschnittliche Putzdicke muss bei zweilagigen mineralischen Putzsystemen 20 mm (Mindestdicke 15 mm an einzelnen Stellen) betragen.

Die Eigenschaften der einzelnen Lagen müssen so aufeinander abgestimmt sein, dass die zwischen Putzgrund und Unterputz bzw. an den Berührungsflächen der einzelnen Putzlagen auftretenden Spannungen (z. B. durch Schwinden oder Temperaturausdehnung) aufgenommen werden können. Dies gilt als erfüllt, wenn die Festigkeit des Oberputzes geringer als die Festigkeit des Unterputzes ist (Putzregel „weich auf hart"), beide Putzlagen die gleiche Festigkeit aufweisen oder eine zusätzliche Armierungsputzlage aufgebracht wird. Nachfolgende Putzlagen sollten nicht dicker sein als die vorhergehende Lage.

Ein zweilagiges Außenputzsystem besteht meist aus

- **Unterputz (Grundputz)**
  Der Unterputz kann Unebenheiten im Putzgrund ausgleichen und bei ausreichender Dicke die Auswirkungen unterschiedlichen Saugverhaltens im Putzgrund verrringern.
- **Dünnlagige mineralische Oberputze**
  Von dünnlagigen mineralischen Oberputzen spricht man bis zu einer Schichtdicke von 10 mm, wobei bei Reibeputzen Schichtdicken von 2 … 4 mm gängig sind. Ihre Struktur erhalten sie in erster Linie durch die Korngröße der verwendeten Gesteinskörnung. Feinere Strukturen erfordern besondere Maßnahmen, da sich bei ihnen auch feinste Haarrisse (die keinen Mangel darstellen) an der Oberfläche zeigen. Deshalb ist bei sehr feinen und dünnen Oberputzen eine Faserarmierung, eine eingebettete Bewehrung im Unterputz oder eine zusätzliche Armierungsputzlage zu empfehlen.
- **Dicklagige mineralische Oberputze**
  Als dicklagige mineralische Oberputze kommen Kratzputze oder Modellierputze mit einer Schichtdicke in 3- … 4-facher Kornstärke zum Einsatz. Das größere Wärmespeichervermögen dicklagiger Putze verringert beim nächtlichen Auskühlen die Kondenswasserbildung an der Oberfläche und wirkt damit der Bildung von Algen und Pilzen entgegen.
- **Pastöse Oberputze**
  Durch die Verwendung geeigneter Kunststoffdispersionen lassen sich durch pastöse Oberputze langlebige, witterungsbeständige Beschichtungen mit guter Wirkung gegen Algen- und Pilzbefall verwirklichen.

Bindemittel des Unterputzes	Empfohlener Dickenbereich für den Auftrag von Putz (mm)			
	Normalputz (GP)		Leichtputz (LW)	
	Ø Dicke	Minimum	Ø Dicke	Minimum
Kalk	20	15	–	–
Kalk/Zement	20	15	20	15
Zement	20	15	20	15
Polymermodifizierter Kalk, Zementkalk, Zement	8	5	10	7
Organischer Putz	Bereich 1…5 mm*			

* Für das Auftragen als Oberputz

Empfohlene Dicken von mehrlagigen Putzsystemen

Kennwerte	Normalputz	Leichtputz	
		Typ I	Typ II
Druckfestigkeitsklasse	CS II / CS III	CS II	CS I / CS II
Druckfestigkeit (MPa [N/mm²])	3,0 … 7,0	2,5 … 5,0	1,0 … 3,0
Trockendichte (kg/m³)	1300 … 1800	1000 … 1300	600 … 1100
Elastizitätsmodul (MPa [N/mm²])	3000 … 7000	2500 … 5000	1000 … 3000

Kennwerte für Außenputz

Vollflächiges Einbetten des Armierungsgewebes in den Armierungsputz

Schwankungen bei Temperatur oder Saugvermögen des Unterputzes können zu Unregelmäßigkeiten in der Struktur und im Farbton des Oberputzes führen. Dies beeinträchtigt die Funktion des Putzsystems nicht, sollte jedoch durch eine geeignete Vorbehandlung vermieden werden.

8.3.2 Verputzempfehlungen für Außenputze

Verputzempfehlungen für Außenputz auf	Beton und Stahlbeton	Kalksandstein	Vollziegel-Mauerwerk

Putzgrundvorbereitung	Schmutz, Staub, lose Teile und Rückstände von Trennmitteln (bei Beton) müssen entfernt werden. Evtl. vorhandene Ausblühungen sind trocken zu entfernen.		
Putzgrundvorbehandlung	Sehr glatte nichtsaugende Betonoberflächen müssen aufgeraut werden (z. B. durch Sandstrahlen). Ist bei Betonoberflächen eine Sinterhaut vorhanden, so muss diese entfernt werden. Kalk-, Kalkzement- und Zementputze erfordern eine **mineralische Haftbrücke**. Sie wird mit einer Zahntraufel aufgetragen und horizontal aufgeraut.	Bei schwach bis nichtsaugenden und/oder glatten/glänzenden Kalksandsteinen ist ein **Spritzbewurf mit Haftzusatz** oder eine **mineralische Haftbrücke** vor Auftrag des Kalk-/Kalkzement- oder Zementputzes erforderlich. Bei stark saugenden Kalksandsteinen sollte das Mauerwerk vorgenässt werden oder es ist ein einlagig zweischichtiger Putz („nass-in-nass“) auszuführen.	Auf altem Mauerwerk ist ein **Spritzbewurf** zu empfehlen. Dies gilt auch, wenn wegen der Unebenheit des Putzgrundes große Putzdicken erforderlich werden oder Beläge wie z. B. Fliesen vorgesehen sind.
	Die Festigkeit der **mineralischen Haftbrücke** muss auf den jeweiligen Unterputz abgestimmt sein, d. h., sie muss höher als die Festigkeit des Unterputzes sein. Im Zweifelsfall sollte für die Haftbrücke zementhaltiger Putzmörtel gewählt werden. Die Standzeit beträgt 1 … 2 Tage. **Organische Haftbrücken** sind für Außenputze nicht geeignet.		
Unterputze	Unterputze werden auf den vorbereiteten Putzgrund unter Berücksichtigung der notwendigen Standzeiten aufgebracht. Die Oberfläche des Unterputzes ist gegebenenfalls (z. B. mit dem Gitterrabott) aufzurauen.		
Mineralische Oberputze	Das Aufbringen einer **Aufbrennsperre** auf den Unterputz ist zu empfehlen. Dies gewährleistet ein einheitlich reduziertes Saugverhalten des Unterputzes und verhindert unterschiedlich schnelles Abtrocknen des Oberputzes. Damit ist das Herstellen einer gleichmäßigen Struktur des Oberputzes einfacher und die Gefahr fleckiger Oberflächen bei eingefärbten mineralischen Oberputzen vermindert.		
Pastöse Oberputze	Oberputze mit organischen Bindemitteln (Kunstharzputze, Siliconharzputze) und Silicatputze (diese enthalten einen geringen Dispersionszusatz zur Verbesserung der Lagerfähigkeit und der besseren Verarbeitung) erfordern einen auf das jeweilige System abgestimmten Grundanstrich, um den andersfarbigen Unterputz sicher abzudecken.		

Verputzempfehlungen für Außenputz auf	Hochloch-, Leichthochlochziegel-, Leichtbeton-Mauerwerk	wärmedämmendem Ziegelmauerwerk	Porenbeton
			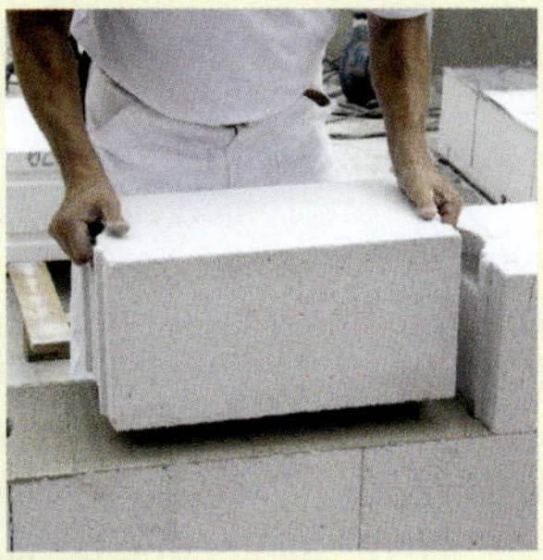
	Rohdichte: **~ 600 … 1 000 kg/m^3** **Wärmeleitfähigkeit:** **> 0,16 W/(m · K)**	**Rohdichte:** **< 600 kg/m^3** **Wärmeleitfähigkeit:** **0,07 … 0,16 W/(m · K)**	**Rohdichte:** **~ 300 … 700 kg/m^3** **Wärmeleitfähigkeit:** **0,08 … 0,21 W/(m · K)**
Putzgrundvorbereitung	Auf erkennbar durchfeuchtetem Mauerwerk darf nicht verputzt werden. In die Kammern eingedrungenes Wasser benötigt eine lange Trocknungsdauer mit dabei auftretenden Verformungen. Erfahrungsgemäß sollte die Wartezeit bis zum Verputzen mindestens ½ Jahr betragen, damit ein Großteil der Bewegungen und Verformungen des Bauwerkes erfolgt ist. Dadurch lässt sich die Gefahr der Rissbildung erheblich vermindern. Schmutz, Staub und lose Teile müssen entfernt werden.		
Putzgrundvorbehandlung	Ziegel, deren Sichtfläche nur einzelne Trocknungs- oder Brennrisse aufweisen, können meist ohne zusätzliche Maßnahmen verputzt werden. Der Putzgrund sollte möglichst homogen sein, Mischmauerwerk ist zu vermeiden. Dies gelingt durch den Einsatz abgestimmter Ergänzungsprodukte wie Ziegel-Rollladenkästen, Ziegelstürze und Deckenrandschalungen aus Ziegeln.		Porenbeton sollte nicht vorgenässt werden, da dies zu einer verstärkten Saugwirkung führt (Schwammeffekt). Eine Aufbrennsperre sollte wegen der Herabsetzung der Kapillarhaftung ebenfalls nicht eingesetzt werden.
Unterputze	Als Unterputz sind Leichtputzmörtel, Typ I und Typ II, geeignet.	Als Unterputz sind Leichtputzmörtel, Typ II, besonders geeignet.	Als Unterputz sind Leichtputzmörtel, Typ I und Typ II, geeignet.
	Das Aufbringen des Unterputzes einlagig zweischichtig „nass-in-nass“ hat sich in der Praxis bewährt. Dabei wird der Unterputz in zwei Arbeitsgängen gerüstlagenweise im ersten Arbeitsgang rund 10 mm dick aufgetragen und nach einer Wartezeit von 10 … 20 Minuten auf die vorgesehene Unterputzdicke von 15 … 20 mm fertiggestellt. Die Standzeit vor dem Auftragen des Oberputzes beträgt mindestens 1 Tag pro mm Schichtdicke. Beim Einsatz von Leichtputzsystemen empfiehlt sich, insbesondere bei dünnschichtigen Oberputzen mit einer Korngröße unter 2 mm, bei erhöhter Feuchtebelastung oder bei Unregelmäßigkeiten im Putzgrund, die Anordnung einer **Armierungsputzlage** auf dem Unterputz. Damit wird der Oberputz vom Unterputz hinsichtlich auftretender Spannungen „entkoppelt“.		
Mineralische Oberputze	Das Aufbringen einer **Aufbrennsperre** auf den Unterputz ist zu empfehlen. Dies gewährleistet ein einheitlich reduziertes Saugverhalten des Unterputzes und verhindert unterschiedlich schnelles Abtrocknen des Oberputzes. Damit ist das Herstellen einer gleichmäßigen Struktur des Oberputzes einfacher und die Gefahr fleckiger Oberflächen bei eingefärbten mineralischen Oberputzen vermindert.		
Pastöse Oberputze	Oberputze mit organischen Bindemitteln (Kunstharzputze, Siliconharzputze) und Silicatputze (diese enthalten einen geringen Dispersionszusatz zur Verbesserung der Lagerfähigkeit und der besseren Verarbeitung) erfordern einen auf das jeweilige System abgestimmten Grundanstrich, um den andersfarbigen Unterputz sicher abzudecken.		

8.3.3 Putzprofile für den Außenputz

Die Aufgabe von Putzprofilen wie die rationelle, saubere und funktionale Herstellung von Kanten, Putzabschlüssen, Anschlüssen an andere Bauteile, Dehnfugen, Bewegungsfugen und dergleichen wurde in Abschnitt 7.4.5 im Zusammenhang mit Profilen für den Innenputz bereits beschrieben. Wie bei Innenputzarbeiten auch, ist der Einbau von Putzprofilen eine besondere Leistung, die in der Leistungsbeschreibung in gesonderter Position auszuschreiben und vom Auftraggeber zu vergüten ist. Als Abrechnungseinheit dient ebenfalls das Längenmaß (m).

Verzinkte Profile sind nicht korrosionssicher und müssen deshalb durch Anstrich, PVC-Überzug oder eine mindestens 3 mm starke Überdeckung durch den Oberputz geschützt werden. Bei der Verwendung von organisch gebundenen Spachtelmassen oder Putzen müssen Edelstahlprofile oder verzinkte Profile mit einem Überzug aus PVC verwendet werden.

Kantenprofile können sichtbar oder in den Unterputz eingebettet ausgeführt werden. Um die Haftung des Oberputzes auf dem Profil zu verbessern, sind eingebettete Profile auch mit einer werkseitig aufgebrachten Quarzbeschichtung erhältlich. Diese bietet gleichzeitig einen zusätzlichen Korrosionsschutz. Für die Herstellung des Schutzes bei Kanten mit gekrümmtem Verlauf gibt es Profile mit eingeschnittenen Wandschenkeln.

Putzabschluss- und Sockelprofile gibt es als vertikal und horizontal anzubringende Putzabschlussprofile und als Sockelprofile mit angeformter Tropfkante. Die Ausbildung des Gebäudesockels wird in Abschnitt 8.5 detailliert beschrieben.

Faschenprofile ermöglichen die Herstellung von Putzfaschen (Einfassung von Fenster- und Türöffnungen, die sich in der Putzstruktur und eventuell zusätzlich in der Farbe von der übrigen Wandfläche absetzen). Bei der traditionellen Herstellung ohne den Einsatz von Faschenprofilen wird der aufgetragene Unterputz mit Brettern abgedeckt und die Wandfläche mit dem strukturgebenden Oberputz versehen. Nach Entfernen der Abdeckung erhält der Unterputz im Bereich der Faschen einen geglätteten oder gefilzten Oberputz.

Bossenprofile werden als Gestaltungsmittel moderner Bauwerke heutzutage wieder häufiger eingesetzt. Für die Gestaltung von wärmegedämmten Fassaden gibt es darüber hinaus speziell geformte Dämmplatten, die zwischen den herkömmlichen Dämmplatten angeordnet werden.

Früher verstand man unter einer Bossenfassade eine Natursteinfassade, bei der die Oberfläche der Steinquader lediglich grob bearbeitet (bossiert) wurde. Die Randbereiche der Steinquader wurden häufig zusätzlich geglättet.

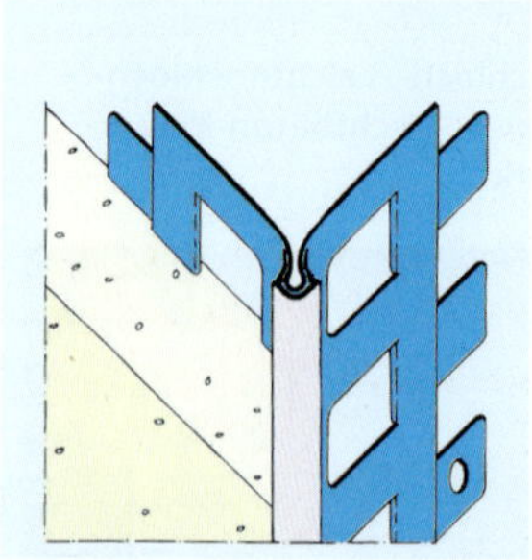

Sichtbares Kantenprofil

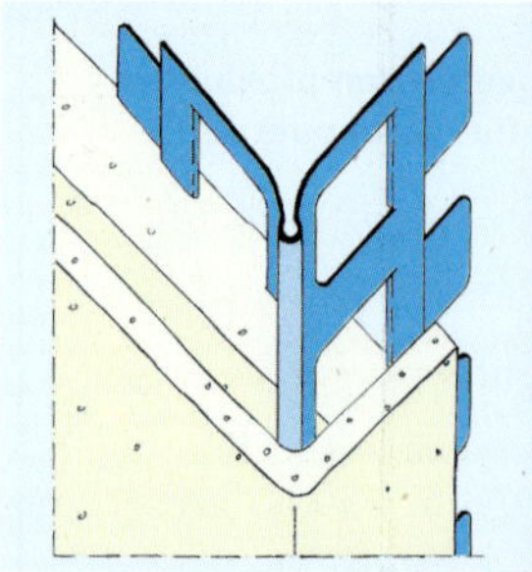

Kantenprofil zur vollständigen Einbettung in den Unterputz

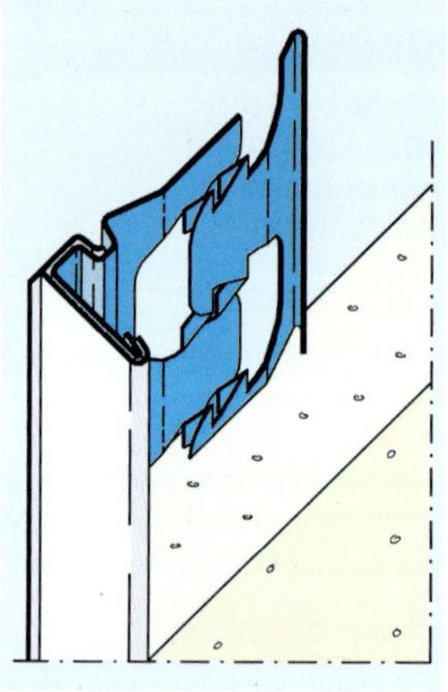

Putzabschlussprofil

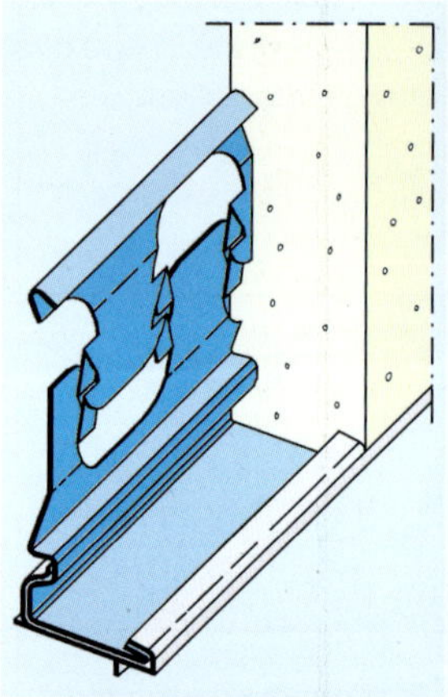

Sockelprofil mit Tropfkante

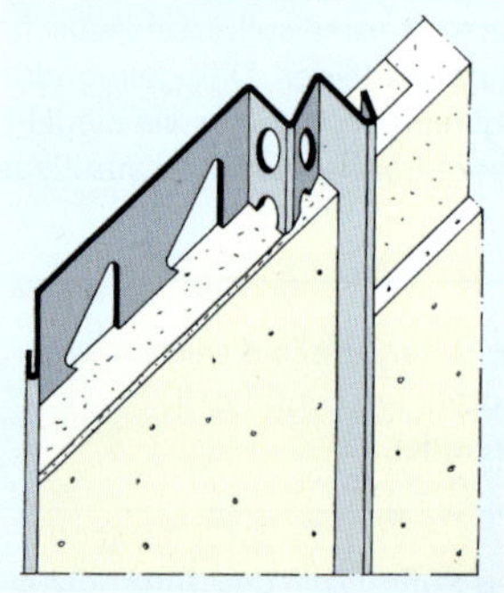

Faschenprofil und modernes Anwendungsbeispiel

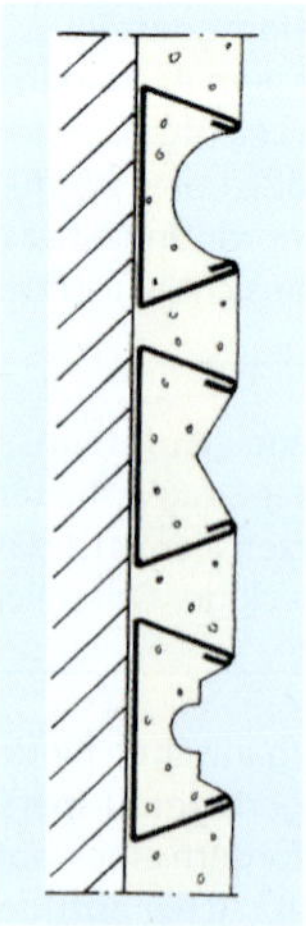

Bossenprofil mit Anwendungsbeispielen

Fensteranschlussprofil (Anputzleisten)

Fenster- oder Laibungsanschlussprofile sorgen wie beim Innenputz für einen exakten Anschluss an die Fensterrahmen. Sie sind in der Regel mit einem selbstklebenden PE-Dichtband ausgestattet, mit dem das Anschlussprofil auf dem Fensterrahmen befestigt wird. Auf dem selbstklebenden Streifen der Schutzlasche kann nach Entfernen des Papierstreifens die Abdeckfolie zum Schutz der Fenster befestigt werden. Nach dem Verputzen wird die Schutzlasche abgeknickt und entfernt.

Dehn- oder Bewegungsfugenprofile

Für den Außenputz werden Dehn- und Bewegungsprofile angeboten, die in Funktion und Aufbau denen für Innenputze entsprechen.

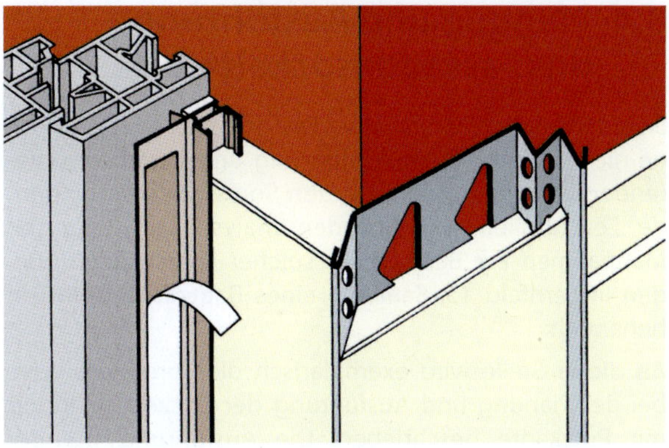

Fensteranschlussprofil in Verbindung mit einer Putzfasche

Zusammenfassung

Zusätzlich zu den allgemeinen Anforderungen werden an Außenputze weitere Anforderungen hinsichtlich der **Witterungsbeständigkeit** und der **Gewährleistung des Schlagregenschutzes** gestellt. Neben den Beanspruchungen durch Temperaturwechsel, Frost und schädigende Bestandteile der Luft, werden Putzfassaden insbesondere durch Schlagregen beansprucht.

Die Gebäudesockel sind dabei sehr hohen Belastungen durch Spritzwasser, mechanische Belastungen und Salz ausgesetzt. Die Anforderungen an einen **Außensockelputz** müssen bei der Auswahl des Putzsystems durch die Wahl geeigneter Mörtel und Druckfestigkeiten des Unter- und Oberputzes berücksichtigt werden.

Neben dem Außensockelputz gibt es weitere Außenputze mit besonderen Anwendungsbereichen:

- **Kellerwandaußenputz** für das Verputzen unterhalb der Geländeoberkante
- **Wärmedämmputz** mit geringer Wärmeleitfähigkeit zur Verbesserung des Wärmeschutzes
- **Sanierputz** zum Verputzen des durch Feuchtigkeit oder bauschädliche Salze geschädigten Mauerwerks
- **Leichtputz** mit großer Elastizität für das Verputzen von hochwärmedämmendem Mauerwerk

Der Einsatz von **Putzprofilen** ermöglicht die rationelle, saubere und funktionale Herstellung von Kanten, Putzabschlüssen sowie Dehn- und Bewegungsfugen. Der Einbau von Putzprofilen ist dabei eine besondere Leistung, die in gesonderter Position auszuschreiben und vom Auftraggeber zu vergüten ist.

Beim Anbringen der Putzprofile ist auf ausreichenden Korrosionsschutz durch eine mindestens 3 mm starke Überdeckung durch den Oberputz, einen Anstrich oder einen PVC-Überzug zu achten, um spätere Schäden zu vermeiden. Bei der Verwendung organisch gebundener Spachtelmassen oder Putze müssen Edelstahlprofile oder verzinkte Profile mit einem PVC-Überzug verwendet werden.

Aufgaben

1. *Geben Sie fünf allgemeine Aufgaben eines Außenputzes an.*
2. *Im Vergleich zu Innenputzen werden an Außenputze weitere Anforderungen gestellt. Nennen und erläutern Sie drei dieser weiteren Anforderungen.*
3. *Nennen Sie drei Putze mit besonderen Eigenschaften.*
4. *Beschreiben Sie die besonderen Anforderungen, die an einen Außensockelputz gestellt werden. Skizzieren und beschriften Sie den Schnitt durch einen Gebäudesockel mit Perimeterdämmung der Kelleraußenwände.*
5. *Wählen Sie einen weiteren Außenputz mit besonderen Eigenschaften aus und beschreiben Sie seine Aufgabe und Wirkungsweise.*
6. *Erläutern Sie die Aufgabe von Putzprofilen.*
7. *Nennen Sie fünf Putzprofile für den Außenputz und ihre jeweilige Aufgabe.*
8. *Fertigen Sie eine räumliche Skizze der von Ihnen genannten Putzprofile an.*
9. *Beschreiben Sie, worauf beim Anbringen der Putzprofile insbesondere zu achten ist.*
10. *Erstellen Sie eine Fotodokumentation (jeweils drei Beispiele) mit aus Ihrer Sicht besonders gelungenen bzw. schlechten Beispielen der Gestaltung von Fassaden.*

8.4 Planung und Ausführung des Fassadensockelputzes

Schäden am Sockelputz einer Fassade sind meist die Folge nicht fachgerechter Ausführung und daraus resultierender Schädigung durch in den Sockelputz eindringende Feuchtigkeit. Die Schadensanalyse und mögliche Maßnahmen zur Beseitigung solcher Putzschäden werden in Lernfeld 15, Sanieren eines Bauteils, ausführlich behandelt.

An dieser Stelle wird exemplarisch die Vorgehensweise bei der Planung und Ausführung der Sockelausbildung mit Putzkante beschrieben. Die Ausführung weiterer Detailanschlüsse und deren Beschreibung kann der vom Fachverband der Stuckateure für Ausbau und Fassade und dem Verband der Garten-, Landschafts- und Sportplatzbau Baden-Württemberg herausgegebenen „Richtlinie für die fachgerechte Planung und Ausführung des Fassadensockelputzes sowie des Anschlusses der Außenanlage" entnommen werden.

Planung der Sockelausbildung

Die Lage der **oberen Sockellinie** muss vom Auftraggeber bzw. dessen Architekten oder Planer unter Berücksichtigung des später geplanten Geländeverlaufs (= **untere Sockellinie**) vorgegeben werden. Dabei ist eine Höhe der **Spritzwasserzone** von etwa 30 cm zugrunde zu legen. Ebenfalls muss festgelegt werden, ob an dieser Stelle eine optische Abgrenzung des Sockelbereichs, z. B. durch einen Absatz, eine Änderung der Putzweise usw., ausgeführt werden soll.

Erfolgt die Ausführung nicht mit einem **Spritzschutzstreifen** (Kiestraufe etwa 300 mm breit), sondern es werden befestigte Flächen (z. B. Hof- oder Terrassenflächen) direkt an den Sockelputz geführt, so sind diese mit einem Gefälle weg vom Gebäude oder mit einer erhabenen Kante (z. B. einer über den Belag hinausstehenden Pflasterzeile) auszuführen. Durch eine Bewegungsfuge (z. B. in Form der angebrachten Noppenfolie) wird gewährleistet, dass sich die angrenzenden Beläge infolge Temperatureinwirkung verformen können, ohne Schäden am Sockelputz zu verursachen.

Ausführung des Sockelputzes

Die **Sockeldämmplatten** müssen rau (gewaffelt), eben, formstabil und dauerhaft verklebt sein. Eine zusätzliche Verdübelung mindestens 150 mm oberhalb der unteren Sockellinie ist zu empfehlen. Dämmplatten mit glatter Oberfläche sind nicht zum Verputzen geeignet.

Wegen des vorhandenen Materialwechsels im Putzgrund (Mauerwerk/Sockeldämmplatte), ist eine mineralische **Putzhaftbrücke** mit eingelegter Bewehrung vorzusehen, um die Gefahr der Rissbildung zu vermindern. Nach ausreichender Standzeit wird der **Sockelunterputz** (Mindestdicke 15 mm; Standzeit 1 Tag pro mm Schichtdicke) aufgezogen. Bei hoher mechanischer Belastung kann als zusätzliche Maßnahme eine weitere **Armierungsputzlage** (Schichtdicke 5 … 8 mm; Standzeit 1 Tag je mm Schichtdicke) mit vollflächig eingebettetem Gewebe auf dem Sockelunterputz ausgeführt werden.

Der **Oberputz** muss bis etwa 50 mm über die Sockellinie mit einer flexiblen mineralischen **Putzabdichtung** oder einer bitumenfreien Dickbeschichtung versehen werden. Diese schützt den Oberputz vor eindringender Feuchtigkeit und muss nach unten bis auf die Perimeterdämmplatte geführt werden. Die Putzabdichtung kann anschließend im Farbton des Oberputzes beschichtet werden.

Zum Schutz vor mechanischen Beschädigungen der Putzabdichtung muss auf dem in das Gelände einbindenden Sockelputz eine **Schutzschicht** (Noppenbahn) angebracht werden. Diese muss etwa 200 mm Überlappung mit der Schutzschicht der Perimeterdämmung aufweisen.

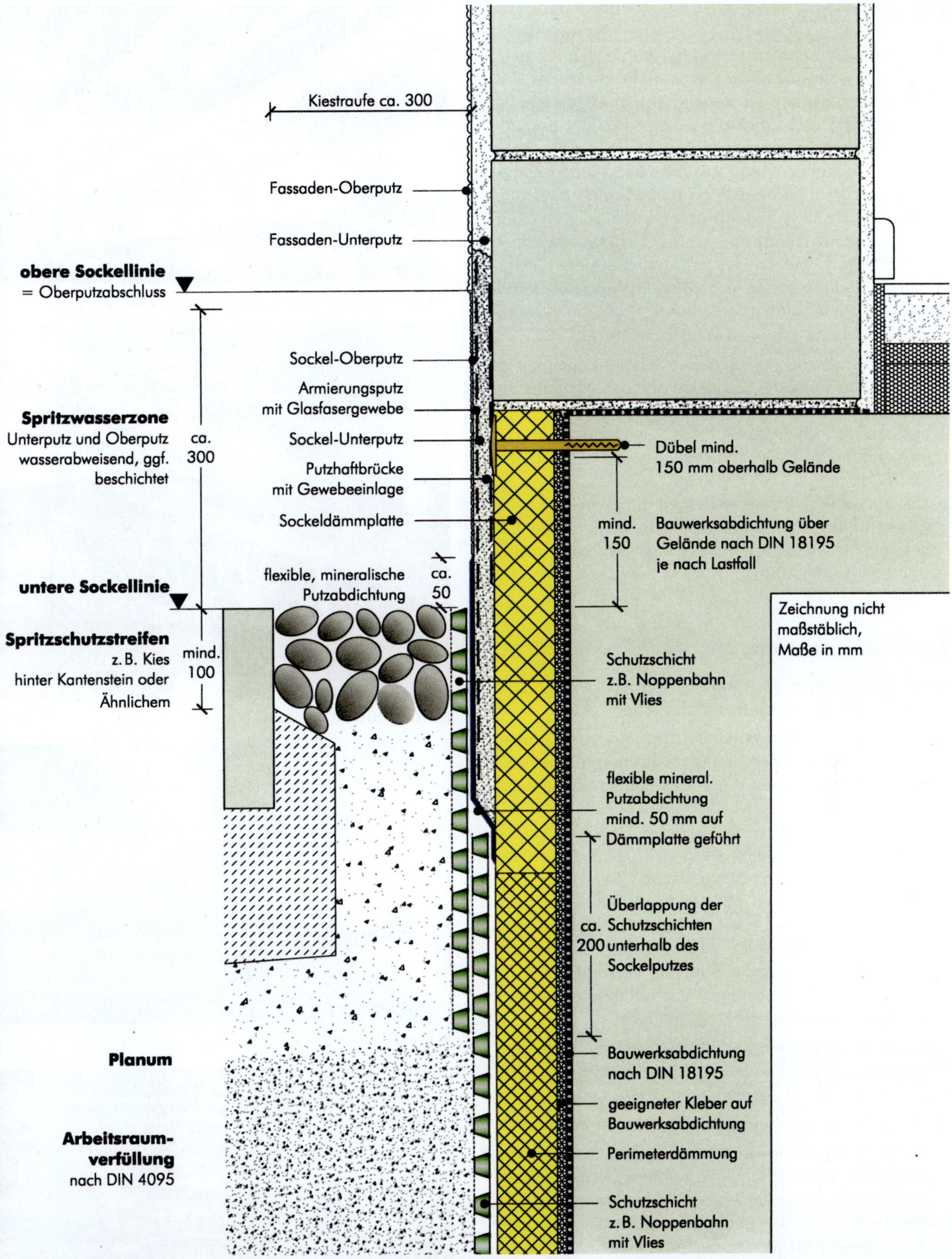

Sockelausbildung mit Putzkante und Spritzschutzstreifen (Kiestraufe)

8.5 Gerüste

Arbeits- und Schutzgerüste ermöglichen das Arbeiten an Stellen, die vom Boden aus nicht mehr erreichbar sind und schützen die am Bau Beteiligten vor Abstürzen. Bei der Errichtung ist es deshalb äußerst wichtig, dass die geltenden Vorschriften eingehalten werden. Dies muss dem Auftraggeber vom ausführenden Unternehmer durch ein Prüf- und Übergabeprotokoll bestätigt werden. Darüber hinaus muss jeder Unternehmer (oder eine von ihm benannte befähigte Person), der Gerüste von seinen Beschäftigten benutzen lässt, im Rahmen einer Gefährdungsbeurteilung ermitteln, ob eine **Prüfung des Gerüstes vor der Benutzung** erforderlich ist. Aufgabe einer augenscheinlichen Prüfung ist es festzustellen, ob

- das Gerüst für die vorgesehenen Arbeiten geeignet ist (z. B. Überprüfung der Lastklasse und des Wandabstandes),
- die Standsicherheit des Gerüstes gewährleistet ist (Aussteifung durch Diagonalstreben, Verankerung, Untergrund),
- die Arbeits- und Betriebssicherheit gegeben ist (Überprüfung auf augenscheinliche Mängel wie z. B. beschädigte Gerüstteile, Fehlen von Aufstiegen, unvollständiger Seitenschutz).

Standgerüst als Rahmengerüst an einer Fassade

Konsolgerüst an Gebäudeecke

8.5.1 Gerüstarten

Nach der **Art ihrer Verwendung** werden bei Gerüsten Arbeits- und Schutzgerüste unterschieden:

- **Arbeitsgerüste** dienen der Ausführung von Tätigkeiten. Sie müssen neben den Beschäftigten oft auch die Lasten von Materialien, Werkzeugen und Maschinen sicher abtragen.
- **Schutzgerüste** haben die Aufgabe, Personen vor einem Absturz zu sichern. Dazu gehören Fanggerüste, Dachfanggerüste und Schutzdächer. Fanggerüste sichern dabei Personen oder Materialien vor dem Absturz von horizontalen Flächen, Dachfanggerüste werden bei geneigten Arbeitsebenen eingesetzt. Schutzdächer haben die Aufgabe, Personen (z. B. im Bereich eines Bürgersteiges) vor herabfallenden Gegenständen zu schützen.

Darüber hinaus werden Gerüste nach dem verwendeten **Tragsystem** eingeteilt in Standgerüste (S), Hängegerüste (H), Konsolgerüste (K), Auslegergerüste (A).

Auslegergerüst

Nach der **Art der Ausführung** unterteilt man weiter in:

- **Stahlrohr-Kupplungsgerüste** (SR), bei denen einzelne Stahlrohre mit Kupplungen zu einem Gerüst verbunden werden. Diese eignen sich insbesondere für den Einsatz bei speziellen Geometrien des einzurüstenden Gebäudes und für Sonderkonstruktionen.
- **Rahmengerüste** (RG), auch Systemgerüste genannt, die aus vorgefertigten Bauteilen (Rahmen, Belägen, Geländerholmen) bestehen und sehr einfach und schnell aufzubauen sind. Aus diesem Grund haben sie im Bereich der Regelanwendungen die Stahlrohr-Kupplungsgerüste verdrängt.

Stahlrohr-Kupplungsgerüst

8.5.2 Einteilung in Lastklassen

Nach DIN EN 12811-1 werden Arbeitsgerüste in sechs Lastklassen eingeteilt:

Lastklasse 1: Das Gerüst darf lediglich für Kontrolltätigkeiten verwendet werden, wobei sich je Gerüstfeld nur eine Person aufhalten darf. Das Lagern von Material ist nicht zulässig.

Lastklasse 2: Zugelassen sind lediglich Arbeiten, die keine Materiallagerung erfordern (z. B. Malerarbeiten).

Lastklasse 3: Diese Gerüste eignen sich mit einer zulässigen gleichmäßig verteilten Last von 2,0 kN/m^2 (~ 200 kg/m^2) für Arbeiten, bei denen Materialien in geringem Umfang gelagert werden (z. B. Putzarbeiten).

Lastklassen 4, 5 und 6: Diese Gerüste können eingesetzt werden, wenn Baustoffe und Bauteile auf dem Gerüst abgesetzt werden müssen (z. B. Mauerarbeiten).

Lastklasse	Gleichmäßig verteilte Last q_1 kN/m^2	Auf einer Fläche von 500 mm × 500 mm konzentrierte Last F_1 kN	Auf einer Fläche von 200 mm × 200 mm konzentrierte Last F_2 kN
1	0,75	1,50	1,00
2	1,50	1,50	1,00
3	2,00	1,50	1,00
4	3,00	3,00	1,00
5	4,50	3,00	1,00
6	6,00	3,00	1,00

Nutzlasten auf Gerüsten

Vor dem Benutzen eines Gerüstes ist dieses wegen der damit verbundenen, oft folgenschweren Unfallgefahren einer augenscheinlichen Prüfung zu unterziehen:

- Ist das Gerüst für die Arbeiten geeignet?
- Ist die Standsicherheit gewährleistet?
- Sind die Arbeits- und Betriebssicherheit gewährleistet?

8.5.3 Bestandteile eines Gerüstes

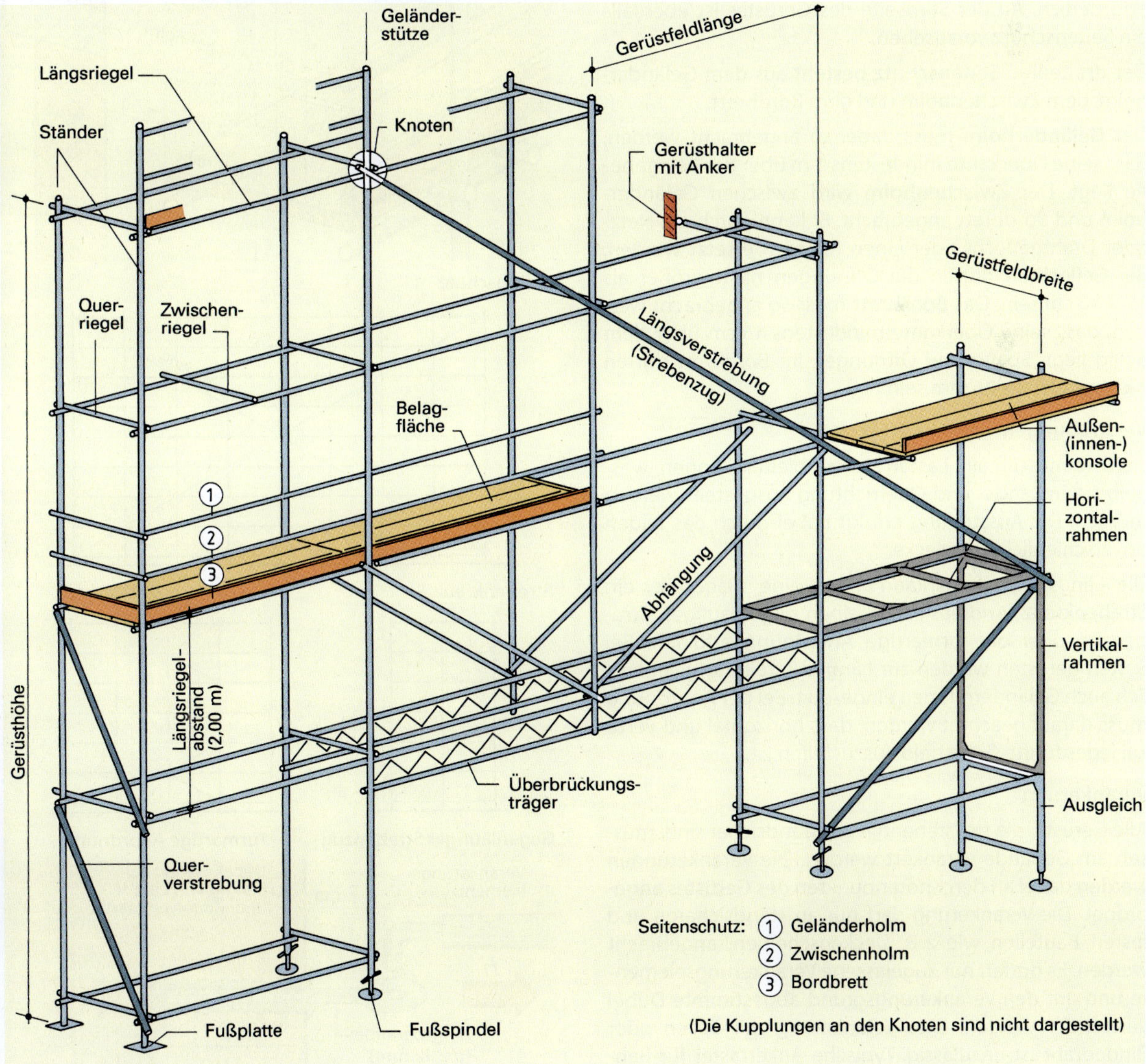

Bezeichnungen der Gerüstbestandteile

8.5.4 Richtlinien für die Ausführung

Gerüstbelag

Jede benutzte Gerüstlage muss vollflächig mit Belägen ausgelegt werden. Bestehen die Beläge aus einzelnen Bohlen, so sind sie dicht zu stoßen und so zu verlegen, dass sie weder wippen noch ausweichen können. Bei Stahlrohr-Kupplungsgerüsten müssen unter dem Stoß von Gerüstbohlen entweder zwei Querriegel liegen oder die Gerüstbohlen müssen sich beidseitig des Querriegels mindestens 20 cm überdecken. Bei Systemgerüsten besteht der Belag aus Rahmentafeln, die durch das Aufstecken des Vertikalrahmens der nächsten Gerüstlage aushängesicher fixiert werden.

Seitenschutz

Liegt der Gerüstbelag mehr als 2 m über dem Boden, so müssen Gerüste an der Außenseite mit einem Seitenschutz versehen werden. Ist der Wandabstand größer als 30 cm, so ist auch an der Innenseite des Gerüstes ein Seitenschutz oder eine Verbreiterung des Belages (Konsole) erforderlich. An der Stirnseite des Gerüstes ist ebenfalls ein Seitenschutz vorzusehen.

Der **dreiteilige Seitenschutz** besteht aus dem Geländerholm, dem Zwischenholm und dem Bordbrett.

Der **Geländerholm** muss dabei so angebracht werden, dass seine Oberkante mindestens 1 m über der Belagebene liegt. Der **Zwischenholm** wird zwischen Geländerholm und Bordbrett angebracht. Er kann durch ein Netz- oder Drahtgeflecht oder einen Rahmen ersetzt werden. Bei Geflechten dürfen die Öffnungen nicht größer als 10 × 10 cm sein. Das **Bordbrett** muss so angebracht werden, dass seine Oberkante mindestens 15 cm über dem Belag liegt. Spalte und Öffnungen im Bordbrett dürfen nicht größer als 25 mm sein.

Verstrebungen

Gerüste müssen alle Lasten sicher ableiten können, weshalb sie in Längs- und Querrichtung ausgesteift werden müssen. Die Aussteifung erfolgt dabei durch das Bilden unverschieblicher Dreiecke.

Die Längsaussteifung kann durch eine Diagonale, ein Strebenkreuz (Andreaskreuz), einen gegenläufigen Strebenzug oder die turmartige Anordnung erfolgen. Bei Systemgerüsten werden zur Längsaussteifung gelegentlich auch Geländerrahmen eingesetzt. Bei der Anordnung muss darauf geachtet werden, dass horizontal und vertikal jedes fünfte Gerüstfeld auszusteifen ist.

Verankerung

Alle Gerüste, die frei stehend nicht standsicher sind, müssen am Gebäude verankert werden. Die Verankerungen werden dabei an den Knotenpunkten des Gerüstes angeordnet. Die Verankerung darf nur an standsicheren und festen Bauteilen wie z. B. Deckenscheiben, angebracht werden. Es dürfen nur zugelassene Verankerungselemente und auf den Verankerungsgrund abgestimmte Dübel verwendet werden. Eine Verankerung mit Seilen oder Bindedraht ist unzulässig. Typische Ankerraster für Rahmengerüste sind in Abschnitt 8.5.5 angegeben.

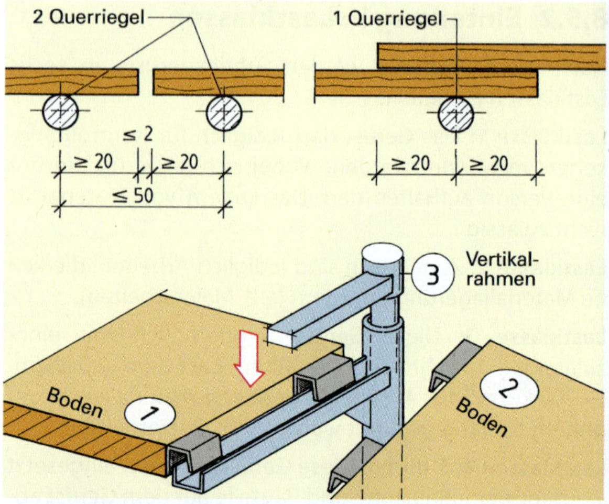

Auflagerung von Gerüstbohlen, Böden oder Rahmentafeln

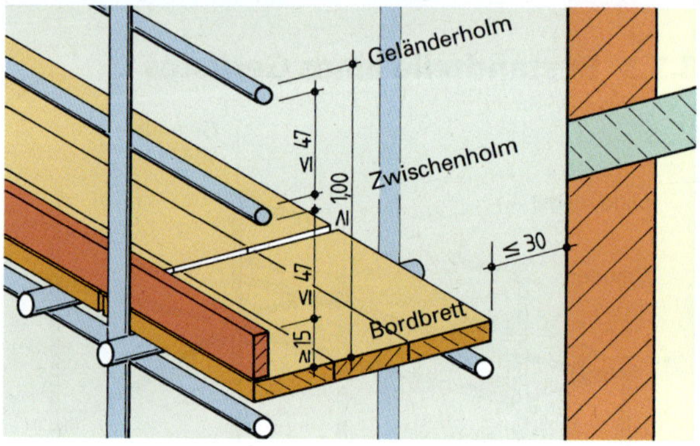

Seitenschutz

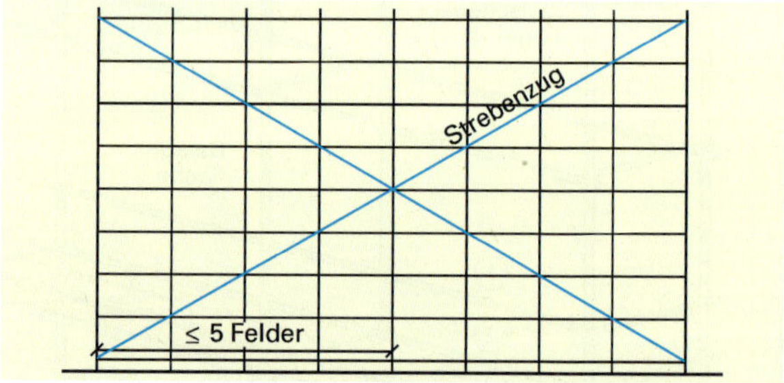

Strebenkreuz

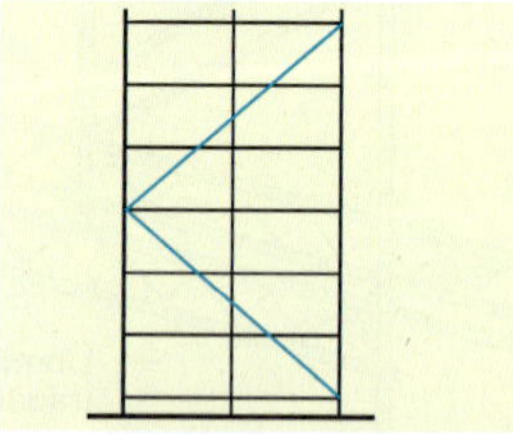

Gegenläufiger Strebenzug

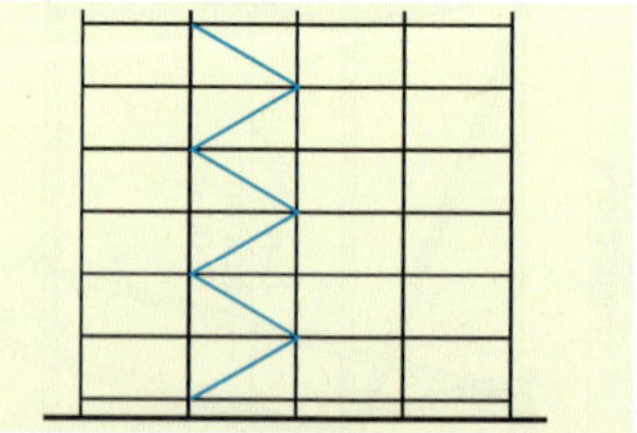

Turmartige Anordnung

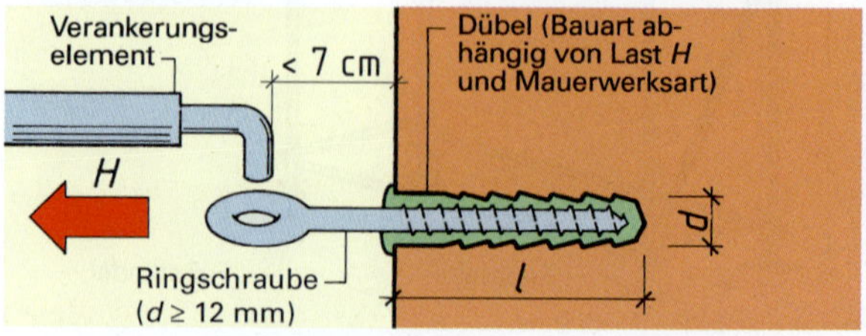

Verankerung im Mauerwerk

8.5.5 Rahmengerüste

Rahmengerüste sind Systemgerüste aus vorgefertigten Bauteilen und Verbindungsmitteln. Sie bestehen aus

- **Grundbauteilen**
  Dazu gehören Fußspindeln zur vertikalen Ausrichtung und zum begrenzten Höhenausgleich sowie Fußplatten zur Verbreiterung der Auflagefläche und Ständerrahmen, die die Queraussteifung übernehmen und in die Horizontalrahmen mit Belagteilen eingehängt werden. Diagonalen (Verstrebungen) ermöglichen die Aussteifung der vertikalen Ebene.
- **Systembauteilen für den Seitenschutz** in der Fläche und an den Stirnseiten
- **Zugangsbauteilen** wie Leitern mit Durchstiegstafeln oder Treppentürmen. Durchstiege dürfen nur bis zu einer Aufstiegshöhe von 5 m und bei Arbeiten an Einfamilienhäusern eingesetzt werden, sofern die dabei entstehenden Gefährdungen in der Gefährdungsbeurteilung berücksichtigt werden.
- **Ergänzungsbauteilen** wie Konsolen, Überbrückungsträgern, Netzen und Planen

Die Gerüstbauteile bestehen aus Stahl oder Aluminium. Für den Belag und die Bordbretter wird auch Holz verwendet.

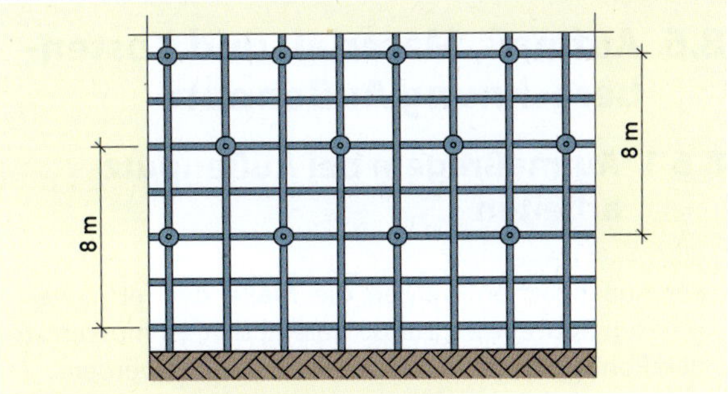

Diagonale Anordnung der Verankerung

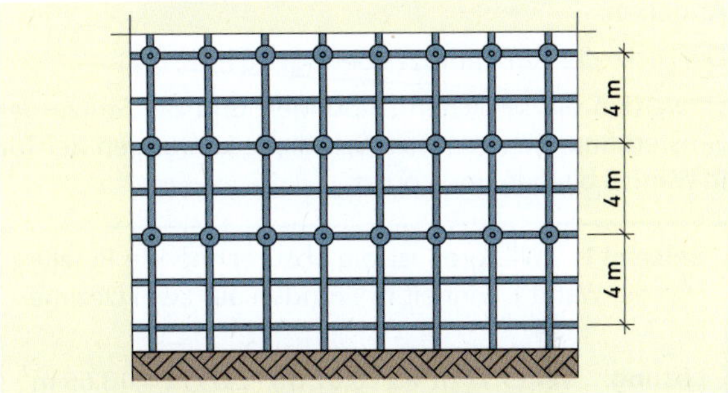

Rechteckige Anordnung der Verankerung

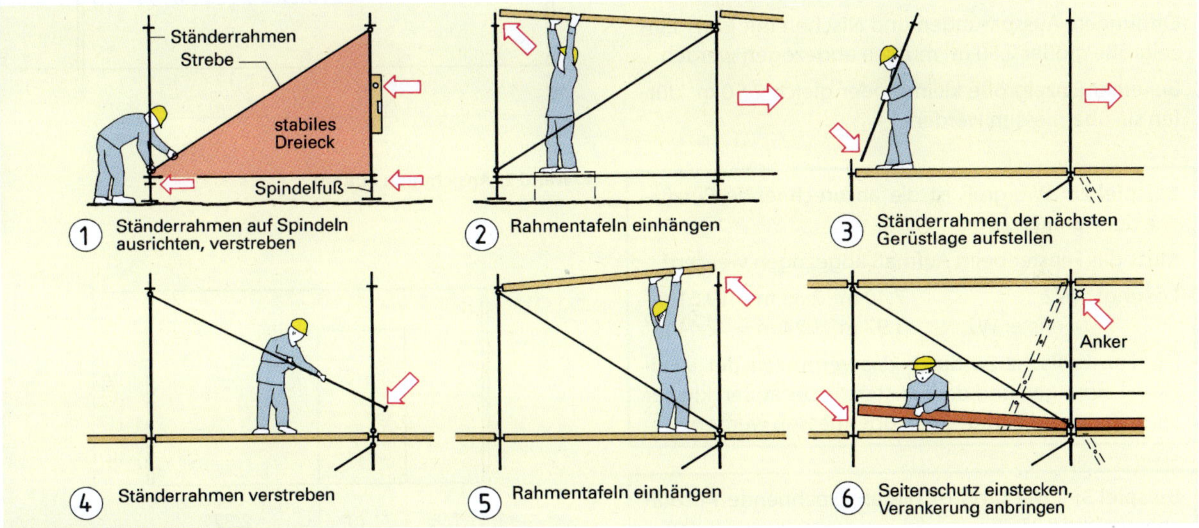

Aufbau eines Rahmengerüstes

8.5.6 Verhaltensregeln auf Gerüsten

Das Arbeiten auf Gerüsten ist mit großen Unfallgefahren verbunden. Deshalb müssen zum Schutz der Gesundheit und der Sicherheit aller Beschäftigten folgende Verhaltensregeln unbedingt eingehalten werden:

- Jedes Gerüst ist vor dem Betreten auf seine Standsicherheit zu prüfen.
- Nur Gerüste betreten, die bei einer Belaghöhe über 2 m einen ordnungsgemäßen Seitenschutz besitzen.
- Auf Gerüsten dürfen nur absolut schwindelfreie Personen arbeiten. Bei geringsten Anzeichen von Unsicherheit ist das Gerüst sofort zu verlassen.
- Auf Gerüsten muss ruhig und konzentriert gearbeitet werden. Gerüste sind immer langsam zu begehen.
- Keine unnötigen Werkzeuge und Materialien auf dem Gerüst lagern. Dies erhöht die Belastung und die Stolpergefahr.
- Zum Aufstieg sind die vorgesehenen Leitern oder Treppentürme zu benutzen. Der Aufstieg am Gerüst ist leichtsinnig und sehr gefährlich.
- Seilzüge und Winden dienen ausschließlich dem Transport von Werkzeugen und Materialien, nicht der Beförderung von Personen.
- Kein Alkohol am Arbeitsplatz! Alkohol und das Arbeiten auf Gerüsten schließen sich gegenseitig absolut aus.
- Umsichtiges Handeln am Arbeitsplatz ist intelligent. Vorsicht nicht mit Feigheit und Leichtsinn nicht mit Mut verwechseln.

8.6 Aufmaß, Material- und Kostenberechnung Außenputz

8.6.1 Aufmaßregeln bei Außenputzarbeiten

Bei Außenflächen werden die Maße der **fertig verputzten Bauteile** zugrunde gelegt, d. h, es müssen zu den Rohbaumaßen die Putzdicken addiert werden.

Angaben:

Die Dicke des Außenputzes beträgt 20 mm.

Es werden die seitlichen Laibungen und die Stürze der Fensteröffnungen verputzt. Sämtliche Laibungen der Tür in Wand 3 bleiben unverputzt.

Beispiel 1: Wie groß ist die abzurechnende Putzfläche der Wand 1 (Einheit m^2; runden auf zwei Dezimalen)?

Lösung: W1 (5,11 m + 2 · 0,02 m) · 2,65 m = 13,65 m^2
5,15 m · 2,65 m = 13,65 m^2

Öffnungen, Aussparungen und Nischen mit einer Einzelgröße größer 2,50 m^2 müssen abgezogen werden.

Bei einer Einzelgröße kleiner oder gleich 2,50 m^2 dürfen sie übermessen werden.

Beispiel 2: Wie groß ist die abzurechnende Putzfläche der Wand 2?

Muss das Fenster beim Aufmaß abgezogen werden?

Lösung: W2 7,40 m · 2,65 m = 19,61 m^2
Fenster W2 1,97 m · 1,24 m = 2,44 m^2

Die Fensterfläche ist durch das Verputzen der seitlichen Laibungen und des Fenstersturzes außen kleiner als 2,50 m^2 und darf deshalb übermessen werden.

Beispiel 3: Wie groß ist die abzurechnende Putzfläche der Wand 3?

Wie ist mit der Türöffnung zu verfahren?

Lösung: W3 5,15 m · 2,65 m = 13,65 m^2
Türe W3 $1{,}13^5$ m · $2{,}13^5$ m = 2,42 m^2

Die Laibungen der Türöffnung bleiben unverputzt. Deswegen werden zur Berechnung der Größe die Rohbaumaße benutzt. Da die Öffnung kleiner als 2,50 m^2 ist, darf die Türöffnung übermessen werden.

Beispiel 4: Wie groß ist die abzurechnende Putzfläche der Wand 4?

Lösung: W4 7,40 m · 2,65 m = 19,61 m^2
Fenster W4 0,97 m · 1,24 m = 1,20 m^2

Die Fensterfläche ist kleiner als 2,50 m^2 und muss nicht abgezogen werden.

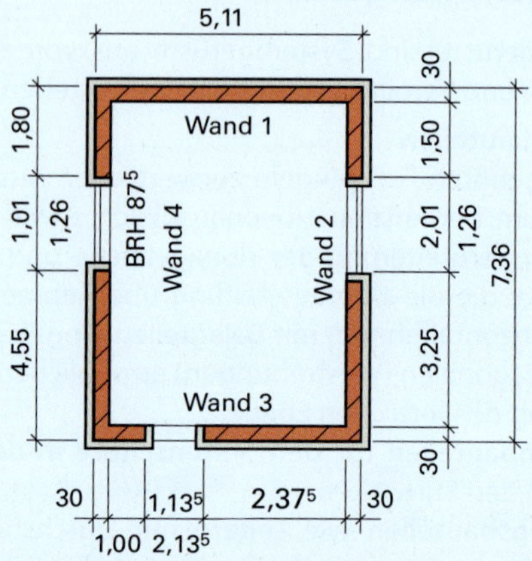

Grundriss Verkaufskiosk

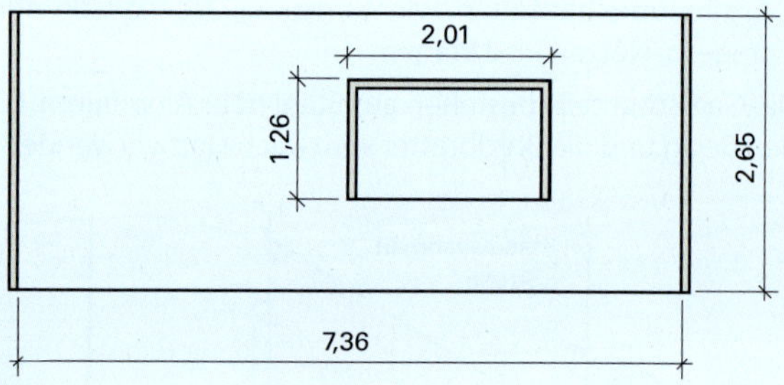

Wand 2 (Ansicht von außen)

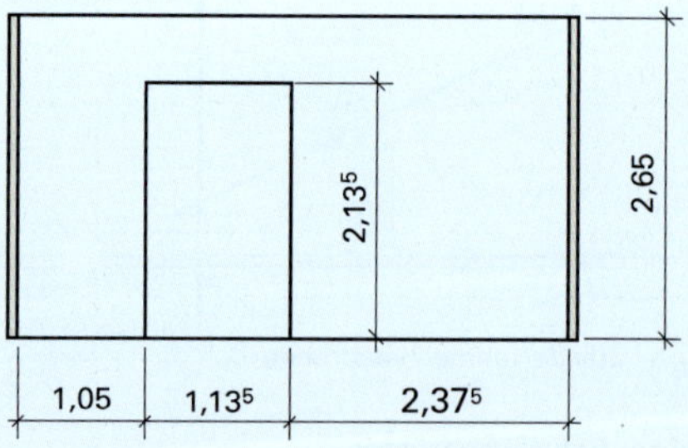

Wand 3 (Ansicht von außen)

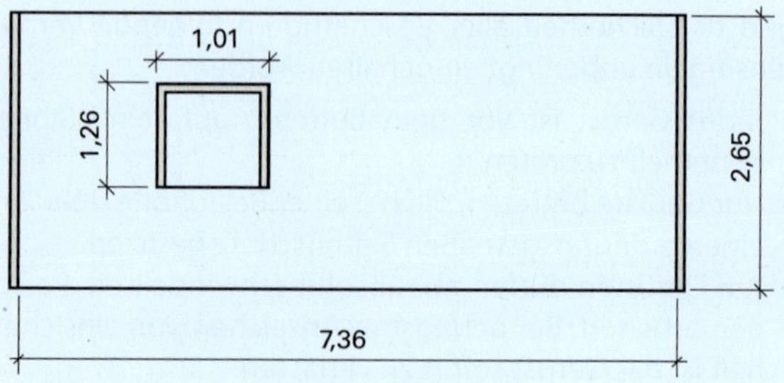

Wand 4 (Ansicht von außen)

Laibungen werden (natürlich nur, sofern sie verputzt werden) gesondert nach Längenmaß (Einheit m) aufgemessen

Beispiel 5: Die seitlichen Fensterlaibungen und die Fensterstürze werden verputzt. Die Laibungen und der Sturz der Türöffnung bleiben wegen des Einbaus einer Türzarge unverputzt.

Wie groß ist die Gesamtlänge der abzurechnenden Laibungen?

Lösung:

Fenster W2, seitlich	2 · 1,24 m = 2,48 m
Fenster W2, Sturz	1 · 1,97 m = 1,97 m
Fenster W4, seitlich	2 · 1,24 m = 2,48 m
Fenster W4, Sturz	1 · 0,97 m = 0,97 m
Laibungen gesamt	= 7,90 m

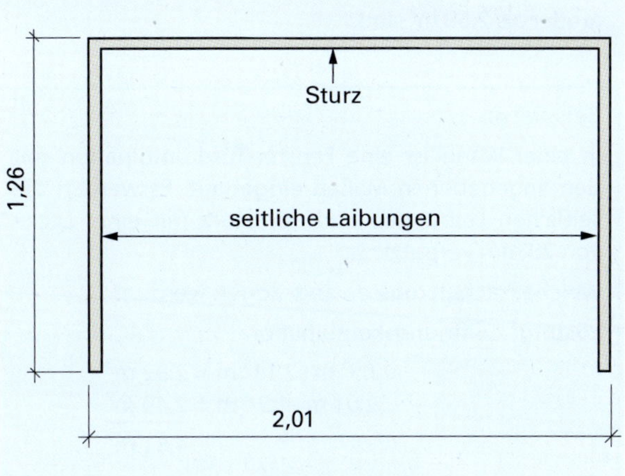

Die Erstellung des Aufmaßes erfolgt wie beim Innenputz mit einem Aufmaßformblatt.

Am Schluss wird die Summe aller Messgehalte und Abzüge gebildet. Die Differenz aus Messgehalt und Abzügen ergibt den reinen Messgehalt, der dem Kunden in Rechnung gestellt werden kann.

Auf die Eintragung der nicht abzuziehenden Öffnungen (Ergebnisse im Formblatt durchgestrichen) kann verzichtet werden

Auftraggeber: ______________________

Baustelle/-teil: **Verkaufskiosk**

Art der Arbeit: **Außenputzarbeiten**

Aufmaß

Blatt Nr.: 1

Datum: 28.05.2022

Pos. Nr.	Bezeichnung	Stück +	Stück –	Abmessungen Länge	Breite	Höhe	Messgehalt	Abzug	reiner Messgehalt
1	**Außenputz**								
	Wand 1	1		5,15		2,65	13,65		
	Wand 2	1		7,40		2,65	19,61		
	Fenster Wand 2		1		1,97	1,24		~~2,44~~	(kein Abzug!)
	Wand 3	1		5,15		2,65	13,65		
	Türe Wand 3		1		1,135	2,135		~~2,42~~	(kein Abzug!)
	Wand 4	1		7,40		2,65	19,61		
	Fenster Wand 4		1		0,97	1,24		~~1,20~~	(kein Abzug!)
							66,52	**0,00**	**66,52 m²**
1.1	**Laibungen Innenputz**								
	Fenster Wand 2, seitliche Laibungen	2				1,24	2,48		
	Sturz	1			1,97		1,97		
	Fenster Wand 4, seitliche Laibungen	2				1,24	2,48		
	Sturz	1			0,97		0,97		
							7,90		**7,90 m**
Aufgestellt		Anerkannt				Summe/ Übertrag			

Zusammenhängende gleichartige Öffnungen wie z. B. die Kombination eines Fensters und einer Balkontüre werden als eine Öffnung betrachtet.

Sie müssen abgezogen werden, sofern sie zusammen größer als 2,50 m² sind.

Beispiel 6:

In einer Wand ist eine Fenster-Tür-Kombination mit den angegebenen Maßen eingebaut. Es werden die seitlichen Laibungen und der Sturz mit einer Dicke von 20 mm verputzt.

Welche Flächen müssen abgezogen werden?

Lösung: Öffnungskombination

$$1{,}09^5\ \text{m} \cdot 2{,}11^5\ \text{m} = 2{,}32\ \text{m}^2$$
$$2{,}01\ \text{m} \cdot 1{,}24\ \text{m} = \underline{2{,}49\ \text{m}^2}$$
$$4{,}81\ \text{m}^2$$

Die zusammenhängende Öffnung ist größer als 2,50 m² und muss deshalb abgezogen werden.

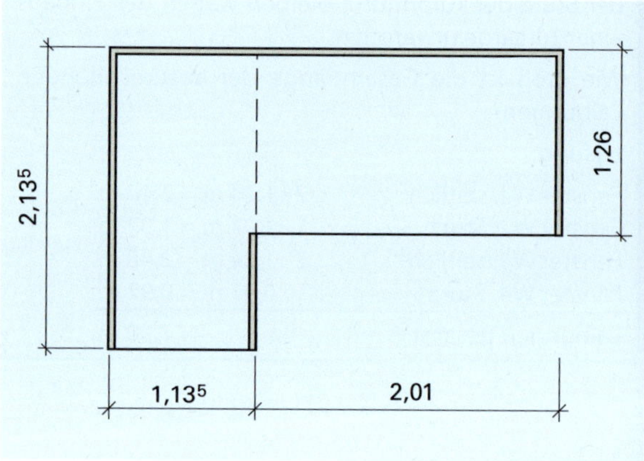

Fenster-Tür-Kombination

Sind die Öffnungen durch konstruktive Bauteile (z. B. einen Mauerwerkspfeiler) voneinander getrennt, so gelten sie als zwei Öffnungen und sind getrennt voneinander zu betrachten.

Beispiel 7:

Die Fenster-Tür-Kombination aus Beispiel 6 ist jetzt durch einen Mauerwerkspfeiler in zwei Öffnungen getrennt.

Es werden wieder die seitlichen Laibungen und der Sturz mit einer Dicke von 20 mm verputzt.

Welche Flächen müssen abgezogen werden?

Lösung: Türe $1{,}09^5\ \text{m} \cdot 2{,}11^5\ \text{m} = 2{,}32\ \text{m}^2$

Fenster $1{,}97\ \text{m} \cdot 1{,}24\ \text{m} = 2{,}44\ \text{m}^2$

Beide Öffnungen dürfen übermessen werden (Einzelgröße ≤ 2,50 m²).

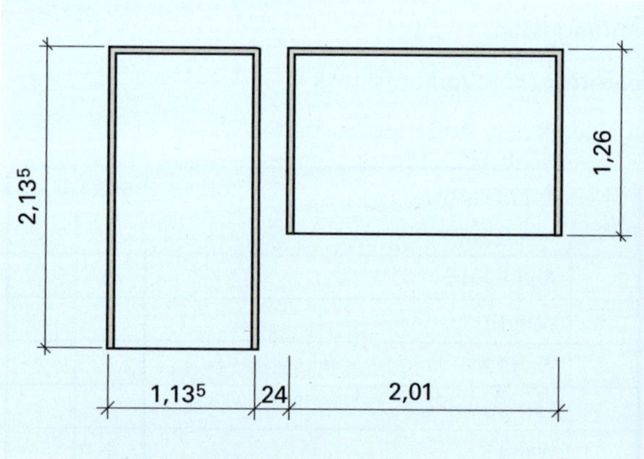

Fenster und Türe voneinander getrennt

Bindet eine Aussparung, Öffnung oder Nische anteilig in angrenzende, getrennt zu rechnende Flächen ein (z B. eine Fensteröffnung über Eck), so ist die Größe der Öffnung anteilig für jede Wandfläche zu ermitteln.

Beispiel 8:

Eine Fensteröffnung mit einer Rohbauhöhe von 2,135 m ist über Eck angeordnet. Es werden wieder die seitlichen Laibungen und der Sturz verputzt.

Welche Flächen müssen abgezogen werden?

Lösung: Fläche A_1 $1{,}81\ \text{m} \cdot 2{,}11^5\ \text{m} = 3{,}83\ \text{m}^2$

Fläche A_2 $0{,}81\ \text{m} \cdot 2{,}11^5\ \text{m} = 1{,}71\ \text{m}^2$

Die Fläche A_1 ist beim Aufmaß abzuziehen, die Fläche A_2 darf übermessen werden.

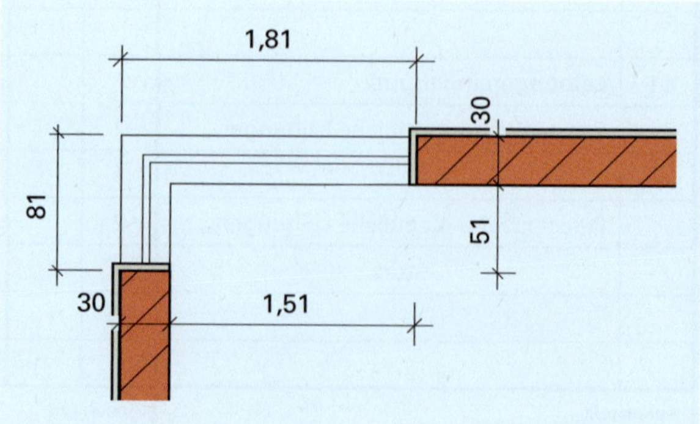

Fensteröffnung über Eck (Grundriss)

8.6.2 Materialbedarfs- und Kostenberechnung

Die überschlägige **Berechnung des Materialbedarfes** erfolgt wie in Abschnitt 7.7.4 für die Innenputzarbeiten bereits beschrieben:

Man ermittelt die benötigten Materialmengen auf der Grundlage der Flächenberechnung unter Zuhilfenahme von Tabellenangaben zum Materialverbrauch pro m^2.

Materialverluste und -verschnitt werden bei der Berechnung durch pauschalierte Prozentsätze, die auf Erfahrungswerten beruhen, berücksichtigt. Durch die Berücksichtigung der Größe von Liefer- und Verpackungseinheiten kann die Bestellmenge berechnet werden. Das Ergebnis wird üblicherweise auf die nächste ganze Zahl aufgerundet.

1. Schritt: Man erstellt eine Liste aller benötigten Materialien.

2. Schritt: Die Materialverbrauchswerte werden aus Tabellen entnommen. Hierbei ist darauf zu achten, dass sich die Verbrauchswerte teilweise auf einen Millimeter Schichtdicke beziehen („pro mm Schichtdicke"). In diesem Fall ist der Tabellenwert noch mit der tatsächlichen Schichtdicke des Außenputzes zu multiplizieren, um den Verbrauchswert pro m^2 zu erhalten.

3. Schritt: Der gegebene Prozentsatz für den zu berücksichtigenden Verlust wird in die Tabelle eingetragen.
Beispiel: Es soll ein Verlust von 8 % berücksichtigt werden.
Lösung: Man benötigt von dem Material dann 100 % plus 8 % Verlust, insgesamt also 108 %.
108 % = 108/100 = 1,08
Die Verbrauchswerte können also mit der Dezimalzahl 1,08 multipliziert werden, um den Verlust zu berücksichtigen.

4. Schritt: Die Aufmaßfläche ist gegebenfalls noch zu ermitteln oder zu übernehmen.

5. Schritt: Die Größe der Liefereinheit ist aus Tabellen zu entnehmen.

6. Schritt: Die zu bestellende Materialmenge kann jetzt berechnet werden.
Der Rechenweg lautet dabei
Verbrauch · Verlust · Aufmaßfläche : Größe der Liefereinheit = Materialmenge („mal, mal, geteilt durch")
Die Ergebnisse werden dann üblicherweise auf die nächste ganze Zahl aufgerundet.

Die **Kostenberechnung** erfolgt analog der Vorgehensweise bei Innenputzarbeiten (vgl. Abschnitt 7.7.5) in fünf Teilschritten:

1. Schritt: Zunächst werden die Materialkosten aller benötigten Materialien pro m^2 berechnet und addiert.
Die Tabelle unterscheidet sich von der Tabelle zur Materialbedarfsberechnung lediglich durch die Spalte „Kosten pro Liefereinheit". An dieser Stelle wurde bei der Materialbedarfsberechnung die Fläche eingesetzt. Der Rechenweg ist dabei gleich wie bei der Materialbedarfsberechnung:
Verbrauch · Verlust · Kosten : Größe der Liefereinheit = Materialkosten („mal, mal, geteilt durch")

2. Schritt: Die Voll-(„Lohn-")kosten pro m^2 werden berechnet, indem man den Zeitaufwand pro m^2 mit dem Vollkostenstundensatz multipliziert. Die Zeitaufwandswerte sind Tabellen zu entnehmen. Der Vollkostenstundensatz ist eine betriebsabhängige Größe, die in den Aufgaben vorgegeben wird.

3. Schritt: Den Einheitspreis pro m^2 erhält man durch Addition der Ergebnisse des 1. Schrittes (Materialkosten pro m^2) und des 2. Schrittes (Vollkosten pro m^2).

4. Schritt: Die Nettosumme erhält man durch Multiplikation des Einheitspreises pro m^2 mit der abzurechnenden Fläche.

5. Schritt: Durch Addition der gesetzlichen Mehrwertsteuer erhält man die Bruttosumme.

Für die Materialbedarfs- und die Kostenberechnung wird wegen der besseren Übersichtlichkeit eine tabellarische Darstellung, wie in den Abschnitten 7.7.4 und 7.7.5 abgebildet, empfohlen. Beide Berechnungen eignen sich insbesondere für den Einsatz von Tabellenkalkulationsprogrammen.

8.6.3 Aufgaben

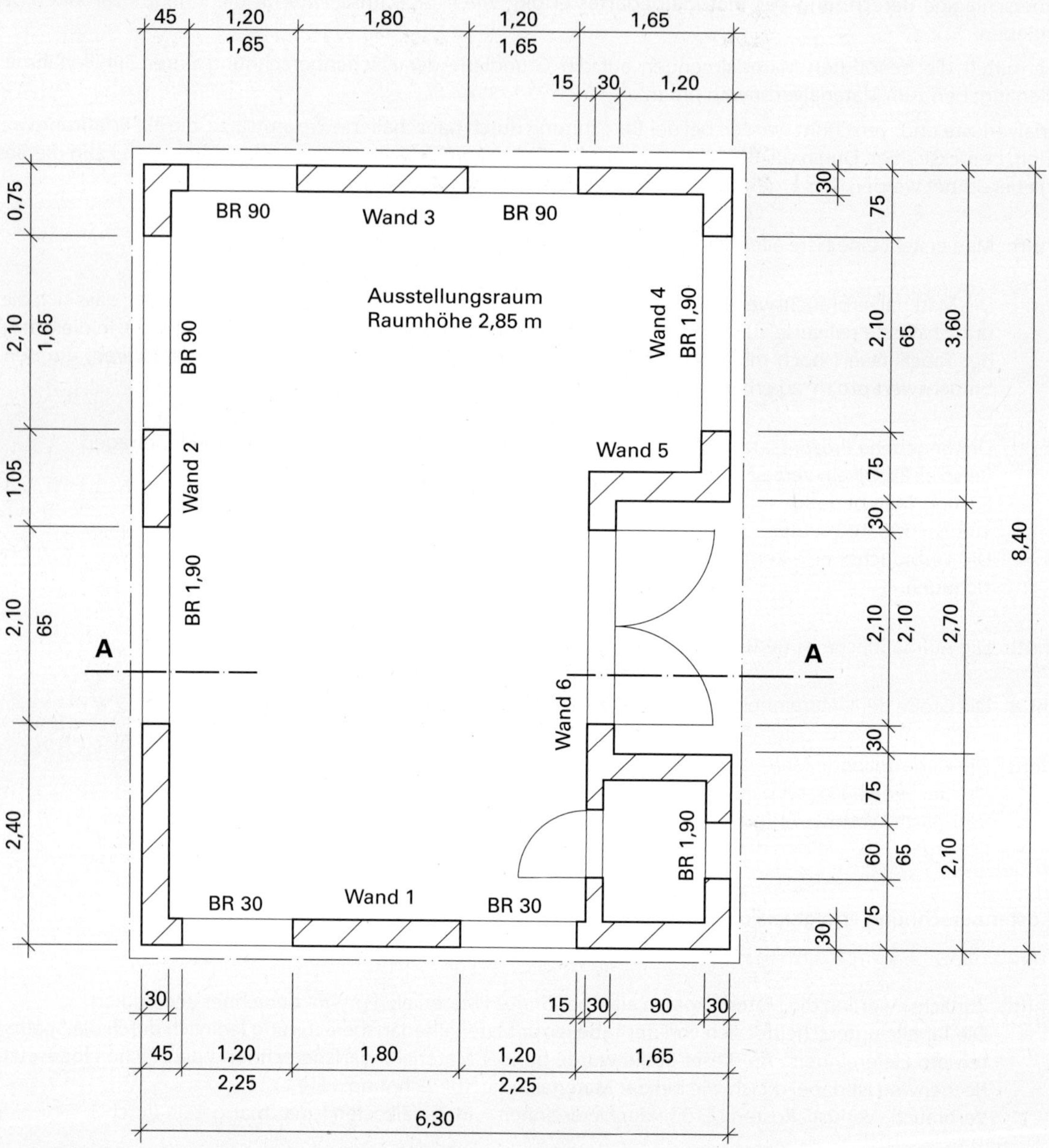

Baubeschreibung:

Außenwände	*Mauerwerk aus Porenbeton-Plansteinen PP, d = 30 cm*
Wandaußenputz	*Zweilagiger mineralischer Putz*
	Unterputz: Kalkzement-Leichtputz Typ I; zweischichtig „nass-in-nass", Putzdicke d = 17 mm
	Oberputz: Kalkputz, Putzdicke d = 3 mm, Ausführung als Reibeputz
	Die seitlichen Laibungen und die Stürze der Fenster werden verputzt.
	Die Türlaibungen und -stürze werden nicht verputzt.

Aufgaben

1. *Erstellen Sie ein* ***Aufmaß*** *für den Wandaußenputz (einschließlich der Laibungen). Die Höhe derAußenwände beträgt 2,85 m.*
2. *Ermitteln Sie den* ***Materialbedarf*** *für den Wandaußenputz (Verlust 8 %).*
3. *Berechnen Sie die* ***Kosten*** *für die auszuführenden Außenputzarbeiten (Verlust 8 %; VKSS 59,20 €/h).*
   Geben Sie den Einheitspreis/m² und den Gesamtpreis an.
   Berechnen Sie die Bruttosumme durch Addition der Mehrwertsteuer.

8.7 Gestalten einer Fassade

8.7.1 Aufgaben, die Farben erfüllen können

Die Fassadengestaltung von Gebäuden ist eine verantwortungsvolle Aufgabe, da wir unsere gebaute Umwelt und somit das Umfeld in dem wir alle leben und uns wohlfühlen möchten dadurch gestalten. Der Umgang mit Farbe erfordert viel Einfühlungsvermögen und Fingerspitzengefühl.

Farben erfüllen zahlreiche ganz unterschiedliche Funktionen in allen Bereichen unseres Lebens. Farben tragen Botschaften in sich, weisen auf Gefahren hin, sie geben uns Hinweise und lenken unsere Aufmerksamkeit auf bestimmte Punkte. Sie dienen aber auch zu Ordnung und Unterscheidung, sie sind geografisches Merkmal und der Mode unterworfen. Farben sind Ausdruck des Zeitgeistes und der Mode und damit dem ständigen Wandel unterworfen. Sie leisten Orientierungshilfe und können den Ausdruck, die Wirkung und damit die Akzeptanz von Gebäuden beeinflussen, was uns in diesem Abschnitt vor allem beschäftigen wird.

Beim Fliegenpilz warnt die rote Farbe: giftig

Bei den Erdbeeren bedeutet die rote Farbe: reif

Im Herbst markiert das rote Laub das Ende eines Jahres

8.7.2 Professionelle Fassadengestaltung

Farbe kann die Architektur eines Gebäudes unterstützen und hervorheben, sie kann die Aufmerksamkeit auf ein bestimmtes Gebäude oder Teile eines Gebäudes lenken, z. B. den Eingang, ein Treppenhaus usw.

Farbe kann ein Gebäude in die bestehende Umgebung einfügen, sei es die Landschaft oder andere Gebäude. Sie vermittelt uns die Botschaft, welche Nutzung ein Gebäude hat, sei es ein Kindergarten, ein Altenzentrum, ein Bürogebäude....

Farben dienen dazu, dass sich Bewohner mit ihrem Wohnhaus identifizieren können und sie helfen, den Wert eines Gebäudes zu erhalten oder zu steigern.

Fassadengestaltung von drei Mehrfamilienhäusern (oben rechts vorher, unten die Farbgestaltung der Fassaden)

8.7.3 Farbe in der Architektur

Viele unserer Neubaugebiete werden geprägt von weißen Fassaden, weißen Fenstern und roten oder schwarzen Dächern. In manchen Gebieten geben Gestaltungssatzungen oder der schriftliche Teil des Bebauungsplanes die Farben der Dächer und die Intensität der Fassadenfarben vor. Dadurch wird versucht, ein einheitliches Gesamtbild zu schaffen.

Besteht ein Baugebiet fast nur aus weißen oder beigen Fassaden, wirkt es schnell langweilig und anonym. Die Farbe Weiß wird oft nicht bewusst, sondern aus Unsicherheit gewählt, da viele Bauherren meinen, damit „könne man nichts falsch machen."

Neubaugebiet mit überwiegend weißen Fassaden

Aber auch das Gegenteil ist heute in neu errichteten Wohngebieten zu beobachten. Häuserzeilen in starken Farben, die einen sehr lebhaften, eher lauten Eindruck hinterlassen. Hier sind die Farben so intensiv gewählt, dass das Grün der Bepflanzung der kleinen Vorgärten fast schon in den Hintergrund tritt.

Die Wohnzeile bildet keine Einheit, sondern jedes der Reihenhäuser steht in seiner Farbigkeit für sich und grenzt sich deutlich gegen die Häuser neben sich ab.

Wohnzeile in kräftigen Farben

Werden dagegen Pastellfarbtöne in ähnlicher Helligkeit gewählt, wirkt der Straßenzug als Einheit und als Ganzes, als Ensemble. Die Zusammengehörigkeit wird zusätzlich noch durch die gleiche Farbigkeit der Gewände, Lisenen und Schmuckformen sowie der in einem einheitlichen Grau gehaltenen Fensterläden unterstützt.

Die Gestaltung wirkt leichter, leiser und vertrauter.

Straßenzug in Pastellfarbtönen

Gesättigte Farbtöne wirken eher laut, massiv und lebhaft, Pastellfarbtöne hingegen wirken leicht, leise und vertraut.

8.7.4 Bestandsaufnahme, Checkliste, Anmutungsprofil

Für eine Farbgestaltung gibt es kein allgemeingültiges Rezept oder eine Formel, die man zur Anwendung bringen kann. Jedes Objekt muss individuell ausgearbeitet werden, es empfiehlt sich aber folgende Schritte einzuhalten:

Bestandsaufnahme:

Handelt es sich bei dem zu gestaltenden Objekt um
- einen Neubau
- eine Sanierung, Renovierung

Wer bewohnt das Objekt?
- Single
- junges Ehepaar
- älteres Ehepaar
- Familie mit kleinen Kindern
- Familie mit Jugendlichen
- mehrere Generationen

Lage des Gebäudes und die Umgebungsbebauung:
- einzeln bebaut
- locker bebaut
- dicht bebaut
- geschlossene Bebauung

Topographie:
- Ebene (Himmel)
- Hanglage
- Wald
- Freiland
- Wasser
- bestehende Begrünung
- usw.

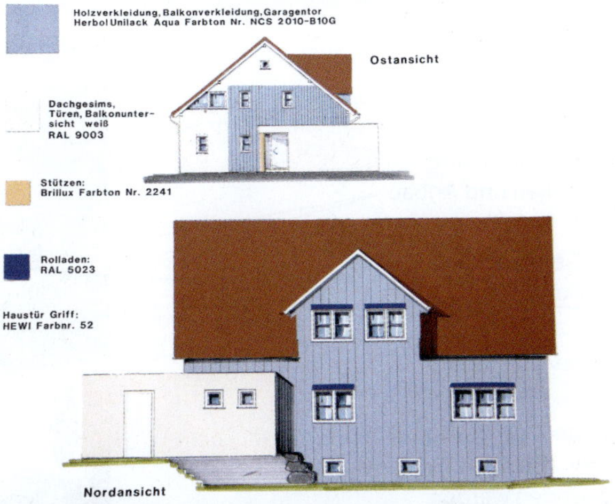

Farbgestaltung eines Einfamilienhauses

Bei dichter Bebauung und altem Baumbestand wirken natürliche und vergraute Farbtöne sehr harmonisch

Welche Bauteile sind farbig zu gestalten?

Bei Neubauten ist eine Vielzahl von Bauteilen farblich zu gestalten und in einen harmonischen Zusammenhang zu bringen.

Farbgestaltung einer Villa anhand von Architekturplänen

Welche Bauteile sind mit ihren bestehenden Farben in die Gestaltung mit einzubeziehen?

Bei Sanierungen oder Renovierungen sind viele Farbtöne schon festgelegt und es sollte versucht werden, in Verbindung mit den neu festzulegenden Farbtönen (hier zum Beispiel die Fassade) ein harmonisches Gesamtkonzept zu erstellen.

Folgende Farben und Materialien sind schon festgelegt:

- Dachdeckung
- Holz an Gaube, Balkon und Anbau
- Ziegelsockel und Gewände
- Fassade (neu)

In die Gestaltung sollte die lebhafte Begrünung mit einbezogen werden.

Neu zu gestalten war hier nur der Fassadenfarbton.

Farbvorschlag anhand eines Bestandsfotos

Wenn die Bestandsaufnahme gemacht ist und wir mit der Farbgestaltung beginnen möchten, sollten wir überprüfen, ob wir alle für die Ausarbeitung nötigen Unterlagen haben.

Checkliste:

- Ansichtspläne und Grundrisse (in den Grundrissen sieht man Vor-und Rücksprünge, an denen ein Farbwechsel möglich ist)
- Fotos des Gebäudes (oft sind im Laufe der Zeit Änderungen an den Gebäuden vorgenommen worden, die in den Plänen nicht enthalten sind)
- Fotos der Umgebungsbebauung oder Begrünung (bei schon bestehendem Baumbestand sind Grünfarbtöne schwierig einzusetzen und die Fassade wird oft verschattet und wirkt ein bis zwei Farbtöne dunkler)
- Farbangaben für die Häuser rechts und links (wenn rechts und links schon gelbe Häuser stehen, sollte für das neu zu gestaltende Gebäude möglichst ein anderer Farbton gewählt werden, der mit den bestehenden Farbtönen ein abwechslungsreiches Ensemble bildet)
- Wünsche der Bauherren (oder Nutzer) anhand eines Anmutungsprofils

Ist-Zustand

Alternativer Farbvorschlag

Anmutungsprofil

Da eine Farbgestaltung aus einer Mehrzahl von Farbtönen von Fassade und Materialien besteht, ergibt sich daraus eine „Anmutung", d. h., das Gebäude wirkt leicht oder schwer, hell oder eher dunkel, traditionell oder aber modern und nicht nur gelb oder blau oder grau.

Um diese Anmutung zu bestimmen und dem Bauherrn die Möglichkeit zu geben, seine Wünsche zu äußern, arbeiten viele Farbgestalter mit Anmutungsprofilen:

Die Bauherren bekommen folgendes Blatt mit einer kurzen Erklärung:

Um Ihre Wünsche besser in eine Farbgestaltung umsetzen zu können, bitten wir Sie, uns dieses Anmutungsprofil auszufüllen.

Lassen Sie sich dabei ein paar Minuten Zeit und versuchen Sie, sich Ihr zukünftiges Haus/Gebäude in Gedanken vor Augen zu führen.

Versuchen Sie Ihre Vorstellungen zum Ausdruck zu bringen.

3 bedeutet: trifft sehr zu

2 bedeutet: trifft zu

1 bedeutet: trifft etwas zu

0 bedeutet: weder noch

Bitte setzen Sie in jede Zeile möglichst nur **ein Kreuz.**

Entweder entscheiden Sie sich für eine der Anmutungen oder Sie kreuzen die Null in der Mitte an.

Anmutungsprofil								
	3	2	1	0	1	2	3	
hell								dunkel
warm								kühl
modern								traditionell
sachlich								verspielt
leicht								massiv
repräsentativ								bodenständig
heiter								gediegen
lebhaft								ruhig
vertraut								fremd
selbstbewusst								zurückhaltend
naturverbunden								technisch
ländlich								städtisch
einladend								distanziert

Haben Sie noch zusätzliche Bemerkungen/Wünsche?

....

....

Mit den Erkenntnissen aus der Bestandsaufnahme, der Checkliste und dem Anmutungsprofil können nun Entwürfe ausgearbeitet werden.

Nach Auswertung all der Informationen, die wir nun durch die Bestandsaufnahme des Gebäudes und mithilfe des Anmutungsprofiles erhalten haben, beginnen wir mit Ideenskizzen und Entwürfen, die in unterschiedlichen Techniken ausgeführt werden können:

Entwurf mit Buntstiften und Aquarellfarben

Entwurf mit Markern

Wenn wir uns für eine Gestaltung entschieden haben, kann diese entweder mit Abtönfarben ausgeführt werden:

Farbgestaltung mit Abtönfarben, mit dem Pinsel aufgetragen

Vorteil dieser Ausführung ist es, dass die Farben farbgetreuer sind als bei Gestaltungen am Computer.

oder mithilfe eines Farbgestaltungsprogrammes am Computer:

Farbgestaltung eines Mehrfamilienhauses

8.7.5 Beispiel Fassadengestaltung eines Reihenendhauses

Ein Reihenendhaus aus den Achtzigerjahren soll renoviert und farblich neu gestaltet werden.

Das Objekt befindet sich in einem kleinen Ort mit überwiegend ländlicher Bebauung und umgeben von Streuobstwiesen.

Südostansicht

Hauszeile

Umfeld

Die Häuser in der Umgebung sind ebenso wie das zu gestaltende Gebäude im Laufe der Zeit sehr schön eingewachsen, Grünfarbtöne und im Herbst Gelb- und Orangefarbtöne jeglicher Art sind also schon vorhanden. Im Winter dominieren die Brauntöne der Bäume und Büsche das Bild.

Zur Ausarbeitung stehen nur die alten Originalpläne (Lichtpausen) zur Verfügung:

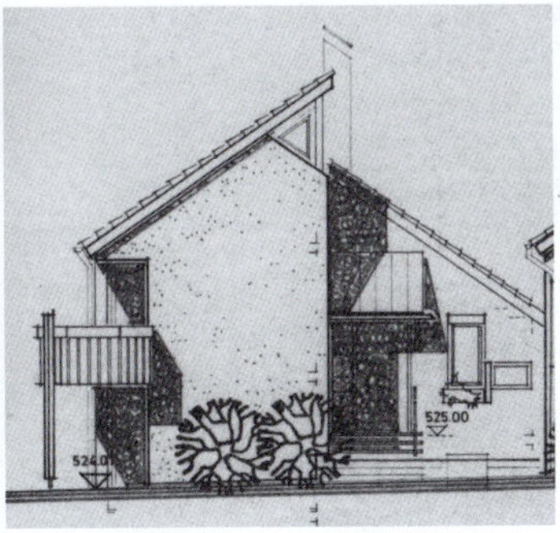

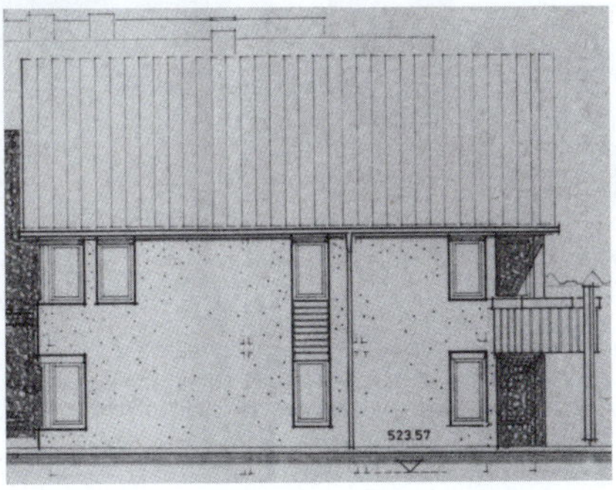

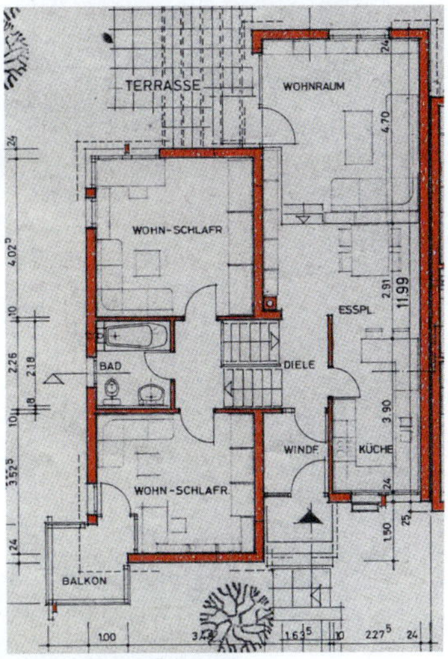

Es empfiehlt sich, diese Pläne zu überarbeiten:

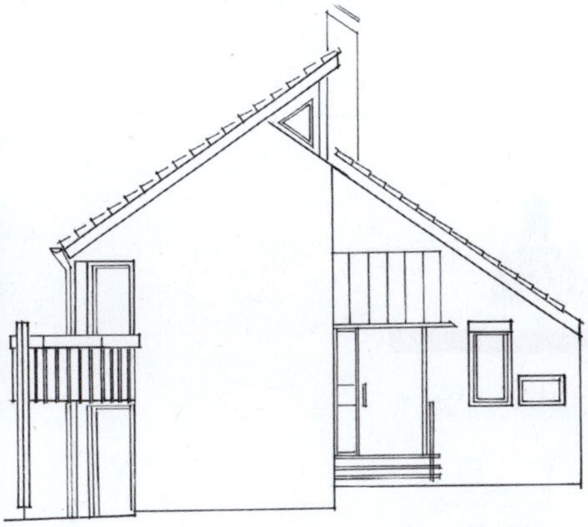

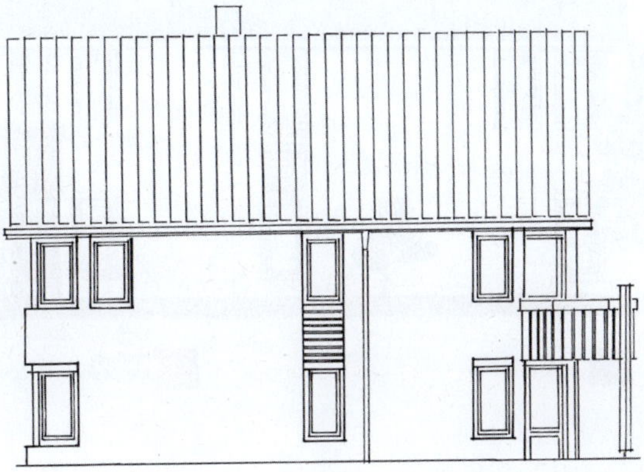

Danach können die Pläne entweder mit Abtönfarben oder am Computer farblich angelegt werden.

Vorschlag 1

Bei Vorschlag 1 wünschen sich die Bauherren nach Auswertung des Anmutungsprofiles ein eher **helles**, **farblich neutrales** (weder warm noch kühl) Haus, das **modern** und **sachlich** wirkt, eine **ruhige**, **zurückhaltende** und eher **städtische** Ausstrahlung hat. Die Wünsche wurden in dem Farbvorschlag folgendermaßen umgesetzt:

Das Gebäude hat eine anthrazitfarbene Dacheindeckung bekommen, die Fassade einen hellgrauen Farbton und die Fenster haben einen neutralen, grauen Farbanstrich erhalten. Um das Einfamilienhaus durch all diese Grautöne nicht zu trist und distanziert wirken zu lassen, wurde ein warmes, erdiges Rot für die Flächen unter den Fenstern und am Balkon sowie, etwas aufgehellt, an der Haustüre ausgewählt. Die Grau- und Rotfarbtöne harmonieren hervorragend mit der Begrünung, die im Frühjahr und Sommer unterschiedlichste Grüntöne zeigt und im Herbst eine Färbung in Gelb, Orange und teilweise auch Rot annimmt.

Die Gestaltung wirkt hell, modern, sachlich, ruhig, zurückhaltend und städtisch

Vorschlag 2

Bei Vorschlag 2 hingegen wünschen sich die Bauherren nach Auswertung des Anmutungsprofiles ein **helles**, **heiteres** Haus, das **einladend** und **lebhaft** wirkt und eine eher **traditionelle**, **naturverbundene**, **vertraute** Ausstrahlung hat. Die Wünsche wurden in Farbvorschlag 2 folgendermaßen umgesetzt:

Das Gebäude hat eine traditionelle ziegelrote Dacheindeckung bekommen, eine Fassade in einem hellen, leichten Orangefarbton. Als Akzentfarbton wurde ein etwas dunkleres, lebhaftes Orange gewählt. Um die Lebhaftigkeit noch zu unterstützen, haben der Balkon und die Haustüre einen Farbton aus dem Komplementärbereich, d. h. aus dem Blaubereich. Um die ganze Gestaltung harmonisch und nicht zu laut wirken zu lassen, wurde dafür ein Blaugrau ausgewählt. Die Orange- und Blaufarbtöne harmonieren auch in diesem Vorschlag hervorragend mit der Begrünung, die im Frühjahr und Sommer unterschiedlichste Grünfarbtöne zeigt und im Herbst eine Färbung in Gelb, Orange und teilweise auch Rot annimmt.

Die Gestaltung wirkt hell, heiter, einladend, lebhaft, traditionell und vertraut

Vorschlag 3

Bei Vorschlag 3 überwiegt der Wunsch der Bauherren nach einem **warmen**, eher **massiv** wirkenden Haus, das mit etwas **dunkleren** Farben gestaltet werden darf. Eigenschaften, die im Anmutungsprofil hervorgehoben wurden, sind noch **selbstbewusst, repräsentativ,** aber auch eher **traditionell** denn modern.

Für diese Gestaltung wurde ein warmer, erdiger Terracotta-Farbton gewählt, kombiniert mit einem lebhaften Ockerfarbton als Akzentfarbton. Auch die Fenster sind ockerfarben, hier kann auch eine Lasur verwendet werden. Der Balkon orientiert sich in seiner Farbigkeit an dem braunroten Dach. Rote Fassadenfarbtöne sind oftmals schwierig mit ziegelroten Dächern zu kombinieren, da der Farbton des Daches sich entweder zu wenig vom Fassadenton unterscheidet oder leichte Abweichungen in der Farbstimmung zeigt, d.h. zu rötlich oder zu orange wirkt und somit keine harmonische Farbgestaltung ergibt. Braune und graue Ziegeleindeckungen passen meist besser zu rötlichen Fassaden.

Die Gestaltung wirkt warm, massiv, selbstbewusst, repräsentativ und traditionell

Durch eine unterschiedliche Farbgebung kann sich die Anmutung eines Gebäudes grundlegend verändern.

8.8 Projektaufgabe

Erstellen Sie für das abgebildete Einfamilienhaus einen Vorschlag zur Fassadengestaltung.

Folgende Farbtöne wurden durch die Bauherren schon festgelegt:

- *Das **Dach** ist mit **anthrazitfarbenen Ziegeln** gedeckt.*
- *Die **Fenster** sind aus Kunststoff, **weiß, RAL 9006**.*
- *Das **Garagentor** ist **lichtgrau, RAL 7032**.*

Wie auf dem nebenstehenden Lageplan zu erkennen ist, handelt es sich um ein frei stehendes Einfamilienhaus mit großzügigen Grünflächen. Auf der Westseite ist eine Garage angebaut.

Bei den Bauherren handelt es sich um ein junges Ehepaar mit kleinen Kindern. Das erstellte Anmutungsprofil ergab, dass sie sich ein einladend, warm, heiter und modern wirkendes äußeres Erscheinungsbild ihres Hauses wünschen.

Legen Sie in den Ansichten die Farbtöne mit Buntstiften an und suchen Sie sich die Farbtöne aus einem Farbtonfächer eines Herstellers aus. Notieren Sie die gewählten Farbtöne auf Ihrem Entwurf.

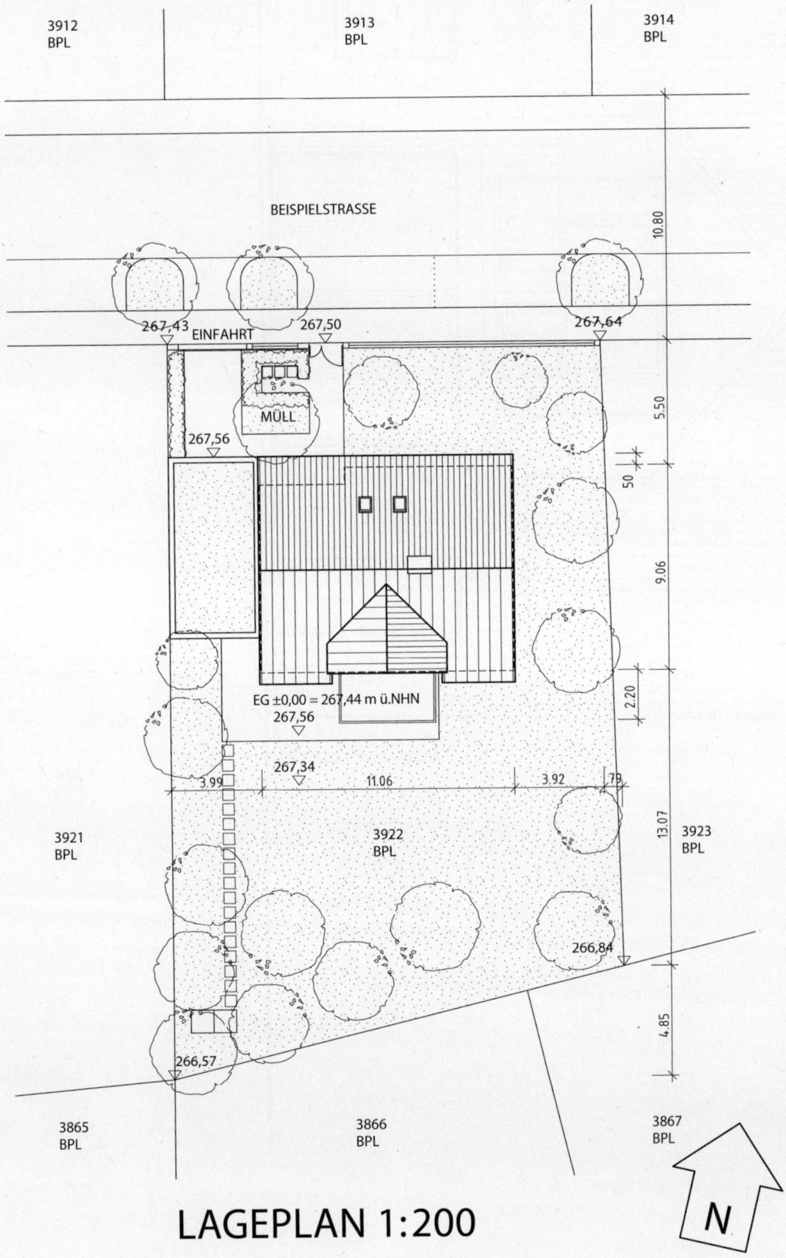

LAGEPLAN 1:200

ANSICHT SÜD

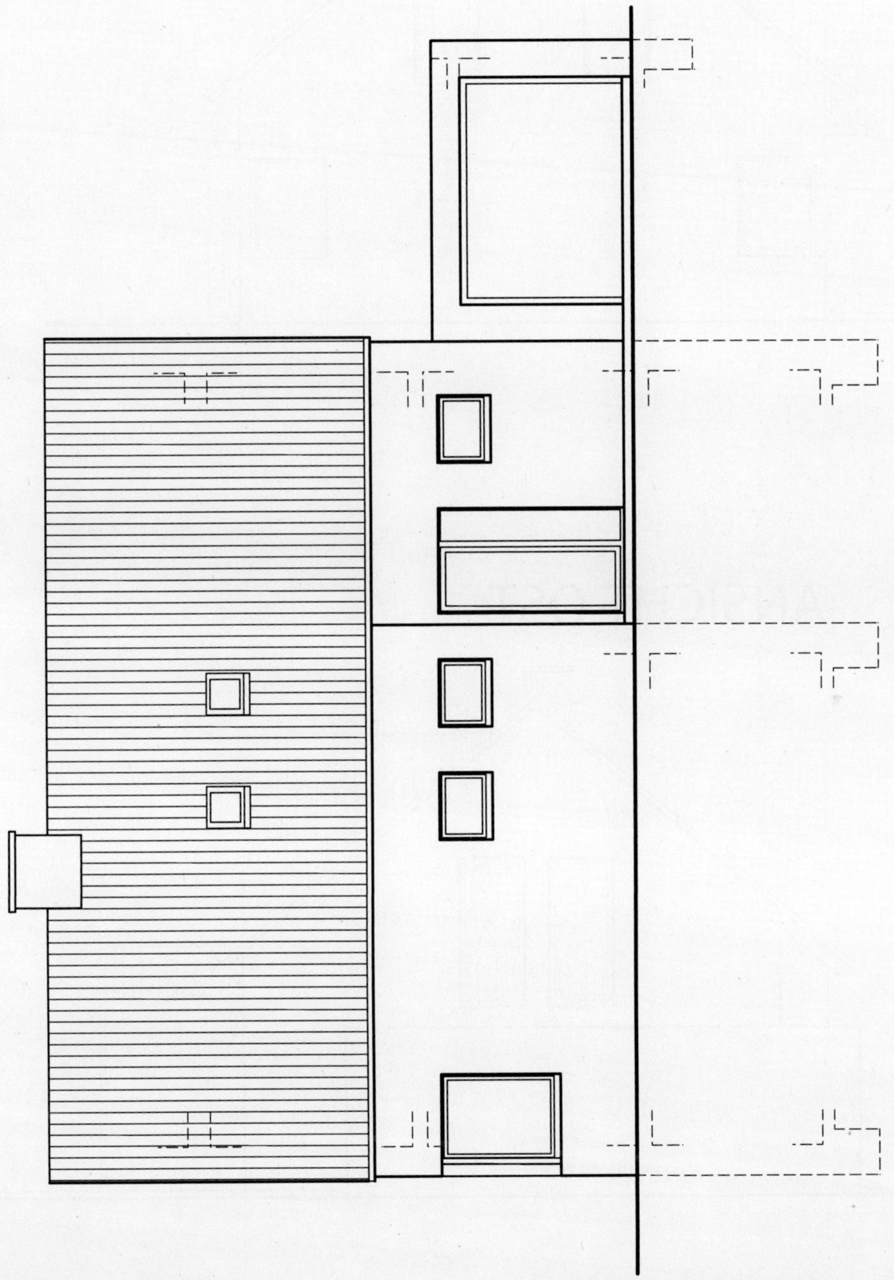

ANSICHT NORD

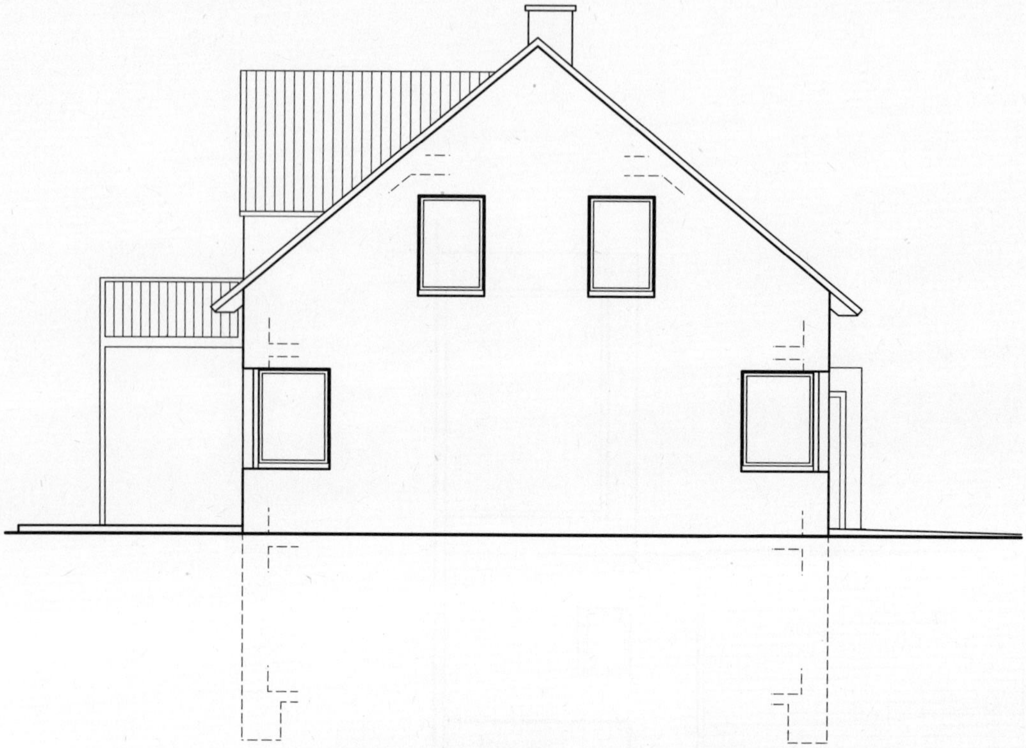

ANSICHT OST

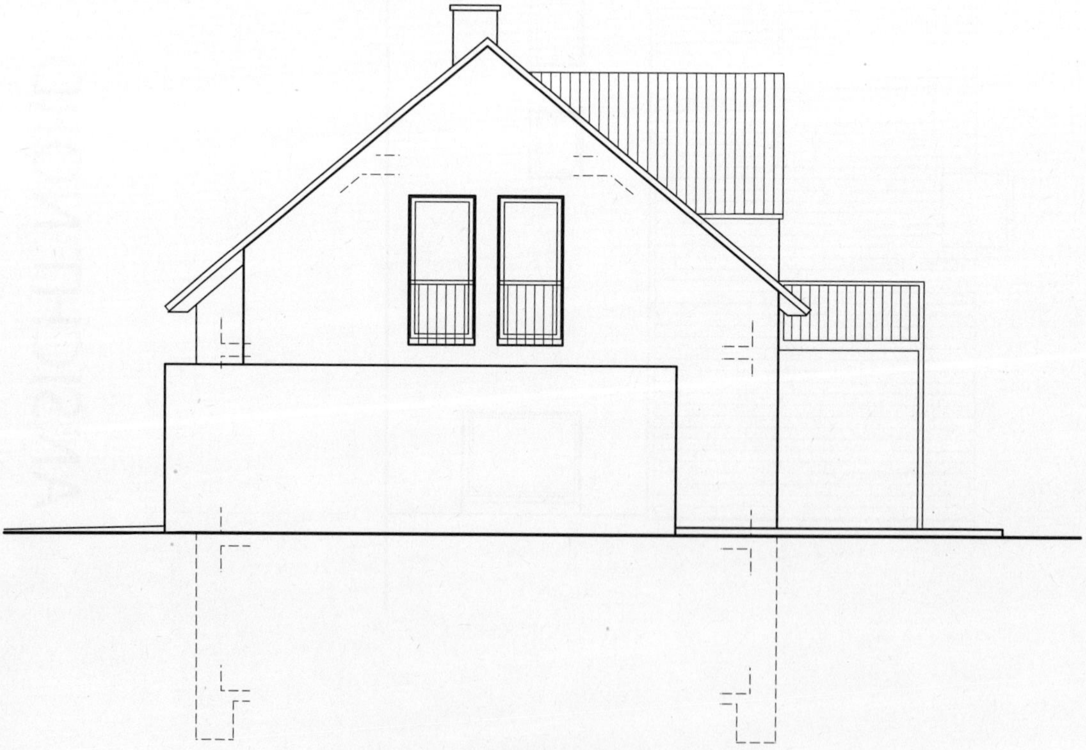

ANSICHT WEST

Lernfeld 9
Ziehen und Ansetzen eines Stuckprofiles

Durch die individuellen **Formenmöglichkeiten** der Stuckprofile und unterschiedliche Herstellungstechniken ist der Stuckateur in der Lage, einzigartig gestaltete Flächen herzustellen, die in Kombination mit der Oberflächenstruktur und der Farbe auf den ästhetischen Anspruch des einzelnen Menschen abgestimmt sind.

Wir lernen in diesem Lernfeld die Ausführung komplexer Abläufe zur Herstellung von Stuckprofilen im Innenbereich und im Außenbereich. Dabei werden die Abläufe in Teilabschnitte aufgegliedert. Beginnend von der Entwicklung der Stuckprofilform über den Bau einer Stuckschablone bis hin zum Ziehen, Ansetzen und Einputzen eines Stuckprofiles werden die einzelnen Techniken und Materialien zu einem abgestimmten Arbeitsablauf zusammengefügt.

Durch das Einfügen von Ansichts-, Perspektiv-, Schnittzeichnungen und Materialberechnungen an entsprechenden Stellen sowie eine praxisnahe Projektaufgabe wird das Lernfeld im Ganzen abgerundet.

Der Begriff Stuck stammt vom italienischen Stucco und bedeutet die plastische Bearbeitung von Wänden und Decken mit allen Arten von Mörtel.

Die Stuckarbeiten werden für die individuelle Gestaltung von Wänden und Decken genutzt. Es ist deshalb wichtig, dass die Stuckarbeiten nicht nur als einzelne Arbeit gesehen werden, sondern mit dem **Baustil**, der geplanten Farbgebung und mit dem Formengefühl der bewohnenden Menschen harmonieren. Nur so können Werke entstehen, die in ihrer Einzigartigkeit an den Menschen angepasst sind.

Stuckarbeiten können in drei unterschiedlichen Techniken aus verschiedenen Materialien hergestellt werden. Die älteste bekannte Technik ist das **Modellieren** (siehe Lernfeld 12). Das **Ziehen** von Stuckprofilen, das in diesem Lernfeld behandelt wird, ist eine etwas neuere Technik. Außerdem gibt es noch das **Gießen**, das die „neueste" bekannte Technik ist (siehe Lernfeld 12).

Antragstuck

Stuckprofil

Siliconkautschukform

Urmutter etwa 25000 v. Chr.

9.1 Geschichte des Stuckes

Die Fähigkeit, aus Material Zier- und Schmuckstücke herzustellen, gibt es schon seit der Steinzeit. Hier wurde zum Beispiel aus Lehm oder Stein die Urmutter modelliert oder aus Kalkstein ausgearbeitet. Die Urmutter war ein Symbol für „Mutter" Erde und die Fruchtbarkeit.

Im Laufe der Zeit wurde diese Fähigkeit auf Gegenstände und Gebäude ausgeweitet und wie andere handwerkliche Fähigkeiten weiter verbessert. Jede Epoche hat ihre baulichen Besonderheiten und kann anhand dieser Merkmale erkannt werden.

9.1.1 Frühe Hochkulturen

In **Mesopotamien** (Sumer) wurden die ersten mehrstöckigen Gebäude aus Stein gebaut. Auch Stützsäulen wurden zu dieser Zeit schon verwendet.

Den ersten für den Stuckateur wichtigen Schritt vollzogen die **Ägypter**. Sie verwendeten bei Skulpturen das erste Mal Gips als Schale über einem Holzkern. Der Kern bestand aus Hartholz, das sich mit den damaligen Werkzeugen nur schwer und mühsam bearbeiten ließ. Dieser Holzkern wurde dann mit einer etwa 3 cm dicken Gipsschicht überzogen. Da Gips weicher als Hartholz ist, konnten Feinheiten nun

Mesopotamien

Ägypten

viel leichter und genauer ausgearbeitet werden. Auch das Einarbeiten von Edelsteinen in die Gipsschale war technisch einfacher.

9.1.2 Antike

Die **Griechen** bearbeiteten ausschließlich Steine für Skulpturen und Ornamente. Sie verwendeten Kalkmörtel zum Herstellen geschlossener Wandflächen.

Einen weiteren Schritt vollzogen die **Römer**. Sie modellierten auf einen Kalkgrundputz aus Kalkmörtel plastische Bilder, die religiöse, alltägliche oder kämpferische Inhalte hatten. Als Rahmen waren Profile angebracht, die noch von Hand modelliert wurden

9.1.3 Mittelalter

Nachdem die Römer im nördlichen und westlichen Europa militärisch geschlagen worden waren, entwickelte sich mit der Zeit aus den alten Stilen die **Romanik** mit Gebäuden, die am Anfang noch aus sichtbarem und später aus verputztem Mauerwerk hergestellt waren.

Im Zuge der aufkommenden Verschönerung wurden die Wandflächen innen mit Stuckprofilen unterteilt. Es wird vermutet, dass die Stuckprofile mit Zughölzern, aus denen das Stuckprofil grob ausgeschnitten/ausgeschnitzt war, entlang von Führungshölzern freihand gezogen wurden. Anschließend wurde dieser Grobzug von Hand mit feinkörnigem Mörtel nachgeglättet.

In der **Gotik** entstand das Streben nach Höherem. Dies spiegelt sich auch in den Gebäuden wider, die größer und höher gebaut wurden. Auch die Ornamentik wurde weiterentwickelt, neue Formen und Techniken entstanden. Die Zugtechnik wurde durch das Anbringen eines Schlittens und eines Griffes/einer Diagonalen an das Zugholz stark vereinfacht. Auch das Modellieren wurde wieder verstärkt ausgeführt.

9.1.4 Neuzeit

Eine Wiederbelebung der antiken Formen erfolgte in der **Renaissance.** Klare Gliederungen von Wand- und Deckenflächen erfolgten außen wie innen. Die Unterteilungen der Wandflächen in gleichmäßige Felder erfolgten außen überwiegend mit Steineinfassungen und Putzfeldern, innen mit Stuckprofilen.

Griechenland

Römisches Reich

Romanik

Gotik

Renaissance

Die **Barockzeit** (barock = schiefrund) veränderte in nahezu allen Bereichen gerade in geschwungene Formen. Im Stuckbereich wurden die Formen immer aufwendiger und die körperliche Darstellung von Menschen, Engeln und Tieren setzte sich endgültig durch. Es gibt in alten Schriften die ersten Erwähnungen über die Herstellung von Gussformen zur Herstellung von Putten (Engelsfiguren) und anderen wiederkehrenden Figuren.

Das **Rokoko** oder Spätbarock ist der Höhepunkt der ausschweifenden Formen. Fassaden und Innenwände werden mit Formen und Ornamenten gefüllt. Es ist die absolut hohe Zeit der Stuckateure, die charakterisiert ist durch prunkvolle Ornamentik (zum überwiegenden Teil modelliert). Diese wird begleitet durch stuckierte Wände und Decken.

Der **Klassizismus** verwendet antike Baustile, wobei der griechische Tempelbau (Säulenkonstrukte) als Vorbild diente. Es gibt erste Funde von Stuckschablonen, die mit den gleichen Bauteilen hergestellt wurden, wie sie heute noch verwendet werden, nämlich Profilblech, Sattelholz, Schlitten und Griff.

Auch der **Historismus** orientiert sich an klassischen Formen. Die vorangegangenen Stile von der Romanik bis zum Klassizismus gelten hier als Vorbilder und wurden nachgeahmt.

Im Auslaufen des Historismus wurden dann mehrere Baustile an einem Bauwerk gemischt.

9.1.5 Moderne

Als Beginn der Moderne gilt der **Jugendstil**, der seine geschwungenen Linien zur Dekoration verwendet. Auch flächenhafte, florale Ornamentik unter Aufgabe der Symmetrien ist ein typisches Merkmal.

Die immer schnellere Entwicklung innerhalb der menschlichen Gesellschaft führte zu teilweisen Parallelentwicklungen der Stile.

Beispiele für die sich annähernd gleichzeitig entwickelnden Stile sind **Reformstil, Futurismus, De Stijl, Expressionismus** und **Klassische Moderne**.

Sie haben für den Stuckateur geringere Bedeutung, da Stuckarbeiten in diesen Stilen kaum vorhanden sind. Es sind glatte Wand- und Deckenflächen vorherrschend.

Erst in neuerer Zeit kommen Stuck- oder Stuckteile wieder vermehrt zum Einsatz.

Rokoko (Spätbarock)

Klassizismus

Historismus

Jugendstil

Je nach Epoche ist die Gestaltung mit Stuck ein wichtiger Baustein, um individuelle Häuser herzustellen. Erst in der Moderne verliert es sich, dass Häuser innen und außen mit Stuck verziert werden. Heute wird mit Putzen und Farben versucht, wieder individuelle Häuser herzustellen.

Aufgaben

1. *Woher kommt der Begriff Stuck?*
2. *Worauf ist bei der Planung von Stuckarbeiten zu achten?*
3. *In welcher Epoche gab es die ersten Stuckarbeiten?*
4. *Welche Epoche war die absolut hohe Zeit für Stuckateure?*
5. *Welche Epoche verwendete vorwiegend geschwungene Formen?*
6. *Nennen Sie ein typisches Merkmal des Jugendstils.*

Zeitalter	Epoche	Zeit
Frühe Hochkulturen	Mesopotamien (Sumer)	etwa 4000 v. Chr. bis etwa 2015 v. Chr.
	Ägypter	etwa 3000 v. Chr. mit Unterbrechungen bis etwa 525 v. Chr.
Antike	Griechen	etwa 900 v. Chr. bis etwa 200 v. Chr.
	Römer	etwa 500 v. Chr. bis etwa 400 n. Chr.
Mittelalter	Romanik	etwa 1000 n. Chr. bis etwa 1250 n. Chr.
	Gotik	etwa 1140 n. Chr. bis etwa 1550 n. Chr.
Neuzeit	Renaissance	etwa 1420 n. Chr. bis etwa 1620 n. Chr.
	Barock	etwa 1600 n. Chr. bis etwa 1780 n. Chr.
	Klassizismus	etwa 1750 n. Chr. bis etwa 1840 n Chr.
	Historismus	etwa 1840 n. Chr. bis etwa 1900 n. Chr.
Moderne	Jugendstil	etwa 1880 n. Chr. bis etwa 1914 n. Chr.
	Reformstil	ab etwa 1905
	Futurismus	1909 bis in die 40er
	De Stijl	1917 bis in die 30er
	Expressionismus	1918 bis Ende der 20er
	Klassische Moderne	ab 1920 bis 1970
	Postmoderne	etwa ab 1970
	Jüngste Entwicklungen	etwa ab 2000

Stilepochen

9.2 Profilformen

Als einfachste Profilformen gibt es das Rechteck und den Kreis. Diese können unterschiedlich geformt und gemischt werden.

Bei der Herstellung von Profilformen gibt es **erhabene Profilformen** und **vertiefte Profilformen.**

Zu den erhabenen Profilformen zählen:

- Platte (Lisene)
- Fußplatte
- Kehlplatte
- Rundstab
- Viertelstab

Diese Profilformen können auf dem Tisch oder direkt an der Wand und/oder Decke gezogen werden.

Zu den vertieften Profilformen zählen:

- Nut
- Falz
- Hohlkehle
- Viertelkehle

Diese Profilformen können meist nur direkt an der Wand und/oder der Decke gezogen werden, da diese in die Fläche hineinragen.

Je nach Anwendung der Profilform eignet sich eine **symmetrische** oder **asymmetrische Profilform**. Ist eine Stuckarbeit geplant, bei der sich das Stuckprofil öfter kreuzt, ist eine symmetrische Profilform passend, da bei einer asymmetrischen Profilform die Kreuzungspunkte technisch schwer herzustellen sind. Dagegen kann bei einem einfachen Stuckrahmen eine asymmetrische Profilform den optischen Effekt deutlich besser unterstreichen als eine symmetrische Profilform.

Der Blickwinkel auf das Stuckprofil beeinflusst die Gestaltung der Profilform zusätzlich. So ist es unnötig, einen nicht sichtbaren Bereich der Stuckprofilform stark zu profilieren.

Die Größe der Profilform richtet sich nach der Raumgröße oder der Größe der Stuckarbeit. Mit der falschen Auswahl kann der Gesamteindruck eines Raumes oder der einer Stuckarbeit selber gestört werden. So wird in kleinen Räumen ein großes Stuckprofil mit kräftiger Profilform optisch vorherrschen. In großen Räumen dagegen wird ein kleines Stuckprofil mit feinen Profilformen kaum wahrnehmbar sein.

Endet ein Stuckprofil an einer Schräge oder Wand, „läuft" sich das Stuckprofil tot. Deswegen wird hier auch von einem **Totlauf** gesprochen.

Wird das Stuckprofil um eine Ecke herumgeführt, entsteht eine **Profilwiederkehr**. In einer Innenecke wird sie **Kehle**, an der Außenecke **Grat**, an Wandvorsprüngen und Stuckprofilendungen innerhalb einer Wand **Verkröpfungen** genannt.

Die Auswahl einer Stuckprofilform bedarf einer genauen Betrachtung aller Aspekte, wie Größe und Art der Stuckarbeit, des Raumes und der Anwendung.

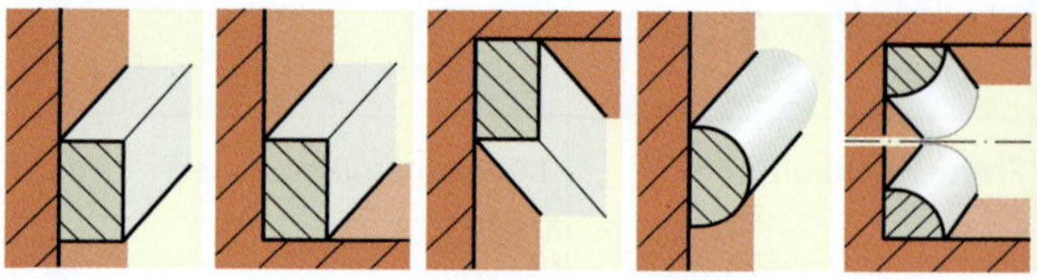

Platte Fußplatte Kehlplatte Rundstab Viertelstab
Erhabene Profilformen

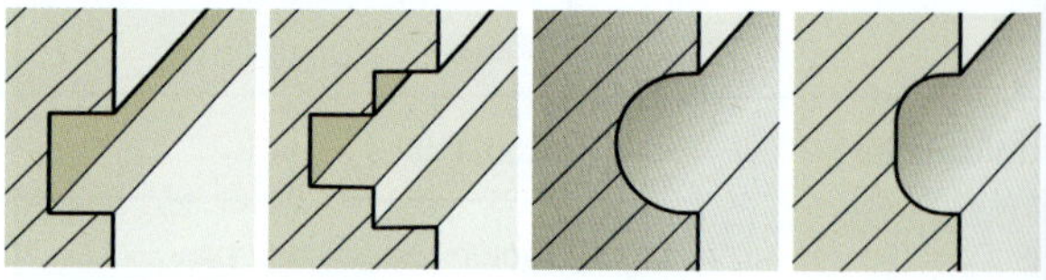

Nut Falz Hohlkehle Viertelkehle
Vertiefte Profilformen

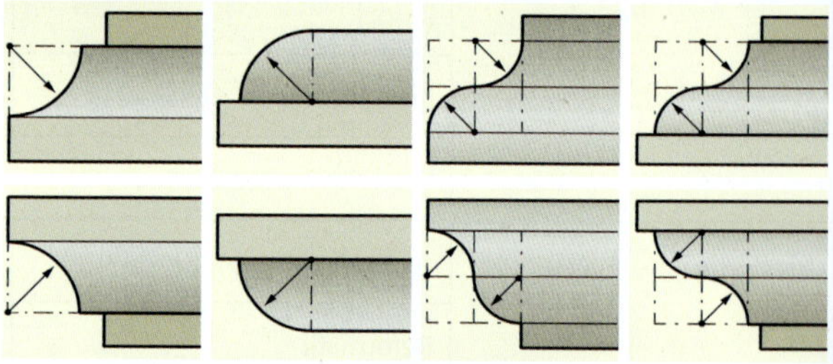

Zusammengesetzte Profilformen

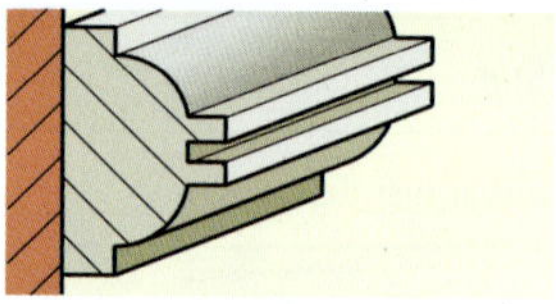

Symmetrische Profilform

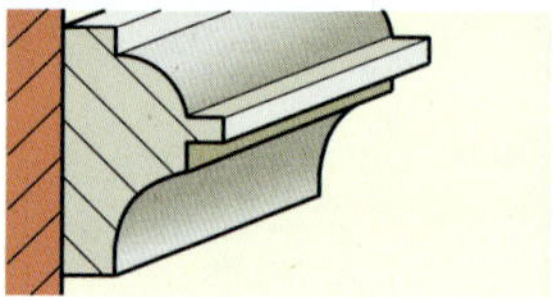

Asymmetrische Profilform

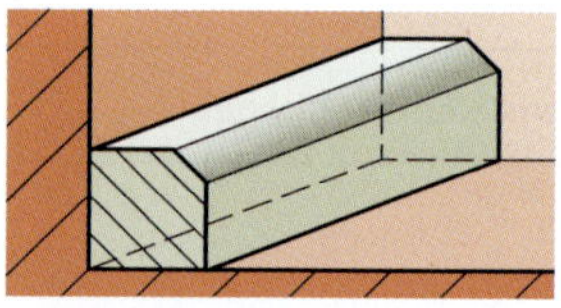

Totlauf

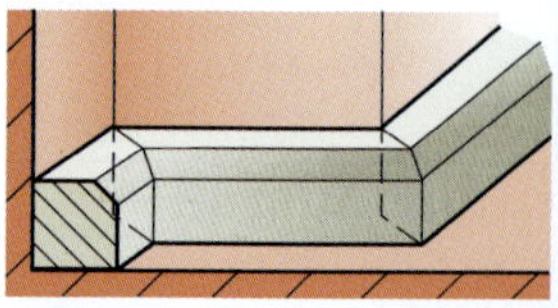

Kehle **Grat**

Verkröpfungen

Aufgaben

1. *Nennen Sie die einfachsten Profilformen.*
2. *Erklären Sie den Unterschied zwischen erhabenen und vertieften Profilformen.*
3. *Bei welchen Stuckarbeiten werden symmetrische Profilformen bevorzugt?*
4. *Nennen Sie die drei Möglichkeiten für eine Profilwiederkehr.*

9.3 Überblick über Zugarbeiten

Bei der Herstellung von Stuckprofilen und der Wahl der Materialien, die den Bedingungen am Einsatzort angepasst sein müssen, wird zwischen **Innenstuck** und **Fassadenstuck** unterschieden.

Beim Innenstuck gibt es kaum Einschränkungen für die Wahl der Profilform. Beim Fassadenstuck jedoch ist die Profilform den Witterungseinflüssen ausgesetzt. Deshalb muss vor allem ein unmittelbares Abfließen des anfallenden Regenwassers gewährleistet sein. Ist dies nicht der Fall, kann das stehende Wasser sehr schnell zu erheblichen Schäden an der Struktur von Stuckmörtel und Profil führen, die nur schwer oder nicht mehr zu beheben sind.

Sowohl für Innen- als auch für Fassadenstuck können die Profile entweder auf dem Zugtisch **(Tischzug)** oder direkt vor Ort an Wand oder Decke gezogen werden **(Ortzug)**.

Zu den wesentlichen Arbeitsschritten bei der Herstellung eines Stuckprofiles gehören:

- Herstellung einer Schablone für den Profilzug
- Ziehen des Stuckprofiles
- Zuschneiden, Versetzen und Einputzen des Profiles

9.4 Stuckschablonen

Zum Ziehen eines Stuckprofiles wird eine Stuckschablone benötigt, die das spätere Profil als ausgeschnittene Negativform abbildet. Durch das Ziehen über die Mörtelmasse wird dann die Form des Stuckprofiles in mehreren Arbeitsgängen erzeugt.

9.4.1 Arten von Stuckschablonen

Es gibt folgende Stuckschablonenarten:

- Kopfschablone
- Mittelschablone
- Eckschablone
- Halbschablone
- Radiusschablone
- Scharnierschablone
- Hochdruckschablone
- Drehbank
- Scherenschablone
- Ellipsenkreuz
- Karniesschablone
- Flügelschablone

Grundsätzlich können alle Schablonenarten, mit Ausnahme der Drehbank (eigenes Gestell) und der Flügelschablone (nur Ortzug), sowohl für den Tisch- als auch für den Ortzug verwendet werden. Bis auf Drehbank und Flügelschablone bestehen alle Stuckschablonen aus mindestens 4 Grundbauteilen.

Zum Ziehen verschiedener Stuckprofilformen gibt es jeweils geeignete Schablonenarten.

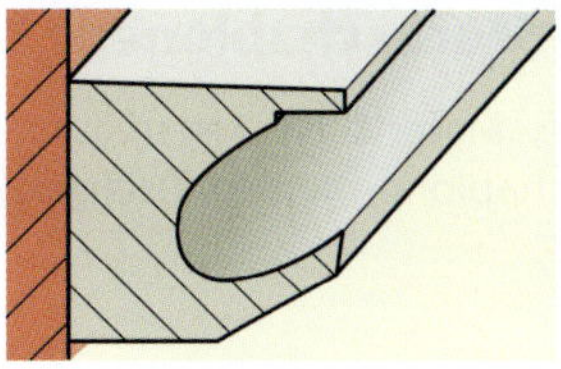
Innenstuckprofilform

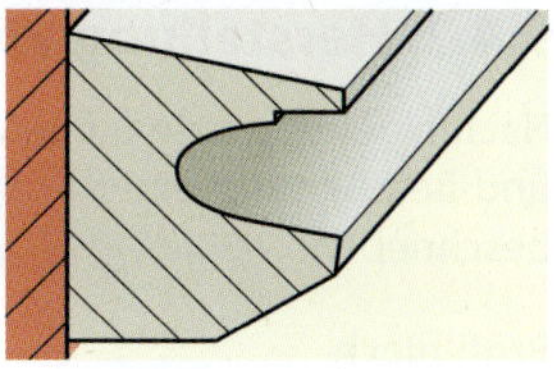
Fassadenstuckprofilform

Kopfschablone

Mittelschablone

Eckschablone

Halbschablone

Radiusschablone

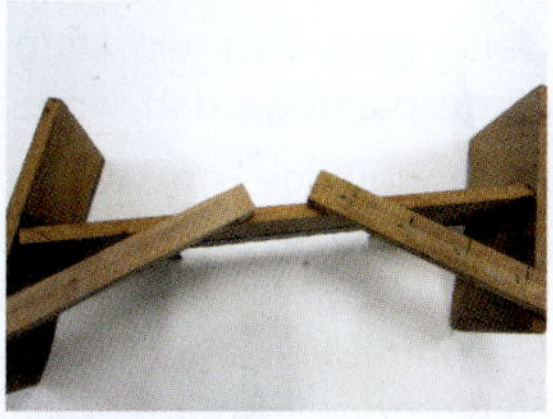
Scharnierschablone

Hochdruckschablone

Drehbank

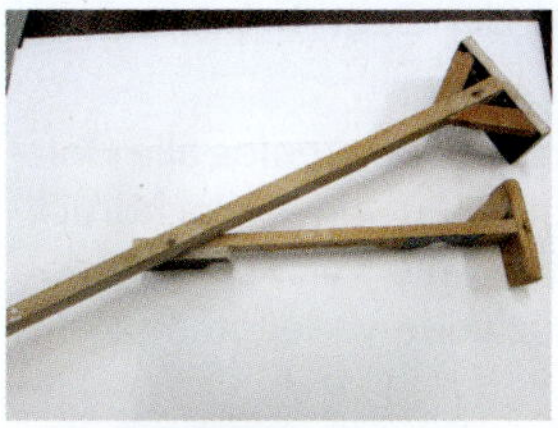
Scherenschablone

Ellipsenkreuz

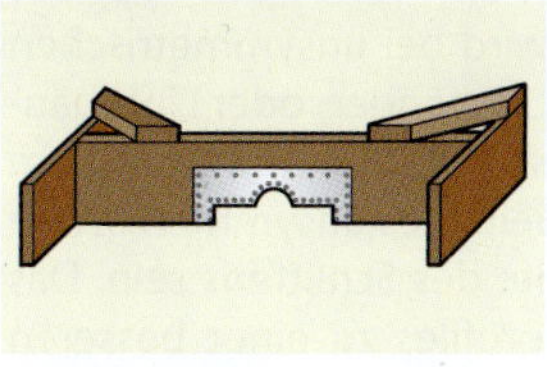
Karniesschablone

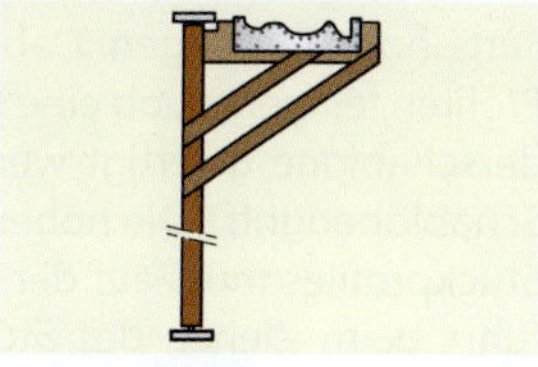
Flügelschablone

9.4.2 Herstellung von Stuckschablonen

Nachfolgend werden Bauteile, Materialien, Herstellung und Bearbeitung einer Kopfschablone für den **Tischzug** beschrieben.

Profilblech

Das Profilblech, aus dem die Profilform als Negativ ausgeschnitten wird, erzeugt beim Ziehen das vorgesehene Stuckprofil. Das Blech besteht aus etwa 0,6 mm dickem verzinktem Stahl, Zink oder Edelstahl. Es wird seitlich und oben mindestens 2,5 cm größer als das Stuckprofil zugeschnitten.

Die Profilform kann mit einem wasserfesten Stift auf das Blech übertragen oder aber auf Papier gezeichnet, anschließend ausgeschnitten und mit einem Klebestift vollflächig auf das Profilblech geklebt werden. Dabei muss die Trocknungszeit des Klebers beachtet werden, um das Verschieben des Papiers auf dem Blech zu vermeiden. Eine weitere Möglichkeit der Profilübertragung besteht im Vorstreichen des Bleches mit Anreißfarbe und anschließendem Anreißen mit einer Anreißnadel.

Abschließend wird das Stuckprofil etwa 1 mm kleiner als aufgezeichnet mit einer Blechschere, einem Handknapper oder einer Stichsäge aus dem Blech ausgeschnitten. Sollte das Blech beim Ausschneiden des Profiles leicht wellig geworden sein, kann es kurz in einen Schraubstock eingespannt werden, wodurch es wieder eben wird.

Die endgültige Form wird mit Metall- und Schlüsselfeilen ausgearbeitet. Dabei ist zu beachten, dass die Ecken und Kanten scharfkantig und die Flächen eben bleiben. Am Blechrand vorstehende Grate sind vorsichtig mit feinen Feilen oder Schmirgel-/Schleifpapier zu entfernen, ohne dass abgerundete Kanten entstehen.

Sattelholz

Das Sattelholz dient als Träger des Profilbleches und sollte daher seitlich und oben mindestens 2,5 cm größer als das Profilblech sein. Je nach zu erwartender Beanspruchung der Profilhölzer besteht das Sattelholz aus Vollholz, Leimholz, Sperrholz oder Mehrschichtholz. Die Holzstärke sollte mindestens 2 cm betragen. Bei verleimten Hölzern ist auf wasserfeste Verleimung zu achten, da sonst die Schablone während der Zugarbeiten schwer beschädigt werden kann.

Bei kleinen Stuckprofilen können bedenkenlos alle Holzarten verwendet werden. Zum Bau einer Hochdruckschablone empfiehlt sich jedoch die Verwendung von besonders druckstabilem, kreuzweise verleimtem Mehrschichtholz.

Das Profilblech wird mit der Unterkante bündig und mittig aufgelegt. Dann werden die Profilumrisse auf das Sattelholz übertragen. Dabei wird bei unsymmetrischen Profilen festgelegt, ob eine Rechtshänder- oder Linkshänderschablone gefertigt werden soll (führende Hand am Schablonengriff). Die höhere Seite des unsymmetrischen Stuckprofiles muss auf der Seite des Schlittens sein. Das führt beim Ziehen des Stuckprofiles zu einer besseren Druckverteilung innerhalb des Sattelholzes.

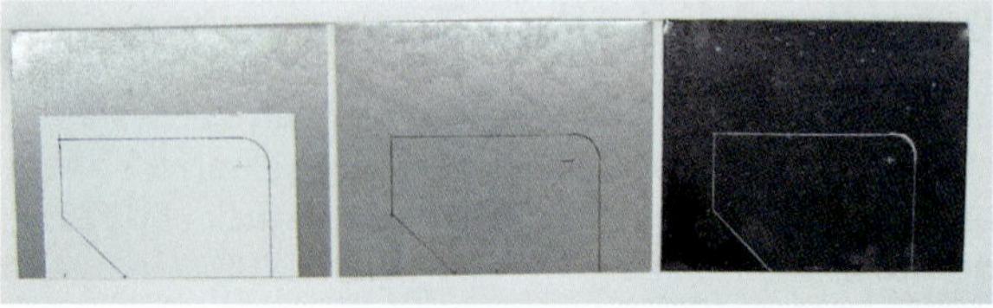

Profilbleche mit Stuckprofilform

Grob ausgeschnittene Stuckprofilform

Fertig gefeiltes Profilblech

Sattelholz mit aufgelegtem Profilblech

Nun wird der aufgezeichnete Umriss des Profiles auf dem Sattelholz um 3 ... 5 mm vergrößert nachgezeichnet, mit einer Handsäge oder elektrischen Stichsäge grob ausgesägt (eher wenige Millimeter kleiner als zu groß!) und abschließend mit Holzfeilen zur endgültigen Form glatt ausgearbeitet.

Nach der sauberen Ausarbeitung der Sattelholzform wird das Profilblech mit der Unterkante bündig und mittig auf das Sattelholz aufgelegt. Es kann auch um 2 ... 3 Zehntelmillimeter nach oben geschoben werden, damit das Profilblech nicht am Zuggrund schleifen kann.

Zur Justierung des Profilbleches werden nun an dessen Ecken im Kantenabstand von etwa 1 cm mit einer Ahle oder einem Stahlnagel Löcher in das Blech und anschließend in die Löcher breitköpfige Tapezierstifte eingeschlagen. Die Länge hängt von der Holzstärke ab. Sie dürfen wegen der Verletzungsgefahr auf der Rückseite nicht überstehen.

Nach der Justierung werden am Außenrand des Bleches je nach Profilgröße etwa alle 2 ... 5 cm Tapezierstifte gesetzt, ebenso entlang des Profilumrisses im Kantenabstand von etwa 1 cm und im Abstand von jeweils etwa 1,5 ... 3 cm. Hierbei ist darauf zu achten, dass die Tapezierstifte schräg vom Profilumriss weg eingeschlagen werden, sodass sie trotz abgeschrägtem Sattelholz auf der Rückseite nicht überstehen (Verletzungsgefahr!).

Das Profilblech darf nicht federn, da es sonst beim Ziehen zur Beschädigung der Oberfläche des Stuckprofiles und anschließend zu einem erheblichen Zeitaufwand für Nacharbeit kommt.

Schlitten

Der Schlitten dient beim Ziehen des Profiles zum Führen der Schablone entlang der auf dem Zugtisch angebrachten Zuglatte.

Er besteht aus dem gleichen Holz wie das Sattelholz. Seine Länge hängt von der Schablonenart ab. Bei der Kopfschablone ist die Länge des Schlittens um 5 cm größer als die Sattelholzlänge, während sie sich bei einer Mittelschablone aus der doppelten Sattelholzlänge zuzüglich der Sattelholzstärke zusammensetzt. Das folgt aus dem Winkel zwischen Schlitten und Handgriff, der $\geq 45°$ sein muss. Ist das Holz in Längsrichtung nicht eben, was bei größeren Profilen häufig vorkommt, kann es ausgeklinkt werden.

Die Höhe des Schlittens entspricht der des Sattelholzes. Dieses wird etwa 5 cm von der Schlittenvorderkante im rechten Winkel zum Zuggrund mit Drahtstiften oder Holzschrauben durch das Schlittenholz hindurch sicher befestigt. Dabei ist darauf zu achten, dass im Bereich der Zuglatte die Befestigungsmittel versenkt sind und nicht reiben können.

Sattelholz mit vergrößerter Stuckprofilform

Sattelholz mit fertig gefeiltem Ausschnitt

Sattelholz mit geheftetem Profilblech

Geheftetes Profilblech mit Vorlochung am inneren Rand

Griff

Der Griff dient zum Ziehen der Schablone entlang der auf dem Zuggrund befestigten Zuglatte und wird auf der Schablonenoberseite befestigt. Er besteht aus einem Dachlattenstück, dessen Länge von der Außenkante des Sattelholzes bis zur Außenkante des Schlittens reicht. Dabei ist eine um etwa 5 cm größere Länge empfehlenswert.

Zur Befestigung können Holzschrauben oder Drahtstifte verwendet werden. Bei letzteren müssen die Spitzen mit einem Hammer abgestumpft werden, um ein Einreißen der Dachlattenenden zu vermeiden.

Der Griff wird so auf die Oberseite von Sattelholz und Schlitten gelegt, dass die Griffaußenseite bündig mit Sattelholz und Schlitten liegt. Dann wird der Griff mit einem Drahtstift am Sattelholz befestigt. Dabei muss die Einhaltung des rechten Winkels zwischen Sattelholz und Schlitten überprüft und eventuell korrigiert werden.

Danach wird der Griff auch am Sattelholz befestigt, wobei abschließend noch an beiden Befestigungspunkten zur Sicherung jeweils ein weiterer Drahtstift gesetzt wird. Der überstehende Teil der Dachlatte wird abgesägt und der Griff mit Feilen geglättet. Im Bereich der Zughand werden die Ecken der Dachlatte gerundet, um Verletzungen zu vermeiden.

Sattelholz mit fertig befestigtem Profilblech

Schlitten mit Befestigungsnägeln

Läufer

Zusätzlich können bei Bedarf weitere Bauteile an der Schablone angebaut werden. So dient der Läufer bei größeren Profilen als stabilisierendes Holzstück. Er wird an der Außenseite des Sattelholzes bündig mit dessen Unterkante oder bei Ortzug bündig mit dem Führungsanschlag durch einen Nagel beweglich befestigt. Beim Ortzug auf unverputztem Mauerwerk dient er als Tiefenanschlag auf der zweiten Zuglatte. In anderen Fällen kann auf den Läufer verzichtet werden.

Schlitten mit Sattelholz

Die verschiedenen Teile der Schablonen müssen sorgfältig hergestellt und fachgerecht zusammengebaut werden.

Besonderheiten für den Ortzug

Beim Ortzug auf unverputztem Mauerwerk sollten die Abmessungen des Profilbleches oben um 2,5 cm und seitlich um 5 cm größer als die Profilumrisse sein (spätere Abziehhilfe). Die Blechunterkante wird außerdem 3 mm unter der Sattelholzunterkante befestigt, damit beim Ziehen eine Fläche entsteht, auf der beim Verputzen der späteren Wandfläche abgezogen werden kann.

Beim Ortstuck werden meist über den Laufflächen der Stuckschablonen auf den Zuglatten Blechstreifen befestigt, damit die Schablone leichter läuft. Die Streifen dürfen nicht an den Laufflächen, sondern müssen an den seitlichen Rändern befestigt werden.

Griff auf Sattelholz und Schlitten gelegt

Schablonenprüfung

In einem ersten Test wird die fertige Stuckschablone auf den ebenen Zuggrund gestellt und an allen Eckpunkten mit dem Finger leicht niedergedrückt. Sie darf dabei nicht wippen, da dies sonst auch beim Ziehen geschieht. In diesem Fall ist meist das Sattelholz nicht in der richtigen Höhe befestigt. Dies führt zu mangelhafter Qualität des fertigen Stuckprofiles, da dessen Oberfläche und Abmessungen ungleichmäßig und seine Kanten nicht fluchtgerecht werden.

In einem zweiten Test wird mit der Schablone ein etwa 50 cm langes Probeprofil gezogen. Dabei werden das Abbindeverhalten des verwendeten Materials sowie die Präzision beim Feilen der Profilkanten überprüft. Eventuelle Riefen im Blech können nun noch mit einer Feile oder kleinste Unebenheiten mit einem Drahtstift beseitigt werden.

Stuckschablonen werden individuell angefertigt und es bedarf sorgfältiger Arbeit, damit diese funktionieren. Kleine Ungenauigkeiten führen zu mangelhafter Qualität der Stuckschablone und folglich zu mangelhaften Stuckprofilen. Genaue Arbeitsplanung und mehrfache Kontrolle der Arbeitsschritte vereinfachen die Herstellung von funktionierenden Stuckschablonen.

Fertig zusammengebaute Stuckschablone

Aufgaben

1. *Nennen Sie verschiedene Techniken für die Herstellung von Stuckteilen.*
2. *Wie unterscheiden Sie Stuckprofile nach ihrer Art?*
3. *Welche Stuckschablone ist nur für den Ortzug geeignet?*
4. *Nennen Sie die Faktoren, die die Bauart einer Stuckschablone beeinflussen.*
5. *Nennen Sie die Grundformen für Stuckschablonen.*

9.5 Zugtechniken für Innenstuck

Die für die Zugarbeiten verwendeten Materialien und ihre Eigenschaften müssen auf die Einbausituation und die Beanspruchung des fertigen Stuckprofiles abgestimmt sein. Für **Innenstuck** und **Fassadenstuck** ergeben sich daher wesentliche Unterschiede.

9.5.1 Materialien

Zur Herstellung von Stuckprofilen für den Innenbereich wird im Allgemeinen **Stuckgips** verwendet (genormtes Material), wobei es jedoch regionale Abweichungen gibt. So wird z. B. in Baden-Württemberg **Modellgips** verwendet (nicht genormtes Material), da dieser feiner gemahlen ist als der Stuckgips, mit dem sich keine Stuckprofile mit sehr glatter Oberfläche ziehen lassen. Stuckgips wird nur für die Weiterverarbeitung zu Putzmörtel und Gipsplatten verwendet.

Durch die begrenzte Lagerfähigkeit von Gips ist auch die umfangreiche Lagerhaltung kaum möglich. Daher sind spezielle Gipssorten, z. B. der rein weiße Alabastergips, regional nur begrenzt verfügbar und müssen lange im Voraus bestellt werden.

Die folgenden Arbeitsschritte beziehen sich daher auf Stuckgips, wobei die wesentlichen Aussagen aber auch für Modellgips gelten.

Das Abbindeverhalten von Stuckgips kann durch Zugabe von Luftkalk oder allen Arten von Säuren verzögert werden. Dies hat sich bei sehr großen Stuckprofilen als vorteilhaft für den Herstellungsvorgang erwiesen.

Zugtisch in der Werkstatt

Zugtisch auf der Baustelle

Bei den Vorbereitungsarbeiten sollte das genaue Mischungsverhältnis zwischen Anmachwasser und Verzögerer bzw. Gips und Kalk ausprobiert und notiert werden, um Überraschungen, wie z.B. zu schnelles Abbinden, zu verhindern.

Wird mehrlagig gezogen, kann zusätzlich verzögert abbindender Maschinenputzgips oder mit Sand abgemagerter Kalk-Gipsmörtel verwendet werden. Diese haben eine geringe Mörtelausdehnung und eine raue Oberfläche.

Je sorgfältiger die Mörtelvorbereitung und die Verarbeitung erfolgen, desto besser sind die folgenden Zugarbeiten durchzuführen.

Stuckschablone beim Wässern

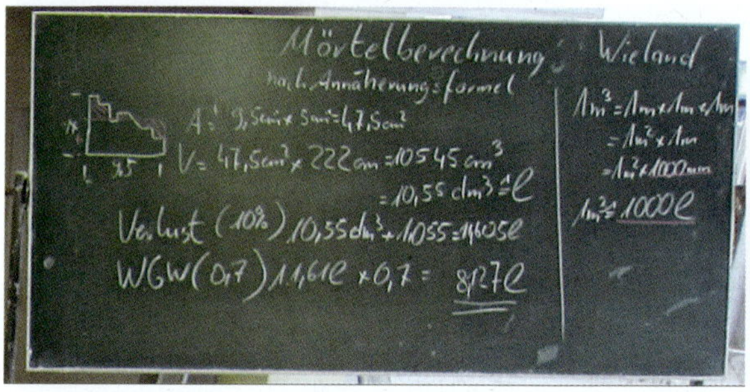

Materialberechnung nach Näherungsformel

Eingestreuter Gips mit Inselbildung

Eingesumpfter Gips

9.5.2 Vorbereitende Arbeiten

Der Tischzug ist die im Innenbereich am häufigsten ausgeführte Zugtechnik.

In einer Stuckwerkstatt ist der **Zugtisch** der zentrale Arbeitsplatz. Er sollte eine glatte, geschlossene, nicht saugende, ebene, belastbare und waagerechte Platte aufweisen. Daher sind Materialien wie Granit-, Marmor-, Terrazzo- oder Betonplatten mit Mindestdicken von etwa 5 cm dafür geeignet.

Aufgrund der hohen Masse der Tischplatte benötigt der Tisch einen sehr stabilen Unterbau. Um auf Anschlag- bzw. Zuglatten verzichten zu können, muss die Tischplatte gerade und glatte Seitenflächen haben. Um Verletzungen zu vermeiden, müssen die Oberkanten gebrochen sein.

Auf der Baustelle wird im Vergleich zur Stuckwerkstatt meist eine leichtere Ausführung hergestellt. Hier werden als Tischplatte Schaltafeln oder Mehrschichtplatten benutzt. Die sonstigen Anforderungen an die Tischplatte bleiben jedoch unverändert.

Der Tisch ist nur so breit, dass darauf zwei Züge nebeneinander vorgenommen werden können. Bei dieser Zugweise handelt es sich um den sogenannten **Bankzug.** Der Ausdruck ist heute unüblich und es wird auch hier vom Tischzug gesprochen. Die Tischlänge sollte so lang wie möglich gewählt werden, um durch das Vermeiden unnötig vieler Profilzüge Zeit und Material zu sparen.

Je nach Raum, Stuckprofilform und Stuckierung von Wand oder Decke sollte die Tischlänge etwa 2 m kürzer als die Raumlänge sein.

Für die Zugtechnik spielt es keine Rolle, ob der Profilzug in der Werkstatt oder auf der Baustelle erfolgt.

Abhängig von der Zugrichtung der Stuckschablone unterscheidet man zwei Zugtechniken:

- **Schleppzug:** Hierbei weist das Sattelholz der Stuckschablone in Zugrichtung. Die Methode eignet sich eher für größere Profile.
- **Scharfzug:** Hierbei weist das Profilblech der Stuckschablone in Zugrichtung. Die Methode eignet sich eher für kleinere und mittlere Profile.

Im Folgenden wird der Tischzug mit einem Scharfzug ohne Verwendung eines Stehgipses beschrieben.

9.5.3 Arbeitsschritte beim Tischzug von Innenstuck

- Reinigung der Tischplatte
- Befestigung der eventuell notwendigen Zuglatten am Zugtisch durch Schraubzwingen; hier die Schraubzwingen nicht zu weit auseinander befestigen wegen der möglichen Durchbiegung der Zuglatte beim Ziehen
- Wässern der trockenen Stuckschablone, um die Haftung des Gipses am Schablonenholz sowie schnelles Abbinden des Gipses und dadurch verursachte Klumpenbildung zu verhindern
- Mörtelberechnung nach der Näherungsmethode (siehe Abschnitt 9.9)
- sauberes Anmachgefäß und Werkzeug bereitstellen
- Markierung der Lauffläche der Stuckschablone auf dem Zugtisch
- Lauffläche mit Wasser anfeuchten, mit Weißkalkbrühe oder wasserlöslichem Öl dünn einstreichen, um ein leichteres Gleiten der Stuckschablone und eine geringere Haftung des Gipses zu erreichen; als Trennmittel sind Schalungstrennmittel oder Firnis (ranziges Leinöl) empfehlenswert
- Kontrolle der gewässerten Stuckschablone
- Abmessen und Einfüllen der berechneten Anmachwassermenge in das Anmachgefäß
- Einstreuen des Gipses bis zur Inselbildung; Dauer je nach Gipsmenge etwa 3 Minuten
- Wartezeit bis zur vollständigen Durchfeuchtung des Gipses einhalten (Einsumpfen); Dauer etwa 2 Minuten
- vorsichtiges Umrühren mit der Hand oder dem Schneebesen zu einem knollenfreien Gipsbrei; langes oder schnelles Rühren beschleunigt den Abbindeprozess
- Anmachgefäß zentral auf dem Zugtisch platzieren und möglichst wenig bewegen
- gleichmäßiger Auftrag des Gipses in Zugrichtung mit einem Gummibecher oder Schapfen; Gipsbrei nicht auf die Laufflächen kommen lassen und immer von der gleichen Stelle am Rand des Anmachgefäßes nehmen
- je nach Konsistenz zügiger Aufbau des Stuckprofiles in Schichten bis zur annähernd höchsten Stelle, ohne dass der Gipsbrei sich in die Laufflächen schiebt
- glänzt der Gipsbrei nach dem Auftrag noch, warten bis der Gipsbrei matt wird; währenddessen Gummibecher oder Schapfen reinigen
- vor dem Beginn des Ziehens kann am Ende des Stuckprofiles eine Fingerprobe durchgeführt werden; mit dem Finger den matten Gips leicht bewegen, wird der Gips wieder glänzend ist der Gips für den ersten Zug bereit
- Stuckschablone am Anfang des Stuckprofiles an der Zuglatte ansetzen
- mit der freien Hand (nicht die Hand, die später an der Stuckschablone ist) Gipsbrei aus dem Anmachgefäß holen

Stuckmörtelauftrag

Aufbau des Stuckstabes in Zugrichtung

Fortschreitender Profilaufbau

Aufgebautes Stuckprofil vor Scharfzug

- den Gipsbrei vor die Stuckschablone setzen und langsam dieselbe entlang der Zuglatte ziehen; dabei mit der freien Hand den Gips an der Oberfläche bewegen (umgangssprachlich schwabbeln genannt) und bei Bedarf Gips aus dem Anmachgefäß nachholen
- sollten nach dem ersten Zug noch Fehlstellen im Stuckprofil vorhanden sein oder das Stuckprofil noch nicht im Groben stehen, den Vorgang noch 1 … 2-mal wiederholen
- Stuckschablone nass reinigen
- ist der Gips wieder matt, mit der Stuckschablone unter größerem Druck zügig im Scharfzug durchfahren; dabei wird der abbindende Gips, der sich jetzt ausdehnt, von den scharfen Kanten des Profilbleches abgeschnitten (rasiert)
- Stuckschablone schnell grob trocken reinigen
- den Vorgang je nach Profilformgröße noch 1 … 2-mal wiederholen
- Nassreinigung der Stuckschablone
- aus dem unberührten Gips im Anmachgefäß etwa eine Hand voll Gips weichmachen
- diesen vor die Stuckschablone setzen, mit der freien Hand den Gips auf das Stuckprofil pressen und zügig im Scharfzug durchfahren; dabei werden kleine Fehlstellen geschlossen und die Oberfläche verdichtet
- eventuell den Vorgang 1 … 2-mal wiederholen, bis die gewünschte Oberfläche erreicht ist; sind alle Poren geschlossen, glänzt die Stuckprofiloberfläche
- die Zugarbeiten sollten fertig sein, bevor der Gips heiß ist, da dieser dann zu hart ist und der nachfolgende Gips aufbrennen würde; das Stuckprofil könnte nicht richtig fertiggestellt werden
- abschließend alle Werkzeuge und das Anmachgefäß sauber reinigen
- hat der Gips die höchste Temperatur erreicht, löst sich das Stuckprofil durch Kondenswasserbildung zwischen diesem und dem Zugtisch selbst

Zugarbeiten gelingen wesentlich besser, wenn der Gips so wenig wie möglich bewegt, das Stuckprofil so schnell wie möglich aufgebaut und das Abbindeverhalten des Gipses berücksichtigt wird.

Aufgaben

1. *Wie kann Gips im Abbindeverhalten verzögert werden?*
2. *Welche Eigenschaften muss ein Zugtisch auf der Baustelle gegenüber einem in der Werkstatt erfüllen?*
3. *a) Wie werden die zwei unterschiedlichen Zugtechniken beim Tischzug genannt?*
   b) Worin liegt der Unterschied dieser beiden Zugtechniken?
4. *Unter welchen Umständen gelingen Stuckprofile als Tischzug am besten?*
5. *Zu welchem Zeitpunkt sollte der Stuckprofilzug spätestens abgeschlossen sein?*

Stuckschablone nach Scharfzug

Ansicht Anmachgefäß

Fertiges Stuckprofil

9.5.4 Kernzug

Bei größeren Stuckprofilformen stellt die Volumenzunahme des Gipses beim Abbinden ein Problem dar. Die Stuckschablone kann dann beim Ziehen so stark klemmen, dass diese sich nur sehr schwer oder gar nicht mehr durchziehen lässt und die Fertigstellung des Stuckprofiles unmöglich wird.

Das Gipsvolumen vergrößert sich beim Abbinden um 1 %. Die Abmessungen ändern sich entsprechend. Um dies zu verringern, kann ein innerer Kern aus anderen Materialien hergestellt werden, über den anschließend mit einer Schalendicke von 2 ... 3 cm das eigentliche Stuckprofil aus Gips gezogen wird. Durch die geringe Materialstärke verringert sich beim Abbinden die Ausdehnung entsprechend. Die verringerte Masse stellt einen positiven Nebeneffekt dar. Dieses Verfahren wird **Kernzug** genannt.

Die Profilform des Kernes muss so beschaffen sein, dass das spätere Abnehmen des Stuckprofiles keine Schwierigkeiten bereitet. Deswegen sind Hinterschneidungen im Bereich der Kernoberfläche zu vermeiden.

Der Kern kann aus feuchtem Sand und/oder Gips bestehen. Auch Dämmplattenstreifen sind möglich. Der Kern sollte länger als das zu ziehende Stuckprofil sein, da sonst die Gipsausdehnung das Ziehen stark erschwert. Der Arbeitsablauf beim Ziehen des Stuckprofiles wird durch die Art des Kerns nur unwesentlich beeinflusst. Nachfolgend werden die Unterschiede zum üblichen Tischzug beschrieben.

Zugtisch mit Kern aus Sand

Stuckprofil über Kern aus Sand

Sandkern

Sand wird als Kernmaterial bevorzugt, wenn nur wenige Stuckprofile zu ziehen sind. Nach der Vorbereitung des Zugtisches wird die Profilform mit feuchtem Sand und einer Kelle oder einer Halbkelle grob geformt. Dabei sind Hinterschneidungen zu vermeiden. Vor dem Stuckprofilzug müssen eventuelle Sandreste von den Laufflächen der Stuckschablone auf dem Zugtisch beseitigt werden.

Beim Gipsauftrag ist anfangs der Gipsbrei vorsichtig mit wenig Abstand des Gummibechers oder des Schapfens über den Kern zu gießen. Nach der Fertigstellung wird das Stuckprofil als Hohlschale vorsichtig vom Zugtisch und Sandkern abgenommen. Der lose Sand wird mit einem Handfeger vom Stuckprofil entfernt.

Zugtisch mit Kern aus Gips

Gipskern

Gips als Kernmaterial ist zu bevorzugen, wenn eine größere Anzahl von Stuckprofilen gezogen werden soll. Der Kern besteht aus dem gleichen Material wie das Stuckprofil selbst.

Der Gipskern wird mit einer über dem Profilblech angehefteten Vorschablone gezogen. Auch hier dürfen wegen des späteren Abnehmens des Stuckprofiles keine Hinterschneidungen auftreten. Zur Sicherung des Gipskerns gegen späteres Wegrutschen können vor dem Ziehen am Anfang und Ende des Gipskerns Nägel gesetzt werden.

Stuckprofil über Kern aus Gips

Nach Fertigstellung des Gipskerns wird dieser mit einem Trennmittel eingestrichen. Seine Restfeuchte stellt für viele Trennmittel ein Haftungsproblem dar. Manche Trennmittel dringen durch die Saugfähigkeit des Gipses in das Stuckprofil ein und können Verfärbungen an der Oberfläche oder Haftungsprobleme in den späteren Klebeflächen verursachen.

Probleme mit den Trennmitteln können vermieden werden durch

- mindestens zweimaligen Anstrich mit Schelllack nach Gebrauchsanweisung,
- ebenfalls mindestens zweimaligen Anstrich mit einem Gemisch aus Wasser und Firnis,
- mindestens viermaligen Anstrich mit einem Gemisch aus Schalöl und Wasser.

Andere, nicht aufgeführte Trennmittel, sind ebenfalls möglich. Motoröl darf nicht verwendet werden, da hierbei eine Haftverminderung und Verfärbungen auftreten.

Nach Fertigstellung löst sich das Stuckprofil selbstständig vom Gipskern, wobei eine glatte Kernoberfläche dies erleichtert. Nach jedem Stuckprofilzug ist der Gipskern zu kontrollieren und gegebenenfalls auszubessern.

Zugtisch mit Kern aus Dämmplattenstreifen

Kern aus Dämmplattenstreifen

In diesem Fall verbleibt der Kern, anders als bei Sand- oder Gipskern, innerhalb des Stuckprofiles und kann als zusätzliche Klebefläche genutzt werden.

Die Dämmplattenstreifen, z.B. Hartschaumstoff, müssen nichtsaugend sein, um ein Aufbrennen des Gipses zu vermeiden. Außerdem sollten sie für einen sicheren Verbund zum Stuckprofil eben und rau sein. Die Dämmplattenstreifen werden in ausreichender Menge vor dem Ziehen vorbereitet und mit Gips auf den Zugtisch und untereinander verklebt, damit sie sich später nicht verschieben.

Beim Ziehen wird zusätzlich ein Armierungsgewebe eingebettet, um auftretende Spannungen aufzunehmen. Es wird zunächst etwa die halbe Stärke der Gipsschale aufgetragen und das Gewebe so eingelegt, dass es später nicht übersteht. Danach wird weiter Gips aufgetragen und der Profilzug fertiggestellt.

Wenn das Stuckprofil direkt nach dem Ziehen geschnitten wird, ist dies mit erhöhter Vorsicht auszuführen, damit das Gewebe sich nicht in der Zahnung des Sägeblattes verhakt und das Profil aufreißt.

Stuckprofil mit Kern aus Dämmplattenstreifen

Größere Stuckprofile lassen sich nur unter Einsatz eines Kerns herstellen, da die Gipsausdehnung eine Fertigstellung sehr erschwert oder gar unmöglich macht. Je nach Anwendung und Verwendung des Stuckprofiles ist der richtige Kern auszuwählen.

Aufgaben

1. *Warum werden größere Stuckprofilformen über einem Kern gezogen?*
2. *a) Nennen Sie unterschiedliche Kerne.*
   b) Nennen Sie jeweils Anwendungsbeispiele.
3. *Worauf ist bei der Herstellung eines Gipskerns zu achten?*
4. *Warum wird bei einem Kern aus Dämmplattenstreifen beim Ziehen ein Armierungsgewebe eingelegt?*
5. *Wie dick sollte die Gipsschale über einem Kern mindestens sein?*
6. *Worin unterscheidet sich, abgesehen vom Material, ein Kern aus Dämmplattenstreifen von einem Kern aus Gips oder Sand?*

9.5.5 Ortzug

Auch beim Ortzug ist das Abbindeverhalten des Gipses für die Arbeitsgeschwindigkeit entscheidend, da das Stuckprofil mit wenigen Zügen aufgebaut werden muss. Ein wesentlicher Unterschied zum Tischzug ist, dass bei den Vorarbeiten und beim Schablonenbau berücksichtigt werden muss, ob ein verputzter oder unverputzter Untergrund vorliegt.

Ein wesentlicher Vorteil gegenüber dem Tischzug liegt darin, dass direkt auf dem Untergrund gezogen wird. Dadurch erübrigt sich ein eventueller vorheriger Ausgleich von Unebenheiten der Wandoberfläche, da diese im Stuckprofil aufgenommen werden. Einen weiteren Vorteil bietet die Länge des gezogenen Profiles, da es bis auf kurze Stücke am Stuckprofilanfang und -ende am Stück gezogen werden kann. Dadurch erübrigt sich das Ansetzen und Einputzen mehrerer kleiner Stuckprofilabschnitte.

Einen Mehraufwand stellt das Abkleben des vorhandenen Wandputzes dar, da beim Ortzug doch wesentlich mehr Material herunterfällt als beim Tischzug. Wird das Abkleben jedoch sorgfältig ausgeführt, vermindert sich der Reinigungsaufwand.

Wandzug

Nebenstehend werden die Arbeitsschritte beim Ziehen eines kleinen Stuckprofiles auf einer verputzten Wandfläche beschrieben.

Wandzug auf Drahtputzkonstruktion

Bei dieser, auch Rabitzkonstruktion genannten Technik (siehe Lernfeld 14) wird zunächst aus **Stahlstäben** mit 6 … 8 mm Durchmesser die grobe Profilform gebogen (die Maße von der Profilformoberfläche zurückgerechnet). Die gebogenen Stahlstäbe werden entweder in Löcher mit stabentsprechendem Durchmesser eingeschlagen oder in breitere Löcher mit entsprechendem Kleber eingeklebt. Die Mindesttiefe der Löcher ist 100 mm und der Stababstand beträgt maximal 50 cm.

Danach werden gerade Stahlstäbe quer über die gebogenen Stäbe gelegt und an den Kreuzungspunkten mit Bindedraht angebunden. Der Stababstand richtet sich nach dem vorgesehenen Putzträger und beträgt etwa 10 … 15 cm.

Anschließend wird der vorgesehene **Putzträger** über die Stahlstäbe gespannt und alle 10 … 20 cm mit Bindedraht an die Stäbe gebunden. Im Randbereich sollte der Putzträger auf den Untergrund überlappen und dort zusätzlich befestigt werden. Als Putzträger eignen sich Streckmetall, Ziegeldrahtgewebe, Schilfrohrmatten oder „Stucanet“ (punktgeschweißtes Drahtgitter mit Absorptionspappe).

Die Vorbereitungen zum Ziehen sind die gleichen wie beim „normalen“ Wandzug. Das Annässen erfolgt hierbei lediglich an den Wandanschlussflächen, die mit dem Gips in Berührung kommen. Der Putzträger ist nicht anzunässen.

- Überprüfen des Untergrundes auf Festigkeit, Saugverhalten und Ebenheit; eventuell notwendige Untergrundvorbehandlungen durchführen
- Aufreißen der Lage des Stuckprofiles auf der Wandfläche
- Berechnung und Aufriss der Lage der Zuglatte mithilfe der Abmessungen der Stuckschablone; die Zuglatte ist unterhalb des Stuckprofiles anzubringen, damit abrutschender Gipsbrei durch den Schlitten aufgefangen wird
- im Bereich des Wandaufrisses der Profilfläche den Untergrund mit einem Gitterschnitt aufrauen und anschließend abfegen
- tragfähige und sichere Befestigung der Zuglatte am Untergrund
- Wässerung der Stuckschablone bis kurz vor Zugbeginn
- Berechnung von Mörtelbedarf und Anmachwasser nach der Näherungsmethode (siehe Abschnitt 9.9)
- Anmachwasser in Anmachgefäß füllen und den Gips bis zur Inselbildung einstreuen
- während der Einsumpfzeit ausreichend starkes Vornässen des Zugbereiches auf der Wandfläche, ohne dass Oberflächenwasser verbleibt; verhindert das Aufbrennen des Gipses und entfernt verbliebene Staubreste
- klumpenfreies Anrühren des Gipsbreies
- Anwerfen des Gipsbreies mit der Kelle oder Halbkelle, beginnend beim Stuckprofilanfang, bis das Stuckprofil weitestgehend steht
- nach leichtem Anziehen des Gipses das Stuckprofil mit Gipsbrei unter Hochstreichen des abrutschenden Gipses aufbauen
- den Vorgang 1- … 2-mal wiederholen, bis das Stuckprofil vollständig aufgebaut ist und keine Fehlstellen mehr hat; kleine Luftbläschen an der Oberfläche können später geschlossen werden
- Nassreinigung der Stuckschablone
- nach dem Mattwerden der Gipsoberfläche 2- … 3-maliger zügiger druckvoller Scharfzug ohne Material; dazwischen den abgezogenen Gips von der Stuckschablone schnell mit Spachtel oder Stuckeisen abstreifen
- die abschließende Fertigstellung des Stuckprofiles entspricht der beim Tischzug
- nach dem Beenden der Zugarbeiten Zuglatte entfernen und Löcher in der Wand schließen

Arbeitsschritte beim Wandzug

Bei dieser Zugtechnik wird der Putzträger im ersten Schritt vollständig mit Gipsmörtel vorgeworfen oder mit Kelle und Traufel ausgedrückt. Es ist auf eine Umschließung des Putzträgers mit Mörtel zu achten, da sonst keine ausreichende Aussteifung des Putzträgers erfolgt. Im zweiten Schritt wird nach leichtem Anziehen des Stuckmörtels das Stuckprofil nass-in-feucht zügig aufgebaut und fertig gezogen. Die Schichtdicke des Gipsmörtels über dem Putzträger muss ≥ 1 cm betragen, wobei Schichtstärken von 2 … 3 cm eine deutlich verbesserte Stabilität des Profiles erreichen.

Stuckschablone mit Vorschablone

Mehrlagiger Zug

Bei dieser Technik wird unter Verwendung einer Vorschablone sowie von Steckblechen oder einem Lappen über dem Stuckprofil ein mehrlagiger Profilzug durchgeführt.

Die **Vorschablone** besteht aus einem zusätzlichen Profilblech, das seitlich und oben etwa 1 … 2 cm größer als das eigentliche Profilblech ist. Es wird bündig mit der Unterkante des Sattelholzes montiert. Die Profilform wird nur grob und etwa 5 mm kleiner als die eigentliche Profilform ausgearbeitet. Die Befestigung der Vorschablone erfolgt lediglich an den Ecken. Kleinere Unebenheiten oder Riefen sind in diesem Profil unerheblich.

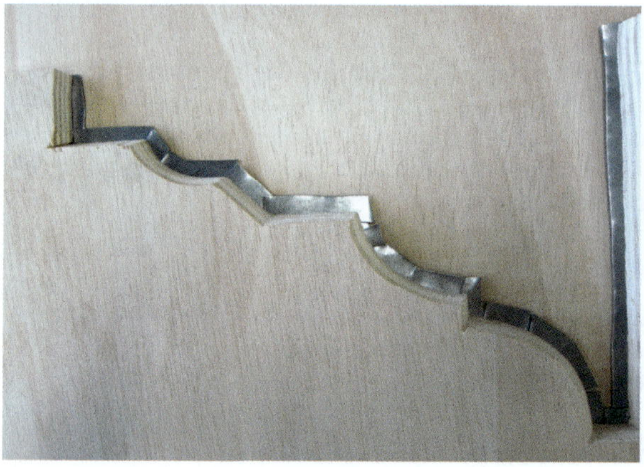

Stuckschablone mit Steckblechen

Steckbleche sind Blechstreifen, die zwischen Sattelholz und Profilblech so weit eingeschoben werden, dass der Vorzug etwa 5 mm kleiner ist als das endgültige Stuckprofil. Bei diesem Verfahren ist beim Schablonenbau die Befestigung des Profilbleches erst nach dem Vorzug um die Stuckprofilform herum möglich.

Über die Stuckprofilform kann ein **Lappen** gespannt und mit einem Tacker am Sattelholz (nicht in den Laufflächen der Stuckschablone) befestigt werden. Durch Materialanhaftungen am Lappen beim Vorzug wird die Profilform etwa 5 mm kleiner.

Für den Vorzug sind langsam abbindende Mischgipse wie z. B. Maschinenputzgipse oder selbst gemischte Kalk-Gipsmörtel notwendig, damit im Idealfall nass-in-feucht gezogen werden kann. Dies spart später notwendige und aufwendige Vorarbeiten zwischen Vorzug und Fertigzug.

Stuckschablone mit Lappen

Ortzüge sind geeignet, wenn der Untergrund sehr uneben ist und es technisch unverhältnismäßig hohen Aufwand bedeutet oder nicht möglich ist, gerade Stuckprofile an den Untergrund anzupassen. Durch vielfältige Zugtechniken kann auf nahezu allen Untergründen direkt gezogen werden. Wichtig dazu ist die richtige Auswahl der Materialien.

Aufgaben

1. *In welchen Fällen sollte ein Ortstuck eingesetzt werden?*
2. *Welchen Vorteil bietet der Ortstuck gegenüber dem Tischzug?*
3. *Beschreiben Sie das Aussehen einer Stuckschablone für einen mehrlagigen Zug.*
4. *Worin besteht der wesentliche Unterschied zum Tischzug?*
5. *Welche der möglichen Ausführungen ist bei größeren Stuckprofilen zu bevorzugen?*
6. *In welcher Stärke sollte der Fertigzug ausgeführt werden?*

9.6 Zugtechniken für Fassadenstuck

Für Zugarbeiten an der Witterung ausgesetzten Fassaden sind Profilformen und Materialien erforderlich, die den vielfältigen Beanspruchungen standhalten können.

9.6.1 Materialien Fassadenstuck

Je nach Witterungsbeanspruchung sind für Fassadenstuck Mörtel der Kategorien GP/LW CS II/CS III geeignet. Abgestimmt auf die tatsächlichen Bedingungen an der Fassade, können sowohl geeignete Werktrockenmörtel als auch Baustellenmörtel verwendet werden. Folgende Auswahlkriterien spielen dabei eine Rolle:

- Gebäudestandort und Fassadenbereich: Wetterseite mit besonderer Belastung durch Schlagregen oder Hagel, geschützter Bereich unter dem Dach oder Abdeckblech über dem Stuckprofil
- Festigkeit des Untergrundes
- Haftvermögen am Untergrund

Bei Werktrockenmörtel sind die technischen Herstellervorschriften unbedingt zu beachten, da der Einsatz an der Wetterseite von manchen Herstellern ausgeschlossen wird.

Die Vorteile der Werktrockenmörtel bestehen in der kurzen Standzeit zwischen den Zügen (etwa 0,5 … 2 Stunden), dem geringen Schwund und der Gleichmäßigkeit von Mischungsverhältnis und Materialqualität. Nachteilig ist die durch den Hersteller vorgegebene Festigkeit, da beim Putzaufbau das Festigkeitsgefälle zur Oberfläche hin von hart zu weich eingehalten werden muss. Bei zu hoher Festigkeit des Stuckmörtels droht eine Abscherung des Stuckprofiles mit der Gefahr von Rissbildung und Abplatzungen vom Untergrund.

Bei den vor Ort gemischten Baustellenmörteln gibt es unzählige Mischrezepte, da die Mörtel an die Objektbedingungen angepasst werden. So können z. B. einerseits runde Gesteinskörnungen aus Fluss- oder Grabsand, andererseits scharfkantige aus Brechsand bevorzugt werden. Für den Feinzug sind Gesteinskörnungen aus Steinmehlen oder Feinsanden zu wählen.

Ein Mischungsverhältnis von 1 Teil Bindemittel zu 3 Teilen Gesteinskörnungen ist üblich. Es kann im Einzelfall auch leicht verändert werden. Zur Verbesserung der Mörteleigenschaften können Zusätze, z. B. Haftmittel oder Dichtungsmittel, beigemischt werden. Grundsätzlich sollten jedoch die Anzahl und die Menge der Zusätze auf das Nötigste beschränkt werden, um unkontrollierte Veränderungen der Mörteleigenschaften zu vermeiden.

Handwerkliche Erfahrung ist die wesentliche Voraussetzung für die Auswahl der richtigen Mörtelmischung.

Die richtige Mörtelzusammensetzung ist wichtig für die Beständigkeit des Stuckprofiles.

Stuckprofilform Fassadenstuck

Stuckschablone für Fassadenstuck

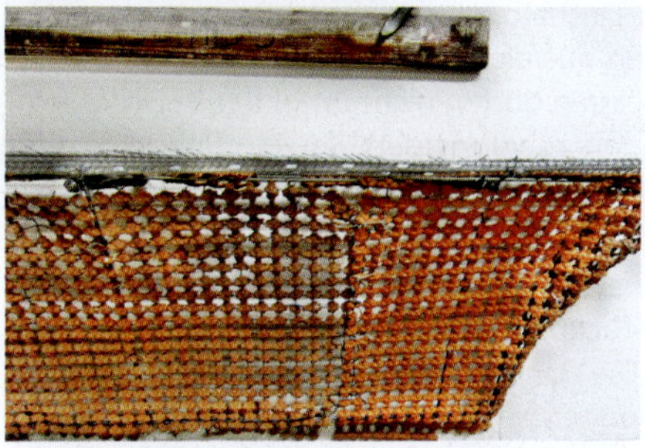

Vorbereiteter Untergrund

Vorzug

Fertiger Fassadenstuck

9.6.2 Arbeitsschritte

Beim Fassadenstuck wird das Stuckprofil meist im Ortzug an die Fassade angebracht, wobei jedoch auch der Tischzug möglich ist.

Aufgrund der Bewitterung ist Fassadenstuck starken Beanspruchungen durch Feuchtigkeit und Temperaturschwankungen ausgesetzt. Durch die richtige Profilform, Materialauswahl und Zugtechnik wird die Profiloberfläche so weit verdichtet, dass die Feuchtigkeit nur sehr verzögert eindringen kann und Schäden so vermindert werden.

Die Form des Stuckprofiles ist, im Gegensatz zum Innenstuck, nicht frei wählbar, da stehendes Wasser unbedingt vermieden werden muss. Oft lässt sich die gewünschte Profilform ohne großen Aufwand so verändern, dass diese gleich aussieht, aber das Wasser unmittelbar ablaufen kann. Zusätzlich können, je nach Einbauort und Profilform, als Schutz für die Profiloberseite auch Blechabdeckungen angebracht werden.

Die Stuckschablonen für Fassadenstuck sind baugleich mit denjenigen für Innenstuck.

Bei Fassadenstuck muss in jedem Fall mehrlagig gezogen werden, um Rissbildungen beim Schwinden des Mörtels zu vermindern. Deshalb ist es wichtig, dass zwischen den einzelnen Lagen ausreichende Standzeit gegeben wird. Die einzelnen Lagen dürfen nicht unter 5 mm Dicke sein, um Abplatzungen zu vermeiden. Bei sorgfältiger Vorbereitung reichen ein Grobzug und ein Feinzug zum Ziehen des Stuckprofiles.

Nachfolgend werden die Arbeitsschritte zum Ziehen eines massiven Stuckprofiles auf unverputztem Mauerwerk beschrieben. Die Unterschiede zum Innenstuck sind deutlich zu erkennen.

- Prüfung des Untergrundes auf Festigkeit, Saugverhalten und Ebenheit; gegebenenfalls entsprechende Untergrundvorbehandlung durchführen; Standzeiten einhalten
- Zuglatten einmessen und am Untergrund befestigen
- Einstellung der späteren Unterputzdicke mit dem Läufer am Sattelholz und dem Führungsholz am Schlitten
- Funktionsprüfung und Wässerung der Stuckschablone
- Berechnung des Gesamtmörtelbedarfs für den Vorzug
- Anmachen und Anwerfen des Mörtels im Profilbereich; bei größerer Menge ist auch der Einsatz einer Putzmaschine möglich
- gelegentlicher Schleppzug während des Profilaufbaus, bis das Stuckprofil aufgebaut und ohne Fehlstellen ist
- Stuckschablone, Werkzeug und Geräte reinigen, während der Mörtel anzieht
- Aufrauen der Stuckprofiloberfläche mit einem Putzkamm, einer härteren Bürste oder einem Straßenbesen, damit die nachfolgende Lage besser haftet
- Standzeit zum Schwinden des Mörtels einhalten; diese kann je nach Mörtel mehrere Wochen dauern
- Berechnung des Gesamtmörtelbedarfs für den Feinzug
- Kontrolle und Annässen des Vorzugs
- Mischung und schrittweiser Auftrag des Feinzugmörtels; Aufbau des Stuckprofiles unter Schleppzug
- nach dem Aufbau mehrmaliger Schleppzug mit Mörtel nass-in-feucht, bis zur Entstehung einer glänzenden Oberfläche (geschlossene Poren → geringe Wasseraufnahme)
- eventuell auftretende feine Unebenheiten mit einem Scharfzug als letztem Zug durchführen
- sollte trotz sorgfältiger Arbeit die Oberfläche nicht geschlossen sein, diese händisch nachglätten
- abstechen des über den Weg hinausstehenden Mörtels mittels eines Spachtels oder vorsichtig mit dem Hammerbeil abklopfen
- Unterputz auf der Fassadenfläche bündig mit dem Weg ausführen
- Grundieranstrich auf der Unterputzfläche bis zur Stuckprofilkante ausführen
- Oberputz bis zum Stuckprofil führen
- Schlussbeschichtung auf das Stuckprofil aufbringen (zur Farbgebung und als zusätzlicher Wetterschutz)

Eine regelmäßige Kontrolle des Schlussanstrichs und des Stuckprofiles ist sehr zu empfehlen, um beginnenden Verschleiß der Schlussbeschichtung und des Stuckprofiles rechtzeitig zu erkennen und ausbessern zu können. Damit wird die Haltbarkeit der Stuckarbeit wesentlich verlängert.

Bei Fassadenstuck sind die Auswahl der Stuckprofilform sowie die erforderlichen Standzeiten des Mörtels wichtig. Kann bei der Stuckprofilform Wasser innerhalb des Profiles stehen bleiben, führt dies zwangsläufig zu erheblichen Schäden.

Werden die Standzeiten nicht eingehalten, entstehen beim Abbinden des Mörtels Schwindrisse, in die dann Wasser eindringt und auch hier erhebliche Schäden verursacht.

Aufgaben

1. *Welche Materialien können für Fassadenstuck verwendet werden?*
2. *Nach welchen Kriterien sind Stuckprofilformen für Fassadenstuck auszuwählen?*
3. *Wählen Sie eine Zugtechnik für den Fassadenstuck aus und begründen Sie die Entscheidung.*
4. *Welche Maßnahmen können zur Verlängerung der Dauerhaftigkeit von Fassadenstuck ergriffen werden?*

9.7 Zuschneiden, Versetzen und Einputzen von Stuckprofilen

Nach dem Ziehen sind die Stuckprofile so zuzuschneiden, dass sie am Einbauort passend an- und zusammengeklebt und eingeputzt werden können.

9.7.1 Zuschnitt

Beim Zuschneiden von Stuckprofilen unterscheidet man zwischen rechtwinkligem Schnitt und Gehrungsschnitt.

Rechtwinklige Schnitte

Nachdem das Stuckprofil vom Zugtisch gelöst ist, werden die unfertigen Enden mit einem rechtwinkligen Schnitt abgetrennt. Da dieser Schnitt für spätere Messungen wichtig ist, sollte generell für rechtwinklige Schnitte eine Gehrungslade oder ein Anlegewinkel benutzt werden, um die benötigte Genauigkeit zu erreichen. Gerade Stuckprofilstöße (stumpfer Stoß genannt) sind mit rechtwinkligen Schnitten leichter und schneller auszuführen, da dünne Stoßfugen nach dem Zusammenkleben besser einzuputzen sind.

Gehrungsschnitte

Gehrungsschnitte sind für alle Arten von Verkröpfungen erforderlich. Bei der Lage des Wand- oder Deckenprofiles für Gehrungsschnitte ist zu beachten, dass die spätere Profiluntersicht auf dem Schneidetisch nach oben weisen muss (Draufsicht). Wenn also ein Stuckprofil, z. B. ein Eckgesims, beim Ziehen mit der Wandseite auf dem Zugtisch liegt, muss es zum Schneiden um 90° auf die Deckenseite gedreht werden.

Gehrungsschnitte werden als winkelhalbierende Schnitte bei einem Ausgangswinkel von 90° am einfachsten mit einer Gehrungslade ausgeführt. Eine Schneideplatte kann auf einfache Weise selbst hergestellt werden. Auf ein passendes Stück Gipsplatte wird das Stuckprofil gelegt. Dabei ist darauf zu achten, dass der überstehende Stuckprofilteil mit einer gleich starken Gipsplatte unterfüttert wird, damit dieser beim Sägen nicht abbricht.

Mit einem Bleistift werden die Kanten des Stuckprofiles auf die Schneideplatte übertragen. Dann wird ein Quadrat mit dem Maß der Stuckprofilbreite aufgezeichnet und anschließend die Diagonalen als Winkelhalbierende/Gehrungslinien eingezeichnet. Das Stuckprofil kann jetzt parallel zur Seitenlinie über die eingezeichnete Gehrungslinie verschoben und mithilfe eines rechten Winkels (senkrechter Sägeverlauf) genau abgesägt werden.

Liegt kein 90°-Winkel vor, wird der tatsächliche Gehrungswinkel auf die Schneideplatte mit einem Winkelmesser aufgezeichnet. Nun werden wieder die Profilbreite parallel zu den Winkellinien und anschließend die Winkelhalbierende angezeichnet und das Stuckprofil, wie im vorherigen Absatz beschrieben, abgesägt.

Randabschnitt am Stuckprofil

Schneideplatte

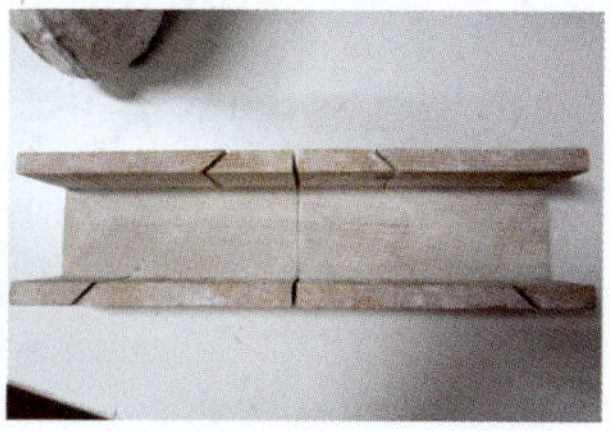

Gehrungslade

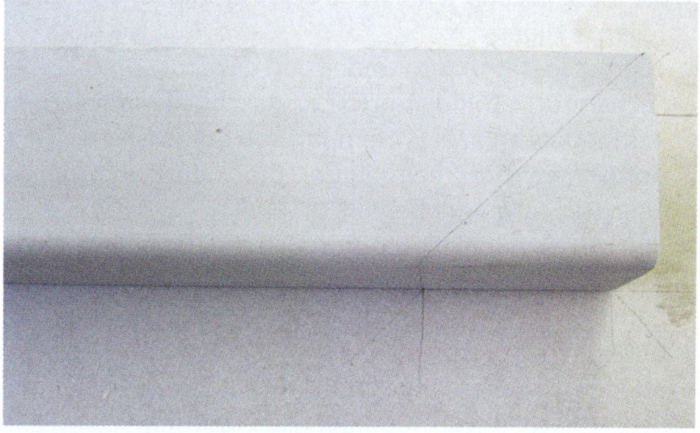

Angezeichneter Gehrungsschnitt

Gehrungsschnitt

Bei Innenstuck ist die Verwendung eines feinen bis mittleren Sägeblattes geeignet. Bei Fassadenstuck werden Hartmetallsägeblätter oder Trennschleifer mit Steinscheibe bzw. Diamantscheibe benutzt. Generell sollte für den senkrechten Sägeverlauf ein rechter Winkel als Hilfsmittel benutzt werden.

Ist das Stuckprofil noch nass, entsteht beim Sägen von Gips Sägeschlamm (weicher Gips), der das Sägeblatt stark bremst. Zum leichteren Sägen kann die Säge immer wieder in Wasser getaucht werden. Nach dem Sägen ist der Sägeschlamm von der Klebefläche zu entfernen, damit der Stuckgipskleber später problemlos haftet.

Alle Maße sollten etwa 2 mm verkürzt werden, damit das Stuckprofil besser eingesetzt und genug Kleber auf der Schnittfläche aufgebracht werden kann.

9.7.2 Versetzen der Profile

Nach dem Zuschnitt werden die Stuckprofile in der geplanten Reihenfolge am Einbauort versetzt. Nachfolgend werden die einzelnen Arbeitsschritte beschrieben:

- die Lage des Stuckprofiles am Untergrund aufreißen
- Aufrauen der Klebeflächen am Untergrund und am Stuckprofil mit einem Gitterschnitt zur Vergrößerung der Haftfläche und zur Aufnahme von überflüssigem Kleber; die Tiefe kann je nach Profil- und Putzstärke 5 … 7 mm sein
- die Klebeflächen mit einer trockenen Bürste von losen Teilen reinigen
- Vornässen des Untergrundes und der Stuckprofilklebeflächen zur Verhinderung eines zu schnellen Anziehens des Klebers und zur Entfernung von Staubresten
- Anmachen der benötigten Stuckgipsklebermenge nach Herstellerangaben
- den Kleber an einem Stuckprofil mit geeignetem Werkzeug wulstförmig entlang der Stuckprofilkante auftragen; Verschmutzungen der Profilfläche mit Kleber sind unbedingt zu vermeiden
- ab dem zweiten Stuckprofilstück zusätzlich auf die Schnittflächen wulstförmiger Kleberauftrag
- Stuckprofil aufnehmen und mit leichten Seitwärtsbewegungen bis zur gewünschten Lage andrücken; im Idealfall ist an allen Kanten ein Kleberwulst zu sehen
- Kontrollieren der Lage des Stuckprofiles; ab dem zweiten Profilstück zusätzlich die Ebenheit der durchgehenden Profilflächen mit einer Ziehklinge oder einem Japanspachtel kontrollieren
- als Sicherung gegen das Abrutschen des Stuckprofiles entlang der Stuckprofilkanten 2 … 4 Drahtstifte setzen, die nach Erhärtung des Klebers entfernt werden
- ausfüllen eventueller Beschädigungen mit Stuckgipskleber, dabei den Kleber etwas überstehen lassen, da dieser beim Abbinden schrumpft

Genaue Zuschnitte können mit Gehrungsladen oder Schneideplatten hergestellt werden.

Durch sorgfältiges Aufrauen wird das Ankleben erleichtert.

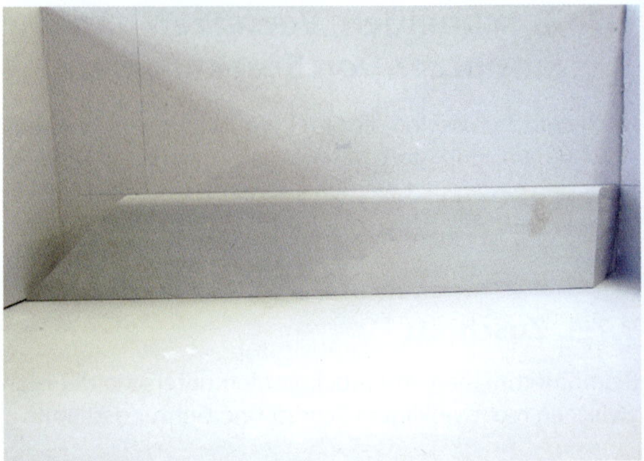

Stuckprofil auf Untergrund aufgezeichnet

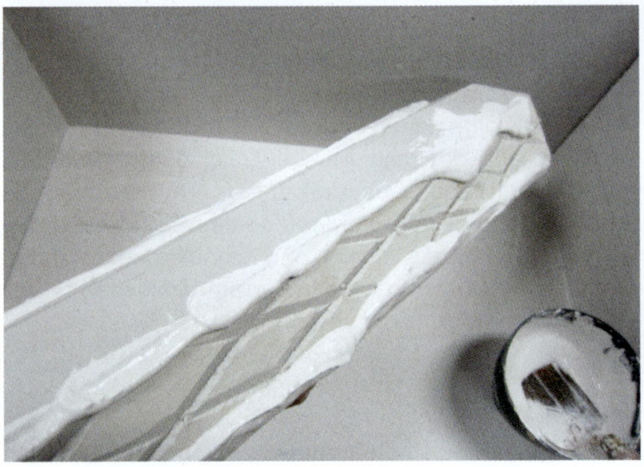

Kleber auf Stuckprofil

Stuckprofil angesetzt

Kleber am Rand abziehen

9.7.3 Einputzen der Profile

Ist der ausgetretene Stuckgipskleber soweit abgebunden, dass er zwar fest ist, aber unter Reibung noch schmiert, wird mit dem Einputzen begonnen. Hat man beim Kleben genug Stuckgipskleber liegen lassen, kann im günstigsten Fall mit dem Abziehen des überstehenden Stuckgipsklebers fertig eingeputzt werden.

Es gibt folgende Tipps:

- Abziehen des überstehenden Stuckgipsklebers mit einer Ziehklinge oder einem Japanspachtel
- kleinere Fehlstellen können mit Stuckgipskleber oder Stuck-/Modellgips ergänzt werden; bei Stuck-/Modellgips auf ausreichende Befeuchtung achten, damit das Aufbrennen des Gipses verhindert wird
- angepasster Druck am Werkzeug, da sonst Ecken und Kanten beschädigt werden können oder überschüssiges Material nicht abgenommen wird
- grundsätzlich ist das Werkzeug an Außenecken vom Eck weg zu führen, während in Innenecken auf eine ebene Führung des Werkzeuges zu achten ist
- sinnvoll ist auch das Führen des Werkzeuges über die Profilflächen, da bei Verkantungen die Profiloberfläche beschädigt werden kann
- sollte der überstehende Stuckgipskleber doch einmal zu hart sein, muss dieser dann mühsam mit einem Messereisen, Stechbeitel oder einer anderen scharfen Klinge grob vorgeschnitten und anschließend vorsichtig mit einer Ziehklinge nachgeschabt werden

Werden die Stuckprofile genau zugeschnitten und angeklebt, sind die Einputzarbeiten leicht auszuführen. Die Einputzarbeiten werden zusätzlich erleichtert, wenn ausreichend Stuckgipskleber aufgetragen wird. Mit der richtigen Einputztechnik sind nahezu alle Stuckprofilformen ohne größere Probleme fertigzustellen.

Kleber auf der Fläche und am Eck abziehen

Fertig eingeputztes Stuckprofil

Zusammenfassung

Um Stuckprofile zu den Räumen passend einzubauen, sind Kenntnisse über Stuckprofilformen und deren Anordnung nötig.

Die erforderlichen Arbeiten wie Stuckschablonenbau, Zugarbeiten und das Zuschneiden, Ansetzen und Einputzen sind sorgfältig zu planen und auszuführen.

Die Anwendung der richtigen Techniken und Materialien erleichtert die Ausführung der Arbeit und sichert deren Dauerhaftigkeit.

Aufgaben

1. *Worauf ist beim Zuschneiden von Stuckprofilen zu achten?*
2. *Wie viele unterschiedliche Schnitte gibt es und wie heißen diese?*
3. *Welche Hilfsmittel können zum Schneiden benutzt werden?*
4. *Beschreiben Sie in Stichworten das Ankleben von Stuckprofilen.*
5. *Wie kann schnell und einfach eingeputzt werden? Worauf ist beim Einputzen von Stuckprofilen zu achten?*

9.8 Zeichnerische Darstellung

9.8.1 Musteraufgabe

Form, Zuschnitt und Anordnung der Stuckprofile am Einbauort können durch zeichnerische Darstellung veranschaulicht werden.

Zu den Zeichnungsbestandteilen gehören

- Querschnitt des Stuckprofiles mit Bemaßung
- Vorderansicht des Stuckprofiles am Einbauort
- eventuell Seitenansicht des Stuckprofiles am Einbauort
- Untersicht des Stuckprofiles am Einbauort mit Bemaßung
- Lage des Stuckprofiles auf dem Schneidetisch als Aufriss mit Bemaßung

Nachfolgend werden die Arbeitsschritte zur Darstellung eines Eckgesimses mit Totlauf beschrieben.

Aufgabenstellung

Zeichnen Sie auf einem A4-Blatt im Querformat das dargestellte, um eine Lisene geführte Stuckprofil mit Totlauf an der Wand.

Maßstab 1 : 1, Nummerierung der Teile; Bemaßung

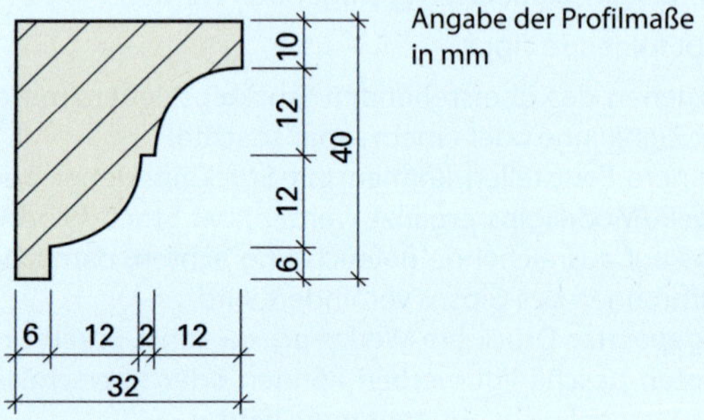

Profilquerschnitt mit Bemaßung

Blatteinteilung

Im ersten Arbeitsschritt wird die vorgesehene Blatteinteilung für die Zeichnungsbestandteile aufgerissen. Dabei ist ein für die Profilgröße geeigneter Maßstab zu wählen.

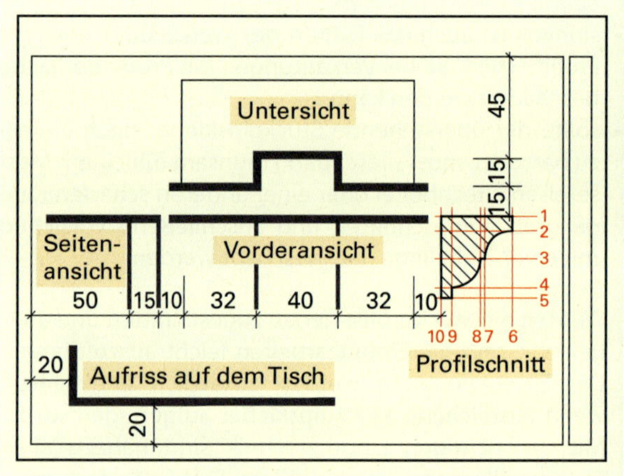

Blatteinteilung mit Profilquerschnitt

Profilquerschnitt

Der Querschnitt des Stuckprofiles wird aufgerissen.

Dazu werden im Bereich des Profilschnittes zunächst die Abstandsmaße der sichtbaren Kanten aller Profilecken als waagerechte bzw. senkrechte Hilfslinien dünn aufgetragen. Danach werden die Schnittpunkte der Hilfslinien entsprechend dem Profilumriss kräftig nachgezogen. Abschließend erfolgen Bemaßung und Schraffur des Profilschnittes.

Untersicht

Ausgehend von den Lisenenecken in der Untersicht, werden die beiden Winkelhalbierenden als Hilfslinien aufgetragen.

Danach werden aus dem Profilschnitt die Breitenabstände der in der Untersicht sichtbaren Profilkanten in die rechte Hälfte der Untersicht übertragen und als dünne Hilfslinien bis zur Winkelhalbierenden nach oben weitergeführt.

Vom jeweiligen Schnittpunkt mit der Winkelhalbierenden werden Hilfslinien parallel zur Lisenenkante nach links bis zur Winkelhalbierenden und anschließend nach unten bis zum Totlauf an der Wand weitergeführt.

Zuletzt werden die in der Untersicht sichtbaren Profilkanten kräftig nachgezogen.

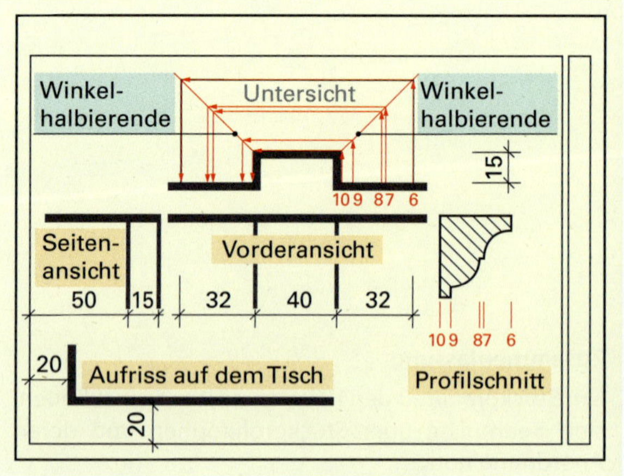

Entwicklung der Unteransicht aus dem Profilquerschnitt

Vorderansicht

Ausgehend von den in der Untersicht sichtbaren Profilkanten, werden auf beiden Seiten der Lisene Hilfslinien nach unten bis zur Unterkante der Vorderansicht geführt.

Dann werden, ausgehend von den Profilecken des Profilschnittes, waagerechte Hilfslinien nach links bis zum linken Rand der Vorderansicht aufgetragen.

Nun werden die Schnittpunkte der senkrechten und waagerechten Hilfslinien auf der linken und der rechten Seite jeweils zum Umriss des Profiles verbunden und kräftig nachgezogen.

Abschließend werden die in der Vorderansicht sichtbaren waagerechten Profilkanten ebenfalls kräftig nachgezogen.

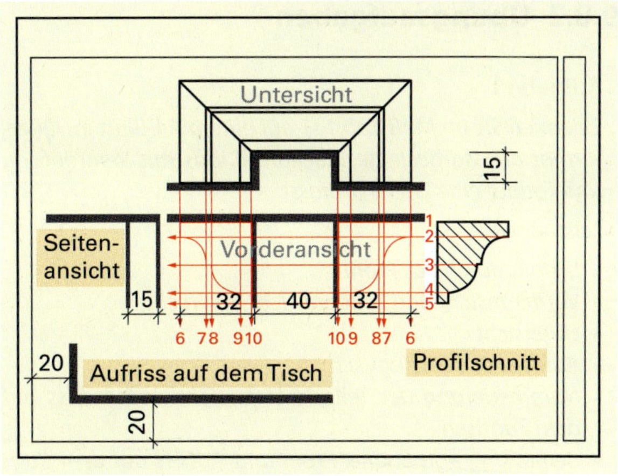

Entwicklung der Vorderansicht aus der Untersicht

Seitenansicht von rechts

Ausgehend von den in der Vorderansicht sichtbaren horizontalen Kanten, werden für die Seitenansicht die waagerechten Hilfslinien in Richtung des linken Blattrandes verlängert.

Danach wird der an der linken Lisenenkante der Vorderansicht angesetzte Profilumriss nach links in die Seitenansicht an die vor den Wandschnitt vorspringende Lisenenkante angetragen und kräftig nachgezogen.

Zuletzt werden die in der Seitenansicht sichtbaren Horizontalkanten zwischen den linken Profilecken und dem Totlauf an der Wand kräftig nachgezogen.

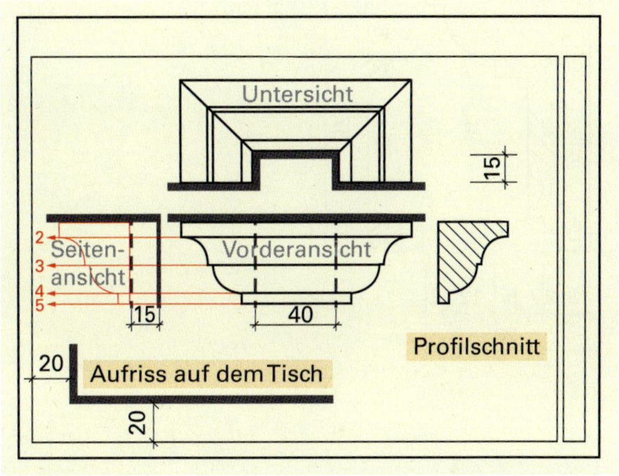

Entwicklung der Seitenansicht von rechts aus der Vorderansicht

Aufriss auf dem Schneidetisch

Aus der Untersicht werden die Endstücke links und rechts an den Gehrungslinien nach oben aufgeklappt. Danach werden sie, an der linken Kante des Aufrisses beginnend, in der Breite des Profiles auf den Schneidetisch übertragen.

Alle sichtbaren Kanten und Gehrungslinien werden kräftig nachgezogen.

Zur Bemaßung werden die Breiten- und Längenmaße der Profilstücke, die Breitenabstände der Profilkanten sowie die Schnittwinkel der Gehrungslinien angegeben.

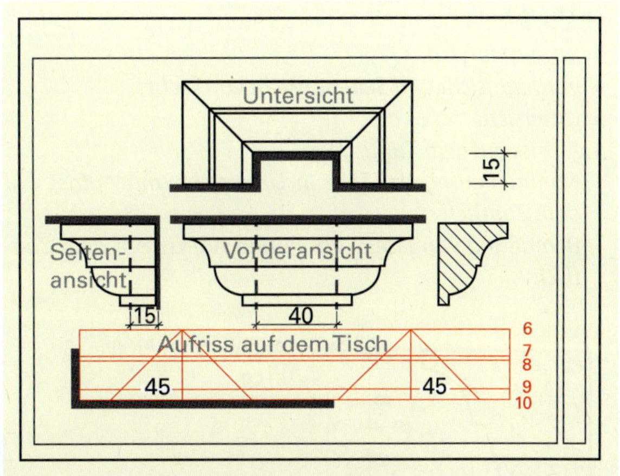

Aufriss des Profiles auf dem Schneidetisch

9.8.2 Übungsaufgaben

Aufgabe 1

Zeichnen Sie im Maßstab 1 : 1 auf einem A4-Blatt im Querformat das dargestellte Stuckprofil, das mit Verkröpfung und Totlauf eine Lisene umfasst.

Leistungen:

- *Schnitt durch das Profil*
- *Vorderansicht und Seitenansicht von rechts*
- *Untersicht*
- *Aufriss auf dem Zugtisch*
- *Nummerierung der Teile in Untersicht und Aufriss auf dem Zugtisch*
- *Bemaßung von Lisene, Profil und Aufriss auf dem Zugtisch*

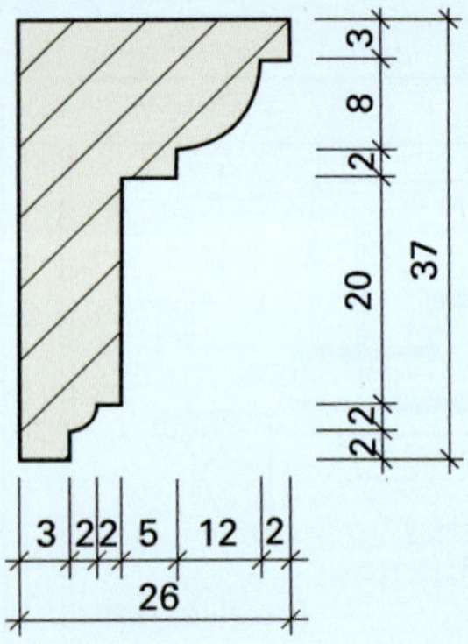

Angabe der Profilmaße in mm

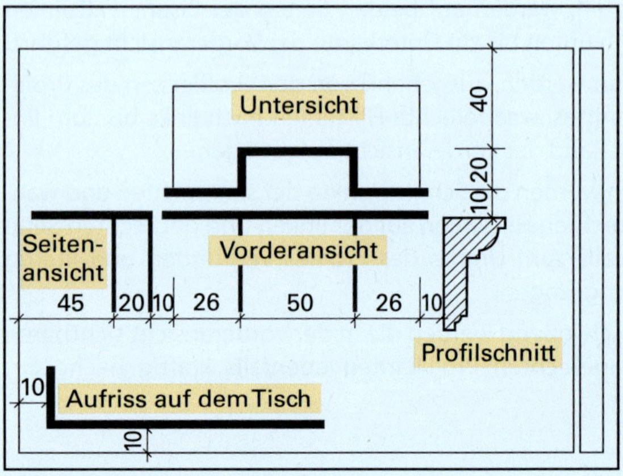

Blatteinteilung, Maßangaben in mm

Aufgabe 2

Zeichnen Sie im Maßstab 1 : 10 auf einem A4-Blatt im Querformat das dargestellte Stuckprofil (Eckgesims), das mit Verkröpfung und Totlauf eine Lisene umfasst.

Leistungen:

- *Schnitt durch das Profil*
- *Vorderansicht und Seitenansicht von rechts*
- *Untersicht*
- *Aufriss auf dem Zugtisch*
- *Nummerierung der Teile in Untersicht und Aufriss auf dem Zugtisch*
- *Bemaßung von Lisene, Profil und Aufriss auf dem Zugtisch*

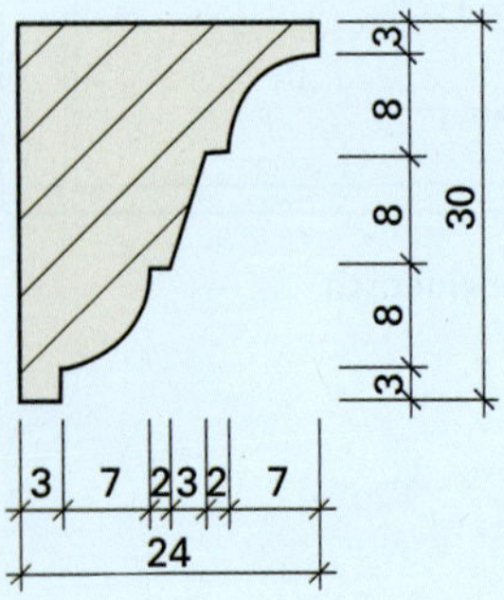

Angaben der Profilmaße in cm

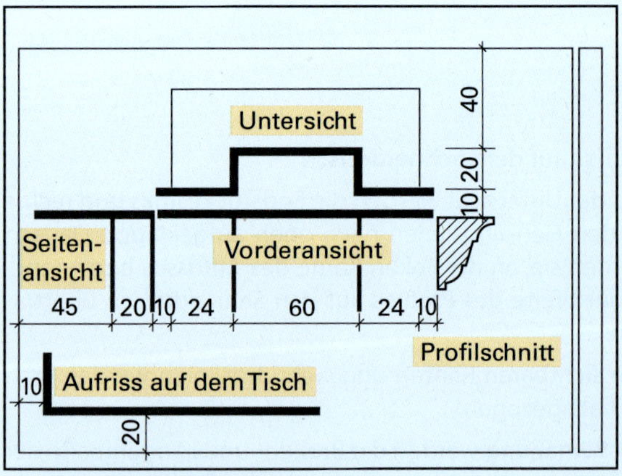

Blatteinteilung, Maßangaben in mm

Aufgabe 3

Zeichnen Sie im Maßstab 1 : 10 auf einem A4-Blatt im Querformat das dargestellte Stuckprofil, das mit Verkröpfungen mit innerer und äußerer Wiederkehr eine Lisene umfasst.

Leistungen:

- *Schnitt durch das Profil*
- *Vorderansicht und Seitenansicht von rechts*
- *Untersicht*
- *Aufriss auf dem Zugtisch*
- *Nummerieren Sie die Teile in Untersicht und Aufriss auf dem Zugtisch*
- *Bemaßen Sie Lisene, Profil und Aufriss auf dem Zugtisch*

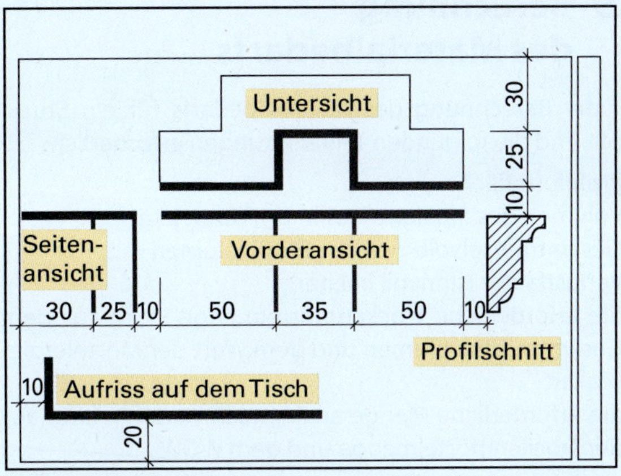

Blatteinteilung, Maßangaben in mm

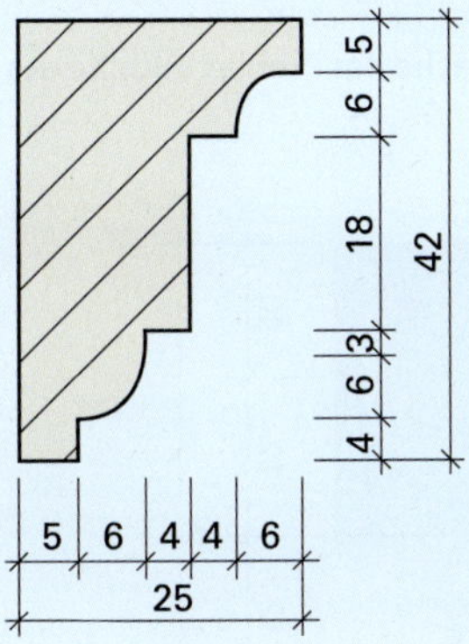

Angabe der Profilmaße in cm

Aufgabe 4

Zeichnen Sie im Maßstab 1 : 10 auf einem A4-Blatt im Querformat das dargestellte Stuckprofil, das mit Verkröpfungen und Totlauf eine Lisene in Form eines halben Achteckpfeilers umfasst.

Leistungen:

- *Schnitt durch das Profil*
- *Vorderansicht und Seitenansicht von rechts*
- *Untersicht*
- *Aufriss auf dem Zugtisch*
- *Nummerieren Sie die Teile in Untersicht und Aufriss auf dem Zugtisch*
- *Bemaßen Sie Lisene, Profil und Aufriss auf dem Zugtisch*

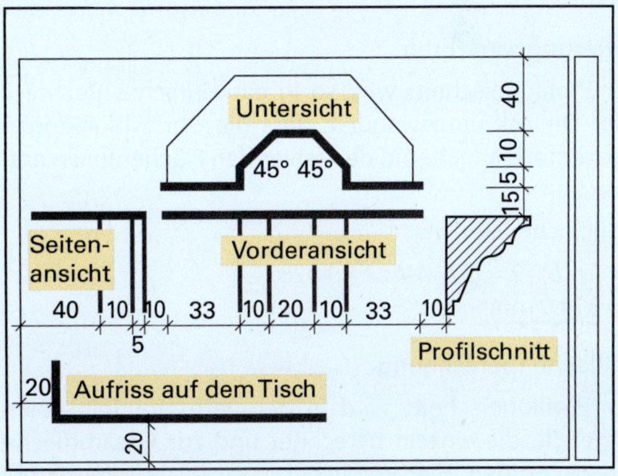

Blatteinteilung, Maßangaben in mm

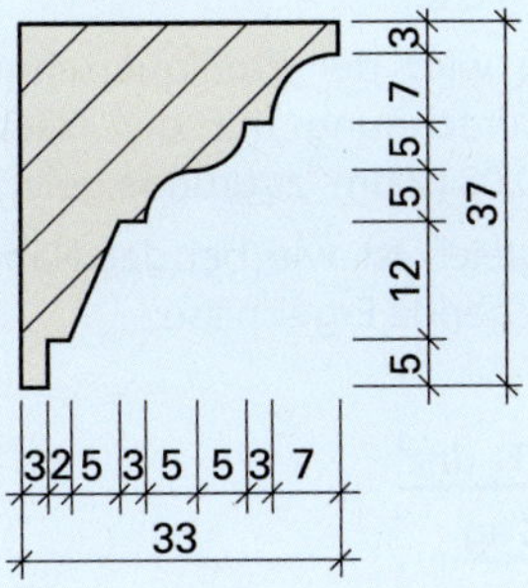

Angabe der Profilmaße in cm

9.9 Berechnung des Materialbedarfs

Bei der Berechnung des Materialbedarfs für ein Stuckprofil sind die folgenden Teilrechnungen erforderlich:

- Profilformfläche
- Volumen des Stuckprofiles in dm^3 bzw. Liter
- Gesamtmörtelvolumen aus Profilvolumen
- Verlustfaktor (sinnvoll in Liter)
- die erforderliche Trockenmörtelmenge in kg aus dem Gesamtmörtelvolumen und dem Wert der Mörtelergiebigkeit
- die erforderliche Menge an Anmachwasser in Liter aus der Trockenmörtelmenge und dem WGW

9.9.1 Musteraufgabe

Berechnen Sie für das dargestellte Stuckprofil den Bedarf an Trockenmörtel in kg und an Anmachwasser in Liter. Berechnen Sie:

- die Querschnittsfläche A des Profiles in dm^2
- das Profilvolumen V in Liter
- das Mörtelvolumen V_{gesamt} in Liter
- die Trockenmörtelmenge (G) in kg
- die Anmachwassermenge (W) in Liter

Länge des Stuckprofiles $L = 3{,}00$ m
Verlust = 8 %
Ergiebigkeit: 1 kg Stuckgips ≙ 1,1 Liter Gipsmörtel

Wasser-**G**ips-**W**ert: WGW = W(Liter) : G(kg) = Wert (0,7)

Die Querschnittsfläche A des Profiles kann auf folgende Weise berechnet werden:

Näherungsverfahren

Der Profilquerschnitt wird so in ein einfaches Rechteck oder Dreieck umgewandelt, dass die übrig bleibenden Flächenteile annähernd den fehlenden Flächenteilen entsprechen.

Profilfläche:

$A = (a \cdot b) : 2 = (37 \cdot 44) : 2 = 1\,628 : 2$
$= \underline{814{,}0\ mm^2}$

Teilflächenberechnung

Der Profilquerschnitt wird in geometrische Teilflächen aufgeteilt, die einzeln berechnet und zur Gesamtfläche addiert werden. Hier verbleiben zwei Rechtecke, da bei gleichem Kreisradius $A_3 = A_4$ cm^2 ist.

$A_{gesamt} = A_1 + A_2 = a_1 \cdot b_1 + a_2 \cdot b_2$
$A_{gesamt} = 32 \cdot 22 + 6 \cdot 18 = 704 + 108$
$= \underline{812{,}0\ mm^2}$

Für die erste Berechnung wird der Profilquerschnitt nach der Näherungsformel mit der Fläche $A = 814{,}0\ mm^2 = 8{,}14\ cm^2 = 0{,}0814\ dm^2$ zugrunde gelegt.

Volumenberechnung des Stuckprofiles

V = Querschnittsfläche · Profillänge
$V = A_{gesamt} \cdot l = 0{,}0814\ dm^2 \cdot 30\ dm = \underline{2{,}442\ dm^3}$

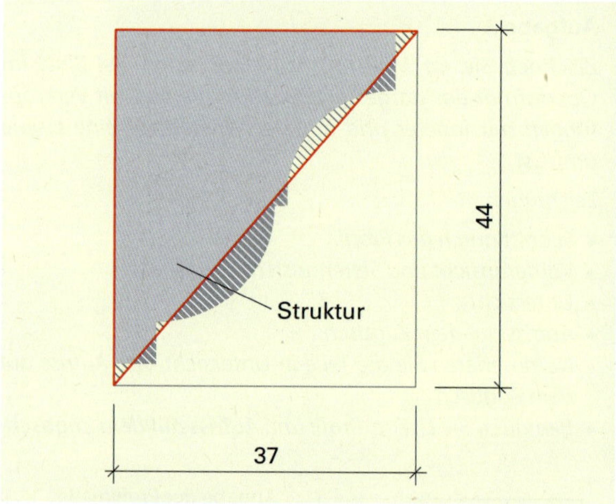

Berechnung der Querschnittsfläche des Profiles mithilfe des Näherungsverfahrens

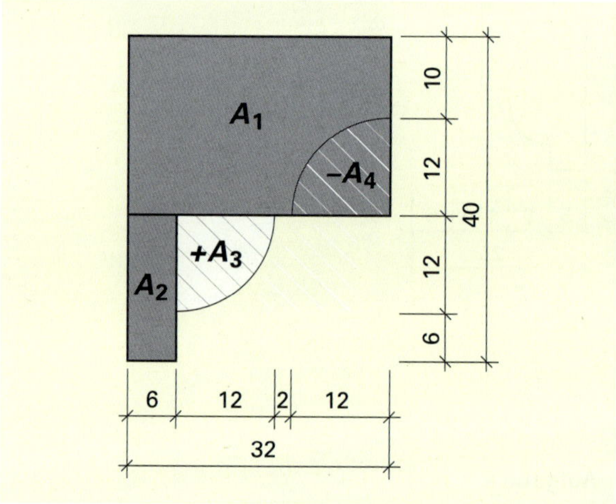

Berechnung der Querschnittsfläche des Profiles durch Aufteilung und Berechnung der Teilflächen

Gesamtmörtelvolumen

$V_{gesamt} = V \cdot$ Verlustfaktor
$V_{gesamt} = V \cdot 1{,}08 = \underline{2{,}631\ dm^3}$ (≙ Liter)

Trockenmörtelmenge (G)

G = Gesamtmörtelvolumen : Ergiebigkeit
G = 2,631 Liter : 1,1 kg/Liter= $\underline{2{,}392\ kg}$

Anmachwasser (W)

W = Trockenmörtelmenge × WGW
$W = 2{,}392\ kg \cdot 0{,}7 = \underline{1{,}674\ kg}$ = Liter

In der zweiten Berechnung wird der Profilquerschnitt nach der geometrischen Berechnung mit der Fläche $A = 812{,}0\ mm^2 = 8{,}12\ cm^2 = 0{,}0812\ dm^2$ zugrunde gelegt.

Nachdem der Rechenweg gleich ist wie bei der Näherungsformel, ergeben sich folgende Ergebnisse:

Volumen: $\underline{2{,}436\ dm^3}$

Gesamtmörtelvolumen: $\underline{2{,}631\ dm^3}$

Trockenmörtelmenge: $\underline{2{,}392\ kg}$

Anmachwasser: $\underline{1{,}674\ kg}$ = 1,674 Liter

9.9.2 Übungsaufgaben

Aufgabe 1

Berechnen Sie für das in der Aufgabe 2 in Abschnitt 9.8.2 dargestellte Stuckprofil den Bedarf an Trockenmörtel in kg und an Anmachwasser in Liter.

Berechnen Sie dazu:

- *die Querschnittsfläche A des Profiles in dm^2*
- *das Profilvolumen V in Liter*
- *das Mörtelvolumen V_{gesamt} in Liter*
- *die Trockenmörtelmenge (G) in kg*
- *die Anmachwassermenge (W) in Liter*

Aufgabe 2

Zeichnen Sie eine Stuckprofilform mit einer Ausladung von 15 cm und einer Höhe von 20 cm freihändig auf ein A4-Blatt und berechnen Sie:

- *Mörtelvolumen (Mörtelbedarf)*
- *Gesamtmörtelvolumen (Gesamtmörtelbedarf)*
- *Trockenmörtelmenge in g und kg mit der Ergiebigkeit*
- *Anmachwasser in l und m^3 mit dem WGW*

Für die Berechnung sind außerdem gegeben:

- *der Raum hat den Grundriss 6 m · 6 m*
- *der WGW ist 0,7*
- *der Verlust ist einmal mit 2 % und einmal mit 5 % einzurechnen*

Aufgabe 3

Berechnen Sie für das nebenstehende Stucksockelprofil das benötigte Anmachwasser in Litern mit der Näherungsformel. Folgende Angaben sind bekannt:

Benötigte Länge: 22 m

Verlust: 10 %

Alle anderen Angaben wie in der Musteraufgabe.

Maße in Millimetern

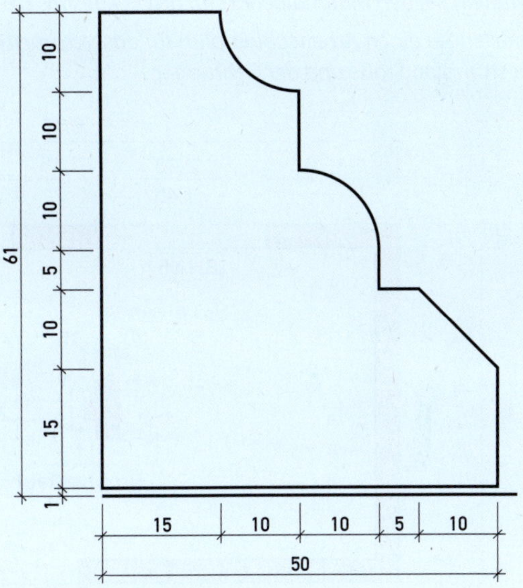

Da die Ergebnisse zwischen Teilflächenberechnung und Näherungsformel nur unwesentlich abweichen, kann je nach Stuckprofilform die Berechnung mathematisch genau oder nach der Näherungsformel ermittelt werden. Bei aufwendigen Stuckprofilformen ist wegen des Zeitaufwands die Näherungsformel zu benutzen. Beim späteren Anmachen des Mörtels gilt besonders für Gips: Besser etwas zu viel als zu wenig Mörtel anmachen, da bei fehlendem Mörtel das Stuckprofil nicht in einem Zug fertiggestellt werden kann.

9.10 Projektaufgabe

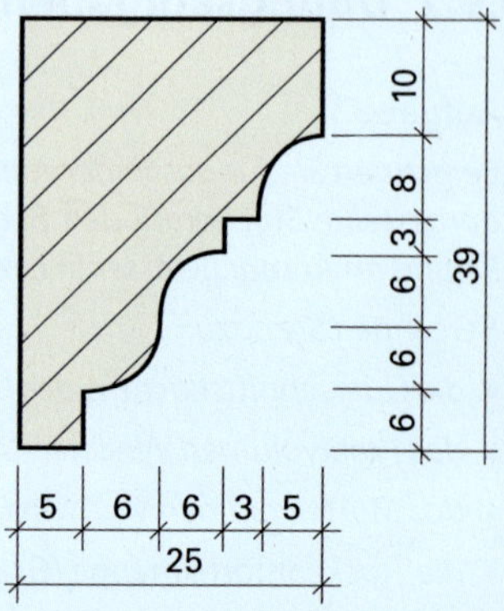

Im Ausstellungspavillon eines Stuckateurbetriebes soll an der Innenseite der Außenwand sowie am Kopf einer Stütze jeweils umlaufend ein Stuckprofil als Eckgesims zwischen Wand und Decke angebracht werden.
Maße des dargestellten Profils in cm.

Baubeschreibung

Mauerwerkswände Porenbeton-Plansteine mit Leichtmauermörtel
$d = 0{,}30$ m, $\varrho = 350$ kg/m^3
Innenputz: Gipsleichtputz, $d = 1{,}5$ cm, $\varrho = 800$ kg/m^3

Aufgaben

1. *Zeichnen Sie den Grundriss des Pavillons als Werkplan im Maßstab 1 : 50 mit Bemaßung.*
2. *Zeichnen Sie aus dem Grundriss das am Kopf des pfeilartigen Vorsprungs vor einer frei stehenden breiteren Stütze verkröpfte Stuckprofil im Maßstab 1 : 10 (Profilschnitt, Vorder- und Seitenansicht, Untersicht, Aufriss auf dem Zugtisch, Bemaßung).*
3. *Erstellen Sie aus der Grundrisszeichnung das Aufmaß für die Gesamtlänge des umlaufenden Stuckprofiles in m.*
4. *Berechnen Sie die Fläche des Profilquerschnitts in cm^2 und dm^2, sein Volumen in cm^3 und Liter.*
5. *Ermitteln Sie den Materialbedarf für das Eckgesims bei 8 % Verlust und Verschnitt.*
6. *Erstellen Sie einen Arbeitsablaufplan für das Verarbeiten der Stuckprofile vom Aufriss am Untergrund bis zum Einputzen der stumpfen Stöße und der Gehrungen.*

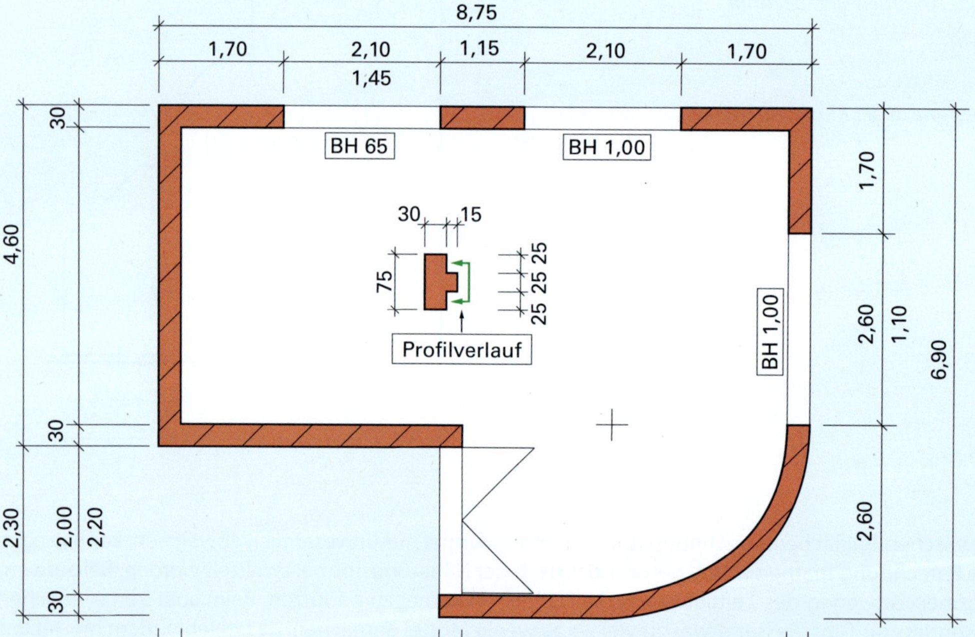

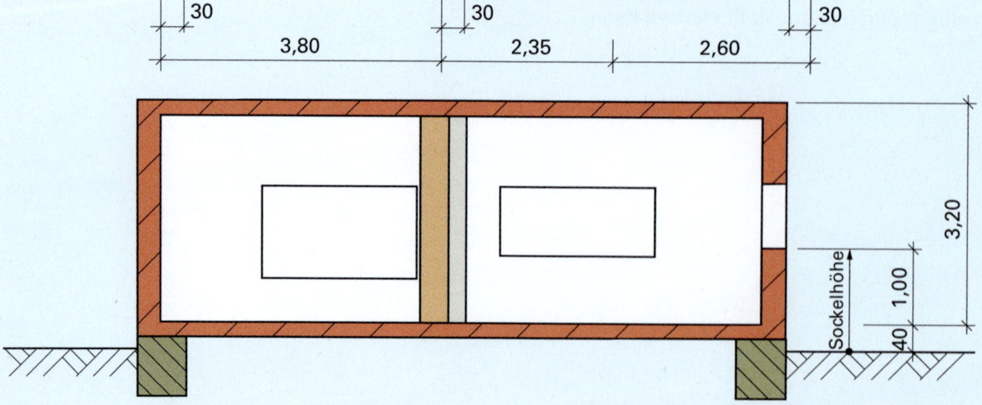

Lernfeld 10
Erstellen einer Wand in Trockenbauweise

Bei vielen Gebäuden erfolgt der Innenausbau nach der Erstellung des Rohbaus in Trockenbauweise. Leichte, nichttragende innere Trennwände sind ein Teil dieser Ausbaukonstruktionen. Sie müssen standsicher erstellt werden und bauphysikalische Aufgaben, zum Beispiel Schall- und Brandschutz, erfüllen.

Im Lernfeld 10 lernen wir die unterschiedlichen Arten von leichten Trennwänden kennen und können je nach Art der an sie gestellten Anforderungen den für einen Einbau geeigneten Wandtyp bestimmen. Hierzu müssen wir uns Materialkenntnisse aneignen, die bauphysikalischen Grundlagen erarbeiten und mit den Montageabläufen vertraut sein. Aufgrund planerischer Vorgaben erstellen wir das Aufmaß, Materialbedarfs- sowie Kostenberechnungen und fertigen Ausführungs- und Detailzeichnungen an. Eine abschließende Projektaufgabe fasst die wesentlichen Planungsschritte, Berechnungen und zeichnerischen Darstellungen nochmals zusammen.

10.1 Gebäudeausbau in Trockenbauweise

Bei vielen Gebäuden, besonders bei Büro- und öffentlichen Bauten, wird nach der Erstellung des Rohbaus der weitere Innenausbau in Trockenbauweise erstellt. Hierbei werden großformatige, vorgefertigte Bauelemente auf die Baustelle geliefert und dort im Wesentlichen trocken zusammengefügt und an den vorhandenen Rohbaukonstruktionen befestigt. Auch bei Altbaumodernisierungen hat sich die Trockenbauweise bewährt.

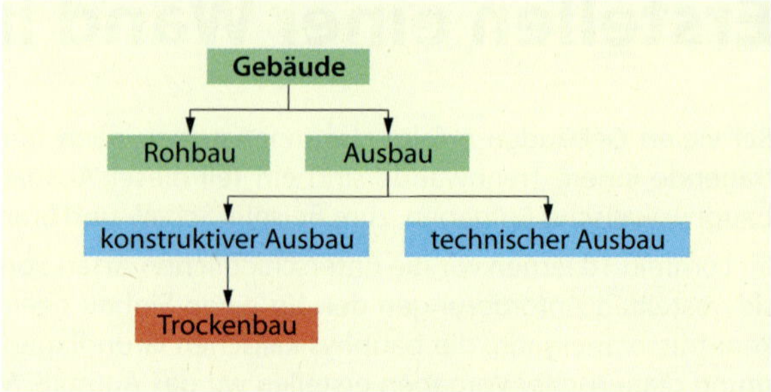

Trockenbau im Gebäudezusammenhang

Anwendungsbereiche:

- **Nichttragende innere Trennwände**
  einschalige Plattenwände und zweischalige Montagewände
- **Wandbekleidungen** (Trockenputz) und **Wandvorsatzschalen** mit Dämmstoffeinlage im Wandzwischenraum
- **Deckenbekleidungen**, direkt an der Rohdecke befestigt, und **Unterdecken**, von der Rohdecke abgehängt (siehe Lernfeld 13)
- **Fertigteilestriche** (siehe Lernfeld 16)
- **Träger-** und **Stützenbekleidungen**
- **Dachgeschossausbau**
  Dämmung und Beplankung von Dachschrägen, Kehlbalkendecken und Abseitenwänden (Kniestock)

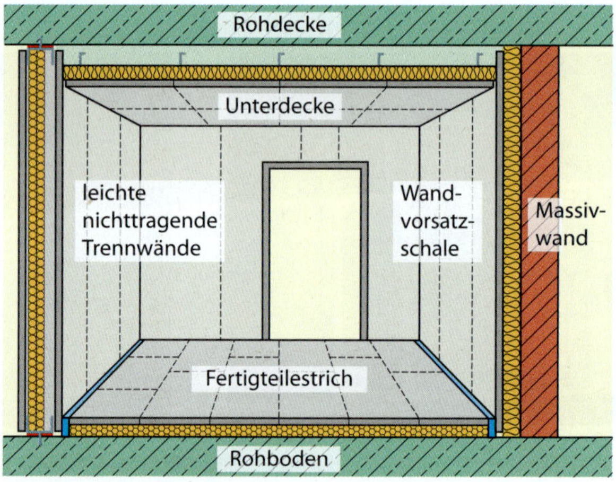

Raumbegrenzende Trockenbaukonstruktionen

Trennwände in Trockenbauweise:

Vorteile

- geringe Baufeuchte, deshalb kurze Wartezeiten und damit ein beschleunigter Bauablauf
- geringe flächenbezogene Massen und dadurch weniger Belastung des Gesamtbauwerks
- große Anpassungsfähigkeit bei Anforderungen an den Schall-, Brand- und Wärmeschutz
- einfache Integration haustechnischer Installationen
- Möglichkeit einer maßgenauen Vorfertigung
- abhängig von der Konstruktionsart leicht abzubauende oder umzusetzende Bauteile
- vielfältige Materialauswahl und Gestaltungsmöglichkeiten

Nachteile

- Die Konstruktionen können keine Lasten aus angrenzenden Bauteilen aufnehmen.
- Aufgrund ihrer Zusammensetzung aus meist feuchtigkeitsempfindlichen Materialien sind in feuchtebelasteten Räumen besondere Maßnahmen zur Vermeidung von Feuchteschäden notwendig.
- Um alle bauphysikalischen Anforderungen an das Bauteil zu erfüllen, sind ein höherer Planungsaufwand und eine maßgenaue Ausführung erforderlich.

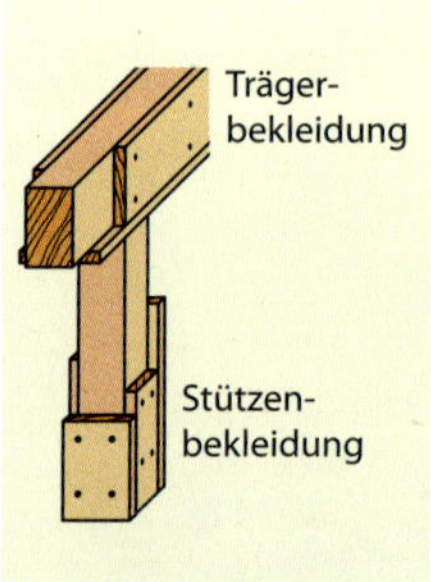

Stützen- und Trägerbekleidungen

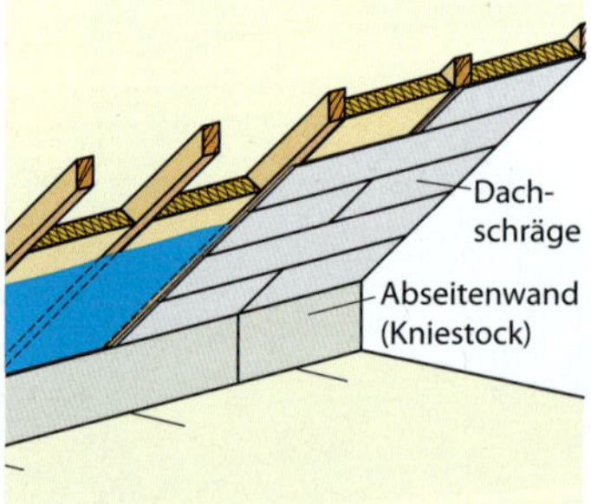

Dachgeschossausbau

Zusammenfassung

Trockenbaukonstruktionen sind flexible und wirtschaftliche Ausbaukonstruktionen, die nicht nur im Neubau Anwendung finden. Aufgrund ihrer geringen Massen und der fehlenden Baufeuchte eignen sie sich in hohem Maße auch für die Altbaumodernisierung.

Um alle an diese Konstruktionen gestellten bauphysikalischen und statischen Anforderungen zu erfüllen, ist eine sorgfältige Planung und Ausführung erforderlich.

10.2 Nichttragende innere Trennwände

Nichttragende innere Trennwände werden nach Fertigstellung des Rohbaus erstellt. Sie sind durch folgende Merkmale gekennzeichnet:

- Nichttragende innere Trennwände dürfen keine vertikalen und horizontalen Lasten aus den angrenzenden Rohbaudecken und -wänden übernehmen.
- Ihre Standsicherheit wird durch die Befestigung an der angrenzenden Rohbaukonstruktion gewährleistet.
- Sie müssen ausreichend stoß-, biegezug- und druckfest ausgeführt werden und auch Konsollasten abtragen können.
- Leichte unbelastete Trennwände können grundrissunabhängig an jeder Stelle eines Raumes erstellt werden, wenn ihre Last nicht mehr als 3,0 kN (5,0 kN) pro Meter Wandlänge beträgt und die statisch zu berücksichtigende Deckennutzlast um 0,8 kN/m^2 (1,2 kN/m^2) erhöht wird.

Aufgaben innerer Trennwände:

- Raumtrennung und Raumgestaltung
- den Anforderungen entsprechender Schall-, Brand- und Feuchteschutz
- Wärmedämmung zwischen unterschiedlich temperierten Räumen
- Strahlenschutz, falls die Raumnutzung dies erfordert

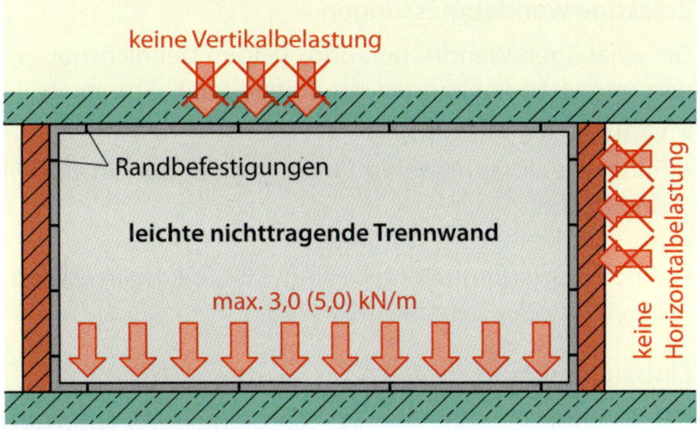

Einbaubedingungen

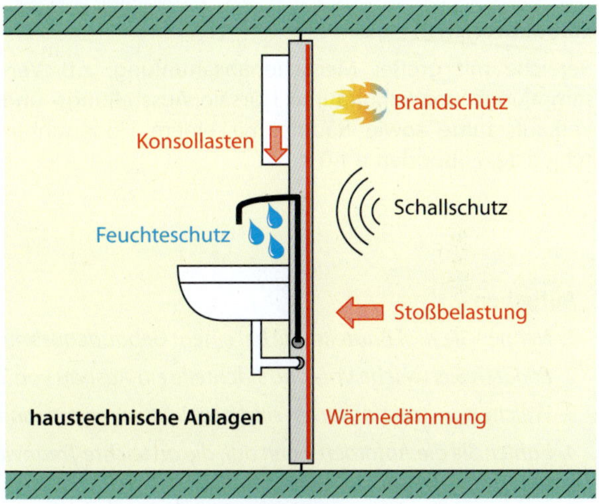

Anforderungen an innere Trennwände

10.3 Konstruktionsarten leichter Trennwände

Grundsätzlich sind zwei Konstruktionsprinzipien bei leichten nichttragenden Trennwänden zu unterscheiden:

- **einschalige Wände (Plattenwände)**
  Diese Wände werden aus großformatigen Bauplatten gemauert. Der Stuckateur verarbeitet hierbei in der Regel Wandbauplatten aus Gips. Diese Gipsplatten haben Nut- und Federkanten und werden, wie im Mauerwerksbau üblich, im Verband versetzt und mit einem Kleber verbunden.
- **zweischalige Wände (Montagewände)**
  Diese Wände bestehen aus einer Unterkonstruktion aus Metall- oder Holzprofilen und werden mit großformatigen, dünnen Platten ein- oder mehrlagig beplankt. Der Stuckateur verwendet für die Beplankung hauptsächlich Gips-, Gipsfaser-, Gipsvlies- oder Calciumsilicatplatten, die mit geeigneten Schrauben auf der Unterkonstruktion befestigt werden. Zur Verbesserung des Schall- und Brandschutzes wird in den Hohlraum, der auch zur Aufnahme haustechnischer Installationen dient, ein Faserdämmstoff mit eingelegt.
  Um Spannungen in den Wänden zu vermeiden und absolute Dichtigkeit, guten Schall- sowie Brandschutz zu erreichen, werden beide Wandarten über eine umlaufende, elastische Anschlussdichtung an den angrenzenden Decken- und Wandkonstruktionen befestigt.

Einschalige Wand aus Gips-Wandbauplatten

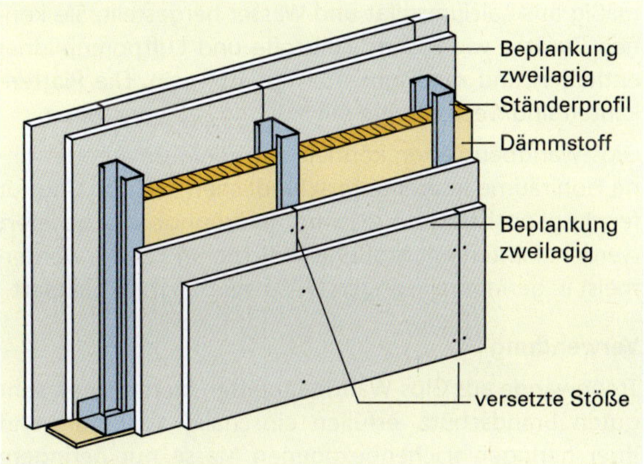

Zweischalige Metallständerwand

Zulässige Wandabmessungen

Die zulässigen Wandhöhen und -längen bei nichttragenden Trennwänden hängen von folgenden Faktoren ab:

- konstruktive Ausführung
- Randanschlüsse (4-seitig, 3-seitig oder nur an Boden und Decke)
- Art und Größe von Öffnungen
- durch die Raumnutzung bedingte Einteilung in Einbaubereich 1 oder 2 gemäß DIN 4103-1

Einbaubereich 1

Bereiche mit geringer Menschenansammlung, z. B. Wohnungen, Hotels, Büros, Krankenräume einschließlich Flure

Einbaubereich 2

Bereiche mit großer Menschenansammlung, z. B. Versammlungs- und Schulräume, Hörsäle, Ausstellungs- und Verkaufsräume sowie Räume mit einem Höhenunterschied der Fußböden ≥ 1,0 m

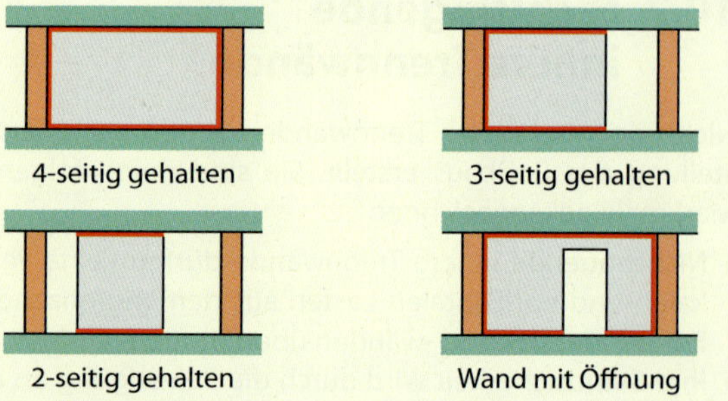

Randlagerungen

Zusammenfassung

Nichttragende innere Trennwände werden nach der Fertigstellung des Rohbaus erstellt. Sie sind leicht und dienen nicht zur Gebäudeaussteifung. Sie sind ihren Aufgaben entsprechend standsicher auszuführen. Sie erfüllen bauphysikalische Anforderungen, wie z. B. Schall-, Brand-, Wärme- und Feuchteschutz.

Diese Wände werden als einschalige Plattenwände oder mehrschalige Montagewände erstellt.

Aufgaben

1. *Nennen Sie fünf Bauteile, die bei einem Gebäudeausbau in Trockenbauweise ausgeführt werden können.*
2. *Erklären Sie, welche Vor- und Nachteile ein Ausbau von Trennwänden in Trockenbauweise hat.*
3. *Welche Konstruktionsarten sind bei nichttragenden inneren Trennwänden zu unterscheiden?*
4. *Zählen Sie die Anforderungen auf, die an leichte Trennwände gestellt werden können.*
5. *Von welchen Faktoren sind die zulässigen Wandabmessungen der Trennwände abhängig?*

10.4 Wände aus Gips-Wandbauplatten

Gips-Wandbauplattenwände nach DIN 4103-2 werden aus großformatigen Gips-Wandbauplatten, die mit Gipskleber verbunden werden, im Verband aufgemauert. Die Standsicherheit wird durch den Anschluss an die angrenzenden Bauteile erreicht.

10.4.1 Gips-Wandbauplatten

Gips-Wandbauplatten nach DIN EN 12859 werden werksmäßig aus Calciumsulfat und Wasser hergestellt. Sie können Zusätze wie Fasern, Füllstoffe und Luftporenbildner enthalten und mit Pigmenten gefärbt sein. Die Plattenkanten sind wechselseitig mit Nut und Feder versehen.

Gips-Wandbauplatten können mit Hohlräumen oder ohne Hohlräume in drei unterschiedlichen Dichten und für feuchtigkeitsbelastete Räume hydrophobiert geliefert werden. Platten mit großer Rohdichte und Dicke werden meist in geringeren Längen (400 bzw. 500 mm) geliefert.

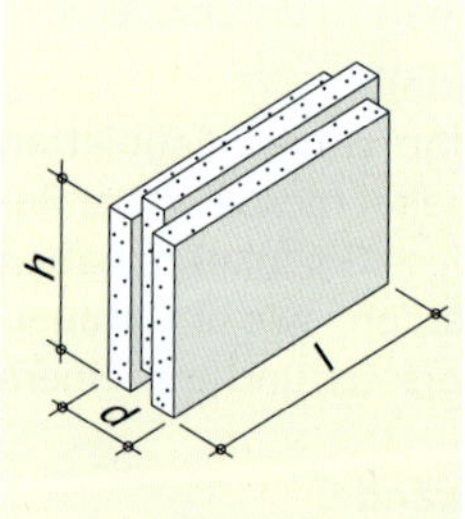

Platten-Vorzugsmaße in mm		
Länge l	Höhe h	Dicke d
666	500	50, 60, 70, 80, 100

Liefergrößen von Gips-Wandbauplatten

Plattenart (Kennzeichen)	ϱ (kg/m³)	Farbe
hohe Rohdichte (D)	1 100 … 1 500	rötlich
mittlere Rohdichte (M)	800 … 1 100	natur (weiß)
geringe Rohdichte (L)	600 … 800	gelblich
hydrophobiert		bläulich
stark hydrophobiert		grünlich

Plattenarten und Kennzeichnung

Verwendung

Trennwände aus Gips-Wandbauplatten bieten einen sehr guten Brandschutz, erfüllen einschalig aber aufgrund ihrer geringen flächenbezogenen Masse nur geringere Schallschutzanforderungen.

10.4.2 Herstellung einer Wand mit elastischen Randanschlüssen

- Nach dem Aufmaß wird der Wandverlauf mit Schlagschnur und Richtscheit an den angrenzenden Bauteilen angezeichnet (Bild 1).
- Nun wird ein **Randdämmstreifen** (selbstklebend oder im Gipsbett) umlaufend an Boden, Wänden und Decke angebracht. Als Material eignen sich Streifen aus **PE-Schwerschaum**, **Presskork** und **Bitumenfilz** oder bei Brandschutzanforderungen **Steinwolle**. Unebenheiten werden vorher mit Mörtel ausgeglichen (Bild 2).
- Die erste Plattenreihe wird jetzt mit einem **Kleber auf Gipsbasis nach DIN EN 12860** versetzt. Falls die Nut oben ist, muss die Feder auf der Unterseite abgesägt werden.
  Die Fugen sind satt mit Kleber zu füllen und die letzte Platte am Wandanschluss ist passgenau zugeschnitten einzusetzen. Schon die erste Reihe muss lot- und fluchtrecht ausgerichtet werden (Bild 3).
- Nun können die nächsten Reihen mit jeweils versetzten Stoßfugen im Verband mit dem Gipskleber versetzt werden (Bild 4).
- Der herausgequollene Kleber muss abgenommen und über die Fugen verstrichen werden (Bild 5).
- Die oberste Plattenreihe wird am Deckenanschluss schräg abgeschnitten und eingekippt. Die Anschlussfuge ist mit einem **Gipsmörtel nach DIN EN 13279** vollständig zu füllen (Bild 6).
- Wandecken, T-förmige Anschlüsse und Wandkreuzungen müssen im Verband verzahnt ausgeführt werden (Bilder 7 und 8).
- Anschließend kann die Wandoberfläche bei Bedarf komplett mit einem geeigneten **Flächenspachtel** überzogen werden.

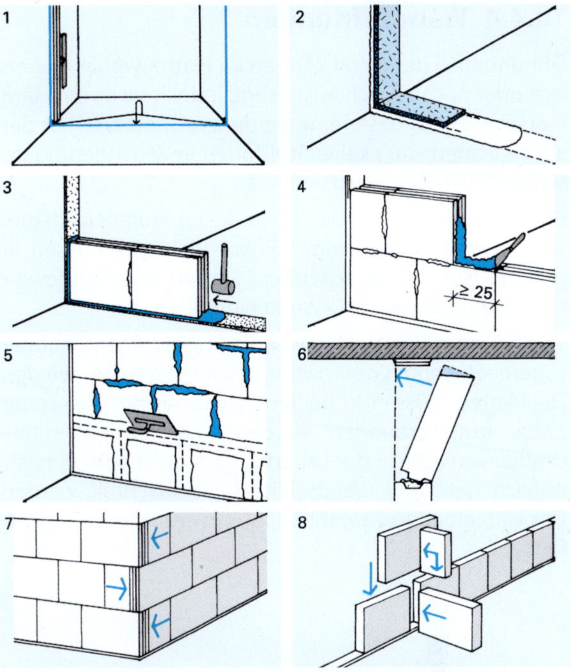

Herstellung einer Wand aus Gips-Wandbauplatten

Eine Wand mit elastischen Randanschlüssen muss sorgfältig und handwerksgerecht hergestellt werden.

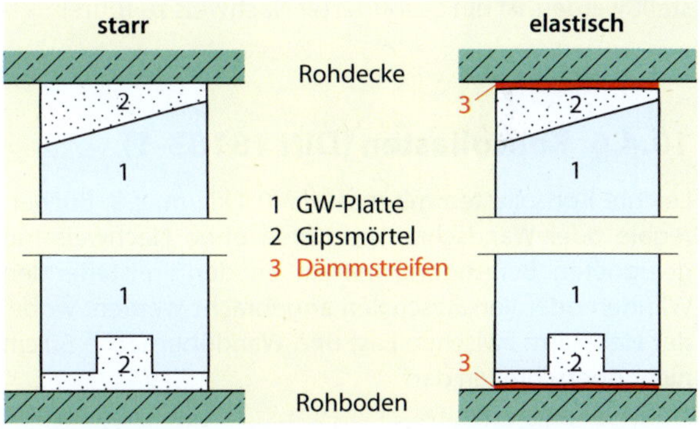

Starre und elastische Decken- und Bodenanschlüsse (Wandanschlüsse wie Bodenanschlüsse ausführen)

10.4.3 Anschlussarten

Bei **elastischen Anschlüssen** sorgt der umlaufende Dämmstreifen für den Ausgleich kleiner Unebenheiten und damit für die zum Schall- und Brandschutz erforderliche Dichtigkeit. Zudem kann diese Anschlussdichtung geringfügige Verformungen ausgleichen und sie schützt vor Übertragung von Feuchtigkeit aus den angrenzenden Bauteilen. Aus diesen Gründen ist ein **elastischer Anschluss** einem **starren** vorzuziehen.

Ist mit größeren Deckendurchbiegungen zu rechnen, muss ein **gleitender Deckenanschluss** eingeplant werden.

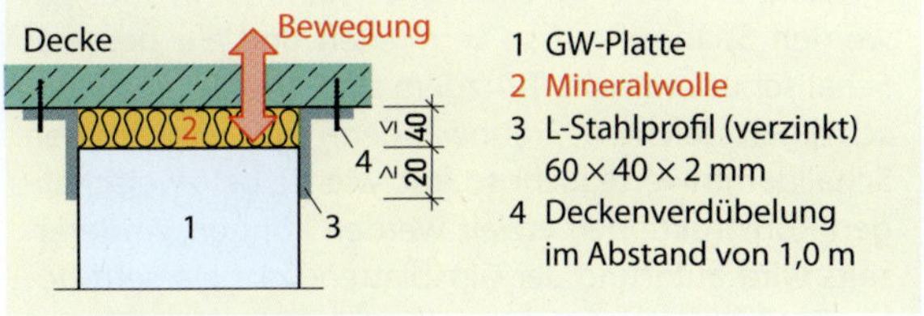

Gleitender Deckenanschluss

10.4.4 Wandöffnungen

Öffnungen in der Wand können im Plattenverband angelegt oder nachträglich ausgesägt, jedoch nicht mit Hammer und Meißel gestemmt werden. Grundsätzlich ist darauf zu achten, dass keine Stoßfugen in Verlängerung der senkrechten Laibungen verlaufen.

Bei Öffnungen über 1,0 m Breite ist im Sturzbereich eine waagerechte Bewehrung, z. B. aus Schlitzbandeisen, in gefräste Nuten einzuspachteln. Sie muss seitlich jeweils mindestens 50 cm in die Wand einbinden.

Türöffnungen mit Metall-Umfassungszargen können wandbegleitend oder nachträglich eingebaut werden. Die Platten müssen in beiden Fällen mit der passenden Zarge fest verbunden werden. Dies erfolgt mittels Drahtankern, die in der Lagerfuge verklebt oder in nachträglich gefrästen Wandschlitzen verspachtelt werden. Der verbleibende Zargenhohlraum wird mit Gips ausgefüllt.

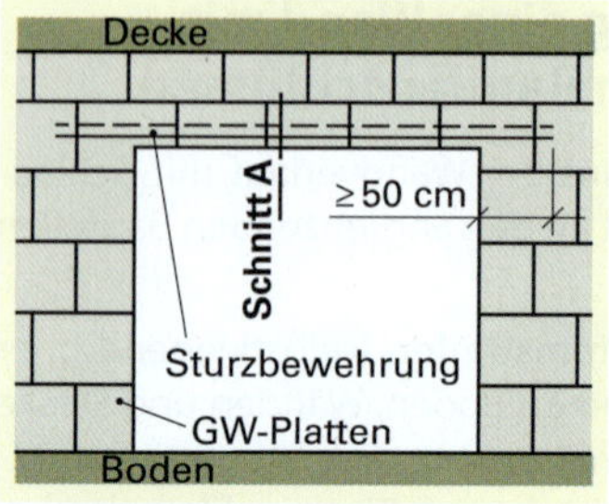

Wandöffnung mit Sturzbewehrung

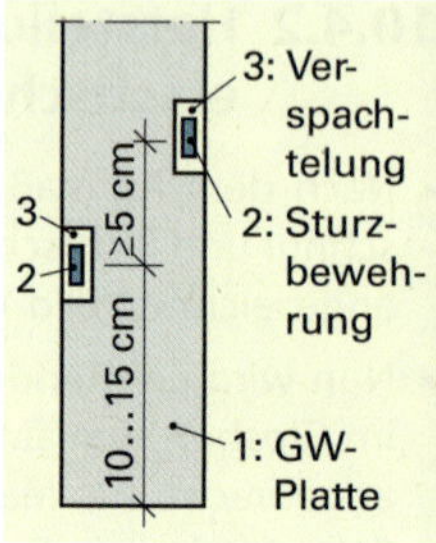

Schnitt A

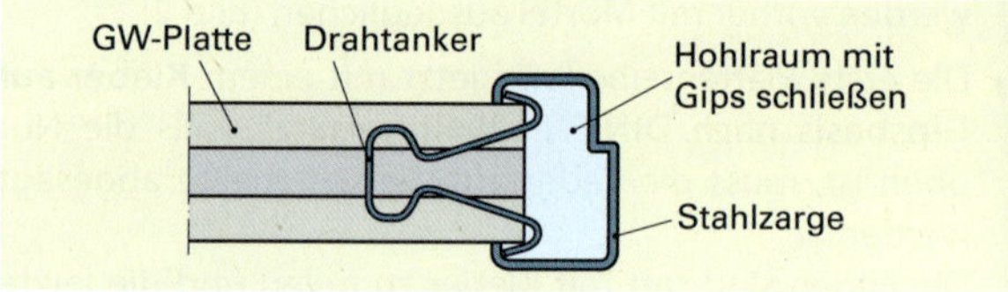

Verbindung GW-Platten mit Stahlzarge (horiz. Schnitt)

Belastung	Plattendicke 60 mm		Plattendicke 80 mm		Plattendicke 100 mm	
	Plattenart		Plattenart		Plattenart	
	M	D	M	D	M	D
Einbaubereich 1	3,50 m	3,50 m	4,50 m	4,50 m	7,00 m	7,00 m
Einbaubereich 2	2,00 m	2,00 m	4,00 m	4,00 m	5,50 m	5,50 m

Zulässige Wandhöhen für beliebige Wandlängen und Öffnungen mit Befestigung an Boden und Decke

10.4.5 Zulässige Wandhöhen

In der Tabelle sind beispielhaft die zulässigen Wandhöhen gemäß DIN 4103-2 für beliebig lange Wände mit oder ohne Öffnungen dargestellt. Es werden nur die Befestigungen an Boden und Decke sowie die Plattendicke und -rohdichte (Plattenart) berücksichtigt. Für Wände über 5,0 m Höhe, an die Brandschutzanforderungen gestellt werden, ist ein gesonderter Nachweis zu führen.

10.4.6 Konsollasten (DIN 18183-1)

Leichte Konsollasten mit maximal 0,4 kN/m, z. B. Bücherregale oder Wandschränke, dürfen ohne Nachweis mit geeigneten Befestigungsmitteln an den freistehenden Wänden oder Vorsatzschalen angebracht werden, wobei der Hebelarm zwischen Last und Wandoberfläche 50 cm nicht überschreiten darf.

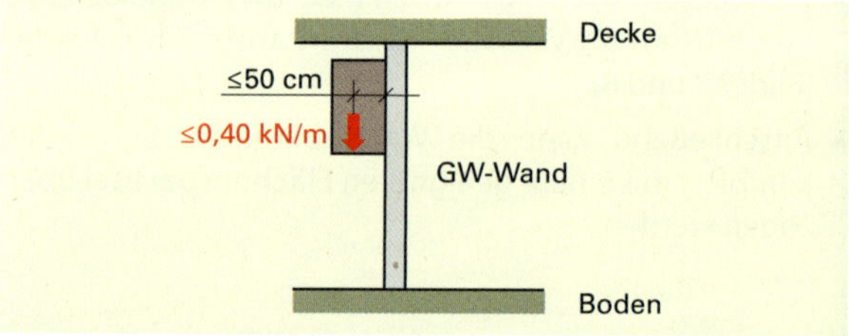

Leichte Wandkonsollasten

Zusammenfassung

Wände aus Gips-Wandbauplatten werden nach im Mauerwerksbau gültigen Regeln erstellt, wobei die Plattenausbildung mit Nut und Feder das Versetzen vereinfacht. Öffnungen, Aussparungen und Schlitze können leicht gesägt oder gefräst werden, Stemmen mit einem Meißel ist unzulässig.

Mit dem Einbau eines elastischen Randdämmstreifens werden Spannungsrisse vermieden und ein besserer Schallschutz erreicht. Trotzdem sind, wie bei allen einschaligen leichten Trennwänden, die erreichbaren Schalldämmwerte nicht so gut, wie sie bei zweischaligen Konstruktionen erzielt werden können. Andererseits wird aufgrund der Gipsplattendicke ein sehr hoher Brandschutz erreicht.

Aufgaben

1. *Nennen Sie die üblichen Abmessungen und Rohdichten von Gips-Wandbauplatten sowie ihre farbliche Kennzeichnung.*
2. *Nennen Sie die Materialien für den Aufbau einer Wand aus Gips-Wandbauplatten.*
3. *Schildern Sie den Arbeitsablauf bei der Erstellung einer Wand mit elastischen Randanschlüssen.*
4. *In welchen Fällen ist bei Wandöffnungen eine Sturzbewehrung vorzusehen und wie wird sie ausgeführt?*
5. *Welche maximale Höhe dürfen Wände aus 80 mm dicken Gips-Wandbauplatten mittlerer Rohdichte mit beliebiger Länge und Türöffnungen aufweisen (Einbaubereiche 1 und 2)?*
6. *Nennen Sie Vor- und Nachteile von Wänden aus Gips-Wandbauplatten im Vergleich zu schweren Mauerwerks- oder Betonwänden.*

10.5 Holz- und Metallständerwände, Bestandteile

Holz- und Metallständerwände sind **Montagewände**, die aus einer Unterkonstruktion und einer zweiseitigen Beplankung bestehen. Folgende Konstruktionen lassen sich unterscheiden:

- **Einfachständerwände** (einfach, doppelt oder dreifach beplankt)
- **Doppelständerwände** (doppelt oder dreifach beplankt)
- **Installationswände** (Doppelständerwände mit Installationsführung zwischen den auseinandergezogenen Metallständern)
- **Riegelwände** (Aussteifung durch horizontale Kanthölzer oder Metallprofile)

Bei den genannten Wänden werden die zur Beplankung verwendeten Platten vertikal angeordnet und mit geeigneten Befestigungsmitteln auf der Unterkonstruktion befestigt. Dämmstoffeinlagen im Wandhohlraum verbessern den Schall- und Brandschutz der Wandkonstruktionen.

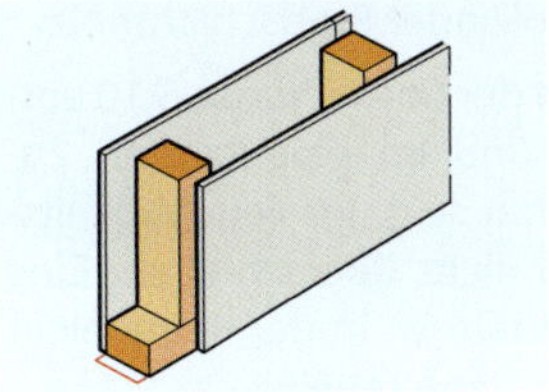
Holzeinfachständerwand

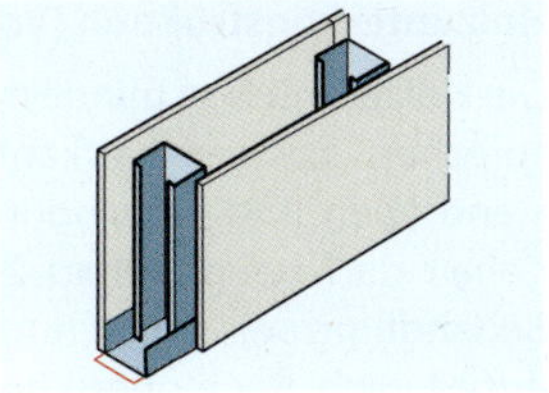
Metalleinfachständerwand

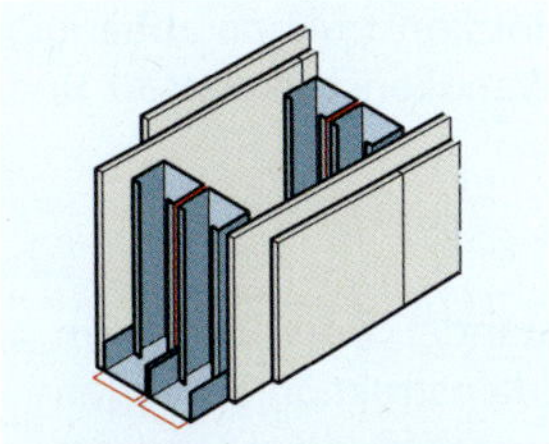
Metalldoppelständerwand

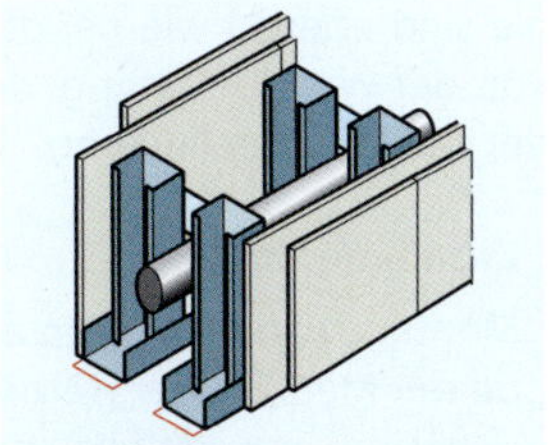
Installationswand

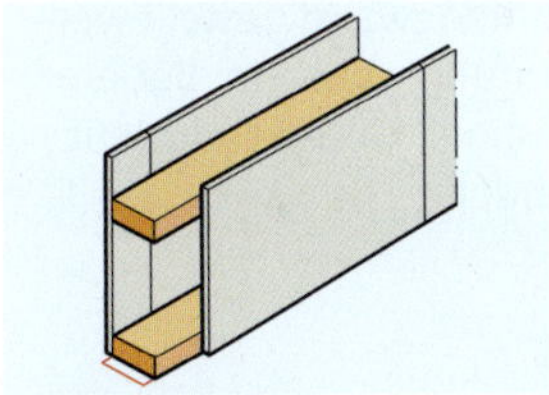
Holzriegelwand

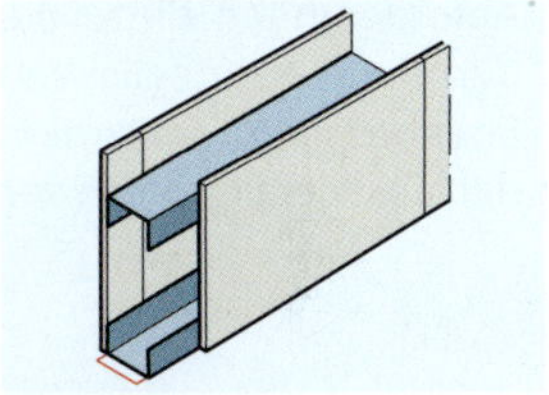
Metallriegelwand

10.5.1 Unterkonstruktion

Die Unterkonstruktion als tragendes Gerüst von Montagewänden besteht aus Metallprofilen oder Kanthölzern. Sie wird mit passenden Befestigungsmitteln an den angrenzenden Decken und Wänden befestigt.

Metallunterkonstruktion

Häufiger werden Unterkonstruktionen aus Metallprofilen verwendet. Sie sind rationeller zu verarbeiten und mit ihnen werden bessere Werte bei Schall- und Brandschutz und ein höherer Ebenheitsgrad erreicht.

Die Metallprofile nach DIN 18182-1 werden aus korrosionsgeschützten dünnwandigen Stahlblechen (Zinkauflage mindestens 100 g/m²) durch Kaltverformung hergestellt. Die Profile sind mit Systemsteghöhen $h = 30 \ldots 150$ mm und in Längen von 2,50 m bis maximal 6,00 m lieferbar.

Beispiel für die Bezeichnung eines Profils mit der Stegbreite 100 mm, der Flanschbreite 50 mm, der Blechdicke 0,6 mm und einem zweiseitigen Zinküberzug von jeweils 100 g/m²:

Profil DIN 18182 – CW 100 × 50 × 06 – Z 100

Die C-Wandprofile haben eine geriffelte Oberfläche, um ein Abrutschen der Beplankungsschrauben zu vermeiden. Der Steg hat vorgestanzte Öffnungen, die eine Installationsführung im Wandhohlraum begünstigen. Um einen Vertikalstoß bei größeren Wandhöhen zu ermöglichen, haben Flansche unterschiedliche Breiten (1,2 mm Differenz) und können dadurch entgegengesetzt zusammengeschoben werden.

ausgewählte Profile aus Stahlblech für Wände nach DIN 18182-1				
Blechdicke $t = 0{,}6$ mm	**Kurzzeichen**	**Höhe h [mm]**	**Breite b [mm]**	**Anwendungsbereiche**
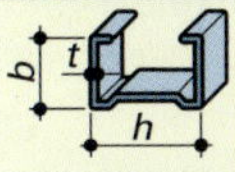	CW 50 CW 75 CW 100	48,8 73,8 98,8	50 (48,8)	Ständerprofile
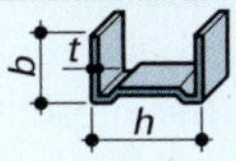	UW 50 UW 75 UW 100	50 75 100	40	Anschlussprofile an Boden und Decke
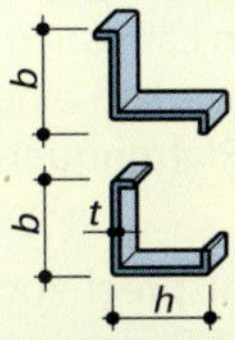	LWi LWa	60	60	Wandinneneckprofil Wandaußeneckprofil
Blechdicke $t = 2$ mm				
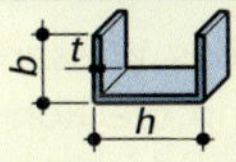	UA 50 UA 75 UA 100	48,8 73,8 98,8	40	Aussteifungsprofile (Wandöffnungen)

Unterkonstruktion für Metallständerwände

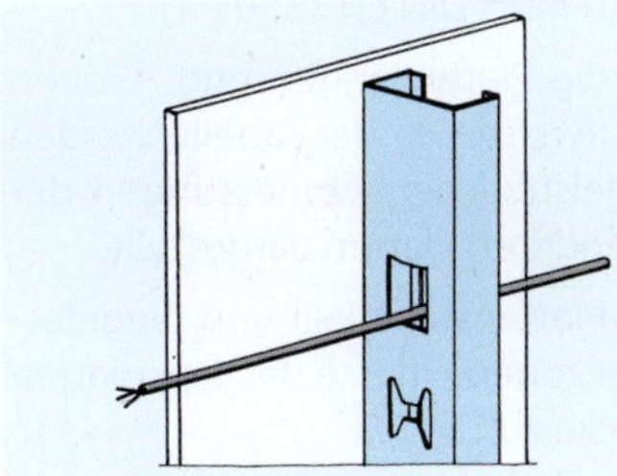
Ausstanzung bei CW-Profilen

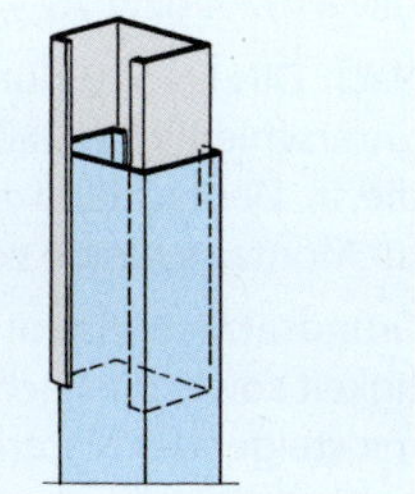
Vertikalstoß von CW-Profilen

Holzunterkonstruktion (Vollholz oder Brettschichtholz)

Die Hölzer müssen mindestens der Sortierklasse S 10 entsprechen sowie scharfkantig und im eingebauten Zustand eben und verwindungsfrei sein. Ihr Feuchtigkeitsgehalt darf beim Einbau 20 % nicht überschreiten. Eine Behandlung mit Holzschutzmitteln ist in der Regel nicht erforderlich. Regelquerschnitte siehe Tabelle.

Die erforderlichen Konstruktionsabstände der Metallprofile sind ebenso wie bei der Holzkonstruktion abhängig von der Wandbelastung, der Wandkonstruktionsart und der Wahl der Beplankung.

Holzquerschnitte			
	Breite *b* [mm]	Höhe *h* [mm]	Anwendungsbereiche
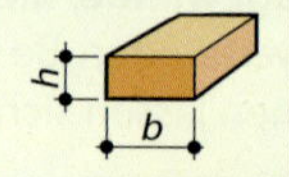	60 80	40 40	Boden-, Decken- und Wandanschlüsse
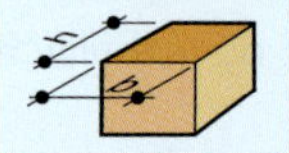	60 80	60 60	Vertikalständer

Holzquerschnitte für Holzunterkonstruktionen

Zusammenfassung

Montagewände werden als Ständer- oder Riegelwände mit Metall- oder Holzunterkonstruktion als tragendem Gerüst ausgeführt, das anschließend mit großformatigen Trockenbauplatten beplankt wird. Wegen der Anforderungen, die an die Montagewand gestellt werden – die rationelle Verarbeitung und ein höherer Ebenheitsgrad – werden häufiger Unterkonstruktionen aus Metallprofilen verwendet.

Aufgaben

1. *Nennen Sie drei verschiedene Arten von Montagewänden.*
2. *Welche Standardabmessungen haben UW- und CW-Profile?*
3. *Beschreiben Sie die Vorteile einer Metallunterkonstruktion gegenüber einer Holzunterkonstruktion.*

10.5.2 Beplankung

Bei Metall- und Holzständerwänden werden die Unterkonstruktionen mit großformatigen Platten beplankt. Die Plattenauswahl erfolgt aufgrund der an die Wände gestellten Anforderungen und der Wirtschaftlichkeit.

Gipsplatten (DIN EN 520 und DIN 18180)

Die bandgefertigten Gipsplatten bestehen aus einem schnell abbindenden Stuckgips und einer stabilisierenden, festhaftenden Deckschicht aus Karton. Bei diesem Verbundbaustoff nimmt der Gips die Druckspannungen und der Karton die Zugspannungen auf. Die in Längsrichtung der Platte verlaufenden Kartonfasern bewirken eine höhere Biegefestigkeit in Plattenlängs- als in Plattenquerrichtung.

Die kartonummantelten Längskanten sind entsprechend der Wandkonstruktionsweise und der Art der Fugenverspachtelung unterschiedlich profiliert. Die Querkanten der Gipsplatten sind in der Regel senkrecht geschnitten.

Der Gipskern kann Zusätze enthalten, die das Wasseraufnahmevermögen, die Gefügefestigkeit und die Rohdichte beeinflussen. Alle Gipsplatten mit geschlossener Oberfläche sind nicht brennbar (Baustoffklasse A2 nach DIN 4102-4 bzw. A2 – s1,d0 nach DIN EN 13501-1).

Nach DIN EN 520 dürfen die Plattenlängen und -breiten unterschiedliche Maße aufweisen. In der Tabelle werden die in Deutschland handelsüblichen Abmessungen der für Montagewände verwendeten Platten dargestellt.

Grundsätzlich nimmt die Plattensteifigkeit und Biegefestigkeit sowie die flächenbezogene Masse der Gipsplatten mit steigender Materialdicke zu.

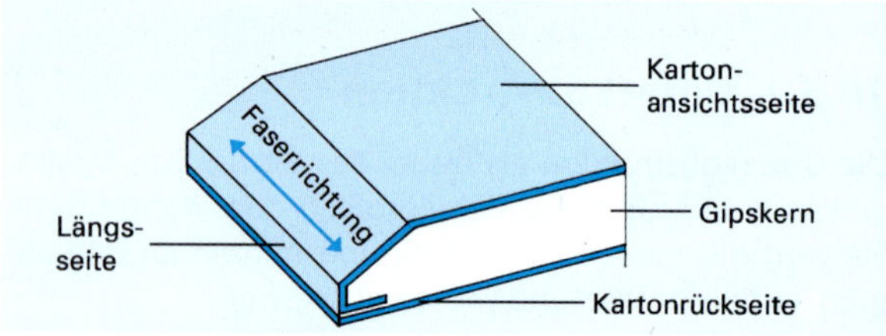

Aufbau einer Gipsplatte

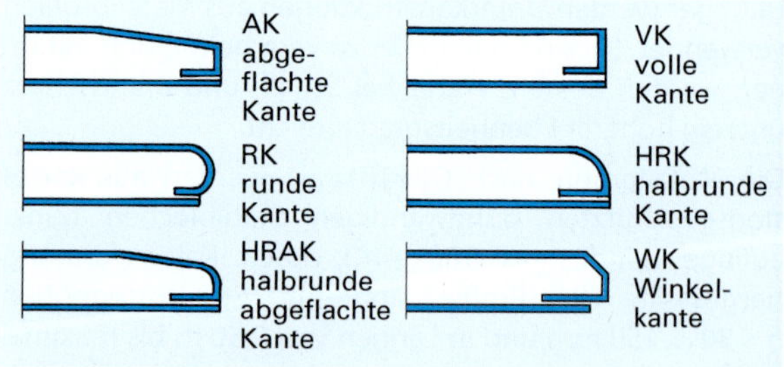

Ausbildung der Längskanten

Gipsplatten für Montagewände		
Dicke in mm	Breite in mm	Länge in mm
12,5	1 250	2 000, 2 500, 2 600, 2 750, 3 000
15 18	1 250	2 000, 2 500
20 25	625	2 000, 2 500, 2 600
Auf Anfrage können die Platten in individueller Länge geliefert werden		

Handelsübliche Abmessungen von Gipsplatten für Montagewände

Folgende **Gipsplattenarten** werden für die Beplankung von Montagewänden verwendet (in Klammern die Bezeichnung nach **DIN 18180/DIN EN 520**):

- **Bauplatten (GKB/Typ A)**

  Standardplatte für allgemeine Anwendungen ohne besondere Anforderungen an den Brand- und Feuchteschutz.

- **Feuerschutzplatten (GKF/Typ DF)**

  Der Gipskern ist mit Glasfasern bewehrt, um im Brandfall eine höhere Gefügefestigkeit zu gewährleisten. Die Rohdichte dieser Platten ist höher als bei den normalen Bauplatten. Sie werden bei höheren Anforderungen an den Brandschutz eingesetzt.

- **Bauplatten und Feuerschutzplatten, imprägniert (GKBI bzw. GKFI/Typ H2 bzw. DFH2)**

  Die Imprägnierung von Gipskern und Karton bewirkt eine geringere und verzögerte Wasseraufnahme und eine schnellere Wasserabgabe. Der Karton ist zudem fungizid (schimmelpilzhemmend) ausgerüstet. Diese Platten eignen sich für Räume mit zeitweise erhöhter Luftfeuchtigkeit und häusliche Feuchträume, z. B. Badezimmer. Grundsätzlich dürfen aber **alle** Gipsplatten nicht in Nassräumen und gewerblichen Feuchträumen verwendet werden.

  Die Gipsplatten haben je nach Plattenart einen unterschiedlich gefärbten Ansichtsseitenkarton und einen Laufstempel auf der Plattenrückseite, der den Plattentyp kennzeichnet.

Gipsplattenarten für Montagewände nach DIN EN 520	
Typ	**Platteneigenschaften**
A	Standard-Gipsplatte
D	Gipsplatte mit definierter Dichte
F	verbesserter Gefügezusammenhalt im Brandfall
H	reduzierte Wasseraufnahmefähigkeit (H1, H2, H3)

Kombinationen der Typen sind möglich

Gipsplattenarten für Montagewände nach DIN 18180 Merkmale			
Art	**Kartonfarbe Ansichtsseite**	**Stempel Rückseite**	**Typ nach DIN EN 520**
GKB	grau-beige	blau	A
GKF	grau-beige	rot	DF
GKBI	grünlich	blau	AH2
GKFI	grünlich	rot	DFH2

Gipsplattenarten

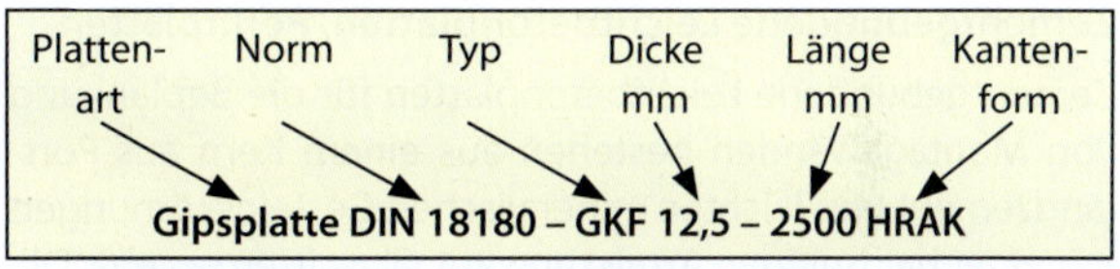

Bezeichnung einer Gipsplatte nach DIN 18180

Für Montagewände gibt es je nach Belastung, bauphysikalischen Anforderungen und konstruktiver Ausführung passende Plattentypen. Ihre Anwendung ist jedoch wegen ihrer Feuchtigkeitsempfindlichkeit nicht für Nassräume und Räume mit ständig hoher Luftfeuchtigkeit geeignet.

Gipsfaserplatten GF (DIN EN 15283-2)

Gipsfaserplatten bestehen aus Stuckgips mit einer stabilisierenden Bewehrung aus anorganischen und/oder organischen Fasern, z. B. Cellulosepartikel. In der Regel haben die Platten keine Deckschicht. Zusätze und Füllstoffe ermöglichen unterschiedliche Eigenschaften, wie z. B. ein reduziertes Wasseraufnahmevermögen. Gipsfaserplatten haben entweder 4-seitig scharfe Kanten (SK) oder abgeflachte Längskanten (AK). Die Platten sind nicht brennbar (A2). Handelsüblich ist der Plattentyp GF-I-W2.

Die Platten werden durch hohen Druck des Gipsfasergemischs hergestellt und erreichen dadurch eine größere Rohdichte sowie Druck- und Biegefestigkeit als Gipsplatten. Die Biegefestigkeiten sind infolge der gleichmäßig verteilten Faserbewehrung im Gegensatz zu Gipsplatten in Plattenlängs- und Querrichtung gleich. Die Verwendung und Verarbeitung von Gipsfaserplatten für Montagewände entspricht im Wesentlichen der von Gipsplatten.

Gipsfaserplatten nach DIN EN 15283-2	
Typ	**Eigenschaften**
GF	Standardplatte
GF-H	reduzierte Wasseraufnahme
GF-W1/W2	reduzierte Wasseraufnahme der Oberfläche
GF-D	erhöhte Dichte
GF-I	erhöhte Oberflächenhärte
GF-R1/R2	erhöhte Festigkeit

Arten von Gipsfaserplatten

Handelsübliche Abmessungen von Gipsfaserplatten		
Dicke in mm	**Breite in mm**	**Länge in mm**
10; 12,5; 15; 18	625; 1 250 (1 249)	2 000, 2 500, 2 554, 2 560, 2 750, 3 000
	1 000	1 500

Gipsfaserplattenmaße

Gipsvliesplatten GM (DIN EN 15283-1)

Der faserbewehrte Kern aus Stuckgips ist mit einem Glasseidengewebe auf oder direkt unter der Oberfläche ummantelt. Die Herstellung entspricht der von Gipsplatten. Zusätze im Gips ermöglichen unterschiedliche Platteneigenschaften.

Gipsvliesplatten nach DIN EN 15283-1	
Typ	**Eigenschaften**
GM	Standardplatte
GM-F	höhere Gefügefestigkeit im Brandfall
GM-H1/H2	reduzierte Wasseraufnahme
GM-I	erhöhte Oberflächenhärte
GM-R	erhöhte Festigkeit

Arten von Gipsvliesplatten

Aufgrund fehlender brennbarer Bestandteile sind Gipsvliesplatten nichtbrennbar, Baustoffklasse A1. Sie werden bei sehr hohen Brandschutzanforderungen eingesetzt. Es sind dann dünnere Beplankungen als mit GKF-Platten möglich. Die Biegefestigkeit ist in allen Plattenrichtungen gleich. Die Längskanten sind in der Regel vollkantig ausgeführt (VK). Liegt das Gewebevlies an der Oberfläche, müssen die Sichtseiten überspachtelt werden.

Handelsübliche Abmessungen von Gipsvliesplatten, Maße in mm		
Dicke	**Breite**	**Länge**
12,5; 15; 20; 25; 30	900; 1 200; 1 250	2 000, andere Längen auf Nachfrage lieferbar

Gipsvliesplatten

Calciumsilicatplatten CS

Die Bestandteile dieser Platten sind Calcium- und Siliciumoxid mit Cellulosefasern. Mit ihrer Faserbewehrung besitzen sie eine hohe Festigkeit. Sie haben keine Deckschichten, die Oberfläche ist diffusionsoffen. Aufgrund ihres hohen Preises werden sie vorwiegend bei hohen Brandschutzanforderungen und zur Wärmedämmung eingesetzt. Sie gehören zur Baustoffklasse A1 und sind feuchtigkeitsbeständig, aber nicht wasserabweisend.

Handelsübliche Abmessungen von Calciumsilicatplatten, Maße in mm		
Dicke	**Breite**	**Länge**
Platten mit hoher Rohdichte Typ H 6; 8; 10; 12; 15; 20; 25	1 250	2 500; 3 000
Poröse Platten Typ L 20; 25; 30; 40; 50; 60	1 200	2 500

Calciumsilicatplatten

Zementgebundene Leichtbetonplatten, Perlitplatten

Zementgebundene Leichtbetonplatten für die Beplankung von Montagewänden bestehen aus einem Kern aus Portlandzement und leichten mineralischen Gesteinskörnungen mit einer beidseitigen Armierung aus Glasgittergewebe. Die Platten sind wasserbeständig sowie schimmelresistent und damit in allen Feucht- und Nassräumen einsetzbar. Sie sind gute Fliesenuntergründe und nichtbrennbar (A1).

Handelsübliche Abmessungen von Leichtbetonplatten, Maße in mm		
Dicke	**Breite**	**Länge**
12,5	900; 1 250	1 000; 1 250; 2 000; 2 500; 2 600; 3 100

Leichtbetonplatten

Gips-Verbundplatten (DIN EN 13950)

Gips-Verbundplatten sind Gipsplatten, die mit einem darauf befestigten Dämmstoff hergestellt sind. Sie werden zur Wärmedämmung und/oder zur Schalldämmung von Wänden verwendet.

Zusammenfassung

Entsprechend den Anforderungen an Trennwandkonstruktionen stehen verschiedene Plattenarten zur Auswahl. Für Standardkonstruktionen mit oder ohne Anforderungen an den Schall- und Brandschutz eignen sich besonders Gips- und Gipsfaserplatten. Für hohe Brandschutzanforderungen bieten sich Gipsvlies- und Calciumsilicatplatten an. Für Feucht- und Nassräume sind Leichtbetonplatten besonders geeignet. Bei der Planung sind auch wirtschaftliche Aspekte von Bedeutung.

Aufgaben

1. *Nennen Sie die vier Typen von Gipsplatten.*
2. *Für welche Einsatzbereiche eignen sich imprägnierte Gipsplatten?*
3. *Nennen Sie die Standarddicken und -breiten von Gipsplatten. Welche Kantenformen sind möglich?*
4. *Vergleichen Sie Gipsplatten, Gipsfaser- und Gipsvliesplatten hinsichtlich ihrer Materialeigenschaften.*
5. *Welche Platten eignen sich für Nassräume? Begründen Sie Ihre Aussage.*

10.5.3 Befestigungsmittel

Die Unterkonstruktion von Trennwänden muss an den angrenzenden Bauteilen befestigt werden und die Beplankung an der Unterkonstruktion. Hierzu sind geeignete Befestigungsmittel zu wählen.

Befestigungsmittel für die Unterkonstruktion

- Schlag- bzw. Drehstiftdübel für massive Untergründe (z. B. Beton)
- Holzschrauben (Spax), bei Metallunterkonstruktion auch Schnellbauschrauben für Holzuntergründe
- Hohlraumdübel zur Befestigung an dünnwandigen Untergründen

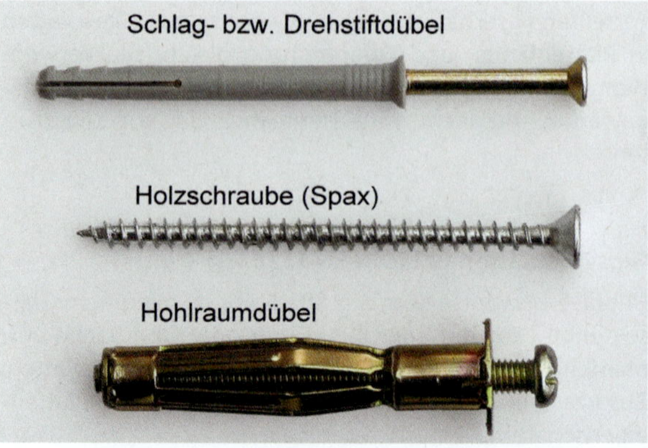

Befestigung von Metallprofilen miteinander

Die Verbindung von Metallprofilen **bis 0,7 mm** Blechdicke erfolgt mit

- Blechschrauben (Flachkopf und Kreuzschlitz)
- Alu-Blindnieten (Vorbohren erforderlich)
- Crimper- oder Stanzzangen (Durchstanzen und Umbördeln der Blechzungen)

Für größere Blechdicken **bis 2,25 mm** eignen sich

- Blechschrauben mit Selbstbohrspitze

Befestigung von Trockenbauplatten

Trockenbauplatten können bei Montagewänden auf verschiedene Arten befestigt werden:

- Schrauben
  Schnellbauschrauben (Typ TN) mit Trompetenkopf und Korrosionsschutz durch Phosphat- oder Zinkschicht
- Nägel
  korrosionsgeschützte profilierte Stahlnägel
- Stahlklammern
  verzinkt mit beharzten Spitzen, maschinelle Verarbeitung
- Klemmprofile
  herstellerabhängige Ausführungen

Die Wahl der Befestigungsmittel hängt von der Platten- und Unterkonstruktionsart ab.

Schrauben, Nägel und Klammern sind materialgerecht zu verarbeiten und dürfen die anschließende Verspachtelung nicht durch Oberflächenbeschädigungen oder Überstände erschweren. Bei Gipsplatten darf der Karton nicht von den Befestigungsmitteln durchstoßen werden.

Konstruktionen mit einer Klemmbefestigung von oberflächenbeschichteten Platten ermöglichen eine zerstörungsfreie Demontage.

Für die Befestigung von Trockenbauplatten sind abhängig von der Art der Platten und der Unterkonstruktion die jeweils geeigneten Verbindungsmittel zu wählen und materialgerecht zu verarbeiten.

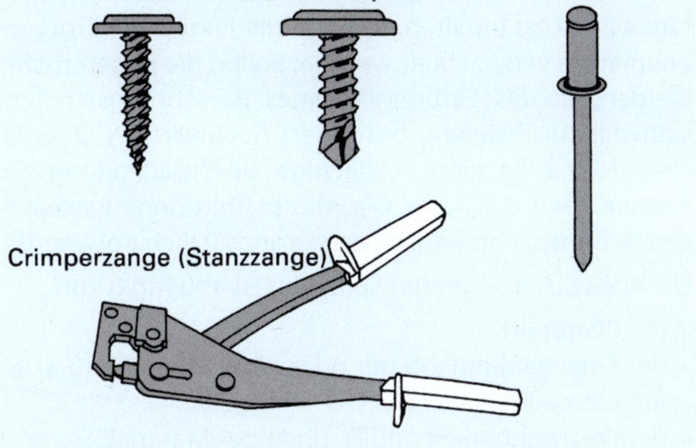

Befestigungsmittel für Metallprofile

Befestigungsmittel	Plattenart, Unterkonstruktion
Schnellbauschrauben Typ TN 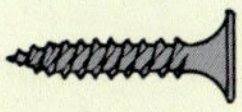 mit Bohrspitze 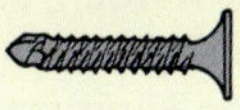	alle Plattenarten (für Gipsfaser-, Calciumsilicat- und zementgebundene Platten mit Fräskopfprofilierung); auf Holzunterkonstruktion und Metallprofilen bis 0,7 mm Blechdicke, mit Bohrspitze bis 2,25 mm Blechdicke
Nägel 	nahezu alle Platten auf Holzunterkonstruktion
Stahlklammern 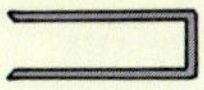	nahezu alle Platten auf Holzunterkonstruktion
Klemmprofile 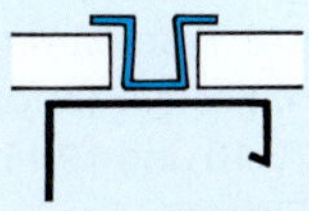	Klemmmontage von Platten mit fertiger Oberflächenbeschichtung

Befestigungsmittel für Trockenbauplatten

10.5.4 Dichtungsbänder und -stoffe

Um einen dichten, aber gleichzeitig elastischen Anschluss von nichttragenden inneren Trennwänden an die angrenzenden Bauteile zu erzielen, müssen geeignete Anschlussdichtungen eingebaut werden. Dieser elastische Anschluss ist für eine Rissfreiheit der Konstruktion und zur Erfüllung von Schall-, Brand- und Wärmeschutzanforderungen erforderlich.

Die Breite von Dichtungsstreifen richtet sich nach den Abmessungen der Metall- oder Holzprofile. Ihre Dicke beträgt in der Regel $d = 3 \ldots 5$ mm. Die Streifen sind meist ein- oder zweiseitig klebend erhältlich.

Materialart	Anordnung
• Schaumstoffstreifen • Mineralfaserstreifen • Filzstreifen • Bitumenfilzstreifen • Presskorkstreifen	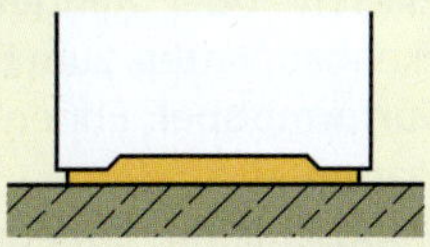
• Trennwandkitt (dispersionsgebundene, plastische Masse aus Kartusche)	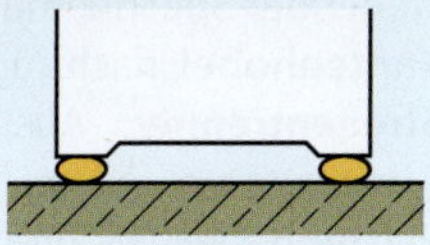

Randanschlussdichtungen für Montagewände

10.5.5 Verspachtelungsmaterialien

Um eine geschlossene und ebene Oberfläche der Montagewände zu erhalten, müssen die Fugen der Trockenbauplatten verspachtelt werden. Sollen die Fugen rissfrei bleiben, ist das Einbringen eines Bewehrungsstreifens sinnvoll. Zur Erzielung besonders hochwertiger Oberflächen ist häufig eine vollflächige Überspachtelung der Platten erforderlich. Bei Gipsvliesplatten ohne werkseitige Flächenspachtelung ist dies grundsätzlich notwendig.

Die Wahl des geeigneten Spachtels ist abhängig von

- der Plattenart
- der Entscheidung, ob mit oder ohne Bewehrungsstreifen verspachtelt werden soll
- der Verarbeitbarkeit und Feinheit des Materials
- den raumklimatischen Bedingungen (Feuchtigkeit)

Vor- und Nachspachtelung dürfen nur bedingt mit unterschiedlichen Spachtelmaterialien durchgeführt werden, z.B. darf auf eine organische Füllspachtelung kein gipshaltiger Feinspachtel aufgetragen werden.

Fugenspachtel auf Gipsbasis nach DIN EN 13963, Typ 1B … 3B (Füll- und Feinspachtel) Verfugen von Gipsplatten mit Fugenbewehrungsstreifen; feinkörnig, hohes Wasserrückhaltevermögen
Fugenspachtel auf Gipsbasis nach DIN EN 13963, Typ 4B (Füll- und Feinspachtel) Zur Fugenverspachtelung von Gipsplatten ohne Bewehrungsstreifen bei geeigneter Plattenkantenausbildung (HRK, HRAK), sowie von GF- und GM-Platten; hohes Wasserrückhaltevermögen
organische Fugenspachtel (Pulver oder pastös) **nach DIN EN 13963, Typ 1A … 4A (Füll- und Feinspachtel)** gipsfrei, Erhärtung durch Austrocknung; Anwendungsbereiche und Verarbeitung sind herstellerabhängig
Dispersionsspachtel (gebrauchsfertig, als Gebinde) Verwendung zur Nachspachtelung (Feinspachtelung) nach Herstellerangaben; Erhärtung durch Austrocknung
Fugenkleber (organischer Kleber, in Kartuschen) Verkleben der Fugen von GF-Platten; herstellerabhängig

Spachtelmassen zur Fugenverspachtelung

10.5.6 Fugenbewehrungsstreifen

Abhängig von der Art der Trockenbauplatten, ihrer Kantenausbildung, dem Verfugungsmaterial und den Anforderungen an die Konstruktion müssen Bewehrungsstreifen entlang der Plattenfugen eingespachtelt werden. Sie sollen Zugspannungen aufnehmen, um eine Rissbildung zu vermeiden. Bei geringeren Anforderungen kann statt des Bewehrungsstreifens ein vergüteter, faserbewehrter Fugenspachtel verwendet werden.

Papierbewehrungsstreifen perforiertes Spezialpapier mit Mittelfalz zum Knicken für Eckverspachtelung; Einbetten in die Vorspachtelung, Überspachteln **Glasfaserbewehrungsstreifen** Verarbeitung wie Papierbewehrungsstreifen, für die Eckverspachtelung nur bedingt geeignet	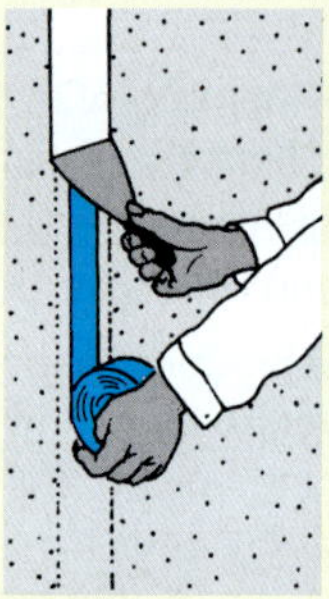
selbstklebender Glasgittergewebestreifen Verklebung direkt auf dem Karton von Gipsplattenfugen, die Vorspachtelung entfällt	

Fugenbewehrungsstreifen

10.5.7 Hohlraumdämmung

Zur Verbesserung des Schall-, Brand- und Wärmeschutzes werden in den Wandhohlraum standfeste Faserdämmplatten, in der Regel Mineralwolleplatten, gestellt (erforderliche Eigenschaften siehe Abschnitte 10.10 und 10.11). Es kommen auch lose Schüttungen zum Einsatz.

Alle Konstruktionsteile einer Montagewand müssen aufeinander abgestimmt sein. Aus Gewährleistungsgründen sind die Arbeiten häufig systemabhängig nach Herstelleranweisungen vorzunehmen.

10.5.8 Werkzeuge

Präzise Trockenbauarbeiten erfordern außer handwerklichem Geschick die Verwendung von Fachwerkzeugen.

- **Platten- oder Klingenmesser**: Bearbeitung von Trockenbauplatten, zum Durchtrennen der Deckschichten
- **Surformhobel**: Ebnen von Schnittkanten gipshaltiger Platten
- **Handschleifer**: Entfernen von Kartonresten und überstehender Spachtelmasse
- **Kantenhobel**: nachträgliches Anfasen von Gipsplatten
- **Streifentrenner**: Abschneiden kleiner Streifen von Gipsplatten bis 12 cm
- **Plattenheber**: Montagehilfe zum Befestigen der Beplankung an der Unterkonstruktion
- **Stichling**: manuelles Herstellen von Öffnungen
- **Hohlraumdosenfräser**: maschinelles Herstellen von runden Öffnungen, z.B. für Elektrodosen
- **Eckensetzer mit Gummihammer**: Befestigung der Eckschutzschienen (alternativ zu eingespachtelten Alu-Eckschutzschienen)
- **Stanz- oder Crimperzange**: Verbinden von CW- mit UW-Profilen
- **Diverse Spachtelwerkzeuge und Spachtelkasten**: Spachtelwerkzeuge aus nicht rostendem Material zum Herstellen sauberer Kanten und ebener Flächen
- **Elektrowerkzeuge**: Bohrmaschine, Stichsäge, Kreissäge für harte Platten, Blechschere

Facharbeiten erfordern Fachwerkzeuge!

Werkzeuge für Trockenbauarbeiten

10.6 Aufbau von Metallständerwänden

Die häufigste Konstruktion einer leichten, nichttragenden Trennwand ist die einfach oder doppelt beplankte Metallständerwand mit Einfach- oder Doppelständerwerk.

Die Konstruktionsart ist abhängig von den an die Wand gestellten bauphysikalischen und statischen Anforderungen.

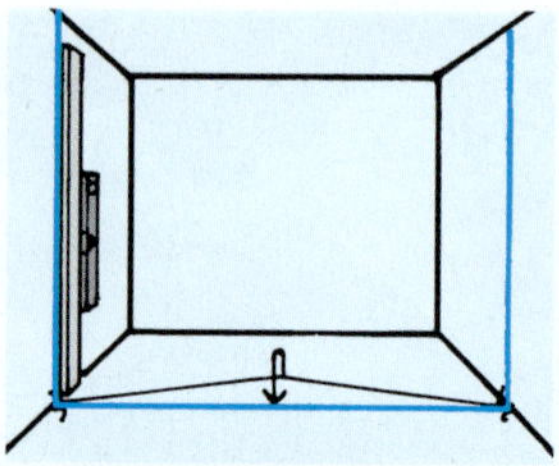

Aufmaß der Wand

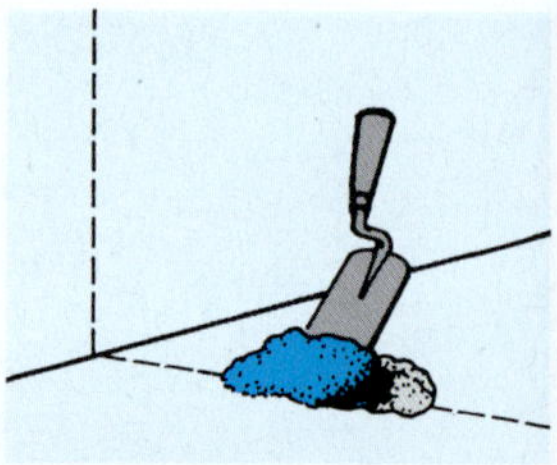

Ausgleich von Unebenheiten

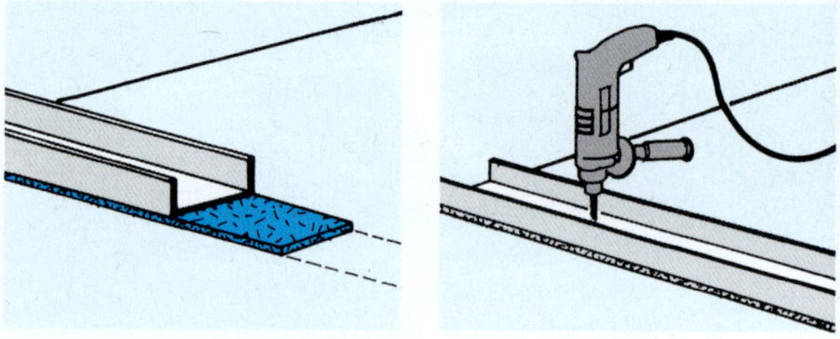

UW-Profile mit Anschlussdichtung anlegen und verdübeln

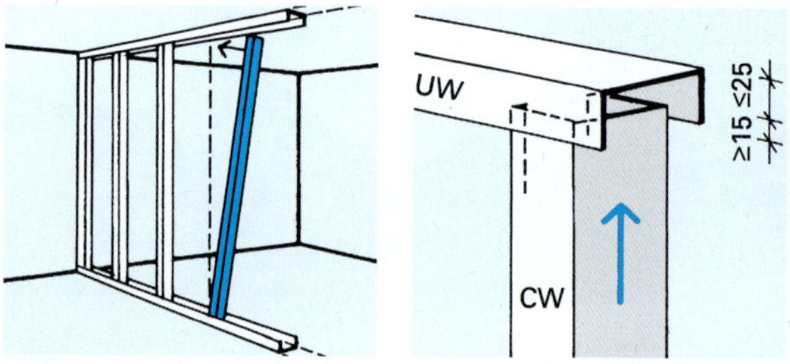

CW-Profile einstellen, Randprofile an den angrenzenden Wänden verankern

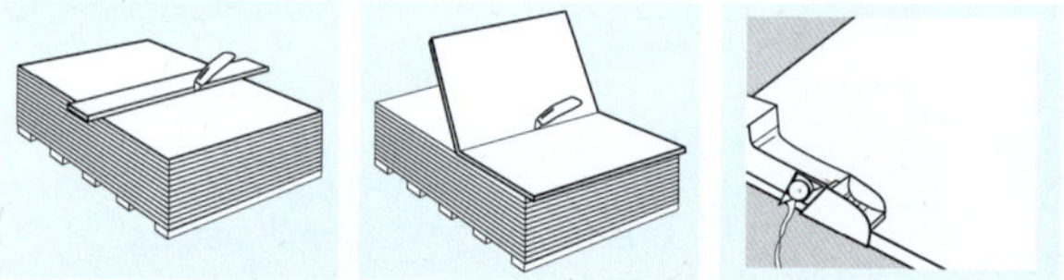

Gipsplatten schneiden, brechen, Kanten bearbeiten

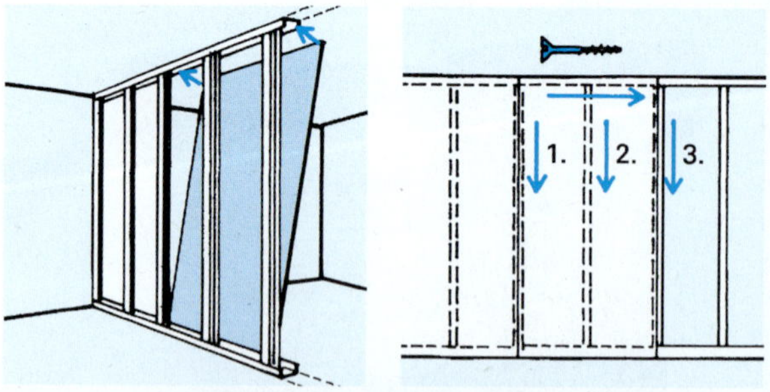

Anstellen und Verschrauben der Gipsplatten

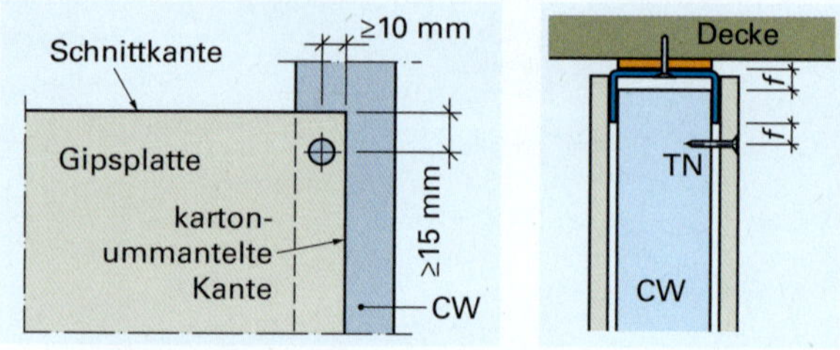

Randabstände der Schnellbauschrauben

10.6.1 Einfachständerwand mit Gipsplatten, einfach beplankt

Herstellen der Unterkonstruktion:

- Aufmaß von Wandlängen und -höhen
- Lage der Unterkonstruktionsaußenkante an Boden, Wand und Decke aufreißen; hierbei helfen Lotschnur, Richtscheit und Wasserwaage oder ein Lasergerät
- Unebenheiten angrenzender Bauteile mit (Gips-)Mörtel ausgleichen
- UW-Anschlussprofile zuschneiden und mit der Anschlussdichtung versehen
- UW-Profile an Boden und Decke mit geeigneten Befestigungsmitteln, z. B. mit Drehstiftdübeln auf Betonflächen, im Abstand ≤ 1,0 m verankern
- CW-Profile zuschneiden, die Länge soll 10 … 15 mm geringer als das Lichtmaß zwischen den UW-Profilstegen sein, damit leichte Deckendurchbiegungen ohne Zwängungen möglich sind; Einbindemaß in die UW-Profile mindestens 15 mm
- CW-Randanschlussprofile mit Anschlussdichtung versehen und an den angrenzenden Wänden im Abstand ≤ 100 cm an mindestens drei Stellen verankern
- frei stehende CW-Profile mit der offenen Seite in Montagerichtung in die UW-Profile einstellen, Regelachsabstand 62,5 cm (halbe Plattenbreite); die CW-Profile an der Decke nicht mit dem UW-Profil verbinden

Beplanken der Unterkonstruktion:

- Gipsplattenzuschnitt:
  den Karton auf der Ansichtsseite mit einem Klingenmesser durchtrennen, die Platten drehen, brechen und den rückseitigen Karton durchschneiden (alternativ Streifenschneider verwenden); wandhohe Platten etwa 20 mm kürzer als die lichte Raumhöhe schneiden; Kanten sauber schleifen und falls erforderlich anfasen
- senkrecht angeordnete Gipsplatten an einer Wandseite andrücken, ausrichten und mit Schnellbauschrauben im Abstand von 25 cm auf den CW-Profilen befestigen; Abstand zur kartonummantelten Plattenkante ≥ 10 mm, um ein Ausbrechen des Gipskerns zu vermeiden
- vom Plattenrand zur offenen Seite fortlaufend verschrauben, um Stauchungen zu vermeiden; oberste Schrauben wegen möglicher Deckenbewegungen mit $f \geq 10$ mm Abstand unterhalb vom UW-Profilflansch eindrehen

- Horizontalstöße bei nicht raumhohen Platten im oberen Wanddrittel anordnen und um mindestens 40 cm gegeneinander versetzen
- Installationsleitungen im Wandhohlraum verlegen, hierzu die H-Ausstanzungen der CW-Profile für Elektroleitungen aufbiegen
- Hohlraumdämmstoffplatten seitlich dicht ohne Fugen zwischen die CW-Profile klemmen, Mindestluftabstand zu einer Beplankungsseite 10 mm
- zweite Wandseite beplanken; Plattenstöße zur gegenüberliegenden Wandseite versetzt anordnen

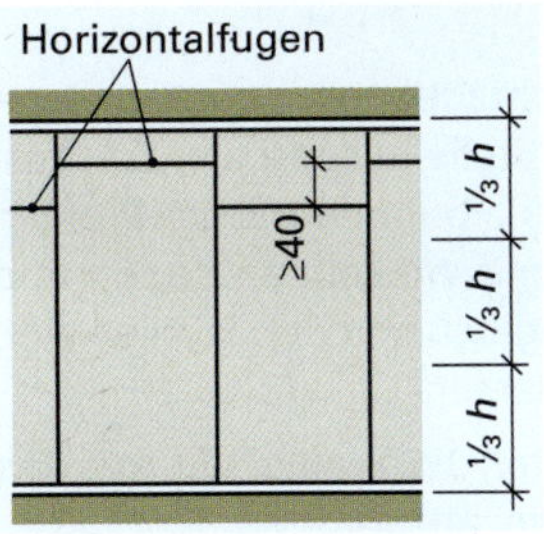

Versatz der Horizontalstöße

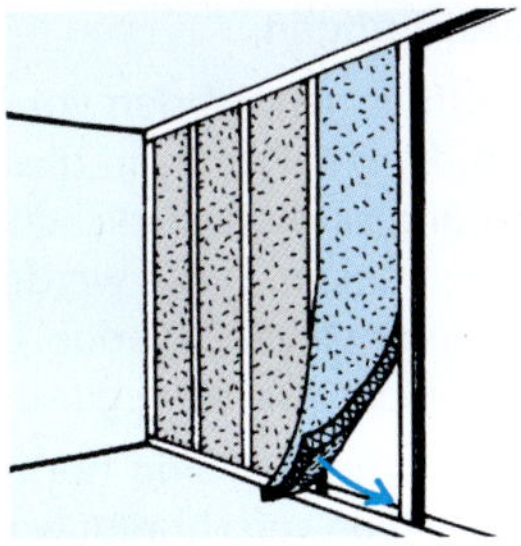
Einbau der Hohlraumdämmung

Verspachtelung:

- Plattenfugen und Schraubköpfe fachgerecht verspachteln und falls erforderlich schleifen
- im Anschluss an massive Bauteile ein Klebeband als Trennstreifen anbringen und einen Bewehrungsstreifen stumpf einspachteln, um einen kontrollierten Eckriss zu gewährleisten; überstehendes Klebeband nach Erhärtung abschneiden

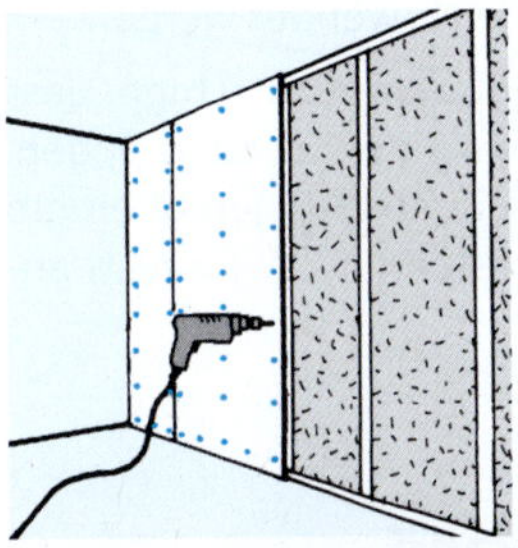
Beplankung 2. Wandseite

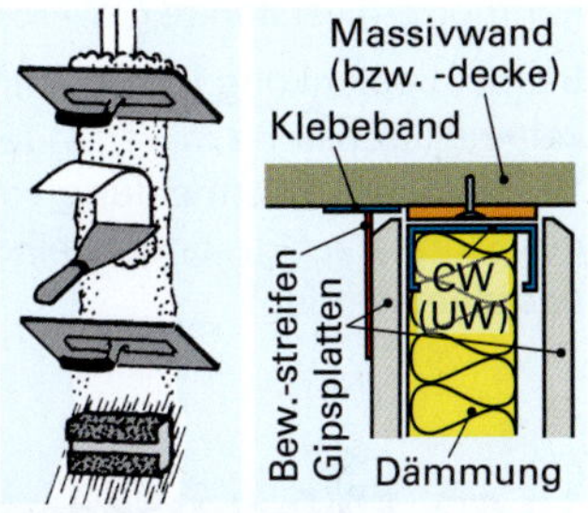

Fugen- und Randverspachtelung

Qualitätsstufen einer Verspachtelung:

Qualitätsstufe 1 (Q 1)

Eine Grundverspachtelung von Oberflächen, an die keine optischen Anforderungen gestellt werden. Sie umfasst

- das Füllen der Stoßfugen der Gipsplatten,
- das Überziehen sichtbarer Teile der Befestigungsmittel.

Für Flächen, die gefliest werden, reicht das Füllen der Fugen.

Qualitätsstufe 2 (Q 2)

Diese Standardverspachtelung genügt den üblichen Anforderungen an Wand- und Deckenflächen. Sie umfasst

- die Grundverspachtelung Q 1,
- das Nach- bzw. Feinspachteln bis zum Erreichen eines stufenlosen Übergangs zur Plattenoberfläche.

Diese Oberfläche ist geeignet für mittel- bis grobstrukturierte Wandbekleidungen, z.B. Raufasertapeten oder matte füllende, mit der Lammfell- oder Strukturrolle aufgetragene Beschichtungen, sowie Oberputze mit einer Körnung größer als 1 mm, wenn sie für das Gipsplattensystem freigegeben sind.

Qualitätsstufe 3 (Q 3)

Dies ist eine Sonderverspachtelung für erhöhte Anforderungen. Sie umfasst

- die Standardverspachtelung Q 2,
- ein breiteres Ausspachteln der Fugen sowie ein scharfes Abziehen der restlichen Oberfläche zum Porenverschluss des Kartons mit Spachtelmaterial.

Diese Oberfläche ist geeignet für feinstrukturierte Wandbekleidungen, matte nichtstrukturierte Beschichtungen oder sehr feinkörnige Oberputze.

Qualitätsstufe 4 (Q 4)

Diese Verspachtelung erfüllt höchste Ansprüche an die Oberflächenbeschaffenheit. Sie umfasst

- die Standardverspachtelung Q 2,
- ein breites Ausspachteln der Fugen sowie ein vollflächiges Überziehen und Glätten der gesamten Oberfläche mit einem dafür geeigneten Material, Schichtdicke bis etwa 3 mm.

Diese Oberfläche ist geeignet für glatte Wandbekleidungen, Lasuren oder Anstriche und Stuccolustro oder andere hochwertige Glätttechniken. Mit dieser Oberflächenbehandlung werden störende Effekte wie z.B. Fugenabzeichnungen oder wechselnde Schattierungen auf der Oberfläche durch Streiflicht weitgehend vermieden.

Türöffnungen

Türöffnungen werden vor Montagebeginn eingemessen und die UW-Profile an dieser Stelle ausgespart. Zur Aussteifung sind die seitlichen Türlaibungen mit UA-Profilen zu verstärken. Diese werden mit Winkeln an Boden und Decke verschraubt, wobei Langlöcher in den Profilen eine geringe Deckenbewegung zulassen.

Im Sturzbereich sind horizontal UW-Profile, die mit den UA-Profilen verschraubt werden, anzuordnen.

Bei Raumhöhen bis 2,60 m, Türbreiten ≤ 88,5 cm und einer Türblattmasse < 25 kg können statt der UA-Profile auch jeweils zwei ineinander verschachtelte oder mit Kanthölzern verstärkte CW-Profile verwendet werden.

Bei der Beplankung ist unbedingt darauf zu achten, dass keine Plattenstöße in Verlängerung der Türzarge liegen. Sie müssen zur Vermeidung von Rissbildungen oberhalb des Sturzes auf gesondert eingestellten CW-Profilen angeordnet werden.

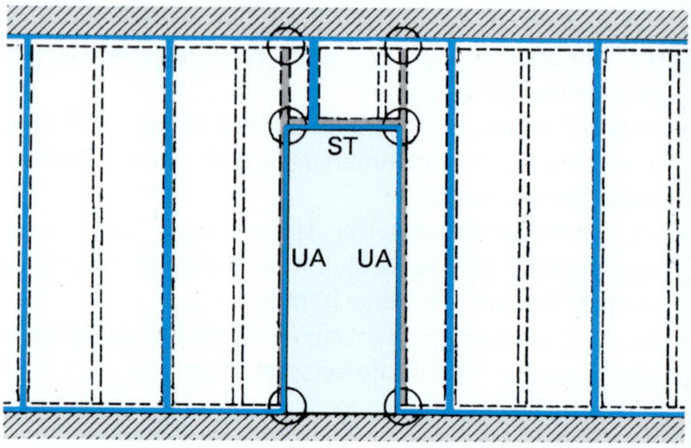

Unterkonstruktion und Beplankung bei Türöffnungen

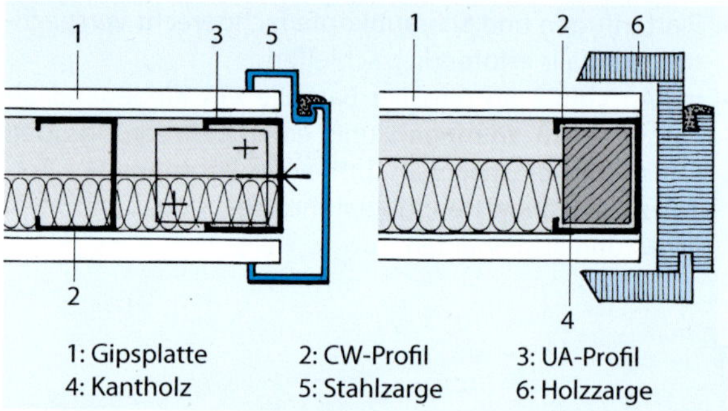

Türlaibungen, horizontaler Schnitt

10.6.2 Einfachständerwand, doppelt beplankt

Doppelt beplankte Metallständerwände haben gegenüber einfach beplankten Wänden verbesserte Schall- und Brandschutzwerte (siehe Abschnitte Brand- und Schallschutz). Zudem eignen sie sich aufgrund ihrer höheren Steifigkeit besser für keramische Fliesenbeläge.

Ergänzungen und Abweichungen im Aufbau gegenüber einfach beplankten Metallständerwänden:

- der Schraubabstand der ersten Lage darf von 25 cm auf 75 cm erhöht werden; die Schnellbauschrauben müssen bei beiden Lagen das CW-Profil mindestens 10 mm durchdringen
- die Stöße der zweiten Plattenlage gegenüber der ersten um 62,5 cm versetzen; Schraubabstand 25 cm
- die Fugen der ersten Lage auch immer verspachteln, ein Bewehrungsstreifen ist hierbei nicht notwendig
- Horizontalstöße einer der beiden Lagen dürfen auch im unteren Wanddrittel angeordnet werden

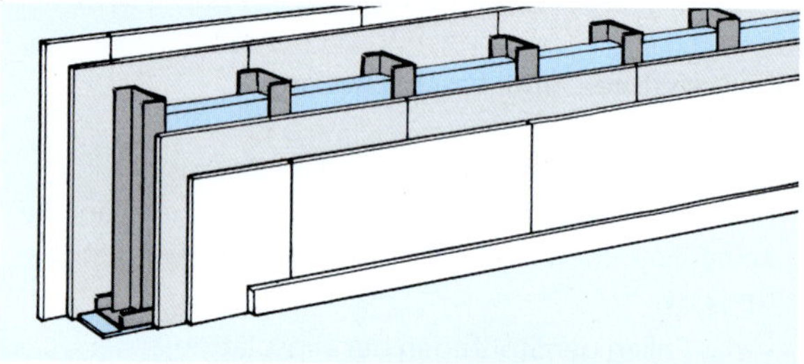

Metalleinfachständerwand, doppelt beplankt

Metalldoppelständerwand, doppelt beplankt

10.6.3 Doppelständerwand, doppelt beplankt

Doppelständerwände bieten durch die Trennung der Unterkonstruktion in zwei Ständerreihen bessere Schalldämmwerte. Um die mechanische Stabilität zu gewährleisten, sind beide Ständerreihen über einen 5 mm dicken, elastischen und beidseitig klebenden Dämmstreifen miteinander verbunden.

Werden die Ständer weiter auseinandergerückt, um Installationen zwischen den Reihen zu ermöglichen, müssen die CW-Profile ungefähr in den Drittelpunkten der Wandhöhe mit einem 30 cm hohen Gipsplattenstreifen verlascht werden. Dies verringert aber wiederum die Luftschalldämmung.

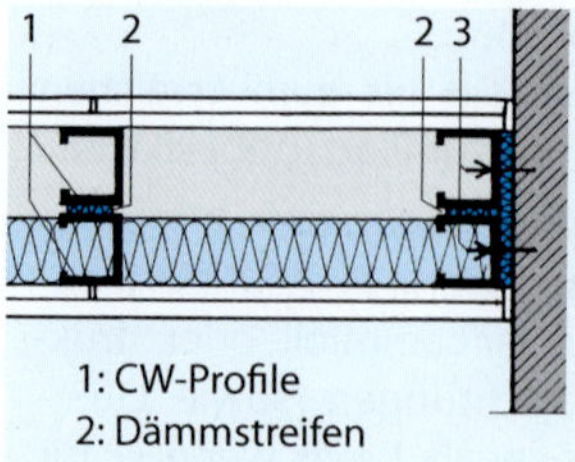

Trennung durch Dämmstreifen

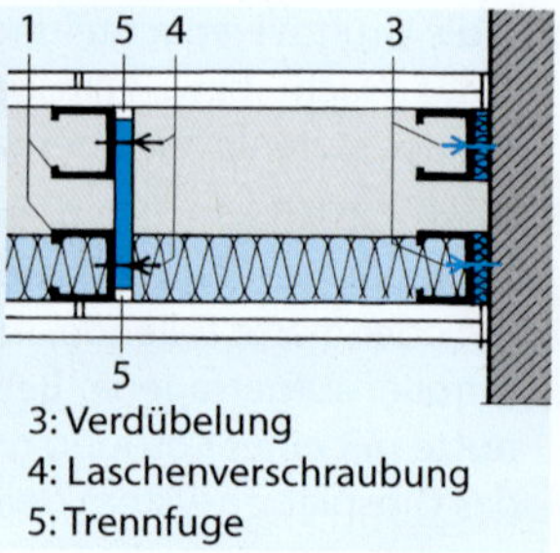

Verlaschung der Ständerreihen

10.6.4 Kurzbezeichnungen von Metallständerwänden mit Gipsplattenbeplankung

Metallständerwände können mit Kurzbezeichnungen genau charakterisiert werden. Diese Bezeichnungen enthalten folgende Angaben:

- die Metallprofilsystembreiten h in mm (CW 50, CW 75, CW 100)
- die Gesamtwanddicke D [mm]
- die Beplankungsdicke $d = (D - h)/2$ [mm]
- die Dicke d [mm]/Dichte ϱ [kg/m^3] der Dämmplatten

Beispiel **CW 50/75, MW 40/50**:
$h = 50$ mm; $D = 75$ mm; $d = (75 - 50)/2 = 12{,}5$ mm
Dämmplattendicke $d = 40$ mm; -dichte $\varrho = 50$ kg/m^3

Folgende Angaben sind ergänzend erforderlich:

- die Plattenart (GKB, GKF, GKBI, GKFI)
- die Materialart des Dämmstoffs, z. B. Steinwolle bei Brandschutzanforderungen (Schmelzpunkt ≥ 1 000 °C)

10.6.5 Zulässige Wandhöhen

Die zulässigen Wandhöhen von Metallständerwänden mit Gipsplatten sind abhängig von der Konstruktionsausführung und der Belastung der Wände, die durch die Zuordnung zu Einbaubereich 1 oder 2 (siehe Abschnitt 10.3) berücksichtigt wird.

10.6.6 Metallständerwände mit Gipsfaserplatten

Nur für die Beplankung der Wände ergeben sich einige Abweichungen gegenüber den Metallständerwänden mit Gipsplatten:

- Senkrechte Plattenfugen müssen auf gegenüberliegenden Seiten nicht versetzt sein.
- Die äußere Lage bei einer Doppelbeplankung kann unabhängig von der Ständerstellung mit einem seitlichen Versatz von ≥ 20 cm auf der inneren Lage verklammert werden. Dies gilt nur für GF-Platten ab 12,5 mm Dicke.
- Scharfkantige volle Kanten können mit einem Kartuschenkleber verklebt statt verspachtelt werden. Nach dem Abstoßen des erhärteten überstehenden Klebers ist eine Nachspachtelung erforderlich.

Die Qualitätsstufen für die Verspachtelung entsprechen denen für Gipsplatten.

Die Ausführung einer Metallständerwand ist abhängig von der mechanischen Belastung der Wand, den an sie gestellten bauphysikalischen Anforderungen und den verwendeten Materialien.

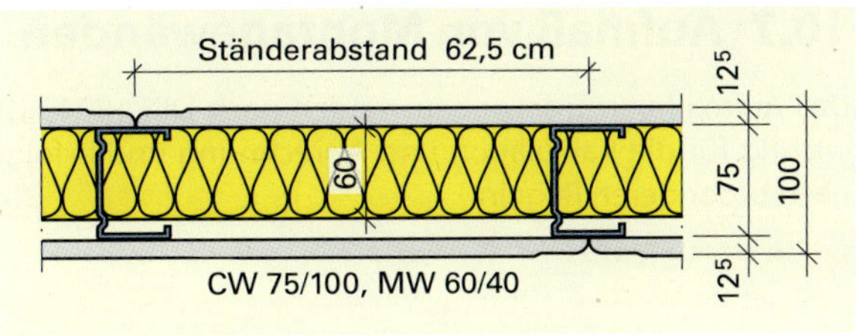

Metalleinfachständerwand, einfach beplankt

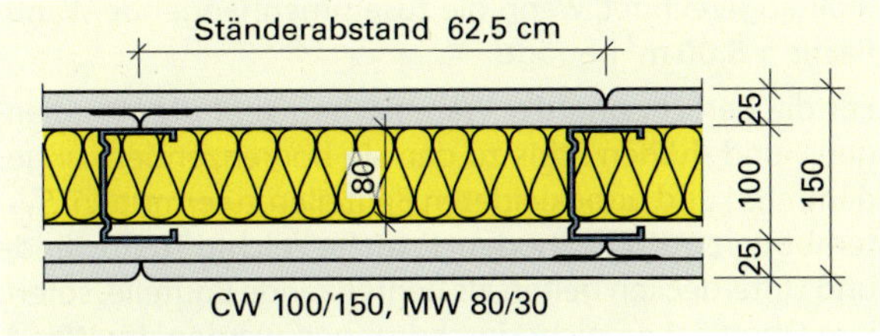

Metalleinfachständerwand, doppelt beplankt

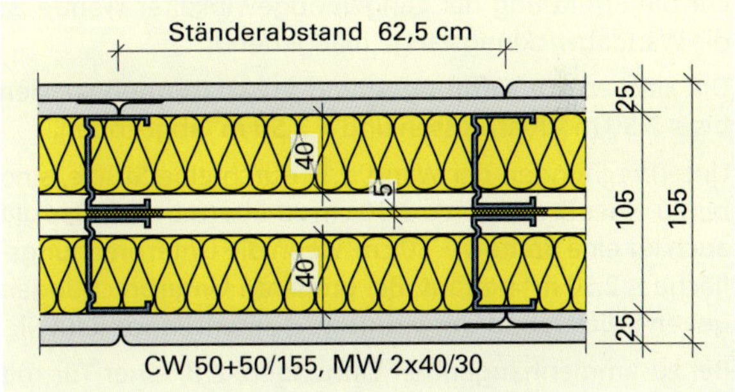

Metalldoppelständerwand, doppelt beplankt

Wand-Kurzbez.	Einbaubereich 1	Einbaubereich 2
Einfachständerwände		
CW 50/75	3,00 m	2,75 m
CW 50/100	4,00 m	3,50 m
CW 75/100	4,50 m	3,75 m
CW 75/125	5,50 m	5,00 m
CW 100/125	5,00 m	4,25 m
CW 100/150	6,50 m	5,75 m
Doppelständerwände		
CW 50 + 50/155	4,50 m	4,00 m
CW 75 + 75/205	6,00 m	5,50 m
CW 100 + 100/255	6,50 m	6,00 m

Max. zulässige Wandhöhen h in m für Metallständerwände mit Gipsplattenbeplankung nach DIN 18183-1

Aufgaben

1. *Nennen Sie alle Materialien, die zum Aufbau einer Metallständerwand mit Gipsplatten benötigt werden.*
2. *Schildern Sie stichwortartig den Herstellungsablauf einer einfach beplankten Einfach-Metallständerwand.*
3. *Welche Maßnahmen sind für die Wandstabilität bei Türöffnungen erforderlich?*
4. *Nennen Sie drei Faktoren, von denen die zulässigen Wandhöhen bei Metallständerwänden abhängen.*
5. *Erklären Sie die Bezeichnung CW 75/100, MW 60/50.*

10.7 Aufmaß von Montagewänden

Das Aufmaß von Trockenbauwänden nach DIN 18340 ist wichtig für die Kalkulation und Abrechnung und erfolgt nach besonderen Regeln.

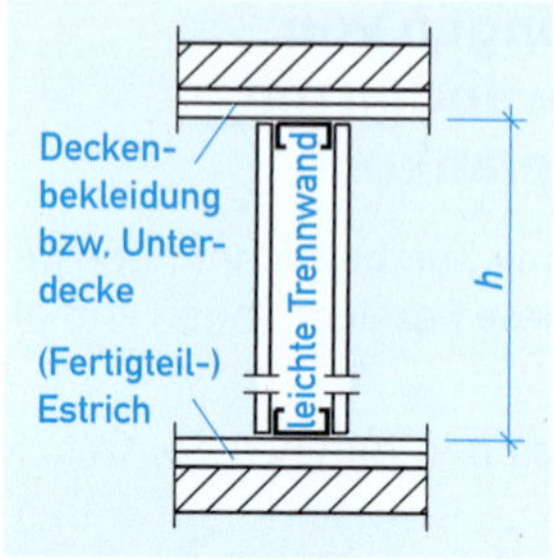

Wandhöhe *h*
(senkrechter Schnitt)

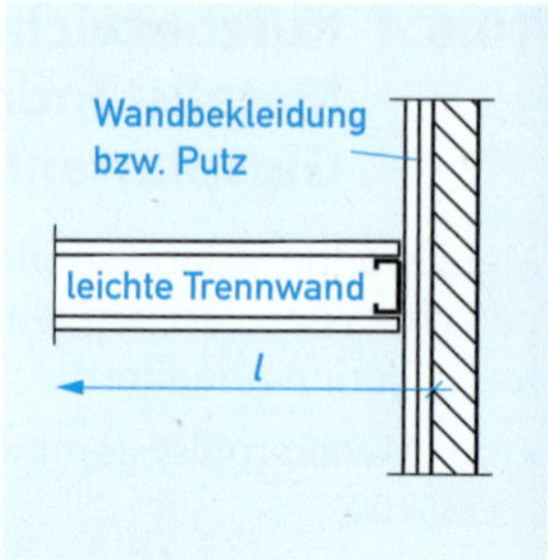

Wandlänge *l*
(horizontaler Schnitt)

Abrechnung nach Flächenmaß

Grundsätzlich werden leichte Trennwände nach Flächenmaß abgerechnet, wenn die zusammenhängende Wandfläche > **5,00 m²** beträgt.

Für die Berechnung der Wandflächen sind die Wandlängen *l* und -höhen *h* bis zu den sie begrenzenden, ungedämmten und unbekleideten Bauteilen zu ermitteln. Systemböden, Fertigteilböden, Estriche, leichte Trennwände und Unterdecken gelten als begrenzende Bauteile, sofern ihre Oberflächen nicht durchdrungen werden, für Wandvorsatzschalen und -putze gilt dies jedoch nicht.

Für die Ermittlung der Längen abgewinkelter Wände ist die Wandabwicklungslänge maßgebend.

Die Flächen von **Öffnungen** und **Aussparungen** werden bis ≤ **2,50 m²** übermessen und > **2,50 m²** abgezogen.

Unterbrechungen der Wand, z. B. durch eine Stütze, sind bis zu einer Breite von $a \leq 30$ cm zu übermessen. Das gilt auch für eine Breite $a > 30$ cm, wenn die Unterbrechungsfläche ≤ 2,50 m² beträgt. Bei größeren Unterbrechungen gelten Stützen und Unterzüge als begrenzendes Bauteil.

Bei zusammenhängenden Öffnungen, z. B. einer Tür mit Oberlicht, ist die gesamte Öffnungsfläche zu ermitteln. Bei Wandöffnungen über Eck sind die Einzelflächen der jeweiligen Wand zuzuordnen.

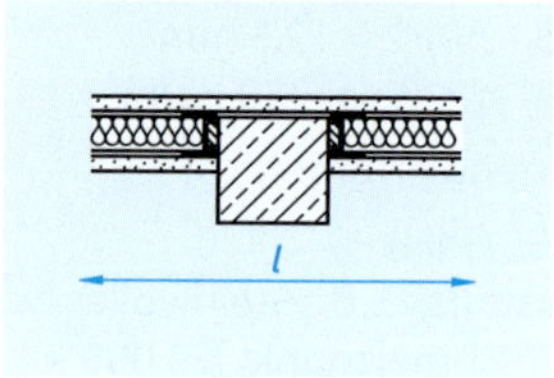

Wandanschluss an Stütze

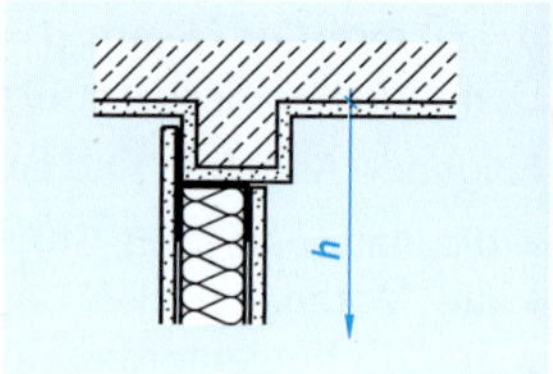

Wandanschluss an Unterzug

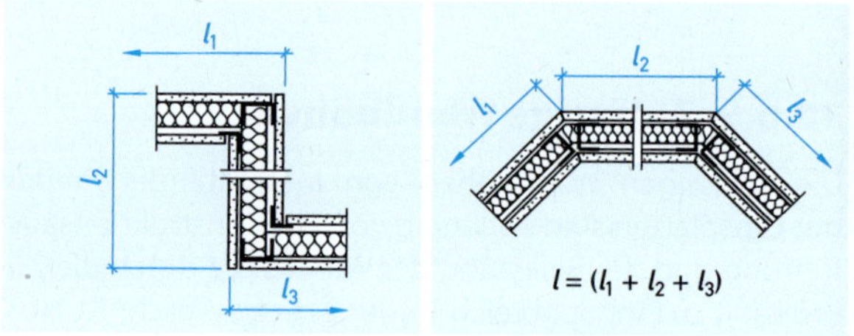

Wandlängen *l* bei abgewinkelten Montagewänden

Abrechnung nach Längenmaß

- Wandabzweigungen, Innen- und Außenecken
- Bekleidung von Stirnseiten freier Wandenden
- Unterkonstruktionen, Verstärkungen, Aussteifungen mit einer Länge > **200 cm** (für Türen, Oberlichter, …)
- gleitende Wand- und Deckenanschlüsse, Anschlussfugen und Trennstreifen bei Anschlüssen an Bauteile und Einbauteile

Unterbrechungen > **100 cm** Einzellänge müssen abgezogen werden.

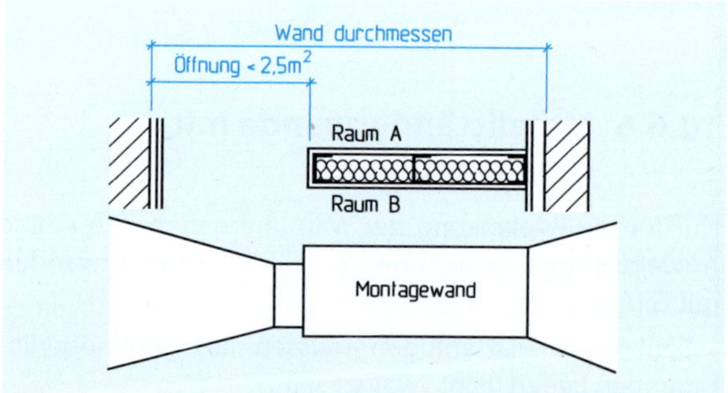

Berücksichtigung von Öffnungen und Durchgängen

Abrechnung nach Anzahl (Stück)

- Wandflächen ≤ **5,00 m²**
- Unterkonstruktionen, Verstärkungen, Aussteifungen mit einer Länge ≤ **200 cm** (für Türen, Oberlichter, …)
- Einbauteile, z. B. Sanitärtragständer

Für das Aufmaß von Trockenbauwänden sind in DIN 18340 verbindliche Regeln festgelegt, die eingehalten werden müssen.

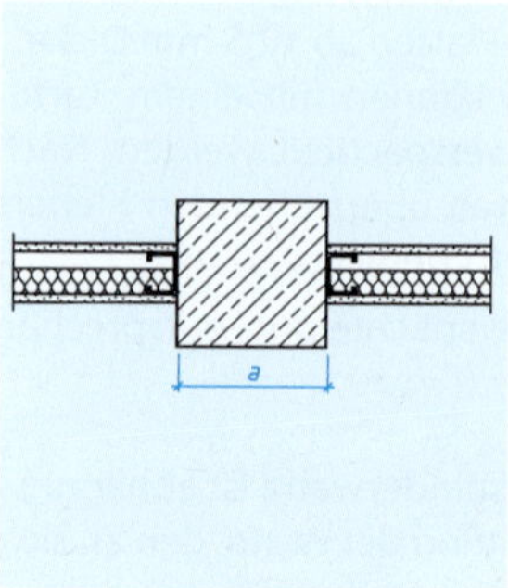

Wandunterbrechung

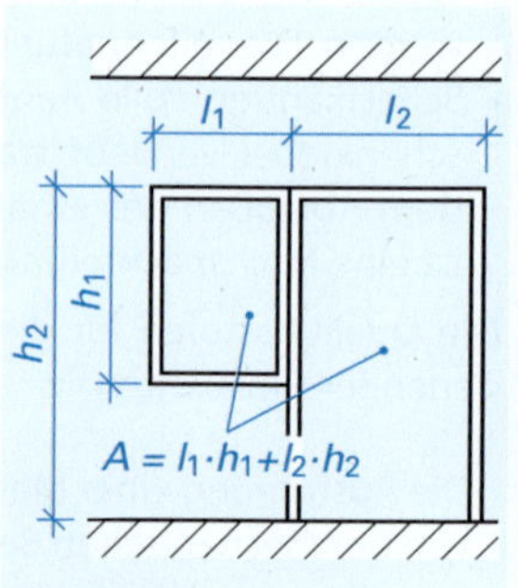

Zusammenhängende Öffnungen

Berechnungsbeispiel

Für die im Grundriss dargestellte Metallständerwand soll ein Aufmaß erstellt werden. Dazu folgende Angaben:

- Metallständerwand CW 100/150, MW 80/50, zweifach gewinkelt, Wandhöhe $h = 2{,}70$ m
- Anschluss an die angrenzenden Massivwände und Decken
- Durchgangslaibungen werden bekleidet
- Massivwände und -decken werden nachträglich verputzt, auf dem Boden wird ein Fertigteilestrich aufgebracht

Um das Aufmaß einer Montagewand durchführen zu können, sind ausreichende Kenntnisse über den Wandaufbau und die konstruktive Beschaffenheit der angrenzenden Bauteile erforderlich.

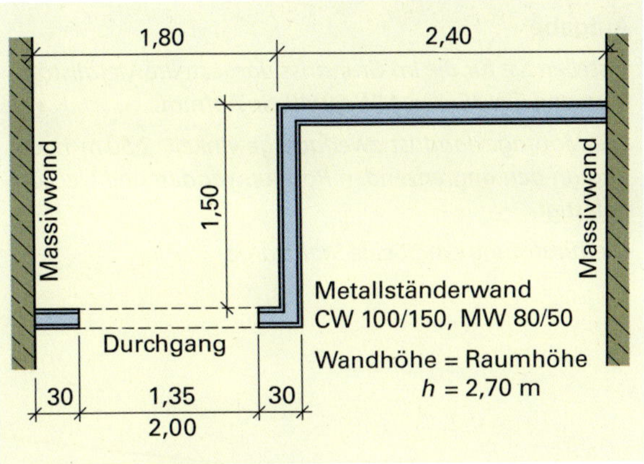

Grundriss Metallständerwand

Aufmaß

Baustelle: Aufsteller: Blatt Nr.: 1

Art der Arbeit: **Metallständerwand CW 100/150, MW 80/50**

Pos. Nr.	Bezeichnung	Stück +	Stück –	Abmessungen Länge	Breite	Höhe	Messgehalt	Abzug	Reiner Messgehalt
1	**Metallständerwand**								
	Wand	1		1,95 + 1,65 + 2,40 = 6,00		2,70	16,20		
	– Durchgang		1	1,35		2,00		2,70	
							———	———	
							16,20	2,70	**13,50 m²**
2	**Wandabzweigungen**	2				2,70	5,40		**5,40 m**
4	**Bekleidung der Durchgangslaibungen**								
	seitlich	2				2,00	4,00		
	Sturz	1		1,35			1,35		
							———		
							5,35		**5,35 m**
3	**Aussteifung im Durchgangsbereich**								
	Einbau UA-Profile seitl.	2				2,70	5,40		**5,40 m**
	Einbau UW-Profil Sturz	1		1,35 (≤ 2,00 m)					**1 Stück**

Aufgestellt	Anerkannt	Summe/ Übertrag			

Zusammenfassung

Für das Aufmaß von Montagewänden gelten wie für alle Bauteile genormte Regeln. Mit diesen Regeln werden unter Berücksichtigung der Ausbildung der begrenzenden Bauteile die Flächen-, Längen- und Stückzahlberechnungen durchgeführt. Die Ergebnisse dienen als Grundlage für nachfolgende Material- und Kostenberechnungen.

Aufgabe

Erstellen Sie für die im Grundriss dargestellte Metallständerwand CW 75/125, MW 60/40 ein Aufmaß.

Die Montagewand ist zweifach gewinkelt, 2,50 m hoch und an den angrenzenden Rohbauwänden und Decken befestigt.

Die Türöffnung erhält eine Stahlzarge.

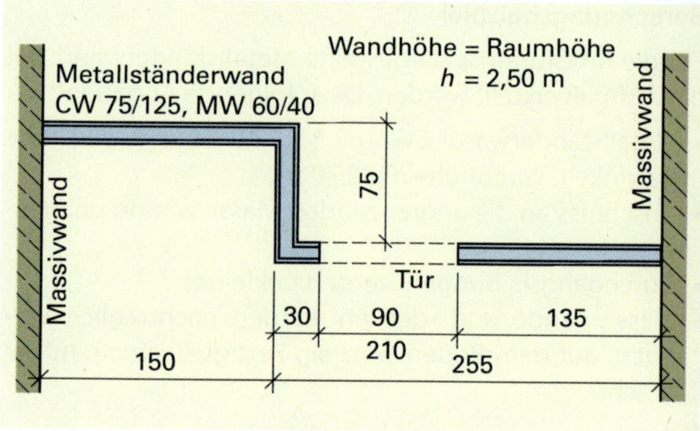

Grundriss Metallständerwand

10.8 Berechnung des Materialbedarfs

Die überschlägige Berechnung des Materialbedarfs für eine Montagewand ist Bestandteil der Arbeitsvorbereitung. Mithilfe von Tabellenangaben werden die benötigten Materialmengen auf Grundlage der Aufmaßergebnisse ermittelt.

Baustellenverluste und Materialverschnitt werden prozentual hinzugerechnet. Die Berücksichtigung von Plattengrößen, Profillängen und Verpackungseinheiten ermöglicht eine ungefähre Übersicht über die zu bestellenden Materialmengen. Im Tabellenanhang stehen entsprechende Angaben zur Verfügung.

Berechnungsbeispiel

Für die in Abschnitt 10.7 beschriebene, doppelt beplankte Metalleinfachständerwand CW 100/150, MW 80/50, Aufmaßfläche 13,50 m², sollen die erforderlichen Materialmengen ermittelt werden. Zusätzlich sind für die Materialbedarfsberechnung noch folgende Angaben erforderlich:

- Beplankung mit GKB-Platten, $l = 2{,}50$ m, $d = 12{,}5$ mm
- Q2-Verspachtelung mit Papierbewehrungsstreifen
- Verlust und Verschnitt pauschal 10 %

Die nebenstehende Lösung gilt für übliche Wandflächen, zusätzliche Materialien wie z. B. UA-Aussteifungsprofile für den Durchgang müssen gesondert erfasst werden.

Aufgabe

Für die Metallständerwand CW 50/100, MW 40/100 wurde durch ein Aufmaß eine Wandfläche von 47,50 m² errechnet. Ermitteln Sie für diese Wand den Materialbedarf.

Die Beplankung erfolgt mit 2,50 m langen GKBI-Platten. Die Q2-Fugenverspachtelung wird ohne Bewehrungsstreifen ausgeführt.

Als Verlust und Verschnitt sind für alle Materialien 10 % einzurechnen.

Lösung Berechnungsbeispiel Materialbedarf:
(Tabellenangaben sind blau gekennzeichnet)

GKB-Platten:
4,0 m²/m² · 13,50 m² · 1,1 (Verlust) = 59,40 m²
Plattenzahl: 59,40 m² : (2,50 m · 1,25 m) = **19 Pl.**

UW 100-Profile:
0,70 m/m² · 13,50 m² · 1,1 = 10,55 m
Stückzahl: 10,55 m : 4,00 m/Stück = 2,6 St.
aufgerundet **3 St.**

CW 100-Profile:
2,00 m/m² · 13,50 m² · 1,1 = 29,70 m
Stückzahl: 29,70 m : 3,00 m/Stück = 9,9 St.
aufgerundet **10 St.**

Anschlussdichtung:
1,20 m/m² · 13,50 m² · 1,1 = 17,30 m
Rollen: 17,30 : 30 m/Rolle = aufgerundet **1 Rolle**

Dübelverankerung:
1,50 Stück/m² · 13,50 m² · 1,1 = 23 St.
Paket: 23 St. : 100 St./Paket = aufgerundet **1 Paket**

Schnellbauschrauben TN 25 (1.Lage):
12,5 St./m² · 13,50 m² · 1,1 = 186 St.
Pakete: 186 St. : 1 000 St./Paket = aufgerundet **1 Paket**

Schnellbauschrauben TN 35 bzw. 45 (2. Lage):
29 St./m² · 13,50 m² · 1,1 = 430 St.
Pakete: 430 St. : 1 000 St./Paket = aufgerundet **1 Paket**

Mineralwolledämmplatten (Glaswolle):
1,0 m²/m² · 13,50 m² · 1,1 (Verlust) = 14,60 m²
Plattenzahl: 14,60 m² : (1,25 · 0,625 m²/Pl.) = 18,7 Pl.
aufgerundet **19 Pl.**

Papierbewehrungsstreifen:
1,50 m/m² · 13,50 m² · 1,1 = 22,27 m
Rollen: 22,27 m : 75 m/Rolle = aufgerundet **1 Rolle**

Fugenspachtel (2-lagige Beplankung):
0,80 kg/m² · 13,50 m² · 1,1 = 11,88 kg
Sackzahl: 11,88 kg : 25 kg/Sack = aufgerundet **1 Sack**

Für die Berechnung können auch Formblätter, wie in Abschnitt 7.7.4 dargestellt, verwendet werden.

10.9 Kostenberechnung

Bei der Kalkulation von Montagewänden werden die Angebotspreise aufgrund der Material- und Vollkosten errechnet. Der Berechnungsvorgang ist hierbei der Gleiche, wie er in Abschnitt 7.7.5 Kostenberechnung Innenputze beschrieben wird.

Berechnungsbeispiel

Führen Sie für die in den Abschnitten 10.7 und 10.8 behandelte Metallständerwand CW 100/150 MW 80/50 eine Kostenberechnung durch. Legen Sie der Berechnung einen Vollkostenstundensatz von 59,20 €/h zugrunde. Weitere Angaben entnehmen Sie dem Tabellenanhang.

Lösung Berechnungsbeispiel

KOSTENBERECHNUNG – Metallständerwand					
Materialliste	**Verbrauch pro m^2**	**Verlust-faktor**	**Kosten € pro Liefereinheit**	**Größe der Liefereinheit**	**Materialkosten €/m^2**
GKB-Platten/A	4,00	1,10	8,80	3,13	12,37
UW-100	0,70	1,10	10,95	4,00	2,11
CW-100	2,00	1,10	6,95	3,00	5,10
Anschlussdichtung	1,20	1,10	15,10	30,00	0,66
TN 25/35	12,50	1,10	10,00	1 000,00	0,14
TN 35/45	29,00	1,10	13,50	1 000,00	0,43
MW-Platten 80/50 (Glaswolle)	1,00	1,10	2,55	0,78	3,60
Papierbewehrungsstreifen	1,50	1,10	15,90	75,00	0,35
Fugengips	0,80	1,10	32,85	25,00	1,16
Dübel	1,50	1,10	22,50	100,00	0,37
1. Summe der Materialkosten in €/m^2					**26,29**

	Summe der Zeitaufwandswerte h/m^2	**Vollkostenstundensatz €/h**	
Montagewand, zweilagig beplankt	1,25 h/m^2		
2. Vollkosten in €/m^2	1,25 h/m^2	59,20 €/h	**74,00 €/m^2**

3. Einheitspreis €/m^2 = Materialkosten €/m^2 + Vollkosten €/m^2	**100,29 €/m^2**

	Einheitspreis €/m^2	**Aufmaßfläche m^2**	
4. Nettosumme €	100,29 €/m^2	13,50 m^2	**1 353,92 €**

	+ 19 % Mehrwertsteuer	**257,24 €**
5. Bruttosumme € = Nettosumme € + Mehrwertsteuerbetrag €		**1 611,16 €**

Aufgabe

Erstellen Sie eine Kostenberechnung für die Metallständerwand CW 75/100, MW 60/30, für die eine Aufmaßfläche von 38,70 m^2 ermittelt wurde. Als Beplankung werden 12,5 mm dicke Gipsfaserplatten verschraubt, die Q2-Gipsfaser-Fugenverspachtelung erfolgt mit Bewehrungsstreifen. Rechnen Sie für Verlust und Verschnitt 10 % ein. Als Vollkostenstundensatz sind 59,40 €/h anzusetzen.

10.10 Schallschutz

Für den Erhalt der Gesundheit, das Wohlbefinden und die Konzentrationsfähigkeit sind Gebäudebewohner auf einen ausreichenden baulichen Schallschutz angewiesen. Deshalb haben raumtrennende Bauteile je nach Art der Raumnutzung unterschiedliche Anforderungen an den Schallschutz zu erfüllen. Um dies zu gewährleisten, müssen bei der Planung und Ausführung dieser Bauteile die entsprechende Norm (DIN 4109) und Richtlinien beachtet werden.

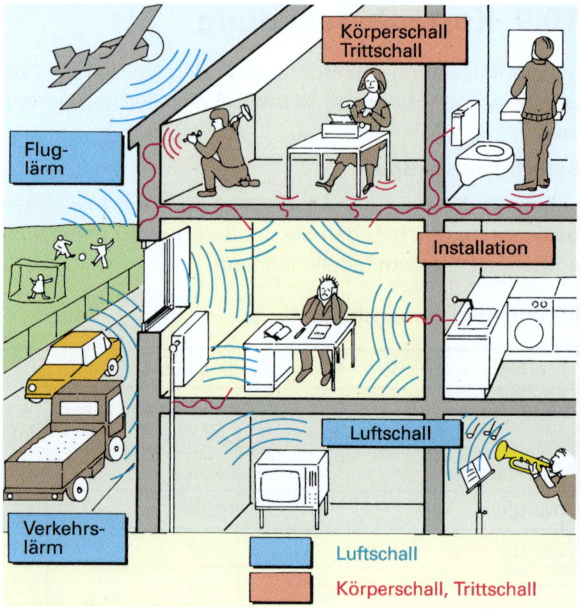

Ausbreitung unterschiedlicher Schallarten

10.10.1 Grundbegriffe

Schall ist physikalisch gesehen eine als Welle fortschreitende mechanische Verformung in einem Medium (z. B. Luft, Wasser, Bauteile). Entsprechend dem Ausbreitungsmedium unterscheidet man im Bauwesen folgende Schallarten:

- **Luftschall**, d. h., der Schall breitet sich über Schwingungen der Luftmoleküle aus, die Ausbreitungsgeschwindigkeit des Schalls beträgt in der Luft ungefähr 343 m/sec.
- **Körperschall** entsteht durch mechanische Beanspruchung von Bauteilen, die in Schwingung versetzt werden, z. B. durch das Zuschlagen einer Tür.
- **Trittschall** ist eine Sonderform des Körperschalls, er entsteht durch das Begehen von Decken oder Treppen, die hierdurch in Schwingung geraten.

Damit Schall in einem benachbarten Raum vom menschlichen Ohr wahrgenommen werden kann, muss der Luftschall die trennende Wand oder Decke in Schwingung versetzen, wodurch im Nachbarraum wieder Luftschall erzeugt wird.

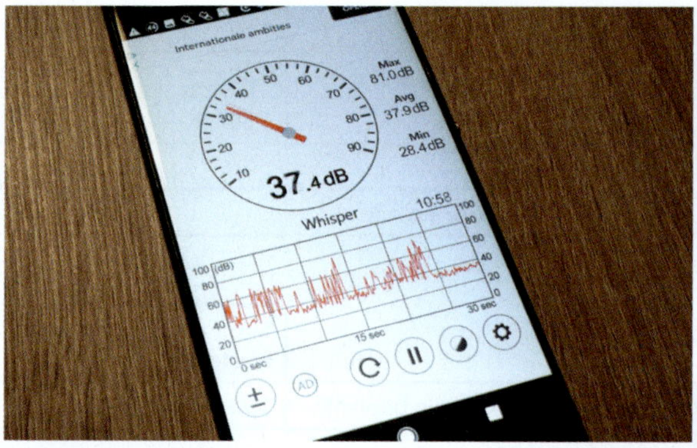

Dezibel-App

Die **Frequenz** bezeichnet die Anzahl der Schallschwingungen pro Sekunde und wird in **Hertz [Hz]** angegeben. Je schneller die Schwingungen, desto höher ist der Ton. Das menschliche Ohr kann in einem Frequenzbereich von 16 Hz bis maximal 20 000 Hz Geräusche wahrnehmen.

Der **bauakustische Messbereich** umfasst eine Frequenzbreite von **100 Hz bis 3 150 Hz**.

Mit dem **Schallpegel** wird die Lautstärke eines Geräuschs mit der Einheit **Dezibel [dB (A)]** beschrieben. Dieser ist dem menschlichen Ohr angepasst, d. h., 0 dB (A) kennzeichnen die menschliche Hörgrenze.

Der Schallpegel im Raum wird mit Schallpegelmessgeräten überprüft. Mit einer Dezibel-App auf dem Smartphone kann der Schallpegel der jeweiligen Lautstärke im Raum grob ermittelt werden.

Der Schallpegel *L* ist eine logarithmische Darstellung des Schalldrucks. Das bedeutet, dass eine Erhöhung des Schalldruckpegels um 20 dB einer Verzehnfachung des Schalldrucks in Pascal [Pa] entspricht. Deshalb addieren sich auch nicht die Schallpegel verschiedener Schallquellen. Kommt z. B. zu einer Schallquelle eine zweite mit demselben Einzelschallpegel, so erhöht sich der Gesamtpegel um 3 dB.

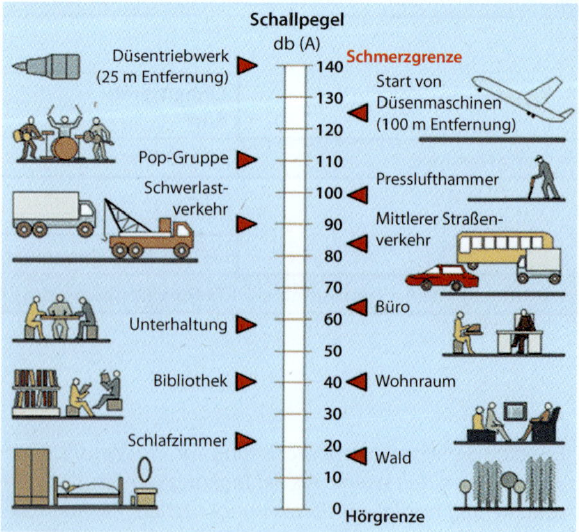

Schalldruck verschiedener Schallquellen

10.10.2 Luftschalldämmmaße

Trifft Luftschall auf eine Wand, so wird ein Teil der Schallenergie an der Oberfläche reflektiert. Dies ist für die Akustik im schallerzeugenden Raum von Bedeutung. Wesentlich für die Beurteilung der Schalldämmleistung einer Wand ist jedoch, wie viel Schallenergie von der Wand absorbiert (dissipierte Schallenergie) und wie viel in den Nachbarraum übertragen wird. Entscheidend ist also die Differenz zwischen auftreffender Schallenergie und transmittierter (übertragener) Schallenergie.

Eine nicht zu vernachlässigende Schallübertragung vom Sende- zum Empfangsraum findet auch über die angrenzenden Bauteile (Schallnebenwege) statt. Der Anteil dieser Übertragung hängt von der konstruktiven Ausbildung der flankierenden Bauteile ab.

Die **Schallpegeldifferenz *D*** ist die Differenz zwischen dem Schallpegel L_1 im Senderaum und dem Schallpegel L_2 im Empfangsraum: $D = L_1 - L_2$ [dB].

Das **Luftschalldämmmaß *R*** von Wänden und Decken entspricht der Schallpegeldifferenz *D* unter Berücksichtigung der äquivalenten **Absorptionsfläche *A*** des Empfangsraumes und der **Prüffläche *S*** des trennenden Bauteils: $R = D + 10 \lg (S/A)$ [dB].

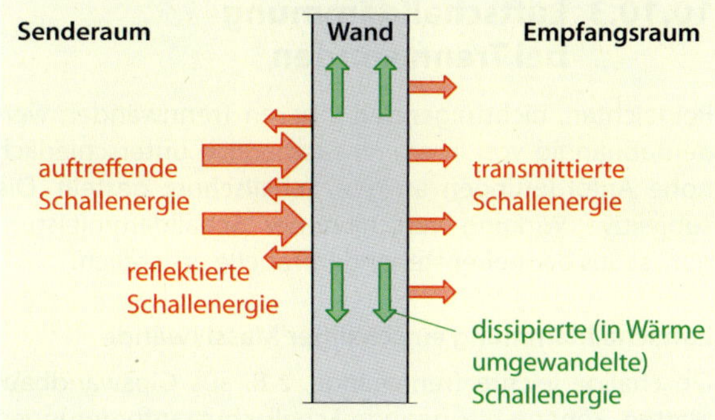

Schallenergieumwandlungen

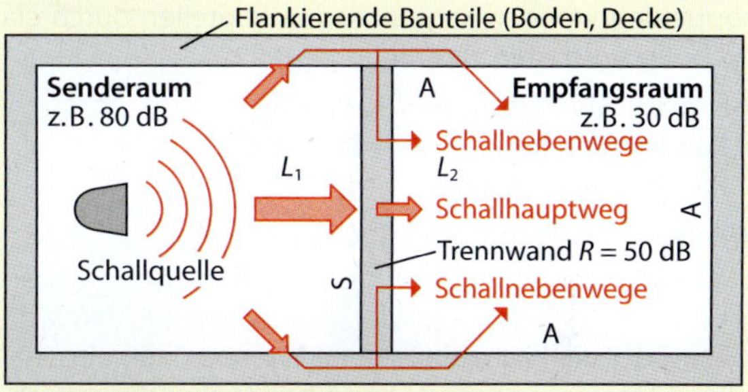

L_1 = Schallpegel im Senderaum in dB

L_2 = Schallpegel im Empfangsraum in dB

Schallübertragungswege zwischen zwei Räumen

Bewertete Luftschalldämmmaße R_W und R'_W:

Das bewertete Luftschalldämmmaß R_W oder R'_W ist die Einzahlangabe in dB zur Kennzeichnung der Luftschalldämmung von Bauteilen. Zahlenmäßig ist dies der Wert der um ganze dB verschobenen Bezugskurve bei 500 Hz.

- R_W [dB] ist das bewertete Luftschalldämmmaß eines Bauteils **ohne** Berücksichtigung von Schallnebenwegsübertragung.
- R'_W [dB] ist das bewertete Luftschalldämmmaß eines Bauteils **unter** Berücksichtigung von Schallnebenwegsübertragung.

In der Baupraxis wird nochmals differenziert:

- $R_{W,P}$ [dB] ist der Prüfstandwert von Montagewänden.
- $R_{W,R}$ [dB] $\approx R_{W,P}$ [dB] – 2 dB ist der Rechenwert für den Nachweis der Luftschalldämmung. In der Normung und den Herstellerdatenblättern werden für Montagewände nur diese Werte angegeben. Der Einfluss der Schallübertragung über flankierende Bauteile ist projektabhängig zu berücksichtigen.
- $R'_{W,R}$ [dB] ist der maßgebliche Rechenwert für eine eingebaute Wand unter Einrechnung der Schallübertragung über flankierende Bauteile.

Da in der Regel eine Schallübertragung über die flankierenden Bauteile erfolgt, ist das resultierende bewertete Luftschalldämmmaß $R'_{W,R}$ immer kleiner als $R_{W,R}$.

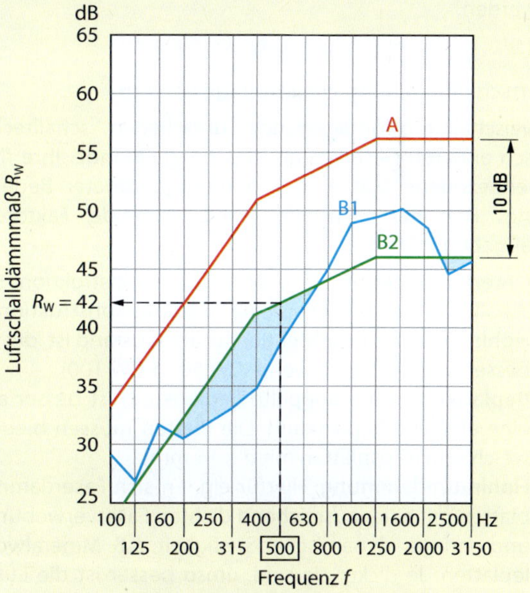

A Normkurve

B1 Messkurve einer Montagewand

B2 Anpassung von Kurve B1 an die Normkurve

Luftschalldämmmaß R_W einer Metallständerwand

Aufgaben

1. Erklären Sie die Begriffe Frequenz und Schallpegel.

2. Beschreiben Sie Möglichkeiten der Schallübertragung.

3. Unterscheiden Sie die Luftschalldämmmaße R_W u. R'_W.

10.10.3 Luftschalldämmung bei Trennwänden

Bei leichten, nichttragenden inneren Trennwänden werden abhängig von ihrem Einsatzbereich unterschiedlich hohe Anforderungen an den Schallschutz gestellt. Die subjektive Wirkung verschiedener Schalldämmleistungen ist aus der nebenstehenden Tabelle ersichtlich.

Luftschalldämmung einschaliger Massivwände

Einschalige leichte Trennwände, z. B. aus Gipswandbauplatten, können nur geringe Schallschutzanforderungen erfüllen. Dies ist auf ihre geringe flächenbezogene Masse m' [kg/m^2] zurückzuführen. Von Bedeutung ist die Entkoppelung von den angrenzenden Bauteilen durch elastische Trennstreifen. Beispiele:

Wand aus GW-Platten, $m' = 90$ kg/m^2,
Randstreifen Kork: $R_w = 38$ db
Randstreifen Bitumen: $R_w = 42$ db

Wand aus GW-Platten, $m' = 120$ kg/m^2,
Randstreifen Bitumen: $R_w = 45$ db

Je größer die flächenbezogene Masse m' von einschaligen Massivwänden ist, desto höher sind die erreichbaren Luftschalldämmwerte $R'_{w,R}$. Bei leichten, nichttragenden Trennwänden müssen zur Schalloptimierung umlaufend zu den angrenzenden Bauteilen geeignete elastische Randdämmstreifen eingelegt werden.

Luftschalldämmung von Montagewänden

Zweischalige Montagewände unterliegen schalltechnisch anderen Gesetzen als einschalige Wände. Ihre flächenbezogene Masse ist von untergeordneter Bedeutung. Bei diesen Wänden sind folgende Faktoren maßgebend:

- **Unterkonstruktion**: Eine Metallunterkonstruktion ist schalltechnisch besser als eine Holzunterkonstruktion.
- **Hohlraumtiefe**: Je größer der Schalenabstand ist, desto besser sind die Dämmwerte (CW 50 ⇒ CW 100).
- **Beplankung**: Eine doppelte Beplankung ist besser als eine einfache Beplankung. Die Platten müssen biegeweich sein (Gipsplatten mit $d \leq 15$ mm).
- **Hohlraumdämmung**: Hierfür eignen sich Faserdämmplatten mit einer ausreichend dichten Faserverwebung und geringer dynamischer Steifigkeit, z. B. Mineralwolleplatten. Je dicker sie sind, umso besser ist die Luftschalldämmung. Der Wandhohlraum darf aber nicht vollständig ausgefüllt werden (verbleibende Luftschicht ≥ 10 mm).
- **Anschluss an angrenzende Bauteile**: Der Anschluss muss absolut dicht sein. Die Ausführung der Anschlüsse sollte einen Schallübertrag über die flankierenden Bauteile minimieren (siehe Abschnitt 10.12.1, Anschlussdetails bei Metallständerwänden).
- **Flankierende Bauteile**: Je nach Ausführung wird mehr oder weniger Schall über diese Nebenwege übertragen.

Trennwand $R'_{W,R}$	Subjektive Wirkung im benachbarten Raum
32 dB	**Untere Grenze für Luftschalldämmung** (keine Anforderungen an den Luftschallschutz)
37 dB	**Normale Sprache verständlich** (entspricht einer 10 cm dicken GW-Plattenwand)
42 dB	**Normale Sprache gerade noch verständlich** (untergeordnete Wände)
47 dB	**Laute Sprache gerade noch verständlich, Melodien erkennbar** (Anforderung z. B. an Schulklassentrennwände)
53 dB	**Radio: Normale Lautstärke gerade noch hörbar** (Mindestanforderung an Wohnungstrennwände)
57 dB	**Normal eingestellter Radioapparat unhörbar, lauter Apparat gerade hörbar** (erhöhte Anforderung an Trennwände)
62 dB	**Laut eingestellter Radioapparat unhörbar** (Anforderung an Reihenhaustrennwände)

Schalldämmmaße $R'_{W,R}$ von Wänden und zugeordnete subjektive Wirkung im benachbarten Raum

Wandart	Kurzbezeichnung	$R_{W,R}$ [dB]
	**Holzständerwand** Gipsplatten $d = 12{,}5$ mm Holz $b/h = 60/60$ mm Dämmung $d = 40$ mm	37
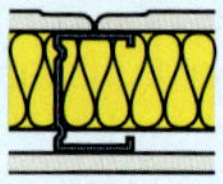	**Metalleinfachständerwand** CW 50/75, MW 40 CW 75/100, MW 60 CW 100/125, MW 80	42 45 48
	**Metalleinfachständerwand** CW 50/100, MW 40 CW 75/125, MW 60 CW 100/150, MW 80	52 53 56
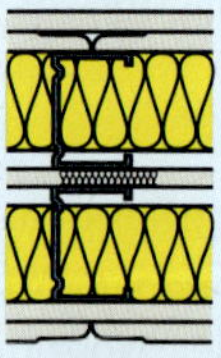	**Metalldoppelständerwand** CW 50 + 50/155, MW 2 × 40 CW 75 + 75/205, MW 2 × 60 CW 100 + 100/255, MW 2 × 80	62 64 65
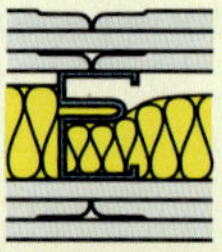	**Metalleinfachständerwand** CW 100/175, MW 80 dreifach beplankt (3 × 12,5 mm) speziell geformtes CW-Profil	62
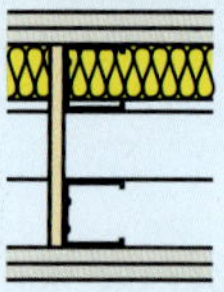	**Installationswand** CW 50 + 50/≥ 220, MW 40 (Gipsplatten $d = 2 \times 12{,}5$ mm)	52

Die angegebenen Werte für $R_{W,R}$ beruhen auf Prüfberichten von Herstellerfirmen.

Luftschalldämmmaße $R_{W,R}$ von Montagewänden

10.10.4 Raumakustik

In geschlossenen Räumen entsteht im Gegensatz zur Schallausbreitung im Freien ein diffuses Schallfeld aus direktem und reflektiertem Schall.

Die Eignung eines Raumes für sprachliche Kommunikation und musikalische Darbietungen hängt ab von:

- der geometrischen Gestaltung des Raumes
- der Verteilung von schallreflektierenden und schallabsorbierenden Flächen
- der Nachhallzeit (Echobildung)
- dem Gesamtstördruckschallpegel (Nebengeräusche)

Der für die Raumakustik maßgebliche Frequenzbereich liegt zwischen 63 Hz und 8 000 Hz.

Durch eine gezielte Regulierung von Absorptions- und Reflexionsvorgängen soll die Verständlichkeit sichergestellt und der Schalldruckpegel verringert werden. Mit dem Einbau von

- **technischen Absorbern**, z. B. Akustikunterdecken und weichfedernden Wandvorsatzschalen
- **Elementen zur Schalllenkung**, z. B. räumlich gefalteten Gipsplattenelementen

kann die Raumakustik der Raumnutzung angepasst werden.

(Weiterführende Informationen zum Thema Raumakustik siehe Abschnitt 13)

Ungünstige Raumakustik aufgrund von Schallreflexionen und unterschiedlich langen Schallwegen

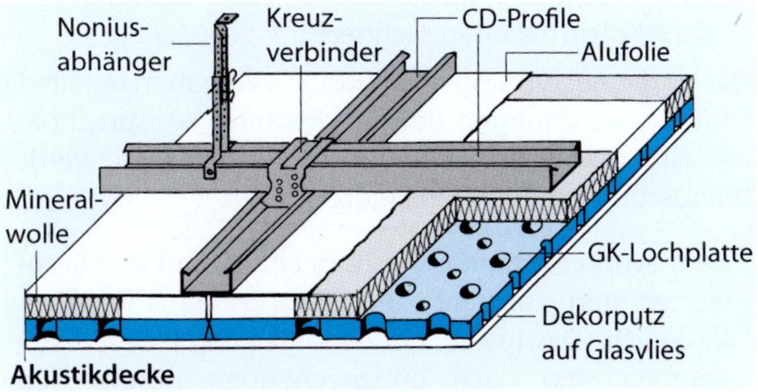

Akustikunterdecke (Schallabsorption)

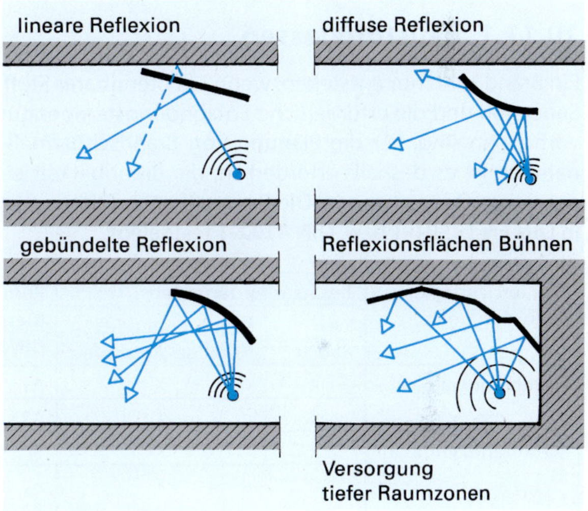

Schalllenkung

Zusammenfassung

Bauliche Schallschutzmaßnahmen sind ein wesentlicher Bestandteil der Bauplanung und -ausführung. Man unterscheidet hierbei Maßnahmen zur Reduzierung der Schallübertragung (Schalldämmung) zwischen benachbarten Räumen und Maßnahmen zur Schallregulierung (Raumakustik) im Aufenthaltsraum.

Bei leichten nichttragenden Trennwänden werden entsprechend ihrem Einbaubereich mehr oder weniger hohe Anforderungen an die Luftschalldämmung zu angrenzenden Räumen gestellt.

Die Materialwahl für die Luftschalldämmmaße $R_{W,R}$ kann der Tabelle im Abschnitt 10.10.3 entnommen werden.

Leichte einschalige Massivwände, wie z. B. Wände aus Gips-Wandbauplatten, liefern aufgrund ihrer geringen flächenbezogenen Masse nur einen begrenzten Schallschutz. Leichtere zweischalige Montagewände dagegen erreichen mit ihren biegeweichen Schalen konstruktiv bedingt bessere Schalldämmwerte.

Der Aufbau von Montagewänden lässt sich flexibel an die Schallschutzanforderungen und Einbaubedingungen (Konstruktion der angrenzenden Bauteile) anpassen.

Großen Einfluss auf die resultierende Schalldämmung haben die Konstruktionen der flankierenden Bauteile und die Ausbildung des Anschlusses der Montagewände an diese Bauteile.

Aufgaben

1. *Beschreiben Sie die Ziele des Schallschutzes im Bauwesen.*
2. *Welchen Einfluss hat die flächenbezogene Masse m' auf die Schalldämmleistung von einschaligen Wänden?*
3. *Vergleichen Sie einschalige Plattenwände und zweischalige Montagewände hinsichtlich ihres Schalldämmvermögens.*
4. *Begründen Sie, warum die Metallständerwand CW 75/100, MW 60/50 ein geringeres Schalldämmmaß $R_{W,R}$ aufweist als die Wand CW 100/150, MW 80/30.*
5. *Erklären Sie den Unterschied zwischen Schalldämmung und Raumakustik.*
6. *Von welchen Faktoren hängt die Akustik eines Raumes ab?*
7. *Mit welchen Mitteln kann die Akustik eines Raumes verbessert werden?*

10.11 Brandschutz

Zum Schutz der Bewohner von Gebäuden, zum Erhalt der Bausubstanz und zum Vermeiden eines Brandübersprungs auf Nachbargebäude sind Brandschutzmaßnahmen unerlässlich.

Hierbei spielt der **vorbeugende bauliche Brandschutz** eine wesentliche Rolle. Nach sorgfältiger Planung sind bei der Ausführung geeignete Materialien zu verwenden und die Konstruktionen sachgerecht zu erstellen.

Die für die Ausführung notwendigen Vorgaben regeln die Landesbauordnungen der Bundesländer, Ansprechpartner sind die Baurechtsämter. In Sonderfällen werden Brandschutzexperten hinzugezogen.

Zum Schutz von menschlichem Leben und von Sachwerten sind geeignete Brandschutzmaßnahmen erforderlich. Die hierzu notwendigen baulichen Maßnahmen sind nach entsprechenden gesetzlichen Vorgaben fachgerecht und zwingend durchzuführen.

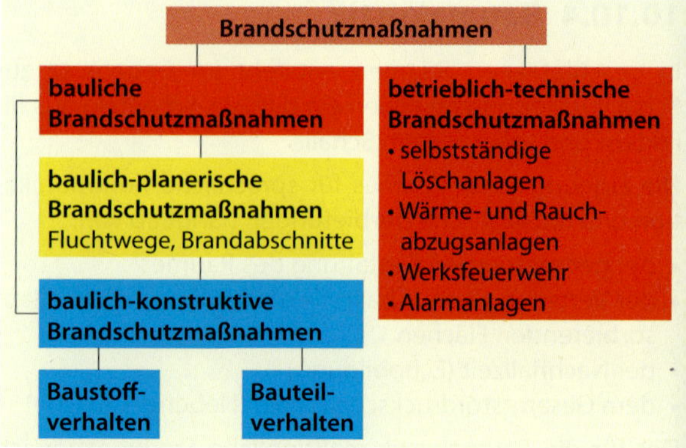

Arten des vorbeugenden Brandschutzes

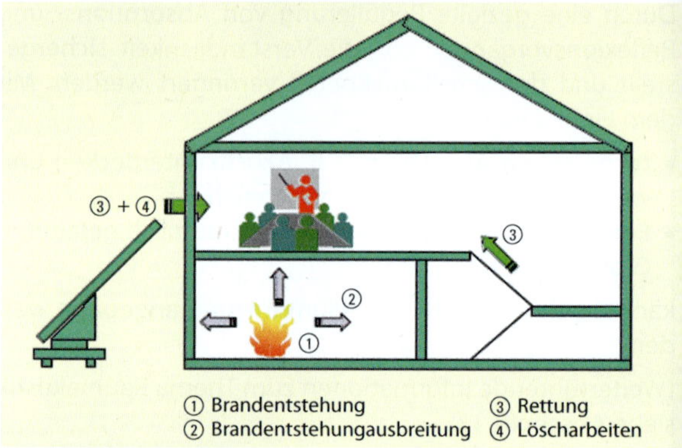

Vorbeugender Brandschutz

10.11.1 Baustoffklassen

Ein Brand kann nur entstehen, wenn ein brennbarer Stoff, Sauerstoff und die erforderliche Entzündungstemperatur vorhanden sind. Für die Planung von Brandschutzmaßnahmen ist es deshalb erforderlich, die Brennbarkeit eines Baustoffes zu kennen. Die Baustoffkennzeichnung ist in **DIN EN 13501-1** bzw. **DIN 4102-1** festgelegt.

Bauaufsichtliche Anforderungen	Zusatzanforderungen		Europäische Klasse nach DIN EN 13501-1	Deutsche Klasse nach DIN 4102-1
	kein Rauch	kein brennendes Abfallen/Abtropfen		
nichtbrennbar	X	X	A1	A1
	X	X	A2 s1 d0	A2
schwerentflammbar	X	X	B, C s1 d0	B1
		X	A2, B, C s2 d0 A2, B, C s3 d0	
	X		A2, B, C s1 d1 A2, B, C s1 d2	
			A2, B, C s3 d2	
normalentflammbar		X	D s1/s2/s3 d0 E	B2
			D s1/s2/s3 d1 D s1/s2/s3 d2 E d2	
leichtentflammbar			F	B3

Rauchentwicklung s:
s1 – keine/kaum Rauchentwicklung
s2 – beschränkte Rauchentwicklung
s3 – unbeschränkte Rauchentwicklung

Brennendes Abfallen/Abtropfen d:
d0 – kein Abtropfen
d1 – kein fortdauerndes Abtropfen
d2 – deutliches Abtropfen

Baustoffklassen

Materialbeispiele, Klassifizierung nach DIN 4102-1

Baustoffklasse A1: Beton, Mauerwerk, Stahl, Glas, Gipsvliesplatten, Steinwolledämmplatten (herstellerabhängig)
Baustoffklasse A2: Gipsplatten mit geschlossener Oberfläche, Gipsfaserplatten, Mineralwolledämmplatten
Baustoffklasse B1: Polystyrol-Dämmplatten (Prüfzeugnis), Spanplatten, Holzwolleplatten, Kunstharzputze
Baustoffklasse B2: Vollholz ($d > 2$ mm), Polyurethan-Dämmplatten, Fugendichtstoffe wie Silicon und Acryl
Baustoffklasse B3: Papier, Holz $d \leq 2$ mm. **Stoffe der Baustoffklasse B3 sind als Baustoffe unzulässig!**

Plattenbeispiele nach DIN EN 13501-1 und DIN 4102-1

	Plattentyp national	Plattentyp DIN EN 13501-1	Brandverhalten	Kartonfarbe	Rückseitenstempel
Feuerschutzplatte GKF	GKF DIN 18180	DF EN 520	A2-s1, d0 (B)	grau	rot
Feuerschutzplatte GKFI	GKFI DIN 18180	DFH2 EN 520	A2-s1, d0 (B)	grün	rot

10.11.2 Bauteile

Bauteilen werden **Feuerwiderstandsklassen** zugeordnet. Diese geben die Zeitdauer in Minuten an, in der ein Bauteil statisch nicht versagen darf und raumtrennende Konstruktionen einen Brandübersprung in andere Räume verhindern müssen. Die dem Feuer abgewandte Oberflächenseite darf dann an keiner Stelle eine höhere Temperatur als maximal 180 °C oder im Mittel 140 °C erreichen, wenn die Ausgangstemperatur vor dem Brand 20 °C betrug.

Zusätzlich zur Minutenangabe (30, 60, 90, 120, 180 min) werden die Baustoffklassen (A und B) der für die Bauteilkonstruktion verwendeten Materialien angeführt.

Für die einzelnen Feuerwiderstandsklassen gibt es bauaufsichtliche Benennungen gemäß LBO (Landesbauordnung).

Feuerwiderstandsklasse F 90-AB :
F = Feuerwiderstand von Wänden, Decken, Stützen, Unterzügen, Treppen
90 = Feuerwiderstandsdauer 90 Minuten
AB = Baustoffklasse der wesentlichen (tragenden) Baustoffe ist A (nichtbrennbar, A1 oder A2), andere Baustoffe können brennbar sein (Baustoffklasse B1 oder B2)
Bauaufsichtlich entspricht diese Feuerwiderstandsklasse der Bezeichnung **feuerbeständig.**

Konstruktionsbeispiel:
Mauerwerkswand (Baustoffklasse A1) mit einer Vorsatzschale, bestehend aus Gipsplatten auf einer Holzunterkonstruktion (Baustoffklasse B2)

Beispiel Feuerwiderstandsklasse nach DIN 4102-2

Bauaufsichtliche Benennungen	Feuerwiderstandsklassen nach DIN 4102-2	Kurzbezeichnung nach DIN 4102-2
feuerhemmend	Feuerwiderstandsklasse F-30 (auch wesentliche Teile brennbar)	**F 30-B**
	Feuerwiderstandsklasse F-30 und in den wesentlichen Teilen aus nichtbrennbaren Baustoffen	**F 30-AB**
feuerhemmend und aus nichtbrennbaren Baustoffen	Feuerwiderstandsklasse F-30 und aus nichtbrennbaren Baustoffen	**F 30-A**
hochfeuerhemmend	Feuerwiderstandsklasse F-60 und in den wesentlichen Teilen aus nichtbrennbaren Baustoffen	**F 60-AB**
	Feuerwiderstandsklasse F-60 und aus nichtbrennbaren Baustoffen	**F 60-A**
	Feuerwiderstandsklasse F-90 (auch wesentliche Teile brennbar)	**F 90-B**
feuerbeständig	Feuerwiderstandsklasse F-90 und in den wesentlichen Teilen aus nichtbrennbaren Baustoffen	**F 90-AB**
feuerhemmend und aus nichtbrennbaren Baustoffen	Feuerwiderstandsklasse F-90 und aus nichtbrennbaren Baustoffen	**F 90-A**
hochfeuerbeständig	Feuerwiderstandsklasse F-120 (auch wesentliche Teile brennbar)	**F 120-B**
	Feuerwiderstandsklasse F-120 und in den wesentlichen Teilen aus nichtbrennbaren Baustoffen	**F 120-AB**
	Feuerwiderstandsklasse F-120 und aus nichtbrennbaren Baustoffen	**F 120-A**
höchstfeuerbeständig	Feuerwiderstandsklasse F-180 und in den wesentlichen Teilen aus nichtbrennbaren Baustoffen	**F 180-AB**
	Feuerwiderstandsklasse F-180 und aus nichtbrennbaren Baustoffen	**F 180-A**

Feuerwiderstandsklassen von Bauteilen nach DIN 4102-2 und ihre bauaufsichtlichen Benennungen (Auszug)

Die Norm **DIN EN 13501-2 und -3** hat weitere Bezeichnungen für Bauteile, wobei die Minutenangaben gleich sind:

Bauaufsichtl. Benennungen	Tragende Bauteile		Nichttragende Innenwände	Nichttragende Außenwände	Selbstständige Unterdecken
	ohne Raumabschluss	mit Raumabschluss			
feuerhemmend	R 30	REI 30	EI 30	E 30 (i→o) EI 30 (i←o)	EI 30 (a→b) EI 30 (a←b) EI 30 (a↔b)
hoch-feuerhemmend	R 60	REI 60	EI 60	E 60 (i→o) EI 60 (i←o)	EI 60 (a→b) EI 60 (a←b) EI 60 (a↔b)
feuerbeständig	R 90	REI 90	EI 90	E 90 (i→o) EI 90 (i←o)	EI 90 (a→b) EI 90 (a←b) EI 90 (a↔b)
Feuerwiderstands-fähigkeit 120 min	R 120	REI 120			
Brandwand		REI 90-M	EI 90-M		

R (Résistence)	Tragfähigkeit
E (Étanchéité)	Raumabschluss
I (Isolation)	Wärmedämmung (unter Brandeinwirkung)
M (Mechanical)	Mechanische Einwirkung auf Wände (Stoßbeanspruchung)
i→o (in-out) i←o	Richtung der klassifizierten Feuerwiderstandsdauer
a→b (above-below) a←b a↔b	Richtung der klassifizierten Feuerwiderstandsdauer

Feuerwiderstandsklassen nach DIN EN 13501-2 und -3 und ihre bauaufsichtlichen Benennungen (Auszug)

10.11.3 Brandschutz bei Trennwänden

Bei nichttragenden inneren Trennwänden werden abhängig von ihrem Einsatzbereich unterschiedlich hohe Anforderungen an den Brandschutz gestellt.

Wände aus Gips-Wandbauplatten

Mit Wänden aus Gips-Wandbauplatten lassen sich aufgrund ihrer Schichtdicke kostengünstig sehr hohe Brandschutzwerte erreichen. Die Anschlussdichtung muss der Baustoffklasse A angehören und einen Schmelzpunkt ≥ 1 000 °C haben.

Wände aus Gips-Wandbauplatten bieten guten Brandschutz zu vergleichsweise günstigen Kosten.

Montagewände

Durch ihre Konstruktionsvielfalt können Montagewände an unterschiedliche Brandschutzanforderungen angepasst werden. Hierbei sind folgende Faktoren maßgebend:

- **Unterkonstruktion**: Eine Metallunterkonstruktion ist brandschutztechnisch besser als eine Holzunterkonstruktion.
- **Beplankung**: Eine doppelte Beplankung ist besser als eine einfache Beplankung. Es sind GKF- oder GF-Platten zu verwenden, bei besonders hohen Brandschutzanforderungen GM- oder CS-Platten.
- **Hohlraumdämmung**: Eingesetzt werden Dämmstoffe der Baustoffklasse A mit einem Schmelzpunkt ≥ 1 000 °C, z. B. Steinwolle. Je größer die Dicke und die Dichte des Dämmstoffs sind, umso bessere Brandschutzwerte werden erreicht.
- **Anschluss an angrenzende Bauteile**: Der Anschluss muss absolut dicht und die Anschlussfuge komplett verspachtelt sein. Die Anschlussdichtungen dürfen der Baustoffklasse B angehören, wenn ihre Dicke $d \leq 5$ mm ist. Brandschutztechnische Besonderheiten bei Wandanschlüssen sind in Detailzeichnungen dargestellt.

Zusammenfassung

Vorbeugender baulicher Brandschutz ist ein wichtiger Teil der Gebäudeplanung und -ausführung. Entsprechende Anforderungen an den Brandschutz sind in den Landesbauordnungen festgehalten.

Im Brandschutz sind die auf Baustoffe bezogenen Baustoffklassen und die Feuerwiderstandsklassen von Bauteilen zu unterscheiden. Angaben hierzu können Normen und Prüfzeugnissen entnommen werden.

Der Konstruktionsaufbau von nichttragenden inneren Trennwänden kann flexibel an unterschiedliche Brandschutzanforderungen angepasst werden. Die Materialauswahl und -zusammensetzung sind hierbei von besonderer Bedeutung und können der Tabelle im Abschnitt 10.11.3. entnommen werden.

Wände aus Gips-Wandbauplatten nach DIN EN 12859 Rohdichte ≥ 600 kg/m³ Brandschutz nach DIN 4102-4	**Feuerwiderstandsklasse**
Plattendicke d = **60 mm**	**F 30-A**
Plattendicke d = **80 mm**	**F 120-A**
Plattendicke d = **100 mm**	**F 180-A**

Feuerwiderstandsklassen von GW-Wänden

Montagewände – Brandschutz nach DIN 4102-4 Beplankung mit GKF-Platten Hohlraumdämmung Baustoffklasse A, Schmelzpunkt ≥ 1 000 °C (Steinwolle)		
Wandart	**Kurzbezeichnung**	**Feuerwiderstandsklasse**
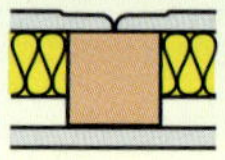	**Holzständerwand** Gipsplatten 12,5 mm, Holz b/h = 60/60 mm, MW 40/30	**F 30-B**
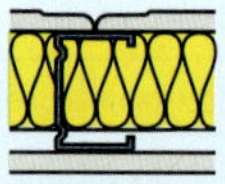	**Metalleinfachständerwand** CW 50/75, MW 40/30 CW 100/125, MW 80/30	**F 30-A**
	**Metalleinfachständerwand** CW 50/100, MW 40/100 CW 75/125, MW 60/50 CW 100/150, MW 80/30	**F 90-A**
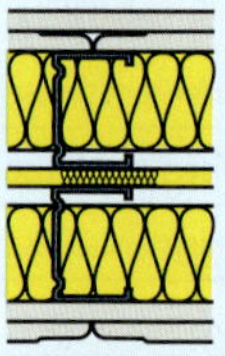	**Metalldoppelständerwand** CW 50 + 50/105, MW 2 × 40/30 CW 75 + 75/155, MW 60/50 CW 100 + 100/205, MW 80/30	**F 90-A**
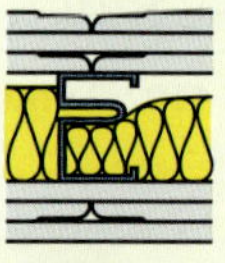	**Metalleinfachständerwand** CW 100/175, MW 80/50, dreifach beplankt (3 × 12,5 mm)	**F 180-A**
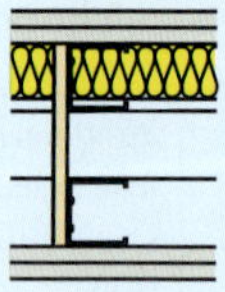	**Installationswand** CW 50 + 50/≥ 220, MW 40/100 GKF 2 × 12,5 mm, doppelt beplankt	**F 90-A**

Feuerwiderstandsklassen von Montagewänden

Aufgaben

1. *Begründen Sie die Notwendigkeit von Brandschutzmaßnahmen.*
2. *Nennen Sie zu jeder Baustoffklasse nach DIN 4102-1 zwei Materialbeispiele.*
3. *Erklären Sie die Kurzbezeichnung F 30-AB.*
4. *Beschreiben Sie den Aufbau einer Montagewand, die der Feuerwiderstandsklasse F 90-A entspricht.*

10.12 Ausführungsdetails bei Metallständerwänden

10.12.1 Anschlussdetails

Die dargestellten Anschlüsse von Metallständerwänden an Boden, Wand und Decke (DIN 18183-1) berücksichtigen eventuelle Anforderungen an den Brand- und Schallschutz.

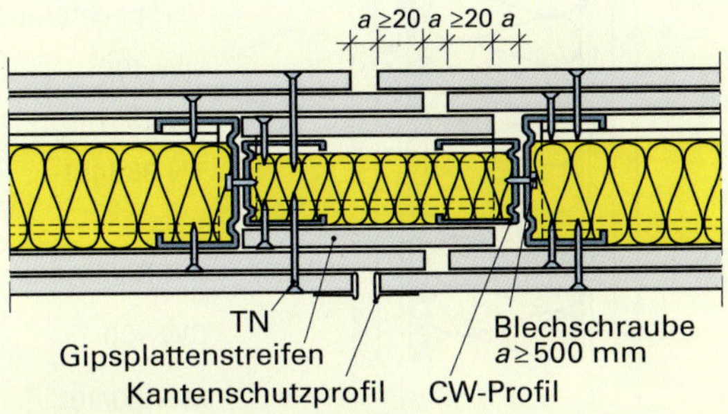

Gleitende Wandbewegungsfuge (horizontaler Schnitt)

Diese Fugenausbildung ist erforderlich, wenn die Wandlängen 10 … 15 m überschreiten. **Bei Anforderungen an den Brandschutz muss der Abstand *a* ≤ 20 mm sein.**

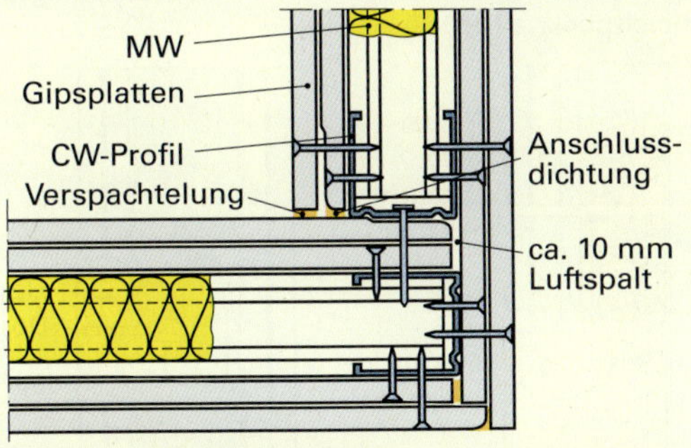

Wandeck (horizontaler Schnitt)

Der etwa 10 mm breite Luftspalt verhindert eine Schallübertragung über innere und äußere Beplankung.

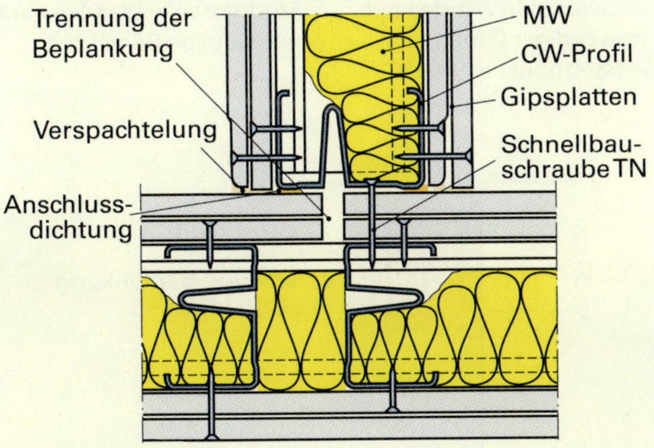

T-Anschluss (horizontaler Schnitt)

Die Trennung der inneren Beplankung verhindert eine Schalllängsleitung.

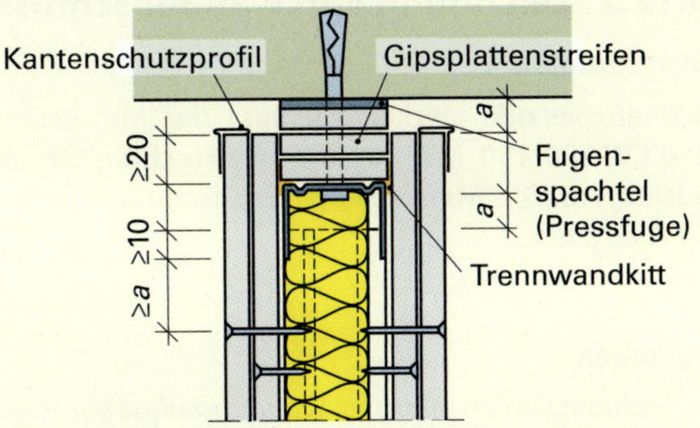

Gleitender Deckenanschluss (senkrechter Schnitt)

Ein gleitender Deckenanschluss ist notwendig, wenn die zu erwartende Deckendurchbiegung kleiner gleich 20 mm ist. **Bei Anforderungen an den Brandschutz muss der Abstand *a* ≤ 20 mm sein.** Ohne Anforderungen darf *a* höchstens 30 mm betragen.

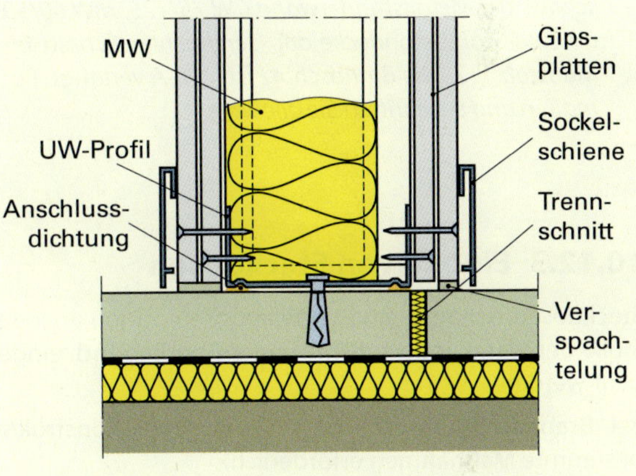

Bodenanschluss auf Estrich (senkrechter Schnitt)

Der Trennschnitt im Estrich dient zur Vermeidung von Schalllängsleitung über die Estrichplatte.

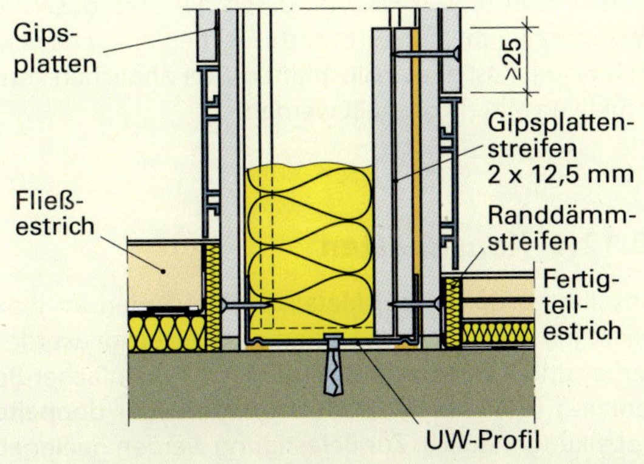

Reduzierter Anschluss auf Rohboden (senkr. Schnitt)

Im Fall von Brandschutzanforderungen müssen die fehlenden Plattenteile im Anschlussbereich durch innenliegende Plattenstreifen ersetzt werden.

10.12.2 Zeichnung von Wandanschlüssen

Beispielaufgabe

Zeichnen Sie den Deckenanschluss der Metallständerwand **CW 100/150, MW 80/30** als senkrechten Schnitt im Maßstab 1 : 5. Die Wand soll die Brandschutzanforderung **F 90-A** erfüllen.

Lösung der Beispielaufgabe: (Maßstab verkleinert)

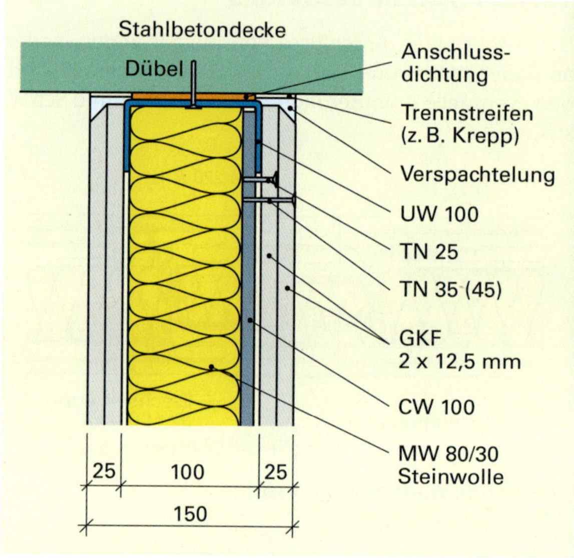

Deckenanschluss CW 100/150, MW 80/30

Aufgaben

1. *Zeichnen Sie den seitlichen Wandanschluss der Metallständerwand CW 50/75, MW 40/50 an eine verputzte Mauerwerkswand (horizontaler Schnitt im Maßstab 1 : 2). Es werden keine Anforderungen an den Brandschutz gestellt. Bemaßen und beschriften Sie alle Teile.*
2. *Zeichnen Sie im Maßstab 1 : 2 den Bodenanschluss der Metallständerwand CW 50 + 50/155, MW 2 × 40/50 auf einer Stahlbetondecke (senkrechter Schnitt, Brandschutzanforderung F 90-A, Bemaßung, Beschriftung).*
3. *Stellen Sie zeichnerisch den gleitenden Deckenanschluss der Metallständerwand CW 75/125, MW 60/50 an eine Stahlbetondecke dar (senkrechter Schnitt im Maßstab 1 : 2). Als Brandschutz ist F 90-A verlangt. Bemaßen und beschriften Sie alle Teile.*

10.12.3 Einbau von Steckdosen

Steckdosen, Schalter- und Verteilerdosen dürfen an jeder Stelle der Wand, jedoch **nicht gegenüberliegend**, eingebaut werden.

Bei **Brandschutzanforderungen** sind aber konstruktiv bestimmte Maßnahmen erforderlich.

- Muss als Dämmstoff **Mineralwolle mit einem Schmelzpunkt ≥ 1 000 °C** eingebaut werden, darf der Dämmstoff auf eine Dicke von **minimal 30 mm** zusammengedrückt werden.
- Manche Wände erfüllen auch Brandschutzaufgaben ohne Dämmstoff oder mit Dämmstoffen der Baustoffklasse B. In diesen Fällen müssen die Steckdosen im Wandhohlraum mit Gipsmörtel in Beplankungsdicke, mit einem Kasten aus Gipsplatten oder ähnlichen konstruktiven Mitteln umhüllt werden.

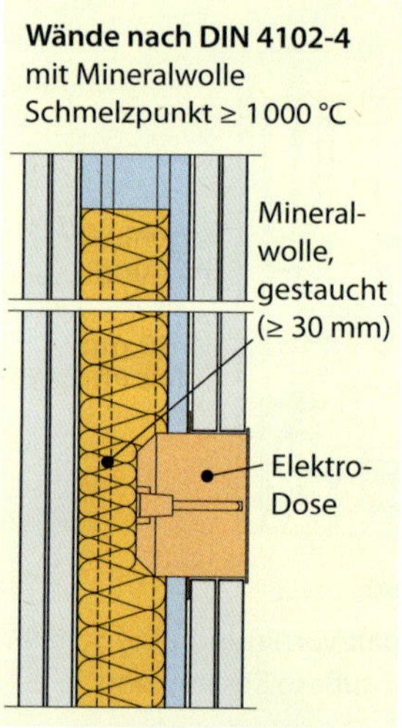

Steckdosen in Wänden mit notwendiger Dämmung, Schmelzpunkt ≥ 1 000 °C

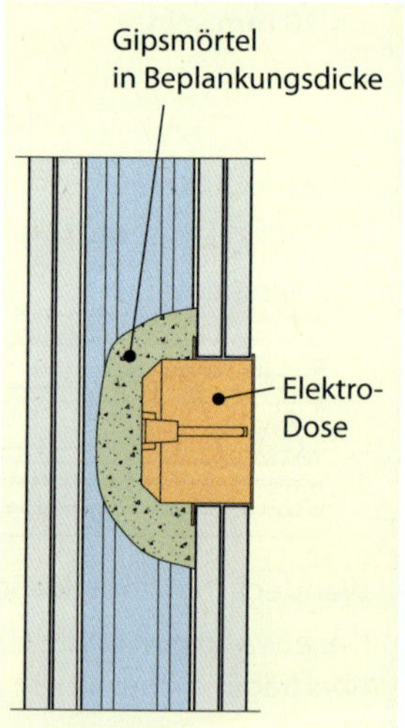

Steckdosen in Wänden ohne notwendige Dämmung

10.12.4 Konsollasten

Konsollasten dürfen bei Metallständerwänden an jeder beliebigen Stelle an der Beplankung befestigt werden. Hierbei sind Konsollasten bis 0,4 kN/m bei einfacher Beplankung ($d < 18$ mm) und bis 0,7 kN/m bei doppelter Beplankung möglich. Zur Befestigung werden geeignete Hohlraumdübel verwendet (Mindestabstände 75 mm).

Bei Doppelständerwänden müssen die CW-Profile zugfest, z. B. durch Laschen, miteinander verbunden werden. Dies führt allerdings zu einer Abminderung der Luftschalldämmung.

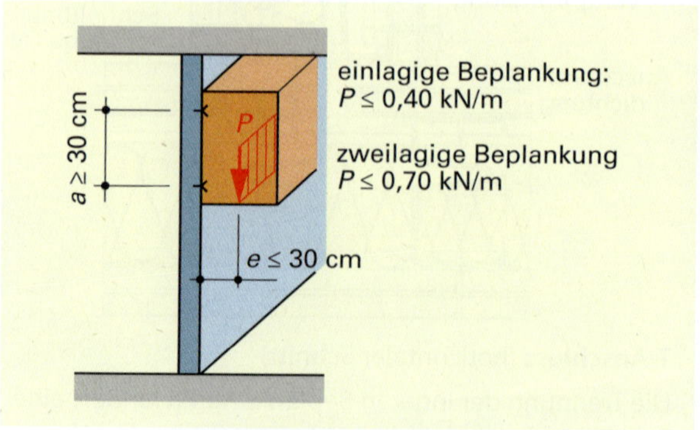

Anordnung von Konsollasten

10.13 Installationswand

Installationswände dienen zur Aufnahme von Sanitärelementen und Rohrleitungen. Tragständer und Traversen für die Befestigung von wandhängenden WC- und Waschbecken oder Urinalen mit Konsollasten von 0,7 KN/m bis 1,5 KN/m Wandlänge werden im Wandhohlraum integriert. Für die Rohrdurchführungen müssen die Doppelständerwände einen ausreichend breiten Durchlass ermöglichen, die Rohrleitungen dürfen aus schallschutztechnischen Gründen die Ständerprofile nicht berühren.

Um eine ausreichende Wandstabilität zu erreichen, werden die nebeneinanderstehenden CW-Profile durch zwei Plattenlaschen miteinander verbunden, eine über den Tragständern und die andere im oberen Wandhöhendrittelpunkt. Die Plattenstücke sind mindestens 15 mm dick und 300 mm hoch, ihre Befestigung auf den CW-Profilen erfolgt mit jeweils mindestens drei Schnellbauschrauben.

10.13.1 Einbau der Tragständer und Traversen

Tragständer und Traversen sind in der Regel ≤ 57,5 cm breit und passen so in das Rastersystem der CW-Profile mit ≤ 62,5 cm Abstand.

Tragständer werden in die UW-Profile eingestellt und im Boden verdübelt. Das obere Ende wird mit Gewindeschrauben an den CW-Profilen, die mit ihren Stegen zum Tragständer gewendet sind, befestigt. Traversen werden ebenfalls an den CW-Profilen verschraubt.

10.13.2 Beplankung

Da Installationswände Feuchträume begrenzen, müssen zur Beplankung geeignete Platten verwendet werden (GKBI- oder GKFI-, GF- oder zementgebundene Platten).

Wenn die Platten anschließend mit Fliesen belegt werden, sind zur besseren Haftung nur die Plattenfugen und die Schraubenköpfe zu verspachteln (keine vollflächige Verspachtelung!). Die Plattenoberflächen müssen zudem mit einer auf die Plattenart abgestimmten Grundierung vorbehandelt werden.

Feuchtigkeitsempfindliche Trockenbauplatten müssen im Spritzwasserbereich, z. B. hinter Badewannen, Waschbecken und im Duschbereich, durch geeignete Abdichtungsmaßnahmen geschützt werden. Als Abdichtungsstoff wird dazu meist Syntheselatex verarbeitet. An rissanfälligen Stellen wie Eck- und Bodenanschlüssen sind zudem elastische Dichtungsbänder einzubinden. Die Wanddurchdringungen von Rohrleitungen müssen sorgfältig grundiert und abgedichtet werden.

Zusammenfassung

Installationswände erfordern aufgrund ihrer berufsfeldübergreifenden aufwendigen Konstruktion einen höheren Planungsaufwand und besondere Fachkenntnisse. Um Durchfeuchtungsschäden zu vermeiden, müssen geeignete Abdichtungsmaßnahmen vorgenommen werden.

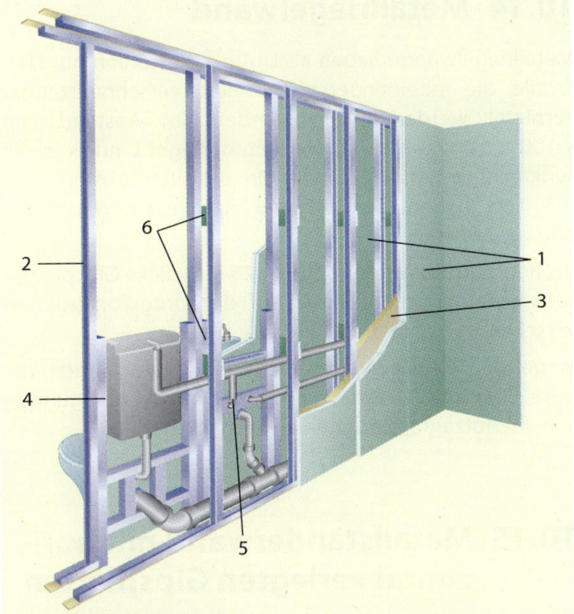

1: imprägnierte Gipsplatten oder Gipsfaserplatten
2: CW-Profile
3: Hohlraumdämmung
4: WC-Tragständer
5: Tragständer oder Traverse für Waschbecken
6: CW-Profilverlaschung

Installationswand

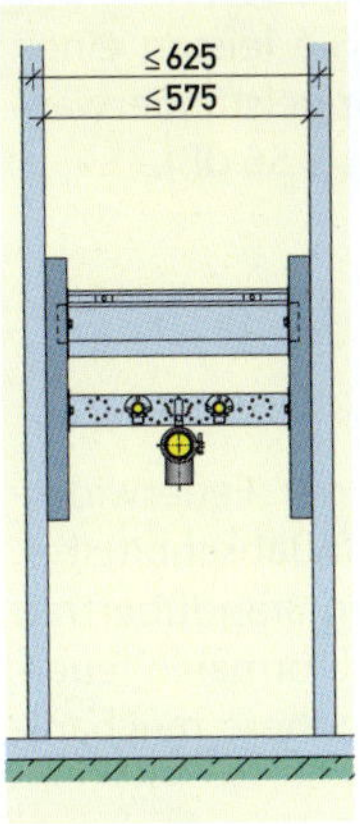

Traverse zur Montage von Waschbecken

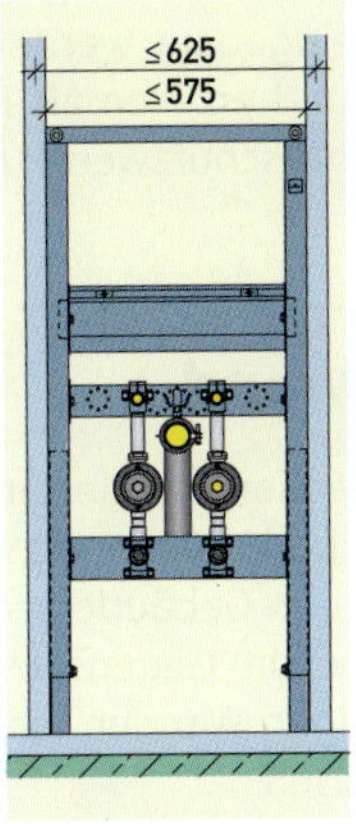

Tragständer zur Montage von Waschbecken

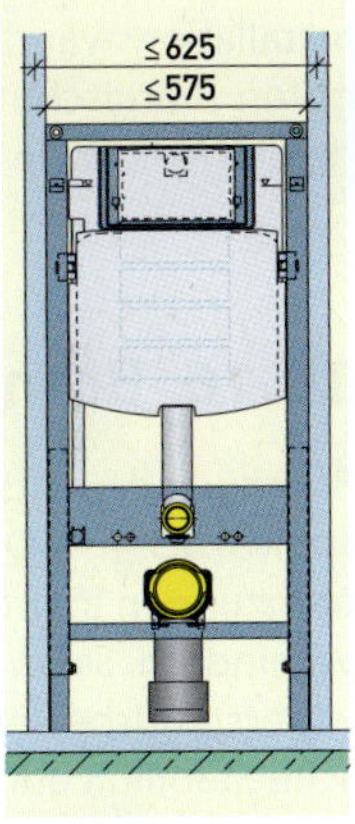

Tragständer zur Montage von WC

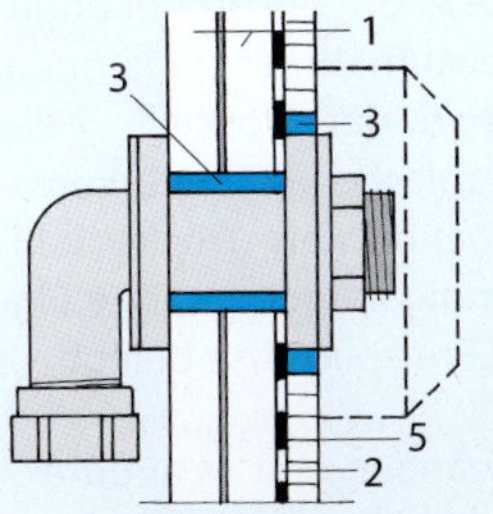

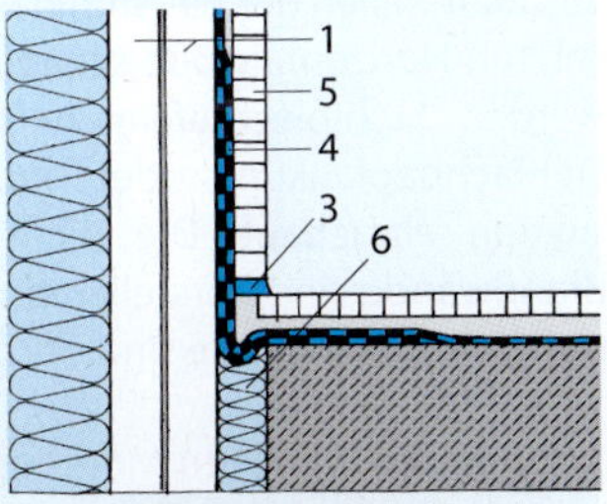

1: Trockenbauplatten
2: Flächenabdichtung
3: elastische Verfugung
4: Flächendichtband
5: keramischer Belag
6: Randdämmstreifen

Rohrdurchführung **Bodenanschluss**

10.14 Metallriegelwand

Metallriegelwände haben als Unterkonstruktion nur UW-Profile, die miteinander vercrimpert, verschraubt oder vernietet werden. Die tragenden, im Abstand von ≤ 100 cm horizontal angeordneten Riegel binden in die senkrecht stehenden Ständer ein, die einen Abstand von ≤ 300 cm haben. Die maximal erreichbare Wandhöhe beträgt 3,00 m.

Als Beplankung werden 20 bzw. 25 mm dicke Gipsplatten senkrecht angeordnet und auf der Unterkonstruktion verschraubt (Schraubabstand 25 cm).

Riegelwände sind wirtschaftliche Trockenbauwände, die gute Brandschutzwerte aufweisen, jedoch nur geringe Schallschutzanforderungen erfüllen.

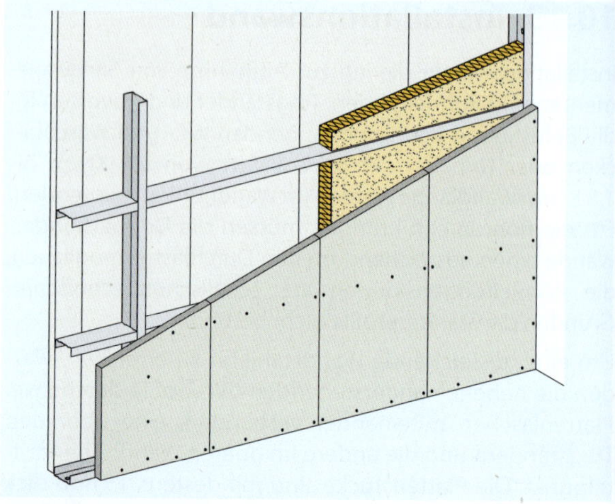

Metallriegelwand

10.15 Metallständerwand mit horizontal verlegten Gipsplatten

Der Unterschied dieser Wände zu den üblichen Metallständerwänden besteht in der **horizontalen Anordnung** von 20 bzw. 25 mm dicken Gipsplatten. Infolge der hohen Biegesteifigkeit dieser Platten können die Abstände der CW-Ständerprofile bis zu 100 cm erhöht werden.

Diese Wände können auch als Doppelständerwände und Installationswände eingebaut werden. Sie leisten einen guten Brandschutz und erzielen als Doppelständerwände befriedigende Schallschutzwerte ($R_{w,R} \leq 56$ dB).

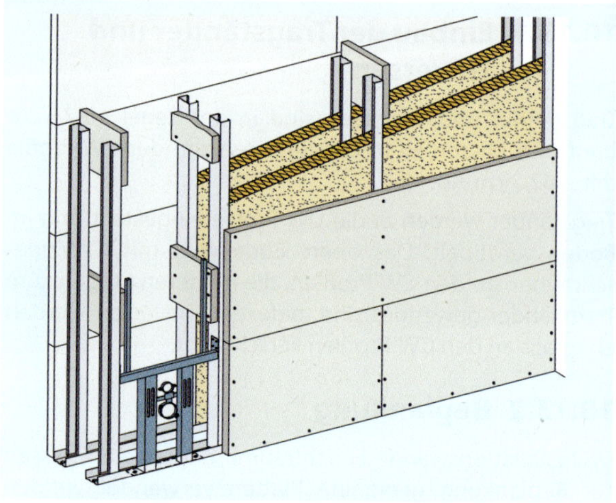

Metallständerwand mit Horizontalbeplankung als Installationswand

10.16 Brandwand

Brandwände entsprechen mindestens der Feuerwiderstandsklasse F 90-A und müssen als Brandabschnittsbegrenzungen in größeren Gebäuden einen Brandübertrag verhindern. Sie müssen im Gegensatz zu normalen feuerwiderstandsbeständigen Wänden eine höhere mechanische Stabilität aufweisen.

Als Brandwände werden leichte nichttragende innere Trennwände wegen ihrer geringen flächenbezogenen Masse gerne bei Sanierungen und Nutzungsänderungen verwendet, z. B. bei der Umwidmung von Industriebauten in Wohn- und Geschäftshäuser. Diese Wände bestehen aus Materialien der Baustoffklasse A. Um die größer angesetzten Horizontalstöße schadfrei aufnehmen zu können, werden Stahlblechtafeln zwischen der Doppelt- oder Dreifachbeplankung oder Trapezbleche als Unterkonstruktion eingebaut. Die nicht genormten Trockenbau-Brandwände sind herstellerabhängig aufgebaut, ihre Eignung als Brandwände sind durch Prüfzeugnisse belegt.

Neben den üblichen Montagewänden gibt es alternative Konstruktionsvarianten. Abhängig von den Anforderungen an eine Trennwand können Projektplaner und ausführende Handwerker eine konstruktiv geeignete und wirtschaftliche Wandart auswählen.

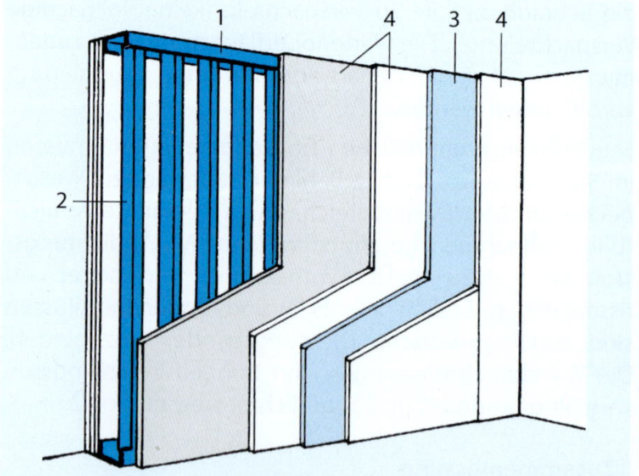

1: UW-Profile, vernietet mit CW-Profilen
2: CW-Profile, Achsabstand $a = 31{,}25$ cm
3: Stahlblechtafeln (Dicke $t \geq 0{,}5$ mm) beidseitig
4: Beplankung 3 × 12,5 mm GKF- oder GF-Platten oder 20 mm + 12,5 mm GKF-Platten oder 2 × 15 mm GM-Platten

Brandwand

10.17 Gebogene Wände

Gebogene Wände werden immer häufiger als gestaltende Raumelemente ausgeführt (siehe Titelblatt Lernfeld 10). Die Biegbarkeit von dünnen Gipsplatten ($d \leq 12{,}5$ mm) erleichtert hierbei den Aufbau. Spezielle Gipsformplatten mit einer Dicke von $d = 6{,}5$ mm können vorgenässt bis zu einem Radius $r \geq 300$ mm gebogen werden.

Die nicht genormten Wände sind firmenspezifisch und unterliegen den von den Herstellern vorgegebenen Aufbauanweisungen. Schall- und Brandschutzeigenschaften sind ebenfalls bei den Lieferfirmen zu erfragen.

Trockenbiegetechnik (größere Biegeradien)

- Die Gipsplatte wird langsam quer zu den CW-Ständerprofilen gebogen. Es ist ratsam, die Platte über einer Schablone vorzubiegen.
- Die Platte ist der Rundung folgend auf der Unterkonstruktion zu verschrauben.

Nassbiegetechnik (kleinere Biegeradien)

- Die Platte wird exakt auf die erforderliche Länge zugeschnitten und mit der zu stauchenden Seite nach oben auf einen Lattenrost gelegt, damit überschüssiges Wasser ablaufen kann.
- Mit einer Nadelwalze muss nun die Oberfläche längs und quer perforiert werden.
- Jetzt wird die perforierte Seite mit einer Lammfellrolle oder einem Sprüher eingenässt. Dieser Arbeitsgang ist mehrmals zu wiederholen, bis der Sättigungsgrad erreicht ist und das überschüssige Wasser abläuft.
- Nun lässt sich die Platte über die Schablone biegen und in ihrer Lage fixieren. Nach ihrer Austrocknung wird die Platte auf der Metallunterkonstruktion befestigt.

Wandmontage

- eine Flanschseite und den Steg der UW-Profile in kurzen Abständen aufschneiden, das Profil im gewünschten Radius biegen und im Abstand $a \leq 300$ mm auf dem Boden und an der Decke verdübeln
- CW-Profile in einem Abstand $a \leq 312{,}5$ mm (Außenradius) einstellen und mit den UW-Profilen durch Crimpern verbinden
- Gipsplatten quer zu den CW-Profilen auf der Unterkonstruktion verschrauben

Von bestimmten Firmen können auch spezielle, ohne Aufschneiden verformbare Boden- und Deckenanschlussprofile geliefert werden.

Mit Gipsplatten können gebogene Wände hergestellt werden. Bei größeren Radien lassen sich die Platten trocken verformen, kleinere Radien müssen vorgenässt auf einer Schablone gebogen werden.

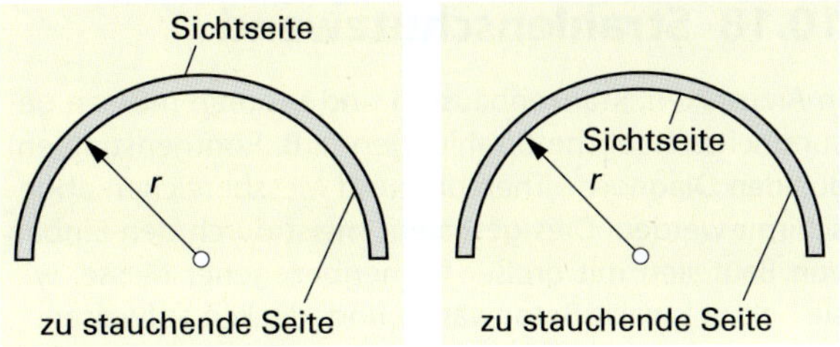

Außenbogen (konvex) **Innenbogen (konkav)**

Plattendicke d [mm]	Biegeradius in Längsrichtung r [mm]	
	trocken biegen	**nass biegen**
6,5 (Formplatte)	≥ 1 000	≥ 300
9,5 GKB	≥ 2 000	≥ 500
12,5 GKB, GKF	≥ 2 750	≥ 1 000

Biegeradien von Gipsplatten

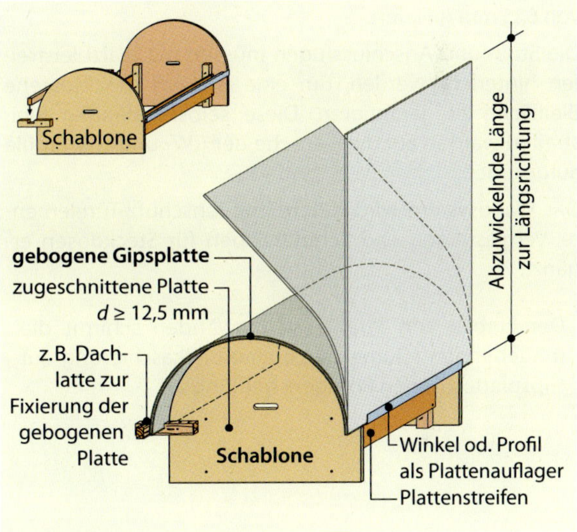

Nassbiegetechnik

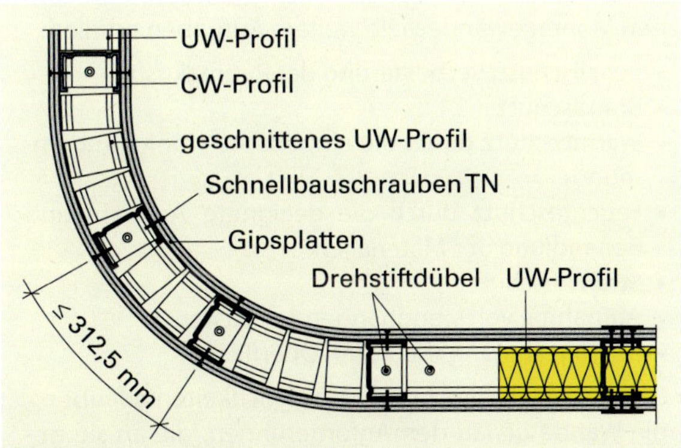

Gebogene Wand (horizontaler Schnitt)

10.18 Strahlenschutzwand

In Arztpraxen, Krankenhäusern und Laboren müssen gesundheitsschädliche Strahlungen (z.B. Röntgenstrahlen) aus den Diagnose-, Therapie- und Messbereichen abgeschirmt werden. Dies geschieht meist durch den Einbau von Bauteilen mit großer flächenbezogener Masse, wie sie beispielsweise Betonwände und -decken aufweisen.

In Skelettbauten und bei Umnutzungen müssen aus statischen Gründen leichtere Wände eingezogen werden. Hier können Metallständerwände als raumabschließende Strahlenschutzwände eine Strahlenabschirmung zu Nachbarräumen gewährleisten.

Strahlenschutzwände sind Metallständerwände, deren Beplankung aus normalen Gipsplatten und Strahlenschutzplatten besteht. Strahlenschutzplatten sind 12,5 mm dicke Gipsplatten, deren Rückseite mit einer aufkaschierten Walzbleifolie mit einer Dicke $d = 0{,}5 \ldots 4{,}0$ mm versehen ist. Da durch die Bleiauflage die Plattenmasse sehr hoch ist, wird die 12,5 mm dicke Gipsplatte nur in einer Breite von 625 mm geliefert.

Die Stoß- und Anschlussfugen müssen mit Walzbleistreifen hinterlegt werden, um eine wirklich geschlossene Bleifläche zu garantieren. Diese selbstklebenden Bleistreifen werden auf die Flansche der CW- und UW-Profile aufgezogen.

Das Wandsystem wird durch Strahlenschutz-Türelemente, Verglasungen und Schutzkappen für Steckdosen ergänzt.

Der Einbau von Strahlenschutzwänden schirmt die umgebenden Räume durch eine Bleikaschierung auf Gipsplatten gegen Röntgenstrahlung ab.

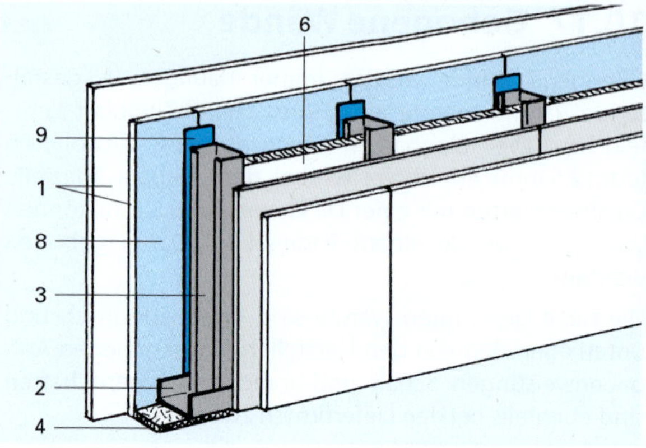

Strahlenschutzwand

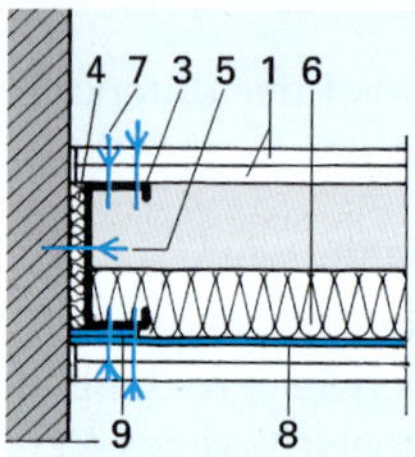

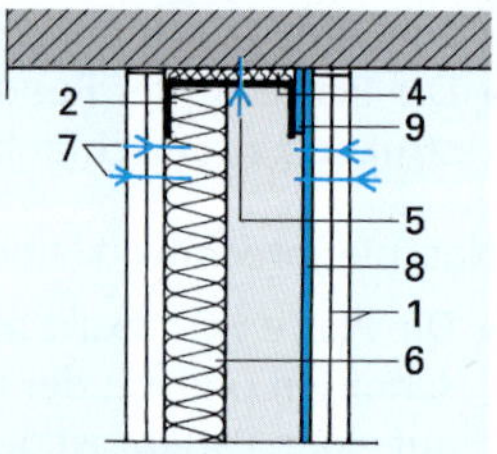

1: Gipsplatte
2: UW-Profil
3: CW-Profil
4: Anschlussdichtung
5: Verdübelung
6: MW-Dämmstoff
7: Schnellbauschrauben TN
8: Bleifolie
9: Walzbleistreifen

Wandanschluss (Grundriss)

Deckenanschluss (senkrechter Schnitt)

Zusammenfassung

Neben der üblichen Aufgabe der Raumtrennung können Montagewände viele weitere Aufgaben erfüllen:

- Schallschutz, Verbesserung der Raumakustik
- Brandschutz
- Wärmeschutz durch die eingebaute Hohlraumdämmung
- Feuchteschutz durch die geeignete Auswahl und Behandlung der Materialien
- Strahlenschutz
- Aufnahme von wandhängenden Lasten
- Raumgestaltung (Bauform, Oberfläche)

Die Vielzahl der Ausführungsmöglichkeiten erlaubt es, die Wände genau den Anforderungen, die an sie gestellt werden, anzupassen. Um eine solche Montagewand zu erstellen, muss der Stuckateur gute bauphysikalische Kenntnisse und ausreichendes Fachwissen hinsichtlich der Materialeigenschaften der verwendeten Konstruktionsteile und des Konstruktionsaufbaus haben.

Aufgaben

1. *Erklären Sie den Begriff Installationswand.*
2. *Beschreiben Sie den Herstellungsablauf einer Installationswand.*
3. *Welche Maßnahmen sind zu treffen, wenn diese Wände im Duschbereich mit keramischen Fliesen belegt werden?*
4. *Erklären Sie den Begriff Brandwand und beschreiben Sie einen möglichen Konstruktionsaufbau.*
5. *Auf welche Weise können gerundete Wände hergestellt werden, welche Platten eignen sich besonders für die Beplankung?*
6. *Welche Aufgabe erfüllt eine Strahlenschutzwand? Nennen Sie die Besonderheiten solcher Wände und erklären Sie, welche Ausführungsmaßnahmen erforderlich sind.*

10.19 Oberflächenbehandlung

Die ebenen Oberflächen von Montagewänden bieten eine gute Grundlage für nachfolgende Beschichtungen und Beläge. Dies können Anstriche, Spachtelungen, Dünnschichtputze und Tapeten oder Beläge, z. B. keramische Fliesen, sein.

Um eine gute Untergrundhaftung zu gewährleisten, sind geeignete Vorbehandlungsmaßnahmen durchzuführen und entsprechende Verarbeitungsrichtlinien zu beachten. Entscheidend hierbei sind:

- Art der Trockenbauplatten
- Art und Eigenschaften von Beschichtungs-, Kleber- oder Belagmaterialien
- Beanspruchung des Bauteils und seiner Oberfläche

10.19.1 Allgemeine Maßnahmen

- Die Verspachtelung der Bauplatten muss ausgetrocknet sein, eventuelle Materialüberstände sind abzuschleifen.
- Staub und andere Verunreinigungen müssen entfernt werden.
- Für hochwertige Anstriche oder Tapeten ist eine vollflächige Verspachtelung erforderlich.
- Manche Plattenoberflächen müssen vor nachfolgenden Beschichtungen und Belagmaßnahmen grundiert werden (siehe Abschnitt 10.19.2).

10.19.2 Besonderheiten einzelner Trockenbauplatten

Gipsplatten

Der Karton darf bei einem Nachschleifen nicht aufgeraut werden. Um die unterschiedliche Saugfähigkeit von Karton und Verspachtelung auszugleichen ist eine Grundierung (Tiefgrund) erforderlich. Sind Durchfärbungen zu befürchten, muss ein Sperrgrund oder eine Grundierung in der Farbe der Beschichtung aufgetragen werden.

Gipsvliesplatten

Grundsätzlich muss freiliegendes Glasvlies vollständig überspachtelt werden.

Gipsfaserplatten

Infolge ihrer hohen Oberflächenfestigkeit und Hydrophobierung sind Grundierungen nur notwendig, wenn dies das Beschichtungssystem vorschreibt.

Calciumsilicatplatten

Wegen ihrer Alkalität und hohen Saugfähigkeit sind alkalibeständige, neutralisierende Grundierungsanstriche erforderlich.

Zementgebundene Platten

Zur Haftungsverbesserung ist eine Grundierung notwendig. Für hochwertige Anstriche empfiehlt sich eine vollflächige Gewebespachtelung.

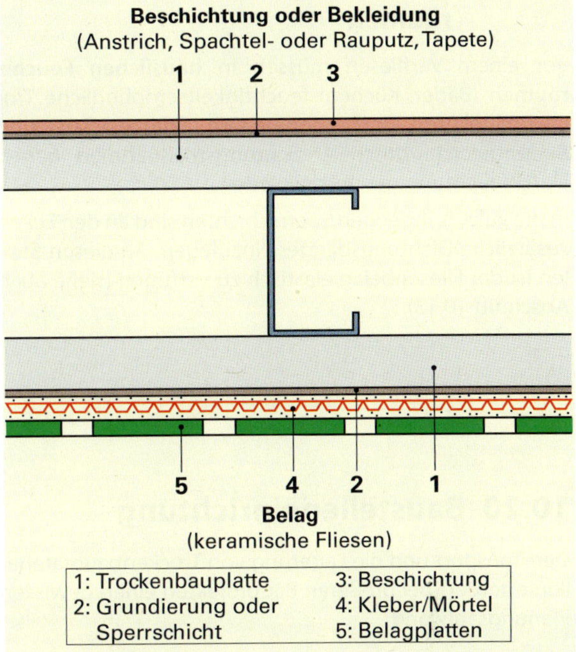

Beschichtung, Bekleidung und Belag

Geeignete Anstrichsysteme für Gips-, Gipsfaser- und Gipsvliesplatten
• Latexfarben • Dispersionsfarben • Öllackfarben • Alkydharzlackfarben • Polymerisatharzlackfarben • Polyurethanlackfarben • Epoxidharzlackfarben
Geeignete Anstrichsysteme für Calciumsilicatplatten
• mineralische Anstrichsysteme (Kalk-, Silicat-, Dispersionssilicatfarben) • alkalibeständige Dispersions-, Polymerisatharz-, PUR- und EP-Lackfarben

Anstrichsysteme für Trockenbauplatten

Putze
Gips-, Gipsfaser- und Gipsvliesplatten können mit Kunstharzputzen ($d \leq 5$ mm) als Roll- oder Reibeputz beschichtet werden. Hierfür sind Grundierungen und Haftanstriche nach Herstellerangaben zu verwenden.
Tapeten
Nach entsprechender Grundierung können handelsübliche Papier-, Textil- und Kunststofftapeten aufgebracht werden. Vor dem Tapezieren ist ein Anstrich mit Tapetenwechselgrund zu empfehlen, um ein späteres Ablösen bei Renovierungsarbeiten zu erleichtern.

Beschichtung und Bekleidung mit Putzen und Tapeten

10.19.3 Sperrmaßnahmen in Feuchträumen

Vor einem Verfliesen müssen in **häuslichen Feuchträumen** (Bäder, Küchen) feuchtigkeitsempfindliche Trockenbauplatten, insbesondere im Spritzwasser- und Bodenbereich, durch Abdichtungsmaßnahmen gegen Durchfeuchtung geschützt werden.

In die aufzubringenden Sperrschichten sind an den Ecken zusätzliche Dichtungsbänder einzulegen. An diesen Stellen ist der Fliesenbelag elastisch zu verfugen (siehe auch Abschnitt 10.13).

Beschichtungen und Beläge auf Trockenbauplatten erfordern geeignete Vorbehandlungsmaßnahmen. Die Beschichtungs- und Belagmaterialien müssen auf die Plattenart abgestimmt sein, da Materialunverträglichkeiten zu Schäden führen.

Aufgabe

Beschreiben Sie die allgemeinen und speziellen Vorbehandlungsmaßnahmen für einen Dispersionsfarbenanstrich auf Gipsplatten.

10.20 Baustelleneinrichtung

Der Transport und die Lagerung von Trockenbaumaterialien erfordert bei größeren Bauprojekten einen gewissen Planungsaufwand.

10.20.1 Transport

Speziell für den Transport von Trockenbauplatten und ihre Baustellenübergabe ist von der Plattenindustrie zusammen mit dem Baustofffachhandel eine eigene Baustellenlogistik entwickelt worden. So können Plattenstapel von der Lkw-Standebene mit einem Hochauslegerkran Bauöffnungen bis 25 m Höhe erreichen. Die Platten werden im Gebäude direkt abgelegt oder über eine Plattenrutsche ins Innere gezogen.

Im Gebäude kann man die Platten mit einem Platten- oder Hubwagen an den Lagerplatz oder die Verarbeitungsstelle fahren.

10.20.2 Plattenlagerung

Vor der Verarbeitung werden die Trockenbauplatten zwischengelagert. Hierbei ist Folgendes zu beachten:

- Um Verformungen zu vermeiden, müssen die Platten eben gelagert sein. Ohne Paletten müssen Kanthölzer in Plattenquerrichtung im Abstand $a \leq 50$ cm untergelegt werden. Meist ist eine Lagerung in Raummitte sinnvoll. Die Kanten dürfen nicht beschädigt werden.
- Die Platten sind vor Durchfeuchtung zu schützen. Bei Lagerung in der Nähe von Gebäudeöffnungen müssen diese deshalb zusätzlich zu der erhöhten Lage auf Paletten oder Kanthölzern mit einer Folie abgedeckt werden, die gegen Wind zu sichern ist. Damit sind Witterungseinflüsse wie Regen und Schnee ausgeschlossen.

Für größere Trockenbauarbeiten ist eine Planung von Materialtransport, Baustoffübergabe und -lagerung erforderlich, um einen reibungslosen Arbeitsablauf zu gewährleisten.

Plattenübergabe mit Auslegerkran

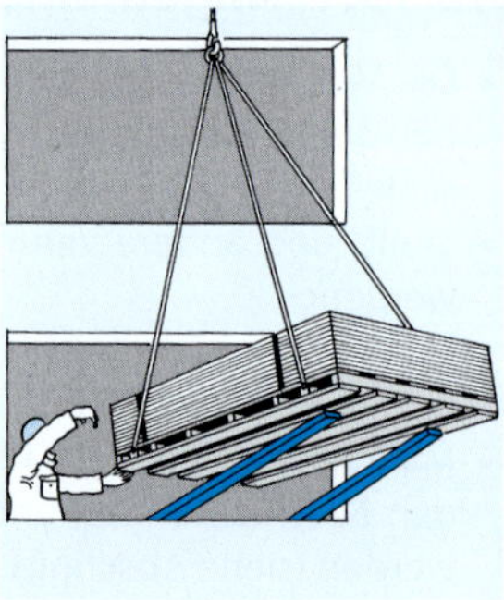

Plattenübernahme auf Plattenrutsche

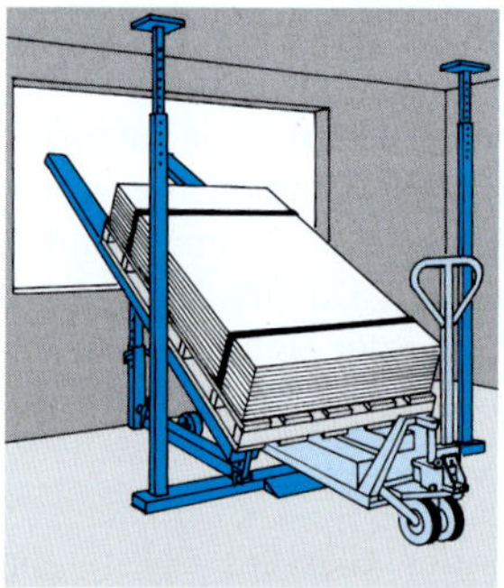

Plattenaufnahme mit Hubwagen

Plattenwagen

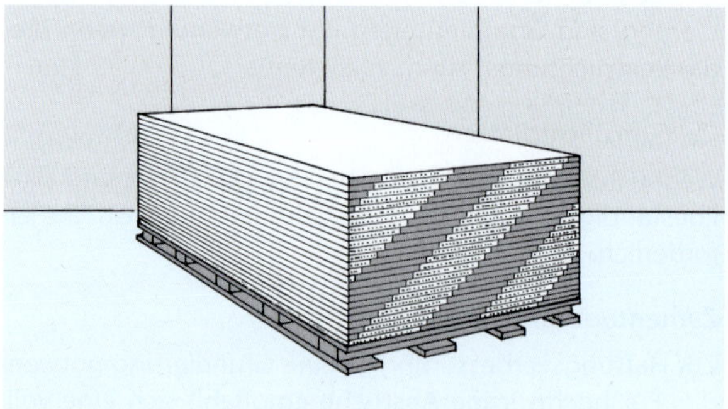

Plattenlagerung

10.21 Projektaufgabe

In einem Bürogebäude (Grundriss siehe unten) werden die inneren Trennwände als Montagewände erstellt. Diese Wände sind an den Rohbauböden, -decken und -wänden befestigt. Unterdecken und Estriche werden nachträglich eingebaut.

Da mit Deckendurchbiegungen bis zu 20 mm zu rechnen ist, sind gleitende Deckenanschlüsse vorzusehen.

Die Wände müssen die Brandschutzanforderung F 90-A erfüllen und einen optimalen Schallschutz bieten.

In den Toiletten wird die Installationswand W2 anschließend gefliest.

Folgende Montagewände sind vorzusehen: Normale Trennwände (W1): CW 100/150, MW 80/30
Installationswand (W2): CW 75+75/300, MW 60/50, doppelt beplankt
Die Raumhöhe (OK Rohfußboden bis UK Rohdecke) beträgt 2,90 m

Grundriss

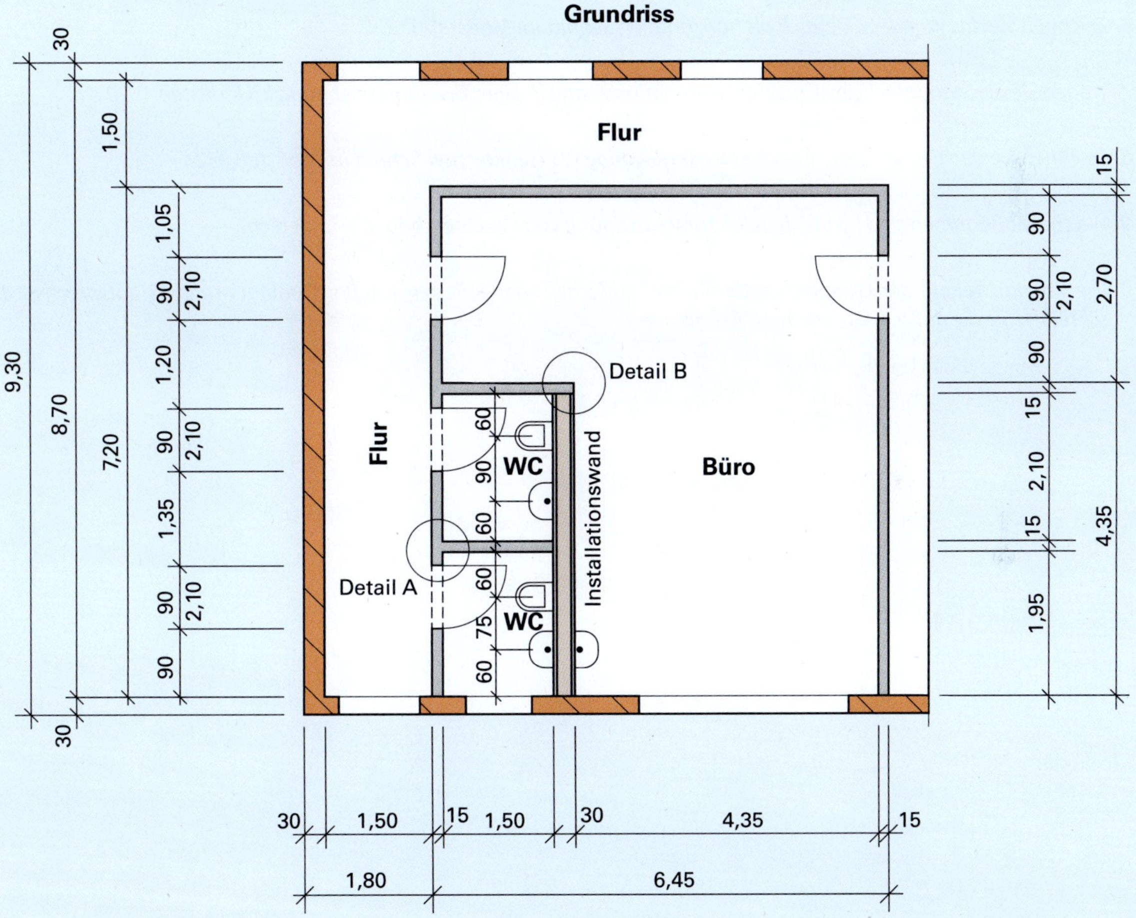

Aufgaben siehe folgende Seite

Aufgaben:

1. *Welche Materialien sind für die Wände bei den Anforderungen an den Brand- und Schallschutz sowie für den Installationseinbau erforderlich? Die Verspachtelung der Gipsplatten erfolgt mit Bewehrungsstreifen. Erstellen Sie eine allgemeine Materialliste.*

2. *Beschreiben Sie den Arbeitsablauf bei dem Erstellen der Wände W1 einschließlich Türzargeneinbau.*

3. *Erstellen Sie das Aufmaß für die Trennwände W1 und W2.*

4. *Ermitteln Sie den genauen Materialbedarf für die Wände W1 und W2. Um Querfugen zu vermeiden, werden raumhoch zugeschnittene Gipsplatten verarbeitet. Für Verlust und Verschnitt können Sie pauschal 10 % einrechnen.*

5. *Zeichnen Sie den Wandabzweig Detail A als horizontalen Schnitt im Maßstab 1 : 2.*

6. *Zeichnen Sie das Wandeck Detail B als horizontalen Schnitt im Maßstab 1 : 2.*

7. *Tragen Sie die Ständerachsabstände der Installationswand in einer Grundrisszeichnung im Maßstab 1 : 20 ein.*

8. *Zeichnen Sie den Deckenanschluss der Montagewände W1 (senkrechter Schnitt im Maßstab 1 : 2).*

9. *Welche Maßnahmen sind im WC-Bereich zur Vermeidung von Feuchteschäden erforderlich?*

10. *Die Verspachtelung der Gipsplattenoberflächen außerhalb der Toiletten soll der Qualitätsstufe Q3 entsprechen. Beschreiben Sie die dafür erforderlichen Maßnahmen.*

Lernfeld 11
Herstellen eines wärmedämmenden Putzsystems

An die Außenbauteile eines Gebäudes werden vielfältige und sehr unterschiedliche Anforderungen gestellt. Neben einer ausreichenden Tragfähigkeit müssen Witterungs- und Wärmeschutz sowie Schall- und Brandschutz sichergestellt sein. Materialwahl und Farbgebung, besonders der Außenwände, beeinflussen das Erscheinungsbild eines Gebäudes. Der Stuckateur muss daher bei der Planung und Herstellung eines wärmedämmenden Putzsystems sowohl technische als auch gestalterische Gesichtspunkte berücksichtigen.

Im Lernfeld 11 untersuchen wir zunächst die vielfältigen Folgen mangelhafter Wärmedämmung für ein Gebäude und seine Bauteile, aber auch für die Nutzer selbst sowie für die Umwelt. Aus diesen Erkenntnissen entwickeln wir die unterschiedlichen Ziele, die mit Wärmeschutzmaßnahmen erreicht werden können.

Wir lernen die Konstruktionsmöglichkeiten für wärmegedämmte Außenwände kennen und vergleichen ihre jeweiligen Vor- und Nachteile, um schließlich eine für unser Projekt eines kleinen Ferienhauses geeignete Konstruktion und die dazu erforderlichen Baustoffe auswählen zu können. Um die wärmetechnische Leistungsfähigkeit dieser Konstruktion beurteilen und mit den Anforderungen von Normen und Verordnungen vergleichen zu können, müssen wir Wärmeschutzberechnungen durchführen können. Dazu lernen wir zunächst die wichtigsten Grundbegriffe des Wärme- und Feuchteschutzes kennen.

Ausführlicher untersuchen wir Schichtenaufbau, Materialien, Herstellungsablauf und Fehlerquellen von Wärmedämm-Putzsystemen und Wärmedämm-Verbundsystemen, vergleichen ihre Leistungsfähigkeit im Wärme-, Schall- und Brandschutz, planen die fachgerechte Ausführung von Detailanschlüssen dieser Konstruktionen an angrenzende Bauteile und fertigen entsprechende Zeichnungen an. Auf der Grundlage von Aufmaßberechnungen führen wir im Rahmen der Projektarbeit Materialbedarfs- und Kostenberechnungen durch.

11.1 Ziele des Wärmeschutzes

Wärmeschutzmaßnahmen an Außenbauteilen sind Teil des Witterungsschutzes von Gebäuden und haben unterschiedliche Zielsetzungen. Sie sollen

- im Winter die Wärmeverluste durch Außenbauteile vermindern und im Sommer die Raumaufheizung durch Sonneneinstrahlung verzögern,
- ein behagliches und gesundes Raumklima bewirken,
- für einen niedrigeren Brennstoff- und Energieverbrauch und damit geringere Heizkosten sorgen,
- durch Verringerung der Schadstoffemissionen und Schonung der Rohstoffressourcen zum Klima- und Umweltschutz beitragen,
- durch Schutz der Gebäudebauteile Schäden vermeiden und die Lebensdauer verlängern.

11.1.1 Wärmeschutz im Winter und Sommer

Die im Winter aufwendig mit hohen Energiekosten erzeugte Raumwärme wird durch die umhüllenden Bauteile an die Außenluft weitergeleitet. Durch Undichtigkeiten, z.B. an Fenstern, sowie durch Lüftung der Räume geht zusätzlich Wärme verloren. Diese Verluste müssen durch ausreichende Wärmedämmung und fugendichte Ausbildung der Außenbauteile vermindert werden.

Hohe Außentemperaturen und starke Sonneneinstrahlung heizen im Sommer Außenbauteile rasch auf, insbesondere bei dunkler Farbgebung, während Innenräume über die Einstrahlung durch Fensterflächen aufgeheizt werden. Massive wärmespeichernde Bauteile im Gebäudeinneren, die auf ihrer Außenseite durch Wärmedämmschichten geschützt sind, absorbieren große Wärmemengen, sodass sich die Raumlufttemperatur nur langsam erhöht. Bei nächtlicher Abkühlung wird diese gespeicherte Wärme verzögert wieder abgegeben und damit eine gleichmäßigere Lufttemperatur bewirkt.

11.1.2 Raumklima

Geringe Wärmeverluste im Winter und ein ausreichender sommerlicher Wärmeschutz sollen ein für die Benutzer behagliches Raumklima sicherstellen. Dazu sind angenehme und gleichmäßige Temperaturen der Raumluft sowie der Oberflächen der Außenbauteile erforderlich. Unangenehme Luftbewegungen, die durch starke Temperaturunterschiede zwischen Bauteilen verursacht werden, müssen vermieden werden.

Eine relative Luftfeuchtigkeit von 40…60% wird als angenehm empfunden. Diese soll durch eine kontrollierte Raumlüftung oder Klimatisierung gesichert werden. Bei hoher Raumluftfeuchtigkeit und niedrigen Oberflächentemperaturen besteht die Gefahr von Kondenswasser- und gesundheitsschädlicher Schimmelpilzbildung.

Ausreichende Wärmeschutzmaßnahmen sind für ein gesundes und behagliches Raumklima sowohl im Winter als auch im Sommer unerlässlich.

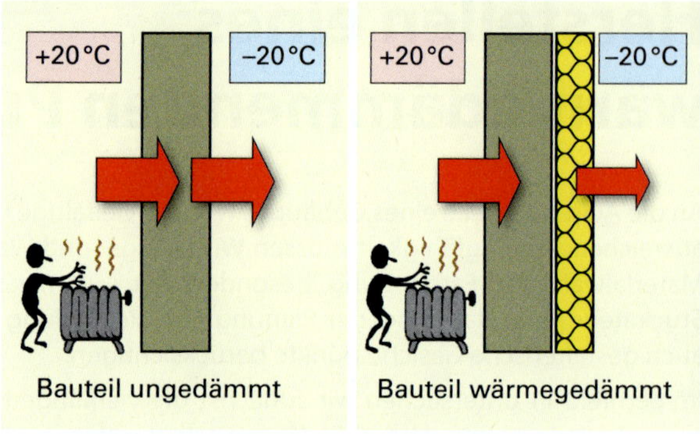

Geringere Wärmeverluste durch Wärmedämmung

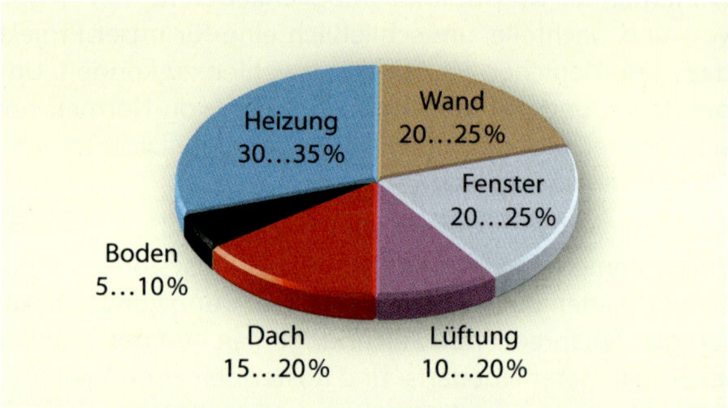

Verteilung der Wärmeverluste eines Einfamilienhauses

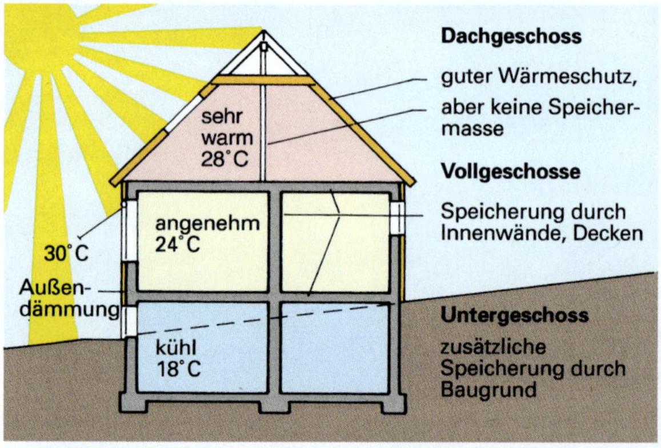

Sommerlicher Wärmeschutz durch Wärmespeicherung

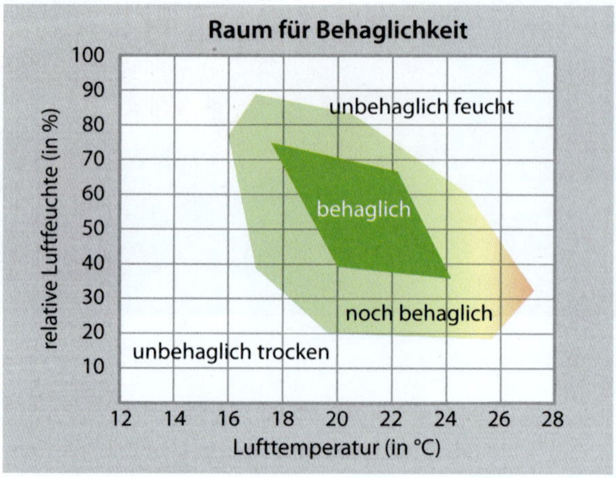

Raumklima und Behaglichkeit im Sommer und Winter

11.1.3 Heizkosten und Energieverbrauch

Die Verringerung der Wärmeverluste eines Gebäudes führt zu geringerem Verbrauch an Brennstoffen, die für die Erzeugung von Raumwärme benötigt werden. Die Ressourcen fossiler Brennstoffe wie Erdöl, Erdgas oder Kohle sind begrenzt, weshalb deren Preise und damit die Energiekosten der Gebäudeheizung steigen. Wärmeschutzmaßnahmen bremsen diese Kostensteigerung.

Die zunehmende Verwendung von dauerhaft verfügbaren nachwachsenden Rohstoffen wie Holz oder Biogas sowie die Nutzung erneuerbarer Energieformen wie Sonnenstrahlung, Wind- und Wasserkraft oder Erdwärme tragen ebenfalls zur langfristigen Senkung der Heizungs- und Energiekosten bei.

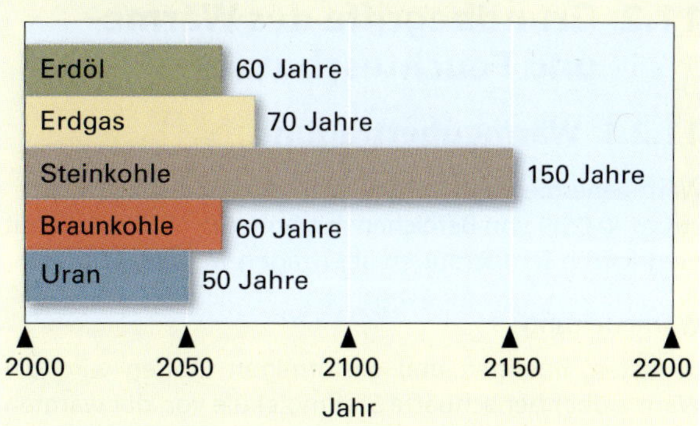

Nutzungsdauer der weltweiten fossilen Brennstoffvorräte

11.1.4 Klima- und Umweltschutz

Beim Verbrennen organischer Stoffe wird das Treibhausgas Kohlendioxid (CO_2) freigesetzt, das sich in der Atmosphäre anreichert. Es reflektiert die Wärmestrahlung der Erde und führt damit zu Klimaveränderungen wie der Erderwärmung, Gletscherschmelze, Überflutungen und Stürmen. Beim Verbrennen organischer Stoffe werden zudem weitere Schadstoffe wie z. B. Feinstaub oder Schwefeldioxid freigesetzt, die zu Gesundheits- oder sogar Bauschäden führen können.

Der durch Wärmeschutzmaßnahmen verringerte Brennstoffverbrauch vermindert Abbau und Förderung wertvoller nicht nachwachsender Rohstoffe, ermöglicht deren sinnvollere Nutzung, z. B. als Grundstoffe für die chemische Industrie, und schont so die Ressourcen der Erde.

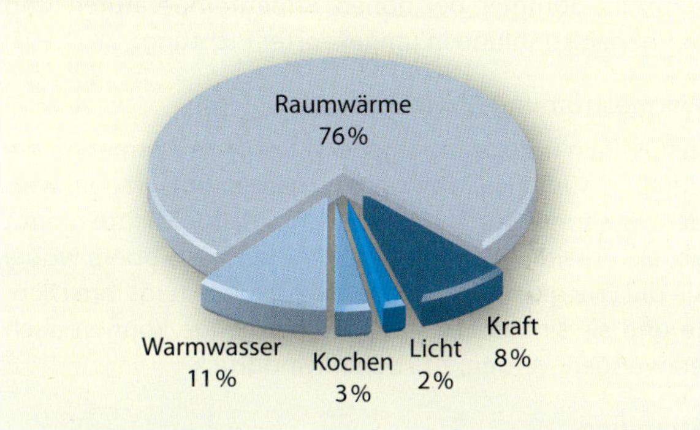

Aufteilung des Energieverbrauchs privater Haushalte

Emissionen umweltschädlicher Stoffe

11.1.5 Bautenschutz

Wärmeschutzmaßnahmen schützen die Bausubstanz vor extremen Temperaturschwankungen und damit vor Spannungen, die zu Bauschäden und sogar dem Verlust der Standsicherheit führen können. Eine ausreichende und fachgerecht ausgeführte Wärmedämmung der Außenbauteile eines Gebäudes verhindert Kondenswasserbildung im Bauteilquerschnitt und Bauschäden durch Feuchtigkeitsanreicherung und Frost-Tau-Wechsel.

Wärmedämmmaßnahmen als Teil des Bautenschutzes sichern so die Nutzbarkeit des Gebäudes und verlängern seine Lebensdauer.

Bauschaden in einem Innenraum (Schimmelpilzbildung)

Wärmedämmmaßnahmen an Außenbauteilen verringern die Wärmeverluste des Gebäudes und sorgen für ein gesundes Raumklima sowohl im Winter als auch im Sommer.

Durch den geringeren Brennstoffverbrauch für die Erzeugung der Raumwärme werden Heizkosten gespart, Umweltverschmutzung und Klimaveränderungen gebremst und die Rohstoffressourcen der Erde geschont.

Durch den Schutz der Gebäudebauteile vor Witterungseinflüssen wird deren Lebensdauer verlängert.

11.2 Grundbegriffe des Wärme- und Feuchteschutzes

11.2.1 Wärmeübertragung

Wärmeenergie kann auf unterschiedliche Art als Wärmestrom Φ (Phi) von Bereichen mit höheren in Bereiche mit niedrigeren Temperaturen übertragen werden.

Wärmeleitung

In festen, flüssigen und gasförmigen Stoffen wird die Wärme über benachbarte Stoffmoleküle von der warmen zur kalten Oberfläche übertragen. Dies geschieht bei Außenbauteilen im Winter also von der Innen- zur Außenseite, im Sommer bei hohen Außentemperaturen und Sonneneinstrahlung in umgekehrter Richtung.

Wärmeströmung (Konvektion)

In flüssigen und gasförmigen Stoffen kann Wärmeenergie durch natürliche Strömungsvorgänge übertragen werden. Erwärmte Stoffe dehnen sich aus, ihre Dichte nimmt ab, sie erhalten Auftrieb und strömen nach oben, wobei sie die Energie mitführen. Bei Abkühlung steigt ihre Dichte und sie sinken ab. Strömungsvorgänge können auch erzwungen werden, z. B. durch Winddruck.

Strahlung

Erwärmte Stoffe strahlen elektromagnetische Wellen aus, die beim Auftreffen auf andere Stoffe teils reflektiert, teils absorbiert werden, wobei ihre Energie in Wärme umgewandelt wird. Dieser Vorgang findet auch im luftleeren Raum statt (z. B. Sonnenstrahlung im Weltall).

11.2.2 Wärmeleitfähigkeit

Die Wärmeleitfähigkeit eines Stoffes wird ausgedrückt durch die Wärmeleitzahl λ (Lambda). Sie gibt die Wärmemenge W an, die durch eine Baustoffschicht von 1 m Dicke und eine Fläche von 1 m^2 bei einer Differenz der Oberflächentemperaturen von 1 K weitergeleitet wird.

Da Luft eine sehr geringe Leitfähigkeit besitzt, hängt die Wärmeleitfähigkeit eines Baustoffes von seinem Luftporengehalt ab. Je geringer dieser ist, desto höher sind Rohdichte und Wärmeleitfähigkeit, desto geringer aber ist die Wärmedämmfähigkeit des Baustoffes. Daher versucht man durch künstliche Luftporenbildung, z. B. durch Treibmittel bei Porenbeton oder Dämmplatten, die Wärmeleitfähigkeit zu senken. Wärmedämmstoffe besitzen eine sehr niedrige Rohdichte und Wärmeleitfähigkeit.

Wasser besitzt eine wesentlich höhere Wärmeleitfähigkeit als Luft. Da wassergefüllte Poren die Wärmeleitfähigkeit von Baustoffen erhöhen, müssen sie vor Durchfeuchtung geschützt werden.

Wärmeenergie kann durch Wärmeleitung, Wärmeströmung und Wärmestrahlung übertragen werden. Die Wärmeleitzahl λ kennzeichnet die Wärmeleitfähigkeit eines Stoffes.

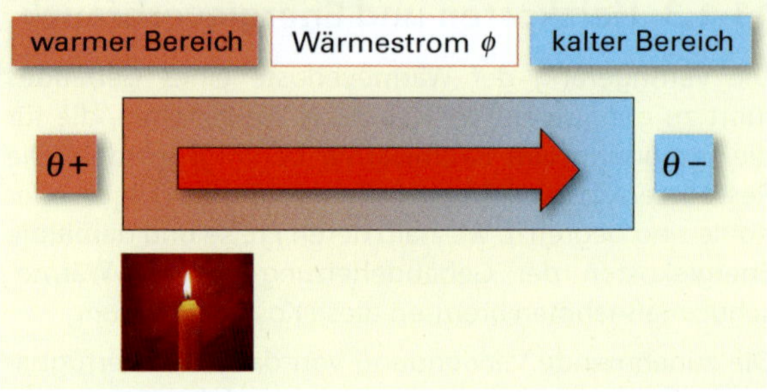

Wärmeleitung

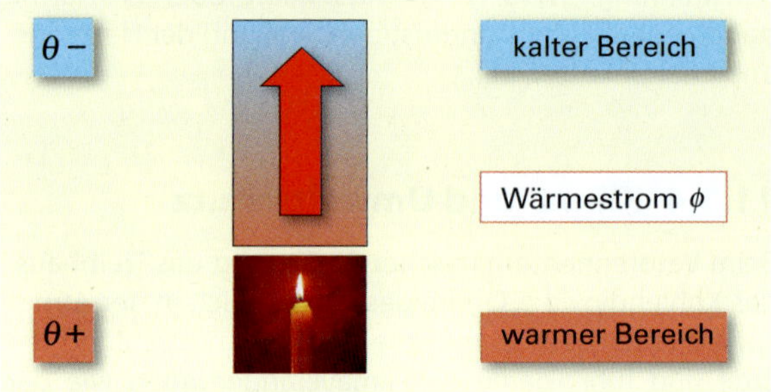

Wärmeströmung

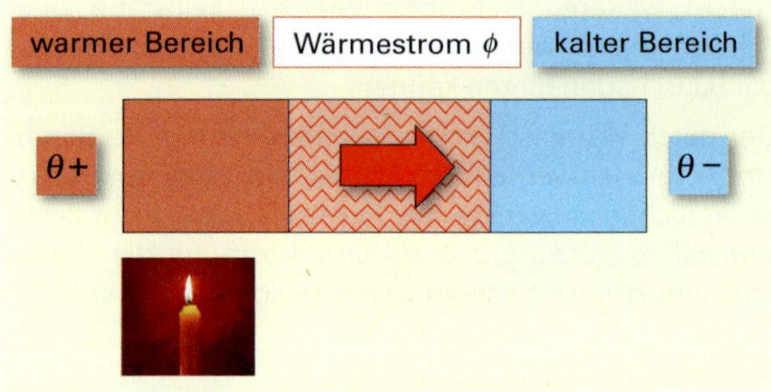

Wärmestrahlung

Luftporengehalt und Wärmeleitfähigkeit

Baustoff	Rohdichte ϱ in kg/m^3	λ-Werte in W/(m · K)
Stahlbeton	2400	2,5
Gipsputz	1200	0,51
Porenbetonsteine	600	0,19
Polystyrolplatten	20	0,031
Wasser	1000	0,60
Luft	1,3	0,025

Beispiele für die Wärmeleitfähigkeit von Baustoffen (umfangreiche Tabelle im Anhang des Buches)

11.2.3 Wärmebrücken

Wärmebrücken sind Bereiche von Außenbauteilen, bei denen im Vergleich mit Nachbarbereichen höhere Wärmeverluste auftreten. Diese können niedrigere Temperaturen auf den inneren Bauteiloberflächen, Tauwasserausfall und gesundheitsschädliche Schimmelpilzbildung verursachen. Wärmebrücken können durch thermografische Aufnahmen sichtbar gemacht werden (siehe Abbildung zu Beginn dieses Lernfeldes).

Je größer der Flächenanteil der Wärmebrücken und je besser die Wärmedämmung der Bauteile ist, desto stärker wirken sich die Wärmebrücken aus. Sie können durch sorgfältige Planung und Bauausführung verringert werden. Man unterscheidet folgende Arten von Wärmebrücken:

Geometrische Wärmebrücken

Bei dieser durch die geometrische Bauteilform verursachten Wärmebrückenart steht einer kleineren wärmeaufnehmenden Innenfläche eine größere wärmeabgebende Außenfläche gegenüber, z. B. bei Raumecken.

Eine sehr leistungsfähige Außendämmung erhöht die innere Oberflächentemperatur im Eckbereich so weit, dass keine Gefahr von Tauwasserausfall besteht.

Konstruktiv-stoffbedingte Wärmebrücken

Bei dieser durch die verwendeten Materialien verursachten Wärmebrückenart sind Baustoffe mit unterschiedlicher Wärmeleitfähigkeit nebeneinander angeordnet. Dies ist z. B. bei Außenwänden aus hoch wärmedämmendem Mauerwerk der Fall, in die Geschossdecken aus Stahlbeton einbinden. Die höhere Wärmeleitfähigkeit der Stahlbetondecke verursacht im Anschlussbereich der Deckenuntersicht zur Außenwand niedrigere Oberflächentemperaturen und Schimmelpilzbildung.

Die Bauteilbereiche mit geringerer Wärmedämmung erfordern eine zusätzliche, möglichst außen liegende Dämmschicht, bei der Stahlbetondecke also im Bereich des in die Außenwand einbindenden Deckenrandes, des sogenannten Deckenspiegels. Die Außenwand durchdringende Bauteile, z. B. Balkonplatten, müssen thermisch von der Außenwand getrennt werden.

Punktförmige Wärmebrücken

Auch die Dämmschicht durchdringende Verankerungen von Außenbauteilen, z. B. die Dämmplattendübel von Wärmedämm-Verbundsystemen, bilden Wärmebrücken.

Die Elemente müssen eine möglichst geringe Wärmeleitung aufweisen, also z. B. aus Kunststoff bestehen statt aus Metall, und wenn möglich mit einer Dämmstoffabdeckung versehen sein.

Wärmebrücken können starke Wärmeverluste und Bauschäden verursachen und zur Schimmelpilzbildung im Gebäudeinneren führen.

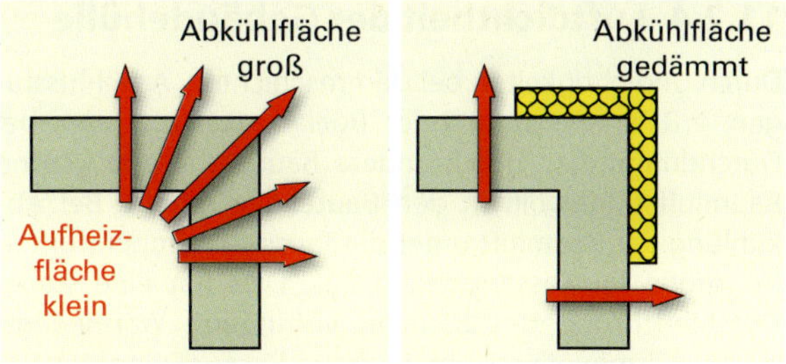

Geometrische Wärmebrücke an einer Gebäudeecke

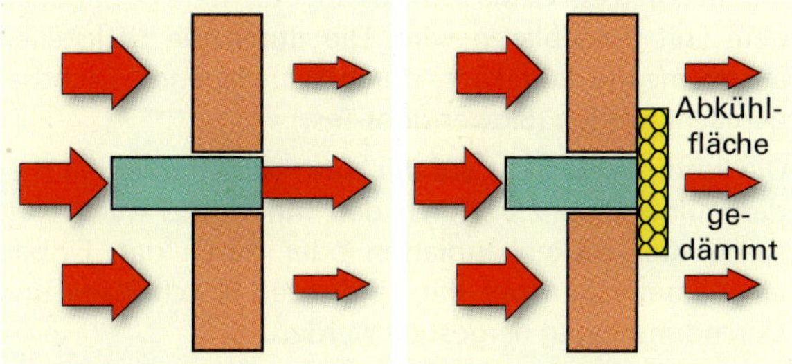

Konstruktive Wärmebrücke an einer Geschossdecke

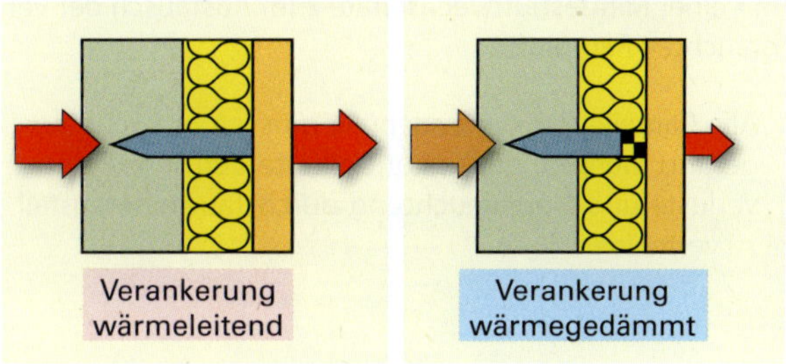

Punktförmige Wärmebrücke (Dämmplattendübel)

Maßnahmen gegen Wärmebrücken:
- sorgfältige Planung der Baukonstruktion, Auswahl der Baustoffe und Anordnung der Dämmschichten
- Außenwand mit außen liegender, alle Bauteile lückenlos umhüllender Wärmedämmschicht
- gewissenhafte Ausführung von luftdichten Anschlüssen oder Durchdringungen von Bauteilen und Baustoffen
- lückenloser Anschluss der Dämmschicht der Außenwand an Dach- und Perimeterdämmung
- bei die Außenwand durchdringenden Stahlbetondecken besondere Wärmedämmung des Deckenspiegels
- bei Fenster- oder Türöffnungen Dämmung der Laibungen oder Anordnung der Fensterrahmen bündig mit der Außenkante der Rohbauwand
- Rollladenkästen möglichst vor der gedämmten Fassadenfläche anordnen
- Dämmschichten fugendicht stoßen, möglichst zweilagig mit versetzten Plattenfugen anordnen oder Platten mit Stufenfalz oder Nut-und-Feder-Kanten verwenden
- auskragende Bauteile wie Balkonplatten vollständig von der gedämmten Außenwandkonstruktion trennen

11.2.4 Luftdichtheit der Gebäudehülle

Durch Undichtigkeiten bei Dämmschichten, Anschlussfugen, z.B. an Fenstern oder Rollladenkästen, oder bei Durchdringungen durch andere Bauteile strömt warme Raumluft ungewollt in den Bauteilquerschnitt. Bei Abkühlung der Raumluft unter die Taupunkttemperatur fallen große Tauwassermengen aus. Dies hat eine starke Durchfeuchtung des Bauteils, verringerte Wärmedämmung, Wärmeverluste und Bauschäden zur Folge.

Undichtigkeiten in der Außenhülle werden aufgespürt, indem durch ein Gebläse in das abgedichtete Gebäudeinnere Luft eingeblasen wird. Die durch die Leckstellen ausströmende Luft kann durch Rauchspender sichtbar gemacht werden (Blower-door-Test).

Die luftdichte Schicht auf der warmen Seite der Wärmedämmung kann z.B. durch den Innenputz, durch verspachtelte Trockenbauplatten oder durch den Einbau einer Dampfsperrfolie mit luftdichten Anschlüssen und Durchdringungen hergestellt werden.

Eine luftdichte Gebäudehülle erfordert jedoch für ein angenehmes Raumklima eine regelmäßige Raumlüftung mit einer Mindestluftwechselrate zum Austausch der verbrauchten Raumluft.

Alle Bauteile der Gebäudehülle müssen luftdicht ausgeführt werden, um unkontrollierte Lüftungswärmeverluste und Durchfeuchtung durch Tauwasserausfall zu vermeiden.

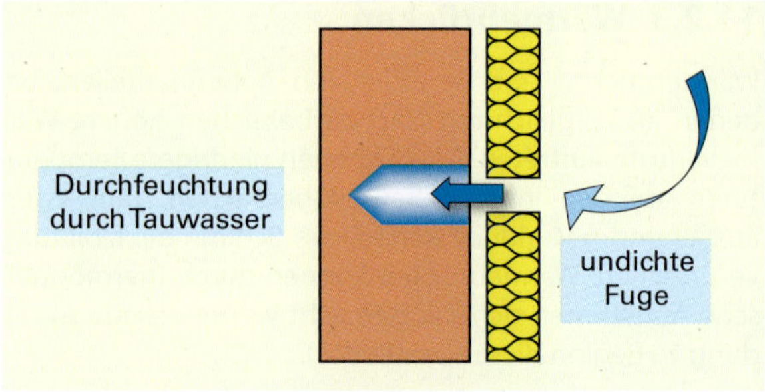

Leckstellen in der luftdichten Außenwand

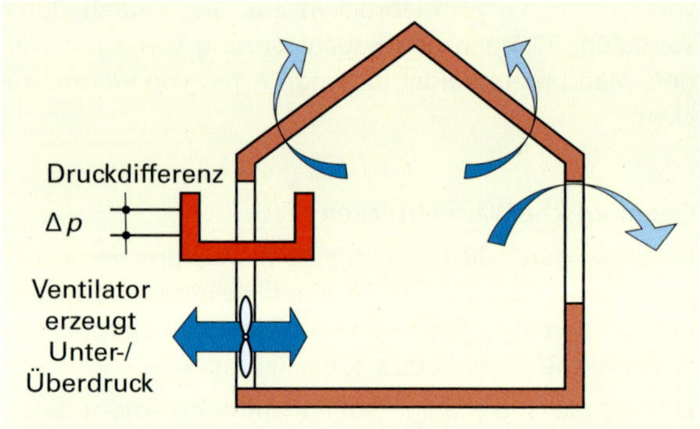

Luftdichtheitsprüfung durch Blower-door-Test

11.2.5 Wärmespeicherung

Die Wärmespeicherfähigkeit eines Bauteils wird durch die Wärmespeicherzahl S ausgedrückt. Sie hängt von der spezifischen Wärmekapazität c sowie von der Rohdichte ϱ und dem Volumen V, also der Masse m, des Baustoffs ab. Je höher diese Werte sind, desto mehr Wärme kann das Bauteil über einen längeren Zeitraum aufnehmen, speichern und dann wieder abgeben.

Im Winter ist dies für Wohnräume vorteilhaft, da die von der Raumluft langsam erwärmten massiven Innenbauteile bei nachts gedrosselter Heizung die Wärme wiederum über längere Zeit abgeben.

Im Sommer werden die Innenräume tagsüber durch hohe Außentemperaturen und starke Sonneneinstrahlung durch Fenster aufgeheizt. Umfassungswände und Geschossdecken mit hoher Wärmespeicherfähigkeit wirken als Zwischenspeicher, geben die Wärme zeitverzögert während der kühleren Abend- und Nachtstunden ab und schützen so die Räume vor Überhitzung. Dieser sommerliche Wärmeschutz leistet also neben der nächtlichen Raumlüftung einen Beitrag für ein gleichmäßigeres und angenehmes Raumklima.

Innenbauteile mit guter Wärmespeicherung besitzen eine hohe spezifische Wärmekapazität und Rohdichte und sorgen für ein angenehmes Raumklima.

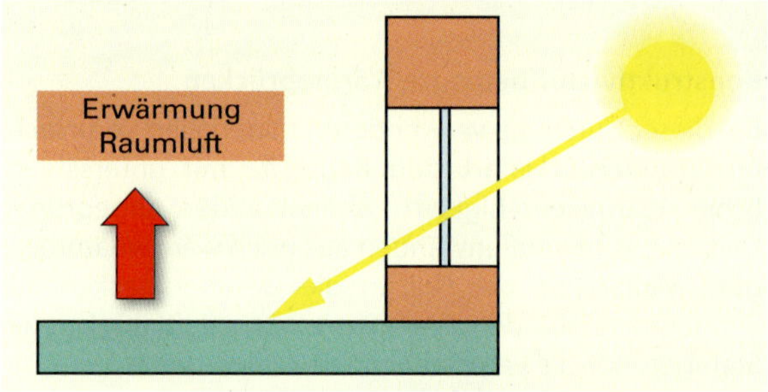

Raumerwärmung durch Sonneneinstrahlung

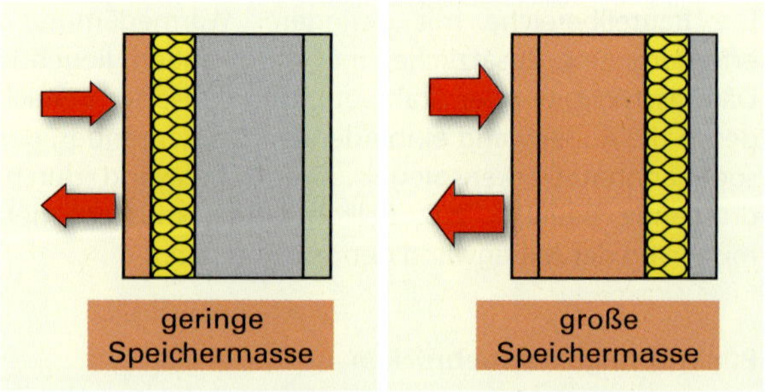

Wärmespeicherung durch massive Innenbauteile

Baustoff	Rohdichte ϱ in kg/m³	Spez. Wärmekapazität c in W · h/(kg · K)	Wärmespeicherzahl S in W · h/(m³ · K)
Stahlbeton	2000	0,248	496
Mauerziegel	800	0,255	204
Holzfaserpl.	200	0,583	117
Mineralwolle	60	0,231	14

Wärmespeicherfähigkeit von Baustoffen

11.2.6 Feuchteschutz

Gebäude müssen durch konstruktive Maßnahmen vor Bauschäden geschützt werden, die durch Feuchtigkeit verursacht werden können. Mangelhafter Schlagregenschutz führt zu Frost- und Korrosionsschäden an Außenbauteilen. Fehlende oder mangelhafte Abdichtungsmaßnahmen, z. B. bei Kelleraußenwänden und Sockeln, können zu kapillar aufsteigender Feuchtigkeit und zu Ausblühungen bauschädlicher Salze führen. Durchfeuchtete Bauteile weisen zudem eine geringere Wärmedämmung und damit höhere Wärmeverluste auf.

Wenn im Winter Temperatur und Wasserdampfgehalt der Außenluft niedriger sind als in den Innenräumen, diffundiert der in der Raumluft enthaltene Wasserdampf durch die Außenbauteile nach außen. Sind äußere Bauteilschichten zu diffusionsdicht, so führt dies zu Tauwasserausfall, Durchfeuchtung des Bauteilquerschnitts sowie bei unzureichender Austrocknung zu Bauschäden.

Um dies zu vermeiden, sollte die Dampfdurchlässigkeit der Baustoffschichten eines Außenbauteils nach außen hin zunehmen. Eine konsequente Raumlüftung sowie die innenseitige Anordnung dampfdichterer Schichten (z. B. Dampfbremsen) vermindern den Wasserdampftransport und damit das Tauwasserrisiko.

Sinkt aufgrund zu geringer Wärmedämmung eines Bauteils dessen innere Oberflächentemperatur unter die Taupunkttemperatur der Raumluft, so kann auf diesen kühlen Oberflächen Raumluft kondensieren (Tauwasserausfall) und dort zur Schimmelpilzbildung führen. Mit einer ausreichenden Wärmedämmung wird dies vermieden, da nun die Oberflächentemperatur auf der Bauteilinnenseite oberhalb der Taupunkttemperatur liegt.

Außenbauteile müssen vor Feuchtigkeit geschützt werden, um Durchfeuchtung, verminderte Wärmedämmung und Bauschäden zu vermeiden.

Zusammenfassung:

Niedrigere Wärmeverluste eines Gebäudes tragen zu einem behaglichen Raumklima, niedrigerem Energieverbrauch, geringeren Schadstoffemissionen und damit zum Klima- und Umweltschutz bei. Durch Wärmedämmung geschützte Bauteile weisen weniger Bauschäden und damit eine längere Lebensdauer auf.

Wärmeenergie kann durch Wärmeleitung, -strömung und -strahlung übertragen werden. Die Wärmeleitfähigkeit eines Stoffes wird durch die Wärmeleitzahl λ angegeben und hängt vom Luftporengehalt und damit der Rohdichte eines Stoffes ab.

Nicht ausreichend vor Feuchtigkeit geschützte Bauteile sowie Wärmebrücken verursachen Wärmeverluste und können zu Bauschäden führen. Dies gilt besonders für Leckstellen in der luftdichten Gebäudehülle.

Wärmespeichernde Bauteile tragen, besonders bei hohen Sommertemperaturen, zu einem ausgeglichenen Raumklima bei.

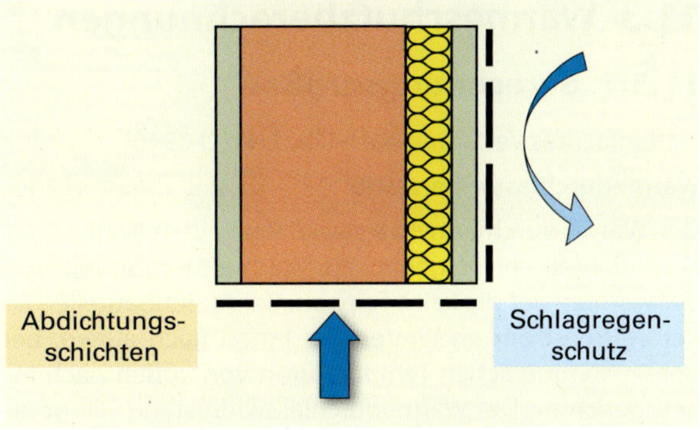

Maßnahmen des konstruktiven Feuchteschutzes

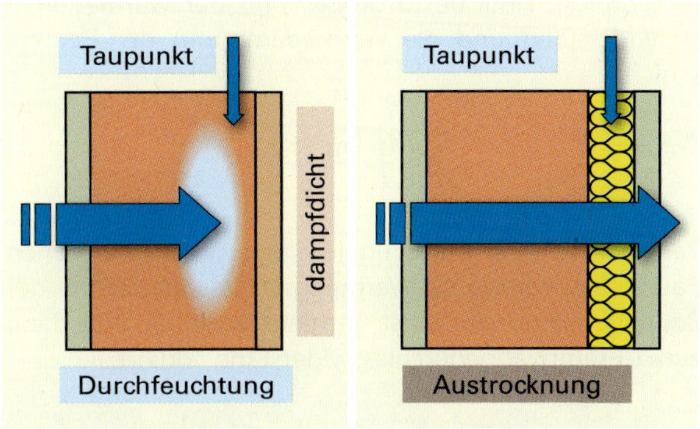

Wasserdampfdiffusion und Tauwasserbildung ohne und mit Wärmedämmung

Aufgaben:

1. *Welche Folgen können mangelhafte Wärmeschutzmaßnahmen für ein Gebäude und seine Nutzer haben?*
2. *Welche Folgen können mangelhafte Wärmeschutzmaßnahmen an Gebäuden für die Allgemeinheit und die Umwelt haben?*
3. *Beschreiben Sie, auf welche unterschiedliche Art Wärmeübertragung stattfinden kann.*
4. *Nennen Sie Beispiele für Baustoffe mit guter und schlechter Wärmedämmfähigkeit und begründen Sie dies mit dem Gefügeaufbau der Stoffe.*
5. *Nennen Sie Beispiele für die verschiedenen Arten von Wärmebrücken und beschreiben Sie, warum es dabei zu Durchfeuchtung und Schimmelpilzbildung kommen kann.*
6. *Warum müssen Undichtigkeiten in der luftdichten Gebäudehülle vermieden werden?*
7. *Durch welche Maßnahmen kann die Aufheizung der Innenräume eines Gebäudes im Sommer gemildert werden?*
8. *Nennen Sie Maßnahmen des konstruktiven Feuchteschutzes, durch die Außenbauteile eines Gebäudes vor Feuchtigkeitsschäden geschützt werden können.*
9. *Welche Grundregel für die Wasserdampfdurchlässigkeit der verschiedenen Baustoffschichten einer Außenwand muss eingehalten werden?*

11.3 Wärmeschutzberechnungen

11.3.1 Berechnungsgrößen

(vereinfachtes Verfahren nach DIN EN ISO 6946)

Wärmedurchlasswiderstand

Der **Wärmedurchlasswiderstand** R gibt den Widerstand einer Bauteilschicht gegen die Wärmeübertragung von der warmen auf die kalte Seite an. Bei Außenbauteilen ist der Wärmestrom im Winter von innen nach außen, bei hohen sommerlichen Temperaturen von außen nach innen gerichtet. Der Wärmedurchlasswiderstand hängt ab von der Wärmeleitzahl λ und der Schichtdicke d des Baustoffes. Je niedriger die Wärmeleitzahl und je größer die Schichtdicke sind, desto größer sind der Wärmedurchlasswiderstand und die Wärmedämmung der Bauteilschicht.

$$R = \frac{d}{\lambda} \left[\frac{m^2 \cdot K}{W}\right]$$

Bei mehrschichtigen Bauteilen aus unterschiedlichen Baustoffen werden die Wärmedurchlasswiderstände der Bauteilschichten zunächst getrennt ermittelt und dann zum Gesamtwärmedurchlasswiderstand addiert.

$$R_{gesamt} = \frac{d_1}{\lambda_1} + \frac{d_2}{\lambda_2} + \frac{d_3}{\lambda_3} \left[\frac{m^2 \cdot K}{W}\right]$$

Wärmeübergang

Bei luftberührten Bauteilen müssen für die Wärmeübertragung von der warmen auf die kalte Bauteilseite zusätzlich zur Wärmeleitung auch die Wärmeübergangswiderstände zwischen der Raumluft und der inneren Bauteiloberfläche sowie der äußeren Oberfläche und der Außenluft berücksichtigt werden. Dazu dient die Angabe des **inneren Wärmeübergangswiderstands R_{si}** und des **äußeren Wärmeübergangswiderstands R_{se}.**

Wärmedurchgangswiderstand

Der **Wärmedurchgangswiderstand** R_T des gesamten Bauteils wird berechnet durch die Addition des Wärmedurchlasswiderstands und der beiden Wärmeübergangswiderstände.

$$R_T = R_{si} + R_{gesamt} + R_{se} \left[\frac{m^2 \cdot K}{W}\right]$$

Wärmedurchgangskoeffizient

Der **Wärmedurchgangskoeffizient** U wird zum Vergleich der Wärmedämmfähigkeit von Bauteilen errechnet. Er gibt die Wärmemenge an, die auf einer Fläche von 1 m² bei einem Temperaturunterschied von 1 K durch das Bauteil übertragen wird. Er ergibt sich aus dem Kehrwert des Wärmedurchgangswiderstands R_T.

$$U = \frac{1}{R_T} \left[\frac{W}{m^2 \cdot K}\right]$$

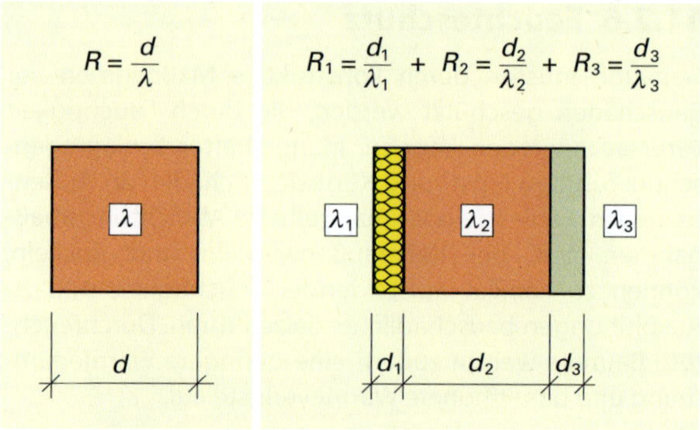

Berechnung des Wärmedurchlasswiderstands bei ein- und mehrschichtigen Bauteilen

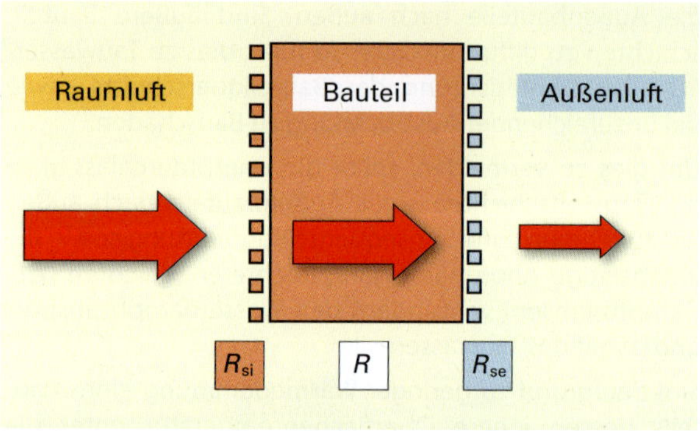

Wärmeübergangswiderstände

Wärmeübergangswiderstände in m² · K/W	Richtung des Wärmestroms		
	aufwärts	horizontal	abwärts
R_{si}	0,10	0,13	0,17
R_{se}	0,04	0,04	0,04

Wärmeübergangswiderstände nach DIN EN ISO 6945

Physikalische Größe	Symbol	Einheit
Wärmestrom	Φ	W
Bemessungswert der Wärmeleitfähigkeit	λ	W/(m · K)
Wärmedurchlasswiderstand	R	m² · K/W
Wärmeübergangswiderstand innen	R_{si}	m² · K/W
Wärmeübergangswiderstand außen	R_{se}	m² · K/W
Wärmedurchgangswiderstand	R_T	m² · K/W
Wärmedurchgangskoeffizient	U	W/(m² · K)
spezifische Wärmekapazität	c	J/(kg · K)
Wärmespeicherzahl	S	J/(m³ · K)
Temperatur	θ	°C
Innentemperatur	θ_i	°C
Außentemperatur	θ_e	°C
Temperaturdifferenz	$\Delta\theta$	K
Bauteildicke	d	m
Rohdichte	ϱ	kg/m³

Physikalische Größen, Symbole und Einheiten

11.3.2 Berechnungsbeispiele

(Tabellenwerte sind blau gekennzeichnet)

1. Berechnen Sie für die dargestellte verputzte Stahlbetonwand den **Wärmedurchlasswiderstand** $\boldsymbol{R}$.

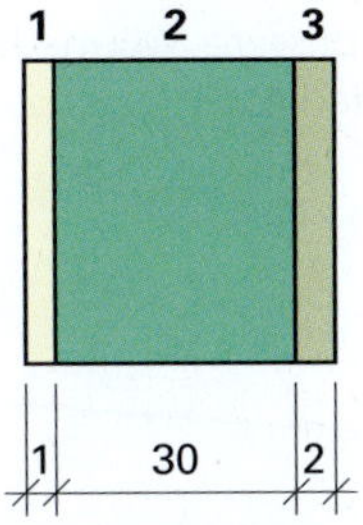

1: Innenputz: Gipsputz ohne Zuschlag
$\varrho = 1\,200\ \mathrm{kg/m^3}$, $\lambda = 0{,}51\ \mathrm{W/(m \cdot K)}$, $d = 0{,}01\ \mathrm{m}$

2: Stahlbeton
$\varrho = 2\,400\ \mathrm{kg/m^3}$, $\lambda = 2{,}5\ \mathrm{W/(m \cdot K)}$, $d = 0{,}30\ \mathrm{m}$

3: Außenputz: Kalkzementputz
$\varrho = 1\,800\ \mathrm{kg/m^3}$, $\lambda = 1{,}0\ \mathrm{W/(m \cdot K)}$, $d = 0{,}02\ \mathrm{m}$

Lösung:

$$R_{\text{gesamt}} = \frac{d_1}{\lambda_1} + \frac{d_2}{\lambda_2} + \frac{d_3}{\lambda_3} \left[\frac{\mathrm{m^2 \cdot K}}{\mathrm{W}}\right]$$

$$R_{\text{gesamt}} = \frac{0{,}01}{0{,}51} + \frac{0{,}30}{2{,}50} + \frac{0{,}02}{1{,}00} \left[\frac{\mathrm{m^2 \cdot K}}{\mathrm{W}}\right]$$

$$R_{\text{gesamt}} = 0{,}159 \left[\frac{\mathrm{m^2 \cdot K}}{\mathrm{W}}\right]$$

2. Berechnen Sie für die dargestellte verputzte Mauerwerkswand den **Wärmedurchgangswiderstand** $\boldsymbol{R_T}$ und den **Wärmedurchgangskoeffizienten** $\boldsymbol{U}$.

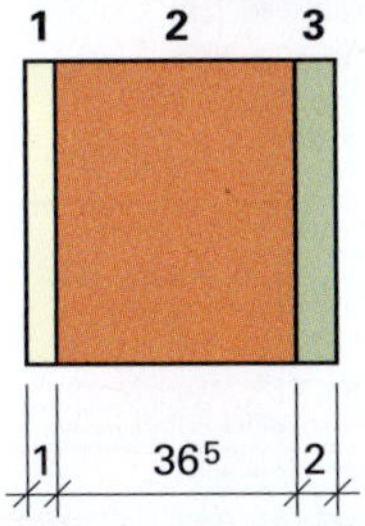

1: Innenputz: Gipssandputz
$\varrho = 1\,400\ \mathrm{kg/m^3}$, $\lambda = 0{,}70\ \mathrm{W/(m \cdot K)}$, $d = 0{,}01\ \mathrm{m}$

2: Hochlochziegel HLzW
$\varrho = 600\ \mathrm{kg/m^3}$, $\lambda = 0{,}20\ \mathrm{W/(m \cdot K)}$, $d = 0{,}365\ \mathrm{m}$

3: Außenputz: Kalkzementleichtputz
$\varrho = 700\ \mathrm{kg/m^3}$, $\lambda = 0{,}25\ \mathrm{W/(m \cdot K)}$, $d = 0{,}02\ \mathrm{m}$

Lösung:

$$R_{\text{gesamt}} = \frac{d_1}{\lambda_1} + \frac{d_2}{\lambda_2} + \frac{d_3}{\lambda_3} \left[\frac{\mathrm{m^2 \cdot K}}{\mathrm{W}}\right]$$

$$R_{\text{gesamt}} = \frac{0{,}010}{0{,}70} + \frac{0{,}365}{0{,}20} + \frac{0{,}02}{0{,}25} \left[\frac{\mathrm{m^2 \cdot K}}{\mathrm{W}}\right]$$

$$R_{\text{gesamt}} = 1{,}919 \left[\frac{\mathrm{m^2 \cdot K}}{\mathrm{W}}\right]$$

$$R_T = R_{si} + R_{\text{gesamt}} + R_{se} \left[\frac{\mathrm{m^2 \cdot K}}{\mathrm{W}}\right]$$

$$R_T = 0{,}13 + 1{,}919 + 0{,}04 = 2{,}089 \left[\frac{\mathrm{m^2 \cdot K}}{\mathrm{W}}\right]$$

$$U = \frac{1}{R_T} = \frac{1}{2{,}089} = 0{,}479 \left[\frac{\mathrm{W}}{\mathrm{m^2 \cdot K}}\right]$$

3. Berechnen Sie für die Mauerwerkswand aus Aufgabe 2 die **Dämmschichtdicke** $\boldsymbol{d}$, die bei der nachträglichen Herstellung eines WDVS erforderlich ist. Ein U-Wert von $0{,}24\ \mathrm{W/(m^2 \cdot K)}$ soll erreicht werden. Der Bemessungswert der Wärmeleitzahl des Dämmstoffs ist anzunehmen mit $\lambda = 0{,}031\ \mathrm{W/(m \cdot K)}$.

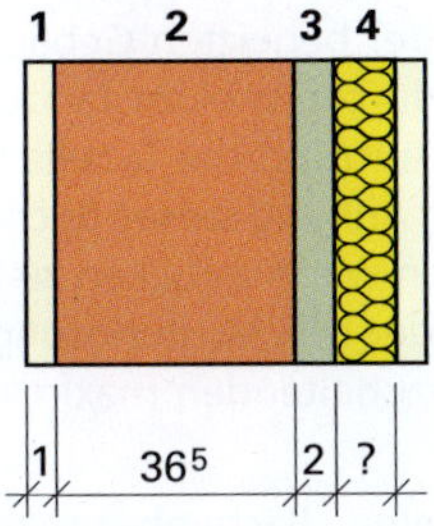

Berechnen Sie:

- den Wärmedurchlasswiderstand R_{vorh} der vorhandenen Wand (hier aus Aufgabe 2)
- den erforderlichen Wärmedurchgangswiderstand $R_{T\,\text{erf}}$ als Kehrwert des geforderten U-Wertes sowie den erforderlichen Wärmedurchlasswiderstand R_{erf} durch Abzug der Wärmeübergangswiderstände (R_{si}, R_{se})
- den erforderlichen Wärmedurchlasswiderstand R_4 der Dämmschicht durch die Differenz von R_{erf} und R_{vorh} (Decklage des WDVS bleibt unberücksichtigt)
- die erforderliche Dämmschichtdicke d aus R_4

Lösung:

$$R_{\text{vorh}} = 1{,}919 \left[\frac{\mathrm{m^2 \cdot K}}{\mathrm{W}}\right]$$

$$R_{T\,\text{erf}} = \frac{1}{U} = \frac{1}{0{,}24} = 4{,}167 \left[\frac{\mathrm{m^2 \cdot K}}{\mathrm{W}}\right]$$

$$R_{\text{erf}} = R_{T\,\text{erf}} - R_{si} - R_{se} \left[\frac{\mathrm{m^2 \cdot K}}{\mathrm{W}}\right]$$

$$R_{\text{erf}} = 4{,}167 - 0{,}13 - 0{,}04 = 3{,}997 \left[\frac{\mathrm{m^2 \cdot K}}{\mathrm{W}}\right]$$

$$R_4 = R_{\text{erf}} - R_{\text{vorh}} = 3{,}997 - 1{,}919 = 2{,}078 \left[\frac{\mathrm{m^2 \cdot K}}{\mathrm{W}}\right]$$

$$d = R_4 \cdot \lambda = 2{,}078 \cdot 0{,}031 = 0{,}064\ \mathrm{m} \rightarrow 7\ \mathrm{cm}$$

Aufgaben zur Wärmedämmung siehe Abschnitt 11.9

11.4 Gesetzliche Regelungen und Anforderungen

11.4.1 Mindestwärmeschutz nach DIN 4108-2

Die DIN 4108-2 legt für die verschiedenen Bauteile Mindestanforderungen an den Wärmeschutz fest, die an keiner Stelle einer Konstruktion unterschritten werden dürfen, besonders nicht im Bereich von Wärmebrücken. Dadurch wird gesichert, dass in ausreichend beheizten und belüfteten Räumen an keiner Stelle Tauwasser aufgrund unzureichender Wärmedämmung ausfällt und damit zu Feuchte- und Frostschäden sowie Schimmelpilzbildung führt. So wird ein hygienisches Raumklima ohne Gesundheitsgefahren für die Nutzer gewährleistet.

Hierzu werden für alle Bauteile der beheizten Gebäudehülle Mindestwerte des Wärmedurchlasswiderstandes *R* festgelegt, die einzuhalten sind (ausführliche Tabellen zu den einzuhaltenden *R*-Werten im Anhang dieses Buches). Um schädliche Auswirkungen von Wärmebrücken zu begrenzen, sind in einem Beiblatt der DIN Musterlösungen baulicher Details mit jeweils einzuhaltenden maximalen *U*-Werten dargestellt.

Für leichte Außenbauteile mit einer flächenbezogenen Masse von unter 100 kg/m^2, Gefache von Skelettbauten oder Rollladenkästen gelten höhere Anforderungen.

Am 1.11.2020 trat das GEG mit den folgenden Anforderungen in Kraft (die Anforderungen entsprechen der Energieeinsparverordnung (EnEV) 2014/2016):

- für Neubauten um 25 % verringerter Primärenergiebedarf erforderlich
- für Wohngebäude um 20 % bessere Wärmedämmung der Gebäudehülle erforderlich

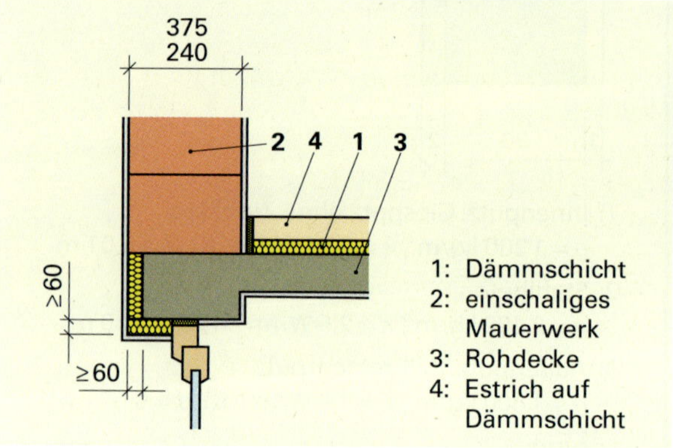

Musterdetail nach DIN 4108, Beiblatt 2; Wärmedämmung eines Deckenspiegels mit Fenstersturz

11.4.2 Gebäudeenergiegesetz (GEG), Ziele und Geltungsbereich

Die energetischen Vorgaben an Gebäude sind im Gebäudeenergiegesetz (GEG) festgelegt. Das Gesetz hat die Energieeinsparverordnung (EnEV) sowie das Energieeinsparungsgesetz (EnEG) und das Erneuerbare-Energien-Wärmegesetz (EEWärmeG) abgelöst und deren Inhalte zu einer Vorschrift verbunden. Dabei sind die Mindestanforderungen an Neubauten im GEG im Vergleich zu den vorigen Verordnungen im Wesentlichen gleich geblieben.

Das GEG trat am 1. November 2020 in Kraft. Es gilt für alle Gebäude, die beheizt oder klimatisiert werden. Seine Vorgaben beziehen sich vorwiegend auf die Heizungstechnik und den Wärmedämmstandard des Gebäudes. Um den Energiehaushalt des Gebäudes zu ermitteln, werden zusätzlich zu Raumheizung und -kühlung auch die Warmwassererzeugung, der Betrieb von Lüftungsanlagen sowie der Strom berücksichtigt, den diese Geräte im Betrieb benötigen (z. B. Heizungspumpen, Heizkessel, Regler). Zusätzlich muss ein Gebäude bestimmte Vorgaben zum Luftaustausch und zur Minimierung von Wärmebrücken erfüllen. Letzteres sind Gebäudeecken oder Stellen, die weniger gut gedämmt sind (siehe Abschnitt 11.2.3).

Außerdem formuliert das GEG Anforderungen an vorhandene Klimatechnik sowie an Hitzeschutzmaßnahmen für den Sommer. Das GEG trägt somit wesentlich dazu bei, ein behagliches Wohn- und Arbeitsumfeld zu schaffen und den Bedarf an Heizenergie zu begrenzen.

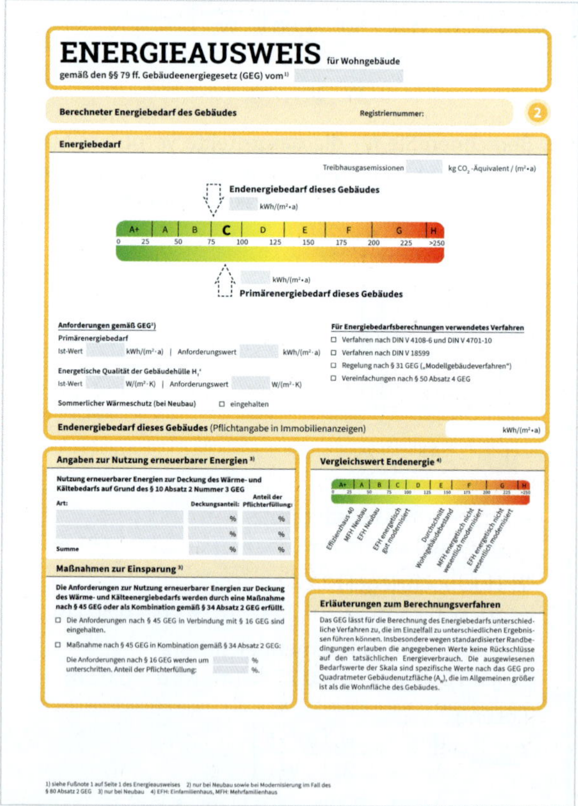

ENERGIEAUSWEIS für Wohngebäude
gemäß den §§ 79 ff. Gebäudeenergiegesetz (GEG) vom 1)

Berechneter Energiebedarf des Gebäudes   Registriernummer: 2

Energiebedarf

Treibhausgasemissionen   kg CO_2-Äquivalent / (m²·a)

Endenergiebedarf dieses Gebäudes
kWh/(m²·a)

A+ | A | B | C | D | E | F | G | H
0 25 50 75 100 125 150 175 200 225 >250

kWh/(m²·a)
Primärenergiebedarf dieses Gebäudes

Anforderungen gemäß GEG 2)
Primärenergiebedarf
Ist-Wert   kWh/(m²·a) | Anforderungswert   kWh/(m²·a)
Energetische Qualität der Gebäudehülle H_T'
Ist-Wert   W/(m²·K) | Anforderungswert   W/(m²·K)
Sommerlicher Wärmeschutz (bei Neubau)   ☐ eingehalten

Für Energiebedarfsberechnungen verwendetes Verfahren
☐ Verfahren nach DIN V 4108-6 und DIN V 4701-10
☐ Verfahren nach DIN V 18599
☐ Regelung nach § 31 GEG („Modellgebäudeverfahren")
☐ Vereinfachungen nach § 50 Absatz 4 GEG

Endenergiebedarf dieses Gebäudes (Pflichtangabe in Immobilienanzeigen)   kWh/(m²·a)

Angaben zur Nutzung erneuerbarer Energien 3)
Nutzung erneuerbarer Energien zur Deckung des Wärme- und Kältebedarfs auf Grund des § 10 Absatz 2 Nummer 3 GEG

Art:	Deckungsanteil:	Anteil der Pflichterfüllung:
	%	%
	%	%
Summe	%	%

Maßnahmen zur Einsparung 3)
Die Anforderungen zur Nutzung erneuerbarer Energien zur Deckung des Wärme- und Kälteenergiebedarfs werden durch eine Maßnahme nach § 45 GEG oder als Kombination gemäß § 34 Absatz 2 GEG erfüllt.
☐ Die Anforderungen nach § 45 GEG in Verbindung mit § 16 GEG sind eingehalten.
☐ Maßnahme nach § 45 GEG in Kombination gemäß § 34 Absatz 2 GEG:
Die Anforderungen nach § 16 GEG werden um   % unterschritten. Anteil der Pflichterfüllung: %.

Vergleichswert Endenergie 4)
A+ | A | B | C | D | E | F | G | H
0 25 50 75 100 125 150 175 200 225 >250
Effizienzhaus 40 · MFH Neubau · EFH Neubau · EFH energetisch gut modernisiert · Durchschnitt Wohngebäudebestand · MFH energetisch nicht wesentlich modernisiert · EFH energetisch nicht wesentlich modernisiert

Erläuterungen zum Berechnungsverfahren
Das GEG lässt für die Berechnung des Energiebedarfs unterschiedliche Verfahren zu, die im Einzelfall zu unterschiedlichen Ergebnissen führen können. Insbesondere wegen standardisierter Randbedingungen erlauben die angegebenen Werte keine Rückschlüsse auf den tatsächlichen Energieverbrauch. Die ausgewiesenen Bedarfswerte der Skala sind spezifische Werte nach das GEG pro Quadratmeter Gebäudenutzfläche (A_N), die im Allgemeinen größer ist als die Wohnfläche des Gebäudes.

1) siehe Fußnote 1 auf Seite 1 des Energieausweises 2) nur bei Neubau sowie bei Modernisierung im Fall des § 80 Absatz 2 GEG 3) nur bei Neubau 4) EFH: Einfamilienhaus, MFH: Mehrfamilienhaus

Energieausweis nach GEG

Die DIN 4108-2 legt den Mindestwärmeschutz für Bauteile fest, um Bau- und Gesundheitsschäden zu vermeiden, während das Gebäudeenergiegesetz auch den Umwelt- und Klimaschutz verbessern will.

11.4.3 Regelungen für Neubauten

Der Neubau nimmt im Gesetz den größten Teil ein. Das GEG soll die Auswirkungen des Neubau-Energiebedarfs zum Heizen und zur Warmwasserbereitung auf die Umwelt begrenzen. Die Berechnungsmethode zielt darauf ab, die Primärenergie zu berechnen, die ein Neubau brauchen darf.

Um den zulässigen Bedarf an Primärenergie zu berechnen, muss die Energie, die das Gebäude benötigt, betrachtet werden. Entscheidend sind dabei die verwendeten Energieträger, die jeweils mit einem spezifischen „Primärenergiefaktor" multipliziert werden. Holzpellets haben einen besonders günstigen Primärenergiefaktor, Erdgas liegt hier im Mittelfeld und Elektrizität aus dem Netz schneidet eher schlecht ab. Fernwärme wird je nach Standort unterschiedlich bewertet, sie kann eine recht klimafreundliche Option sein. Zusätzlich ist vorgeschrieben, einen Teil der Energieversorgung des Gebäudes über erneuerbare Energien zu decken.

Im Neubau ist derzeit eine Förderung für die KfW-Effizienzhaus-Standards 40 oder 40 plus möglich. Dabei hat ein KfW-Effizienzhaus 40 einen um 47 % geringeren Bedarf an Primärenergie als ein Neubau nach den Mindestanforderungen des Gebäudeenergiegesetzes. Das KfW-Effizienzhaus 40 plus ist noch energieeffizienter.

Wohngebäude

Wohngebäude, die unter das GEG fallen, werden grundsätzlich als „Niedrigstenergiegebäude" geplant und errichtet. Der Standard entspricht jedoch weitestgehend dem der Energieeinsparverordnung (EnEV ab 2016). Folgende Anforderungen muss ein neues Wohngebäude nach GEG erfüllen:

- **Jahres-Primärenergiebedarf:** Der berechnete Wert für die Anlagentechnik bezogen auf die Gebäudenutzfläche darf nicht höher als 75 % des Jahres-Primärenergiebedarfs des entsprechenden Referenzgebäudes sein.
- **Wärmeschutz:** Der Wärmeverlust durch Transmission durch die Gebäudehülle darf nicht größer als der entsprechende Wert des Referenzgebäudes sein.
- **Wärmebrücken:** Die Wärmeverluste durch Anschlüsse in der Gebäudehülle müssen so gering wie möglich sein, jedoch wirtschaftlich vertretbar. Ihr Einfluss wird auch in der Energiebilanz rechnerisch berücksichtigt.
- **Dichtheit:** Die Gebäudehülle muss dauerhaft luftundurchlässig und abgedichtet sein, jedoch einen Mindestluftwechsel für die Nutzer und Heizung erlauben. Die Dichtheit kann ggf. geprüft und in der Bilanz berücksichtigt werden.
- **Hitzeschutz:** Der sommerliche Wärmeschutz muss gewährleisten, dass es im Gebäude in der heißen Jahreszeit nicht zu warm wird. Dafür wird der entsprechende rechnerische Nachweis nach der normierten Methode geführt.

Nichtwohngebäude

Nichtwohngebäude werden nach GEG als „Niedrigstenergiegebäude" geplant und errichtet. Der Standard entspricht der Energieeinsparverordnung (EnEV ab 2016).

Bauteil		U in W/(m² · K)
Außenwand, Geschossdecke gegen Außenluft		0,35
Außenwand gegen Erdreich, Bodenplatte, Wände und Decken zu unbeheizten Räumen		0,30
Dach, oberste Geschossdecke, Wände zu Abseiten		0,24
Fenster, Fenstertüren	$g_{\perp} = 0{,}60$*	1,30
Dachflächenfenster	$g_{\perp} = 0{,}60$*	1,40
Lichtkuppeln	$g_{\perp} = 0{,}64$*	2,70
Außentüren		1,80

* Gesamtenergiedurchlassgrad der Verglasung $g_{\perp}$

Maximale Wärmedurchlasskoeffizienten *U* der Bauteile des Referenzgebäudes (nach GEG)

Folgende Anforderungen muss ein neues Nichtwohngebäude nach GEG erfüllen:

- **Jahres-Primärenergiebedarf:** Für die Berechnung der Energiebilanz werden Nichtwohngebäude in Nutzungszonen eingeteilt. Der berechnete Wert für die Anlagentechnik bezogen auf die Gebäudenettofläche darf nicht höher als 75 % des Jahres-Primärenergiebedarfs des Referenzgebäudes sein.
- **Wärmeschutz:** Der Wärmeverlust durch die verschiedenen Außenbauteiltypen der Gebäudehülle (opake und transparente Außenbauteile) darf nicht größer sein als vom GEG erlaubt.
- **Wärmebrücken:** Die Wärmeverluste durch Anschlüsse in der Gebäudehülle müssen so gering wie möglich sein, jedoch wirtschaftlich vertretbar. Ihr Einfluss wird auch in der Energiebilanz rechnerisch berücksichtigt.
- **Dichtheit:** Die Gebäudehülle muss dauerhaft luftundurchlässig und nach den anerkannten Regeln der Technik abgedichtet sein. Ein Mindestluftwechsel für die Gesundheit der Nutzer und die Heizung muss gewahrt werden. Die Dichtheit kann ggf. geprüft und in der Energiebilanz mitberücksichtigt werden.
- **Hitzeschutz:** Der sommerliche Wärmeschutz muss gewährleisten, dass es im Gebäude in der heißen Jahreszeit nicht zu warm wird. Dafür wird der entsprechende rechnerische Nachweis nach der normierten Methode geführt.

Bei neu errichteten Wohngebäuden muss nach den Vorgaben des GEG deren jährlicher Primärenergiebedarf errechnet werden. Er darf den auf gleiche Weise berechneten Energiebedarf eines Referenzgebäudes nicht überschreiten.

Für dessen Berechnung sind im GEG unter anderem maximale Wärmedurchlasskoeffizienten *U* sowie Anforderungen an die haustechnischen Anlagen enthalten.

Bei der Primärenergieberechnung werden Energieverluste und Gewinne aus Gebäudekonstruktion und Anlagentechnik in einer Energiebilanz zusammengefasst.

11.4.4 Regelungen für Änderungen an bestehenden Gebäuden

Aufrechterhaltung der energetischen Qualität (GEG § 46)

Außenbauteile eines bestehenden Gebäudes dürfen nicht in einer Weise verändert werden, dass die energetische Qualität des Gebäudes verschlechtert wird. Dies gilt nicht für Änderungen von Außenbauteilen, wenn die Fläche der geänderten Bauteile nicht mehr als 10 % der gesamten Fläche der jeweiligen Bauteilgruppe betrifft.

Die Anforderungen an ein bestehendes Gebäude sind nicht anzuwenden, soweit ihre Erfüllung anderen öffentlich-rechtlichen Vorschriften zur Standsicherheit, zum Brandschutz, zum Schallschutz, zum Arbeitsschutz oder zum Schutz der Gesundheit entgegensteht.

Austausch- und Nachrüstverpflichtungen (GEG § 47)

Für alle Mehrfamilienhäuser gelten bestimmte Austausch- und Nachrüstverpflichtungen, unabhängig von einer geplanten Sanierung. Ein- und Zweifamilien-Häuser sind davon ausgenommen, wenn der Eigentümer bereits mindestens seit Februar 2002 selbst im Gebäude wohnt. Beim Kauf eines Ein- oder Zweifamilien-Hauses, sind diese Pflichten innerhalb von zwei Jahren zu erfüllen.

- Bestimmte Heizkessel müssen ausgetauscht werden. Dies betrifft Öl- und Gas-Heizkessel, die älter als 30 Jahre sind und eine übliche Größe haben (4 – 400 kW Heizleistung). Die Austauschpflicht gilt jedoch nicht für Brennwert- und Niedertemperatur-Kessel. Um welchen Kesseltyp es sich handelt, teilt z. B. der Bezirksschornsteinfeger mit. Er muss regelmäßig eine „Feuerstättenschau" vor Ort durchführen.
- Neue Heizungs- und Warmwasserrohre in unbeheizten Räumen müssen gedämmt werden.
- Oberste Geschossdecken zu unbeheizten Dachräumen mussten bereits bis Ende 2015 nachträglich gedämmt werden, wenn sie keinen „Mindestwärmeschutz" (i. d. R. 4 cm Wärmedämmung) aufweisen. Bei Holzbalkendecken genügt es, die Hohlräume mit Dämmstoff zu füllen. Die Dämmpflicht gilt für alle zugänglichen obersten Geschossdecken, unabhängig davon, ob sie begehbar sind oder nicht – also zum Beispiel auch für Spitzböden und für nicht ausgebaute Aufenthalts- oder Trockenräume. Alternativ dazu kann auch das darüberliegende Dach mindestens entsprechend gedämmt werden.

Das Referenzgebäude

Wie die Energieeinsparverordnung arbeitet auch das Gebäudeenergiegesetz mit dem Konzept des Referenzgebäudes. Dieses ist ein virtuelles Gebäude und hat die gleiche Geometrie, Nutzfläche und Ausrichtung wie das entstehende Gebäude.

Die Gebäudehülle des Referenzgebäudes – Außenwände, Fenster, Türen, Decken, Dach – und seine Anlagentechnik sind jedoch standardmäßig ausgestattet, wie es das Gesetz für Wohngebäude und Nichtwohngebäude vorschreibt.

Bauteil	Wohngebäude/ Nichtwohngebäude Innentemperatur ≥ 19 °C
	U_{max} in W/(m² · K)
Außenwände	0,24
Decken, Dächer, Dachschrägen	0,24
Flachdächer	0,20
Decken/Wände gegen unbeheizte Räume/Erdreich	0,30
Fußbodenaufbauten	0,50
Decken nach unten gegen Außenluft	0,24
außen liegende Fenster und Türen	1,30

Maximale *U*-Werte von Bauteilen (Auszug aus dem GEG)

Konkrete Änderungsmaßnahmen
Außenwände*: • erstmaliger Einbau/Ersatz • Erneuerung durch außenseitige Bekleidungen mit Platten, plattenartigen Bauteilen, Verschalungen oder Mauerwerksvorsatzschalen • Außenputzerneuerung
Fenster, Fenstertüren, Dachflächenfenster, Glasdächer: • erstmaliger Einbau/Ersatz
Außentüren: Erneuerung
Dachflächen, Dachgauben, Decken und Wände gegen unbeheizte Dachräume*: • erstmaliger Einbau/Ersatz • Ersatz/Neuaufbau von Dachdeckung mit Lattung und Verschalung • Ersatz einer wasserdichten Flächenabdeckung • Einbau/Erneuerung von Bekleidungen, Verschalungen oder Dämmschichten von Wänden/Abseitenwänden zu unbeheiztem Dachraum auf der kalten Seite • Einbau/Erneuerung von Bekleidungen, Verschalungen oder Dämmschichten von Decken/obersten Geschossdecken zu unbeheiztem Dachraum auf der kalten Seite
Wände gegen Erdreich/unbeheizte Räume (Ausnahme Dachräume) oder Decken nach unten gegen Erdreich, Außenluft oder unbeheizte Räume*: • erstmaliger Einbau/Ersatz • Einbau/Erneuerung außenseitiger Bekleidungen, Verschalungen, Feuchtigkeitssperren, Dränungen • Einbau/Erneuerung Fußbodenaufbau auf beheizter Seite • Einbau Deckenbekleidung auf kalter Seite
Vorhangfassaden: • Ersatz/erstmaliger Einbau
*** = Ausnahmen von Bauteilanforderungen:** • Errichtung/Erneuerung der Bauteile nach dem 31.12.1983 bei Einhaltung energiesparrechtlicher Vorschriften • Anforderungen erfüllt bei Begrenzung der Dämmschichtdicke aus technischen Gründen und Ausnutzung der maximalen Schichtdicke mit λ-Wert von 0,035 W/(m · K).

Anforderungen des GEG bei Änderungsmaßnahmen an bestehenden Gebäuden

Zusammenfassung

- Im GEG sind die energetischen Anforderungen an beheizte und klimatisierte Gebäude festgelegt.
- Das Gesetz enthält Vorgaben zur Heizungs- und Klimatechnik sowie zum Wärmedämmstandard und Hitzeschutz von Gebäuden.
- Die energetischen Mindestanforderungen an Neubauten sind etwas geringer als in der EnEV.
- Eigentümer von Bestandsgebäuden müssen bestimmte Nachrüst- und Austauschpflichten erfüllen.
- Beim Neubau gibt das GEG bestimmte Anteile an regenerativen Energien zum Heizen oder Kühlen vor.

11.5 Dämmstoffe im Bauwesen

Dämmstoffe können aufgrund ihrer vielfältigen Eigenschaften verschiedenartige Aufgaben in unterschiedlichen Anwendungsgebieten erfüllen. Allgemeine Aufgabenbereiche von Dämmstoffen können der Wärme-, Schall- oder Brandschutz sein.

Bei der Dämmung von Außenbauteilen können sich die aus den Aufgaben der Dämmstoffe ergebenden Anforderungen an ihre Eigenschaften auch widersprechen, z.B. bei gleichzeitigen Anforderungen an die Wärme- und Luftschalldämmung von Außenwänden. Daher ist eine sorgfältige Planung, gewissenhafte Materialauswahl und handwerklich einwandfreie Ausführung unerlässlich.

Dämmstoffe werden in Form von Rollen, Matten, Platten vorgeformten Elementen oder Schüttungen hergestellt. Sie lassen sich unterteilen in natürliche oder künstliche, mineralische oder organische Stoffe. Sie werden gekennzeichnet entsprechend der Materialzusammensetzung mit Abkürzungen sowie durch Kurzzeichen entsprechend den Anwendungsgebieten und Bauteilen, für die sie eingesetzt werden können.

Es dürfen nur genormte oder bauaufsichtlich zugelassene Dämmstoffe verwendet werden. Sie sind durch das gesetzlich vorgeschriebene CE-Kennzeichen und das Prüfzeichen „Ü" auf Dämmstoff oder Verpackung gekennzeichnet und stellen die Übereinstimmung der Baustoffe mit den europäischen und deutschen Normen sicher.

Bezeichnung	Abkürzung	DIN-EN
Mineralwolle	**MW**	13162
expandiertes Polystyrol	**EPS**	13163
extrudiertes Polystyrol	**XPS**	13164
Polyurethan	**PUR**	13165
Phenolharzschaum	**PF**	13166
Schaumglas	**CG**	13167
Holzwolle, Mehrschichtplatte	**WW, WW-C**	13168
Blähperlit	**EPB**	13169
expandierter Kork	**ICB**	13170
Holzfasern	**WF**	13171

Kennzeichnung von Dämmstoffen (nach DIN 4108-10)

Wand	
WAB	Außendämmung hinter Wandbekleidung
WAA	Außenwände hinter Wandabdichtung
WAP	Außendämmung der Wand unter Putz
WZ	Dämmung zweischaliger Wände, Kerndämmung
WH	Dämmung bei Holzrahmen-/Holztafelbauweise
WI	Innendämmung von Wänden
WTH	Dämmung zwischen Haustrennwänden
WTR	Dämmung für Raumtrennwände
Decke, Dach	
DAD	Dachaußendämmungen unter Deckungen
DAA	Dachaußendämmung unter Abdichtungen
DUK	Dachaußendämmung bei Umkehrdächern
DZ	Dach mit Zwischensparrendämmung
DI	Dach mit Innendämmung
DEO	Innendämmung Decke unter Estrich ohne Schallschutzanforderungen
DES	Innendämmung Decke unter Estrich mit Schallschutzanforderungen
Perimeterdämmung (Dämmung feuchtebelastet)	
PW	Außendämmung Wand gegen Erdreich
PB	Außendämmung Bodenplatte gegen Erdreich

Kurzzeichen und Anwendungsgebiete für Dämmstoffe (nach DIN 4108-10)

Druckbelastbarkeit	
dk	keine Belastbarkeit (Hohlraumdämmung)
dg	geringe Belastbarkeit (Estrich, Wohnbereich)
Wasseraufnahme	
wf	flüssiges Wasser (Fassadendämmung)
Zugfestigkeit	
zh	hohe Zugfestigkeit (Außendämmung WDVS)
Schalltechnische Eigenschaften	
sg	geringe Zusammendrückbarkeit (Trittschall)
Verformung	
tf	dimensionsstabil unter Feuchte, Temperatur

Dämmstoff-Kurzzeichen für besondere Produkteigenschaften (Beispiele nach DIN 4108-10)

11.5.1 Wärmedämmstoffe, Anforderungen und Anwendung

Wärmeleitzahl

Die Leistungsfähigkeit eines Wärmedämmstoffes wird durch einen möglichst niedrigen Bemessungswert der Wärmeleitzahl λ angegeben. Sie hängt von der Rohdichte des Dämmstoffes, einem möglichst hohen Luftporengehalt sowie einer feinporigen oder faserigen Gefügestruktur ab. Wärmedämmstoffe weisen Wärmeleitzahlen von $\lambda < 0{,}10$ W/(m · K) auf, besonders leistungsfähige solche von $\lambda < 0{,}04$ W/(m · K) sowie Neuentwicklungen von < 0,02 W/(m · K) (Aerogel-Dämmplatten) oder < 0,008 W/(m · K) (Vakuum-Isolationspaneele).

Feuchteschutz

Da in die Dämmstoffporen eindringendes Wasser eine wesentlich höhere Wärmeleitzahl als Luft aufweist und daher die Dämmfähigkeit erheblich vermindert, müssen Wärmedämmstoffe unbedingt durch konstruktive Maßnahmen oder durch Wasser abweisende Hydrophobierung vor Wasseraufnahme geschützt werden.

Auch die mögliche Tauwasserbildung aufgrund der Wasserdampfdiffusion in Außenbauteilen muss durch konstruktive Maßnahmen (nach außen diffusionsoffener Schichtenaufbau des Bauteils, innenliegende Dampfbremse) verhindert werden.

Anwendung

Wärmedämmstoffe dienen zur Dämmung von Bauteilen der beheizten und wärmeübertragenden Gebäudehülle (Wände, Decken, Bodenplatte, Dächer) oder haustechnischer Anlagen (Rohrleitungen). Je nach Anwendungsgebiet innerhalb des Gebäudes können weitere Anforderungen an Dämmstoffe bestehen.

So müssen z. B. Außenwanddämmstoffe unter einer Putzbeschichtung eine gute Putzhaftung ermöglichen sowie ausreichend druck- und scherfest sein, um Eigen- und Windlasten aufnehmen zu können. Wärmedämmschichten innerhalb eines Estrichs auf Dämmschicht benötigen ebenfalls ausreichende Druckfestigkeit, um zu große Verformungen des belasteten Estrichs und damit Rissbildungen zu vermeiden.

Wärmedämmstoffe sollten einen möglichst niedrigen Zahlenwert der Wärmeleitzahl λ aufweisen. Sie müssen vor Feuchtigkeit geschützt werden und je nach Anwendungsgebiet weitere besondere Eigenschaften aufweisen.

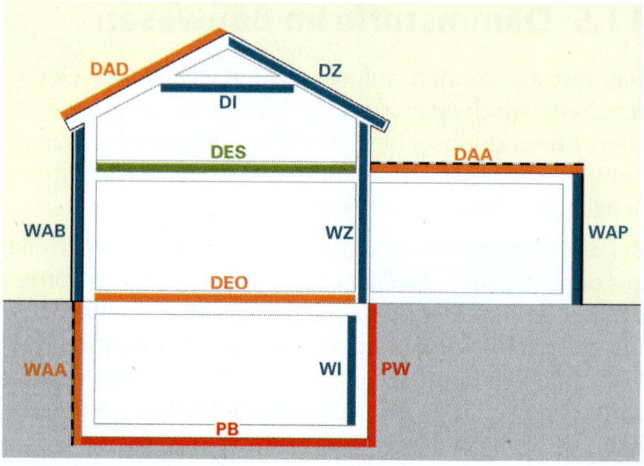

Anwendungsgebiete von Dämmstoffen

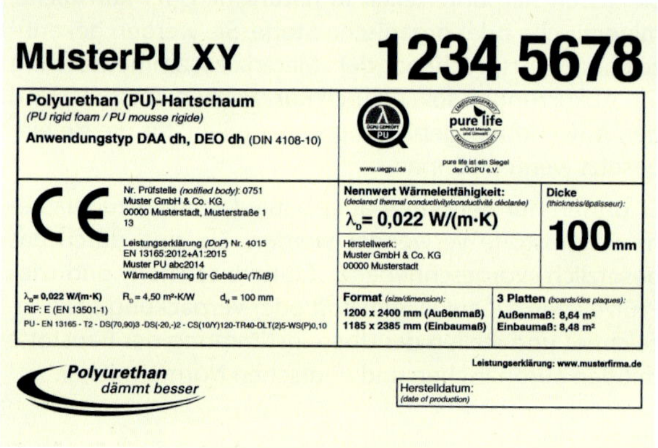

Muster einer Dämmstoff-Kennzeichnung

11.5.2 Schalldämmstoffe, Anforderungen und Anwendung

Absorptionsvermögen

Innerhalb zweischaliger Bauteilkonstruktionen entkoppeln schalldämmende Dämmstoffschichten die beiden Schalen schalltechnisch voneinander. So entsteht ein Masse-Feder-System, bei dem der Dämmstoff die auf die Schalen auftreffenden Luftschallwellen möglichst weitgehend schlucken (absorbieren) und nur geringe Anteile reflektieren oder weiterleiten soll.

Die dazu erforderliche geringe dynamische Steifigkeit s' des Dämmstoffes wird durch die weich-federnd elastische Faserstruktur von Faserdämmstoffen (z. B. Mineralwolle oder Kokosfasern) oder durch die Elastifizierung von Schaumstoffen (z. B. EPS SD-Platten) mit der darin enthaltenen Luft erreicht.

Das Luftschalldämmmaß des gesamten Bauteils hängt jedoch nicht nur vom Dämmstoff, sondern auch von den flächenbezogenen Massen der Schalen, der Resonanzfrequenz des Bauteils und dem Frequenzbereich der Schallquelle ab.

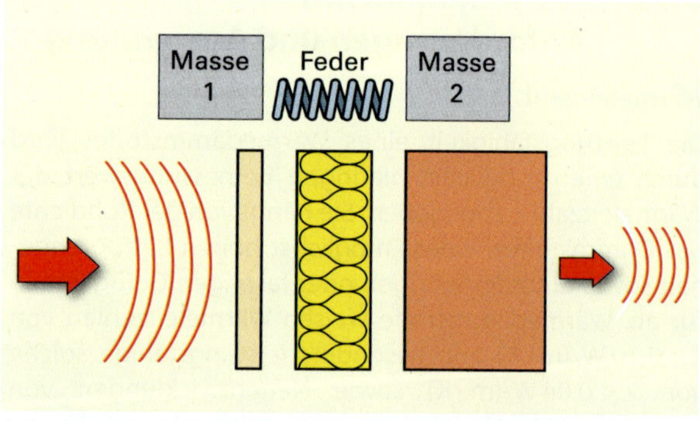

Schalldämmstoff hinter biegeweicher Schale

Anwendung

Schalldämmstoffe dienen zur Verbesserung der Luftschalldämmung von Außenwänden, Trennwänden und Decken sowie zur Trittschalldämmung bei Estrichen auf Dämmschicht. Bei Maßnahmen zur Verbesserung der Raumakustik kann durch die Steuerung der Schallabsorption durch schallschluckende Dämmstoffe die Nachhallzeit T geregelt werden. Dadurch können der Schallpegel im Raum gesenkt oder die Verständlichkeit von Sprache und Musik verbessert werden.

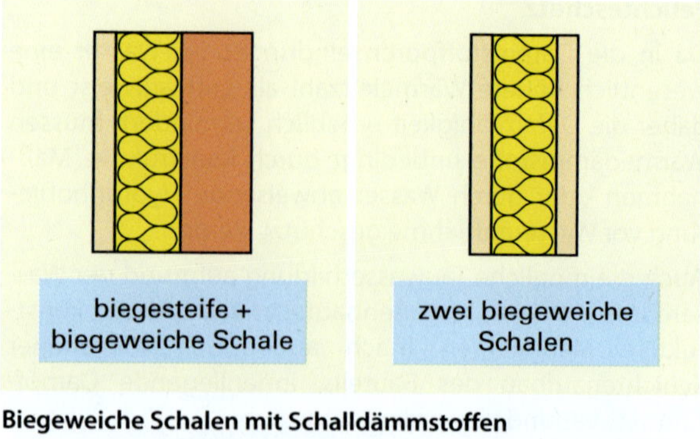

Biegeweiche Schalen mit Schalldämmstoffen

Je nach Anwendungsgebiet können weitere Anforderungen an die Dämmstoffe bestehen. So müssen z. B. Trittschalldämmstoffe in Estrichen auf Dämmschicht druckfest sein, um unter der Estrichbelastung eine möglichst geringe Zusammendrückbarkeit sicherzustellen und Schäden an Estrich und Bodenbelag zu vermeiden.

11.5.3 Dämmstoffe im Brandschutz, Anforderungen und Anwendung

In den Landesbauordnungen sind die baurechtlichen Anforderungen an den baulichen Brandschutz von Gebäuden entsprechend dem Brandrisiko festgelegt. Dies hängt z. B. ab von Standort, Nutzung, Abstand, Höhe der Gebäude sowie Art und Aufgabe des jeweiligen Bauteils. Die Anforderungen müssen durch eine ausreichende Feuerwiderstandsklasse der Bauteilkonstruktion und durch die Baustoffklasse der verwendeten Materialien erfüllt werden (nach DIN EN 13501-1 und DIN 4102-1).

Brennbare Dämmstoffe sollten der Baustoffklasse B1 angehören. Nichtbrennbare Dämmstoffe der Baustoffklasse A1 bzw. A2 ohne Rauchentwicklung oder brennendes Abtropfen (z. B. Mineralwolle, Schmelzpunkt > 1 000 °C, Calciumsilicatplatten) verstärken im Brandfall nicht die Brandlast, sondern hemmen die Brandausbreitung durch niedrige Wärmeleitzahl bei möglichst hoher Rohdichte und Schichtdicke.

Schalldämmstoffe weisen weich-federnde elastische Strukturen auf und absorbieren dadurch Schallenergie. Sie werden zur Verbesserung der Luftschalldämmung von Wänden und Decken und des Trittschallschutzes von Estrichen sowie zur Regelung der Raumakustik eingesetzt.

Dämmstoffe mit Brandschutzanforderungen müssen unbrennbar sein und dürfen im Brandfall die Brandausbreitung nicht fördern.

11.5.4 Allgemeine Anforderungen an Dämmstoffe

Neben den zur Erfüllung der Aufgaben erforderlichen Eigenschaften, die sich aus ihrem Anwendungsbereich ergeben, müssen Dämmstoffe weitere allgemeine Anforderungen erfüllen. Dazu gehören:

- möglichst geringe Wasseraufnahme
- witterungsbeständig gegen Feuchtigkeit und extreme Temperaturen, fäulnisbeständig
- verformungsstabil
- Druckfestigkeit entsprechend Anwendungsgebiet
- möglichst hohe spezifische Wärmekapazität für gute Wärmespeicherung
- vielfältige Abmessungen
- einfache Verarbeitung und Größenanpassung
- keine Schadstoffemissionen und Gesundheitsgefahren bei Herstellung, Verarbeitung und Nutzung
- im Brandfall keine Emissionen toxischer Stoffe
- recycelbar und deponiefähig
- geringer Primärenergiebedarf
- möglichst aus erneuerbaren Rohstoffen

Zusammenfassung

Die DIN 4108-2 regelt den Mindestwärmeschutz von Bauteilen, während für das GEG Energieeinsparung und Umweltschutz im Vordergrund stehen.

Bei Neubauten darf der errechnete Primärenergiebedarf den Energiebedarf eines vergleichbaren Referenzgebäudes nicht überschreiten.

Bei Änderungen bestehender Gebäude sind für alle Bauteile der Gebäudehüllfläche maximale *U*-Werte vorgegeben, die nicht überschritten werden dürfen.

Dämmstoffe werden gekennzeichnet nach Materialart, Anwendungsgebieten und Bauteilen, für die sie verwendet werden können.

Leistungsfähige Wärmedämmstoffe besitzen sehr niedrige λ-Werte und je nach Anwendungsgebiet weitere besondere Eigenschaften. Sie müssen vor Feuchtigkeit geschützt werden.

Schalldämmstoffe absorbieren durch ihre weichfedernde Struktur Schallwellen, während Dämmstoffe im Brandschutz möglichst unbrennbar sein sollten.

Aufgaben

1. *Welche Ziele verfolgt die DIN 4108-2?*
2. *Auf welche Weise wirkt sich die Einhaltung der Wärmeschutzanforderungen des GEG auf den Klima- und Umweltschutz aus?*
3. *Welche Arten von Energieverlusten oder Energiegewinnen werden bei der Berechnung des Primärenergiebedarfs eines Neubaus nach GEG berücksichtigt?*
4. *Wozu dient das sogenannte Referenzgebäude bei der Berechnung des Primärenergiebedarfs für Neubauten nach GEG?*
5. *Auf welche Weise wird bei Änderungen an bestehenden Gebäuden ein nach GEG ausreichender Wärmeschutz nachgewiesen?*
6. *Nennen Sie Beispiele für Nachrüstpflichten beim Wärmeschutz bestehender Gebäude.*
7. *Erläutern Sie im Zusammenhang mit Dämmstoffen die Abkürzungen WF-WAB, XPS-PW und MW-WAP.*
8. *Nennen Sie die wichtigsten Anforderungen an die Eigenschaften von Wärmedämmstoffen.*
9. *Warum müssen Wärmedämmstoffe vor Durchfeuchtung geschützt werden?*
10. *Warum sind XPS-Hartschaumplatten für Maßnahmen zum Luftschallschutz ungeeignet?*
11. *Durch welche Maßnahmen kann die Sprachverständlichkeit in einem Raum gesteuert werden?*
12. *Welche besonderen Eigenschaften benötigen Schalldämmstoffe für einen Estrich auf Dämmschicht?*
13. *Durch welche Eigenschaften können Dämmstoffe die Brandausbreitung behindern?*

11.5.5 Die wichtigsten Dämmstoffe im Vergleich

Dämmstoffe künstlich-organisch	Herstellung	Eigenschaften	Anwendung		
			WS	SS	BS
Polystyrol, expandiert EPS (EPS S, EPS SD, EPS T) * = EPS grafitgrau	Rohstoff Polystyrolgranulat; Zugabe Flammschutzmittel; Vorschäumen mit Treibmittel Pentan und Heißdampf; Blockschäumen; Zuschnitt mit Heißdraht; EPS SD: Elastifizierung durch kurzzeitige Kompression; *: Grafitzugabe als Absorber/Reflektor für Wärmestrahlung	$\varrho = 10 \ldots 35\ \mathrm{kg/m^3}$, Hartschaum $\lambda = 0{,}031 \ldots 0{,}052\ \mathrm{W/(m \cdot K)}$* $\mu = 20 \ldots 100$ Baustoffklasse B1/B2 unbeständig gegen Lösemittel und Hitze Wasseraufnahme stark nur EPS SD/EPS T schalldämmend anfangs stark schwindend unverrottbar, deponiefähig	X	X EPS SD EPS T	–
Polystyrol, extrudiert XPS	Rohstoff Polystyrolgranulat; Zugabe Flammschutzmittel; Aufschmelzen im Extruder mit Treibmittel Pentan; Strangpressen durch Extruderdüsen, Oberflächenverdichtung; Zuschnitt mit Sägen, Kantenausbildung; Oberflächenbehandlung	$\varrho = 25 \ldots 45\ \mathrm{kg/m^3}$, Hartschaum $\lambda = 0{,}023 \ldots 0{,}046\ \mathrm{W/(m \cdot K)}$ $\mu = 80 \ldots 250$, relativ diffusionsdicht Baustoffklasse B1/B2 sehr druckfest, nicht schalldämmend Wasseraufnahme extrem gering feuchtebeständig unbeständig gegen Lösemittel und Hitze unverrottbar, deponiefähig	X	–	–
Polyurethan, expandiert PU (PUR/PIR)	Rohstoff Polyisocyanat; Zugabe von Flammschutzmitteln; Aufschäumen durch Treibmittel Pentan oder CO_2; Band- oder Blockschäumen, Deckschichten; Zuschnitt	$\varrho = 10 \ldots 35\ \mathrm{kg/m^3}$, Hartschaum $\lambda = 0{,}021 \ldots 0{,}041\ \mathrm{W/(m \cdot K)}$ $\mu = 40 \ldots 200$ Baustoffklasse B1/B2 sehr druckfest, nicht schalldämmend Wasseraufnahme gering feuchte- und alterungsbeständig unbeständig gegen UV-Strahlung unverrottbar, nicht deponiefähig	X	–	–
Phenolharz-schaum, „Resol" PF	Rohstoff Phenolharz („Bakelit"); Zugabe Flammschutzmittel; Aufschäumen als Bandware; Glasvlieskaschierung beidseitig; Aushärtung; Kantenausbildung und Zuschnitt	$\varrho = 20 \ldots 50\ \mathrm{kg/m^3}$, Hartschaum $\lambda = 0{,}021 \ldots 0{,}036\ \mathrm{W/(m \cdot K)}$ $\mu = 10 \ldots 60$ Baustoffklasse B1/B2 spröde, stoßempfindlich feuchteempfindlich, Wasseraufnahme stark nicht schalldämmend alterungsbeständig unverrottbar, nicht deponiefähig Aufschäummittel evtl. gesundheitsschädlich	X	–	–

Dämmstoffe künstlich-mineralisch	Herstellung	Eigenschaften	Anwendung		
			WS	SS	BS
Calciumsilicat CS	Rohstoffe Kalk, Quarzsand, Zellstoff, Wasser; Aufschäumen durch chemische Reaktion; Entwässerung und Plattenformung auf Siebband; Autoklavhärtung, Trocknung und Zuschnitt	$\varrho = 200 \ldots 800\ \mathrm{kg/m^3}$, druckfest $\lambda = 0{,}052 \ldots 0{,}067\ \mathrm{W/(m \cdot K)}$ $\mu = 5 \ldots 20$; sehr diffusionsoffen Baustoffklasse A1/A2 mikroporös, diffusionsoffen Wasseraufnahme stark, kapillaraktiv hoch temperaturbeständig stark alkalisch, schimmelpilzhemmend unverrottbar, deponiefähig ökologisch unbedenklich	X	–	X
Mineralwolle MW (Glaswolle, Steinwolle)	Rohstoff Glas- oder Steinfasern; geringe Menge Kunstharzbindemittel, Öle und Hydrophobierungsmittel; Heißlufthärtung; Fasern parallel, bei Lamellen senkrecht zur Oberfläche; verdichtete Oberfläche	$\varrho = 20 \ldots 200\ \mathrm{kg/m^3}$ $\lambda = 0{,}031 \ldots 0{,}052\ \mathrm{W/(m \cdot K)}$ $\mu = 1 \ldots 4$; extrem diffusionsoffen Baustoffklasse Glas-/Steinwolle A1/A2 feuchteempfindlich, Wasseraufnahme stark Wasser abweisend durch Hydrophobierung weich-elastisch, Lamellen druckfest sehr gute Schalldämmung unverrottbar, deponiefähig	X	X	X

Dämmstoffe natürlich-organisch	Herstellung	Eigenschaften	Anwendung		
			WS	SS	BS
Holzfaser WF	Rohstoff Holzfaserreste, Wasser; Zugabe Flammschutz- und Hydrophobierungsmittel; Entwässerung auf Siebpressen; Faserbindung Nassverfahren durch holzeigenes Lignin, Trockenverfahren durch Leim oder Wasserglas; Trocknung, Kantenformung, Zuschnitt	$\varrho = 130 \dots 270\ kg/m^3$, Weichfaserstoff $\lambda = 0{,}034 \dots 0{,}063\ W/(m \cdot K)$ $\mu = 5$; sehr diffusionsoffen Baustoffklasse B1/B2 feuchteempfindlich, Wasseraufnahme stark Wasser abweisend durch Hydrophobierung stark wärmespeichernd sehr gute Schalldämmung ohne Zusätze kompostierbar, deponiefähig	X	X	–
Kork ICB	Rohstoff Rindengranulat Korkeiche; keine Flammschutzmittel; Backen im Autoklaven, Heißdampf und Druck, Expansion; Bindung durch korkeigenes Harz; Trocknung, Kantenausbildung, Zuschnitt	$\varrho = 100 \dots 220\ kg/m^3$, druckfest und elastisch $\lambda = 0{,}049 \dots 0{,}068\ W/(m \cdot K)$ $\mu = 5 \dots 10$; sehr diffusionsoffen Baustoffklasse B2 feuchtebeständig, Wasser abweisend stark wärmespeichernd gute Trittschalldämmung verrottet im Erdreich, deponiefähig	X	(X) Trittschall	–
Cellulosefaser WF	Rohstoff zerfasertes Altpapier; Zugabe Flammschutz- und Hydrophobierungsmittel; Heißdampfbehandlung: Aktivierung des holzeigenen Bindemittels Lignin; Pressen zu Platten	$\varrho = 30 \dots 100\ kg/m^3$, Weichfaserstoff $\lambda = 0{,}040 \dots 0{,}083\ W/(m \cdot K)$ $\mu = 1 \dots 2$, extrem diffusionsoffen Baustoffklasse B1/B2 feuchteempfindlich, Wasseraufnahme stark Wasser abweisend durch Hydrophobierung stark wärmespeichernd sehr gute Luftschalldämmung kompostierbar, deponiefähig	X	(X) Luftschall	–
Dämmstoffe natürlich-mineralisch	**Herstellung**	**Eigenschaften**	**Anwendung**		
			WS	**SS**	**BS**
Perlit EPB	Rohstoff Granulat Perlitgestein; Erhitzung > 1 000 °C, Verdampfung Kristallwasser, Expansion; Sinterung bei > 1 200 °C; Zugabe Bindemittel (Zement, Bitumen) zur Plattenpressung; auch als Schüttung, Gesteinskörnung für Mörtel	$\varrho = 40 \dots 105\ kg/m^3$, Platten sehr druckfest $\lambda = 0{,}046 \dots 0{,}072\ W/(m \cdot K)$ $\mu = 5$; extrem diffusionsoffen Baustoffklasse A1 hoch temperaturbeständig Wasseraufnahme mittel, kapillaraktiv feuchtebeständig als Schüttung trittschalldämmend unverrottbar, deponiefähig	X	(X) Trittschall	X
Blähton	Rohstoff Tongranulat; Erhitzung > 1 000 °C, Verdampfung Kristallwasser, Expansion; Sinterung bei > 1 200 °C; als Schüttungen oder Gesteinskörnung für Mörtel	$\varrho = 300 \dots 800\ kg/m^3$ $\lambda = 0{,}085 \dots 0{,}160\ W/(m \cdot K)$ $\mu = 2 \dots 8$; sehr diffusionsoffen Baustoffklasse A1 hoch temperaturbeständig feuchtebeständig sehr langlebig als Schüttung trittschalldämmend unverrottbar, deponiefähig	X	(X) Trittschall	X

WS = Wärmeschutz; SS = Schallschutz; BS = Brandschutz

Neuentwicklungen

- Aerogel: Platte aus mit Aerogel (Kieselsäure) getränkter Steinwolle; weich-elastisch; extrem feinporig und diffusionsoffen; $\lambda = 0{,}013 \dots 0{,}019\ W/(m \cdot K)$; Einbau der Platten in WDVS oder VHF
- Vakuum-Isolationspaneele (VIP): Paneele aus vakuumiertem, druckfestem mineralischem Kern, Umhüllung mit gasdichten Folien und dünnen PUR-Schutzschichten, $\lambda = 0{,}013 \dots 0{,}019\ W/(m \cdot K)$, Risiko Beschädigungen! Auch als Dämmplatte in WDVS
- transparente Wärmedämmung (TWDS): lichtdurchlässige und wärmedämmende Polycarbonat- oder Glaselemente mit rückseitig schwarzer Absorberschicht für Sonnenstrahlung; Wärmeumwandlung und Weiterleitung an wärmespeichernde Massivwand; Einbau der Elemente mit Glasputzabdeckung in WDVS oder VHF
- Fotovoltaik-Fassaden (FV): Module aus Strom erzeugenden Solarzellen mit Glasabdeckung; Stromeinspeisung ins öffentliche Netz; Einbau der Fertigteile in VHF-Fassaden

11.6 Konstruktionen für Außenwanddämmungen

Wenn die geplante oder bestehende tragende Rohbaukonstruktion einer Außenwand keinen ausreichenden Wärmeschutz aufweist, muss eine geeignete Konstruktion für eine Zusatzdämmung ausgewählt werden. Damit muss dann die gesamte Außenwandkonstruktion die Anforderungen des GEG erfüllen.

Für solche Zusatzdämmungen bestehen drei grundsätzliche Anordnungsmöglichkeiten der Dämmschicht, wobei für jede wiederum unterschiedliche Konstruktionsarten zur Verfügung stehen:

- Außendämmung: Dämmschicht auf der Außenseite der Außenwand angeordnet
- Dämmschicht im Hohlraum einer zweischaligen Außenwandkonstruktion angeordnet (z. B. Kerndämmung)
- Innendämmung: Dämmschicht auf der Innenseite der Außenwand angeordnet

Für die Auswahl der geeigneten Grundkonstruktion müssen ihre jeweiligen Vor- und Nachteile im konkreten Fall verglichen werden. Eine Rolle spielen dabei z. B. Gebäudestandort und Beanspruchung, Innenraumgröße, Nutzungsart des Gebäudes, Konstruktion und verwendete Baustoffe der Rohbauwand, bauphysikalische Anforderungen und Ziele sowie die Fassadengestaltung.

Nach der Grundsatzentscheidung über die Anordnung der Dämmschicht erfolgt erneut ein Vergleichs- und Auswahlverfahren für die geeignete Konstruktionsart.

Zusatzdämmungen für Außenwände können auf deren Außenseite, bei einer zweischaligen Wand im Hohlraum zwischen den Schalen oder auf der Innenseite angeordnet werden.

Jede dieser Anordnungsmöglichkeiten weist Vor- und Nachteile auf und kann in unterschiedlichen Konstruktionsarten ausgeführt werden.

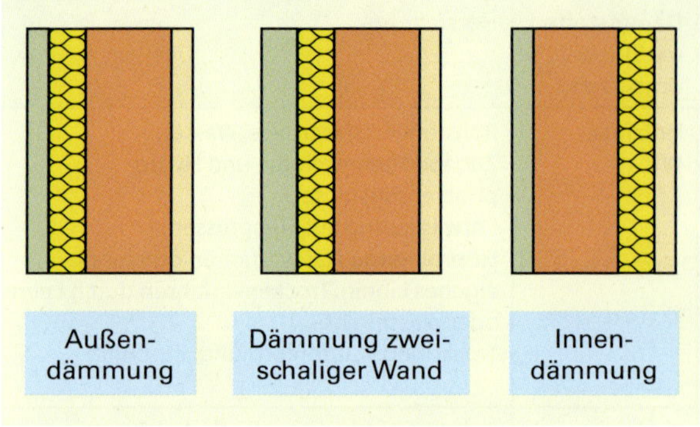

Anordnungsmöglichkeiten von Außenwanddämmungen

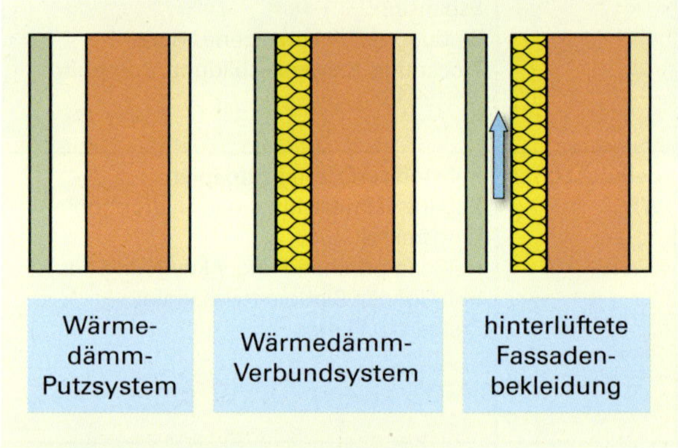

Konstruktionsarten für Außendämmungen

Wohngebäude mit Wärmedämm-Verbundsystem

Vorgehängte hinterlüftete Fassadenbekleidung

11.6.1 Außendämmungen

Bei Außendämmungen ist die wärmeübertragende Außenwand mit Ausnahme von einbindenden oder durchdringenden Bauteilen, die Wärmebrücken darstellen, vollständig von der Wärmedämmschicht umhüllt.

Die Dämmschicht muss vor Witterungseinflüssen, insbesondere vor Durchfeuchtung, geschützt werden. Dies kann durch eine Putzbeschichtung oder durch Bekleidungen mit plattenartigen Baustoffen geschehen. Man unterscheidet folgende Konstruktionsarten:

Wärmedämm-Putzsystem (WDPS)

Ein durch leichte Gesteins- und organische Körnungen besonders wärmedämmender Unterputz wird maschinell auf die Wand aufgetragen und mit einem Oberputz beschichtet.

Wärmedämm-Verbundsystem (WDVS)

Die Konstruktion wird auch als verputzte Außenwärmedämmung (VAWD) bezeichnet. Dabei werden Wärmedämmplatten auf der Rohbauwand befestigt und mit einem Armierungs- und Oberputz oder mit Plattenbelägen beschichtet.

Vorgehängte hinterlüftete Fassadenbekleidung (VHF)

Eine die Bekleidungselemente tragende Unterkonstruktion, zwischen der die Dämmschicht angeordnet ist, wird an der Rohbauwand verankert. Eine Belüftungsschicht trennt die Bekleidung von der Dämmschicht.

Außendämmungen können als Wärmedämm-Putzsystem, Wärmedämm-Verbundsystem oder als vorgehängte hinterlüftete Fassadenbekleidung ausgeführt werden.

Durch die Anordnung der Dämmschicht wird die wärmeübertragende Außenwand vollständig umhüllt und geschützt. Die Dämmschicht selbst muss vor Witterungseinflüssen geschützt werden.

11.6.2 Dämmung zweischaliger Wände

Zwischen der tragenden inneren Außenwandschale und der wetterschützenden äußeren Verblendschale (meist aus Sichtmauerwerk) ist eine Dämmschicht angeordnet, deren Schichtdicke durch den Hohlraum zwischen den Wandschalen begrenzt ist.

Die Dämmschicht muss vor Witterungseinflüssen, insbesondere vor Durchfeuchtung, geschützt werden. Dies kann durch die Verblendschale, durch die Luftschicht sowie durch die Wasser abweisende Hydrophobierung der Dämmstoffe geschehen. Man unterscheidet folgende Konstruktionsarten:

Wand mit Luftschicht und Wärmedämmung

Zwischen der Verblendschale und der Dämmschicht ist eine Luftschicht angeordnet, die bei Durchfeuchtung der Konstruktion für rasche Austrocknung sorgt. Die Schichtdicke der Dämmplatten ist auf 11 cm begrenzt.

Wand mit Kerndämmung

Der Hohlraum zwischen den Wandschalen ist vollständig durch eine Dämmschicht ausgefüllt. Die Schichtdicke ist auf 15 cm begrenzt. Verwendet werden können Dämmplatten oder Schüttungen.

Bei der Anordnung der Dämmschicht im Hohlraum zweischaliger Außenwände schützt die Verblendschale die tragende Wandschale und die Dämmschicht vor Witterungseinflüssen.

Die Ausführung kann mit Luftschicht vor der Dämmschicht oder als Kerndämmung mit vollständiger Hohlraumfüllung erfolgen. Die Dämmschichtdicken sind durch die Hohlraumtiefe begrenzt.

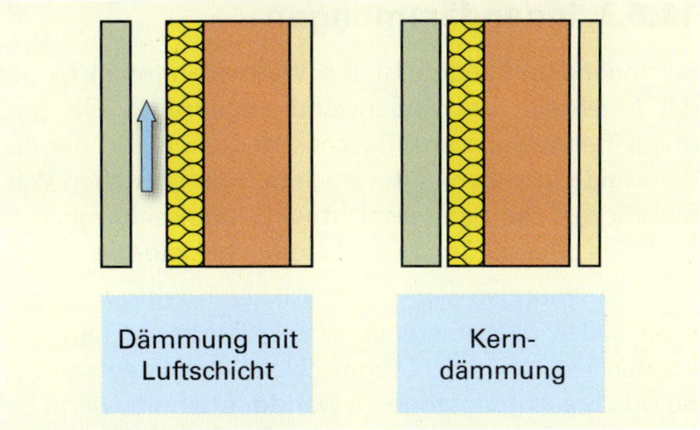

Dämmung zweischaliger Wandkonstruktionen

Sichtmauerwerk mit Luftschicht und Dämmung

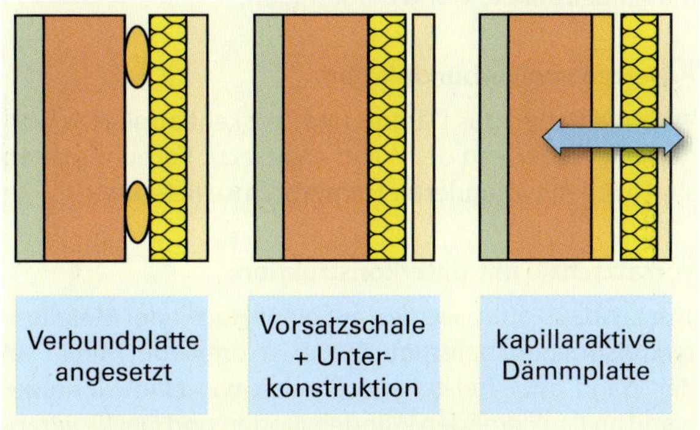

Konstruktionsarten für Innendämmungen

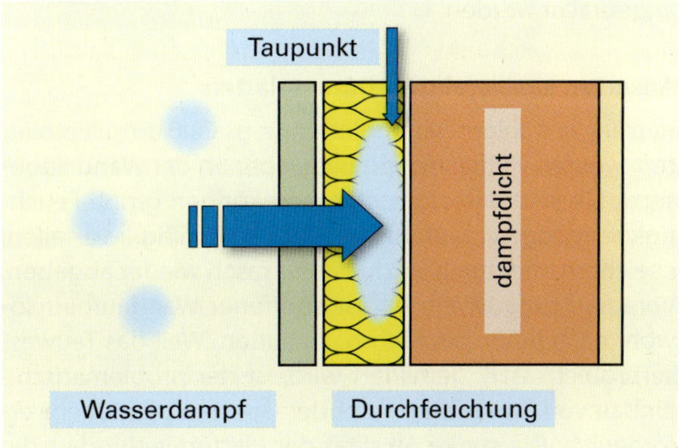

Risiko der Tauwasserbildung bei Innendämmungen

11.6.3 Innendämmungen

Bei Innendämmungen ist die Wärmedämmschicht auf der Innenseite der Außenwand angeordnet. Sie wird durch Trennwände und Geschossdecken, die in die Außenwand einbinden, unterbrochen. Hier entstehen Wärmebrücken. Die Dämmschicht wird raumseitig mit Putz versehen oder mit Trockenbaustoffen bekleidet.

Innendämmungen sind bauphysikalisch kritisch, da der nach außen diffundierende Wasserdampf am Taupunkt kondensiert, der in der Dämmschicht liegt. Es entsteht eine Durchfeuchtungszone im Wandquerschnitt, wenn bei dampfdichteren Rohbauwänden die Feuchtigkeit nach außen nicht ausreichend austrocknen kann.

Innendämmungen erfordern daher besondere Maßnahmen, z. B. den Einbau von Dampfbremsen oder -sperren auf der warmen Dämmschichtseite, die die Dampfdiffusion in das Bauteil einschränken bzw. verhindern. Es ist besondere Sorgfalt bei Planung, Feuchteberechnungen und der handwerklichen Ausführung erforderlich, insbesondere bei der Herstellung der luftdichten Schicht. Da im Wärmebrückenbereich die Oberflächentemperatur unterhalb des Taupunktes liegt, kondensiert hier ebenfalls Tauwasser, was zur Durchfeuchtung und Schimmelpilzbildung führt (siehe Abschnitt 11.2.3). Man unterscheidet folgende Konstruktionsarten:

Wärmedämm-Putzsystem

Ein spezielles für Innendämmungen geeignetes WDPS (siehe Abschnitt 11.7) aus Dämmputz und Oberputz wird maschinell auf die Wand aufgetragen.

Ansetzen von Verbundplatten

Verbundplatten aus Dämm- und Trockenbauplatten werden mit Klebern an der Wand angesetzt. Verbundplatten sind auch mit integrierter Dampfbremse lieferbar.

Vorsatzschale mit Unterkonstruktion

Trockenbauplatten werden auf einer Holz- oder Metallunterkonstruktion befestigt. Diese ist entweder direkt an der Wand oder freistehend ähnlich wie eine Montagewand an flankierenden Wänden, Boden und Decke verankert. Im Hohlraum sind Dämmplatten angeordnet, auf der warmen Dämmstoffseite kann eine Dampfbremsfolie angebracht werden.

Ansetzen kapillaraktiver Dämmplatten

Kapillar leitfähige Dämmplatten, z. B. Calciumsilicatplatten, werden vollflächig mit Baukleber an der Wand angesetzt. Sie sind diffusionsoffen und können große Feuchtigkeitsmengen aufnehmen, gleichmäßig verteilen, speichern und durch Verdunstung rasch wieder abgeben. Voraussetzung ist ein diffusionsoffener Wandaufbau sowohl nach innen als auch nach außen. Weil das Tauwasserproblem stark gemildert wird, ist der problematische Einbau von Dampfbremsen oder -sperren nicht mehr erforderlich. Die starke Alkalität der Platten verhindert die Schimmelpilzbildung.

Innendämmung durch Verbundplatten

Innendämmung durch Wandvorsatzschale mit Metall-Unterkonstruktion und Wandverankerung

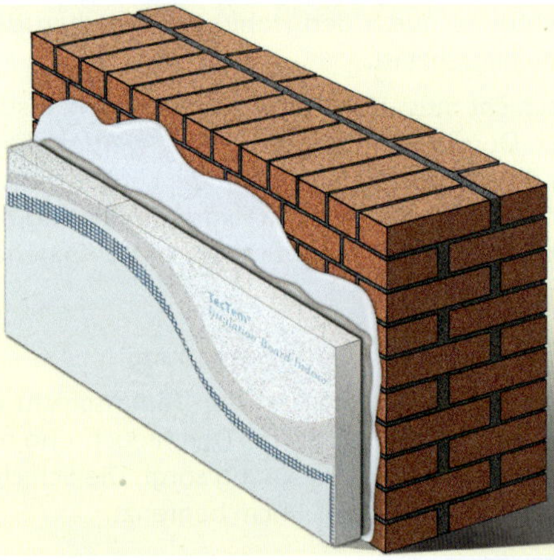

Innendämmung mit kapillaraktiver Dämmplatte

Bei Innendämmungen können kapillaraktive Dämmplatten oder Verbundplatten direkt auf der Wand angesetzt, Vorsatzschalen mit Unterkonstruktion in Trockenbauweise oder Wärmedämm-Putzsysteme ausgeführt werden.

Wegen des Tauwasserausfalls in der Dämmschicht sind besondere Maßnahmen erforderlich, z. B. die Anordnung von Dampfbremsen oder -sperren. Kapillaraktive Dämmplatten können große Feuchtigkeitsmengen aufnehmen, speichern und rasch wieder abgeben, wenn das gesamte Bauteil nach innen und nach außen dampfdurchlässig ist.

11.6.4 Vergleich der Konstruktionsarten für Zusatzdämmungen

	Außendämmung	Dämmung zweischaliger Wände	Innendämmung
Vorteile	• Wandkonstruktion und Rohrleitungen in der Außenwand vor Witterung geschützt • wenig Wärmebrücken • Tauwasserrisiko gering • Erhalt der Wärmespeicherfähigkeit der Außenwand • bei Heizungsausfall oder -absenkung Raumabkühlung langsam • wenig Beeinträchtigungen der Nutzer während der Bauphase • höhere Dämmstoffdicken möglich • Raumgrößen bleiben erhalten • vielseitige Fassadensanierung und Gestaltung möglich	• Wandkonstruktion und Rohrleitungen in der Außenwand vor Witterung geschützt • wenig Wärmebrücken • Tauwasserrisiko gering • Erhalt der Wärmespeicherfähigkeit der Außenwand • bei Heizungsausfall oder -absenkung Raumabkühlung langsam • wenig Beeinträchtigungen der Nutzer während der Bauphase • bauphysikalisch optimal • Fassade kann erhalten bleiben • Raumgrößen bleiben erhalten • Außenmaße bleiben unverändert	• Fassade kann erhalten bleiben • Außenmaße bleiben unverändert • als Einzelmaßnahme für jede Nutzungseinheit möglich • schnelle Raumaufheizung • Eignung für zeitweise Raumnutzung • keine Gerüstkosten • Ausführung witterungsunabhängig • Wetterschutz für Dämmstoff
Nachteile	• Erhalt der Fassade nicht möglich • eventuell Abstandsprobleme durch größere Außenmaße • nur Gesamtmaßnahme für Gesamtgebäude möglich • Raumaufheizung langsam • Gerüstkosten • Ausführung unter Witterungseinfluss • Risiko von Tauwasserbildung, Algen- und Pilzbefall bei niedrigen Oberflächentemperaturen • Änderung von Dachkonstruktion, Fenstersimsen, Fallrohren nötig	• Dämmschichtdicke begrenzt durch Luftschicht zwischen Wandschalen • Risiko Dämmstoffdurchfeuchtung durch äußere Schale • begrenzte Dämmstoffauswahl • nur als Gesamtmaßnahme möglich • Raumaufheizung langsam • höhere Kosten, z. B. durch Gerüst • Hohlraumfüllung nachträglich bei Sanierung aufwendig und risikoreich	• Raumgröße wird kleiner • zahlreiche Wärmebrücken an den in die Außenbauteile einbindenden Trennwänden und Geschossdecken • Risiko Oberflächenkondensation hohes Risiko für Tauwasserbildung • geringe Wärmespeicherfähigkeit der Außenwand • bei Heizungsausfall oder -absenkung Raumabkühlung schnell • Beeinträchtigungen der Nutzer • Bausubstanz vor Witterungseinflüssen ungeschützt

Zusammenfassung

Zusatzdämmungen für Außenwände können als Außendämmung, als Dämmung im Hohlraum zweischaliger Wände oder als Innendämmung ausgeführt werden. Jede dieser Möglichkeiten kann in unterschiedlichen Konstruktionsarten ausgeführt werden und weist Vor- und Nachteile auf.

Außendämmungen umhüllen die Wandkonstruktion vollständig und können als Wärmedämm-Putzsystem, Wärmedämm-Verbundsystem oder als vorgehängte hinterlüftete Fassadenbekleidung ausgeführt werden.

Bei der Dämmung zweischaliger Wände kann zwischen der Ausführung mit Luftschicht vor der Dämmschicht oder als Kerndämmung mit vollständiger Hohlraumfüllung gewählt werden Die Verblendschale schützt die tragende Wand und die Dämmschicht.

Bei Innendämmungen können kapillaraktive Dämmplatten oder Verbundplatten direkt auf der Wand angesetzt oder Vorsatzschalen mit Unterkonstruktion in Trockenbauweise oder Wärmedämm-Putzsysteme ausgeführt werden.

Die auftretenden Tauwasserprobleme erfordern besondere Maßnahmen.

Aufgaben

1. *Warum treten bei Außendämmungen im Vergleich zu Innendämmungen weniger Wärmebrücken auf?*
2. *Warum müssen bei Innendämmungen in vielen Fällen Dampfbremsen angeordnet werden?*
3. *Welche Vorteile bieten kapillaraktive Innendämmungen?*
4. *Warum können Innendämmungen für nicht dauernd beheizte Gebäude von Vorteil sein?*
5. *Welche Vor- und Nachteile haben Innen- bzw. Außendämmungen für die Abmessungen von Gebäuden und Innenräumen?*
6. *Vergleichen Sie Innen- und Außendämmungen hinsichtlich der Raumabkühlung bei Heizungsausfall.*
7. *Welche Art der Zusatzdämmung ist bei der nachträglichen Sanierung einer denkmalgeschützten Fassade geeignet?*
8. *Welchen Nachteil bietet eine Außendämmung bei der Sanierung eines Altbaus mit Eigentumswohnungen?*
9. *Bei welcher Art der Zusatzdämmung bei der Sanierung einer Altbaufassade treten Beeinträchtigungen der Nutzer auf?*

11.7 Wärmedämm-Putzsystem (WDPS)

Ein WDP-System besteht aus einem wärmedämmenden Unter- und einem darauf abgestimmten wetterschützenden Oberputz. Je nach Anforderungen können zusätzliche Maßnahmen und Materialschichten erforderlich werden. WDPS sind genormt nach DIN EN 998-1, DIN EN 13914-1 und DIN 18550 und können aus folgenden Bestandteilen bestehen:

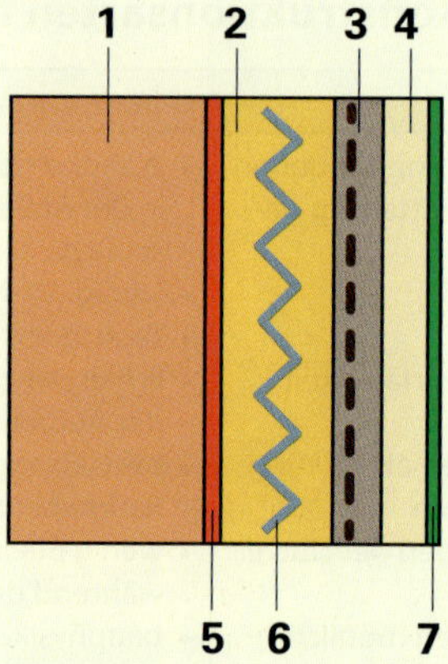

Schichtenaufbau eines Wärmedämm-Putzsystems

11.7.1 Untergrund

Der Untergrund muss wie bei allen Beschichtungen auf seine Beschaffenheit überprüft und gegebenenfalls vorbehandelt werden. Er muss tragfähig, rau, eben, sauber, gleichmäßig saugfähig, trocken, frostfrei und frei von Ausblühungen sowie Algen- oder Flechtenbewuchs sein.

Bei stark oder ungleichmäßig saugendem Untergrund kann ein auf das WDPS abgestimmter volldeckender Spritzbewurf (Standzeit ≥ 2 Tage), bei schwach saugendem glattem Untergrund eine mineralische Putzhaftbrücke erforderlich werden.

Herstellungsschritte

Untergrund prüfen; eventuell vorbehandeln, z. B. mit volldeckendem Spritzbewurf

Sockel- und Putzprofile setzen und ausrichten

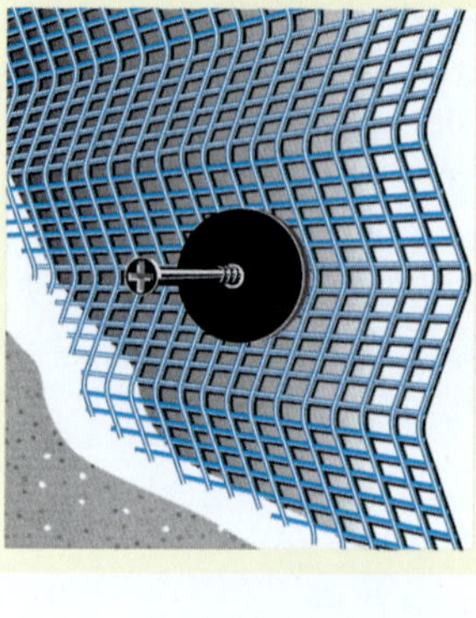

Bei nicht tragfähigem Untergrund oder großer Schichtdicke gewellten Dämmputzträger durch Verdübeln am Untergrund verankern

11.7.2 Dämmputzträger

Bei nicht ausreichend tragfähigen Untergründen oder bei größeren Schichtdicken des Dämmputzes (> 4 cm) kann ein spezieller Putzträger aus verzinktem, gewelltem Drahtgitter („welnet") erforderlich werden, der durch Dübel mit Abstandshaltern am Untergrund verankert wird.

11.7.3 Wärmedämmputz

Der wärmedämmende Unterputz (Kalkzementputz) enthält leichte mineralische oder organische Körnungen (Perlit oder EPS-Kügelchen) mit einem hohen Volumenanteil von ≥ 75 %. Wichtige Eigenschaften sind:

- Rohdichte nach Norm $\varrho \leq 600$ kg/m^3
- Wärmeleitfähigkeit nach Norm $\lambda \leq 0{,}2$, in der Praxis $= 0{,}06 \ldots 0{,}16$ W/(m · K); bei leichten mineralischen Körnungen höhere λ-Werte als bei leichten organischen Körnungen
- Druckfestigkeit gering, aber relativ elastisch durch EPS, daher auch Oberputze mit höherer als seiner eigenen Druckfestigkeit geeignet
- wasserhemmend
- wasserdampfdurchlässig ($\mu = 3 \ldots 10$)
- Baustoffklasse A1 (leichte mineralische Perlitkörnungen) bzw. B1 (leichte organische Körnungen EPS)

Der Werktrockenmörtel wird auf der Baustelle mit Wasser gemischt und mit einer Schichtdicke von 20 … 100 mm maschinell aufgetragen, herstellerabhängig ab einer Dicke von 5 … 6 cm mehrlagig oder aber mehrschichtig „feucht-in-feucht" (Standzeit ≤ 1 Tag je Schicht). Zum Aushärten vor dem Aufbringen des Oberputzes müssen Standzeiten von ≥ 1 Tag pro 1 cm Schichtdicke, mindestens jedoch 7 Tage eingehalten werden.

Ein WDPS besteht aus einem wärmedämmenden Unterputz, einem Oberputz sowie je nach Anforderungen einem Spritzbewurf zur Untergrundvorbehandlung oder einem speziellen Putzträger.

Der Unterputz enthält meist leichte EPS-Körnungen, ist gering druckfest, Wasser abweisend, dampfdurchlässig und weist λ-Werte von 0,06 … 0,16 W/(m · K) auf.

11.7.4 Ausgleichsputz

Bei dünnschichtigen Oberputzen (d < 2 mm) wird als zusätzlicher Witterungsschutz und Haftbrücke ein kunstharzvergüteter mineralischer Spachtelmörtel mit Gewebeeinlage aufgebracht. Er dient jedoch vor allem zur Entkopplung des Oberputzes vom Untergrund und soll auftretende Zugspannungen aufnehmen und dadurch das Rissrisiko für den Oberputz vermindern.

Der Wasser abweisende und dampfdurchlässige Ausgleichsputz wird in Schichtdicken von ≥ 4 mm aufgetragen. Die Standzeit vor dem Oberputzauftrag beträgt ≥ 1 Tag pro 1 mm Schichtdicke. An Wandöffnungen ist eine zusätzliche Eckarmierung vor dem Aufbringen des Ausgleichsputzes einzuarbeiten. Die Oberfläche muss abschließend aufgeraut werden.

11.7.5 Oberputz

Der auf das Putzsystem abgestimmte mineralische Putzmörtel dient zum Witterungsschutz, zur erhöhten Druckfestigkeit des Gesamtsystems und damit zum Schutz vor Beschädigung sowie zur Gestaltung durch Farbe und Struktur. Verwendung von mineralischen Edelputzen, hydraulischen Kalk- bzw. Kalkzementputzen, Dispersionssilicat- oder Siliconharzputzen. Sie können in vielfältigen Putzweisen strukturiert werden.

Die Druckfestigkeit dieser Wasser abweisenden, stark wasserdampfdurchlässigen und durchgefärbten Oberputze kann etwas höher als CS I sein. Die Schichtdicke einschließlich Ausgleichsputz beträgt 6 … 12 mm, im Mittel 8 mm.

11.7.6 Schlussanstrich

Ein Schlussanstrich dient als zusätzlicher Witterungsschutz und zur farblichen Gestaltung. Er ist technisch nur bei Edelputzen (Ausnahme Kratzputz) zum Ausgleich von Farbunterschieden, bei anderen Oberputzen nur zur Farbauffrischung oder Wiederherstellung der Wasser abweisenden Wirkung verwitterter Altputze erforderlich. Zur Anwendung kommen stark wasserdampfdurchlässige und Wasser abweisende Dispersionssilicat- oder Siliconharzfarben.

Ein mit Gewebeeinlage bewehrter Ausgleichsputz dient bei dünnschichtigen Oberputzen als Haftbrücke und zusätzlicher Wetterschutz. Der Oberputz muss Wasser abweisend und dampfdurchlässig sein und ebenso auf das Gesamtsystem abgestimmt sein wie ein eventuell erforderlicher Schlussanstrich.

Herstellungsschritte (Fortsetzung)

Wärmedämmenden Unterputz aufspritzen und abziehen

Oberfläche aufrauen

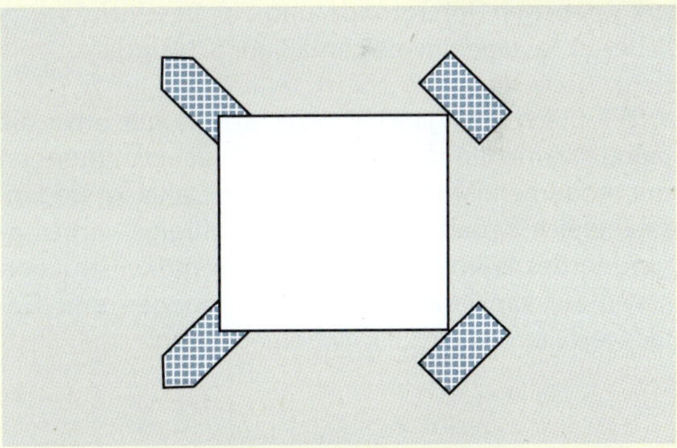

An Öffnungsecken Diagonalbewehrung oder Gewebepfeile in Armierungsputzmörtel einbetten

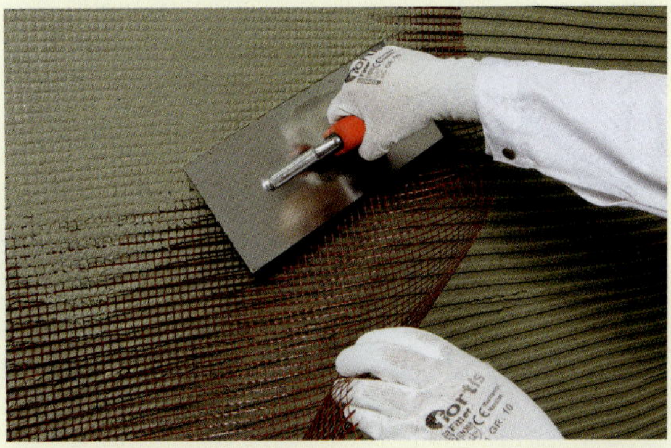

Armierungsputz vollflächig auftragen, Gewebe einbetten

11.7.7 Anwendung

WDPS sind aufgrund ihrer geringeren Wärmedämmfähigkeit gegenüber anderen Konstruktionsarten von Zusatzdämmungen benachteiligt. Die bei WDPS möglichen Wärmeleitfähigkeiten von $\lambda = 0{,}06 \ldots 0{,}16$ W/(m · K) erfordern mindestens doppelte Schichtdicken, um die gleiche Wärmeschutzwirkung aufweisen zu können wie die Konstruktionen, die Dämmstoffe mit λ-Werten von $0{,}03 \ldots 0{,}04$ W/(m · K) verwenden. Die Schichtdicke ist außerdem auf maximal 10 cm begrenzt.

Daher eignen sich WDPS im Neubaubereich für Zusatzdämmungen von hochwärmedämmenden Wänden, bei denen die massive Rohbauwand die Anforderungen des GEG knapp nicht erfüllt, eine Putzfassade erwünscht ist, ein Leichtputz nicht ausreichend und ein WDV-System mit sehr geringen Schichtdicken zu unwirtschaftlich wäre.

Bei Altbausanierungen können WDPS für Außendämmungen verwendet werden, wenn der Wärmeschutz der vorhandenen Wandkonstruktion nur geringfügig verbessert werden muss, um die GEG-Anforderungen zu erfüllen. WDPS sind auch geeignet für kapillaraktive Innendämmungen oder bei Fachwerkgebäuden als kapillaraktive Gefachverfüllung.

Da der Oberputz von Untergrund und dämmendem Unterputz durch den Armierungsputz entkoppelt ist, stellt ein WDPS ein relativ „elastisches" System mit rissüberbrückender Wirkung dar, insbesondere bei Verwendung eines Putzträgers. Es ist daher gut geeignet für Maßnahmen zur Risssanierung, Beschichtung inhomogener oder stark unebener Untergründe und zur Beschichtung gegliederter Fassaden in gleichmäßiger Schichtdicke.

WDPS bieten bei gleicher Schichtdicke nur etwa die halbe Wärmedämmfähigkeit wie Zusatzdämmungen mit modernen Wärmedämmplatten. Daher ist ihr Einsatzbereich begrenzt auf nur geringfügige Verbesserungen des Wärmeschutzes einer Wandkonstruktion sowie auf kapillaraktive Innendämmungen und Gefachverfüllungen von Fachwerkgebäuden.

Zusammenfassung

WDPS können neben Maßnahmen zur Untergrundvorbehandlung aus einem wärmedämmenden Unterputz, gegebenenfalls einem Ausgleichsputz, einem Oberputz und einem Schlussanstrich bestehen.

Wegen ihrer relativ hohen λ-Werte erfordern sie für die gleiche Wärmedämmfähigkeit etwa doppelt so große Schichtdicken wie andere Konstruktionen mit hoch wärmedämmenden Dämmstoffen.

WDPS eignen sich für Zusatzdämmungen hoch wärmedämmender Außenwände, die die GEG-Anforderungen knapp verfehlen, oder für die Dämmung stark unebener oder profilierter Fassaden.

Herstellungsschritte (Fortsetzung)

Oberfläche des Armierungsputzes aufrauen

Oberputz von Hand oder maschinell wie in der Abbildung auftragen

Oberputz entsprechend der Putzweise strukturieren

Aufgaben

1. *Warum sind bei Außenwänden WDPS für Zusatzdämmungen mit hohen Wärmeschutzanforderungen weniger geeignet als WDVS oder VHF?*
2. *Welche Maßnahmen zur Vorbehandlung eines nicht tragfähigen und unterschiedlich saugenden Putzgrundes sind bei WDPS erforderlich?*
3. *Welche Aufgaben kann ein Ausgleichsputz mit Gewebeeinlage innerhalb eines WDPS erfüllen?*
4. *Warum ist ein WDPS wenig rissanfällig und sogar für Maßnahmen zur Risssanierung geeignet?*

11.8 Wärmedämm-Verbundsystem (WDVS/VAWD)

Ein WDV-System besteht aus Wärmedämmplatten, die auf unterschiedliche Weise mit Klebern oder mechanisch am Untergrund befestigt werden können, einem Armierungsmörtel mit eingebettetem Armierungsgewebe sowie einer wetterschützenden Deckschicht aus Oberputz oder keramischen Platten. WDVS sind genormt (DIN 55699, DIN EN 13499 – Dämmstoff EPS; DIN EN 13500 – Dämmstoff MW) oder benötigen eine bauaufsichtliche Zulassung.

WDVS können auf verputzten oder unverputzten Wänden aus genormtem Mauerwerk, Beton, Leicht- und Porenbeton, auf Wänden in Stahl- oder Holzbauart jeweils auf Putzträgerplatten aus Holz, Holzwerkstoffen oder Zement sowie auf Fachwerkfassaden angebracht werden. Alle Systembestandteile müssen in Zusammensetzung und Eigenschaften aufeinander abgestimmt sein. Die möglichen Bestandteile werden im Folgenden behandelt.

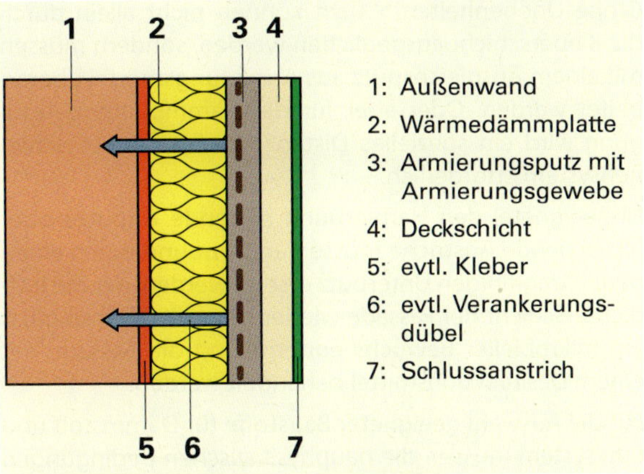

Schichtenaufbau eines Wärmedämm-Verbundsystems

11.8.1 Untergrund

Der Untergrund muss wie bei allen Beschichtungen oder Belägen sorgfältig auf seine Beschaffenheit überprüft werden. Er muss die Eigenlasten des Systems sowie Wind-, Temperatur- und Feuchtigkeitsbelastungen des WDVS aufnehmen können. Er muss daher unbedingt ausreichend tragfähig, eben, trocken und sauber sein. Weitere Anforderungen sind gleichmäßige Saugfähigkeit, Frostfreiheit, keine Ausblühungen und kein Algen- oder Flechtenbewuchs.

Wichtig ist auch, dass eine luftdichte Schicht ohne Leckstellen vorhanden ist, damit die später angebrachte Dämmschicht nicht durch Konvektion warmer Raumluft mit großen Tauwassermengen belastet wird (siehe Abschnitte 11.2.4 und 11.2.6).

Die Art der Dämmplattenbefestigung (Kleben, Kleben und Dübeln, nur Dübeln oder Schienensystem, siehe Abschnitt 11.8.3) hängt unter anderem von der Tragfähigkeit, Ebenheit und Haftfähigkeit des Untergrundes ab.

Die Prüfung erfolgt wie bei Untergründen für Putzsysteme (siehe Lernfelder 7 und 8) durch Augenschein, Wisch-, Kratz-, Abriss- und Benetzungsprobe sowie evtl. Feuchtemessung. Ist eine Dämmplattenverklebung mit dem Untergrund vorgesehen, muss bei vorhandenen Putz- oder Anstrichbeschichtungen deren Trag- und Haftfähigkeit durch eine Gewebeabzugsprüfung getestet werden. Ist eine Dübelbefestigung geplant, muss zur Dübelauswahl die Tragfähigkeit des Wandbaustoffes überprüft werden.

Weist der Untergrund die erforderlichen Eigenschaften nicht oder nicht in ausreichendem Maße auf, muss er vorbehandelt werden. Je nach Untergrundbeschaffenheit können verfestigende, die Saugfähigkeit herabsetzende oder ausgleichende Grundierungsmittel oder bei glatten, nicht saugfähigen Untergründen Voranstrichmittel als Haftbrücken eingesetzt werden.

Starke Unebenheiten

Offene Mauerwerksfugen

Ausbrüche im Untergrund

Grobe Unebenheiten > 1 cm können nicht allein durch die Kleberschicht ausgeglichen werden, sondern müssen mit einem Ausgleichsputz aus Armierungsmörtel überarbeitet werden. Oder aber für die Dämmplattenbefestigung wird ein spezielles Distanzdübel- oder ein Schienensystem erforderlich.

Ungeeignete, den Haftverbund störende Altputze oder filmbildende Anstriche müssen entfernt und durch einen neuen tragfähigen Unterputz ersetzt werden, der die luftdichte Schicht der Fassade wieder herstellt. Ebenso muss ein mikrobieller Bewuchs entfernt und die Fassade mit einem Desinfektionsmittel behandelt werden.

Für die Auswahl geeigneter Baustoffe für Dämmstoff und Putzsystem müssen die bauphysikalischen Bedingungen der bestehenden Wand bekannt sein. Der gesamte Wärmedurchlasswiderstand R aller bestehenden Materialschichten und der erforderliche U-Wert der gesamten Wandkonstruktion beeinflussen die erforderliche Wärmeleitzahl λ des Dämmstoffes und die berechnete Schichtdicke d der Dämmschicht (siehe Abschnitt 11.3).

Die Wasserdampfdiffusion durch die Baustoffschichten, die Lage des Taupunkts und die Austrocknungsmöglichkeiten nach innen und nach außen bei Durchfeuchtung müssen bei der Dampfdurchlässigkeit von Dämmstoff und Putzbeschichtung berücksichtigt werden.

Algenbewuchs

Mangelhafte Haftfähigkeit vorhandener Beschichtungen

Prüfung der Haftfähigkeit durch Gewebeabzugsprüfung

11.8.2 Dämmplatten

Die Wärmedämmstoffe sind der wichtigste Bestandteil eines WDVS. Sie sind hauptsächlich verantwortlich für die Wärmedämmfähigkeit des Systems, beeinflussen aber auch mit ihren feuchte-, schall- und brandschutztechnischen Eigenschaften die bauphysikalische Leistungsfähigkeit der gesamten Wandkonstruktion.

Für WDVS verwendbare Dämmstoffe müssen den Anwendungstypen WAP für Wanddämmungen unter Putz und für feuchtebelastete Perimeterdämmungen gegen Erdreich dem Anwendungstyp PW entsprechen. Es dürfen nur genormte Platten nach DIN EN mit CE-Konformitätskennzeichen auf der Verpackung oder bauaufsichtlich zugelassene Platten verwendet werden.

Wärmedämmplatten müssen unbedingt durch Hydrophobierung und konstruktive Maßnahmen vor Feuchtigkeit geschützt werden, da Durchfeuchtung eines Dämmstoffes seine Wärmeleitfähigkeit stark heraufsetzt und damit die Dämmfähigkeit verloren geht.

Die für WDVS geeigneten Dämmstoffe können unterteilt werden in anorganisch-mineralische (z. B. MW), künstlich-organische (z. B. EPS) und natürlich-organische (z. B. WF) Materialien.

Anorganische Dämmstoffe sind nicht brennbar und beständig gegen Fäulnis und Verrottung. Künstlich-organische Stoffe weisen zum Teil sehr niedrige λ-Werte auf und sind brennbar. Natürlich-organische Stoffe auf pflanzlicher Basis sind brennbar und nicht beständig gegen Fäulnis und Verrottung.

Platten	Abk.	Norm	Bem.-wert λ	μ	Baustoff-klasse
Polystyrol „Styropor", „Nepor"	EPS EPS S* EPS SD	13163 13499	0,031 … 0,052	20 … 100	B1/B2
Mineral-wolle	MW	13162 13500	0,031 … 0,052	1 … 2	A1/A2
Mineral-wolle-Lamellen	MWL	13162 13500	0,041	1 … 2	A1
Poly-urethan	PUR/PIR	13165	0,021 … 0,041	50 … 100	B1/B2
Phenolharz „Resol"	PF	13166	0,021 … 0,036	35	B1/B2
Mineral-schaum	MS	ba. Zul.	0,045 … 0,08	3 … 6	A1
Holzfaser	WF	13171	0,034 … 0,063	3 … 5	B1/B2
Kork	ICB	13 170	0,049 … 0,068	5 … 10	B1/B2

ba. Zul. = nur bauaufsichtliche Zulassung; * elastifiziert

Dämmstoffe für WDVS

Wichtige erforderliche Eigenschaften der Dämmplatten sind:

- möglichst niedrige Wärmeleitzahl λ für hohe Wärmedämmfähigkeit (Bemessungswert = 0,02 ... 0,04 W/(m · K)
- möglichst hohe Wärmespeicherfähigkeit für guten sommerlichen Wärmeschutz
- geringe Wasseraufnahme für guten Feuchtigkeitsschutz (Kurzzeichen wf)
- möglichst wasserdampfdurchlässig ($\mu = 3 \ldots 10$) für geringeres Risiko von Tauwasserausfall
- Brandschutz nach Anforderungen der DIN 4102 (Baustoffklassen B2 ... A je nach Gebäudehöhe)
- ausreichende Scher- (zh), Zug- und Druckfestigkeit (dh) für mechanische Stabilität
- geringe Verformung (tf) für geringeres Rissrisiko der Deckschicht
- gute Luftschalldämmung (geringe Steifigkeit, z. B. durch elastifizierten Hartschaum EPS SD oder Faserdämmstoffe)
- guter Haftverbund für Armierungsputz
- ökologisch und gesundheitlich unbedenklich

Ein WDVS besteht aus mit Klebern oder mechanisch am Untergrund befestigten Wärmedämmplatten, einem Armierungsputz mit Gewebeeinlage und einer wetterschützenden Deckschicht.

Der Untergrund muss tragfähig, eben, trocken und sauber sein und eventuell vorbehandelt werden. Die Wärmedämmplatten müssen für WDVS genormt oder zugelassen sein.

Kleberauftrag von Hand im Wulst-Punkt-Verfahren

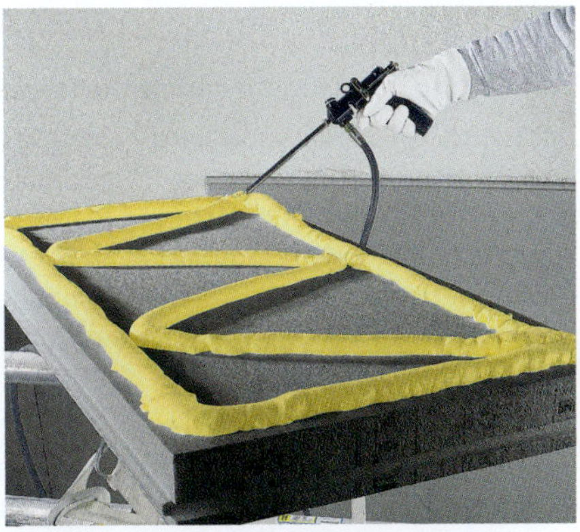

Maschineller PU-Kleberauftrag im Wulst-Verfahren auf die Dämmplatte

11.8.3 Befestigung der Wärmedämmplatten

Die Befestigungsart der Dämmplatten ist entscheidend für die Standsicherheit der Gesamtkonstruktion. Sie ist abhängig von der Untergrundbeschaffenheit (Tragfähigkeit, Ebenheit) sowie von der Einbauhöhe und Windbelastung am Gebäude. Man unterscheidet folgende Befestigungsarten:

Alleinige Verklebung

Hierbei werden alle Lasten nur über den Kleber auf den Untergrund abgetragen. Dessen Tragfähigkeit und Abreißfestigkeit (≥ 0,08 MPa (N/mm^2)) muss mit einer Gewebeabzugsprüfung (siehe Abschnitt 11.8.1) überprüft werden. Das Verfahren ist anwendbar bei Untergrundunebenheiten von ≤ 1 cm sowie ausreichender Haftfähigkeit von Untergrund und Dämmplatten. Systemabhängig ist dies der Fall bei EPS- oder MW-Lamellenplatten. Die Oberfläche mancher Plattentypen ist für die Verklebung vorbeschichtet.

Der Klebertyp hängt ab von Untergrundbeschaffenheit, Herstellersystem und Zulassungsregelungen. Erhältlich sind kunstharzvergütete Kalkzement-Werktrockenmörtel, gebrauchsfertige Dispersionskleber oder PU-Klebeschaum. Im angedrückten Zustand muss die Klebefläche je nach Dämmstoffart und Klebetechnik mindestens 40 ... 60 % der Platte abdecken. Folgende Techniken sind je nach Dämmstoff und Zulassung anwendbar:

- Randwulst-Punkt-Verfahren, Auftrag von Hand oder maschinell auf die Dämmplatte
- vollflächiger Auftrag mit der Zahntraufel auf Dämmplatte oder Untergrund
- maschineller Teilflächenauftrag auf den Untergrund

Vollflächiger Kleberauftrag auf Dämmplatte

Maschineller Kleberauftrag auf den Untergrund im Teilflächenverfahren

Verklebung und konstruktive Verdübelung

Die zusätzliche konstruktive Verdübelung dient lediglich zur Fixierung der Dämmplatten während der Aushärtung des Klebers. Sie ist nur zulässig bei ausreichend tragfähigem Untergrund, also bei ausreichender Haftzugfestigkeit (Nachweis erforderlich, siehe Abschnitt 11.8.1), und wenn die Dämmplatten keine Verdübelung erfordern (EPS und MW-L).

Dann sind auch nicht bauaufsichtlich zugelassene und deshalb wesentlich preiswertere Schlagdübel verwendbar. Auch die Dübelanzahl ist nicht festgelegt, üblich sind 4 … 8 Stück/m^2. Da der Tragfähigkeitsnachweis aber aus Zeit- und Kostengründen meist nicht durchgeführt wird, ist dieses Verfahren dann unzulässig und nicht nur nicht sinnvoll!

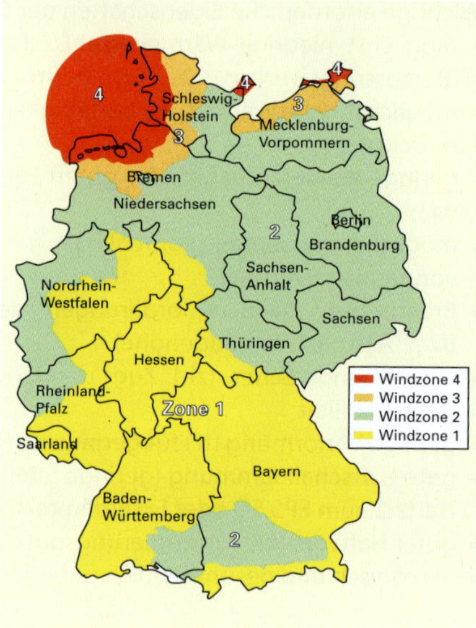

Windzonen in Deutschland

Verklebung und statisch wirksame Verdübelung

Zusätzlich zur Verklebung wird eine statisch wirksame Verdübelung erforderlich bei unzureichender Tragfähigkeit des Untergrundes sowie bei hohen Wind- oder Eigenlasten (z.B. bei Dickschichtsystemen), geringer Scherfestigkeit der Dämmplatten (z.B. MW, MS, PF) oder starken Untergrundunebenheiten ≥ 2 cm. Die Dübel übernehmen die Windlasten, insbesondere den Windsog, die Verklebung übernimmt die Eigen- und die Verformungslasten.

Es sind nur bauaufsichtlich zugelassene Dübel zulässig. Man unterscheidet die verschiedenen Dübelarten nach Baustoff des Untergrundes (z.B. Dübel für Porenbetonsteine), Montageart (z.B. Schraubdübel), Ausbildung der Kunststoffhülse (z.B. Tellerdübel), Tellerdurchmesser und Verankerungstiefe im Untergrund. Klebeanker werden unter der Dämmplatte direkt am Untergrund verdübelt und besitzen einen größeren Teller, auf den ein Kleberpunkt zur Verbindung von Dämmplatte und Untergrund gesetzt wird.

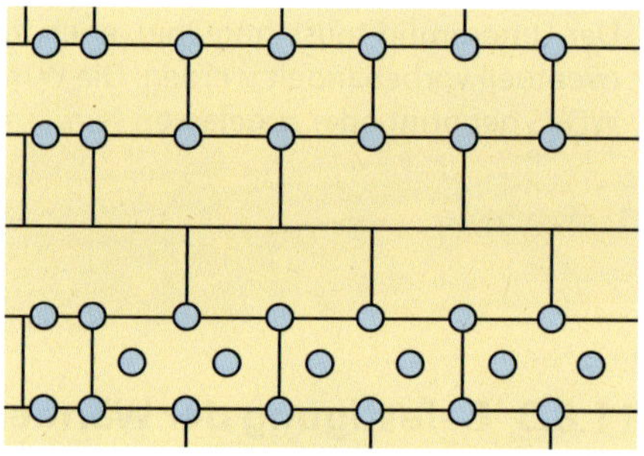

Beispiele der Dübelanordnung bei WDVS

Bei großen Unebenheiten bis zu 7 cm können speziell justierbare Dübel (sog. Stellfuchs) eingesetzt werden. Bei diesen mehrteiligen Dübeln werden Schraubwendeln in den Dämmstoff eingedreht, die als Abstandshalter und damit zur Ausrichtung der Dämmplatten dienen.

Die Verdübelung kann je nach Herstellersystem entweder nur die Dämmplatten oder auch zusätzlich das Armierungsgewebe am Untergrund mit verankern. Um bei der Dübelanordnung unter dem Armierungsputz die Abzeichnung der Wärmebrücken darstellenden Dübel an der Putzoberfläche zu verhindern, müssen die Dübelteller oder Schraubköpfe im Dämmstoff versenkt und mit Dämmstoffrondellen oder -stopfen überdeckt werden („Thermodübel").

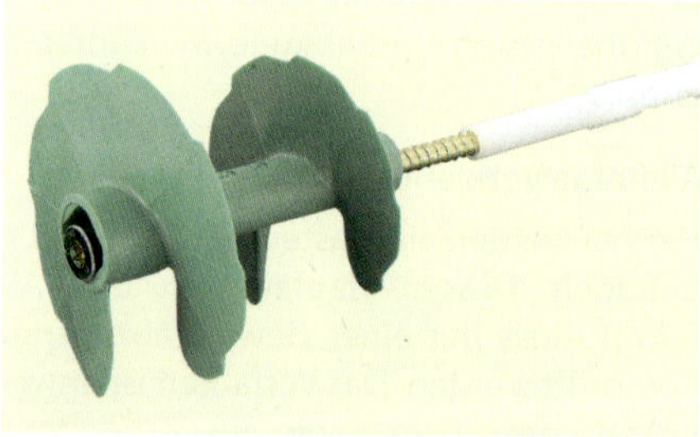

Dübel für sehr unebene Untergründe („Stellfuchs")

Wird auch das Armierungsgewebe des Armierungsputzes mit verankert, wird die Gefahr der Dübelabzeichnung und der Haarrissbildung im Putz vergrößert, da dann der Dübel selbst ohne Dämmstoffabdeckung eine stärkere Wärmebrücke darstellt.

Um mit einem Dübelteller möglichst mehrere Platten verankern zu können, erfolgt die Anordnung an den Stoßfugen und T-Stößen sowie bei zusätzlich erforderlichen Dübeln auch in der Plattenfläche. Die aufgrund der auftretenden Lasten erforderliche Dübelanzahl muss durch statischen Nachweis individuell für jedes Gebäude oder in einem vereinfachten Tabellenverfahren (für Gebäudehöhen ≤ 25 m) nach DIN EN 1991-4 errechnet werden.

Die Dübelanzahl ist abhängig von regionalen Windzonen (siehe Karte), Windsoglasten, Gebäudehöhen und unterschiedlich belasteten Fassadenbereichen und kann durchaus auch mehr als 16 Stück/m^2 betragen. In Randbereichen werden beispielweise mehr Dübel als in Fassadenmitte erforderlich.

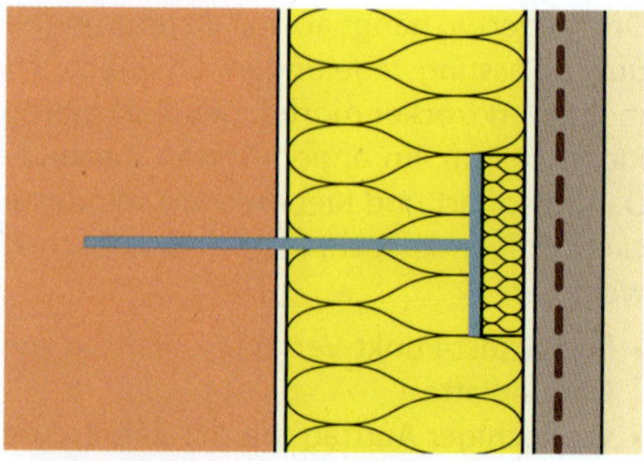

Versenkte Tellerdübel mit Dämmstoffabdeckung

Schienenbefestigung

Die Befestigung mit einem Schienensystem bietet sich bei einem Untergrund an, der zur Verklebung ungeeignet, weil unzureichend tragfähig ist und Unebenheiten bis zu 3 cm aufweist. Das Schienensystem besteht aus waagerechten Trag- und senkrechten Halteprofilen aus PVC oder Aluminium, die mithilfe von Unterlegplatten oder „Stellfuchs"-Dübeln zum Ausgleich der Untergrundunebenheiten ausgerichtet werden.

Die waagerechten Tragprofile werden entsprechend der Höhe der Wärmedämmplatten (EPS bzw. MW) im Abstand von 50 cm bzw. 62,5 cm angeordnet. Sie dürfen nur mit bauaufsichtlich zugelassenen Fassadendübeln im Abstand von ≤ 30 cm am Untergrund verankert werden.

Für das Schienensystem sind spezielle Dämmplatten (EPS oder MW) erforderlich, die auf die Profile gesteckt werden können. Sie benötigen dazu eine umlaufende Nut zur Aufnahme der Profilschenkel. Die Dämmplatten werden zur Vermeidung von Verformungen zusätzlich punktweise verklebt (Klebefläche ≥ 20 %) und im Gebäuderandbereich auch verdübelt.

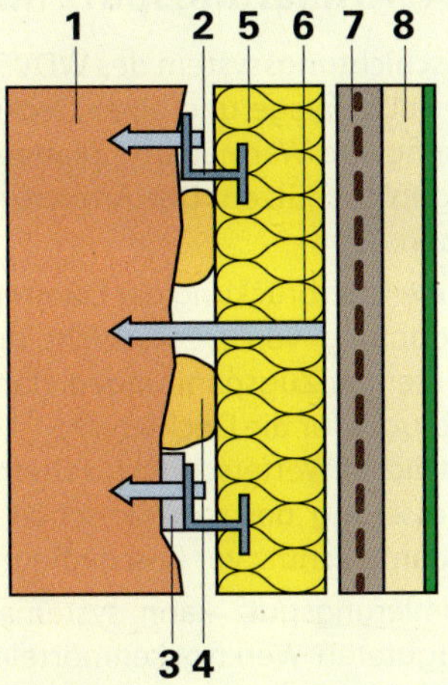

1: bestehende Außenwand
2: Halteprofil mit Fassadendübel
3: Unterlegplatte
4: Kleberpunkt
5: Wärmedämmplatte
6: evtl. Verdübelung
7: Ausgleichsputz mit Armierungsgewebe
8: Oberputz/Anstrich

Schienenbefestigung eines WDVS

Verlegen der Wärmedämmplatten

Bevor mit dem Verlegen der Dämmplatten begonnen werden kann, müssen sämtliche Vorarbeiten, auch die anderer Gewerke, abgeschlossen sein. Dazu gehören beispielsweise

- Fallrohre und Blitzableiter, montiert im richtigen Wandabstand für die Schichtdicke des WDVS
- ausreichende Fassadenüberstände von Fenstersimsen und Dachvorsprüngen für die Schichtdicke des WDVS
- Perimeterdämmung und Sockelbereich fachgerecht geplant und ausgeführt
- vorhandene oder erneuerte Fenster mit ausreichender Rahmenstärke für den Anschluss der Laibungsdämmung
- Rollladenschienen montiert
- Untergrundprüfung und -vorbehandlung abgeschlossen

Die Dämmplatten müssen lot- und fluchtgerecht angesetzt werden. Dazu ist zunächst das Sockelprofil als unterer Systemabschluss auszurichten und fachgerecht im Untergrund zu verdübeln. Die Profilstöße sind mit Profilverbindern auszuführen und dürfen nicht überlappen. An Gebäudeecken sind die Profile mit Gehrungsschnitt anzuschließen. Auf diesem Profil wird die erste Reihe der Dämmplatten verlegt.

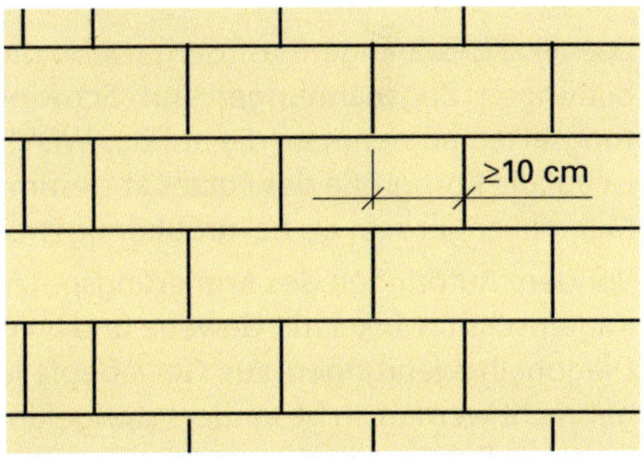

Verlegeschema der Dämmplatten im Verband

Die weiteren Platten werden mit versetzten Stoßfugen im Verband, also ohne Kreuzfugen, verlegt. Abhängig von Dämmstoff und Herstellersystem sind die Platten auch an Gebäudeecken mit Verzahnung zu verlegen. Das Versatzmaß der Plattenfugen muss ≥ 10 cm sein. Damit kein Kleber in die Fugen gerät, sind die Platten dicht zu stoßen. Offene Fugen müssen mit artgleichem Dämmstoff oder bei einer Breite ≤ 10 mm mit einem systemabhängigen Füllschaum geschlossen werden.

Um das Risiko von Kerbrissen an den Ecken von Wandöffnungen zu mindern, dürfen keine Plattenfugen in Verlängerung der waagerechten oder senkrechten Öffnungslaibungen angeordnet sein. Die Platten müssen winkelförmig zugeschnitten werden. Empfehlenswert ist dazu im Rahmen der Vorplanung die Herstellung eines Verlegeplans für die Platten.

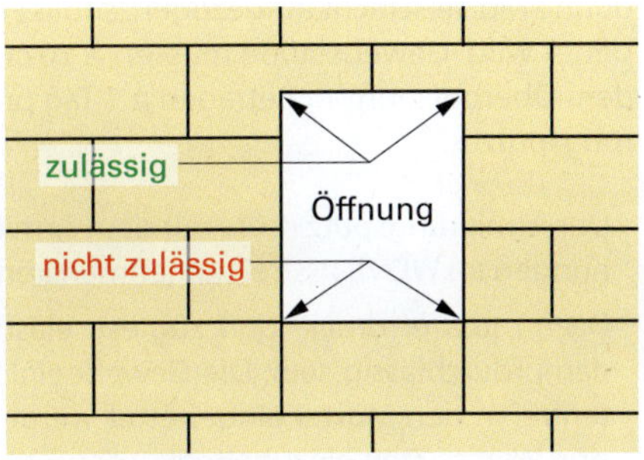

Wandöffnungen mit Versatz der Plattenfugen

Die Dämmplatten können bei ausreichend trag- und haftfähigem Untergrund mit diesem entweder nur verklebt oder aber zusätzlich gedübelt oder mit einem Schienensystem mechanisch am Untergrund verankert werden.

Die Platten werden auf den Sockelprofilen, beginnend im Verband, verlegt. Die Fugen sind dicht zu stoßen und mit Dämmstoff zu verfüllen.

11.8.4 Armierungsputz mit Armierungsgewebe

Das Beschichtungssystem des WDVS besteht aus einem Armierungsputz mit Gewebeeinlage und einer Deckschicht. Es soll neben der Fassadengestaltung die Wärmedämmplatten vor Witterungseinflüssen und Beschädigung schützen. Der Armierungsputz selbst übernimmt folgende Aufgaben:

- rissfreie Überbrückung der Dämmplattenfugen
- Entkopplung von Deckschicht und Dämmschicht durch Aufnahme auftretender Zugspannungen; damit vermindertes Rissrisiko
- Haftbrücke für die Deckschicht
- zusätzlicher Wetterschutz für Dünnschichtputze
- Verbesserung der mechanischen Belastbarkeit des gesamten WDVS und damit Schutz vor Beschädigung

Der Armierungsputz kann systemabhängig aus mineralischen kunstharzvergüteten Werktrockenmörteln oder kunstharzgebundenen Massen, mit oder ohne Zementzusatz, bestehen. Als wichtigste Eigenschaften sind zu nennen: geringe Wasseraufnahme durch Wasser abweisende Wirkung, hohe Wasserdampfdurchlässigkeit, gute Haftung auf den Dämmplatten, Frost-Tau-Beständigkeit und hohe Stoß- und Zugfestigkeit sowie Elastizität. Er muss zeitnah nach Erhärtung des Klebers auf die Wärmedämmplatten aufgebracht werden, damit diese den Witterungseinflüssen nicht zu lange ausgesetzt sind.

Die Schichtdicke des Armierungsputzes reicht bei den Dünnschichtsystemen, die nur kunstharzgebunden möglich sind, von 1,5 … 6 mm, bei den mineralischen Dickschichtsystemen von 6 … 14 mm. Dünnschichtsysteme können trotz einer geringeren Schichtdicke mechanisch widerstandsfähig und wenig rissanfällig sein, da sie schlagzäh und elastisch sind. Allerdings können sich wegen ihrer geringen Schichtdicke leichter Gewebeüberlappungen abzeichnen als bei Dickschichtsystemen, z. B. an Gewebestößen oder an Eckbewehrungen von Wandöffnungen.

Armierungsgewebe

Das alkalibeständige Glasfasergewebe muss zur Verhinderung von Rissbildungen Zugspannungen aus Schwindvorgängen und allen Belastungsarten aufnehmen, die auf das WDVS einwirken. Die Maschenweite ist auf die Korngröße des Putzes abgestimmt, kann also bei feinkörnigem Material enger sein als bei grobkörnigem.

Vor dem Aufbringen des Armierungsputzes müssen an den Außenecken Kantenschutzwinkel mit Gewebe und an den Ecken von Wandöffnungen Diagonalbewehrungen aus Gewebepfeilen mit Armierungsmörtel aufgebracht werden. In besonders stoßgefährdeten Bereichen kann in einer weiteren Putzlage Panzergewebe verwendet werden.

Das Armierungsgewebe wird bei Dünnschichtsystemen mittig und bei dickeren Systemen im oberen Drittel des Armierungsputzes vollflächig eingebettet. Es wird eine erste Schicht des Armierungsmörtels auf die Dämmplatten aufgetragen und abgezogen, dann das Gewebe faltenfrei aufgelegt und mit der Richtlatte eingedrückt. Darauf wird eine zweite dünne Mörtelschicht aufgezogen, sodass das Gewebe vollständig eingebettet wird. Gewebestöße müssen ≥ 10 cm überlappen. Wartezeiten vor dem Oberputzauftrag betragen ≥ 1 Tag pro mm Schichtdicke des Armierungsputzes.

Der Armierungsputz muss mit dem Armierungsgewebe alle Zugspannungen im WDVS rissfrei aufnehmen können.

Dazu muss er druck- und zugfest, elastisch, Wasser abweisend und dampfdurchlässig sein. Die Gewebeeinlage muss vollflächig und faltenfrei in den Mörtel eingebettet werden. Vor dem Oberputzauftrag sind Wartezeiten einzuhalten.

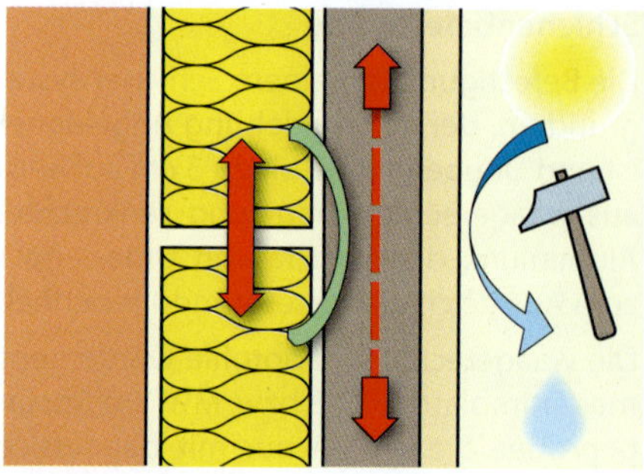

Aufgaben des Armierungsputzes

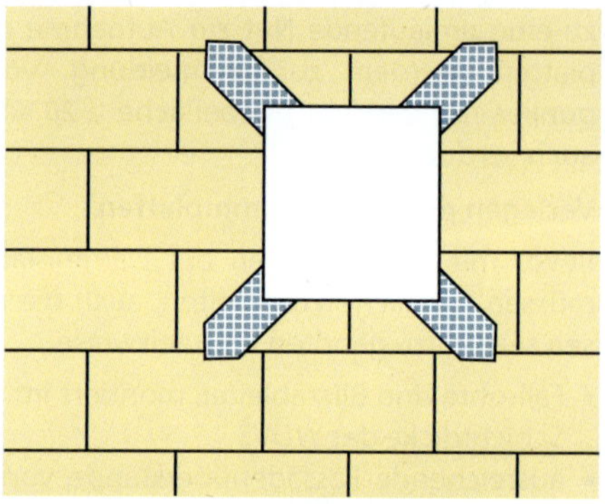

Diagonalarmierung an Öffnungsecken

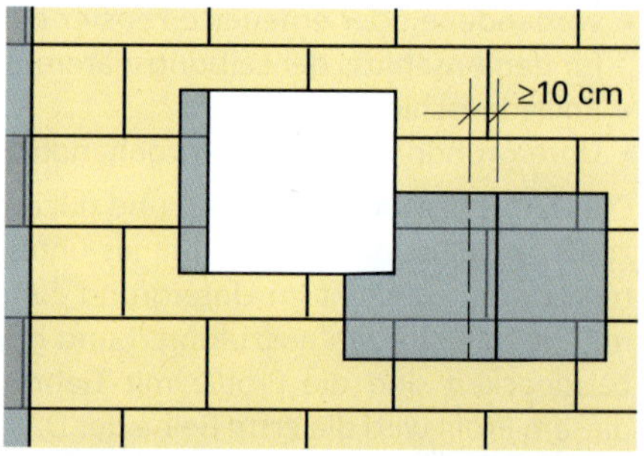

Stoßüberlappung der Gewebebahnen und Kantenschutzwinkel mit Gewebe

Armierungsputz vollflächig auftragen, danach das Gewebe einbetten

11.8.5 Schlussbeschichtungen

Die Schlussbeschichtung muss den Schutz vor Witterung und Beschädigung sicherstellen und trägt durch Material, Farbgebung und Struktur entscheidend zur Fassadengestaltung bei.

Dazu muss sie Wasser abweisend, wasserdampfdurchlässig, insbesondere bei Dämmplatten aus Faserdämmstoffen, frostbeständig, ausreichend druck- und stoßfest, verschmutzungsbeständig und je nach Gebäudesituation und Brandschutzanforderungen nichtbrennbar sein sowie helle Farbtöne aufweisen (Hellbezugswert ≥ 20), um zu starke Aufheizung und Wärmestau bei Sonneneinstrahlung zu verhindern.

Systemabhängig kann ein Grundierungsanstrich als Untergrundvorbehandlung und Haftbrücke für die Schlussbeschichtung erforderlich werden. In Dünnschichtsystemen weisen Oberputze Schichtdicken in Kornstärke von 1 ... 6 mm auf, in Dickschichtsystemen bis zu 15 mm. Als Materialien stehen zur Verfügung (siehe auch Lernfeld 7 und 8):

- dünn- und dickschichtige mineralische Edelputze nach DIN 18550 und DIN EN 998-1
- dünnschichtige organisch gebundene Putze nach DIN 18550 und DIN EN 15824:
  - Dispersionsputze (Kunstharzputze)
  - Dispersionssilicatputze
  - Siliconharzputze
- Flachverblender (kunstharzgebundene Putzplatten)
- Klinkerriemchen, Fliesen oder Natursteinplatten

Als mineralische Edelputze für WDVS sind hydraulische Kalk- oder Kalkzementputze geeignet. Sie sind durchgefärbt, spröde, nichtbrennbar und können in vielfältigen Putzweisen gestaltet werden. Um Farbtonunterschiede auszugleichen, die durch unterschiedliches Saug- und Trocknungsverhalten von Untergrund und Putz oder durch Ausblühungen des Kalkbindemittels aus dem Frischmörtel auftreten können, sind für den Schlussanstrich Egalisationsfarben erforderlich mit Ausnahme der Putzweise Kratzputz.

Dispersionsputze weisen eine gute Untergrundhaftung auf und ermöglichen durch ihre starke Pigmentbildung vielfältige Farbtöne. Sie sind elastisch, rissüberbrückend, stark Wasser abweisend, ausreichend dampfdurchlässig, brennbar und gegen Veralgen mit Algiziden ausgestattet.

Siliconputze sind extrem Wasser abweisend, und diffusionsoffen, resistent gegen Algen- und Pilzbefall chemisch beständig, robust und sehr langlebig und daher für WDVS sehr gut geeignet.

Dispersionssilicatputze sind mit ≤ 5 % Kunstharzdispersionen vergütete Putze mit dem Bindemittel Kaliwasserglas. Sie weisen durch chemische Verkieselung mit dem Untergrund eine hervorragende Haftung auf, sind spröde, stark alkalisch, witterungsbeständig und nichtbrennbar.

Schlussanstrich

Abschließende Anstrichbeschichtungen benötigen ähnliche Eigenschaften wie die Oberputze selbst. Insbesondere müssen sie Wasser abweisend, dampfdurchlässig, wetterbeständig und verschmutzungsresistent sein.

Nur bei neuen mineralischen Edelputzen (außer Kratzputz) ist eine Egalisationsfarbe erforderlich. Ansonsten kann der Schlussanstrich als Renovierungsanstrich zur Farbauffrischung, als Erneuerung des Schlagregenschutzes oder als Schutz vor Veralgung und Verschmutzung (Lotuseffekt) dienen. Verfügbare Materialien für WDVS sind Dispersionssilicatfarben, Dispersionsfarben und Siliconharzfarben.

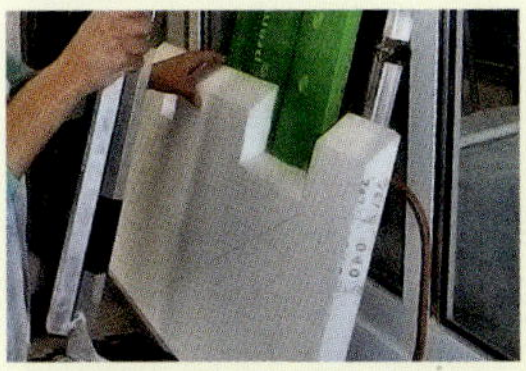
1: Schneiden mit EPS-Schneidegerät

2: Kleberauftrag

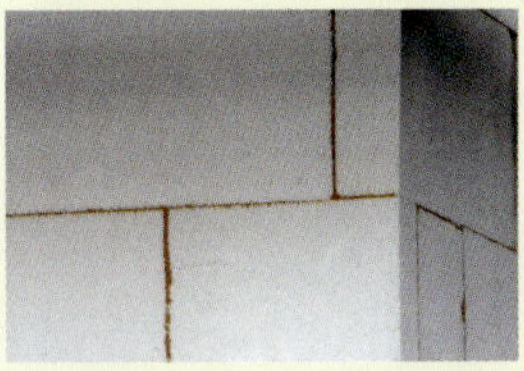
3: Dämmplatten im Verband verlegt

4: Dämmplatten verdübelt

5: Aufspritzen des Armierungsputzes

6: Abziehen der ersten Schicht

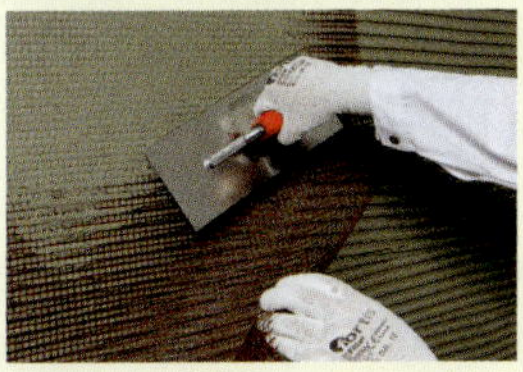
7: Einbetten des Armierungsgewebes

8: Armierungsputz aufrauen

9: Aufspritzen des Edelputzes

10: Abziehen und Strukturieren

Typischer Herstellungsablauf eines WDVS

Die Schlussbeschichtung schützt vor Witterung und Beschädigung und gestaltet die Fassade. Mineralische und organische Putze sowie plattenartige Bekleidungen stehen zur Verfügung. Schlussanstriche sind nicht in jedem Fall erforderlich.

Zusammenfassung

Bei einem WDVS werden spezielle Wärmedämmplatten auf dem Untergrund durch Kleben, Dübeln oder mithilfe eines Schienensystems befestigt.

Die Art der Dämmplattenbefestigung hängt ab von der Untergrundbeschaffenheit, der Art der Dämmplatten sowie der Einbauhöhe und der Windbelastung des Gebäudes.

Ein Armierungsputz mit eingebettetem Armierungsgewebe soll die Plattenfugen rissfrei überbrücken, dient als zusätzlicher Wetterschutz sowie als Haftbrücke für die Deckschicht, die meist aus mineralischen oder organischen Oberputzen und eventuell einem Schlussanstrich besteht.

Die Dämmplatten müssen im Verband fugendicht sowie lot- und fluchtrecht verlegt werden. An Gebäude- und Öffnungsecken sind zusätzliche Armierungselemente in den Armierungsputz einzulegen.

Aufgaben

1. *Aus welchen Bestandteilen besteht ein WDVS, welche Aufgaben müssen diese jeweils erfüllen?*
2. *Welche Eigenschaften muss ein für das Anbringen eines WDVS geeigneter Untergrund aufweisen?*
3. *In welchen Fällen müssen bei einem WDVS die Dämmplatten verdübelt werden?*
4. *Erstellen Sie für ein organisches WDVS eine Materialbedarfsberechnung. Berechnungsgrundlagen: Mauerwerkswände Hochlochziegel, d = 24 cm, mittlere Ebenheit, Dämmplatten EPS, geklebt und verdübelt, Dicke d = 60 mm; Oberputz Kunstharzputz, Putzweise Kratzputzstruktur.*
   Berücksichtigen Sie alle weiteren im Tabellenanhang aufgeführten Bestandteile, die für die Konstruktion erforderlich sind.
   Das Aufmaß ergab 155 m^2 Wandfläche; Verluste und Verschnitt Mörtelmaterialien 8 %, sonstige Materialien 5 %.

11.8.6 Konstruktionsdetails

Ein WDVS besteht aus mehreren Grundbestandteilen, für die wiederum jeweils verschiedenartige Elemente oder Baustoffe verwendet werden können. Daher erfordert diese Konstruktionsart der Außendämmung eine besonders sorgfältige Planung und handwerkliche Ausführung, um Fehlerquellen auszuschließen sowie Bauschäden und verkürzte Lebensdauer zu vermeiden.

Dies gilt insbesondere für die Ausbildung der Anschlüsse an andere Bauteilkonstruktionen, da hier oft die Arbeit mehrerer Gewerke koordiniert werden muss. Dies soll im Folgenden am Beispiel des Fassadensockels mit dem Übergang zur senkrechten Abdichtung bzw. der Perimeterdämmung der Kellerwand sowie von Fensteröffnungen gezeigt werden.

Sockelbereich und Perimeterdämmung

Voraussetzung für einen technisch und gestalterisch befriedigenden Übergang vom Fassadenputz zur Sockelzone bzw. zum Geländeanschluss ist eine genaue planerische Festlegung von Geländeverlauf und Sockellinie. Gestalterisch kann der Übergang vom Fassaden- zum Sockelputz auf folgende Weise ausgebildet werden:

- Fassaden- und Sockelputz bündig, nicht abgesetzt durch Struktur und Farbgebung
- Fassaden- und Sockelputz bündig, gegeneinander abgesetzt durch Struktur oder Farbgebung
- Sockelputz mit Rücksprung gegen Fassadenputz
- Sockelputz mit Vorsprung vor Fassadenputz

Im Bereich des Fassadenanschlusses an das Erdreich sind alle Baustoffe besonderen Belastungen ausgesetzt. Neben Schlagregen, Temperaturwechsel und mechanischen Beanspruchungen können Spritzwasser, Frost-Tau-Wechsel und eventuell bauschädliche Salze (z. B. Streusalz an Gehwegen) zu Schäden führen, besonders bei mangelhafter Bauwerksabdichtung von Altbauten.

Sockel bündig

Sockel bündig abgesetzt

Sockel zurückspringend

Sockel vorspringend

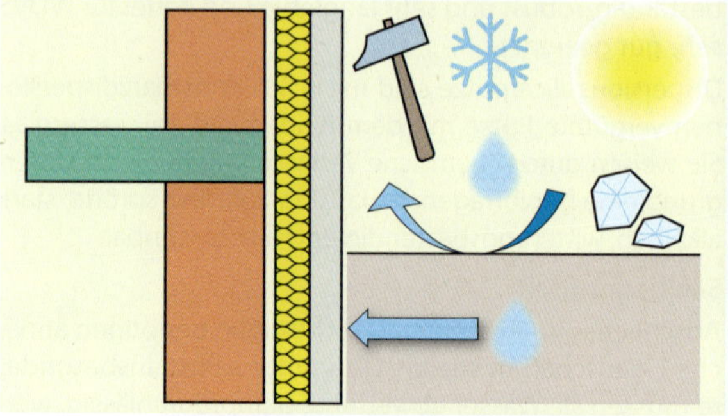

Beanspruchungen im Sockel- und Perimeterbereich

Daher müssen im Sockel- und Perimeterbereich unbedingt feuchtebeständige Baustoffe verwendet und gegen Wasseraufnahme geschützt werden. Es gilt bei WDV-Systemen grundsätzlich die gleiche Richtlinie Fassadensockelputz/Außenanlage wie beim Übergang eines Fassadenputzes ins Erdreich (siehe Lernfeld 8).

Der Sockelbereich eines WDVS besteht aus folgenden Bestandteilen:

Untergrund: Schutz der Außenwand im Sockel- und Kellerwandbereich bei Neubauten durch normgerechte Bauwerksabdichtung nach DIN 18195. Bei Altbausanierungen Abdichtungsschichten oft fehlend oder mangelhaft, vorhandener Altputz kann bei ausreichender Tragfähigkeit verbleiben.

- **Sockeldämmung:** aus feuchtigkeitsbeständigen Sockeldämmplatten, z. B. aus EPS (Rohdichte $\varrho = 30$ kg/m^3, imprägniert) oder XPS-Platten (durch raue oder gewaffelte Oberfläche zum Verputzen geeignet)
  Schichtdicke gemäß der Berechnung nach GEG und der geplanten Sockelgestaltung mit oder ohne Rücksprung, bei evtl. vorhandener Perimeterdämmung Anpassung an deren Schichtdicke
- **Befestigung Dämmplatten:** vollflächige Verklebung erforderlich auf der vorhandenen Bauwerksabdichtung mit wasserbeständigem vergütetem zementhaltigem Klebemörtel; Haftung auf Abdichtungsschicht muss gesichert sein; eventuell erforderliche Verdübelung ≥ 30 cm über OK Gelände
- **Sockelputzsystem:** Aufgabe: Schutz der Dämmschicht, rissfreie Überbrückung der Plattenfugen und Gestaltung; 2-lagiges Spezialputzsystem, bestehend aus einem Wasser abweisenden Armierungsputz mit Armierungsgewebe als 2-schichtigem Unterputz sowie Kalkzement- oder Zementputzen nach DIN 18550 als Oberputz, Wasser abweisend, Mindestanforderungen an Wasserbeständigkeit und Druckfestigkeit (siehe Tabelle)
- **Putzabdichtung:** Aufgabe Schutz von Sockel- und Kellerwandaußenputz durch besondere Abdichtung gegen Feuchtigkeit, insbesondere als Deckschichten von WDVS; Verhinderung von Durchfeuchtung der Putz- und Dämmschichten
  Verarbeitung meist 2-lagig, Dicke nach Herstellerangaben; Auftrag bis 5 cm über Geländeanschluss; Überlappung auf Putzgrund und dessen Abdichtungsschicht unbedingt erforderlich
  flexible kunstharzvergütete Dichtmasse auf Zementbasis (mineralische Dichtungsschlämme) oder bitumenhaltige Dickbeschichtung (Nachteil dunkler Rand oberhalb des Geländeanschlusses)
  Die Putzabdichtung ist kein Bestandteil des Putzsystems, sondern eine besondere Leistung!
- **Schutzschicht:** Aufgabe Schutz der Putzabdichtung vor Beschädigung und Verringerung der Feuchtigkeitsbelastung; Ableitung von anfallendem Sickerwasser erfolgt durch Hohlräume nach unten zu einer Dränung; ein- oder mehrschichtige Noppenbahnen oder Dränmatten; Überlappungen etwa 20 cm

Schichtenaufbau Sockelbereich WDVS

Untergrund	Druckfestigkeit (DIN 998-1)	Mindestdruckfestigkeit (MPa [N/mm²])	Wasseraufnahme (DIN 998-1)
Beton	CS III/CS IV	–	W_c2
Putzgrund ≤ 6,0 MPa (N/mm²)	CS II/CS III	≥ 2,5	W_c2
Wärmedämmplatten*	CS II/CS III	≥ 2,5	W_c2

* Armierungsputzgrundlage erforderlich

Sockelputzsysteme nach DIN 18550/DIN EN 13914

Verarbeitungsschritte für WDVS-Sockeldämmungen

- Festlegung der Sockellinie als Übergang zum Fassadenputz ≥ 30 cm über OK Gelände
- Prüfung von Tragfähigkeit und Haftverbund zwischen vorhandener Bauwerksabdichtung und zu verklebenden Dämmplatten
- vollflächige Verklebung der Sockeldämmplatten zur Verhinderung von Hinterfeuchtung; Verlegen der Platten im Verband
- Einbindetiefe der Dämmplatten ins Erdreich möglichst groß zur Vermeidung von Wärmebrücken; abhängig von Abgrabungsmöglichkeiten am Gebäude; Plattenunterseite sollte zugänglich bleiben für die folgende Abdichtungsschicht
- Anschluss der Sockeldämmung bei vorhandener Perimeterdämmung in gleicher Schichtdicke; fugendicht gestoßen
- Abschrägung der Unterseite der untersten Dämmplatte um 45° zur Vermeidung scharfer Kanten für Abdichtungsschicht
- Auftrag des speziellen Armierungsputzes bis Unterkante Sockeldämmung, einbetten des Armierungsgewebes
- Auftrag des Oberputzes in geplanter Putzweise
- Auftrag der Putzabdichtung bis 5 cm über OK Gelände; Umfassung der Unterseite von Putzschicht und Sockeldämmung; Überlappung auf Bauwerksabdichtung; bei anschließender Perimeterdämmung ebenfalls Überlappung; Auftrag 2-schichtig, 1. Schicht gestrichen, 2. Schicht gespachtelt, Mindestdicke 2 mm
- Einbringen der Schutzschicht aus Noppenbahnen bis OK Gelände
- Einbringen einer 20 … 30 cm breiten Lage Grobkies im Anschluss an Gelände oder Gehweg; Verminderung der Spritzwasserbelastung des Sockelputzes

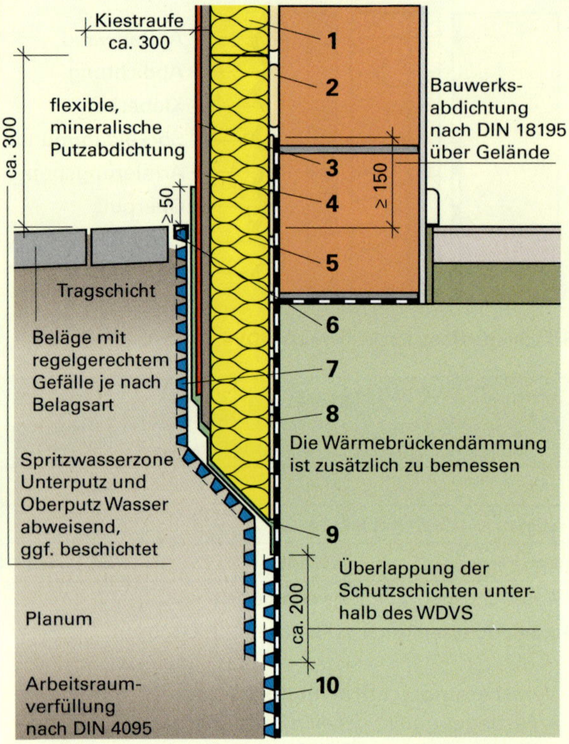

1 Fassadendämmplatte
2 Klebemörtel
3 Oberputz
4 Armierungsputz mit Glasfasergewebe
5 Sockeldämmplatte
6 Abdeckprofil
7 Schutzschicht, z. B. Noppenbahn mit Vlies
8 Klebemörtel, geeignet auf Bauwerks-abdichtung
9 flexible, mineralische Putzabdichtung, mind. 50 mm auf Untergrund geführt
10 Bauwerksabdichtung nach DIN 18195

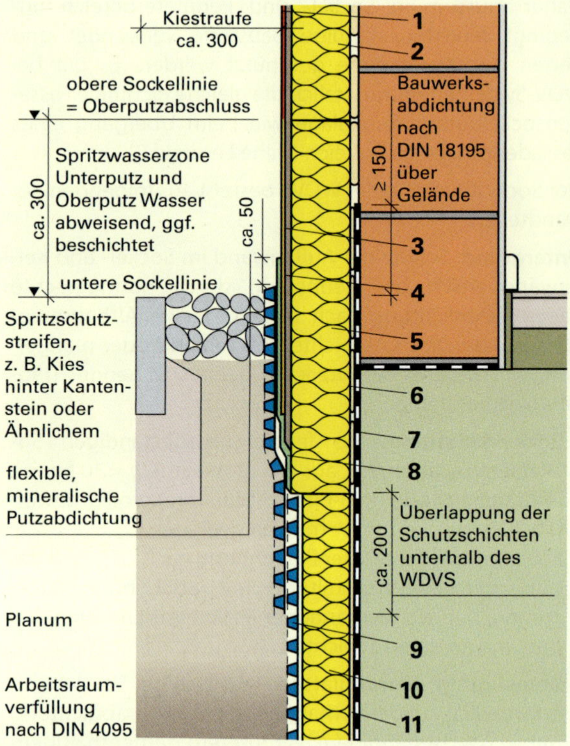

1 Fassadenoberputz
2 Fassadendämmplatte
3 Sockeloberputz
4 Armierungsputz mit Glasfasergewebe
5 Sockeldämmplatte
6 geeigneter Kleber auf Bauwerksabdichtung
7 Bauwerksabdichtung nach DIN 18195
8 flexible, mineralische Putzabdichtung, mind. 50 mm auf Dämmplatte geführt
9 Schutzschicht, z. B. Noppenbahn mit Vlies
10 Perimeterdämmung
11 geeigneter Kleber auf Bauwerksabdichtung

Beispiele für Sockelausbildungen bei Neubauten: links flächenbündig mit schrägem Abschluss, rechts mit Putzkante und Anschluss an Perimeterdämmung

Da der Sockelbereich im Übergang zum Erdreich starken Beanspruchungen ausgesetzt ist, muss er insbesondere auch bei WDVS gegen Feuchtigkeit und Beschädigungen geschützt werden.

Vor der Ausführung der Sockelarbeiten muss unbedingt die genaue Lage der Sockellinie und des Geländeanschlusses festgelegt sein.

Eine vorhandene normgerechte Bauwerksabdichtung ist Voraussetzung. Spezielle imprägnierte und zum Verputzen geeignete Sockeldämmplatten werden vollflächig auf die Abdichtungsschicht geklebt, an der Unterkante abgeschrägt oder an eine vorhandene Perimeterdämmung fugendicht gestoßen. Anschließend werden sie mit einem Wasser abweisenden Sockelputzsystem beschichtet.

Das zweilagige Sockelputzsystem aus Kalkzement- oder Zementputzen besteht aus einem Wasser abweisenden Armierungsputz mit Gewebeeinlage sowie einem Oberputz.

Eine flexible mineralische Dichtungsschlämme schützt das Putzsystem, beginnend ab 5 cm über OK Gelände, umfasst es bis auf seine Unterkante sowie die abgeschrägte Plattenunterseite und überlappt auf die Bauwerksabdichtung.

Zum Schutz vor Beschädigungen und zur Ableitung von Sickerwasser ist eine Schutzschicht aus Noppenbahnen herzustellen.

Fensteröffnungen und Anschlüsse

Fenster- und Türöffnungen stellen besondere Anforderungen an die handwerkliche Sorgfalt, da hier viele vorgefertigte Bauteile unterschiedlicher Gewerke zusammengeführt werden müssen (Rohbau, Innenputz, Fensterbau, Sonnenschutz, Fenstersims innen und außen, WDVS). Dies erfordert eine sorgfältige Planung aller Elemente und Anschlüsse.

Dabei muss neben der Vermeidung von Wärmebrücken besonders die Dichtheit gegen Wind, Schlagregen und Durchfeuchtung sichergestellt sein. Hier gilt die Richtlinie „Anschlüsse an Fenster und Rollläden bei Putz, Wärmedämm-Verbundsystem und Trockenbau" (2010).

Lage der Fensterebene: Die Anordnung des Fensterrahmens in Bezug auf die Wand- bzw. Außenputzoberfläche ist von großer Bedeutung. Dabei werden die im Folgenden beschriebenen Anordnungsmöglichkeiten unterschieden.

- **bündig**: Diese Anordnung des Fensterrahmens ist ideal, da Anschlussfuge und Fensterrahmen bei ausreichender Rahmenbreite mit der großen Schichtdicke der Fassadendämmung in einer Breite von mindestens 4 cm wärmebrückenfrei überdämmt werden können.
  Die luftdichte Schicht kann durch die Fensteranschlussfolie gebildet werden und liegt bauphysikalisch optimal im warmen Bereich zwischen Wandoberfläche und Wärmedämmung. Sie überbrückt die kritische Anschlussfuge zwischen Fensterrahmen und Laibung. Dämm- und Deckschicht greifen auf den Fensterrahmen über und können schlagregendicht mit einem Fugendichtband angeschlossen werden.
  Bei der Neubauplanung sollte dies die Standardausführung sein. Ebenso kann im Rahmen der Sanierung einer Altbaufassade die bündige Anordnung erfolgen, wenn der Austausch der bestehenden Fenster vorgesehen ist.
- **zurückgesetzt:** Häufig liegt bei einer Fassadensanierung ohne Fensteraustausch die Rahmenvorderkante zurückgesetzt in der Fensterlaibung. Dann ist die mögliche Schichtdicke der in der Laibung erforderlichen Dämmplatte abhängig von der Rahmenbreite.
  Schmale Rahmen ermöglichen nur dünne Laibungsdämmungen. Dadurch entstehen sich sehr stark auswirkende Wärmebrücken, die Bauschäden verursachen können. Eine Mindestdicke der Laibungsplatte von 3 cm sollte nicht unterschritten werden.
  Bei großen Dämmschichtdicken entsteht bei zurückgesetzten Fensterrahmen eine sehr große Laibungstiefe, sodass der Lichteinfall durch die Fensteröffnung in den Innenraum stark eingeschränkt wird.
- **vorgesetzt:** Die vor der Wandoberfläche angeordneten Fensterrahmen müssen auf Konsolen montiert werden und von der Dämmschicht um ≥ 3 cm überlappt werden, um die Wärmebrücke des Fensterrahmens zu mildern. Bei dieser Anordnung entsteht eine sehr geringe Laibungstiefe, wodurch der Lichteinfall in den Innenraum nicht unnötig vermindert wird.

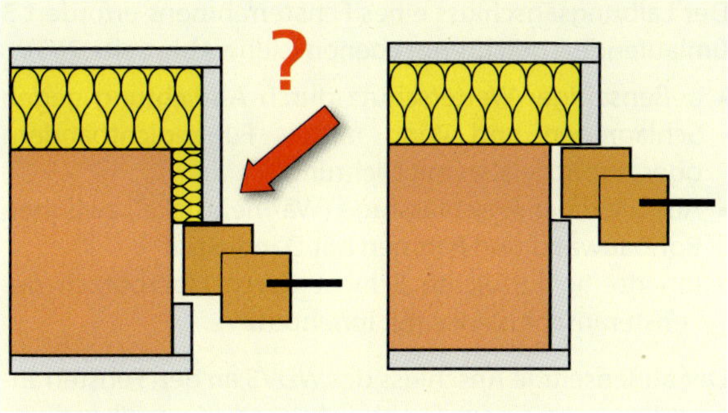

Fensterrahmen zurückgesetzt, rechts wandbündig

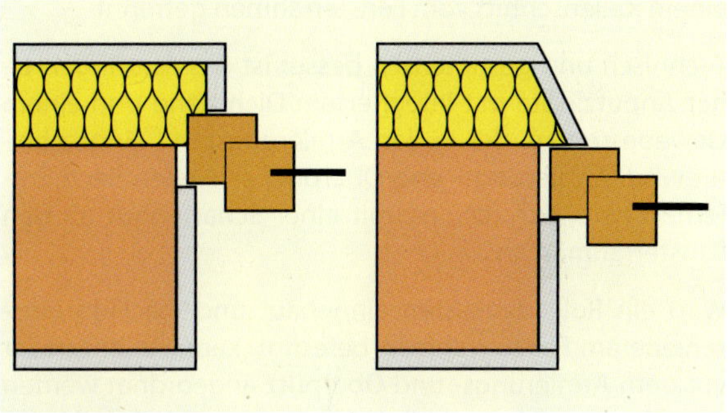

Fensterrahmen vorgesetzt WDVS abgeschrägt

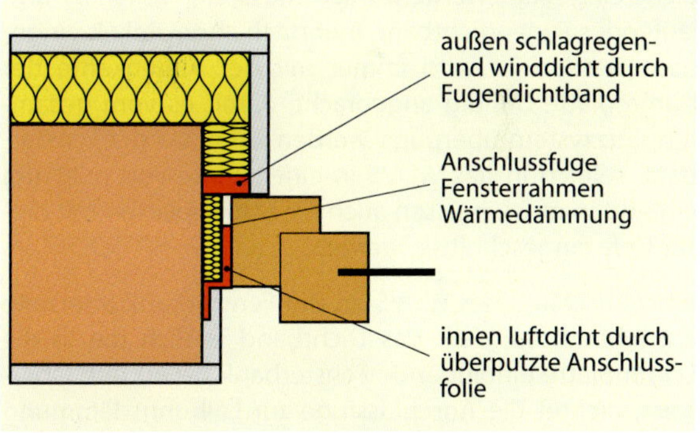

Dichtungsebenen beim Fenstereinbau

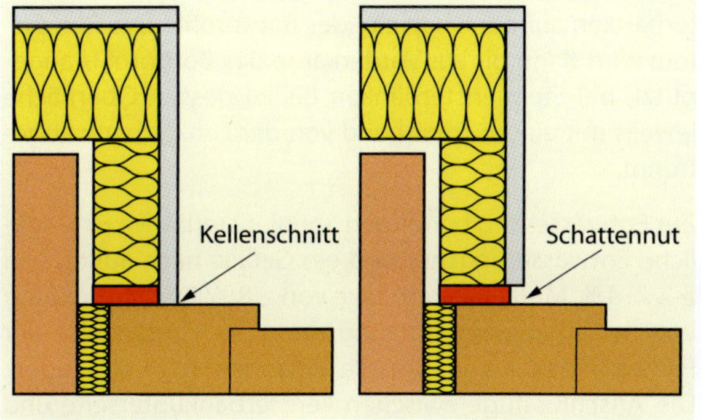

Rahmenanschluss mit Fugendichtband Anputzleiste mit Dichtband und Gewebestreifen

Der Laibungsanschluss eines Fensterrahmens erfordert 3 umlaufende Abdichtungsebenen (siehe Abb. Seite 205):

- außenseitiger Wetterschutz durch Abdichtung gegen Schlagregen und Wind mittels Fugendichtbändern oder Anputzleisten mit Dichtung
- Ausfüllen der Anschlussfuge (Wärmebrücke!) zwischen Rohbauwand und Rahmen mit Dämmstoff
- innenseitig luftdichte Schicht durch Überputzen der Fensteranschlussfolie mit Innenputz

Der außenseitige Anschluss des WDVS an den Fensterrahmen kann mit einem Fugendichtband (Kompriband) erfolgen, das bündig mit der Dämmplattenaußenkante an den Laibungen und am Sturz auf dem Rahmen angebracht wird. Armierungs- und Oberputz werden dann mit einem Kellenschnitt vom Fensterrahmen getrennt.

Technisch und gestalterisch besser ist das Anbringen einer Anputzleiste mit integriertem Dichtband und einem Gewebestreifen, der in den Armierungsputz eingearbeitet wird. Armierungs- und Oberputz schließen nach Entfernen einer Schutzlippe mit einer Schattennut an den Fensterrahmen an.

Wird ein Rollladenkasten eingebaut und die Führungsschiene am Fensterrahmen befestigt, kann sie entweder vor dem Armierungs- und Oberputz angeordnet werden oder das Putzsystem schließt an eine schmale Anputzleiste an, die auf der Führungsschiene angebracht wird.

Fensterbänke müssen ebenfalls schlagregen- und winddicht eingebaut werden. Dazu muss ein lückenlos umlaufendes Fugendichtband mehrfach abgewinkelt eingebaut werden. Es wird immer mit der Außenkante der Dämmplatte bündig angebracht, damit es vom gesamten Putzsystem überputzt werden kann. Da die Fensterbank seitlich in das WDVS in einer Breite von ≥ 20 mm einbinden muss, müssen auch die Dämmplatten mit dieser Tiefe eingeschnitten werden.

Vom Anschluss des WDVS an der Fensterbankunterseite ausgehend, umgreift das Dichtband seitlich die in die Dämmplatte einbindende Fensterbank bis an ihre Oberseite, dichtet die Anschlussfuge zur Laibungsdämmung ab und schließt an die Abdichtung des Fensterrahmens zum WDVS an.

Auf der Oberseite der Fensterbänke wird das Dichtband in einer Breite von ≥ 15 mm angebracht, bei Metallfensterbänken auf der Oberseite des Bordprofils. Das Putzsystem wird dann bis zur Vorderkante des Bordprofils angeputzt, bei Steinfensterbänken bis zu dessen Oberfläche jeweils mit einem Trennband von der Fensterbank abgetrennt.

Zur Entwässerung benötigen Steinfensterbänke eine seitliche Entwässerungsnut und ein Gefälle nach außen von ≥ 2 … 4 %, Metallfensterbänke von ≥ 8 %. Zur Vermeidung von Fassadenverschmutzung muss die Vorderkante der Fensterbänke ≥ 4 cm vor die Putzoberfläche auskragen. Die Anschlussfuge zwischen Fensterbankunterseite und Rohbaubrüstung muss zur Vermeidung von Wärmebrücken vollständig mit Dämmstoff ausgefüllt werden.

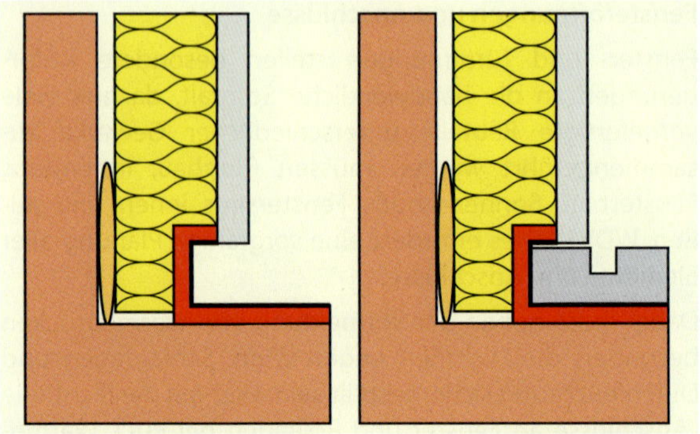

Seitlicher Anschluss Fensterbank an Laibungsdämmung mit umlaufendem Fugendichtband: Links Metallfensterbank mit Bordprofil, rechts Steinfensterbank mit Entwässerungsnut

Fensterbank mit Bordprofil: links nicht schlagregendicht, rechts fachgerecht abgedichtet und eingeputzt

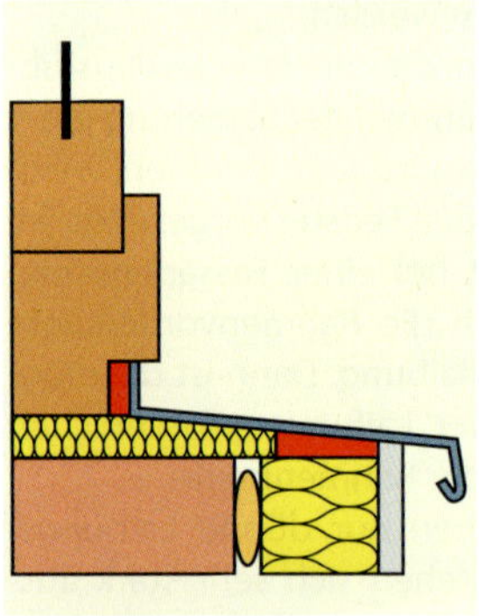

Fensterbank-Brüstungsanschluss mit Dichtband

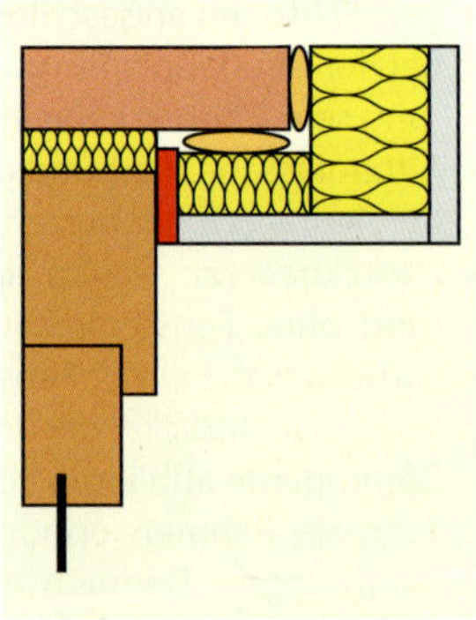

Fenstersturz mit Laibungsanschluss und Dichtband

Bei Fenster- und Türöffnungen in WDVS ist eine sorgfältige Planung und handwerkliche Ausführung aller Elemente und Anschlüsse erforderlich. Die Öffnungen dürfen keine Wärmebrücken aufweisen und müssen luft-, wind- und schlagregendicht abgedichtet werden. Insbesondere die Lage der Fensterebene zur Wandoberfläche spielt dabei eine wichtige Rolle.

Die rohbaubündige Anordnung des Fensterrahmens ermöglicht die Überdämmung von Rahmen und Anschlussfuge, während eine in die Laibung zurückgesetzte Anordnung abhängig von der Rahmenbreite meist nur geringe Schichtdicken der Laibungsdämmung ermöglicht.

Brandschutz

Die Landesbauordnungen stellen an WDV-Systeme Brandschutzanforderungen abhängig von Gebäudeklasse und Gebäudehöhe. WDVS aus EPS-Dämmplatten werden ohne Brandschutzmaßnahmen als schwer entflammbar eingestuft bei Gebäudeklasse 1 … 3 und bei höherer GKL bei einer Plattendicke $d < 10$ cm. Bei einer Plattendicke 10 cm $< d \leq 30$ cm werden zusätzliche Brandschutzmaßnahmen mit nichtbrennbaren MW-Platten erforderlich.

Dazu werden zwei Schutzzonen unterschieden:

1: Schutzzone Raumbrand

Sie umfasst die gesamte Gebäudefassade, betrifft den Schutz aller Geschosse gegen Brandausbreitung von innen durch Fassadenöffnungen in die Dämmebene hinein und gilt für WDVS mit EPS-Schichtdicken 10 cm $< d \leq 30$ cm. Hier sind zwei alternative Konstruktionen möglich:

- **Sturzschutz (SZ) über jeder Fassadenöffnung:**
  Zum Schutz der Sturzkante der Fassadenöffnung im Brandfall gegen Aufklaffen und Brandweiterleitung in die Dämmstoffebene werden oberhalb jeder Öffnung nichtbrennbare MW-Streifen (Höhe $h \geq 20$ cm, seitlicher Öffnungsüberstand ≥ 30 cm) angebracht. MW-Lamellen werden vollflächig angeklebt, MW-Platten zusätzlich verdübelt.
- **Umlaufender Brandriegel (BR):**
  Ein lückenlos umlaufender Brandriegel aus MW-Plattenstreifen ($h \geq 20$ cm) dient ebenfalls der Verhinderung einer geschossweisen Brandweiterleitung in der Dämmebene. Die Platten werden ebenfalls vollflächig verklebt, bei gedübelten oder mit Schienen befestigten WDV-Systemen zusätzlich verdübelt.
  Brandriegel müssen mindestens in jedem zweiten Geschoss oberhalb der Fenster- oder Türöffnungen ausgeführt werden (Höchstabstand UK Sturz – UK Brandriegel 50 cm). Bei zweigeschossigen Gebäuden wird der Brandriegel immer über dem EG, bei dreigeschossigen über dem EG oder dem 1.OG angeordnet.

2: Schutzzone Sockelbrand

Sie schützt die ersten drei Geschosse gegen Brandausbreitung von außen auf die Fassade (z. B. aus brennenden Müllcontainern), überlagert also in diesem Bereich die Schutzzone Raumbrand und übernimmt daher deren Aufgaben. Es sind insgesamt drei umlaufende Brandriegel erforderlich:

- Sockelriegel (UK WDVS, ≤ 90 cm über OK Gelände)
- Brandriegel Decke ü. EG (≤ 3,0 m über Sockelriegel)
- Brandriegel Decke ü. 2.OG (≤ 8,0 m über EG-Riegel)

> Schwer entflammbare WDVS mit EPS-Dämmplatten > 10 cm erfordern in der Schutzzone Raumbrand über jeder Fassadenöffnung einen Sturzschutz oder in jedem zweiten Geschoss umlaufende Brandriegel, jeweils aus nichtbrennbaren MW-Streifen. Zusätzlich müssen in der Schutzzone Sockelbrand in den ersten drei Geschossen drei Brandriegel angeordnet werden.

Gebäudeklasse/ Gebäudehöhe	Euro-klasse	Baustoff-klasse	bauaufsichtl. Bezeichnung
1 … 3/≤ 7,0 m	E, D	B2	normal entflammbar
4 … 5/> 7,0 m	C, B, A	B1	schwer entflammbar
> 5/> 22,0 m (Hochhäuser)	A1, A2	A	nichtbrennbar

Brandschutzanforderungen an WDVS nach LBO

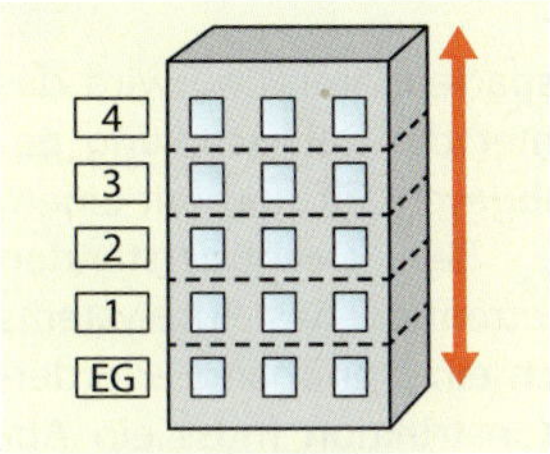

Schutzzone Raumbrand

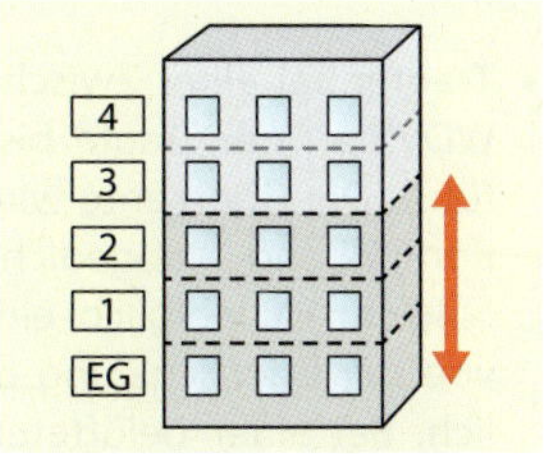

Schutzzone Sockelbrand

Sturzschutz über Öffnungen

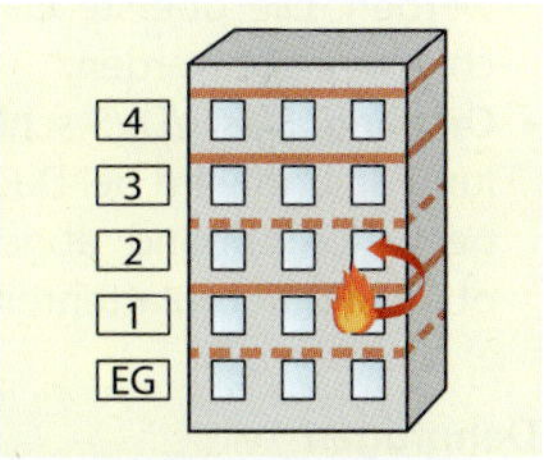

Brandriegel über Öffnungen

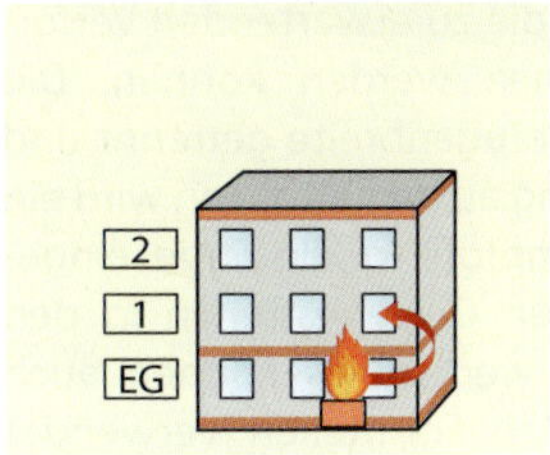

Sockelbrand GKl 1–3

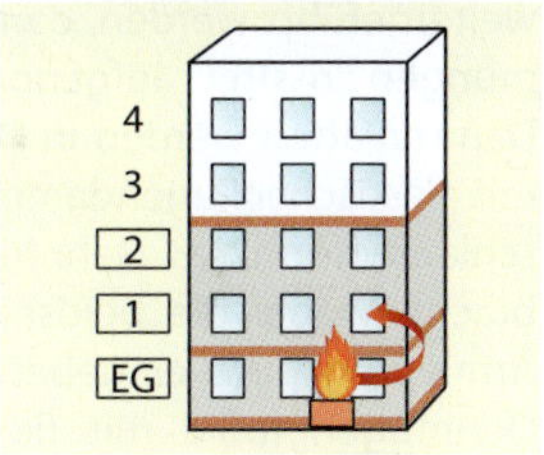

Sockelbrand GKl 4–5

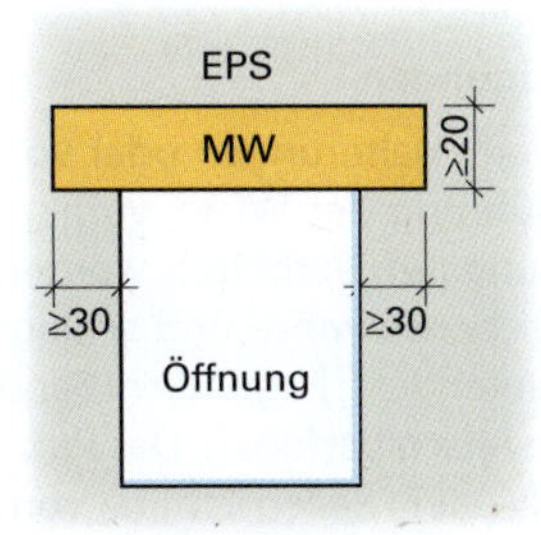

Sturzschutz Maßnahme

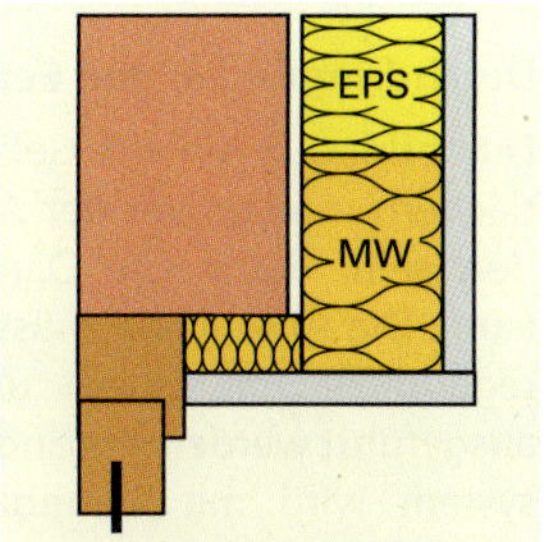

Sturzschutz der Laibung

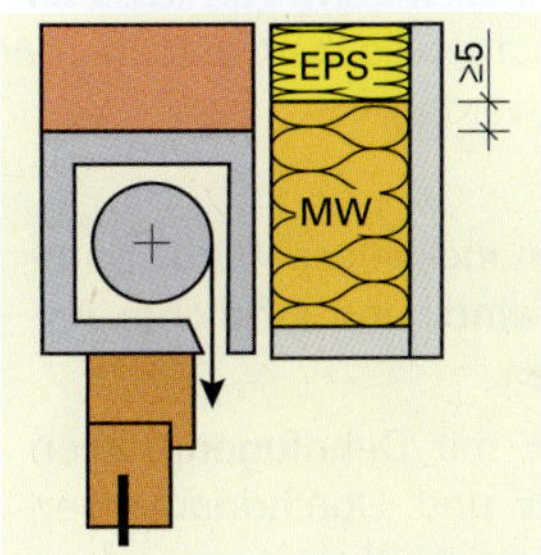

Sturzschutz Rollladenkasten

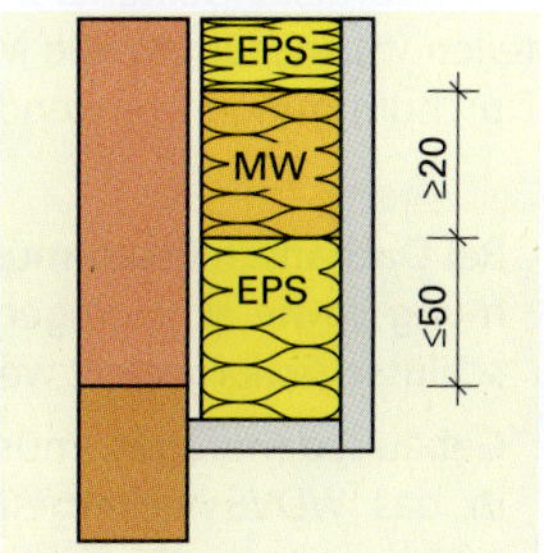

Sturzabstand Brandriegel

Dachanschluss

Der Übergang zwischen dem WDVS und einer gedämmten Dachkonstruktion darf keine Wärmebrücken aufweisen. Daher muss die Dachflächendämmung lückenlos in die Fassadendämmung des WDVS übergehen. Die Anschlüsse müssen schlagregen-, wind- und luftdicht ausgeführt werden. Das WDVS selbst darf nicht die Aufgabe der luftdichten Schicht übernehmen. Bei belüfteten Dächern müssen zudem die erforderlichen Zuluftöffnungen durch Belüftungsprofile an der Dachtraufe sichergestellt sein.

- **Traufe:** Bei einer Zwischensparrendämmung wird das WDVS an der Traufe bis unter die Dachschalung geführt. Die Oberkante wird abgeschrägt und mit einem Kompriband abgedichtet. Bei Dachüberständen > 40 cm ist lediglich ein Abtrennen des Putzsystems von der Dachschalung durch ein Trennband erforderlich. Bei einer belüfteten Konstruktion muss ein Abstand für den Einbau eines Belüftungsprofils belassen werden. Die oberste Dämmplattenreihe muss vollflächig verklebt werden.
- **Ortgang:** Das WDVS schließt am Ortgang an die Schalung an und wird bei Dachüberständen ≤ 40 cm mit einem Kompriband abgedichtet. Auch hier wird die oberste Dämmplattenreihe vollflächig verklebt.

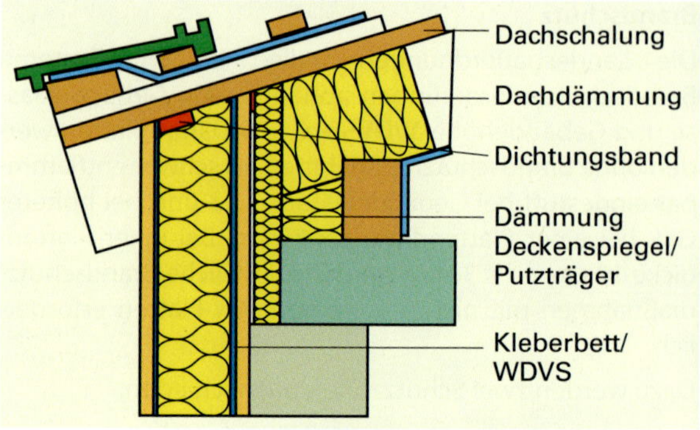

Traufanschluss WDVS an Zwischensparrendämmung

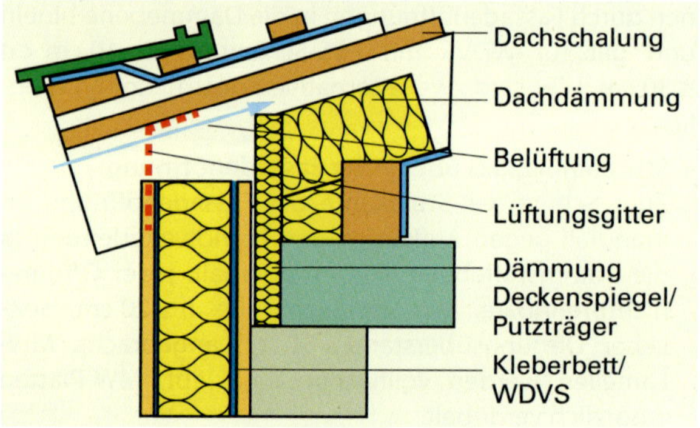

Traufanschluss WDVS an belüftetes Kaltdach

Dehnfugen

Gebäudedehnfugen müssen in der WDVS-Konstruktion weitergeführt werden, damit die zu erwartenden Verformungen rissfrei aufgenommen werden können. Die Dämmplatten werden in Dehnfugenbreite getrennt und mit elastischer Fugendämmung ausgefüllt. Dann wird ein schlaufenförmiges Dehnfugenprofil in die Fuge eingebracht, wobei die beidseitigen Gewebestreifen in den Armierungsputz eingebettet werden. Es können auch Dehnfugenprofile mit flexiblen Formteilen verwendet werden. Die Dehnfuge ist im Fassadenbild sichtbar.

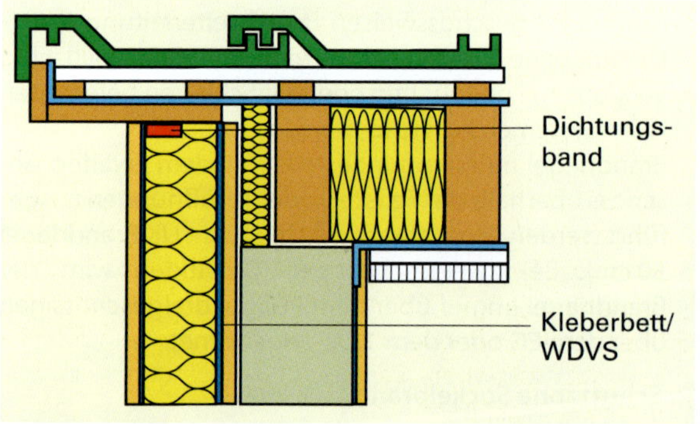

Ortganganschluss WDVS an Zwischensparrendämmung

Durchdringungen und Befestigungen

Durchdringungen von Geländern, Halterungen oder Vordächern müssen vor der Ausführung des WDVS vorhanden sein, damit die Dämmung angearbeitet werden kann. Die Anschlüsse müssen ebenso wind- und schlagregendicht mit einem umlaufenden Fugendichtband ausgeführt werden wie andere Anschlussfugen. Das Putzsystem wird mit Trennband oder Kellenschnitt vom durchdringenden Bauteil getrennt. Zur Vermeidung von Wärmebrücken sollten bei der Befestigung von Fassadenteilen wärmedämmende Montageteile statt metallischer Durchdringungen verwendet werden.

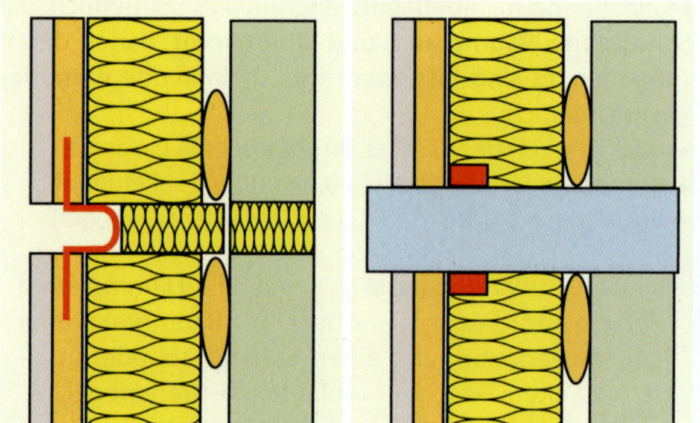

Dehnfuge mit Schlaufenprofil und Durchdringungsanschluss mit Dichtbändern

Bei Dachanschlüssen müssen lückenlose Wärmedämmung sowie schlagregen-, wind- und luftdichte Anschlüsse sichergestellt werden.

Gebäudedehnfugen müssen mit Dehnfugenprofilen in das WDVS weitergeführt und Durchdringungen schlagregen- und winddicht abgedichtet werden.

11.8.7 Fehlerquellen und ihre Folgeschäden

Fachgerecht verarbeitete neuzeitliche WDVS weisen im Gegensatz zu früheren Jahren eine relativ geringe Schadensquote auf. Nach anfänglichen bauphysikalischen Mängeln traten später Probleme der Rissbildung und Fugenüberbrückung und derzeit mikrobieller Algen- und Pilzbewuchs auf. Zu den wichtigsten Schadensrisiken zählt die mangelhafte Ausführung von Bauteilanschlüssen, z. B. bei Fenstern oder Sockelzonen. Bei Undichtigkeiten besteht dann das Risiko von Feuchtigkeitshinterwanderung, Tauwasserbildung und damit von Bauschäden.

Die wichtigsten Planungs- und Verarbeitungsfehler	Mögliche Folgeschäden
Untergrund nicht ausreichend tragfähig	Standsicherheit gefährdet, Gefahr der Plattenablösung
Untergrundmängel nicht vorbehandelt (Fugen, Unebenheiten)	Rissbildungen im Gesamtsystem, Gefahr der Plattenablösung
Dübel ungeeignet, Dübelanzahl zu gering	Standsicherheit gefährdet, Gefahr durch Windbelastung
Dämmplatten bauphysikalisch ungeeignet	Durchfeuchtung durch Tauwasser, Abplatzungen
Dämmplatten mit ungeeigneter Oberfläche	Haftung Putzsystem gefährdet, Abplatzungen
Verklebung mangelhaft (Verfahren ungeeignet, kein Randwulst, Klebeflächenanteil zu gering)	Standsicherheit gefährdet, Gefahr der Plattenablösung
Dämmplatten nicht im Verband, ohne Eckverzahnung verlegt	Rissbildungen im Putzsystem, teilweise Abplatzungen
Dämmplatten mit offenen Stoßfugen, Kleber in Fugen	Wärmebrücken, Fugenabzeichnung in Fassade
Armierungsgewebe mangelhaft eingebettet	Rissbildungen, Abplatzungen des Putzsystems
Armierungsputz zu dick	Durchfeuchtung durch Tauwasser, Abplatzungen
Laibungsdämmung unzureichend	Wärmebrücken, Tauwasser- und Schimmelpilzbildung
Anschlüsse nicht schlagregen- und winddicht ausgeführt (Fenster, Dach, Sockel)	Durchfeuchtung Putz- und Dämmschicht, Abplatzungen des Putzsystems, des Oberputzes oder des Anstrichs
keine hersteller- und systemgebundenen Bestandteile verwendet	Baustoffe unverträglich, Haftung und Standsicherheit gefährdet

Planungs- und Verarbeitungsfehler bei WDVS und ihre möglichen Folgen

WDVS eignen sich neben der preiswerten Sicherung des Wärmeschutzes auch zur Sanierung von Putzschäden, z. B. von ruhenden Rissen oder solchen mit geringer Rissbreitenänderung (siehe Abschnitt 15.5.8). Die Möglichkeiten zur Sanierung oder Modernisierung eines geschädigten WDV-Systems werden im Abschnitt 15.7 ausführlich beschrieben.

11.8.8 Konstruktionsvergleich und Anwendungsmöglichkeiten

Aufgrund der hohen wärmedämmtechnischen Leistungsfähigkeit und der umfangreichen Alternativen für Dämmstoff, Befestigungsart und Deckschichten sind die Anwendungsmöglichkeiten für WDVS sehr vielfältig. Ein Systemvergleich untereinander und mit anderen Wärmedämmkonstruktionen kann nach folgenden Gesichtspunkten erfolgen:

Wärmeschutz

Die für WDVS verwendbaren Dämmstoffe und ihre Wärmeleitfähigkeiten werden ständig weiterentwickelt und bieten derzeit λ-Werte von 0,022 … 0,055 W/(m · K). Sie ermöglichen damit sowohl ausreichend dünne als auch große Schichtdicken von $d = 40 \dots 400$ mm. Mit der Schichtdicke der Dämmplatte von 40 mm bei λ-Werten von 0,04 W/(m · K) ist bereits der Mindestwärmeschutz für Außenwände mit HLz-Mauerwerk von 24 cm Dicke ($\varrho = 1\,200$ kg/m^3) nach DIN 4108-2 gesichert.

Im Vergleich zu WDPS, VHF oder Innendämmungen sind WDVS aufgrund der Materialvielfalt verfügbarer Dämmstoffe mit niedrigen λ-Werten bei gleicher Schichtdicke leistungsfähiger.

mineralischer Putz $\mu = 35$		Kunstharzputz $\mu = 150$
$d = 7$ mm	$d = 20$ mm	$d = 5$ mm
0,5	1,2	–
1,1	1,8	–
1,9/4,9	2,6/5,6	2,5/5,6
1,9	2,6	–
9,4	10,1	10,1
1,1	1,8	–

Diffusionsdurchlasswiderstände *Z* von WDVS bei Dämmschichtdicken von 10 cm (in $10^6 \cdot m^2 \cdot h \cdot Pa/kg$)

Dämmstoff/ Dicke in cm	Bstkl B2	Bstkl B1	Bstkl A
EPS ≤ 10/> 10	X/–	X/X*	–
PU (PUR/PIR)		X	
ICB		X	
PF		X	
MW			X
MS			X
WF	X	X	

* mit Sturzschutz/Brandriegel

Einordnung von WDV-Systemen in Baustoffklassen (Bstkl)

Feuchteschutz

Feuchtetechnisch bieten WDVS mit Wasser abweisenden Oberputzen ausreichenden Schlagregenschutz. Die verschiedenen WDVS unterscheiden sich jedoch aufgrund ihrer von Dämmung und Putzsystem beeinflussten unterschiedlichen Wasserdampfdurchlässigkeit erheblich. So weisen organisch verputzte PUR/PIR-Systeme weitaus höhere Diffusionsdurchlasswiderstände Z auf als MW-Systeme mit einer dünnschichtigen mineralischen Putzbeschichtung. Durchfeuchtete Außenwände weisen dann wesentlich längere Austrocknungszeiten auf.

Brandschutz

Abhängig von Dämmstoffart und -dicke werden WDVS als Ganzes als ein Baustoff durch nationale Prüfregelungen in unterschiedliche Baustoffklassen eingeordnet (siehe Tabelle). Ebenso wichtig sind dafür auch Art, Dicke und organische Anteile von Putzsystem und Kleber.

Welches System anwendbar ist, hängt von den baurechtlichen Anforderungen im Einzelfall ab, z.B. von der Gebäudehöhe und Nutzungsart (siehe Abschnitt 11.8.7, Tabelle Brandschutz).

Schallschutz

Der Luftschallschutz des zweischaligen Masse-Feder-Systems einer Außenwand mit WDVS hängt ab von der Dämmstoffart und -dicke, der Art der Befestigung, der Dicke und der flächenbezogenen Masse des Putzsystems. Ein hoher Klebeflächenanteil, eine geringe Dämmschichtdicke, starre Dämmplatten mit hoher dynamischer Steifigkeit sowie Dünnschichtputze mit niedriger flächenbezogener Masse verschlechtern das Luftschalldämmmaß.

Systeme mit „weich-federnden" Faserdämmstoffen (MW) und schweren Dickschichtputzen sind günstig bei Straßen- und Schienenlärm im hohen Frequenzbereich, Systeme mit elastifiziertem Hartschaum (EPS SD) und Dünnschichtputzen dagegen bei Außenlärmquellen im niedrigen Frequenzbereich.

Ökologie

Wegen der begrenzten Recyclingfähigkeit von WDVS (Materialverbund, Sortentrennung schwierig) sind sie trotz niedriger λ-Werte und langer Lebensdauer von > 35 Jahren zwar als nachhaltig und effizient, aber ökologisch problematischer als WDPS oder VHF einzustufen.

Planungs- und Ausführungsfehler bei WDVS betreffen Materialwahl und Verarbeitung, insbesondere bei Befestigung und Verlegung der Dämmplatten sowie bei Anschlüssen an andere Bauteile. Dadurch können schwere Bauschäden verursacht werden.

Die verschiedenen WDV-Systeme unterscheiden sich je nach verwendeten Materialien und Schichtdicken hinsichtlich Wärme-, Feuchte-, Schall- und Brandschutzeigenschaften. Vor- und Nachteile im konkreten Anwendungsfall müssen daher sorgfältig abgewogen werden.

Dämmstoff	Putzsystem	Wärmeschutz	Feuchteschutz	Schallschutz	Brandschutz
EPS	organ.	++	○	–*/+**	○
EPS	miner.	++	+	–*/+**	+
PF	organ.	++	○	–	○
MW	miner.	+	++	++	++
MW-L	miner.	+	++	–	++
WF	miner.	○	++	++	○
MS	miner.	○	++	–	++

* bei Dünnschichtputzen ** bei EPS SD

Konstruktionsvergleich WDVS und ihre Anwendungsmöglichkeiten

Zusammenfassung:

Anschlüsse an andere Bauteile wie Sockelzonen, Fenster- und Türöffnungen, Dächer und Durchdringungen müssen ohne Wärmebrücken sowie schlagregen- und winddicht ausgeführt sein.

Die Landesbauordnungen stellen an WDVS je nach Gebäudehöhe unterschiedliche Brandschutzanforderungen. Schwer entflammbare WDVS mit EPS-Dämmplatten mit Schichtdicken > 10 cm benötigen besondere Brandschutzmaßnahmen durch einen Sturzschutz über jeder Fensteröffnung oder durch umlaufende Brandriegel aus unbrennbaren MW-Plattenstreifen.

Anschlüsse an Dächer oder Durchdringungen anderer Bauteile müssen ebenfalls schlagregen- und winddicht abgedichtet werden.

Planungs- und Verarbeitungsfehler bei WDVS können zu erheblichen Bauschäden führen.

Aufgaben:

1. *Welchen besonderen Beanspruchungen ist der Sockelbereich eines WDVS ausgesetzt?*
2. *Welche Aufgabe hat eine Noppenbahn bei der Sockeldämmung eines WDVS?*
3. *Skizzieren Sie den unteren Abschluss der Sockeldämmung eines WDVS, das etwa 15 cm in das Erdreich einbindet (flächenbündig, schräger Abschluss). Beschriften Sie alle Bestandteile.*
4. *Welchen Vorteil hat die außenputzbündige Anordnung der Fenster bei einem WDVS?*
5. *Skizzieren Sie den Anschluss der Laibungsdämmung eines WDVS an einen in der Laibung zurückgesetzten Holzfensterrahmen ohne Rollladenführungsschiene.*
6. *Skizzieren Sie in Ansicht und Schnitt die Brandschutzmaßnahme Sturzschutz für schwer entflammbare WDVS mit einer EPS-Dämmplattendicke von 15 cm. Geben Sie Abmessungen an.*
7. *Worauf ist beim Traufanschluss eines WDVS an die Zwischensparrendämmung eines belüfteten Kaltdachs zu achten?*

11.9 Wärmeschutzberechnungen Aufgaben

1. *Berechnen Sie den Wärmedurchlasswiderstand R_{ges} für folgende Außenwandkonstruktionen:*
   a) *Stahlbeton unverputzt, d = 30 cm*
   b) *Ziegelmauerwerk HLz, ϱ = 1 200 kg/m³, d = 24 cm, mit Normalmörtel; Innenputz: Gipssandputz, d = 1 cm; Außenputz: Kalkzementunterputz, d = 1,6 cm; Kunstharzputz, d = 0,4 cm*
   c) *Porenbetonplansteine PP, ϱ = 600 kg/m³, d = 24 cm; Innenputz: Gipsputz, d = 1,5 cm; Außenputz: Kalkzementleichtunterputz, ϱ = 800 kg/m³, d = 1,5 cm; Kalkzementedelputz, d = 0,5 cm.*
2. *Überprüfen Sie, ob die folgenden Bauteilkonstruktionen den jeweils erforderlichen Mindestwert des Wärmedurchlasswiderstandes R_{ges} nach DIN 4108 einhalten:*
   a) *Außenwand (normale Innentemperaturen): Leichtziegelmauerwerk HLzW, ϱ = 800 kg/m³, d = 30 cm, mit Leichtmörtel; Innenputz: Gipssandputz, d = 1 cm; Außenputz: Kalkzementleichtunterputz, ϱ = 800 kg/m³; d = 1,5 cm; Kalkzementedelputz, d = 0,5 cm*
   b) *Kellerdecke: Stahlbetonplatte, d = 20 cm; Deckenputz: Kalkzementputz, d = 1,5 cm; Trittschalldämmplatte EPS-DESdg, d = 5 cm, Bemessungswert λ = 0,035 W/(m · K); Calciumsulfatfließestrich CAF, d = 4,5 cm*
   c) *Decke unter nicht ausgebautem Dachraum: Stahlbetonplatte d = 18 cm; Deckenputz: Gipssandputz, d = 1 cm.*
3. *Wie dick muss das Mauerwerk der folgenden Außenwände jeweils sein, damit der erforderliche Mindestwert des Wärmedurchlasswiderstandes R_{ges} nach DIN 4108 eingehalten wird (normale Innentemperaturen)?*
   a) *Mauerwerk HLz, ϱ = 1 200 kg/m³, mit Normalmörtel; Innenputz: Gipssandputz, d = 1 cm; Außenputz: Kalkzementunterputz, d = 1,7 cm; Kunstharzputz, d = 0,3 cm*
   b) *Leichtziegelmauerwerk HLzW, ϱ = 800 kg/m³, mit Leichtmörtel; Innenputz: Gipssandputz, d = 1 cm; Außenputz: Kalkzementleichtunterputz, ϱ = 600 kg/m³; d = 1,4 cm; Kalkzementkratzputz, d = 0,6 cm*
   c) *Porenbetonplansteine PP, ϱ = 500 kg/m³; Innenputz: Gipsputz, d = 1,5 cm; Außenputz: Kalkzementleichtunterputz, ϱ = 800 kg/m³; d = 1,5 cm; Kalkzementedelputz, d = 0,5 cm.*
4. a) *Berechnen Sie für eine Außenwand mit einem vorhandenen Wärmedurchlasswiderstand von R_{ges} = 0,65 m² · K/W den Wärmedurchgangskoeffizienten U.*
   b) *Überprüfen Sie, ob die Außenwandkonstruktion den Anforderungen des GEG für die Sanierung eines Gebäudes mit normalen Innentemperaturen entspricht.*
5. *Berechnen Sie für die folgenden Außenwandkonstruktionen jeweils den Wärmedurchgangswiderstand R_T und den Wärmedurchgangskoeffizienten U:*
   a) *Leichtziegelmauerwerk HLzW, ϱ = 600 kg/m³, d = 36,5 cm, mit Leichtmörtel; Innenputz: Gipssandputz, d = 1 cm; Außenputz: Kalkzementleichtunterputz, ϱ = 700 kg/m³; d = 1,8 cm; Kalkzementedelputz, d = 0,4 cm*
   b) *Mauerwerk Wärmedämmziegel WDz, ϱ = 600 kg/m³, d = 36,5 cm, mit Leichtmörtel LM 21; Innenputz: Gipssandputz, d = 1 cm; Außenputz: Wärmedämmputz, WLG 070, d = 6,0 cm; Kalkzementedelkratzputz, d = 0,6 cm*
   c) *Stahlbeton, d = 30 cm; Innenputz: Gipsputz, d = 1,5 cm; WDVS mit Dämmplatten EPS, Bemessungswert λ = 0,031 W/m · K; d = 14 cm; Armierungsputz Kalkzementputz, d = 1,0 cm; Oberputz Dispersionssilicatputz λ = 0,7 W/(m · K), d = 0,4 cm.*
6. *Im Keller eines Altbaus soll im Rahmen einer Altbaumodernisierung ein beheizter Hobbyraum eingebaut werden. Weisen Sie nach, dass der vorhandene U-Wert der ans Erdreich grenzenden Kelleraußenwand den Anforderungen des GEG für Altbausanierungen nicht entspricht.*
   Stahlbetonwand, d = 30 cm; Innenputz: Gipssandputz, d = 1,0 cm; Außenputz: Zementunterputz, d = 1 cm; Perimeterdämmplatten XPS-PW, Bemessungswert λ = 0,035 W/(m · K), d = 8 cm. Die Abdichtungsschicht bleibt unberücksichtigt.
7. a) *Berechnen Sie für die Kelleraußenwand der Aufgabe 6 die nach GEG erforderliche Schichtdicke der Perimeterdämmplatte.*
   b) *Berechnen Sie die erforderliche Schichtdicke der Perimeterdämmplatte, wenn für die tragende Kelleraußenwand statt der Stahlbetonwand Fertigteilelemente aus Porenbeton verwendet werden sollen. Porenbeton-Plansteine PP: ϱ = 600 kg/m³, d = 30 cm, λ = 0,19 W/(m · K); Innenputz: Gipssandputz, d = 1,0 cm; kein Außenputz erforderlich, die Abdichtung wird direkt aufgebracht.*

8. *Die Außenwand eines denkmalgeschützten Altbaus soll modernisiert werden. Sie besteht aus Natursteinmauerwerk, außen Sichtmauerwerk, innen verputzt. Berechnen Sie die erforderliche Schichtdicke einer Innendämmung aus Calciumsilicatplatten CS, die für die Einhaltung des im GEG für Innendämmungen bei historischen Gebäuden geforderten U-Wertes von $U = 0{,}35\ W/(m^2 \cdot K)$ benötigt wird.*

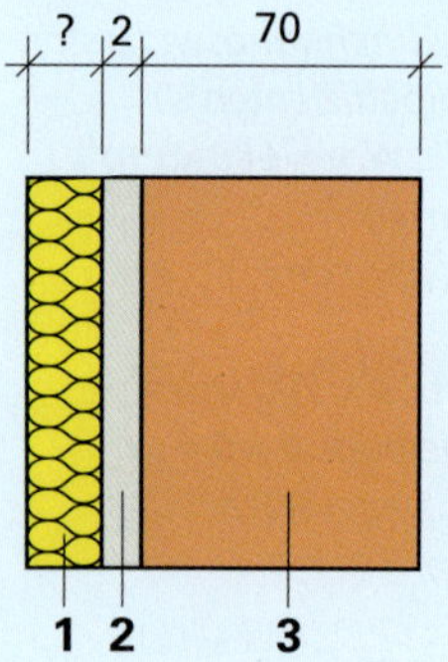

1: Innendämmung: Calciumsilicatplatte CS, vollflächig geklebt
2: Innenputz: hydraul. Kalkputz
3: Natursteinsichtmauerwerk: Sandsteine, $\varrho = 1\,600\ kg/m^3$
Kleber- und Spachtelschicht innen bleiben unberücksichtigt.

9. *Berechnen Sie für die nachfolgend beschriebene Außenwandkonstruktion eines Wohnhausneubaus die erforderliche Schichtdicke der Dämmschicht eines Wärmedämm-Verbundsystems.*

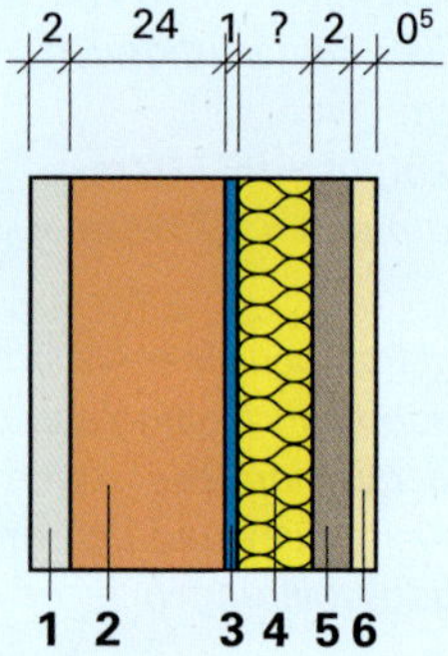

1: Gipsputz
2: Mauerwerk: Hochlochziegel HLz-A, Leichtmörtel LM 21, $\varrho = 600\ kg/m^3$
3: Kleberbett Kalkzementmörtel
4: Wärmedämmplatten MW-WAP, Bemessungswert $\lambda = 0{,}031\ W/(m \cdot K)$
5: Armierungsputz Kalkzementputz
6: Siliconharzoberputz

Erreicht werden soll der nach GEG erforderliche U-Wert der Außenwand eines Referenzgebäudes von $U = 0{,}28\ W/(m^2 \cdot K)$.

10. *Prüfen Sie, ob bei einer Außenwand aus zweischaligem Mauerwerk mit einer 10 cm dicken Luftschicht durch den nachträglichen Einbau einer Kerndämmung die Anforderungen des GEG an den U-Wert der Wandkonstruktion des Referenzgebäudes erfüllt werden können.*

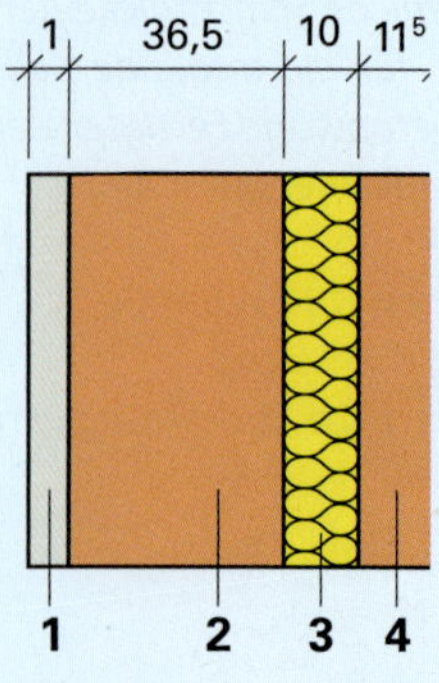

1: Gipsputz
2. Mauerwerk: Kalksandsteine KS, $\varrho = 1\,200\ kg/m^3$
3: Kerndämmung: Perlitschüttung Bemessungswert $\lambda = 0{,}062\ W/(m \cdot K)$
4. Verblendschale: Kalksand-Vormauersteine KSVm, $\varrho = 2\,000\ kg/m^3$

11. *a) Berechnen Sie für die nachfolgend beschriebene Kellerdecke eines Wohnhauses den Wärmedurchgangswiderstand R_T und den Wärmedurchgangskoeffizienten U:*

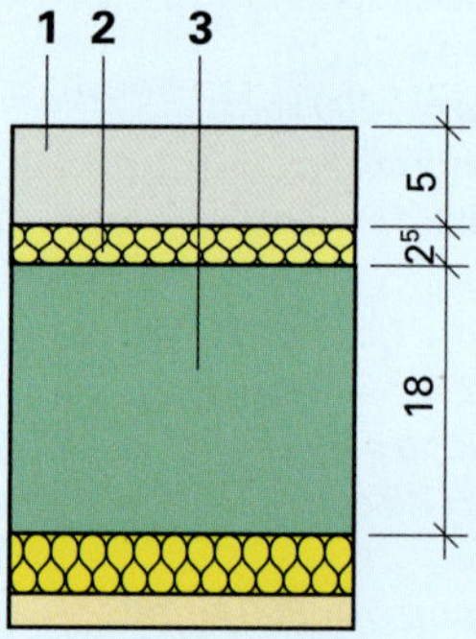

1: Estrich CAF
2: Trittschalldämmplatte EPS-DES, Bemessungswert $\lambda = 0{,}035\ W/(m \cdot K)$
3: Stahlbeton

b) Berechnen Sie die Schichtdicke einer Zusatzdämmung auf der Deckenunterseite, wenn der U-Wert der Kellerdecke bei einer nachträglichen Altbausanierung an die Anforderungen des GEG angepasst werden soll.
Holzwolle-Mehrschichtenplatte WW-C, Kern MW, mittlerer Wert $\lambda = 0{,}045\ W/(m \cdot K)$, unterseitig verputzt mit Deckenputz Gipssandputz, d = 1,5 cm.

12. *Prüfen Sie, ob die bei einer Altbausanierung auf der nicht unterkellerten Bodenplatte oberhalb der vorhandenen Trittschalldämmung geplante zusätzliche Wärmedämmschicht die Anforderungen des GEG an den erforderlichen U-Wert erfüllt.*

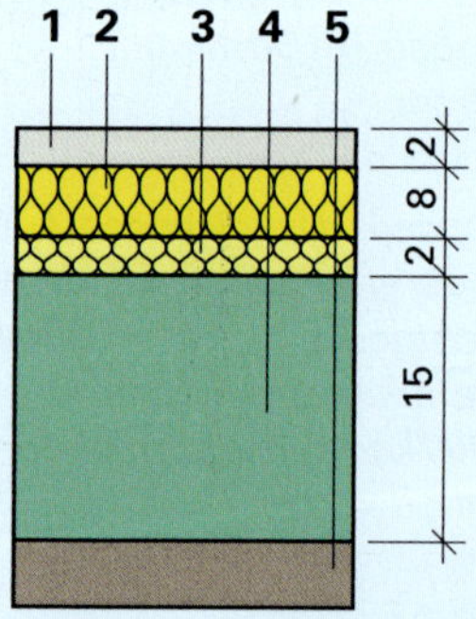

1: Fertigteilestrich: GF-Platte $\varrho = 1\,200\ kg/m^3$, $\lambda = 0{,}32\ W/(m \cdot K)$
2: Wärmedämmung: EPS-DEO, Bemessungswert $\lambda = 0{,}031\ W/(m \cdot K)$
3: Trittschalldämmplatte EPS-DES, Bemessungswert $\lambda = 0{,}041\ W/(m \cdot K)$
4: Stahlbeton
5: Erdreich

11.10 Projektaufgabe

Sie sind an der Planung der Modernisierung des dargestellten Ferienhauses beteiligt. Es soll eine zusätzliche Wärmedämmung der Außenwände entsprechend den Anforderungen des Gebäudeenergiegesetzes (GEG) erhalten.

Baubeschreibung:

Mauerwerkswände Porenbeton-Plansteine mit Leichtmauermörtel, d = 0,30 m, ϱ = 350 kg/m³;

Innenputz: Gipsleichtputz, d = 1,5 cm, ϱ = 800 kg/m³;

Außenputzsystem:
Unterputz Kalkzementleichtputz, d = 2 cm, ϱ = 950 kg/m³;
Oberputz Kalkzement-Edelputz, d = 0,5 cm, ϱ = 1 200 kg/m³;

Sockelhöhe ü. Gelände h = 40 cm; Sockelputz Armierungsputz, Kalkzementputzsystem, zweilagig, d = 25 mm, Oberputz Filzputz;

Grundriss

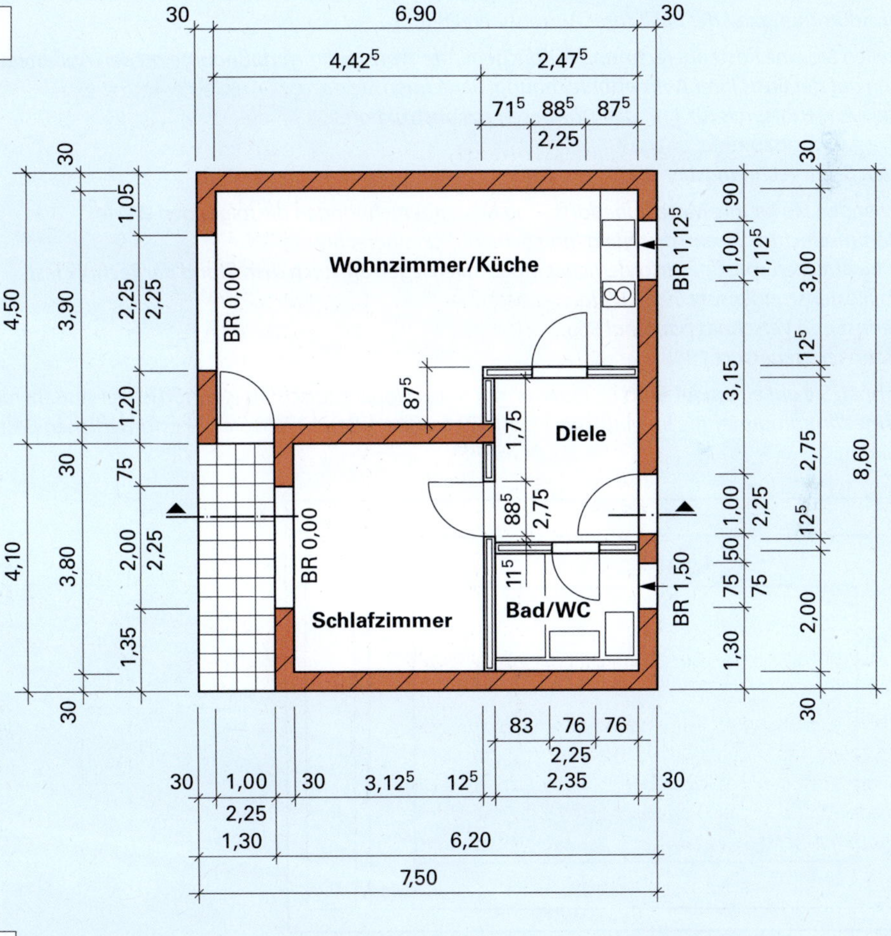

Schnitt

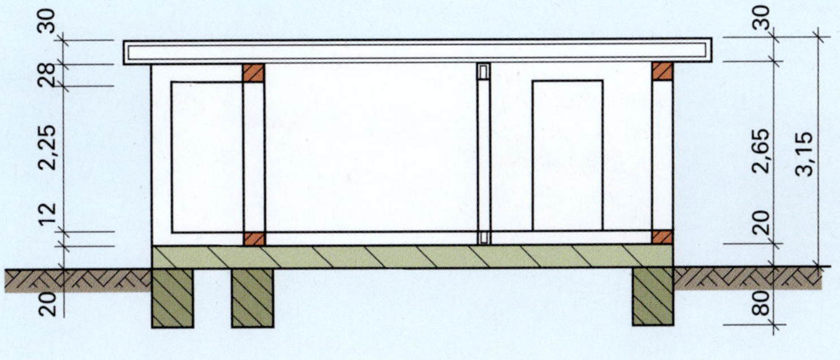

Aufgaben:

1. *Erstellen Sie für ein Beratungsgespräch mit dem Bauherrn eine Liste mit 3 unterschiedlichen grundsätzlichen Konstruktionsmöglichkeiten für die geplante Zusatzdämmung des Ferienhauses.*
   a) *Zeichnen Sie dazu jeweils eine Querschnittskizze im Maßstab 1 : 10 mit Beschriftung aller Bestandteile.*
2. *Vergleichen Sie die wichtigsten Vor- und Nachteile der 3 Konstruktionsmöglichkeiten und wählen Sie eine für Ihr Projekt geeignet erscheinende Konstruktion aus. Begründen Sie Ihre Wahl für das Bauherrengespräch.*
3. *Erstellen Sie eine Wärmedämmberechnung nach GEG. Berechnen Sie dazu:*
   a) *den vorhandenen Wärmedurchgangskoeffizienten U der bestehenden Außenwand,*
   b) *aus dem nach GEG für die Modernisierung von Außenwänden erforderlichen U-Wert die notwendige Schichtdicke d der Dämmschicht (Bemessungswert $\lambda = 0{,}041$ (W/m · K)).*
4. *Vergleichen Sie für das von Ihnen ausgewählte Konstruktionssystem die wichtigsten Eigenschaften, Vor- und Nachteile der verwendbaren Wärmedämmstoffe sowie der sonstigen erforderlichen Baustoffe. Wählen Sie die für Ihr Projekt geeigneten Baustoffe aus. Begründen Sie Ihre jeweilige Wahl.*
5. *Erstellen Sie auf der Grundlage der Bauzeichnungen ein Aufmaß nach VOB für die geplante Wärmeschutzmaßnahme.*
6. *Erstellen Sie eine Materialbedarfsberechnung für die geplante Wärmedämmmaßnahme an den Außenwänden ohne Sockeldämmung auf der Basis Ihrer Aufmaßberechnung.*
7. *Erstellen Sie eine Kostenberechnung für die geplante Wärmedämmmaßnahme an den Außenwänden ohne Sockeldämmung auf der Basis Ihrer Aufmaßberechnung. Berechnen Sie dazu:*
   a) *den Angebotspreis für 1 m² der Wärmeschutzkonstruktion,*
   b) *die Angebotssumme,*
   c) *den Bruttorechnungsbetrag.*

   Verwenden Sie für Ihre Materialbedarfs- und Kostenberechnungen die folgenden Werte:
   - *Dämmschichtdicke entsprechend Ihrer Schichtdickenberechnung*
   - *Schichtdicken sonstiger erforderlicher Materialien legen Sie nach dem Stand der Technik fest*
   - *Vollkostenstundensatz 59,80 €/Std.*
   - *Verlust und Verschnitt pauschal 8 %*
   - *Mehrwertsteuersatz 19 %*
8. *Zeichnen Sie auf einem A4-Blatt im Querformat einen Horizontalschnitt (Grundriss) der Außenwand mit der zusätzlichen Wärmedämmmaßnahme im Maßstab 1 : 5 mit Bemaßung. Beschriften Sie alle erforderlichen Bestandteile der Wandkonstruktion.*

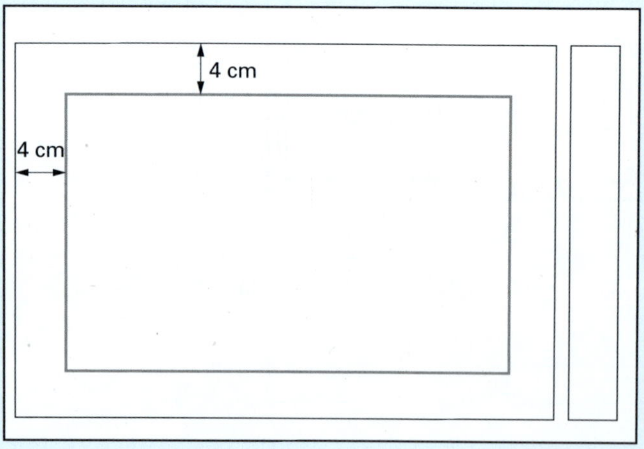

9. *Zeichnen Sie auf einem A4-Blatt im Querformat einen Horizontalschnitt (Grundriss) der Außenwand im Maßstab 1:5 mit einer Fensteröffnung, Dämmung der Fensterlaibung und dem Anschluss der zusätzlichen Wärmedämmmaßnahme an den Fensterrahmen. Bemaßen und beschriften Sie alle Bestandteile.*
Legen Sie für Ihre Zeichnung die größtmögliche Schichtdicke der Laibungsdämmung fest.
Holzfenster ohne Rollladen und Führungsschiene; Rahmen um 15 cm gegenüber der Vorderkante Außenputz zurückgesetzt; Rahmenmaß b = 10 cm, t = 8 cm, Anschlussfuge Rohbau b = 1 cm.

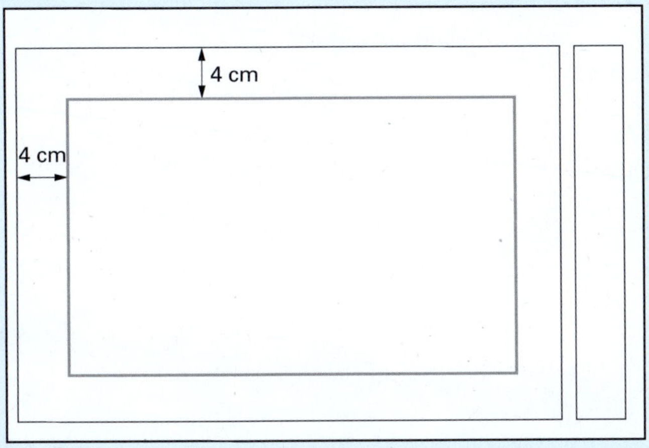

10. *Zeichnen Sie auf einem A4-Blatt im Hochformat einen Vertikalschnitt der Außenwand im Maßstab 1:5 mit einer Fensteröffnung, Dämmung des Fenstersturzes und dem Anschluss der zusätzlichen Wärmedämmmaßnahme an den Metall-Fenstersims. Bemaßen und beschriften Sie alle Bestandteile.*
Legen Sie für Ihre Zeichnung die größtmögliche Schichtdicke der Laibungsdämmung fest.
Holzfenster ohne Rollladen und Führungsschiene; Rahmen um 15 cm gegenüber der Vorderkante Außenputz zurückgesetzt;

Rahmenmaße:	*Sturz h = 10 cm, t = 8 cm, Anschlussfuge Rohbau b = 1 cm.*
	Brüstung h = 14 cm, t = 8 cm, Anschlussfuge Rohbau b = 1 cm.
Fenstersims Metall:	*Aufkantung am Rahmen, Abdichtung unter Wetterschenkel 2 cm*
	Überstand Vorderkante WDVS 3,5 cm
	Gefälle bis zur Vorderkante 3 cm

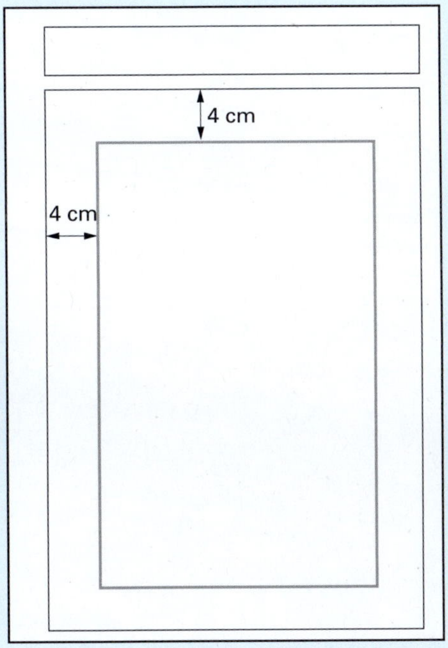

11. Zeichnen Sie auf einem A4-Blatt im Hochformat einen Vertikalschnitt der Außenwand im Maßstab 1:5 mit dem Anschluss der zusätzlichen Wärmedämmmaßnahme an die Sockeldämmung. Bemaßen und beschriften Sie alle Bestandteile.
Die Sockeldämmung soll mit einem Abschlussprofil von der Fassadendämmung getrennt und um 1 cm zurückgesetzt werden.
Die Dämmung der Sockelzone soll etwa 15 cm ins Erdreich einbinden. Das zweilagige Sockelputzsystem soll fachgerecht gegen die Feuchtigkeitsbelastung abgedichtet werden. Geländeanschluss Kiesschüttung.

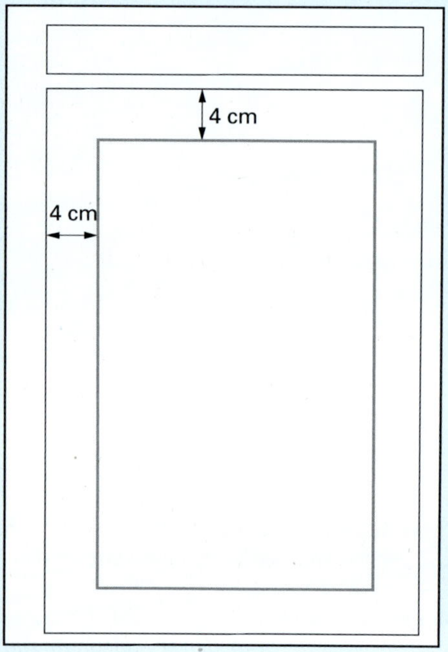

Lernfeld 12
Herstellen von Antragstuck

Die Anwendung von Stuck hat die dekorative Gestaltung von Bauwerken und Bauteilen durch plastische, aus Mörteln geformte Elemente zum Ziel und lässt sich bis ins Altertum zurückverfolgen. Zu den dabei zur Anwendung kommenden anspruchsvollen handwerklichen und künstlerischen Techniken zählen neben den im Lernfeld 9 behandelten Verfahren zum Ziehen von Stuckprofilen auch die Antrag-, die Form- und Gussarbeiten sowie die Herstellung von Stuckmarmor und Stuccolustro.

Im Lernfeld 12 lernen wir das freie Antragen und Modellieren mit einem Modelliermörtel als eine der bedeutsamsten Gestaltungstechniken des Antragstucks kennen. Außerdem informieren wir uns über Verfahren und Arbeitsschritte für Form- und Gussarbeiten, die für die mehrfache Reproduktion eines plastischen Originals erforderlich sind. Dazu vergleichen wir die verschiedenen Methoden und Materialien zur Herstellung einer Gussform und lernen die Arbeitsschritte beim Ausgießen dieser Form mit Stuckgips kennen.

Die Herstellung von Kunstmarmor durch Stuckmarmor oder Stuccolustro stellt eine seit der Renaissance- und Barockzeit häufig angewandte Methode zur Imitation des Natursteins Marmor durch Stuckateurtechniken dar. Wir lernen die Unterschiede der beiden Techniken kennen und informieren uns über die zur Verwendung kommenden Materialien ebenso wie über die erforderlichen Arbeitsschritte von der Materialwahl und Farbgebung bis hin zur Nachbehandlung.

Zum Abschluss werden wir im Rahmen eines praxisbezogenen Werkstattprojekts die Kopie eines einfachen Stuckreliefs selbst herstellen und dabei die Arbeiten für den Formenbau und das Ausgießen der Form selbst ausführen.

12.1 Arten des Antragstucks

Zur plastischen Gestaltung der Oberfläche einer Wand oder Decke können langgestreckte Stuckprofile verwendet werden, die durch Zugarbeiten mithilfe einer Schablone hergestellt werden (siehe Lernfeld 9). Wenn jedoch vielfältige dreidimensionale Ornamente, Reliefs oder Figuren auf der Oberfläche eines verputzten Bauteils vorgesehen sind, so können diese Gestaltungselemente durch die Anwendung einer der unterschiedlichen Techniken des Antragstucks hergestellt werden. Dabei werden hohe Anforderungen an die handwerklichen und gestalterischen Fähigkeiten des Ausführenden gestellt.

Die Auswahl des geeigneten Verfahrens hängt von den gestalterischen Zielsetzungen, den baulichen Gegebenheiten sowie den technischen und handwerklichen Möglichkeiten ab. Zu diesen Techniken gehören:

- Antragarbeiten
- Form- und Gussarbeiten
- Stuckmarmor (Scagliola)
- Stuccolustro

12.2 Antragarbeiten

Individuelle Ornamente oder Reliefs, die sich nicht zu häufig wiederholen, können durch das freie Antragen eines plastischen, gut formbaren Modelliermörtels auf einem entsprechend vorbereiteten Untergrund hergestellt werden. Dazu sind geeignete Werkzeuge und Hilfsmittel, vor allem jedoch besondere handwerkliche Fähigkeiten und Erfahrungen erforderlich. Die einzelnen Arbeitsschritte einer solchen Antragarbeit werden im Folgenden dargestellt. Diese sind:

- Abnahme von Entwurf oder Original des Ornaments
- Übertragen der Abnahme auf den Untergrund
- Vorbereitung des Untergrundes
- Anmachen des Antragmörtels
- Antragen des Mörtels und Ausformen des Ornaments
- Nachbehandlung der Oberflächen

12.2.1 Abnahme und Übertragung der Ornamentform

Die Grundlage aller Antragarbeiten stellt eine Entwurfszeichnung, eine Fotografie oder die Originalform eines Ornaments dar.

Abnahme

Zunächst erfolgt eine zeichnerische oder fotografische Aufnahme des Ornaments, insbesondere seiner Umrisse im Maßstab 1:1. Bei unvollständigen, weil teilweise zerstörten Elementen muss zunächst der fehlende Teil zeichnerisch ergänzt werden. Als Hilfsmittel für diese Aufnahme können Zeichenpapier zum Skizzieren der Form, Stechzirkel zum Markieren wichtiger Punkte oder eine Glasplatte zum Auflegen auf das Ornament benutzt werden. Eine Digitalkamera zur fotografischen Aufnahme des Originalornaments bietet jedoch vielfältigere Anwendungsmöglichkeiten.

Stuckornamente Klosterkirche Irsee

Skulpturen als Antragstuck im Innen- und Außenbereich

Stuckornamente als Antragstuck im Außenbereich

Stuckmarmor als Antragstuck an Säulen und Flächen

Ist die Entwurfszeichnung in kleinerem Maßstab als das geplante Ornament ausgeführt, wird sie mit einem Rasternetz in quadratische Felder unterteilt. Die Rasterfelder und die in jedem Feld enthaltenen Ornamentlinien werden dann im vorgesehenen Maßstab vergrößert auf einen kräftigen Papierbogen übertragen.

Übertragung

Die zeichnerische oder fotografische Darstellung des Ornaments muss nun auf den Untergrund übertragen werden. Dies kann wiederum auf unterschiedliche Weise erfolgen:

- Abpausen von Formumriss und -details mit Pauspapier auf den Untergrund
- Projektion eines Digitalbildes mittels Beamer oder eines Folienausdrucks der Zeichnung mittels Overheadprojektor auf den Untergrund, dann nachzeichnen der Form mit einem Bleistift auf dem Untergrund
- Auflegen einer Rastervergrößerung auf den Untergrund, durchrädeln der Ornamentlinien durch das Zeichenpapier, dann aufstäuben mit einem Farbbeutel auf den Untergrund

12.2.2 Untergrundvorbehandlung

Der Untergrund für Antragarbeiten muss die gleichen Anforderungen wie bei allen Putz- und Stuckarbeiten erfüllen. Er muss also tragfähig, sauber, rau, trocken und gleichmäßig saugfähig sein.

Um einen ausreichenden Haftverbund zwischen Antragmörtel und Untergrund sicherzustellen, muss dieser sorgfältig aufgeraut und vorgenässt werden. Bei zweilagigen Putzsystemen sollte die Glättputzschicht entfernt werden, um einen guten Verbund zum tragfähigeren Unterputz zu erreichen.

Stark hervorstehende und schwere Ornamente erfordern oft eine zusätzliche Verankerung im Untergrund durch rostfreie Nägel oder Schrauben, deren Köpfe zusätzlich mit Draht umwickelt und verbunden werden können. Bei Fassadenstuck kann, ähnlich wie bei Profilarbeiten, durch Vormauerungen im Rohbau oder durch Ausbildung eines Kerns aus Zementmörtel, Material für den Antragmörtel und Zeitaufwand eingespart werden.

12.2.3 Antragmörtel

Die Auswahl des erforderlichen Antragmörtels hängt von der Beanspruchung am vorgesehenen Einbauort ab. Ein Mörtel für Fassadenstuck muss z. B. wetterbeständig sein.

Innenstuck

Als Baustellenmörtel kann eine Mischung aus Alabastergips und Sumpfkalk im Mischungsverhältnis 1 : 1 verwendet werden. Bei größeren Ornamenten werden Abbindeverzögerer (Haut- oder Knochenleim, Tapetenkleister, Weinstein oder Zitronensäure) beigemischt. Bei Werktrockenmörteln wird sowohl für den Grob- als auch für den Feinauftrag ein Kalkgipsmörtel aufgetragen.

Plastische Stuckornamente können als Antragstuck mithilfe unterschiedlicher Arbeitstechniken hergestellt werden.

Zu diesen Gestaltungstechniken gehören das freie Antragen und Modellieren, Form- und Gussarbeiten sowie die Herstellung von Stuckmarmor oder Stuccolustro.

Diese anspruchsvollen Arbeiten erfordern besondere handwerkliche und gestalterische Fähigkeiten.

Antragen des Ornaments auf die Abnahmezeichnung

Innenstuck als Antragstuck, fertiges Ornament

Antragstuck mit farbiger Fassung

Fassadenstuck

Für einen Baustellenmörtel empfiehlt sich ein Trasskalkmörtel im Mischungsverhältnis 1:1,5 und für den Feinauftrag ein Sumpfkalkmörtel. Für Werktrockenmörtel sollte die gleiche Bindemittelbasis gewählt werden.

12.2.4 Antragen

Innenstuck

Der Antragmörtel wird je nach Ornamentgröße in mehreren Schichten von mindestens 5 mm Dicke angetragen. Deren Oberflächen müssen vor dem nächsten Arbeitsgang jeweils sorgfältig aufgeraut werden. Als Werkzeuge zum Antragen und Ausformen dienen flexible abgerundete Spachtel sowie Modellier- und Schneideisen. Zur Verdichtung der Oberfläche wird die letzte Schicht mit einem nassen Modelliereisen geglättet.

Fassadenstuck

Bei Antragarbeiten an Fassaden müssen aufgrund der Witterungsbeanspruchung bei der Auftragtechnik Unterschiede zum Innenstuck beachtet werden. Um das Eindringen von Feuchtigkeit weitgehend zu verhindern, ist eine sorgfältige Verdichtung der Oberfläche besonders wichtig. Hinterschneidungen sind so auszuführen, dass Wasseransammlungen vermieden werden und Wasser ungehindert abfließen kann.

12.3 Form- und Gussarbeiten

Soll ein Stuckornament in gleicher Form mehrmals verwendet werden, kann aus dem Originalelement ein Negativ als hohle Gussform hergestellt und diese dann, je nach Formmaterial, ein- oder mehrfach mit fließfähigem Mörtel ausgegossen werden. Mit dieser Vervielfältigung eines Originals wird eine erhebliche Zeitersparnis erreicht.

Als Originalform können speziell gefertigte Modelle, ganz oder teilweise vorhandene Schmuckformen aus Gips, Stein, Ton, Metall oder Holz sowie Körperteile dienen.

12.3.1 Vorbereitung der Modelle

Um das Abgussmaterial für die Gussform ohne Schäden vom Originalmodell lösen zu können, muss dieses mit einem Trennmittel beschichtet werden. Die dafür verwendbaren Materialien hängen vom Abgussmaterial und vom Modellwerkstoff ab.

So können beispielsweise Gips-, Ton- oder Steinmodelle mit einer Schelllacklösung, Stein- oder Holzmodelle mit einer Seifenlösung behandelt werden. Wird als Formmaterial Siliconkautschuk verwendet, wird meist ein herstellerspezifisches Trennmittel erforderlich.

12.3.2 Materialien für Gussformen

Die Materialwahl für die Gussformen hängt von Form und Gliederung des Originalmodells, Art der Gussform sowie der vorgesehenen Anzahl der Originalkopien ab. Gips, Leim und der besonders elastische Siliconkautschuk sind die wichtigsten anwendbaren Materialien.

Beispiele für Antragstuck als Fassadenstuck

Zur Vorbereitung der Antragarbeit gehören Abnahme und Übertragung des Ornaments sowie die Untergrundvorbehandlung.

Das Originalornament muss zeichnerisch oder fotografisch dargestellt und dann auf den vorbehandelten Untergrund übertragen werden.

Mit speziellen Werkzeugen wird der pastöse Modelliermörtel in mehreren Schichten angetragen und ausgeformt.

Bei der Auswahl der Materialien und bei der Antragtechnik müssen unterschiedliche Anforderungen an Innen- und Fassadenstuck beachtet werden. Insbesondere müssen im Außenbereich geeignete Maßnahmen zum Schutz gegen die Witterungsbeanspruchung getroffen werden.

Aufgaben

1. *Beschreiben Sie die Arbeitsschritte bei Abnahme und Übertragung eines Originalornaments.*
2. *Erläutern Sie die Maßnahmen zur Sicherstellung eines guten Haftverbundes zwischen Untergrund und Antragstuck.*
3. *In welchen Fällen und warum werden Abbindeverzögerer für Antragmörtel erforderlich?*
4. *Welche Unterschiede müssen Sie bei Antragarbeiten für Innen- oder Fassadenstuck hinsichtlich Materialwahl und Herstellungsablauf beachten?*

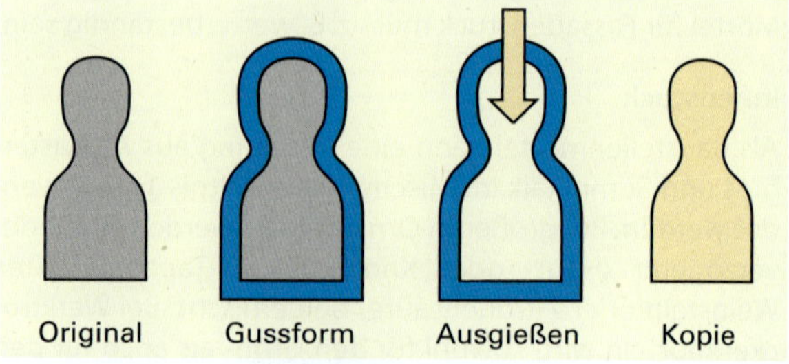

Prinzip von Form- und Gussarbeiten

12.3.3 Abgussmaterial

Als Material für den Abgussmörtel selbst kann Modell-, Alabaster- oder der hochfest erhärtende Hartformgips verwendet werden. Der Mörtel wird in dünnflüssiger Konsistenz angemacht, damit alle Feinheiten der Gussform ausgefüllt werden. Als Abbindeverzögerer kann Leimwasser oder Weißkalk, als Abbindebeschleuniger warmes Anmachwasser verwendet werden.

Form- und Gussarbeiten werden zur Herstellung von Kopien eines Originalmodells verwendet.

Das Original wird mit einem Trennmittel beschichtet, um es ohne Schäden von der Form lösen zu können.

Als Materialien für die verschiedenen Arten von Gussformen stehen Stuck- oder Modellgips, Tischlerleim sowie Siliconkautschuk zur Verfügung, für den Abgussmörtel selbst meist Alabaster- oder Hartformgips.

12.3.4 Formen – Arten und Anwendung

Abhängig von Art, Größe und Form des Originals kommen folgende Formarten zur Anwendung:

Einteilige Spiegelform

Als Spiegelbild des Originals wird sie zum Herstellen der wiederum spiegelbildlichen Kopie verwendet. Sie eignet sich für kleine und flachere Modelle, beispielsweise für ein Relief, und besteht aus Leim oder Siliconkautschuk.

Einteilige Schalenform

Auf das Original werden erst eine Tonschicht und dann eine Gipsschale aufgetragen. Nach deren Erhärtung wird die Tonschicht entfernt und der entstandene Hohlraum zwischen Original und Gipsschale ausgegossen. Zum Abguss wird die Form erneut in die stützende Gipsschale eingelegt.

Zweiteilige Form

Kompliziertere plastische Originale werden mit zwei getrennt hergestellten Halbschalen abgeformt, die nach dem Auslösen des Originals wieder zusammengefügt und ausgegossen werden. Hinterschneidungen können dadurch ohne Zerstörung der Form abgeformt werden.

Mehrteilige Keil- oder Stückform

Vollplastische Originale mit starken Hinterschneidungen müssen mit Stückformen abgegossen werden. Dabei wird die Gipsform in mehrere keilförmige Elemente zerlegt, die keine Hinterschneidungen enthalten. Vor dem Abguss werden die Teile neu zusammengefügt.

Verlorene Form

Die meist aus gefärbtem Gips um das Original herum gefertigte zweiteilige spröde Form muss beim Lösen des Abgusses zerstört werden und kann daher nur einmal genutzt werden. Sie wird für Originale mit starken Hinterschneidungen, Abgüsse menschlicher Körperteile sowie formstabile Kopien weichplastischer Originale verwendet.

Materialien für Gussformen
Stuckgips, Modellgips Verwendung für verlorene Formen, Formschalen und Keilformen; starr und unelastisch, bei Hinterschneidungen daher nur Keilform geeignet; gut geeignet für flache Reliefs; Mörtelkonsistenz steif, Wassergipswert = 0,6; zur Vermeidung von Volumenzunahme beim Abbinden Zugabe von Weißkalk; für längere Verarbeitungszeit bei großen Formen Zugabe von Abbindeverzögerern (Weißkalk, Leimwasser).
Tischlerleim geeignet für Schalen- und Spiegelformen; organisch, wasserlöslich, elastisch; daher auch für Hinterschneidungen geeignet; Trocknung durch Verdunstung; wasserlöslich, versprödend, fäulnisanfällig; heute selten verwendet, durch Siliconformen abgelöst.
Siliconkautschuk Kunststoff, 2-Komponentenbasis, vielfältige Eigenschaften und Anwendungsgebiete; unterschiedliche Verarbeitungskonsistenz und -zeit; Vernetzung durch Zugabe von Härtern, Mischungsverhältnis herstellerabhängig; Volumenverminderung beim Abbinden bis zu 3 %; unterschiedliche Reißfestigkeit, Elastizitäts- und Härtegrade, sehr zugfest; Haltbarkeit abhängig von Hinterschneidungen, Ecken und Kanten des Originals; bis zu 100 Abgüsse möglich.

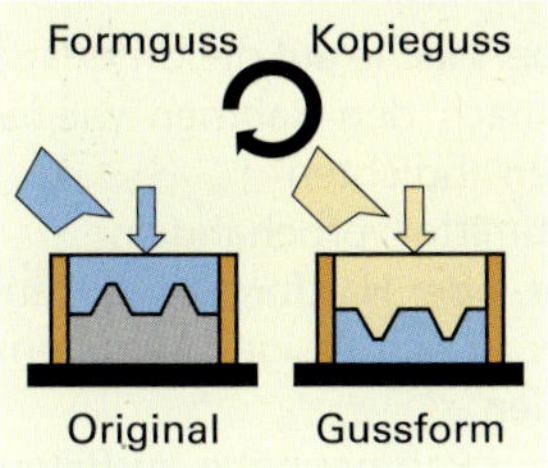

Spiegelform

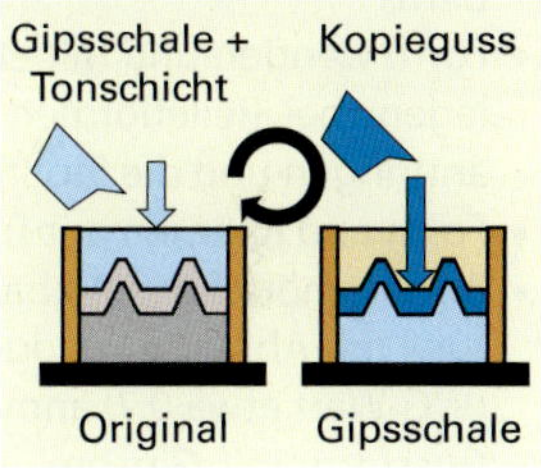

Schalenform

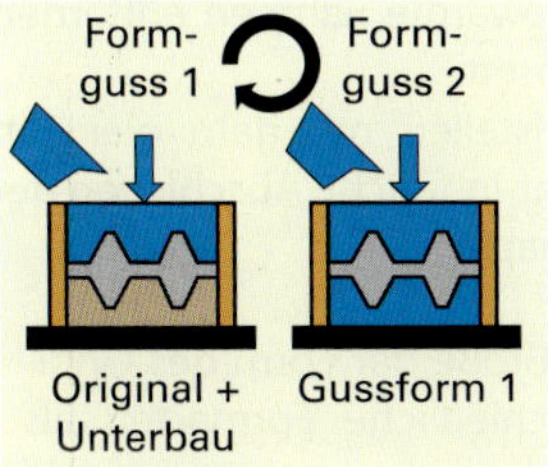

Zweiteilige Form

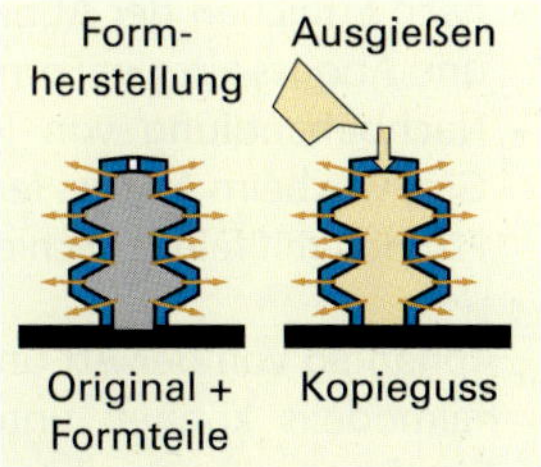

Mehrteilige Stückform

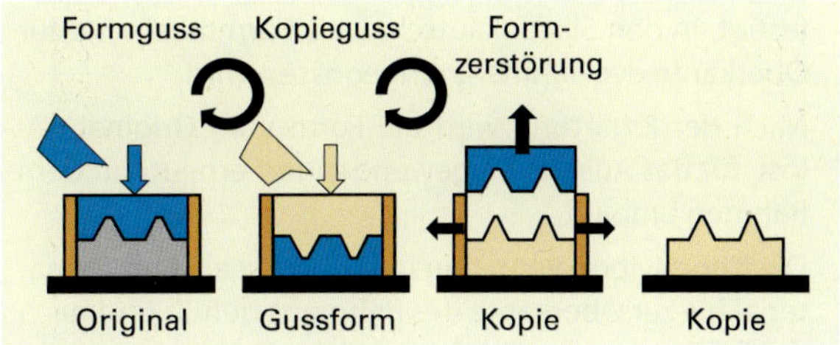

Prinzip der verlorenen Form

12.3.5 Formherstellung und Abguss

Nachfolgend werden an zwei Beispielen die Arbeitsschritte bei der Herstellung unterschiedlicher Gussformen und von Abgüssen eines Originalmodells beschrieben.

Abguss eines Stuckreliefs mit einer Spiegelform

Als Formmasse können sowohl Tischlerleim als auch der heute bevorzugte Siliconkautschuk in dünnflüssiger Konsistenz verwendet werden.

- Originalmodell auf fester und ebener Unterlage mit Kleber, Gips oder Schrauben befestigen
- Befestigung eines Gussrahmens aus Holz, Blech oder Kunststoff mit Abstand vom Modell (Leimform > 2 cm, Siliconkautschuk > 5 mm; Höhe Leimform > 2 cm, Siliconkautschuk > 5 mm über Modellhöhe
- alle Anschlussfugen sorgfältig mit Ton, Plastilin oder Gips abdichten
- Original, Unterlage und Rahmen mit Trennmittel vorbehandeln (siehe Abschnitt 12.3.1)
- Siliconkautschuk in fließfähiger Konsistenz aus Harz und Härter nach Herstellerangaben anmischen (Mischungsverhältnis meist 1 : 1)
- Formmasse aus etwa 50 cm Höhe gleichmäßig in dünnem Strahl in den Rahmen eingießen bis zur Überdeckung des höchsten Modellpunkts um mindestens 5 mm (Leimform > 2 cm)
- nach Vulkanisation der Formmasse den Gussrahmen entfernen, die Form vom Original abheben und säubern
- Form wenden und mit ebener Fläche auf die Unterlage legen, bei Reliefformen danach den Rahmen wieder anbringen und die Stoßfugen abdichten
- Form und Rahmen mit Trennmittel vorbehandeln
- Abgussmörtel aus Alabaster- oder Hartformgips, eventuell mit Abbindeverzögerer, in zähflüssiger Konsistenz (WG-Wert etwa 0,7) anmachen
- Gussform mit Gipsbrei bis zur Rahmenhöhe ausfüllen, leicht klopfen oder schütteln, um Blasenbildung zu vermindern
- nach Erreichen der Abbindewärme Rahmen entfernen und Abguss aus der Form lösen
- Nachbehandlung von Fehlstellen mit dem gleichen Gips wie beim Abguss feucht-in-feucht; Abschleifen der Flächen mit feinem Schleifpapier

Abhängig von der Art und Größe der Form des Originalmodells können unterschiedliche Formarten als Gussformen verwendet werden.

Bei einteiligen Spiegelformen wird zunächst um das Original herum ein Gussrahmen auf der Unterlage befestigt, in den Siliconkautschuk als Formmasse bis zur Oberkante des Rahmens eingegossen wird.

Nach der Erhärtung wird die Form vom Original gelöst, für das Ausgießen gewendet und erneut mit dem Rahmen umbaut.

Die Negativform kann nun mit Gipsbrei als Abgussmaterial bis zur Oberkante des Rahmens gefüllt und nach der Erhärtung vom Original gelöst werden.

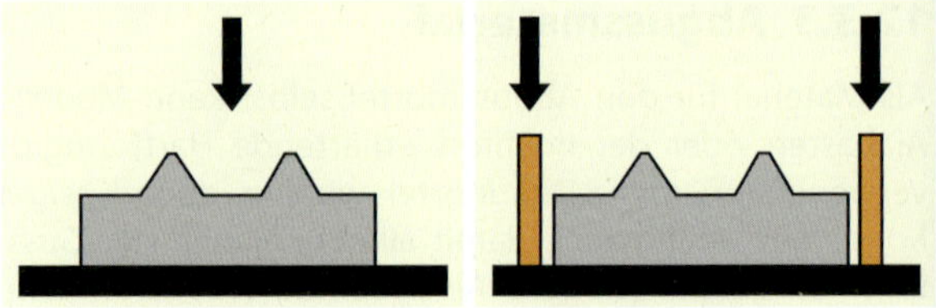

Originalmodell auf Unterlage befestigen, Rahmen herstellen

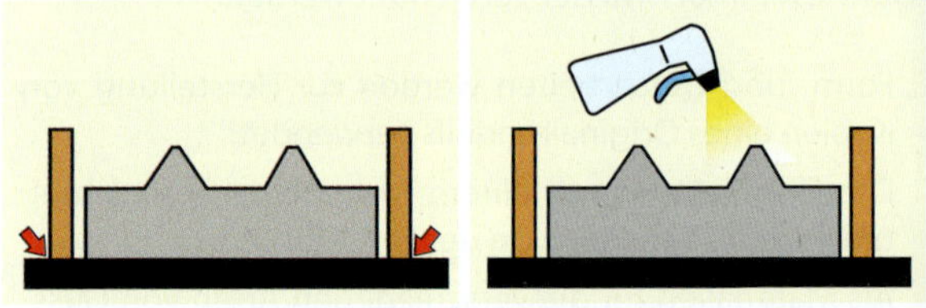

Fugen abdichten, Trennmittel auftragen

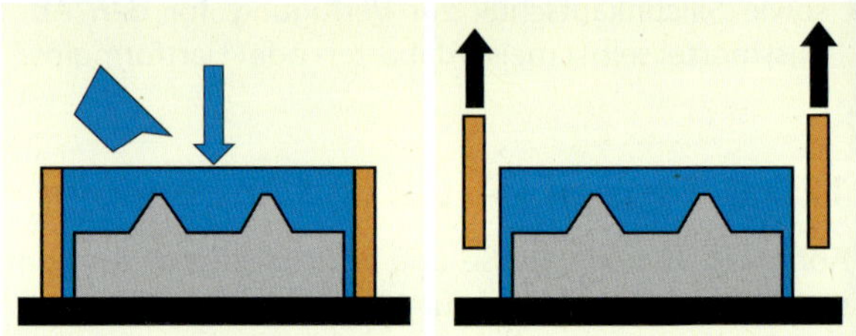

Formmasse eingießen, nach Härtung Rahmen entfernen

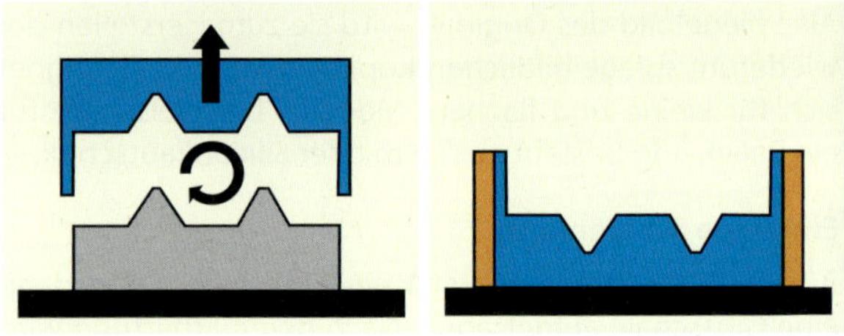

Form vom Original lösen und wenden, Rahmen ergänzen

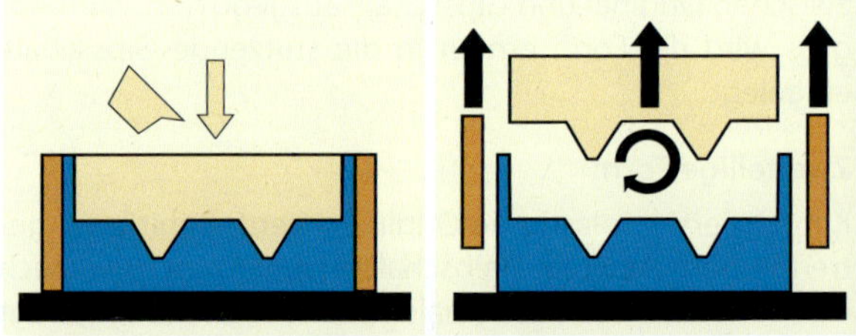

Gipsbrei eingießen, nach Härtung Kopie aus Form lösen

Vorbereitung des Originalreliefs für eine Spiegelform

Abguss einer vollplastischen Stuckform mit einer zweiteiligen Siliconform

Als Formmasse kann Siliconkautschuk in dünnflüssiger Konsistenz verwendet werden.

- Befestigung eines Gussrahmens aus Holz, Blech oder Kunststoff mit Abstand vom Originalmodell (etwa 3 cm), Höhe etwa 20 mm über Modellhöhe
- Auffüttern der Unterlage mit einer Tonschicht, Dicke etwa 20 mm
- Original in der Mittelachse des Querschnitts mit einer umlaufenden Trennlinie versehen
- Original auf Tonschicht setzen, etwa 5 mm eindrücken
- Auffüttern der vorhandenen Tonschicht bis zur mittigen Trennlinie des Originals
- zur Sicherung des passgenauen Sitzes der beiden Formschalen beim späteren Ausgießen Glas- oder Stahlkugeln (Durchmesser etwa 10 ... 15 mm) im Abstand von etwa 10 cm rund um das Original zur Hälfte in die Tonschicht eindrücken; diese Elemente werden als Schlösser bezeichnet
- Rahmen, Original, Schlösser und Oberfläche der Tonschicht mit Trennmittel beschichten
- Anmischen des Siliconkautschuks in fließfähiger Konsistenz aus Harz und Härter nach Herstellerangaben (Mischungsverhältnis meist 1 : 1)
- Formmasse aus etwa 50 cm Höhe gleichmäßig in dünnem Strahl in Rahmen eingießen, Überdeckung des höchsten Modellpunkts um mindestens 10 ... 15 mm
- nach Vulkanisation der Formmasse Rahmen, Schlösser und Tonschichten, Form und Original säubern, zum Guss der zweiten Formschale wenden
- Gussrahmen erneut montieren und Fugen abdichten
- Aufsetzen von Tonkegeln als Aussparung für die späteren Verguss- und Entlüftungsöffnungen auf die höchsten Punkte des Originals
- Rahmen, Original, Schlösser und Oberfläche der Tonschicht mit Trennmittel beschichten
- Formmasse aus etwa 50 cm Höhe gleichmäßig in dünnem Strahl in Rahmen eingießen, Überdeckung des höchsten Modellpunkts um mindestens 10 ... 15 mm
- nach Vulkanisation der Formmasse Rahmen entfernen, Original und Tonkegel für die Verguss- und Entlüftungsöffnungen von beiden Formschalen lösen
- beide Formschalen säubern, passgenau mit den Schlössern zusammenfügen und verspannen
- Abgussmörtel aus Alabaster- oder Hartformgips, eventuell mit Abbindeverzögerer, in zähflüssiger Konsistenz (WG-Wert etwa 0,7) anmachen
- Gussform mit Gipsbrei bis zur Unterkante der Vergussöffnungen ausfüllen und leicht klopfen oder schütteln, um Blasenbildung zu vermindern
- nach Erreichen der Abbindewärme Rahmen entfernen und Abguss aus der Form lösen
- Nachbehandlung von Fehlstellen mit dem gleichen Gips wie beim Abguss feucht-in-feucht; Abschleifen der Flächen mit feinem Schleifpapier

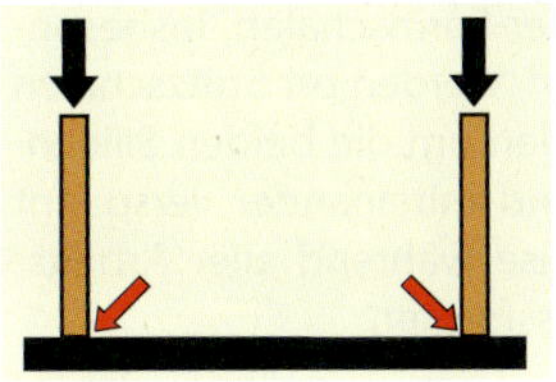
Rahmenmontage, Dichtung

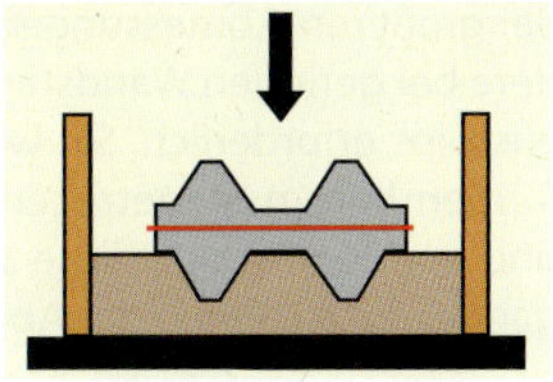
Original auf Tonschicht

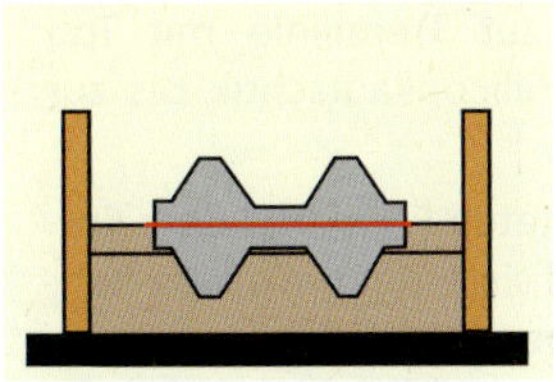
Bis Trennlinie auffüttern

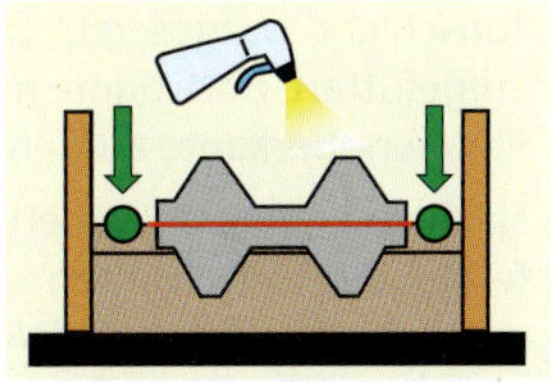
Schlösser und Trennmittel

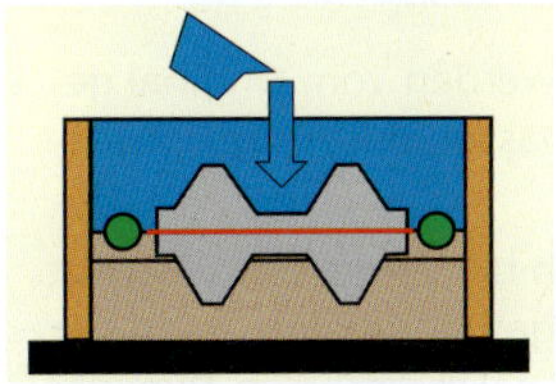
Formmasse eingießen

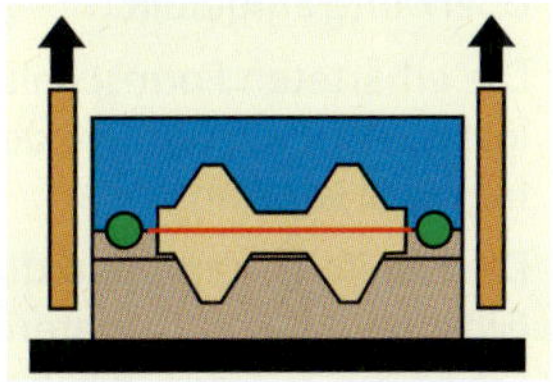
Härtung, Rahmen entfernen

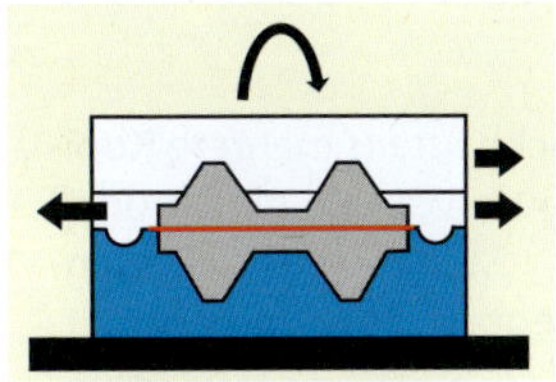
Wenden, Ton entfernen

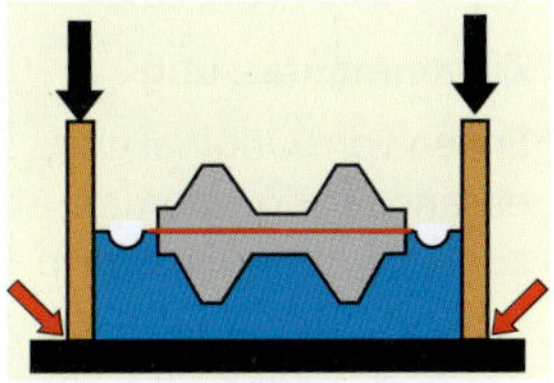
Rahmenmontage, Dichtung

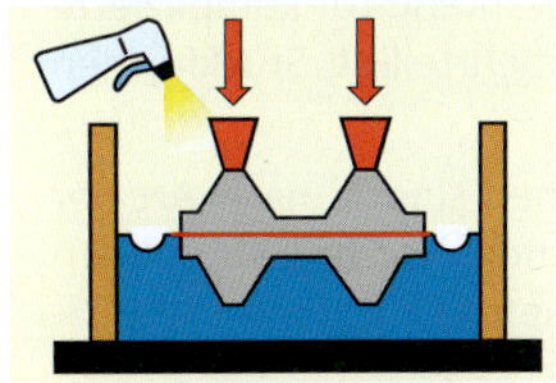
Gussöffnung, Trennmittel

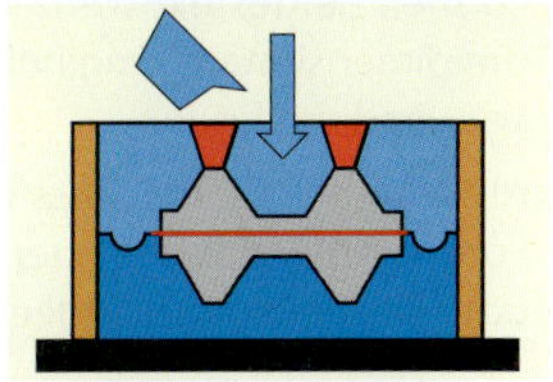
Formmasse eingießen

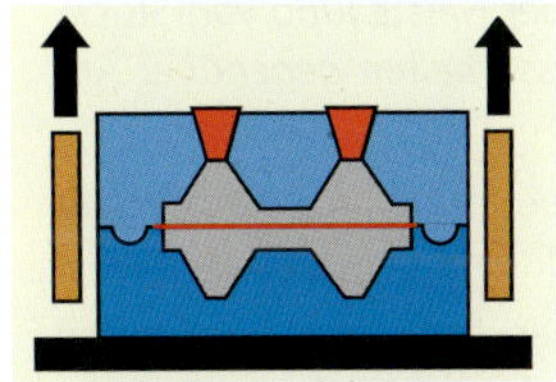
Härtung, Rahmen entfernen

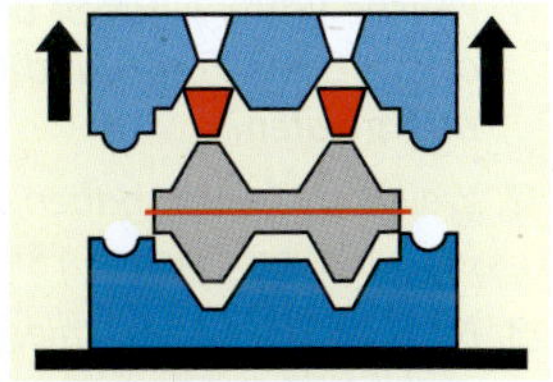
Schalen und Original lösen

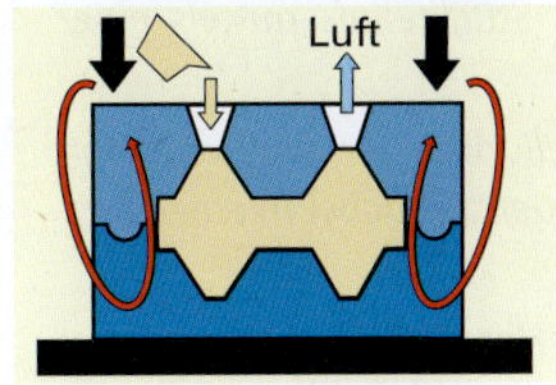

Beide Schalen ausgießen

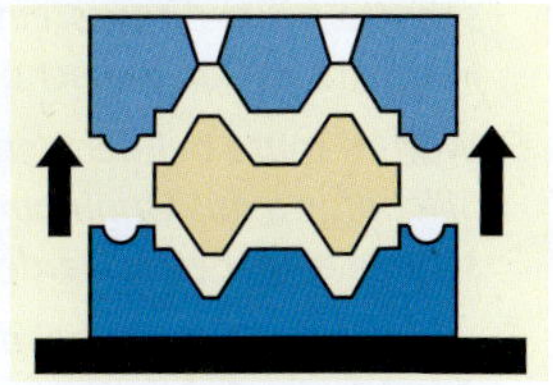
Schalen und Kopie lösen

Bei größeren Abmessungen der Formschalen, insbesondere bei geringen Wandstärken, werden oft Stützschalen aus Gips erforderlich. Sie werden um die beiden Siliconformen herum aufgetragen und miteinander verspannt und verhindern auf diese Weise während aller Arbeitsgänge ein Verziehen der Abgussformen.

Bei zweiteiligen Siliconformen wird zunächst das Originalmodell innerhalb des Gussrahmens auf eine Tonschicht aufgesetzt, bis zur Trennlinie mit Ton aufgefüttert und dann mit Siliconkautschuk bis zur Rahmenoberkante aufgefüllt.

Nach dem Wenden der erhärteten Form und dem Entfernen der Tonschichten wird sie erneut mit dem Rahmen umbaut. Nach der Vorbereitung der Aussparungen für Verguss- und Entlüftungsöffnungen wird die Formmasse für die zweite Halbschale bis zur Rahmenoberkante aufgefüllt.

Die erhärteten Formschalen werden vom Original gelöst, gesäubert und wieder passgenau zusammengefügt und verspannt.

Die Hohlform kann nun durch die Vergussöffnung mit Gipsbrei als Abgussmaterial gefüllt werden. Nach der Erhärtung werden die beiden Formschalen von der Kopie gelöst.

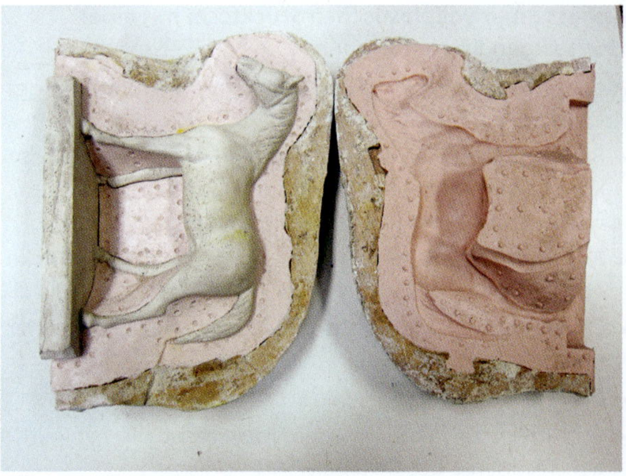

Zweischalige Siliconform mit Stützform aus Gips; links Halbschale mit Stützform und Gipsabguss

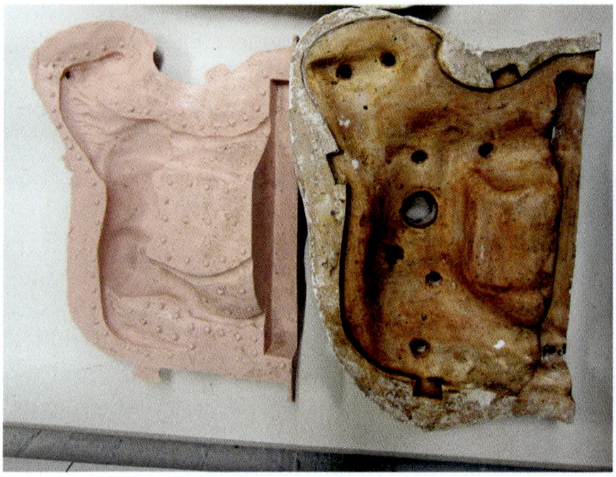

Siliconhalbschale und Gipshalbschale der Stützform mit Verguss- und Entlüftungsöffnungen

Links zweischalige Silicon- und Stützform mit Gipsabguss; rechts Verspannung der Stützschalen vor dem Abguss

Zusammenfassung

Sollen vom Original eines Stuckbauteils mehrere Kopien angefertigt werden, so muss vom Originalmodell zunächst eine Gussform hergestellt werden, die anschließend mit Gipsbrei ausgegossen werden kann.

Für flache reliefartige Originale eignet sich eine Spiegelform, für plastische Elemente müssen zweischalige Formen hergestellt werden, während für komplizierte dreidimensionale Originale mehrteilige Stückformen Verwendung finden.

Als Material für die Gussformen sind je nach Art der Form und Anzahl der geplanten Abgüsse Gips, Leim oder Siliconkautschuk geeignet.

Aufgaben

1. *Welche Vorteile haben bei der Herstellung von Stuckornamenten Form- und Gussarbeiten gegenüber Antragarbeiten?*
2. *Welchen Zweck haben Trennmittel für Form- und Gussarbeiten? Nennen Sie Materialbeispiele.*
3. *Nennen Sie die verschiedenen Arten von Gussformen und ihre besonderen Anwendungsgebiete.*
4. *Beschreiben Sie stichwortartig die wichtigsten Arbeitsschritte beim Abguss eines Stuckreliefs mittels einer Form aus Siliconkautschuk.*
5. *Warum muss bei der Herstellung einer zweischaligen Siliconform das Originalmodell zunächst in einer Tonschicht eingebettet werden?*
6. *Welchen Zweck hat bei der Herstellung zweischaliger Formen das Anbringen sogenannter Schlösser?*

12.4 Stuckmarmor

Als Stuckmarmor wird die Nachahmung von Struktur und Farbgebung des Natursteins Marmor bezeichnet. Dieser Kunstmarmor wird aus Gipsmörtel hergestellt, der in mehreren abgestuften Farbtönen eingefärbt und durchgeknetet wird. Dann wird er in Scheiben geschnitten, auf den Untergrund angetragen, geschliffen, gespachtelt und abschließend poliert.

Die nahezu unbegrenzten Alternativen in Farbabstufung und Strukturierung gestatten vielfältigere Gestaltungs- und Anwendungsmöglichkeiten als mit Natursteinen. Die künstlerisch äußerst anspruchsvolle Technik stellt jedoch höchste Anforderungen an Fachkenntnis, handwerkliches Geschick und Erfahrung des Stuckateurs.

Antragstuck und Stuckmarmor im Kloster Wiblingen

12.4.1 Materialien

Gips

Für den Gipsmörtel wird feingemahlener weißer Alabastergips verwendet und in teigiger Konsistenz angemacht.

Leim

Da oft größere Mörtelmengen erforderlich sind, benötigt der schnell erhärtende Gips Abbindeverzögerer.

Dazu wird Leimwasser aus tierischem Knochenleim (Tischlerleim) hergestellt, der mit erwärmtem Wasser aufquillt, mit etwas Weißkalkhydrat vermischt und zum Anmachen des Gipsmörtels weiter mit Wasser verdünnt wird. Die Abbindezeit des Gipsmörtels hängt von der Konsistenz des Leimwassers ab. Durch Mörtelproben sollte eine Abbindezeit von 4 ... 6 Stunden erreicht werden.

Säulen aus Stuckmarmor

Pigmente

Zur Farbgebung des Gipsmörtels werden kalk- und lichtechte natürliche Erdfarbenpigmente, beispielsweise Ocker, gebrannte Siena oder Ultramarin sowie auch künstliche mineralische Pigmente verwendet. Entscheidend für die gestalterische Qualität der fertigen Arbeit ist eine auf den Charakter von Gebäude, Raum oder Bauteil abgestimmte Auswahl und Mischung der Farbpigmente sowie die Festlegung der Farbabstufungen und farblichen Strukturen.

Stuckmarmor als Fries und in der Fläche

Öl und Wachs

Abschließend wird die Oberfläche des Stuckmarmors mit Wachs auf Hochglanz poliert, das im Gegensatz zu Ölen nicht in die Marmorstruktur eindringt und nicht vergilbt.

12.4.2 Werkzeug

Zum Antragen und Bearbeiten des Stuckmarmors sind Kellen, Rakler, Schneidmesser, Surformhobel und Spachtel erforderlich. Das Schleifen erfolgt in mehreren Arbeitsgängen mit Bimssteinen der Körnung 2 ... 4 sowie Nassschleifpapier der Körnung 360 ... 600. Zum Polieren werden Körnungen von 800 und 1 000 verwendet, für die abschließende Hochglanzpolitur nach dem völligen Austrocknen und dem Wachsen ein weiches Tuch anstatt der früher üblichen Halbedelsteine, zum Beispiel Blutstein.

Anmachen des Gipsmörtels für Stuckmarmor

12.4.3 Stuckmarmor als Antragarbeit

Nachfolgend werden die wichtigsten Arbeitsschritte bei der Herstellung von Stuckmarmor und dem Ansetzen auf einer Wandfläche dargestellt.

Untergrund

Der Untergrund sollte mit einem Gipssandmörtel oder Kalkmörtel verputzt werden. Dieser Unterputz muss mindestens die gleiche Festigkeit wie der Stuckmarmor aufweisen, eben, gut aufgeraut und vor dem Antragen des Stuckmarmors ausgetrocknet sein.

Mörtelmischung und Farbtonabstufung

Die Mörtelmischung für den gewählten Grundfarbton und die darauf beruhenden Abstufungen findet auf einem großen Tisch statt.

- Alabastergips in der für die Arbeit erforderlichen Menge als ringförmige Mulde auf den Tisch schütten und Leimwasser in die Mulde füllen
- mit der Kelle von außen den Gips nach innen heben und mit dem Leimwasser zu gleichmäßig teigartiger Konsistenz durchkneten
- Abtrennen der für die Äderung vorgesehenen Teigmenge, diese mit den ausgewählten Pigmenten mischen und mit Leimwasser weiter verdünnen
- Teilung der Teigmenge in 2 gleiche Teile; eine Hälfte dient zur Mischung des Grundfarbtons, die andere zur Farbtonaufhellung mit Weiß
- die erste Hälfte der Teigmenge mit der ausgewählten Pigmentmischung zum Grundfarbton durchmischen, und sorgfältig durchkneten
- Abtrennen der zur Spachtelung erforderlichen Menge, anmachen mit etwas verdünntem Leimwasser
- die Restmenge in 4 Teile teilen, 1 Viertel der Teigmenge als Grundfarbton 1 beiseitelegen
- die weiße Teigmenge ebenfalls in 4 Teile teilen
- die Restmenge des Grundfarbtons mit dem ersten Viertel der weißen Teigmenge mischen und 1 Viertel als Farbton 2 beiseitelegen
- die Restmenge des Farbtons 2 mit dem zweiten Viertel der weißen Teigmenge mischen und 1 Viertel als Farbton 3 beiseitelegen
- die Restmenge des Farbtons 3 mit dem dritten Viertel der weißen Teigmenge mischen und 1 Viertel als Farbton 4 beiseitelegen
- die Restmenge des Farbtons 4 mit dem letzten Viertel der weißen Teigmenge zu Farbton 5 mischen

Damit sind 5 Teilmengen des Mörtels mit abgestuften Farbtönen des Grundfarbtons sowie die für Äderung und Oberflächenspachtelung erforderlichen Mengen hergestellt worden. Je nach Anzahl der Mörtelteilungen werden mehr oder weniger Farbtonabstufungen möglich.

Jeder der Mörtelfarbtöne wird nochmals durchgeknetet und zu einem flachen Laib zusammengedrückt. Die Mörtellaibe werden in der Reihenfolge der Farbtöne, beginnend mit dem Grundfarbton, zu einem Kuchen aufeinandergelegt und zusammengedrückt, der für einfache, ruhige Farbtonstrukturen direkt weiterverwendet werden kann.

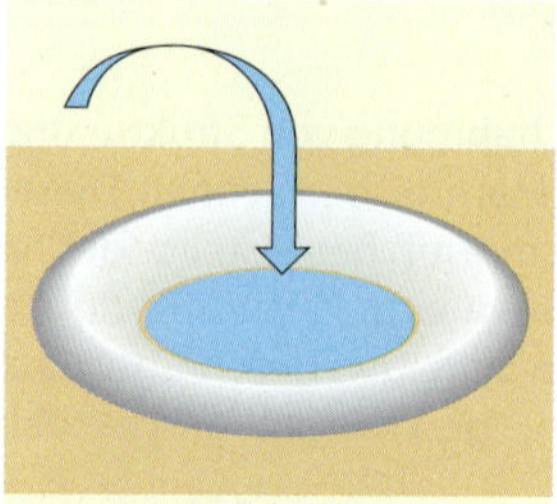

Gipsmörtel anmachen

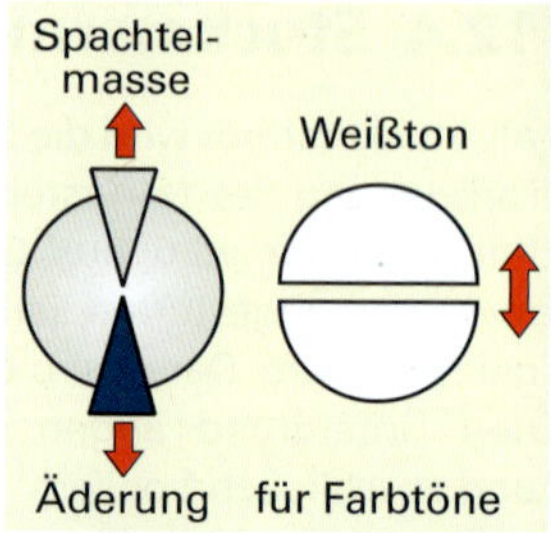

Teilung der Mörtelmengen

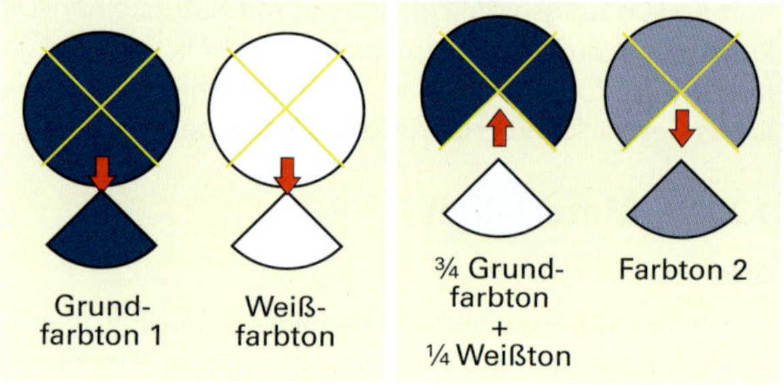

Mischung Farbton 1, Mörtelteilung; Mischung Farbton 2

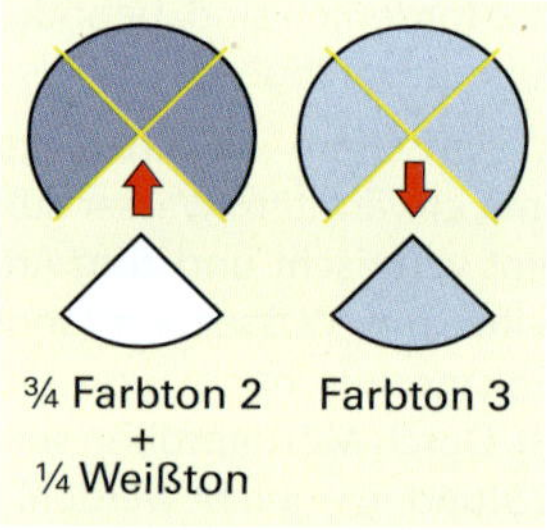

Mischung Farbton 3

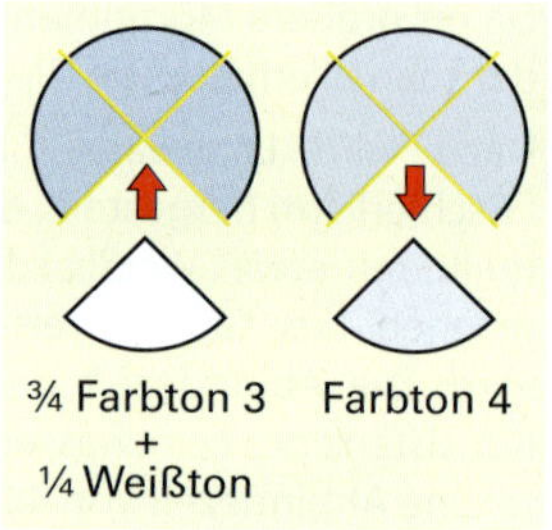

weitere Mischungsstufe

Farbtonabstufungen des Gipsmörtels

Stuckmarmor ist eine Imitation des natürlichen Marmors aus abgestuft eingefärbtem Gipsmörtel, der aus Alabastergips, tierischem Leim als Abbindeverzögerer sowie Farbpigmenten hergestellt wird.

Der angemachte Gipsmörtel wird für die benötigten Mörtelmengen für Äderung, Spachtelarbeiten und Farbtonabstufungen mehrfach unterteilt. Nach Anmischen des Grundfarbtons werden schrittweise durch Zumischen von Weißtonmörtel aufgehellte Farbtonstufen erzeugt und zu einem flachen Mörtelkuchen übereinander geschichtet.

Für lebhaftere Strukturen kann die für die Äderung vorbereitete und mit Leimwasser weiter verdünnte Teigmenge zwischen die Farbtonschichten eingebracht werden. Für sehr lebhafte und kleinteilige Strukturen werden von dem geschichteten Mörtelkuchen Scheiben von etwa 5 cm Dicke abgeschnitten, flachgedrückt und in unterschiedlich große Streifen und Würfel geschnitten. Diese Würfel werden mit der Adermasse vermischt, zu Stollen geformt und zusammengedrückt.

Antragen der Mörtelscheiben

Nach dem Annässen des Untergrundes wird eine Mörtelhaftbrücke aus den Resten der Marmormassen aufgetragen. Dann werden von den Marmorkuchen bzw. -stollen Scheiben von etwa 10 mm Dicke geschnitten, auf dem Untergrund einzeln aneinander angetragen, mit der Kelle angedrückt und leicht verstrichen. Dabei muss darauf geachtet werden, dass Schichtungen und Äderungen durchlaufen. Diese Arbeiten erfordern besonderes Gestaltungs- und Farbgefühl sowie handwerkliche Sorgfalt.

Oberflächenbehandlung

Nach dem Anziehen der Mörteloberflächen können Unebenheiten mit dem Rakler begradigt werden. Das abschließende Spachteln, Schleifen und Polieren entscheidet über die Oberflächenqualität der Arbeit und erfordert mehrere Arbeitsgänge.

Spachteln

Nach der Mörtelerhärtung wird die Oberfläche mit der für die Spachtelung vorgesehenen Spachtelmasse im Grundfarbton in 2 ... 3 Arbeitsgängen überspachtelt, um alle Poren und Löcher zu schließen. Grundsätzlich erfolgt vor jedem Schleifvorgang eine Spachtelung, die vor dem Schliff durchgehärtet sein muss.

Schleifen

Der erste Schliff beginnt mit einem gewässerten groben Bimsstein der Körnung 2, wobei der Schleifschlamm mit einem Schwamm abgewaschen wird. Nach sorgfältiger Säuberung und Durchtrocknung erfolgt die erste Spachtelung. Dies wiederholt sich beim zweiten und dritten Schliff, jeweils mit feinerem Bimsstein 3 bzw. 4. Der Feinschliff erfolgt in gleicher Weise schrittweise mit Nassschleifpapier Körnung 360, 400 und 600. Auch hier muss zwischen jedem Schliff gespachtelt werden, um alle Oberflächenporen zu schließen.

Polieren

Zum abschließenden Polieren wird heute statt der früher verwendeten Schlangen-, Gelb- und Blutsteine Nassschleifpapier der Körnung 800 und 1 000 verwendet. Nach einer Woche Standzeit wird die Oberfläche gewachst und mit einem weichen Tuch nachpoliert.

Vom Mörtelkuchen werden etwa fingerdicke Scheiben geschnitten und unter Beachtung der durchlaufenden Marmorierung auf den vorbereiteten Untergrund angetragen. Zur Oberflächenbehandlung wird der Stuckmarmor mehrfach gespachtelt, geschliffen und poliert.

Formen der Mörtelkuchen und -stollen

Schneiden der Scheiben vom Mörtelkuchen

Antragen und Formen der Mörtelscheiben an einer Säule

Aufgaben

1. *Erläutern Sie den Begriff Stuckmarmor. Aus welchen Materialien wird Stuckmarmor hergestellt?*
2. *Beschreiben Sie stichwortartig die Herstellung abgestufter Farbtönungen für Stuckmarmor.*
3. *Auf welche Weise werden bei der Herstellung von Stuckmörtel ruhige und sehr lebendige Farbstrukturen erzeugt?*
4. *Worauf ist beim Antragen der Mörtelscheiben auf den Untergrund besonders zu achten?*
5. *Warum muss die Mörteloberfläche nach dem Antragen gespachtelt werden?*
6. *Beschreiben Sie die Arbeitsschritte für das Schleifen und Polieren der Mörteloberfläche.*

12.5 Stuccolustro

Als Stuccolustro wird eine Glättetechnik bezeichnet, bei der marmorähnliche Stuckoberflächen mittels einer Kombination von durchgefärbtem Kalkmörtel, Spachtel- und Maltechniken nachgebildet werden.

Dabei wird ein mehrlagiges Kalkputzsystem mit nach außen fetter, feinkörniger und dünner werdenden Putzlagen in Frescotechnik („feucht-in-feucht") hergestellt. Die eingefärbte Oberputzlage wird durch Fleckspachtelung oder Übermalung mit einer marmorartigen Farbstruktur versehen, geglättet, gewachst und abschließend poliert.

12.5.1 Kalkputzsystem

Als Unterputz dient ein etwa 20 mm dicker Sumpfkalkputz mit einem Mischungsverhältnis von 1:2 ... 1:3 und rauem Marmormehl als Gesteinskörnung. Als zweite Lage folgt ein fetterer etwa 5 ... 10 mm dicker Sumpfkalkputz mit feinerem Marmormehl. Beide Putzlagen sollten gut verdichtet werden, damit kein Festigkeitsgefälle zu den stark verdichteten dünnen Oberputzlagen entsteht.

Die dritte Lage besteht aus einer geglätteten Feinputzschicht aus fein gesiebtem Kalk und sehr feinem Marmormehl im Mischungsverhältnis von 1:1. Durch das Beimischen von kalk- und lichtechten Farbpigmenten erhält diese Lage den Grundfarbton der geplanten Marmorstruktur. Nach kurzer Erhärtung werden alle noch verbliebenen Poren „feucht-in-feucht" mit noch feinerem pigmentierten Marmormörtel abgespachtelt, sodass ein geschlossener und geglätteter Malgrund hergestellt wird.

Zum Abschluss wird „feucht-in-feucht" die aus Kalk, Kernseife und Wachs gemischte Farbe aufgetragen und damit die gewünschte Marmorstruktur erzeugt. Die Oberfläche wird mit einem erwärmten Glätter oder Bügeleisen geglättet und dadurch verdichtet.

Nach einer mehrwöchigen Trocknungsphase wird die Oberfläche mit Seifenlauge abgerieben, gewachst und abschließend auf Hochglanz poliert.

Stuccolustro als Marmorimitation

12.6 Projektarbeit

Im Rahmen von Restaurierungsarbeiten in einem barocken Kirchenraum sollen Sie einen Wandfries aus teilweise beschädigten muschelartigen Stuckornamenten erneuern. Der Fries besteht aus gleichartigen Elementen, die als flache Reliefs aneinandergereiht an der Wand angetragen wurden.

Ein Grundelement ist bereits restauriert worden und dient Ihnen als Originalform für die Herstellung mehrerer Abgüsse, die Sie anschließend auf dem Wanduntergrund antragen sollen.

Beispiel eines Stuckreliefs

Aufgaben

1. *Begründen Sie, warum für diese Aufgabenstellung die Technik des freien Antragstucks im Gegensatz zur Technik der Form- und Gussarbeiten ungeeignet ist.*
2. *Informieren Sie sich nochmals sorgfältig über den gesamten Arbeitsablauf bei Form- und Abgussarbeiten für die Herstellung eines Stuckreliefs.*
3. *Wählen Sie eine für Ihre Arbeit geeignete Gussform sowie das dazu erforderliche Formmaterial aus und begründen Sie Ihre Wahl.*
4. *Stellen Sie eine Liste der erforderlichen Materialien zusammen.*
5. *Stellen Sie eine Liste der erforderlichen Werkzeuge zusammen.*
6. *Planen Sie Ihren genauen Arbeitsablauf, indem Sie eine ausführliche Liste aller für Vorbereitung, Formenbau, Abguss- und Antragarbeiten sowie Nachbehandlung erforderlichen Arbeitsschritte erstellen.*
7. *Führen Sie den Arbeitsauftrag durch.*
8. *Kontrollieren Sie Ihre Arbeitsschritte kritisch, indem Sie während Ihrer Arbeit aufgetretene Probleme und deren mögliche Ursachen verdeutlichen und die von Ihnen gewählte Lösung des jeweiligen Problems begründen. Bewerten Sie damit Ihren gesamten Arbeitsablauf sowie das Gesamtergebnis. Erläutern Sie dabei, was gelungen ist und welche Verbesserungsmöglichkeiten für Arbeitsablauf und Ergebnis Sie sehen.*

Lernfeld 13
Erstellen einer Unterdecke in Trockenbauweise

Unterdecken sind abgehängte Decken innerhalb von Gebäuden, die unter die tragende Rohbau-Geschossdecke montiert werden. Sie dienen neben der Aufnahme von haustechnischen Installationen, wie Beleuchtung und Klimatechnik, insbesondere auch zur optischen Gestaltung von Räumen. Dabei müssen sie oft zugleich aus dem Schall- und Brandschutz heraus gestellte Forderungen erfüllen. Bei vielen unterschiedlichen Gebäuden werden heute Unterdecken wegen ihrer Gestaltungsvielfalt und technischen Möglichkeiten vom Architekten eingeplant und vom Stuckateur fachgerecht montiert.

Um ein mängelfreies Ergebnis zu erzielen, beschäftigen wir uns im Lernfeld 13, aufbauend auf grundlegenden Erkenntnissen aus Lernfeld 10, mit den vielfältigen Anforderungen im Zusammenhang mit der Planung und Herstellung von Unterdecken. Wir befassen uns mit Konstruktionsteilen von Deckensystemen, deren Einsatzmöglichkeiten und -grenzen ein Fachhandwerker kennen muss, um entsprechend den vorhandenen Anforderungen begründet aus dem vorhandenen Baustoffangebot wählen und die Baustoffe fachgerecht verarbeiten zu können. So sind wir imstande zu gewährleisten, dass die ausgewählten und erstellten Deckensysteme auch dauerhaft den technischen und statischen Anforderungen genügen.

Um den bauphysikalischen Ansprüchen an Unterdeckensysteme im Bereich von Schallschutz, Akustik und Brandschutz zukünftig gerecht werden zu können, lernen wir die relevanten Einflussfaktoren und möglichen Detailausführungen kennen. Neben der planerischen, vergleichenden Bewältigung von technischen, bauphysikalischen und handwerklichen Ausführungsfragen werden wir den gestalterischen Aspekt von Unterdecken immer ausreichend berücksichtigen.

Eine Projektaufgabe mit Unterdeckenkonzeption, Materialbedarfsberechnung, Kostenermittlung, zeichnerischen Darstellungen und Festlegung und Beschreibung der notwendigen Arbeitsschritte fordert umfassendes Wissen und Fähigkeiten ein und rundet so das Lernfeld ab.

Deckenbekleidungen und Unterdecken

13.1 Definition

Unter Deckenbekleidungen und Unterdecken versteht man ebene oder räumlich geformte leichte Montagedecken mit glatter, gelochter oder gegliederter Fläche. Sie bestehen aus einer Unterkonstruktion und einer flächenbildenden Decklage und bilden den oberen Abschluss eines Raumes. Sie weisen keine wesentlichen Tragfähigkeiten auf und sind am tragenden Bauteil befestigt.

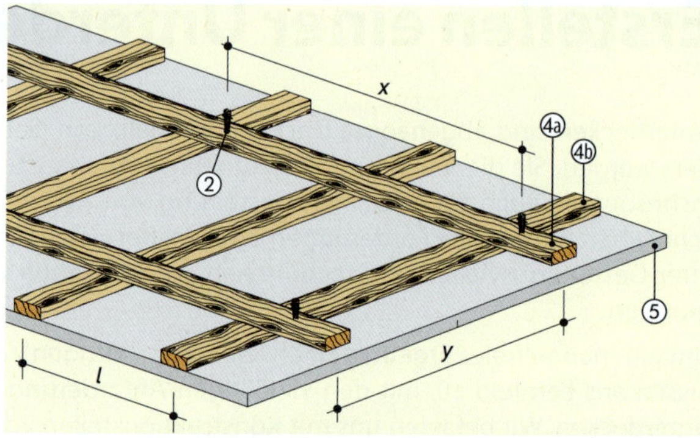

Deckenbekleidung mit direkt befestigter Holzunterkonstruktion

13.2 Begriffe

Unterdecke: Die Unterkonstruktion wird mit Abhängern vom darüber liegenden tragenden Bauteil abgehängt.

Deckenbekleidung: Die Unterkonstruktion wird unmittelbar an dem tragenden Bauteil verankert.

Tragendes Bauteil: Dachkonstruktionen, Rohdecken und Wände, die die am Bauwerk auftretenden ständigen und veränderlichen Einwirkungen/Lasten standsicher aufnehmen.

Verankerungselement (Abstand *x*): Teil, das die Abhänger oder Deckenbekleidung direkt mit dem tragenden Bauteil verbindet.

Abhänger: Teil, das die Verankerungselemente mit der Unterkonstruktion verbindet.

Unterkonstruktion: Teile, die die Decklage tragen. Das Grundprofil (Abstand *y*) ist ein Bauteil mit direkter Verbindung zum Abhänger oder tragendem Bauteil (Rohdecke). Das Tragprofil (Abstand *l*) wird am Grundprofil befestigt und trägt die Decklage.

Decklage: Fläche, die den sichtbaren raumseitigen Abschluss bildet.

Verbindungselement: Teil, das die Verankerungselemente, Abhänger, Unterkonstruktionen und Decklagen verbindet.

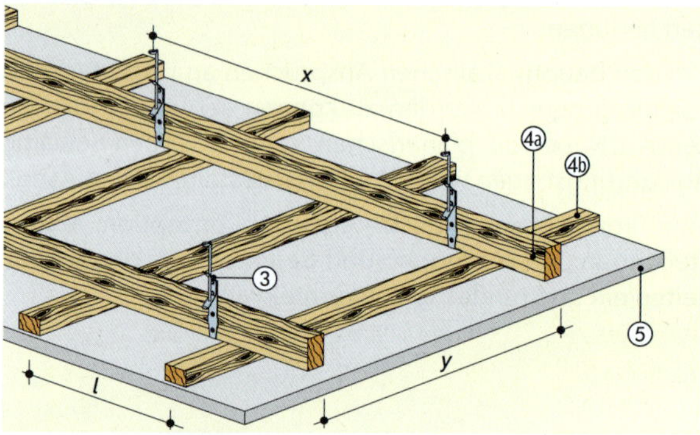

Unterdecke mit abgehängter Holzunterkonstruktion

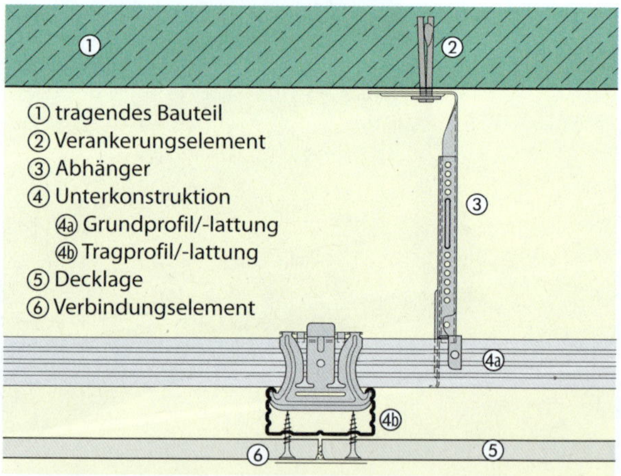

Begriffe für Unterdecken

13.3 Aufgaben

Deckenbekleidungen und Unterdecken tragen, neben der raumabschließenden Funktion, zur Bewältigung vielfältiger gestalterischer, technischer und bauphysikalischer Anforderungen bei.

Gestalterische Aufgaben

- dekorative Gestaltung der Deckenuntersicht,
- Verkleidung von Rohbaukonstruktionen, Elektroinstallationen, Kabel- und Lüftungskanälen,
- Integration von Beleuchtung als gestalterisches Element, z. B. durch repräsentative Lichtlenkung mittels indirekter Beleuchtung.

Dekorative Gestaltung der Deckenuntersicht

Technische und bauphysikalische Aufgaben

- Verbesserung der Luft- und der Trittschalldämmung,
- Beeinflussung der Raumakustik durch gezielte Schallabsorption und -reflexion,
- Gewährleistung des geforderten Brandschutzes,
- Reduzierung der Wärmeverluste,
- Sicherstellung des Strahlenschutzes im Bereich der Decke,
- Träger der haustechnischen Elemente, z. B. Beleuchtungskörper, Sprinkleranlagen, Lüftungsanlagen, Lautsprecher,
- Raumklimatisierung als Flächenkühl- und Flächenheizungssysteme,
- Luftreinheit in Reinräumen,
- Hygiene in Sterilbereichen.

Deckenbekleidungen und Unterdecken bewältigen, je nach Ausführung der Konstruktion, eine oder auch mehrere dieser Aufgaben.

Für nahezu jeden Gestaltungswunsch und jede Anforderung bieten die Hersteller eine Vielzahl von standardisierten Elementen, aber es gibt auch eine große Vielfalt der zur Lösung spezifischer Probleme angebotenen Deckensysteme. Die Systeme unterscheiden sich durch die verwendeten Abhänger, die Ausführung der Unterkonstruktion, die Gestaltung der Decklage/des Designs, Materialien und Funktion.

13.4 Konstruktionselemente

Die einzelnen Systeme unterscheiden sich durch

- **Anordnung und Material der Unterkonstruktion:** direkt befestigte Deckenbekleidung, abgehängte Unterdecke, freitragende Unterdecke, Holz- oder Metallunterkonstruktion, Abhängesystem
- **die Art der Beplankung:** Dicke der Decklage, Anzahl der Lagen, Material (GKB, GKF, GF usw.), Decklage fugenfrei oder gerastert, Plattenoberfläche (geschlossen, gelocht, geformt), Kantenform
- **die Dämmstoffauflage:** Dämmstoffmaterial, Dicke der Dämmstoffauflage, Eigenschaften des Dämmstoffes (Schmelzpunkt, Strömungswiderstand, Rohdichte usw.)

13.4.1 Abhänger

Bei Unterdecken verbinden die Abhänger die Verankerungselemente mit der Unterkonstruktion. Die Abhänger und ihre Verbindungsmittel werden drei Tragfähigkeitsklassen zugeordnet:

Klasse 1: $F_{zul} = 0{,}15$ kN
Klasse 2: $F_{zul} = 0{,}25$ kN
Klasse 3: $F_{zul} = 0{,}40$ kN

Es gibt Abhänger, die aus einem Teil bestehen, und Abhänger, die mit einer Vorrichtung zum Höhenausgleich versehen sind und aus mindestens zwei Teilen bestehen.

Unterdecke mit integrierter Flächenklimatisierung

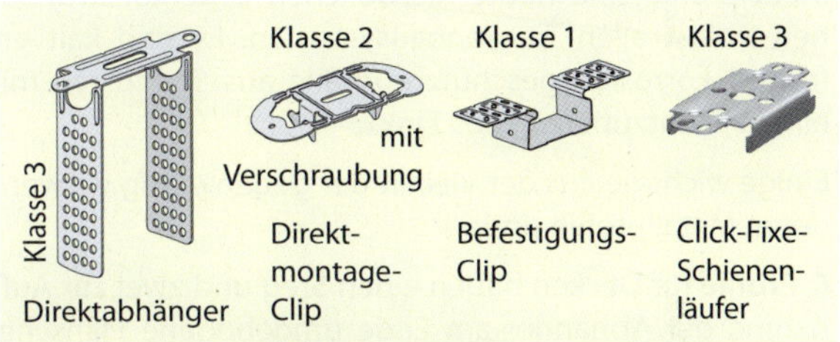

Beispiele für Abhänger, die aus einem Teil bestehen

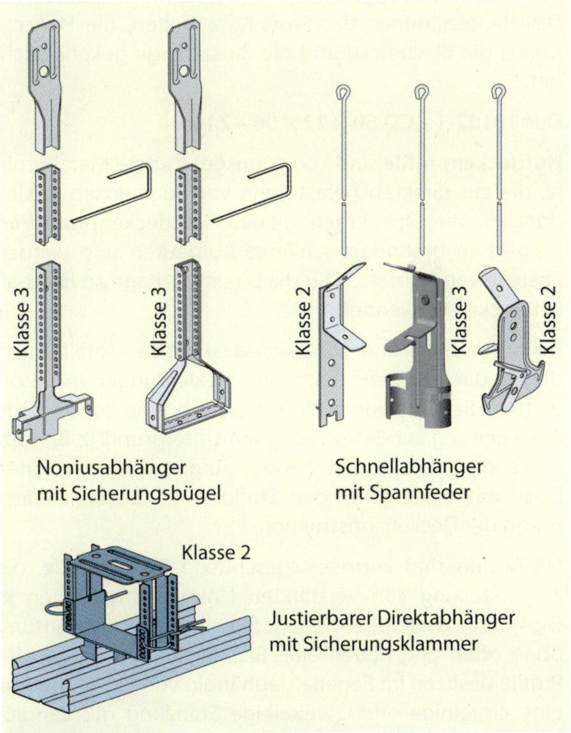

Beispiele für Abhänger, die mit Vorrichtungen zum Höhenausgleich versehen sind und aus mindestens zwei Teilen bestehen

Aufgaben

1. *Wodurch unterscheiden sich Deckenbekleidungen und Unterdecken?*
2. *Nennen Sie fünf mögliche Aufgaben von Unterdecken.*
3. *Beschreiben Sie Vorteile, Nachteile und Einsatzmöglichkeiten der verschiedenen Abhänger.*

13.4.2 Unterkonstruktion

Die Unterkonstruktion von Gipsplatten-Deckenbekleidungen und -Unterdecken besteht in der Regel aus Metall oder Holz. Sie ist hinsichtlich der statischen Eigenschaften so zu bemessen, dass die zulässigen Durchbiegungsgrenzen nicht überschritten werden (z. B. Durchbiegungsklasse 1 nach DIN EN 13964: Durchbiegung maximal 1/500 der Stützweite, aber nicht mehr als 4 mm).

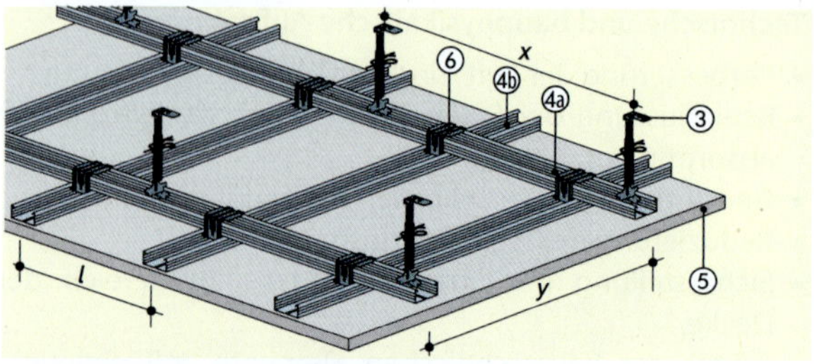

Unterkonstruktion mit höhenversetztem Kreuzrost aus Grund- und Tragprofilen

Unterkonstruktion aus Metall

Metallprofile sind heute die üblichen Unterkonstruktionen in fast allen Trockenbausystemen. Es sind kaltverformte, korrosionsgeschützte Profile aus Stahlblech mit einem Schutzüberzug aus Zink.

Einige wichtige aus der Vielfalt der gegenwärtig verwendeten Metallprofile sind:

C-Profile für Decken haben einen Steg und zwei zur Aufnahme der Abhänger am Ende umgebogene Flansche. Der Steg ist der Teil des Profiles, an dem die Decklage üblicherweise befestigt wird. Die Profile werden durch die DIN-Hauptnummer, das Profil-Kurzzeichen, die Flanschbreite, die Blechdicke und die Zinkauflage gekennzeichnet.

DIN 18182-1 – CD 60 × 27 × 06 – Z100

Hutdeckenprofile sind korrosionsgeschützte Metallprofile, die zur direkten Befestigung von fugenlosen Bekleidungen mit Gipsplatten dienen. Hutdeckenprofile ermöglichen besonders schlanke Aufbauten und werden anstelle von Holzlatten für die Direktmontage an Holzbalkendecken verwendet.

Federschienen sind korrosionsgeschützte Metallprofile, die zur direkten Befestigung von Bekleidungen mit Gipsplatten dienen. Federschienen weisen eine kontinuierliche Lochung zur Befestigung am Untergrund (z. B. Holzbalkendecke) auf. Sie haben aufgrund ihrer hohen Elastizität einen günstigen Einfluss auf die Schalldämmung der Deckenkonstruktion.

UA-Profile sind korrosionsgeschützte Metallprofile, die zur Erstellung von verstärkten Unterkonstruktionen in Gipsplattensystemen dienen. Sie sind ohne Abkantung oben offen und haben eine Blechdicke von 2 mm. UA-Profile besitzen im Regelfall, abhängig von der Steghöhe, eine einreihige oder zweireihige Stanzung mit Langlöchern im Steg. Eingesetzt werden die tragfähigeren Profile als Grundprofil mit erhöhten Abhänger- und Achsabständen oder als Unterkonstruktion von freitragenden Unterdecken.

UD-Profile sind korrosionsgeschützte Anschlussprofile, die zur Erstellung von Wandanschlüssen in Deckenkonstruktionen mit Gipsplattensystemen dienen. Der Steg der Profile ist mit Löchern versehen, um eine einfache Verankerung am Untergrund vornehmen zu können. Sie sind ohne Abkantung oben offen, damit die CD-Profile eingeschoben werden können.

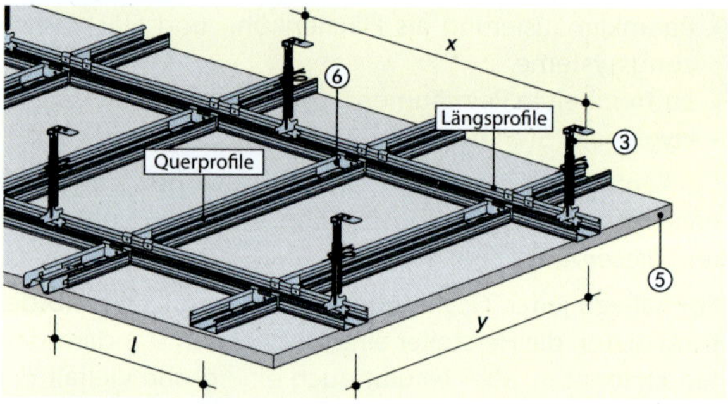

Unterkonstruktion mit niveaugleichem Kreuzrost aus C-Deckenprofilen

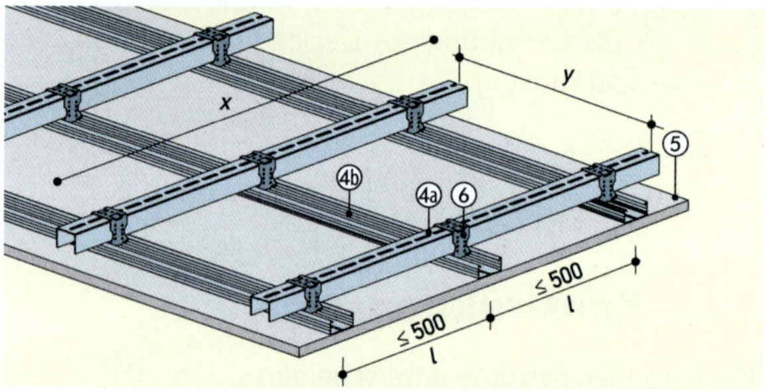

Unterkonstruktion mit höhenversetztem Kreuzrost mit UA-Profilen

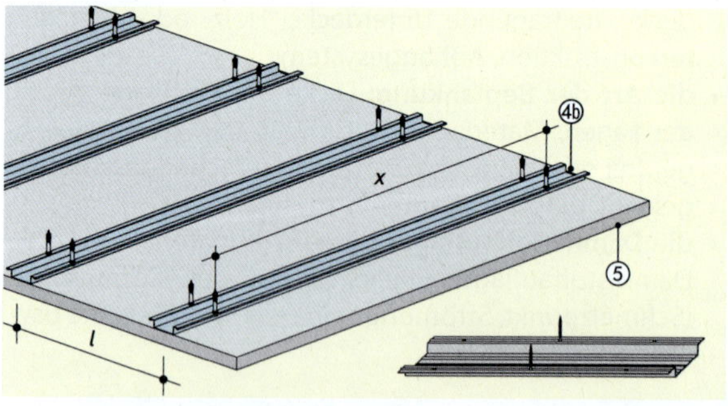

Deckenbekleidung mit Hutprofilen

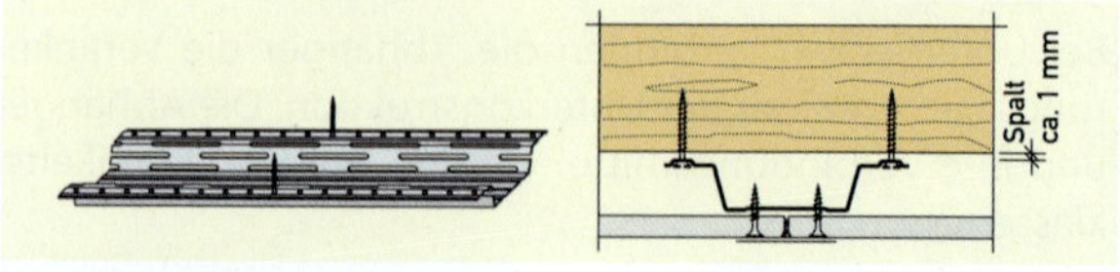

Federschiene 60/27/06

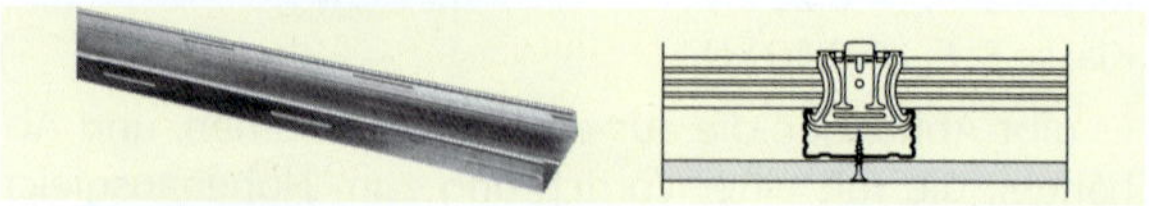

CD-Profil 60/27/06

T-Tragschienen dienen als sichtbare Unterkonstruktion (Auflager) für Unterdecken mit vorgefertigter quadratischer oder rechteckiger Decklage (Kassette oder Platte), die mit unterschiedlichen Kantenformen hergestellt werden. Die Unterkonstruktion besteht aus abgehängten Haupt- und in diese eingehängten Querschienen.

Unterkonstruktion aus Holz

Das für die Unterkonstruktionen verwendete Bauholz muss der Festigkeitsklasse C24 oder Sortierklasse S10 TS entsprechen. Damit das Holz nicht zu stark arbeitet, sollte es vorgetrocknet werden und einen den Baubedingungen entsprechenden Feuchtegehalt aufweisen. Nach DIN EN 13964 darf der Feuchtegehalt des verwendeten Holzes höchstens 20 % Masseanteile betragen. Ein Holzschutz ist im Innenbereich üblicherweise nicht erforderlich.

13.4.3 Verbindungselemente

Die Elemente Profilverbinder, Schrauben und Klammern verbinden die einzelnen Bauteile miteinander.

Profilverbinder

Kreuzschnellverbinder dienen zur Verbindung von in verschiedenen Ebenen über Kreuz laufenden CD-Grundprofilen und CD-Tragprofilen. Winkelanker erfüllen, paarweise eingesetzt, dieselbe Aufgabe.

Niveauverbinder verbinden CD-Profile, die in einer Ebene kreuzweise angeordnet sind.

CD-Profilverbinder dienen zur Längsverbindung von CD-60/27-Deckenprofilen. Auf einfache Weise können so tragfähige Stöße von CD-Profilen hergestellt werden.

13.4.4 Schrauben und Klammern

Die Decklage und die Unterkonstruktion sowie einzelne Elemente der Unterkonstruktion untereinander werden mit für die Baustoffe und Anforderungen geeigneten Verbindungsmitteln verbunden. Als Verbindungsmittel zur Befestigung der Decklage werden zugelassene Schnellbauschrauben und beharzte Klammern (nur für Holz!) mit ausreichendem Ausziehwiderstand und geforderter Durchziehkraft eingesetzt. Sowohl die Aus- als auch die Durchziehkraft einer Schnellbauschraube muss bei der offiziellen Prüfung einen Wert von 450 N erreichen. Bei einer Decklage aus Gipsplatten muss besonders darauf geachtet werden, dass der Karton vom Befestigungsmittel nicht durchstoßen wird. Der Ausziehwiderstand einer beharzten Klammer aus Holz muss bei einer Prüfung nach DIN EN 14566 mindestens 100 N betragen. Die Klammerabstände dürfen bei Decken maximal 80 mm betragen. Bei mehrlagigen Beplankungen dürfen sie für die unteren Beplankungslagen auf ≤ 240 mm vergrößert werden.

Für die Verbindung von Abhängern mit CD-Profilen gibt es eigene Schraubentypen.

Abstände der Schnellbauschrauben bei Gipsplatten mit geschlossener Sichtfläche und gelochten Gipsplatten maximal 17 cm. Bei mehrlagigen Beplankungen dürfen bei unteren Plattenlagen (durch die mindestens eine weitere Plattenlage hindurch in der Unterkonstruktion befestigt wird) die Abstände bis zum 3-Fachen vergrößert werden.

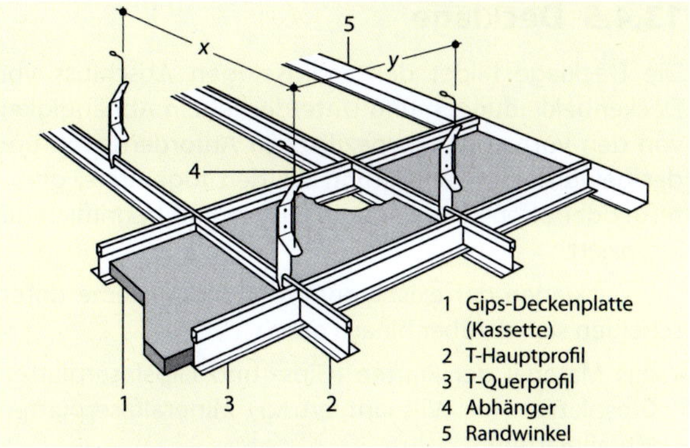

Unterkonstruktion mit T-Tragschienen für Einlegemontage

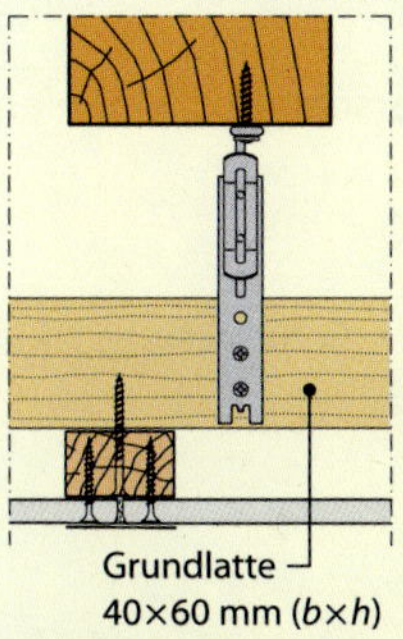	**Unterkonstruktion abgehängt** Variante 1: Der Mindestquerschnitt der abgehängten Grundlattung muss 40 × 60 mm betragen. Die Maße der Traglattung müssen mindestens 48 × 24 mm betragen. Variante 2: Der Querschnitt der beiden Lattungen muss mindestens 50 × 30 mm betragen.
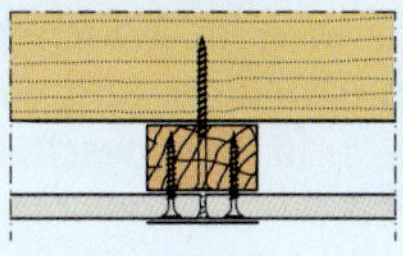	**Unterkonstruktion direkt befestigt** Bei unmittelbar an der Rohdecke befestigten Unterkonstruktionen muss der Querschnitt mindestens 48 × 24 mm betragen.

Mindestquerschnitte für Holz-Unterkonstruktionen

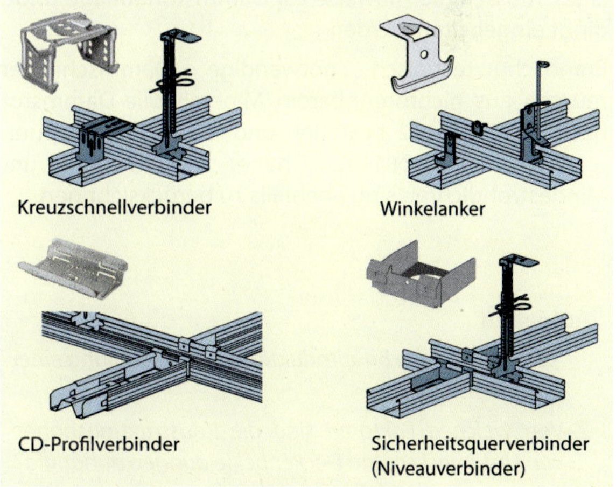

Beispiele von Verbindungselementen

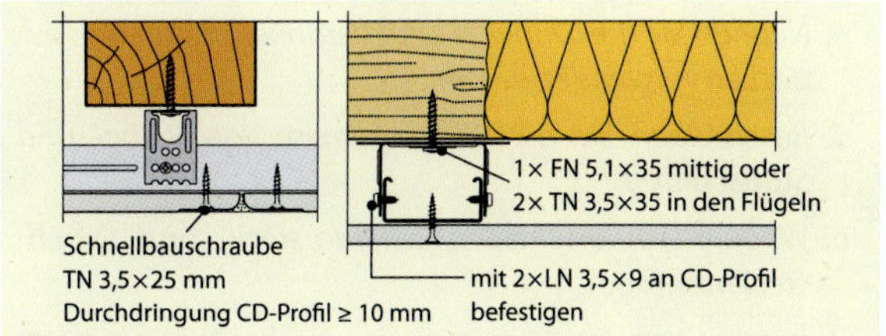

Beispiel für den fachgerechten Einsatz verschiedener Schraubentypen

13.4.5 Decklage

Die Decklage bildet den raumseitigen Abschluss von Deckenbekleidungen und Unterdecken. In Abhängigkeit von den vorhandenen spezifischen Anforderungen und der gewünschten Gestaltung werden fugenfreie, gerasterte oder offene Decklagen realisiert und begrifflich differenziert.

Die Decklagen der existierenden Deckensysteme unterscheiden sich darüber hinaus durch

- das Material der Platten (Gips- und Gipsfaserplatten, Gipsplatten mit Vliesarmierung, Mineralfaserplatten, Metallplatten),
- die Oberflächengestaltung (glatt, gelocht, geschlitzt),
- die Anzahl der Lagen,
- die Dicke der Platten,
- die Befestigung der Decklage (verschraubt, eingelegt, eingeschoben),
- die flächenbezogene Masse kg/m^2,
- die Formgebung (eben, gewölbt),
- technische Aufgaben (Brandschutz, Schallschutz, Akustik, Klimatisierung).

13.4.6 Dämmstoffauflage

Dämmstoffauflagen bzw. Dämmschichten im Zwischendeckenbereich können je nach Konstruktion und Anforderung an den Schall-, Brand- und Wärmeschutz erforderlich, nicht erforderlich, aber zulässig oder nicht zulässig sein. Da Dämmschichten das Brandverhalten auch negativ beeinflussen können (Hitzestau in der Decklage), müssen die Hinweise zur Dämmstoffauflage unbedingt eingehalten werden.

Brandschutztechnisch notwendige Dämmschichten müssen aus nichtbrennbarem Mineralwolle-Dämmstoff nach DIN EN 13162 bestehen und einen Schmelzpunkt ≥ 1 000 °C nach DIN 4102-17 haben. Mindestdicken und Mindestrohdichten sind ebenfalls zu berücksichtigen.

Aufgaben

1. *Nennen Sie zehn Bauprodukte für die Herstellung einer Unterkonstruktion.*
2. *Von welchen Faktoren sind die Konstruktionshöhen von Unterdecken und Deckenbekleidungen abhängig?*
3. *Beschreiben Sie vier Gestaltungsmöglichkeiten (Ästhetik) von Decklagen bei Unterdecken.*
4. *Nennen Sie drei Dübel, die zur Verankerung an Massivdecken verwendet werden.*
5. *Beschreiben Sie die Wirkungsweise von Reibe- und Stoffschluss.*
6. *Wodurch unterscheiden sich Vorsteck- und Durchsteckmontage?*
7. *Beschreiben Sie, was man in der Bautechnik unter einem redundanten System versteht.*

Fugenlose Decklage mit Streulochung

Gerasterte Decklage mit Quadratlochung

Offene Decklage mit Lamellen
Decklagensysteme von Deckenbekleidungen und Unterdecken

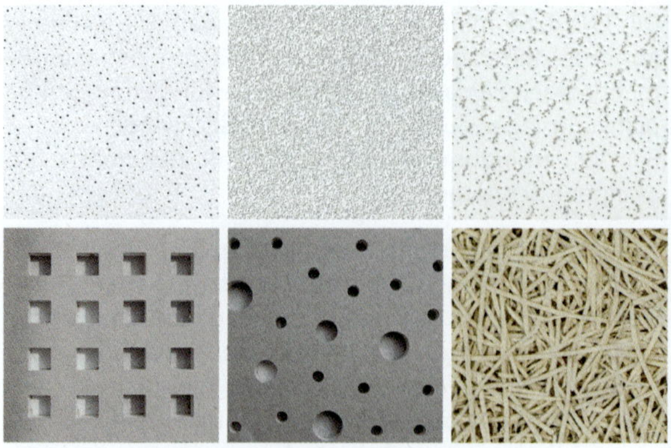

Oberflächengestaltung von Decklagen

13.4.7 Verankerungselemente

Die Verankerungselemente haben die sehr wichtige Aufgabe, den Abhänger oder die Deckenbekleidung mit dem tragenden Bauteil dauerhaft fest zu verbinden. Sie übertragen an jeder Verankerungsstelle einen Teil der vorhandenen Last auf die Rohdecke. Die notwendige Anzahl der Verankerungsstellen ist daher unbedingt so zu bemessen, dass die zulässige Tragkraft der Verankerungselemente sowie die maximal zulässige Verformung der Unterkonstruktion nicht überschritten werden. Grundsätzlich dürfen nur für den Untergrund geeignete und für den Verwendungszweck zugelassene Verankerungselemente eingesetzt werden.

Verankerung an Massivdecken

Bei Stahlbetondecken werden im Vorfeld einbetonierte Halterungen (Ankerschienen) oder nachträglich Dübel, Betonschrauben und Setzbolzen, deren Brauchbarkeit für den vorhandenen Verwendungszweck mit einer allgemeinen bauaufsichtlichen Zulassung (abZ) bzw. European Technical Approval (ETA) nachgewiesen worden ist, verwendet. Bei Verankerungen im Beton ist fast immer davon auszugehen, dass Risse im Verankerungsgrund vorhanden sind, die die Tragfähigkeit negativ beeinflussen. Aus diesem Grund empfiehlt es sich, grundsätzlich für gerissenen Beton zugelassene Dübel einzusetzen. Auch die Funktionstauglichkeit im Brandfall und die Materialzerstörung durch Korrosion ist entscheidend für die Auswahl des geeigneten Dübels. Die wichtigen und relevanten spezifischen Einbaubedingungen und Montagekennwerte (zul. Tragfähigkeit, notwendige Betongüte, Achsabstände und Randabstände, Bohrlochtiefe, Bohrlochreinigung, max. Nutzlänge, …) jedes Dübels sind der Zulassung zu entnehmen und strikt zu beachten.

Tragmechanismen:

Es gibt unterschiedliche Wirkungsweisen, wie vorhandene Kräfte in das tragende Bauteil eingeleitet werden.

Beim **Reibeschluss** wird bei druckfestem Verankerungsgrund das Spreizteil des Dübels an die Bohrlochwand gepresst (z. B. Deckennagel, Nagelanker und Einschlaganker).

Beim **Formschluss** passt sich die Dübelgeometrie der Form des Bohrlochs an (z. B. Betonschraube: Beim Eindrehen der Betonschraube in das Bohrloch schneiden sich die Gewindeflanken in den Beton ein).

Beim **Stoffschluss** verklebt ein Spezialmörtel den Dübel vollflächig mit der Oberfläche des Ankergrundes, z. B. bei Injektionssystemen.

Montagearten:

Bei der **Vorsteckmontage** schließt der Dübel meist bündig mit der Bauteiloberfläche ab (z. B. Einschlaganker). Der Montagegegenstand wird nach dem Setzen des Dübels angeschraubt.

Bei der **Durchsteckmontage** wird der Dübel durch den Montagegegenstand in das Bohrloch gesteckt und dann verspreizt (z. B. Deckennagel, Nagelanker).

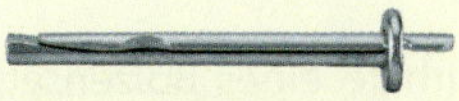

Deckennagel: Spreizung erfolgt wegekontrolliert zwangsweise durch Einschlagen des Spreizteils.

Betonschraube: Die Betonschraube wird direkt in das Bohrloch ohne Spreizung eingeschraubt.

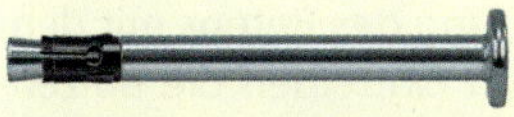

Nagelanker mit Nagelkopf: Bei Belastung wird der Konus in den Spreizclip gezogen und der montierte Nagelanker verspannt sich gegen die Bohrlochwand.

Einschlaganker: Beim Einschlagen des Spreizkonus mit dem Setzwerkzeug wird die Ankerhülse aufgespreizt und verspannt sich gegen die Bohrlochwand.

Verankerungselemente für Stahlbetondecken

Formschluss

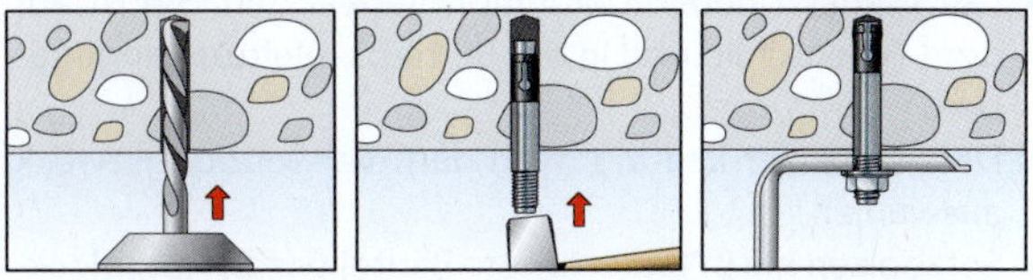

Vorsteckmontage

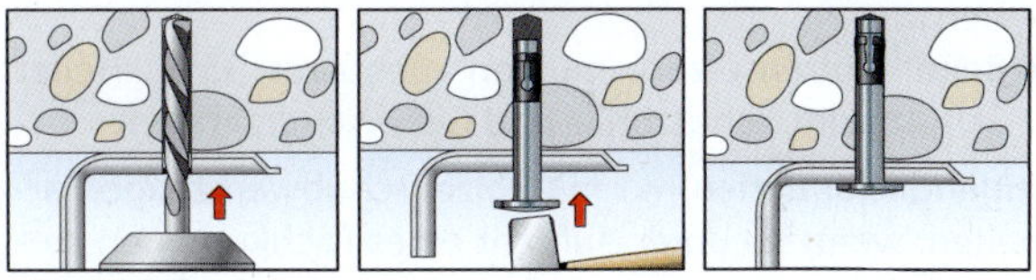

Durchsteckmontage

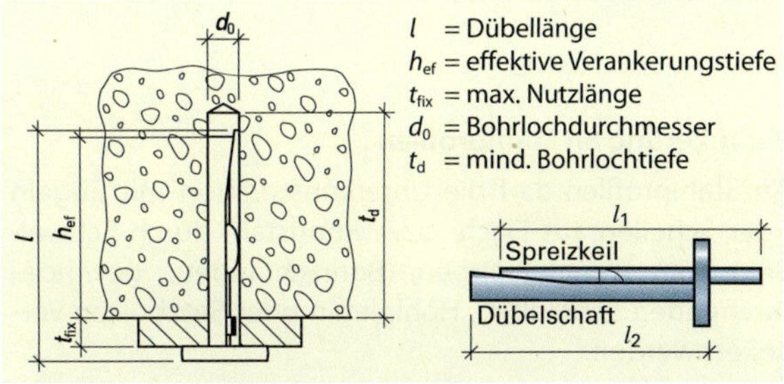

Technische Daten eines Deckennagels

Zusammenfassung

Die Verankerungselemente haben die sehr bedeutungsvolle Aufgabe, die Unterdecke oder Deckenbekleidung mit der Rohdecke dauerhaft zu verbinden. Um die Nutzungssicherheit zu gewährleisten, dürfen nur speziell für den Baustoff zugelassene oder genormte Verankerungselemente verwendet werden. Von der Brauchbarkeit der Verankerungselemente kann nur ausgegangen werden, wenn auch die in den Zulassungen beschriebenen Einbaubedingungen eingehalten werden.

Setzbolzen

Setzbolzen aus Stahl werden mithilfe eines Bolzensetzwerkzeugs und einer Kartusche als Treibladung in ein vorgebohrtes Loch getrieben und so im Beton verankert. Beim Eindringen des Bolzens in den Untergrund entstehen durch die Eintreibgeschwindigkeit hohe Temperaturen. Dies führt zu einer Versinterung des Betons mit dem Setzbolzen. Zusätzlich wird beim Eintreiben die Bolzenoberfläche aufgeraut und so die Verbundfestigkeit verbessert. So hält der Setzbolzen durch Stoff- und Reibeschluss im Untergrund. Für die Verankerung leichter Deckenbekleidungen und Unterdecken müssen die Abhänger so befestigt werden, dass im Falle des Versagens einer Befestigungsstelle eine Lastumlagerung auf zwei benachbarte Befestigungsstellen möglich ist (= redundantes System). Die Tragfähigkeit der Verankerung ist durch Probebelastung zu kontrollieren. Die Anzahl der zu prüfenden Setzbolzen wird als Prozentwert der gesetzten Verankerungselemente in der Zulassung festgelegt.

Wichtiges für den Betrieb:

- Nur Bolzenschubwerkzeuge mit Zulassungszeichen und gültigem Prüfzeichen einsetzen.
- Nur vorgeschriebene Munition verwenden. Sie ist auf dem Typenschild und in der Betriebsanleitung angegeben.
- Die Stärke der Ladung nach dem Verwendungszweck auswählen.
- Setzbolzen nie in ungeeignete Bauteile (z. B. Hohlblocksteinmauerwerk, Lochziegel, Leichtbaustoffe) eintreiben.
- Beim Bolzensetzen müssen Benutzer und Helfer Schutzhelm, Schutzbrille und Gehörschutz tragen.

Jugendliche dürfen nur mit Bolzenschubwerkzeugen arbeiten, wenn sie unter Aufsicht eines Fachkundigen stehen und diese Arbeiten zur Erreichung des Ausbildungszieles erforderlich sind.

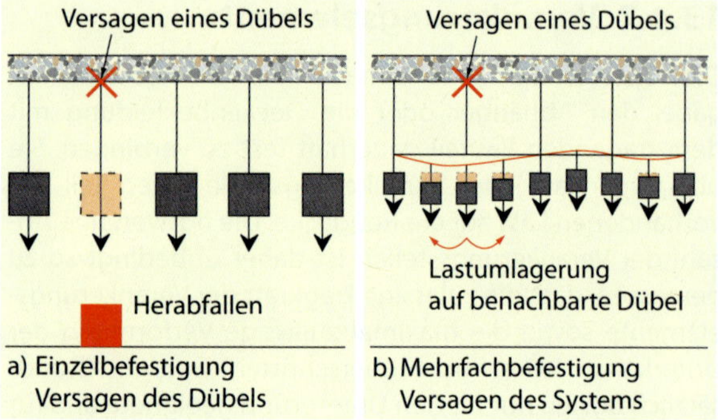

Deckenbekleidungen und Unterdecken als redundantes System

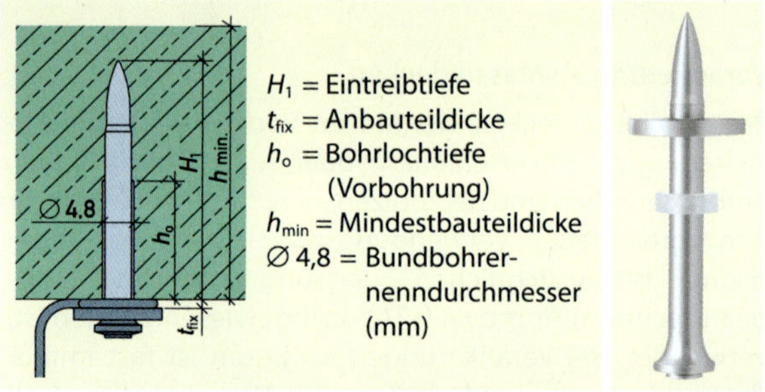

Setzbolzen und Verankerung im Beton

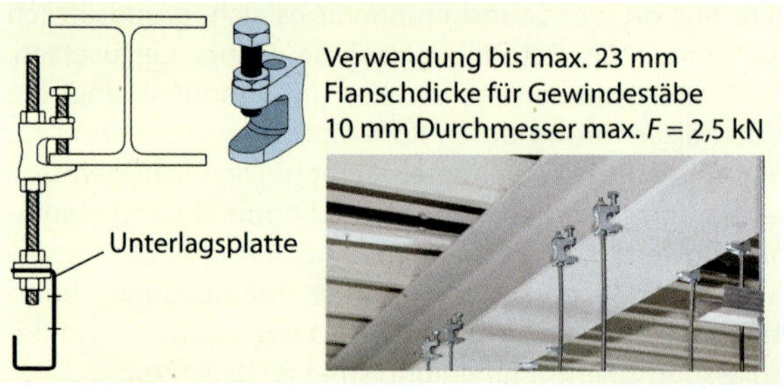

Abhängeklammer für Stahlprofile

Verankerung an Stahlprofilen

An Stahlprofilen darf die Unterkonstruktion mit Bügeln oder Schellen aus Flach- bzw. Rundstahl durch Schweißen, mit Blechschrauben, Bohrschrauben, gewindefurchenden Schrauben, Hohlnieten oder Setzbolzen verankert werden.

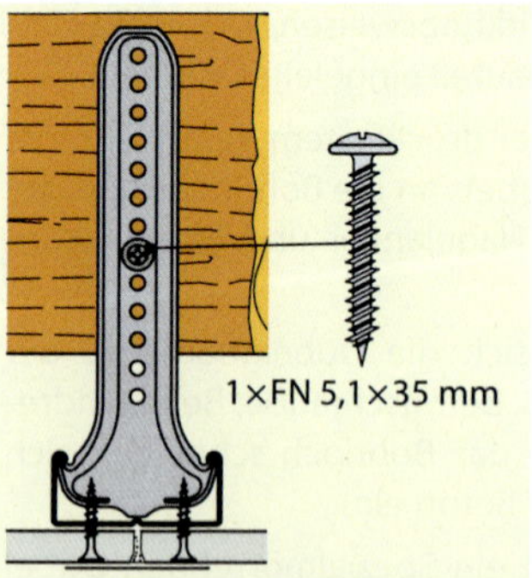

Ankerhänger, seitlich an Holzbalken befestigt (Klasse 2)

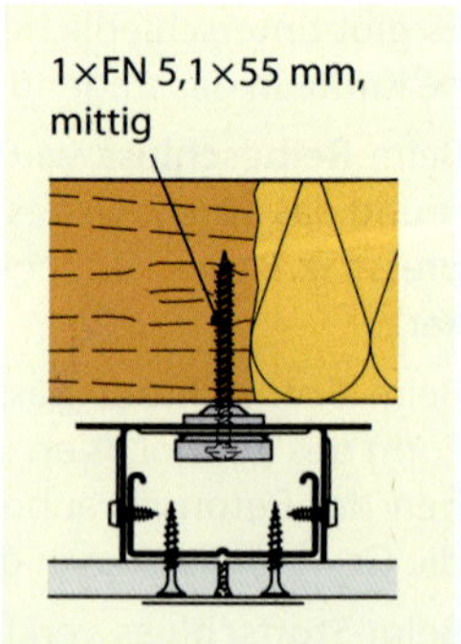

Direktschwingabhänger, von unten an Holzbalken befestigt

Verankerung an Holzkonstruktionen

Für die Befestigung der Unterkonstruktion bzw. der Abhänger an Holzbalken sind hierfür genormte oder zugelassene Schrauben seitlich oder von unten einzudrehen. Sie sind so zu wählen, dass die auftretenden Lasten sicher in den Holzbalken eingeleitet werden. Die erforderliche Schraubenlänge richtet sich nach der Dicke des zu befestigenden Abhängers und der notwendigen Eindringtiefe in den Holzbalken. Die Eindringtiefe der Schrauben in Holzbalken muss mindestens 24 mm betragen oder $\geq 5\ d_N$ (d_N = Nenndurchmesser) sein.

Aufgaben

1. *Nennen Sie Faktoren, die im Umgang mit Bolzenschubwerkzeugen beachtet werden müssen.*
2. *Informieren Sie sich mithilfe von technischen Zulassungen über die Einbaubedingungen von drei Verankerungselementen.*

13.5 Fugenlose Unterdecke

13.5.1 Planung einer Unterkonstruktion

Die **Unterkonstruktion** muss eine ebene tragfähige Auflage für die Gipsplatten bilden. Damit dies dauerhaft gewährleistet ist, dürfen die **maximal zulässigen Stützweiten der Grund- und Tragprofile** nicht überschritten werden. In der DIN 18181 werden die zulässigen Stützweiten in Abhängigkeit von der Gesamtlast des Deckensystems aufgeführt.

Bei der Gesamtlast des Deckensystems werden vier Lastklassen unterschieden:

- 0 kN/m^2 … 0,15 kN/m^2
- über 0,15 kN/m^2 … 0,30 kN/m^2
- über 0,30 kN/m^2 … 0,50 kN/m^2
- über 0,50 kN/m^2 … 0,65 kN/m^2

Beispiel:

Eine Unterdecke mit einer doppelten CD 60/27/06 (längenbezogene Masse 0,57 kg/m) Profillage und einer doppelten Beplankung mit GKF-Platten (Rohdichte ≥ 800 kg/m^3, d = 12,5 mm) gehört beispielsweise ohne Einbauten zur Lastklasse über 0,15 kN/m^2 bis 0,30 kN/m^2.

Eventuelle Zusatzlasten aus brandschutztechnisch erforderlichen oder nicht erforderlichen Dämmstoffen erhöhen die Masse des Deckensystems und müssen berücksichtigt werden.

Bei diesen Vorgaben hängt die zulässige Stützweite von der Deckenlast und die Deckenlast wiederum zu einem kleinen Teil auch von der Unterkonstruktion ab. Aus diesem Grund ist es im täglichen Arbeitsprozess am einfachsten, die benötigten Angaben zu den zulässigen Stützweiten den Unterlagen der Systemhersteller zu entnehmen.

Von der DIN 18181 abweichende Spannweiten müssen durch ein Prüfzeugnis nachgewiesen werden. Die Herstellerangaben sind in diesem Fall zu beachten. Bei Anforderungen an den Brandschutz gilt die DIN 4102-4 und es sind gegebenenfalls kleinere Stützweiten einzuhalten.

Auch bei der **Beplankung** mit Gipsplatten darf die **maximal zulässige Spannweite** nicht vernachlässigt werden. Bei Gipsplatten mit geschlossener Oberfläche werden die maximal möglichen Spannweiten in Abhängigkeit von der Plattendicke und der Befestigung der Platten quer oder längs zu Faserrichtung des Kartons angegeben. Grundsätzlich sollten bei der Festlegung der Abstände der Tragprofile auch die Plattenformate berücksichtigt werden.

In Abhängigkeit von Brandschutzanforderungen und Lastklassen ergeben sich die maximal zulässigen Unterkonstruktionsabstände.

Die vorhandene Stützweite ergibt sich bei den Grundprofilen aus dem Abstand der Abhänger.

Die vorhandene Stützweite der Tragprofile hängt vom Abstand der Grundprofile ab.

Die vorhandene Stützweite der Beplankung hängt vom Abstand der Tragprofile ab.

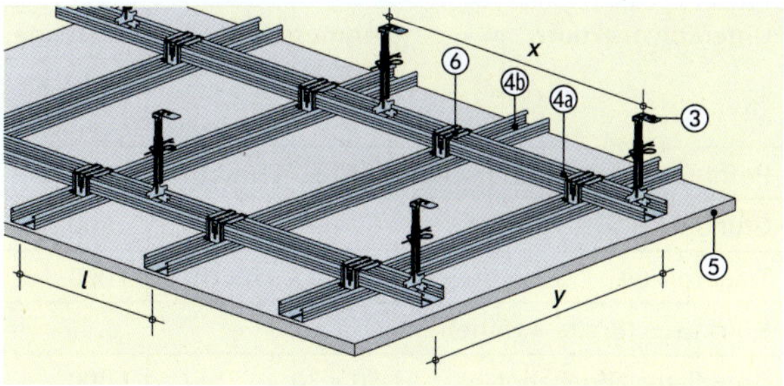

Unterkonstruktion mit doppelter Profillage abgehängt befestigt

Beplankung: Rigips Bauplatten RB, 12,5 mm oder 2 × 12,5 mm oder Rigips Die Dicke 20 RF.
Zulässige Achsabstände der Unterkonstruktion

Beplankung	Abhängerabstand	Achsabstand Grundprofile	Achsabstand Tragprofile	
	x	y	l_1	l_2
mm	mm	mm	mm	mm
Ohne Zusatzlast (nur Eigenlast)				
12,5	**900**	**1 000**	**500**	**420**
20	750	1 000	750	–
2 × 12,5[1)]	750	1 000	500	420
Mit Zusatzlast (zul. Gesamtmasse der Konstruktion ≤ **30 kg/m^2**)				
12,5[1)]	750	1 000	500	420
20[1)]	750	1 000	750	–
2 x 12,5[1)]	750	1 000	500	420
Mit Zusatzlast (zul. Gesamtmasse der Konstruktion ≤ **50 kg/m^2**)				
12,5[1)]	600	750	500	420
20[1)]	600	750	750	–
2 × 12,5[1)]	600	750	500	420

1) nur mit Abhängesystemen der Tragfähigkeitsklasse 0,40 kN verwenden

Unmittelbar an der Beplankung befestigte Einzellasten dürfen 0,06 kN (≙ 6 kg) je Plattenspannweite (Achsabstand Tragprofile) und Meter nicht überschreiten.

l_1 Befestigung der Beplankung quer zum Tragprofil

l_2 Befestigung der Beplankung längs zum Tragprofil

Abstände für Unterkonstruktion mit doppelter Profillage, abgehängt befestigt ohne Brandschutzanforderungen (Angaben eines Systemherstellers)

Die maximal zulässige Stützweite einer Beplankung mit GK-Platten hängt von folgenden Faktoren ab:

- Brandschutzanforderungen
- Plattendicke
- Quer- oder Längsbefestigung (die Festigkeitseigenschaften der Platte sind in Richtung der Kartonfaser, d. h. in Längsrichtung der Platten größer als quer zur Kartonfaserrichtung)

Aufgrund der gelochten Kartonbewehrung ist bei Gipslochplatten die maximal zulässige Spannweite deutlich geringer.

Unterkonstruktion	Abmessungen in mm	Zulässige Stützweiten in mm bei einer Gesamtlast[1]			
		≤ 0,15 kN/m²	über 0,15 kN/m² … 0,30 kN/m²	über 0,30 kN/m² … 0,50 kN/m²	über 0,50 kN/m² … 0,65 kN/m²
Profile aus Stahlblech nach DIN 18182-1 und DIN EN 14195					
Grundprofil (*x*)	CD 60 × 27 × 06	900	750	600	550
Tragprofil (*y*)	CD 60 × 27 × 06	1 000	1 000	750	700
Holzlatten (Breite × Höhe)					
Grundlatte, abgehängt	50 × 30	1 000	850	700	650
Grundlatte, abgehängt	60 × 40	1 200	1 000	850	800
Traglatte	48 × 24	700	600	500	450
Traglatte	50 × 30	850	750	600	550

[1] Bei Anforderungen an den Brandschutz sind ggf. kleinere Stützweiten nach DIN 4102-4 einzuhalten

Zulässige Achsabstände der Unterkonstruktion gemäß DIN 18181 für Profile aus Stahlblech CD 60 × 27 × 06 und Holzlatten

Plattenart	Plattendicke, in mm	Spannweite bei Plattenanordnung in mm	
		Querbefestigung max.	Längsbefestigung max.
Gipsplatten mit geschlossener Sichtfläche	12,5	500	420
	15	550	420
	≥ 18	625	420
gelochte Gipsplatten	9,5	333	–
	12,5	333	–

Zulässige Spannweite der Beplankung bei Deckenbekleidungen und Unterdecken gemäß DIN 18181 (ohne Anforderungen an den Brandschutz)

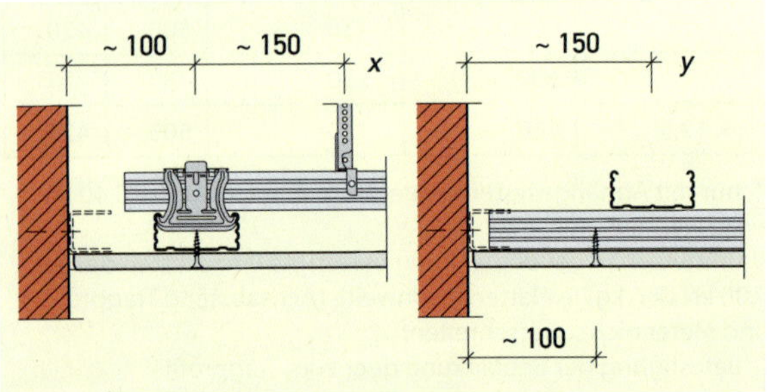

Wandabstände bei einem nicht tragenden Anschluss mit UD-Profil-Hinterlegung als Montagehilfe

Beispiel:

Eine Unterdecke mit geschlossener Fläche wird unter einer Rohdecke Bauart III (Stahlbetondecke) montiert.

Folgende Angaben sind für die Planung und Berechnung erforderlich:

- Abhänghöhe UK-Rohdecke bis UK-Unterdecke 35 cm
- doppelte Profillage (Grund- und Tragprofil) mit CD 60/27/06
- Wandanschluss mit UD-Profil (nicht tragend)
- Beplankung mit GKF-Platten 2 × 12,5 mm (Plattenformat 2 500 × 1 250 mm, Querbefestigung, Stirnkantenstöße um mindestens 400 mm versetzen und auf Latten/Profilen anordnen, Kreuzfugen und fliegende Stöße sind nicht zulässig).
- Q2-Verspachtelung (bei mehrlagiger Beplankung reicht ein Füllen der Fugen der 1. Plattenlage ohne weitere Spachtelgänge).
- Wandanschluss mit 5 mm Randfuge, umlaufend verspachtelt, mit Trennstreifen.

Lastklasse: über 0,15 kN/m² … 0,30 kN/m²

Daraus ergeben sich die folgenden maximalen Stützweiten: Grundprofil 750 mm und Tragprofil 1 000 mm.

Die max. Spannweite einer 12,5 mm dicken Gipsplatte beträgt 500 mm.

Raumabmessung $b = 570$ cm, $l = 285$ cm

Die Grundprofile werden parallel zur Fensterfront eingebaut.

Abstand der Abhänger:

570 cm – (2 · 25 cm)/75 cm = 6,93 ⇒ gewählt 7
520 cm/7 = 74,3 cm Abstand der Abhänger

Abstand der Grundprofile:

285 cm – (2 · 15 cm)/100 cm = 2,55 ⇒ gewählt 3
255 cm/3 = 85 cm Abstand der Grundprofile

Aufgaben

1. *Ermitteln Sie, wie groß der Abhänger- und Grundprofilabstand bei einer Unterdecke (doppelte Profillage ohne Zusatzlast, abgehängt befestigt) mit einer Konstruktionsmasse von etwa 22 kg/m² gem. DIN 18181 maximal sein darf.*
2. *Erläutern Sie, inwiefern Sie durch die Planung und Montage der Tragprofile den Herstellungsprozess der Beplankung beeinflussen können.*

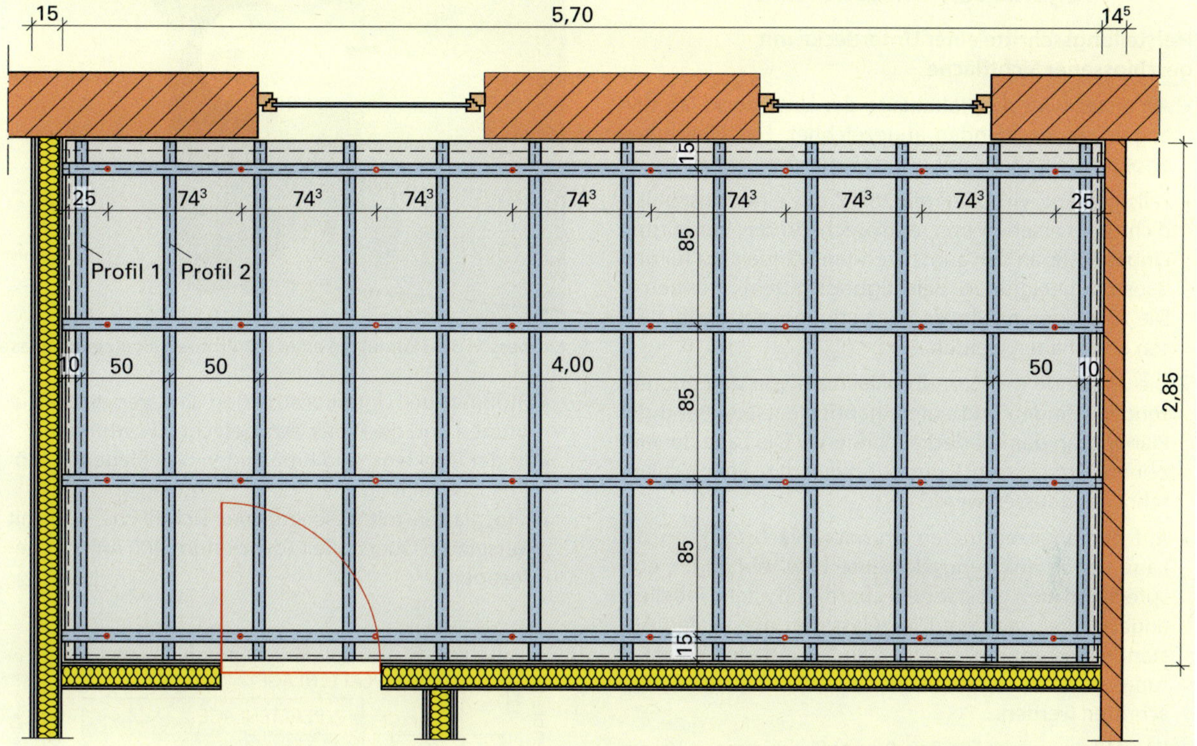

Ausführungsvariante: Um die Beplankung mit einer ganzen Gipsplatte beginnen zu können, muss der Achsabstand zwischen Profil 1 und 2 auf 40 cm reduziert werden. Die Lage, Anzahl und Abstände der weiteren Tragprofile sowie die Plattenanordnung muss unter Berücksichtigung dieser Veränderung angepasst werden.

Verlegeplan der Unterkonstruktion (Grundprofile, Tragprofile und Lage der Abhänger)

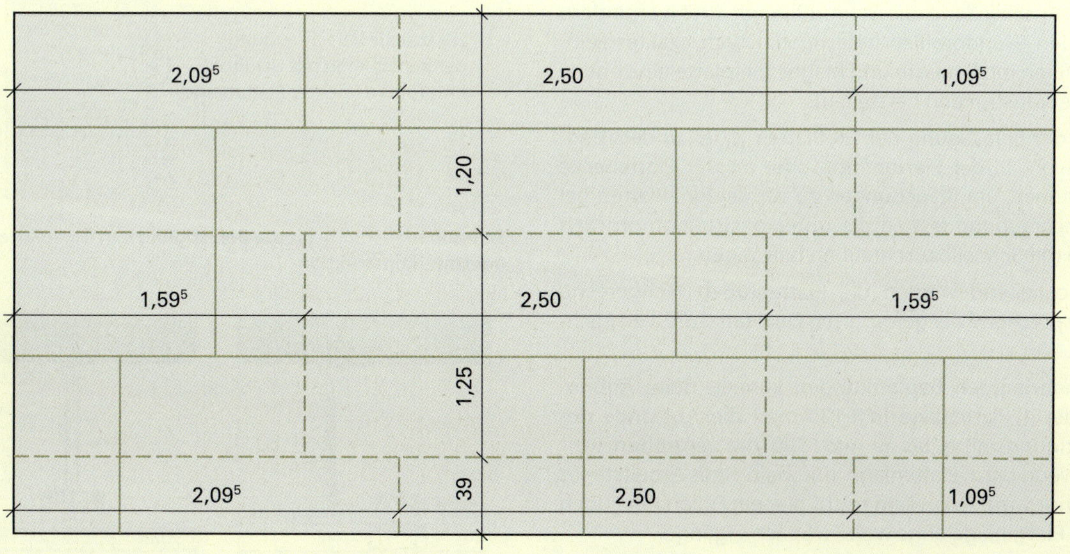

Plattenanordnung erste (- - - - - -) mit Bemaßung und zweite (———) Beplankungslage (Lösungsvorschlag)

13.5.2 Montage von fugenlosen Unterdecken

Herstellungsschritte einer Unterdecke mit geschlossener Sichtfläche

- Als erstes wird die Höhenlage der Unterdecke an den angrenzenden Wänden angezeichnet. Das Einmessen erfolgt zum Beispiel mit einem Baulaser.
- Falls geplant, ein UD-Profil 28/27 mit einer Anschlussdichtung versehen und, entsprechend der benötigten Einbauhöhe, an den angrenzenden Wänden mit für den Baustoff geeigneten Befestigungsmitteln montieren. Die zulässigen maximalen Befestigungsabstände müssen eingehalten werden.
- Die Abstände der Grundprofilachsen von den angrenzenden Wänden und untereinander, entsprechend der Planung, an der Rohdecke markieren. Die Lage der einzelnen Profilachsen kann zu zweit mit einer Schlagschnur angerissen werden.
- Auf den angezeichneten Grundprofilachsen kann die Lage der Verankerungselemente bzw. Abhänger, entsprechend den Abständen aus den System-Tabellen, angezeichnet werden. Die zulässigen maximalen Abstände der angrenzenden Wände und der Verankerungselemente untereinander dürfen dabei nicht überschritten werden.
- Die Abhänger mit für den Baustoff geeigneten Verankerungselementen an der Rohdecke dauerhaft befestigen. Von der Brauchbarkeit der Verankerungselemente (Dübel) kann nur ausgegangen werden, wenn die in den Zulassungen definierten Einbaubedingungen eingehalten werden.
- Die zugeschnittenen Grundprofile an den grob höhenjustierten Abhängern befestigen und bei Bedarf an den Stößen mit CD-Profilverbindern ausstatten.
- Die Lage der Tragprofile an den Grundprofilen markieren. Anschließend die Tragprofile mit Profilverbindern an den Grundprofilen befestigen. Durch exaktes Feinjustieren mit Baulaser und Magnetzielplatte eine ebene Unterkonstruktion herstellen.
- Mit der Befestigung der GK-Platten (quer zu den Tragprofilen) in der Plattenmitte oder an der Plattenecke beginnen, um Stauchungen zu vermeiden. Platten bei Verschraubung fest an die Unterkonstruktion drücken und mit Schnellbauschrauben befestigen.
- Abschließend werden die Plattenfugen fachgerecht, entsprechend der geforderten Qualitätsstufe, verspachtelt.

Bei **mehrlagigen Beplankungen** können beim Anbringen der 1. Plattenlage ($d = 12{,}5$ mm) die Abstände der Befestigungsmittel bis zu max. 500 mm vergrößert werden, wenn die 2. Plattenlage innerhalb eines Arbeitstages befestigt wird. Außerdem reicht hier ein Füllen der Fugen der 1. Plattenlage ohne weitere Spachtelgänge.

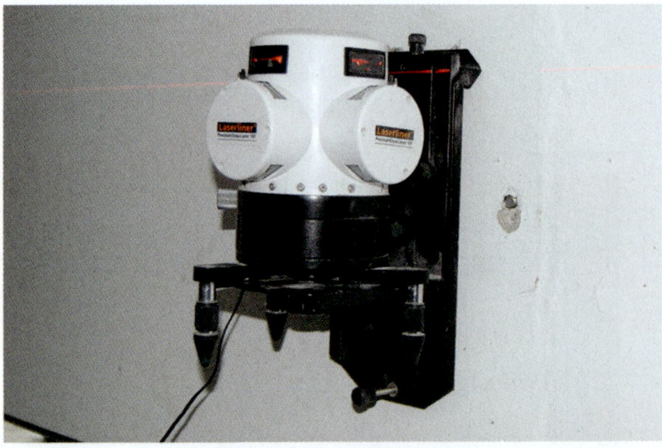

Einmessen der Höhenlage eines UD-Profiles mit einem Baulaser

- Stöße in der Unterkonstruktion sind versetzt anzuordnen und die Profile fachgerecht zu verbinden.
- In der Decklage sind Kreuzfugen und fliegende Stöße nicht zulässig.
- Gipsplatten mit geschlossener Sichtfläche sind mit versetzten Querstößen (mindestens 400 mm) zu befestigen.

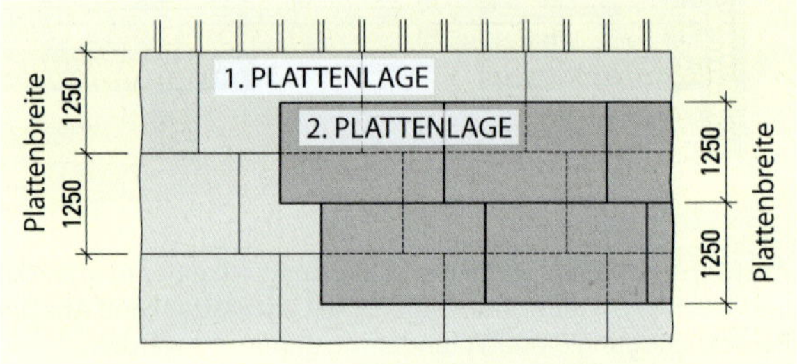

Verlegeschema mit versetzten Stößen für mehrlagige Beplankung

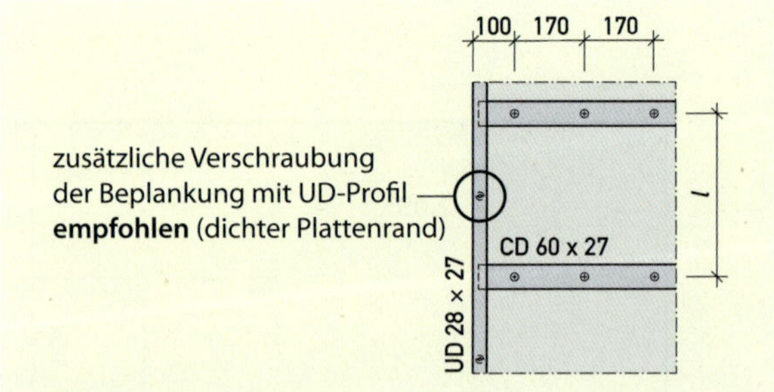

Schraubenabstände für die Befestigung von Gipsplatten an der Unterkonstruktion

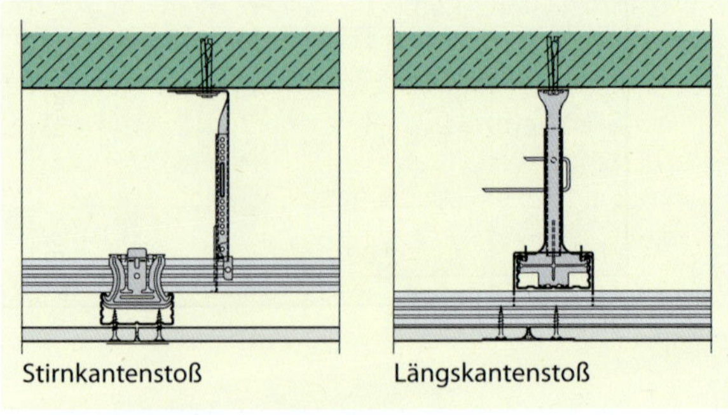

Ausführung Stirn- und Längskantenstoß

Herstellungsschritte einer Akustikunterdecke mit Spachtelfuge

- Die Herstellung der Unterkonstruktion erfolgt im Wesentlichen wie in Abschnitt 13.5.2 beschrieben. Die Montagerichtung der Grundprofile ist möglichst so zu wählen, dass im Folgenden die Plattenanordnung auf den Tragprofilen mit Querkante parallel zur Fensterfront (Hauptlichtrichtung) gewählt werden kann.
- Die bei Gipslochplatten reduzierten zulässigen Abstände der Tragprofile müssen aus der Herstellerunterlage in Abhängigkeit vom vorhandenen Lochbild entnommen werden.
- Planebenheit und Achsabstände der Tragprofile kontrollieren.
- Die Kanten auf der Sichtseite der Deckenplatten müssen vor dem Montieren mittels Handschleifer unter 45° gebrochen werden. Zur Regulierung des Saugverhaltens muss der Gipskern im Kantenbereich grundiert werden.
- Bei Räumen bis etwa 150 m² mit der Verlegung in der Raummitte beginnen. CD-Profil oder Richtscheit als Anschlag nutzen. Danach zur Positionierung nächste Platte an die erste Platte schieben und mittels Montagehilfe fixieren (Fugenmaß ergibt sich). Plattenkennzeichnung für Plattenausrichtung beachten.
- Mit dem Verschrauben in der Ecke beginnen, wo die Platte an Längsseite und Stirnseite an bereits befestigte Platten angrenzt. Zunächst die Längsseite, anschließend die Stirnseite verschrauben. Beschädigungen der Akustikdesignplatten durch Schraubensenkköpfe sind zu vermeiden.
- Platten nur im System „Kreuzfuge" verlegen und Lochbild stets auch optisch kontrollieren (gerade und diagonal).
- Decke im Fugenbereich auf Höhenversätze prüfen, ggf. mit Schraubgriff-Spachtel ausgleichen.
- Kartusche befüllen und die Fugen satt ausspritzen. Um eine hohe Fugenfestigkeit zu erreichen, muss sich ein pilzförmiger Überstand auf der Rückseite der beiden Platten bilden können.
- Nach dem Ansteifen des Spachtelmaterials die überstehende Spachtelmasse in Längsrichtung abstoßen. Fugen und Schraubköpfe werden abschließend nachgespachtelt. Dazu sollten an der Fuge liegende Lochreihen zuvor abgeklebt werden.
- Nach vollständiger Trocknung der Fugenverspachtelung den Bereich mit dem Handschleifer verschleifen.

Neben der konventionellen SK-Kantenausbildung mit entsprechend erforderlicher Verarbeitung und Fugenverspachtelung gibt es Kantenausbildungen, z. B. mit umlaufendem Stufenfalz (Knauf-Cleaneo-linear-Platten), und Systeme (VogelFuge), die eine andere Verarbeitung erfordern.

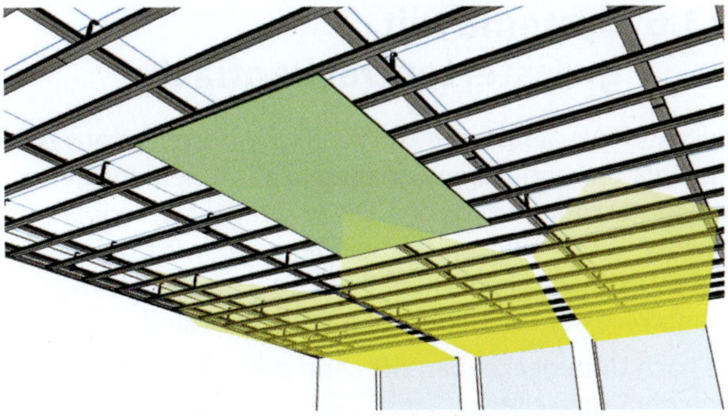
Berücksichtigung der Hauptlichtrichtung bei der Plattenanordnung

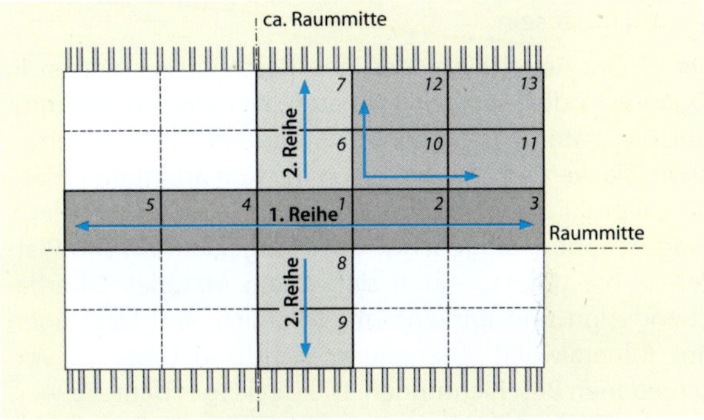

Verlegeschema für Akustikplatten mit Spachtelfuge

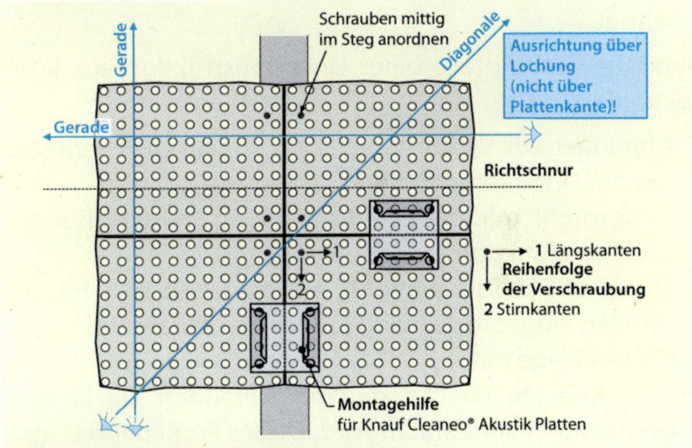

Plattenmontage mit Montagehilfe

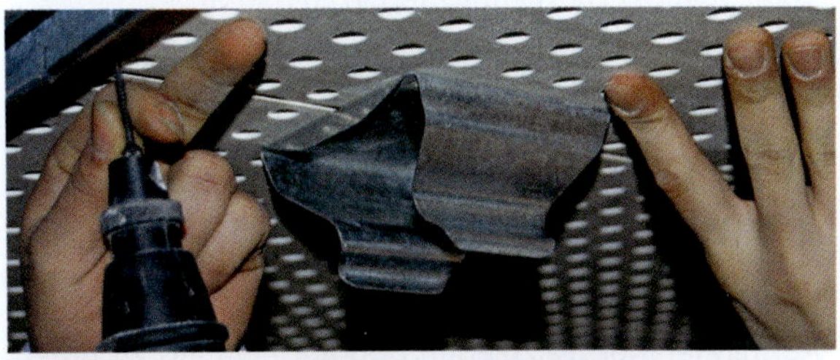
Ausrichten der Akustikplatte mit Montagehilfe

Befüllen der Kartusche und Ausspritzen der Fugen

13.6 Systeme mit gerasterter Deckenfläche

Systeme mit gerasterter Deckenfläche bestehen aus Deckenplatten und Trägersystemen, die in einem festgelegten Raster montiert werden. Die einzelnen Deckenplatten bleiben raumseitig erkennbar. Verstärkt wird die wahrnehmbare Deckenflächengliederung, wenn auch die Tragprofile der Unterkonstruktion sichtbar sind.

Je nach Unterdeckenbausatz kann die Unterkonstruktion von der Unterseite

- sichtbar,
- teilweise sichtbar oder
- unsichtbar sein.

Die in der Regel einbaufertigen Rasterdeckenplatten in Quadrat- oder Rechteckformaten werden, abgestimmt auf die Unterkonstruktion, in Standardformaten hergestellt. Sie werden, abhängig von der Konstruktionsvariante, auf profilierten Trägerprofilen (z. B. T-Profile) aufgelegt, eingeschoben, eingehängt oder eingeklemmt. Die Platten selbst unterscheiden sich durch Material, Oberflächendesign und Kantenform. Erhältlich sind Decklagen aus Mineralwolle, Aluminium, Stahl und Gips mit verschiedenen Beschichtungen. Die Decklagenbauteile werden in Abhängigkeit vom Längen-Breiten-Verhältnis der geometrischen Form als Kassette, Platte oder Panel bezeichnet.

Typische Bestandteile einer Unterkonstruktion aus konfektionierten Bauteilen:

- Abhänger zur Verbindung des Verankerungselements mit der Unterkonstruktion
- Hauptprofil mit direkter Verbindung zum Abhänger und Stützfunktion für die Decklage
- Querprofil (Zwischenprofil), das zwischen den Hauptprofilen angeordnet wird und eine Stützfunktion für die Decklage hat
- Randauflager, das an den flankierenden Deckenbegrenzungen angebracht wird. Dieses Profil hat die Aufgabe, Hauptprofil, Querprofil und Decklage an den seitlichen Deckenbegrenzungen zu tragen.

Die Profile sind aus verzinktem Stahl gefertigt. Die sichtbaren Flächen sind einbaufertig lackiert.

Alle Verankerungsmittel und Befestigungsmittel sind entsprechend dem Befestigungsuntergrund (Rohdeckenkonstruktion, flankierende Wände) auszuwählen und eigenverantwortlich von der Bauleitung und dem Auftragnehmer festzulegen und auf Eignung zu prüfen.

Rasterdecken sind oftmals demontierbar und machen so eventuelle Inspektions- oder Wartungsarbeiten an den Einbauten im Zwischendeckenbereich möglich.

Untersicht einer Unterdecke mit gerasterter Deckenfläche und Fries mit geschlossener Sichtfläche

Verschiedene Kantenformen mit T-Trägerprofil

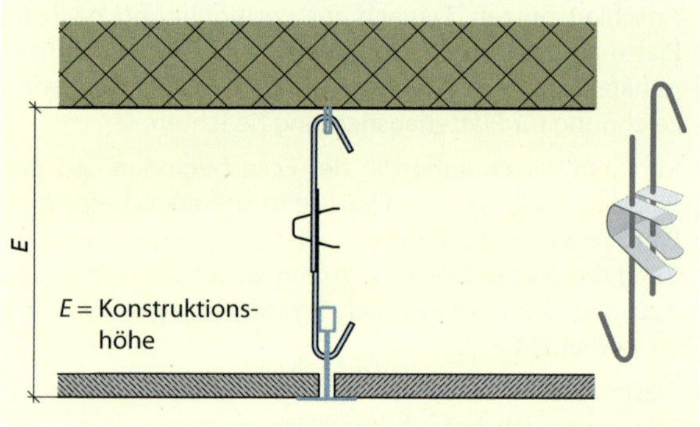

Aufbau einer Unterdecke mit gerasterter Deckfläche

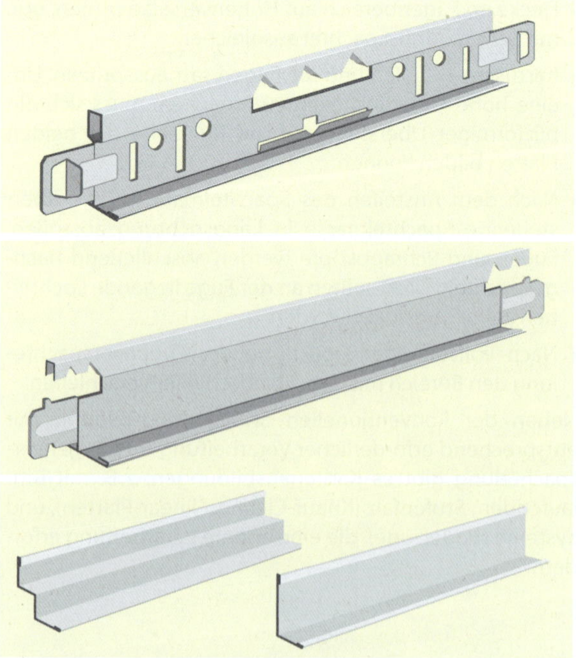

Beispiel Bestandteile der Unterkonstruktion

Einbauleuchten können mit unterschiedlichen Formen und Abmessungen unmittelbar in die Decklage eingebaut werden. Günstig ist es Einbauleuchten zu verwenden, deren Abmessung dem Modulmaß der Decke entspricht. Es wird dann anstelle einer Deckenplatte eine Einbauleuchte in die Unterkonstruktion eingelegt. Zulässige Lasten müssen beim Einbau von Downlights direkt in der Deckenplatte oder beim Einlegen einer Einbauleuchte in der Unterkonstruktion unbedingt beachtet werden. Gegebenenfalls müssen höhere Lasten als die zulässigen separat an der darüberliegenden Rohdecke abgehängt werden.

13.6.1 Gips-Kassettendecke mit T-Profil

Als Kassette werden nach DIN EN 13964 quadratische oder rechteckige Decklagen mit einem Längen(l)-Breiten(w)-Verhältnis im Bereich von $1 \leq l/w \leq 2$ bezeichnet.

Die Modulmaße bzw. das Rastermaß von Kassettendecken betragen üblicherweise 600 × 600 mm oder 625 × 625 mm. Es handelt sich hierbei um das Achsmaß der Unterkonstruktion. Um die Platten zwängungsfrei in die Haupt- und Querprofile einlegen und demontieren zu können, ist die Seitenlänge der Platten geringfügig geringer als das Rastermaß (bei rechtwinkliger Kantenausführung z. B. 594 × 594 mm oder 619 × 619 mm).

Beispiel: Berechnung einer Friesbreite

Im Beispiel wird der Fries so berechnet, dass bei der Deckenmontage keine Anschnittplatten erforderlich sind. Als Auflager dient ein Stufenrandwinkel (Stufenrandwinkel 12 + 19 × 3 050 × 34 mm).

Angaben

Raumabmessungen: $b = 6{,}75$ m und $l = 8{,}02$ m
Kassettenabmessungen: 600 × 600 mm

Berechnung Friesbreite für die Raumbreite

675 cm : 60 cm = 11,25 ⇒ gewählt 11 Platten

675 cm – (11 · 60 cm) = 15 cm

15 cm : 2 = 7,5 cm (Fries zu klein! Aus diesem Grund wird mit 10 Platten geplant)

675 cm – (10 · 60 cm) = 75 cm

75 cm : 2 = 37,5 cm Friesbreite

Berechnung Friesbreite für die Raumlänge

802 cm : 60 cm = 13,41 ⇒ gewählt 12 Platten

802 cm – (12 · 60 cm) = 82 cm

82 cm : 2 = 41 cm Friesbreite

Das Schattenfugenmaß (12 mm) muss bei der Friesherstellung zusätzlich berücksichtigt werden.

Friesbreite für die Raumbreite

37,5 cm – 1,2 cm = 36,3 cm Friesbreite

Friesbreite für die Raumlänge

41 cm – 1,2 cm = 39,8 cm Friesbreite

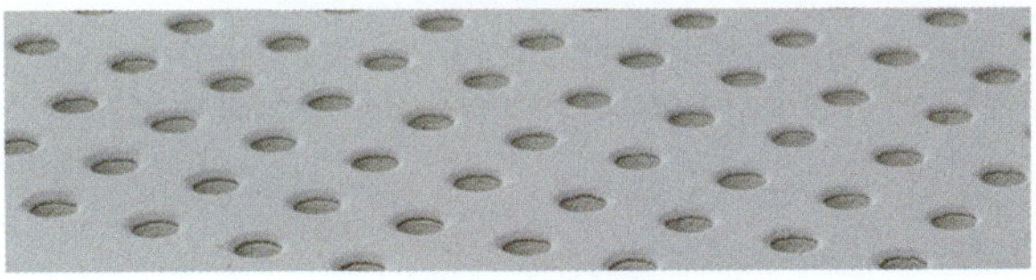

Ansicht einer Gips-Kassettenoberfläche

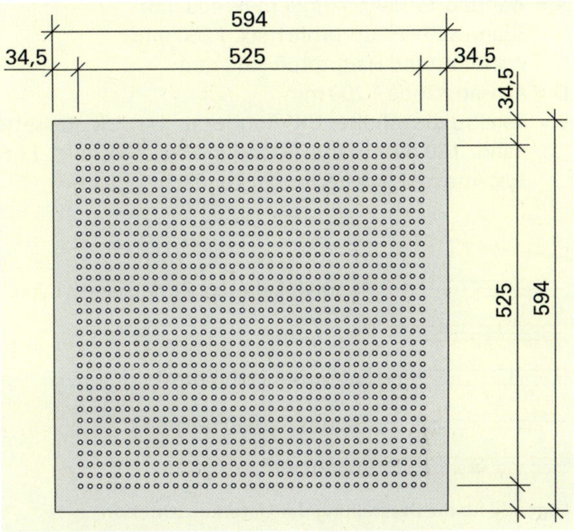

Abmessungen einer Gips-Kassettenoberfläche (Rastermaß 600 × 600 mm, Lochdurchmesser 6 mm und Loch-Achsabstand 15 mm)

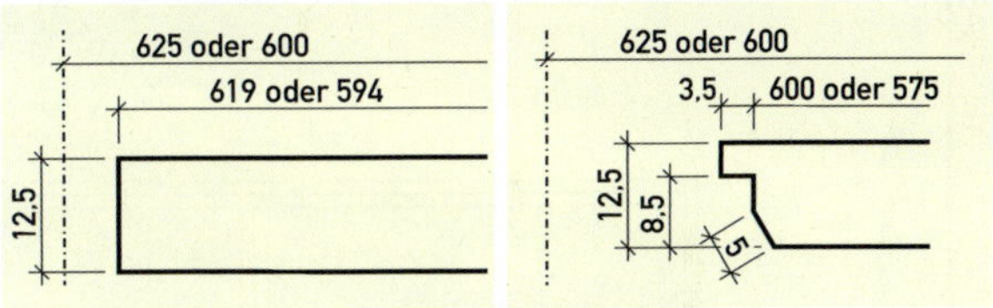

Beispiele Kantenausführung für T-24-Profil

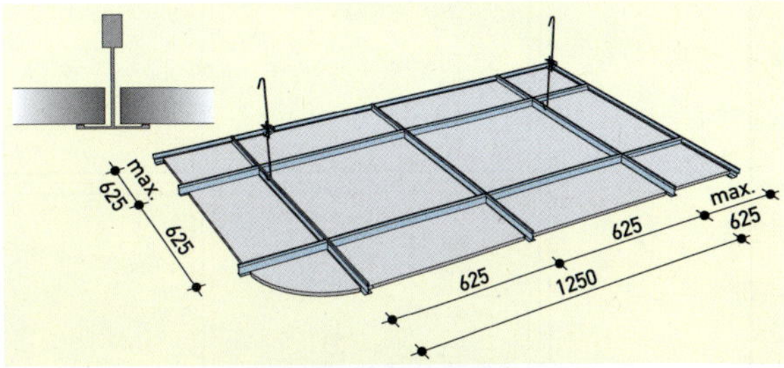

Unterkonstruktion Kassettendecke (Rastermaß 625 × 625 mm)

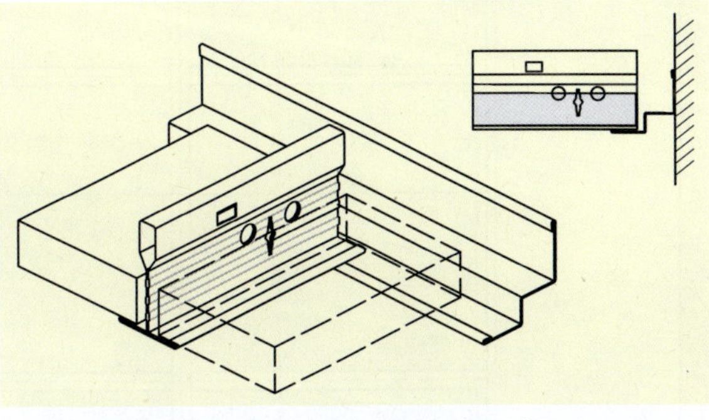

Randauflager mit Stufenrandwinkel (Profil und Deckenplatte müssen mindestens auf $\frac{2}{3}$ der Tiefe des Randwinkels aufliegen)

Die maximal zulässigen Abstände des jeweiligen Deckensystems müssen in jedem Fall beachtet werden.

Abstandsmaße für eine Kassettengröße 600 × 600 mm

A = Wandabstand Abhänger max. 400 mm
B = Spannweite Hauptprofil max. 1 200 mm
C = Wandabstand Hauptprofil 600 mm
D = Achsabstände 1 200 mm
E = Konstruktionshöhe UK Rohdecke bis UK Kassette mind. 120 mm (siehe Abbildung im Abschnitt 13.6, Systeme mit gerasterter Deckenfläche)

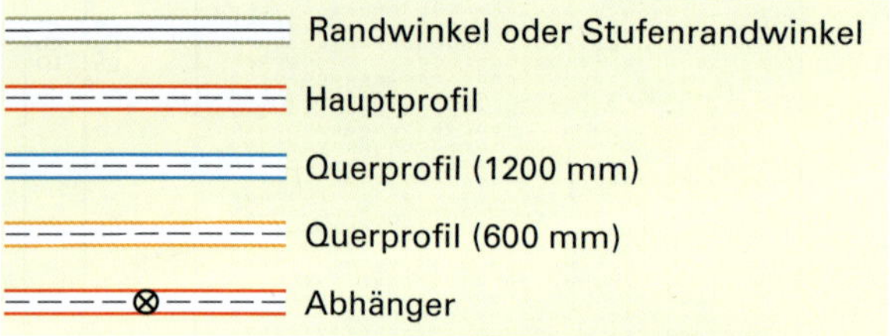

Legende für die Darstellung der Unterkonstruktion

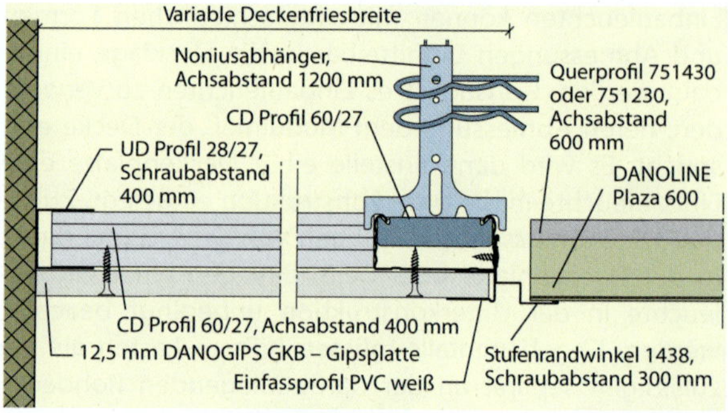

Darstellung der Detailausführung

Zusammenfassung

Bei Rasterdecken bleibt die Abmessung der systemgebundenen Deckenplatten von der Raumseite erkennbar. Das übliche Achsrastermaß beträgt bei Kassettendecken 600 oder 625 mm. Die Unterkonstruktion ist in Abhängigkeit von der verwendeten Kantenform sichtbar oder unsichtbar. Lose eingelegte Decklagenelemente ermöglichen einen einfachen Zugriff auf den Deckenhohlraum für Wartungs- und Reparaturarbeiten.

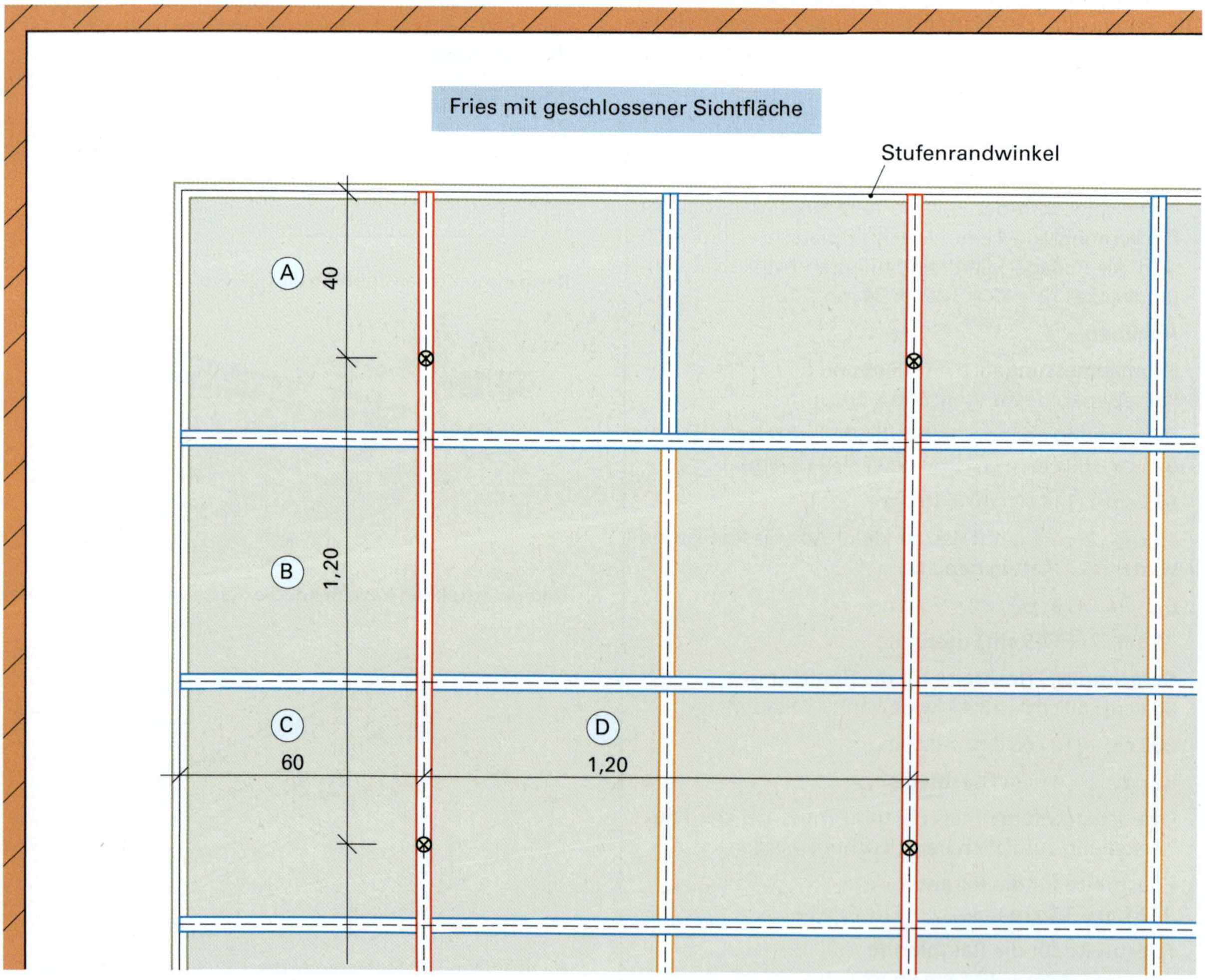

Kassettendecke mit Randfries (Unterkonstruktion mit Abhängern, Hauptschienen, Querschienen und Wandprofil als Draufsicht)

13.6.2 Berechnungsbeispiel

Kassettendecke mit Verlegeplan

Eine Massivdecke soll eine abgehängte Kassettendecke aus gelochten Gipsplatten mit umlaufendem Randfries erhalten. Planen Sie die Platteneinteilung der Decke und zeichnen Sie einen Verlegeplan mit Bemaßung im Maßstab 1:50.

Konstruktive Angaben: Beplankung: GK-Kassettenplatten 62,5 × 62,5 cm, Randfugen, umlaufend 0,5 cm und Mindestbreite der Randfriese 15 cm.

Berechnen Sie

a) die Anzahl der in der Raumlänge benötigten ganzen Kassettenplatten sowie die Friesbreite *a*,

b) die Anzahl der in der Raumbreite benötigten ganzen Kassettenplatten sowie die Friesbreite *b* und

c) zeichnen Sie in den Grundriss, ausgehend von der Raummitte, die Platten- und Frieseinteilung ein. Markierung der Raummitte, Bemaßung einer Kassettenplatte und der Friesbreiten.

Lösung:

a) Berechnung Plattenanzahl längs und Friesbreite *a*

(Raumlänge – Randfugen – 2 · Mindestfriesbreite) : Plattenlänge
(10,51 m – 2 · 0,005 m – 2 · 0,15 m) : 0,625 m = 10,20 m : 0,625 m = 16,3 Platten ⇒ gewählt 16 ganze Platten

Friesbreite *a*:
Raumlänge – Randfugen – Plattenzahl · Plattenlänge
(10,51 m – 2 · 0,005 m – 16 · 0,625 m) : 2 = 0,50 m : 2 = 0,25 m

b) Berechnung Plattenanzahl längs und Friesbreite *b*

(Raumbreite – Randfugen – 2 · Mindestfriesbreite) : Plattenbreite
(6,26 m – 2 · 0,005 m – 2 · 0,15 m) : 0,625 m = 5,95 m : 0,625 m = 9,25 Platten ⇒ gewählt 9 ganze Platten

Friesbreite *b*:
Raumbreite – Randfugen – Plattenzahl · Plattenbreite
(6,26 m – 2 · 0,005 m – 9 · 0,625 m) : 2 = 0,625 m : 2 = 0,3125 m

c) Zeichnen Verlegeplan (hier ohne Maßstab)

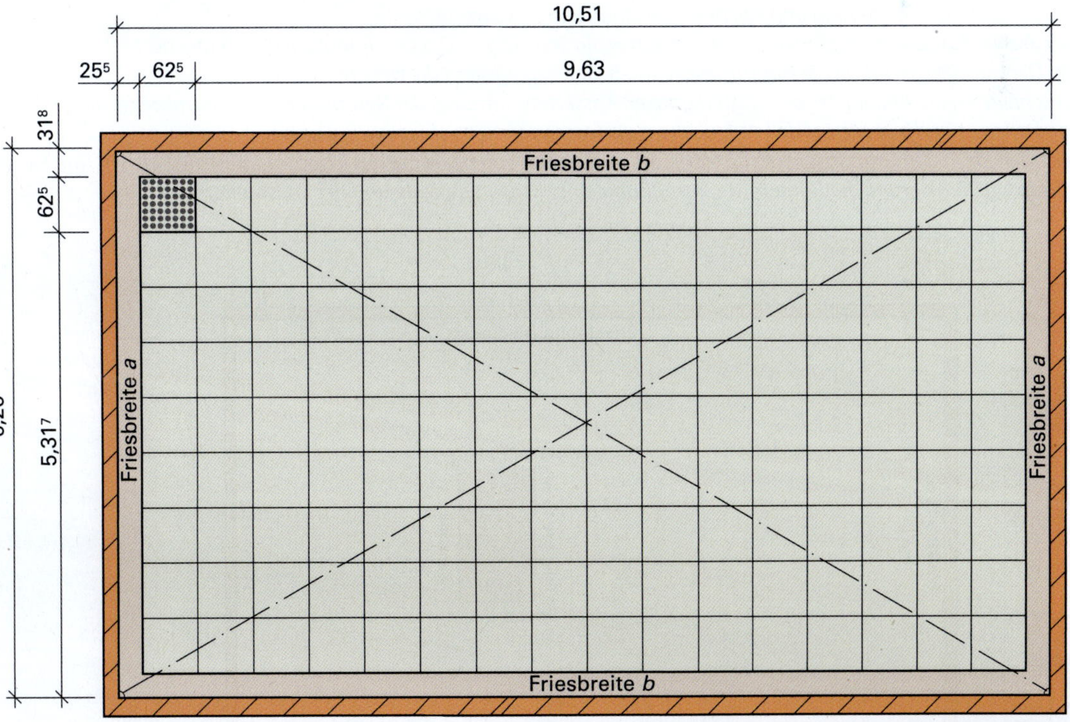

Aufgaben

1. *In einem winkelförmigen Raum soll eine abgehängte Kassettendecke mit umlaufenden Randfriesen eingebaut werden. Planen Sie die Platteneinteilung und zeichnen Sie einen Verlegeplan.*
   Konstruktive Angaben: *Beplankung: GK-Kassettenplatten 62,5 × 62,5 cm, Randfugen 0,5 cm und Mindestfriesbreite 15 cm. Der Hauptraum erhält die Hauptfriese a und b, der Grundrisseinschnitt die Nebenfriese y und z.*
   a) Berechnen Sie die Anzahl der benötigten ganzen Kassettenplatten in der Raumlänge und Raumbreite, die Breiten der Hauptfriese a und b sowie die den Raumeinschnitt umfassenden Nebenfriese y und z.
   b) Zeichnen Sie in den Grundriss im Maßstab 1 : 50, ausgehend von der Mitte des Hauptraumes, die Platten- und Frieseinteilung ein. Markierung der Raummitte, Bemaßung einer Kassettenplatte und der Friesbreiten.

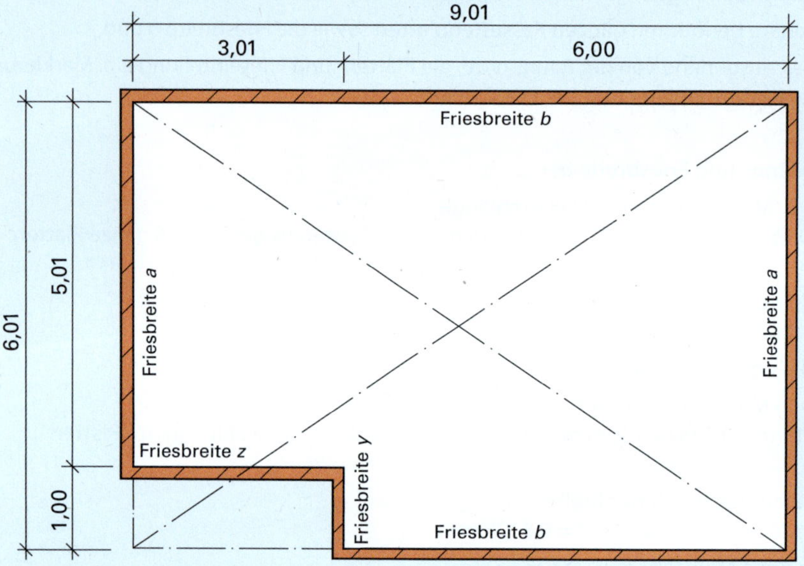

(hier ohne Maßstab)

2. *In einem Raum mit Aufzugskern soll eine abgehängte Kassettendecke mit umlaufenden Randfriesen eingebaut werden. Planen Sie die Platteneinteilung und zeichnen Sie einen Verlegeplan.*
   Konstruktive Angaben: *Beplankung: GK-Kassettenplatten 62,5 × 62,5 cm, Randfugen 0,5 cm und Mindestfriesbreite 15 cm. Der Hauptraum erhält die Hauptfriese a und b, der Aufzugskern die Nebenfriese w, x, y und z.*
   a) Berechnen Sie die Anzahl der benötigten ganzen Kassettenplatten in der Raumlänge und Raumbreite, die Breiten der Hauptfriese a und b sowie der den Aufzugskern umfassenden Nebenfriese w, x, y und z.
   b) Zeichnen Sie in den Grundriss im Maßstab 1 : 50, ausgehend von der Mitte des Hauptraumes, die Platten- und Frieseinteilung ein. Markierung der Raummitte, Bemaßung einer Kassettenplatte und der Friesbreiten.

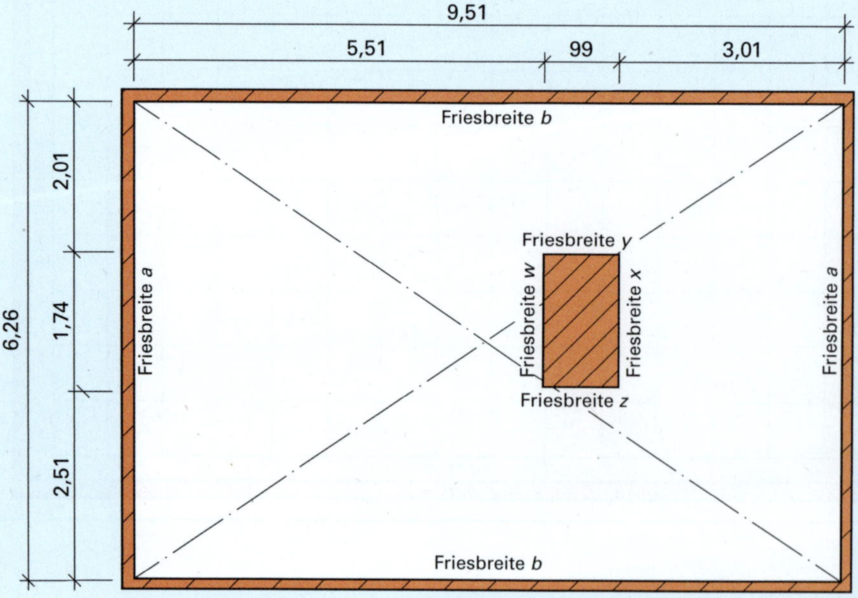

(hier ohne Maßstab)

13.6.3 Herstellung von Kassettendecken mit sichtbaren Unterkonstruktionen (4 SK-Kante mit Einlegemontage)

- Die Abhängehöhe der Unterkonstruktion wird mit einem Baulaser an Wänden dargestellt und zum Beispiel mit einer Schlagschnur angezeichnet. Die Unterkante des Randprofiles ist gleichzeitig die Unterkante der Deckenfläche.
- L-Randwinkel und Stufenrandwinkel mit für den Untergrund geeigneten Befestigungsmitteln befestigen. Der maximale Befestigungsabstand ≤ 300 mm muss berücksichtigt werden. Bei Innenecken oder Außenecken können Innen- oder Außeneckenkappen eingesetzt werden. Alternativ kann das Wandprofil auf Gehrung geschnitten werden.
- Die Einteilung der Haupttragprofile (Achsabstand 1 250 mm oder 1 200 mm) erfolgt normalerweise von der Mitte des Raumes aus. Dadurch ergeben sich in den Randfeldern gleich breite Anschnittplatten an den Wänden. Die Anschnittplatten sollten aus optischen Gründen grundsätzlich größer als eine halbe Platte sein. Beleuchtungskörper und Belüftungsanlagen können je nach Lage Einfluss auf die Aufteilung haben.
- In Längsrichtung der Haupttragprofile werden die Abhänger unter Berücksichtigung der maximal zulässigen Abstände (Höchstabstand zur Wand ≤ 400 mm, Abstände der Abhänger untereinander) montiert. Die Abhänger müssen exakt senkrecht über der Haupttragschiene befestigt werden. Bei Belastung der Unterkonstruktion durch Beleuchtungskörper sind zusätzliche Abhängungen zu montieren.
- Die Haupttragprofile werden an den entsprechenden Ausstanzungen in die Schnellabhänger mit Spannfeder eingehängt. Die Tragprofile werden in Längsrichtung zusammengesetzt und an den Stößen arretiert.
- Die Nase der Querprofile (Länge 625 mm oder 600 mm, Länge Querprofile 1 250 mm oder 1 200 mm) wird in den Schlitz der Haupttragprofile gesteckt und zum Einrasten gebracht. Der Zuschnitt der Querprofile im Randbereich erfolgt mit Metallsäge oder Spezialtrennscheibe von der oberflächenendbehandelten Seite aus.
- Nach Montage des gesamten Tragschienensystems ist die Rechtwinkligkeit zu kontrollieren. Um eine niveaugleiche Deckenfläche zu gewährleisten, werden die Abhänger gegebenenfalls nochmals exakt ausgerichtet.
- Die Platten werden schräg angehoben, vollständig durch die Öffnung geführt und in die T-Profile eingelegt. Um Verschmutzungen beim Einlegen vorzubeugen, sind bei der Plattenmontage saubere weiße Baumwollhandschuhe zu tragen. Der Zuschnitt der Platten erfolgt mit einer feinzahnigen Säge oder mit einem GK-Messer von der Sichtseite her. Die Deckenelemente werden lose in das Schienensystem eingelegt.
- Um eine Verschiebung der Platten in den Kreuzfugen zu vermeiden, sollten im Wandbereich immer Spannfedern angeordnet werden.

Schnellabhänger für T-Tragschiene

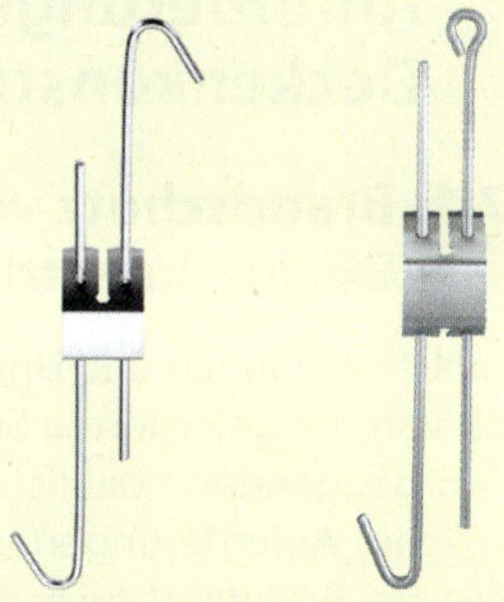
Schnellabhänger Haken-Haken und Haken-Öse

Abhänger für Einlegekonstruktion mit T-Tragschiene

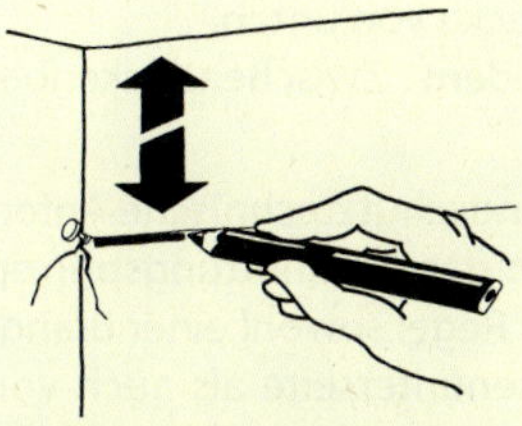
Anreißen der Deckenhöhe

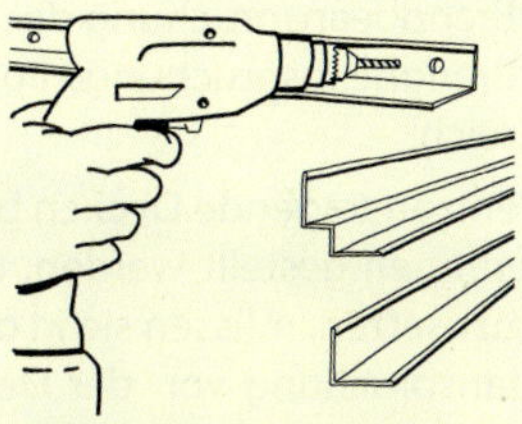
Anbringung der Randwinkel

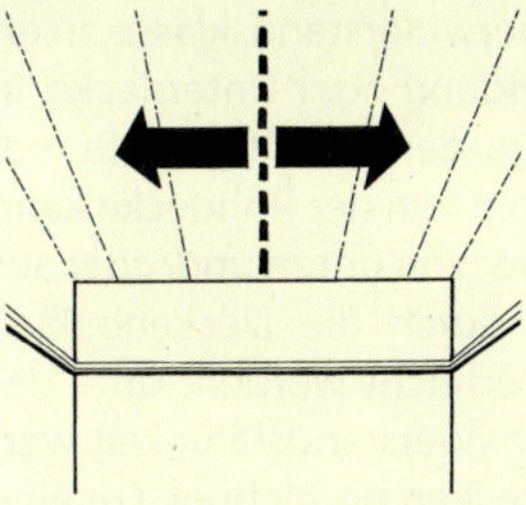
Raumaufteilung

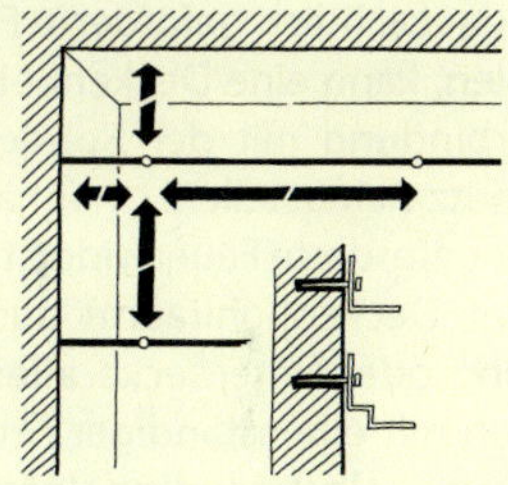
Tragprofile

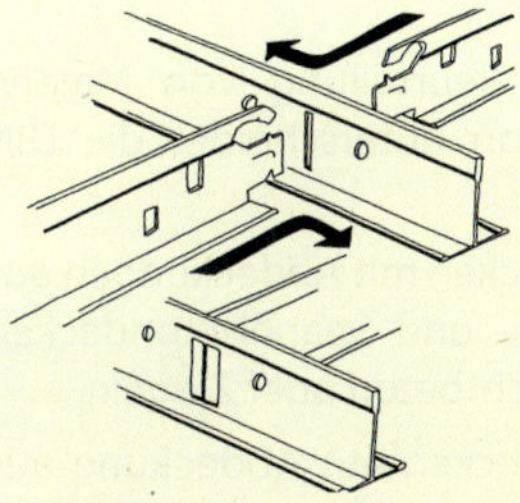
Querprofile

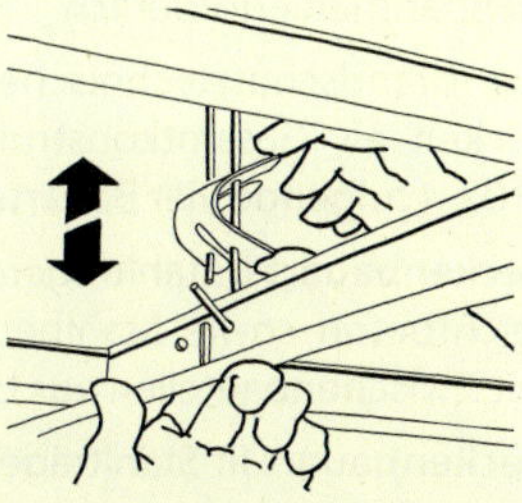
Nachjustieren

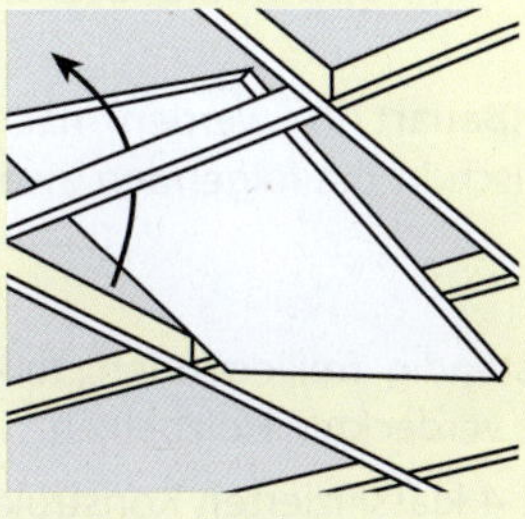
Einsetzen der Platten

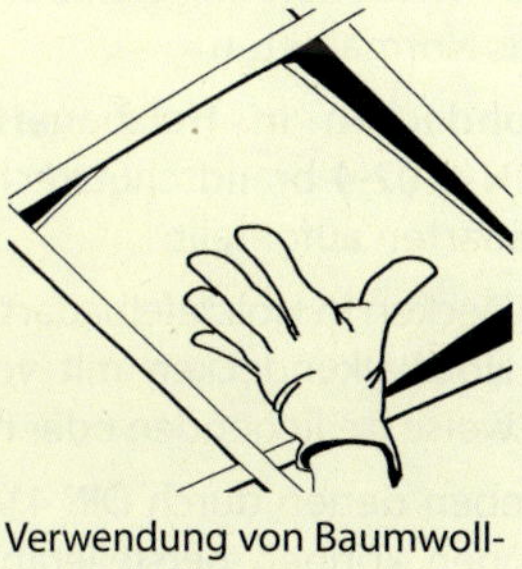
Verwendung von Baumwollhandschuhen

Montageablauf

13.7 Bauphysikalische Anforderungen an Deckenkonstruktionen

13.7.1 Brandschutz von Deckenkonstruktionen

Deckenbekleidungen und Unterdecken haben, in Abhängigkeit von der geforderten Schutzwirkung, als Elemente des vorbeugenden baulichen Brandschutzes unterschiedliche Anforderungen zu erfüllen. Grundsätzlich müssen bei Brandausbruch die Menschen das Gebäude sicher verlassen können und der materielle Schaden soll durch die Auswahl geeigneter Konstruktionen gering bleiben. Hinsichtlich der Brandbeanspruchung werden folgende Lastfälle unterschieden:

- Brandbeanspruchung der Decke von oben,
- Brandbeanspruchung der Decke von unten,
- Brandbeanspruchung aus dem Zwischendeckenbereich.

Wenn an tragende Decken brandschutztechnische Anforderungen gestellt werden, um das Abschottungsprinzip umzusetzen, müssen sie in der Regel sowohl einer Brandbeanspruchung von der Deckenunterseite als auch von der Deckenoberseite widerstehen. Reicht die Feuerwiderstandsfähigkeit der Rohdecke allein nicht aus um die bauaufsichtlich geforderte Feuerwiderstandsklasse zu erfüllen, kann eine Deckenbekleidung oder Unterdecke, in Verbindung mit der Rohdecke, den benötigten Brandschutz sicherstellen. Unabhängig von der Rohdecke kann der geforderte Feuerwiderstand (von unten und/oder aus dem Deckenhohlraum) auch durch die Deckenbekleidung oder Unterdecke **allein** erreicht werden. Unterdecken mit eigenständiger Feuerwiderstandsfähigkeit werden als **selbstständige Unterdecken** bezeichnet. Für eine Klassifizierung von oben sind gegebenenfalls zusätzliche Maßnahmen erforderlich.

Zur brandschutztechnischen Beurteilung von Massivdecken als Gesamtkonstruktion unterscheidet die DIN 4102-4 folgende vier Bauarten:

Deckenbauart I: Stahlträgerdecken mit Abdeckungen aus Leichtbeton sowie Stahlbeton- und Spannbetondecken mit Zwischenbauteilen aus Leichtbeton oder Ziegeln

Deckenbauart II: Stahlträgerdecken mit Abdeckung aus Normalbeton

Deckenbauart III: Stahlbeton- und Spannbetondecken aus Normalbeton

Rohdecken in Holzbauart (Bauart IV) werden nach DIN 4102-4 brandschutztechnisch in die folgenden zwei Bauarten aufgeteilt:

- Decken in Holztafelbauart
- Holzbalkendecken mit vollständig freiliegenden, teilweise freiliegenden oder mit verdeckten Holzbalken

Neben denen durch DIN 4102-4 klassifizierten Konstruktionen können herstellerabhängige Systeme eingesetzt werden, deren Eignung durch Prüfzeugnisse (abZ oder abP) nachgewiesen wurde.

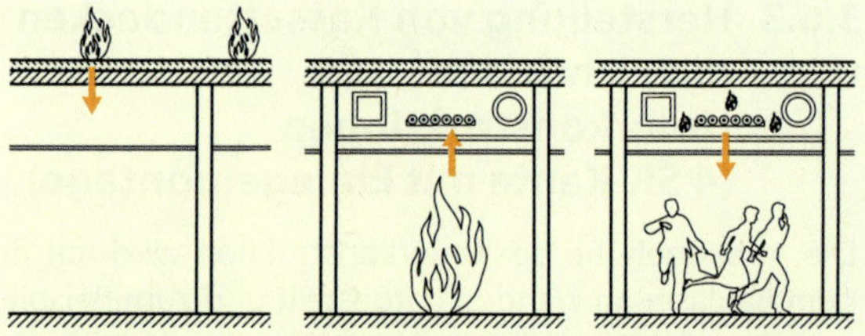

Brandbeanspruchung bei Decken

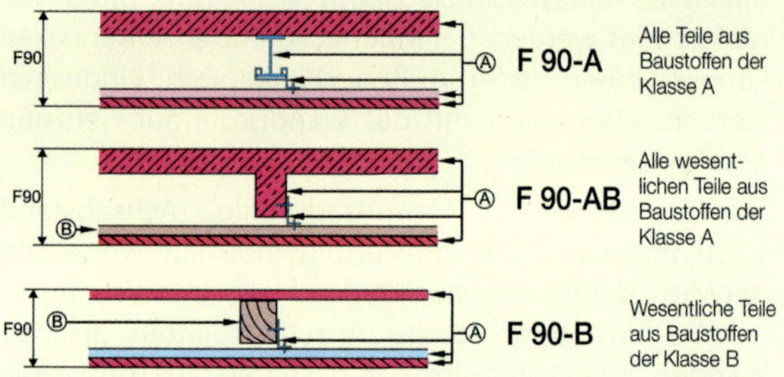

Beispiele für die Einstufung von Unterdecken in Verbindung mit der Rohdecke

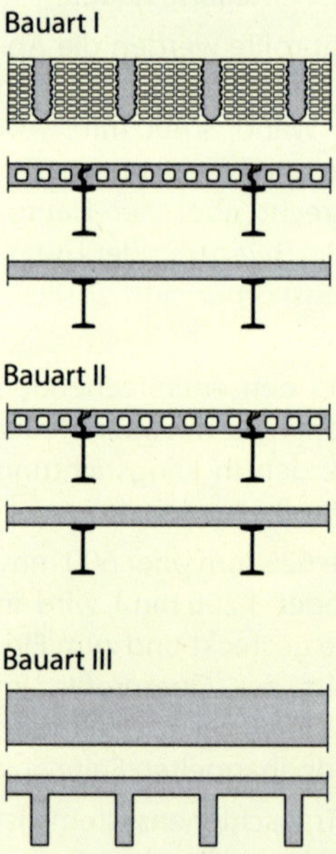

Beispiele für Deckenbauart I, II und III bei Massivdecken

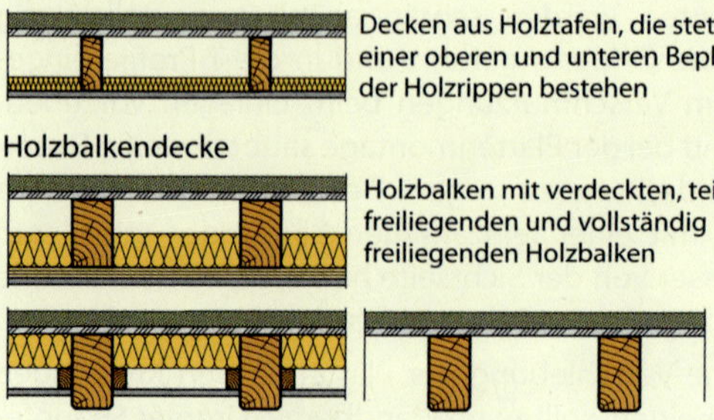

Beispiele für Deckenbauarten aus Holz

Brandschutzunterdecke in Verbindung mit Rohdecken (Bauart I ... III)

Bei der Ausführung von Unterdecken nach DIN 4102-4 sind folgende Punkte zu berücksichtigen:

- Die Einstufungen gelten nur für Unterdecken und Deckenbekleidungen mit geschlossener Decklage ohne Öffnungen oder Deckeneinbauten. Einbauleuchten, die die Unterdecke unterbrechen, heben die brandschutztechnische Einstufung auf.
- Die Klassifizierungen gelten nur für **unbelastete** Unterdecken oder Deckenbekleidungen. Es darf im Brandfall keine zusätzliche Belastung entstehen. Im Zwischendeckenbereich verlegte Rohre oder Kabel müssen an der Rohdecke für den Zeitraum der Klassifizierung (Feuerwiderstandsdauer) sicher befestigt sein.
- Es dürfen sich im Zwischendeckenbereich zwischen Rohdecke und Unterdecke, mit Ausnahme der Teile, die zur Unterkonstruktion der Unterdecke gehören, keine Brandlasten befinden.
- Durch die klassifizierte Unterdecke dürfen einzelne elektrische Leitungen hindurchgeführt werden, wenn der verbleibende Lochquerschnitt (Ringspalt) mit Gips dauerhaft vollständig geschlossen wird. Gebündelte elektrische Leitungen dürfen nur mit speziellen Abschottungen hindurchgeführt werden, wenn eine bauaufsichtliche Zulassung vorliegt.
- Da Dämmschichten im Zwischendeckenbereich die erreichbare Feuerwiderstandsdauer beeinflussen, wird zwischen Konstruktionen **mit** und **ohne** Dämmschicht unterschieden.
- Die Klassifizierung der Rohdecke mit Unterdecke geht nicht verloren, wenn durch die Unterdecke Abhänger, z. B. für Lampen, durchgeführt werden. Der Durchführungsquerschnitt (Loch) muss dem Abhängerquerschnitt entsprechen.
- Dampfsperren und Dampfbremsen beeinflussen die Feuerwiderstandsdauer nicht.

Grundsätzlich sind Rohdecken der Bauart III brandschutztechnisch besser als Rohdecken der Bauart II oder I. Unterdecken unter Rohdecken der Bauart I und II mit Feuerwiderstandsanforderungen ≥ F30 sind daher als selbstständige Unterdecken auszuführen. Größere Beplankungsdicken führen zu einem besseren Brandschutz. Eine größere Abhängehöhe hat eine positive Wirkung auf den Brandschutz.

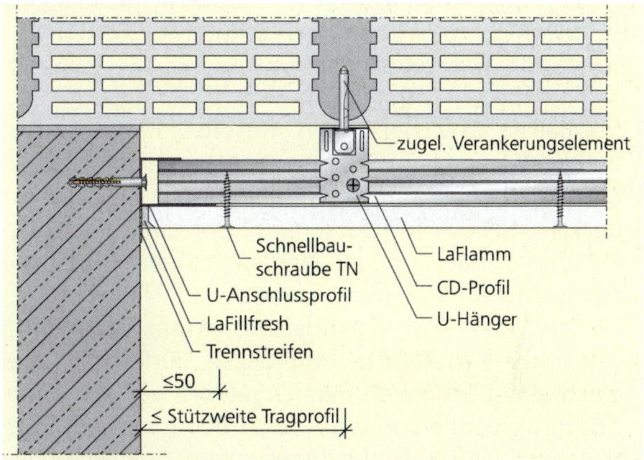

Deckenbekleidung unter einer Rohdecke der Bauart I mit Zwischenbauteilen aus Ziegeln

Aufgaben

1. *Beschreiben Sie den Aufbau (Material und Konstruktionsabstände) einer Unterdecke unter einer Stahlbetondecke, die die Anforderungen F90-A erfüllen kann.*
2. *Erläutern Sie die möglichen Wirkungen einer Dämmschicht im Zwischendeckenbereich.*
3. *Skizzieren Sie den Aufbau einer Decke in Holztafelbauart mit Deckenbekleidung, die die Anforderungen F60-B erfüllen kann.*

Konstruktion 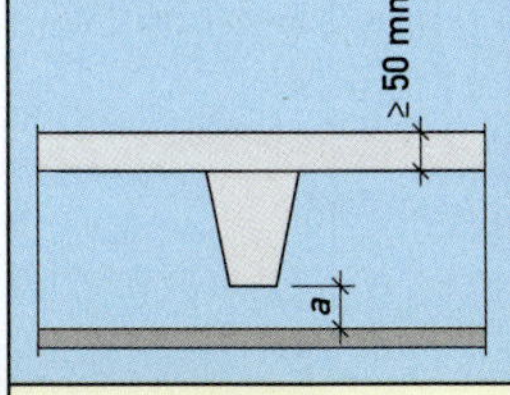	**Feuerwiderstandsklasse Rohdeckenbauart nach DIN 4102-4**			**Beplankung GKF** Mindestdicke in mm	**Mindestabhänghöhe** UK Rohdecke bis OK Beplankung (a) in mm	**Mineralwolle-Dämmschicht** im Deckenzwischenraum	**Zulässige Spannweite (in mm)**	
	I	**II**	**III**				**Grund- und Tragprofil**	**GKF-Platten**
mit Metall-Unterkonstruktion 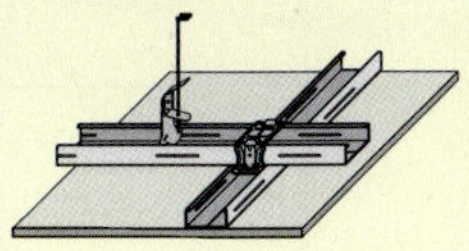	**F30**			15	40	vorhanden oder nicht vorhanden	1 000	500
		F30		12,5	40	nicht vorhanden	1 000	500
		F30		15	40	vorhanden	1 000	500
			F30	12,5	40	nicht vorhanden	1 000	500
			F60	12,5	80	nicht vorhanden	1 000	500
			F90	15	80	nicht vorhanden	1 000	500

Brandschutz von unten und von der Rohdeckenoberseite Auszug aus DIN 4102-4 (Decken der Bauart I ... III mit Unterdecken)

Brandschutzunterdecke in Verbindung mit Rohdecken (Bauart IV)

Bei der Ausführung von Unterdecken und Deckenbekleidungen nach DIN 4102-4 sind folgende Punkte zu berücksichtigen:

Tragende Decken, an die brandschutztechnische Anforderungen gestellt werden, müssen in der Regel sowohl einer Brandbeanspruchung von der Deckenunterseite als auch von der Deckenoberseite widerstehen. Für den Brandschutz von der Deckenoberseite ist zusätzlich ein oberseitiger Schutz aus Fertigteilestrich oder Fließestrich erforderlich.

- Holzbalken bzw. Holzrippen müssen aus Bauschnittholz der Sortierklasse S10 oder C24 bestehen.
- Als obere Beplankung können sowohl für Holzbalkendecken als auch für Decken aus Holztafeln folgende Materialien verwendet werden: Sperrholzplatten, Spanplatten und gespundete Bretter aus Nadelholz.
- Die Rippenbreite muss mindestens 40 mm betragen.
- Durch die klassifizierte Unterdecke dürfen einzelne elektrische Leitungen hindurchgeführt werden, wenn der verbleibende Lochquerschnitt (Ringspalt) mit Gips dauerhaft vollständig geschlossen wird. Elektrische Leitungen (Einzelleitungen) sind zum Beispiel Stromkabel, Telefonleitung, Glasfaserkabel und EDV-Leitungen.

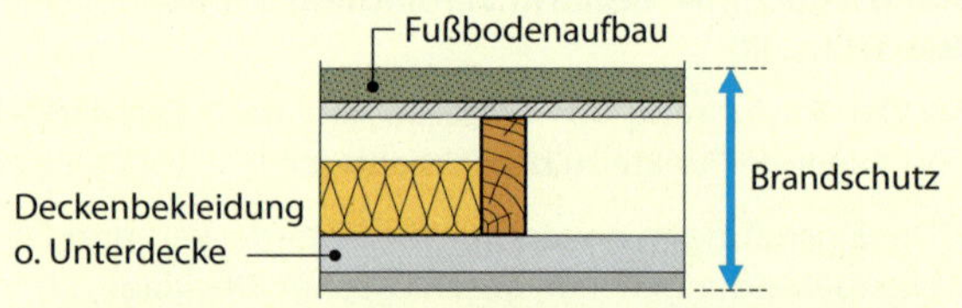

Prinzipskizze einer Rohdecke der Bauart IV mit Brandschutz von oben und unten

Zusammenfassung

Eine Brandschutzklassifikation von Geschossdecken in Verbindung mit Unterdecken kann erreicht werden durch Unterdecken oder Deckenbekleidungen, die allein den geforderten Feuerwiderstand erfüllen oder durch das Zusammenwirken der Brandschutzeigenschaft der Rohdecke mit der Unterdecke/Deckenbekleidung. Für ein planmäßiges Zusammenwirken müssen die Rohdecken hinsichtlich ihrer brandschutztechnischen Qualität beurteilt werden. Die Einstufung dieser Beurteilung erfolgt mithilfe der DIN 4102-4.

Bei der Ausführung von Brandschutzkonstruktionen sind alle Detailangaben der DIN 4102-4 sowie der Prüfzeugnisse genau zu beachten.

Konstruktion 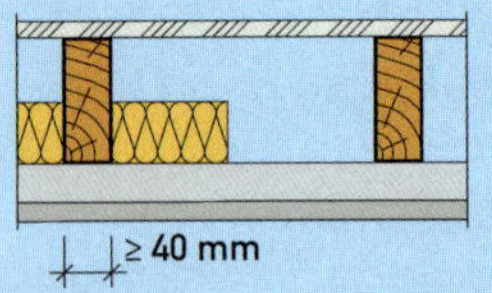	Feuerwiderstandsklasse	Beplankung GKF	Traglatte/Tragprofil	Mineralwolle-Dämmschicht Baustoffklasse A, Schmelzpunkt ≥ 1 000 °C, brandschutztechnisch erforderlich		Obere Beplankung oder Schalung brandschutztechnisch erforderlich	
		Mindestdicke mm	maximale Achsabstände mm	Mindestdicke mm	Mindestrohdichte kg/m³	Holzwerkstoffplatte (Rohdichte ≥ 600 kg/m³), Mindestdicke mm	Bretterschalung, gespundet, Mindestdicke mm
mit Holz- oder Metall-Unterkonstruktion 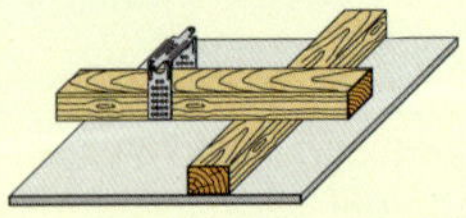	F30-B	12,5	400	–	–	16	21
oder	F30-B	12,5	500	60	30	13	21
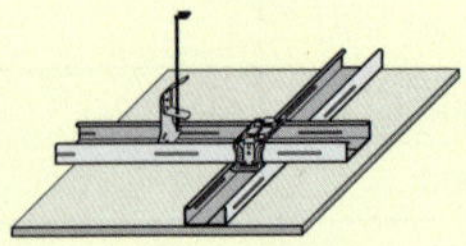	F30-B	15	500	–	–	16	21
oder	F60-B	2 × 12,5	400	–	–	19	27
Direktbekleidung	F60-B	2 × 12,5	500	60	30	13	21

Brandschutz von unten, Auszug aus DIN 4102-4 (Decken in Holztafelbauart)

Selbstständige Brandschutzunterdecken nach DIN 4102-4

Neben den Unterdecken, die im Zusammenwirken mit der vorhandenen Rohdecke klassifiziert werden, gibt es auch Unterdecken, die bei Brandbeanspruchung alleine einer Feuerwiderstandsklasse angehören. DIN 4102-4 definiert für eine Brandbeanspruchung von unten (von der Raumseite) Bedingungen für die Ausführung bzw. den Aufbau von F30-B-, F30-A-, F60-B- und F60-A-Konstruktionen. Eine selbstständige Unterdecke kann demnach so ausgebildet werden, dass eine Stahlträgerdecke bei raumseitiger Brandbeanspruchung (Stahlträger liegen offen im Zwischendeckenbereich), auch bei unbekleideten Stahlträgern, allein durch den Schutz der Unterdecke in eine Feuerwiderstandsklasse eingeordnet werden kann.

Selbstständige Brandschutzdecken mit einem Nachweis über ein Prüfzeugnis

Selbstständige Unterdecken, die bei Brandbeanspruchung auch von oben (aus dem Zwischendeckenbereich) allein einer Feuerwiderstandsdauer zugeordnet sind, sind in der Norm DIN 4102-4 nicht beschrieben. Ebenso die Ausführung einer selbstständigen Unterdecke, die bei Brandbeanspruchung von unten der Feuerwiderstandsdauer F90 zugeordnet ist. Wenn baurechtlich Bauteile gefordert werden, die solche Eigenschaften aufweisen, muss daher auf Konstruktionen zurückgegriffen werden, für die ein gültiges allgemeines bauaufsichtliches Prüfzeugnis (abP) vorliegt. In diesem befinden sich für den Anwender alle notwendigen Informationen des Systemanbieters unter anderem

- zur Ausführung der Unterkonstruktion,
- zur Beplankungsart,
- zu der erforderlichen Beplankungsdicke,
- zu notwendigen Dämmschichten,
- zur Detailausbildung.

Der Anwender hat bei der Verwendung von solchen Systemen mit einer **Übereinstimmungserklärung** zu bestätigen, dass die eingebaute Unterdecke fachgerecht entsprechend der Bestimmung des abP ausgeführt wurde und die verwendeten Bauprodukte der Bestimmung entsprechen.

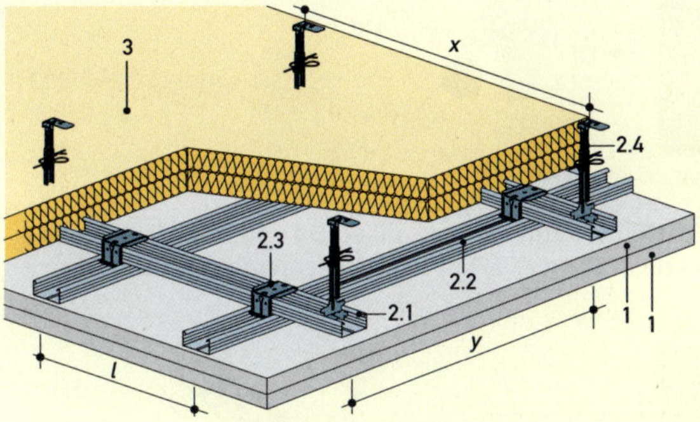

Die Rohdecke muss mindestens der Feuerwiderstandsklasse des abgehängten Deckensystems entsprechen.

1. 2 × 20 mm Rigips Feuerschutzplatte „Die Dicke RF" (Rohdichte ≥ 800 kg/m³, Befestigung mit Schnellbauschrauben 1. Lage TN ≥ 3,5 × 35 mm, $a \leq 510$ mm und 2. Lage TN ≥ 3,8 × 55 mm, $a \leq 200$ mm)

2.1 Rigips CD 60/27/06 Tragprofil, max. $l = 500$ mm
2.2 Rigips CD 60/27/06 Grundprofil, max. $y = 850$ mm
2.3 Rigips Kreuzschnellverbinder (400 N)
2.4 Rigips Noniusabhänger (400 N), max. $x = 750$ mm

3. Mineralwolle $d = 2 \times 40$ mm (Rohdichte ≥ 40 kg/m³, Schmelzpunkt > 1 000 °C, z. B. ISOVER Protect BSP Brandschutzplatte 40)

Die Befestigung einer zusätzlichen Deckenebene (z. B. Akustikdecke) an der Unterkonstruktion der ersten Deckenebene mit einer Last von ≤ 0,15 kN/m² ist bei einer Brandbeanspruchung von unten zulässig. Diese Zusatzlast ist bei der statischen Dimensionierung der Tragprofile zu berücksichtigen.

2.1 Rigips CD 60/27 Tragprofil, max. $l = 500$ mm
2.2 Rigips CD 60/27 Grundprofil (um die zusätzlichen Lasten aufzunehmen, muss der Abstand der Grundprofile halbiert werden), max. $\frac{y}{2} = 425$ mm
2.4 Rigips Noniusabhänger (400 N), max. $x = 750$ mm

Ausgewählte Bestimmungen zur Ausführung:
Eine Mindestabhänghöhe ist brandschutztechnisch nicht erforderlich.
Die Unterteile der Rigips Nonius-Abhänger (Tragfähigkeitsklasse 0,4 kN = 400 N) müssen bei Brandbeanspruchung von oben (aus dem Zwischendeckenbereich) mit den Grundprofilen mit je zwei Rigips-Bauschrauben ≥ 3,8 × 11 mm verschraubt werden.
Die Unterdeckenkonstruktion darf während der Brandbeanspruchung nur durch ihre Eigenlast belastet werden. Im Zwischendeckenbereich verlegte Kabel, Kabelbündel, Kabeltrassen und Ähnliches sowie Rohre, Leitungen und sonstige Installationen müssen an der tragenden Deckenkonstruktion (Rohdecke) brandsicher befestigt sein und zwar so, dass die Unterdeckenkonstruktion im Klassifizierungszeitraum nicht belastet wird.
Durch die Unterdeckenkonstruktion dürfen einzelne elektrische Leitungen hindurchgeführt werden, wenn der verbleibende Lochquerschnitt mit Gips hohlraumfüllend dicht verschlossen wird.

Beispiel für ein herstellerabhängiges F90-System für eine Brandbeanspruchung von unten und oben

Zulässige Spannweite der		Mindestplattendicke bei Verwendung von				Feuerwiderstandsklasse
Grund- und Tragprofile bzw. der Grund- und Traglattung in mm	Gips-Feuerschutzplatte (GKF) in mm	Grund- und Traglattung aus Holz in mm		Grund- und Tragprofile aus Stahlblech in mm		
l_1	l_2	d_1	d_2	d_1	d_2	
1 000	500	12,5	12,5			F30-B
1 000	500			12,5	12,5	F30-A
1 000	400	18	15			F60-B
1 000	400			18	15	F60-A

Unterdecke aus GKF-Platten mit geschlossener Fläche, die gem. DIN 4102-4 bei Brandbeanspruchung allein einer Feuerwiderstandsklasse angehören

13.7.2 Schallschutz von Deckenkonstruktionen

Die Aufgabe des Schallschutzes ist es, den Nutzer vor unerwünschten oder störenden Geräuschen von außerhalb des Gebäudes oder aus Nachbarräumen zu schützen. Deckenbekleidungen und Unterdecken werden additiv zur tragenden Deckenstruktur angeordnet und beeinflussen die Schalldämmwerte der Gesamtkonstruktion durch eine Verminderung der Schallanregung und -abstrahlung positiv. In Abhängigkeit von der Nutzung werden in der DIN 4109 Mindestanforderungen zum Schutz gegen Schallübertragungen aus einem fremden Nutzungsbereich festgelegt. Diese Werte beziehen sich auf einen Schallschutz unter Einbeziehung aller an der Schallübertragung beteiligten Bauteile und Nebenwege. Hinsichtlich des schalltechnischen Verhaltens von Bauteilen wird in der Bauphysik zwischen einschaligen und mehrschaligen (meist zweischaligen) Bauteilen unterschieden. In Bezug auf die Schwingungsanregung der Decke wird zwischen Luft- und Körperschallanregung unterschieden.

Die Luftschalldämmung von einschaligen Bauteilen (Stahlbetondecke, Brettsperrholzdecke, Brettstapeldecke) hängt im Wesentlichen von der flächenbezogenen Masse und der Biegesteifigkeit des Materials ab. Bei zweischaligen Bauteilen (Holzbalkendecke) hängt die Luftschalldämmung von der Ausbildung eines vorteilhaften „Masse-Feder-Systems" ab. Anders als bei einschaligen Bauteilen existiert dadurch eine Vielfalt von Einflussmöglichkeiten auf die schallschutztechnische Leistungsfähigkeit einer Deckenkonstruktion. Die Leistungsfähigkeit hängt vom Zusammenwirken aller vorhandenen Bauteile ab:

- Deckenauflage,
- Rohdecke,
- Deckenbekleidung oder Unterdecke,
- flankierende Bauteile.

Die Bauteilanschlüsse müssen ohne Schallbrücken ausgeführt werden.

Trittschalldämmung

Körperschallanregungen von Decken durch das Aufsetzen der Füße oder Betreiben einer Waschmaschine werden als Trittschall bezeichnet. Die Trittschalldämmung wird durch den bewerteten Norm-Trittschallpegel $L'_{n,w}$ in dB gekennzeichnet.

Die Trittschalldämmung wird gemessen, indem auf der zu prüfenden Decke ein Normhammerwerk aufgestellt wird. Ein Normhammerwerk besteht aus 5 Hämmern, die in bestimmtem zeitlichen Abstand aus festgelegter Fallhöhe auf den Boden schlagen. Während der Körperschallanregung durch das Hammerwerk wird der Schallpegel im unterhalb liegenden Raum gemessen. Der im Empfangsraum gemessene Schallpegel hängt auch von der Absorptionsfläche des Raumes ab.

Daraus ableitend gilt: Je kleiner der gemessene Wert, desto besser ist die Trittschalldämmung der geprüften Decke.

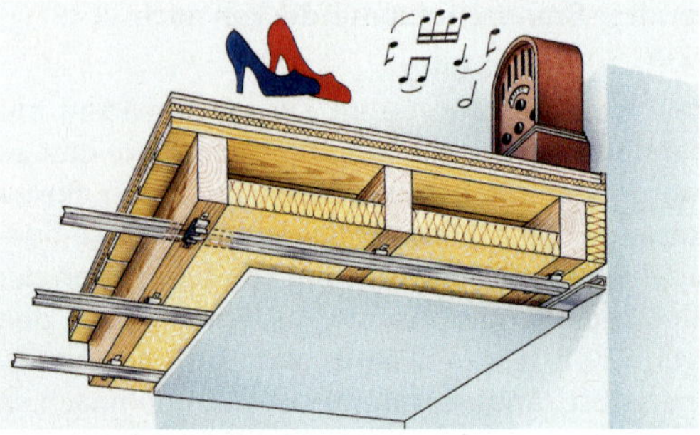

Verbesserung des Schallschutzes durch eine Deckenbekleidung und Hohlraumdämpfung

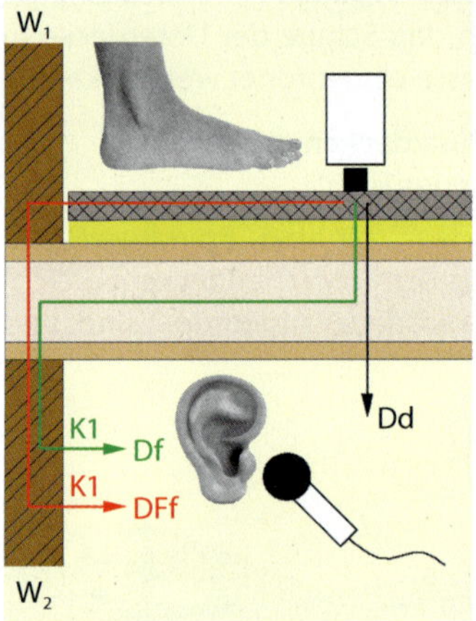

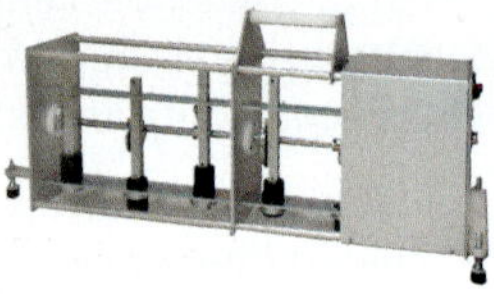

Normhammerwerk zur Erzeugung von Körperschall

Schallübertragungswege, direkt Dd und über flankierende Bauteile Df und DFf bei Trittschallanregung einer Decke

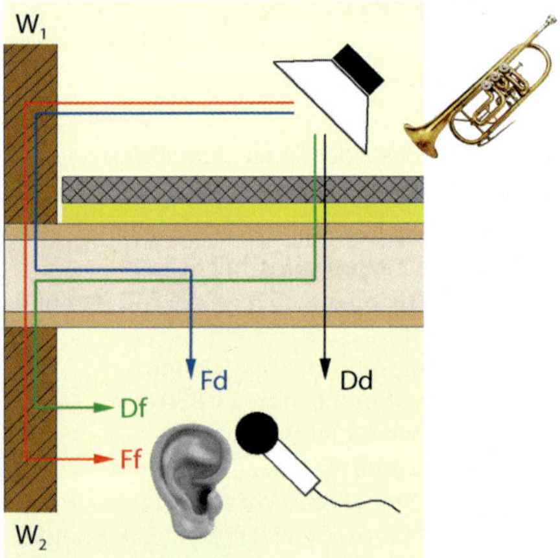

Schallübertragungswege, direkt Dd und über flankierende Bauteile Df, Fd und Ff bei Luftschallanregung einer Holzbalkendecke

Aufgaben

1. *Erläutern Sie, warum der Schallschutz von Deckenkonstruktionen zu den wichtigsten Schutzzielen gehört.*
2. *Erläutern Sie die Bedeutung der schalltechnischen Begriffe Schalltransmission und Flankenübertragung.*
3. *Nennen Sie die Faktoren, die Einfluss auf die Schalldämmung von – einschaligen und – zweischaligen Bauteilen haben.*
4. *Beschreiben Sie das Prüfverfahren zur Beurteilung des Trittschallschutzes einer Decke.*

Verbesserung der Decke durch Deckenbekleidung oder Unterdecken

Um Schallschutzlösungen entsprechend den vorhandenen Anforderungen an die Deckenkonstruktion zu gewährleisten, müssen folgende Grundsätze berücksichtigt werden:

- biegeweiche Schale (Beplankung) mit möglichst hoher flächenbezogener Masse einbauen,
- Schallbrücken vermeiden,
- eine weiche, federnde Verbindung der Deckenbekleidung oder im Idealfall eine entkoppelte Unterdecke konzipieren,
- einen hohen Füllgrad der Hohlräume mit schallabsorbierenden Dämmstoffen gewährleisten.

Um die für den Schallschutz positive Zweischalenwirkung zu erreichen, müssen Schallbrücken vermieden werden. Je steifer Befestigungen ausgeführt werden, desto schlechter ist das Schallschutzverhalten des Bauteils. Am besten sind infolgedessen freitragende Deckensysteme ohne direkte Verbindung zur Rohdecke.

Decken in Holzbauart

Zu Decken in Holzbauart gehören im Wesentlichen Balkendecken mit von unten sichtbaren oder unsichtbaren Holzbalken, verklebte oder vernagelte Brettstapelelemente, kreuzweise verklebte Brettsperrholzelemente oder Holzkastenelemente. Trotz der gegenüber Massivdecken geringeren flächenbezogenen Masse können auch bei Holzbalkendecken/Decken in Holzbauart gute Schalldämmwerte erreicht werden. Anforderungen an den Trittschallschutz sind schwieriger zu erfüllen als Anforderungen an den Luftschallschutz. Erfahrungsgemäß kann daher davon ausgegangen werden, dass bei hinreichendem Trittschallschutz der geforderte Luftschallschutz der Decke in der Regel ebenfalls erreicht wird. Dazu ist es nötig, die Rohdecke mit einem Estrich auf Dämmschicht als Deckenauflage zu komplettieren.

Zusammenfassung

Die Aufgabe des Schallschutzes ist es, den Nutzer mindestens vor unzumutbaren Geräuschbelästigungen von außerhalb des Gebäudes oder aus Nachbarräumen zu schützen. Die Schallschutzqualität zwischen fremden Wohneinheiten sollte heutzutage jedoch so geplant werden, dass die Geräuschübertragung auf ein angenehmes Niveau abgesenkt wird, um ein Bedürfnis nach Ruhe realisieren zu können.

Wie groß die Schallübertragung insgesamt ist, hängt von der Schalldämmung des trennenden Bauteils und der Nebenwegsübertragung, z.B. über flankierende Bauteile, ab. Grundvoraussetzung für einen guten Schallschutz sind dichte Bauteile.

Eine Verminderung der Schallabstrahlung kann durch Unterdecken oder Deckenbekleidungen erreicht werden.

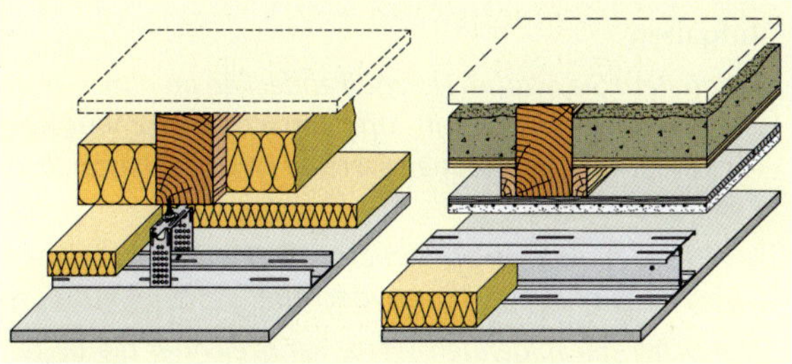

Unterdecken in Verbindung mit entkernter und nicht entkernter Holzbalkendecke als Altbausubstanz

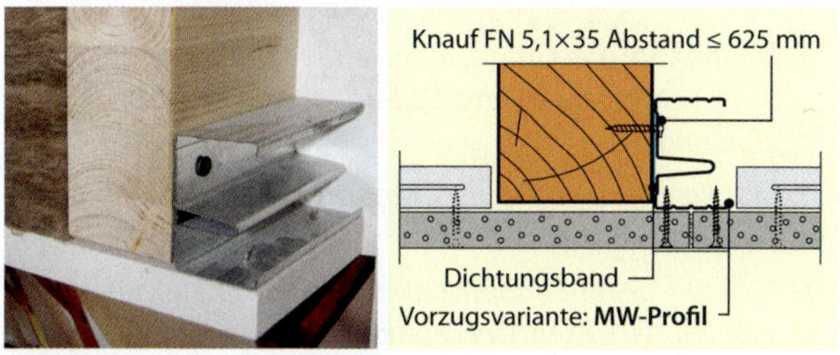

Direktbekleidung mit erhöhtem Schallschutz durch Entkopplung mit MW-Profil

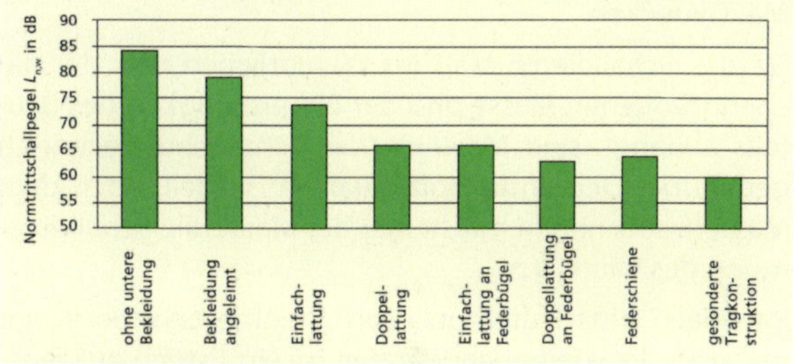

Wirkung der Elastizität der Unterdeckenabhängung auf den Normtrittschallpegel einer geschlossenen Holzbalkendecke nach DIN EN ISO 140-6

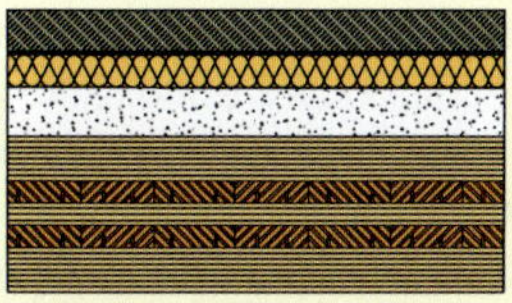

Deckenaufbau:
Zementestrich, 50 mm
PE-Folie als Trennlage
Trittschalldämmung, 40 mm
Schüttung in Pappwabe, 60 mm
Rohdecke aus Brettsperrholz, 189 mm

Deckenaufbau einer Rohdecke aus Brettsperrholz ohne Deckenbekleidung (R_w = 73 dB und $L_{n,w}$ = 40 dB, $C_{i,100\text{-}2500}$ −1 dB und $C_{i,50\text{-}2500}$ 8 dB)

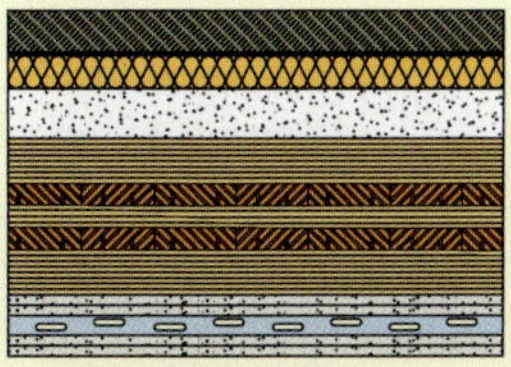

Deckenaufbau:
Zementestrich, 50 mm
PE-Folie als Trennlage
Trittschalldämmung, 40 mm
Schüttung in Pappwabe, 60 mm
Rohdecke aus Brettsperrholz, 189 mm
Gipsfaserplatten, 2 × 15 mm
Federschiene mit Hohlraumdämmung, 27 mm
Gipsfaserplatten 2 × 15 mm

Deckenaufbau einer Rohdecke aus Brettsperrholz mit Deckenbekleidung (sehr gute Schalldämmung R_w = 84 dB und $L_{n,w}$ = 25 dB, $C_{i,100\text{-}2500}$ 2 dB und $C_{i,50\text{-}2500}$ 25 dB)

Aufgaben

1. *Erläutern Sie, warum Holzbalkendecken im Altbau nur eine unzureichende Luft- und Trittschalldämmung erreichen. Welcher Frequenzbereich ist dabei besonders problematisch?*
2. *Welche Maßnahmen verbessern die trittschalldämmende Wirkung von Massivdecken?*
3. *Welcher der folgenden Werte kennzeichnet die beste Trittschalldämmung einer Deckenkonstruktion? 71 dB, 54 dB oder 41 dB (bewerteter Normtrittschall $L_{n,w}$ in dB).*
4. *Nennen Sie drei Grundsätze für die schallschutztechnische Verbesserung mit Unterdecken oder Deckenbekleidungen.*
5. *Skizzieren Sie einen Deckenaufbau mit sehr gutem Schallschutz.*
6. *Nennen Sie fünf Bauprodukte, die die Schalldämmung von Unterdecken/Deckenbekleidungen in besonderem Maße positiv beeinflussen können.*

Massivdecken

Da das Schalldämm-Maß im Wesentlichen von der flächenbezogenen Masse und der Biegesteifigkeit des Bauteils abhängt, sind Massivdecken schallschutztechnisch gegenüber Decken in Holzbauart im Vorteil. Nach dem Massegesetz nimmt mit steigender Masse die Schalldämmung des Bauteils zu.

Für den Trittschallschutz von Stahlbetondecken mit massiven flankierenden Wänden ist ein Estrich auf einer Dämmschicht eine besonders wirksame Regelkonstruktion (siehe Lernfeld 16). Das Eindringen von Körperschall in die Rohdecke bzw. die Schalltransmission kann damit deutlich reduziert werden.

Aber auch durch eine Zusatzmaßnahme, unter Verwendung von besonders für den Schallschutz entwickelten Gipsplatten mit einer abgehängten biegeweichen Unterdecke, kann eine deutliche Verbesserung erreicht werden. Mit diesen Gipsplatten kann die flächenbezogene Masse der Beplankung erhöht werden, ohne dickere und damit biegesteifere Platten verwenden zu müssen. Dadurch bleibt das für den Schallschutz wichtige biegeweiche Verhalten bestehen.

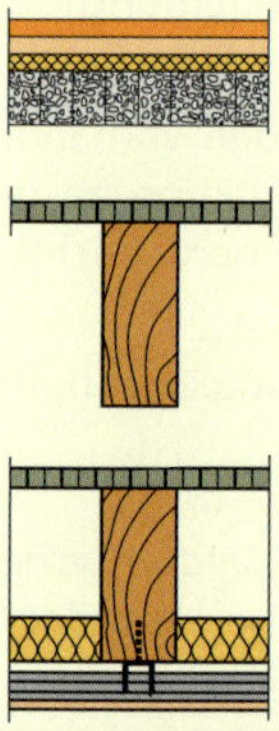

Aufbau Trockenestrich: Gipsfaser-Trockenestrich, 20 mm, Trittschalldämmung, 10 mm, Schüttung in Pappwabe, 30 mm

Deckenaufbau: HWST, 22 mm, Rohdecke mit Holzbalken, 200 mm
$R_{w,R}$ = 51 dB und $L_{n,w,R}$ = 67 dB

Deckenaufbau: HWST, 22 mm, Rohdecke mit Holzbalken, 200 mm, Hohlraumdämmung, 50 mm, Federschiene, 27 mm, Gipsfaserplatten, 1 × 12,5 mm
$R_{w,R}$ = 53 dB und $L_{n,w,R}$ = 64 dB

Vergleich Deckenaufbau einer Holzbalkendecke mit und ohne Deckenbekleidung (Herstellerangaben)

Bewertetes Schalldämm-Maß $R'_{w,R}$ in dB[1] von Massivdecken	
Flächenbezogene Masse der Decke in kg/m²	**Massivdecke mit Unterdecke[2] und Estrich auf Dämmschicht**
500	62
400	60
300	58
200	54
150	52

[1] gültig für flankierende Bauteile mit einer mittleren flächenbezogenen Masse von etwa 300 kg/m²
[2] biegeweiche Unterdecke oder akustisch gleichwertige Ausführungen

Bauschalldämm-Maße von Massivdecken mit Unterdecken nach DIN 4109

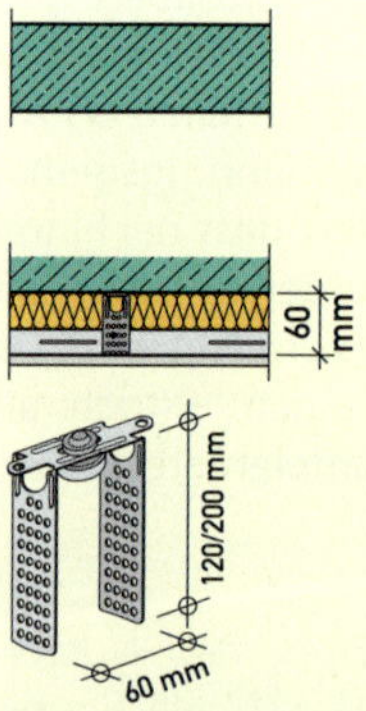

Stahlbetondecke ohne Unterdecke:
(Dicke 140 mm, flächenbezogene Masse etwa 320 kg/m²)
$R_{w,R}$ = 51 dB und $L_{n,w,R}$ = 82 dB

Stahlbetondecke mit Unterdecke:
Stahlbetondecke (Dicke 140 mm, flächenbezogene Masse etwa 320 kg/m²)
Unterdecke Tragprofil CD 60 × 27, Direktschwingabhänger, Dämmschicht, 30 mm, Beplankung mit Silentboard, 1 × 12,5 mm (flächenbezogene Masse etwa 17,5 kg/m²)
$R_{w,R}$ = 70 dB und $L_{n,w,R}$ = 52 dB

Verbesserung der Schalldämmung durch den Einbau einer Unterdecke (Herstellerangaben)

Grundprinzip	**Beispiele für Maßnahmen**
biegeweiche Schalen ausreichende flächenbezogene Masse	günstige Masse (spezielle Gipsplatten zur Schalldämmung, hohe Rohdichte) Plattendicke von Gipsplatten ≤ 20 mm doppelte Beplankung
Entkopplung der Verbindung zwischen den Schalen	größere Abstände der Unterkonstruktion (Tragprofile, Traglattung, Abhänger) nur punktweise oder/und federnde oder gar keine Verbindung zwischen den Schalen Metallkonstruktion statt Holzkonstruktion Metallprofile mit Federsicken
Abstand der Schalen	größerer Schalenabstand (Abhänghöhe)
Hohlraumdämpfung	hoher Füllgrad mit Faserdämmstoff (etwa 80 %)

Positive Einflussfaktoren auf die Schalldämmung von Unterdecken und Deckenbekleidungen

13.7.3 Raumakustik

Die Raumakustik befasst sich mit der Frage, wie sich die Innengestaltung eines Raumes auf die geplante Raumnutzung auswirkt. Eine gute Raumakustik ist unter anderem durch eine gute Sprachverständlichkeit und einen ausreichenden Schutz gegen unerwünschte oder störende Geräusche aus der Umgebung gekennzeichnet. Es geht nur um die Schalleinwirkung auf den wahrnehmenden Menschen, der sich im gleichen Raum befindet, in dem auch der Schall erzeugt wird. Die Unterdecke als frei gestaltbare Fläche ist oftmals das wichtigste akustische Funktionselement um Hörsamkeit zu gewährleisten und negative Einflüsse von Lärm auf den Menschen zu verhindern. Lärm als negatives Schallerleben definiert sich maßgeblich über die Lautstärke und wird in Dezibel (dB) gemessen. Zu viel Lärm führt zu psychischen und physiologischen Reaktionen. Es können unter anderem folgende Reaktionen auftreten: Konzentrationsschwäche, Nervosität, Bluthochdruck, Herz-Kreislauf-Erkrankungen, Aggressivität, Schlafstörungen, Gehörschäden.

Schall

Als Schall bezeichnet man hörbare mechanische Schwingungen von Materie. Die Bewegungen der Luftteilchen verursachen Druckschwankungen. Die Zahl der Luftdruckschwankungen pro Sekunde bezeichnet man als Frequenz. Die Einheit der Frequenz ist Hertz (Hz). Eine hohe Schwingungsanzahl erzeugt hohe Töne. Niedrigere Frequenzen erzeugen tiefere Töne. Als erwachsener nicht hörgeschädigter Mensch ist man in der Lage Frequenzen von etwa 16 … 16 000 Hertz wahrzunehmen.

Schallabsorption

Die Schallabsorption oder Schallschluckung der Materialien ist die Verminderung der Schallenergie, insbesondere durch Umwandlung in Wärme. Schallabsorption ist frequenzabhängig und der wichtigste Teilaspekt, um akustische Behaglichkeit innerhalb von Räumen zu erzielen. Um zur Planung verschiedene Produkte hinsichtlich der zu erwartenden akustischen Qualität vergleichen zu können, wird die Schallabsorption in der Praxis durch den Schallabsorptionsgrad α angegeben. Der Schallabsorptionsgrad ist ein Maß für die Verringerung der Schallenergie. Bei vollständiger Reflexion ist der Schallabsorptionsgrad $\alpha = 0$, bei vollständiger Absorption ist $\alpha = 1$.

Nachhallzeit

Die Nachhallzeit ist die älteste und bekannteste Beurteilungsgröße in der Raumakustik. Sie wird in Sekunden angegeben und ist definiert als die Zeitspanne, in der ein Schalldruck im geschlossenen Raum nach Abschalten der Schallquelle um 60 dB abnimmt.

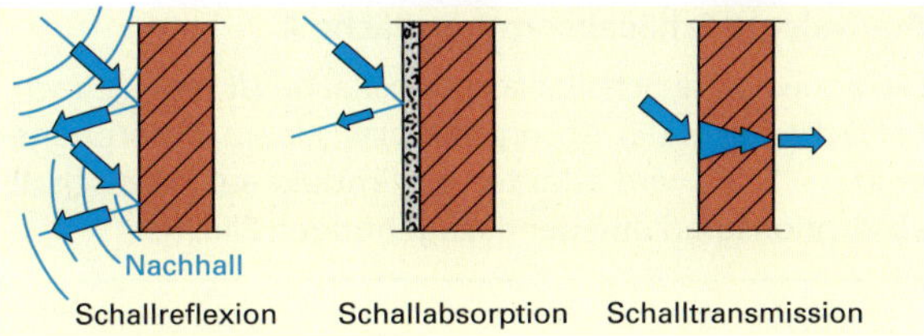

Wege des Schalles

$$\text{Frequenz } f = \frac{\text{Anzahl der Schwingungen}}{\text{Sekunde}} \text{ in Hz}$$

Frequenz

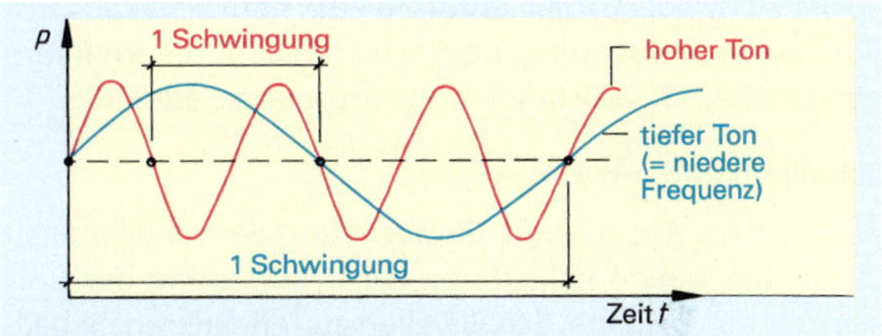

Zusammenhang zwischen Frequenz und Tonhöhe

$$\alpha_s = \frac{\text{nicht wieder reflektierte Schallenergie}}{\text{aufgetretene Schallenergie}}$$

Schallabsorptionsgrad α_s

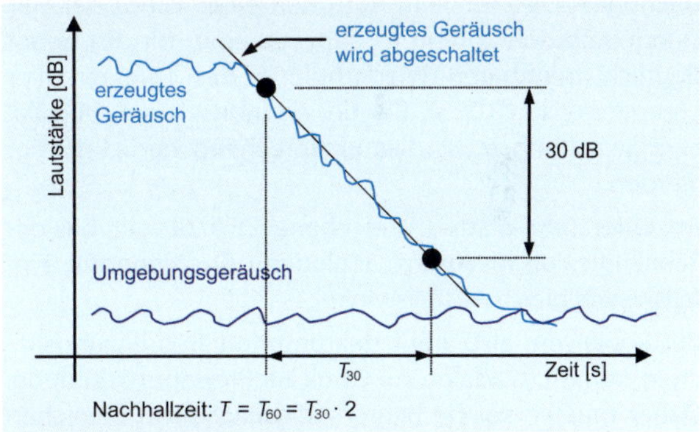

Messung der Nachhallzeit

$$\text{Nachhallzeit } T = 0{,}163 \cdot \frac{V}{A} \text{ in Sekunden}$$

T = Nachhallzeit in Sekunden s
V = Raumvolumen in m^3
A = Schallabsorptionsfläche aller im Raum vorhandenen Schallschlucker: Teilflächen Wand, Boden und Decke sowie Absorption von Einrichtung und Personen

Berechnung der Nachhallzeit nach Sabine

Aufgaben

1. *Welche negativen Folgen kann zu viel Lärm für einen Menschen haben?*
2. *Erläutern Sie den Begriff Schallabsorptionsgrad.*
3. *Machen Sie Vorschläge, wie die Nachhallzeit eines Raumes verkürzt werden kann.*

Äquivalente Schallabsorptionsfläche *A*

Die äquivalente Schallabsorptionsfläche ist eine gedachte Fläche mit 100 % Absorption bzw. einem Absorptionsgrad $\alpha = 1$. Sie wird ermittelt als Produkt aus dem Schallabsorptionsgrad und der dazugehörigen Fläche.

Beispiel:

Ein 10 m × 10 m großer Raum hat eine tatsächliche Fläche von 100 m². Die fiktive Fläche, der man einen Schallabsorptionsgrad von $\alpha = 1$ zuschreibt, ist für eine Akustikplatte (bei 500 Hz, $\alpha = 0{,}6$) nur $100\ \text{m}^2 \cdot 0{,}6 = 60\ \text{m}^2$ groß.

So ist es möglich, die unterschiedlichen Schallabsorptionsgrade der Begrenzungsfläche mitsamt der im Raum befindlichen Gegenstände und Personen zu addieren.

Schalllenkung mit Reflektoren

Während die Absorber der Reduzierung der Schallintensität dienen, haben Reflektoren zur Optimierung der Hörsamkeit die Aufgabe, Schallwellen zu reflektieren. Schallreflektoren übernehmen auch in großen Räumen die Weiterleitung des Schalles bis zu den hinteren Plätzen. Dieses ist günstig für Musik und Sprache, für Konzert und Theater.

Reflexionen stören, wenn diese die Deutlichkeit einer Musik- oder Sprachdarbietung in einem Raum beeinträchtigen. Dies ist beim Auftreten eines Echos der Fall. Durch Reflexion kommt es dabei zu einer für das Gehör deutlich trennbaren Wiederholung des Direktschalles (Zeitdifferenz ≥ 0,05 s). Bei der Grundriss- und Oberflächengestaltung muss dies entsprechend berücksichtigt werden.

An einer sehr glatten und ebenen Fläche gilt bei der Schallreflexion idealisiert, analog zur Strahlenoptik, Einfallswinkel gleich Ausfallswinkel.

Bei konkaven, also hohl gekrümmten Begrenzungsflächen, kommt es analog zur Optik zur Brennpunktbildung. Daher müssen solche Begrenzungsflächen in Bereichen wo es im Allgemeinen um die ausgewogene Beschallung einer größeren Zuhörerfläche geht, unbedingt vermieden werden. Ausgenutzt wurden diese Hohlspiegelgesetze für die Schallausbreitung in sogenannten „Flüstergewölben". Es kam den Architekten damals darauf an, einen Raum in einer besonderen Formgebung so zu konstruieren, dass leiser, an einer bestimmten Stelle gesprochener Schall in möglichst großer Entfernung nur an einer anderen bestimmten Stelle noch wahrgenommen werden konnte.

Konvexe, nach außen gewölbte Flächen eignen sich dagegen zur Schallzerstreuung.

Zusammenfassung

Trifft eine Schallwelle auf eine Oberfläche, so wird ein Teil der Energie reflektiert, der andere Teil absorbiert. Dieser Verlust an Energie wird als Schallabsorption bezeichnet. Der Absorptionsgrad gibt das Verhältnis von absorbierter zu auftreffender Energie an.

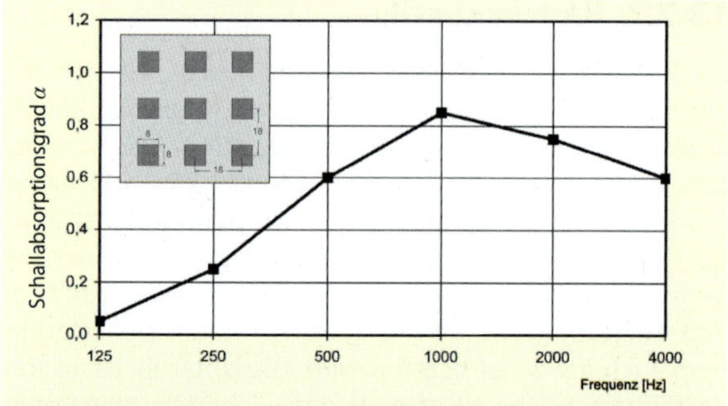

Oktavmittenfrequenz [Hz]	125	250	500	1000	2000	4000
Schallabsorptionsgrad α	0,05	0,25	0,60	0,85	0,75	0,60

Schallabsorptionsgrad einer Akustikplatte (rückseitig kaschiert mit Akustikvlies, Luftabstand 65 mm)

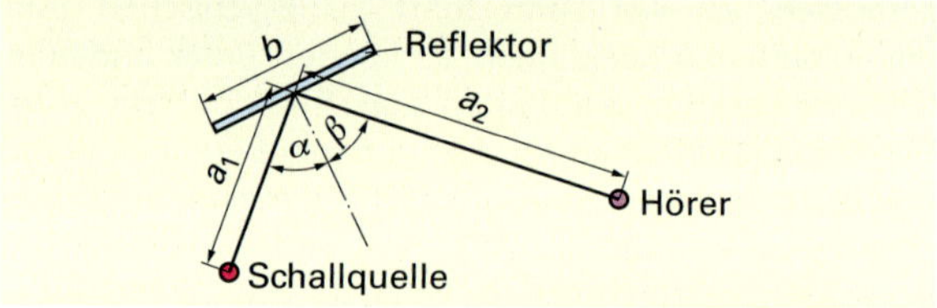

Darstellung der geometrischen Zusammenhänge einer Reflexion

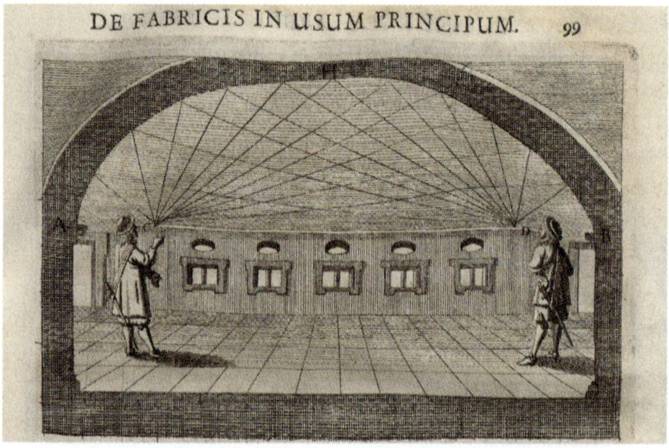

Ausnutzung der Schallreflexion in einem Flüstergewölbe

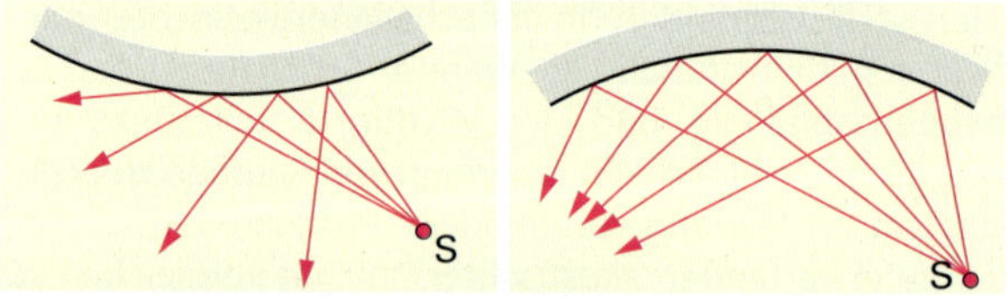

Schallzerstreuung durch konvexe Flächen und Schallbündelung durch konkave Flächen

Deckensegel, gelocht oder glatt, aus Gipsfaserplatte; einsetzbar zur Schalldämpfung oder zur Schallreflexion

13.7.4 Wärmeschutz von Deckenkonstruktionen

Der Wärmeschutz von Bauteilen spielt bei Wohngebäuden und Bürogebäuden insbesondere dann eine Rolle, wenn das Bauteil **beheizte** und **nicht beheizte** Räume voneinander trennt. Beispielsweise in den folgenden Fällen sind Unterdecken oder Deckenbekleidungen in diese Aufgabe involviert:

- Decken unter nicht ausgebauten Dachräumen (oberste Geschossdecke)
- Dachgeschossausbau (Dachschräge und Kehlbalkenlage/Zangen)

Das GEG ist die rechtliche Grundlage für die Anforderungen an den Wärmeschutz von Gebäuden bei Sanierung von Altbau und Neubau. Dabei müssen für die Bauteile von Wohngebäuden mit Innentemperaturen ≥ 19 °C Höchstwerte der Wärmedurchgangskoeffizienten U_{max} eingehalten werden.

Die erforderliche Wärmedämmung kann bei Massivdecken auf oder unter der Rohdecke angeordnet werden. Bei Holzbalkendecken oder Dachschrägen gibt es zusätzlich die Möglichkeit, die Wärmedämmung im Balken- oder Sparrenzwischenraum einzubauen.

Bei nicht **ausgebauten Dachgeschossen** ist es im Altbau, aber auch im Neubau bei Massiv- und Holzbalkendecken am effizientesten, die Transmissionswärmeverluste der obersten Geschossdecke über das Einbringen einer dämmenden Deckenauflage mit notwendiger Dicke zu reduzieren. Die Fläche ist kleiner als die der Dachschrägen und das Einbringen der Dämmung weniger aufwendig. Die Dämmung kann, je nach Bedarf, begehbar oder nicht begehbar ausgeführt werden.

Die **innere Bekleidung** von Dachschrägen und Kehlbalkenlagen oder Zangen ist hinsichtlich des Konstruktionsaufbaus ähnlich wie eine Deckenbekleidung einer Holzbalkendecke. Quer auf den Sparren, Kehlbalken oder Zangen befestigte Tragprofile aus Metall oder Holz bilden die Unterkonstruktion für die Befestigung der Gipsplatten. Eine Untersparrendämmung zwischen der Unterkonstruktion kann den U-Wert des Bauteils verbessern.

Feuchteschutz

Beim Einsatz von Decken oder Dachschrägen als Abschluss von beheizten Räumen eines Gebäudes gelten für den Feuchteschutz dieselben Anforderungen wie für alle anderen Außenbauteile. Wichtig ist es, dass der Einbau der Dampfbremse (**Luftdichtheit**) gewissenhaft ausgeführt wird, um einen unplanmäßigen Feuchteeintrag in die Konstruktion zu vermeiden.

Bauteil	Neubau[1]	Altbau
	geforderter U-Wert in W/(m² · K)	
Schrägdach mit Dämmung zwischen und unter den Sparren	≤ 0,2	≤ 0,24
oberste Geschossdecke	≤ 0,2	≤ 0,24

[1] Ausführung des Referenzgebäudes

Anforderungen an den Wärmeschutz nach Gebäudeenergiegesetz (ausführliche Tabelle im Anhang)

Herstellung einer begehbaren Dämmung für die oberste Geschossdecke mit Zellulose und druckfesten Dämmhülsen

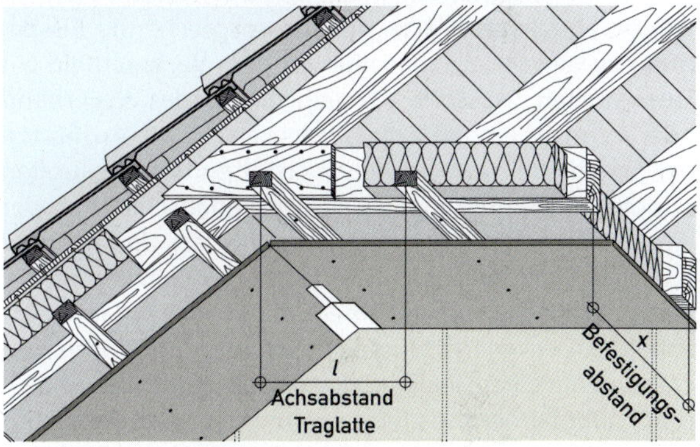

Dachgeschoss-Bekleidung mit einer direkt befestigten Traglatte aus Holz

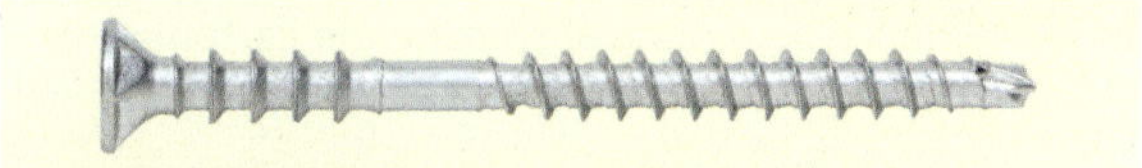

Befestigungsmittel für justierbare nachträgliche Abstandsveränderung (Montage von Holzunterkonstruktionen auf Holzuntergründen)

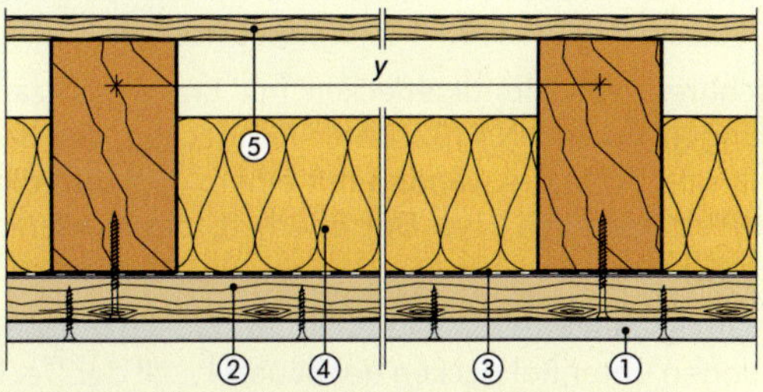

y = maximal zulässige Spannweite der Traglattung
① Beplankung (Gipsfaserplatten oder Gipsplatten)
② Unterkonstruktion (Traglattung 50/30 mm)
③ Dampfbremse oder Dampfsperre (S_d-Wert)
④ Dämmung (Mineralwolle)
⑤ oberseitige Holzverschalung

Konstruktionsbeispiel für den Aufbau einer Kehlbalkendecke mit Holzunterkonstruktion

13.8 Anschlüsse und Fugen

13.8.1 Anschlussdetails

Die Verbindung von Unterdecken und Deckenbekleidungen mit den angrenzenden Bauteilen fordert Planer und Ausführende immer wieder neu. Es werden Anschlussausbildungen verlangt, die ästhetisch ansprechend und bautechnisch funktionsfähig sind. Hygrische und thermische Längenänderungen und Bewegungen von Bauteilen müssen berücksichtigt werden.

Optisches Erscheinungsbild

Unterdeckenanschlüsse ohne Brandschutzanforderungen an Massivwände oder leichte Trennwände können grundsätzlich in zwei Varianten ausgeführt werden: entweder **direkt angeschlossen** oder mit **Schattenfuge**. Wird eine Unterdecke direkt angeschlossen, empfiehlt sich die Verwendung eines UD-Profiles. Es dient bei der Montage der Unterkonstruktion mit CD-Profilen als Höhenmarkierung/Montagehilfe. Um bei Anschlüssen an Wände eine kontrollierte, optisch ansprechende Rissbildung zu gewährleisten, sollte vor dem Verspachteln ein Trennstreifen (wasserfestes selbstklebendes Malerband oder TrennFix) eingebracht werden. Nach dem Aushärten der Spachtelmasse wird der überstehende Trennstreifen bündig abgeschnitten. Soll der Deckenanschluss an der Wand elastisch abgedichtet werden, darf der Abstand zwischen Tragprofil und Wand max. 150 mm betragen. Die Anschlussfuge ist mit einer Breite von 5 … 7 mm auszubilden. Deckenanschlüsse mit Schattenfuge können an Wänden mit einem weiß lackierten Schattenfugenwinkelprofil oder berührungsfrei ausgeführt werden. Bei berührungsfreien Anschlüssen kann entweder an den freien Plattenkanten zusätzlich ein Abschlussprofil 13/25 („Göppinger Profil") flächeneben eingespachtelt werden oder in Falttechnik eine optisch ansprechende kartonummantelte Kante hergestellt werden.

Brandschutzanforderungen

Zur Ausführung von Anschlüssen und Fugen bei Brandschutzanforderungen an Massivwände können genormte Details nach DIN 4102-4 verwendet werden.

Anschlüsse von Montagedecken mit Brandschutzanforderungen nach DIN 4102 unter Rohdecken der Bauart I … III sind an Massivwänden mit einem 12,5 mm dicken GKF-Plattenstreifen (Typ DF) oberhalb der Beplankung abzudichten.

Soll aus gestalterischen Gründen bei Brandschutzanforderungen unter Rohdecken der Bauart I … III der Deckenanschluss mit einer Schattenfuge ausgeführt werden, wird an einem UD-Profil ein mindestens 12,5 mm dicker GKF-Plattenstreifen befestigt.

Bei nicht genormten Anschlussdetails ist jeweils zu prüfen, ob der brandschutztechnische Verwendbarkeitsnachweis durch ein allgemeines bauaufsichtliches Prüfzeugnis (abP) oder durch eine allgemeine bauaufsichtliche Zulassung (abZ) abgedeckt ist.

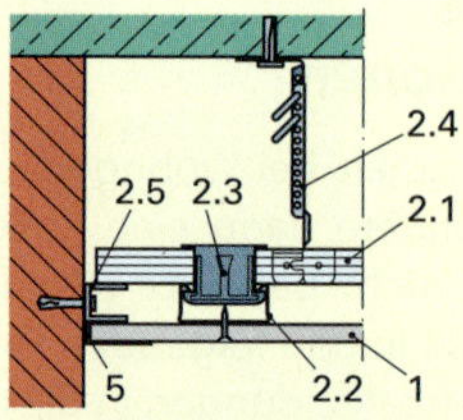

Verspachtelter Anschluss mit Trennstreifen

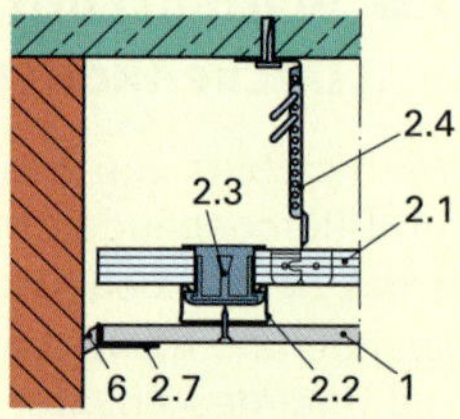

Elastischer Anschluss

Wandanschlüsse ohne Brandschutzanforderungen an Massivwände

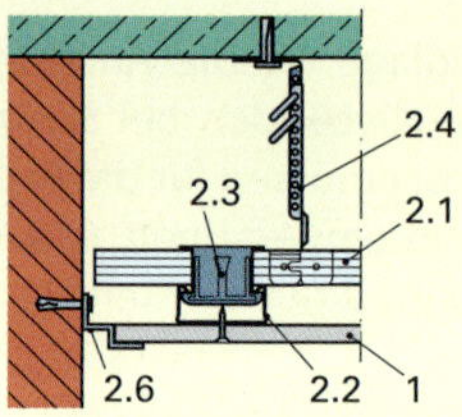

Anschluss mit Schattenfugenprofil

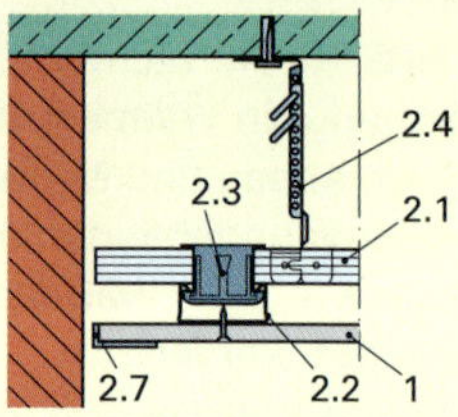

Berührungsfreier Wandanschluss mit Schattenfuge

Wandanschlüsse mit Schattenfuge

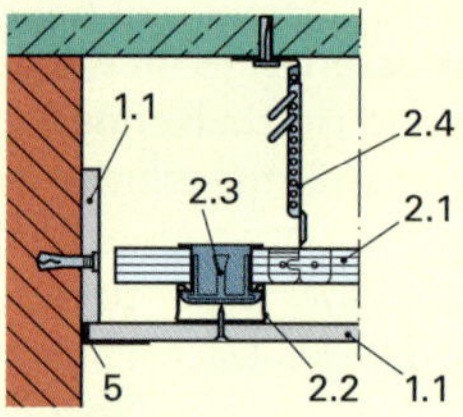

Anschluss mit Plattenstreifen

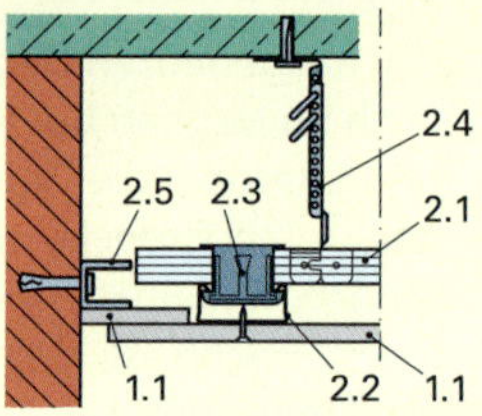

Anschluss mit Schattenfuge

Wandanschlüsse für Unterdecken mit Brandschutzanforderungen an Massivwände (nach DIN 4102-4)

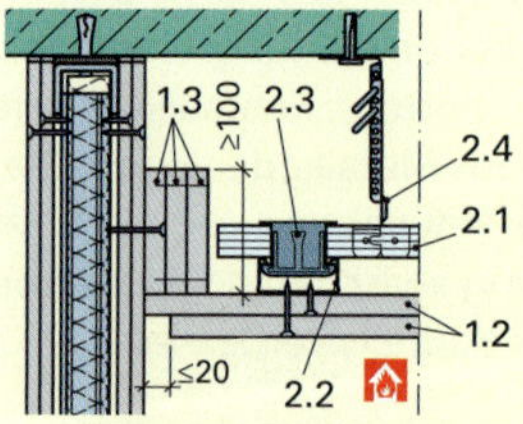

Anschluss selbstständige Brandschutzdecke F90 mit Schattenfuge an leichte Trennwand

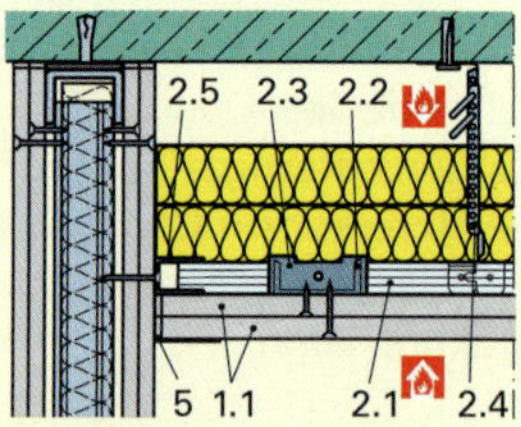

Anschluss selbstständige Brandschutzdecke F90 an leichte Trennwand

Wandanschlüsse mit Brandschutzanforderung (Nachweis über Prüfzeugnis von Rigips)

- 1 Beplankung
- 1.1 Brandschutz-Feuerschutzplatten, $d \geq 12{,}5$ mm
- 1.2 Brandschutz-Feuerschutzplatten, $d = 20$ mm
- 1.3 Plattenstreifen, $d = 20$ mm
- 2 Unterkonstruktion
- 2.1 Grundprofile Deckenprofil CD 60/27
- 2.2 Tragprofile Deckenprofil CD 60/27
- 2.3 Profilverbinder
- 2.4 Abhänger (Nonius-Abhängesysteme)
- 2.5 Abschlussprofil DU 28
- 2.6 Schattenfugen-Winkelprofil
- 2.7 Rigips-Abschlussprofil 13/25-045, „Göppinger Profil"
- 2.8 Wandprofil UW
- 2.9 Wandprofil CW
- 2.10 Winkelprofil 40/40-07
- 3 Mineralwolle, 40 mm, 40 kg/m³ (Baustoffklasse A1)
- 4 selbstklebendes Malerband (wasserfest)
- 5 Bauteiltrennung, z. B. TrennFix oder alternativ Bewehrungsstreifen gemäß Darstellung
- 6 elastischer Dichtstoff
- 7 Dämmung

(Legende gilt auch für die Abbildungen auf Seite 260)

Vertikal gleitender Anschluss

Wenn eine leichte Trennwand gleitend an die Rohdecke angeschlossen ist, muss auch der Anschluss der Unterdecke an die leichte Trennwand gleitend ausgeführt werden.

Anschluss einer leichten Trennwand

Leichte Trennwände dürfen aus Gründen der Versetzbarkeit auch an die Unterkonstruktion von Deckenbekleidungen oder Unterdecken angeschlossen werden. Der optimale obere Anschluss der Montagewände erfolgt an der Rohdecke. Bei dieser Ausführung ist auch, im Gegensatz zu anderen Details, der Brandschutz der Wand in vollem Umfang gewährleistet. An brandschutztechnisch klassifizierte Unterdecken dürfen Trennwände nur angeschlossen werden, wenn gesichert ist, dass im Brandfall bei vorzeitiger Zerstörung der Trennwand deren Reste abfallen können, ohne die Decke zusätzlich zu belasten. Werden Montagewände an Unterdecken oder Deckenbekleidungen befestigt, so sind diese zusätzlichen Auflagerkräfte aus der Wand gegebenenfalls besonders abzufangen und es gibt infolge der vorhandenen Schallnebenwege eine erhöhte Schallweiterleitung in die benachbarten Räume. Wenn horizontale Kräfte (z. B. große Deckenflächen und Türeinbau) vorhanden sind, müssen diese mit einer geeigneten Konstruktion aufgenommen und in die Rohdecke abgeleitet werden. Hinsichtlich der zu erwartenden Schall-Längsdämmung ist die Montagewand, die bis zur Rohdecke geführt wird, oder ein getrennter Plattenschott auch brandschutztechnisch am günstigsten. Mit einer Decklage, die durch eine Fuge im Anschlussbereich getrennt wird, kann nur ein geringeres bewertetes Schall-Längsdämmmaß erreicht werden. In diesem Fall verbessert eine zweilagige Beplankung oder eine Mineralwolleauflage die Schall-Längsdämmung der Montagedecke.

13.8.2 Bewegungsfugen

Der Einbau von Bewegungs- und Dehnungsfugen in Deckenbekleidungen und Unterdecken ist bei folgenden Gegebenheiten einzuplanen:

- Konstruktive Fugen des Rohbaus sind an der entsprechenden Stelle in Deckenbekleidungen oder Unterdecken anzuordnen.
- Deckenflächen sind in der Regel bei Gipsplatten alle 15 m und bei Gipsfaserplatten alle 8 m sowohl in Längs- als auch in Querrichtung durch Dehnungs- oder Bewegungsfugen zu begrenzen. Eine Reduzierung der Seitenlängen ist erforderlich, wenn eine freie Verformung der Deckenfläche durch die vorliegende Grundrissgestaltung behindert wird.

Bei Brandschutzanforderungen muss die Fuge mit einem Plattenstreifen hinterlegt werden. Der Plattenstreifen muss mindestens die gleiche Dicke aufweisen wie die fehlende Decklage der Deckenbekleidung oder Unterdecke. Der hinterlegte Gipsplattenstreifen wird gegen Verrutschen einseitig fixiert.

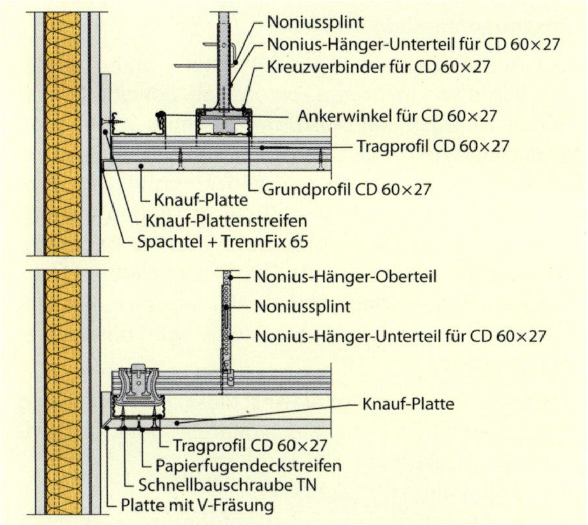

Vertikal gleitende Anschlüsse an leichte Trennwand

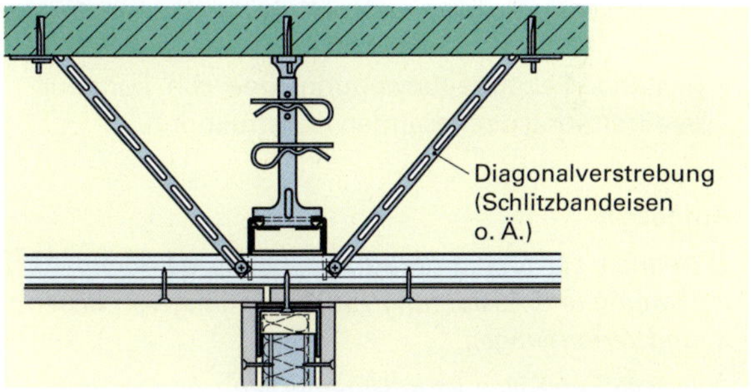

Horizontal ausgesteifter Anschluss einer Montagewand an eine Unterdecke (Decklage getrennt)

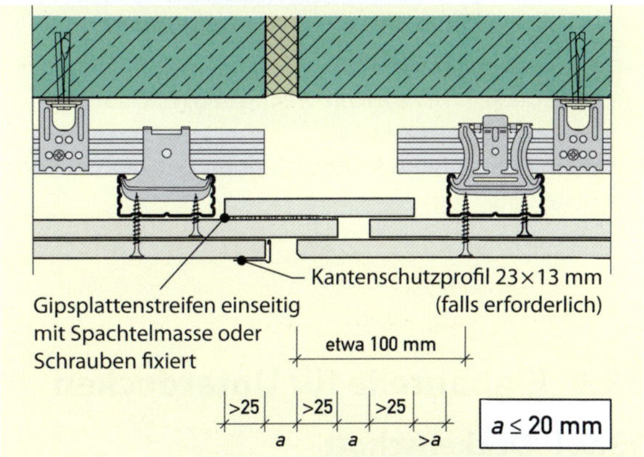

Gleitende Bewegungsfuge mit Brandschutzanforderung im Feld – Trennung der gesamten Konstruktion unter der Bewegungsfuge im Rohbau

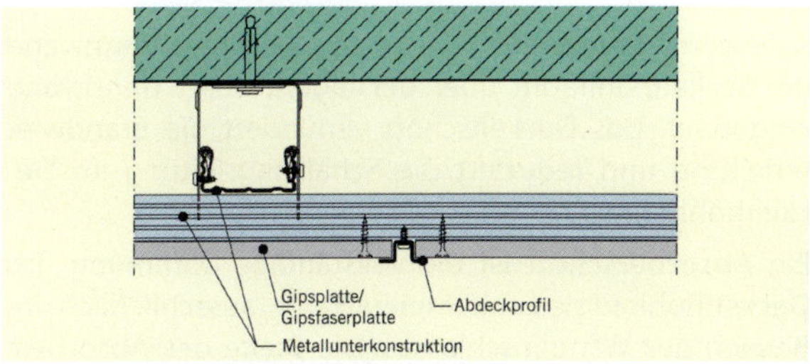

Offene Feldfuge zu dekorativen Zwecken und Reduzierung der Spannung in der Decklage

Zusammenfassung

Die Ausbildung von Anschlussdetails und Dehnfugen hängt von mehreren Faktoren ab. Sowohl der Planende als auch der Ausführende muss neben den grundsätzlichen Anforderungen (z.B. Gestaltung und Vermeidung von Rissen und Verformungen) an konstruktive Lösungen für Anschlüsse und Fugen, eventuell auch zusätzliche Anforderungen an die Bauteilanschlüsse hinsichtlich Brand-, Schall- und Wärmeschutz, berücksichtigen. Nach der Ausbildungsart des Anschlusses können folgende Ausführungen unterschieden werden:

- starrer, angespachtelter Anschluss in Verbindung mit Trennstreifen an Massivbauteile oder Trockenbaukonstruktionen mit Gipsplatten
- Anschlussfuge mit Dichtstoff
- offene Anschlussfuge (Schattenfuge)
- gleitender Anschluss (horizontal und vertikal)
- offene Feldfuge (Fuge in der Decklage der Konstruktion)
- gleitende Feldfuge (Bewegungsfuge, d.h. konstruktive Trennung der gesamten Konstruktion)

Aufgaben

1. *Nennen Sie fünf grundsätzliche Anforderungen an Planung und Ausführung zur Vermeidung von Rissen und Verformungen.*
2. *In welchen Fällen ist in Unterdecken und Deckenbekleidungen eine Bewegungs-/Dehnfuge vorzusehen?*
3. *Zeichnen Sie einen Wandanschluss mit Schattenfuge und Brandschutzanforderungen im Maßstab 1 : 1.*
4. *Skizzieren Sie einen vertikal gleitenden Anschluss einer Unterdecke an eine leichte Trennwand (CW125/75).*

Für die nebenstehenden Abbildungen gilt die Legende von Seite 258.

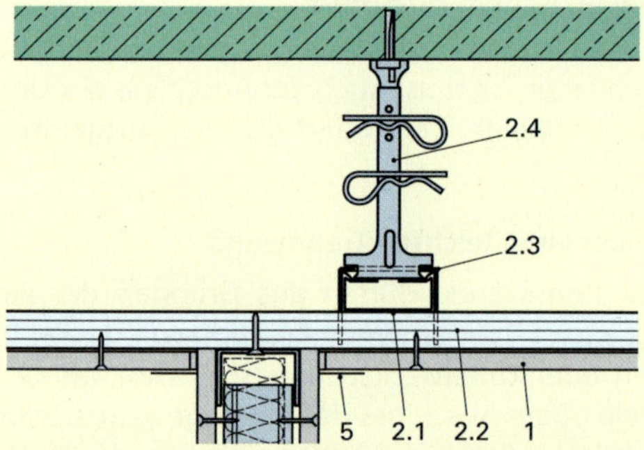

Wandanschluss an Montagedecke mit unterbrochener Beplankung

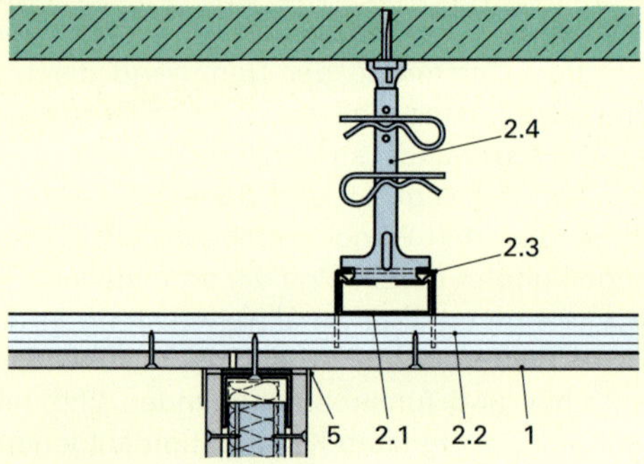

Wandanschluss an Montagedecke mit Trennfuge

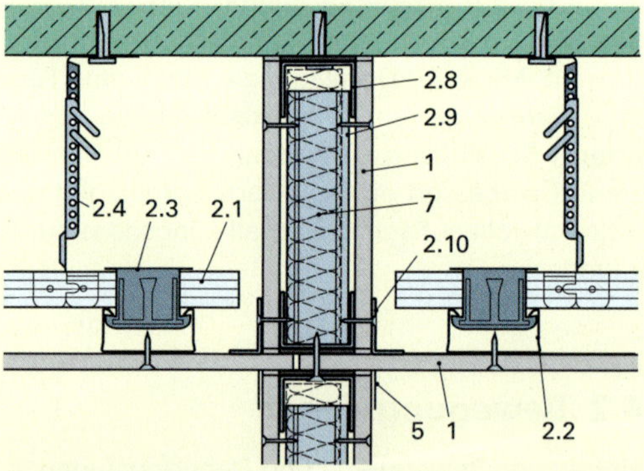

Trennwandanschluss an Unterdecke mit Plattenschott (Beplankung ≥ 12,5 mm, $R_{L,w,R}$ 65 dB)

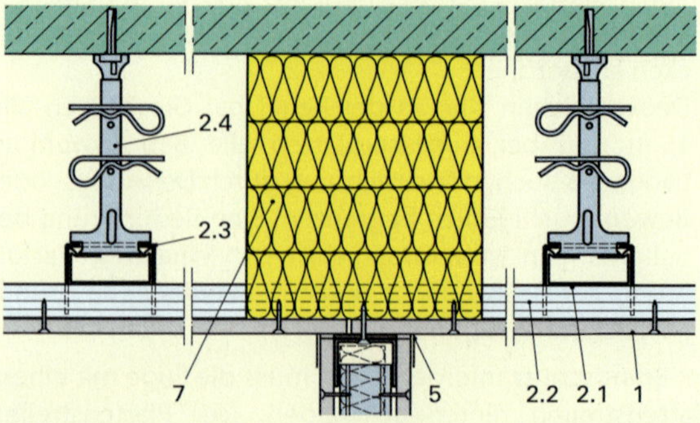

Trennwandanschluss an Unterdecke mit Absorberschott (Beplankung ≥ 12,5 mm, $R_{L,w,R}$ 60 dB)

Anschlüsse von Montagewänden an Unterdecken mit Deckenschott

13.9 Einbauteile für Unterdecken

13.9.1 Deckenschott

Zwei unterschiedliche Konstruktionen zur Abschottung des Deckenhohlraumes sind das Platten- und das Absorberschott.

Bei einem **Plattenschott** wird eine zusätzliche Trennwand im Deckenhohlraum über der eigentlichen Trennwand eingebaut. Das Deckenschott verhindert die Brandweiterleitung und reduziert die Schalllängsleitung im Deckenhohlraum.

Ein **Absorberschott** ist die vollständige Dämmung des Deckenhohlraumes mit Mineralwolle ausschließlich im Bereich des Wandanschlusses. Die Breite des Absorbers richtet sich nach den Schallschutzanforderungen der Wand.

13.9.2 Einbauleuchten

Bei Unterdecken oder Deckenbekleidungen ohne Brandschutzanforderungen können Einbauleuchten jeder Art eingesetzt werden. Die Unterkonstruktion der Unterdecke ist gegebenenfalls im Leuchtenbereich auszuwechseln und durch zusätzliche Profile zu ergänzen.

> Unmittelbar an der Beplankung befestigte zusätzliche Einzellasten dürfen 0,06 kN je Plattenspannweite und Meter nicht überschreiten (DIN 18181).

Schwere Lasten, die über diese zusätzliche Belastung (6 kg/m) von Unterdecken und Deckenbekleidungen hinausgehen, müssen direkt an der Rohdecke oder an einer Hilfskonstruktion angeschlossen werden, die eine Lasteneinleitung in die Rohdecke sicherstellt.

Auch bei Brandschutzanforderungen ist die Befestigung von Lasten an Beplankungen bzw. Unterkonstruktionen nicht zulässig, sondern ausschließlich an Rohdecken.

Einbauleuchten, die in die Unterdecken montiert werden, heben die brandschutztechnische Wirkung der Unterdecke auf und sind daher bei Unterdecken und Deckenbekleidungen mit Brandschutzanforderungen nach DIN 4102-4 nicht zulässig.

Sollen dennoch Einbauleuchten in eine Unterdecke eingegliedert werden, muss die konstruktive Ausführung dem Nachweis in einem Prüfzeugnis entsprechen. In der Regel werden Einbauleuchten mit einem Brandschutzkoffer ummantelt.

Für Einbauleuchten mit Abmessungen, die größer als die lichten Profilabstände sind, müssen die Öffnungen in den Deckenflächen durch Auswechslungen der Unterkonstruktion und zusätzliche Abhänger ergänzt werden.

Durch die Verwendung von LED-Technik in Verbindung mit speziellen Trockenbauprofilen, können in Unterdecken, Deckenbekleidungen oder Deckensegeln mit geringem Aufwand ausdrucksvolle Lichtakzente gesetzt werden.

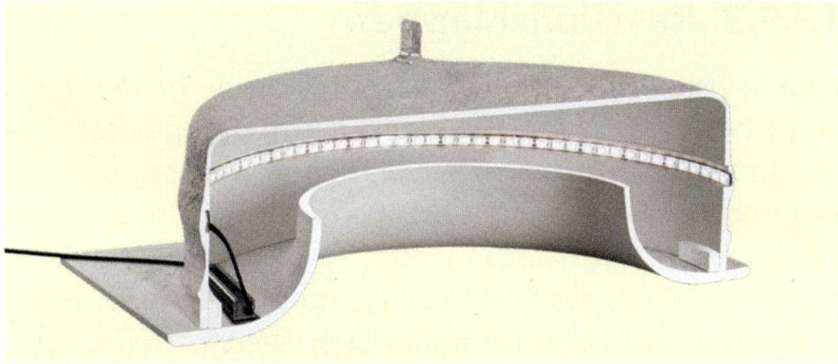

LED-Einbauleuchte aus Gips für Gipsplattendecken

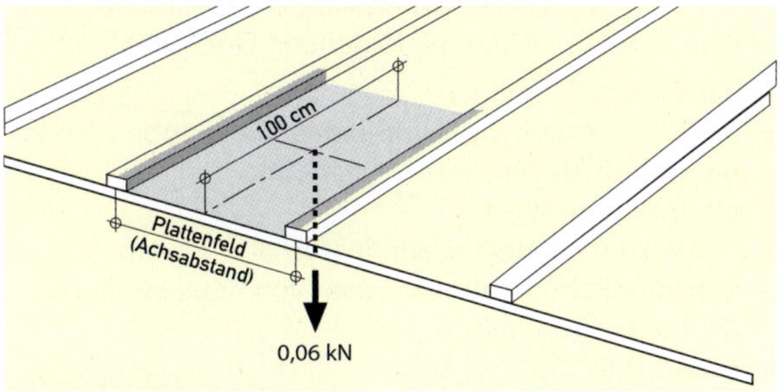

Maximal zulässige Lastenbefestigung an der Decklage

Lichtakzente am Wandanschluss einer geschwungenen Akustikdecke

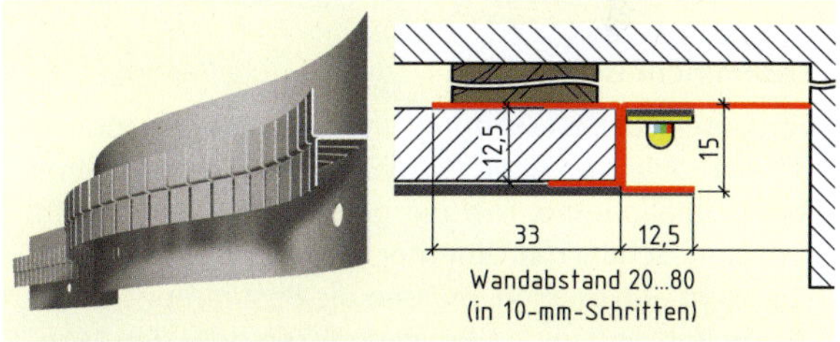

LED-Trockenbauprofil für Rundungen mit Sichtschenkel für direkten Anschluss an angrenzende Bauteile (Maße in mm)

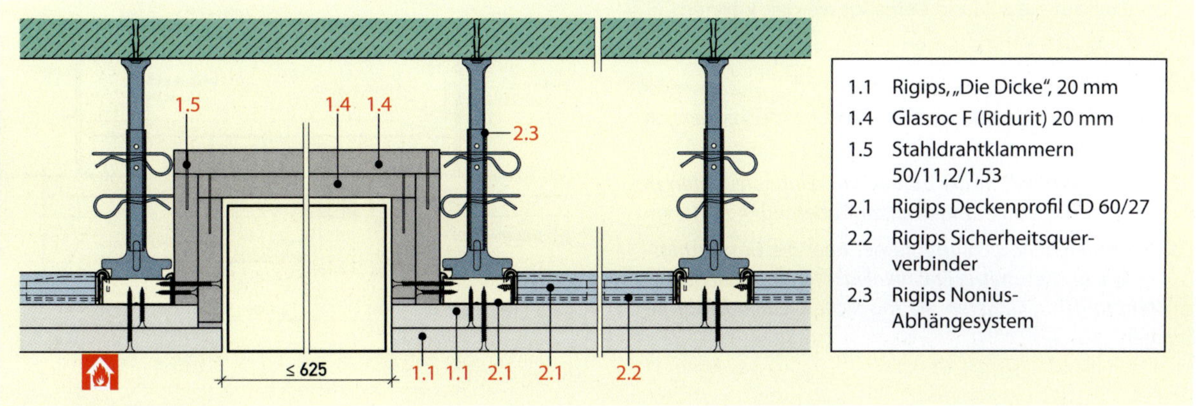

Einbau einer Deckenleuchte bei Brandschutzanforderungen an die Unterdecke F90 (Brandbeanspruchung von der Raumseite, Nachweis über Prüfzeugnis).

13.9.3 Revisionsklappen

Eine Revisionsklappe, auch Wartungsklappe genannt, erlaubt bei fugenlosen Unterdecken einen geplanten Zugang zu haustechnischen Installationen, die oberhalb der Unterdecke angebracht sind. Somit ermöglichen Revisionsklappen die Wartung oder Reparatur im Deckenhohlraum. Die Revisionsklappen sind beim Öffnen durch Fangarme und teilweise durch Sicherheitsketten gegen Herausfallen gesichert.

Angeboten werden Revisionsklappen in quadratischer oder rechteckiger Form mit folgenden Eigenschaften:

- Standardausführungen
- Revisionsklappen für Fliesenbelag (die Klappe wird auf das Rastermaß der Fliese abgestimmt)
- luft- und staubdicht
- desinfektionsmittelbeständig (für den Einsatz z. B. in infektologischen Isoliereinheiten von Krankenhäusern)
- feuchtraumgeeignet
- rauchdicht
- Akustikplattenoptik mit verschiedenen Lochbildern
- Brandschutzausführung

Revisionsklappen, die in die Unterdecken montiert werden, heben die brandschutztechnische Wirkung der Unterdecke auf und sind daher bei Unterdecken und Deckenbekleidungen mit Brandschutzanforderungen nur zulässig, wenn die Eignung über ein Prüfzeugnis nachgewiesen worden ist. Im Zwischendeckenbereich sind meist zusätzliche Mineralwolle- oder Plattenauflagen erforderlich.

Die Ausführung und der Einbau von zugelassenen Revisionsklappen ist im bauaufsichtlichen Nachweis der Revisionsöffnung festgelegt.

Zusammenfassung

Einbauten für Beleuchtung und Revisionszugänge in Unterdecken sind übliche zulässige Bestandteile einer Ausbaumaßnahme. Um die geforderten Funktionen, z. B. Brandschutz der Unterdecke, durch die Durchbrüche nicht aufzuheben, müssen die Bestimmungen für die Ausführung in den Prüfzeugnissen oder den Montageanleitungen beachtet werden. Es muss unbedingt auch geklärt werden, wie die Zusatzlasten durch An- oder Einbauteile zulässig befestigt werden können.

Aufgaben

1. *Zu welchem Zweck wird im Zwischendeckenbereich ein Deckenschott eingebaut?*
2. *In welchem Fall ist der Einbau von Einbauleuchten in Unterdecken mit Brandschutzanforderungen zulässig?*
3. *Informieren Sie sich im Internet über die Gestaltungsmöglichkeiten mit LED-Linienleuchten bzw. Lichtvoutenprofilen. Skizzieren Sie mögliche Detailausführungen.*

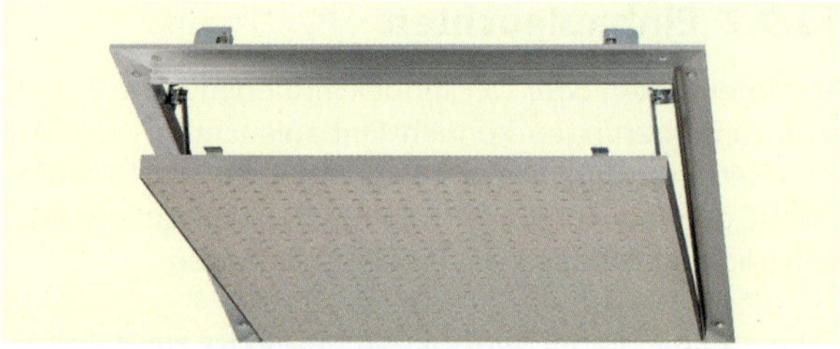

Revisionsklappe für Akustikdecke

Abbildung einer F90-Revisionsklappe für Montage in selbstständigen Brandschutzunterdecken

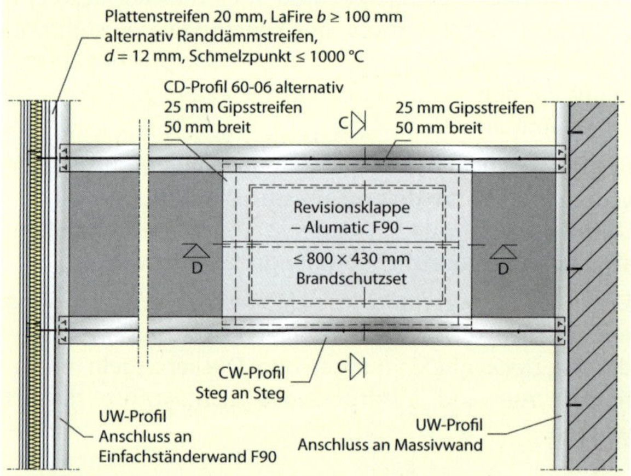

Beispiel für die Ausführung einer Revisionsklappe F90 in einer freitragenden Decke (Draufsicht)

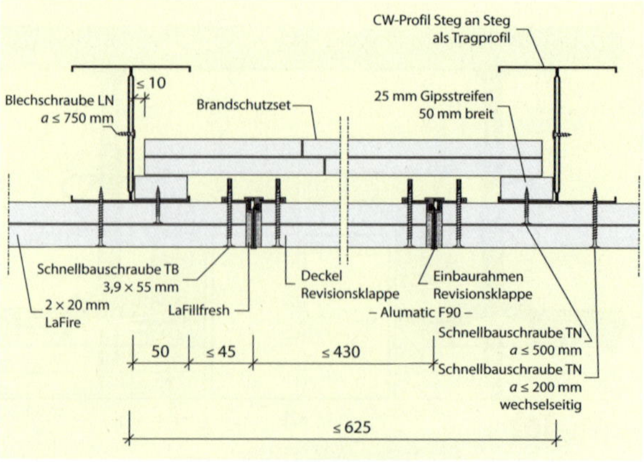

Beispiel für die Ausführung einer Revisionsklappe F90 in einer freitragenden Decke (Schnitt C-C)

13.10 Sonderkonstruktionen

13.10.1 Flächentemperierungssysteme

Abgehängte Unterdeckensysteme übernehmen zunehmend auch raumklimatische Aufgaben. Als unsichtbar integrierte wasserdurchflossene Flächenkühl- und Heizungssysteme aus Kupfer oder Kunststoff sorgen sie für thermische Behaglichkeit. Das Behaglichkeitsempfinden steht in engem Zusammenhang mit der Wandoberflächentemperatur. Aufgrund der **empfundenen Raumtemperatur** stellt sich im Winter bei höherer Wandoberflächentemperatur das gleiche Behaglichkeitsempfinden bereits bei einer 2 ... 3 °C niedrigeren Raumlufttemperatur ein. Ebenso kann bei der großflächigen Abführung von Wärmeenergie durch eine Kühldecke die Absenkung der Umschließungsflächentemperatur von 20 °C auf 18 °C einen Anstieg der Raumlufttemperatur von 20 °C auf 22 °C ausgleichen. Dieser Effekt führt sowohl im Winter als auch im Sommer zu deutlichen Energieeinsparungen. Besonders bei geschlossenen Unterdeckensystemen erfolgt die Wärmeübertragung überwiegend durch Strahlungsaustausch. Die Basis der Kühl- und Heizdeckensysteme bildet oftmals eine herkömmliche Unterkonstruktion aus Decken-C-Profilen.

Wärmestrahlung

Die Übertragung der Wärmeenergie ist nicht an Materie gebunden. Aus diesem Grund kann die Übertragung bei luftgefüllten, aber auch luftleeren Räumen verlustfrei stattfinden. Ähnlich wie bei der Sonnenstrahlung wird langwellige Wärmestrahlung beim Auftreffen auf absorptionsfähige Oberflächen direkt in Wärme umgewandelt.

Decklage

Die Ausführung der Decklage kann sowohl mit Standard-Gipsplatten oder Gipslochplatten, mit Gipsthermoplatten als auch mit hochwärmeleitenden, graphitmodifizierten Gipsplatten erfolgen. Eine hohe Wärmeleitfähigkeit der Decklage ist von Vorteil.

Vermeidung von Strahlungsschatten

Um Strahlungswärme oder Strahlungskühlung als behaglichkeitsfördernd zu erleben, muss sich der Körper in direktem Austausch mit den abstrahlenden Flächen befinden. Eine Entstehung von „Strahlungsschatten", zum Beispiel durch Deckensegel, sollte vermieden werden.

Einflüsse auf die Wirkung von Flächenstrahlungssystemen:

- die Temperatur aller raumseitigen Umgebungsoberflächen
- guter Wärmeschutz der Außenbauteile (Wände und Verglasung)
- die vorhandene lichte Raumhöhe
- der Ausnutzungsgrad der zur Verfügung stehenden Deckenfläche als Strahlungsfläche
- Anordnung der Strahlungsfläche bei Teilflächenbelegung

Unterdecke mit integrierter Flächenklimatisierung aus Kunststoff

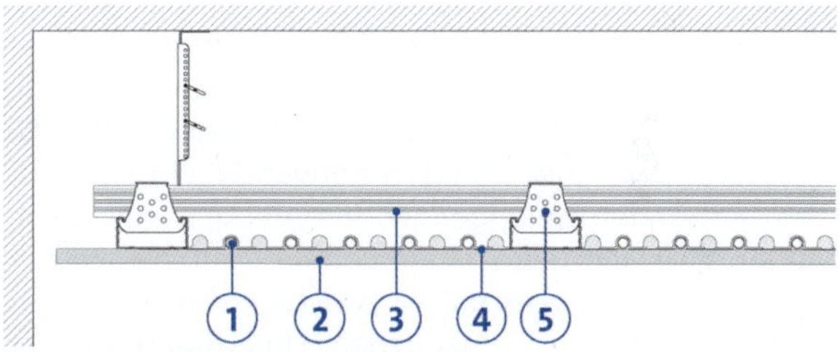

1. hochflexibles, sauerstoffdiffusionsdichtes Kühl- und Heizleistungsrohr (Kunststoff) gemäß der einschlägigen Normen in der Dimension 10 × 1,0 mm
2. Gipsplatte
3. Grund- und Tragprofil mit CD-Profil
4. großflächig dimensioniertes Aluminium-Wärmeleitprofil mit eingeformten Sicken zur Aufnahme der Kunststoffrohre
5. Kreuzschnellverbinder
6. Halteprofilschiene (Kunststoff) zur Aufnahme der Aluminium-Wärmeleitprofile (siehe Abb. oben)

Klimadeckensystem als geschlossene Gipsplattendecke mit offenem Wandanschluss

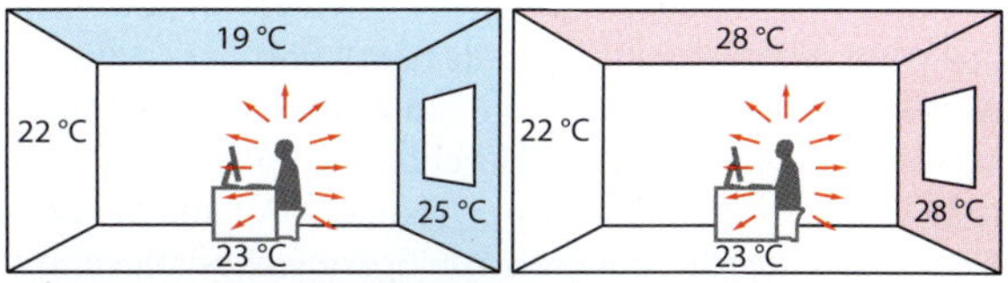

Wirkprinzip einer Strahlungskühl- und -heizdecke

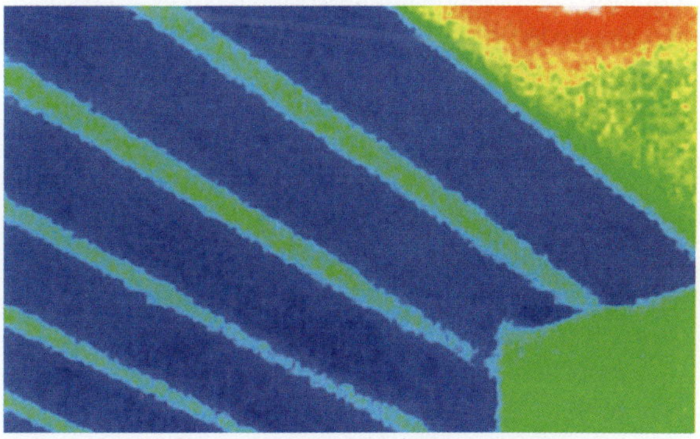

Thermografieaufnahme einer Gipsplatten-Kühldecke

13.10.2 Freitragende Decken

Im Bereich der Sanierung oder auch im Neubau von Gebäuden kann es notwendig werden, bei der Erstellung von Unterdecken auf Befestigungen in der Rohdecke zu verzichten.

Die Gründe hierfür können sein

- eine statisch nicht mehr höher belastbare Rohdecke
- schallschutztechnische Anforderungen
- aus Platzgründen, z.B. durch Lüftungs-, Kabel- und Installationskanäle, ist es nicht möglich, die notwendigen Abhänger systemgerecht zu positionieren
- eine ökonomischere Herstellung

Bei freitragenden Decken gibt es keine Abhänger. Die Lastabtragung von freitragenden Unterdecken erfolgt ausschließlich über die Wände, an denen die Wandauflager befestigt sind. Aus diesem Grund müssen die Wandauflager besonders sorgfältig geplant und ausgeführt werden. Als Wandauflager werden in Abhängigkeit von den vorhandenen Punktlasten herkömmliche UW-Profile und UA-Profile, aber auch spezielle Auflagerwinkelprofile oder Anschlusswinkel mit den notwendigen Materialdicken verwendet. Die Träger der Unterdecke werden in die Wandprofile stirnseitig eingeschoben, auf die Winkelprofile aufgestellt oder mittels Anschlusswinkeln einzeln befestigt. Für den vorhandenen Untergrund müssen entsprechend den statischen Erfordernissen geeignete Befestigungsmittel ausgewählt werden, die eine ausreichende Tragfähigkeit auf Abscheren aufweisen. Bei der Montage müssen die maximalen Befestigungsabstände unbedingt eingehalten werden.

Bei der Auswahl eines Trägersystems müssen insbesondere

- die vorhandene Raumbreite (max. zul. Stützweite),
- die Deckenlast,
- eine Durchbiegungsbeschränkung,
- die Trägermasse und
- der Trägerabstand berücksichtigt werden.

Die Wahl des geeigneten **Profils** hängt von der Lastklasse der Decke und der jeweiligen Spannweite ab. Als Trägersysteme finden unter Berücksichtigung der Anforderungen CW-Einfach- oder Doppelprofile, UA-Einfach- oder Doppelprofile oder, bei größeren Spannweiten, besondere Weitspannträgerprofile Verwendung. Doppelprofile (Rücken an Rücken) werden im Steg miteinander verschraubt. Freitragende Profile dürfen nicht gestoßen werden. Bei Bedarf muss eine Kippsicherung eingesetzt werden.

Die **Beplankung** einer freitragenden Unterdecke kann in Abhängigkeit vom Beplankungsmaterial und den Anforderungen bei geringem Trägerabstand direkt am Träger befestigt werden. Andernfalls wird vor der Verschraubung der Beplankung ein Feinrost aus CD-Profilen, Federschienen oder Hutprofilen eingebaut. Bewegungsfugen des Rohbaus müssen in die Konstruktion der freitragenden Decken übernommen werden. Bei Seitenlängen ab etwa 15 m oder wesentlich eingeengten Deckenflächen (z.B. bei Einschnürungen durch Wandvorsprünge) sind Bewegungsfugen anzuordnen.

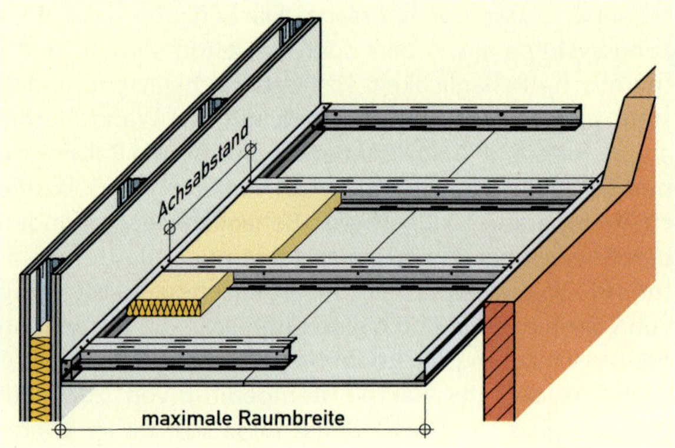

Freitragende Decke mit einem Trägersystem aus CW-Doppelprofilen und UW-Profilen als Wandauflager

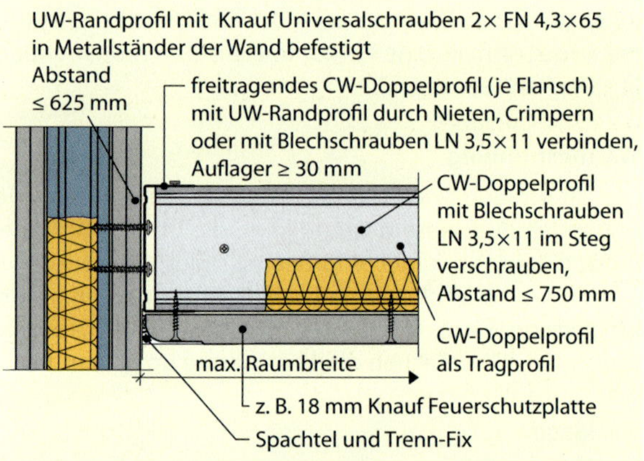

Beispiel für einen tragenden Anschluss an leichte Trennwand mit Brandschutz F30 allein von unten

CW-Doppelprofil als Tragprofil  Blechdicke 0,6 mm	**max. Achsabstand Tragprofil (Querverlegung)** in mm	**Beplankung mit GKF** Dicke in mm	**maximale Raumbreite (Spannweite)** in m
2 × CW 50	625	18	**2,55**
2 × CW 75	625	18	**3,15**
2 × CW 100	625	18	**3,70**
2 × CW 125	625	18	**4,20**

Maximale Raumbreite für eine freitragende Decke mit Brandschutz F30 allein, von unten; Dämmschicht brandschutztechnisch erforderlich (Mineralwolle nach DIN EN 13162 nichtbrennbar, Mindestdicke 40 mm und Mindestrohdichte 40 kg/m^3)

13.11 Ertüchtigung von Holzbalkendecken

Deckenbekleidungen und Unterdecken werden vorrangig zur schall- und brandschutztechnischen Ertüchtigung von Holzbalkendecken im Neu- und Altbaubereich eingesetzt. Holzbalkendecken im Bestand gibt es in vielfältigen konstruktiven Ausbildungen. Im Altbau überwiegen Konstruktionen mit durch den Putz verdeckten Holzbalken. Diese Deckenkonstruktionen bestehen zum Beispiel aus

- den tragenden Vollholzbalken,
- dem oberen Abschluss (Dielen, Parkett auf Blindboden),
- einem Deckeneinschub (Sand- oder Schlackefüllung) auf einem Fehlboden und
- einer unteren Putzschicht auf einem Putzträger (Schilfrohrmatten).

Für die Sanierung ist es eine wichtige zentrale Frage, ob die Holzbalkendecke entkernt wird oder nur additiv aufgerüstet. Wenn additiv aufgerüstet wird, muss die Tragfähigkeit der vorhandenen Deckenkonstruktion überprüft werden. Das Entkernen ist ein zusätzlicher Arbeitsaufwand, reduziert aber die Deckenlast und schafft die Möglichkeit für einen bauphysikalisch optimalen Neuaufbau der Holzbalkendecke.

Austausch Sand- oder Schlackefüllung gegen Hohlraumdämmung
Der Deckeneinschub mit seiner Zusatzmasse erbringt hauptsächlich eine Verbesserung bei den tiefen Frequenzen. Der Austausch des Einschubs gegen Faserdämmstoffe ergibt bei tieferen Frequenzen (etwa ab < 250 Hz) eine schlechtere Trittschalldämmung.

Holzbalkendecke als bestehende Altbausubstanz

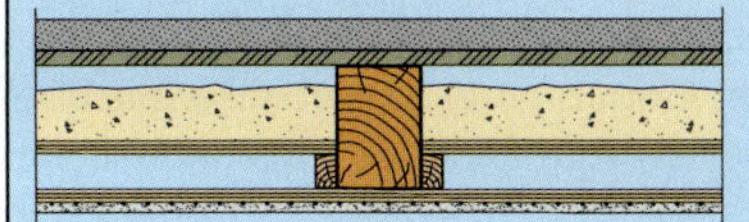

Estrichaufbau mit variabler Aufbauhöhe
24 mm Dielen
220 mm Balken mit Einschub $m' = x$ kg/m²
18 mm Deckenschalung, sägerau
15 mm Schilfrohrmatten mit Lehmputz $m' = x$ kg/m²

Variable	Differenz des bewerteten Norm-Trittschallpegels $\Delta L_{n,w}$
Auffüllung im Einschub	
$m' = 0$ kg/m²	$\Delta L_{n,w} = 4$ dB
$m' = 20$ kg/m²	$\Delta L_{n,w} = 2$ dB
$m' = 80$ kg/m²	$\Delta L_{n,w} = 0$ dB
$m' = 120$ kg/m²	$\Delta L_{n,w} = -1$ dB
Schilfrohrmatten mit Lehmputz	
$m' = 15$ kg/m²	$\Delta L_{n,w} = 2$ dB
$m' = 26$ kg/m²	$\Delta L_{n,w} = 0$ dB

Einfluss von Ausführungsvarianten der Rohdecke auf die Trittschalldämmung (Bezugswerte: Schüttung im Einschub $m' = 80$ kg/m², Schilfrohrmatte mit Lehmputz $m' = 26$ k/m²)

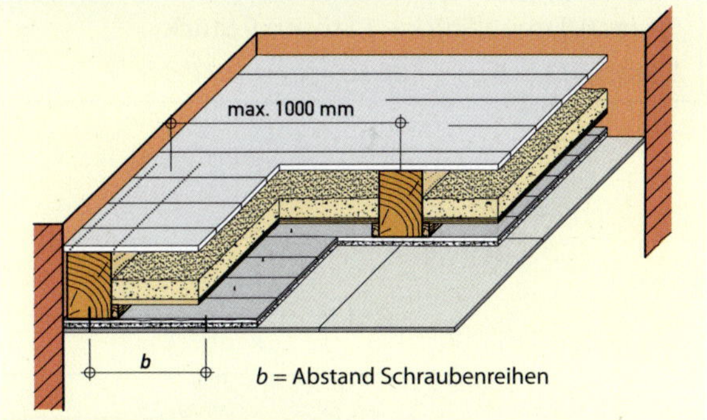

Brandschutztechnische Aufrüstung einer bestehenden Altbausubstanz (Direktbefestigung mit Knauf Fireboard)

13.11.1 Einbau einer Deckenbekleidung

Um zumindest eine brandschutztechnische Verbesserung (von unten) zu erreichen, können Brandschutzplatten (Fireboardplatten) direkt an der Rohdecke befestigt werden. Bei dieser Ausführung ist der Höhenverlust in den Räumen am geringsten. Etwas mehr Raumhöhenverlust ergibt sich durch eine quer zu den Holzbalken befestigten Unterkonstruktion aus Federschienen. Der Achsabstand der Holzbalken darf die zulässige Spannweite der Federschiene nicht überschreiten. Mit diesen Profilen gelingt es, geringe Unebenheiten auszugleichen und neben dem Brandschutz auch den Schallschutz der Deckenkonstruktion etwas zu verbessern.

Deckenbekleidung mit Holzlattung
Der Austausch des eher biegeweichen Schilfrohrputzes gegen eine Direktbekleidung mit einer direkt befestigten Traglattung ergibt durch die starre Befestigung ungünstigere Werte und ist daher nicht zu empfehlen.

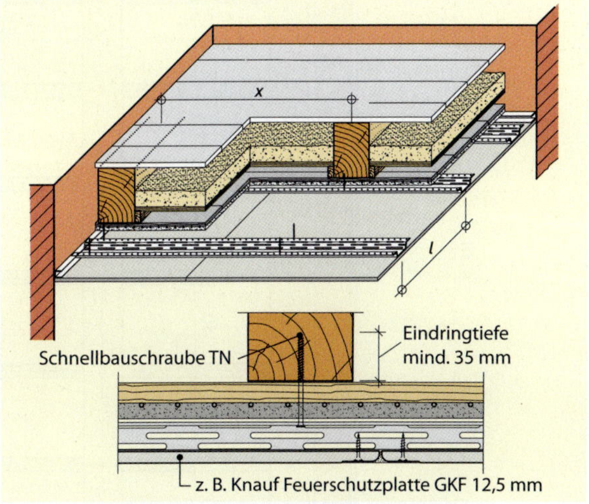

Brand- und schallschutztechnische Aufrüstung einer bestehenden Altbausubstanz mit Federschiene

13.11.2 Einbau einer Unterdecke

Eine deutliche Verbesserung der Trittschalldämmung kann auch durch den Einbau einer Unterdecke mit über Elastomere entkoppelte Abhänger erzielt werden. Bei der Verwendung von speziell für den Schallschutz entwickelten Gipsplatten (z. B. Knauf-Silentboard) entsteht durch höhere Biegeweichheit und gesteigerte flächenbezogene Masse ein weiterer Schallschutzvorteil.

Beispiel:

Materialermittlung Tragprofil und Abhänger
Raumbreite 6,58 m und Raumlänge 4,38 m
Holzbalken 160/220 mm, Achsmaß *e* = 0,8 mm,
Wandabstand Streichbalken 1 cm

Tragprofil:
Raumlänge – (2 · Randabstand) = Einteilungslänge
Einteilungslänge : Achsabstand (aufrunden) + 1 Stück = Anzahl der benötigten Profile
4,38 m – (2 · 0,1 m) = 4,18 m
4,18 m : 0,4 m = 10,45, aufrunden ⇒ 11 Stück + 1 Stück = **12 Stück**

Abhänger:
Raumbreite – (2 · Randabstand) = Einteilungslänge
Einteilungslänge : Achsabstand + 1 Stück = Anzahl der benötigten Profile
6,58 m – (2 · 0,09 m) = 4,18 m
6,4 m : 0,8 m = 8 Stück + 1 Stück = **9 Stück**

9 Stück · 12 Balken = **108 Stück**

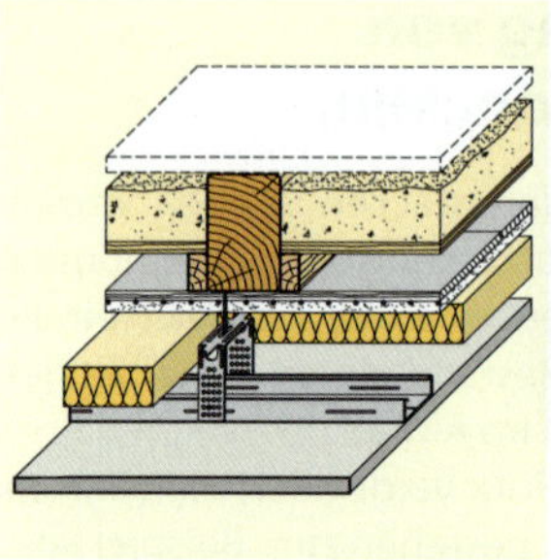

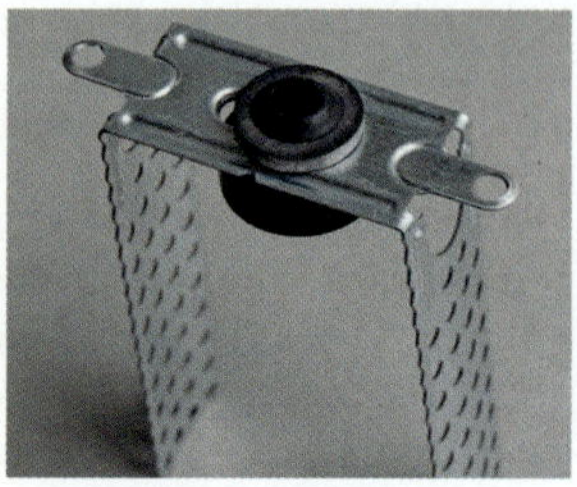

Direktschwingabhänger für erhöhten Schallschutz

Unterdecken in Verbindung mit vorhandenen Holzbalkendecken als Altbausubstanz

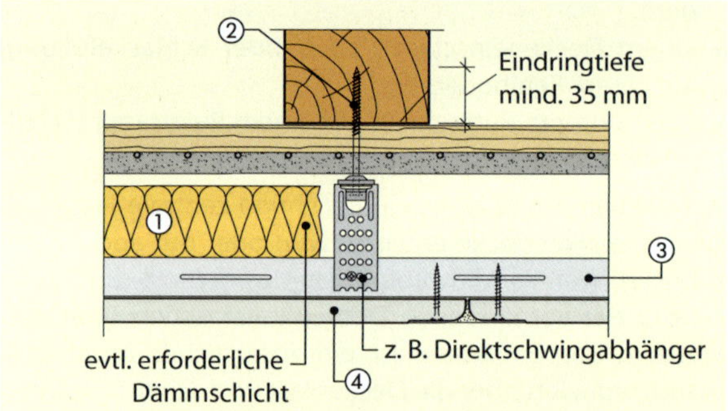

① Dämmstoff Mineralwolle, 50 mm, mindestens B1
② Befestigungselement für Direktschwingabhänger (1 × FN mittig oder 2 × TN in den Flügeln)
③ Tragprofil mit CD 60/27
maximaler Achsabstand der Tragprofile 400 mm
maximaler Achsabstand der Holzbalken ≤ 1 000 mm
④ Beplankung mit GKF-Platten, *d* = 20 mm

Aufbau einer Unterdecke in Verbindung mit vorhandenen Holzbalkendecken als Altbausubstanz (mit Prüfzeugnis F90-B, von unten)

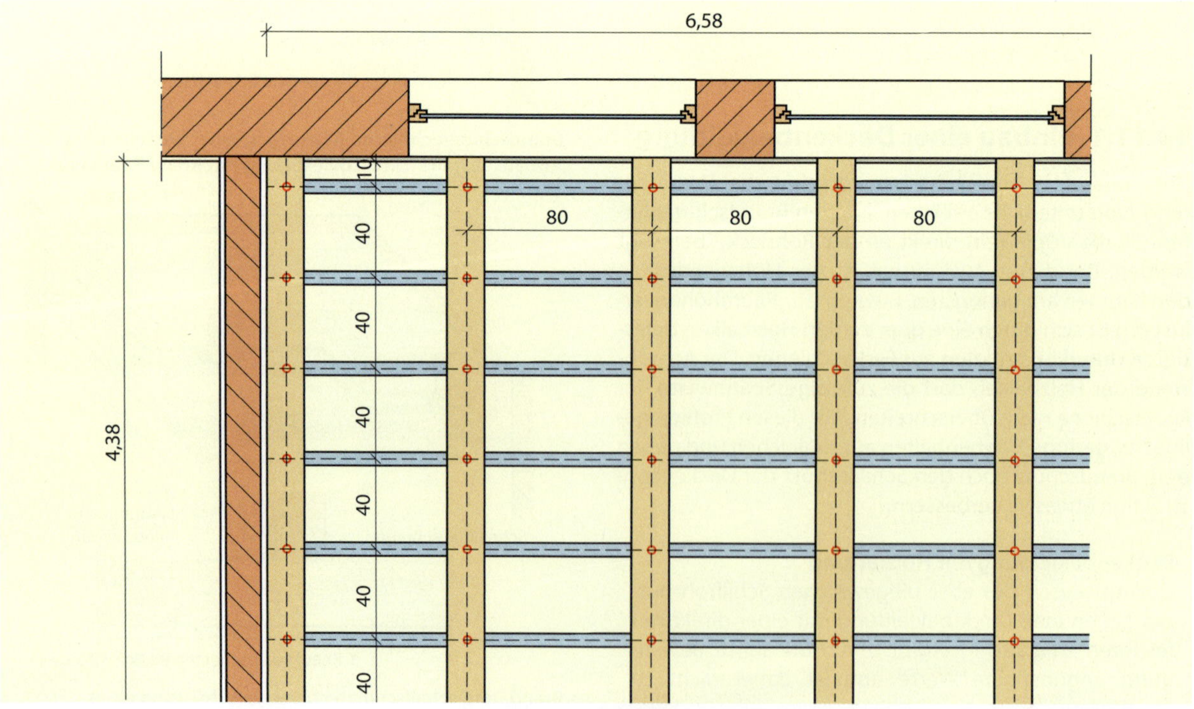

Verlegeplan der Unterkonstruktion unter den Deckenbalken (Tragprofile und Abhänger)

13.12 Gestaltung mit Plattenwerkstoffen

Fließende Wellen, Lamellen, Deckenerhebungen und -vertiefungen, Kreuzgewölbe, elliptische Öffnungen, Inszenierung von Licht mit aufgesetztem Zylinder, Falttechnik, Biegetechnik, Lichtlenkung mit Lichtvouten, Deckensprünge und Gesimse: Die gestalterischen Möglichkeiten mit ebenen Gipsplatten werden von den Planern heute bereits in einer großen Breite genutzt. Dabei wird das Potenzial der Werkstoffe ausgereizt und die Formensprache systematisch ausgebaut.

Flankiert wird dieses Streben der Architekten und Bauherren durch eine CAD-CAM-Kopplung. Neben der computerunterstützten Planung hilft die computerunterstützte Umsetzung bei der Realisierung ausgefallener formaler Ideen.

Bei der Umsetzung dieser anspruchsvollen Architektur kommt auch im Trockenbau neben der Baustellenfertigung zunehmend eine werkseitige Vorfertigung von einbaufertigen Elementen zum Einsatz. Der Vorteil beim Einsatz von vorfabrizierten Bauteilen liegt in der größeren zeitlichen und finanziellen Planbarkeit. Auch lassen sich bei ordnungsgemäß ausgeführten Unterkonstruktionen Maßdifferenzen und Rissbildungen vermeiden.

Formteile durch V-Fräsungen (Falttechnik)

Formteile, die aus Gipsplatten in Falttechnik vorgefertigt werden, erhalten die benötigten V-Fräsungen je nach Bedarf auf der Vorder- oder Plattenrückseite. Dabei kann die V-Fräsung in den geforderten Winkeln hergestellt werden. Durch Falttechnik lassen sich auf einfache Weise präzise Formteile mit kartonummantelten Kanten herstellen. Die Formteile können je nach Wunsch verleimt, teilverleimt oder als Abwicklung unverleimt auf die Baustelle gebracht werden. Vor dem Verleimen mit Weißleim müssen die V-Fräsungen zur Regulierung des Saugverhaltens grundiert werden.

Formteile durch Biegung

Auch mit ebenen Plattenwerkstoffen lassen sich gebogene Formen realisieren. Der realisierbare Biegeradius hängt von folgenden Faktoren ab:

- Art der verwendeten Gipsplatten
- Dicke der verwendeten Gipsplatten
- Biegeverfahren trocken oder nass
- maschinelle Schlitzung der Plattenrückseite

Die Biegung erfolgt ausschließlich in Längsrichtung. Beim Nassbiegen wird die zu stauchende Seite vor dem Biegen mit einer Nadelwalze quer und längs perforiert und ausreichend durchnässt.

Bemessung der Unterkonstruktion

Da die individuellen Deckendesign-Konstruktionen von den üblichen Regellasten punktuell stark abweichen, können die Abstände der Unterkonstruktion und die Anzahl der Verankerungselemente nicht ohne Weiteres übernommen werden.

Deckenuntersicht einer Musterdecke mit horizontal und vertikalen Lamellen in Falttechnik

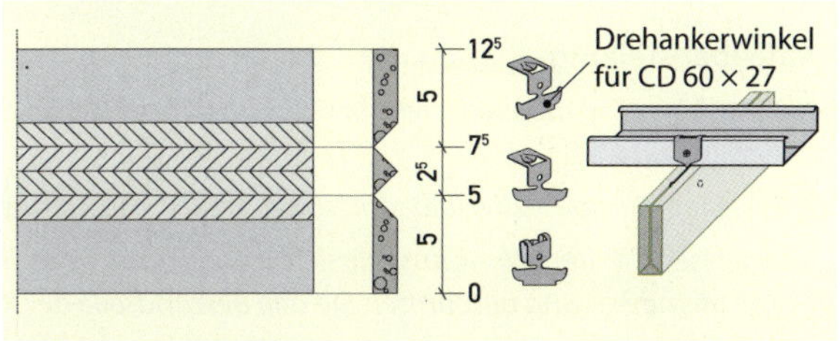

Abwicklung einer Lamelle und Drehankerwinkel für Befestigung an CD 60/27

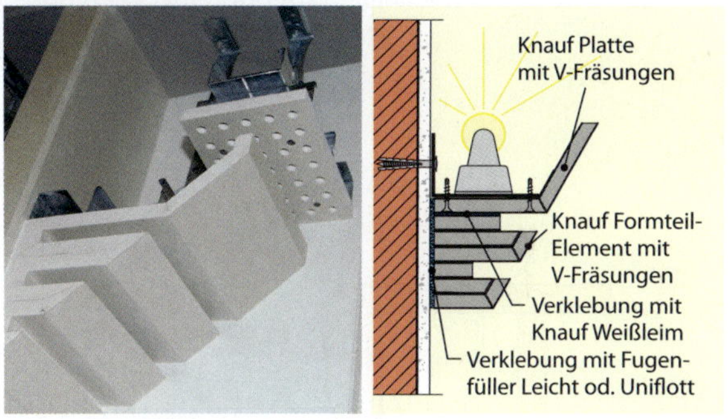

Musterdetail in Falttechnik

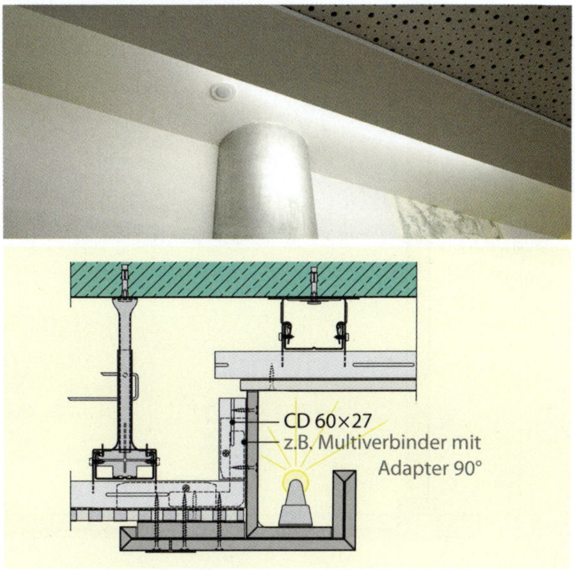

Deckensprung mit Lichtvoute

13.13 Projektaufgabe

Sie sind an der Planung der Modernisierung eines großen Schulungsraumes einer überbetrieblichen Ausbildungsstätte beteiligt. Die Modernisierungsmaßnahmen umfassen im Bereich der Unterdecken eine Gipsrasterdecke mit umlaufendem, höhenversetzten, fugenlosen Fries.

Baubeschreibung der Modernisierungsmaßnahme:

Raumhöhe, d. h. OK Fußboden bis UK Rohdecke (Stahlbetonrippendecke) 3,67 m.

Der umlaufende Fries dient an den Stirnseiten des Raumes der Aufnahme von Zuluft- und Abluftführungen. Aus diesem Grund beträgt die Mindestbreite 100 cm. Der Fries soll so montiert werden, dass die Unterkante sich 3,4 m über OK Fußboden befindet.

Die Raumhöhe im Bereich der Rasterdecke soll 3,52 m betragen.

Der Fries soll so geplant werden, dass nur ganze gelochte Gipsplattenkassetten 62,5 × 62,5 cm in 12,5 mm Stärke verwendet werden müssen (Einlegemontage).

Aufgabenstellung

1. *Berechnen Sie mögliche Friesbreiten und formulieren Sie Vor- und Nachteile der Ergebnisse im Hinblick auf die Bauherrenwünsche.*
2. *Erstellen Sie eine Materialbedarfsberechnung (Rasterdecke) für die geplanten Modernisierungsmaßnahmen.*
3. *Zeichnen Sie den Wandanschluss mit Übergang vom fugenlosen Fries zur Rasterdecke als Vertikalschnitt im Maßstab 1 : 1. Bemaßen und beschriften Sie alle Bestandteile der Konstruktion.*
4. *Zeichnen Sie einen Verlegeplan auf einem A3-Blatt im Querformat im Maßstab 1 : 33,3.*
5. *Berechnen Sie den Materialpreis (Rasterdecke) für die geplante Unterdecke.*
6. *Beschreiben Sie die Herstellung der Unterdecke chronologisch.*

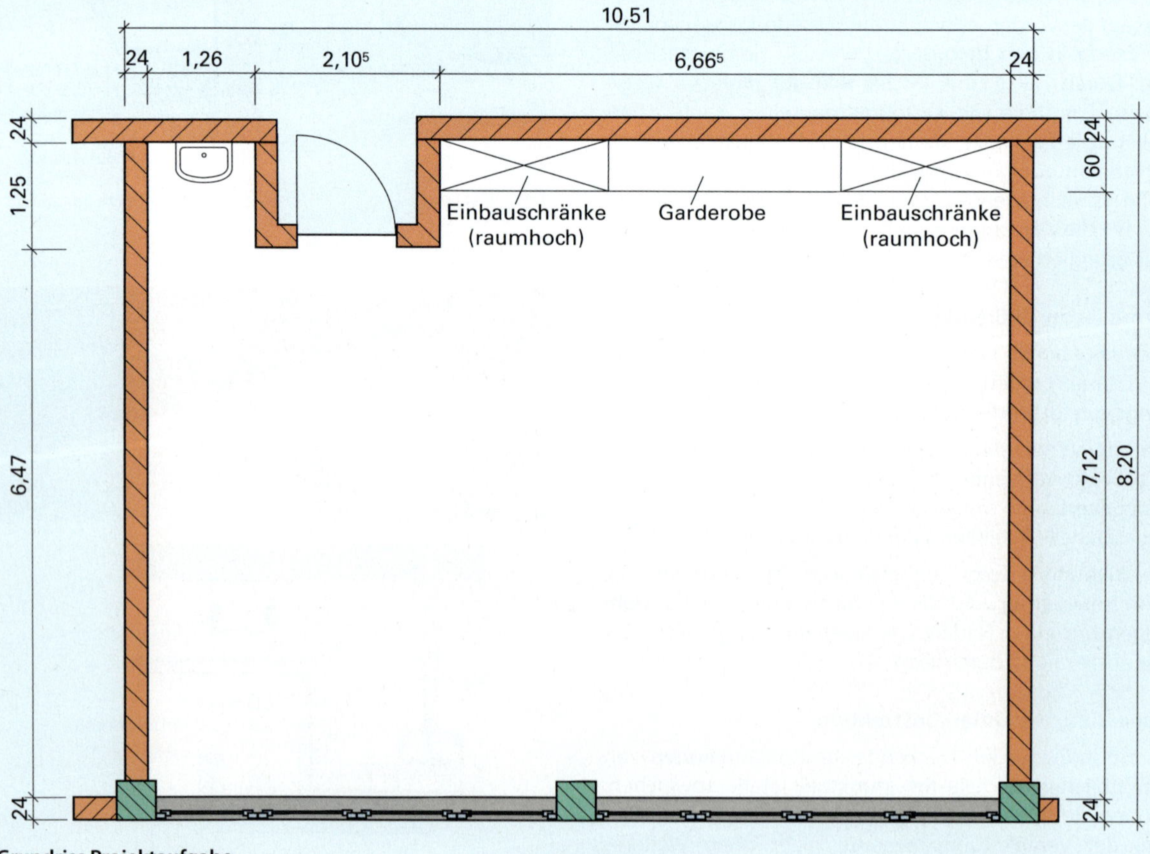

Grundriss Projektaufgabe

Lernfeld 14
Erstellen einer Drahtputzkonstruktion

Drahtputzkonstruktionen bilden eine vom direkten Putzgrund abgesetzte eigenständige Putzschale. Sie erlauben die Herstellung ebener oder dreidimensional verformter Putzflächen. Sie bieten vielfältige technische und gestalterische Anwendungsmöglichkeiten bei der Verkleidung von Gebäudebauteilen oder haustechnischen Installationen.

Im Lernfeld 14 lernen wir das Grundprinzip von Drahtputzkonstruktionen sowie ihre unterschiedlichen Anwendungsmöglichkeiten im Decken- und Wandbereich kennen. Wir untersuchen neben den einfachen ebenen Konstruktionen besonders ausführlich die verschiedenen Formen gewölbter abgehängter Unterdecken und vergleichen dabei ihren konstruktiven Aufbau, die verwendeten Materialien sowie den Herstellungsablauf.

Im Rahmen einer abschließenden kleinen Projektarbeit werden neben technologischen und arbeitstechnischen Fragestellungen auch zeichnerische Darstellungstechniken behandelt und Materialbedarfsberechnungen durchgeführt.

14.1 Allgemeines

Im Gegensatz zu einem als Beschichtung direkt auf den Putzgrund aufgetragenen Putzsystem, das je nach dessen Trag- und Haftfähigkeit zusätzlich einen mechanisch am Putzgrund verankerten Putzträger erfordert, ist bei einer Drahtputzkonstruktion kein zur Putzbeschichtung oder Putzträgerbefestigung geeignetes Bauteil vorhanden. Die vom Untergrund gelöste eigenständige Putzschale erfordert daher zur Befestigung des Putzträgers eine standsichere Unterkonstruktion, die an flankierenden Bauteilen, z. B. einer Wand, verankert werden muss.

Das Konstruktionssystem besteht aus den Elementen Unterkonstruktion, Verankerung, Putzträger, Befestigung sowie einem ein- oder mehrlagigen Putzsystem.

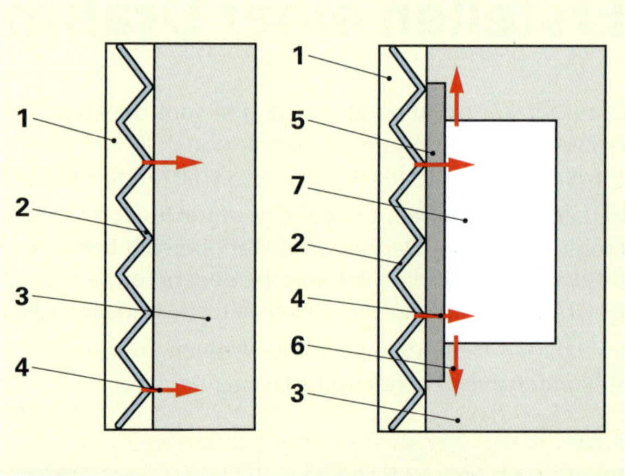

1: Putzsystem
2: Putzträger
3: Putzgrund
4: Befestigung Putzträger
5: Unterkonstruktion
6: Verankerung
7: Hohlraum

Prinzip von Putzsystem sowie Drahtputzkonstruktion

14.2 Geschichte

Drahtputzkonstruktionen sind im Zuge der industriellen Revolution um 1840 aufgekommen. Sie gelten als Bindeglied zwischen verputztem Massivbau, verputzten Holzkonstruktionen und dem heutigen Trockenbau.

Da diese aus mehreren Elementen bestehenden eigenständigen Putzschalen anfangs individuell ohne genaue Beschreibung und einheitliche Abmessungen der Konstruktionsteile erstellt wurden, kam es zu instabilen oder verformten Konstruktionen. Eine Vereinheitlichung und verbindliche Abmessungen der Konstruktionsteile veröffentlichte in Deutschland 1878 der Berliner Maurermeister Carl Rabitz. Deshalb spricht man im deutschsprachigen Raum auch von Rabitzkonstruktionen.

Waren Drahtputzkonstruktionen anfangs noch eine technische Revolution im Ausbau, wurden mit dem Aufkommen des Trockenbaus um 1946 diese aufwendigen Nassputzkonstruktionen unwirtschaftlich und sind daher fast nur noch im Bereich der Denkmalpflege zu finden.

Abwasserrohr

Stahlstütze

Anwendungsbeispiele

14.3 Anwendungsgebiete

Je nach Konstruktionsaufbau und Art des Putzträgers können Drahtputzkonstruktionen eingesetzt werden als

- Überbrückung von Aussparungen
- Verkleidungen von Installationen, Stützen und Pfeilern
- leichte Trennwände
- Decken, eben und gewölbt
- Lüftungskanäle
- Kerne von Stuckprofilen (siehe Lernfeld 9)

Da Drahtputzkonstruktionen sonst weitgehend durch den Trockenbau ersetzt wurden, werden im Folgenden nur **Überbrückungen**, **Verkleidungen** und **gewölbte Unterdecken** behandelt.

Drahtputzkonstruktionen bestehen aus einem Putzsystem mit einem auf einer tragfähigen Unterkonstruktion befestigten Putzträger. Die Bezeichnung Rabitzkonstruktion geht zurück auf den Maurermeister Rabitz, der erstmals einheitliche Konstruktionsregeln verfasste. Inzwischen wurden Drahtputzkonstruktionen weitgehend durch Trockenbaukonstruktionen abgelöst.

14.4 Überbrückung von Aussparungen

Sind in der tragenden Wand Aussparungen für Installationen vorhanden, die hinter der Putzschicht offen bleiben sollen, kann bei Aussparungsbreiten ≤ 30 cm ein Putzträger ausnahmsweise ohne Unterkonstruktion über die Aussparung gespannt werden. Dieser muss mindestens 20 cm auf der tragenden Wand aufliegen und mechanisch befestigt werden.

Bei Aussparungsbreiten > 30 cm sind im Abstand von ≤ 50 cm quer zur Aussparung Stahlstäbe zur besseren Steifigkeit flächenbündig einzubauen. Die Mauerwerksfugen neben der Aussparung werden im Stabbereich mindestens 10 cm breit und etwa 2,5 cm hoch und tief ausgeklinkt, sodass die Stäbe mit Zementmörtel flächenbündig verankert werden können. Der Putzträger wird wie oben beschrieben befestigt und zusätzlich an den Stäben mit Bindedraht angebunden. Der Stabdurchmesser ist je nach Aussparungsbreite 5 ... 10 mm, wobei generell gilt: Je größer die Aussparung, desto größer ist der Stabdurchmesser.

Werden bei Aussparungsbreiten ≤ 50 cm einseitig steife Putzträger (Stucanet oder Streckmetall) quer eingebaut (dickerer Draht oder Hauptrippe), kann auf die zusätzlich notwendigen aussteifenden Armierungsstäbe verzichtet werden.

Drahtputzkonstruktionen sind aufgrund ihrer vielfältigen Möglichkeiten ein geeignetes Verfahren, um Aussparungen zu überbrücken.

Schematischer Querschnitt Aussparung ≤ 30 cm

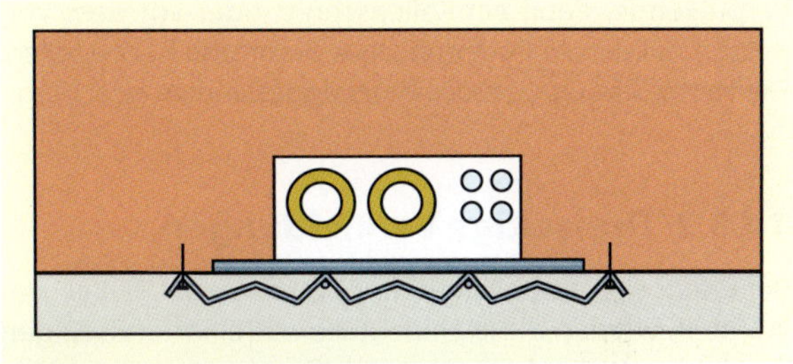

Schematischer Querschnitt Aussparung > 30 cm

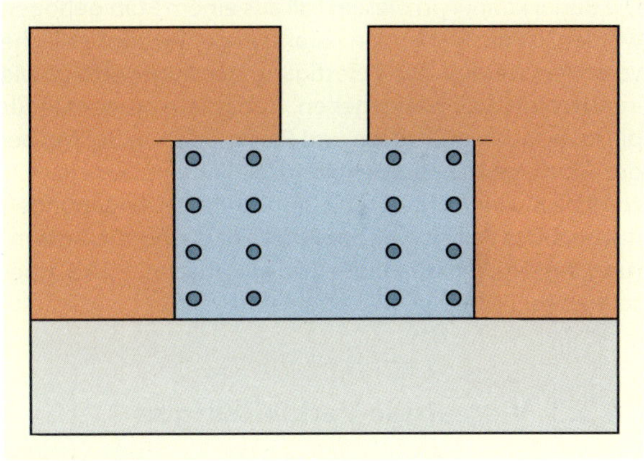

Überbrückung von Aussparungen ≤ 30 cm

14.5 Verkleidungen von Installationen, Stützen und Pfeilern

14.5.1 Zweiseitige Verkleidungen

In einer Raumecke angeordnete haustechnische Installationen, Stützen und Pfeiler werden üblicherweise mit zweiseitigen Verkleidungen versehen.

Der Abstand und der Durchmesser der gebogenen Stahlstäbe **(Bügel)** entsprechen den Angaben in Abschnitt 14.4. Die Bügel sind zweiteilig auszuführen, da diese beidseitig mindestens 5 cm (besser 10 cm) im Mauerwerk eingelassen werden. Dies geschieht bei festem Mauerwerk (Kalksandstein, Vollziegel usw.) durch das Bohren eines Loches im Durchmesser des Stabes und anschließendem Einschlagen des Bügels.

Bei weniger festem Mauerwerk (Bimsstein, Hochlochziegel usw.) wird ein Loch etwa 2 ... 3 mm größer als der Stabdurchmesser gebohrt und der Stab anschließend mit einem entsprechenden Kleber oder Klebedübel (Netzdübel) befestigt. Bevor der Kleber hart ist, müssen die Maße noch einmal kontrolliert werden.

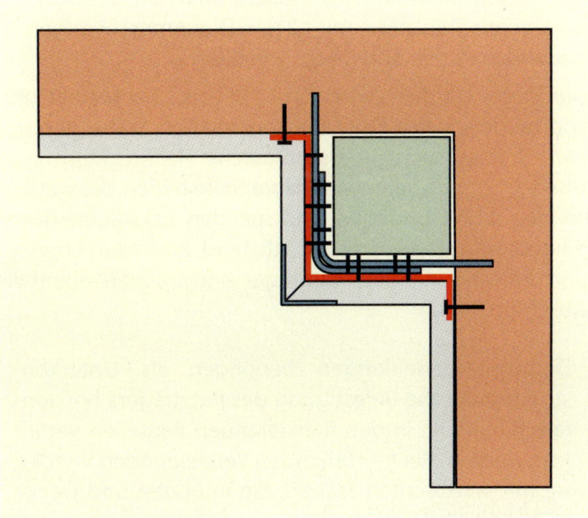

Zweiseitige Verkleidung

Jeder Bügelteil ist an der Verkleidungsecke als rechtwinklig gebogenes Element herzustellen, damit die Eckverbindung stabil ausgeführt werden kann. Die beidseitigen Bügelüberlappungen werden jeweils mit zwei Bindedrahtbefestigungen fest verbunden. Der Putzträger wird ebenfalls mit Bindedraht sorgfältig an die Bügel gebunden. Außerdem muss dieser ≥ 20 cm auf der tragenden Wand aufliegen, um einen spannungsarmen Anschluss zu gewährleisten.

Sind die Installationsleitungen, Stützen oder Pfeiler nachträglich eingebaut worden, kann der Putzträger nur stumpf an die Wand angeschlossen werden. Nach dem Verputzen ist dann ein Kellenschnitt oder vor dem Verputzen mit einem Putzprofil eine Dehnfuge herzustellen. Die Herstellerangaben des Putzträgers sind zu beachten.

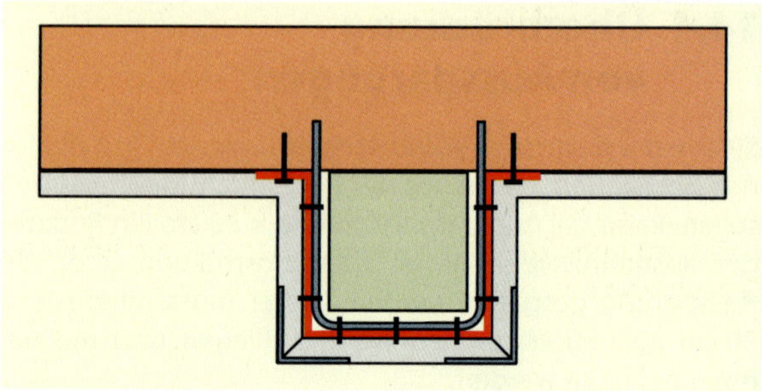

Dreiseitige Verkleidung

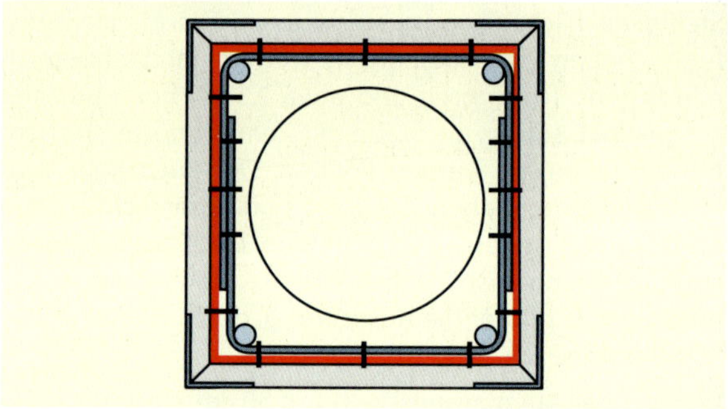

Vierseitige Verkleidung

14.5.2 Dreiseitige Verkleidungen

Befinden sich Installationen, Stützen und Pfeiler vor Wänden, werden diese Einbauteile mit einer dreiseitigen Verkleidung versehen. Abstand, Durchmesser und Verankerung der Bügel entsprechen ebenfalls den Angaben in Abschnitt 14.4.

Die Bügel können in diesem Fall aus einem Stab gebogen werden, da die Stabenden parallel in der Wandoberfläche verankert werden. Die Befestigung der Bügel erfolgt wie in Abschnitt 14.5.1 angegeben. Ist das Vorsprungmaß für die Installationen, Stützen und Pfeiler ≥ 50 cm, sollten bei der Montage der Bügel hinter den Außenecken jeweils zusätzlich senkrechte Stabilisierungsstäbe eingebunden werden. Das Anbringen des Putzträgers und die Ausführung der Anschlüsse erfolgen wie in Abschnitt 14.5.1 beschrieben.

14.5.3 Vierseitige Verkleidungen

Für freistehende Einbauteile ist eine vierseitige Verkleidung erforderlich, deren Standsicherheit durch eine stabil verankerte Unterkonstruktion gewährleistet wird. Dazu werden innerhalb der Außenecken der Verkleidung senkrechte Stahlstäbe mit 10 mm Durchmesser angeordnet und in Boden und Decke verankert.

Die Bügel werden zweiteilig in U-Form hergestellt und von beiden Seiten über die senkrechten Stäbe geschoben, sodass sie eine geschlossene Rechteckform mit Überlappungen von ¾ der Bauteiltiefe bilden. Sie werden an den Überlappungen und mit den Eckstäben durch Bindedrähte stabil verrödelt. Abstand, Bügeldurchmesser und Befestigung der Putzträger entsprechen ebenfalls Abschnitt 14.4.

Drahtputzverkleidungen benötigen als Unterkonstruktion für die Befestigung des Putzträgers horizontale Bügel, die in den flankierenden Bauteilen verankert werden. Bei freistehenden Verkleidungen werden sie mit senkrechten Stäben, die in Boden und Decke verankert sind, verbunden.

Für die verschiedenen Verkleidungskonstruktionen können die erforderlichen Stablängen der Bügel wie folgt berechnet werden:

zweiseitige Verkleidung

Installationsbreite + Eindringtiefe + 5 … 10 cm (Winkelstück) **+ 2 · 1 cm** (Abstand zum Einbauteil)

dreiseitige Verkleidung

Einbaubreite + 2 · Einbautiefe + 2 · Eindringtiefe + 3 · 1 cm (Abstand zum Einbauteil)

vierseitige Verkleidung

Einbaubreite + 2 · $\frac{3}{4}$ Einbautiefe + 2 · 4 cm (Abstand + Stabdurchmesser)

Berechnung der Stablänge

Aufgaben:

1. *Erläutern Sie den Unterschied zwischen Drahtputzkonstruktionen und Putzsystemen.*
2. *Worauf ist die Bezeichnung Rabitzkonstruktion zurückzuführen?*
3. *Durch welche Bauweise wurden Drahtputzkonstruktionen weitgehend abgelöst?*
4. *Vergleichen Sie die unterschiedlichen Konstruktionsarten für die Überbrückung von Aussparungen.*
5. *a) Beschreiben Sie die Konstruktion einer zweiseitigen Verkleidung von Rohrleitungen.*
   b) Warum müssen dabei die Bügel zweigeteilt werden?

14.6 Gewölbe und gewölbte Decken

14.6.1 Allgemeines

Als Gewölbe werden bogen- oder kugelförmige Deckenkonstruktionen bezeichnet. Man unterscheidet folgende Gewölbearten:

Echte Gewölbe

Bei dieser Konstruktion erfolgt die Lastabtragung in der Decke entlang einer Stützlinie, die einen konstruktiven Mittelpunkt aufweist. Bei gemauerten Gewölben sind die Lagerfugen der Steine radial auf diesen Mittelpunkt ausgerichtet. Das Gewölbe bildet einen selbsttragenden Bogen, in dem nur Druckkräfte auftreten, während am Auflager Schub- und Vertikalkräfte wirken.

Erste Funde echter Gewölbe gehen auf die Ägypter zurück, bei denen diese Gewölbeart in Grabkammern gefunden wurde. Später in Vergessenheit geraten, wurden sie von den Römern wiederentdeckt und zur Blüte gebracht. Als Beispiel gilt das halbkugelförmige Kuppelgewölbe des Pantheons mit einer Spannweite von 43,5 m. Nach der Auflösung des Römischen Reiches verschwand diese Bauart erneut für mehrere Jahrhunderte nahezu ganz, um erst ab etwa 900 n. Chr. wieder vermehrt angewendet zu werden.

Unechte Gewölbe

Aufgrund der aufwendigen Konstruktionsart echter Gewölbe wurde seit dem Mittelalter, sofern bautechnisch möglich, aus wirtschaftlichen Gründen zunehmend auf deren Herstellung verzichtet. Unechte Gewölbe, auch als Scheingewölbe bezeichnet, traten an ihre Stelle.

Bei gemauerten Scheingewölben werden die Steine in jeder Lage auskragend weiter zur Mitte gerückt, bis sie sich in der Mitte treffen. Meist liegt dann darüber eine die Auflast erhöhende schwere Steinplatte. Das durch die Auskragungen erzeugte Kippmoment muss in allen Steinlagen durch die Auflasten ausgeglichen werden.

In einen Raum mit einer ebenen Decke können Gewölbe als nichttragende Ausbaukonstruktion eingebaut und verputzt werden. Sie können als Holz- oder Drahtputzkonstruktion ausgeführt werden.

Diese im Vergleich zu Massivgewölben wesentlich weniger zeitaufwendigen Konstruktionen wurden zunehmend ersetzt durch Gebäude mit vom Zimmerer hergestellten ebenen Holzbalkendecken. Dieser baute auch das Gewölbe als später zu verputzende Holzkonstruktion ein. So wurden Bauzeitverkürzungen bis zu 50 % ermöglicht. Die Holzkonstruktionen wurden durch Drahtputzkonstruktionen abgelöst. Damit waren Gewölbekonstruktionen fast ohne Formbegrenzung möglich, die zudem bis hin zum Verputzen allein in einer Hand, der des Stuckateurs, verbleiben konnten.

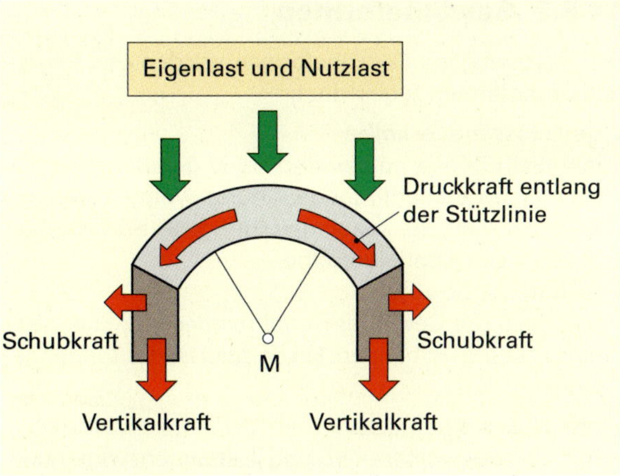

Lastabtragung bei echten Gewölben

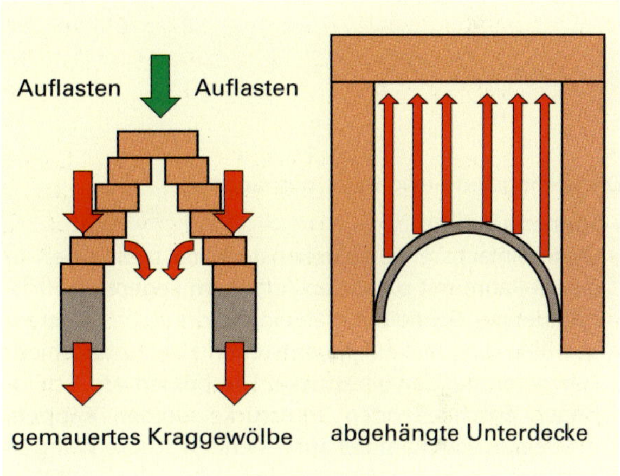

Lastabtragung bei unechten Gewölben

Tonnengewölbe

Gewölbe werden nach ihrer Konstruktion in echte und unechte Gewölbe unterschieden.

14.6.2 Gewölbeformen

Die verschiedenen Gewölbeformen werden den folgenden Grundformen zugeordnet:

- **geschlossene Gewölbe**
  Innerhalb des Gewölbes sind keine geraden Wandflächen (Schildmauern), sondern nur gewölbte Laibungsflächen (Wangen) vorhanden. Beispiele sind Kloster-, Mulden- und Kuppelgewölbe.
- **halboffene Gewölbe**
  Innerhalb des Gewölbes ist auf mindestens einer Seite eine Laibung vorhanden. Ein Beispiel ist das Tonnengewölbe.
- **offene Gewölbe**
  Auf allen Gewölbeseiten sind Laibungen vorhanden. Schildmauern fehlen meist, sodass die Lastabtragung über Eckpfeiler erfolgt. Ein Beispiel ist das Kreuz- bzw. Kappengewölbe.

Kreuzgewölbe

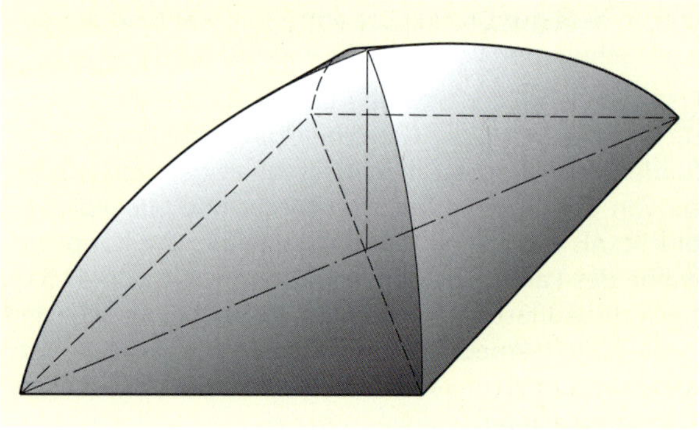

Klostergewölbe

Die wichtigsten Gewölbeformen sind:

- **Tonnengewölbe**
  Diese einfachste Gewölbekonstruktion stellt einen in einem Raum mit parallelen Auflagern liegenden Halbzylinder dar. Schneidet man ein quadratisches Tonnengewölbe diagonal auf, so entstehen zwei unterschiedlich geformte Gewölbestücke. Die beiden am Schildbogen anschließenden Stirnstücke werden **Kappen**, die beiden vom Kämpfer ausgehenden Stücke **Wangen** genannt.
- **Kreuz- oder Kappengewölbe**
  Es entsteht, wenn zwei Tonnengewölbe gekreuzt oder vier Kappen zusammengesetzt werden. Sie weisen als offene Gewölbe auf allen vier Seiten Laibungen und meist keine Schildmauern auf.
- **Klostergewölbe**
  Es entsteht, wenn vier Wangen zu einem Gewölbe zusammengesetzt werden und wird daher auch **Wangengewölbe** genannt. Es weist somit auf allen vier Seiten Mauern als Widerlager auf.
- **Muldengewölbe**
  Es entsteht, wenn in einem Tonnengewölbe an der Schildmauer auf Kämpferhöhe eine zusätzliche Wange in Gewölbelängsrichtung angeordnet wird. Die Form ist nicht der des Tonnengewölbes entsprechend.
- **Kuppelgewölbe**
  Diese Gewölbekonstruktion hat eine Form, die von einem Kugelsegment bis zur Halbkugel reicht.

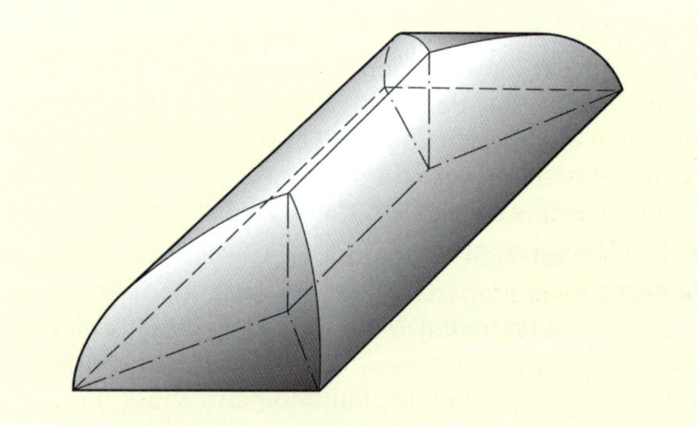

Muldengewölbe

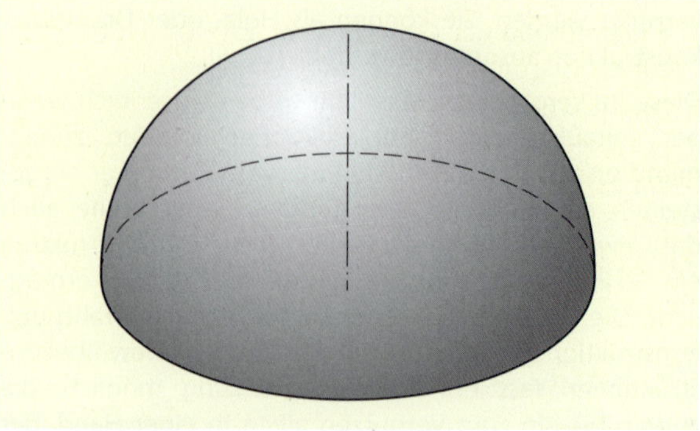

Kuppelgewölbe

Gewölbeformen können durch verschiedene Randbedingungen verändert werden, zum Beispiel durch

- mehreckige Raumgrundrisse,
- eine oder mehrere Seiten mit veränderter Höhe,
- Gewölbemitte mit veränderter Höhe.

Zusammenfassung

Gewölbe werden entsprechend ihrer Konstruktionsweise in echte und unechte Gewölbe unterteilt.

Bei echten Gewölben wirken die Lasten innerhalb der Konstruktion nur als Druckkräfte bis zu den Auflagern, wo nach außen hin zusätzliche Schubkräfte auftreten.

Zu den unechten Gewölben gehören die gemauerten Kraggewölbe sowie die als abgehängte Unterdecken ausgeführten Holz- und Drahtputzkonstruktionen.

Die Gewölbeformen gliedern sich in geschlossene Gewölbe, zu denen die Kloster-, Mulden- und Kuppelgewölbe gehören, in halboffene Gewölbe wie Tonnengewölbe sowie offene Gewölbe wie Kreuzgewölbe.

14.6.3 Konstruktion eines abgehängten Tonnengewölbes

Bevor im Folgenden die Herstellungsschritte für ein solches Tonnengewölbe dargestellt werden, sind zunächst die nachstehenden konstruktiven Fachbegriffe mit ihrer Bedeutung zu klären.

- **Kämpfer**
  Übergang des Gewölbebogens zur tragenden Wand mit dem Gewölbewiderlager
- **Spannweite**
  Abstand der Gewölbewiderlager
- **Gewölbeachse**
  auf Kämpferhöhe parallel zur Scheitellinie
- **Scheitel bzw. Scheitellinie**
  höchster Punkt bzw. Linie des Gewölbequerschnitts
- **Stichhöhe**
  Gewölbehöhe vom Kämpfer bis zum Scheitel
- **Schildmauer**
  ebene Wandfläche an der Gewölbestirnseite, durch den **Schildbogen** gebildet
- **Schildbogen**
  gegebene Bogenform an der Schildmauer
- **Abhängedraht**
  radial zum Mittelpunkt der Gewölbeform ausgerichtete, zugbelastete Abhänger; Lastenableitung aus der Drahtputzkonstruktion in Seitenwände und Decke
- **Tragbügel**
  entsprechend der Gewölbeform gebogene Stahlstäbe zur Befestigung von Putzträger und -schale
- **Überlegstange**
  in Längsrichtung parallel zur Gewölbeachse über den Tragbügeln angeordnete Stahlstäbe zur Ausrichtung und Fixierung der Tragbügel

Als Basis der Gewölbeformen können unterschiedliche Bogenformen dienen. Die wichtigsten sind:

- **Rundbogen**
- **Segmentbogen**
- **Spitzbogen**
- **Korbbogen**

Die Fachbegriffe für die Elemente einer Drahtputzkonstruktion sind mit den Fachbegriffen für abgehängte Unterdecken im modernen Trockenbau vergleichbar.

Drahtputzkonstruktion	Unterdecke
Abhängedraht	Abhänger
Überlegstange	Grundprofil
Tragbügel	Tragprofil
Putzträger + Putzschicht	Beplankung

Fachbegriffe bei Drahtputzkonstruktionen und Unterdecken

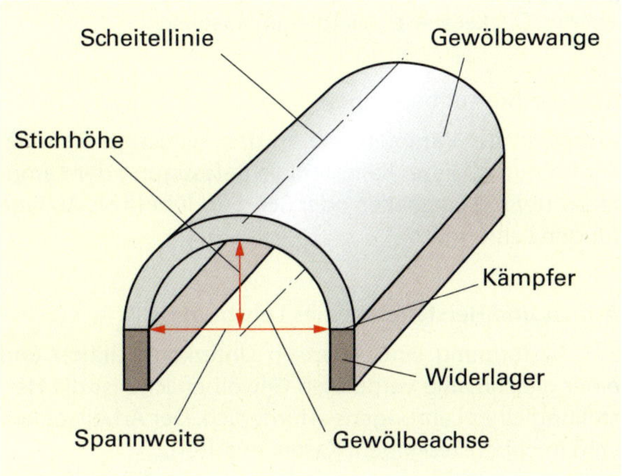

Konstruktionselemente eines Tonnengewölbes

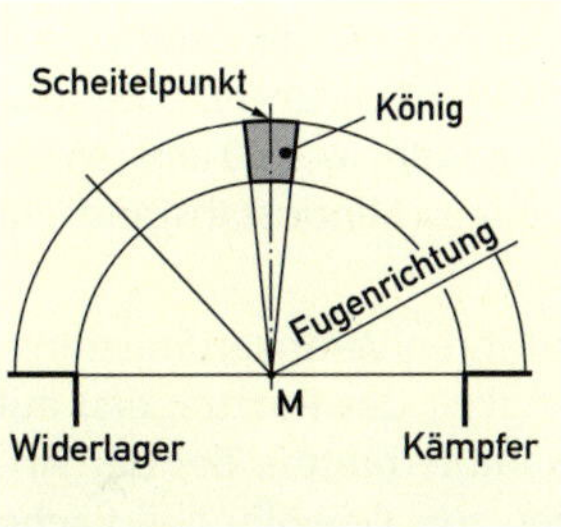

Rundbogen

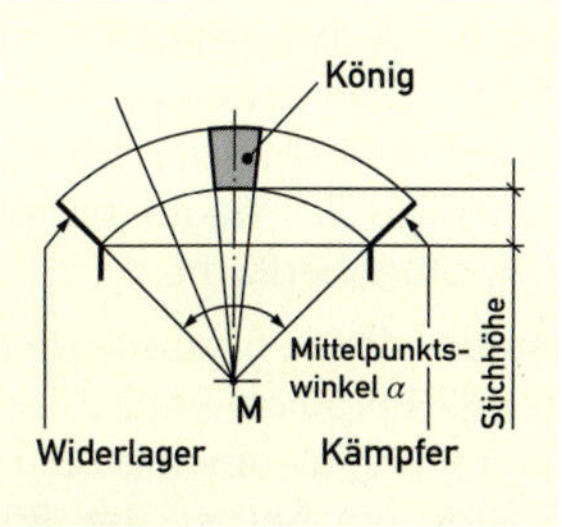

Segmentbogen

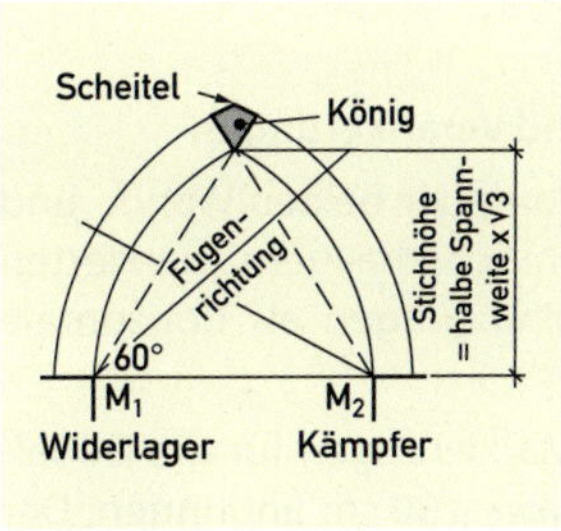

Spitzbogen

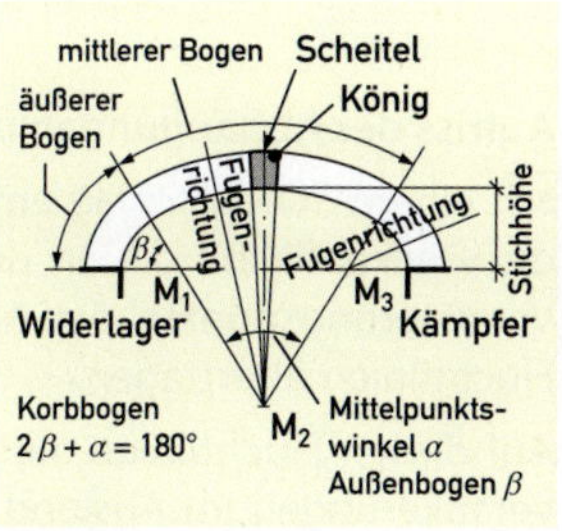

Korbbogen

14.6.4 Herstellungsablauf

Ausgangssituation

Im Neubau eines Museumsgebäudes mit Wänden aus Ziegelmauerwerk und Stahlbetondecken soll in einem **rechteckigen Raum** mit entsprechender Raumhöhe ein **Tonnengewölbe** als Drahtputzkonstruktion eingezogen werden. Die Konstruktionsgrundlage bildet ein auf der Gewölbelaibung vorgegebener **Rundbogen**.

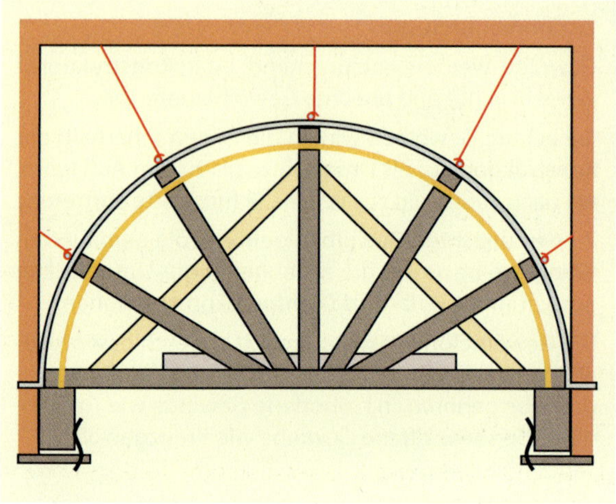

Unterkonstruktion eines abgehängten Tonnengewölbes

Kontrolle der Raumgeometrie

Überprüfung von Raummaßen und Rechtwinkligkeit; Ungenauigkeiten anzeichnen und möglichst im Vorfeld beseitigen. Bei großen Abweichungen Verkleinerung der Gewölbespannweite und am Kämpfer Ausbildung eines ebenen Deckenfrieses als Toleranzausgleich.

Kämpferbretter befestigen

Aufreißen der Kämpferhöhe an den seitlichen Wandflächen. Entlang dieser Kämpferlinie Befestigung der Kämpferbretter mit Putzhaken oder Schraubdübeln als Auflage für den Lehrbogen.

Aufriss und Herstellung eines Lehrbogens

Zur Ausformung einer präzisen Unterkonstruktion und einer gleichmäßig verputzten Gewölbefläche ist die Herstellung eines Lehrbogens erforderlich. Der Arbeitsablauf wird in nebenstehendem Kasten erläutert.

Aufriss und Einteilung der Konstruktionsgrundlagen

An den Schildmauern mithilfe des fertigen Lehrbogens Aufriss der Gewölbeachse und des Schildbogens mit Rabitz- und Putzlinie (Fertigoberfläche des Gewölbes). Ebenso Aufriss der radial verlaufenden Abhängungen mit ihren Verankerungspunkten in Wänden und Decke (Abstand ≤ 50 cm), der Überlegstangen ($a \leq 50$ cm) sowie der Lage der Tragbügel mit ihrem Mindestabstand zur Gewölbeoberfläche.

Aufriss der Bügelabstände mit ihren Verankerungspunkten (35 … 50 cm je nach Steifigkeit des Putzträgers) auf den Wänden oberhalb der Kämpferbretter. Bei der Abstandsberechnung der Bügel zur Gewölbeoberfläche sollte neben der Putzträgerstärke und der Mindestputzdicke über dem Putzträger zusätzlich noch ein Toleranzmaß von 1 … 2 cm für etwaige Ungenauigkeiten hinzugerechnet werden, da spätere Korrekturen nur unter erheblichem Zeitaufwand auszuführen sind.

Aufriss der Abhängungen und Verankerungen

Mit einem Schnurschlag entlang der beiden Wände und der Deckenfläche die an den Schildmauern markierten Verankerungspunkte der Abhängungen als horizontale Fluchtlinien übertragen.

Auf diesen Fluchtlinien die Markierungen für die Dübelverankerungen im Abstand von ≤ 50 cm anbringen. Der erste Dübel ist etwa 10 cm von der Schildwand entfernt.

Herstellung eines Lehrbogens

Der Lehrbogen bildet die Form der Gewölbeoberfläche ab und dient zunächst zum Aufreißen der Lage der konstruktiven Grundelemente des Gewölbes an Schildmauern und Längswänden, später als Montagehilfe für die Tragbügel sowie zum Anlegen der Pariser Leisten für das Putzsystem.

Der Lehrbogen wird aus einer Holzkonstruktion gefertigt. Für eine einfachere Herstellung empfiehlt sich die Anlage eines Montagebodens aus Holz.

Je nach Gewölbeform werden ein oder mehrere Lehrbögen benötigt. Grundsätzlich wird für jede Bogenform mit unterschiedlichen Abmessungen ein eigener Lehrbogen benötigt. So ist für ein Tonnengewölbe nur ein Bogen erforderlich, wenn die Gewölbeform über dem gesamten Raumgrundriss unverändert bleibt.

Bei einem Kreuzgewölbe über einem quadratischen Grundriss entstehen durch die Kreuzung zweier Tonnengewölbe zwei unterschiedliche Bogenlängen, der Schildbogen an der Schildmauer sowie der Diagonalbogen an den Gewölbegraten. Somit werden hier zwei Lehrbögen erforderlich.

- Kämpferlinie. Spannweite, Stichhöhe Scheitel und Bogenform auf dem Montageboden aufzeichnen (schwarz)
- Nägel außenseitig an der Bogenform ansetzen, biegsame Spalierlatte dagegendrücken und innenseitig, versetzt zu den äußeren, weitere Nägel zur sicheren Fixierung der Spalierlatte ansetzen (rot)
- entlang der Kämpferlinie zwischen den unteren Enden der Spalierlatte ein Brett für die Bogensehne einmessen, absägen und mit feinen Nägeln oder Schrauben die Spalierlatte an dem Brett befestigen (blau)
- in der Mitte des Sehnenbrettes im rechten Winkel die erste senkrechte Speiche ablängen und an der Spalierlatte befestigen

Bohren der Verankerungslöcher

An den markierten Verankerungspunkten für Tragbügel, Überlegstangen und Abhängungen mit entsprechendem Bohrer vorbohren.

Abhängedrähte

Befestigung und radiale Ausrichtung der Abhängedrähte in den vorgebohrten Löchern mit passenden Dübeln. Tragbügelmarkierungen auf den Abhängern anlegen und anschließend mit einer Rabitz- oder Biegezange die Abhänger an den angezeichneten Punkten so umbiegen, dass später die Tragbügel in die Biegung passen.

Tragbügel vorbiegen

Lieferung werkseitig in Gewölbeform fertiggebogener Bügel, oder mit einem Biegegerät vorbiegen, oder der Wölbung entsprechend mit einem Hammer über einem geöffneten Schraubstock rundklopfen. Die Bügel sind an den Wölbungsenden rechtwinklig nach außen um etwa 5 cm abgebogen.

Tragbügel schrittweise verankern und verrödeln

Die Bügel auf den Lehrbogen mit Abstandshaltern für die Schichtdicke des Putzsystems (2,5 … 7 cm) über den Speichen mit Draht anheften (hier ist der Lehrbogen druckfest). Den Lehrbogen schrittweise an den markierten Bügelverankerungen auf die Kämpferlatten auflegen, zur Gewölbeachse ausrichten, die rechtwinklig gebogenen Enden in die vorgebohrten Löcher einschlagen und die abgewinkelten Abhänger am Tragbügel verrödeln.

Überlegstangen einteilen

Übertragung der Achsen der Überlegstangen auf die Tragbügel mit einem Schnurschlag von Schildmauer zu Schildmauer. Bei längeren Räumen ist das Spannen eines Drahts wegen der geringeren Durchbiegung sinnvoll.

Überlegstangen verankern und befestigen

Zweiteilige Ausführung der Überlegstangen zum Einlegen und Verankern mit Stoßüberlappung ≥ 50 cm erforderlich. Überlegstangen in die vorgebohrten Löcher einschlagen und am Tragbügel mit Bindedraht verrödeln.

Gewölbeachse markieren

Zum späteren Ausrichten des Lehrbogens entlang der Gewölbeachse einen Draht durch den Raum spannen.

Putzträger befestigen

Putzträger mittels Bindedraht mit den Bügeln verrödeln.

Pariser Leisten herstellen

Lehrbogen nach Entfernung der Abstandshalter auf die Kämpferbretter auflegen, zur Schildwand schieben und an der Gewölbeachse ausrichten. Abstand zwischen Lehrbogen und Putzträger satt mit Putzmörtel ausdrücken, überstehendes Material abstreifen. Unbedingt Fehlstellen des entstandenen Putzbandes (Pariser Leiste) vermeiden bzw. nacharbeiten.

- die weiteren Speichen annähernd radial zum Bogenmittelpunkt einteilen, ausrichten, ablängen und ebenfalls an der Spalierlatte befestigen (grün)
- ein im Vergleich zum Sehnenbrett etwas breiteres und kürzeres Brett als Lasche mittig auf die Anschlussfuge zu den Speichen legen
- die Speichen mit den beiden Brettern mit Nägeln oder Schrauben befestigen (braun)
- zwei Lattenstücke als Diagonalen ablängen und an den Speichen befestigen (orange)
- Gewölbeachse auf der Vorder- und Rückseite anzeichnen (violett)

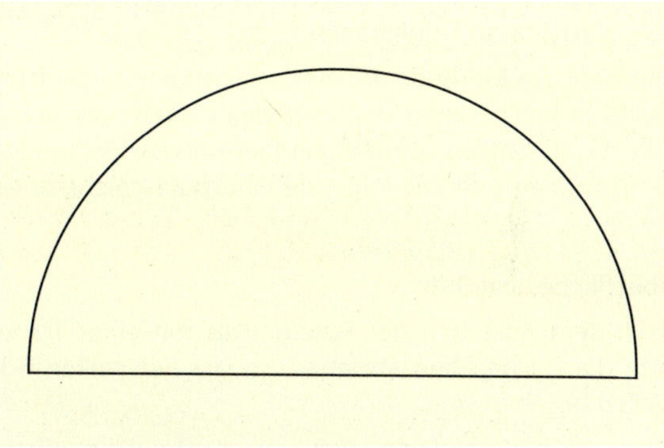

Lehrbogen Aufriss

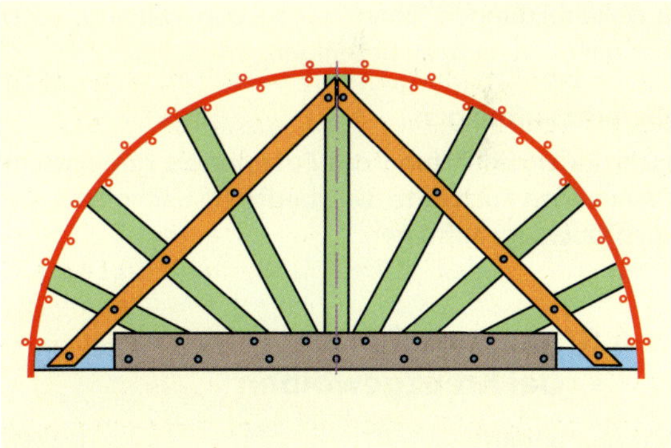

Lehrbogen Vorderansicht

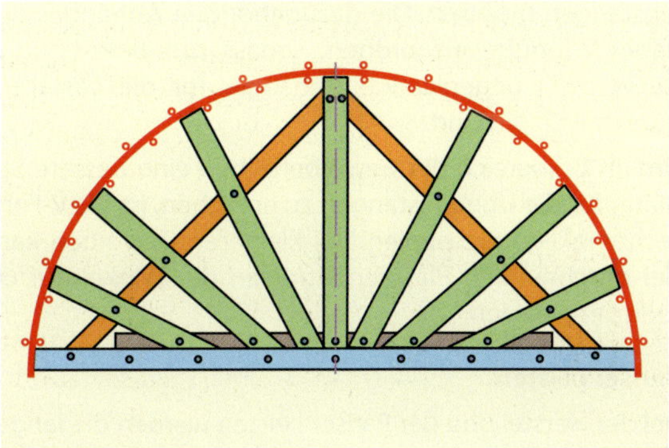

Lehrbogen Rückansicht

Herstellung eines Lehrbogens

Lehrbogen schrittweise verschieben

Nach Abbinden des Putzmörtels den Lehrbogen lockern, auf den Kämpferbrettern verschieben und im Abstand von etwa 1 m weitere Pariser Leisten anlegen.

Putzträger einbetten

Im ersten Spritzgang Putzträger sorgfältig ausspritzen, sodass der Putzmörtel den Putzträger umschließt und vollständig einbettet. Nach dem Anziehen des Putzmörtels im zweiten Spritzgang feucht-in-feucht jeweils ein Putzfeld (Abstand zwischen Pariser Leisten) ausspritzen und abziehen. Ein einseitiges Ausspritzen des Gewölbes unbedingt vermeiden. Die aufgrund der Lastenverteilung entstehenden hohen einseitigen Zugbelastungen würden mögliche Verformungen der Konstruktion oder sogar ihren Einsturz zur Folge haben.

Alternativ zur Methode des zweischichtigen Putzauftrags feucht-in-feucht kann der Putzträger auch satt ausgedrückt und danach sorgfältig aufgeraut werden, um Haftungsprobleme für die folgende Oberputzschicht zu vermeiden.

Oberfläche abziehen

Nach dem Ansteifen des Putzmörtels mit einer Trapezlatte die Fläche eben abziehen, sodass Fehlstellen oder Wellen beseitigt sind.

Gipsputze nicht einlagig ausführen, da sie nicht vollständig durchgehärtet sind und daher das Schieben mit gerader Schwammscheibe an der noch weichen Oberfläche zu Wellenbildungen führen würde. Dies wäre nur schwer oder gar nicht mehr zu beseitigen.

Oberputz aufbringen

Nach der Durchhärtung des Putzmörtels mit einer entsprechenden Putzglätte die Oberfläche nachglätten oder einen Oberputz auftragen.

14.6.5 Besonderheiten bei Kreuzgewölben

Diagonalbögen

Im Gegensatz zu Tonnengewölben werden bei einem Kreuzgewölbe zuerst die Diagonalbögen vor den Überlegstangen montiert. Die dazugehörigen Abhänger sind dabei V-förmig anzuordnen, sodass pro Befestigungspunkt zwei gegenläufige Abhänger für die Lastabtragung zuständig sind.

Um im Eckbereich der Gewölbeflächen eine bessere Stabilität für die Überlegstangen zu erreichen, ist die V-Form rechtwinklig herzustellen. Bei kleineren Gewölben kann bei beschränkten Platzverhältnissen der Winkel auf 60° reduziert werden.

Pariser Leisten

Bei der Herstellung der Pariser Leisten werden die langen Diagonalbögen zum Schluss angelegt. So kann das Eck präziser ausgearbeitet und den Wölbungsoberflächen besser angepasst werden.

Lehrbogen in einem Kreuzgewölbe

Lehrbogen mit Abstandshalter

Fehlerhaft verputztes Gewölbe

Zusammenfassung

Die Unterkonstruktion einer abgehängten Drahtputzdecke in der Form eines Tonnengewölbes besteht aus den Elementen Abhängedraht mit Verankerungsdübeln, Überlegstangen, Tragbügel, Bindedraht und Putzträger.

Bei der Gewölbeherstellung erfolgt nach Raumaufmaß, Aufriss der Kämpferlinie und Befestigung der Kämpferbretter zunächst die Konstruktion des Lehrbogens. Mit dessen Hilfe an Schildmauern und Seitenwänden Gewölbeachse, Schildbogen sowie die Lage von Abhängungen, Überlegstangen und Tragbügeln aufreißen.

Nach dem Vorbohren aller Verankerungslöcher Verankerung und Ausrichtung der Abhängedrähte sowie Einteilung, Verankerung und Verrödelung der Überlegstangen mit den Abhängern.

Vorgebogene Tragbügel mithilfe des Lehrbogens in den Verankerungspunkten montieren und mit den Überlegstangen verrödeln.

Putzträger befestigen, Pariser Leisten für die fertige Gewölbeoberfläche herstellen, Putzträger feldweise mit Putzmörtel zweischichtig feucht-in-feucht einbetten und nach Ansteifen des Mörtels eben abziehen. Nach Mörtelerhärtung Oberputz auftragen und auf den Pariser Leisten abziehen.

Aufgaben

1. *Erläutern Sie die wesentlichen Unterschiede zwischen echten und unechten Gewölben.*
2. *Nennen Sie die 3 Grundformen von Gewölben sowie jeweils ein Beispiel dafür.*
3. *Erläutern Sie die Unterschiede zwischen einem Tonnengewölbe und einem Kreuzgewölbe.*
4. *Erläutern Sie anhand eines Tonnengewölbes die Fachbegriffe Kämpferlinie, Scheitellinie, Stichhöhe, Schildbogen und Gewölbewange.*
5. *Nennen Sie die 4 wichtigsten Bogenformen.*
6. *Welchen Zweck hat die Herstellung eines Lehrbogens?*
7. *Welche Konstruktionselemente eines Tonnengewölbes müssen auf den Schildmauern eines Tonnengewölbes eingemessen und aufgerissen werden?*
8. *Aus welchen Elementen besteht die Unterkonstruktion eines abgehängten Tonnengewölbes und welche Aufgabe hat jedes dieser Elemente?*
9. *Warum dürfen die Abhängungen bei einem Tonnengewölbe nicht lotrecht angeordnet werden, sondern müssen radial auf den konstruktiven Mittelpunkt des Gewölbes ausgerichtet werden?*
10. *Beschreiben Sie, auf welche Weise die Tragbügel eines Tonnengewölbes in den Längswänden verankert werden.*
11. *Erläutern Sie die Arbeitsschritte beim Verputzen des Putzträgers.*

14.6.6 Materialien

Nachfolgend werden die für übliche Drahtputzkonstruktionen verwendbaren Materialien beschrieben. Da die Gesamtmasse der Konstruktion hauptsächlich von der Rohdichte und der Dicke der Putzschicht abhängt, können die Abmessungen und Materialstärken der Metallkonstruktion und ihrer Elemente von den dazu angegebenen Werten entsprechend abweichen. Auch bauliche Gegebenheiten und letztendlich die Gewölbeform spielen dabei eine Rolle. Die angegebenen Werte sind Mindestwerte nach DIN 4121.

Abhänger

Für die Abhänger werden meist Rundstähle oder verzinkte Drähte verwendet. Ihr Durchmesser beträgt je nach zu erwartender Belastung und Drahtlänge für Rundstähle mindestens 5 mm und für verzinkte Drähte mindestens 3,1 mm. Die Rundstähle sollten nicht gehärtet sein, um ein schnelles Rosten in Verbindung mit Gips zu vermeiden und die Bearbeitung, insbesondere die Verformungen, leichter ausführen zu können. Die Anzahl richtet sich nach der späteren Putzdicke: für 25 … < 35 mm drei, für 35 … < 50 mm vier und für 50 … ≤ 70 mm fünf Abhänger pro m^2.

Unterkonstruktion

Die Unterkonstruktionsart hängt von der Gewölbeform ab. Bei Tonnengewölben besteht sie aus zweiteiligen Überlegstangen sowie Tragbügeln (Ausnahme: Streckmetall als Putzträger). Auch diese besteht aus ungehärtetem Stahl mit einem Mindestdurchmesser von 5 mm (Überlegstange) und 7 mm (Tragbügel).

Putzträger

Folgende Putzträger sind für Gewölbeputze geeignet:

- **Ziegeldrahtgewebe**
- **Streckmetall**
- **Drahtgittergewebe Stucanet**

Früher wurde noch einfaches Drahtgitter verwendet, das jedoch im Zuge der Einführung von Werktrockenmörteln nach und nach durch die oben genannten Putzträger ersetzt wurde. Diese unterscheiden sich nur in den folgenden Besonderheiten.

Da Ziegeldrahtgewebe keine hohe Steifigkeit besitzt kann es 3-dimensional gebogen werden, erfordert aber einen Bügelabstand von ≤ 35 cm. Der Ziegelanteil bewirkt einen sehr guten Haftverbund mit dem Putzmörtel, dem nach dem Aufspritzen etwas Wasser entzogen wird, was ein schnelleres Ansteifen bewirkt und zügigeres Weiterarbeiten ermöglicht.

Streckmetall ist durch seine Struktur mit den in einer Richtung verlaufenden Rippen biegesteif. Daher kann meist auf Überlegstangen verzichtet und die Unterkonstruktion nur mit Tragbügeln hergestellt werden. Der Bügelabstand kann bis auf 60 cm erhöht werden.

Mit Papier hinterlegtes Drahtgittergewebe (Stucanet) ist in Richtung der dickeren Drähte etwas weniger biegesteif als Streckmetall. So kann meist nicht auf die Überlegstangen verzichtet werden. Der Bügelabstand beträgt hier ≤ 50 cm.

Putzschicht

Diese besteht aus den Pariser Leisten als Abziehhilfe, dem Putzmörtel und der Glättschicht.

Pariser Leisten bestehen meist aus Putzgips, Stuckgips oder Ansetzmörtel und sollten dem für die Putzschicht verwendeten Mörtel angepasst sein (siehe Tabelle unten).

Alternativ können werkseitig vorgebogene Schnellputzleisten und für Ecken biegsame Drahtrichtwinkel verwendet werden. Wegen der mechanischen Beanspruchung beim Verputzen sollten diese aus Edelstahl bestehen. Der Mörtel zum Setzen der Schienen muss ebenfalls dem Putzmörtel angepasst sein.

Als Putzmörtel kommen Maschinenputzgips, Kalk- oder Kalkzementmörtel zum Einsatz. Bei kleinen Flächen kann Fertigputzgips eingesetzt werden. Obwohl die Gipsputze für einlagige Putze eingestellt sind, sollte mangels abgerundeter Werkzeuge auf diese Ausführung verzichtet werden. Kalk- und Kalkzementmörtel müssen immer mehrlagig verarbeitet werden.

Von der Verwendung von Zementmörtel ist abzuraten, da dieser sehr hart wird und bei thermischer Belastung, Druck- oder Zugspannungen netzförmig reißen kann.

Pariser Leiste	Putzschicht	Glättschicht
Putzgips Stuckgips	Fertigputzgips Maschinenputzgips	Gipsputzglätte
Ansetzmörtel	Kalkmörtel Kalkzementmörtel	Kalkputzglätte

Die Masse der Putzschicht ist abhängig vom Trockenmörtelbedarf. So ist ein Gipsputz ergiebiger als ein Kalkzementmörtel. Nachfolgend sind die wichtigsten Mörtelarten mit ihrem Trockenmörtelbedarf pro mm bzw. cm Schichtdicke und m^2 Fläche angegeben:

Putzmörtel	kg/m^2 bei Putzdicke 10 mm	kg/m^2 bei Putzdicke 1 mm
Gipsputze normal	etwa 11	etwa 1,1
Gipsputze leicht	etwa 9	etwa 0,9
Kalk-, Kalkzementmörtel normal	14 … 16	1,4 … 1,6
Kalk-, Kalkzementmörtel leicht	etwa 8	etwa 0,8

Bedarf an Trockenmörtel

Für die Unterkonstruktion wird ungehärteter Rund- oder Edelstahl mit einem Durchmesser der Abhänger von ≥ 5 mm, der Überlegstangen von ≥ 5 mm und der Tragbügel von ≥ 7 mm.

Als Putzträger sind Ziegeldrahtgewebe, Streckmetall und Drahtgittergewebe geeignet.

Als Putzmörtel für die Putzschicht sind Gips-, Kalk- und Kalkzementmörtel geeignet.

Ziegeldrahtgewebe als Putzträger für Gewölbe

Streckmetall als Putzträger für Gewölbe

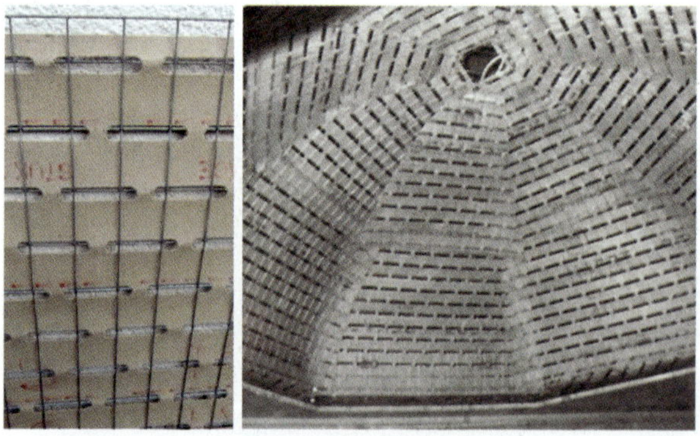

Drahtgittergewebe als Putzträger für Gewölbe

Aufgaben

1. *Nennen Sie die 3 wichtigsten Arten von Putzträgern, die für die Herstellung eines abgehängten Tonnengewölbes geeignet sind.*
2. *Vergleichen Sie für diese Putzträger die wichtigsten Eigenschaften sowie deren Eignung für gewölbte Drahtputzkonstruktionen.*
3. *Warum sind Gips- oder Kalkputze für das Verputzen gewölbter Drahtputzkonstruktionen besser geeignet als Zementputze?*
4. *Welche Mindestschichtdicke hat das Putzsystem mit dem eingebetteten Putzträger?*

14.6.7 Vergatterung

Werden in einem Gewölbe zwei oder mehr Lehrbögen mit gleicher Scheitelhöhe, aber unterschiedlicher Spannweite benötigt, so müssen deren Spannweite und Wölbungsform aus dem Schildbogen entwickelt werden. Dies geschieht zeichnerisch mit der Vergatterung.

Bei einem Kreuzgewölbe, aus sich kreuzenden Tonnengewölben entwickelt, weist der Diagonalbogen bei gleicher Scheitelhöhe eine größere Spannweite auf als die beiden gleichartigen halbkreisförmigen Schildbögen der beiden Tonnen. Als Bogenform entsteht daher eine Ellipse.

Auch bei Kreuzgewölben über rechteckigem Grundriss weist bei gleicher Scheitelhöhe einer der Schildbögen eine Halbkreisform, der andere eine elliptische Form auf.

Da die Vergatterung mit Originalmaßen auszuführen ist und nach dieser Zeichnung die Lehrbögen konstruiert werden, besteht ein enorm großer Platzbedarf. Es empfiehlt sich deshalb die Herstellung eines separaten Montagebodens aus Holz. Ist dies nicht oder nur eingeschränkt möglich, kann die Vergatterung statt von den Seiten bzw. der Diagonalen nach außen auch nach innen gezeichnet werden.

Als Beispiel ist nachfolgend die Vergatterung eines Kreuzgewölbes über rechteckigem Grundriss mit einem Spitzbogen als Ausgangsbogen beschrieben und nebenstehend zeichnerisch dargestellt.

- Prüfung der Maßhaltigkeit und Winkel im Raum
- Aufzeichnen eines Dreiecks aus einer kurzen Seite, einer langen Seite und der Diagonalen des Gewölbes auf den Montageboden
- Einzeichnen des Spitzbogens und Errichten der Mittelsenkrechten über der kurzen Seite
- Einteilung der kurzen Seite von der Mitte aus in gleiche Teile (Abstand je nach Seitenlänge)
- Übertragung der Einteilung parallel zur Mittelsenkrechten des Spitzbogens auf die Diagonale
- von den Schnittpunkten mit der Diagonalen rechtwinklig zur langen Seite Hilfslinien so weit über die lange Seite hinausziehen, bis die jeweiligen Höhenmaße des Spitzbogens überschritten sind
- im rechten Winkel zur Diagonalen die Schnittpunkte, ebenso wie zuvor beschrieben, bis zur jeweiligen Höhe des Spitzbogens verlängern
- die jeweiligen Höhenmaße an der kurzen Seite bis zum Spitzbogen messen und an dem entsprechenden Punkt der Diagonalen und der langen Seite abtragen
- eine Spalierlatte (eine dünne biegsame Weichholzlatte) den angezeichneten Bogenpunkten entlang biegen und mit einem Stift nachzeichnen

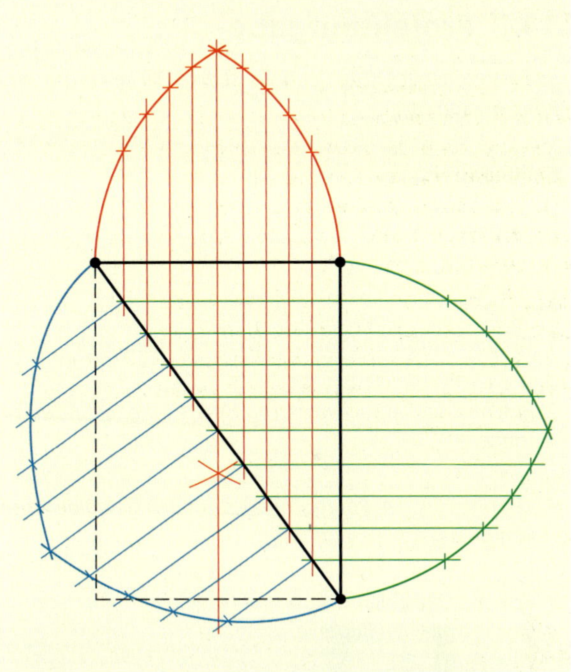

Vergatterung eines Kreuzgewölbes bei rechteckigem Grundriss

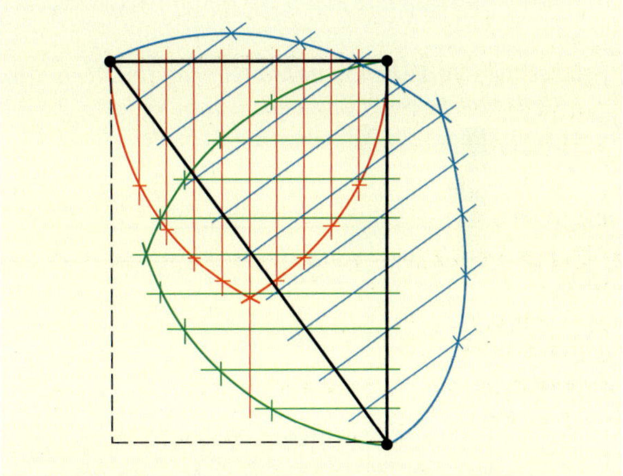

Vergatterung eines Kreuzgewölbes bei rechteckigem Grundriss und wenig Platz

Treten in einer Gewölbekonstruktion mehrere unterschiedliche Bogenformen auf, z. B. wenn bei einem Kreuzgewölbe der Diagonalbogen bei gleicher Scheitelhöhe eine größere Spannweite als der Schildbogen hat, so muss seine Bogenform zeichnerisch durch die Methode der Vergatterung dargestellt werden.

14.7 Projektaufgabe

Im Festraum eines Hotelneubaus ist eine Decke in Form eines Kreuzgewölbes geplant, die als Drahtputzkonstruktion ausgeführt werden soll.

Baubeschreibung

Die Grundrissmaße betragen 7,00 m · 12,00 m, die Raumhöhe 4,70 m.
Der Stichbogen der schmalen Raumseite hat die Form eines Rundbogens mit einer Kämpferhöhe von 1,20 m.

Aufgaben

1. *Beschreiben Sie stichwortartig die Herstellung des Lehrbogens für den kleineren Schildbogen des Kreuzgewölbes.*

2. *Beschreiben Sie stichwortartig Herstellung, Befestigung und Verankerung eines Tragbügels für die schmalere Gewölbetonne.*

3. *Zeichnen Sie den Raumgrundriss mit den Gewölbeachsen und Diagonalgraten des Kreuzgewölbes im Maßstab 1 : 50 mit Bemaßung und Beschriftung.*

4. *Zeichnen Sie einen Längs- und Querschnitt durch das fertige Gewölbe im Maßstab 1 : 50 mit Bemaßung und benennen Sie die einzelnen Bauteile.*

5. *Zeichnen Sie die Vergatterung für die Diagonalbögen dieses Gewölbes im Maßstab 1 : 100.*

6. *Erstellen Sie eine Materialliste der gesamten Gewölbekonstruktion.*

7. *Berechnen Sie die benötigte Mörtelmenge in Liter und in m^3 für eine Aufmaßfläche von 220 m^2.*
   a) Schichtdicke des Putzsystems = 3 cm, Verlust = 2 %
   b) Schichtdicke des Putzsystems = 5 cm, Verlust = 2 %

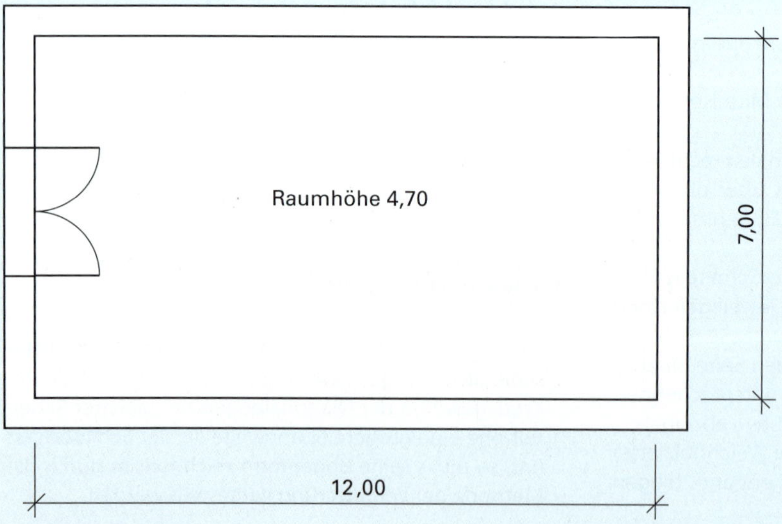

Grundriss Festraum

Lernfeld 15
Sanieren eines Bauteiles

Schäden an der schützenden Putzbeschichtung eines Bauteiles können neben der optischen Beeinträchtigung zu Bauschäden an der Konstruktion führen, die die Gebäudenutzung oder sogar seine Standsicherheit gefährden können. Die verschiedenartigen Erscheinungsformen von Putzschäden können sehr unterschiedliche Ursachen haben, z. B. Fehler bei der Planung oder der handwerklichen Ausführung. Damit der Stuckateur eine wirksame und wirtschaftliche Sanierungsmaßnahme auswählen kann, ist eine genaue Untersuchung der jeweiligen Schadensursache erforderlich.

Im Lernfeld 15 untersuchen wir die Zusammenhänge zwischen den verschiedenen Arten von Putzschäden und den möglichen Ursachen. Auf dieser Grundlage können wir aus den unterschiedlichen Sanierungsmaßnahmen das jeweils geeignete Verfahren auswählen. Ausführlicher lernen wir die Ausführungsschritte für die Sanierung von Putzrissen, Ausblühungen bauschädlicher Salze und schadhafter Wärmedämm-Verbundsysteme kennen. Im Rahmen der Projektaufgabe führen wir Materialbedarfs- und Kostenberechnungen durch.

15.1 Ziele einer Putzsanierung

Renovierungsmaßnahmen bei Putzen bedeuten kleinere Ausbesserungen oder einen Neuanstrich zur Neugestaltung oder Beseitigung optischer Mängel.

Putzsanierungen dagegen sollen Schäden beheben und den ursprünglichen Zustand wiederherstellen, sodass das Putzsystem seine verschiedenen Aufgaben wieder erfüllen kann. Damit sollen folgende Ziele erreicht werden:

- Wiederherstellung der gestalterischen Aufgaben
- Schutz des Bauteiles vor Witterungseinflüssen und Beschädigung und damit vor Bauschäden
- Sicherung der Gebäudenutzbarkeit und Verlängerung der Lebensdauer von Bauteil und Gebäude

Modernisierungen erfordern die Anpassung des Bauteiles an aktuelle Anforderungen und den Stand der Technik. Das kann z.B. das Auftragen eines wärmedämmenden Putzsystems mit dem Ziel eines verbesserten Wärmeschutzes bedeuten (siehe Lernfeld 11).

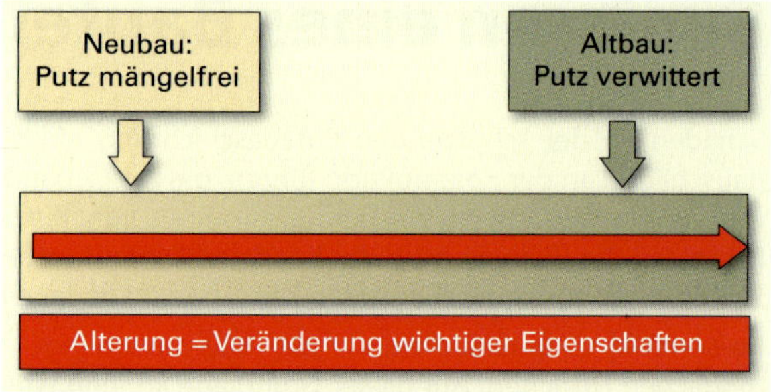

Alterung als Ursache für Mängel oder Schäden

Verwitterter Altputz

Verfärbungen

15.2 Arten und Ursachen von Putzschäden

Putzschäden können sich auf verschiedenartige Weise zeigen und jeweils unterschiedliche Ursachen haben. Schadensbilder können sein:

- Verschmutzung oder Verfärbungen
- Verlust der Gefügefestigkeit
- Blasenbildung und Abplatzungen
- Rissbildungen
- Durchfeuchtung
- Ausblühungen bauschädlicher Salze

Folgende mögliche Schadensursachen lassen sich unterscheiden, wobei oft auch mehrere Ursachen gemeinsam für einen Schaden verantwortlich sein können:

- Alterung und Verwitterung
- Beschädigung durch äußere Einflüsse
- fehlerhafte Planung oder Gebäudekonstruktion
- mangelhafte Qualität der verwendeten Baustoffe
- Fehler bei der handwerklichen Ausführung

15.2.1 Verschmutzung und Verfärbung

Die Verschmutzung der Putzoberfläche stellt lediglich einen **optischen Mangel** aber keinen Schaden dar, wenn die Funktion des Putzsystems nicht beeinträchtigt ist. Der Verschmutzungsgrad kann abhängen vom Gebäudestandort und der vorhandenen Schlagregen- und Staubbelastung, von der Gebäudekonstruktion, der Lage des Bauteiles oder der Oberflächenstruktur des Putzes.

Verfärbungen durch Rostfahnen weisen auf Korrosion von ungeschützten Metallteilen hin. Für grünlichen Bewuchs durch Algen oder Flechten, z.B. beim Geländeanschluss eines Sockelputzes, können mangelhafter Spritzwasserschutz oder Mängel bei der Materialzusammensetzung des Sockelputzes Ursache sein.

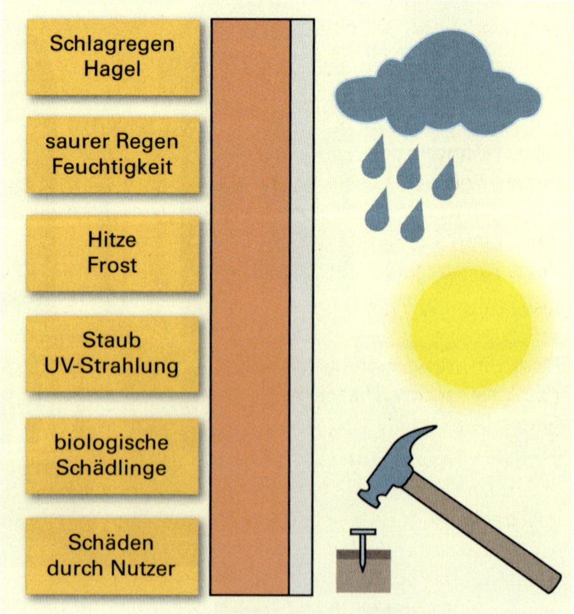

Einwirkung von außen mit möglichen Beschädigungen

15.2.2 Festigkeitsverlust

Das Putzsystem besitzt keine ausreichende Festigkeit, es kann oberflächlich absanden, einzelne Schichten, Lagen oder das Gesamtgefüge können gestört sein. Damit können diese ihre verschiedenen Aufgaben nicht mehr erfüllen. Ursachen dafür können sein:

- Alterung und Verwitterung, Bindemittelauswaschung
- Planungsfehler: Materialwahl für den vorgesehenen Verwendungszweck falsch, Putz nicht frostbeständig
- Ausführungsfehler: zu wenig oder zu viel Anmachwasser bei Mörtelmischung, keine Vorbehandlung bei stark saugendem Untergrund, Putzarbeiten bei starker Hitze oder Frost, Baustellenmörtel mit zu geringem Bindemittelanteil

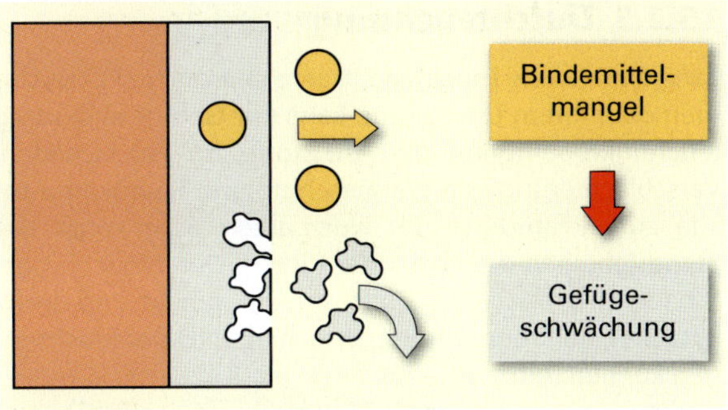

Festigkeitsverlust bei Putzsystemen

15.2.3 Abplatzungen

Wenn im Verbund zwischen Beschichtungssystem und Untergrund Spannungskräfte auftreten, die größer sind als der Haftverbund zwischen Beschichtung und Untergrund, können sich Blasen bilden oder der Anstrich, der Oberputz oder das gesamte Putzsystem vom Untergrund ablösen. Ursachen dafür können sein:

- Planungsfehler: spannungsreiche oder zu harte Putze oder Anstriche auf zu weichem Untergrund, nicht ausreichend elastische Putze ohne Putzträger auf Untergrund mit starker Verformung (z.B. Holzbalken), zu wasserdampfdichte Anstriche oder Putze auf dampfdurchlässigem Untergrund
- Ausführungsfehler: Putzarbeiten auf glattem, verschmutztem, stark saugendem oder feuchtem Untergrund ohne Vorbehandlung

Abplatzungen auf stark arbeitendem Untergrund

Abplatzungen durch Druckkräfte aus dem Untergrund (Frostsprengung, Wasserdampfdruck, Salzbildung)

15.2.4 Rissbildungen

Rissbildungen in Beschichtungen treten auf, wenn Zugspannungen aus dem Untergrund, der Beschichtung selbst oder aus Außeneinwirkungen entstehen, die größer sind als die Belastbarkeit des Materialgefüges.

Risse stellen insbesondere bei spröden mineralischen Putzen nur dann einen sanierungsbedürftigen technischen Mangel dar, wenn die technische Funktion des Putzes beeinträchtigt ist, z.B. wenn Witterungsschäden vorliegen oder der Untergrund durchfeuchtet wird. Auch ein sanierungsbedürftiger optischer Mangel liegt je nach Putzstruktur erst bei Rissbreiten von > 0,1 … 0,2 mm vor.

Risse treten in vielfältiger Form auf und können sehr unterschiedliche Ursachen haben. Im Abschnitt 15.5 werden Rissarten, -ursachen und Sanierungsmöglichkeiten genauer behandelt. Ursachen für Rissbildungen können zu finden sein

- in Verformungen der Konstruktion des Gebäudes oder von Bauteilen
- in Verformungen des unmittelbaren Putzgrundes
- im Putzmörtel oder in Ausführungsmängeln
- in sich überlagernden Ursachen
- im Zusammenhang mit Putzbewehrung, Putzträger oder Putzprofilen

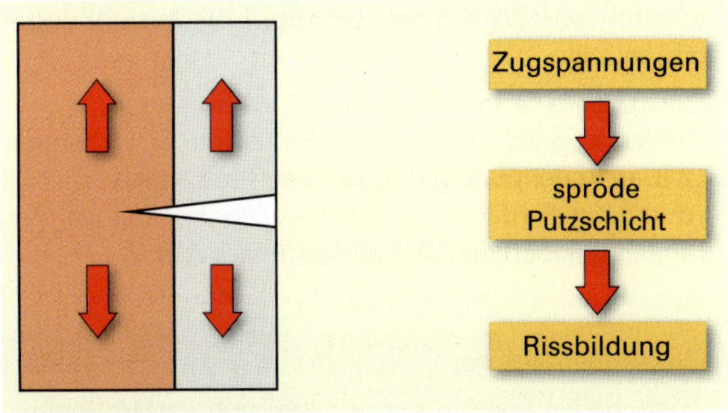

Rissbildung im Putzsystem

Rissbild

15.2.5 Durchfeuchtung

Lang anhaltende Feuchtigkeitsanreicherung in Putzsystemen oder ihrem Untergrund kann zur Gefügezerstörung feuchtigkeitsempfindlicher Baustoffe, zu Frostschäden, Verschlechterung von Wärmeschutz und Raumklima sowie zur Gefährdung der Nutzbarkeit oder sogar der Standsicherheit des Gebäudes führen. Durchfeuchtungsschäden müssen also möglichst rasch saniert und deren Ursachen behoben werden. Ursachen für Durchfeuchtungen können sein:

- mangelhafter konstruktiver Feucheschutz, z.B. durch fehlende oder schadhafte Abdichtungen
- Leckstellen an haustechnischen Rohrleitungen
- unzureichender Schlagregenschutz des Putzsystems
- Tauwasserausfall im Bauteilquerschnitt oder auf der Oberfläche durch mangelhaften Wärmeschutz
- Ansammlung feuchtigkeitsbindender bauschädlicher Salze im Putzsystem und als Ausblühungen auf seiner Oberfläche
- falsche Nutzergewohnheiten

Durchfeuchtungen aufgrund mangelnder Abdichtung

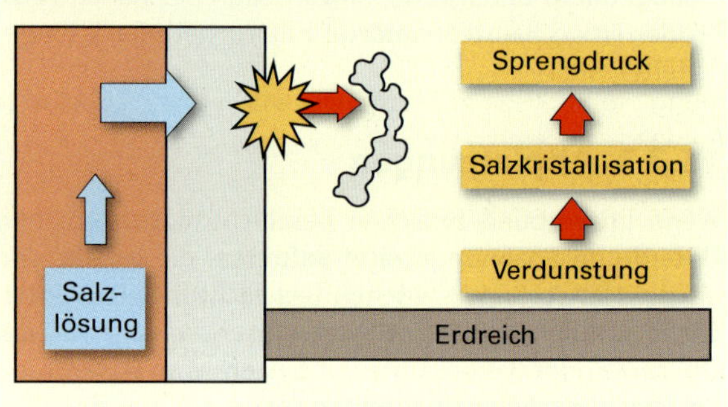

Entstehung von Ausblühungen in Sockelbereichen

15.2.6 Ausblühungen bauschädlicher Salze

Im Wasser durchfeuchteter Bauteile (z.B. Kelleraußenwände) gelöste Säuren oder Salze kristallisieren bei Verdunstung des Wassers unter starker Zunahme des Volumens innerhalb des Bauteilquerschnitts oder an seiner Oberfläche aus.

Dabei wird ein Sprengdruck erzeugt, der Anstrich- oder Putzbeschichtungen vom Untergrund abdrückt, ja sogar den Untergrund und damit tragende Bauteile schädigen kann. Durch chemische Reaktionen mit Bindemitteln von Mörteln, Mauersteinen oder Beton können auch diese Baustoffe zerstört werden. Ursachen für Ausblühungen können sein:

- salzhaltiges Grund-, Stau- oder Spritzwasser
- fehlende oder beschädigte Abdichtungsmaßnahmen z.B. an Bodenplatten und Kelleraußenwänden
- durch Kapillarität weitergeleitete Feuchtigkeit wandert an Bauteiloberflächen und verdunstet dort

Ausblühungen von Salzen

Zusammenfassung

Putzschäden können sich in Form von Verfärbungen, Verschmutzung, Festigkeitsverlust, Abplatzungen, Rissbildungen, Durchfeuchtung oder Ausblühungen bauschädlicher Salze zeigen.

Ohne sorgfältige Untersuchung der Schadensursachen und Kenntnisse über die Schadensentstehung können keine langfristig wirksamen und wirtschaftlichen Sanierungsmaßnahmen durchgeführt werden.

Ursachen dafür können Alterung und Verwitterung, Beschädigungen durch äußere Einflüsse, Fehler bei Planung und Konstruktion des Gebäudes, schlechte Materialqualität oder fehlerhafte Ausführung sein.

Aufgaben

1. *Wodurch unterscheiden sich Sanierungs- und Modernisierungsmaßnahmen eines Gebäudes?*
2. *Welche allgemeinen Ursachen können zu Putzschäden führen?*
3. *In welchem Fall müssen optische Mängel eines Putzsystems nicht unbedingt saniert werden?*
4. *Wodurch kann das Absanden einer Putzoberfläche verursacht werden?*
5. *Nennen Sie mehrere Ausführungsfehler, die zu Abplatzungen bei einem Putzsystem führen können.*
6. *Beschreiben Sie, welche Art von Spannungen in Putzschichten zu Rissen führen können.*
7. *Warum sind lang dauernde Durchfeuchtungen von Bauteilen besonders gefährlich für die Lebensdauer von Gebäuden?*
8. *Beschreiben Sie, auf welche Weise Ausblühungen bauschädlicher Salze zu Abplatzungen von Sockelputzen führen können.*

15.3 Bestandsaufnahme und Schadensanalyse

Bevor eine Entscheidung über die sinnvollste Sanierungsmaßnahme eines Putzschadens gefällt wird, müssen Art und Ausmaß der Schäden festgestellt und durch Bildmaterial, zeichnerische Darstellung und Beschreibung festgehalten und dokumentiert werden. Erst dann kann untersucht werden, wie der Schaden entstanden sein könnte und welches die wirksamste und wirtschaftlichste Methode zu seiner Sanierung ist.

Zu dieser Dokumentation gehören also fotografische, fotogrammetrische oder filmische Aufnahmen des vorgefundenen Zustands. Um Mängel bei der Wärmedämmung feststellen zu können, sind thermografische Aufnahmen geeignet, die die unterschiedliche Wärmeleitung von Bauteilbereichen durch Farbunterschiede darstellen. In vorhandene Bauzeichnungen oder nach eigenem Aufmaß selbst gefertigte Skizzen werden Art und Umfang der Bauschäden eingetragen und bemaßt.

In einer Textdokumentation werden Alter, vorhandene Konstruktion von Gebäude und geschädigtem Bauteil einschließlich Schichtenaufbau, Materialien und deren Daten sowie die Schäden beschrieben. Dazu gehören auch weitere Untersuchungsergebnisse wie Feuchtigkeitsmessungen, Salzanalysen oder Wärmedämmberechnungen von Baulabors oder anderen Quellen.

Solche Voruntersuchungen bieten erste Erkenntnisse zu Schadensursache und -entstehung sowie zu möglichen Sanierungsmaßnahmen. Diese werden dann auf ihre Vor- und Nachteile untersucht, um die für den konkreten Fall geeignetste Maßnahme auswählen zu können.

15.4 Allgemeine Maßnahmen zur Putzsanierung

Da Putzschäden vielfältige Ursachen aufweisen können, müssen vor der Auswahl einer Sanierungsmaßnahme unbedingt Schadensart sowie Entstehungsablauf untersucht werden. Zudem muss festgestellt werden, ob die „Fehlerquelle" des Schadens noch vorhanden ist. Dann sollte diese beseitigt werden, damit der Schaden nicht erneut auftritt. Erst nach dieser Ursachenbeseitigung ist eine langfristig wirksame Putzsanierung sinnvoll. Je nach Art, Schwere und Ursache des Schadens stehen folgende Sanierungsmaßnahmen zur Verfügung:

- Ausbesserung nur des eigentlichen Schadens
- Anstrichbeschichtung der geschädigten Fläche
- Überputzen der geschädigten Fläche
- Entfernen des beschädigten Putzsystems und Aufbringen eines neuen Putzsystems
- konstruktive Sanierung von Bauteil oder Gebäude

Eine sorgfältige Bestandsaufnahme des Gebäudes mit der Schadensdokumentation ist Voraussetzung für die Auswahl geeigneter Sanierungsmaßnahmen, die von Art und Ursache des Schadens abhängen.

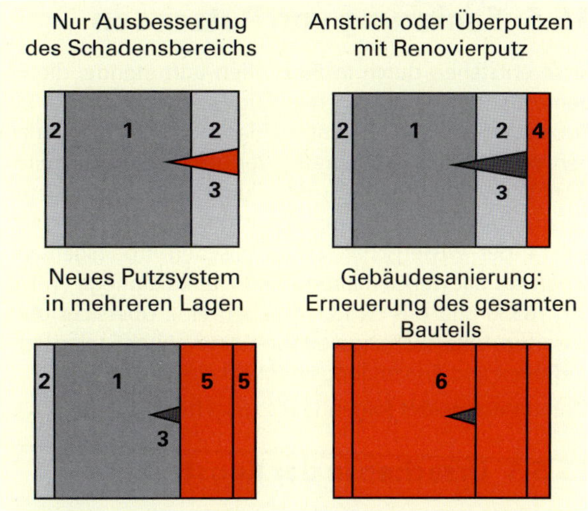

(rot gefärbt = Sanierungsmaßnahme, schwarz gefärbt = Bestand)
1: Rohbauwand 2: bestehender Putz 3: Ausbesserung Schadensbereich (z. B. Rissverfüllung) 4: Renovierputz
5: neues Putzsystem 6: Sanierung gesamtes Bauteil

Grundsätzliche Sanierungsmethoden für Putzschäden

Fotografische Dokumentation von Bauschäden

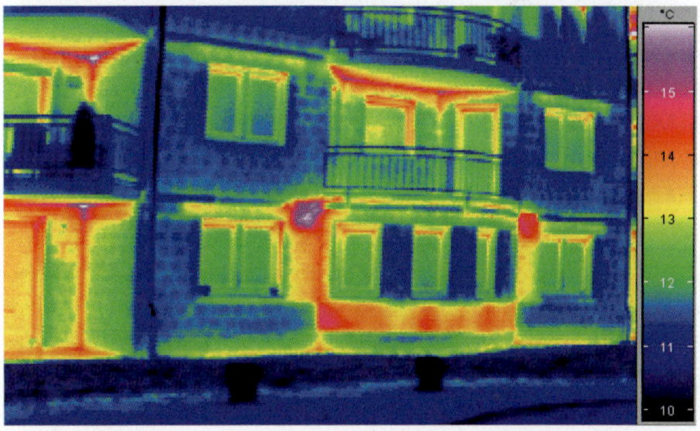

Thermografie unterschiedlich gedämmter Fassadenteile

Zeichnerische Schadenserfassung

15.5 Sanierung von Putzrissen

Risse entstehen durch in Baustoffen auftretende, die Eigenfestigkeit überschreitende Zug- und Scherkräfte. Bei Putzrissen können dafür unterschiedliche Ursachen vorliegen, von Fundamentsetzungen, Verformung von Bauteilen oder Verwendung von für den Putzgrund ungeeigneten Putzmörteln bis zu Verarbeitungsfehlern. Das Merkblatt 2-4-14 der Wissenschaftlich-Technischen-Arbeitsgemeinschaft für Bauwerkserhaltung und Denkmalpflege (WTA), DIN 18550 und DIN EN 13914 geben eine Übersicht über Rissarten, Untersuchungsverfahren sowie über Sanierungsverfahren und Anwendungsmöglichkeiten.

Man unterscheidet folgende Rissursachen:

15.5.1 Ursachen in der Konstruktion

Veränderungen von Lage, Form und Volumen von Bauteilen können Rissbildungen in der Konstruktion und in der Folge auch in bereits aufgebrachten Putz- oder Anstrichbeschichtungen verursachen. Putztechnische Maßnahmen allein können dies nicht verhindern, sondern die Ursachen müssen durch konstruktive Maßnahmen bewältigt werden. Beispiele für Konstruktionsverformungen können sein:

- Durchbiegungen oder Längenänderungen von Decken
- Setzungen von Fundamenten
- Volumenänderungen durch Feuchtigkeits-/Temperatureinflüsse, mangelnde Austrocknung, kurze Bauzeiten
- Erschütterungen (Bauarbeiten, Verkehr, Erdbeben)

15.5.2 Ursachen im Putzgrund selbst

Form- oder Volumenänderungen des Putzgrundes selbst, also des Wandbaustoffes, können Rissbildungen im Putzsystem verursachen. Beispiele dafür können sein:

- Quellen und Schwinden (durchfeuchteter Putzgrund)
- Volumenänderungen durch starken Temperaturwechsel
- Materialwechsel im Untergrund („Mischmauerwerk")
- Mauerwerksfugen und Mörteltaschen unverfüllt, Mauersteine mit zu geringem Überbindemaß, Unebenheiten, Risse, hoher Feuchtigkeitsgehalt

Zur Schadensvermeidung wären fachgerechte Maßnahmen bei Untergrundvorbehandlung oder Schichten- und Materialaufbau des Putzsystems (z.B. Grundierungsanstrich oder Armierungsputz/Gewebeeinlage) erforderlich gewesen.

Konstruktions- oder putzbedingte Ursachen können bei folgenden Rissarten vorliegen:

- **Einzelrisse:** geradlinig verlaufend, waagerecht (Deckenauflager) oder senkrecht (neben Mauerwerksecken)
- **Stein-Putz-Risse** an Mauerwerksfugen entlang
- **Diagonalrisse** an Ecken von Fenster-/Türöffnungen

Putzrisse entstehen durch Zugspannungen, die größer sind als die Eigenfestigkeit des Putzmörtels.

Ursachen für die Spannungen können in Verformungen der Gebäude- oder Bauteilkonstruktion und des Putzgrundes liegen oder in Mängeln bei seiner Herstellung.

Rissursache Setzungen

Rissursache Quellen/Schwinden (Holzbalken)

Rissursache mangelhaftes Mauerwerk (Fugen)

Rissursache Unebenheiten und breite Stoßfugen

Rissursache zu geringes Überbindemaß

15.5.3 Ursachen im Putzmörtel oder aufgrund von Ausführungsmängeln

Ungeeignete Putzmörtel oder mangelhafte handwerkliche Ausführung können zu Rissen im Putzsystem führen. Man unterscheidet folgende Rissarten:

Sackrisse: kurze, waagerechte, durchhängende Risse nach dem Frischmörtelauftrag. Mögliche Ursachen sind:

- Konsistenz des Mörtels zu weich
- zu dick aufgebrachte Putzschichten
- schlechte Untergrundhaftung
- zu intensive Nachbehandlung, z. B. Glätten

Schrumpf- und Schwindrisse: Zugspannungen aufgrund von Volumenverringerung beim Erhärtungs- und Trocknungsvorgang erzeugen netzförmige Risse.

Schrumpfrisse entstehen frühzeitig, häufig bei Kalkputzen (Knotenpunktabstände ≤ 20 cm, Rissbreiten ≤ 0,5 mm).

Schwindrisse, die nur im Unterputz auftreten, ähneln den Schrumpfrissen. Sie entstehen während der Wartezeiten vor dem Oberputzauftrag und stellen bei Rissbreiten ≤ 0,2 mm wegen der folgenden Überarbeitung durch den Oberputz keinen Mangel dar. Sie können auch durch das gesamte Putzsystem bis zum Untergrund reichen und, abhängig von der Trocknung, auch noch nach Monaten auftreten.

Fettrisse: Spezielle Schrumpfrisse, die als kurze Haarrisse aufgrund von Bindemittelanreicherungen nur an der Putzoberfläche auftreten, aber meist keinen Mangel darstellen.

15.5.4 Risse mit überlagernden Ursachen

Konstruktions- oder putzgrundbedingte Risse können die aufgrund der Eigenspannungen des Putzes entstehenden Risse überlagern und ihre Form verändern.

Kerbrisse: Sie entstehen oft als Diagonalrisse durch Spannungen an Öffnungsecken, z. B. bei Fenstern.

Fugenrisse: Das regelmäßige Rissbild folgt dem Fugenverlauf von Mauerwerk oder Plattenelementen im Untergrund. Die Risse gehen durch das gesamte Putzsystem und haben ihre Ursache in Mängeln in Untergrund, Putzaufbau oder Schichtdicken (siehe Abschnitt 15.5.2).

15.5.5 Risse im Zusammenhang mit Putzbewehrung, Putzträger, Putzprofilen

Risse entstehen bei falscher Materialwahl, fehlender oder falsch ausgeführter Putzbewehrung, falsch befestigtem Putzträger mit zu geringer Putzüberdeckung oder mangelhaften Bauteilanschlüssen oder Stößen von Putzprofilen.

Putzrisse können durch die Auswahl ungeeigneter Putzmörtel oder Ausführungsfehler entstehen. Sack-, Schwind- und Fettrisse gehören zu dieser Rissart.

Bei Kerb- und Fugenrissen überlagern sich Mängel im Putzgrund und im Putzsystem.

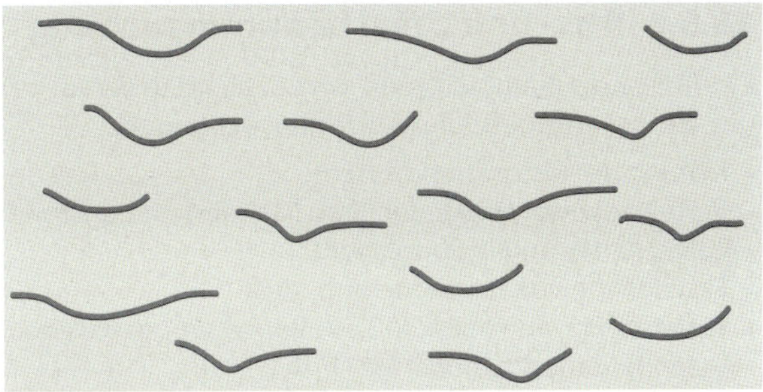
Sackrisse

Schwindrisse

Schwindrisse im Unterputz

Kerbrisse an Fensterecken

Fugenrisse an einem Mauerbogen

15.5.6 Riss- und Ursachenuntersuchung

Die Rissbeurteilung aufgrund von Ursache und Ausmaß der Mängel erfordert folgende Untersuchungen:

- Klärung der Rissart und Ursache
- Verteilung und Verlauf der Risse (Dokumentation durch Fotos, Kartierung in Bauplänen)
- Feststellung von Rissbreite und -tiefe
- Feststellung, ob ruhende Risse vorliegen oder weitere Veränderungen zu erwarten sind
- verwendete Materialien für das Putzsystem

Einteilung der Untersuchungsverfahren:

- zerstörungsfrei: Klärung von Verteilung, Verlauf, Breite, Alter, zeitlicher Veränderung der Risse
- zerstörungsarm: Klärung von Risstiefe durch Aufweitung und zeitlicher Veränderung durch Gipsmarken
- zerstörend: Öffnung des Bauteiles (Trennscheibe, Kernbohrung) zur Entnahme von Materialproben; Klärung von Rissverlauf, -tiefe, Zustand von Probenrückseite und Putzgrund, Eigenschaften des Putzsystems; Laboruntersuchungen hilfreich

Um die Ursachen der Rissbildung beurteilen zu können, sind Untersuchungen der verschiedenen Rissmerkmale mit mehr oder weniger das Putzsystem zerstörenden Verfahren erforderlich.

Zur Vorbereitung der Auswahl des geeigneten Sanierungsverfahrens gehören auch Prüfungen des Altputzes zu Festigkeit, Wasseraufnahme, Hohlstellen, Haftverbund und Abreißfestigkeit der verschiedenen Schichten untereinander und zum Untergrund.

Auch Bindemittelart und Zusammensetzung der bestehenden Beschichtungen müssen geprüft werden.

15.5.7 Untergrundprüfungen

Zur Auswahl geeigneter Sanierungsmaßnahmen müssen die Untergrundeigenschaften untersucht und vorhandene Anstrichbeschichtungen entfernt werden.

Putzfestigkeit: Eine Ritzprobe mit scharfem Messer ermöglicht erste Aussagen. Ausgeschnittene Putzproben erlauben nach Wasserlagerung weitere Aussagen zu Lagenverbund und Festigkeitsunterschieden.

Wasseraufnahme: Die Oberflächenbenetzbarkeit wird durch die Benetzungsprobe (Spritzflasche, Pipette), das Abschätzen der Wasseraufnahme durch starkes Nässen der Putzfläche (etwa 5 Minuten Wartezeit) überprüft.

Hohlstellen: Durch Abklopfen der Putzoberfläche wird sie akustisch auf Hohlstellen überprüft.

Haftverbund Putzlagen und Beschichtungen: Liegen Hohlstellen vor, werden Untergrund- und Putzproben ausgeschnitten. Mangelhafter Verbund von Putzlagen und Untergrund führt zu Ablösungen bei leichter mechanischer Beanspruchung. Verbleibt eine vorhandene Anstrichbeschichtung, wird der Haftverbund zum Altputz durch Kratzprobe oder Gitterschnittprüfung geklärt.

Bestimmung der Beschichtungsart: Bei Verbleib der vorhandenen Beschichtung muss deren Verträglichkeit mit dem Sanierungssystem überprüft werden. Die Bindemittelart wird mit Flamm- oder Lösemitteltests überprüft, genaue Ergebnisse liefern Laboruntersuchungen.

Abreißfestigkeit: Bei Altputzüberarbeitungen muss die Abreißfestigkeit vom Untergrund überprüft werden. Armierungsmörtel mit Gewebeeinlage wird aufgetragen und nach einer Wartezeit (≥ 7 Tage) abgerissen. Bei Ablösung des Altputzes ist der Haftverbund unzureichend (siehe Abschnitt 11.8.1).

15.5.8 Verfahren zur Risssanierung

Für die Wahl des geeigneten Sanierungsverfahrens muss unbedingt geklärt werden, ob die Rissentwicklung zur Ruhe gekommen ist oder ob weiter mit Änderungen von Rissbreite oder -verlauf zu rechnen ist.

Dies ist dann der Fall, wenn die Ursachen der Rissbildung, wie Schwind- und Quellvorgänge oder Verformungen, weiter bestehen. Bei konstruktionsbedingten Rissen ist daher zu klären, ob vor der eigentlichen Sanierung der Putzrisse die Ursachen in der Gebäude- oder Bauteilkonstruktion oder im Putzgrund beseitigt werden können.

Die Sanierungsmaßnahmen werden unterschieden nach Maßnahmen zur Einzelrisssanierung und solchen zur Risssanierung durch großflächige Überarbeitung.

Ausbesserungen von **Einzelrissen** werden, abhängig von der Putzstruktur und vom Sanierungsverfahren, mehr oder weniger stark erkennbar bleiben. Temperatur- und feuchtebedingte Verformungen können weiterhin zu feineren Rissbildungen führen. Eine ergänzende großflächige Flächenbeschichtung ist daher empfehlenswert.

Flächenhafte Sanierungsverfahren sind empfehlenswert bei hohen technischen und optischen Anforderungen, bei starker Beanspruchung durch Witterungseinflüsse, bei einer großen Rissanzahl sowie bei der Gefahr von künftigen Rissbreitenänderungen und zusätzlichen Rissbildungen.

Die nachfolgend beschriebenen Verfahren sind technisch und optisch unterschiedlich leistungsfähig, die Verfahren F7 und F8 verbessern zusätzlich den Wärmeschutz des Bauteiles.

Im Handel sind mineralische, teils kunstharzvergütete sowie organische Systeme als Putzsystem oder Anstrichbeschichtung. Die Sanierungsmaterialien müssen mit ihren Eigenschaften, insbesondere mit dem Wert der Wasserdampfdurchlässigkeit, auf die Eigenschaften der bestehenden Beschichtungen abgestimmt und mit diesen verträglich sein. Daher sollten grundsätzlich Materialien eines Systemherstellers verwendet werden.

Im Folgenden sind auf der Grundlage des WTA-Merkblattes Übersichtstabellen zu den verschiedenen Risssanierungsverfahren und ihren Anwendungsmöglichkeiten dargestellt.

Maßnahmen zur Sanierung von Einzelrissen (Verfahren E) (nach WTA-Merkblatt 2-4-14)

	Verfahren	Bemerkungen	Risse konstruktionsbedingt (nicht ruhend)	Risse putzbedingt (ruhend)	vorhandene Putzoberfläche			
					nicht beschichtet	mineralisch beschichtet	organisch beschichtet mit	
							Anstrich	Putz
E1	Rissverschluss mit gefüllter Beschichtung*	Füllfarbe oder Streichfüller	–	X < 0,1 mm	X**	X	X	–
E2	Rissverschluss starr mit Mörteln	geringe optische Anforderung	–	X	X	X	X	X
E3	Rissverschluss flexibel mit Fugendichtstoff	geringe optische Anforderung	X	–	X	X	X	X
E4	Rissüberbrückung mit Trennlage und Putzträger	entkoppelndes Glasvlies, Putzsystem mehrlagig	X +/– 0,2***	X	X	X	X	X
E5	Dehnfuge mit Fugendichtstoff	Fuge bleibt sichtbar, für geringe Rissbreitenänderung	X	–	X	X	X	X
E6	Dehnfuge mit Dehnfugenprofil	Fuge bleibt sichtbar, für große Rissbreitenänderung	X	–	X	X	X	X

X: Verfahren anwendbar **–: Verfahren nicht anwendbar**
**: aus optischen Gründen nur mit flächiger Beschichtung
*: Rissbildung kurz nach Fertigstellung der Beschichtung
***: Rissbreitenänderungen bis etwa +/– 0,1 mm

Maßnahmen zur flächenhaften Risssanierung (Verfahren F) (nach WTA-Merkblatt 2-4-14)

	Verfahren	Rissbreite in mm*	Rissbreitenänderung in mm	Risse konstruktionsbedingt (nicht ruhend)	Risse putzbedingt (ruhend)	vorhandene Putzoberfläche			
						nicht beschichtet	mineralisch beschichtet	organisch beschichtet mit	
								Anstrich	Putz
F1	organische Beschichtungssysteme	0,2	+/– 0,1	X	X	X**	X**	X**	X**
F2	rissfüllende Beschichtungssysteme	< 0,2	–	–	X	X	X	X	X
F3	rissfüllende Beschichtungssysteme für Kalkputze	< 0,2	–	–	X	X	X	–	–
F4	mineralische Oberputze	< 0,2	–	–	X	X	X	X	X
F5	mineralische Armierungs- und Oberputze	0,2	+/– 0,2	X	X	X	X	X	X
F6	organische Armierungs- und Oberputze	0,2	+/– 0,2	X	X	X	X**	X**	X**
F7	Wärmedämm-Putzsystem	k. A.	+/– 0,5	X	X	X	X	X	X
F8	Wärmedämm-Verbundsystem	k. A.	+/– 1	X	X	X	X	X	X

X: Verfahren anwendbar **–: Verfahren nicht anwendbar**
*: Rissbreite zum Sanierungszeitpunkt
k. A.: keine Angaben
**: Untergrund Beton, Putz mit mind. CS III

Zusammenfassung

Vor der Untersuchung der Rissursachen muss eine Bestandsaufnahme der Rissarten erfolgen. Man unterscheidet Konstruktions-, Putzgrund-, Putzsystem- und Ausführungsmängel als Rissbildungsursache.

Als Grundlage für die Auswahl des Sanierungssystems ist eine Untersuchung der Altputzeigenschaften erforderlich.

Die Risssanierungssysteme unterscheiden sich nach Einzelriss- und flächenhaften Verfahren.

Aufgaben

1. *Beschreiben Sie Beispiele für Vorgänge in der Gebäudekonstruktion, die zu Putzrissen führen können.*
2. *Warum können Materialwechsel im Putzgrund zu Putzrissen führen?*
3. *Nennen Sie Material- und Ausführungsmängel bei Putzsystemen, die Risse verursachen können.*
4. *Erläutern Sie die Begriffe „Schwindrisse“ und „Fugenrisse“.*

15.5.9 Sanierung eines Einzelrisses, Verfahren E4

Im Erdgeschoss eines älteren Wohnhauses weist der Fassadenputz einen vom Gebäudeeck schräg nach unten verlaufenden Riss auf. Das Dachgeschoss ist mit einer waagerechten Bretterschalung bekleidet. Da der ehemals gestrichene Altputz zwar optisch unansehnlich, aber tragfähig ist und nur oberflächlich absandet, wird eine Einzelrisssanierung durchgeführt. Um ein einheitliches Erscheinungsbild zu erhalten, wird das Erdgeschoss zusätzlich mit einem neuen Oberputz versehen.

Dokumentation und Rissanalyse

Die Rissuntersuchung und Untergrundprüfung ergaben:

- Rissbreite: 0,5 … mm, Tiefe: bis ins tragende Mauerwerk
- konstruktionsbedingter Riss, Ursache: Fundamentsenkung, Prüfung durch Gipsmarken: ruhender Riss
- zweilagiger mineralischer Altputz Kalkzementputz, d = 25 mm, Oberfläche gescheibt
- ausreichend tragfähig, Oberfläche leicht verwittert und absandend, teils verschmutzt
- Untergrund- und Lagenhaftung ausreichend
- ehemaliger Kalkfarbenanstrich großteils abgewittert

Arbeitsschritte für die Risssanierung (Verfahren E4)

Rissüberbrückung mit Trennlage und Putzträger

- Festlegung der Sanierungsmaterialien: zweilagige Trennlage aus Glasvlies (Entkoppelung vom Untergrund); Putzträger aus verzinktem Drahtgitter, Drahtstärke > 1 mm, Maschenweite etwa 12 mm; Unterputz aus mineralischem Kalkzementmörtel, kunstharzvergütet; Grundierungsanstrich (Verfestigung, Haftbrücke) für Oberputz; neuer mineralischer Kalkzementedelputz (Wasser abweisend, durchgefärbt)
- Reinigung der Fassadenfläche mit Heißdampf von Farbresten und losen Putzteilen
- Entfernung des alten Putzsystems im Rissbereich bis auf den Putzgrund, Breite ≥ 20 cm
- Entfernung des alten Oberputzes um beidseitig jeweils zusätzlich ≥ 5 cm Breite
- nochmalige Reinigung des Rissbereiches
- Überdecken des Risses mit zweilagigem Glasvlies, Befestigung am Untergrund, Breite ≥ 20 cm
- Überspannen des Rissbereichs mit Putzträger, Verankerung am Untergrund mit Spezialnägeln beidseitig des Risses; Verankerungsabstand etwa 25 cm, Abstand zum Untergrund etwa 5 mm
- Auftragen 1. Schicht Unterputz bis Oberkante alter Unterputz, darauf grob abziehen
- Auftragen 2. Schicht nach kurzer Wartezeit nass-in-nass bis Oberkante alter Oberputz, darauf eben abziehen; keine weitere Oberflächenstrukturierung, da neuer flächiger Oberputz noch folgt; Wartezeit einhalten ≥ 25 Tage (Schichtdicke Putzsystem 25 mm)
- Grundierungsanstrich zur Verfestigung und als Haftbrücke für flächigen Oberputz
- Auftragen Edelputz ganzflächig, abziehen, strukturieren; Wartezeit einhalten
- Auftragen Egalisationsfarbe zum Farbtonausgleich

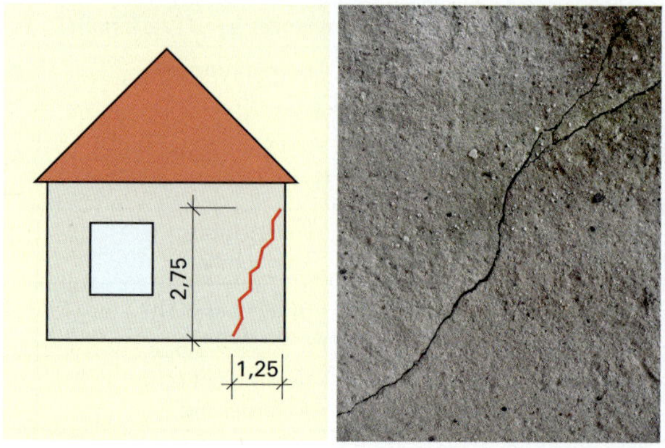

Dokumentation des Schadensbildes

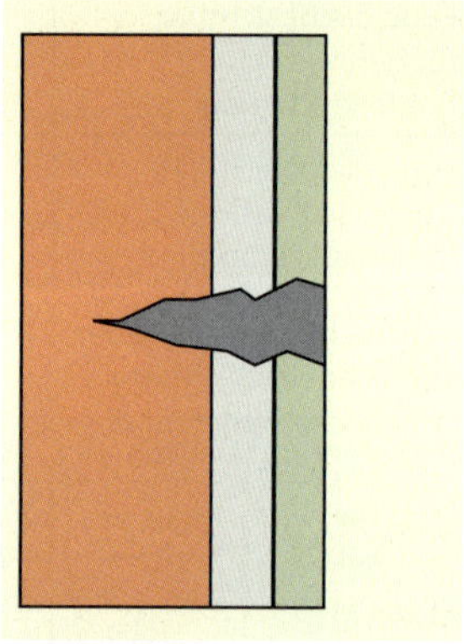
Querschnitt Bestand

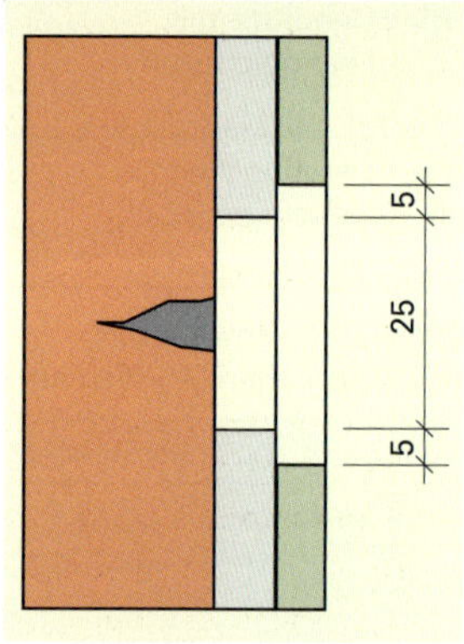

Rissfreilegung stufenförmig

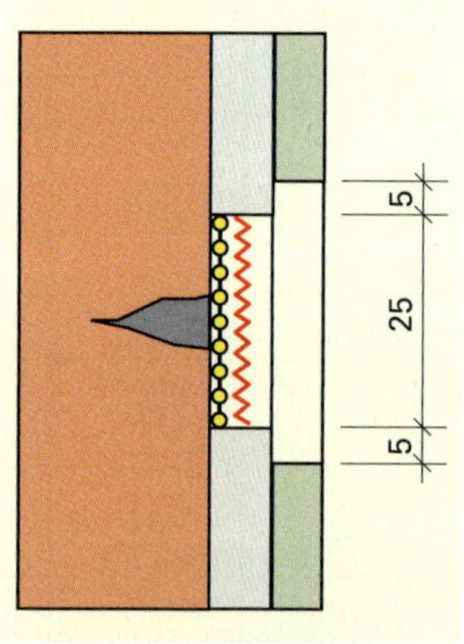

Trennlage und Putzträger

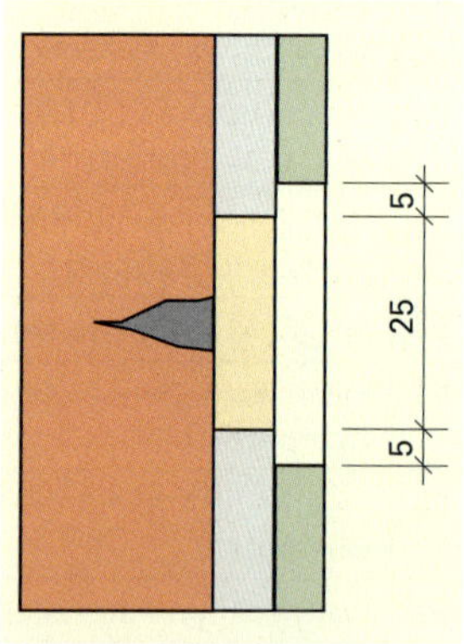

Unterputz 1. Schicht

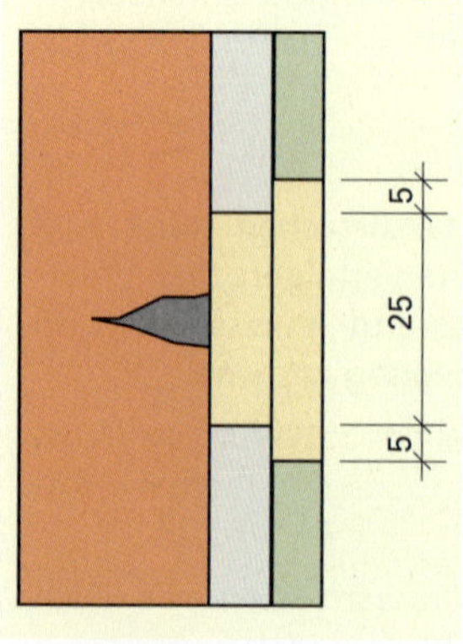

Unterputz 2. Schicht

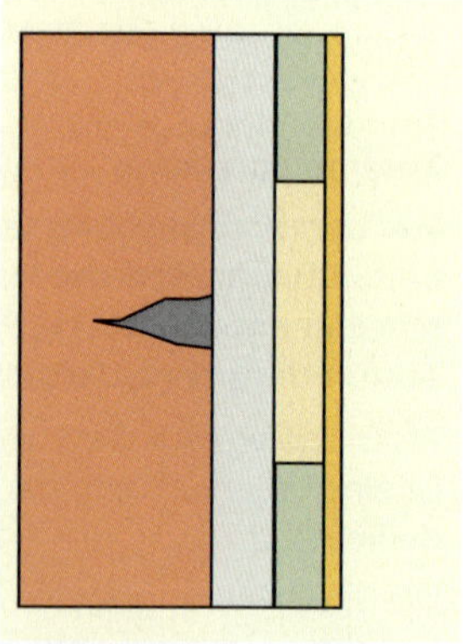
Neuer flächiger Edelputz

15.5.10 Flächenhafte Risssanierung, Verfahren F5

Auf der gesamten Fassadenfläche eines älteren Wohnhauses weist das Außenputzsystem netzförmige Rissbildungen auf, die bis in den Unterputz, jedoch nicht bis in den Putzgrund reichen. Das Dachgeschoss ist mit einer waagerechten Bretterschalung bekleidet. Da das Altputzsystem zwar gerissen, aber tragfähig ist und nur der sehr dunkle Altanstrich verwittert und verschmutzt ist und im Rissbereich abblättert, soll eine flächenhafte Risssanierung durchgeführt werden.

Dokumentation und Rissanalyse

Die Rissuntersuchung und Untergrundprüfung ergab:

- flächenhafte netzförmige Risse, Knotenpunktabstände etwa 20 cm
- Rissbreite: bis 0,2 mm, Tiefe: bis in den Unterputz, aber nicht in den Putzgrund reichend
- Putzgrund relativ gut wärmedämmendes Mauerwerk aus Leichtziegeln
- putzbedingter Riss, Ursachen: Putzauftrag auf dauerhaft feuchtem Putzgrund, anhaltende Quell- und Schwindvorgänge des Putzsystems, zu kurze Wartezeiten für Putzerhärtung
- Prüfung durch Gipsmarken: nicht ruhender Riss, Veränderung Rissbreiten bis 0,2 mm
- zweilagiger mineralischer Altputz Kalkzementputz, $d = 20$ mm, Oberputz feiner Reibeputz, ausreichend tragfähig, Untergrund- und Lagenhaftung ausreichend
- vorhandener Dispersionsfarbenanstrich verschmutzt, verwittert, Untergrundhaftung schlecht, im Rissbereich abblätternd; dunkler Farbton, Hellbezugswert etwa 20

Arbeitsschritte für die Risssanierung (Verfahren F5)

Mineralischer Unter- und Oberputz

- Festlegung der Sanierungsmaterialien:
  Grundierungsanstrich (Verfestigung, Haftbrücke) für gesamtes neues Putzsystem; Armierungsputz aus mineralischem Kalkzementmörtel, kunstharzvergütet; Bewehrung aus alkalibeständigem Glasfasergewebe, Maschenweite 5 × 5 mm; Oberputz als mineralischer Kalkzementedelputz (Wasser abweisend, durchgefärbt), Putzweise feiner Reibeputz; Egalisationsfarbe als Schlussanstrich aus Dispersionssilicatfarbe
- Entfernung Altanstrich, Reinigung der Fassadenfläche mit Heißdampf von Farbresten und losen Putzteilen
- Grundierungsanstrich zur Verfestigung und Ausgleich des Saugverhaltens des Altputzes
- Auftragen 1. Schicht Armierungsputz mit Schichtdicke ≥ 2,5 mm, grob abziehen
- Armierungsgewebe faltenfrei auflegen, Stoßfugenüberlappung etwa 10 cm, Gewebe eindrücken
- Auftragen 2. Schicht Armierungsputz mit Schichtdicke ≥ 2,5 mm, eben abziehen; Wartezeit einhalten (pro mm Schichtdicke Armierungsputz ≥ 1 Tag)
- Edelputz ganzflächig auftragen, abziehen, strukturieren; Wartezeit einhalten
- Auftragen Egalisationsfarbe zum Farbtonausgleich

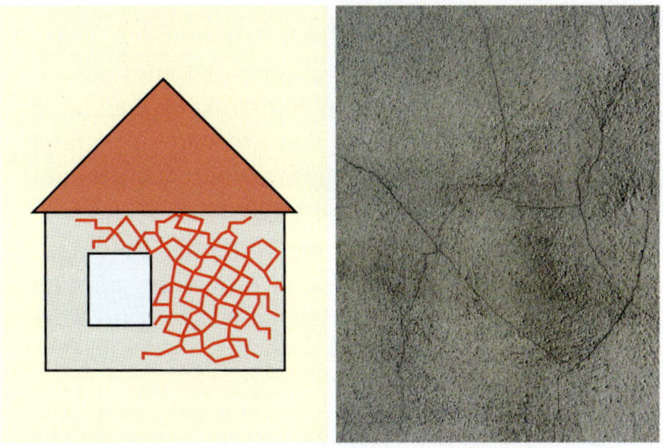

Dokumentation des Schadensbildes

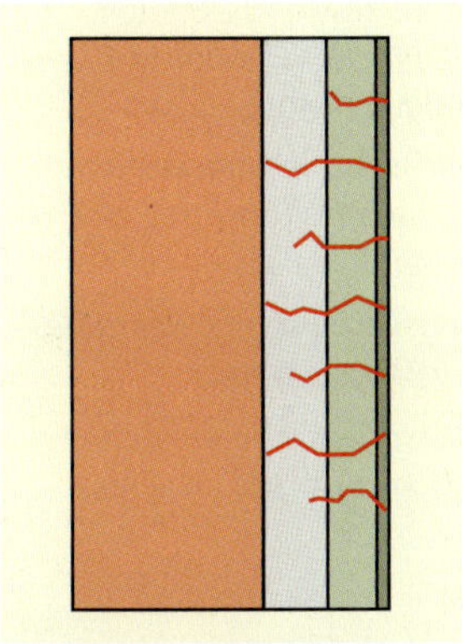

Querschnitt Bestand

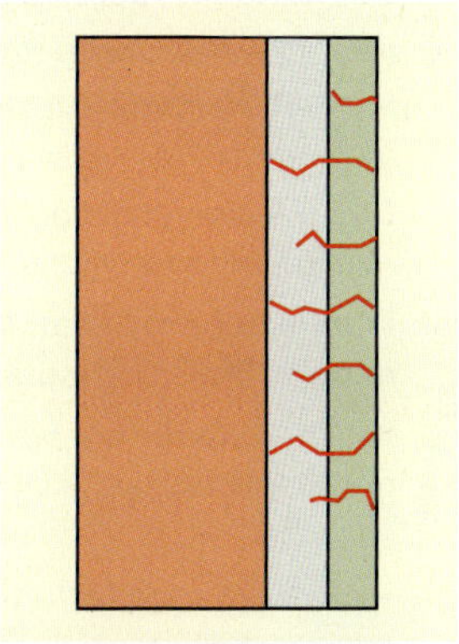

Entfernen des Altanstrichs

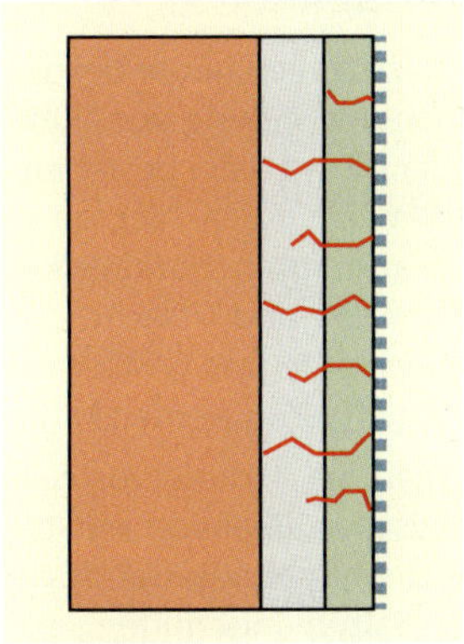

Grundierungsanstrich

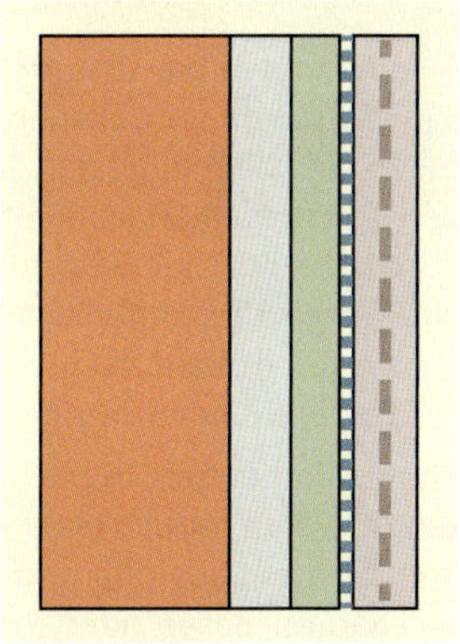

bewehrter Armierungsputz

Oberputz

Schlussanstrich

Zusammenfassung

Beim Einzelriss-Sanierungsverfahren E4 wird das Altputzsystem im Bereich des konstruktionsbedingten Risses stufenförmig bis auf den Untergrund entfernt. Durch Trennlage und Putzträger werden Unter- und Oberputz vom Untergrund entkoppelt.

Beim flächenhaften Sanierungsverfahren F5 werden putzbedingte Risse durch einen Armierungsputz mit Bewehrungseinlage und einen neuen Oberputz überarbeitet.

Aufgaben

1. *Welche Aufgaben haben Glasvlieslage und Putzträger beim Risssanierungsverfahren E4?*
2. *Warum werden beim Risssanierungsverfahren E4 Unter- und Oberputz stufenförmig entfernt?*
3. *Warum ist bei den Einzelriss-Sanierungsverfahren E1 ... E4 eine ganzflächige Überarbeitung mit einem neuen Oberputz empfehlenswert?*
4. *Warum ist beim Risssanierungsverfahren F5 der mineralische Armierungsputz kunstharzvergütet?*
5. *Welche Aufgabe hat beim Risssanierungsverfahren F5 das Glasfasergewebe im Armierungsputz?*

15.6 Sanierung von Ausblühungen bauschädlicher Salze

Ausblühungen bauschädlicher Salze stellen heute bei der Sanierung von Bauschäden neben der Bildung von Putzrissen eine der häufigsten Schadensformen bei bestehenden Putzsystemen von Altbauten dar. Auch hier muss durch die mit der Sanierung beauftragten Handwerker eine sorgfältige Untersuchung von Art und Ursache des Schadens erfolgen, damit eine geeignete und wirtschaftlich tragbare Sanierungsmethode gefunden werden kann.

Als Ausblühungen bezeichnet man die Bildung von Salzen, die als Produkt einer chemischen Reaktion entstehen, bei der Baustoffe und ihre chemischen Bestandteile von Säuren, Basen oder anderen Salzen angegriffen werden. Die bei diesen Reaktionen entstehenden mehr oder weniger wasserlöslichen Salze können an den Oberflächen von Bauteilen oder aber innerhalb ihres Schichtenaufbaus ausblühen und unterschiedliche Schadensbilder verursachen. Dazu gehören:

- Salzablagerungen und Verfärbungen bei Anstrichen, Putzen oder Bauteiloberflächen (Sichtmauerwerk)
- Abplatzungen von Anstrichschichten, Putzlagen oder ganzen Putzsystemen durch Sprengdruck
- Gefügezerstörung von Baustoffen und Bauteilen durch Sprengdruck
- Gefügeschwächung (z. B. Absanden) von mineralischen Baustoffen durch Bindemittelauswaschung
- Durchfeuchtung von Bauteiloberflächen durch Wasser bindende (hygroskopische) Salze, Frostschäden
- Korrosion von Metallbauteilen

Oberflächenausblühungen an Silicatfarben

Oberflächenausblühungen an Ziegelmauerwerk

Abplatzungen des Oberputzes durch Salzausblühungen

Zerstörungen des Sockelputzsystems

Gefügezerstörung des Putzuntergrundes

15.6.1 Entstehung bauschädlicher Salze

Zur Entstehung bauschädlicher Salze können beitragen:

- **physikalische Vorgänge:** thermische Längenänderungen oder Quell- und Schwindvorgänge in Bauteilen; durch Spannungsrisse Zutritt von Feuchtigkeit sowie Säuren und Salzen; dadurch Auslösung chemischer Reaktionen mit Baustoffen
- **chemische Vorgänge:** Zutritt von Feuchtigkeit und Salzen zu reaktionsfähigen Baustoffen; dadurch ebenso Salzbildung wie bei Zutritt von Säuren zu säureempfindlichen Baustoffen (Bindemittel, Metalle)
- **biologische Vorgänge:** Säurebildung durch Bakterien; Reaktion mit säureempfindlichen Stoffen

Bei diesen Reaktionen ist immer Wasser beteiligt, entweder als Reaktionspartner für Säuren und Salze oder als Reaktionsprodukt. Wasser ist zudem Lösemittel für die Schadstoffe Säuren, Basen, Salze und Gase. Da es in flüssiger Form durch Kapillarität transportiert werden kann, ist es auch Transportmittel für die Schadstoffe. Daher ist es der Hauptschadensfaktor bei der Entstehung von Schäden durch Salzausblühungen.

$Ca(OH)_2 + H_2SO_4 \longrightarrow CaSO_4 \cdot 2\,H_2O$

Luftkalk + Schwefelsäure ⟶ Gips

Neutralisation von Säuren und Laugen

Umwandlung des Bindemittels Luftkalk und Gipsbildung durch sauren Regen (verdünnte Schwefelsäure)

$CaCO_3 + 2\,HNO_3 \longrightarrow Ca(NO_3)_2 + H_2O + CO_2$

Kalkstein + Salpetersäure ⟶ Kalziumnitrat + Wasser + Kohlendioxid

Umwandlung von Salzen durch Säuren

Zerstörung von Kalkstein und Bildung von Mauersalpeter durch Salpetersäure

$NaSO_4 + BaCl_2 + H_2O \longrightarrow BaSO_4 + 2\,NaCl$

Natriumsulfat + Bariumchlorid + Wasser ⟶ Bariumsulfat + Natriumchlorid

Umwandlung von Salzen durch Salze

Umwandlung bauschädlicher Salze in teils weniger bauschädliche Salze durch salzhaltige Mittel und Wasser

Salzbildungen durch chemische Reaktionen

15.6.2 Schadensabläufe

Die Vorgänge bei bauschädlichen chemischen Reaktionen lassen sich unterscheiden in

- **lösende Angriffe:** Transport von in Wasser gelösten Säuren oder Salzen zu reaktionsfähigen Baustoffen, z. B. Bindemitteln; Umwandlung in wasserlösliche Salze und Abtransport der Lösung durch Kapillarität; Schwächung des Baustoffgefüges, z. B. Festigkeitsverlust und Absanden von Putzen
- **treibende Angriffe:** Transport der Salzlösung durch Kapillarität in Bauteilzonen mit höheren Temperaturen; bei Verdunstung des Wassers Kristallisation des gelösten Salzes an dieser Stelle; Volumenvergrößerung je nach Salzart um bis zu 500 % mit großem Sprengdruck; bei Kristallisation im Bauteilgefüge Abplatzungen von Anstrich- oder Putzbeschichtungen als Folge; bei Oberflächenkristallisation Belagsbildung und Verfärbung ohne Sprengdruck
- **feuchtebedingte Vorgänge:** Bindung von Wassermolekülen durch hygroskopische Salze; Feuchtigkeitsanreicherungen durch Salzkristallisation im Bauteilgefüge oder an dessen Oberfläche; damit Baustoffzerstörung, Frostschäden sowie verminderte Wärmedämmung

Ausblühungen sind im Schichtenaufbau von Bauteilen oder an ihrer Oberfläche auskristallisierende Salze.

Die dabei ablaufenden Vorgänge können Baustoffe aus dem Bauteilgefüge lösen, zu Sprengdruck und Abplatzungen oder zu Durchfeuchtungen führen. Immer ist Wasser an diesen Vorgängen beteiligt.

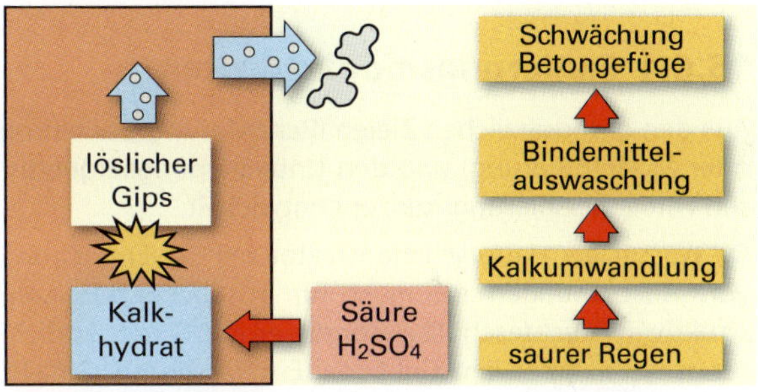

Lösender Angriff bauschädlicher Stoffe, Beispiel Säuren

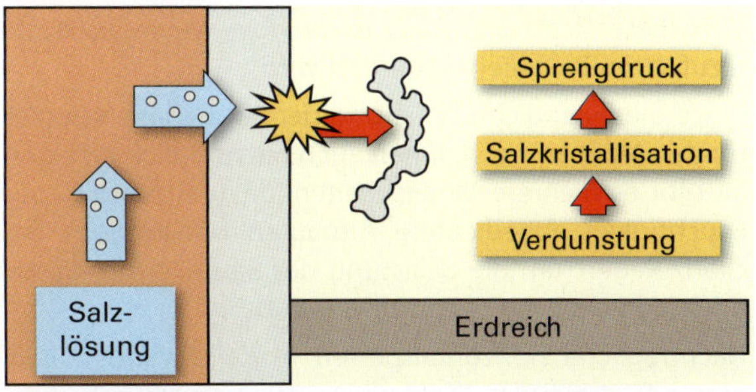

Treibender Angriff bauschädlicher Salze, Beispiel Putz

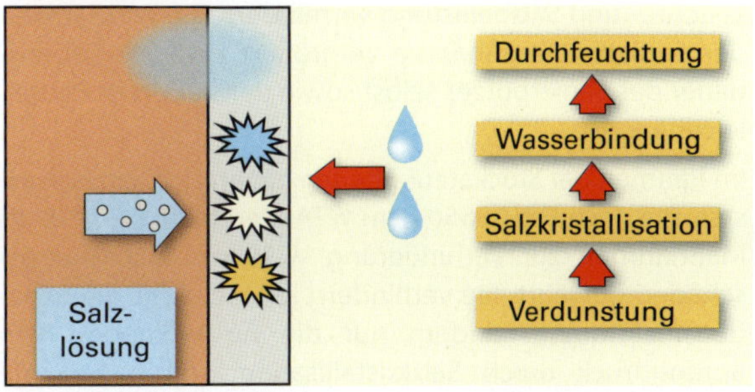

Durchfeuchtung durch hygroskopische Salze

15.6.3 Schadens- und Ursachenanalyse

Vor der Entscheidung über geeignete Maßnahmen zur wirtschaftlichen Sanierung von Ausblühungen sind unbedingt sorgfältige Untersuchungen der Gebäudekonstruktion und der vorhandenen Schäden durchzuführen. Dazu sind in der Regel Probeentnahmen (z. B. durch Kernbohrungen) mit nachfolgenden Laboranalysen notwendig. Folgende Untersuchungen sind erforderlich:

- Konstruktion des Gebäudes und der salzbelasteten Bauteile (Dicke, Schichtenaufbau, Materialien)
- vorhandener Feuchteschutz, Abdichtungssystem
- Zustand und Tragfähigkeit der salzbelasteten Bauteile, Ausmaß der Schädigung (nur Beschichtungen und Beläge oder auch Schädigung tragender Teile)
- Eignung der Bauteile als Putzgrund
- Ermittlung Feuchtigkeitsgehalt (Mauerwerk, Fugen); Messgeräte für elektrische Leitfähigkeit ungeeignet; Kernbohrung und Feuchtemessung durch Trocknung
- Analyse der Feuchtigkeitsursache (drückendes Wasser, kapillar aufsteigende Feuchtigkeit) Ursache noch oder nicht mehr vorhanden
- Analyse der Salze (Sulfate, Chloride, Nitrate) und des Versalzungsgrades (Mauerwerk, Fugenmörtel)
- Gebäudenutzung (Temperatur, Feuchtigkeit)

15.6.4 Sanierungsmöglichkeiten

Aus den grundsätzlichen Zielen (Renovierung, Sanierung oder Modernisierung) und den Untersuchungsergebnissen wird ein Sanierungskonzept entwickelt.

Da Wasser der Hauptschadensfaktor bei der Entstehung von Ausblühungen ist, muss für ausreichenden konstruktiven Feuchteschutz gesorgt werden. Durch Abdichtungsmaßnahmen am Gebäude, Entwässerung, Gefälle, Abdeckungen, Überstände und dichte Fugen können Schadensreaktionen an der Quelle bekämpft werden. Viele dieser Reaktionen sind vermeidbar, wenn die Feuchtezufuhr zu Bauteilen verhindert wird.

Diese die eigentliche Sanierung der Putzschäden begleitenden Maßnahmen können auch nachträglich erfolgen. So gibt es mehrere Möglichkeiten, unzureichend gegen Feuchtigkeit abgedichtete Altbauten nachträglich trockenzulegen, um die Belastung der Bauteile mit Wasser und darin gelösten Salzen zu vermindern.

Nachträgliche Horizontalsperren in Kellerwänden können, z. B. durch das Mauersäge-, Maueraustausch- oder das Injektionsverfahren, erfolgen. Dadurch werden die Feuchte- und Salzbelastung vermindert, die Wirksamkeit der Sanierungsmaßnahme vergrößert und die Lebensdauer des Sanierputzes selbst sowie der sanierten Bauteile verlängert.

Im Rahmen der Stuckateurarbeiten haben sich Sanierputzsysteme nach DIN 18550 dem WTA-Merkblatt E 2-9-18 als Maßnahmen zur Verhinderung weiterer Ausblühungsschäden bewährt. Sie verhindern jedoch nicht die Schadensreaktionen, sondern nur die Auswirkungen von Sprengdruck durch Salzkristallisation und halten die Putzoberfläche trocken.

allgemeine gesellschaftliche Möglichkeiten
Schadstoffe bei der Entstehung bekämpfen • Feuchtebelastung des Gebäudes vermindern, z. B. durch Stadtplanung, Entwässerung, Trockenbau • Säuren, Basen, Salze, Gase vermindern, z. B. bei saurem Regen, Streusalz, Verbrennungsgasen, Verkehr, Heizung, Kraftwerken
konstruktiver Bautenschutz
Schadstoffzufuhr zu Gebäudebauteilen begrenzen • Feuchtetransport und -aufnahme vermindern, z. B. durch Entwässerung und Gefälle, Abdeckungen, Aufkantungen, Dach-, Sims- und Profilüberstände, dichte Fugen und Anschlüsse, waagerechte und senkrechte Bauwerksabdichtungen, ausreichenden Wärmeschutz (Vermeidung Tauwasserbildung) • fehlerfreies haustechnisches Leitungsnetz • schützende Beschichtungen, Beläge, Bekleidungen
Baustoffauswahl
reaktionsfähige Baustoffe vermeiden • schadstoffhaltige oder -empfindliche Baustoffe vermeiden, z. B. kalkhaltige Baustoffe (säureempfindlich), Gips (wasserlöslich, Reaktionen mit Zement) • Verträglichkeit von Baustoffen sicherstellen, z. B. zwischen Untergrund und Putz, Putz und Anstrich • wasserarme Bauweise, -stoffe anwenden, z. B. Trockenbau; Mörtelanmachwasser reduzieren • schadstoffarmes Wasser verwenden, auf Salz- oder Säuregehalt achten
Ausführungsmängel
Verarbeitungsfehler vermeiden • Untergrund sorgfältig vorbehandeln • Wartezeiten für Erhärtung und Trocknung beachten • dichte Fugen und Anschlüsse sicherstellen • Schutzmaßnahmen während der Bauzeit einhalten, z. B. durch Abdeckungen, Planen
Schadstoffe entfernen
Schadstoffmengen vermindern • Trockenreinigung bevorzugen; möglichst wasser-, säure- und laugenarme Reinigungsmaßnahmen anwenden • Austausch salzbelasteter und geschädigter Teile, z. B. Mauerziegel, Natursteine • salzbelastete Schichten entfernen, z. B. Mauermörtel, Altputzsysteme oder -lagen
Ausblühungen „verstecken“
Schadstoffe und Auswirkungen begrenzen • Sanierputze anwenden (schadensfreie Aufnahme und Speicherung bauschädlicher Salze) • Opferputze vorsehen, wenn zeitlich begrenzter Untergrundschutz erforderlich ist (Putze, die ohne Untergrundschädigung durch Salze zerstört werden können) • hinterlüftete Bekleidungen herstellen (Provisorium)

Mögliche Maßnahmen gegen Salzausblühungen

Die Auswahl von Maßnahmen zur Sanierung von Ausblühungen erfordert besondere Sorgfalt und umfangreiche Untersuchungen.

Um die Wirksamkeit der Maßnahmen, z. B. auch von Sanierputzen, und die Lebensdauer der Bauteile zu verbessern, sollten unbedingt gleichzeitig Feuchteschutzmaßnahmen ergriffen werden.

15.6.5 Sanierputzsysteme nach WTA

Sanierputzsysteme eignen sich zum Verputzen durchfeuchteter und salzbelasteter Bauteile, insbesondere bei parallel durchgeführten Abdichtungsmaßnahmen zur Verminderung des Feuchtetransports. Zu den häufigsten Anwendungsfällen zählen durch kapillar aufsteigende Feuchtigkeit mit darin gelösten Salzen belastete Außen- oder Innenwände. Sanierputze werden dann als Außen- oder Innenputz auf den durch Ausblühungen geschädigten Wandbereichen eingesetzt, z. B. im Sockelbereich und darüber liegendem Außenputz.

Abhängig vom Raumklima in Kellerräumen können Ausblühungen auch auf Kellerwänden entstehen. Erfordert z. B. die geplante Raumnutzung als Hobbyraum ausblühungsfreie und trockene Wandoberflächen, übernimmt der Sanierputz die Aufgaben des Innenputzes. Bei ehemaligen Stallgebäuden sind oft durch die Viehhaltung in den nicht abgedichteten Wänden Nitrate eingelagert worden. Eine Umnutzung in Aufenthaltsräume erfordert dann den Einsatz eines Sanierputzsystems.

Wirkungsweise eines Sanierputzes

Wirkungsprinzip und Anforderungen an Zusammensetzung und Eigenschaften eines Sanierputzes sind dargestellt in DIN 18550 und im WTA-Merkblatt E 2-9-18 „Sanierputzsysteme", das den aktuellen Stand der Technik darstellt. Sanierputze werden als hydraulisch gebundene Werktrockenmörtel als Kalkzementputze gemäß DIN EN 998-1 bzw. DIN 18557 hergestellt. Zur Erfüllung ihrer Aufgaben benötigen sie drei wesentliche Eigenschaften:

- sehr hoher Luftporengehalt zur Einlagerung der Salzkristalle
- geringe kapillare Leitfähigkeit zur Verhinderung des Transports der Salzlösung bis zur Putzoberfläche
- extrem hohe Wasserdampfdurchlässigkeit zum Abtransport des Wasserdampfes

Bei wasserdampfdurchlässigen Putzsystemen kann die durch Kapillarität in der Wand aufsteigende Salzlösung bis an die Putzoberfläche gelangen und dort verdunsten. Die Salze kristallisieren dann an der Oberfläche aus. Bei dichteren Beschichtungen, z. B. bei Zementputzen oder Dispersionsfarben, kristallisieren sie zwischen Untergrund und Beschichtung aus, sodass der Sprengdruck zu Abplatzungen von Putzen oder Anstrichen führt.

Beim Sanierputz jedoch können sich bauschädliche Salze ohne schädigenden Sprengdruck im Porengefüge des Putzes einlagern und werden so von der Oberfläche ferngehalten. Da der Putz kapillar gering leitfähig ist, verdunstet die Salzlösung innerhalb des Putzes und die Feuchtigkeit gelangt als Wasserdampf an die Putzoberfläche, die so trocken und frei von Ausblühungen bleibt.

Sanierputzsysteme können bei durchfeuchteten und durch Ausblühungen belasteten Bauteilen die bauschädlichen Salze in ihrem porenhaltigen Gefüge aufnehmen und eine schadensfreie und trockene Putzoberfläche bewirken.

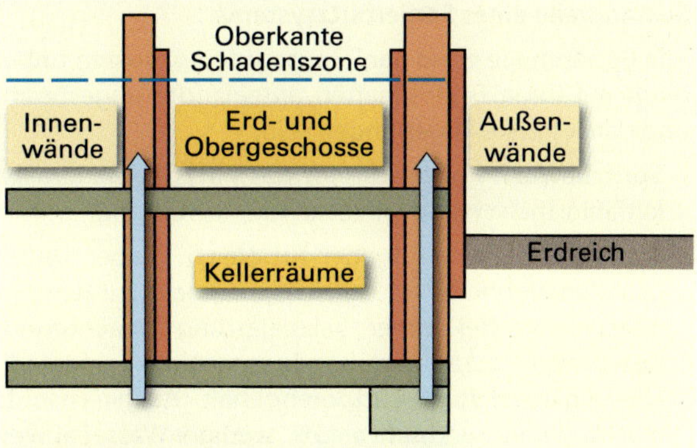

Einsatzbereiche von Sanierputzsystemen

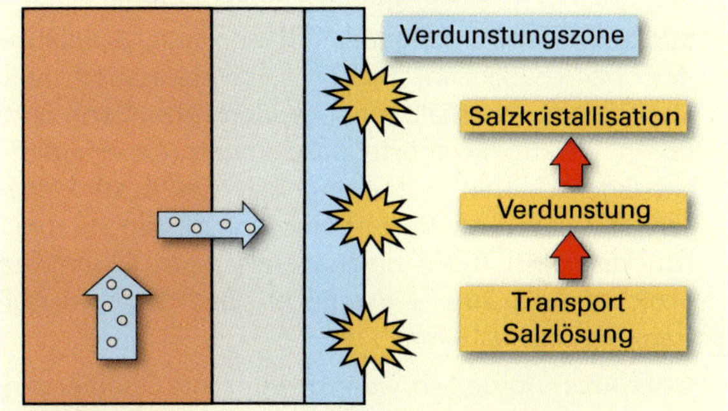

Salzkristallisation und Ausblühungen an Oberflächen

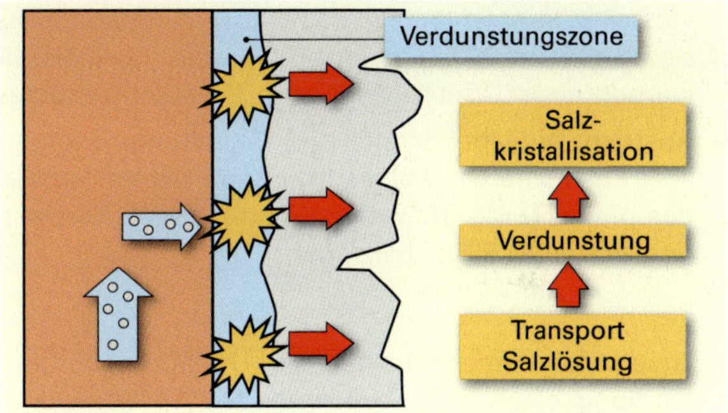

Salzkristallisation und Abplatzungen bei dichten Putzen

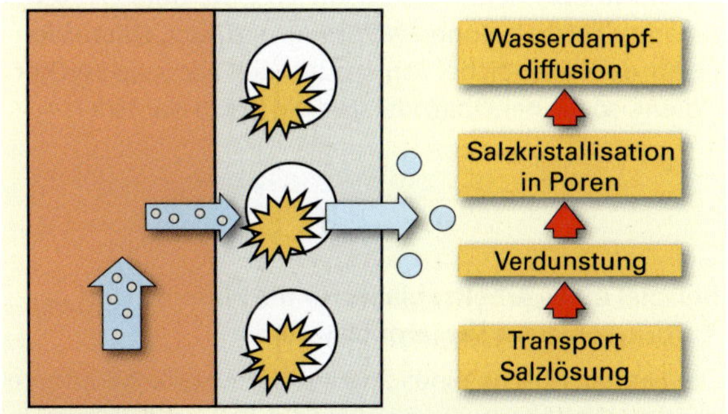

Wirkungsweise eines Sanierputzes bei kapillar aufsteigender Feuchtigkeit und Ausblühungen

Altputz-M.-%			Mauerwerk unverputzt M.-%		
gering	mittel	hoch	gering	mittel	hoch
< 0,75	0,75 … 2,25	> 2,25	< 0,15	0,15 … 0,75	> 0,75

Untergrundproben, Bewertung des Versalzungsgrades

Bestandteile eines Sanierputzsystems

Alle Bestandteile eines Sanierputzsystems müssen unbedingt mit ihren Eigenschaften aufeinander abgestimmt und damit herstellergebunden sein:

- **Spritzbewurf:** Haftbrücke für das Putzsystem; kapillar leitfähig; meist nicht volldeckende Ausführung
- **Grundputz WTA:** Aufgabe: Ausgleich grober Untergrundunebenheiten (Ausgleichsputz) oder zusätzlicher Salzspeicher bei hoher Salzbelastung (Porengrundputz); Werktrockenmörtel Kalkzementputz; erforderliche Eigenschaften: Luftporengehalt Ausgleichsputz > 35 %, Porengrundputz > 45 %, weniger Wasser abweisend als Sanierputz, stark wasserdampfdurchlässig (μ < 18), höhere Druckfestigkeit als Sanierputz
- **Sanierputz WTA:** Aufgabe: schadensfreie Aufnahme der bauschädlichen Salze; Salzkristallisation und Speicherung innerhalb einer großen Anzahl von Luftporen; Werktrockenmörtel Kalkzementputz; erforderliche Eigenschaften: Luftporengehalt > 40 %, stark Wasser abweisend, extrem dampfdurchlässig (μ < 12), Druckfestigkeit (CS II) niedriger als beim Grundputz; Schichtdicke ≥ 20 … ≤ 40 mm, bei mehrlagigem Auftrag jede Lage ≥ 10 mm
- **Oberputz:** erforderlich, wenn gewünschte Oberflächengestaltung durch Sanierputz nicht möglich; Aufgabe: Schutz und Gestaltung; erforderliche Eigenschaften: Wasser abweisend (Wz), extrem wasserdampfdurchlässig (s_0-Wert < 0,20 m); geringere Druckfestigkeit als Sanierputz; meist Dispersionssilicat- oder Siliconharzputze
- **Anstrich:** Aufgabe: Schutz und Gestaltung; erforderliche Eigenschaften: Wasser abweisend, extrem wasserdampfdurchlässig (s_0-Wert < 0,20 m); meist Dispersionssilicat- oder Siliconharzfarben

Sanierputzsysteme erhalten als Untergrundvorbehandlung einen nicht volldeckenden Spritzbewurf. Der folgende Grundputz dient bei starken Untergrundunebenheiten als Ausgleichsputz oder bei sehr starker Salzbelastung als Porengrundputz. Darauf folgen der eigentliche Sanierputz, der als Salzspeicher dient, sowie der Oberputz und ein Schlussanstrich.

Beispiel eines Arbeitsablaufs für die Planung und das Aufbringen eines Sanierputzsystems

Die Fassadenfläche eines an eine Gehwegfläche angrenzenden Wohnhauses weist im Sockel- und teilweise im Wandbereich bis in Höhe der Fensterbrüstungen sehr starke Ausblühungen und Abplatzungen von Putz- und Anstrichschichten auf (siehe Abbildung).

Es ist bereits nachträglich von innen eine waagerechte Wandabdichtung im Injektionsverfahren eingebracht worden (Höhe etwa 0,5 m über Kellerfußboden). Zur Vermeidung weiterer Schäden soll ein Sanierputzsystem nach WTA aufgebracht werden.

Versalzung	Maßnahmen	Schichtdicken in mm	Bemerkungen
gering	1. Spritzbewurf 2. Sanierputz WTA	≤ 5 ≥ 20	Spritzbewurf in der Regel nicht deckend, gegebenenfalls nach Herstellervorschrift volldeckend
mittel bis hoch	1. Spritzbewurf 2. Sanierputz WTA 3. Sanierputz WTA	≤ 5 10 … 20 10 … 20	
	1. Spritzbewurf 2. Porengrundputz WTA 3. Sanierputz WTA	≤ 5 ≥ 10 ≥ 15	

Schichtenaufbau eines Sanierputzsystems in Abhängigkeit von der Salzbelastung (nach WTA-Merkblatt 2-9-04)

Prüfeigenschaft	Grundputz WTA	Sanierputz WTA
Trockenrohdichte	–	< 1 500 kg/m³
Druckfestigkeit	> Sanierputz	1, 5 … 5,0 MPa (N/mm²)
kapillare Wasseraufn.	> 1,0 kg/m²	< 0,3 kg/m²
Wassereindringv.	> 5 mm	< 5 mm
Porengehalt	Ausgleichputz > 35 Vol.-% Porengrundputz > 45 Vol.-%	>40 Vol.-%

Sanierputz, am Bauwerk zu prüfende Eigenschaften

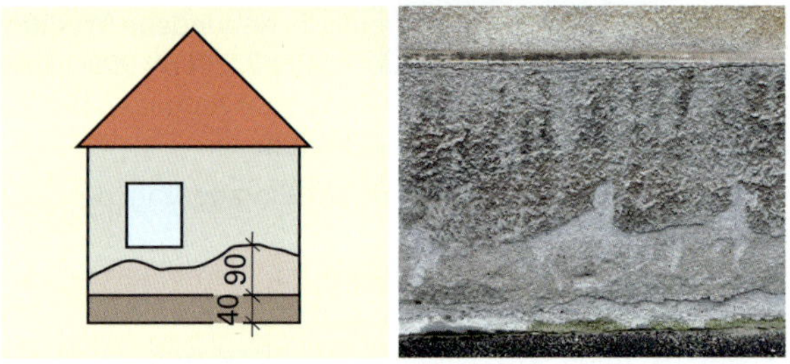

Dokumentation des Schadensbildes

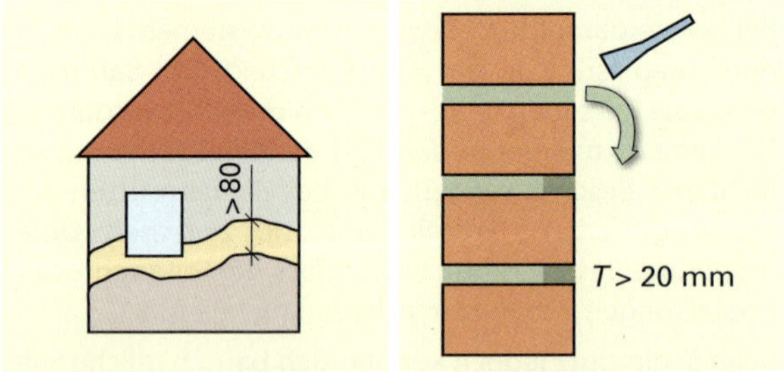

Untergrundvorbehandlung: Altputz entfernen > 80 cm über Schadenszone, Mauerwerksfugen auskratzen

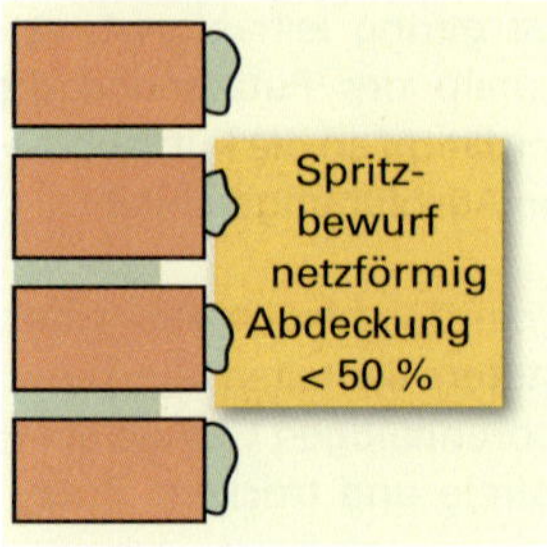

Spritzbewurf (Haftbrücke)

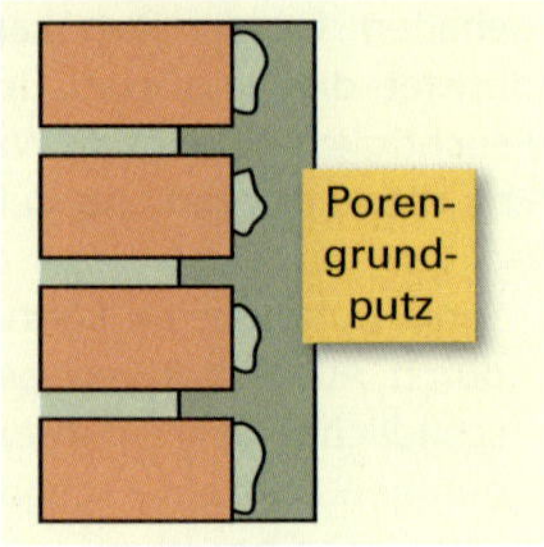

Porengrundputz WTA

Dokumentation und Ursachenanalyse

- fehlende Kellerwand- und Sockelabdichtung; kapillar aufsteigende Feuchtigkeit im Bereich der Kelleraußenwand, starke Streusalzbelastung durch Gehweg
- starke Ausblühungen und Abplatzungen von Putz und Anstrich im Bereich Sockelputz, im Bereich Außenwandputz bis etwa 90 cm über Sockelhöhe
- hohe Feuchte- und Salzbelastung (Chloride, Sulfate)
- Kelleraußenwand Natursteinmauerwerk, $d \approx 40$ cm, einlagiger Zementputz; Sockelputz zweilagiger Zementputz; Anstrich Dispersionsfarben
- Außenwand Ziegelmauerwerk $d = 36{,}5$ cm, zweilagiger Kalkzementputz; Anstrich Dispersionsfarben

Herstellungsablauf

- Entfernung des salzbelasteten Sockel- und Wandputzes bis etwa 80 cm über sichtbarer Schadenszone
- Auskratzen der salzbelasteten Mörtelfugen des Mauerwerks bis auf etwa 2 cm Tiefe
- Abkleben und Abdecken der Wandbereiche mit freigelegtem Mauerwerk
- Reinigung des verbliebenen Wandputzes mit Heißdampf
- mechanische Reinigung des freigelegten Mauerwerks erforderlich, Hochdruckwasserstrahlen oder Heißdampfreinigung ungeeignet
- Aufbringen eines nicht volldeckenden Spritzbewurfs als Haftbrücke (Systembestandteil!); Wartezeit einhalten
- bei nicht tragfähigem Untergrund Verankerung eines Edelstahl-Putzträgers
- aufgrund der hohen Salzbelastung und des unebenen Untergrundes Auftrag eines Porengrundputzes WTA als zusätzlicher Salzspeicher, $d = 20$ mm, eben abziehen, waagerecht aufrauen; Wartezeit pro mm Schichtdicke ≥ 1 Tag
- Auftragen eines zweilagigen Sanierputzes WTA, jeweils $d = 10$ mm, eben abziehen; Wartezeit jeweils pro mm Schichtdicke ≥ 1 Tag
- Auftragen eines Dispersionssilicatputzes als Oberputz im Sockelbereich, $d = 5$ mm, Putzweise gefilzt
- Grundierungsanstrich als Haftbrücke im Bereich Wandputz
- Auftragen eines Dispersionssilicatputzes als Oberputz im Bereich des gesamten Wandputzes, $d = 5$ mm, Putzweise feiner Reibeputz
- Auftragen Egalisationsfarbe zum Farbtonausgleich

Nach der Untersuchung der Salz- und Feuchtigkeitsbelastung sowie der Schäden und ihrer Ursachen wird auf den geschädigten Wandbereichen der Altputz entfernt. Auch salzbelastete Mauerwerksfugen müssen ausgekratzt werden.

Nach der Untergrundreinigung können Spritzbewurf, Grund- und Sanierputz aufgetragen werden. Um Struktur- und Farbunterschiede zu vermeiden, werden Oberputz und Schlussanstrich auf der gesamten Fassadenfläche aufgebracht, wobei der Sockelbereich durch Unterschiede in Putzweise und Farbton abgesetzt werden kann.

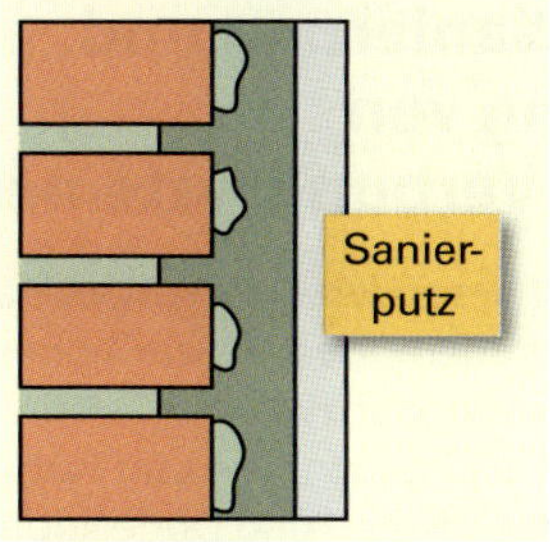

Sanierputz WTA

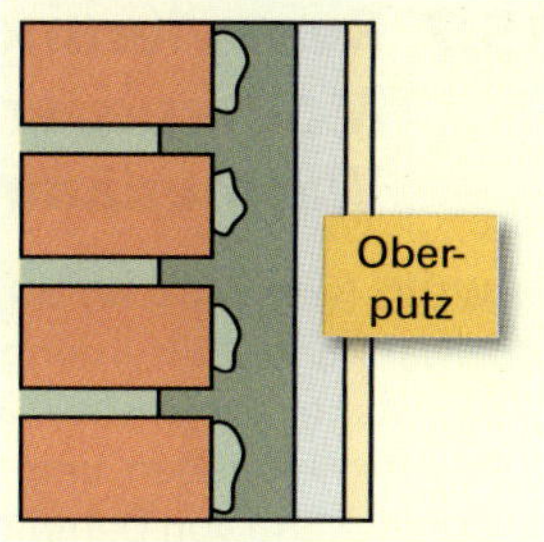

Deckschicht Oberputz

Zusammenfassung

Bauschädliche Salze entstehen durch chemische Reaktionen von Säuren, Basen oder Salzen mit reaktionsfähigen Baustoffen. Dabei ist fast immer Wasser beteiligt. Ausblühungen entstehen, wenn bei Wasserverdunstung aus Salzlösungen die Salze auskristallisieren. Der entstehende Sprengdruck verursacht Bauschäden durch Abplatzungen und Baustoffzerstörung.

Vor der Auswahl eines geeigneten Sanierungsverfahrens müssen Ausmaß und Ursache der Feuchtigkeitsbelastung sowie Art, Menge und Herkunft der bauschädlichen Salze untersucht werden.

Sanierputzsysteme können die Salze schadensfrei in ihrem Porenraum aufnehmen und dort speichern. Ist der Porenraum gefüllt, muss der Sanierputz entfernt und erneuert werden.

Eine verminderte Feuchte- und Salzbelastung und damit eine verlängerte Lebensdauer des Sanierputzes kann erreicht werden, wenn die Entstehung und das Eindringen bauschädlicher Säuren und Salze in Bauteile verhindert werden, z. B. durch den nachträglichen Einbau von Feuchtigkeitssperren in Kellerwänden.

Aufgaben

1. *Beschreiben Sie, auf welche Weise saurer Regen zu Schäden an kalkhaltigen Außenputzen führt.*
2. *Auf welche Weise entstehen bei nicht abgedichteten Kellerwänden Schäden an Sockelputzen?*
3. *Beschreiben Sie die Aufgabenstellung und die Bestandteile eines Sanierputzsystems.*
4. *In welchen Fällen benötigt ein Sanierputzsystem keinen Grundputz?*
5. *Warum ist bei durchfeuchteten und salzbelasteten Sockelzonen einer Außenwand das Auftragen eines Sockelputzes als Zementputz ungeeignet?*
6. *Welche Haupteigenschaften benötigt ein Sanierputz zur Erfüllung seiner Aufgaben?*
7. *Wovon hängt die Lebensdauer eines Sanierputzes ab?*
8. *Erstellen Sie eine Materialbedarfsberechnung für ein Sanierputzsystem mit sehr starker Salzbelastung. Fläche 125 m^2, Verlust und Verschnitt 8 %.*

15.7 Renovierung, Sanierung und Modernisierung von Wärmedämm-Verbundsystemen

Da WDVS (siehe Abschnitt 11.8) besondere Sorgfalt bei Planung, Materialwahl und -ausführung erfordern, besteht ein hohes Risiko für das Entstehen folgender Mängel oder Schäden:

- Oberfläche uneben, ungleichmäßige Struktur und Farbe
- Abzeichnung von Dämmplatten, Fugen und Dübelköpfen
- Verschmutzung (Dachüberstand/Fenstersims), Algen-/Pilzbefall
- Risse oder Abplatzungen bei Putz- und Anstrichschichten
- Mängel an Anschlussfugen zu anderen Bauteilen
- Totalschaden durch Ablösung des WDVS vom Untergrund

Sanierungen von Schäden an einem WDVS sollen dessen Ursprungszustand wieder herstellen, **Modernisierungen** jedoch das Gebäude zusätzlich den aktuellen technischen und gestalterischen Anforderungen anpassen und so die Nutzungsdauer verlängern. Ziele können sein:

- Verbesserung von Wärme-, Feuchteschutz und Energiebilanz
- Verbesserung der Standsicherheit des Gesamtsystems
- Verminderung von Rissrisiko, Verschmutzung und Algenbefall
- gestalterische Aufwertung durch Struktur und Farbe

15.7.1 Alternative Maßnahmen

In DIN 55699 und im WTA-Merkblatt 2-13-15 werden die folgenden Maßnahmen beschrieben, mit denen aufgrund der Ergebnisse der Bestandsanalyse die festgelegten Ziele erreicht werden sollen. Die Auswahl ist abhängig vom Ausmaß der optischen oder technischen Mängel und Schäden sowie der Beeinträchtigung der Funktionen des WDVS. Sind Teilflächen für anstrich- und putztechnische Maßnahmen geplant, so werden Struktur- und Farbunterschiede zwischen bestehenden und überarbeiteten Flächen sichtbar bleiben. Daher ist in diesen Fällen als Abschluss eine ganzflächige Anstrichbeschichtung zum Ausgleich von Farbunterschieden empfehlenswert. Keine Maßnahme darf eine Verschlechterung der bauphysikalischen Verhältnisse bewirken.

- **Überarbeitung oder Erneuerung des Schlussanstrichs**
  Zur Renovierung abblätternder, gerissener, gering Wasser abweisender oder optisch mangelhafter Anstriche können je nach Bindemittelbasis des Altanstrichs Dispersionssilicat-, Siliconharz- oder Dispersionsfarben verwendet werden (evtl. rissfüllende oder überbrückende Systeme). Voraussetzung sind gut haftende Altanstriche.

Anforderungen an putztechnische Überarbeitung und Erneuerung

- trockenes, standsicheres EPS-/MW-Altsystem
- zur WDVS-Überarbeitung zugelassene Putze, mit Altsystem verträglich und mit abgestimmter Festigkeit
- bei geklebten/geklebten und gedübelten Putzsystemen flächenbezogene Gesamtmasse alt und neu ≤ 30 kg/m², bei Dämmschichtdicken > 20 cm ≤ 22 kg/m²
- s_D-Wert Neusystem bei EPS ≤ 1,0 m, bei MW ≤ 0,5 m
- Brandschutzzonen für Raum-, Fassaden und Sockelbrand

- **Überarbeitung des Oberputzes**
  Oberflächlich abgesandete oder optisch unbefriedigende Oberputze mit guter Untergrundhaftung und Tragfähigkeit können nach Reinigung und evtl. verfestigender Grundierung mit einem neuen Armierungsputz mit Gewebeeinlage und feinkörnigem Oberputz überarbeitet werden. Geeignet sind je nach Bindemittelbasis des Altsystems mineralische, Dispersionssilicat-, Siliconharz- oder Dispersionsputze.

Verschmutzung oder Algenbefall

Abplatzungen von Putz- oder Anstrichschichten

Rissbildungen im Putzsystem

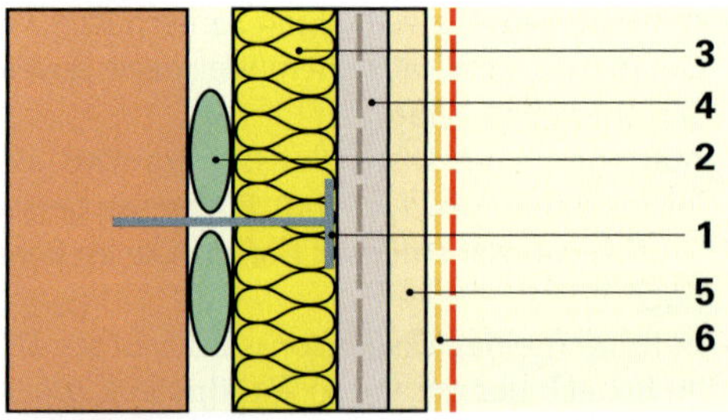

Überarbeitung oder Erneuerung Schlussanstrich

Altsystem Bindemittelart		Neusystem Gesamtputzdicke (mm alt + neu)	
Unterputz	Oberputz	Unterputz	Oberputz
min[1]	min[2]	min[1] ≤ 10	min[2] ≤ 15
min[1]	min[2]	min[1] ≤ 10	org[3] ≤ 6
min[1]	min[2]	org[3] ≤ 10	org[3] ≤ 6
min[1]	org[3]	org[3] ≤ 8	org[3] ≤ 6
org[3]	org[3]	org[3] ≤ 8	org[3] ≤ 6

[1] Hauptbindemittel Zement; [2] Hauptbindemittel Kalk, Zement, Kaliwasserglas; Hauptbindemittel; [3] Kunstharz, Siliconharz

Überputzen von WDVS, Anforderungen Putze

- **Erneuerung des Oberputzes**
  Schäden durch mangelhafte Oberputzhaftung auf dem Armierungsputz, großflächige Oberputzrisse oder starke Durchfeuchtung erfordern eine Erneuerung des Oberputzes. Nach Abfräsen des Altputzes, Reinigung der Oberfläche, Prüfung der Haftzugfestigkeit des Armierungsputzes auf der Dämmschicht und dem Auftrag einer Grundierung als Haftbrücke wird der neue Oberputz aufgetragen. Hierbei müssen unbedingt die allgemeinen Anforderungen an die Eigenschaften des neuen Putzsystems und ihrer Abstimmung mit dem Altsystem eingehalten werden (siehe vorige Seite).
- **Erneuerung des gesamten Putzsystems**
  Bei Schäden im Gesamtsystem (starke Rissbildungen, Abplatzungen, Durchfeuchtungen, Material- und Verarbeitungsfehler) müssen Ober- und Unterputz bis zur Dämmplattenebene entfernt und Fehlstellen an Dämmplattenfugen mit Dämmstoff verfüllt werden. Dann werden der neue Armierungsputz mit Gewebeeinlage, ggf. nach Grundierung der Oberputz und Schlussanstrich aufgebracht.
- **Rissursache mangelhafte Dämmplattenbefestigung**
  Neben den Methoden zur Risssanierung von Altputzsystemen (siehe Abschnitt 15.5.8) besteht für die Sanierung von Fugenrissen aufgrund fehlerhafter Befestigung der Dämmplatten die Möglichkeit der Nachverklebung oder -verdübelung vor der Erneuerung des Putzsystems. Bei der Verklebung wird die Dämmschicht punktuell durchstoßen, der PUR-Klebeschaum eingebracht der Klebeflächenanteil und Haftverbund durch Probeöffnungen überprüft. Bei der Verdübelung richtet sich die Dübelanzahl nach der vorhandenen Windlast.
- **Aufdoppelung des bestehenden WDVS**
  Als „Aufdoppelung“ wird das Überarbeiten eines schadhaften WDVS mit einem vollständig neuen System aus Dämmschicht und Putzsystem bezeichnet. Es stellt durch die Anpassung an die aktuellen technischen Anforderungen eine Modernisierung dar, da bestehende Schäden beseitigt werden und der Wärmeschutz verbessert wird. Dieses Verfahren wird im folgenden Abschnitt ausführlich behandelt.
- **Komplettersatz des gesamten WDVS**
  Abriss des Altsystems und Neuaufbau eines WDVS können bei erheblichen Schäden wirtschaftlicher sein als eine Aufdopplung, insbesondere wenn die Schadensursache eine mangelhafte Befestigung der Dämmplatten ist.

Je nach Schwere der Mängel oder Schäden bei einem WDVS können Renovierungs-, Sanierungs., oder Modernisierungsmaßnahmen erforderlich werden. Bei ausreichender Untergrundtragfähigkeit und -haftung kann die Überarbeitung von Anstrichschicht oder Oberputz ausreichend sein, während sonst deren Erneuerung erforderlich wird. Zu den Sanierungs- und Modernisierungsmaßnahmen zählen Erneuerung des Gesamtputzsystems, Risssanierung, Aufdoppelung sowie Abriss und Neuaufbau eines WDVS.

15.7.2 Aufdoppelung eines WDVS

Die Aufdoppelung eines WDVS auf ein Altsystem ist sinnvoll bei hohen Wärmeverlusten im Vergleich zu den Anforderungen des GEG, insbesondere bei Wärmebrücken, bei Abzeichnung von Dämmplattenfugen und Dübeln sowie schadhaftem Oberputz und Anstrich.
Es dürfen nur bauaufsichtlich zugelassene Systeme verwendet werden, bei denen die Dämmplatten vollflächig mit der bestehenden WDVS-Oberfläche verklebt und durch das Altsystem bis in den Untergrund gedübelt werden müssen. Als Dämmstoffe stehen Polystyrolplatten (EPS), Mineralwolleplatten (MW) und Lamellenplatten (MW-L) zur Verfügung.

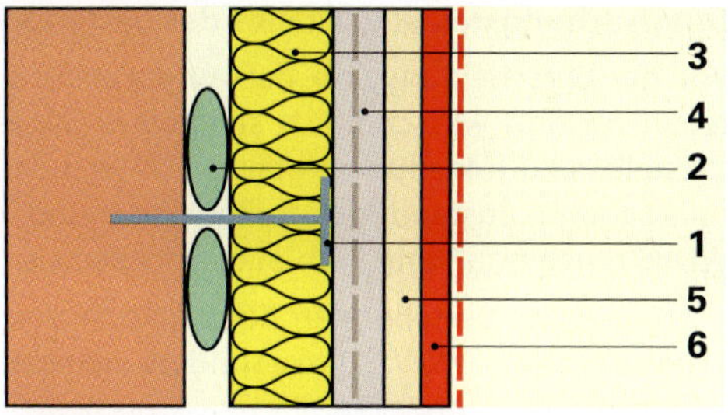

Überarbeitung Oberputz, Erneuerung Anstrich

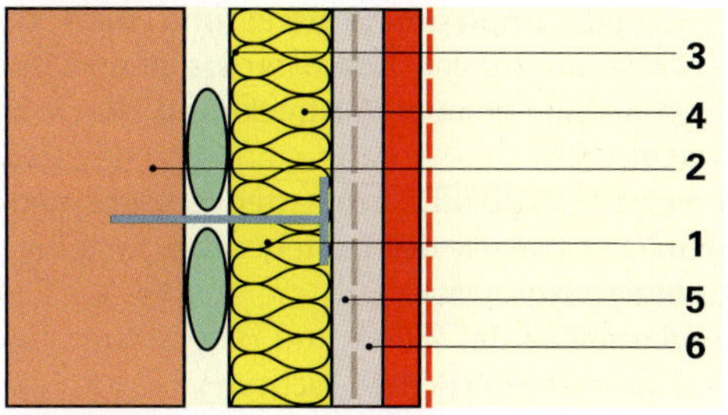

Erneuerung Oberputz und Schlussanstrich

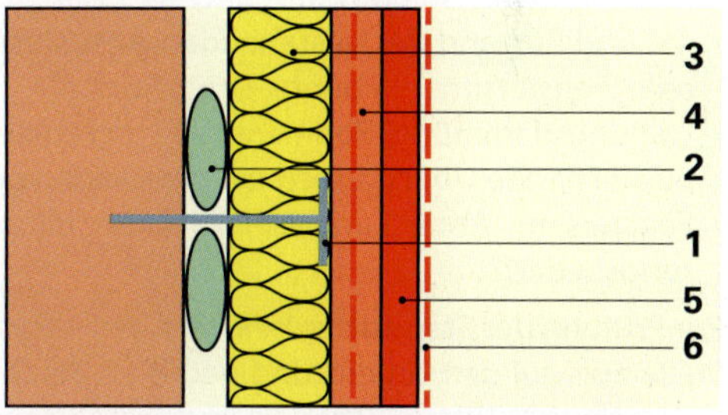

Erneuerung Putzsystem und Schlussanstrich

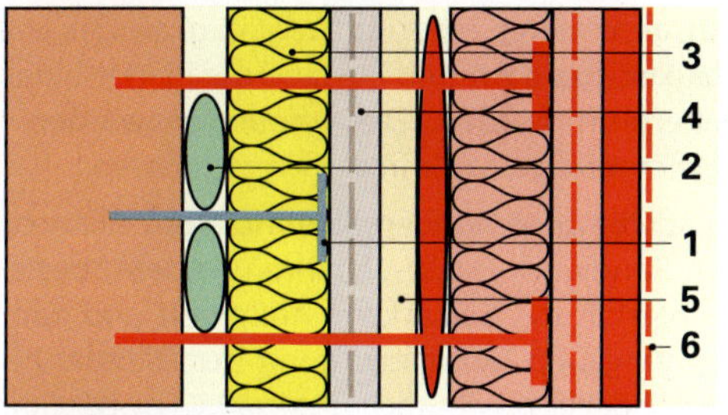

Aufdoppelung WDVS

Bestandteile des WDVS:
1: Verdübelung 4: Armierungsputz mit Gewebeeinlage
2: Kleber 5: Oberputz
3: Dämmplatte 6: Schlussanstrich
(rot dargestellt: überarbeitete bzw. erneuerte Elemente des WDVS)

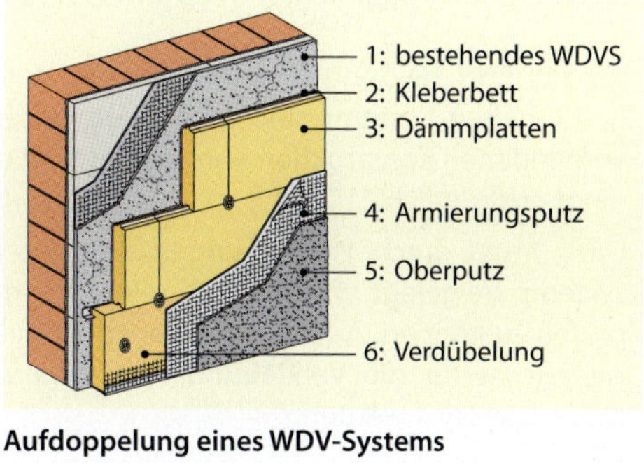

Aufdoppelung eines WDV-Systems

Untersuchung des Ist-Zustands des bestehenden WDVS

Vor der Entscheidung, ob die Aufdoppelung eines WDVS die technisch und wirtschaftlich sinnvollste Sanierungsmaßnahme darstellt, sind folgende sorgfältige Untersuchungen von Konstruktion und Zustand der Außenwand und des bestehenden WDVS durch erfahrene Fachleute erforderlich:

- Analyse der bestehenden Konstruktion von Außenwand und bestehendem WDVS, insbesondere Schichtenaufbau, Materialien und Schichtdicken
- bauphysikalische Berechnung von Wärmeschutz und Wasserdampfdiffusion im Bestand und nach der Aufdoppelung; Verhinderung von Tauwasserausfall und Durchfeuchtung aufgrund mangelnder Austrocknung durch zu diffusionsdichte Schichten
- Befestigung der Dämmplatten (geklebt, gedübelt, Schienen)
- Standsicherheit des bestehenden Systems und Tragfähigkeit des Untergrunds
- Oberfläche des WDVS und Haftverbund für Verklebung; evtl. Entfernung der Altbeschichtung
- Brandschutzklasse des bestehenden WDVS (A, B1, B2)
- Feuchteschutz durch Wand- und Sockelabdichtungen
- Art und Zustand der bestehenden Anschlüsse an andere Bauteile (Fenstersims, -laibung, -sturz, Sockel)
- Laibungsdämmung, Rahmenbreite an Fensteröffnungen
- ausreichende Überstände bzw. Abstände von Dachvorsprung, Fenstersims, Abdeckungen; Fallrohren, Blitzableitern; Erneuerungsbedarf?

Zur Prüfung der Standsicherheit wird das Altsystem an mehreren Stellen bis auf den Untergrund geöffnet. Bei Gebäuden mittlerer Größe ohne sichtbare Schäden sind drei Öffnungen ausreichend. Dazu werden aus dem Altsystem Flächen von etwa 0,5 … 1,0 m² ausgeschnitten. Art und Tragfähigkeit des Untergrunds, Haftfähigkeit sowie Art und Zustand der Plattenbefestigung können so überprüft werden. Die Öffnungen werden anschließend mit gleichwertigem Dämmstoff verschlossen.

Sind die bestehenden Dämmplatten nicht oder unsachgemäß im Randwulst-Punkt-Verfahren geklebt, besteht die Gefahr der Hinterlüftung durch kalte Außenluft und damit von Tauwasserbildung und Durchfeuchtung der Dämmschicht. Liegt die Kleberabdeckung deutlich unter 40 %, ist die Standsicherheit nicht gewährleistet. In beiden Fällen sind Abriss und Neuaufbau eines WDVS erforderlich. Eine Nachverklebung mit Injektionen von PU-Schaum ist nur in wenigen Fällen geeignet.

Bei Verdübelung der Dämmplatten muss der Sitz der Dübel im Untergrund überprüft werden. Die vorhandene Dübelanzahl spielt dabei keine entscheidende Rolle, da das Neusystem nach den Regeln der Technik durch das bestehende Altsystem hindurch bis in den tragfähigen Untergrund verdübelt wird.

Vor der Entscheidung über Aufbau und Materialien des aufgedoppelten Systems sind sorgfältige Untersuchungen der vorhandenen Konstruktion von Außenwand und WDVS unbedingt erforderlich.

Dazu muss durch Prüföffnungen der Untergrund des Altsystems freigelegt werden, um seine Standsicherheit überprüfen zu können. Auch die Haftfähigkeit der Oberfläche des Altsystems für die Verklebung des aufgedoppelten WDVS muss überprüft werden.

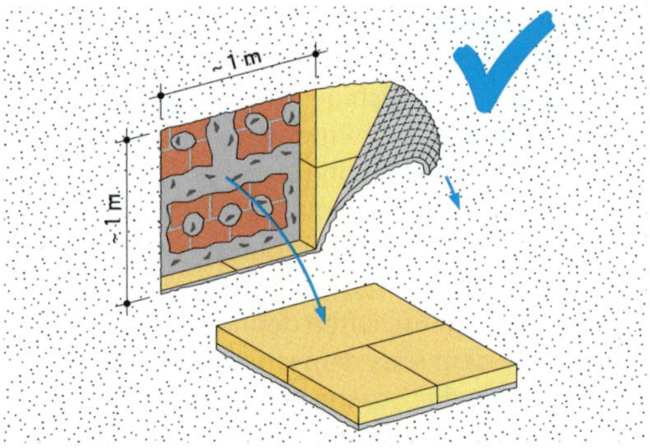

Öffnungen des Altsystems zur Prüfung von Materialien, Schichtdicken, Dämmplattenbefestigung und Kleberverbund

Grundsätze für das Sanierungsverfahren

- mehrfache Aufdoppelung und Aufdoppelung eines Schienensystems unzulässig
- Schichtdicke des Neusystems ≥ 40 mm
- maximale Dämmstoffdicke abhängig von Dämmstoffarten Alt-/Neusystem und Brandschutzanforderung (Brandklasse B1, B2?)
- Verbesserung der Brandklasse Altsystem durch Aufdoppelung unmöglich; nur gleichbleibend oder Rückstufung möglich
- maximale flächenbezogene Masse von Altsystem und Neusystem ≤ 30 kg/m²
- bei EPS-Systemen (B1) mit Dämmschichtdicken 10 cm < d ≤ 30 cm erhöhte Brandschutzanforderungen wie bei neuen WDVS; Brandbarrieren aus MW-Platten oder MW-Lamellen erforderlich an Fenstersturz oder als umlaufender Brandriegel in Schutzzonen Sockel-, Fassaden- und Raumbrand
- Brandbarrieren müssen durch Alt- und Neusystem bis auf den tragenden Untergrund reichen
- Erneuerung veralteter oder schadhafter Anschlüsse an angrenzende Bauteile durch schlagregendichte Fugenbänder erforderlich (Fenstersims, -laibung, Dach, Sockel)

Dämmstoff alt	Dämmstoff neu	Gesamtdicke	Brandschutz
EPS	EPS	≤ 30 cm	B1*
EPS	MW, MW-L	≤ 20 cm	B1*
MW, MW-L	MW, MW-L EPS	≤ 20 cm	A B1*

* Brandschutzriegel erforderlich bei EPS > 10 cm, sonst B2

Maximale Dämmstoffdicke bei Aufdoppelung WDVS

Brandklassen der WDVS-Systeme									
Altsystem	A			B1			B2		
Neusystem	A	B1	B2	A	B1	B2	A	B1	B2
Gesamtsystem	A	B1	B2	B1	B1	B2	B2	B2	B2

Brandklassenveränderung bei Aufdoppelung

Herstellungsablauf

- Öffnungen zur Untersuchung des Altsystems einschneiden und bis auf den Untergrund freilegen; streifenförmig umlaufend Altputzsystem entfernen ($b \geq 20$ cm)
- Austausch beschädigter Dämmplatten, offene Plattenfugen verfüllen
- Öffnungsverschluss mit gleichwertigen Materialien; Dämmplatten vollflächig kleben und dübeln, Armierungs- und Oberputz über Randfugen der Öffnungen überlappend auftragen.
- Entfernung der bestehenden Dämmplatten am Anschluss des Sockelprofiles auf halbe Plattenhöhe
- Entfernung des bestehenden Sockelprofiles
- Reinigung der gesamten Fassadenfläche
- Auftragen eines Grundierungsanstrichs zur Oberflächenfestigung des Altsystems und als Haftbrücke für Verklebung des aufgedoppelten Systems
- Anbringen des neuen Sockelanschlussprofiles, abgestimmt auf Gesamtdicke WDVS
- Anbringen neuer Dämmplatten im Bereich der entfernten halben Dämmplatten am Sockelprofil entsprechend der Gesamtdicke des WDVS; Platten vollflächig verkleben und verdübeln; auf Fugenversatz zum Altsystem achten
- Anbringen neuer Dämmplatten, beginnend auf den erneuerten halben Dämmplatten am Sockelprofil; Verlegung reihenweise im Verband mit Fugenversatz zum Altsystem; vollflächig verkleben und durch das Altsystem bis in den Untergrund verdübeln; Wartezeiten einhalten
- Anbringen von Gewebeeckwinkeln als Kantenschutz an Gebäude- und Öffnungskanten sowie Diagonalbewehrung an Öffnungsecken
- Auftragen Armierungsputz auf gesamter Fassadenfläche, Armierungsgewebe einbetten; Wartezeiten einhalten
- Auftragen Grundierungsanstrich als Haftbrücke für Oberputz
- Auftragen des Oberputzes in vorgesehener Putzweise
- Auftragen des Schlussanstrichs nach Wartezeit

Nach der Untersuchung der Standsicherheit des Altsystems und des Untergrunds durch mehrere Probeöffnungen werden die bestehenden Dämmplatten am Sockelprofil auf halbe Plattenhöhe entfernt und ein neues Sockelprofil angebracht.

Auf dem neuen Profil wird der neue Dämmstoff in der Dicke des Gesamtsystems mit dem Untergrund verklebt und verdübelt. Anschließend werden die folgenden Dämmplattenreihen mit versetzten Stoßfugen auf dem Altsystem angebracht.

Auf den Dämmplatten werden wie bei einem Neusystem der Armierungsputz mit Gewebeeinlage und der Oberputz, eventuell mit einem Schlussanstrich, aufgetragen.

Details und Anschlüsse

- bei mangelhaften Anschlüssen der Fensterrahmen an die Laibungsdämmung (zu geringe Dicke Laibungsplatten, Anschlüsse nicht schlagregen- oder luftdicht), Entfernung der Laibungsdämmung sowie eines Dämmplattenstreifens ($b \geq 20$ cm) beidseitig der Fensteröffnung erforderlich
- Erweiterung der Fensterlaibung durch Abfräsen der Laibung der Rohbauwand bei zu schmalen Fensterrahmen
- Nachrüsten luftdichter Rahmenanschlüsse bei fehlenden Fugendichtbändern

Sockelprofil und halbe Dämmplatte erneuert

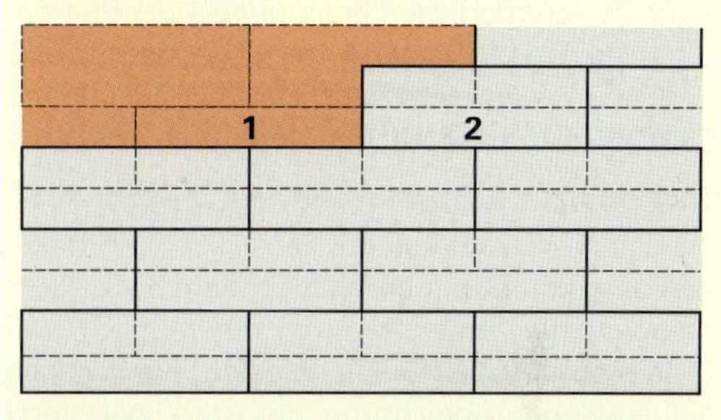

Dämmplatten im Fugenversatz zum Altsystem

Prüfung von Schichtdicken und Dübellängen

Dämmplattenzuschnitt und Verdübelung

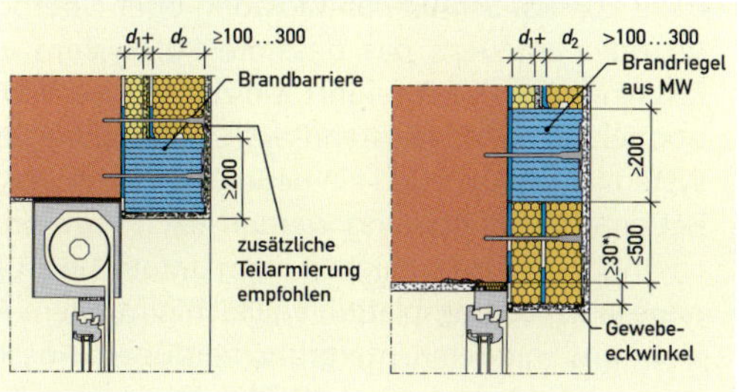

Brandbarriere und Brandriegel bei Aufdoppelung von EPS-Systemen mit 10 cm < $d \leq 30$ cm

- im Bereich der entfernten Plattenstreifen an den Fensterlaibungen Anbringen neuer Dämmplatten in Gesamtdicke des WDVS; Platten vollflächig verkleben und verdübeln; auf Versatz der Stoßfugen zum Altsystem achten (≥ 20 cm)
- Laibungsdämmung mit möglichst größerer Plattendicke als beim Altsystem vollflächig verkleben; Anschluss an Fensterrahmen mit Fugendichtband schlagregendicht nachrüsten
- bei EPS-Systemen (B1) mit erforderlichen Brandbarrieren entfernen der Dämmplatten im Bereich Fenstersturz; Höhe ≥ 20 cm, seitlicher Überstand ≥ 30 cm; alternativ umlaufende Brandriegel in jedem zweiten Geschoss, beginnend an Unterkante WDVS mit Schutzzonen Sockelbrand, Raumbrand und Fassade (siehe Abschnitt 11.8.6)
- für die erforderlichen Brandriegel oder Brandbarrieren Anbringen neuer MW-Dämmplatten abgestimmt auf Gesamtdicke des WDVS; Platten vollflächig kleben und durch das bestehende WDVS hindurch bis in den Untergrund dübeln

Sockelputz

Bei einem WDVS mit in das Erdreich einbindendem oder an eine Perimeterdämmung anschließendem Sockelputzsystem ist eine sachgerechte Modernisierung nur möglich, wenn der ins Erdreich einbindende Bereich freigelegt werden kann.
Bei fehlender Abdichtung des stark belasteten Sockelputzes werden durch kapillar eindringende Feuchtigkeit erhebliche Schäden durch Bindemittelauswaschung und Abplatzungen verursacht. Hier muss nachträglich das ins Erdreich einbindende Putzsystem freigelegt und mit einer flexiblen zementhaltigen Abdichtungsmasse geschützt werden. Die Abdichtungsschicht muss den unteren Putzabschluss umfassen.

Bei mangelhaften Fensteranschlüssen muss seitlich der Laibung ein Altsystemstreifen entfernt und durch neue dickere Dämmplatten ersetzt werden. Die Laibungsdämmung muss, abgestimmt auf die Breite des Fensterrahmens, mit größerer Schichtdicke erneuert, die Anschlüsse an den Fensterrahmen müssen luft- und schlagregendicht nachgerüstet werden.
Bei EPS-Systemen mit Dämmplattendicken > 10 cm müssen wie bei Neusystemen Brandbarrieren im Sturzbereich oder Brandriegel aus MW-Dämmplatten nachgerüstet werden.
Unzureichend gegen Feuchtigkeit abgedichtete Sockelbereiche des bestehenden WDVS müssen nachträglich durch flexible mineralische Dichtstoffe abgedichtet werden.

Zusammenfassung

Je nach Art und Umfang von Mängeln oder Schäden können WDV-Systeme renoviert, saniert oder modernisiert und damit an aktuelle technische und gestalterische Anforderungen angepasst werden.
Dazu können Schlussbeschichtung oder Oberputz überarbeitet oder erneuert, das gesamte Putzsystem erneuert, eine Risssanierung durchgeführt, ein zusätzliches WDVS durch Aufdoppelung auf das Bestandssystem aufgebracht oder das Altsystem abgerissen und ein neues WDVS aufgebracht werden.
Bei einer Aufdoppelung werden nach Prüfung von Standsicherheit und Haftfähigkeit von Untergrund und Altsystem neue Wärmedämmplatten vollflächig mit dem Altsystem verklebt und mit dem Untergrund verdübelt. Anschließend werden wie bei einem neuen WDVS Armierungs- und Oberputz sowie gegebenenfalls ein Schlussanstrich aufgebracht.

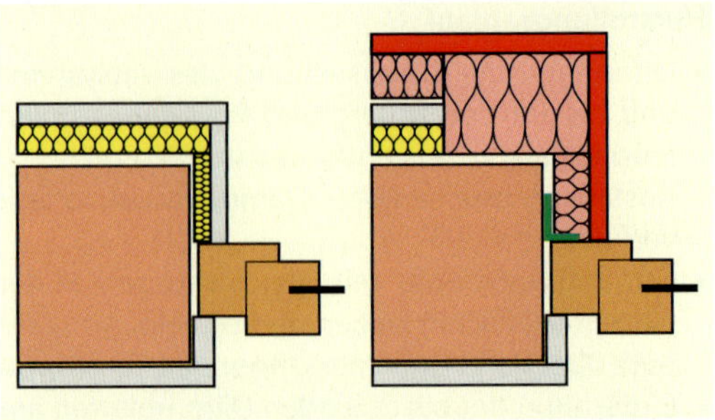

Aufdoppelung ungenügender Laibungsdämmung und Nachrüstung der Anschlüsse

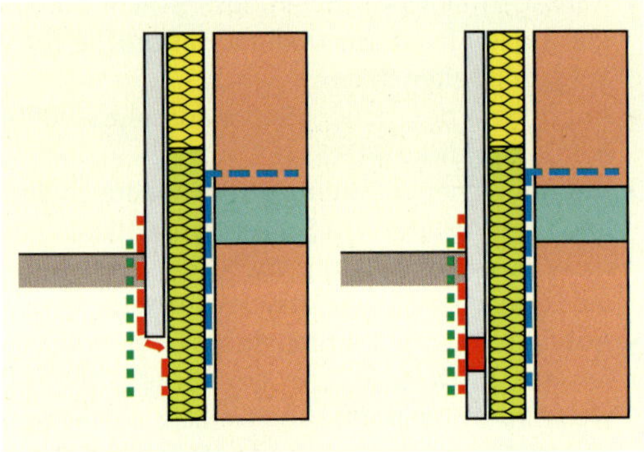

Nachträgliche Sockelabdichtung

Aufgaben

1. *Welche Maßnahmen sind bei der Renovierung eines bestehenden WDVS möglich?*
2. *Unter welchen Voraussetzungen kann ein bestehendes WDVS mit einem neuen Oberputz überarbeitet werden?*
3. *Welche Ziele kann man mit einer Modernisierung eines WDVS verfolgen?*
4. *In welchem Fall ist bei einem bestehenden WDVS die Erneuerung des gesamten Putzsystems erforderlich?*
5. *Welche Informationen gewinnt man bei der Sanierung eines bestehenden WDVS durch das Einschneiden von Prüföffnungen?*
6. *Warum ist die Aufdoppelung eines WDV-Altsystems unzulässig, wenn dessen Dämmplatten nicht im Punkt-Wulst-Verfahren, sondern nur im Punktverfahren mit dem Untergrund verklebt sind?*
7. *In welchem Fall müssen bei bestehenden WDVS Brandbarrieren oder Brandriegel aus MW-Platten nachgerüstet werden?*
8. *Erstellen Sie eine Kostenberechnung für eine WDVS-Sanierung durch Erneuerung des gesamten Putzsystems. Aufmaßfläche 214,5 m^2, Haftbrücke und Renovierputzsystem aus mineralischem Armierungs- und Oberputz, Verlust und Verschnitt pauschal 7 %, Vollkostenstundensatz 59,20 €, Mehrwertsteuersatz 19 %.*

15.8 Projektaufgabe

Im Rahmen einer Modernisierung des auf der nächsten Seite dargestellten älteren Ferienhauses sollen Sie die im Bereich von Außenwandputz und Sockel vorhandenen Putzschäden sanieren.

Baubeschreibung:

Mauerwerkswände Mauerziegel HLz, d = 30 cm;
Kalkzement-Außenputzsystem, d = 25 mm, zweilagig, Oberputz als Reibeputz;
großflächige Risse auf allen Fassadenflächen, bis zum Putzgrund reichend, Form entsprechend Mauerwerksfugen.
Die Untersuchung der Rissbilder ergab geringfügige Veränderungen der Rissbreiten von max. 0,2 mm.

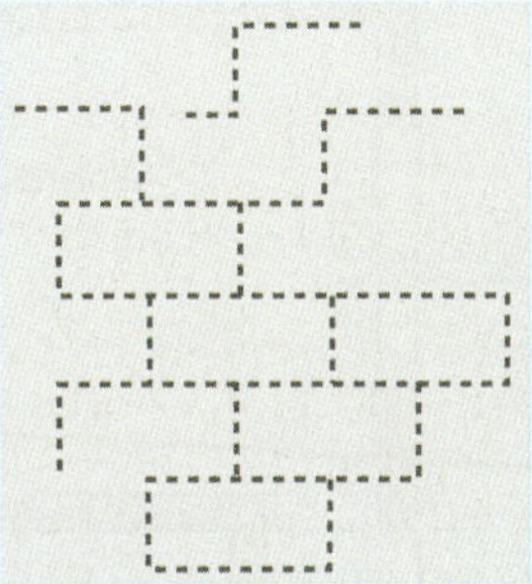

Rissbild

Ausblühungen und Abplatzungen

Sockelbereich Natursteine verputzt,
Sockelputz Zementputzsystem, d = 25 mm, zweilagig, Oberputz als Filzputz;
Sockelhöhe h = 60 cm; mit Rücksprung von 2 cm und Sockelschiene gegen Wandputz abgesetzt;
Ausblühungen und Abplatzungen von Anstrich und Oberputz, auf allen Fassadenflächen bis zur OK Sockel reichend.

Die Untersuchung der vorhandenen Konstruktion ergab eine mittlere Belastung durch kapillar aufsteigende Feuchtigkeit sowie eine mittlere Salzbelastung durch Chloride und Nitrate.

Aufgaben

1. *Erstellen Sie ein Sanierungskonzept für die Risssanierung und beschreiben Sie dazu:*
   a) die möglichen Ursachen des Schadensbildes
   b) das Prinzip des Sanierungsverfahrens entsprechend den Bezeichnungen des WTA-Merkblattes „Risssanierung"
   c) den Schichtenaufbau des Sanierungssystems und die Aufgaben jeder Schicht
   d) die verwendeten Materialien und ihre wesentlichen Eigenschaften
   e) die einzelnen Arbeitsschritte des gesamten Herstellungsablaufes.
2. *Erstellen Sie ein Sanierungskonzept für die Sanierung des Sockelputzes und bearbeiten Sie dazu die folgenden Teilaufgaben:*
   a) beschreiben Sie die möglichen Ursachen des Schadensbildes
   b) erläutern Sie das Prinzip des gewählten Sanierungsverfahrens entsprechend den Bezeichnungen des WTA-Merkblattes „Sanierputzsysteme"
   c) begründen Sie Ihre Wahl des Systems mit Ihrer Analyse von Rissbild und Schadensursache
   d) beschreiben Sie den Schichtenaufbau des Sanierungssystems und die Aufgaben jeder Schicht
   e) erläutern Sie die verwendeten Materialien, ihre wesentlichen Eigenschaften sowie die von Ihnen gewählten Schichtdicken
   f) beschreiben Sie die einzelnen Arbeitsschritte des gesamten Herstellungsablaufes
   g) erstellen Sie ein Aufmaß nach VOB für die geschädigte Sockelputzfläche auf der Grundlage der auf der folgenden Seite dargestellten Bauzeichnungen
   h) erstellen Sie eine Materialbedarfsberechnung für das Sanierputzsystem im Sockelbereich
   i) erstellen Sie eine Kostenberechnung für das Sanierputzsystem im Sockelbereich.

Berechnen Sie dazu:

- *den Angebotspreis für 1 m² Sanierputzfläche*
- *die Angebotssumme*
- *den Bruttorechnungsbetrag*

Verwenden Sie für Ihre Berechnungen die folgenden Werte:

- *Schichtdicken entsprechend Ihres vorgeschlagenen Sanierputzsystems*
- *Aufmaßfläche entsprechend Ihrer Berechnung*
- *Vollkostenstundensatz 59,60 €/Std.*
- *Mehrwertsteuersatz 19 %*
- *Verlust und Verschnitt pauschal 10 %*

Grundriss

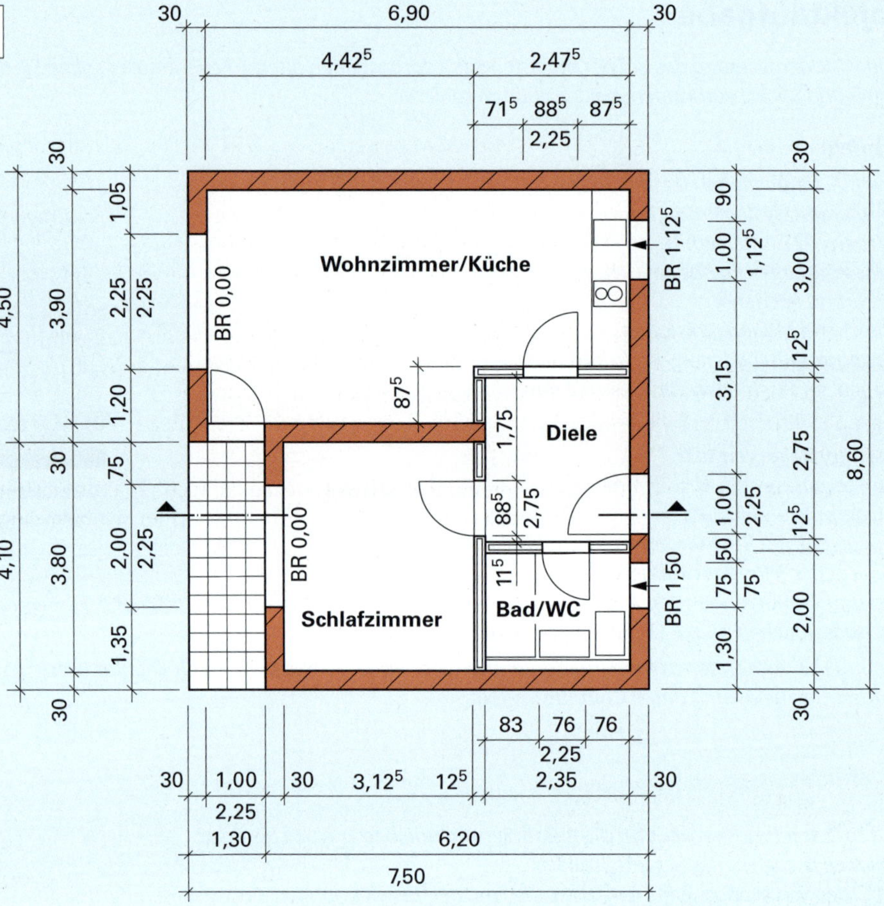

Schnitt

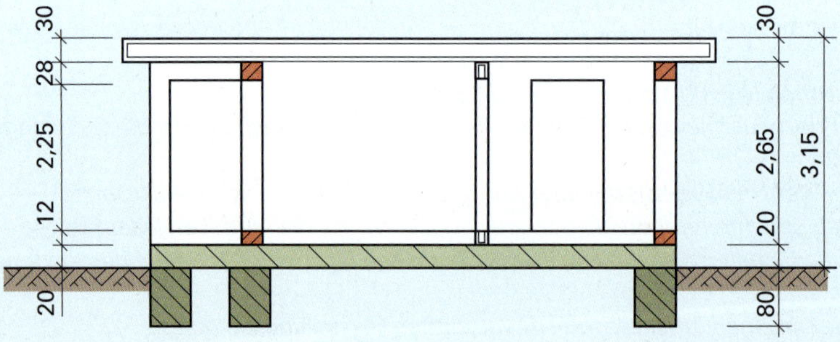

Lernfeld 16
Einbauen eines Estrichs

Mit der Ausführung des Estrichs als Bindeglied zwischen Rohboden und Bodenbelag trägt der Bauausführende eine wichtige Verantwortung.

Viele Bauschäden im Bereich des Fußbodens lassen sich vermeiden, wenn die konkreten Nutzeranforderungen mit einer handwerklich einwandfreien Umsetzung in Einklang gebracht werden.

Im Lernfeld 16 lernen wir als erstes die unterschiedlichsten Aufgaben von Estrichen kennen. Unter anderem beschäftigen wir uns mit Konstruktionen, Materialien und Herstellungsarten sowie Oberflächenbeschaffenheiten des Estrichs und entscheiden, mit welchen Konstruktionen und Materialien die entsprechenden bauphysikalischen Anforderungen erfüllt werden können.

Wir planen an einem Wohnprojekt zunächst die fachgerechte Ausführung eines Fließestrichs mit den notwendigen vorbereitenden Maßnahmen, den Anschlussdetails an den Innenputz und lernen die richtige Verarbeitungstechnik kennen. Dazu erstellen wir die Flächenberechnungen, auf deren Basis wir den Materialbedarf für die Baustelle und die Kosten für das Angebot an den Kunden kalkulieren können. Abschließend stellen wir die Kriterien für die Nachbearbeitung der Oberfläche zusammen.

Als Weiteres soll im Wohnprojekt in einem Studio mit einer Holzbalkendecke die fachgerechte Ausführung eines Fertigteilestrichs geplant werden. Neben den zu bearbeitenden Ausführungsdetails lernen wir den Einsatz verschiedener Trockenbauplatten kennen und unterscheiden die auf dem Markt vorhandenen Dämmmaterialien nach deren Eigenschaften, auch hinsichtlich ihrer ökologischen Bedeutung. Die Kosten, die wir ermitteln, können wir abschließend mit den Kosten für den Fließestrich vergleichen. Für den Kunden dokumentieren wir unsere Arbeitsschritte, indem wir alle wichtigen Verarbeitungsregeln und die entscheidenden Randbedingungen festhalten.

16.1 Definition und Einteilung

Als Estrich bezeichnet man vorwiegend horizontale Mörtelschichten, die entweder ohne Belag selbst Nutzflächen (wie bei Industrieböden) sind oder mit einem Bodenbelag belegt werden, der dann die Nutzfläche darstellt.

Mit einem Estrich als Deckenauflage soll die Rohdecke ausgeglichen, d.h. egalisiert werden. Daher leitet sich auch der Name Estrich von Egalitäts-Strich her, dies bedeutet Ausgleichsstrich.

Estriche werden unterschieden nach

- **der Verlegeart**
- **der Konstruktion**
- **dem Estrichmaterial**
- **der Aufgabenstellung**

Estriche können auch aus Trockenbauplatten bestehen, die als Fertigteilestriche bezeichnet werden.

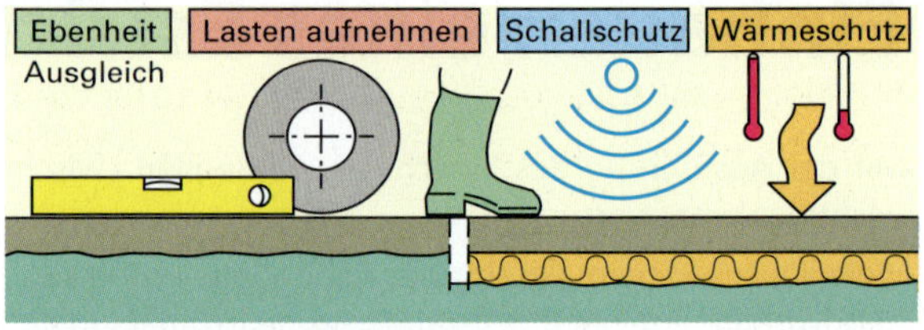

Aufgaben von Estrichen

16.2 Aufgaben des Estrichs

Estriche übernehmen verschiedene Aufgaben wie z. B.

- als Lastverteilungsschicht über der Dämmschicht
- im Schallschutz mit Dämmschicht und Entkoppelung von den aufgehenden Wänden
- im Wärmeschutz mit Dämmstoffen
- als Ausgleichsschicht bei Unebenheiten der Rohbaudeckenkonstruktion
- als Gefälleestrich in Nassräumen, Balkonen
- als Schutzschicht über Abdichtungen
- als Heizestrich

Einbringen eines Baustellenestrichs

16.3 Eigenschaften

16.3.1 Anforderungen an Estriche

Ein Estrich muss nach DIN 18560-1 (Estriche im Bauwesen) in jeder Schicht hinsichtlich Dicke, Rohdichte und mechanischen Eigenschaften möglichst gleichmäßig sein und eine ebene Oberfläche mit Ebenheitsabweichungen nach DIN 18202 aufweisen. Die Oberflächenfestigkeit muss dem Verwendungszweck entsprechen. Darüber hinaus gelten nach DIN EN 13813 (Estrichmörtel und Estrichmassen) die Anforderungen an Estrichmörtel für Fußbodenkonstruktionen in Innenräumen.

Die Dicke eines Estrichs sowie die Nutzschichtdicke eines ein- oder mehrschichtigen Estrichs müssen auf die jeweilige Estrichart und den Verwendungszweck abgestimmt sein. Die Nenndicke eines z. B. 50 mm dicken Estrichs beträgt im Mittelwert ≥ 50 mm. Die Nutzschichtdicke der Hartstoffschicht beträgt bei einer Nenndicke von z. B. 5 mm im Mittelwert ≥ 5 mm.

Das Schwindverhalten von Estrichmörteln hat einen maßgeblichen Einfluss auf die Rissgefahr und Formstabilität. Die Einteilung erfolgt in Schwindklassen:

- SW1 schwindarm
- SW2 schwindreduziert
- SW3 normal

Die Dimensionsstabilität DL beträgt ΔL > 0,5 mm/m für SW3 (normal).

erhärteter Estrichmörtel Eigenschaften		Klassen
Druckfestigkeit: (**C**ompressive Strength) Biegezugfestigkeit: (**F**lexural Strength)	C F	C5 … C80 MPa (N/mm^2) F1 … F50 MPa (N/mm^2)
Verschleißwiderstand: (**A**brasion)	A	A 22 … A1,5 (cm^3/50 cm^2)
Oberflächenhärte: (**S**hore-**H**ärte)	SH	SH30 … SH200 MPa (N/mm^2)

Wichtige Leistungskennwerte der Estrichklassen

Leistungskennwerte	Kurzzeichen
Eindringtiefe: Würfel Platten	IC IP
Widerstand gegen Rollbeanspruchung:	RWA
Schwinden und Quellen	
Biegeelastizitätsmodul:	E
Haftzugfestigkeit: Schlagfestigkeit:	B IR

Weitere Leistungskennwerte und ihre Kurzzeichen

16.3.2 Eigenschaften und Abkürzungen

In DIN EN 13813 sind die Leistungskennwerte für die folgenden wichtigsten Eigenschaften des erhärteten Estrichmörtels mit den entsprechenden Abkürzungen festgelegt. Für die Beschreibung der Eigenschaften eines Estrichmörtels sind die Eigenschaften in der Tabelle, mindestens aber die **Druckfestigkeitsklasse C** und die **Biegezugfestigkeitsklasse F** vorgegeben. Anforderungen an den **Verschleißwiderstand** sind nur dann zu stellen, wenn der Estrich unmittelbar und dauernd abnutzenden mechanischen Beanspruchungen ausgesetzt ist.

Darüber hinaus können Anforderungen an den Estrichmörtel bezüglich Brandverhalten, Luft- und Trittschalldämmung, Wärmedämmung und chemische Beständigkeit gestellt werden. Die Eigenschaften der Norm gelten zusammen mit den Anwendungsrichtlinien für die Baustelle.

Der Estrichfrischmörtel muss außerdem folgende Vorgaben erfüllen, die bei der Verarbeitung einzuhalten sind: ph-Wert, Verarbeitungszeit, Konsistenz.

16.3.3 Konformitätskriterien, CE-Kennzeichnung

Estrichmörtel, die mit den in der europäischen Norm festgelegten Anforderungen an physikalische, mechanische und chemische Eigenschaften übereinstimmen, erfüllen die angegebenen sogenannten Konformitätskriterien.

Die Bewertung der Konformität (Übereinstimmung) muss auf Grundlage von Proben, die für die Produktion repräsentativ sind, und auf Basis der Prüfergebnisse (siehe Abschnitt 16.3.4) erfolgen. Estriche werden nach DIN EN 13813 mit ihren jeweiligen Klassen und Leistungskennwerten wie folgt gekennzeichnet:

z. B.: EN 13813 CT-C40-F8-A6-V25

CT: Zementestrich,
C40: Druckfestigkeit 40 MPa (N/mm^2),
F8: Biegezugfestigkeit 8 MPa (N/mm^2),
A6: Verschleißwiderstand 6 cm^3/50 cm^2,
V25: Verbundestrich Nenndicke 25 mm.
(Abkürzungen Abschnitte 16.4 und 16.5)

16.3.4 Prüfungen

Die zuvor beschriebenen Eigenschaften von Estrichmörteln sind durch Prüfungen nachzuweisen.

Erstprüfung und werkseigene Produktionskontrolle

Es ist Aufgabe des Herstellers, die Erfüllung der wesentlichen Eigenschaften nachzuweisen. Mit diesem Prüfverfahren wird die Konformität von Estrichmörteln mit den jeweils angegebenen Eigenschaften bestätigt, die auf der CE-Kennzeichnung bescheinigt sind.

Vor der Ausführung ist mit der sogenannten **Eingangsprüfung** bei Lieferung der Estrichmörtel zu prüfen, ob die Angaben über Art, Festigkeitsklasse bzw. Härte, Brandverhalten usw. auf der Verpackung dem Lieferschein der Bestellung entsprechen.

CE

Name oder Kennzeichen, Adresse des Herstellers
Jahreszahl, wann die Kennzeichnung angebracht wurde

EN 13813 CT-C50-F6-A6
Europäische Norm mit Beschreibung des Produkts und Informationen zu den kontrollierten Eigenschaften des Produkts

Zementestrichmörtel für die Anwendung in Gebäuden

Brandverhalten:	A1
Freisetzung korrosiver Substanzen:	CT
Wasserdurchlässigkeit:	NPD
Wasserdampfdurchlässigkeit:	NPD
Druckfestigkeit:	C50
Biegezugfestigkeit:	F6
Verschleißwiderstand:	A6

Beispiel einer CE-Kennzeichnung

Mit der **Erhärtungsprüfung** kann die Festigkeit des Estrichs und die Gebrauchstauglichkeit zu einem bestimmten Zeitpunkt bestimmt werden.

Eine **Bestätigungsprüfung** dient dem Nachweis der Dicke oder der Festigkeit eingebauter Estriche und ist dann durchzuführen, wenn Zweifel an der Güte des Estrichs bestehen.

16.3.5 Toleranzen

In der DIN 18202, „Toleranzen im Hochbau“, sind Ebenheitsabweichungen für den Untergrund festgelegt.

Werden die in der Tabelle aufgeführten Maßtoleranzen überschritten, sind Ausgleichsschichten erforderlich.

Bauteil	Grenzwerte für Ebenheitsabweichungen in mm/Stichmaße bei einem Abstand der Messpunkte bis				
	0,1 m	1,0 m	4,0 m	10,0 m	15,0 m
Tragbeton	5 mm	8 mm	12 mm	15 mm	20 mm
Nutzestrich	2 mm	4 mm	10 mm	12 mm	15 mm

Maximal zulässige Ebenheitsabweichungen

Ein weiteres Beispiel für die Bezeichnungen von Estrichen nach DIN EN 13813 ist:

EN 13813 CT-C50-F6-A6-T25:

CT: Zementestrich,
C50: Druckfestigkeitsklasse 50,
F6: Biegezugfestigkeitsklasse 6,
A6: Verschleißwiderstandsklasse 6,
T25: Estrich auf Trennschicht mit Nenndicke 25 mm.

Festigkeitsklasse	Beanspruchungen und Bauten			
	ohne Belag	Beispiele	mit Belag	Beispiele
C20 – F4	sehr geringer Fußgängerverkehr	Kellerräume in Wohngebäuden	geringer Fußgängerverkehr	Wohnräume
C35 – F5	geringer Fahrverkehr, innerbetrieblicher Fußgängerverkehr, keine schleifende Beanspruchung, keine Beanspruchung durch Schlag und Stoß	Kellerräume in Bürogebäuden, Lagerhallen für leichte und elastische Güter, untergeordnete Werkstätten	Fußgängerverkehr, leichter Fahrverkehr mit weicher Bereifung, geringe Beanspruchung durch Schlag und Stoß	Wohnräume mit Fußbodenheizung, Büroräume ohne Publikum, Fabrikations-, Montage- und Lagerhallen für leichte Güter, Werkstätten für leichte Stücke
C45 – F6	leichter Fahrverkehr, geringer Fußgängerverkehr, mäßig schleifende Beanspruchung, geringe Beanspruchung durch Schlag und Stoß, Absetzen leichter Güter	Fabrikations-, Montage- und Lagerhallen für leichte und elastische Güter, Werkstätten für leichte, nicht scharfkantige Stücke, Pkw-Werkstätten	starker Fußgängerverkehr, mittelschwerer Fahrverkehr, leichter Gabelstaplerverkehr, mäßige Beanspruchung durch Schlag und Stoß, Absetzen mittelschwerer Güter	Büroräume mit Publikum, Fabrikations-, Montage- und Lagerhallen für mittelschwere Güter, Werkstätten für mittelschwere Stücke, Lkw-Werkstätten, Lagerhallen
C55 – F7	mittelschwerer Fahrverkehr, mäßiger Fußgängerverkehr, stark schleifende, mäßige Beanspruchung durch Schlag und Stoß, Absetzen mittelschwerer Güter	Fabrikations-, Montage- und Lagerhallen für leichte Güter, Lagerhallen für mittelschwere Güter, Werkstätten für leichte Stücke, Lkw-Werkstätten, Garagen	mittelschwerer Fahr- und Gabelstaplerverkehr, mittelschwere Beanspruchung durch Schlag und Stoß, Absetzen schwerer Güter	Fabrikations-, Montage- und Lagerhallen für schwere Güter, Werkstätten für schwere Geräte, Lagerhallen für mittelkörnige Schüttgüter

Zuordnung der Estrich-Festigkeitsklassen und Beanspruchungen

Zusammenfassung

Mit dem Estrich werden die Toleranzen des Rohbaus für den Bodenbelag ausgeglichen. Dazu müssen Estriche in jeder Schicht möglichst gleichmäßig sein und eine ebene Oberfläche aufweisen.

Die Dicken von Estrichen sind auf die jeweilige Bauart und auf den Verwendungszweck abgestimmt.

Estriche übernehmen für die Geschossdecken wichtige Aufgaben im Schall- und Wärmeschutz. Darüber hinaus sind sie eine Lastverteilungsschicht, bilden das notwendige Gefälle in Nassräumen, sind Schutzschicht für Abdichtungen und können Heizestriche sein.

Die **CE-Kennzeichnung** bescheinigt die Konformität von Estrichmörteln mit den jeweils angegebenen Eigenschaften. Die Eigenschaften von Estrichmörteln sind durch Prüfungen nachzuweisen.

Für die Eigenschaften eines Estrichmörtels sind die Kennwerte **Druckfestigkeitsklasse C** und **Biegezugfestigkeitsklasse F** entscheidend.

Aufgaben

1. *Nennen Sie Einteilungsmöglichkeiten von Estrichen.*
2. *Wodurch sind die Eigenschaften eines Estrichmörtels definiert?*
3. *Welche weiteren Anforderungen können an den Estrichmörtel gestellt werden?*
4. *Nennen Sie die Eigenschaften, die ein Estrichfrischmörtel bei der Verarbeitung aufweisen muss.*
5. *Erläutern Sie die Bedeutung der CE-Kennzeichnung bezüglich der Eigenschaften eines Estrichmörtels.*
6. *Beschreiben Sie, wie ausführende Firmen die Eigenschaften eines Estrichmörtels überprüfen können.*
7. *Welche Festigkeitsklasse würden Sie für den Einbau eines Estrichs ohne Belag in einer Werkstatt mit leichten, nicht scharfkantigen Stücken wählen?*

16.4 Estrichkonstruktionen

16.4.1 Konstruktionsarten

Es werden Nass-/Mörtelestriche sowie Fließ- und Fertigteilestriche und folgende drei Konstruktionsarten unterschieden:

- **Verbundestrich (V)**
- **Estrich auf Trennschicht (T)**
- **Estrich auf Dämmschicht (S)**
- **Heizestrich**

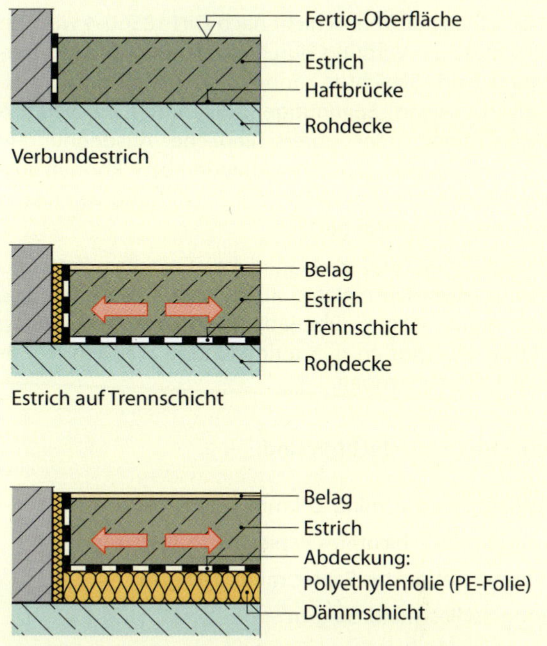

Estrichkonstruktionen

16.4.2 Untergrundbeschaffenheit

Bei glatten, zu stark oder zu schwach saugenden Untergründen muss eine Grundierung als Haftbrücke aufgebracht werden. Zum kraftschlüssigen Verbund muss die Untergrundoberfläche eine ausreichende Festigkeit, eine griffige und saubere Struktur aufweisen und möglichst frei von Rissen und losen Bestandteilen sein. Bei Beton als tragendem Untergrund dürfen Betonzusatzmittel usw. den Verbund mit dem Estrich nicht beeinträchtigen. Risse im tragenden Untergrund können durch die Verbundwirkung zu Rissen im Estrich führen.

Der tragende Untergrund muss für alle nachfolgenden Estrichkonstruktionen die statischen und konstruktiven Anforderungen erfüllen. Er muss eben, fest, trocken und sauber sein. Die Ebenheit der Oberfläche des tragenden Untergrundes muss die Ebenheitstoleranzen nach DIN 18202 erfüllen. Beton ist als wichtigster tragender Untergrund für alle Estrichmörtelarten geeignet. Fugen müssen im tragenden Untergrund gerade, fluchtend und vollkantig und als Pressfuge ausgebildet sein. Bewegungsfugen sind schmal zu halten.

16.4.3 Verbundestrich (V)

Verbundestriche nach DIN 18560-3 sind mit dem Untergrund fest verbunden. Ausgeführt werden Verbundestriche bei Baumaßnahmen ohne Anforderungen an Schall-, Wärme- und Feuchtigkeitsschutz, z. B. in Industriebauten. Er wird dort oft ohne weiteren Bodenaufbau direkt als Bodenbelag genutzt.

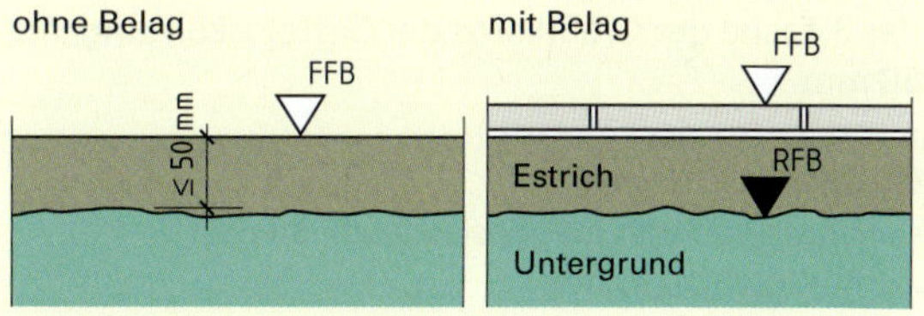

Verbundestrich (V)

Nenndicken, einschichtig:

Das 3-Fache des Größtkorns der Gesteinskörnung, max. 50 mm, bei Gussasphaltestrich 20 ... 40 mm.

Bauliche Anforderungen, Anwendung

Rohrleitungen und Kabel dürfen nicht auf dem tragenden Untergrund verlegt sein, sondern müssen in einer Ausgleichsschicht liegen.

Bezeichnung:

Estrich DIN 18560 CT-C20-F4-V30 bedeutet:

CT = Zementestrich, C20 = Druckfestigkeitsklasse,
F4 = Biegezugfestigkeitsklasse, V = Verbundestrich,
Nenndicke = 30 mm.

Estrichmörtelart	Festigkeitsklassen, Härte mit Belag	Festigkeitsklassen, Härte ohne Belag
Calciumsulfatestrich Kunstharzestrich Magnesiaestrich Zementestrich	≥ C20/F3 (MPa) ≥ C20/F3 (MPa) ≥ C20/F3 (MPa) ≥ C20/F3 (MPa)	≥ C25/F4 (MPa) ≥ C25/F4 (MPa) ≥ C25/F4 (MPa) ≥ C25/F4 (MPa)
Gussasphaltestrich beheizte Räume nicht beheizte Räume Kühlräume	 IC 10 oder IC 15 IC 15 oder IC 40 IC 40 oder IC 100	

Festigkeitsklassen bei Verbundestrichen

16.4.4 Estrich auf Trennschicht (T)

Bei Estrichen auf Trennschicht nach DIN 18560-4 wird ein kraftschlüssiger Verbund durch eine Trennschicht unterbunden. Beide Schichten können sich unabhängig voneinander bewegen. Spannungen, die durch Temperaturschwankungen oder unterschiedliche Ausdehnungen entstehen, werden dadurch vermieden bzw. können ausgeglichen werden. Die Gefahr der Entstehung von Rissen wird wesentlich verringert.

Trennschichten sind zweilagig, bei Calciumsulfat- und Gussasphaltestrich einlagig auszuführen. Die Trennlage muss mind. 80 mm überlappen, besser sind 100...150 mm. Sie wird an den aufgehenden Wänden in Estrichdicke hochgezogen.

Mögliche Trennschichten sind:

Polyethylenfolie, mind. 0,1 mm
kunststoffbeschichtetes Papier, mind. 0,15 mm
bitumengetränktes Papier, mind. 100 g/m²
Rohglasvlies, mind. 50 g/m²
bei Gussasphalt: temperaturabhängige Trennschicht

Verwendet wird der Estrich auf Trennschicht, z.B. in Industriebauten mit großen Temperaturschwankungen. Durch die vom Untergrund unabhängige Beweglichkeit kann der Estrich auf Trennschicht auch mit Abdichtungsmaßnahmen (1 Lage) gegen aufsteigende Feuchtigkeit gekoppelt werden.

Nenndicken, einschichtig:

- das 3-Fache des Größtkorns der Gesteinskörnung, max. 50 mm
- Kunstharzestrich, 15 mm
- Gussasphalt, 25 mm
- Calciumsulfat und Magnesiaestrich, 30 mm
- Zementestrich, 35 mm

Bezeichnung:

Estrich DIN 18560 CA-C20-F4-T35 bedeutet:

CA = Calciumsulfatestrich, C20 = Druckfestigkeitsklasse, F4 = Biegezugfestigkeitsklasse, T = Estrich auf Trennschicht, Nenndicke 35 mm

Bauliche Anforderungen, Anwendung

Der Untergrund muss glatt sein, um ein Gleiten zu ermöglichen. Es dürfen keine punktförmigen Erhebungen oder Rohrleitungen vorhanden sein. Im Estrich müssen Bewegungs- und Randfugen ausgebildet werden, die den Estrich in Teilflächen von 10...40 m² aufteilen und angrenzende Bauteile durch Dämmstreifen vom Estrich trennen. Lage und Anordnung der Fugen werden vom Planer im Rahmen der Ausführungsplanung erstellt. Bewegungsfugen im Estrich sollten mit Fugenmassen und Fugenprofilen ausgeführt werden. Diese sind auszufüllen und vor Verschmutzung zu schützen.

Estrichmörtelart	Festigkeitsklassen, Härte mit Belag	Festigkeitsklassen, Härte ohne Belag
Calciumsulfatestrich Kunstharzestrich Magnesiaestrich Zementestrich	F4 (MPa) F7 (MPa) F4 (MPa) F4 (MPa)	F4 (MPa) F7 (MPa) F7 (MPa) F4 (MPa)
Gussasphaltestrich beheizte Räume nicht beheizte Räume Kühlräume	 IC 10 oder IC 15 IC 15 oder IC 40 IC 40 oder IC 100	

Festigkeitsklassen bei Estrichen auf Trennschicht

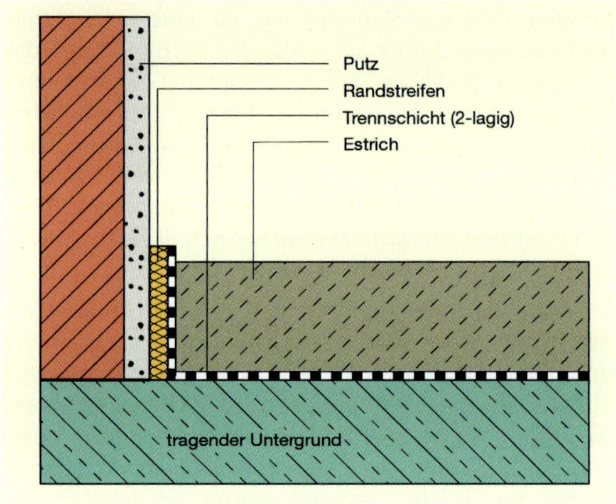

Estrich auf Trennschicht Vertikalschnitt

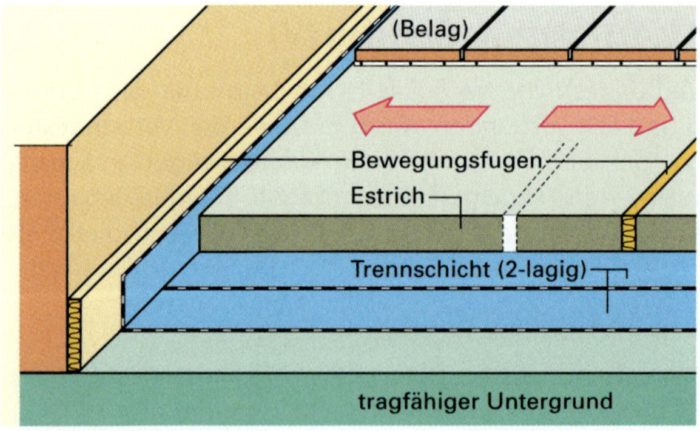

Estrich auf Trennschicht

Entsprechend den jeweiligen baulichen Anforderungen an Böden und ihren Nutzungen werden Estrichkonstruktionsarten unterschieden.

Dabei sind Verbundestriche fest mit dem Untergrund verbunden, Estriche auf Trennschicht hingegen können sich frei vom Untergrund bewegen.

16.4.5 Estrich auf Dämmschicht (S)

Estriche auf Dämmschicht, auch schwimmende Estriche genannt, und Heizestriche gemäß DIN 18560-2 dürfen weder mit dem tragenden Untergrund noch mit seitlich aufgehenden Bauteilen direkt verbunden sein.

Der Estrich ist selbsttragend und wirkt lastverteilend. Die Mindestdicke muss 30 mm betragen. Durch seine Zweilagigkeit verhindert er vor allem die Trittschallübertragung, verbessert aber auch die Luftschall-/Wärmedämmung und den Brandschutz. Aus diesen Gründen wird er vor allem in Wohn- und Aufenthaltsräumen verwendet. Besondere Sorgfalt gilt der Vermeidung von Anschlüssen bei der Verlegung, da bereits geringe Schallbrücken genügen, um die Trittschalldämmung erheblich zu verschlechtern.

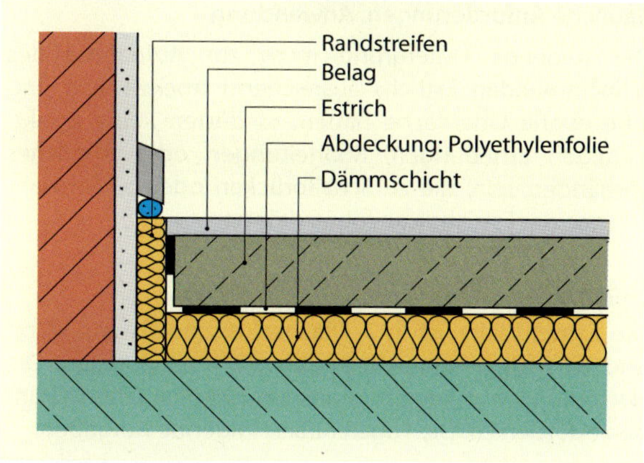

Estrich auf Dämmschicht

Leistungsfähigkeit und Trittschallschutz

Beim Schallschutz stellt, neben dem Luftschall R'_W, der Trittschall als besondere Form des Körperschalls die störendste Form der direkten Schallübertragung dar. Der bewertete Norm-Trittschallpegel $L'_{n,w}$ in (dB = Dezibel) ist eine Zahl, die Auskunft über die zu erwartenden Schallpegelwerte bei den jeweiligen Frequenzen gibt.

Je niedriger der $L'_{n,W}$-Wert, desto besser ist die Trittschalldämmung. Beim Estrich auf Dämmschicht wird die Trittschalldämmung erheblich verbessert.

Neben der Estrichplatte mit ihrer flächenbezogenen Masse trägt die weich federnde Dämmschicht maßgeblich zur Reduzierung der Trittschalldämmung bei. Je geringer die sogenannte dynamische Steifigkeit, desto besser ist die Dämmwirkung. Eine Schallpegelminderung, bezeichnet mit dem Trittschall-Minderungsmaß $\Delta L_{W,R}$, entsteht durch Estrichaufbauten und besonders weich federnde Beläge wie Teppichböden.

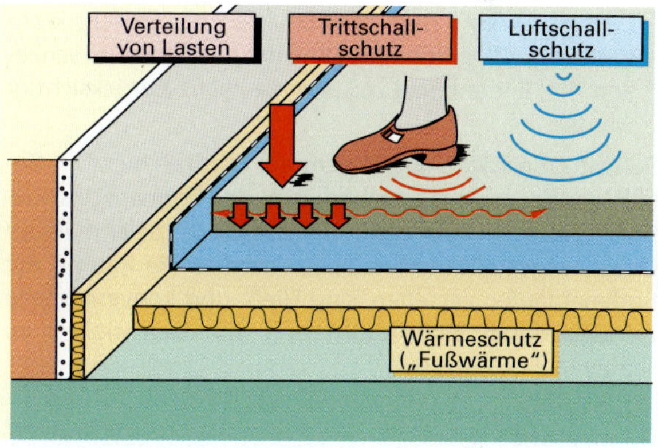

Leistungsfähigkeit von Estrichen auf Dämmschicht

Folgende Kriterien tragen am meisten zur Leistungsfähigkeit bei der Trittschalldämmung bei:

- geringe dynamische Steifigkeit *s'* der Dämmschicht
- große flächenbezogene Masse der Rohdecke (Massivdecke ist günstiger als Holzbalkendecke)
- Randstreifen vollständig entkoppelt, ohne Schallbrücken

Nenndicken, einschichtig:

- abhängig von der Nutzlast
- unter Stein-/Keramikbelägen und bei
- Calciumsulfatfließestrichen (CAF), mind. 40 mm, alle anderen mind. 45 mm

Bezeichnung:

Estrich DIN 18560 CT-C20-F4-S70 H45 bedeutet:

CT = Calciumsulfatestrich, C20 = Druckfestigkeitsklasse, F4 = Biegezugfestigkeitsklasse, S70 = Estrich auf Dämmschicht mit 70 mm Nenndicke, H45 = Heizestrich mit 45 mm Überdeckung der Rohrleitungen.

Estrichart/Bodenbelag	*s'* (MN/m³)	$L_{W,R}$ in dB
Zement-, Magnesiaestriche (≥ 70 kg/m²)	10 15 20 30 40 50	30 29 28 27 24 22
Gussasphaltestriche (≥ 45 kg/m²)	10 15 20 30 40 50	28 27 26 25 22 20
Spanplatten, mind. *d* = 30 mm Dämmung auf Lagerhölzern	≤ 10	24
Holzwerkstoffplatten 2 *d* = 23 mm mit Mineralfilz	≤ 30	34

Trittschall-Minderungsmaß $L_{W,R}$ in dB/Deckenauflagen

Bauliche Anforderungen, Anwendung

Der tragende Untergrund muss zur Aufnahme des schwimmenden Estrichs ausreichend trocken sein und eine ebene Oberfläche haben. Es dürfen keine punktförmigen Erhebungen, Rohrleitungen oder Ähnliches vorhanden sein, die zu Schallbrücken oder zu Schwankungen der Estrichdicke führen können.

Fugen

Die Estrichfläche ist in Teilflächen bis höchstens 40 m² und 8 m Länge ohne Bewegungsfuge einzuteilen. Die Herstellung von Fugen ist aus bauphysikalischen Gründen erforderlich. Die Fugen haben folgende Aufgaben:

- **Bewegungsfugen:** Aufnahme von Formänderungen des Estrichs in alle Richtungen
- **Randfugen:** Bewegungsfugen im Randbereich des Estrichs zu aufgehenden Bauteilen. Diese vermindern die Schallübertragung vom Fußboden in angrenzende Bauteile.
- **Scheinfugen:** Sollbruchstellen für das Verkürzen des Estrichs. Sie sind nach dem Erhärten des Estrichs kraftschlüssig, z. B. durch Vergießen mit Kunstharz, zu schließen. Im Bodenbelag müssen sie nicht berücksichtigt werden.

Soll die Oberfläche des Estrichs auf Dämmschicht im Gefälle liegen, muss dieses bereits in der Rohbaukonstruktion ausgeführt sein damit der Estrich in gleichmäßiger Dicke hergestellt werden kann. Werden die Räume mit Bodenabläufen versehen, sind Fließ- und konventionelle Estriche durch eine Abdichtung vor Feuchtigkeit zu schützen.

Dämmstoffe

Dämmstoffe für den Trittschall gibt es als Platten für den Anwendungsbereich DES aus **Schaumkunststoffen, EPS,** nach DIN EN 13163 oder Matten aus **Mineralwolle, MW,** nach DIN EN 13162.

Kennwerte sind das **Federungsvermögen**, ausgedrückt als dynamische Steifigkeit (s' in MN/m³) und das Maß der **Zusammendrückbarkeit *c*.** Es stellt die Differenz der Lieferdicke und der Dicke unter Belastung dar.

Dämmstoffe sind in die Stufen CP5 … CP2 eingeteilt. Bei der Stufe CP5 darf die Zusammendrückbarkeit max. 5 mm betragen, bei einer max. Nutzlast von 2 kPa.

Trittschalldämmstoffe sind gleichzeitig Wärmedämmstoffe und können in die Wärmedämmberechnung einbezogen werden.

Bei Dämmstoffen für die Wärmedämmung spielt das Federungsvermögen keine Rolle, es kann auch eine hohe dynamische Steifigkeit gewählt werden, z. B. SD 30 … SD 50.

Der Trittschall einer Geschossdecke kann durch den Einbau eines Estrichs auf Dämmschicht deutlich reduziert werden. **Je kleiner der bewertete Norm-Trittschallpegel $L'_{n,w}$ in dB** (= Dezibel), **desto besser ist die Trittschalldämmung.**

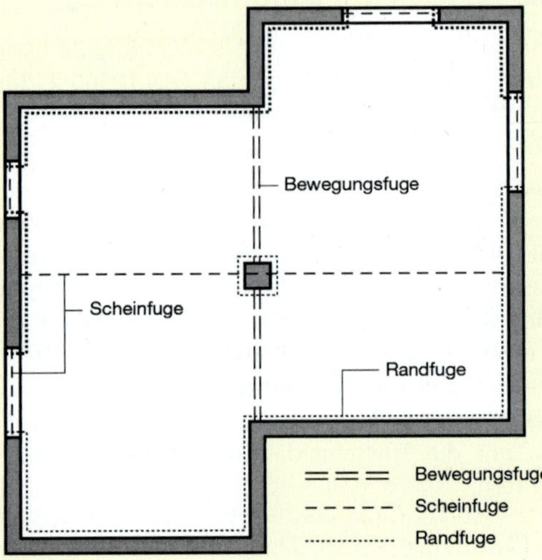

Fugenplan

Estrichmörtelart	besondere Abdeckungsmaßnahmen
Calciumsulfatfließestrich	flüssigkeitsdichtes Verkleben oder Verschweißen der Ränder
Kunstharzestrich	s. o. und lösemittelbeständig
Gussasphaltestrich	temperaturbeständig, mit Rippenpappe, Rohglasvlies

Abdeckungsmaßnahmen für Estrichmörtel

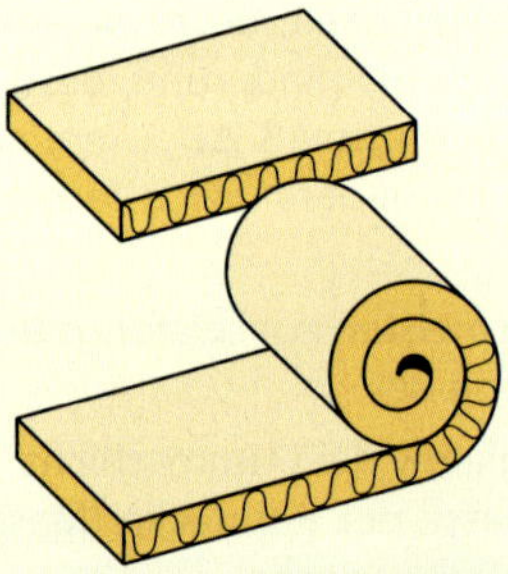

Lieferformen von Dämmstoffen

Zellstruktur Polystyrolschaum (Mikroaufnahme)

Ausführung

Die Dämmschichten müssen vollflächig und möglichst in zwei Lagen verlegt werden. Die Stöße der Platten sind dicht zu schließen und bei mehreren Lagen zu versetzen. Hohlstellen sind zu beseitigen. Für den Transport des Estrichmörtels über die Dämmschicht muss diese durch Bohlen kurzzeitig geschützt werden.

Ist eine Wärme- und eine Trittschalldämmschicht vorgesehen, sollte die steifere Dämmschicht mit dem geringeren Maß der Zusammendrückbarkeit oben liegen.

Dafür geeignet sind Dämmstoffe aus extrudiertem Polystyrolschaum (XPS), Polyurethan-Hartschaum (PUR), Schaumglas oder Kork.

Abdeckung

Die Dämmschicht muss bei der Ausführung und für das weitere Aufbringen durch den feuchten Estrichmörtel speziell geschützt werden, z. B. durch eine Polyethylenfolie (*d* mind. 0,15 mm, Überlappung mind. 80 mm), damit sie ihre schalldämmende Funktion nicht verliert. Eine Abdeckung stellt keinen dauerhaften Schutz der Dämmschicht gegen Feuchte dar. Für die verschiedenen Materialien sind entsprechende Abdeckungsmaßnahmen erforderlich. Aufgehende Bauteile, für die ein Wandputz vorgesehen ist, müssen vor dem Verlegen der Dämmschichten verputzt sein.

Randstreifen

Aufgabe des Randstreifens ist die Verminderung der Schallübertragung vom Fußboden in die aufgehenden Bauteile (Verhinderung von Schallbrücken).

An aufgehenden Bauteilen, Wänden, Türzargen und Rohrleitungen sind schalldämmende Randstreifen über die Konstruktionshöhe des Fertigfußbodens hinauszuführen und müssen gegen die Lageveränderung beim Einbringen des Estrichs gesichert sein. Dazu ist die Dicke des Randstreifens mit mind. 8 mm auszuführen. Bei mehrlagigen Dämmschichten muss der Randstreifen vor dem Einbringen der Dämmschicht für die Schalldämmung verlegt sein. Die überstehenden Teile des Randstreifens dürfen erst nach Fertigstellung des Bodenbelages, bei textilen und elastischen Belägen erst nach Erhärtung der Spachtelmasse, abgeschnitten werden.

Bei Gussasphaltestrichen muss der Randstreifen temperaturbeständig (bis 250 °C) sein. Harte Beläge, z. B. Parkett oder Fliesen auf Gussasphalt, benötigen einen Randstreifen von 10 mm.

Randstreifen müssen mindestens bis zur Oberfläche des Bodenbelages reichen.

Bewehrung

Eine Bewehrung ist grundsätzlich nicht erforderlich, die Entstehung von Rissen kann dadurch nicht verhindert werden.

Bei Anforderungen an den Schall- und Wärmeschutz einer Bodenkonstruktion verwendet man den Estrich auf Dämmschicht.

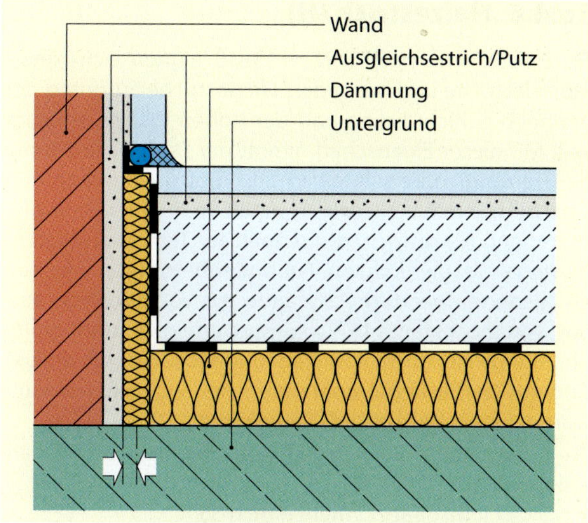

Ausführung eines Randstreifens

Randstreifen: Lieferung als Rolle

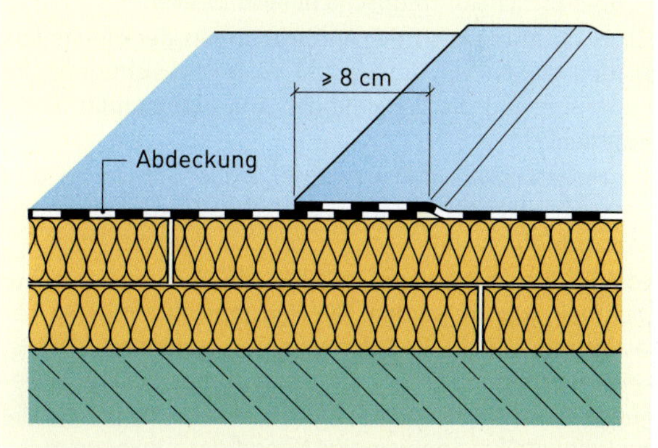

Zweilagige Dämmschicht, fugenversetzt

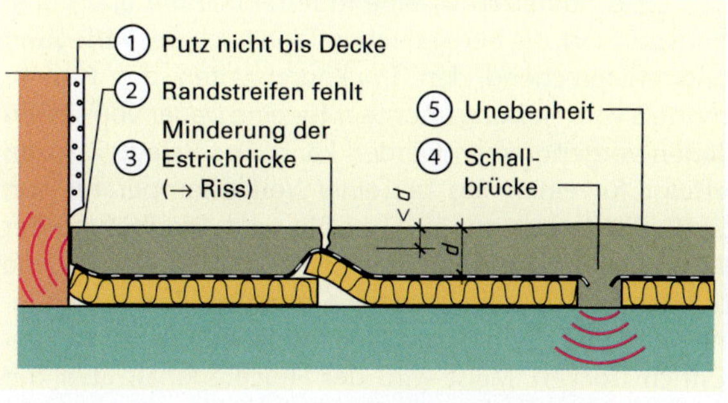

Ausführungsmängel und mangelnder Trittschallschutz

16.4.6 Heizestrich (H)

Als Heizestriche nach DIN EN 13813 eignen sich Nass-/Mörtelestriche und besonders Fließestriche aufgrund der geringen Schichtdicken und der hohen Wärmeleitfähigkeit. Mit dieser Eigenschaft nimmt der Estrich die Wärme der Heizungsrohre schnell an und gibt sie zügig an den Oberbelag weiter. Hierdurch erhält man einen energiesparenden Heizestrich, der schnell auf Temperaturveränderungen reagieren kann. Fußbodenheizungen arbeiten als Niedertemperaturheizsysteme mit Vorlauftemperaturen von höchstens 45 °C, weisen effektive und große Strahlungsflächen im Raum auf und sorgen durch die geringen Oberflächentemperaturen bei angenehmer Fußwärme für ein behagliches Raumklima.

Die Temperatur im Bereich der Heizelemente im Estrich darf
- bei Gussasphalt 45 °C
- bei Calciumsulfat-/Zementestrich 55 °C

auf Dauer nicht überschreiben.

Bauliche Anforderungen, Anwendung

Heizestriche werden in folgende **Bauarten** aufgeteilt, die sich nach den unterschiedlichen Verlegearten der Heizungsrohre richten:

- **Bauart A:** Rohre innerhalb des Estrichs **(Nassverlegung)**, formschlüssig in den Fließestrich (CA, CT) eingebettete Heizungsrohre.
- **Bauart B:** Rohre unterhalb des Estrichs **(Trockenverlegung)**. Die Heizungsrohre liegen lose auf speziell an der Oberfläche profilierten Hartschaumplatten in Nuten, Noppen und sind mit unterhalb der Abdeckfolie angeordneten Wärmeleitblechen verbunden.
- **Bauart C:** Rohre innerhalb des **Ausgleichsestrichs**, darüber Estrich auf Trennschicht (also zweilagig).

Für Heizestriche sind die Anforderungen des Herstellers an den tragenden Untergrund zu berücksichtigen. Die Heizkreise und die Estrichfelder sind aufeinander abzustimmen.

Bei Heizestrichen sind Bewegungsfugen zwischen den unterschiedlichen Heizkreisen und in Türdurchgängen anzuordnen.

Vor der Estrichverlegung müssen die Heizungsrohre auf Dichtheit geprüft werden. Die Heizungsrohre müssen befestigt sein, damit ein Aufschwimmen verhindert wird. Ist keine Befestigung möglich, ist eine zweischichtige Verlegung (Bauart C) erforderlich, bei der die oberste Schicht die zur Lastverteilung notwendige Nenndicke aufweisen muss.

Funktionsheizen und Belegreifheizen

Das erste Aufheizen ist eine Inbetriebnahme und Funktionsprüfung, die bereits sieben Tage nach der Verlegung und entsprechend den Trocknungszeiten des Estrichmörtels vom Heizungsmonteur für eine Dauer von sieben Tagen vorgenommen werden kann. Das Belegreifheizen erfolgt für einen Tag bei einer Vorlauftemperatur von 25 °C, die danach auf 55 °C erhöht wird. Die Prüfung der Austrocknung kann mit einer Folie von 50 × 50 cm, die auf den Estrich aufgeklebt wird, erfolgen. Zeigen sich innerhalb von 24 h keine Feuchtigkeitsspuren, ist der Estrich trocken. Meist wird der Feuchtegehalt aber mit elektronischen Messgeräten bestimmt.

Rohrbefestigung mit Stahlclipschiene

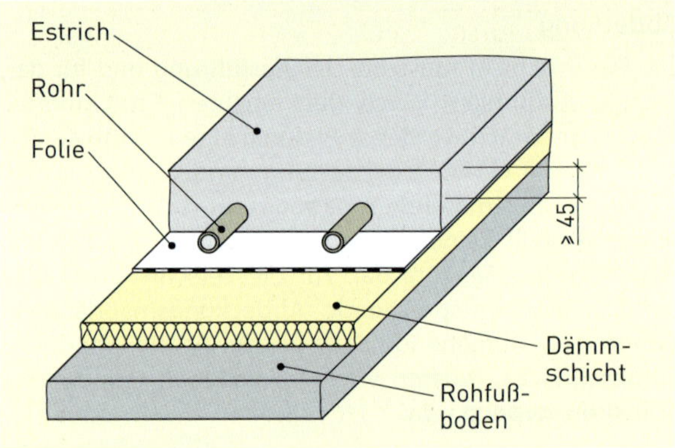

Bauart A

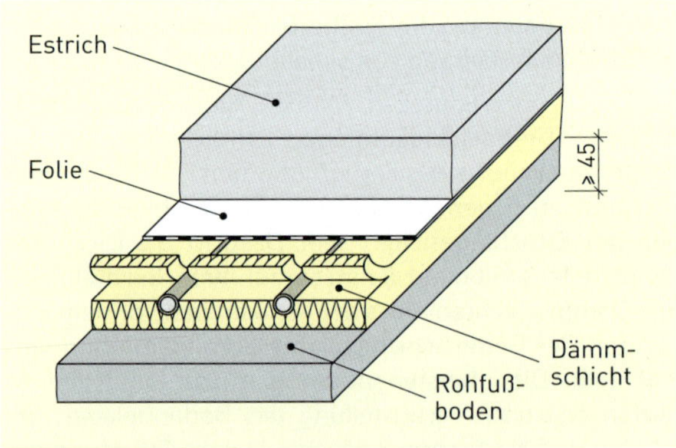

Bauart B

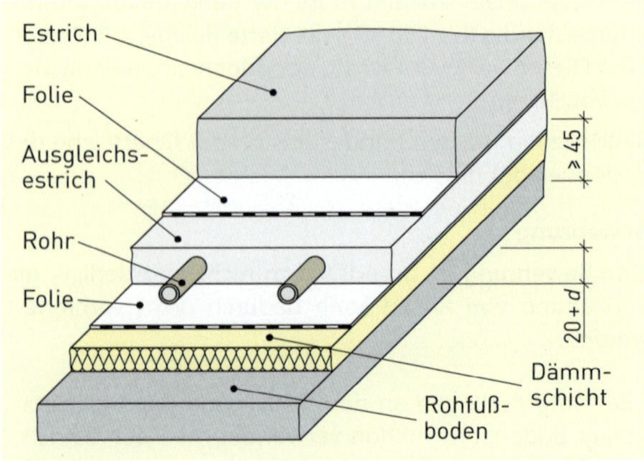

Bauart C

Nenndicken in mm				
Estrichart	Festigkeitsklasse	Nutzlasten		
		2 kN/ mm^2	3 kN/ mm^2	etwa 4 kN/ mm^2
		Zusammendrückbarkeit Dämmschicht *c* 5 mm	*c* 3 mm	*c* 3 mm
Calciumsulfatfließestrich CAF	F4 F5 F7	35 30 30	50 45 40	60 50 45
Calciumsulfatestrich CA	F4 F5 F7	45 40 35	65 55 50	70 60 55
Gussasphaltestrich AS	IC10	25	30	-
Kunstharzestrich SR	F7 F10	35 30	50 40	55 45
Magnesiaestrich MA	F4 F5 F7	45 40 35	65 55 50	70 60 55
Zementestrich CT	F4 F5	45 40	65 55	70 60

Estrich-Nenndicken in Abhängigkeit der Nutzlasten

16.4.7 Estrich-Nenndicken

Für unbeheizte Estriche sind die Nenndicken in Abhängigkeit von folgenden Anforderungen auszuführen:

- der Nutzlast, bzw. der lotrechten Einzellast
- der Art des Estrichs
- der Zusammendrückbarkeit der Dämmschicht *c*.

Die Mindestdicke muss 30 mm betragen, bei Stein- und keramischen Belägen 40 mm, bei Calciumsulfatfließestrichen (CAF) und bei allen anderen Estrichen 45 mm. Bei lotrechten Nutzlasten, die höher als 5 kN/m^2 sind, werden die Estrichnenndicken vom Planer festgelegt.

Bei Dämmstoffdicken unter 40 mm können bei Calciumsulfat-, Kunstharz-, Magnesia- und Zementestrichen die Dicken aus der Tabelle um 5 mm reduziert werden. Als Estrich-Nenndicke kann über den Heizelementen ein Maß von 35 mm ausgeführt werden, wenn eine Biegezugfestigkeit von 4,1 MPa (N/mm^2) erreicht wird.

Heizestriche sorgen mit ihrer Strahlungswärme für ein behagliches Raumklima.

Die Verlegearten der Heizrohre, entweder in einer Ausgleichsschicht, im Estrich selbst oder in der Dämmschicht, werden als Bauarten bezeichnet.

Die Dichtheit der Heizrohre muss vor dem Verlegen des Estrichs geprüft werden.

Estrich-Nenndicken sind abhängig vom Estrichmaterial und den Nutzlasten, die die jeweilige Bodenkonstruktion aufnehmen muss.

Aufgaben

1. *Nennen Sie Estrichkonstruktionen und ihre wesentlichen Merkmale (3 Angaben).*
2. *Erklären Sie, wie Sie Rissbildungen bei Estrichen vermeiden können.*
3. *Nennen Sie die Voraussetzungen für die Verlegung eines Estrichs auf Dämmschicht im Gefälle (2 Angaben).*
4. *Unterscheiden Sie die Ausführung einer Bewegungs- und Scheinfuge.*
5. *a) Beschreiben Sie die Ausführung eines Randstreifens bei einem Estrich auf Dämmschicht.*
   b) Fertigen Sie eine Skizze an.

Zusammenfassung

Verbundestrich, Estrich auf Trennschicht und Estrich auf Dämmschicht, sind drei Konstruktionen, die bei Nass-/Mörtelestrichen sowie Fließ- und Fertigteilestrichen ausgeführt werden.

Beim Trittschallschutz trägt die Dämmschicht maßgeblich zur Reduzierung des Trittschalls bei. Je besser die Entkoppelung von den aufgehenden Bauteilen durch den Randstreifen, bei geringer dynamischer Steifigkeit der Dämmschicht und großer flächenbezogener Masse, desto wirksamer ist der Schallschutz.

16.5 Estrichmaterialien

In Abhängigkeit vom verwendeten Bindemittel unterscheiden sich die Estricharten in ihren jeweiligen Eigenschaften und finden dann entsprechende Verwendung.

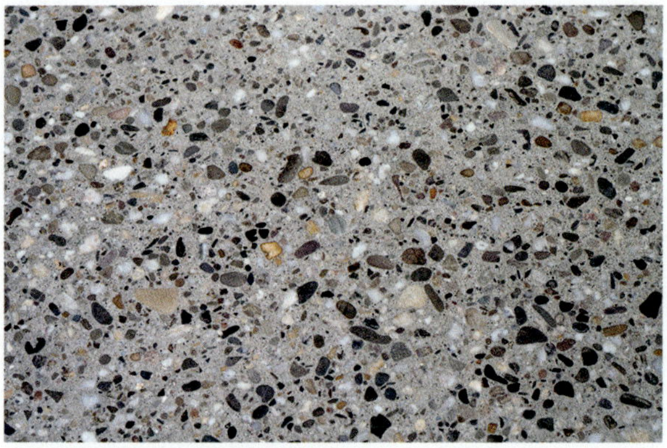

Geschliffene Estrichoberfläche

16.5.1 Calciumsulfatestrich (CA)

Zusammensetzung und Bindemittel

Das Bindemittel ist Calciumsulfatbinder. Als Gesteinskörnung kommt Sand dazu sowie Wasser. Zusätze wie z. B. Fließmittel (siehe Abschnitt 16.6.2) können zur besseren Verarbeitbarkeit beitragen.

Eigenschaften

Der Calciumsulfatestrich darf keiner hohen Feuchtigkeitsbeanspruchung ausgesetzt sein.

Ausführung und Anwendung

Calciumsulfatestrichmörtel sind unverzüglich nach Beendigung des Mischvorgangs bzw. Anlieferung auf der Baustelle einzubringen, zu verteilen und abzuziehen bzw. zu verdichten. Die Oberfläche ist abzureiben und, falls erforderlich, zu glätten. Pudern oder Nässen der Oberfläche ist nicht zulässig. Die Temperatur sollte zwei Tage nach dem Einbau auf mind. 5 °C gehalten werden. Geringfügig belastet werden kann er nach fünf Tagen. Calciumsulfatestrich eignet sich für alle Anwendungsgebiete (Wohnungs-, Industrie-, Verwaltungs-, öffentlicher Bau), mit Ausnahme von Räumen mit ständiger Feuchteeinwirkung wie Bäder und Nassräume.

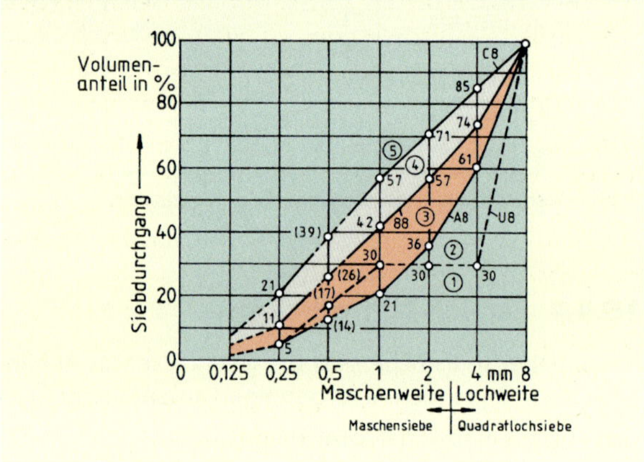

Sieblinien mit einem Größtkorn von 8 mm

16.5.2 Zementestrich (CT)

Zusammensetzung und Bindemittel

Der Zementgehalt als Bindemittel sollte gemäß DIN 18560-1 auf das notwendige Maß beschränkt werden. Daneben besteht der Estrichmörtel aus Gesteinskörnungen und Wasser. Zusätze können z. B. den Wasseranspruch und die Trocknungszeit regulieren.

Eigenschaften

Zementestrich ist unempfindlich gegen Feuchtigkeit, schwindet jedoch stark. Um unkontrollierte Rissbildung zu vermeiden, sind in der Estrichschicht Scheinfugen (siehe Abschnitt 16.4.5) herzustellen.

Ausführung und Anwendung

Zementestrichmörtel sind unverzüglich nach Beendigung des Mischvorgangs bzw. Anlieferung auf der Baustelle einzubringen, zu verteilen und abzuziehen bzw. zu verdichten. Die Temperatur sollte nach dem Einbau mindestens drei Tage auf mind. 5 °C gehalten werden.

Vor einem Ablauf von drei Tagen darf der Zementestrich nicht begangen und vor Ablauf von sieben Tagen nicht belastet werden.

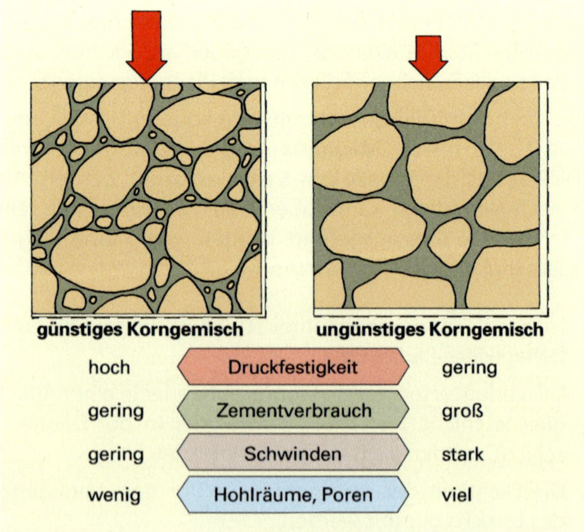

Calciumsulfatestriche eignen sich, mit Ausnahme von Räumen mit ständiger Feuchteeinwirkung, für alle anderen Anwendungsgebiete. Sie können bereits nach fünf Tagen geringfügig belastet werden.

Kornzusammensetzung Zementestrich

Er ist wenigstens drei Tage vor schädigenden Einfüssen wie Zugluft, Wärme und Schlagregen zu schützen. Um unkontrollierte Rissbildung zu vermeiden, sind in der Estrichschicht Scheinfugen (siehe Abschnitt 16.4.5) herzustellen.

Zementestriche sind wegen der Festigkeitsentwicklung und der Neigung zum Schwinden und Rissbildung mindestens sieben Tage feucht zu halten und vor Austrocknung, z.B. durch Abdecken mit Kunststoffbahnen, zu schützen. Erst nach 21 Tagen kann er voll belastet werden. Zementestriche eignen sich ohne Einschränkung für alle Anwendungsgebiete (Wohnungs-, Industrie-, Verwaltungs-, öffentlicher Bau).

Gestalteter und farbiger Zementestrich

Der Terrazzo hat sich in Deutschland seit vielen Jahrzehnten als Beispiel für Fußböden etabliert, die durch Gestaltung und Einfärbung aufgewertet sind und keinen weiteren Bodenbelag benötigen.

Eine kostengünstigere Variante zum Terrazzoboden sind Zementestriche, die durch Einfärbung des Estrichmörtels mit Farbpigmenten und/oder Schleifen bzw. Beschichtungen mit zementgebundenen fließfähigen Feinmörteln optisch aufgewertet werden. Sie werden aufgrund ihrer Langlebigkeit, beispielsweise in öffentlichen Gebäuden in Fluren und Eingangshallen, immer häufiger ausgeführt. Pigmente werden in nahezu allen Farben angeboten, entweder als Pulver, Flüssigfarbe oder Granulat. Farbe und Form entfalten ihre volle Wirkung, wenn durch Abschleifen die Gesteinskörner auf der Oberfläche freigelegt werden. Das Schleifen hat zudem den Vorteil, dass diese Böden einem geringeren Verschleiß unterliegen und die Neigung zu Netzrissbildung an der Oberfläche verringert wird. Oberflächenbehandlungen zum Schutz sind in Form von Versiegelungen, Konservierungen oder Imprägnierungen möglich. Eine Oberflächenbehandlung kann die Farbwirkung verändern oder vertiefen, hierzu sollten vorher Probeflächen angelegt werden.

Oberfläche eines farbigen Zementestrichs nach dem Grobschliff

Schleifen

Fertige Oberfläche

16.5.3 Kunstharzestrich (SR)

Zusammensetzung und Bindemittel

Kunstharzestrichmörtel besteht aus Gesteinskörnung und ein- bzw. mehrkomponentigen Harzen, die mit den jeweiligen systembedingten Härtern gemischt werden.

Eigenschaften, Ausführung und Anwendung

Nach Beendigung des Mischvorgangs ist der Kunstharzestrichmörtel auf dem Untergrund zu verteilen und der Konsistenz entsprechend zu verdichten und abzuziehen. Die Verlegetemperaturen und die Aushärtezeiten hängen vom Kunstharztyp ab. Im Allgemeinen kann bei normalen Raumtemperaturen davon ausgegangen werden, dass Kunstharzestriche nach 8...12 Stunden begangen und nach drei bis sieben Tagen mechanisch belastet werden dürfen.

Zementestriche können ohne Einschränkung für alle Anwendungsgebiete ausgeführt werden. Sie sind nach 21 Tagen voll belastbar. Der Terrazzo als farbiger Zementestrich ist vielfältig gestaltbar und benötigt keinen weiteren Bodenbelag.

Kunstharzestriche können nach sieben Tagen voll belastet werden. Neben der Gesteinskörnung sind Harze und Härter enthalten.

16.5.4 Gussasphaltestrich (AS)

Zusammensetzung und Bindemittel

Gussasphaltestriche sind ein dichtes Gemisch aus Füller (Steinmehl), Gesteinskörnung, Splitt oder Kies und Bitumen. Die Estriche haben einen Bitumengehalt von 8 ... 10 Massen-%, die Gesteinskörnungen eine Korngröße bis 5 mm. Das Mischgut wird mit einer Temperatur von etwa 250 °C maschinell oder per Hand eingebaut. Die Oberfläche des frischen, noch heißen Gussasphaltestrichs wird mit Quarzsand der Körnung 0,6 ... 1,2 mm abgestreut und mit einem Holzbrett abgerieben.

Eigenschaften, Ausführung und Anwendung

Die dichte und hohlraumarme Zusammensetzung ergibt feste, feuchtigkeitsunempfindliche Estriche, die bei der Verlegung keine zusätzliche Feuchtigkeit in das Gebäude bringen. Der frisch eingebrachte Gussasphaltestrich kann nach dem Abkühlen, in der Regel bereits nach etwa 2 ... 3 Stunden, voll belastet werden.

Bei der Verlegung von Gussasphalt empfiehlt die DIN 18560 einen Temperaturbereich von mind. + 5 °C. Die Verarbeitungsweise des Gussasphaltes erfordert einen verantwortungsvollen Umgang, da sonst die Ebenheit des Estrichs nicht gewährleistet ist. Außerdem ist bei der Verarbeitung von Stoffen auf Bitumenbasis die Gefahr von Unfällen wegen der hohen Temperaturen und wegen der Verwendung von gesundheitsschädigenden und feuergefährlichen Stoffen vorhanden.

Der Gussasphaltestrich eignet sich bei Sanierungen oder kurzen Bauzeiten und kann in allen Nutzungsbereichen von Gebäuden, bevorzugt bei Industrieböden und Parkhäusern, eingesetzt werden.

16.5.5 Magnesiaestrich (MA)

Zusammensetzung und Bindemittel

Magnesiaestrichmörtel besteht aus wasserfreiem Magnesiumchlorid und Magnesiumoxid. Gesteinskörnung ist meistens Quarzsand, auch Holzspäne werden verwendet.

Eigenschaften, Ausführung und Anwendung

Mit Magnesiaestrichen sind hochfeste Oberflächen herstellbar. Magnesiaestrichmörtel sind unverzüglich nach Beendigung des Mischvorgangs bzw. der Anlieferung auf der Baustelle einzubringen, zu verteilen und der Konsistenz entsprechend abzuziehen bzw. zu verdichten. Bereiche im Estrich, in denen mit einer Feuchtigkeitsanreicherung zu rechnen ist, müssen durch geeignete Maßnahmen, z. B. durch eine Dampfsperre, geschützt werden. Magnesiaestrich sollte nicht vor Ablauf von zwei Tagen begangen und nicht vor Ablauf von fünf Tagen höher belastet werden.

Aufgaben

1. *Nennen Sie mögliche Einsatzbereiche für folgende Estrichmörtel:*
   a) Calciumsulfatestrich,
   b) Zementestrich,
   c) Gussasphaltestrich.
2. *Erklären Sie, weshalb Sie beim Umgang mit einem Gussaphaltestrich besonders vorsichtig sein sollten.*
3. *Beschreiben Sie die Ausführung eines Industriebodens. Begründen Sie Ihre Materialwahl*
   a) bei Feuchtigkeitsbeanspruchung,
   b) ohne Feuchtigkeitsbeanspruchung.
4. *Empfehlen Sie einen Estrichmörtel bei einer Wohnungssanierung mit kurzen Bau- bzw. Wartezeiten.*

Einbringen eines Gussasphaltestrichs

Einbringen eines Magnesiaestrichs

Gussaspaltestriche sind feuchtigkeitsunempfindlich und können bereits nach wenigen Stunden voll belastet werden. Magnesiaestriche sind hochfest, aber feuchtigkeitsempfindlich. Belastbar sind sie nach fünf Tagen.

	Zementestrich (CT)		Calciumsulfatestrich (CA)		Gussasphalt-estrich (AS)	Magnesiaestrich
	erdfeucht	Fließestrich	erdfeucht	Fließestrich	Fließestrich	erdfeucht
Vorteile	universell einsetzbar, kostengünstig, innen und außen verwendbar, für Nassräume zugelassen, einfache Maschinentechnik	innen und außen einsetzbar, für Nassräume zugelassen, geringe körperliche Beanspruchung beim Einbau, eben	schwind- und rissarm, hautfreundlich, wenige Fugen notwendig, kostengünstig, einfache Maschinentechnik	schwindarm, meist rissarm, geringe körperliche Beanspruchung beim Einbau, geringe Scheibendicke, wenige Fugen notwendig, früh begeh-/belastbar	sehr schnell beleg- u. belastbar, auch außen einsetzbar, meist rissfrei, wenige Fugen erforderlich	hochfeste Oberflächen herstellbar
Nachteile	Einbau körperlich anstrengend, Fugen erforderlich, mäßig eben, rissgefährdet, oft mit Nachbehandlung, spät begeh-/belastbar	wenig verbreitet, Fugen erforderlich, rissgefährdet, oft mit Nachbehandlung, spezielle Maschinentechnik, kein Gefälle möglich	nur innen einsetzbar, mäßige Ebenheit, Einbau körperlich anstrengend, nicht für Nassräume geeignet	nur innen einsetzbar, spezielle Maschinentechnik, kein Gefälle, langsame Austrocknung, nicht für Nassräume	beim Einbau heiß, Arbeits- u. Gesundheitsschutz erforderlich, Einbau körperlich anstrengend, teuer, unangenehmer Geruch	schwindet und quillt, nur innen einsetzbar, korrosiv, mäßige Ebenheit, Einbau körperlich anstrengend

Vor- und Nachteile von Estricharten nach unterschiedlichen Materialien

16.5.6 Industrieestriche

Zusammensetzung, Eigenschaften, Anwendung

Nach DIN 18650-7 werden die hochbeanspruchten Estriche oder auch Hartstoffestriche bezeichnet, die gegen die in den Tabellen vorgesehenen Beanspruchungen widerstandsfähig sind. Dies ist in der Regel bei Industrieböden der Fall, die sehr stark belastet werden.

Ausführung

Hartstoffestriche werden in der Regel im Verbund mit der Tragschicht als ein- oder mehrschichtiger Verbundestrich frisch-in-frisch mit einer Mindestdicke von 4 cm auf den Tragbeton eingebaut.

Bei Hartstoffestrichen auf Trenn- oder Dämmschichten sind Übergangsschichten ohne Hartstoffe erforderlich, darauf erfolgt dann die Hartstoffschicht, die frisch-in-frisch in die Übergangsschicht eingebaut wird. Als Estrichmörtel können Zement-, Magnesia-, Gussaspalt- und Kunstharzmörtel verwendet werden.

Industrie- oder Hartstoffestriche werden bei Industrieböden mit sehr starker Belastung verwendet. Sie werden bereits im Verbund mit der Tragschicht eingebracht.

Beanspruchungsgruppe	Beanspruchung durch Flurförderfahrzeuge, Bereifungsart, Arbeitsabläufe und Fußgängerverkehr
I (schwer)	Bereifung: Stahl und Polyamid Bearbeiten, Schleifen von Metallteilen, Absetzen von Gütern mit Metallgabeln, mehr als 1 000 Fußgänger pro Tag
II (mittel)	Bereifung: Urethan-Elastomer, Gummi Bearbeiten, Schleifen von Holz, Papier, Kunststoff, mehr als 100 … 1 000 Fußgänger pro Tag
III (leicht)	Bereifung: Elastik- und Luftreifen Montage auf Tischen, bis 100 Fußgänger pro Tag

Beanspruchungsarten von Industrieestrichen

Industrieestrich

16.6 Verlegearten

Estriche werden nach den unterschiedlichen Verlegearten in Nass-/Mörtelestriche, Fließestriche und Fertigteilestriche eingeteilt.

16.6.1 Nass-/Mörtelestrich

Konventionelle Baustellenestriche sind die Nass- und Mörtelestriche, die mit hohem körperlichem Einsatz eingebracht und manuell abgezogen werden.

16.6.2 Fließestrich

Allgemeines

Um die kostenintensiven Wartezeiten beim Bauablauf zu verringern, sowie die körperliche Verarbeitung zu vereinfachen und die Einbaudicke des Estrichs auf ein Minimum zu beschränken, hat die Bauindustrie neben dem konventionellen Baustellenestrich den Fließestrich auf den Markt gebracht. Der Zeitaufwand für den Estricheinbau, das zeitaufwendige Einbringen und Abziehen einschließlich Trocknungszeiten, kann durch die Wahl eines Einbringverfahrens als Fließestrich gegenüber dem Baustellenstrich deutlich reduziert werden. Fließestriche bieten sich aufgrund der hohen Wärmeleitfähigkeit, der geringen Schichtdicke und der Heizrohrumschließung besonders als Heizestriche an (siehe Abschnitt 16.4). Alle Estrichkonstruktionen lassen sich auch als Fließestriche herstellen.

Schichtenaufbau, Materialien und Eigenschaften

Im Gegensatz zum konventionellen Estrich weist der Fließestrich einen erhöhten Feinstkornanteil auf. Weitere Zusätze sind Fließmittel und Stabilisatoren. Durch die flüssige Beschaffenheit mit einem verhältnismäßig geringen Porenvolumen (2…3% gegenüber 20…25% bei konventionellen Estrichen) lässt sich der Fließestrich besser verdichten. Ein Nachteil können Verformungserscheinungen im Laufe des Trocknungsprozesses sein.

Fließestrich auf Calciumsulfatbasis

Der Fließestrich auf Calciumsulfatbasis ($CaSO_4$), **CAF**, hat sich in der Ausführung im Innenbereich besonders bewährt. Er besteht aus Calciumsulfatbinder, Sand als Gesteinskörnung und Wasser. Zur besseren Verarbeitbarkeit werden Zusätze wie Fließmittel verwendet. Fließestrich findet Anwendung im Bereich von Wohnräumen in Küchen und Bädern sowie in Kellerräumen, in öffentlichen Bauten und Verwaltungsbauten. Er sollte nicht in Nassräumen mit einem Bodenablauf und in gewerblichen Küchen und Bädern eingebaut werden, da er empfindlich gegen Feuchtigkeit ist.

Folgende Eigenschaften sind von Vorteil:

- Etwa zwei Tage nach dem Einbau ist er begehbar und kann nach fünf Tagen geringfügig belastet werden.
- Im Vergleich zum Zementestrich zeichnet er sich somit durch seine schnelle Erhärtung bis zur Belastbarkeit aus.
- Große Flächen können ohne Fugen hergestellt werden, da keine Schwindgefahr besteht.

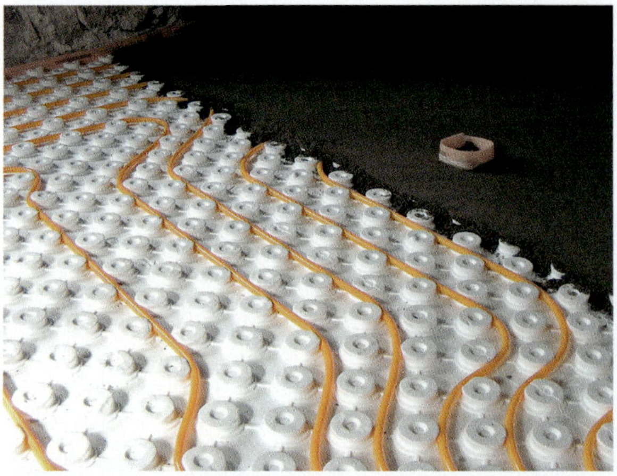

Systemverlegung Heizestrich

Einbringen Fließestrich

Nass-/Mörtelestrich als Heizestrich

Vorteile Fließestrich
- günstiger Zeitaufwand beim Einbau und geringerer körperlicher Einsatz
- schnellere Erhärtung bis zur Belastung
- bessere Verdichtung

Verarbeitung

Der trockene Fertigmörtel wird auf der Baustelle nur noch mit Wasser aufbereitet und mit entsprechenden Mischpumpen zur Einbaustelle gefördert.

Der Fließestrich wird ohne große körperliche Anstrengung und ohne besonderen Verdichtungsaufwand eingebaut. Abziehen und Glätten entfallen weitgehend, weil der Fließestrich sich selbst nivelliert.

Unbeheizte Flächen werden meist fugenfrei hergestellt, da sie ein geringes materialbedingtes Schwindverhalten aufweisen. Erst ab einer Kantenlänge von mehr als 20 m und bei starker Sonneneinstrahlung über große Fensterflächen werden Fugen aufgrund der ungleichmäßigen Erwärmung der Estrichfläche empfohlen.

Untergrund

Der Rohfußboden muss eben, fest, trocken und sauber sein. Meist wird der Fließestrich auf eine Massivdecke aufgebracht.

Arbeitsablauf

Für die Herstellung eines Calciumsulfatfließestrichs (CAF) ist folgender Arbeitsablauf vorzusehen:

- Den Randstreifen mit Folie an der Wand fixieren.
- Die Dämmschicht Reihe um Reihe im Verband verlegen, beim Anschluss zur Wand Dämmung unter den Randstreifen schieben.
- Die Abdeckung (Schrenzlage) 10 cm überlappend ausrollen und am Wandanschluss ohne Überstand auf die Folie des Randstreifens legen. Eine Verklebung der Stöße und mit der Folie ist empfehlenswert.
- Die Nivellierböckchen aufstellen und ausrichten.
- Der Estrich darf bei der Verarbeitung kein Wasser absondern, deshalb ist das Fließmaß regelmäßig zu kontrollieren. Dies erfolgt mit der Konsistenzprüfdose.
- Das Vergießen erfolgt in Richtung der Überlappung.
- Der Fließestrich wird mit einer Schwabbelstange verteilt, verdichtet und geebnet.

Die Mindesttemperatur beträgt 2 Tage + 5 °C, nach 3 Tagen ist der Estrich begehbar und nach 5 Tagen belastbar.

Oberflächenbeschaffenheit und Prüfverfahren

Nach etwa 5 … 10 Tagen wird die Oberfläche angeschliffen, um die angereicherte Bindemittelschicht abzutragen und somit eine schnellere Austrocknung zu erreichen. Gemäß Anforderungen der VOB, Teil C, ist der Estrich vor Verlegung des Oberbodens grundsätzlich zu säubern oder entsprechend der Oberflächenbeschaffenheit anzuschleifen und das Schleifgut mit einem Industriestaubsauger vom Estrich zu entfernen.

Die Ermittlung der Belegreife erfolgt mit der **Calciumcarbid-Methode** (CM-Methode). Dazu wird der Feuchtegehalt des Estrichs am Manometer abgelesen. Die Probeentnahme erfolgt über den ganzen Querschnitt des Estrichs, bevorzugt jedoch aus der unteren Estrichhälfte.

Fließestriche nivellieren sich selbst, sie müssen nicht abgezogen sondern nur verdichtet und geebnet werden.

Verdichtung und Ebnung mit der Schwabbelstange

Pumpen von Fließestrich

Ebenheitskontrolle mit Nivellierböckchen

Estrichoberflächen können folgende kritische Merkmale und Schadensbilder aufweisen:

Sinterschicht „Kalkhäutchen“

Bei der Trocknung wird durch Kapillartransport Wasser an die Oberfläche transportiert. Die darin gelösten Stoffe, z. B. Kalk, können sich an der Estrichoberfläche ablagern und bilden dann die sogenannte Sinterschicht. Diese ist nur Bruchteile eines Millimeters dick und erscheint matt bis glänzend. Das Haftvermögen zwischen dem Estrich und dem späteren Belag kann dadurch vermindert werden und deshalb ist sie zu entfernen. Die Sinterschicht kann mittels Gitterritzprüfung festgestellt werden.

Harte Schalen

An der Estrichoberfläche kann durch die Anreicherung von Bindemittel eine stark verfestigte Schicht ausgebildet sein, die die Trocknung behindert. Unter Belastung löst sich diese Schicht vom Estrich ab. Harte Schalen werden durch eine Hammerschlagprüfung erkannt. Die harten Schalen werden abgefräst oder abgeschliffen.

Ausblühungen

Ausblühungen entstehen durch Transportvorgänge innerhalb des Estrichs. Die im Wasser gelösten Salze werden in Form von watteartigen Kristallen an der Estrichoberfläche ausgeschieden. Sie werden durch Augenschein erfasst und können durch Kehren entfernt werden. Ausblühungen beeinflussen die technischen Eigenschaften des Estrichs nicht.

Weiche, mehlige Oberfläche

Wird ein Fließestrich zu nass eingebaut, können sich Bindemittel und Feinstoffe, die heller sind, in der Estrichrandzone anreichern und eine merklich reduzierte Oberflächenhärte aufweisen.

Diese Bereiche werden mit der Gitterritzprüfung, im Zweifelsfall mit der Oberflächenfestigkeitsprüfung, geprüft. Die oberste Schicht wird bis auf die Gesteinskörnung abgeschliffen.

Unzureichende Saugfähigkeit

Estriche müssen saugfähig sein, um die für eine Belagsverlegung erforderlichen Hilfsstoffe aufzunehmen. Die Saugfähigkeit wird durch eine Benetzungsprüfung festgestellt. Unzureichende Saugfähigkeit wird durch eine zu dichte Oberfläche hervorgerufen und kann durch Aufrauen (maschinelles Bürsten oder Anschleifen) behoben werden.

Prüfverfahren

Vor der Belagsverlegung wird die Oberfläche des Estrichs durch verschiedene Prüfungen beurteilt, ob sie sich für den vorgesehenen Verwendungszweck eignet oder ob weitere Behandlungsmaßnahmen erforderlich sind. Verunreinigungen durch den nachfolgenden Baustellenbetrieb, wie z. B. Putzreste, Schmutz, Staub, Fett und Öl, sind durch Augenschein zu erfassen. Risse lassen sich durch Fugen vermeiden.

Sinterschicht bei einem Calciumsulfatfließestrich, links durch Abschleifen entfernt

Rissbildung durch Falte in der Abdeckfolie

Haftzugprüfgerät

Aufgaben

1. *Vergleichen Sie die Eigenschaften eines Fließ- und eines Mörtelestrichs.*
2. *Nennen Sie die Eigenschaften eines Calciumsulfatfließestrichs (CAF).*
3. *Beschreiben Sie den Arbeitsablauf bei einem Fließestrich.*
4. *Welche Arbeitsvorbereitungen sind für einen Fließestrich als Heizestrich erforderlich?*
5. *Wie stellen Sie sicher, dass die geforderte Fertigfußbodenhöhe Ebenheit erreicht?*
6. *Warum sollte die Sinterschicht von der Estrichoberfläche entfernt werden?*

Prüfungen der Estrichoberfläche

Gitterritzprüfung

Die Estrichoberfläche wird im Raster von 10 mm in einem Gittermuster geritzt. Treten Ausbrüche auf, gilt die Prüfung als nicht bestanden.

Hammerschlagprüfung

Der Hammer ist im Winkel von etwa 45° ohne Kraftaufwand zu betätigen.

Liegt eine harte Schale vor, bricht diese in kleinen Stücken aus und die darunterliegende Schicht ist labil.

Benetzungsprüfung

Bei dieser Prüfung wird etwas Wasser aufgebracht und die Zeit bis zum Einziehen des Wassers ermittelt. Zieht es langsam ein oder bleibt es auf der Oberfläche stehen, ist die Saugfähigkeit gering.

Falls diese Prüfverfahren nicht ausreichen, können entsprechend den jeweiligen Bodenbelägen ergänzende Prüfungen wie eine **Probeverklebung** bei Parkett und Fliesen vorgenommen werden. Hierbei wird die Kraft ermittelt, die erforderlich ist um die probeweise verlegten Bodenbeläge zu lösen. Danach kann die Eignung des Estrichs zur Verklebung beurteilt werden. Der Schälwiderstand wird bei elastischen und textilen Belägen ermittelt, indem aus dem aufgeklebten Belag Streifen geschnitten und mit einer Federwaage in der Kraftrichtung senkrecht zur Oberfläche abgezogen werden. Die Mindestschälkraft darf 50 N nicht unterschreiten.

Nachbehandlungsmaßnahmen

Zur Herstellung einer fachgerechten Oberfläche sind gegebenenfalls verschiedene mechanische Behandlungen erforderlich.

Beim **Abschleifen** wird die oberste Estrichrandzone bei einer mangelhaften Estrichoberfläche abgetragen.

Durch das **Abfräsen** und Kugelstrahlen wird eine Oberflächenschicht des Estrichs entfernt.

Das Abschaben der obersten und noch weichen Estrichschicht kann in den ersten 6 … 48 Stunden mittels geeigneter Schabwerkzeuge erfolgen.

Das Abstoßen von harten Schalen erfolgt mit geeignetem Werkzeug.

Maschinelles Bürsten ist das Reinigen und Aufrauen der Estrichoberfläche mittels Stahlbürsten und Maschine.

Das Anschleifen der Estrichoberfläche wird mit einer Schleifmaschine und -papier in der Körnung 16 zum Zwecke der Reinigung durchgeführt. Die Estrichdicke bleibt dadurch unverändert.

Das Absaugen ermöglicht ein porentiefes Reinigen der Estrichoberfläche mittels leistungsstarkem Industriestaubsauger.

Bei Fließestrichen wird die Estrichoberfläche mit verschiedenen Verfahren geprüft und eventuell nachbehandelt.

Abstoßen von harten Schalen

Anschleifen der Estrichoberfläche

Oberfläche	Prüfung	Behandlung
Sinterschicht Kalkhäutchen	Augenschein Gitterritzprüfung	Anschleifen Abschaben
harte Schale	Hammerschlag- prüfung	Abstoßen Abschleifen Abfräsen Kugelstrahlen
Ausblühungen	Augenschein	Abkehren
weiche, mehlige Oberfläche	Augenschein Gitterritzprüfung Oberflächenfestig- keitsprüfung	Abschleifen
unzureichende Saugfähigkeit	Benetzungs- prüfung	maschinelles Bürsten Abschleifen
Verunreinigung	Augenschein	maschinelles Bürsten Anschleifen

Prüfung und Behandlung der Oberfläche

16.6.3 Fertigteilestrich

Schichtenaufbau, Materialien und Eigenschaften

Der Fertigteilestrich besteht je nach Anforderungen aus einer Dämmschicht sowie ein- oder mehrlagig miteinander verklebten und meist zusätzlich verschraubten mineralisch gebundenen Platten oder Holzwerkstoffplatten. Diese können mit einer Nut- und Feder- oder einer Falzverbindung ausgestattet sein.

Unter der Dämmschicht kann zuvor für den Niveauausgleich eine Ausgleichsschüttung eingebaut werden.

Die Trockenbauplatten liegen bei einem Estrich auf Dämmschicht schwimmend auf einer Dämmschicht aus Holzfaser/Mineralwolle- oder Hartschaumplatten.

Der Fertigteilestrich hat den Vorteil, dass er sehr leicht, trocken und schnell belegbar ist. Er wird deshalb oft bei der Altbausanierung verwendet.

Bei den **mineralischen Werkstoffen** werden hauptsächlich folgende verwendet:

- Gipsplatten, 12,5 mm, vor Ort verleimt
- hochverdichtete Gipsfaserplatten mit eingefrästem Stufenfalz bzw. einrastendem Klickprofil
- 2 × 12,5 mm Gipsfaserplatten, werkseitig verklebt mit umlaufendem Stufenfalz

Als **Holzwerkstoffe** kommen folgende Platten zur Ausführung:

- Holzspanplatten mit umlaufender Nut und Feder, ein- oder mehrlagig verlegt
- Oriented-Strand-Board-Platten (OSB)
- Sperrholzplatten, ein- oder mehrlagig verlegt

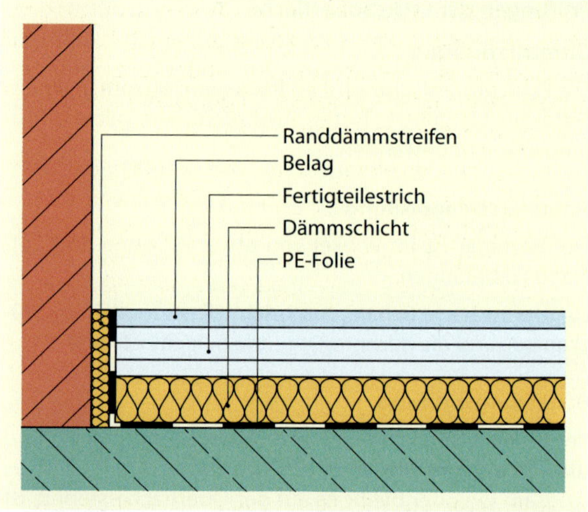

Fertigteilestrich

mineralische Werkstoffe	Holzwerkstoffe (organisch)
Gipsplatten (GKB) Gipsfaserplatten (GF) Perlitplatten (EPB)	Holzspanplatten • Oriented Strand Board • Strangpress-Vollplatten • Flachpressplatten Sperrholzplatten

Übersicht Trockenbauplatten

Verbundplatten

Viele Trockenbauplatten werden auch als Verbundelemente hergestellt. Diese sind dann auf der Rückseite mit Mineralwolle-, Holzfaser- oder Polystyroldämmstoffen als Trittschalldämmung kaschiert, sodass der Arbeitsgang der separaten Dämmstoffverlegung entfällt.

Die Entsorgung ist aufgrund der Verbundwirkung zweier getrennter Stoffe aufwendiger als bei der getrennten Verlegung.

Verbundplatte aus Gipsbauplatten mit Dämmschicht aus Polystyrol 20 mm

Untergrund

Der Rohfußboden muss eben, fest, trocken und sauber sein. Bei Fertigteilestrichen kann dies eine massive Decke aus Stahlbeton oder eine Holzbalkendecke sein.

Bei der Verlegung auf Böden mit Restfeuchte muss eine Feuchtigkeitssperre eingebaut werden.

Trockenschüttungen (Ausgleichsschüttung)

Bei einem Gefälle oder Unebenheiten von mehr als 10 mm werden mineralische Trockenschüttungen verwendet, die die Deckenkonstruktionen hinsichtlich Wärmedämmung und Trittschallschutz verbessern.

Gipsplatte mit kaschierter Dämmschicht aus Holzfaser (WF)

Auf die massive Rohdecke werden Trockenschüttungen direkt aufgebracht. Bei Holzbalkendecken wird auf dem Dielenboden ein Rieselschutz zur Abdeckung von undichten Stellen oder Astlöchern aufgebracht und an den umfassenden Wänden hochgezogen.

Zur ausreichenden Verdichtung und Tragfähigkeit des Schüttmaterials sind Mindestschütthöhen von 15 … 20 mm einzuhalten. Ab etwa 40 mm ist eine Nachverdichtung erforderlich. Installationsleitungen können direkt überschüttet werden. Ab Oberkante der Installationsleitung ist eine Mindestüberdeckung von 10 … 20 mm erforderlich.

Gipsplatten

Ausführung Fertigteilestrich

Für eine normgerechte **Ausführung** von Fertigteilestrichen müssen nachfolgende technische Regeln beachtet werden.

- Bei der Verlegung auf Böden mit Restfeuchte muss eine Feuchtigkeitssperre eingebaut werden.
- Vor aufgehenden Bauteilen wie Wänden sind Randstreifen zu verlegen.

Holzfaserdämmplatte WF

Vorteile
schnelle und einfache Fertigstellung sofort begehbar und mit Belägen versehbar keine zusätzliche Baufeuchtigkeit geringe Schichtdicke und geringe Masse ebene Oberfläche
Nachteile
geringere mechanische Belastbarkeit Feuchtigkeitsempfindlichkeit fast aller Trockenbauplatten geringerer Schallschutz als bei Mörtelestrichen

Vor- und Nachteile Fertigteilestrich

Verklebung des Falzes, Verlegung

Zusammenfassung

Fertigteilestriche eignen sich für Sanierungen und bei Altbauten. Als Baustoffe sind mineralisch gebundene Trockenbau- und Holzwerkstoffplatten auf dem Markt.

Viele Trockenbauplatten werden auch als Verbundelemente mit Dämmung auf der Rückseite der Platte zur schnellen, rationellen Verlegung geliefert.

Verschraubung, eingefräster Stufenfalz

Aufgaben

1. *Nennen Sie die Vorteile eines Fertigteilestrichs.*
2. *Nennen Sie die Schichten einer Fertigteilestrichkonstruktion mit Dämmschicht bei einer Altbausanierung.*
3. *Beschreiben Sie die Herstellungsschritte eines Fertigteilestrichs mit GF-Verbundelementen auf einer unebenen Massivdecke.*

Anwendung

Nachfolgend wird der Einsatz von Fertigteilestrichen in zwei Praxisfällen als GF-Fertigteilestrich-Verbundelemente auf unebener Massivdecke und als Spanplatten-Trockenunterboden vollflächig auf dem Dielenbelag einer Holzbalkendecke aufgezeigt.

GF-Fertigteilestrich-Verbundelemente auf unebener Massivdecke

Die werkseitig verklebten Elemente bestehen aus zwei 10 mm dicken GF-Platten und einer Dämmplatte (EPS, MW). Sie besitzen einen Stufenfalz zur Auflage und Verklebung. Bei unebenen Massivdecken und zum Ausgleich von Elektro-Leerrohren und Heizungsrohren wird auf einer Abdeckung aus PE-Folien eine mineralische Trockenschüttung aufgebracht.

Herstellungsschritte

- Aufmaß der Raummaße, OK FFB vom Meterriss aus anreißen
- Abdeckfolie auf Rohdecke verlegen, Stöße ≥ 30 cm überlappen und an Wandanschlüssen wannenartig bis FFB hochziehen
- Trockenschüttung 1 ... 5 cm einbringen und auf Kanthölzern oder Niveaulehren eben abziehen
- Holzweichfaserplatte 6 ... 8 mm im Verband verlegen, beginnend im Türbereich
- Randstreifen (MW, EPS) $d \geq 10$ mm an Wandanschlüssen und Durchdringungen umlaufend verlegen bis OK Verbundelement
- Verbundelemente im Verband verlegen, an den Stufenfalzen dicht stoßen, beginnend im Türbereich
- Stufenfalze verkleben, im Falzbereich zusätzlich mit Schnellbauschrauben im Abstand von 50 cm verschrauben oder klammern
- Plattenfugen und Schraubenköpfe verspachteln
- danach kann der Gehbelag aufgebracht werden
- Anschlussfugen sind elastisch zu verfugen oder mit einer Sockelleiste abzudecken

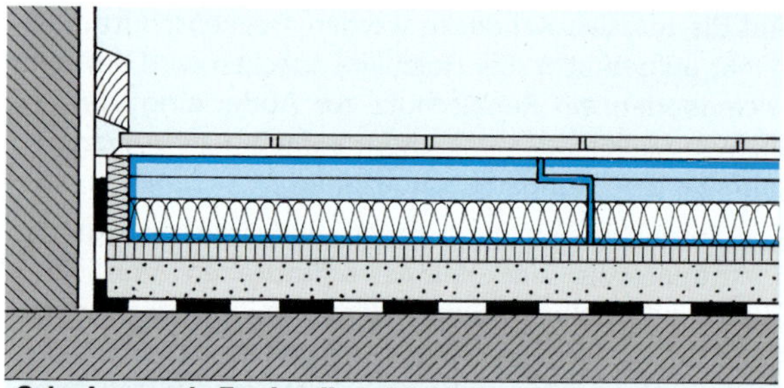

Schwimmende Fertigteilestrich-Verbundelemente

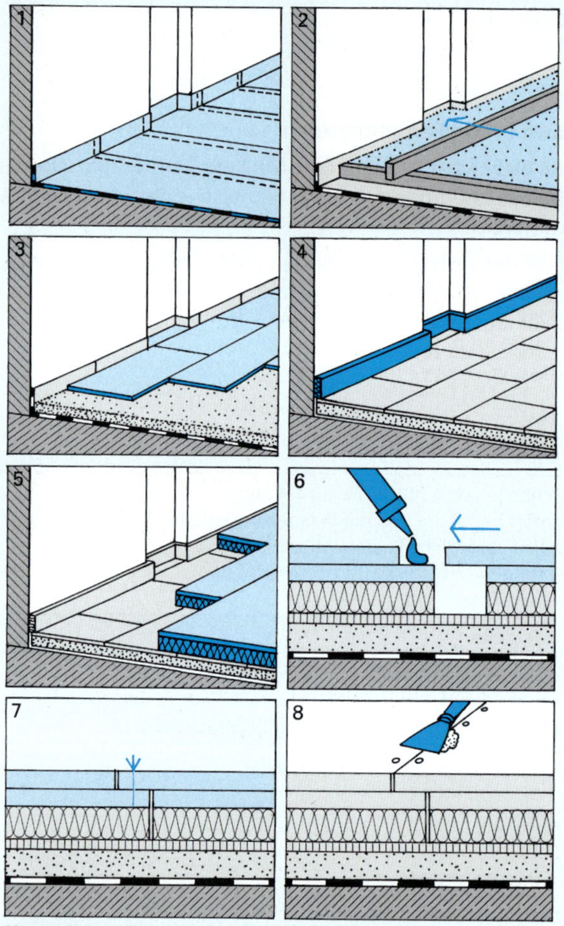

Herstellung schwimmender Fertigteilestriche

Zusammenfassung

Verbundelemente bestehen aus werkseitig verklebten GF-Platten und einer Dämmplatte, die über einen Stufenfalz mittels Verklebung befestigt werden.

Ein getrennter Schichtenaufbau kann mit mineralischen Platten und Holzwerkstoffplatten sowie Dämmschichten aus Holzfaser-, Holzwolle- oder Hartschaumplatten ausgeführt werden.

Trockenschüttungen werden zum Ausgleich von Unebenheiten verwendet. Mineralische Schüttungen verbessern gleichzeitig die Trittschalldämmung.

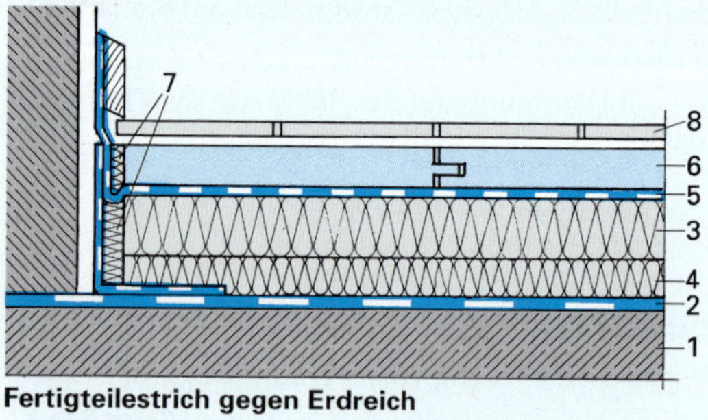

Fertigteilestrich gegen Erdreich

1: Bodenplatte
2: Abdichtungsebene
3: Wärmedämmung
4: Trittschalldämmung
5: Dampfsperre
6: Fertigteilestrich-Element
7: Randstreifen
8: Bodenbelag

Herstellung GF-Verbundelemente auf unebener Massivdecke

Aufgaben

1. *Weshalb werden bei einem Fertigteilestrich Trockenschüttungen verwendet?*
2. *Welche Schicht muss zusätzlich verlegt werden, wenn ein Fertigteilestrich gegen Erdreich ausgeführt werden soll?*

Luft- und Trittschallschutz bei Holzbalkendecken

Holzbalkendecken in Altbauten sind meist zweischalige Konstruktionen mit geringer flächenbezogener Masse. Die oberen und unteren Balken sind fest mit den tragenden Balken verbunden. Sie dienen oben als Dielenboden und unten als Traglattung aus Brettern, an denen meist der Putzträger für einen Deckenputz befestigt ist. In manchen Altbauten finden sich zwischen den Balken in einem Blindboden Schlacken-, Sand- oder Lehmfüllungen, die die Masse erhöhen und damit die Schalldämmung geringfügig verbessern. Diese Deckenkonstruktionen erreichen je nach Hohlraumfüllung ein Luftschalldämmmaß von $R'_{w,R} = 42 \ldots 45$ dB und eine Trittschalldämmung von $L'_{n,W,R} = 70 \ldots 75$ dB.

Die Auflagerung der Holzbalken, die schalltechnisch für eine sogenannte flankierende Schallübertragung sorgen, erfolgt in der Wand selbst.

Fertigteilestriche auf Dämmschicht erzielen auf Holzbalkendecken eine deutlich geringere Trittschallverbesserung als auf Massivdecken (6 … 14 dB statt 25 dB). Auch mit zusätzlichen Trockenschüttungen, die die Werte nochmals um 9 dB erhöhen, kann eine solche Deckenauflage allein die Anforderungen der DIN 4109 für Wohnungstrenndecken nicht erfüllen.

$L'_{n,W,R}$ = etwa 56 … 59 dB statt 53 dB

$R'_{w,R}$ = etwa 50 … 52 dB statt 54 dB

Mit einer zusätzlichen biegeweichen Deckenbekleidung aus doppelter Beplankung, Federschienen oder Traglattung/Federbügel wird der erforderliche Trittschallschutz möglich (siehe Lernfeld 13).

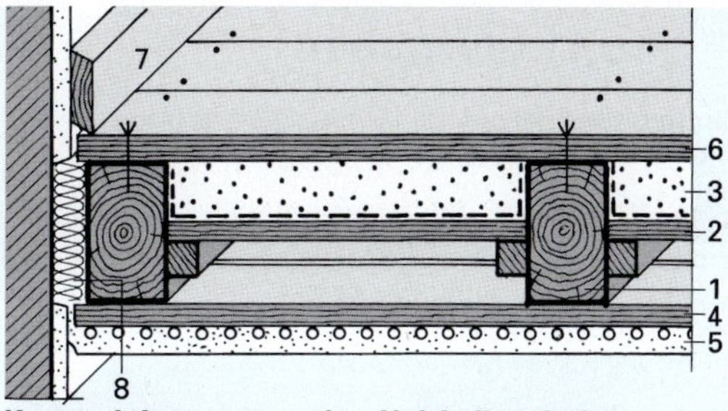

Konstruktionssystem alter Holzbalkendecken

1: Deckenbalken
2: Blindboden
3: Schlackenfüllung
4: Traglattung
5: Deckenputz mit Putzträger
6: Hobeldielen
7: Fußleiste
8: Dämmstoff

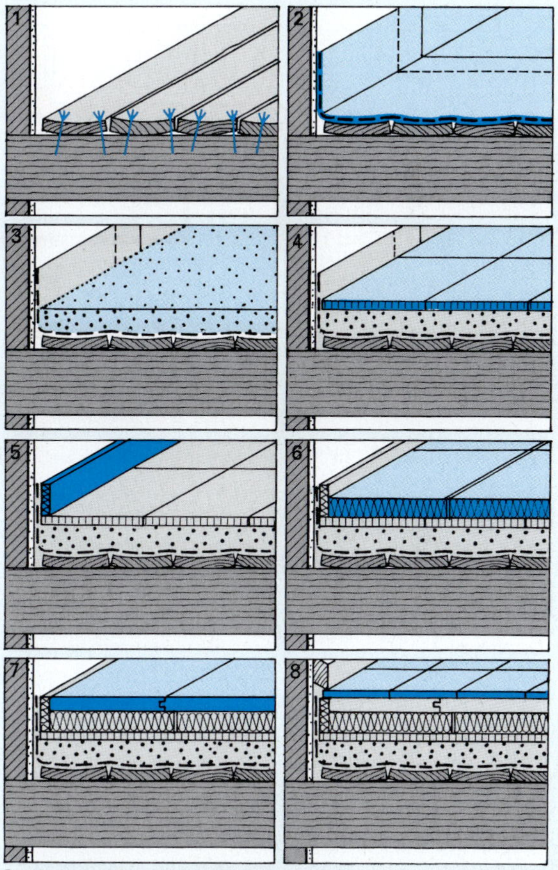

Sanierung alter Holzbalkendecken

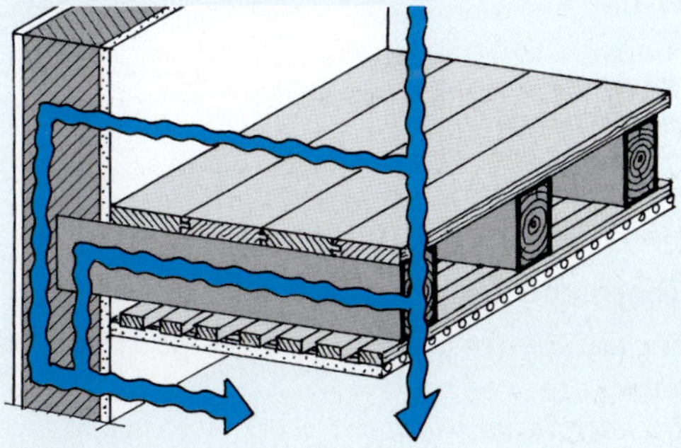

Schallübertragung bei alten Holzbalkendecken

Spanplatten-Trockenunterboden vollflächig auf altem Dielenboden einer Holzbalkendecke

Herstellungsschritte

- aufgeschüsselte, knarrende alte Dielen schräg in die Deckenbalken verschrauben
- Rieselschutz aus dampfdurchlässigem Bitumen- oder Natronkraftpapier auslegen, seitlich an Randfugen wannenartig hochziehen
- Trockenschüttung einbringen, auf Abziehlehren eben abziehen und verdichten
- SB-Holzfaser-Abdeckplatten im Verband verlegen
- Randstreifen an Randanschlüssen bis OK Spanplatte verlegen
- Trittschalldämmung im Verband verlegen
- Holzspan-Verlegeplatten 19 … 22 mm fugendicht im Verband verlegen, N+F-Kanten unter Pressdruck verleimen. Danach kann der Gehbelag aufgebracht werden.
- Anschlussfugen mit Sockelleiste abdecken

Herstellung Spanplatten-Trockenunterboden

Bei Holzbalkendecken erreichen Fertigteilestriche auf Dämmschicht mit einer zusätzlichen biegeweichen Deckenbekleidung aus doppelter Beplankung den erforderlichen Trittschallschutz.

16.7 Projektaufgaben

Die Bauherren möchten die Entwurfspläne ihres geplanten Wohnhauses nach ihren Wünschen und Bedürfnissen verändern.

1. Das Dachgeschoss soll in Holzbauweise, die Geschossdecke des Dachgeschosses als Holzbalkendecke ausgeführt werden. Der Bauherr möchte die beiden Zimmer als Arbeitszimmer nutzen, auf die Nassräume Bad und WC soll aus Kostengründen verzichtet werden.

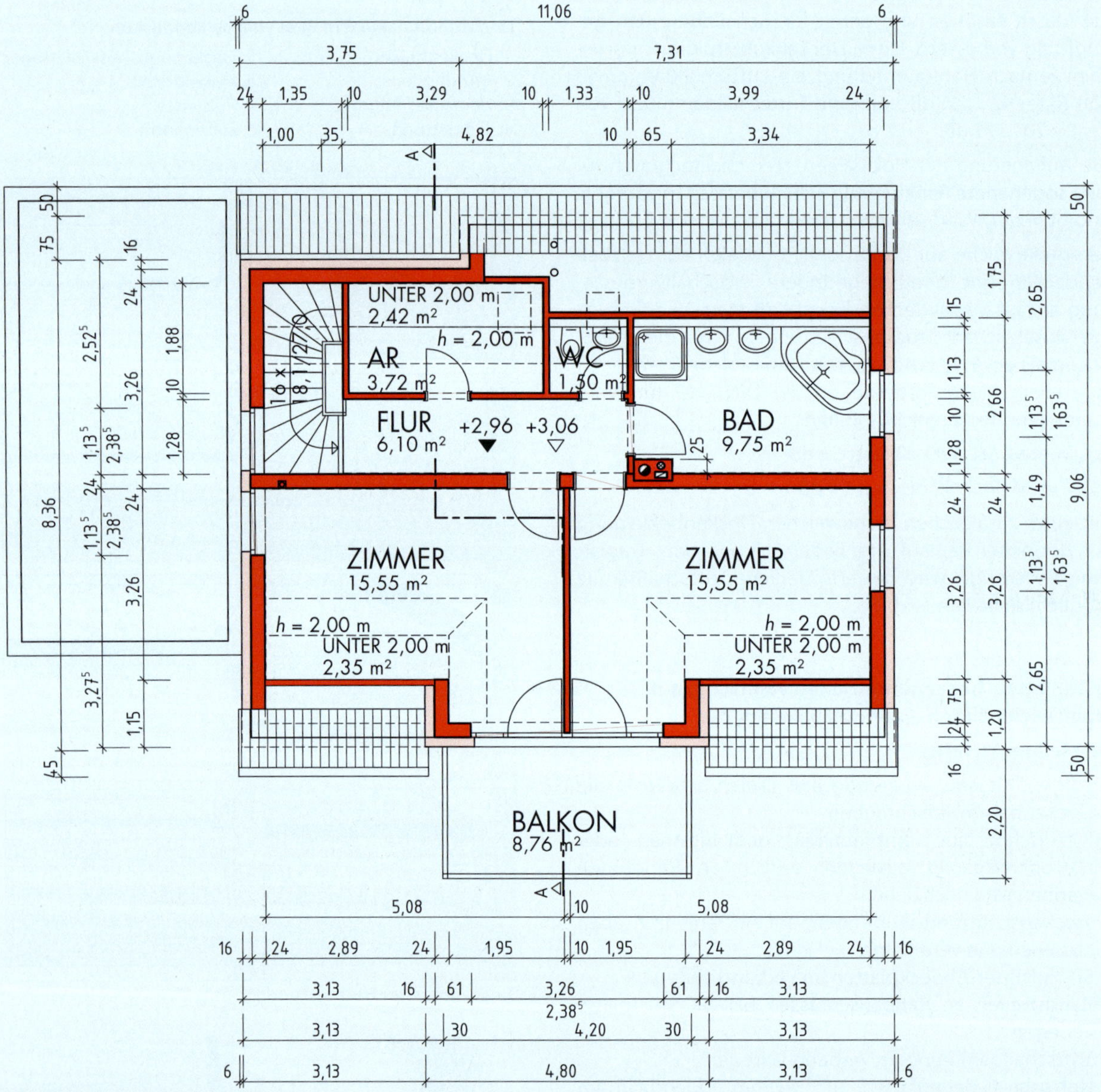

Grundriss Dachgeschoss

Zeichnerischer Teil

a) Zeichnen Sie den Grundriss im Maßstab 1:50 mit den Änderungen einschließlich Bemaßung, Schraffuren und Beschriftung.

b) Zeichnen Sie im Maßstab 1:2 den Aufbau und den Anschluss an die Wand für einen Fertigteilestrich auf Dämmschicht (Dämmschichtdicke 40 mm, GF-Platten 20 mm zweifach, Randstreifen 10 mm). Schraffieren Sie die Bauteile, bemaßen und beschriften Sie die Zeichnung.

Technologischer Teil

c) Wählen Sie einen geeigneten Fertigteilestrich aus, treffen und begründen Sie ihre Materialwahl.

d) Erläutern Sie, welche Maßnahmen (3 Angaben) Sie für die Anforderung eines erhöhten Trittschallschutzes ergreifen würden.

e) Beschreiben Sie den Arbeitsablauf für die Ausführung eines Fertigteilestrichs auf Dämmschicht und schätzen Sie die zu erwartende Bauzeit ab.

f) Erläutern Sie dem Bauherrn jeweils zwei Vor- und Nachteile eines Fertigteilestrichs gegenüber einem Fließestrich.

g) Welche Maßnahmen müsste man bereits jetzt für einen späteren Ausbau der Räume als Feuchträume ergreifen?

Rechnerischer Teil

Berechnen Sie: (Verbrauchswerte, Kosten und Größe der jeweiligen Materialien siehe Formel- und Tabellenanhang)

h) die Aufmaßfläche für einen Fertigteilestrich des Dachgeschosses in m^2,

i) den Randstreifen in m.

Angaben zum Material:

- *GF-Platten 2 × 10 mm (zweilagig verlegt)*
- *MW-Trittschalldämmplatten CP5 25/20 mm*
- *Perlit-Trockenschüttung im Mittel 20 mm*
- *Schrenzlage-Abdeckfolie*
- *Randstreifen MW*
- *Kleber*
- *Verschraubung*

Weitere Angaben

- *das Aufmaß ergab 78 m^2 Estrichfläche*
- *Verlustwerte: Estrichplatten, Dämmplatten, Randstreifen, Schrenzlage jeweils 7 %*
- *Trockenschüttung, Kleber, Fugenspachtel jeweils 6 %*
- *Vollkostenstundensatz 59,20 €/h*

j) Erstellen Sie eine Kostenberechnung für einen Fertigteilestrich aus GF-Platten, indem Sie
1. den Einheitspreis in €/m^2,
2. die Angebotssumme in €/netto für die Gesamtfläche,
3. den Bruttorechnungsbetrag in €/brutto
ermitteln.

2. Im Wohnzimmer im Erdgeschoss soll ein Estrich auf Dämmschicht als Fließestrich ausgeführt werden.

Zeichnerischer Teil

a) Zeichnen Sie im Maßstab 1 : 2 den Aufbau eines Heizestrichs als Fließestrich auf Dämmschicht, nass verlegt mit Lage der Rohrleitungen (Dämmschichtdicke 30 mm, CAF C25-F4-S40 H45, Randstreifen 10 mm). Schraffieren Sie die Bauteile, bemaßen und beschriften Sie die Zeichnung. Die Erdgeschossdecke ist eine Massivdecke aus Stahlbeton.

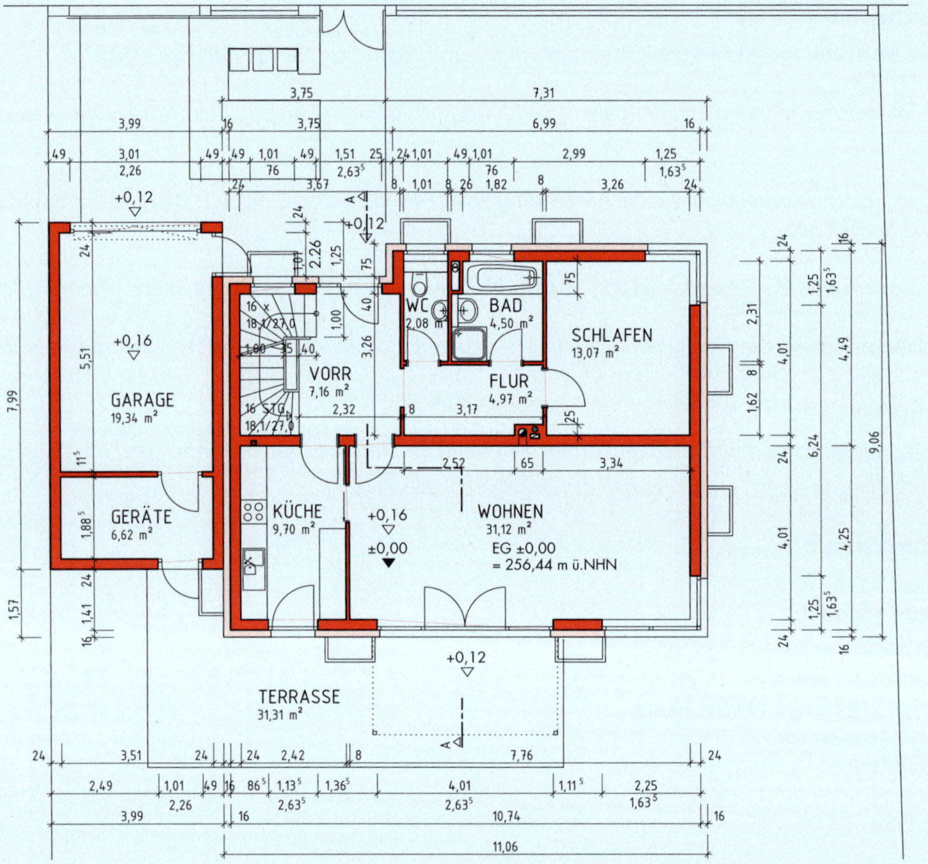

Grundriss Erdgeschoss

Technologischer Teil

b) Nennen Sie Vor- und Nachteile des Calciumsulfatestrichs als Fließestrich.
c) Erläutern Sie die Eigenschaften der unterschiedlichen Estrichkonstruktionen.
d) Vergleichen Sie die Estriche CT und CA in ihren Eigenschaften.
e) Beschreiben Sie dem Bauherrn den Bauablauf für den CAF als Heizestrich und schätzen Sie die Ausführungszeit ab.
f) Auf der getrockneten Oberfläche sind Risse erkennbar. Erläutern Sie mögliche Ursachen und beschreiben Sie, weshalb Maßnahmen zur Oberflächenbehandlung notwendig werden.

Rechnerischer Teil

Berechnen Sie:

g) Die Aufmaßfläche des Erdgeschosses für einen Fließestrich in m² und
h) den Randstreifen in m.
i) Erstellen Sie eine Kostenberechnung für einen Fließestrich, indem Sie
   1. den Einheitspreis in €/m²,
   2. die Angebotssumme in €/netto für die Gesamtfläche,
   3. den Bruttorechnungsbetrag in €/brutto
   ermitteln.

Angaben zur Ausführung:

- *CAF 40 mm*
- *Trennschicht PE-Folie*
- *MW-Trittschalldämmplatten CP5 25/20 mm; d = 25 mm*
- *Randstreifen Steinwolle 10 cm*

Weitere Angaben

- *Das Aufmaß ergab 65 m² Estrichfläche*
- *Verlustwerte: Estrich, Dämmplatten, Randstreifen, Trennlage jeweils 7 %*
- *Vollkostenstundensatz 59,20 €/h*

Formel- und Tabellenanhang

Der Formel- und Tabellenanhang enthält neben Formeln zur Flächen- und Volumenberechnung auch ausgewählte Materialbedarfs- und Kostenkennwerte wesentlicher Tätigkeiten des Stuckateurs. Mithilfe dieser Kennwerte ist eine realistische Materialbedarfs- und Kostenberechnung an exemplarischen Beispielen in der Berufsausbildung möglich. Verständlicherweise kann der Umfang des Formel- und Tabellenanhangs dabei nicht alle anfallenden Tätigkeiten und notwendigen Arbeitsschritte abdecken.

Es ist darüber hinaus zu beachten, dass die angegebenen Zeitaufwandswerte Mittelwerte für die Ausführung bei Bauvorhaben im Bereich des Wohnungs- und Gewerbebaus mittlerer Größe darstellen. Örtliche oder baustellenspezifische Besonderheiten können selbstverständlich andere Kennwerte erfordern und zusätzliche Kosten verursachen.

Im Abschnitt Wärmeschutz sind die Bemessungswerte und Formeln zur Berechnung des Wärmedurchgangskoeffizienten von Bauteilen angegeben. Dies ermöglicht den Vergleich unterschiedlicher Wandaufbauten in Bezug auf den Wärmeschutz und eine Beurteilung hinsichtlich der einzuhaltenden Grenzwerte nach dem Gebäudeenergiegesetz bei der Änderung, der Erweiterung und dem Ausbau bestehender Wohngebäude.

Die Ermittlung des Jahres-Primärenergiebedarfs nach den Vorgaben des Gebäudeenergiegesetzes bei Neubauten mithilfe eines Referenzgebäudes hingegen ist nicht Bestandteil dieses Formel- und Tabellenanhangs.

Inhaltsübersicht

Technische Mathematik	Vierecke- und Dreiecke	334
	Kreis und Kreisteile, Ellipse, Prismen	335
	Spitze und stumpfe Körper	336
	Satz des Pythagoras	337
	Prozentrechnen	337
	Steigung, Neigung und Gefälle	338
	Winkelfunktionen	338
Aufmaßregeln	Putz- und Stuckarbeiten	339
	Wärmedämm-Verbundsysteme	339
	Estricharbeiten	339
	Trockenbauarbeiten	340
Materialbedarfs- und Kostenkennwerte	Putzarbeiten	341
	Wärmedämm-Verbundsysteme	342
	Anstriche	342
	Trockenputz und Wandvorsatzschalen	343
	Trockenbauwände	344
	Deckenbekleidungen und Unterdecken	345
	Kassettendecken	346
	Estriche	346
Zeitaufwandswerte	Alle Gewerke	347
Wärmeschutz	Mindestwerte des Wärmedurchlasswiderstands *R*	348
	Berechnung des Wärmedurchgangskoeffizienten *U*	349
	Wärme- und feuchtetechnische Bemessungswerte	350

FLÄCHEN UND KÖRPER

Vierecke

Quadrat

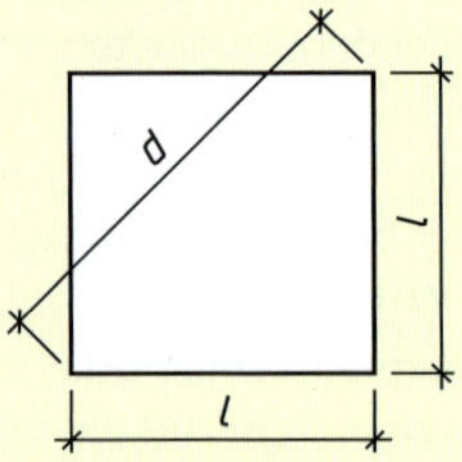

$A = l^2$

$U = 4 \cdot l$

$d = \sqrt{2} \cdot l$

$d \approx 1{,}414 \cdot l$

Rechteck

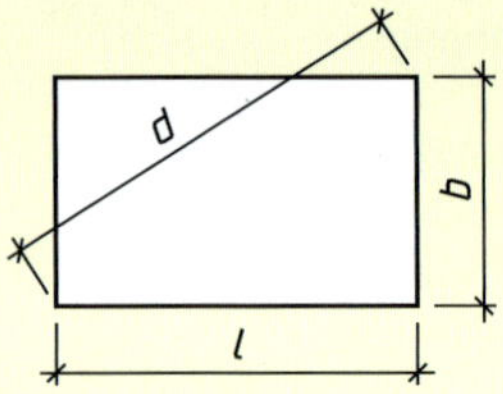

$A = l \cdot b$

$U = 2 \cdot (l + b)$

$d = \sqrt{b^2 + l^2}$

Parallelogramm

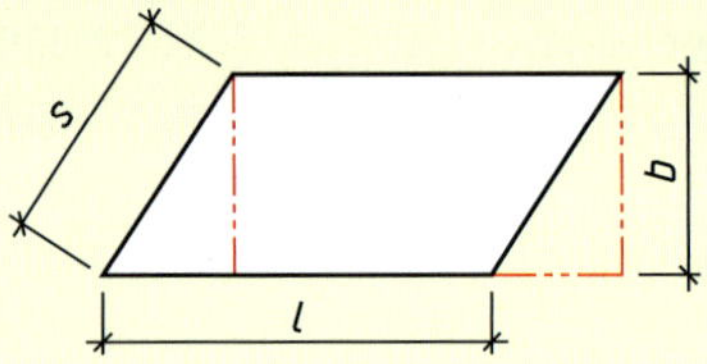

$A = l \cdot b$

$U = 2\,(l + s)$

Raute

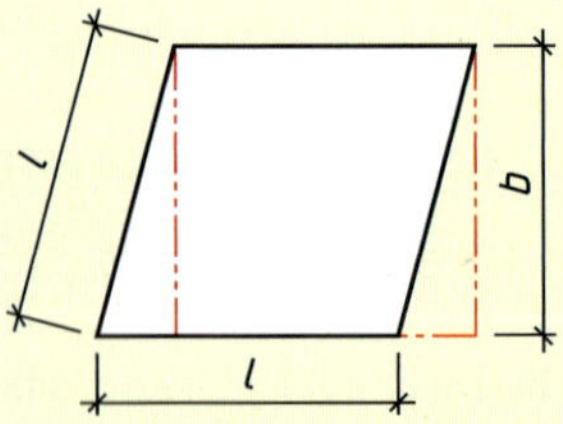

$A = l \cdot b$

$U = 4 \cdot l$

(Die Diagonalen schneiden sich in der Mitte und stehen senkrecht zueinander.)

Trapez

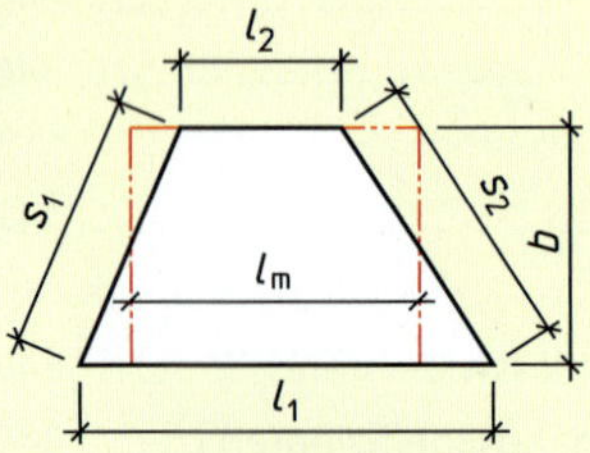

$A = \frac{l_1 + l_2}{2} \cdot b$

$U = l_1 + l_2 + s_1 + s_2$

$l_m = \frac{l_1 + l_2}{2}$

Dreiecke

rechtwinklig

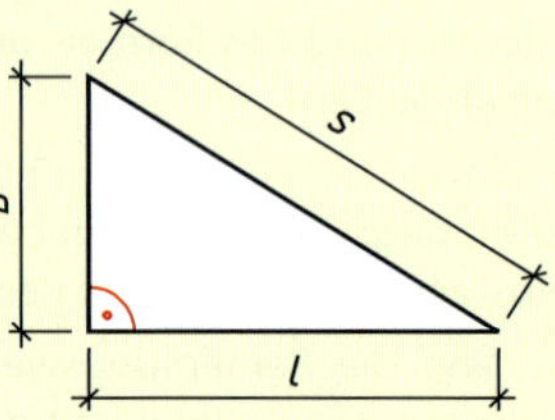

$A = \frac{l \cdot b}{2}$

$U = l + b + s$

spitzwinklig

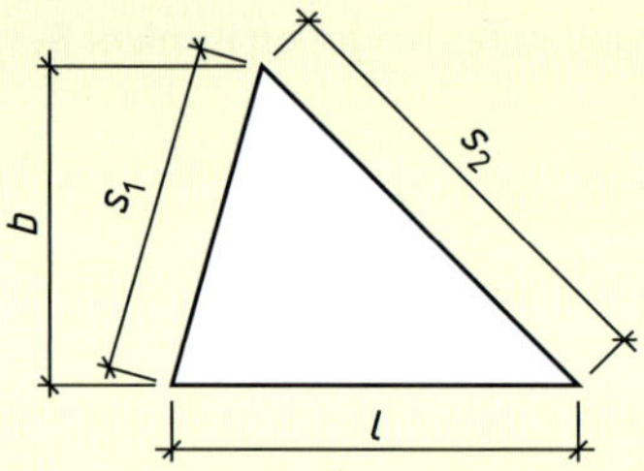

$A = \frac{l \cdot b}{2}$

$U = l + s_1 + s_2$

stumpfwinklig

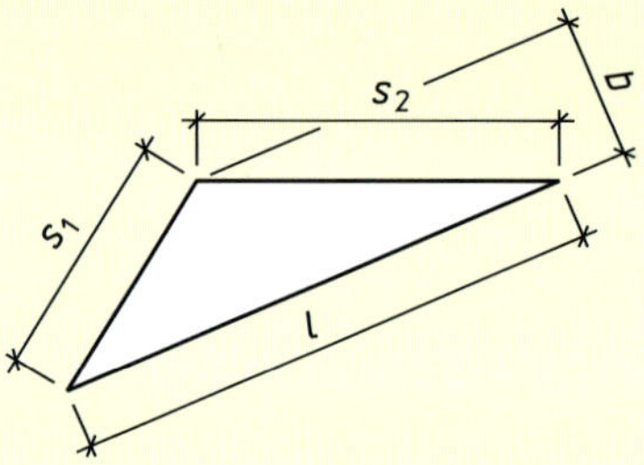

$A = \frac{l \cdot b}{2}$

$U = l + s_1 + s_2$

gleichseitig

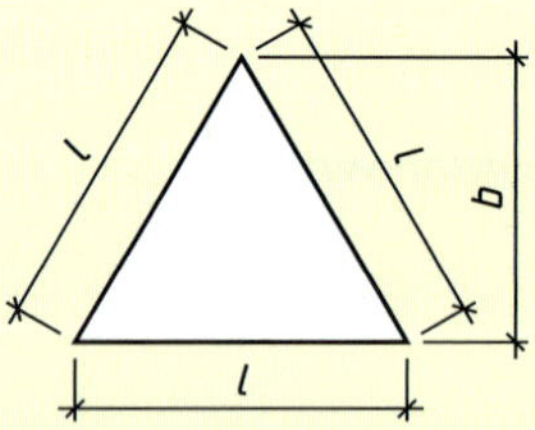

$A = \frac{l \cdot b}{2}$

$U = 3 \cdot l$

gleichschenklig

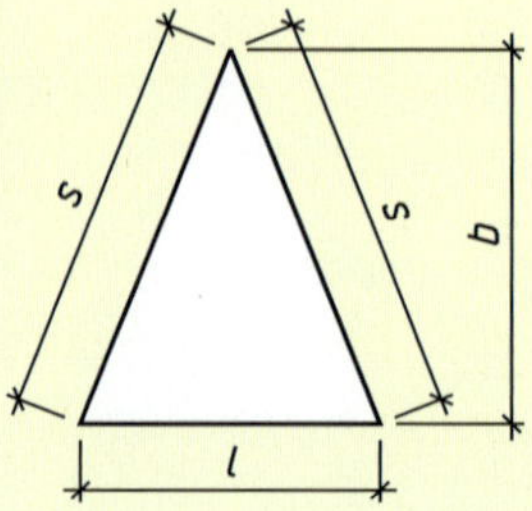

$A = \frac{l \cdot b}{2}$

$U = l + 2s$

Kreis und Kreisteile

Kreis

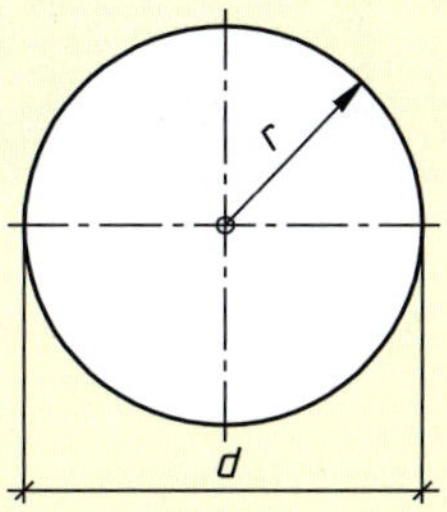

$A = \pi \cdot r^2$

$A = \frac{\pi \cdot d^2}{4}$

$A = 0{,}785 \cdot d^2$

$U = 2 \cdot \pi \cdot r$

$U = \pi \cdot d$

$U = 3{,}1415 \cdot d$

$d = 2 \cdot r$

Kreisausschnitt

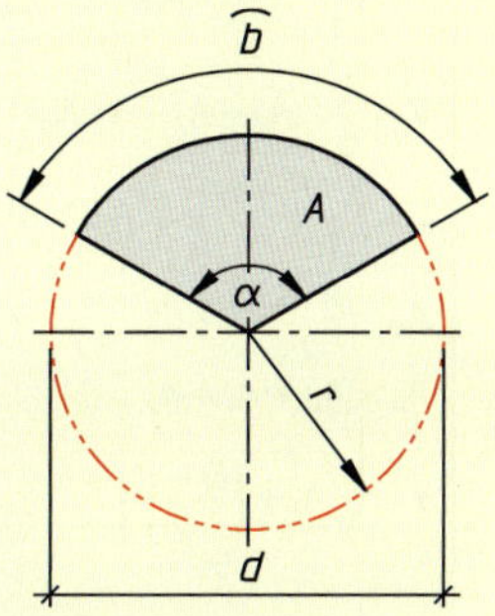

$A = \frac{\pi \cdot r^2 \cdot \alpha}{360°}$

$A = \frac{\pi \cdot d^2 \cdot \alpha}{4 \cdot 360°}$

$b = \frac{\pi \cdot d \cdot \alpha}{360°}$

$b = \frac{\pi \cdot r \cdot \alpha}{180°}$

Kreisabschnitt

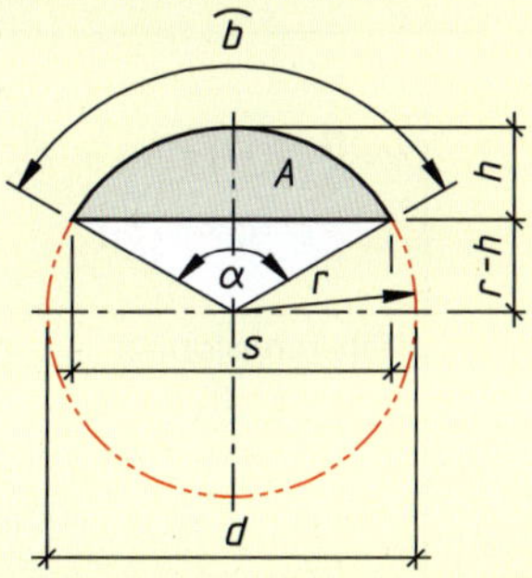

$A \approx \frac{2}{3} \cdot s \cdot h$

$b = \frac{\pi \cdot d \cdot \alpha}{360°}$

$b = \frac{\pi \cdot r \cdot \alpha}{180°}$

genau:

$A = \frac{r^2 \cdot \pi \cdot \alpha}{360°} - \frac{s \cdot (r-h)}{2}$

$r = \frac{s^2}{8h} + \frac{h}{2}$

Kreisring

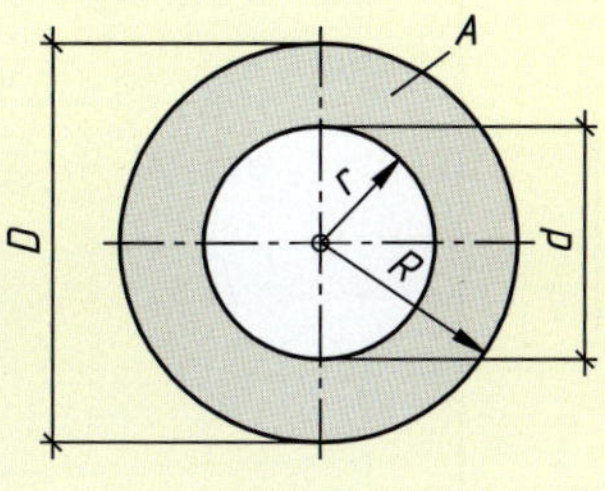

$A = (D^2 - d^2) \cdot \frac{\pi}{4}$

$A = (R^2 - r^2) \cdot \pi$

Ellipse

Ellipse

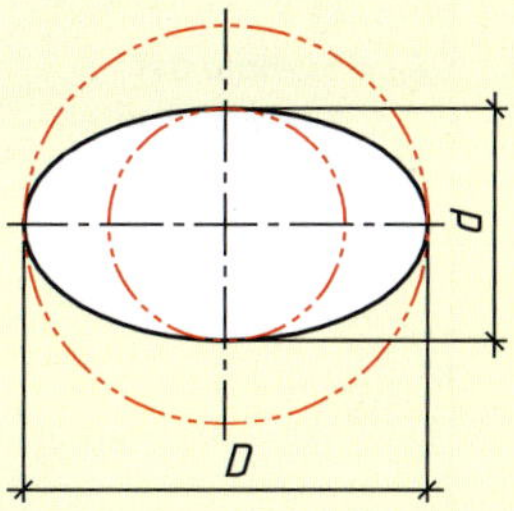

$A = \frac{\pi \cdot D \cdot d}{4}$

$A = 0{,}785 \cdot D \cdot d$

$U \approx \frac{D + d}{2} \cdot \pi$

$U \approx 1{,}57 \cdot (D + d)$

Prismen

Quader

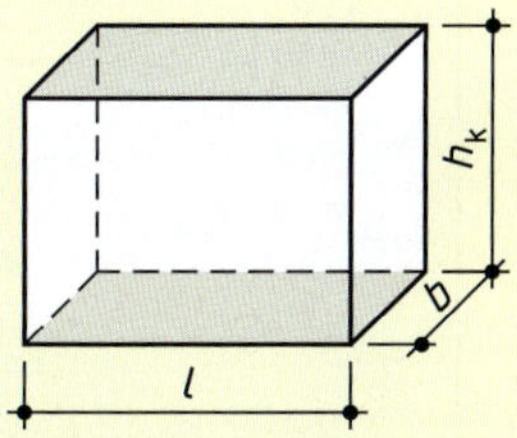

$V = A \cdot h_k$

$V = l \cdot b \cdot h_k$

$A_M = U \cdot h_k$

$A_M = 2 \cdot (l + b) \cdot h_k$

$A_O = 2 \cdot A + A_M$

$A_O = 2 \cdot l \cdot b + 2 \cdot (l + b) \cdot h_k$

Würfel

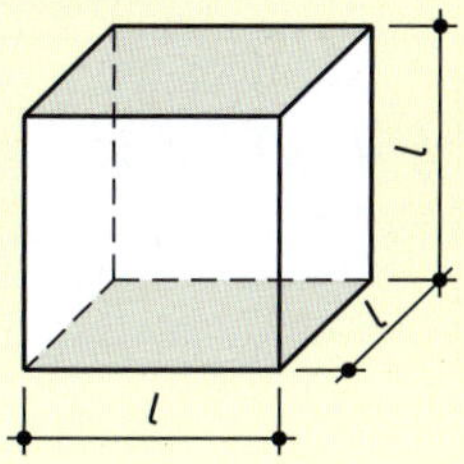

$V = l^3$

$A_M = 4 \cdot l^2$

$A_O = 6 \cdot l^2$

senkrechtes oder schiefes Prisma

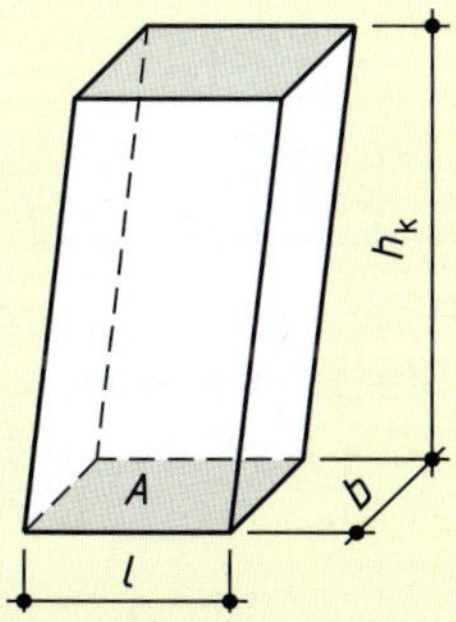

$V = A \cdot h_k$

für senkrechtes Prisma:

$A_M = U \cdot h_k$

$A_O = 2 \cdot A + U \cdot h_k$

A_M = Mantelfläche
A_O = Oberfläche

Spitze Körper

gerade oder schiefe Pyramide

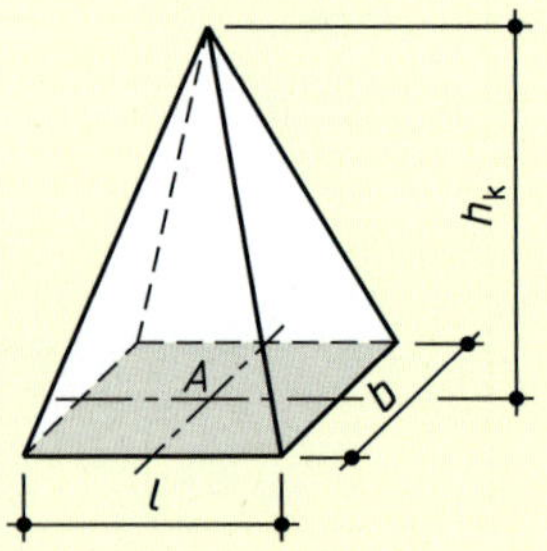

$$V = \frac{A \cdot h_k}{3}$$

A_M = Summe der Dreiecksflächen

$$A_O = A + A_M$$

gerader oder schiefer Kegel

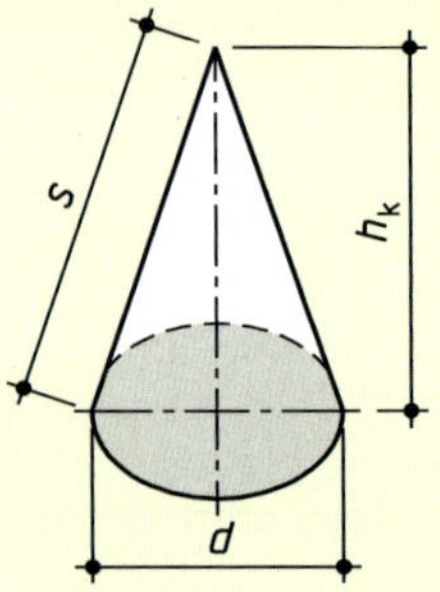

$$V = \frac{A \cdot h_k}{3}$$

$$V = \frac{\pi \cdot d^2 \cdot h_k}{12}$$

$$A_M = \frac{\pi \cdot d \cdot s}{2}$$

$$A_O = \frac{\pi \cdot d}{2} \cdot \left(\frac{d}{2} + s\right)$$

Keil, Dach

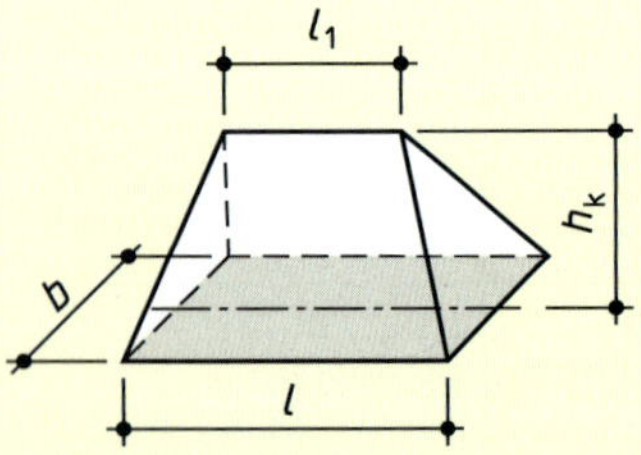

$$V = \frac{b \cdot h_k}{6} \cdot (2 \cdot l + l_1)$$

Rampe

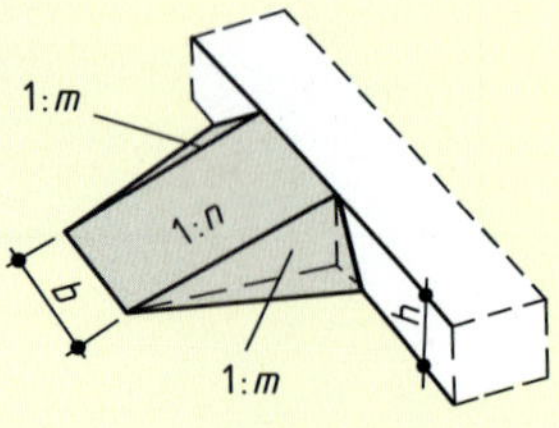

$$V = \frac{h^2}{6} \cdot (3b + 2h \cdot m) \cdot n$$

Stumpfe Körper

Pyramidenstumpf

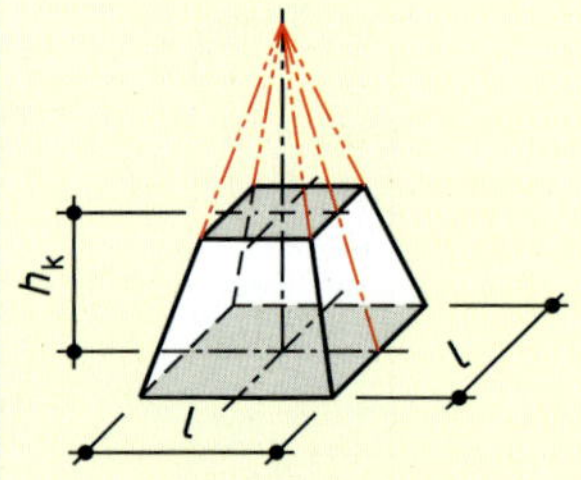

$$V \approx A_m \cdot h_k$$

$$V = \frac{h_k}{6} \cdot (A_1 + A_2 + 4 \cdot A_m)$$

$$V = \frac{h_k}{3} (A_1 + A_2 + \sqrt{A_1 \cdot A_2})$$

A_M = Summe der Trapezflächen

$$A_O = A_M + A_1 + A_2$$

(A_m = Querschnittsfläche in halber Höhe)

Kegelstumpf

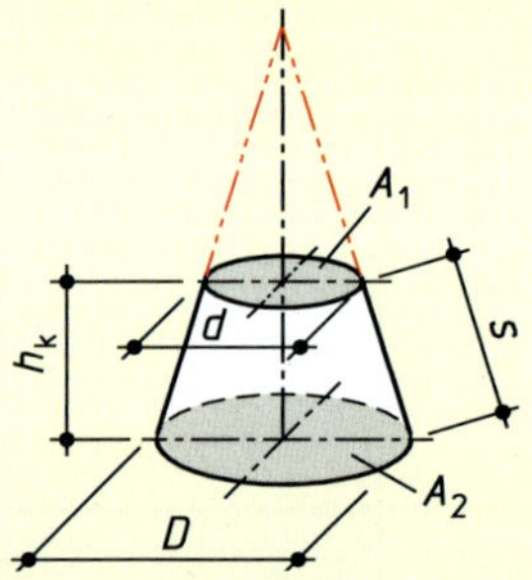

$$V = \frac{h_k}{6} \cdot (A_1 + A_2 + 4 \cdot A_m)$$

$$V = \frac{\pi \cdot h_K}{12} (D^2 + d^2 + D \cdot d)$$

$$A_M = \frac{\pi \cdot s}{2} (D + d)$$

$$A_O = A_M + A_1 + A_2$$

$$s = \sqrt{h_k^2 + \left(\frac{D + d}{2}\right)^2}$$

Keilstumpf (Obelisk)

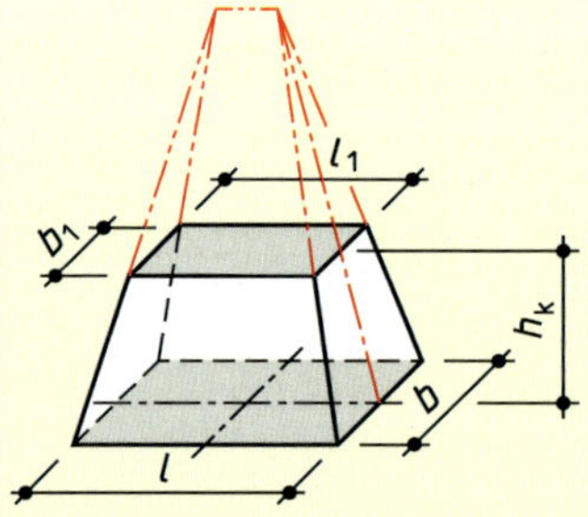

$$V = \frac{h_k}{6} \cdot [(2 \cdot l + l_1) \cdot b + (2 \cdot l_1 + l) \cdot b_1]$$

Näherungsformel

$$V \approx h_k \cdot \frac{l + l_1}{2} \cdot \frac{b + b_1}{2}$$

elliptischer Kübel

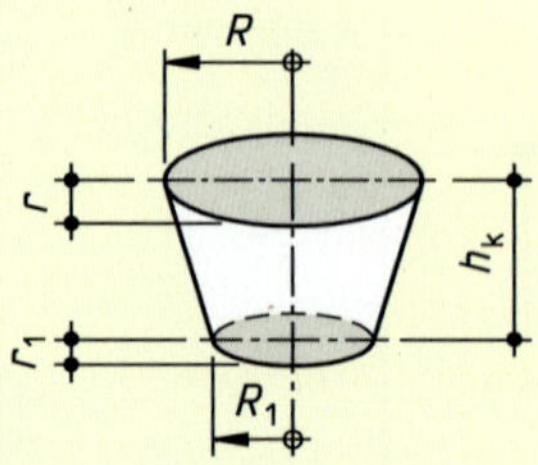

$$V = \frac{\pi \cdot h_k}{6} \cdot [(2 \cdot R + R_1) \cdot r + (2 \cdot R_1 + R) \cdot r_1]$$

RECHTWINKLIGES DREIECK

Bezeichnungen am rechtwinkligen Dreieck

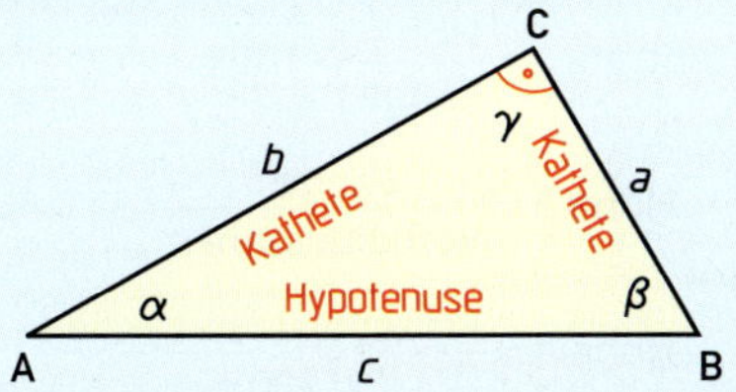

Im rechtwinkligen Dreieck werden die den rechten Winkel bildenden Seiten als **Katheten** bezeichnet und die dem rechten Winkel gegenüberliegende Seite – also die längste Seite – **als Hypotenuse**.

Die Ecken werden mit den Großbuchstaben A, B und C bezeichnet und die Winkel mit α, β und γ, wobei α immer bei A, β immer bei B und der rechte Winkel γ immer bei C ist.

Die Seite gegenüber A wird mit *a*, die Seite gegenüber B wird mit *b* und die Seite gegenüber C wird mit *c* bezeichnet.

Satz des Pythagoras

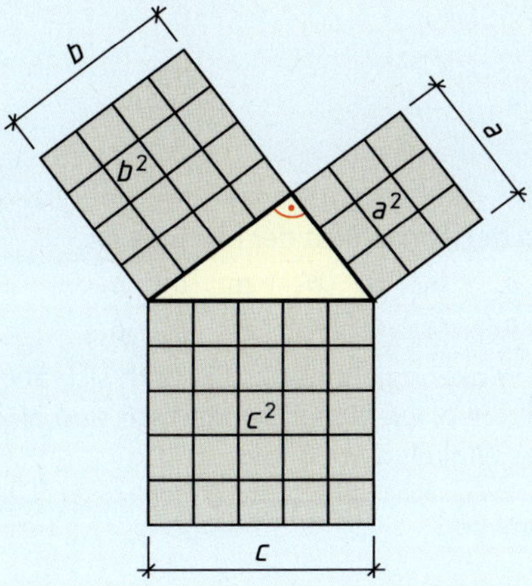

Im rechtwinkligen Dreieck ist das Quadrat über der Hypotenuse gleich der Summe der Quadrate über den Katheten.

$$c^2 = a^2 + b^2$$

$$a^2 = c^2 - b^2$$
$$b^2 = c^2 - a^2$$
$$c = \sqrt{a^2 + b^2}$$
$$a = \sqrt{c^2 - b^2}$$
$$b = \sqrt{c^2 - a^2}$$

PROZENTRECHNEN

Berechnung des **Prozentsatzes**	Prozentsatz $p\,\% = \dfrac{\text{Prozentwert } P \cdot 100\,\%}{\text{Grundwert } G}$
Berechnung des **Prozentwertes**	Prozentwert $P = \dfrac{\text{Grundwert } G \cdot \text{Prozentsatz } p\,\%}{100\,\%}$
Berechnung des **Grundwertes**	Grundwert $G = \dfrac{\text{Prozentwert } P \cdot 100\,\%}{\text{Prozentsatz } p\,\%}$

STEIGUNG, NEIGUNG, GEFÄLLE

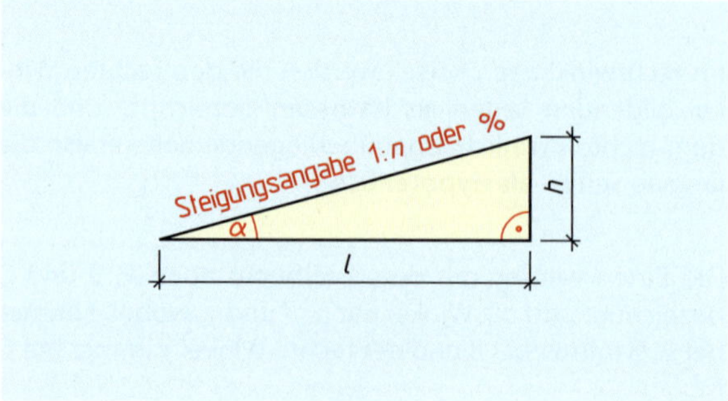

Prozentsatz $p = \dfrac{100\,\%}{\text{Verhältniszahl } n}$

Verhältniszahl $n = \dfrac{100\,\%}{\text{Prozentsatz } p}$

Steigungsverhältnis $= \dfrac{\text{Höhe } h}{\text{Länge } l} = \dfrac{1}{n} = 1:n$

Verhältniszahl $n = \dfrac{\text{Länge } l}{\text{Höhe } h}$

Prozentsatz $p = \dfrac{\text{Höhe } h}{\text{Länge } l} \cdot 100\,\%$

Höhe $h = \dfrac{\text{Länge } l}{\text{Verhältniszahl } n}$

Höhe $h = \dfrac{\text{Prozentsatz } p \cdot \text{Länge } l}{100\,\%}$

Länge l = Verhältniszahl $n \cdot$ Höhe h

Länge $l = \dfrac{\text{Höhe } h \cdot 100\,\%}{\text{Prozentsatz } p}$

WINKELFUNKTIONEN (TRIGONOMETRIE)

In rechtwinkligen Dreiecken besteht ein Zusammenhang zwischen den Winkeln und den Seiten.

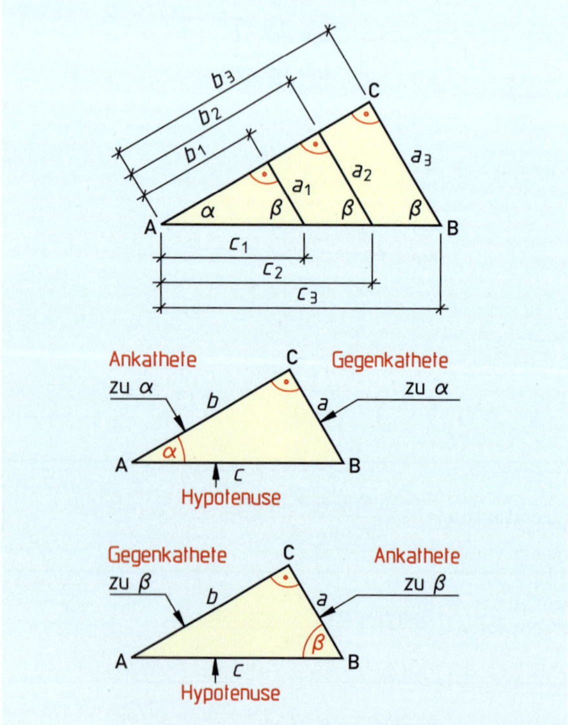

Sekans und Kosekans werden nur sehr selten, z. B. in der Astronomie oder Nautik, verwendet.

Aufgrund der Ähnlichkeit der Dreiecke ist:

$\dfrac{a_1}{c_1} = \dfrac{a_2}{c_2} = \dfrac{a_3}{c_3}$; $\dfrac{b_1}{c_1} = \dfrac{b_2}{c_2} = \dfrac{b_3}{c_3}$; $\dfrac{a_1}{b_1} = \dfrac{a_2}{b_2} = \dfrac{a_3}{b_3}$

Wird der Winkel α geändert, so ändern sich auch die Seitenverhältnisse. Die Seitenverhältnisse sind also von der Größe des Winkels α abhängig.

Winkelfunktion	bezogen auf α	bezogen auf β
Sinus $= \dfrac{\text{Gegenkathete}}{\text{Hypotenuse}}$	$\sin\alpha = \dfrac{a}{c}$	$\sin\beta = \dfrac{b}{c}$
Kosinus $= \dfrac{\text{Ankathete}}{\text{Hypotenuse}}$	$\cos\alpha = \dfrac{b}{c}$	$\cos\beta = \dfrac{a}{c}$
Tangens $= \dfrac{\text{Gegenkathete}}{\text{Ankathete}}$	$\tan\alpha = \dfrac{a}{b}$	$\tan\beta = \dfrac{b}{a}$
Kotangens $= \dfrac{\text{Ankathete}}{\text{Gegenkathete}}$	$\cot\alpha = \dfrac{b}{a}$	$\cot\beta = \dfrac{a}{b}$
Sekans $= \dfrac{\text{Hypotenuse}}{\text{Ankathete}}$	$\sec\alpha = \dfrac{c}{b}$	$\sec\beta = \dfrac{c}{a}$
Kosekans $= \dfrac{\text{Hypotenuse}}{\text{Gegenkathete}}$	$\operatorname{cosec}\alpha = \dfrac{c}{a}$	$\operatorname{cosec}\beta = \dfrac{c}{b}$

Wesentliche Aufmaßregeln für Putz- und Stuckarbeiten (DIN 18350) **und WDVS** (DIN 18345)	
Abrechnung nach Flächenmaß	Das Aufmaß von verputzten Flächen erfolgt getrennt nach Wänden, Decken, ebenen und gebogenen Flächen und nach der Art des Putzes. Die **Abrechnung** erfolgt **nach Flächenmaß** (Einheit **m²**). Einzelflächen ≤ **2,50 m²** werden gesondert **nach Anzahl (Stück)** aufgemessen und abgerechnet.
Aufmaß innen	Für das Aufmaß sind die Maße der unverputzten Flächen (Rohbaumaße) zugrunde zu legen.
Aufmaß außen	Für das Aufmaß sind die Maße der fertig verputzten Flächen **(Fertigmaße)** zugrunde zu legen. Dies gilt auch für das Vorbehandeln oder Ausgleichen des Untergrundes.
Öffnungen, Aussparungen und Nischen	**Flächen > 2,50 m²** müssen abgezogen werden. **Flächen ≤ 2,50 m²** werden übermessen.
Öffnungen	Unmittelbar zusammenhängende, **verschiedenartige Öffnungen** (z. B. Fenster mit darunterliegender Nische) werden **getrennt** aufgemessen. Bei **Öffnungen über Eck** ist die Größe der Öffnung für jede Wandfläche anteilig zu ermitteln und entsprechend den Abzugsregelungen zu berücksichtigen. Bei **Öffnungen in getrennt zu rechnenden Flächen** (z. B. Türöffnung im Sockel- und Wandputz) ist die jeweils anteilige Fläche zu berücksichtigen. **Zusammenhängende Öffnungen** (z. B. Tür-Fenster-Kombination) sind als eine Öffnung zu betrachten.
Nischen	Rückflächen von **Nischen** (auch wenn sie durch geringere Dämmstoffstärken gebildet sind) werden unabhängig von ihrer Größe **zusätzlich** aufgemessen.
Unterbrechungen	**Unterbrechungen** bis 30 cm Breite (Fachwerk, Stützen, Friese, …) werden übermessen.
Abrechnung nach Längenmaß	Bei der **Abrechnung nach Längenmaß** (Einheit **m**) werden Unterbrechungen ≤ **1,00 m** Länge übermessen. Unterbrechungen > **1,00 m** Einzellänge müssen abgezogen werden.
Laibungen	Das Aufmaß geputzter Laibungen mit einer Breite ≤ 1 m erfolgt in einer gesonderten Position **nach Längenmaß.**
Putzprofile	Profile, Anputzleisten, Gewebeeckwinkel, Kantenausbildungen ohne Profile usw. werden **nach Längenmaß** aufgemessen.
Stützen Pfeiler Träger	Das Aufmaß erfolgt bei einer Breite der Ansichtsfläche ≤ 1,00 m **nach Längenmaß.**
Stuckprofile Kehlen Gesimse	Dekorprofile und -elemente werden beim Aufmaß von Wand- und Deckenflächen übermessen und gesondert **nach Längenmaß** aufgemessen und abgerechnet. Gehrungen, Kreuzungen, Verkröpfungen und Endungen von Stuckgesimsen werden gesondert (**nach Stück**) gerechnet.
Gewölbte Räume	Als maßgebende Höhe der **Längswände** gilt die Höhe bis zum Gewölbeanfang. Die **Schildwände** werden als Rechteck gerechnet. Als Höhe gilt die Höhe bis zum Gewölbeanfang plus $\frac{2}{3}$ der Stichbogenhöhe. Die **Deckenfläche** wird als abgewickelte Fläche der Deckenuntersicht berechnet.
Diagonalbewehrungen	Diagonalbewehrungen und Armierungspfeiler sowie Sturzeckwinkel an Ecken von Aussparungen, Öffnungen, Nischen usw. werden nach **Anzahl (Stück)** gerechnet.

Wesentliche Aufmaßregeln für Estricharbeiten (DIN 18353)	
Flächen	Für das Aufmaß sind die Maße der unverputzten Flächen (Rohbaumaße) zugrunde zu legen.
Öffnungen und Aussparungen	Öffnungen und Aussparungen (z. B. Pfeilervorlagen, Kamine, Rohrdurchführungen …) ≤ **0,10 m²** werden übermessen. Flächen > **0,10 m²** müssen abgezogen werden.

Wesentliche Aufmaßregeln für Trockenbauarbeiten (DIN 18340)	
Abrechnung nach Flächenmaß	Die Abrechnung erfolgt bei Einzelflächen > **5,0 m^2 nach Flächenmaß** (Einheit **m^2**) getrennt nach Bauart. Einzelflächen ≤ **5,0 m^2** werden gesondert **nach Anzahl (Stück)** aufgemessen und abgerechnet. Für die Flächenberechnung wird jeweils das größte, ggf. abgewickelte Bauteilmaß zugrunde gelegt. Bei Flächen **ohne begrenzende Bauteile** gelten die Fertigmaße der freistehenden Vorsatzschalen, Wandscheiben und Stützenbekleidungen. Bei Flächen **mit begrenzenden Bauteilen** gelten die Maße bis zu den sie begrenzenden, unverputzten, ungedämmten und unbekleideten Bauteilen. Wand- und Deckenputze sowie Wandvorsatzschalen gelten nicht als begrenzende Bauteile. Systemböden, Trockenunterböden, Estriche, leichte Trennwände sowie Unterdecken und abgehängte Decken gelten als begrenzende Bauteile, sofern ihre Oberflächen nicht durchdrungen werden.
Trennwände	Bei abgewinkelten Wänden werden die Längenmaße der abgewickelten Wandflächen zur Flächenberechnung zugrunde gelegt. Es gelten die Fertigmaße bis zu den begrenzenden ungeputzten, ungedämmten, unbekleideten Bauteilen.
Wandbekleidungen Vorsatzschalen Deckenbekleidungen Unterdecken Böden	Es gelten die Fertigmaße bis zu den begrenzenden ungeputzten, ungedämmten, unbekleideten Bauteilen.
Öffnungen, Aussparungen und Nischen	Bei der Ermittlung der Abzugsmaße sind die **kleinsten Maße der Aussparung (Fertigmaße)** zugrunde zu legen.
Öffnungen	Unmittelbar zusammenhängende, **verschiedenartige Öffnungen** (z. B. Fenster mit darunterliegender Nische) werden **getrennt** aufgemessen. Bei **Öffnungen über Eck** ist die Größe der Öffnung für jede Wandfläche anteilig zu ermitteln und entsprechend den Abzugsregelungen zu berücksichtigen. **Zusammenhängende Öffnungen** (z. B. Tür-Fenster-Kombination) sind als eine Öffnung zu betrachten.
Nischen	Bekleidete **Nischenflächen** werden unabhängig von ihrer Größe **zusätzlich** aufgemessen.
Unterbrechungen	**Unterbrechungen** ≤ 30 cm Breite (Fachwerk, Stützen, Friese, …) werden übermessen.
Trennwände Wandbekleidungen Vorsatzschalen	Flächen > **2,50 m^2** müssen abgezogen werden. Flächen ≤ **2,50 m^2** werden übermessen.
Böden	Flächen > **0,50 m^2** müssen abgezogen werden. Flächen ≤ **0,50 m^2** werden übermessen.
Abrechnung nach Längenmaß	Bei der **Abrechnung nach Längenmaß** (Einheit **m**) werden Unterbrechungen ≤ **1,00 m** Länge übermessen. Unterbrechungen > **1,00 m** Einzellänge müssen abgezogen werden.
Laibungen	Laibungsbekleidungen mit einer **Tiefe ≤ 1,00 m** werden nach Längenmaß aufgemessen.
Profilverstärkungen	Unterkonstruktionen, Verstärkungen, Aussteifungen (z. B. für Türen, Oberlichter …) mit einer **Länge** > **2,00 m** werden nach **Längenmaß** abgerechnet. Bei einer Länge ≤ 2 m nach **Anzahl (Stück)**
Stützen Pfeiler Träger	Bekleidungen mit einer **Breite ≤ 1,00 m** je Ansichtsfläche werden nach Längenmaß aufgemessen.
Abzweigungen Ecken Anschlüsse Profile	Bei Wandabzweigungen, Bekleidungen von Stirnseiten freier Wandenden, gleitenden oder luftdichten Anschlüssen usw. erfolgt die Abrechnung **nach Längenmaß.** Das Ausbilden von Innen- und Außenecken mit einer Länge ≤ 1 m erfolgt nach **Anzahl (Stück)**, bei einer Länge > 1 m nach **Längenmaß.**
Abrechnung nach Anzahl	Einzelflächen ≤ **5,0 m^2** werden gesondert **nach Anzahl (Stück)** aufgemessen und abgerechnet. Unterkonstruktionen, Verstärkungen, Aussteifungen (z. B. für Türen, Oberlichter …) mit einer **Länge ≤ 2,00 m** werden **nach Anzahl (Stück)** abgerechnet. Einbauteile wie Revisionsklappen, Türen usw. werden **nach Anzahl (Stück)** abgerechnet.

Ausgewählte Materialbedarfs- und Kostenkennwerte für Putzarbeiten			
	Größe der Liefereinheit	**Verbrauch**	**Kosten je Einheit (netto)**
Putzgrundvorbereitung und -vorbehandlung für Innen- und Außenputze			
Aufbrennsperre	15 kg/Eimer	0,1 kg/m^2	43,70 €/Eimer
Tiefgrund, Putzfestiger	5 l/Eimer	0,2 l/m^2	25,90 €/Eimer
organische Putzhaftbrücke	20 kg/Eimer	0,25 kg/m^2	60,80 €/Eimer
mineralische Putzhaftbrücke	30 kg/Sack	5,00 kg/m^2	27,30 €/Sack
Spritzbewurf Zementmörtel (70 % deckend)	30 kg/Sack	5,00 kg/m^2	10,20 €/Sack
Spritzbewurf Zementmörtel, volldeckend	30 kg/Sack	7,00 kg/m^2	10,20 €/Sack
Putzträgergitter, verzinkt Dübel für Putzträgergitter/Abstandshalter	25 m^2/Rolle 250 Stück/Paket	1,10 m^2/m^2 6 Stück/m^2	140,70 €/Rolle 85,00 €/Paket
Innenputze			
Putzprofile, verzinkt Ansetzmörtel (Stuckgips)	3,00 m/Stück 30 kg/Sack	1,00 m/m 0,35 kg/m	5,70 €/Stück 19,55 €/Sack
Maschinengipsputz	30 kg/Sack	1,00 $kg/(m^2 \cdot mm)$	5,90 €/Sack
Maschinengipsputz leicht	30 kg/Sack	0,80 $kg/(m^2 \cdot mm)$	6,90 €/Sack
Haftputzgips	30 kg/Sack	0,80 $kg/(m^2 \cdot mm)$	7,60 €/Sack
Gips-Kalkputz	30 kg/Sack	1,00 $kg/(m^2 \cdot mm)$	7,75 €/Sack
Kalkputz	30 kg/Sack	1,25 $kg/(m^2 \cdot mm)$	9,75 €/Sack
Lehmputz universal	25 kg/Sack	1,50 $kg/(m^2 \cdot mm)$	12,00 €/Sack
Außenputze			
Putzprofile, verzinkt Ansetzmörtel (Zementmörtel)	3,00 m/Stück 20 kg/Sack	1,00 m/m 0,75 kg/m	8,80 €/Stück 27,00 €/Sack
Kalkzementputz	30 kg/Sack	1,40 $kg/(m^2 \cdot mm)$	6,90 €/Sack
Kalkzementleichtputz	30 kg/Sack	1,00 $kg/(m^2 \cdot mm)$	7,40 €/Sack
Armierungsputz	25 kg/Sack	4,50 kg/m^2	16,65 €/Sack
Armierungsgewebe	55 m^2/Rolle	1,10 m^2/m^2	66,00 €/Rolle
Edelputz als Reibeputz, weiß	25 kg/Sack	1,40 $kg/(m^2 \cdot mm)$	16,70 €/Sack
Edelputz als Kratzputz, weiß	25 kg/Sack	1,60 $kg/(m^2 \cdot mm)$	20,60 €/Sack
Kunstharzputz mit Kratzputzstruktur	25 kg/Eimer	1,80 $kg/(m^2 \cdot mm)$	68,50 €/Eimer
Dispersionssilicatputz mit Kratzputzstruktur	25 kg/Eimer	2,20 $kg/(m^2 \cdot mm)$	65,40 €/Eimer
Siliconharzputz mit Kratzputzstruktur	25 kg/Eimer	1,90 $kg/(m^2 \cdot mm)$	77,30 €/Eimer
Spezialputze (Putzgrundvorbereitung/-vorbehandlung und Oberputz siehe oben)			
Wärmedämmputz			
Wärmedämmputz	14 kg/Sack	2,33 $kg/(m^2 \cdot cm)$	38,00 €/Sack
Gewellter Dämmputzträger, verzinkt	46,80 m^2/Paket	1,10 m^2/m^2	490,00 €/Paket
Dübel für Dämmputzträger	250 Stück/Paket	6 Stück/m^2	50,00 €/Paket
Sanierputz			
Spritzbewurf schnell für Sanierputz (50 %)	30 kg/Sack	3,50 kg/m^2	10,20 €/Sack
Porengrundputz	30 kg/Sack	1,15 $kg/(m^2 \cdot mm)$	27,40 €/Sack
Sanierputz	25 kg/Sack	1,00 $kg/(m^2 \cdot mm)$	37,00 €/Sack
Armierungsputz	25 kg/Sack	4,50 kg/m^2	16,65 €/Sack
Armierungsgewebe	55 m^2/Rolle	1,10 m^2/m^2	66,00 €/Rolle

Ausgewählte Materialbedarfs- und Kostenkennwerte für Wärmedämm-Verbundsysteme

		Größe der Liefereinheit	Verbrauch	Kosten je Einheit (netto)
Baukleber, Dämmplatten, Dübel, Armierungsputz und -gewebe (Oberputze und Anstriche siehe separate Tabelle)				
Baukleber		25 kg/Sack	5,00 kg/m²	13,50 €/Sack
EPS-Dämmplatten	$d =$ 60 mm	100 × 50 cm	1,00 m²/m²	2,95 €/Platte
(Expandiertes Polystyrol)	$d =$ 80 mm			4,05 €/Platte
	$d =$ 100 mm			5,10 €/Platte
	$d =$ 120 mm			6,00 €/Platte
	$d =$ 140 mm			7,05 €/Platte
	$d =$ 160 mm			8,10 €/Platte
	$d =$ 180 mm			9,10 €/Platte
	$d =$ 200 mm			10,10 €/Platte
MW-Dämmplatten	$d =$ 60 mm	100 × 60 cm	1,00 m²/m²	5,85 €/Platte
(Mineralwolle)	$d =$ 80 mm			6,60 €/Platte
	$d =$ 100 mm			8,25 €/Platte
	$d =$ 120 mm			9,90 €/Platte
	$d =$ 140 mm			11,50 €/Platte
	$d =$ 160 mm			13,20 €/Platte
	$d =$ 180 mm			14,80 €/Platte
	$d =$ 200 mm			16,50 €/Platte
Holzfaser-Dämmplatten	$d =$ 60 mm	122 × 57,5 cm	1,00 m²/m²	3,75 €/Platte
	$d =$ 80 mm			4,95 €/Platte
	$d =$ 100 mm			6,20 €/Platte
	$d =$ 120 mm			7,50 €/Platte
	$d =$ 140 mm			8,70 €/Platte
	$d =$ 160 mm			9,90 €/Platte
	$d =$ 180 mm			11,20 €/Platte
	$d =$ 200 mm			12,40 €/Platte
Dübel für Dämmplatten	$d =$ 60 mm	100 Stück/Paket	6,00 Stück/m²	43,70 €/Paket
	$d =$ 80 mm	100 Stück/Paket		50,80 €/Paket
	$d =$ 100 mm	100 Stück/Paket		61,35 €/Paket
	$d =$ 120 mm	100 Stück/Paket		71,40 €/Paket
	$d =$ 140 mm	100 Stück/Paket		87,00 €/Paket
	$d =$ 160 mm	100 Stück/Paket		90,75 €/Paket
	$d =$ 180 mm	100 Stück/Paket		96,80 €/Paket
	$d =$ 200 mm	100 Stück/Paket		109,20 €/Paket
Armierungsputz für WDVS		25 kg/Sack	5,50 kg/m²	16,80 €/Sack
Armierungsgewebe		50 m²/Rolle	1,10 m²/m²	66,00 €/Rolle

Ausgewählte Materialbedarfs- und Kostenkennwerte für Anstriche

Silicat-Grundanstrich	10 l/Eimer	0,20 l/m²	72,80 €/Eimer
Silicat-Fassadenfarbe	15 l/Eimer	0,30 l/m²	140,80 €/Eimer
Silicon-Grundanstrich	15 l/Eimer	0,20 l/m²	127,80 €/Eimer
Siliconharz-Fassadenfarbe	15 l/Eimer	0,30 l/m²	193,50 €/Eimer
Dispersions-Fassadenfarbe	15 l/Eimer	0,30 l/m²	116,00 €/Eimer

Ausgewählte Materialbedarfs- und Kostenkennwerte für Trockenputz, Wandvorsatzschalen		Größe der Liefereinheit	Verbrauch	Kosten je Einheit (netto)
Trockenbauplatten				
Gipsplatten GKB	$d = 12{,}5$ mm	2,50 × 1,25 m	einlagig: 1,0 m^2/m^2 zweilagig: 2,0 m^2/m^2	8,80 €/Platte
GKBI	$d = 12{,}5$ mm	2,50 × 1,25 m		13,00 €/Platte
GKF	$d = 12{,}5$ mm	2,50 × 1,25 m		9,00 €/Platte
	$d = 15$ mm	2,50 × 1,25 m		12,70 €/Platte
GKFI	$d = 12{,}5$ mm	2,50 × 1,25 m		15,15 €/Platte
Gipsfaserplatten GF	$d = 12{,}5$ mm	2,50 × 1,245 m		27,75 €/Platte
Gipsvliesplatten GM	$d = 12{,}5$ mm	2,00 × 1,25 m		61,55 €/Platte
Dämmplatten				
MW-Platten (Glaswolle)	$d = 40$ mm	125 × 62,5 cm	1,0 m^2/m^2	1,35 €/Platte
	$d = 50$ mm	125 × 62,5 cm		1,65 €/Platte
	$d = 60$ mm	125 × 62,5 cm		2,00 €/Platte
	$d = 80$ mm	125 × 62,5 cm		2,55 €/Platte
MW-Platten (Steinwolle)	$d = 40$ mm	120 × 62,5 cm		5,15 €/Platte
	$d = 50$ mm	120 × 62,5 cm		6,40 €/Platte
	$d = 60$ mm	120 × 62,5 cm		7,75 €/Platte
	$d = 80$ mm	120 × 62,5 cm		10,35 €/Platte
Verbundplatten				
Verbundplatten GKB-MW	$d = 12{,}5/30$ mm	260 × 90 cm	1,0 m^2/m^2	41,50 €/Platte
	$d = 12{,}5/50$ mm	260 × 90 cm		52,80 €/Platte
Verbundplatten GKB-EPS	$d = 12{,}5/30$ mm	2,50 × 1,25 m		35,40 €/Platte
	$d = 12{,}5/40$ mm	2,50 × 1,25 m		42,20 €/Platte
	$d = 12{,}5/50$ mm	2,50 × 1,25 m		49,15 €/Platte
Unterkonstruktion				
CW-Metallständer	$b = 50$ mm	3,00 m/Stück	2,00 m/m^2	5,30 €/Stück
	$b = 75$ mm			6,30 €/Stück
	$b = 100$ mm			6,95 €/Stück
UW-Anschlussprofile	$b = 50$ mm	4,00 m/Stück	0,70 m/m^2	8,25 €/Stück
	$b = 75$ mm			9,75 €/Stück
	$b = 100$ mm			10,95 €/Stück
Justierschwingbügel für Wandmontage		100 Stück/Paket	1,60 Stück/m^2	19,70 €/Paket
Zubehör				
Anschlussdichtung	$b = 50$ mm	30 m/Rolle	1,40 m/m^2	8,95 €/Rolle
	$b = 70$ mm			11,55 €/Rolle
	$b = 95$ mm			15,10 €/Rolle
Dübelverankerung		100 Stück/Paket	1,50 Stück/m^2	22,50 €/Paket
Ansetzgips	in Batzen	30 kg/Sack	3,50 kg/m^2	7,50 €/Sack
	im Dünnbett	30 kg/Sack	0,80 kg/m^2	7,50 €/Sack
Alu-Dampfsperrfolie	$d = 0{,}1$ mm	25 m^2/Rolle	1,15 m^2/m^2	57,25 €/Rolle
PE-Dampfbremsfolie	$d = 0{,}2$ mm	100 m^2/Rolle	1,15 m^2/m^2	56,50 €/Rolle
Schnellbauschrauben	einlagige Beplankung	1 000 Stück/Paket	14,00 Stück/m^2	10,00 €/Paket
Bewehrungsstreifen		75 m/Rolle	1,00 m/m^2	15,90 €/Rolle
Fugengips/Fugenfüller	einlagige Beplankung	25 kg/Sack	0,25 kg/m^2	32,85 €/Sack
	zweilagige Beplankung		0,40 kg/m^2	
Fugenspachtel für GF-Platten	einlagige Bepl.	5 kg/Sack	0,20 kg/m^2	6,75 €/Sack

Ausgewählte Materialbedarfs- und Kostenkennwerte für Trockenbauwände

	Größe der Liefereinheit	Verbrauch	Kosten je Einheit (netto)
Trockenbauplatten			
Gipsplatten GKB / A $d = 12{,}5$ mm	2,50 × 1,25 m	einlagig: 2,0 m²/m² zweilagig: 4,0 m²/m²	8,80 €/Platte
GKBI / H2 $d = 12{,}5$ mm	2,50 × 1,25 m		13,00 €/Platte
GKF / DF $d = 12{,}5$ mm	2,50 × 1,25 m		9,00 €/Platte
$d = 15$ mm	2,50 × 1,25 m		12,70 €/Platte
GKFI / DFH2 $d = 12{,}5$ mm	2,50 × 1,25 m		15,15 €/Platte
Gipsfaserplatten GF $d = 12{,}5$ mm	2,50 × 1,245 m		27,75 €/Platte
Gipsvliesplatten GM $d = 15$ mm	2,00 × 1,25 m		61,55 €/Platte
Mineralwolledämmplatten			
MW-Platten (Glaswolle) $d = 40$ mm	125 × 62,5 cm	1,0 m²/m²	1,35 €/Platte
$d = 50$ mm	125 × 62,5 cm		1,65 €/Platte
$d = 60$ mm	125 × 62,5 cm		2,00 €/Platte
$d = 80$ mm	125 × 62,5 cm		2,55 €/Platte
MW-Platten (Steinwolle) $d = 40$ mm	120 × 62,5 cm		5,15 €/Platte
$d = 50$ mm	120 × 62,5 cm		6,40 €/Platte
$d = 60$ mm	120 × 62,5 cm		7,75 €/Platte
$d = 80$ mm	120 × 62,5 cm		10,35 €/Platte
Unterkonstruktion			
CW-Metallständer $b = 50$ mm	3,00 m/Stück	Einfachständerwand: 2,00 m/m² Doppelständerwand: 4,00 m/m²	5,30 €/Stück
$b = 75$ mm			6,30 €/Stück
$b = 100$ mm			6,95 €/Stück
UW-Anschlussprofile $b = 50$ mm	4,00 m/Stück	Einfachständerwand: 0,70 m/m² Doppelständerwand: 1,40 m/m²	8,25 €/Stück
$b = 75$ mm			9,75 €/Stück
$b = 100$ mm			10,95 €/Stück
Zubehör			
Anschlussdichtung $b = 50$ mm	30 m/Rolle	Einfachständerwand: 1,20 m/m² Doppelständerwand: 2,40 m/m²	8,95 €/Rolle
$b = 70$ mm			11,55 €/Rolle
$b = 95$ mm			15,10 €/Rolle
Dübelverankerung	100 Stück/Paket	Einfachständerwand: 1,50 Stück/m² Doppelständerwand: 3,00 Stück/m²	22,50 €/Paket
Bewehrungsstreifen	75 m/Rolle	1,50 m/m²	15,90 €/Rolle
Fugengips/Fugenfüller einlagige Beplankung	25 kg/Sack	0,50 kg/m²	32,85 €/Sack
zweilagige Beplankung		0,80 kg/m²	
Fugenspachtel für GF-Platten einlagige Bepl.	5 kg/Sack	0,40 kg/m²	6,75 €/Sack
Schnellbauschrauben			
einlagige Beplankung: TN 25/35	1 000 Stück/Paket	29,00 Stück/m²	10,00 €/Paket
zweilagige Beplankung: 1. Lage TN 25/35	1 000 Stück/Paket	12,50 Stück/m²	10,00 €/Paket
2. Lage TN 35/45	1 000 Stück/Paket	29,00 Stück/m²	13,50 €/Paket
Einbauteile			
Universaltraverse für höhere Konsollasten	–	–	34,80 €/Stück
Tragständer für WC oder Bidet, mit Einbauspülkasten	–	–	105,00 €/Stück

Ausgewählte Materialbedarfs- und Kostenkennwerte für Deckenbekleidungen, Unterdecken	Größe der Liefereinheit	Verbrauch	Kosten je Einheit (netto)
Trockenbauplatten			
Gipsplatten GKB $d = 12{,}5$ mm	2,50 × 1,25 m	einlagig: 1,0 m^2/m^2 zweilagig: 2,0 m^2/m^2	8,80 €/Platte
GKBI $d = 12{,}5$ mm	2,50 × 1,25 m		13,00 €/Platte
GKF $d = 12{,}5$ mm	2,50 × 1,25 m		9,00 €/Platte
$d = 15$ mm	2,50 × 1,25 m		12,70 €/Platte
GKFI $d = 12{,}5$ mm	2,50 × 1,25 m		15,15 €/Platte
Gipsfaserplatten GF $d = 12{,}5$ mm	2,50 × 1,245 m		27,75 €/Platte
Gipsvliesplatten GM $d = 15$ mm	2,00 × 1,25 m		61,55 €/Platte
Mineralwolledämmplatten			
MW-Platten (Glaswolle) $d = 40$ mm	125 × 62,5 cm	1,0 m^2/m^2	1,35 €/Platte
$d = 50$ mm	125 × 62,5 cm		1,65 €/Platte
$d = 60$ mm	125 × 62,5 cm		2,00 €/Platte
$d = 80$ mm	125 × 62,5 cm		2,55 €/Platte
MW-Platten (Steinwolle) $d = 40$ mm	120 × 62,5 cm		5,15 €/Platte
$d = 50$ mm	120 × 62,5 cm		6,40 €/Platte
$d = 60$ mm	120 × 62,5 cm		7,75 €/Platte
$d = 80$ mm	120 × 62,5 cm		10,35 €/Platte
Unterkonstruktion			
Abhänger für CD-Profile	100 Stück/Paket	1,50 Stück/m^2	110,00 €/Paket
Deckennagel/Dübelverankerung für Abhänger	100 Stück/ Paket	1,50 Stück/m^2	22,50 €/Paket
Direktabhänger für CD-Profile/Lattung	100 Stück/Paket	2,90 Stück/m^2	30,50 €/Paket
Deckennagel/Dübelverankerung für Direktabhänger	100 Stück/ Paket	1,50 Stück/m^2	24,00 €/Paket
Verankerung für Lattung, direkt befestigt	100 Stück/Paket	2,00 Stück/m^2	24,00 €/Paket
CD-Profile 60/27 mm	4,00 m/Stück	3,20 m/m^2	9,90 €/Stück
Kreuzverbinder für CD-Profile	100 Stück/Paket	2,30 Stück/m^2	23,50 €/Paket
L- oder UD-Wandanschlussprofil 28/27 mm	3,00 m/Stück	0,40 m/m^2	6,05 €/Stück
Grundlattung 30/50 mm für GKB bis 12,5 mm	4,00 m/Stück	1,30 m/m^2	7,50 €/Stück
ab 15 mm	4,00 m/Stück	1,40 m/m^2	
Traglattung 30/50 mm für GKB bis 15 mm	4,00 m/Stück	2,10 m/m^2	7,50 €/Stück
Schnellbauschrauben für Direktabhänger	1 000 Stück/Paket	5,80 Stück/m^2	10,00 €/Paket
für Trag-/Grundlattung	1 000 Stück/Paket	2,70 Stück/m^2	13,50 €/Paket
Zubehör			
Fugengips/Fugenfüller einlagige Beplankg.	25 kg/Sack	0,30 kg/m^2	32,85 €/Sack
zweilagige Beplankg.		0,50 kg/m^2	
Fugenspachtel für GF-Platten einlagige Bepl.	5 kg/Sack	0,20 kg/m^2	6,75 €/Sack
Bewehrungsstreifen	75 m/Rolle	1,20 m/m^2	15,90 €/Rolle
Schnellbauschrauben für Beplankung			
einlagige Beplankung: TN 25/35	1 000 Stück/Paket	17,00 Stück/m^2	10,00 €/Paket
zweilagige Beplankung: 1. Lage TN 25/35	1 000 Stück/Paket	9,00 Stück/m^2	10,00 €/Paket
2. Lage TN 35/45	1 000 Stück/Paket	17,00 Stück/m^2	13,50 €/Paket

Ausgewählte Materialien für Kassettendecken

	Größe der Liefereinheit	Materialverbrauch	Kosten je Einheit (netto)
Kassettendecke			
Kassette mit Volllochung (Globe, Kante A ohne Fase), $d = 12{,}5$ mm	625 × 625 mm	1,0 m^2/m^2	6,20 €/Kassette
Kassette mit Volllochung (Micro, Kante A ohne Fase), $d = 12{,}5$ mm	625 × 625 mm	1,0 m^2/m^2	7,60 €/Kassette
Kassette mit Volllochung (Quadril, Kante A ohne Fase), $d = 12{,}5$ mm	625 × 625 mm	1,0 m^2/m^2	6,20 €/Kassette
Hauptprofil T24 für Raster 625/625, $d = 0{,}4$ mm	3,75 m/Stück	0,8 m/m^2	11,90 €/Stück
Hauptprofil T15 für Raster 625/625, $d = 0{,}5$ mm	3,75 m/Stück	0,8 m/m^2	11,90 €/Stück
Querprofil T24 für Raster 625/625, $d = 0{,}4$ mm	1,25 m/Stück	1,6 m/m^2	3,70 €/Stück
Querprofil T15 für Raster 625/625, $d = 0{,}5$ mm	1,25 m/Stück	1,6 m/m^2	3,70 €/Stück
Querprofil T24 für Raster 625/625, $d = 0{,}4$ mm	62,5 cm/Stück	0,8 m/m^2	1,90 €/Stück
Querprofil T15 für Raster 625/625, $d = 0{,}5$ mm	62,5 cm/Stück	0,8 m/m^2	1,90 €/Stück
Winkelprofil 22/22, $d = 0{,}5$ mm	3,05 m/Stück	0,4 m/m^2	4,90 €/Stück
Winkelprofil 30/30, $d = 0{,}7$ mm	3,05 m/Stück	0,4 m/m^2	8,40 €/Stück
Stufenrandwinkel, 25 + 15/8 + 15, $d = 0{,}7$ mm	3,05 m/Stück	0,4 m/m^2	10,70 €/Stück
Abhänger für T-Profil			
Ösendraht (min./max. Abhänghöhe 100/300)	100 Stück/Paket	2,0 Stück/m^2	100,00 €/Paket
Ösendraht (min./max. Abhänghöhe 300/600)	100 Stück/Paket	2,0 Stück/m^2	128,00 €/Paket
Ösendraht (min./max. Abhänghöhe 600/1000)	100 Stück/Paket	2,0 Stück/m^2	164,00 €/Paket

Ausgewählte Materialien für Estriche

Fertigteilestrichelemente			
Fertigteilestrichelement GF $d = 20$ mm	150 × 50 cm	1,0 m^2/m^2	11,75 €/Platte
Fertigteilestrich-Verbundplatten GF-EPS $d = 20/20$ mm	150 × 50 cm	1,0 m^2/m^2	13,75 €/Platte
GF-MW $d = 20/10$ mm			23,50 €/Platte
Nassestrich			
Calciumsulfatfließestrich	40 kg/Sack	1,80 kg/($m^2 \cdot$ mm)	12,60 €/Sack
Dämmplatten			
EPS Trittschalldämmplatten DES sm $d = 15$ mm	100 × 50 cm	1,00 m^2/m^2	0,55 €/Platte
$d = 30$ mm			1,00 €/Platte
MW-Trittschalldämmplatten CP5 $d = 15$ mm	125 × 60 cm		2,60 €/Platte
$d = 30$ mm			3,90 €/Platte
Zubehör			
Trockenschüttung Perlit	100 l/Sack	1,00 l/($m^2 \cdot$ mm)	22,80 €/Sack
Estrich-Wabe $d = 30$ mm	1,50 × 1,00 m	1,00 m^2/m^2	15,40 €/Stück
Schrenzlage-Abdeckfolie $d = 0{,}2$ mm	100 m^2/Rolle	1,15 m^2/m^2	54,00 €/Rolle
Randstreifen MW	1,20 × 0,10 m	1,0 m/m^2	1,40 €/Stück
EPS	40 m/Rolle		13,75 €/Rolle
Schrauben für Fertigteilestrichelemente	1 000 Stück/m^2	15 Stück/m^2	12,60 €/Paket
Kleber für Fertigteilestrichelemente	1 kg/Kartusche	0,10 kg/m^2	9,75 €/Kartusche
Fugenspachtel für GF-Elemente	5 kg/Sack	0,40 kg/m^2	6,65 €/Sack

Zeitaufwandswerte

Putzgrundvorbereitung und -vorbehandlung	
Abbürsten mit Stahlbesen	0,08 h/m²
Abstrahlen mit Hochdruckreiniger	0,03 h/m²
Aufbrennsperre aufbringen	0,04 h/m²
Organische Putzhaftbrücke für gipshaltige Putze aufbringen	0,06 h/m²
Mineralische Putzhaftbrücke für kalk- und zementhaltige Putze aufbringen	0,15 h/m²
Spritzbewurf volldeckend aufbringen	0,10 h/m²
Spritzbewurf nicht volldeckend aufbringen	0,08 h/m²
Ausgleichsputz auf unebenen Flächen aufbringen	0,28 h/m²
Putzträger anbringen	0,21 h/m²
Innenputze	
Putzprofile anbringen (Mittelwert für alle Profile)	0,12 h/m
Gips- und Gipskalkputz, einlagig, $d = 10$ mm auf Wandflächen geglättet gefilzt auf Deckenflächen geglättet gefilzt	 0,25 h/m² 0,30 h/m² 0,32 h/m² 0,37 h/m²
Kalk- und Kalkzement, einlagig, $d = 10$ mm auf Wandflächen gefilzt auf Deckenflächen gefilzt	 0,30 h/m² 0,40 h/m²
Zulage pro mm Mehrstärke	0,014 h/m²
Außenputze	
Putzprofile anbringen (Mittelwert für alle Profile)	0,12 h/m
Unterputz auf vorbereiteten Untergrund aufbringen	0,25 h/m²
Armierungsputz aufbringen	0,25 h/m²
Putzbewehrung einbetten	0,10 h/m²
Mineralischen Oberputz aufbringen Reibeputz Kratzputz Spritzputz Filzputz	0,25 h/m² 0,50 h/m² 0,35 h/m² 0,25 h/m²
Grundanstrich für organische Oberputze aufbringen	0,05 h/m²
Organischen Oberputz aufbringen: Kunstharzputz-Reibeputzstruktur Dispersionssilicatputz-Reibeputzstruktur Siliconharzputz-Reibeputzstruktur	0,25 h/m² 0,25 h/m² 0,25 h/m²
Spezialputze	
Dämmputzträger anbringen	0,28 h/m²
Dämmputz aufbringen $d = 5$ cm	0,45 h/m²
Porengrundputz aufbringen	0,45 h/m²
Sanierputz aufbringen	0,60 h/m²
Wärmedämm-Verbundsystem	
Ankleben von Hartschaumplatten	0,35 h/m²
Ankleben von Mineralwolledämmplatten	0,45 h/m²
Verdübeln von Hartschaum- o. Mineralwolleplatten	0,04 h/m²
Armierungsputz mit Putzbewehrung für WDVS	0,30 h/m²
Anstriche	
Auftragen eines Grundanstrichs	0,06 h/m²
Fassadenfarbefarbe auf Oberputz	0,22 h/m²

Trockenputz, Wandvorsatzschalen und Gips-Wandbauplatten	
Trockenputz mit Gipsplatten einschl. Verspachtelung	0,45 h/m²
Verbundplatten anbringen einschl. Verspachtelung GKB-EPS GKB-MW	0,55 h/m² 0,65 h/m²
Wandvorsatzschale mit Metallunterkonstruktion, freistehend, einschl. Verspachtelung einfach beplankt doppelt beplankt	0,80 h/m² 1,15 h/m²
Mineralwolledämmplatten einbauen	0,10 h/m²
Gips-Wandbauplatten einschl. Fugenverspachtelung 6 cm 8 cm 10 cm	0,90 h/m² 1,00 h/m² 1,20 h/m²
Trockenbauwände	
Herstellen von Türöffnungen einschl. Türpfostenprofilen	1,00 h/St.
Metall-Einfachständerwand mit Gipsplatten einschl. MW und Verspachtelung einfach beplankt doppelt beplankt	1,05 h/m² 1,20 h/m²
Metall-Doppelständerwand mit Gipsplatten einschl. MW und Verspachtelung doppelt beplankt	1,55 h/m²
Metall-Einfachständerwand mit Gipsfaserplatten einschl. MW und Verspachtelung einlagig beplankt	1,10 h/m²
Installationswand mit Gipsplatten einschl. MW und Verspachtelung doppelt beplankt	1,85 h/m²
Deckenbekleidungen und Unterdecken	
Traglattenrost auf Holzunterkonstruktion auf Massivdecke	0,25 h/m² 0,40 h/m²
Grund- und Traglattenrost auf Holzunterkonstruktion auf Massivdecke	0,32 h/m² 0,50 h/m²
Metallunterkonstruktion mit CD-Profilen als Grund- und Traglattenrost mit Direktabhängern	0,34 h/m²
Metallunterkonstruktion mit CD-Profilen als Grund- und Traglattenrost einer abgehängten Decke; bis 1 m Abhängehöhe	0,50 h/m²
Mineralwolledämmplatten einbauen	0,10 h/m²
Beplankung mit Gipsplatten einschl. Verspachtelung 12,5 mm 15 mm 2 × 12,5 mm	0,45 h/m² 0,50 h/m² 0,65 h/m²
Beplankung mit geschlitzten oder gelochten Gipsplatten einschl. Verspachtelung 12,5 mm Zulage für glatten Randfries	0,90 h/m² 0,25 h/m
Randwinkel/Wandanschlussprofil befestigen	0,10 h/m
Ausschnitte für Leuchten einmessen u. ausschneiden	0,50 h/St.
Kassettendecken	
Abgehängtes Deckensystem als Kassettendecke 62,5 × 62,5 cm einschl. Unterkonstruktion	0,80 h/m²
Zulage für glatten Randfries	0,65 h/m
Randwinkel/Stufenrandwinkel befestigen	0,12 h/m
Estriche	
Leichtausgleich oder Trockenschüttung einbringen	0,25 h/m²
Einbauen der Dämmung und Abdecken mit Folie	0,12 h/m²
Fließestrich einbauen einschl. Randstreifen	0,30 h/m²
Trockenestrichelemente einschl. Randstreifen	0,45 h/m²
Estrich-Verbundelemente einschl. Randstreifen	0,60 h/m²
Einbauteile	
Universaltraverse für Konsollasten	0,60 h/St.
Tragständer für WC, vorbereitet für Einbauspülkasten	1,50 h/St.

Erforderliche Mindestwerte des Wärmedurchlasswiderstandes *R* von Bauteilen
(nach DIN 4108-2, 02.2013)

Nr. (s. Abb. S. 349)	**Bauteile mit einer flächenbezogenen Gesamtmasse *m'* von mindestens 100 kg/m²**	**Wärmedurchlass-widerstand *R*** [1] ($m^2 \cdot K/W$)
	Wände beheizter Räume	
1, 2, 3	gegen Außenluft, Erdreich, Tiefgaragen, nicht beheizte Räume (auch nicht beheizte Dachräume oder nicht beheizte Kellerräume außerhalb der wärmeübertragenden Umfassungsfläche)	1,2 [2]
	Dachschrägen beheizter Räume	
4	gegen Außenluft	1,2
	Decken beheizter Räume nach oben und Flachdächer	
9	gegen Außenluft	1,2
10	zu belüfteten Räumen zwischen Dachschrägen und Abseitenwänden bei ausgebauten Dachräumen	0,90
	zu nicht beheizten Räumen, zu bekriechbaren oder noch niedrigeren Räumen	
10	zu Räumen zwischen gedämmten Dachschrägen und Abseitenwänden bei ausgebauten Dachräumen	0,35
	Decken beheizter Räume nach unten	
7	gegen Außenluft, gegen Tiefgaragen, gegen Garagen (auch beheizte), Durchfahrten (auch verschließbare) und belüftete Kriechkeller [3]	1,75
6	gegen nicht beheizten Kellerraum	0,90
8	unterer Abschluss (z. B. Sohlplatte) von Aufenthaltsräumen unmittelbar an das Erdreich grenzend bis zu einer Raumtiefe von 5 m	
	über einem nicht belüfteten Hohlraum, z. B. Kriechkeller, an das Erdreich grenzend	
	Bauteile an Treppenräumen	
2	Wände zwischen beheizten Räumen und direkt beheiztem Treppenraum; Wände zwischen beheizten Räumen und indirekt beheiztem Treppenraum, sofern die anderen Bauteile des Treppenraums die Anforderungen der Tabelle erfüllen	0,07
2	Wände zwischen beheizten Räumen und indirekt beheiztem Treppenraum, wenn nicht alle anderen Bauteile des Treppenraums die Anforderungen der Tabelle erüllen	0,25
5	oberer und unterer Abschluss eines beheizten oder indirekt beheizten Treppenraums	wie Bauteile beheizter Räume
	Bauteile zwischen beheizten Räumen	
2	Wohnungs- und Gebäudetrennwände zwischen beheizten Räumen	0,07
5, 6	Wohnungstrenndecken; Decken zwischen Räumen unterschiedlicher Nutzung	0,35
	Bauteile mit einer flächenbezogenen Gesamtmasse *m'* von unter 100 kg/m²	**Wärmedurchlass-widerstand *R*** [1] ($m^2 \cdot K/W$)
	ein- und mehrschalige Bauteile	1,75
	thermisch ungleiche Bauteile (Skelett-, Rahmen-, Holzständerbauweise, Pfosten-Riegelfassaden)	
	im Gefachbereich	1,75
	für das gesamte Bauteil im Mittel	1,0
	Rollladenkästen	
	im Bereich des Deckels	0,55
	für das gesamte Bauteil im Mittel	1,0

[1] bei erdberührten Bauteilen: konstruktiver Wärmedurchlasswiderstand
[2] bei niedrig beheizten Räumen $R \geq 0{,}55$ ($m^2 \cdot K/W$)
[3] Vermeidung von Fußkälte

Erforderlicher Wärmedurchgangskoeffizient *U* von Bauteilen bei Änderung, Erweiterung und Ausbau von Wohngebäuden (Gebäudeenergiegesetz)

Werden Bauteile in Wohngebäuden ersetzt oder erneuert, so sind die in der Tabelle angegebenen Höchstwerte der Wärmedurchgangskoeffizienten U_{max} einzuhalten.
Bei Neubauten hingegen ist der Jahres-Primärenergiebedarf mithilfe eines Referenzgebäudes nach den Vorgaben des Gebäudeenergiegesetzes zu ermitteln.

Nr.	Anforderungen an Bauteile bei Gebäudesanierungen	U_{max} (W/m²K)
1	Außenwände allgemein	0,24
	Außenwände mit innen liegender Dämmschicht	0,35
4	Decken und Dachschrägen in Steildächern	0,24
9	Flachdächer	0,20
2, 3, 6, 8	Wände und Decken gegen unbeheizte Räume oder Erdreich	0,30
6, 7, 8	Fußbodenaufbauten auf der beheizten Seite	0,50
7	Decken nach unten gegen Außenluft	0,24

Wärmedurchlasswiderstand:

$$R = \frac{d}{\lambda}$$

Mehrschichtiges Bauteil:

$$R_{ges} = \frac{d_1}{\lambda_1} + \frac{d_2}{\lambda_2} + \frac{d_3}{\lambda_3} + \ldots$$

Wärmedurchgangswiderstand:

$$R_T = R_{si} + R_{ges} + R_{se}$$

Wärmedurchgangskoeffizient:

$$U = \frac{1}{R_T}$$

Wärmeübergangswiderstände R_{si} und R_{se} von Bauteilen (DIN EN ISO 6946)

Nr.	Bauteil	R_{si} (m²K/W)	R_{se} (m²K/W)
1	Außenwand, Abseitenwand zum nicht wärmegedämmten Dachraum		0,04
2	Treppenraumwand, Trennwand o. Abseitenwand zu dauernd unbeheiztem Raum	0,13	0,13
3	an das Erdreich grenzende Wand		0
4, 9	Decke oder Dachschräge ≤ 60°, die Aufenthaltsraum nach oben gegen Außenluft abgrenzt, Flachdächer	0,10	0,04
5	Wohnungstrenndecke und Decke zwischen fremden Arbeitsräumen Wärmestrom von unten nach oben		0,10
	Wärmestrom von oben nach unten		0,17
6	Kellerdecke	0,17	
7	Decke, die einen Aufenthaltsraum nach unten gegen die Außenluft abgrenzt		0,04
8	unterer Abschluss eines nicht unterkellerten Aufenthaltsraumes (an das Erdreich grenzend)		0

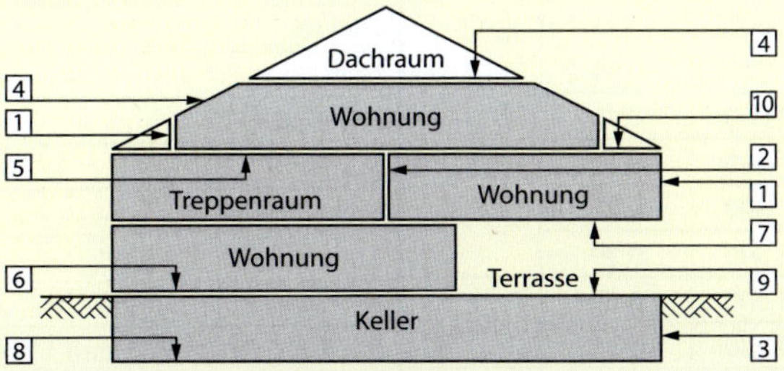

Wärmedurchlasswiderstände R_L von ruhenden Luftschichten (DIN EN ISO 6946)

Dicke der Luftschicht in mm	R_L (m²K/W) Richtung des Wärmestromes			Dicke der Luftschicht in mm	R_L (m²K/W) Richtung des Wärmestromes		
	aufwärts	horizontal	abwärts		aufwärts	horizontal	abwärts
0	0,00	0,00	0,00	25	0,16	0,18	0,19
5	0,11	0,11	0,11	50	0,16	0,18	0,21
7	0,13	0,13	0,13	100	0,16	0,18	0,22
10	0,15	0,15	0,15	300	0,16	0,18	0,23
15	0,16	0,17	0,17				

Rohdichte ϱ, Wärmeleitfähigkeit λ und Wasserdampf-Diffusionswiderstandszahl μ

DIN 4108-4 (02.2013), DIN EN ISO10456 (05.2010), DIN EN 13162 bis DIN EN 13171 (03.2013)

Putze, Mörtel, Estriche	ϱ kg/m³	λ W/(m · K)	μ
Putzmörtel aus Kalk, Kalkzement, hydraul. Kalk	1 800	1,00	15/35
Putzmörtel aus Kalkgips, Gips, Anhydrit, Kalkanhydrit	1 400	0,70	10
Leichtputz	< 1 300	0,56	15/20
	< 1 000	0,38	
	< 700	0,25	
Gipsputz ohne Zuschlag	1 200	0,51	10
Wärmedämmputz WLG* 060–160	≥ 200	0,060 … 0,160	5/20
Kunstharzputz	1 100	0,70	50/200
Zementputz/-mörtel	2 000	1,60	15/35
Zementestrich	2 000	1,40	
Calciumsulfat-Fließestrich	2 100	1,20	
Beton			
Leichtbeton	1 600	1,00	70/150
Stahlbeton	2 400	2,50	80/130
Bauplatten			
Calciumsilicatplatten CS	300	0,060	5
Gipsfaserplatten	1 150	0,32	13 … 20
Gipsplatten nach DIN 18180	900	0,25	4/10
Gips-Wandbauplatten	750	0,35	5/10
	900	0,41	
	1 000	0,47	
	1 200	0,58	
Mauerwerk			
Vollklinker (KMz) Hochlochklinker (KHLz)	2 000	0,96	50/100
Vollziegel (Mz) Hochlochziegel (HLz)	1 200	0,50	5/10
	1 600	0,68	
	2 000	0,96	
Hochlochziegel (HLz) mit Lochung A und B	600	0,33	5/10
	800	0,39	
	1 000	0,45	
Hochlochziegel (HLzW) Wärmedämmziegel (WDz)	600	0,23	5/10
	800	0,26	
	1 000	0,29	
Kalksandsteine	1 000	0,50	5/10
	1 200	0,56	
	1 600	0,79	15/25
	2 000	1,10	
Porenbeton-Plansteine (PP)	400	0,13	5/10
	500	0,16	
	600	0,19	
	700	0,22	
	800	0,25	
Hohlblöcke (Hbl) Leichtbeton 2-Kammer $d \leq$ 24 cm 3-Kammer $d \leq$ 30 cm 4-Kammer $d \leq$ 36,5 cm	600	0,32	5/10
	800	0,41	
	1 200	0,60	
	1 400	0,72	

Wärmedämmstoffe		ϱ kg/m³	λ W/(m · K)	μ
Mineralische Dämmstoffe MW	WLG* = 030 … 050	10 … 200	0,030 … 0,050	1
Expandierter Polystyrolschaum EPS	WLG* = 030 … 050	10 … 50	0,030 … 0,050	20/100
Extrudierter Polystyrolschaumn XPS	WLG* = 026 … 040	20 … 65	0,026 … 0,040	80/250
Polyurethan-Hartschaum PUR	WLG* = 020 … 040	28 … 55	0,020 … 0,040	40/200
Phenolharz-Hartschaum PF	WLG* = 020 … 035	20 … 50	0,020 … 0,035	10/60
Schaumglas CG	WLG* = 038 … 055	110 … 150	0,038 … 0,055	∞
Blähperlit EPB	WLG* = 045 … 055	30 … 150	0,045 … 0,055	5
Expandierter Kork ICB	WLG* = 040 … 055	90 … 140	0,040 … 0,055	5/10
Holzfaserdämmplatten WF	WLG* = 032 … 060	150 … 250	0,032 … 0,060	5
Holz und Holzwerkstoffe				
Konstruktionsholz		500	0,13	20/50
		700	0,18	50/200
Sperrholz		700	0,17	90/220
Spanplatten Flachpressplatten		600	0,14	15/50
OSB-Platten		650	0,13	30/50
Holzfaserplatten, hart		800	0,18	10/20
Sonstige Stoffe				
Leichtlehm		800	0,25	5/10
		1 200	0,47	
Strohlehm		1 400	0,59	5/10
Massivlehm		2 000	1,10	5/10
Natursteine	Kalkstein, hart	2 200	1,70	200
	Sandstein	2 600	2,30	30 … 40
Fliesen		2 300	1,30	∞
Glas		2 200	1,40	∞
Aluminium		2 800	160	∞
Kupfer		8 900	380	∞
Stahl		7 800	50	∞
Zink		7 200	110	∞
PP-Folien $d \geq$ 0,05 mm		–	–	1 000
PTFE-Folien $d \geq$ 0,05 mm		–	–	10 000
Kunststoff-Dachbahn PVC-P		–	–	10 000/ 30 000
Bitumen-Dachbahn		1 200	0,17	10 000/ 80 000
Ergänzungen				

* WLG = bisherige Unterteilung in Wärmeleitfähigkeitsgruppen

∞ praktisch dampfdicht

Sachwortverzeichnis

Abbindeverzögerer 219, 225
Abdichtungsmaßnahme 286
Abguss 222
Abgussmaterial 221
Abgussmörtel 222
Abhänger 230, 231
Abnahme 218
Abnahmezeichnung 219
Abplatzung 285, 294, 295
Abrechnung 43
Abreißfestigkeit 290
Absorber 157
Absorptionsvermögen 184
Achsabstand 237, 238
Äderung 226, 227
Aerogel 187
Akustikputz 4
Akustikunterdecke, Herstellungsschritte 241
Alabastergips 221, 225, 226
alleinige Verklebung, Wärmedämmplatte 197
Alterung 284
Alu-Blindniete 143
Angriff
–, lösender 295
–, treibender 295
Ankerhänger 236
Anmutung 62
Anputzleiste 20, 206
Anschluss 258
–, gleitender 259
Anschlussart 137
Anschlussdetail 258
Anschlussdichtung 143
Anschlussfuge, Fenster 205
Anstrich, Materialbedarfs- und Kostenkennwerte 342
Antike 105
Antragarbeit 218
Antragen 220
Antragmörtel 219
Antragstuck, Arten 218
Anwendungstyp
–, PW 196
–, WAP 196
äquivalente Schallabsorptionsfläche *A* 256
Arbeitsbühne 27
Arbeitsgerüst 80
Arbeitsschritte
–, Risssanierung E4 292
–, Risssanierung F5 293
Arbeitssicherheit 26
Armierungsgewebe 200
Armierungsputz 194, 200
Armierungsputzlage 78
Aufbau
–, dreilagiger 23
Aufbrennsperre 17, 23
Aufdoppelung, WDVS 301
Aufmaß 43, 150
Aufmaßregel 333, 339
–, Außenputzarbeit 84
Aufnahme, thermografische 175
aufsteigende Feuchtigkeit 297
Ausblühung 177, 286, 294
Ausführungsfehler, Putz 285
Ausführungsmangel 289, 296
Ausgleichsputz 193, 298
Ausgleichsschüttung 326
Außenbauteil, leichtes 180
Außendämmung 188, 191
–, Konstruktionsart 188
Außenputz 68
–, Kennwerte für 73
–, Putzprofil 76
Außenputzarbeit, Aufmaßregel 84
Außenputzsystem 73
Außensockelputz 72
Außenwandkonstruktion, zweischalige 188
Austauschverpflichtungen 182
Ausziehwiderstand 233

Base 295
Baugips 12
baulicher Brandschutz 185
Bauplatte 141
bauschädliche Salze, Entstehung 295
Baustelleneinrichtung 168
Baustellenvorbereitung 24
Baustil 104
Baustoffauswahl 296
Baustoffklasse 158, 185
Baustromverteiler 27
Bauteil
–, flankierendes 156
–, mehrschichtiges 178
Bautenschutz, konstruktiver 296
Bauwerksabdichtung 203, 204
Beanspruchungsgruppe I 69
Beanspruchungsgruppe II 69
Beanspruchungsgruppe III 69
Befestigung 208
Befestigungsart, Wärmedämmplatten 197
Befestigungsmittel 142
Behaglichkeitsempfinden 263
Belüftungsschicht 189
Bemessungswert, Wärmeleitzahl 183
Benetzungsprobe 290
Beplankung 140, 146
Berechnung, Materialbedarf 130
Berechnungsbeispiel 179
besondere Leistungen 43
Bestandsaufnahme, Putzsanierung 287
bestehendes Gebäude, Änderung 182
Beton 21, 74
–, Erhärtung 11
Betonschraube 235
Bewegungsfuge 259
Bewegungsfugenprofil 20, 77
biegeweiche Schale 184, 253
Biegezugfestigkeitsklasse 309
Bimsstein 225, 227
Bindemittel 10
–, organische 5
–, pflanzliches 8
Bindemittelauswaschung 285
Blähperlit 183
Blähton 187
Blechschraube 143
Blower-door-Test 176
Blutstein 225, 227
Bogenform 275
Bolzenschubwerkzeug 236
Bordprofil 206
Bossenprofil 76
Brandbarriere 303
Brandbeanspruchung 248
Brandriegel 207, 303
Brandschutz 158, 185, 207
–, baulicher 185
–, Deckenkonstruktion 248
Brandschutzanforderung 207
Brandschutzdecke, selbstständige 251

Brandschutzklassifikation 250
Brandschutzmaßnahmen 207
Brandschutzputz 4
Brandschutzunterdecke 249, 250
–, selbstständige 251
Brandwand 164
brennbarer Dämmstoff 185

Calciumcarbid-Methode 323
Calciumsilicat 186
Calciumsilicatplatte 142, 190
Calciumsulfat 12
Calciumsulfatestrich (CA) 318
CE-Kennzeichnung 183, 309
Cellulosefaser 187
chemische Reaktion 294, 295
C-Profil 232
Crimperzange 143

Dachanschluss, WDVS 208
Dachgeschoss 257
Dachgeschossausbau 134
Dachgeschoss-Bekleidung 257
Dämmplatte 196
–, kapillaraktive 190
–, Verlegeschema 199
Dämmplattenbefestigung 195
Dämmputzträger 192
Dämmstoff 183
–, Anforderung 185
–, brennbarer 185
–, nichtbrennbarer 185
–, Vergleich 186
Dämmstoffauflage 234
Dämmstoff-Kurzzeichen 183
Dämmung, zweischalige Wand 189, 191
Dampfbremse 190
Dampfsperrfolie 176
Darstellung, zeichnerische, Stuckprofil 126
Decke
–, freitragende 264
–, Holzbauart 253
Deckenanschluss, gleitender 137, 161
Deckenbauart 248
Deckenbekleidung 134, 230, 265
–, Unterdecke, Materialbedarfs- und Kostenkennwert 345
Deckenfläche, gerasterte 242
Deckenkonstruktion
–, Brandschutz 248
–, Schallschutz 252
Deckennagel 235
Deckenschott 260
Deckensegel 256
Deckenspiegel 175, 180
Decklage 230, 234
Deckschicht 195, 200
Dehnfuge 208
Dehnfugenprofil 20, 77
Dezibel [dB(A)] 154
Diagonalarmierung 200
Diagonalbewehrung 19
Diagonalriss 288
Dichtheit 181
Dichtungsband 143
Dichtungsebene, Fenstereinbau 205
dicklagiger mineralischer Oberputz 73
dickschichtiger Edelputz 70
Dickschichtsystem 201
Diffusionsdurchlasswiderstand 209
DIN 4102-4 249, 250
Direktschwingabhänger 236
Dispersionsfarbe 201
Dispersionssilicatfarbe 201
Dispersionssilicatputz 201, 299
Dispersionsspachtel 144
Doppelständerwand 139, 148
Drahtgittergewebe 18
Drehrohrofen 11
Drehstiftdübel 142
Dreieck 334
–, rechtwinkliges 337
dreilagiger Aufbau 23
Druckfestigkeitsklasse 309
Druckfestigkeit von Putzmörtel 6
Dübelanordnung 198
Dübelanzahl 198
Dübelart 198
Dünnlagenputz 5
dünnlagiger mineralischer Oberputz 73
dünnschichtiger Edelputz 70
Dünnschichtsystem 201
Durchdringung 208
Durchfeuchtung 286, 294
Durchfeuchtungszone 190
Durchsteckmontage 235
dynamische Steifigkeit 184

Ebenheitsabweichung 34, 35
echtes Gewölbe 273
Eckensetzer 144
Edelputz
–, dickschichtiger 70
–, dünnschichtiger 70
–, mineralischer 201
EEWärmeG 180
Einbaubereich 136
Einbauleuchte 243, 261
Einbaurollladenkasten 39, 40
Einfachständerwand 139, 146
Einlagenputzmörtel für außen OC 71
einlagige Innenputze 5
Einputzen 125
Einschlaganker 235
einteilige Schalenform 221
einteilige Spiegelform 221
Einzelriss 288, 290, 291
Einzelrisssanierung 290, 292
elastischer Randanschluss 137
elektrisch betriebene Anlage 27
Ellipse 335
Emotion 55
empfohlene durchschnittliche Putzdicke 5
EnEG 180
energetische Qualität, Aufrechterhaltung 182
Energieausweis 180
Energieeinsparungsgesetz (EnEG) 180
Energieeinsparverordnung (EnEV) 180
Energieverlust 38
EnEV 180
entflammbar
–, normal 207
–, schwer 207
entkoppelte Unterdecke 253
Entkopplung 253, 254
Entlüftungsöffnung 223
Entstehung bauschädlicher Salze 295
Erdfarbenpigment 225
Erneuerbare-Energien-Wärmegesetz (EEWärmeG) 180
Erstarrungsbeschleuniger 8
Erstarrungsverzögerer 8
Estrich
–, auf Dämmschicht (S) 311
–, auf Trennschicht (T) 311
–, Material 346
Estrichkonstruktion 311
expandierter Kork 183
expandiertes Polystyrol 183, 186
expandiertes Polyurethan 186
extrudiertes Polystyrol 183, 186

Falttechnik 267
Farbe, getrübte 57
farbiger Putzmörtel 70

Farbpigment 8
Farbton 226
–, gesättigter 90
Farbtonabstufung 226
Farbtonschicht 227
Farbwirkung 52
Faschenprofil 76
Faserdämmstoff 184
Fassadenbekleidung, vorgehängte hinterlüftete 189
Fassadengestaltung 89
Fassadensockelputz 78
–, Richtlinie 203
Fassadenstuck 109, 220
Federschiene 232
Fehlerquelle, WDVS 209
Feinputzschicht 228
Feldfuge 259
Fensteranschluss 38, 39, 40
Fensteranschlussfolie 206
Fensteranschlussprofil (Anputzleiste) 20
Fensterbank 206
Fensterebene 205
Fensterlaibung 205
Fensteröffnung 205
Fensterrahmen 205
Fertigteilestrich 134, 326
Festigkeitsverlust 285
Festmörtel 72
Fettrisse 289
feuchtebedingter Vorgang 295
Feuchteschutz 177, 183, 257
–, konstruktiver 286, 296
Feuchtigkeit, aufsteigende 297
Feuerschutzplatte 141
Feuerwiderstandsklasse 159, 185, 249, 250
Fläche 334
Flächenberechnung 333
flächenhafte Risssanierung 291, 293
flächenhaftes Sanierungsverfahren 290
Flächenklimatisierung 263
Flächenmaß 43, 150
Flächentemperierung 263
flankierendes Bauteil 156
Fleckspachtelung 228
Fließestrich 322
Folgeschaden, WDVS 209
Form
–, verlorene 221
–, zweiteilige 221
Formarbeit 220
Formart 221
Formelanhang 333
Formenmöglichkeiten 103
Formherstellung 222
Formschluss 235
Formteil 267
Fotovoltaik-Fassade 187
freitragende Decke 264
Frequenz 154, 255
Frequenzbereich 184
Frescotechnik 228
Friesbreite 243
Fuge 258
Fugenbewehrungsstreifen 144
Fugendichtband 206
Fugenkleber 144
fugenlose Unterdecke 237
Fugenrisse 289
Fugenspachtel 144
Funktion des Putzes, technische 285

Gebäudedehnfuge 208
Gebäudeenergiegesetz (GEG) 180, 181, 182, 257
gebogene Wand 165
Gefälle 333, 338
gefilzter Putz 32
Gefügezerstörung 294
GEG 180, 181, 182, 257
geglätteter Putz 32
Gehrungsschnitt 123
geometrische Wärmebrücke 175
gerasterte Deckenfläche 242
geriebener Putz 32
geringe Schlagregenbeanspruchung 69
Gerüst 26, 80
–, Tragsystem 80
Gerüstbelag 82
gesättigter Farbton 90
geschlossenes Gewölbe 274
gesetzliche Regelung, Wärmedämmung 180
Gestaltung
–, plastische 218
–, Wohnraum 51
Gestaltungssatzung 90
getrübte Farbe 57
Gewebeabzugsprüfung 195, 196
Gewebeeinlage 193
Gewölbe
–, echtes 273
–, geschlossenes 274
–, halboffenes 274
–, offenes 274
–, unechtes 273
Gewölbeform 274
gewölbte Unterdecke 270
Gips 12
Gipsfaserplatte 141
Gips-Kassettendecke 243
Gipsplatte 140
Gipsstein 11
Gipsvliesplatte 141
Gips-Wandbauplatte 136
Glasfaser-Armierungsgewebe 23
Glasfasergewebe 200
Glättetechnik 228
gleitender Anschluss 259
gleitender Deckenanschluss 137, 161
Grenzabweichung 34
Größe, physikalische 178
Grundfarbton 226
Grundierung 17, 23
Grundputz WTA 298
Gussarbeit 220
Gussasphaltestrich (AS) 320
Gussform 220
Gussrahmen 222, 223

Haftbrücke 16, 23, 193
Haftungsmittel 8
Haftverbund 285, 290
halboffenes Gewölbe 274
Handschleifer 144
Hartformgips 221
Hartstoffestrich 321
Hauptlichtrichtung 241
Heizestrich 311, 316
Heizkosten 172, 173
Hellbezugswert 201
Herstellung, Kassettendecke 247
Herstellungsschritte
–, Akustikunterdecke 241
–, Unterdecke 240
Hertz [Hz] 154
Hinterschneidung 220
Hitzeschutz 181
Hochglanzpolitur 225
Hochlochziegel 21, 75
Höchstmaß 34
Hohlraumdämmung 144, 156
Hohlraumdosenfräser 144
Hohlraumdübel 142
Holzbalkendecke 265
Holzbauart, Decke 253
Holzfaser 183, 187, 196
Holzschraube 142
Holzunterkonstruktion 140
Holzwolle, Mehrschichtplatte 183
Horizontalsperre 296
Hutdeckenprofil 232

Hydratation 11
Hydrophobierung 196
Hydrophobierungsmittel 8
hygroskopische Salze 295

Injektionsverfahren 296, 298
Innendämmung 188, 190, 191
Innenputz 2
–, Kostenberechnung 48
–, Materialbedarfsberechnung 47
–, pflanzliches Bindemittel 9
–, Standzeit 31
Innenputze
–, einlagige 5
–, zweilagige 5
Innenputzsystem 2, 21
Innenstuck 109, 219
Installationsdose, Außenwand 38
Installationswand 139, 163
Istmaß 34

Jahres-Primärenergiebedarf 181

Kabeltrommel 27
Kalk 10
Kalksandstein 21, 74
Kantenform 242
Kantenhobel 144
Kantenprofil 20, 76
kapillaraktive Dämmplatte 190
Kapillarität 297
Kappengewölbe 274
Kassettendecke 243, 244, 245
–, Herstellung 247
–, Material 346
Kehlbalkendecke 257
Keilform, mehrteilige 221
Kellenschnitt 206
Kellenwurfputz 32
Kelleraußenwand 286
Kellerwandaußenputz 72
Kennwerte für Außenputz 73
Kerbrisse 199, 289
Kerndämmung 188
Kernzug 117
Klammer 233
Klebeanker 198
Klebefläche 197
Kleberabdeckung 302
Kleberauftrag 197
Klemmprofil 143
Klimaschutz 173
Klimaveränderung 173
Klingenmesser 144
Klostergewölbe 274
Komplementärbereich 97
Kompriband 206
Kondenswasserbildung 173
Konsollast 138, 162
Konstruktionsart, Außendämmung 188
Konstruktionsdetail, WDVS 202
Konstruktionselement 231
Konstruktionsverformung 288
Konstruktionsvergleich WDVS 210
konstruktiver Bautenschutz 296
konstruktiver Feuchteschutz 286, 296
konstruktive Verdübelung 198
konstruktiv-stoffbedingte Wärmebrücke 175
Konvektion 38, 174
Kork 187, 196
–, expandierter 183
Körper 334
–, spitzer 336
–, stumpfer 336
Körperschall 154
Kostenberechnung 87, 153
–, Innenputz 48
Kostenkennwert 333
Kratzputz 33
Kreis 335
Kreisteile 335
Kreuzfuge 240, 241
Kreuzgewölbe 274
Kreuzschnellverbinder 233
Kristallisation 295
Kuchen 226
Kunstharzestrich (SR) 319
Kunstmarmor 225
Kuppelgewölbe 274
Kurzbezeichnung, Metallständerwand 149

Laibungsanschluss 206
Laibungsanschlussprofil 20
Laibungsdämmung 205, 303
Lamelle 267
Landesbauordnung 185, 207
Längenmaß 43, 150
Längskantenstoß 240
Lastenbefestigung 261
Lastklasse 81, 237
Läufer 112
Lehmputz 8
Lehrbogen 276
Leichtbetonstein 22
leichtes Außenbauteil 180
Leichtputzmörtel 70
Leichtziegel 22
Leimwasser 225, 226
Leistungsbeschreibung 42
Leiter 26
Lichtlenkung 267
Lichtvoute 267
lösender Angriff 295
luftdichte Schicht 176
Luftdichtheit 176, 257
Luftfeuchtigkeit, relative 172
Luftkalk 10
Luftporenbildner 8
Luftporengehalt 174, 183, 297
Luftschall 154
Luftschalldämmmaß 155, 184
Luftschalldämmung 156, 184, 252
Luftschall R'_W 313
Luftschallschutz 210
Luftschicht, Wand 189
Lüftungswärmeverlust 176

Magnesiaestrich (MA) 320
Magnetputz 4
Mangel
–, im Putzgrund 288
–, optischer 284
Marmorimitation 228
Marmormehl 228
Maschinentechnik 28
Maßabweichung 34
Masse-Feder-System 184, 252
Massivdecke 254
Massivwand 156
Material
–, Estrich 346
–, Gewölbe 279
–, Kassettendecke 346
Materialbedarf 152
–, Berechnung 130
Materialbedarfsberechnung 87
–, Innenputz 47
Materialbedarfskennwerte 333
Materialbedarfs- und Kostenkennwerte
–, Anstrich 342
–, Deckenbekleidung, Unterdecke 345
–, Putzarbeit 341
–, Trockenbauwand 344
–, Trockenputz, Wandvorsatzschale 343
–, Wärmedämm-Verbundsystem (WDVS) 342
Materialwechsel, Untergrund 288
Mathematik, technische 333
Mauersalpeter 295

mehrlagiger Putz
–, empfohlene Dicken 73
mehrschichtiges Bauteil 178
Mehrschichtplatte 183
mehrteilige Keilform 221
mehrteilige Stückform 221
Metallriegelwand 164
Metallständerwand 146
Metallunterkonstruktion 139
Mindestluftwechselrate 176
Mindestmaß 34
Mindestwärmeschutz DIN 4108-2 180
mineralischer Edelputz 201
Mineralschaum 196
Mineralwolle 183, 186, 196
Mittelalter 105
mittlere Schlagregenbeanspruchung 69
Modellgips 221
Modelliereisen 220
Modellierputz 33
Moderne 106
Modernisierung 284, 300
Montagehilfe 241
Montagewand 135, 156
Mörtelestrich 322
Mörtelfördermaschine 28
Mörtelkuchen 227
Mörtellaib 226
Mörtelscheibe 227
Mörtelspritzmaschine 28
Muldengewölbe 274

Nachhallzeit 184, 255
Nachrüstverpflichtungen 182
Nagel 143
Nagelanker 235
Nassbiegetechnik, Wand 165
Nassestrich 322
Nassschleifpapier 225, 227
Nebenweg, Schallübertragung 252
Neigung 333, 338
Nennmaß 34
Neutralisation, Salz 295
Neuzeit 105
nichtbrennbarer Dämmstoff 185
nichttragende innere Trennwand 134, 135
Nichtwohngebäude 181
Niveauverbinder 233
normal entflammbar 207
Normalputzmörtel (GP) 70
Normhammerwerk 252
Norm-Trittschallpegel $L'_{n,w}$ 313

Oberflächenbehandlung 167
Oberfläche, Qualitätsstufe 36
Oberputz 2, 5, 73, 193, 298, 300
–, dicklagiger mineralischer 73
–, dünnlagiger mineralischer 73
–, pastöser 73
offenes Gewölbe 274
Ökologie 210
Öl 225
Opferputz 296
optischer Mangel 284
organische Bindemittel 5
organisch gebundener Putz 7
Originalform 220
Ornament 218
Ortgang 208
Ortganganschluss 208
Ortzug 109

Pariser Leisten 278
Pastellfarbton 90
pastöser Oberputz 73
Perimeterdämmung 196, 202, 204, 304
Perlit 187
Perlitplatte 142
pflanzliches Bindemittel, Innenputz 9
Phenolharz 196
Phenolharzschaum 183, 186
physikalische Größe 178
Pigment 225
Planungsfehler
–, Putz 285
–, WDVS 209
Planung, Unterkonstruktion 237
plastische Gestaltung 218
Platteneinteilung 245
Plattenheber 144
Plattenlagerung 168
Plattenmesser 144
Plattenwand 135
Polieren 227
Polystyrol 196
–, expandiertes 183, 186
–, extrudiertes 183, 186
Polyurethan 183, 186, 196
Porenbeton 22, 75
Porengrundputz 298
Portlandzementklinker 11
Primärenergiebedarf 181
Prisma 335
Profilblech 110
Profilform 108
Profilwiederkehr 108
Prozentrechnen 333, 337

Prüföffnung 302
Prüfzeichen „Ü" 183
punktförmige Wärmebrücke 175
Putz 74
–, gefilzter 32
–, geglätteter 32
–, geriebener 32
–, mit organischem Bindemittel 13
–, organisch gebundener 7
Putzabdichtung 78, 203
Putzabschlussprofil 76
Putzarbeit, Materialbedarfs- und Kostenkennwerte 341
Putzart 6, 7
Putzbewehrung 5, 19, 21
Putzdicke 31
–, mpfohlene durchschnittliche 5
Putzfestiger 17
Putzgips 12
Putzgrund 2, 5
Putzgrundprüfung 5, 14, 30
Putzgrundvorbehandlung 5, 16, 21, 30
Putzgrundvorbereitung 5, 15, 30
Putzlage 2, 5, 21
Putzlehre 20
Putzmörtel 5, 6, 7
–, Druckfestigkeit von 6
–, farbiger 70
Putzprofil 20
–, Außenputz 76
Putzrisse 288
Putzsanierung 284
–, Bestandsaufnahme 287
–, Schadensanalyse 287
–, Schadenserfassung 287
Putzschaden 284
–, Sanierungsmethode 287
Putzsystem 21
–, wärmedämmendes 171
Putzträger 2, 5, 18, 21
Putzweise 5, 32
Puzzolan 11
Pythagoras, Satz des 333, 337

Qualitätsstufe
–, Oberfläche 36
–, Verspachtelung 147

Rahmengerüst 80, 83
Randanschluss, elastischer 137
Randdämmstreifen 137
Randstreifen 315
Rasterdecke 242
Rastermaß 243

Rasternetz 219
Rastervergrößerung 219
Raumakustik 157, 184, 255
Raumbrand 207
Raumklima 172
Reaktion, chemische 294, 295
rechtwinkliges Dreieck 337
Recyclingfähigkeit von WDVS 210
Referenzgebäude 181, 182
Reflektor 256
Regelung, gesetzliche, Wärmeschutz 180
Regen, saurer 295
Reibeschluss 235
relative Luftfeuchtigkeit 172
Relief 218
Renovierung 300
Renovierungsmaßnahme 284
Resonanzfrequenz 184
Revisionsklappe 262
Richtlinie, Fassadensockelputz 203
Riegelwand 139
Rissanalyse 292, 293
Rissbeurteilung 290
Rissbild 289
Rissbildung 285
Risssanierung
–, Arbeitsschritte (Verfahren E4) 292
–, Arbeitsschritte (Verfahren F5) 293
–, flächenhafte 291, 293
Risssanierungsverfahren 290
Rissursache 285, 288, 301
Ritzprobe 290
Rohdichte 350
Rohstoffressource 172

Sackrisse 289
Salz 295
–, hygroskopisches 295
–, Umwandlung 295
–, wasserlösliches 294, 295
Salzablagerung 294
Salzbildung 295
Sanierputz 296
–, Wirkungsweise 297
–, WTA 298
Sanierputzmörtel 71
Sanierputzsystem 296, 297
Sanierung 300
Sanierungskonzept 296
Sanierungsmethode, Putzschaden 287
Sanierungsverfahren 302
–, flächenhaftes 290
Sattelholz 110
Satz des Pythagoras 333, 337
Säure 295
saurer Regen 295
Schaden, Putz 284
Schadensablauf 295
Schadensanalyse, Putzsanierung 287
Schadensbild 284
Schadenserfassung, Putzsanierung 287
Schadensursache 284
Schadstoffemission 172
Schale, biegeweiche 184, 253
Schalenform, einteilige 221
Schall 255
Schallabsorption 184, 255
Schallabsorptionsfläche *A*, äquivalente 256
Schalldämmstoff 184
Schalllenkung 157
–, mit Reflektoren 256
Schallpegel 154, 184
Schallpegeldifferenz 155
Schallschutz 154
–, Deckenkonstruktion 252
Schallschutzqualität 253
Schalltransmission 254
Scharfzug 114
Schattenfuge 258
Schaumglas 183
Schichtdicke 178
Schicht, luftdichte 176
Schiefer 11
Schienenbefestigung 199
Schilfrohrmatte 18
Schimmelpilzbildung 172, 177, 190
Schlagdübel 142
Schlagregenbeanspruchung 69
–, geringe 69
–, mittlere 69
–, starke 69
Schlagregenschutz 177, 286
Schlangenstein 227
Schleifen 227
Schleifschlamm 227
Schleppzug 114
Schlitten 111
Schlösser 223
Schlussanstrich 193, 201, 300
Schlussbeschichtung 201
Schneideisen 220
Schnellbauschraube 143
Schraube 233
Schraubenabstand 240
Schrumpfrisse 289
Schutzgerüst 80
Schutzschicht, WDVS 78, 203
schwer entflammbar 207
Schwindrisse 289
Seitenschutz, Gerüst 82
selbstständige Brandschutzdecke 251
selbstständige Brandschutzunterdecke 251
selbstständige Unterdecke 248
Setzbolzen 236
Silicate 13
Silicatputz 13
Siliconform 223
Siliconharzfarbe 201, 298
Siliconharzputz 298
Siliconkautschuk 220, 221, 222
Silotechnik 28
Sockelabdichtung 304
Sockelausbildung 78, 204
Sockelbereich 202, 297
Sockelbrand 207
Sockeldämmplatte 78, 203
Sockeldämmung 203
Sockellinie 78, 202
Sockelprofil 76
Sockelputz 78, 304
Sockelputzsystem 203
Sockelunterputz 78
sommerlicher Wärmeschutz 172
Spachteln 227
Sperrmaßnahme, Feuchtraum 168
Spiegelform 222
–, einteilige 221
spitzer Körper 336
Sprengdruck 295
Spritzbewurf 17, 192, 298
Spritzputz 33
Spritzschutzstreifen 78
Stahlbeton 21, 74
Stahlklammer 143
Stahlrohr-Kupplungsgerüst 80
Standsicherheit 302
Standzeit, Innenputz 31
Stanzzange 143
starke Schlagregenbeanspruchung 69
statisch wirksame Verdübelung 198
Steckdose 162
Steifigkeit, dynamische 184
Steigung 333, 338
Steinfensterbank 206
Stein-Putz-Riss 288
Stellfuchs 198
Stichling 144
Stirnkantenstoß 240
Stoffschluss 235

Strahlenschutzputz 4
Strahlenschutzwand 166
Strahlung 174
Strahlungsschatten 263
Streckmetall 18
Streifentrenner 144
Stuccolustro 228
Stückform, mehrteilige 221
Stuckgips 12, 221
Stuckmarmor 225
Stuckornament 218
Stuckrelief 222
Stuckschablone 109, 113
Stufenrandwinkel 243
stumpfer Körper 336
Sturzschutz 207
Stützenbekleidung 134
Stützschale 224
Stützweite 237
Surformhobel 144

Tabellenanhang 333
Taupunkt 190
Tauwasser 38
Tauwasserbildung 177
Terrazzo 319
Thermodübel 198
Thermografieaufnahme 175, 263
Tiefgrund 17
Tischlerleim 221, 225
Tischzug 109
Toleranzen im Hochbau 309
Ton 13
Tonnengewölbe 274
Trägerbekleidung 134
Tragständer 163
Tragsystem, Gerüst 80
transparente Wärmedämmung 187
Transport, Trockenbauplatten 168
Traufanschluss 208
Traufe 208
Traverse 163
treibender Angriff 295
Treibhausgas 173
Trend 51
Trennmittel 220, 222
Trennschnitt 37
Trennwand, nichttragende innere 134, 135
Trittschall 154
Trittschalldämmung 184, 252
Trittschallschutz 313
Trockenbauwand, Materialbedarfs- und Kostenkennwert 344
Trockenbauweise 134
Trockenbiegetechnik, Wand 165
Trockenputz, Wandvorsatzschale
–, Materialbedarfs- und Kostenkennwerte 343
Trockenschüttung 326
Türöffnung 148, 205

UA-Profil 232
Überbrückung 270
Übereinstimmungserklärung 251
Übertragung, Ornament 219
UD-Profil 232
Umwandlung, Salz 295
Umweltschutz 173
unechtes Gewölbe 273
Unterdecke 134, 230, 266
–, entkoppelte 253
–, fugenlose 237
–, gewölbte 270
–, Herstellungsschritte 240
–, selbstständige 248
Untergrundbeschaffenheit 195
Untergrundprüfung 290
Untergrundvorbehandlung, Antragarbeiten 219
Unterkonstruktion 146, 230, 232, 242
–, Planung 237
Unterputz 2, 5, 73
–, wärmedämmender 192
Untersuchungsverfahren 290
Ursachenanalyse 296, 299

Vakuum-Isolationspaneel 187
Verankerung 235
Verankerungselement 230, 235
Verarbeitungsfehler, WDVS 209
Verbindungselement 230, 233
Verblendschale 189
Verbundestrich (V) 311
Verbundplatte 190, 326
Verdübelung
–, konstruktive 198
–, statisch wirksame 198
Verfärbung 284
Vergabe- und Vertragsordnung für Bauleistungen 41
Vergatterung 281
Verklebung, alleinige 197
Verkleidung 270
Verlegeplan 239, 245
Verlegeschema 240
–, Dämmplatte 199
verlorene Form 221
Verschleißwiderstand 309
Verschmutzung 284
Versetzen 124
Verspachtelung 147
–, Qualitätsstufe 147
Verspachtelungsmaterial 144
Vertragsart 42
Verwitterung 284
V-Fräsung 267
Viereck 334
VOB 41
Vollziegel 21, 74
Volumenberechnung 333
Vorbehandlung 2
Vorgang, feuchtebedingter 295
vorgehängte hinterlüftete Fassadenbekleidung (VHF) 189
Vorsatzschale 190
Vorsteckmontage 235

Wachs 225
Wand
–, gebogene 165
–, Nassbiegetechnik 165
–, nichttragende 37
–, tragende 37
–, Trockenbiegetechnik 165
–, zweischalige 189, 191
Wandanschluss 258
Wandbekleidung 134
Wandbewegungsfuge 161
Wand-Decken-Anschluss, Planung und Ausführung 37
Wandhöhe 138, 149
Wandmontage 165
Wandöffnung 138
Wandvorsatzschale 134
Wärmebrücke 175, 181
–, geometrische 175
–, konstruktiv-stoffbedingte 175
–, punktförmige 175
wärmedämmender Unterputz 192
wärmedämmendes Putzsystem 171
Wärmedämmfähigkeit 174
Wärmedämmplatte, alleinige Verklebung 197
Wärmedämmputz 71, 192
Wärmedämm-Putzsystem 188, 190, 192
Wärmedämmstoff 183
Wärmedämmung, transparente 187
Wärmedämm-Verbundsystem (WDVS) 189, 195, 300
–, Materialbedarfs- und Kostenkennwerte 342
–, Recyclingfähigkeit 210

Wärmedurchgangskoeffizient 178, 349
Wärmedurchgangswiderstand 178
Wärmedurchlasswiderstand 178, 348
–, ruhende Luftschicht 349
Wärmegewinn 180
Wärmekapazität 176
Wärmeleitfähigkeit 174, 350
Wärmeleitung 174
Wärmeleitzahl 174, 183
Wärmemenge 174
Wärmeschutz 181, 257, 333
–, sommerlicher 172
–, Ziel 172
Wärmeschutzberechnung 178, 211
Wärmespeicherung 176
Wärmespeicherzahl 176
Wärmestrahlung 263
Wärmestrom 174
Wärmeströmung 174
Wärmeübergang 178
Wärmeübergangskoeffizient 349
Wärmeübergangswiderstand 178
Wärmeübertragung 174, 263
Wärmeverlust 172
Waschputz 33
Wasseraufnahme *w* 69
Wasserdampfdiffusion 38, 177
Wasserdampf-Diffusionswiderstandszahl 350
Wasserdampfdurchlässigkeit 210
Wasserdampfgehalt 177
wasserlösliche Salze 294, 295
WDVS 300, 301
Werkzeug 144
Windzonen 198
Winkelabweichung
–, Grenzwert 34
Winkelfunktionen 333, 338
Wirkungsweise, Sanierputz 297
Wohngebäude 181
Wohnraum, Gestaltung 51
Wulst-Punkt-Verfahren 197
zeichnerische Darstellung, Stuckprofil 126
Zeitaufwandswert 333, 347
Zement 11
Zementestrich (CT) 318
Zementgel 11
Zementleim 11
Zementmehl 11
Zementrohstoff 11
Zementstein 11
Ziegeldrahtgewebe 18
Zugspannung 285
Zuluftöffnungen 208
Zusatzdämmung 188
Zusatzmittel 7, 8
zweilagige Innenputze 5
zweischalige Außenwandkonstruktion 188
zweischalige Wand, Dämmung 189, 191
zweiteilige Form 221
Zwischensparrendämmung 208

Bildquellenverzeichnis

Verfasser und Verlag danken den genannten Firmen, Institutionen und Privatpersonen für die Überlassung von Vorlagen und Abdruckgenehmigungen zu folgenden Abbildungen:

Abel & Knechtl Trockenau OG, A-Irdning-Donnersbachtal: Seite 261 (3)
adidas-Group, Herzogenaurach: Seite 307 (1)
Adolf Würth GmbH & Co. KG, Künzelsau: Seiten 236 (1, 2, 3, 4); 257 (4)
Ästhetikboden Petersen GmbH, München: Seite 325 (2)
Barbara Erbsen-Haim, Stuttgart: Seite 106 (2)
Baumit GmbH, Bad Hindelang: Seiten 71 (1); 197 (1, 4); 303 (1)
Bauwerk Parkett GmbH, Bodelshausen: Seiten 57 (1, 4); 59 (1, 4)
Becker/Pfau/Tichelmann, Trockenbau Atlas Teil I. 3. Auflage. Köln: Verlagsgesellschaft Rudolf Müller, 2004: Seite 248 (1a–c)
Benediktinerstift Altenburg, A-Altenburg: Seite 217 (1)
Berufsförderungs GmbH, ÜBA-Stuckateure, Leonberg: (Herr Schweizer): Seite 201 (1, 10)
Berufsförderungs GmbH, ÜBA-Stuckateure, Leonberg: (Herr Neumann): Seiten 217 (1); 218 (6); 219 (1); 222 (11); 225 (3, 4, 5); 226 (7); 227 (1, 2, 3, 4, 5)
BetonMarketing Deutschland GmbH, Erkrath: Seiten 312 (1); 314 (1)
Bever Gesellschaft für Befestigungsteile und Verbindungselemente mbH, Kirchhundem-Würdinghausen: Seite 247 (2a, 2b)
bga Beratungsstelle für Gussasphaltanwendung e.V., Bonn: Seite 320 (1)
BG BAU-Berufsgenossenschaft der Bauwirtschaft, Berlin: Seiten 26 (2a, 2b, 3, 4a, 4b); 27 (1); 28 (1, 2, 3a, 3b); 29 (1, 2, 3, 4)
Birgit Millich Naturputze für Wohnqualität, Argenbühl-Eisenharz: Seite 55 (4)
© Bjs, CC0, via Wikimedia Commons: Seite 105 (2)
bpk / Vorderasiatisches Museum, Staatliche Museen Berlin / Olaf M. Teßmer: Seite 104 (5)
Brillux, Münster: Seiten 7 (3); 76 (6, 8); 90 (1, 2, 4, 5, 6, 7); 91 (2)
Bundesverband der Gipsindustrie e.V., Berlin: Seite 36 (1)
Bundesverband der Gipsindustrie e.V., Berlin, Merkblatt 3 der IGG: Seite 259 (4)
Bundesverband Kalksandsteinindustrie e.V., Hannover: Seite 154 (3)
CAPAROL Farben Lacke Bautenschutz GmbH, Ober-Ramstadt: Seite 197 (3)
Catnic GmbH A Tata Steel Enterprise, Sinsheim: Seite 280 (3)
CLAYTEC e. K., Viersen: Seiten 8 (3, 4, 5); 9 (1)
Deutsche Energie-Agentur GmbH: Seite 180 (2)
Diözese Rottenburg-Stuttgart, mit freundlicher Genehmigung: Seiten 218 (3, 5); 220 (1)
Dithmarscher Fußbodenbau GmbH, Heide: Seite 321 (1)
Duravit AG, Hornberg: Seite 58 (3)
ELSPRO Verwaltungs GmbH, Hilden: Seite 27 (3)
emco Bau- und Klimatechnik GmbH, Lingen: Seiten 231 (1); 263 (1, 2, 3, 4, 5)
ETH-Bibliothek Zürich, Alte und Seltene Drucke: Seite 256 (3)
Europerl, Stauss-Perlite GmbH, A-Pölten: Seiten 269 (1); 280 (1, 2)
Fachverband der Stuckateure für Ausbau und Fassade in Baden-Württemberg, Rutesheim www.stuck-verband.de: Seiten 78 (1); 79 (1); 204 (1, 2)
Fachverband der Stuckateure für Ausbau und Fassade in Baden-Württemberg, Stuttgart (Herr Luik): Seite 196 (3)
F A R B (T) R A U M Constanze P. Schäfer Atelier für Farbgestaltung, Wohnraumdesign und Festdekorationen, Wilhelmsfeld: Seite 55 (3)
Fermacell GmbH, Duisburg: Seite 254 (1a–c)
Fischer, Waldachtal: Seite 235 (1, 2, 3, 4, 5, 6a–c, 7a–c, 8a)
Form+Test Seidner & Co. GmbH, Riedlingen: Seite 324 (3)
Getty Images, München: Seite 3 (2©Thomas Lehmann)
Güteschutzgemeinschaft Hartschaum e.V., Celle: Seite 184 (1)
Harsco Infrastructure, Ratingen: Seite 80 (4)
HASIT Trockenmörtel GmbH, Freising: Seiten 13 (2, 3); 17 (3); 21 (1, 3); 22 (1); 30 (1, 2, 3, 4); 31 (1); 32 (2, 3); 33 (1, 2, 3); 74 (1); 75 (1, 2)
HeidelbergCement AG/A. Friese: Seite 323 (1)
HeidelbergCement AG/Steffen Fuchs: Seiten 318 (1); 319 (2)
Ideal Standard, Bonn: Seite 51 (4)
IFF – Fußboden Gutachter Gagewi, Ransbach-Baumbach: Seite 324 (2)
Industrieverband Hartschaum e.V., Heidelberg: Seite 314 (4)
Isofloc Wärmedämmtechnik GmbH, Lohfelden www.isofloc.de: Seite 257 (1, 2)
iStockphoto, Berlin: Seiten 3 (4©ico00); 15 (1©JazzIRT); 106 (4©manfredxy)
Kirsten Fuchs Stuckateurbetrieb & Gerüstbau, Calw-Wimberg: Seite 56 (3, 4)
Klimasan Perlit GmbH, Würzburg: Seite 4 (3)
Knauf AMF GmbH & Co. KG, Grafenau: Seiten 234 (4a–c); 242 (2a–c); 243 (5)
Knauf Aquapanel GmbH, Dortmund: Seite 190 (3)
Knauf Gips KG, Iphofen: Seiten 2 (1, 2); 3 (1); 15 (2, 3, 4, 5); 145 (1); 156 (1, 2, 3, 4, 5, 6); 157 (2); 160 (1, 2, 3, 4, 5, 6); 161 (1, 2, 3, 4, 5, 6); 162 (2, 3); 164 (1, 2); 165 (3, 4, 5); 168 (1, 2, 3, 4, 5); 190 (1, 2); 230 (3); 231 (2, 3, 4, 6a–j); 232 (5, 6, 7, 8, 9); 233 (2, 3, 5a, 6a, 8a, 8b); 236 (9a, 9b, 10); 238 (1a, 1b); 240 (2, 3, 4, 5); 241 (2, 3, 6); 248 (3a–c, 4a, 4b, 5a, 5b, 6, 7, 8, 9); 249 (2, 3); 250 (1, 2, 3, 4);

253 (1, 2, 4); 254 (2a–c); 257 (3); 259 (1a, 1b, 3); 264 (1, 2, 3); 265 (1, 2, 3, 4); 266 (1, 3); 267 (2b, 2c, 4, 6); 301 (5); 302 (1); 303 (7, 8); 308 (2); 323 (2); 326 (2, 3); 327 (1, 2, 3, 4, 5, 6)
Knauf Insulation GmbH, Simbach am Inn: Seite 23 (2)
Knaufdanoline, DK-Hobro: Seiten 242 (3a, 3b, 4, 5, 6, 7); 243 (1, 3a, 3b, 4a, 4b); 244 (1); 247 (3, 4, 5, 6, 7, 8, 10)
Kremer Pigmente GmbH & Co. KG, Aichstetten: Seite 8 (1)
Land Baden-Württemberg, Klosterkirche Ochsenhausen: Seiten 218 (2); 219 (3)
LANXESS AG, Köln: Seiten 322 (3); 324 (1)
LAYHER: Seite 80 (1)
LED Profilelement GmbH, Mühlhausen: Seite 261 (4)
Lignatur AG, CH-Waldstatt: Seite 252 (2c, 3a)
Lindner Group KG, Arnstorf www.lindner-group.com: Seite 234 (3)
Luik, Harry, Reutlingen: Seiten 38 (1, 2, 3); 39 (1, 2); 40 (1, 2)
Mayr, J./Battran, L.: Brandschutzatlas, Kapitel 4.4, Bild 4-2, FeuerTrutz Network GmbH, Köln 2019. www.feuertrutz.de: Seite 248 (2a–c)
MKS Funke GmbH, Bocholt: Seite 319 (1, 3)
MULTIBETON GmbH Deutschland, Troisdorf-Spich: Seite 316 (1)
Naturafix Naturbaustoffe GmbH & Co. KG, Gschwend: Seite 9 (2)
O. Kirste e.K., Gummersbach: Seite 23 (1)
P + K Spezialfussböden, Nellmersbach: Seite 320 (2)
pixelio media gmbh, München/Petra Schmidt/pixelio.de: Seite 173 (3)
Pontax GmbH, Lennestadt: Seite 4 (4)
profine GmbH, Troisdorf: Seite 172 (5)
Protektorwerk Florenz Maisch GmbH & Co. KG, Gaggenau: Seiten 20 (1, 2, 3, 4, 5, 6, 7, 8, 9); 76 (1, 2, 3, 4, 5, 7); 77 (1); 233 (4a, 7a); 236 (6, 7, 8); 252 (1)
Putzmeister Holding GmbH, Aichtal: Seite 24 (2)
quick-mix Putztechnik GmbH & Co. KG, Osnabrück: Seiten 32 (1); 71 (4a); 192 (2); 195 (2, 3, 4); 286 (1); 288 (4, 5); 294 (2)
Reichwald, Helmut F.: Seite 287 (8)
Rudolf Lang OHG, Werkstätten für Malerei und Beschriftungen, München: Seite 228 (1)
Rug Semin GmbH, Weiterstadt: Seite 262 (1, 2)
Saint-Gobain Rigips GmbH, Düsseldorf: Seiten 146 (7, 8, 9); 163 (1, 2, 3, 4); 230 (1, 2); 231 (5, 6i, 6k); 232 (1, 2, 3, 4); 233 (1, 4b, 5b, 6b, 7b); 237 (1); 247 (9); 251 (1); 257 (5); 258 (1, 2, 3, 4, 5, 6, 7, 8); 259 (2); 260 (1, 2, 3, 4); 261 (2, 5)
Saint-Gobain Weber GmbH, Düsseldorf: Seiten 3 (3); 5 (2); 11 (3); 14 (1, 2, 3, 4, 5); 16 (1, 2, 3, 4); 17 (1, 2); 21 (2); 22 (3); 23 (3); 24 (3); 25 (1a–c, 2); 32 (4); 33 (4); 70 (1); 73 (1); 74 (2, 3); 192 (3, 4); 193 (1, 2, 4); 194 (1, 2, 3); 200 (4); 201 (2, 4, 5, 6, 7, 8, 9); 323 (3)
Schalltechnik SÜD & Nord GmbH, Regensburg www.akustiktest.de: Seite 252 (2b)
Schloss Mochental, Ulm: Seite 219 (2)
Schlüter Systems KG, Iserlohn: Seite 322 (1, 2)
Schmitz-Leuchten, Arnsberg: Seite 261 (1)
Schwäbisches Bildungszentrum Irsee, Kloster Irsee: Seite 218 (1)
Schweizerische Maler- und Gipsunternehmer-Verband, Wallisen / Schweiz: Seite 37 (1, 2, 3, 4)
Shutterstock Images LLC, New York, USA: Seiten 67 (1©Peeradontax); 104 (4©Dan Shachar); 105 (5©Mikhail Markovskiy, 6©Takashi Images); 154 (2©Menno van der Haven)
Siniat GmbH, Oberursel: Seiten 249 (1); 262 (3, 4)
Sopro Bauchemie GmbH, Wiesbaden: Seite 325 (1)
STAATLICHE SCHLÖSSER UND GÄRTEN BADEN-WÜRTTEMBERG, Kloster Wiblingen, Ulm: Seite 225 (1, 2)
Staatsgalerie Stuttgart: Seite 218 (4)
Stadtkirche Karlsruhe, Alt- und Mittelstadtgemeinde Karlsruhe, Karlsruhe: Seite 106 (3)
Steico SE, Feldkirchen: Seite 253 (5)
Steuler Fliesen GmbH, Mühlacker: Seite 51 (3)
Sto AG, Stühlingen: Seiten 1 (1); 4 (2); 7 (2); 8 (2); 68 (1, 2, 3); 197 (2); 198 (3); 303 (2, 3, 4, 5, 6)
stock.adobe.com: Seiten 104 (6©shen meng); 105 (1©ol-design, 3©LianeM, 4©Alaska-Tom, 8©eyewave); 106 (1©the_builder, 5©ArTo); 252 (2a©Christian Schwier, 2d©Julien Tromeur, 3b©Mendolo, 3c©Julien Tromeur)
Stuck Nagel GmbH, Berlin: Seite 280 (4)
Stuck-Trockenbau Roman Mairhuber e. U., A-Meggenhofen: Seite 280 (6)
Sunbeam GmbH, Berlin: Seite 287 (7)
ter Hürne GmbH & Co. KG, Südlohn: Seite 51 (1, 2, 5, 6)
TZW / Hansestadt Wismar: Seite 105 (7)
ÜGPU - Überwachungsgemeinschaft Polyurethan-Hartschaum e.V., Stuttgart: Seite 184 (2)
Uponor GmbH, Haßfurt: Seite 315 (2)
Verband privater Bauherren e.V. – Regionalbüro Emsland –, Meppen: Seite 171 (1)
VG Bild-Kunst, Bonn: Seite 106 (6)
Vogl Deckensysteme GmbH, Emskirchen: Seiten 234 (2); 241 (1); 247 (1); 255 (3); 256 (1a–c)
Wachs, P.: Brandschutz im Detail – Trockenbau – Planung – Ausführung – Bauleitung, S. 15, FeuerTrutz Network GmbH: Seite 158 (2)
WTA Wissenschaftlich- Technische Arbeitsgemeinschaft für Bauwerkserhaltung und Denkmalpflege e.V., Pfaffenhofen: Seite 291 (1, 2)
Xella Deutschland GmbH, Duisburg: Seiten 22 (2); 75 (3)
ZÜBLIN Timber GmbH, Aichbach: Seite 253 (6, 7)

Zeichnungen: Annegret Sperling, Gehrden
CMS – Cross Media Solution GmbH, Würzburg

Trotz intensiver Bemühungen ist es uns nicht gelungen, die Urheber einiger Abbildungen zu ermitteln. Die Rechte dieser Urheber werden selbstverständlich vom Verlag gewahrt. Die Urheber oder deren Rechtsnachfolger werden gebeten, sich mit dem Verlag in Verbindung zu setzen.